프린키피아
THE *PRINCIPIA*

ISAAC NEWTON

Mathematical Principles of Natural Philosophy

프린키피아
THE *PRINCIPIA*

아이작 뉴턴 | 지음

I. 버나드 코헨 · 앤 휘트먼 | 영역

I. 버나드 코헨 | 해설

배지은 | 옮김

승산

이 책은 독립 국가 기관인 미 국립인문학재단National Endowment for the Humanities의 도움을 받아 출간되었다. 또한 우리는 이 책을 위해 적지 않은 자금을 기부해 주신 캘리포니아 대학교 출판부에 깊은 사의를 표한다.

아이작 뉴턴의 초상화. 60대로 추정되며, 뉴턴은 위 초상화를 데이빗 그레고리에게 증정했다. 상세한 내용은 다음 페이지에 나와 있다.

60세 무렵의 아이작 뉴턴의 초상화로서, 뉴턴이 데이비드 그레고리(1661–1708)에게 증정한 것이다. 이 작은 타원형 그림(길이 약 3¾인치, 폭 약 3¼인치)은 1702년 넬러가 그린, 유화로 된 커다란 타원형 초상화와 밀접한 관련이 있다. 이는 뉴턴의 두 번째 진품 초상화로 간주된다. 이 그림과 유화로 된 초상화는 그 자세와 표정뿐 아니라 왼쪽 눈의 미약한 사시나 셔츠의 단추처럼 명백한 세부 사실에 이르기까지 유사성을 보인다. 이 그림과 1702년 초상화 모두에서 뉴턴은 대학 예복을 걸치고 화려한 가발을 쓴 반면, 프린키피아가 출판된 지 2년 후인 1689년 넬러가 그린 초상화(현 런던 국립 초상화 미술관 소장)에서 뉴턴은 비슷한 복장을 하고 있지만 머리카락을 어깨까지 드리운 모습이다.

이 그림이 유화로 된 초상화 이후에 만들어졌음은 분명하다. 넬러의 밑그림은 일반적으로 이보다 크고, 인물의 복장보다는 얼굴 묘사에 집중하는 경향이 있기 때문이다. 그러므로 그림이 완성된 유화의 모든 세부 사항을 고스란히 담고 있다는 사실은, 이 그림이 완성된 초상화를 복제했다는 것을 보여주는 증거다. 그레고리가 1708년에 세상을 떴으므로 이 그림은 1702에서 1708년 사이에 제작된 것으로 추정할 수 있다. 당시 소형 초상화는 일반적으로 오늘날 증명사진처럼 사용되었다. 그림의 크기가 소형인 것으로 미루어 볼 때, 음각 초상화를 위한 사전 작업용 사본이라기보다는 뉴턴이 증정용으로 사용하려고 제작한 것임을 알 수 있다

그림에서 넬러는 뉴턴을 강렬하게 표현한다. 당시 런던에서 권력을 얻고 높은 지위에 오른 뉴턴은 새로운 세상을 정복할 준비를 끝낸 강한 개성의 소유자처럼 묘사되고 있다. 그림에서 보여지는 예술적 표현법과 완성도는 수준이 높아서 그림을 그린 예술가가 재능과 기교를 겸비한 인물임을 보여준다.

그림은 액자 안에 끼워져 있고, 액자의 뒷면에는 손으로 쓴 긴 메모가 적혀 있다. "아이작 뉴턴 경을 그린 이 작품은 원래 옥스퍼드의 그레고리 교수의 소유였으며, 훗날 시온 칼리지의 학장이 되는 그의 막내아들(아이작 경의 대자)이 상속받았다. 이후 소유자의 유언에 따라 멘스 목사가 물려받았으며, 그는 선의에 따라 1870년 3월 8일에 이 그림을 더글러스 박사에게 증여했다."

데이빗 그레고리는 1690년대 초 뉴턴과 처음 만났다. 비록 두 사람의 관계는 순조롭지 않게 출발했지만, 이후 뉴턴은 그레고리를 옥스퍼드 천문학과의 새빌리언 교수로 추천했고, 그레고리는 1708년 사망할 때까지 교수직을 유지했다. 이 해설서를 읽다 보면 알게 되겠지만 그레고리를 통해 1690년대와 18세기 초에 뉴턴이 『프린키피아』를 개정하고 재구성을 계획하던 시기의 지적 활동과 관련한 주요 정보를 알아낼 수 있었다. 그레고리는 뉴턴과 나눈 수많은 대화를 기록으로 남겼고, 뉴턴은 대화를 통해서 『프린키피아』의 개정과 관련하여 제안받은 내용과 다른 프로젝트들을 토론하고, 과학, 종교, 철학에 대한 자신의 가장 내밀하고 근본적인 생각을 드러냈다. 지금까지 알려진 바에 따르면 뉴턴이 그레고리의 막내아들의 대부였다는 기록은 이 초상화 뒷면의 메모가 유일하다.

D.T. 화이트사이드에게,
존경과 애정의 마음을 담아
이 번역을 헌정한다.

| 목차

일러두기

- 본서는 라틴어 원전 프린키피아의 영역본인 The Principia: *The Authoritative Translation and Guide, Mathematical Principles of Natural Philosophy*(University of California Press, 1999)를 중역하였다.
- 본문에서 책은 겹낫표(『』)로 표기했다. 글과 논문은 홑낫표(「」), 연속 간행물은 겹화살괄호(《》)로 표기했다. 해설서와 『프린키피아』 본문에 삽입된 꺾쇠괄호([ ])는 버나드 코헨이 추가한 내용이며, 부연괄호(( ))는 옮긴이의 첨언이다. 또한 해설서에서 각 장의 세부 글꼭지를 지칭할 때는 섹션 사인(§)을 활용하였다(예, '2장 3절' → '§2.3').
- 버나드 코헨이 『프린키피아』의 라틴어 원전을 영역하는 과정에서 경험한 시행착오를 설명하는 내용(대표적으로 해설서 2장)에서는 독자의 이해를 돕기 위해 일부 라틴어와 영어 단어를 번역하지 않고 그대로 썼다.
- 본문 각주는 영역본의 표기를 따랐다.
- 본문에서 인용된 도서 중 국내에서 번역·출간된 경우에는 한국어판 제목을, 그렇지 않은 경우에는 원제를 번역하여 표기하였다.

서문

뉴턴의 『프린키피아』는 지금까지 수많은 언어로 번역이 되었지만, 영어로는 앤드류 모트가 250여 년 전 런던에서 처음 출간한 번역서가 사실상 거의 유일한 완역본이다. 이 번역서는 19세기에 증쇄를 거듭하다가 1930년대에 플로리안 캐조리가 일부 내용을 현대화하면서 개정판으로 출간되었다. 이 모트-캐조리 개정판이 오늘날까지 『프린키피아』의 표준 영문 번역서로 자리매김했다.

모트의 번역서에서는 이를테면 "서브세스퀴알테레이트subsesquialterate 비율"(2:3을 의미하는 고어—옮긴이) 같은 오래되고 익숙치 않은 표현들이 종종 사용되어, 현대의 독자들이 보기엔 뉴턴의 라틴어 원전만큼이나 모호한 부분이 많다. 그뿐 아니라 명제의 일부 내용도 오늘날에는 곧바로 이해가 가지 않는다. 이를테면 3권 명제 8의 따름정리 3에서 모트는 "비균질 구의 밀도는 그 구의 지름에 해당하는 구의 무게에 비례한다"라고 쓰고 있으며, 이 문장은 모트-캐조리 버전에서도 그대로 유지되었다. 이 문장은 조금 더 생각해야 뉴턴이 다양한 재질의 구들의 밀도 얘기를 하고 있으며, 지름으로 나눈 무게로 결론을 내리고 있다는 것을 알 수 있다. 본 해설서의 §2.3에서 설명한 것처럼 모트-캐조리 개정판도 그다지 만족스럽지는 않다. 이 개정판 역시 읽기가 쉽지 않고, 무엇보다도 뉴턴의 원전이 진정으로 의도하는 바를 왜곡하는 경우가 종종 있기 때문이다. 이로 인해 학자들마저 오해하는 부분이 있다는 사실을 발견하게 되었고, 이것이 이 번역 작업을 시작하게 된 주요 계기가 되었다.

『프린키피아』의 라틴어판을 완성한 후에, 우리는 완전히 새롭게 번역을 해야 할지도 모른다는 가능성에 다소 압도되어 있었다. 처음에는 모트의 번역본의 개정판을 제작할 생각이었다. 이를테면 모트의 문장 중 어려운 부분을 현대 영어로 쉽게 고치거나, 너무 오래된 표현이라 읽기 불편한 수식에 주석을 다는 수준이었다. 모트의 번역서는 지난 2백여 년 동안 뉴턴 과학을 보급하는 주요 수단이었으므로, 그 자체도 중요한 역사적 문서로 취급하는 것이 타당하다고 보았기 때문이다. 우리는 라틴어판에서 이런 계획을 명시했고, 심지어 1729년판 사본을 원문으로 삼으려고 특별히 준비해 두기도 했다.[1]

그러나 라틴어판이 세상에 나오고 난 후 이 책을 읽고 검토한 꽤 많은 동료가, 선구적이기는 하지만 다소 오래된 모트의 업적에 얽매일 것이 아니라 『프린키피아』를 완전히 새로 번역하는 것이 좋지 않겠느냐고 우리를 종용했다. 처음에는 그들의 권고를 선뜻 받아들이지 못했다. 『프린키피아』를 완전히 새로 번역하는 과정은 엄청난 품이 드는 어려운 작업인데다, 뉴턴의 사고에 대한 우리의 해석이 이후로 오랫동안 정설처럼 받아들여질 수밖에 없다는 책임감 때문이었다.

동료들과 우호적인 비평가들에게 내내 시달리던 앤 휘트먼과 나는 마침내 완전히 새로운 버전의 『프린키피아』를 제작하기로 합의했다. 운 좋게 국립 과학재단의 지원금도 받게 되어 우리의 노력을 지원받을 수 있었고, D.T. 화이트사이드와 R.S. 웨스트폴을 포함, 수많은 학자가 귀중한 충고를 해주었다. 특히 화이트사이드는 우리에게 절대 기존 번역에 관심도 두지 말고, 행여 갈피를 잡기 어려울 때도 작업이 완전히 끝날 때까지는 다른 번역을 참고하지도 말라고 누누이 강조했다. 기술 문서를 번역해본 사람들은 이 충고가 얼마나 중요한지 잘 알 것이다. 다른 번역을 참고하다 보면 너무나도 쉽게 영향을 받게 되며, 때로는 부지불식간에 그 안의 오류까지 되풀이할 수 있기 때문이다. 그래서 첫 2, 3회의 번역과 퇴고 과정 중에는 혼란스럽거나 의심스러운 부분과 최종본에서는 좀 나아질 것이라 바라는 부분들, 그리고 다른 버전과 비교할 내용들은 따로 기록해 두었다. 최종 2회의 퇴고 과정 중 어려운 구문을 확인하고 우리 문장을 다른 번역본과 비교할 때, 화이트사이드가 번역한 『프린키피아』 1권 초안과 18세기 중반에 뒤 샤틀레 후작 부인이 번역한 프랑스어 번역본이 큰 도움이 되었다. 몇 군데 어려운 부분에서는 르 쇠르와 자키에의 라틴어판 그리고 크릴로프의 러시아어판에 실린 설명과 주해도 꽤 요긴했다. 앤 휘트먼과 나는 러시아어를 모르지만, 운 좋게도 예전 학생이었던 리처드 코츠와 데니스 브레치나가 러시아어를 잘 알아서 크릴로프의 주석 여러 개를 기꺼이 번역해주었다.

이 책은 뉴턴의 『프린키피아』 최종판인 3판을 현대 영어로 번역한 것이다. 이 책에는 두 가지 주요

1　『프린키피아』 라틴어판의 단어 색인은 오웬 진저리치와 바버라 웰더의 도움을 받아 앤 휘트먼과 I. 버나드 코헨이 제작했다. 이 색인에는 제3판(1726년)의 전체 본문 그리고 1972년 하버드 대학교 출판부와 케임브리지 대학 출판부에서 출간한 『프린키피아』의 라틴어판(알렉산드르 쿠아레, I. 버나드 코헨, 앤 휘트먼 편찬)에 수록된 이문(variant readings)이 포함되어 있다. 그러므로 이 색인에는 공인된 라틴어판(1687, 1713, 1726)의 전체 본문, 그리고 뉴턴이 자신의 1판과 2판 사본에 "삽입"한, 손으로 쓴 주석까지 포함된 셈이다. 이 색인은 디브너 연구소(Dibner Institute)의 번디 도서관(Cambridge, Mass.)에 소장되어 있으며, 열람은 물론 마이크로필름 사본을 구매할 수도 있다. 〔번디 도서관은 현재 폐쇄되었으며, 소장 자료는 모두 캘리포니아 주 산 마리노에 있는 헌팅턴 도서관으로 이관되었다.—옮긴이〕

　　또한 학자와 학생들이 유용하게 사용할 수 있도록 뉴턴의 『프린키피아』 라틴어 판 1판과 3판의 8절판 제작도 계획 중이며, 3판은 영어 번역문도 함께 수록할 예정이다. CD-ROM에 고해상도 사본을 수록해 책 원본의 라틴어 원문과 번역문 전체를 검색하도록 제작할 계획이다. 출간 정보와 관련하여 웹사이트 www.octavo.com을 참고하자.

한 목표가 있다. 하나는 뉴턴의 글을 현대의 독자가 이해할 수 있도록 만들고, 그러면서도 뉴턴이 쓴 수학적 표현의 형태는 보존하는 것이다. 따라서 우리는 뉴턴이 서술형 문장으로 풀어 쓴 문장을 등식을 수식으로 다시 쓰고 싶은 유혹을 애써 뿌리쳐야 했다. 그러나 "서브세스퀴알테레이트 비" 같은 예스러운 표현은 단순하고 이해하기 쉬운 단어로 바꾸었다. 이 문제는 해설서의 §10.3에서부터 §10.5까지 상세히 설명하였다.

새 번역을 완성하고 뉴턴의 라틴어 원전과 몇 차례 비교 확인한 후에야 우리의 번역을 모트의 번역과 비교해 보았다. 그러면서 모트가 쓴 몇몇 고풍스러운 수학적 표현을 제외하고는 우리가 쓴 문장과 상당수가 일치하는 것을 발견했다. 특히 1권과 2권 그리고 3권 앞부분의 수학적 비례 관계를 설명한 부분은 대부분 일치했다. 결국 A가 B에 비례한다고 표현하는 방식은 그렇게 많지 않은 것이다. 모트의 문장은 뉴턴 시대의 문체를 반영하고 있으며(1729년에 발표되었다) 그의 번역이 다양한 형태로 영어권 국가에서 3백 년 가까이 표준으로 사용되었다는 점을 고려하여, 우리의 문장을 어느 정도 모트의 문장과 일치시켜 전통을 이어가기로 했다. 그러나 이렇게 문장을 비교하던 중, 모트가 종종 뉴턴의 문장을 자유로이 해석하고 뉴턴의 표현에 자신의 설명을 덧붙여 확장하기도 했음을 알게 되었다. 작업을 끝내기 전에는 모트의 번역을 보지 말라는 충고가 타당한 것이었음을 확인하는 순간이었다.

우리는 뉴턴의 생각을 연구하면서도 라틴어의 장벽을 뚫을 수 없는 연구자들이 읽을 수 있도록 이 책을 번역했다. 따라서 학계의 친구와 조력자들의 충고를 받아들여 이 번역문에는 전문가 대상의 주석이나 해설을 과하게 추가하지 않았으며, 그보다는 문장 자체로 내용을 읽을 수 있도록 했다. 편집 노트와 전문적 내용의 해설은 대부분 해설서에 수록하였다. 또한 판을 넘어가면서 보이는 중요한 문장 변화에 관한 정보와 원문에 기록된 주석도 해설서에 함께 실었다. 해설서의 목차는 본서의 19-23 페이지에 나오므로 독자들은 읽고 싶은 『프린키피아』의 특정 부분이나 명제에 관한 해설을 찾아서 볼 수 있다.

이 해설서는 일종의 지도로, 가끔은 복잡한 미로 같은 『프린키피아』를 헤쳐나가는 데 보탬을 줄 목적으로 썼다. 몇몇 명제와 방법, 개념을 상세히 분석했고, 뉴턴의 주장에 대한 비평이나 각 판본마다 뉴턴이 수정한 내용에 대한 해설도 실었다. 간혹 특정 주제를 논의하면서 2차 저작물을 참고문헌으로 지정한 경우도 있지만, 요점과 관련해서 광범위하고 다양한 학술 정보를 다루려는 의도는 아니었다. 다시 말하면, 특정 주제나 『프린키피아』의 일부 섹션을 이해하는 데 중요한 책이나 일부 주제를 확장하여 더 많은 지식을 얻고자 하는 독자들에게 도움이 될 책들을 우선적으로 본문이나 각주에서 인용했다. 이렇게 언급된 책들은 『프린키피아』에, 그리고 그와 관련된 뉴턴의 문제들에 대해 내가 쌓아온 생각들에 중요한 영향을 미쳤지만 본문에서는 이를 공개적으로 소개할 기회가 없었다. 그리고 이 목록에 다른 무엇보다도 J.E. 맥과이어의 중요한 논문들, 뉴턴 과학의 의미 있는 측면을 수준 높게 조명한 마

우리치오 마미아니의 논문들(이 논문들은 이탈리아어로 작성되어 학계에서는 온전히 주목받지 못하고 있다), 르네 뒤가스가 쓴 역학의 역사서 두 권과 레옹 쥬게가 선행한 자료주의적 역사와 피에르 뒤앙과 에른스트 마흐가 쓴 뉴턴의 개념과 방법에 대한 분석, 그리고 미셸 블레이, G. 바르텔르미, 피에르 코스타발 그리고 프랑수아 드 간트의 연구를 포함시키고자 한다.

또한 『프린키피아』를 이해하는 데 있어 D.T. 화이트사이드와 커티스 윌슨의 연구, 데이빗 그레고리, 토머스 르 쇠르, 프랑수아 자키에, 알렉시스 클레어로트의 초기 비평이 나에게 얼마나 큰 도움이 되었는지는 이루 말할 수가 없다. 특히 R.S. 웨스트폴의 『아이작 뉴턴*Never at Rest*』을 읽는 독자라면, 내가 그랬듯이, 뉴턴의 전 생애와 그의 생각이 발전해 나간 과정을 상세히 들여다볼 뿐 아니라, 뉴턴의 과학과 『프린키피아』의 역사적 의미를 전방위적으로 분석한 데 감탄을 금할 수 없을 것이다.

『프린키피아』를 공부하는 학생이라면 『아이작 뉴턴의 수학 논문들*Mathematical Papers*』(아래 26페이지 참고), 특히 6권과 8권에 실린 D.T. 화이트사이드의 에세이와 논문, 해설이 좋은 안내서가 될 것이다. 뉴턴의 천문학에 관해서는 커티스 윌슨의 간결한 해석(아래 26페이지 참고)이 특별한 가치를 지니고 있다. 이 해설서에서 인용되는 내용은 다 영어로 번역된 것이다. 이 사실을 거듭 언급할 필요는 없을 것 같다.

이 작업을 시작할 때부터, 앤 휘트먼과 나는 우리 어깨에 지워진 막중한 책임감을 한시도 잊은 적이 없다. 현대 영역본의 부정확한 내용과 오류 때문에 뛰어난 학자들조차 터무니없는 오해를 하는 경우가 많다는 걸 너무나 잘 알고 있었기 때문이었다. 어떠한 번역가나 편집자도 뉴턴의 글을 완벽하게 이해하고 모든 증명과 그림의 진정한 의미를 발견했다고 자랑할 수 없다는 것을 잘 안다. 뉴턴의 『프린키피아』 같은 책이라면 번역 과정에서 반드시 해석상의 심각한 실수나 오류가 포함될 수밖에 없다는 점도 분명히 알고 있다. 우리에겐 뉴턴의 글이 담고 있는 의미를 모든 수준에서 완벽하게 이해한다고 확신할 정도의 허영심은 없다. 그러나 『프린키피아』 원전을 그 누구보다도 주의 깊게 읽었을 핼리마저도 뉴턴의 문장에 담긴 수학적 의미를 언제나 완벽하게 이해하지는 못했다는 사실을 알고서 큰 위로를 받았다. 그러므로 뉴턴 자신이 초판에 쓴 서문에서처럼, 우리 역시 독자 여러분께 모든 것을 열린 마음으로 읽어주기를, 이 책의 결함을 비난하기보다는 함께 수정하고 개선해 나갈 수 있도록 노력해 주시기를 겸허하게 부탁드린다.

I. 버나드 코헨

| 감사의 글

앤 휘트먼은 전체 원고의 네 번째 버전(어떨 때는 5번째이고 때로는 6번째가 되기도 하지만) 버전이 완성되어 출간이 임박했던 1984년에 세상을 떠났다. 앤은 뉴턴의 수학과 과학, 그리고 생애 전반에 대해 가장 뛰어난 지식을 가지고 있으며, 뉴턴 연구의 수준을 획기적으로 높이는 데 기여한 학자에게 이 번역서를 헌정하기를 원했고, 나도 같은 마음이다.

줄리아 버덴즈는 이 책을 번역하는 동안 여러 방면에서 우리를 도와주었고, 특히 출간 준비 단계에서 큰 도움을 주었다.

캘리포니아 대학교 출판부와 함께 일하는 것도 즐거웠다. 특히 원고를 인쇄하는 과정에서 엘리자베스 놀이 베풀어준 배려에 크게 감사한다. 그리고 제작 과정을 시작하고 진행하면서 레베카 프래지어와 로즈 베코니가 보여준 세심함과 지혜에 감사한다. 니콜라스 굿휴의 현명한 제안 덕을 많이 보았고, 특히 그의 출중한 라틴어 실력 덕분에 해설서와 번역서를 개선하는 데 많은 도움이 되었다. 캘리포니아 대학교 출판부에서 이 책을 제작하여 좋은 점 중 하나는 예전 책에서 사용했던 도표와 그림을 (약간 수정하여) 사용할 수 있었다는 것이다.

이 자리를 빌려 학계 동료들에게 각별히 감사를 표하고 싶다. 조지 E. 스미스, 리처드 S. 웨스트폴, 커티스 윌슨은 이 해설서를 꼼꼼히 읽고 개선해야 할 점을 조목조목 짚어주었을 뿐 아니라, 본문 번역 내용을 확인하고 여러 장에 걸쳐 비평과 개선점을 제안해 주었다. 특히 터프츠 대학교의 조지 스미스에게는 큰 빚을 졌다. 그는 당시『프린키피아』의 명제를 상세히 해석하는 내용의『프린키피아 안내서 *Companion to Newton's Principia*』를 집필 중이었는데, 출간되기 전 원고를 사용할 수 있도록 허락해 주었다. 또한 1993-94학년도와 1997-98학년도에 터프츠에서『프린키피아』를 주제로 열린 세미나에서 우리가 번역한 문장을 사용했다. 학생들을 사실상『프린키피아』를 처음부터 끝까지 공부해야 했고, 그들이 내놓은 몇몇 제안은 원고의 최종 버전에 반영되어 우리에게 큰 도움을 주었다. 그리고 이 해설서에 스미스가 2권의 내용 그리고 행성 섭동과 달의 장축단에 관하여 쓴 상세한 해설을 실을 수 있어 무척이나 기쁘게 생각한다. 이와 함께 캘리포니아 대학교의 마이클 나우엔버그 교수가 현재 연구하고 있는 뉴턴 방법 *Newton's method* 중 일부 기원을 다룬 내용도 수록하였다.

뉴턴의 각종 원고의 초록과 번역을 인용하도록 허락해 준 케임브리지 대학 도서관에도 감사한다. 케임브리지 도서관의 직원들은 오랫동안 너그럽고 친절하게 우리의 작업을 도와주었으며, 이에 대해 깊이 감사하는 마음을 이 자리에 기록한다.

이 책의 권두삽화로 사용한 뉴턴의 소형 초상화를 실을 수 있도록 허락해 준 로버트 S. 피리에게 사의를 표한다. 이 책에 실린 그림들, 즉『프린키피아』초판과 2판의 표지, 3판의 속표지, 표지와 헌사, 그리고 자키에와 르 쇠르 판『프린키피아』의 2권 명제 10의 도해는 소유자의 승인을 얻어 그레이스 K. 뱁슨 컬렉션, 번디 도서관, 디브너 과학 기술사 연구소가 소장한 아이작 뉴턴 경의 저서에서 인용하였다.

지속적이고 너그럽게 우리의 프로젝트를 지원해 준 미 국립과학재단에도 감사한다. 국립과학재단은 이문이 포함된 라틴어판 출간 때도 지원을 아끼지 않았으며, 재단의 도움이 없었으면 이 번역서와 해설서는 절대 세상에 나오지 못했을 것이다.

마지막으로 2쇄에 색인을 추가하도록 허락해 준 앨프리드 P. 슬론 재단에 감사한다.

덧붙임

특별히 초고를 읽어준 동료 네 분께 감사드리고 싶다. 브루스 브래큰리지는 이 해설서의 초고를 읽고『프린키피아』에서 뉴턴이 사용된 여러 방법에 대한 훌륭한 의견을 공유해주었다. 조지 스미스는 해설서 초고를 섹션별로 다 읽고 번역문을 확인해 주었다. 마이클 나우엔버그와 윌리엄 하퍼는 해설서의 오류를 찾는 것을 도와주었다. 학생인 루이스 캄포스는 놀라운 교정 솜씨를 보여주었다.

또한 서신 교환을 통해 몇 가지 문법 문제를 해결하도록 도와준 메리 앤 로시에게도 감사드린다. 에드먼드 J. 켈리는『프린키피아』모트−캐조리 판의 문장을 연구한 결과를 보내주었다.

현재 출간 작업 중이거나 조금 늦게 세상에 나와 해설서에서 참고할 수 없었던 다음의 세 편의 논문 선집에도 독자들이 관심을 가져주기 바란다.『르네상스부터 천체물리학의 등장까지, 행성 천문학, 2부: 18세기와 19세기 편Planetary Astronomy from the Renaissance to the Rise of Astrophysics, Part B: The Eighteenth and Nineteenth Centuries』, 르네 테이튼과 커티스 윌슨 편찬(케임브리지: 케임브리지 대학 출판부, 1995).『아이작 뉴턴의 자연 철학Isaac Newton's Natural Philosophy』, 제드 버치왈드와 I.B. 코헨 편찬(케임브리지: MIT 출판부, 출간 예정), 그리고『뉴턴 학문의 토대: 왕립 학회 1997년 심포지엄의 기록들The Foundations of Newtonian Scholarship: Proceedings of the 1997 Symposium at the Royal Society』, R. 달리츠와 M. 나우엔버그 편찬(Singapore: World Scientific, 출간 예정). 이 선집 중 일부, 특히 마이클 나우엔버그가 쓴 부분은, 해설서에서 제시하는 해석을 다른 각도에서 조명하거나 대안적 해석을 내놓고 있다. 나우엔버그가 기여한 다른 내용은 해설서의 각주에서 인용하였다.

프린키피아
해설서

A GUIDE TO NEWTON'S PRINCIPIA

버나드 코헨 | 해설
마이클 나우엔버그 • 조지 E. 스미스 | 도움

By I. Bernard Cohen
with contribution by Michael Nauenberg (§3.9)
and George E. Smith (§§7.10, 8.8, 8.15, 8.16, and 10.19)

해설서 목차

| 약어

해설서의 각주 전반에서, 꾸준히 언급되는 열 권의 책은 다음과 같이 약어로 표기하였다.

『견해*Anal. View*』　　헨리 로드 브로검Henry Lord Brougham, E.J. 라우트E. J. Routh, 『아이작 뉴턴 경의 프린키피아에 대한 해석적 견해*Analytical View of Sir Isaac Newton's "Principia"*』 (London: Longman, Brown, Green, and Longmans, 1855; reprint, with an introd. by I. B. Cohen, New York and London: Johnson Reprint Corp., 1972)

『배경*Background*』　　존 헤리벨John Herivel, 『뉴턴의 '프린키피아'의 배경: 1664–84년간의 뉴턴의 동역학 연구*The Background to Newton's "Principia": A Study of Newton's Dynamical Researches in the Years 1664-84*』(Oxford: Clarendon Press, 1965)

『편지*Corresp.*』　　H. W. 턴불H. W. Turnbull 외, 『아이작 뉴턴의 편지*The Royal Society's edition of The Correspondence of Isaac Newton*』(Cambridge: Cambridge University Press, 1959-1977)

『에세이*Essay*』　　W. W. 라우스 볼W. W. Rouse Ball, 『뉴턴의 '프린키피아'에 관한 에세이*An Essay on Newton's "Principia"*』(London: Macmillan and Co., 1893; reprint, with an introd. by I. B. Cohen, New York and London: Johnson Reprint Corp., 1972)

『개요*Introduction*』　　I. B. 코헨I. B. Cohen, 『뉴턴의 '프린키피아' 개요*Introduction to Newton's "Principia"*』(Cambridge, Mass.: Harvard University Press; Cambridge: Cambridge University Press, 1971).

『논문들*Math. Papers*』 D. T. 화이트 사이드Whiteside, 『아이작 뉴턴의 수학 논문들*The Mathematical Papers of Isaac Newton, 8 vols., ed.*』(Cambridge: Cambridge University Press, 1967-1981).

『뉴턴*Never at Rest*』 R. S. 웨스트폴R. S. Westfall, 『아이작 뉴턴*Never at Rest: A Biography of Isaac Newton*』(Cambridge, London, New York: Cambridge University Press, 1980).

『성과*Newt. Achievement*』 커티스 윌슨Curtis Wilson, 『천문학에서 거둔 뉴턴의 성과*"The Newtonian Achievement in Astronomy," in Planetary Astronomy from the Renaissance to the Rise of Astrophysics, Part A: Tycho Brake to Newton, ed. Rene Taton and Curtis Wilson, vol. 2A of The General History of Astronomy*』, (Cambridge and New York: Cambridge University Press, 1989), pp. 233-274.

『혁명*Newt. Revolution*』 I. B. 코헨, 『뉴턴 혁명*The Newtonian Revolution*』(Cambridge, London, New York: Cambridge University Press, 1980).

『미발표 논문*Unpubl. Sci. Papers*』 루퍼트 홀A. Rupert Hall, 마리 보아스 홀Marie Boas Hall, 『아이작 뉴턴의 미발표 과학 논문*Unpublished Scientific Papers of Isaac Newton*』(Cambridge: Cambridge University Press, 1962

뉴턴의 저작과 뉴턴의 생애, 사상, 그리고 영향력에 관한 방대한 이차 저작물에 대해서는, 피터 월리스와 루스 월리스의 『뉴턴과 뉴터니아나, 1672-1975: 전기*Newton and Newtoniana, 1672-1975: A Bibliography*』(Folkestone: Dawson, 1977)가 유용한 안내서가 될 것이다. 일반적으로 도움이 될 만한 책으로는 데릭 그제르센의 『뉴턴 핸드북*The Newton Handbook*』(London and New York: Routledge and Kegan Paul, 1986)이 있다.

　　본문에, 예를 들면 "ULC MS Add. 3986" 이런 식의 참고문헌이 나오는데, 이때 "ULC"는 케임브리지 대학 도서관the University Library of Cambridge University의 약자다.

1장
『프린키피아』의 간략한 역사

1.1 『프린키피아』의 기원

아이작 뉴턴의 프린키피아는 1687년에 출간되었다. 원제는 『자연철학의 수학적 원리*Philosophiae Naturalis Principia Mathematica*』다. 1713년에 개정판이, 이후 작가가 세상을 떠난 1727년보다 1년 전인 1726년에 3판이 나왔다. 이 책의 주제는 "이론 역학rational mechanics"이다. 이론 역학은 초판 서문에서 뉴턴이 부여한 이름이고, 이후 라이프니츠가 "동역학dynamics"이라는 새로운 명칭을 도입했다. 비록 뉴턴은 이 이름을 반대했지만,[1] 사실 『프린키피아』의 주제를 논하기에는 "동역학" 쪽이 더 적합한 명칭이다. 이 책의 주요한 첫 번째 개념이 바로 "힘"이기 때문이다. 실제로 『프린키피아』는 다양한 힘과 그 힘이 만들어내는 다양한 유형의 운동에 관한 연구라고 설명해도 무방하다. 뉴턴의 궁극적인 목표는 이전의 연구 결과를 세계의 체계, 즉 천체 운동에 적용하는 것이었으며, 이 목표는 전 3권으로 구성된 『프

---

[1] 뉴턴이 반대한 이유는 이 이름이 그리스어에 기원을 두고 있다거나 이름 자체가 타당하지 않아서가 아니라, 라이프니츠가 마치 이 분야의 창시자인 것처럼 명명했다는 사실에 분개했던 것이다. 뉴턴은 자신이 역학을 창시했다고 믿고 있었다. 뉴턴은 비망록에서(내가 쓴 『개요』, p.296, §6), "갈릴레오는 포물체에 미치는 중력의 영향을 고민하기 시작했다. 뉴턴 씨는 『자연철학의 원리』에서 그의 고민을 더 큰 규모의 과학으로 발전시켰다. 그런데도 라이프니츠 씨는 이를 '동역학(Dynamica)'이라고 부르며, 마치 자신의 것인 양 새로운 이름으로 세례를 주었다"라고 썼다. 같은 책의 다른 글에서(같은 책, p.297) 뉴턴은, "라이프니츠 씨는 뉴턴 씨가 사용한 구심력(vis centripeta)이라는 명칭을 솔리키타티오 파라켄트리카(sollicitatio paracentrica)라고 제멋대로 바꾸었는데, 더 적합한 이름이어서가 아니라 이 개념이 뉴턴 씨의 사고 기반 위에 세워진 것처럼 보이지 않게 하려는 의도였다."라고 썼다. 그는 또한 라이프니츠가 "이 힘의 과학을 제멋대로 '동역학'이라고 부름으로써 마치 자기가 발명한 것처럼 자신의 흔적을 남겼으며, 그런 식으로 새로운 이름과 개념으로 자신의 흔적을 자주 남기려 하고 있다"고 주장했다. [당시 문서에서는 자신을 3인칭으로 지칭하는 경우가 많았다. 뉴턴 자신이 쓴 글이지만 본인을 '뉴턴 씨'라고 지칭하고 있다. ―옮긴이]

린키피아』의 3권에서 달성된다. 오늘날 이 분야는 100년쯤 후에 라플라스가 사용한 "천체 역학celestial mechanics"이라는 이름으로 잘 알려져 있다.

『프린키피아』의 탄생 과정은 지금까지 여러 번 소개되었다.[2] 1684년 여름에, 천문학자 에드먼드 핼리, 크리스토퍼 렌, 로버트 후크는 풀리지 않는 문제로 고심하고 있었다. 중심으로부터 거리의 제곱에 반비례하는 힘이 만들어내는 행성 궤도를 구하는 문제였다. 핼리는 이 문제를 뉴턴이 해결할 수 있을지 알아보기 위해 뉴턴을 방문했고, 뉴턴은 그 답이 타원임을 알고 있었다.[3] 그는 이미 타원 궤도 문제를 해결했고, 이는 1679-80년 동안 후크와 주고받은 편지를 보면 분명히 확인된다. 핼리는 뉴턴의 답을 듣고 그 결과를 책으로 써 달라고 간청했다. 핼리가 끈질기게 권고한 끝에 뉴턴은 짧은 소책자를 쓰게 되었고, 현재 여러 판본이 존재하는 이 소책자는 훗날 『운동에 관하여De Motu』라는 제목으로 알려지게 되었다.[4] 이 책은 이후 몇 가지 버전으로 파생되는 뉴턴의 모든 책의 공통된 출발점이 된다. 일단 펜을 들고 나니 자신의 천재성과 창의성을 억누를 수 없었던 뉴턴은 결국 『프린키피아』라는 최종 결과물을 세상에 내놓게 되었다. 『운동에 관하여』의 초기 버전부터 『프린키피아』까지 이르는 동안, 경험적 기반의 수리 과학을 토대로 무엇을 이룰 수 있을 것인지 추구하려던 뉴턴의 구상은 몇 배나 확장되었다.

『프린키피아』는 처음 구상 단계에서는 책 두 권 분량이었고, 제목은 단순히 『물체의 운동에 관하여De Motu Corporum』였다.[5] 초안은 『프린키피아』와 마찬가지로 '정의'와 '운동 법칙'으로 시작하며, 그 뒤의

---

2   대표적으로, 내가 쓴 『Introduction』, 웨스트폴의 『Never at Rest』, 화이트사이드의 『Math. Papers』(6권) 서문, 헤리벨의 『Background』 등이 있고, 최근작으로는 A. 루퍼트 홀의 『Issac Newton: Adventurer in Thought』(Oxford and Cambridge, Mass.: Blackwell, 1992)가 있다.

3   이 일화의 출처는 존 콘두이트가 수집한 기록에서 찾을 수 있다. 존 콘두이트는 뉴턴의 조카의 남편이며 뉴턴의 뒤를 이어 왕립 조폐국장직을 역임했다. 그는 뉴턴의 전기를 쓰기 위해 자료를 모았으며, 이 일화는 수학자 아브라함 드무아브르에게 전해 들었다고 한다. 이 이야기의 전체적 내용은 대체로 정확하지만 세부적인 부분에 대해서는 약간의 의심이 간다. 50년도 더 전에 있었던 일을 다른 이에게서 전해 듣고 남긴 기록이기 때문이다. 핼리가 뉴턴에게 던진 정확한 질문은 무엇이었을까?
      콘두이트가 기록한 이 질문 때문에 많은 역사 비평사가들이 혼란스러워 했다. 이 문제는 단순한 답이 나올 문제가 아니었기 때문이다. 심지어 핼리가 거리 제곱에 반비례하는 힘이 만드는 궤도가 무엇인지를 물은 것이 아니라 타원 궤도에 작용하는 힘이 무엇인지를 물어보았을 것이라는 견해도 있다. 콘두이트가 이 둘 사이의 차이를 알 정도로 수학을 잘 알았을 것 같지는 않다. 그러나 사실 여기에는 큰 차이가 있다. 뉴턴이 『프린키피아』 명제 11에서 설명하고 『물체의 운동에 관하여』의 초안에서 증명한 것처럼, 타원 궤도는 분명히 거리 제곱에 반비례하는 힘이 존재함을 암시한다. 그럼에도, 『프린키피아』의 독자라면 잘 알 테지만, 거리 제곱에 반비례하는 힘이 오직 타원 궤도만을 만드는 것은 아니며, 원뿔곡선(타원이나 포물선, 쌍곡선)이 모두 해당될 수 있다.
      물론 핼리의 질문은 행성 궤도 또는 행성의 위성의 궤도를 언급하는 것으로 볼 수 있다(또는 뉴턴이 그럴 것이라고 생각했을 수도 있다). 행성과 위성의 궤도는 닫힌 곡선이며, 따라서 포물선이나 쌍곡선일 수 없으므로, 핼리가 뉴턴에게 던진 질문은 실제로는, '거리 제곱에 반비례하는 힘이 만들어내는 행성의 궤도(또는 닫힌 궤도)는 무엇인가?'였을 것이다. 이 경우, 콘두이트가 기록한 답은 타당하다.

4   다양한 버전의 『운동에 관하여』는 다음에서 찾아볼 수 있다. 화이트사이드가 편찬한 『Math. Papers』, 6:30-80, A.R. 홀과 마리 보아스 홀의 『Unpubl. Sci. Papers』, pp.237-239, 243-292. 헤리벨의 『Background』, pp.256-303. 그리고 그보다 이전에 나온 라우스 볼의 『Essay』, pp.31-56. 스티븐 P. 그리고 Stephen P. Rigaud의 *Historical Essay on the First Publication of Sir Isaac Neweton's "Principia"*(Oxford: Oxford University Press, 1838; reprint, with an introd. by I.B. Cohen, New York and London: Johnson Reprint Corp., 1972), 부록 no.1, pp.1-19. 『운동에 관하여』의 원고 사본은 아래 각주 5를 참고하자.

5   책 1권의 초안에 대해서는 내가 쓴 『Introduction』, chap 4와 suppl. 3을 참고하자. 여기에서는 뉴턴의 『루카시안 강의록』(LL)이

내용은 『프린키피아』의 1권과 어느 정도 일치한다.[6] 2권 초안의 주제는 『프린키피아』 3권과 거의 일치한다. 이 원고를 『프린키피아』로 개정하면서, 뉴턴은 1권에서 자유 공간, 즉 마찰이 전혀 없는 공간에서의 힘과 운동만을 다루었다. 『프린키피아』 2권은 저항이 있는 매질 안의 운동에 대한 확장된 해석과 진자 운동에 관한 논의[7], 파동의 운동, 소용돌이 물리학을 다룬다. 『프린키피아』 3권의 주제는 세상의 체계이며, 구판 2권의 내용을 많이 포함하지만 대체로 새로운 형태로 쓰였다. 뉴턴이 『프린키피아』 최종판에서 3권을 소개하며 설명한 것처럼 원래는 이 주제를 일반인이 쉽게 이해할 수 있도록 다루려고 했지만 이후에 이론 역학의 원리를 익히지 않은 사람은 읽기 어려울 만큼 더욱 엄밀한 수학적 형태로 서술하기로 결심했다. 그렇기는 하지만 새로 쓰인 3권의 단락은 전체적으로 구판인 2권에서 고스란히 따온 것이다.[8]

1.2 『프린키피아』의 구성과 출간 단계

역학, 그중에서도 동역학과 관련해서 뉴턴이 사고를 발전시킨 과정은 그간 많은 학자가 탐구해 왔고 지금도 활발히 연구가 이루어지는 분야다.[9] 힘과 운동에 관하여 뉴턴의 최초 아이디어가 어떻게 발전해 나가는지를 지켜보는 것은 그 자체로도 무척이나 흥미롭지만, 『프린키피아』 독자들을 안내하려는 이 해설서의 주제와는 직접적인 관련이 없다. 그래도 그의 초창기 아이디어 중 어떤 것은 『프린키피아』의 독자에게도 흥미로운 측면이 있을 것이다. 1권 명제 4의 주해에서, 뉴턴은 일정한 속도로 움직

라고 표기하였는데, 그 이유는 뉴턴이 나중에 이 원고를 케임브리지 대학 도서관에 맡기면서 1684년과 1685년 대학 강의의 강의록인 것처럼 기록했기 때문이다. 이 원고는 D.T. 화이트사이드가 『Math. Papers』 6권에서 번역, 편찬해 수록했고, 전체 원고 사본과 『운동에 관하여』의 초안은 The Preliminary Manuscripts for Isaac Newton's 1687 "Principia", 1684-1865(Cambridge and New York: Cambridge University Press, 1989)라는 제목으로 출간되었다.

6 이 초안의 1권에서(『물체의 운동에 관하여』와 마찬가지로) 유체를 거스르는 운동을 간략히 설명하고 있는데, 이 내용이 이후에 확장되어 『프린키피아』 2권 섹션 1이 된다.

7 진자 운동은 1권에서도 다룬다.

8 앤 휘트먼과 I. 버나드 코헨이 새로 번역한 이 3권의 초안은 캘리포니아 대학교 출판부에서 출간할 예정이다. 이 책을 『프린키피아』 3권(부제 "De Systemate Mundi")과 구분하기 위해, 우리는 이 초안을 "세계의 체계에 관한 에세이"라고 불렀다. 두 버전에서 내용이 같은 문단들은 목록으로 작성해 『프린키피아』 증보판(이문 포함)에 수록하였으며, 아래 n.45에서 다양한 글과 함께 인용되어 있다.

9 이 주제를 다룬 책과 논문은 무수히 많고 새롭게 속속 등장하고 있어서 전부 인용하는 것은 현실적으로 거의 불가능하다. 권위를 인정받으면서도 독자가 접근하기 쉬운 저작으로는 커티스 윌슨의 『Newt. Achievement』, D.T. 화이트사이드의 Before the Principia: The Maturing of Newton's Thoughts on Dynamical Astronomy, 1664-84, 《Journal for the History of Astronomy》 1 (1970): 5-19, "The Mathematical Principles Underlying Newton's Principia", ibid., 116-138 등이 있다. 또한 내가 쓴 『Newt. Revolution』, chaps. 4 and 5, R.S. Westfall, 『Never at Rest』 그리고 그의 초기작 Force in Newton's Physics(London: Macdonald; New Yorl: American Elsevier, 1971), chaps. 7 and 8, 헤리벨의 『Background』도 참고하자. 이 주제에 대하여 홀은 Isaac Newton: Adventurer in Thought, pp.55-64에서 놀라운 해설을 소개한다. 이밖에도 현재 이 분야를 연구하는 학자들로는 브루스 브래큰리지, 헤르만 에를리흐손, J.E. 맥과이어, 그리고 마이클 M. 나우엔버그 등이 있다.

이는 원운동(반지름 r인 원을 따라 속도 v로 움직이는 운동)에서 힘에 관한 v^2/r 법칙을 그가 독립적으로 발견했다고 (1660년대에) 언급하고 있다. 일반적으로 법칙은 크리스티안 하위헌스가 최초로 발견했다고 인정되며, 하위헌스는 1673년에 발표한 『진자시계Horologium Oscillatorium』에서 이 내용을 기록하였다.[10] 이 v^2/r 법칙을 케플러의 제3 법칙과 결합시키면, 아주 간단한 대수 연산만으로도 일정한 속도로 원운동을 하는 물체의 계 안에서 작용하는 힘이 $1/r^2$에 비례, 즉 거리의 제곱에 반비례한다는 것을 알 수 있다. 물론 이 계산은 힘의 성질에 대해서는 아무것도 말해주지 않는다. 그 힘이 구심력인지 원심력인지 또는 후기 뉴턴 역학의 관점에서 본 힘인지 아니면 단순히 데카르트의 "코나투스conatus" 즉 "노력endeavour"인지 계산만으로는 알 수 없다(데카르트는 철학에서 사물의 본질로서 정의하는 개념인 "코나투스"를 자연과학에 적용하여 물체의 능동적 힘을 설명하고 있다. 코나투스는 일반적으로 '의지' 또는 '노력'으로 번역 가능한데, 이 경우는 사물에 해당하므로 '노력'으로 번역하였다. 개념적으로는 뉴턴의 힘(force, 라틴어로는 vis)과 일맥상통한다. ─옮긴이). 뉴턴은 훗날 한 문서에서, 자신이 이미 1660년대에 『프린키피아』 3권 명제 4에서 다루었던 것과 같이 사실상 v^2/r 법칙을 달의 운동에 적용해 "중력이 달까지 뻗어 나간다"는 아이디어를 확인하려 했다고 주장했다.[11] 이런 식으로 뉴턴은 거리 제곱에 반비례하는 중력의 개념을 후크에게서 배웠다는 후크 본인의 주장에 반박할 수 있었다.

문제의 문서를 주의 깊게 읽다 보면 1660년대에 뉴턴이 가끔 몇 가지 계산에 몰두했음을 알 수 있는데, 그중 하나는 지구 공전으로부터 발생하는 바깥쪽을 향하는 힘, 즉 원심력이 지구의 중력보다 작다는 것을 증명하기 위한 것이었다. 코페르니쿠스의 태양 중심설이 가능하려면 반드시 그러해야 한다. 뉴턴은 이를 증명한 후 몇 가지 힘을 계산했다. 데카르트의 소용돌이 힘은 『프린키피아』에서 다루는 힘처럼 태양이 행성에 가해서 행성들이 휘어진 경로를 유지하며 회전하게 하는 힘, 또는 지구가 달에 가하는 힘이 아니다. 이때와 이후 몇 년 동안 뉴턴은 데카르트의 소용돌이 이론에 깊이 빠져들었다. 당시에 그는 나중에 『프린키피아』에서 서술하는 동역학적 의미의 "중력", 이를테면 달에 작용하는 중력 같은 개념이 전혀 없었다. 이 데카르트의 "노력"(뉴턴은 데카르트가 썼던 기술 용어 "코나투스"를 그대로 썼다)은 행성이 궤도를 벗어나 날아가고자 하는 힘의 세기를 말한다. 뉴턴은 태양부터 행성까지의 거리의 세제곱이 "주어진 시간 동안 행성의 공전주기의 제곱에 반비례하기 때문에, 태양으로부터 벗어나려는 행성의 '코나투스'는 태양까지의 거리의 제곱에 반비례할 것"이라고 결론을 내린다.[12]

---

10 해당 법칙의 초기 발견에 대하여 뉴턴의 기록한 글은 (뉴턴의 『낙서장(Waste Book)』에서 발췌하여) 『Background』 pp.130-131에 수록되었다.

11 뉴턴이 자전적 내용을 담아 쓴 이 유명한 문서는 A Catalogue of the Portsmouth Collection of Books and Papers Written by or Belinging to Sir Isaac Newton, the Scientific Portion of Which Has Been Presented by the Earl of Portsmouth to the University of Cambridge, ed. H. R. Luard et al. (Cambridge: Cambridge University Press, 1888)에서 최초로 인쇄되었고, 이후 수차례 재발간되었다. 케임브리지 대학 도서관의 원고(ULC MS Add. 3968, §41, fol.85)에서 발췌하여 수정된 버전은 내가 쓴 『Introduction』, pp.290-292에서 확인할 수 있다.

12 『Corresp.』 1:300, A. 루퍼트 홀의 "Newton on the Calculation of Central Forces", Annals of Science 13 (1957): 62-71 참고.

뉴턴은 또한 지구 표면으로부터 멀어지려는 힘 또는 "코나투스"(지구의 자전 때문에 발생하는 힘)가 달이 궤도를 벗어나 지구로부터 멀어지려는 힘보다 $12\frac{1}{2}$배 크다는 것을 증명하기 위한 계산도 했다. 그는 지구 표면에서 벗어나려는 힘이 "달이 지구를 벗어나려는 힘보다 4,000배 이상 크다"는 결론을 내린다.

다시 말해, "뉴턴은 태양의 소용돌이 안에서 흥미로운 수학적 상관관계를 발견했지만,"[13] 근본적으로 새로운 구심력의 개념은 아직 떠올리지 못한 것이 분명하다. 구심력은 행성을 태양 쪽으로, 달을 지구 쪽으로 끌어당기는 힘이다.[14] 플로리안 캐조리의 주장처럼, 뉴턴이 만유인력 이론을 발표하는 과정에서 "20년간의 지연"(1660년대 중반부터 1680년대 중반까지)은 없었다.[15]

1679-80년에 후크는 과학과 관련된 주제로 뉴턴과 서신을 교환하기 시작했다. 그는 편지에서 자신이 세운 "가설"을 소개했는데, 곡선의 접선 방향을 따르는 관성 성분 또는 등속의 직선 성분과 중심을 향해 안쪽으로 떨어지는 운동 성분을 결합하여 곡선 궤도를 따르는 운동을 설명하는 내용이었다. 뉴턴은 후크에게 이런 "가설"에 대해서는 한 번도 들어본 적이 없다고 말했다.[16] 후크는 편지를 통해 이 가설의 결과가 어떻게 나올지 연구해 보라고 뉴턴을 재촉하면서, 태양-행성 간 힘의 역제곱 법칙과 결합하면 진정한 행성 운동으로 이어질 것이라는 의견 또는 추측을 제시했다.[17] 그러면서 역제곱 법칙이 행성의 궤도 위 속도가 태양부터 행성까지의 거리에 반비례한다는 규칙으로 이어질 것이라고도 했다.[18] 후크에게 자극을 받은 뉴턴은 태양-행성 간 힘이 거리의 제곱에 반비례한다는 것을 증명했고, 이것이 『프린키피아』라는 결과로 향하는 첫걸음이 되었다.

뉴턴이 정확히 어떻게 타원 궤도를 따르는 운동 문제를 해결하게 되었는지는 확신할 수 없지만, 학자들 대부분은 핼리의 방문이 있고 몇 년 후인 1684년에 작성된 소책자 『운동에 관하여』에서 제시된

---

13   Hall, 『Issac Newton: Adventurer in Thought』, p.62. 이 책은 천체 운동에 대한 1660년대의 뉴턴의 사고에 대하여 탁월한 비평을 제시한다.

14   이 문서와 이에 대한 해석은 Hall, "Newton on the Calculation of Central Forces", pp.62-71을 참고하자. 『Background』, pp.192-198, 68-69와 특히 『Never at Rest』pp.151-152도 참고하기에 좋다. 이에 덧붙여 『Newt. Revolution』 중 pp.238-240도 참고하도록 추천한다. D.T. 화이트사이드의 "The Prehistory of the Principia from 1664 to 1686", *Notes and Records of the Royal Society of London* 45 (1991): 11-61, 특히 pp. 18-22에서 이 주제에 대한 놀라운 해설을 찾아볼 수 있다.

15   Florian Cajori, "Newton's Twenty Years' Delay in Announcing the Law of Gravitation", in *Sir Isaac Newton, 1727-1927: A Bicentenary Evaluation of His Work*, ed. Frederic E. Brasch (Baltimore, Williams and Wilkins, 1928), pp.127-188 참고.

16   1680년 동안 뉴턴과 후크가 주고받은 편지는 『Corresp.』제2권에서 찾아볼 수 있다. 이 내용에 관해서는 알렉상드르 쿠아레(Alexandre Koyré)의 "An Unpublished Letter of Robert Hooke to Isaac Newton", Isis 43 (1952): 312-337, reprinted in Koyré's *Newtonian Studies* (Cambridge, Mass.: Harvard University Press, 1965), pp.221-260을 참고하자. 또한 J. A. Lohne, "Hooke versus Newton: An Analysis of the Documents in the Case of Free Fall and Planetary Motion", *Centaurus* 7 (1960): 6-52도 참고하자.

17   훗날 뉴턴은 후크가 이 추측을 스스로 증명할 수 없을 것이라고 주장했고, 그의 주장은 상당히 정확했다. 아무튼 뉴턴 자신도 이미 거리 제곱에 반비례하는 힘을 생각하고 있었던 것이다.

18   뉴턴은 후크가 내린 이 특별한 결론 또는 추측이 틀렸음을 증명하려 했다. 점 P에 있는 행성이 받는 힘은(1권, 명제 1, 따름정리 1 참고) 태양부터 P를 접점으로 하는 접선까지의 수직 거리에 반비례한다. 주목할 것은, 한때 케플러도 주장했던 이 후크의 규칙은 타원의 장축단에서만 참이라는 것이다.

단계를 어느 정도 따랐다는 데 동의한다.[19] 근본적으로 이 과정은『프린키피아』1권의 명제 1과 2에서 4까지, 그리고 명제 6에서 10과 11까지 이어지는 과정을 따른 것이다. 선천적으로 비밀스러운 성향을 타고난 뉴턴은 후크에게 자신이 거둔 성취에 대해 털어놓지 않았다. 아무튼 그는 자신이 발견한 것을 질투심 많은 경쟁자에게 알린 적이 거의 없었고, 사적인 편지에서조차 언급하는 일이 거의 없었다. 사실 돌이켜 보면, 뉴턴이 자신의 발견을 후크에게 밝히지 않은 것보다, 발견한 바를『프린키피아』로 확장시켜야겠다고 곧바로 마음을 먹지 않았던 것이 더 놀랍다.

후크와 뉴턴의 서신 교환에는 주목할 점이 많다. 첫째, 후크는 자신의 추측 또는 직관에서 생겨난 문제를 풀 능력이 없었다. 거리 제곱에 반비례하는 힘이 만드는 궤도를 구하기에는 그가 갖춘 수학적 기술이 턱없이 부족했다. 몇 년 후에는 렌과 핼리도 똑같이 이 문제로 고심했다. 이에 대해 뉴턴이 내놓은 해결책은, 웨스트폴의 지적대로, "거리 제곱에 반비례하는 힘의 장field 안에서 경로를 조사하는" 것이 아니라 문제를 뒤집어서 궤도를 타원으로 가정하고 그에 해당하는 힘을 찾는 것이었다.[20] 둘째, 소책자『운동에 관하여』가 후크와의 서신 교환 후 뉴턴의 사고과정을 보여준다고 확신하기 어렵다. 이를테면 웨스트폴은 이후에 뉴턴이 존 로크에게 보낸 영어로 쓴 논문이 더 가능성이 크다고 주장하며, 자신이 쓴 뉴턴의 전기에서도 이 견해를 고수하고 있다.[21] 세 번째로 눈여겨볼 점은 뉴턴이 후크에게 받은 편지를 읽고 궤도 운동을 연구하려고 마음먹었고, 이 연구가 결과적으로『프린키피아』로 이어졌음을 솔직히 인정하고 있다는 것이다.[22] 넷째는, §3.4에서 보게 되겠지만, 후크와의 만남으로 인해 뉴턴의 자연철학의 방향에 근본적인 전환이 일어났으며, 이는『프린키피아』와 불가분의 관련이 있다. 다섯째, 뉴턴은 거리 제곱에 반비례하는 힘으로부터 타원 궤도를 성공적으로 증명해냈지만, 이 성

---

19   그러나 뉴턴이 이 시기에 썼던 내용이 이후 존 로크에게 보낸 논문의 원형이었을 가능성이 있다는 의견도 있다. 이 원고는 D.T. 화이트사이드의 해설과 함께,『Math. Papers』, vol. 6과, 헤리벨의『Background』, 그리고 홀 부부가 편찬한『Unpubl. Sci. Papers』에서 찾아볼 수 있다.

20   『Never at Rest』, p.387. 이 내용은 내가 쓴『Introduction』pp.49-52에서도, 그 유명한 핼리의 1684년의 방문 때 핼리의 질문과 뉴턴의 대답과 관련하여 다루어진다.

21   그러나 학자들 대부분은 이 논문의 작성 시기가『프린키피아』이후라고 보고 있다. 헤리벨은 1961년에 이보다 더 이른 날짜를 제안했고, 그가 쓴『Background』, pp.108-117에서 재확인했다. 이후 1963년에 홀 부부는 이 날짜에 이의를 제기했으며, 1969년 웨스트폴도 홀 부부의 의견을 지지했다. 이들의 주장은 1970년 화이트사이드가 반증했다. 웨스트폴의『Never at Rest』, pp.387-388 n.145의 요약을 참고할 것.
        이 논문의 작성 날짜를 추정하려는 여러 시도에 대하여, Bruce Brackenridge, "The Critical Role of Curvature in Newton's Developing Dynamimcs, in *The Investigation of Difficult Things: Essays on Newton and the History of the Exact Sciences*, ed. P.M. Harman and Alan E. Shapiro (Cambridge: Cambridge University Press, 1992), pp.231-260, 특히 241-242와 n.35에서 훌륭한 해설을 찾아볼 수 있다. 브래큰리지는 화이트사이드의 견해에 동의하며, 소책자의 초안이 되는 "원형"의 작성 날짜는 1684년 8월, 핼리의 방문 직후로 결정되어야 한다는 결론을 내린다.

22   1686년 7월 27일 뉴턴이 핼리에게 보낸 편지,『Corresp.』2:447, 내가 쓴『Introduction』, suppl. 1. 내가 생각하는 후크-뉴턴이 교환한 서신의 의미(천체 궤도 운동을 해석하는 유용한 방법을 제시한 측면에서) R.S. 웨스트폴의 선구적 연구인 "Hooke and the Law of Universal Gravitation", *The British Journal for the History of Science* 3(1967): 245-261에서 많은 영향을 받았다.

과가 현대적인 이론 역학을 창조하겠다는 자극이 되지는 않았다. 이런 자극은 4년이 지나서야 받게 된다. 여섯째, 행성의 힘 문제에 대한 뉴턴의 풀이는 뉴턴이 생각하고 있었던 동역학적 척도로서의 힘의 새로운 개념(1권 명제 6에서와 같이), 그리고 케플러의 면적-속도 일정의 법칙이 갖는 중요한 의미에서 영향을 받았다.[23] 마지막으로 짚어볼 점은 이 중요한 시기의 뉴턴의 사상을 연구하는 학자들은 대부분 개념적 수식과 그에 대한 해석적 풀이에 초점을 맞추지만, 후크[24]와 뉴턴은 도식적 해법을 중요하게 활용했다는 점이며, 이는 특히 커티스 윌슨이 강조하는 부분이다.[25] 실제로 초기에 후크에게 보낸 편지에서, 뉴턴은 후크의 "예리한 편지를 받고 나는 (…) 이 곡선에 대해 깊은 생각에 빠지게 되었다"면서, "이 근사적quam proxime 서술에 대해 무언가를 추가해야겠다"[26]고 썼다. 『프린키피아』의 마지막 명제(3권, 명제 42)는 (초판에서는) "도식적으로 발견한 혜성의 궤적을 보정하라"였다. 2판과 3판에서도 증명 내용은 크게 달라지지 않았지만, 현재 이 명제는 "지금까지 구한 혜성의 궤적을 보정하라."로 남아 있다.

핼리를 위해 그가 얻은 결과를 기록하고(『운동에 관하여』에서) 거리 제곱에 반비례하는 중심력central force으로부터 타원 궤도가 유도됨을 증명한 후에(같은 책 1권, 명제 11), 뉴턴은 기쁨에 넘쳐 다음과 같이 결론을 맺었다. "그러므로 타원 궤도로 공전하는 주행성들은[이 책에서는 태양 주위를 도는 주행성과 그 주위를 도는 위성으로 구분한다] 타원의 초점을 태양 중심에 두고 있다. 그리고 태양까지 이어진 반지름이 휩쓰는 면적은 시간에 비례한다. 이는 정확히["omnino"] 케플러가 생각했던 대로다."[27] 그러나 뉴턴은 자신이 힘의 수학적 중심 주위로 운동하는 물체라는 다소 인위적인 상황을 고려하고 있음을 깨닫게 되었다. 자연에서는 물체가 다른 물체의 주위를 돌지 수학적 점의 주위를 돌지 않는다. 그는 두 물체로 구성된 계의 이체 문제two-body problem를 고민하면서, 이 경우 각각의 물체가 다른 물체에 힘을 가한다는 것을 깨닫게 되었다. 두 물체의 계에서 이것이 참이라면, 예를 들어 태양-지구 계에 대하여 참이라면, 모든 계에서도 참이어야 한다. 이런 식으로 그는 태양이 (다른 모든 행성과 마찬가지로) 힘을 가하는 동시에 힘을 받는 물체이며, 각각의 행성 역시 태양계의 다른 모든 행성에게 섭동력을 가해야 한다는 결론을 내렸다. 그리고 그 결과로 "무게 중심에 있던 태양의 위치가 바뀌게 되면 구심력은 항상 부동의 중심을 향하지 않게 되고, 행성은 정확한 타원 궤도를 그리지 못하거나 같은 궤도를 두 번 돌 수 없게 되는 효과가 발생"한다는 것을 곧장 깨달았다. 다시 말해, "행성은 매번 공전할 때마다 새로운

---

23 뉴턴이 활용한 케플러의 면적 법칙과 면적 법칙 대신 17세기 천문학자들이 사용했던 다양한 근사에 관하여, Curtis Wilson, "From Kepler's Laws, So-Called, to Universal Gravitation: Empirical Factors", *Archive for History of Exact Sciences* 6 (1970): 89-170, 그리고 내가 쓴 『Newt. Revolution』, pp.224-229를 참고할 것.

24 Patri Pugliese, "Robert Hooke and the Dynamics of Motion in the Curved Path", in *Robert Hooke: New Studies*, ed. Michael Hunter and Simon Schaffer (London: Boydell Press, 1989), pp. 181-205. 이와 함께 Michael Nauenberg, "Hooke, Orbital Motion, and Newton's *Principia*", *American Journal of Physics* 62 (1994): 331-350도 함께 참고할 것.

25 "Newt.Achievement," pp.242-243.

26 뉴턴이 후크에게 1679년 12월 13일 보낸 편지, 『Corresp.』 2:308. 윌슨이 제안한 재구성은 "Newt.Achievement," p.243에 나온다.

27 『Unpubl. Sci. Papers』, pp.253, 277.

궤도를 따르게 되며, 이는 달의 운동에서도 마찬가지이다. 각각의 궤도는 모든 행성의 운동들을 결합한 결과에 좌우되며, 행성의 작용이 서로에게 미침은 말할 것도 없다."[28] 뉴턴의 이 같은 사고는 우울한 결론으로 이어졌다. "내가 큰 실수를 한 것이 아니라면, 이렇게 많은 운동의 원인을 동시에 고려하는 것도, 운동의 정확한 법칙을 간단한 계산만으로 정의하는 것도 인간 지성의 능력을 넘어서는 일이다."

뉴턴이 정확히 어떻게 이런 결론에 도달했는지는 알 수 없지만, 이렇게 생각하게 된 주요한 요인은 제3 법칙, 즉 모든 작용에는 크기가 같고 방향이 반대인 반작용이 있어야 한다는 법칙을 설명해야 할 필요성을 깨달았기 때문이었을 것이다. 이 제3 법칙은 『운동에 관하여』본문의 "법칙"이나 "가설"에서 명쾌하게 드러나지 않는다. 그러나 뉴턴이 『운동에 관하여』를 쓰기 한참 전부터 제3 법칙을 인지하고 있었다는 증거는 많다.[29] 아무튼 행성 간 섭동이 반드시 존재해야 한다는 깨달음은 만유인력과 『프린키피아』로 향하는 의미심장한 한 걸음이었다.[30]

『프린키피아』이전에 뉴턴 역학의 발전 단계를 검토하면서, 뉴턴이 오로지 입자, 즉 단위 질량의 운동만을 고민했다는 점을 주목해야 한다. 실제로 『프린키피아』를 자세히 읽어 보면, 『프린키피아』의 서두에서 제일 먼저 질량을 정의하며 시작하고 있지만, 1권에서 뉴턴이 전개해 나가는 역학의 발전 과정에서 질량은 주요 변수가 아니다. 사실 1권의 내용에서는 대부분 입자만 다루고 있다. 차원이나 부피를 갖는 물리적 물체는 섹션 12 "구체의 인력"이 되어서야 등장한다.

뉴턴이 세운 질량 개념은 『프린키피아』에서 가장 독창적인 개념 중 하나다. 뉴턴은 핼리가 방문하기 몇 년 전부터 질량에 대해 생각하기 시작했다. 그럼에도 『운동에 관하여』이후 『프린키피아』를 작성하기 전까지 한동안 그가 써 내려간 일련의 정의에서, 질량을 다루는 항목은 없다. 현존하는 문서 중에는 뉴턴이 질량 개념을 발전시킨 과정을 정확히 추적할 수 있는 기록이 없다. 그러나 질량과 관련하여 두 가지 중요한 사건이 작용했다고 알려져 있다. 이 사건들이 애초에 뉴턴이 질량을 생각하게 된 계기였는지 아니면 단순히 이미 가지고 있던 아이디어를 강화했을 뿐인지는 알 수 없지만 말이다. 그중 하나는 장 리세의 연구 보고서였다. 리세는 무게가 지구 위도에 따라 달라지는 변화량임을 보여주는 증거를 제시했다. 따라서 무게는 "지역적" 성질이며 물체가 가진 물질의 양의 보편적 척도로 사용될 수 없다. 또 하나는 뉴턴이 1680년의 혜성을 연구한 것이었다. 그는 혜성이 태양 주위를 돈다는 것을 깨달

---

28   같은 책, pp.256, 281.

29   『Math. Papers』5:148-149 n.152; 6:98-99 n.16의 D.T. 화이트사이드의 주석을 참고할 것.

30   만유인력으로 이어지는 뉴턴의 사고의 흐름에 대하여, 조지 스미스는 한 가지 다른 가능성을 제시했다. "소책자 『운동에 관하여』에 나오는 '단일체' 풀이는 분명히 각 천체의 중심체와 관련된 값이 그것을 향한 구심력의 척도라는 결과를 수반한다. 그런 다음, 계의 무게 중심은 영향을 받지 않은 채 유지된다는 원칙과 함께(운동 법칙의 따름정리 4), 태양, 목성, 토성, 지구의 알려진 값을 사용하여, 첫째, 질량에 관한 명시적 언급과는 무관하게 코페르니쿠스 계가 기본적으로 옳다는 결론을 내릴 수 있으며(『운동에 관하여』개정판의 『코페르니쿠스 주석』에서처럼), 그런 다음 두 번째로 천체에서 작용하는 중력이 중심 물체와 궤도를 공전하는 물체의 질량에 비례한다고 추론할 수 있다. 그렇다면 만유인력으로 향하는 마지막 단계는 『프린키피아』3권의 명제 8과 9를 따르게 된다." 윌슨의 "From Kepler's Laws"(위 n.23)도 참고할 것.

고 태양이 혜성에 가하는 작용이 자성磁性일 수 없다는 결론을 내린 후, 그렇다면 목성도 혜성에 영향을 미쳐야 한다고 믿게 되었다. 그리고 이 영향력은 목성이 가진 물질로부터 동원된 것이며, 목성의 위성과 같은 방식으로 혜성도 영향을 받아야 한다.

행성이 힘의 중심인 이유는 행성의 물질 또는 질량 때문이라는 결론을 내리자, 뉴턴은 이 대담한 개념을 경험적으로 확증하기 위해 노력했다. 목성은 모든 행성 중에서도 월등히 무거운 행성이니, 목성이 이웃 행성에 가하는 작용에서 행성 간 힘의 증거가 가장 분명히 드러나리라는 것은 명백했다. 그러던 중 1684–85년에 궤도를 따라 운동하던 목성과 토성이 합의 위치에 오게 되었다. 만일 뉴턴의 결론이 옳다면, 이 두 거대 행성의 상호작용에서 뚜렷한 행성 간 힘의 효과를 관측할 수 있을 것이었다. 뉴턴은 그리니치 왕립 천문대의 천문학자 존 플램스티드에게 이 같은 정보를 요청하는 편지를 썼다. 플램스티드는 목성에 인접한 토성의 궤도 속도가 예상했던 경로를 정확히 따르지는 않는다고 보고했지만, 뉴턴이 예측했던 뚜렷한 효과나 섭동을 검출하지 못했다.[31] 앞으로 보게 되겠지만, 사실 뉴턴이 예측했던 효과는 일어났다. 다만 그 크기가 너무 작아 플램스티드가 관찰할 수 없었을 뿐이다. 아무튼 뉴턴으로서는 만유인력의 타당성을 뒷받침할 다른 증거가 필요했다.

뉴턴은 행성 간 힘이 만유인력의 특별한 예임을 알게 되었다. 이로부터 우리는 『프린키피아』의 주요 목표를 두 가지로 구체화할 수 있다. 첫 번째는 케플러의 행성 운동 법칙이 정확히 또는 정밀하게 참이 되는 조건을 보이는 것이고, 두 번째는 우리가 관측하는 자연계 안에서 이 법칙들을 섭동에 따라 수정하고, 그래서 행성과 그 위성들의 운동에 미치는 섭동의 효과를 보여주는 것이다.[32]

『프린키피아』가 왕립 학회에 제출되고 난 후, 후크가 뉴턴에게 만유인력의 아이디어를 제안한 공을 인정받아야 한다고 주장했던 사실은 잘 알려져 있다. 지금까지 살펴본 바로는 실제로 후크가 뉴턴에게 태양이 행성에 거리 제곱에 반비례하는 힘을 가하고 있다고 제안하긴 했지만, 뉴턴은 역제곱 관계를 알아내는 데 있어 굳이 후크의 제안은 필요 없었다고 주장했다. 더 나아가, 뉴턴은 이것이 단지 후크의 추측 가운데 하나였을 뿐이라고 깎아내렸다. 뉴턴은 후크가 자신의 추측을 입증할 만큼 수학에 정통하지 못했다고 거듭 주장했으며, 실제로도 뉴턴의 말이 옳았다. 그로부터 한 세대 후에 수리천문학자 알렉시스 클레로가 지적했듯이, 이는 "한번 힐긋 본 진실과 입증된 진실 사이에 어느 정도의 거리가 있는지를 보여주는" 사례였다.[33]

후크의 추측에 관한 자신의 입장을 설명하며, 뉴턴은 후크와 케플러의 책과 자신의 책을 비교했다.

---

31   『Corresp.』2:419–420.

32   이 두 목표에 대하여, 내가 쓴 "Newton's Theory vs. Kepler's Theory and Galileo's Theory: An Example of a Difference between a Philosophical and a Historical Analysis of Science", in *The Interaction between Science and Philosophy*, ed. Yehuda Elkana (Atlantic Highlands, N.J.: Humanities Press, 1974), pp.299–388에서 논의하고 있다.

33   "Exposition abregée du système du monde, et explication des principaux phénomènes astronomiques tirée des Principes de M. Newton", 뒤 샤틀레 후작부인의 『프린키피아』 번역본의 부록. (Paris: chez Desaint & Sailant [&] Lambert, 1756), 2:6.

뉴턴은 자신이 "타원 궤도"만큼이나 역제곱 법칙에 대해서도 "권리를 가지고 있다"고 분명히 믿었다. 그는 이렇게 주장했다. "케플러가 구체orb가 완전한 원이 아니라 알모양곡선oval을 이룬다는 사실을 알고서 구체가 타원형이라고 추측했던 것처럼, 후크 씨 역시 내게 편지를 보낸 이후에 내가 무엇을 알아냈는지 알지 못한 채,"[34] "해당 비율이 중심으로부터 먼 거리에서는 제곱에 거의 비례한다는 사실"만 알았고, "이를 꽤 정확하게 추측하긴 했지만, 구체의 중심까지 확장해서 비례한다고 추측했다는 점에서 오류를 범했다." 그러나 후크와 달리 "케플러는 타원을 정확히 추측했고," 이에 따라 "비율에 대한 후크 씨의 추측은 케플러보다 정확도가 떨어진다."[35] 그는 역제곱 법칙과 타원 궤도 법칙의 일반성을 모두 증명했다는 점에서 자신이 공로를 인정받을 자격이 있다고 믿었다.[36] 『프린키피아』에서(즉, 3권의 "현상"에서), 뉴턴은 제3 법칙 또는 조화 법칙에 대해서만 케플러의 공을 인정했다. 뉴턴이 『프린키피아』를 쓰던 당시에는 면적 법칙에 대한 대안이 있었고, 이 대안은 행성 운동의 표를 제작하는 데 사용되고 있었다. 뉴턴은 목성의 위성의 (나중에는 토성의 위성까지) 식eclipse를 이용해 더 높은 정확도로 이 법칙이 성립하는지를 확인하자고 제안했다. 그러나 타원 궤도 법칙은 상황이 좀 달랐다. 타원과 알모양곡선 사이의 차이를 구분할 만한 관측 증거가 없기 때문이었다. 따라서 이 두 법칙의 발견자로 케플러의 공을 인정하지 않은 데에는 분명히 아예 다른 이유가 있을 것이다.

이렇게 자신의 공을 주장하는 후크에 대하여 핼리와 서신을 주고받던 중, 뉴턴은 홧김에 3권을 아예 철회하겠다며 분노를 터뜨렸다.[37] 그의 분노가 얼마나 대단했는지는 모르지만, 핼리는 조곤조곤 사정을 설명하며 뉴턴을 달랬다. 핼리는 뉴턴의 아이디어가 세상 빛을 볼 수 있도록 한 산파로서 찬사를 받아 마땅하다. 그는 뉴턴에게 연구의 예비 결과를 발표하도록 재촉했을 뿐 아니라 『프린키피아』를 쓰라고 용기를 북돋기도 했다. 내가 이문이 포함된 라틴어판을 준비하다가 발견한 사실인데, 『프린키피아』가 처음 작성되던 시기에 핼리는 뉴턴을 도와 1권 초안에 상당히 의미 있는 해설을 쓰기도 했다. 이 원고는 현재는 존재하지 않는다.[38]

『프린키피아』의 제작을 위해 왕립학회의 지원을 받긴 했지만, 인쇄 비용까지는 지원을 받지 못해서 핼리가 그 비용을 모아야 했다.[39] 그뿐 아니라 인쇄기를 돌리기 위해 원고를 편집하고, 그림의 목판화

---

34 뉴턴은 균일한 구가 외부 입자에 가하는 중력의 작용 문제를 언급한 것이다. 『Math. Papers』 6:19 n.59 화이트사이드의 주석 참고.

35 뉴턴이 핼리에게 1686년 6월 20일 보낸 편지에서 발췌. *Corresp.* 2권

36 같은 책. 뉴턴은 [역제곱 법칙의] 비례에 대해서는 케플러의 타원만큼이나 많은 공을 세웠고, 케플러가 다른 사람들에 대하여 자신의 공로를 주장하듯이 나도 후크 씨와 다른 모든 이들에게 주장할 권리가 있다"고 썼다.

37 아래 §3.1 참고.

38 내가 쓴 『Introduction』, suppl. 7 참고.

39 A.N.L 문비는 초판 인쇄 규모가 대략 300 또는 400부 정도일 것으로 추정했지만, 최근 연구에서 약 500부로 증가했다. Whiteside, "The Prehistory of the *Principia*" (위 n.14), 특히 p.34 참고. 화이트사이드는 핼리가 이 정도 규모의 인쇄 비용을 대면서도 경제적으로 어려움을 겪지 않았을 것이고 "그가 들인 시간과 노력에 대하여 채 10파운드도 챙기지 못했을 것"이라는 의견을 제시한다..

제작 과정을 감수하고, 교정쇄를 읽었다. 그는 모든 판본의『프린키피아』서두에 뉴턴을 칭송하는 시를 썼고, [40] 왕립학회의《철학회보*Philosophical Transactions*》에『프린키피아』의 리뷰도 썼다. [41]

1.3 개정 작업과 후기 판본

『프린키피아』가 출간되고 10년 동안, 뉴턴은 도입부의 전면적인 재구성을 포함해 몇 가지 중요한 수정 작업을 하느라 무척이나 분주했다. [42] 그는 섹션 4와 5를 제거하고 이 부분만 별도로 출간할 계획을 세웠다. 이 내용은 순수 기하학에 관한 내용이라 책의 나머지 부분에 반드시 필요한 것은 아니었기 때문이다. [43] 또한 자신의 미적분 체계를 설명한 소논문「구적법에 관하여*De Quadratura*」을 수학적 부록으로 포함시키려 했다. 뉴턴이 쓴 원고에는 1690년대에 제안을 받은 수정안과 재구성 계획안이 기록되어 있고, 그 밖의 내용은 데이빗 그레고리가 상세한 설명과 함께 기록해 둔 문서가 있다. [44] 그러나 뉴턴이 로저 코츠의 도움을 받아 제작한 2판은 계획과는 상당히 달랐다. 주요하거나 흥미로운 변경 사항은 이 번역서의 각주로 제시하였고, 나머지는 우리가 편찬한『프린키피아』라틴어판(이문 포함)의 참고자료 apparatus criticus에서 찾아볼 수 있다. [45]

2판에서 달라진 점 중 특히 눈에 띄는 부분들이 다수 있으며, 1판과 완전히 달라진 부분도 있다. 예를 들어 2권의 명제 10에서는 아예 새로운 증명을 추가했는데, 요한 베르누이가 제기한 비판에 대응하기 위해 마지막 순간에 고친 내용이었다. [46] 또한 2권 섹션 7에서 유체의 운동과 발사체가 받는 저항에 관한 내용은 2판으로 넘어오면서 명제와 증명 대부분이 초판과는 완전히 달라져서, 초판의 명제 34에서 40 전체가 빠지고 새로운 내용으로 교체되었다. [47] 섹션 7을 이렇게 개정함으로써 원래는 섹션 7의 끝부분에 있었던 섹션 6에서 진자 실험에 관한 일반 주해의 마지막 부분을 더 자연스럽게 제거할 수

---

40   또는 각 판본에 실린 시를 조금씩 개작했다.『프린키피아』라틴어판 n.45 아래에 인용된 내용을 참고하자.

41   *Philosophical Transactions* 16, no.186 (Jan-Feb-March 1687): 291-297, reprinted in *Isaac Newton's Papers and Letters on Natural Philosophy*, ed. I.B. Cohen and Robert E. Schofield, 2d ed. (Cambridge, Mass.: Harvard University Press, 1978), pp.405-411.

42   내가 쓴『Introduction』7장과 특히『Math. Papers』6권을 참고할 것.

43   『Introduction』, p.193.

44   같은 책, pp.188-198.

45   *Isaac Newton's "Philosophiae Naturalis Principia Mathematica": The Third Edition (1728) with Variant Readings*, assembled and edited by Alexandre Koyré, I. Bernard Cohen, and Anne Whitman, 2 vols. (Cambridge: Cambridge University Press; Cambridge, Mass.: Harvard University Press, 1972)

46   이 에피소드와 2권 명제 10의 개정 작업에 관한 내용은,『Math. Papers』8:50-53, 특히 nn 175, 180과 §6, appendix 2.1.52에 수록된 화이트사이드의 깊이 있는 논의를 참고하자. 또한 아래 §7.3과 내가 쓴『Introduction』, §9.4도 참고하자.

47   이 초판의 명제 34-40은 (I. 버나드 코헨과 앤 휘트먼 번역) 조지 스미스의 해설과 함께, *Newton's Natural Philosophy*, ed. Jed Buchwald and I. Bernard Cohen(Cambridge: MIT Press, 출간 예정)에 수록될 예정이다.

있었다. 이 부분은『프린키피아』를 통틀어 가장 전면적인 개정이었다.

새로워진 2판에서 특히 중요한 의미가 있는 개정은 이 위대한 작품의 결론으로 그 유명한 일반 주해를 도입한 것이었다. 1판에서는 3권 분량의 약 3분의 1을 차지하는 혜성 궤도에 관한 논의를 다소 갑작스럽게 마무리하고 있다. 뉴턴은 처음에는 결론을 써 보려 시도했지만, 나중에 마음을 바꿨다. 이때의 뉴턴의 의도는 1962년에 A. 루퍼트 홀과 마리 보아스 홀이 발표한 뉴턴의 원고 초안에 자세히 드러나 있다. 이 글에서 뉴턴은『프린키피아』에 대한 결론으로 물질 입자 사이의 힘에 대한 논의를 실으려 했지만, 그러다 생각을 바꿔 좀 더 도발적인 주제를 도입하기로 했다. 2판을 준비하는 동안, 뉴턴은 다시 한번 "작은 물체 입자들의 인력"에 관한 글을 써보기로 했지만, "재고"한 끝에 "이에 관한 철학을 논한 짧은 문단을 하나 추가하기로" 결정했다.[48] 그렇게 해서 쓴 결론이 그 유명한 '일반 주해'이며, 그중 "나는 가설을 꾸미지 않는다Hypotheses non fingo"는 말이 가장 자주 인용된다. 이 일반 주해의 마지막 문단은 "영spirit"에 관한 내용으로 마무리되는데, 이 영은 물리적 성질을 가지고 있는 것은 분명하나 아직 실험에 의해 법칙이 확인되지는 않았다. 다시 한번 A. 루퍼트 홀과 마리 보아스 홀의 연구 덕에, 현재는 뉴턴이 이 글을 쓰는 동안 전기라는 새로운 현상을 고심하고 있었음이 밝혀졌다.[49]

3권의 도입부도 2판으로 넘어오면서 크게 바뀌었다. 초판의 3권은 "가설Hypotheses"을 나열하며 시작된다.[50] 아마도『주르날 데 사방Journal des sçavans』의 비평에 대응하기 위한 것이었을 텐데,[51] 2판에서는 "가설"을 다시 명명하고 몇 가지로 분류했다. 어떤 것은 새로운 규칙과 함께(규칙 3) 레굴라이 필로소판디Regulae Philosophandi, 즉 "자연철학의 규칙"이 되었다. 또 어떤 것은 새로운 수치 데이터와 함께 "현상Phenomena"이 되었다. 어떤 것은 3권 뒤쪽으로 자리를 옮기면서 "가설 1"이 되었다.

뉴턴은 라이프니츠의 미적분법을 참고해 보조정리 2(2권 섹션 2) 다음에 나오는 주해를 조금 수정했다. 그는 원래 라이프니츠의 방법이 "단어나 표기 방식 말고는 나의 것과 거의 다르지 않다"고 썼다. 그러던 것이 2판에서는 두 방법 사이에 "양의 발생generation of quantities"이라는 또 다른 차이가 있다는 말을 덧붙였다. 이 주해 그리고 그 뒤에 이어지는 개정 내용은 미적분 발명의 우선순위를 둘러싼 논란에 관한 부분이라 세간의 주목을 받았다. 뉴턴은 3판에서 라이프니츠에 관한 직접적인 언급을 삭제했다.

『프린키피아』의 비판적인 독자들은 3권 명제 35에 이어지는 주해의 수정 내용에 큰 관심을 보였다. 2판에서는 짧은 문장이던 내용이 긴 논의로 대체되었고, 여기에서 뉴턴은 달 운동의 일부 불균등성

---

48 『Unpubl. Sci. Papers』, pp.320-347 (아래 §9.3 참고), Newton to Cotes, 2 Mar. 1712. 2판의 출간에 관하여, *Correspondence of Sir Issac Newton and Professor Cotes*, ed. J. Edleston (London: John W. Parker; Cambridge: John Deighton, 1850)에 수록된 문서, 주석, 해설을 참고할 것.

49 아래 §9.3 참고

50 아래 §8.2 참고

51 내가 쓴『Introduction』, chap. 6, sec. 6을 참고할 것.

inequalty[달의 운동을 같은 시간 간격으로 나누어 관찰할 때, 단위 시간 동안 같은 거리를 같은 방향으로 움직여야 할 것으로 기대할 수 있는데, 실제 달 운동은 이렇게 나누면, 그 나누어진 운동이 서로 같지 않다. 태양의 섭동이 주 원인일 수 있다. 이러한 성질을 불균등성이라고 칭한다. 미분 개념을 바탕으로 생각해도 되며, 따라서 불규칙성과는 조금 다른 개념이라고 할 수 있다. 또한 이렇게 불균등성을 갖는 운동을 단위 시간에 따라 고려할 때, 각 기간별 운동의 차를 균차equation라고 한다. —옮긴이]에 중력 이론을 적용하려는 시도를 한다.[52] 이 주해의 내용 대부분은 데이빗 그레고리가 별도의 책으로 출간하였다.[53]

2판을 제작하기 위해 뉴턴이 세운 수정 계획 대부분은 뉴턴이 개인적으로 소장했던 『프린키피아』 사본 2부에 포함되어 있다. 그중 한 부는 특별히 백지를 끼워 넣어 제본까지 했다. 2판이 출간된 후, 뉴턴은 다시 삽지를 끼운 사본을 마련하고 제안받은 수정 사항이나 교정 내용을 삽지에 기록했다. 이렇게 총 4부의 『프린키피아』 특별 사본은 뉴턴의 책 사이에 보존되어 있었고, 그 내용은 우리가 제작한 라틴어판(이문 포함)에 기록되었다.[54]

2판이 세상에 나온 직후, 뉴턴은 다음 개정판을 위한 계획을 세우기 시작했다. 이 1710년대 말의 개정판을 위해 뉴턴이 쓴 서문은, 『프린키피아』에서 자신이 가장 의미 있다고 믿는 내용을 직접 설명하고 있다는 점이 특히 흥미롭다. 이 내용은 §3.2에 수록되어 있다. 이때의 뉴턴은 다시 한번 『프린키피아』와 함께 미적분에 관한 논문을 쓸 계획이었지만, 마지막 순간에 포기했다. 훗날 80대가 되었을 때에야 그는 마침내 새 판본을 제작하기로 결심했고, 편집자로는 헨리 펨버튼 박사를 선택했다. 펨버튼은 의학박사이며 약학의 권위자였고 동시에 아마추어 수학자였다.

3판의 개정은 2판처럼 대대적으로 이루어지지 않았다.[55] 추론을 주제로 하는 새로운 규칙 4가 추가되었고, 그밖에 소소한 수정 사항은 이 번역서의 각주에서 찾아볼 수 있다. 또한 2권 섹션 2의 "라이프니츠 주해"에서 중요한 내용이 변경되었다. 예전 주해는 완전히 다른 내용으로 교체되었다. 뉴턴은 이제 대담하게 자신이 미적분의 최초 발명자라는 주장을 내세웠고, 이를 증명하기 위해 편지 몇 통을 참고문헌으로 달았다.[56] 라이프니츠가 세상을 떠난 지 거의 10년이 다 되었건만, 뉴턴은 여전히 그의 라이벌을 끈질기게 몰아붙이고 있었다. 3판의 또 다른 혁신은 3권에서 찾아볼 수 있는데, 여기에서 뉴턴은 (명제 33 뒤에) 존 마친의 명제 두 개를 삽입했다. 존 마친은 그레셤 칼리지의 천문학 교수였고, 그

---

52   아래 §8.14 참고.

53   자세한 내용은, *Issac Newton's Theory of the Moon's Motion(1702)*, introd. I. Bernard Cohen (Folkestone: Dawson, 1975)을 참고할 것.

54   이 4부의 특별 사본에 대해서는 내가 쓴 『Introduction』에서 설명하였다. 뉴턴이 쓴 메모는 우리의 라틴어판(이문 포함)에 나온다. (위 n.45)

55   내가 쓴 『Introduction』, chap. 11 참고.

56   A. Rupert Hall, *Philosophers at War: The Quarrel between Newton and Leibniz*(Cambridge, London, New York: Cambridge University Press, 1980) 참고. 특히 『Math. Papers』, vol.8을 참고하자.

의 직함 덕에 모트-캐조리 판에서 가상의 과학자가 등장하는 해프닝이 생긴다.[57]

3판이 나올 무렵, 뉴턴은 중력의 작용을 설명하기 위해 전기 현상을 참조하려던 노력을 포기하고, 그 대신 다양한 밀도의 "에테르 매질"의 작용에서 해답을 찾을 수 있으리라는 희망을 품었던 것 같다.[58] 뉴턴은 소장했던 『프린키피아』 사본에 제안받은 교정 내용과 개정 사항을 기록하면서, 처음에는 일반 주해의 마지막 문단에서 언급했던 "영"이 "전기와 탄성"임을 명시하겠다는 내용을 추가했었다.[59] 그러나 이후에 더는 전기 이론의 중요성을 믿지 않게 되자, 해당 문단 전체를 삭제해야겠다고 결심했다. 이 결심에 따라 뉴턴은 문장 위에 줄을 그어 문단을 누락할 것을 표시했다. 앤드류 모트가 뉴턴이 "전기와 탄성electricus et elasticus"을 삽입할 생각이었던 것은 알았으면서 문단 전체를 삭제할 계획은 몰랐다는 것은 역사적으로 설명되지 않는 기이한 점 가운데 하나다. 아무튼 모트는 별다른 설명 없이 "전기와 탄성"을 1729년 자신의 영어 번역본에 삽입했고, 이 말은 모트-캐조리 버전에서도 유지되면서 그 이후로 지금까지 계속 인용되고 있다.

---

57   아래 §2.3 참조.

58   『광학』 뒷부분의 질문들(Queries), 그리고 Betty Jo Dobbs, *Janus Faces*(§3.1, 아래 n.10)를 참고할 것.

59   아래 §9.3 참조.

2장
『프린키피아』의 번역 과정

2.1 프린키피아의 번역: 앤드류 모트(1729), 헨리 펨버튼(1729 – ?), 토머스 소프(1777)

뉴턴의 『프린키피아』는 원문 전체, 또는 상당 부분이 수많은 언어로 번역되거나 편역되었다. 번역된 언어로는 중국어, 네덜란드어, 영어, 프랑스어, 독일어, 이탈리아어, 일본어, 몽골어, 포르투갈어, 루마니아어, 러시아어, 스페인어, 스웨덴어 등이 있다.[1] 『프린키피아』의 영어 번역서는 앤드류 모트가 번역한 버전과 20세기 들어 약간의 현대화를 거친 개정판으로 지금까지 꾸준히 세상에 존재해 왔다. 여기에 토머스 소프가 1777년 새로 번역한 1권도 포함된다.[2] 1729년 모트의 번역은 1803년에 "W. 데이비스가 신중하게 개정 및 수정하고", "프린키피아에 대한 W. 에머슨의 짧은 해설과 변호를 더하여" 런던에서 재판되었고,[3] 1819년 재발간되었다. 모트의 번역서는 "저자의 생애를 추가하고, N.W. 치튼덴이 신중하게 개정하여, 최초의 미국판"의 바탕으로 사용되었다. 이 미국판은 1848년 뉴욕에서 출간된 것이 확실하지만, 저작권 날짜는 1846년으로 기록되어 있다. 이후 뉴욕에서도 여러 차례 재출간되었다.[4]

앤드류 모트에 대해서는 알려진 내용이 많이 없다. 그는 런던의 인쇄공 벤저민 모트와 형제지간이며, 벤저민 모트는 앤드류의 영어 번역서를 출간한 출판업자이기도 하다.[5] 앤드류는 『역학적 힘에 관한

---

1   번역된 언어들의 목록은 우리의 라틴어판(이문 포함)에 (§1.3, 위 n.45) 부록 8로 수록되어 있다.

2   Issac Newton, *Mathematical Principles of Natural Philosophy*, trans. Robert Thorp, vol. 1 (London: W. Strahan and T. Cadell, 1777; reprint, with introd. by I. Bernard Cohen, London: Dawsons of Pall Mall, 1969).

3   우리의 라틴어판(이문 포함) (§1.3, 위 n.45), 2:863을 참고할 것.

4   P.J. Wallis, "The Popular American Editions of Newton's Principia", *Harvard Library Bulletin* 26 (1978): 355-360.

5   Issac Newton, *The Mathematical Principles of Natural Philosophy*, trans. Andrew Motte, 2 vols. (London: Benjamin Motte, 1729;

논문, 운동 법칙과 힘의 성질을 쉽고 친숙하게 설명하고 시연함A Treatise of the Mechanical Powers, wherein the Laws of Motion and the Properties of those Powers are explained and demonstrated in an easy and familiar Method』이라는 제목의 책을 썼고, 이 책 역시 벤저민 모트가 1727년 런던에서 출간했다. 책을 보면 앤드류는 그레셤 칼리지의 강사였고 뉴턴 역학의 기본을 알고 있었음을 알 수 있으며, 뉴턴의 『프린키피아』의 운동 제3법칙에 관한 유용하고 정확한 논의를 다루고 있다. 앤드류 모트는 솜씨 좋은 제도사이자 판화가이기도 했다. 그의 번역서 두 권에는 각각 그가 직접 그리고 새긴 우화적인 권두 삽화가 수록되어 있으며("앤드류 모트 그리고 새김invenit & fecit"), 책 첫 페이지에는 각 3권을 소개하는 직접 새긴 작은 삽화도 실려 있다.

1777년 출간된 1권의 새 번역은 로버트 소프의 작품이고, 1802년에 2판이 출간되었다.[6] 소프는 수학 실력이 출중한 케임브리지 학부생이었고, 1758년에 수석으로 졸업했다. 이후 케임브리지 피터하우스의 장학생으로서 뉴턴 과학을 가르치면서 1761년에 석사학위를 받았다. 1765년에는 『프린키피아』의 라틴어판 초록 요약집의 주석을 달았던 세 사람 중 한 명이었다. 그는 훗날 성직자의 길을 선택하여 더럼Durham의 부주교가 되었다.

소프의 번역서에서 아마도 번역 자체보다 더 가치 있는 부분은 그의 해설일 것이다. 그의 목표는 뉴턴의 "숭고한 발견"과 "그 발견을 이룰 수 있었던 이성"을 아주 기초적인 수학만 아는 일반인들도 읽을 수 있도록 하는 것이었다. 그는 "저자가 생략한 모든 중간 단계를 명확히" 설명하였다고 자랑했다. 그러나 소프의 번역서를 일부 살펴보면 그의 자랑은 다소 과장된 것 같다. 나는 소프의 번역의 정확성을 전체적으로 확인해 보지는 않았지만, 아래 §2.3에서 상세히 논의한 바와 같이 하나의 예를 놓고 보자면, 뉴턴이 쓴 단순한 라틴어 문장을 완전히 왜곡해 놓아서 독자의 입장에서 신뢰할 수 있는 번역으로 보기엔 문제가 많다는 것을 알 수 있다.[7]

뉴턴이 세상을 뜨고 얼마 되지 않아, 헨리 펨버튼은 『프린키피아』의 번역서와 해설서를 곧 함께 출간할 것이라고 선언했다.[8] 이중 어느 것도 실제로는 출간되지 않았고, 두 원고 모두 사라져 현재는 남아있지 않다.

reprint, with introd. by I. Bernard Cohen, London: Dawsons of Pall Mall, 1968.

6   I. 버나드 코헨, 초판의 재발행에 관한 소개 글(위 n.2에서 인용), p. i; cf. Peter Wallis and Ruth Wallis, *Newton and Newtoniana, 1672-1975; A Bibliography* (Folkstone: Dawson, 1977), nos. 28, 28.2, 29.

7   소프는 2권과 3권의 번역서도 1776년에 출간하겠다고 공표했지만, 실제로는 출간된 적이 없다.

8   I. Bernard Cohen, "Pemberton's Translation of Newton's Principia, with Notes on Motte's Translation," *Isis* 54 (1963): 319-351 참고.

2.2 모트의 영어 번역

모트의 영어 번역본은 모험적인 기획의 결과물이며, 이 결과를 얻기 위해 얼마나 공을 들였을지는 같은 노력을 해 본 사람만이 온전히 인정할 수 있다. 그럼에도 모트의 문장은 예스러운 문체와 가끔은 이해할 수 없는 단어 때문에 현대의 독자가 읽기에는 결코 만만치 않다. 모트는 비율을 설명할 때 "서브두플리케이트subduplicate", "세스퀴플리케이트sesquiplicate", "세미알테레이트semialterate" 같은 낯선 단어를 사용한다. 뉴턴은 당시에 아직 표준으로 사용되지는 않았던 라틴어 또는 그리스-라틴어 어원의 단어를 썼는데, 모트는 이 단어를, 항상은 아니지만 가끔, 영어로 번역한다. 이러한 이중 사용의 예로 "현상phaenomena"이 있다. 모트는 번역문에서 이 단어 옆에 "사물의 외양"이라는 영어 번역을 나란히 달아놓았다. 이렇게 가끔은 번역하고 가끔은 라틴어 원문을 그대로 둔 용어로 "관성inertia"을 들 수 있다. 이 단어 역시 "현상"처럼 역학 논문이나 일반 영어에서 아직 흔히 사용되지 않았던 것 같다. 모트는 "관성"을 정의 3에서 소개하고, 처음에는 "물질의 비활성the inactivity of matter"이 아닌 "질량의 비활성the inactivity of Mass"이라고 번역했다가, 마지막에는, "Vis Inertiae, 혹은 비활성의 힘"이라고 병기해 썼다.

모트의 번역에는 이밖에 다른 문제도 있다. 일부 문장과 문단들은 2판을 기준으로 한 것이어서, 최종적으로 공인받은 3판의 내용을 반영하지 못한다.[9] 게다가 뉴턴의 글에는 전혀 등장하지 않는 문장이 포함되어 있기도 하다. 이런 거슬리는 문장들 중 일부는 독자가 읽기 어려운 부분을 이해할 수 있도록 설명하려는 목적으로 삽입된 것이었다. 일반 주해의 마지막 결론 부분에는 뉴턴이 교정용 원고에 제안했으나 실제로는 쓰지 않았던 내용이 추가되어 있다.[10]

모트의 글은 오늘날에는 사용하지 않는 전문 용어들이 많을 뿐 아니라, 문장 자체도 고풍스러운 문체 때문에 어색하고 이해하기 어렵다. 게다가 구두점을 찍는 방식도 오늘날과는 많이 달라 독자들을 한층 더 혼란스럽게 만든다. (우리의 번역과 모트의 번역 사이의 관계는 후술할 §10.2를 참고하자.)

2.3 모트-캐조리 판본: 새 번역의 필요성

1934년에 캘리포니아 대학교 출판부에서 멋진 『프린키피아』 영문판을 출간했다. 보급판은 반가죽 장정에, 우아한 활자체와 이색 인쇄 표지를 갖춘 대형 판형이었다. 이 영문판은 모트 번역서의 개정판이고, 표지에는 "플로리안 캐조리가 개정하고, 역사적 내용과 해설을 담은 부록이 수록되었다"고 선전하

---

9 이 내용은 위 n.8에 목록으로 정리되어 있다.

10 모트가 삽입한 "전기와 탄성"에 관해서는 §2.3과 아래 §9.3을 참고할 것.

는 문구가 새겨져 있다. 모트-캐조리 버전은 이후 양장판으로 재발간되어 널리 보급되었고, 이후 추가로 2권짜리 문고본으로 양산되었다. 이 책은 브리태니커 백과사전에서 "서구 세계의 위대한 책들" 가운데 하나로 선정했다.

플로리안 캐조리는 수학사를 연구한 역사학자로, 화려한 경력을 가지고 있다.[11] 1930년 8월 세상을 떴을 때,[12] 캐조리는 여러 편의 논문들과 함께 일부 완성된 두 권의 저서를 남겼다. 표지에 그의 이름을 새긴 『프린키피아』 개정판과 채 완성되지 않은 뉴턴의 『광학』이었다.[13]

모트-캐조리 개정판에 수록된 간략한 편집자 후기에 R.T. 크로포드는 "이 책의 편집자로 캘리포니아 대학교 출판부의 초대를 받았다"고 썼지만, 그 편집 작업이 어느 정도 규모였는지는 설명하지 않는다. 캐조리의 사망 당시에 캐조리가 어느 정도나 실질적으로 개정 작업에 참여했는지는 알 방법이 없다.

캐조리가 내세운 목표는 "이제는 사용되지 않아 현대 어법에 익숙한 독자들이 쉽게 이해할 수 없는 수학적 표현들[그리고 개념들]"을 제거하는 것이었다. 따라서 그는 "낡은 용어를 그에 해당하는 현대식 용어로 대체하여 번역을 수정했다." 그는 이렇게 설명했다.

> 가장 자주 등장하는 옛날 용어로는 "duplicate ratio", "subduplicate ratio", "triplicate ratio", "subtriplicate ratio", "sesquiplicate ratio", "subsesquiplicate ratio", "sesquialteral ratio" 등이 있다. 이것을 나는 순서대로 "제곱비", "$\frac{1}{2}$제곱비", "세제곱 비", "$\frac{1}{3}$제곱비", "$\frac{3}{2}$제곱비", "$\frac{2}{3}$제곱비", "3 대 2의 비"로 바꾸었다. 드물긴 하지만 "proportion"이 예스럽게 사용된 경우 현대의 "ratio"에 해당한다.

캐조리는 "집합 기호로 사용되던 괄선vinculum을 없애고, 대신 둥근 괄호를 사용했다." 또한 "추론이 특히 복잡하게 전개되는 부분에서는, 『프린키피아』 전반에서 수사적으로 비를 표현하는 문장들을 현대적 표기법인 $a:b=c:d$로 대체하였다."[14] 모트-캐조리 버전에서는 모트의 번역 자체에도 몇 가지 변화를 도입했다.[15] 이러한 변화 중 일부는 20세기 학생들이 모트의 문장을 쉽게 읽고 이해할 수 있도록 고

---

11 캐조리의 저서로는 *A History of Mathematical Notations*, 2 vols. (Chicago: Open court Publishing Co., 1928-1929), *A History of the Conceptions of Limits and Fluxions in Great Britain from Newton to Woodhouse* (Chicago: Open court Publishing Co., 1919), *A History of Mathematics*, 2d ed., rev. and enl. (New York: Macmillan Co., 1911) 등이 있다.

12 레이먼드 클레어 아치볼드가 쓴 부고 기사 "Florian Cajori (1859-1930)", *Isis* 17 (1935): 382-407과, 캐조리의 출간 저서 목록을 함께 참고할 것.

13 같은 책.

14 *Sir Isaac Newton's Mathematical Principles of Natural Philosophy and His System of the World*, trans. Andrew Motte, rev. Florian Cajori (Berkeley: University of California Press, 1934), pp.645-646 n.16.

15 그러나 이 같은 변화는 모두가 바라던 만큼 정교한 수준은 아니었다. 예를 들면 2권 명제 10에서 "o³."은 제대로 고쳐져 있는데

풍스럽거나 익숙지 않은 표현들을 제거하기 위한 것이었다. 그러나 뉴턴이 쓴 문장을 개선하여 17세기가 아닌 20세기에 쓰인 글처럼 보이게끔 도입한 변화도 있었다.

모트의 문장을 현대화하는 과정에서 진짜 오류들도 끼어들었다. 이런 오류들은 개정 작업의 근본적인 방향에서 발생한 것인데, 모트의 번역서를 원전으로 설정하고 개정과 수정, 윤문이 필요한 대상으로 삼으면서 기인한 것이다. 이렇게 모트의 문장을 편집, 교정하는 과정에서, 번역의 바탕이 된 뉴턴의 라틴어 원전은 거의 또는 전혀 참조하지 않았다. 심지어 1726년의 라틴어 원문은커녕 1729년 모트 번역서 원문조차 참조하지 않은 경우도 있었다.

모트−캐조리 버전의 1권 명제 94에 보면 특정 곡선을 언급하는 부분이 있다. 이 곡선은 "포물선이며, 그 성질은 주어진 통경(2차 곡선의 초점을 지나 축에 수직인 현(弦)의 길이−옮긴이)의 면적의 성질과 같다. 그리고 선분 IM은 HM의 제곱과 같다." 분명히 이 문장에서 포물선의 "성질"이 "주어진 통경의 면적의 성질"이라고 말하는 것은 앞뒤가 맞지 않으며, 기하학적으로도(또는, 이 문제에 있어서는 차원적으로도) "선분 IM이 HM의 제곱과 같다"는 것은 불가능하다. 원문 라틴어에서 이 곡선은 "erit (…) parabola, cujus haec est proprietas, ut rectangulum sub dato latere recto & linea IM aequale sit HM quadrato"라고 쓰여 있다. 다시 말해, IM과 주어진 통경의 곱(또는 "면적")이 HM의 제곱과 같은 것이 이 포물선의 성질이라는 뜻이다. 이에 대하여 모트의 번역 원문(1729)은 대체로 신뢰할 만하다.[16] "a parabola, whose property is, that a rectangle under its given latus rectum and the line IM is equal to the square of HM(포물선은 주어진 통경과 선분 IM의 곱이 HM의 제곱과 같다는 성질을 갖는다)."(1:312) 모트의 번역본 1803년 판에서는, 당시에는 구식이던 "is" 다음의 쉼표가 삭제되고 부정확한 오해를 일으키는 "of"가 삽입되어 다음과 같은 의미가 되었다. "a parabola, whose property is that of a rectangle under its given latus rectum and the line IM is equal to the square of HM([이 곡선은] 포물선이고, 그 속성은 주어진 통경의 면적이며 선 IM은 HM의 제곱과 같다)."(1:203) 그 다음 판본에서는(1819), 누군가가 "통경" 뒤에 쉼표를 찍으면 의미가 분명해질 것이라고 생각했던 것 같다. 그래서 다음과 같은 문장이 되었다. "a parabola, whose property is that of a rectangle under its given latus rectum, and the line IM is equal to the square of HM(포물선의 속성은 주어진 통경의 면적의 속성이며, 선 IM은 HM의 제곱과 같다)."(1:205) 모트−캐조리 버전에서 삽입된 마지막 왜곡은 1819년에 새로 찍은 쉼표는 지키면서 "−equal to" 앞의 "is"를 제거하는 것이었다. 이 예는 개정판의 표지에서 주장한 것처럼 원본(1729)을 정확히 개정한 것도 아니며, 어쩌면 2판(1819)이나 이를 바탕으로 한 19세기 중반의 여러 판본과도

같은 줄의 "oo"는 "o²"로 바뀌어 있지 않다. 또한 "QQ", "aaoo", "nnoo" 그리고 "2 dnbb"도 그대로 남아 있다.

16   "be"를 "will be"로 잘못 인쇄하긴 했으나 큰 흠결은 아니다. 소프의 1777년 번역도, 말투가 다소 구식이긴 하지만 완벽하게 정확한 직역이라는 점도 함께 보면 좋을 것 같다. "이 곡선은 포물선일 것이며, 주어진 통경에 대하여 선분 IM과의 곱이 HM의 제곱과 같다는 성질을 갖는다." (p.352)

달라졌을 수 있음을 시사한다.

모트가 썼던 2판의 단어나 문장이 모트-캐조리 버전에도 고스란히 남아있는 것을 보면, 개정판에서 라틴어 원문 3판을 참조하지 않았음을 확인할 수 있다. 나는 모트의 번역서가 3판보다는 2판을 더 중시하고 있다는 것을 보여주는 몇 가지 사례들을 발표한 적이 있다.[17] 내가 다룬 사례들에서는 모두 모트-캐조리 버전이 모트의 글을 따르고 있다. 개정판이 라틴어 원문을 참조했다면 이런 이문들을 발견하여 뉴턴의 최종판에 반영했을 것이다.[18] 라틴어 원전을 참조하지 않고 모트의 번역서를 고친 탓에, 모트-캐조리 버전을 읽다 보면 뉴턴의 원전에는 없고 모트가 새로 삽입한 단어와 문장들로 인해 간혹 오해가 생기는 경우가 있다. 대부분은 심각한 수준은 아니다.[19] 그러나 일반 주해의 "전기와 탄성" 같은 수식어의 경우, 일부 학자들은 이 표현이 뉴턴이 직접 쓴 책의 일부라고 오해하게 되었다.[20] 아래에서 제시한 또 다른 예에서는 뉴턴이 쓴 "하늘의 굴절refraction of the heavens"이 "하늘의 붕괴crumbling of the heavens"로 바뀌어 있는데, 일부 학자들은 이 왜곡의 장본인이 모트-캐조리 버전의 교열자가 아니라 모트 자신일 것으로 추정한다.

모트-캐조리 버전이 일관성 있게 라틴어 원전을 무시하는 여러 예는 결국 캐조리가 직접 개정 작업을 하지 않았을 가능성을 암시하는 것 같다. 사소하긴 하지만, 모트의 번역 중 "당혹스러운 증명 perplexed demonstrations"은(제 1권, 섹션 1 보조정리 11 뒤에 나오는 주해에서), 뉴턴의 "페르플렉사스 데몬스트라티오네스perplexas demonstrationes"을 직역한 것이다. 모트-캐조리 버전에서는 이것이 "뒤얽

---

17   Cohen, "Pemberton's Translation of Newton's Principia"(위 n.8), 특히 appendixes 2 and 3 on the Motte-Cajori text 참고. 또한 "Newton's Use of 'Force,' or, Cajori versus Newton: A Note on Translations of the *Principia*," *Isis* 58 (1967): 226-230도 참고.

18   그러나 『프린키피아』 개정판 맨 첫 부분을 보면 여러 판본의 라틴어 원문을 확인한 흔적이 있다. 그래서 n.3(p.628)에서는 초판 서문에 날짜와 저자의 이름이 없다는 사실을 지적하고, "서명 'Is. Newton'과 날짜 'Dabam Cantabrigiae, e Collegio S. Trinitatis, Maii 8. 1686'는 1713년에 나온 2판에 처음 등장한다"고 명시한다. 이 각주의 끝에는, nn. 3, 19, 24, 26, 27, 29, 30, 39, 42, 45가 참고문헌으로 달려 있으며, "『프린키피아』 2판의 변경 내용"을 언급하고 있다. 그러나 이 열 개의 각주를 주의 깊게 읽어보면 그 중 하나만 2판을 언급하고 있음을 알 수 있다. 인쇄를 준비하는 과정 중 어느 단계에서 각주의 번호를 새로 매기고는 참조하는 각주 번호는 그에 맞춰 바꾸지 못했던 것 같다. 캐조리도 스스로 계획했던 각주 작업을 모두 완성하지 못했다.
      캐조리는 n.30에서(pp.653-654), 뉴턴이 (초판에서) 사용했던 "무한히 작은 양(즉, 고정된 무한소)"의 의미를 조명하기 위해 2권 보조정리 2의 라틴어 원문과 영어 번역 모두를 발췌하여 제시한다. n.14에서는 운동 법칙을 설명하는 라틴어 원문을 제시하고, 제 1법칙이 3판에서 조금 변경되었음을 지적한다.

19   뉴턴의 원문에는 없지만 모트가 추가한 문장들이 모트-캐조리 버전에 남아있는 경우를 잘 보여주는 두 가지 예가 있다. 정의 1의 논의 부분 마지막 문장에서, 모트는 "fine dust(고운 먼지)"를 삽입했다. 뉴턴은 "Idem intellige de nive & pulveribus"라고만 썼는데, 모트는 이 문장을 "눈, 그리고 고운 먼지 또는 가루도 같은 식으로 이해할 수 있다"고 번역했다. 정의 5의 논의에서, 모트가 전하는 뉴턴의 문장은, "[달은] 태생적 힘이 추구하는 직선 방향을 벗어나, 지구를 향해 끊임없이 측면으로 당겨지고, 이렇게 그려지는 궤도를 따라 회전하게 될 것이다(it may be perpetually drawn aside towards the earth, out of the rectilinear way, which by its innate force it would pursue; and would be made to revolve in the orbit which it now describes.)"였다. 교정자(교열자)는 "perpetually"를 "continually(연속적으로)"로 바꾸었지만, "which by its innate force it would pursue"와 "which it now describes"가 뉴턴의 라틴어 원전에서는 찾아볼 수 없다는 사실을 몰랐거나 명시하지 않았다. 뉴턴의 라틴어 원전은 단순히 "retrahi semper a cursu rectilineo terram versus, & in orbem suum flecti."라고 되어 있다.

20   위 §2.2와 특히 아래 §9.3을 참고할 것. 이 문장에 대해서는 A. 루퍼트 홀과 마리 보아스 홀, "Newton's Electric Spirit: Four Oddities," *Isis* 50(1959): 473-476, 그리고 A. Koyré and I.B. Cohen, "Newton's 'Electric and Elastic Spirit', *Isis* 51(1960): 337 참고.

힌 증명involved demonstrations"로 바뀌어 있다. 교열자가 뉴턴의 원전을 참조했다면 이 표현이 3판에서 "롱가스 데몬스트라티오네스longas demonstrationes"로 바뀐 것을 발견했을 것이다. 이 말은 "장황한 증명 lengthy demonstrations"으로 번역할 수 있다. 이 예가 흥미로운 이유는 불과 12년 전에 캐조리가 쓴 유율 fluxion의 역사에서, 바로 이 문장의 라틴어 원문과 영어 번역문을 대조하여 수록했기 때문이다. 그는 분명히 『프린키피아』의 여러 판본을 신중하게 대조했고, "3판에서 'perplexas'가 'longas'로 대체되었음" 을 명확하게 지적하고 있다.[21]

이보다 더 심각한 문제는 개정판이 모트의 번역뿐 아니라 뉴턴의 사고까지 현대화하려고 시도한 다는 점이다. 이런 특징은 뉴턴이 자주 언급하는 "관성력force of inertia"("vis inertiae")에서 꾸준히 "힘 force"("vis")을 삭제하는 부분에서 잘 드러난다. 물론 그렇게 하면 20세기 독자들에게는 더 잘 와닿기도 하고, 왜 이 경우에 뉴턴이 "힘"이라는 단어를 사용했는지 중요한 문제를 제기하기도 한다.[22] 그러나 뉴 턴이 쓴 글을 번역하는 것과 뉴턴의 생각을 표현하는 것은 완전히 별개의 문제다. 뉴턴의 물리학을 더 정확히 표현하려는 전략은, 모트가 썼던 "지속하다perseveres"라는 동사를 모트-캐조리 버전에서 "계속 하다continues"로 대체한 점에서도 확인할 수 있다. "모든 물체는 그 상태를 지속한다Every body perseveres in its state"는 운동 제1법칙의 문장은, "모든 물체는 그 상태를 계속 유지한다Every body continues in its state" 라고 현대화되었다. 뉴턴의 라틴어 원전에서 세 판본 모두 동사 "perseverare"를 사용한다.

모트-캐조리 판의 실수를 계속 나열하기보다, 그중에서도 우리가 새로 번역을 착수하기로 마음먹 는 계기가 되었던 구체적인 오류들을 지목하는 편이 좋겠다. 그러나 다른 사람의 번역에서 오류를 찾 아내는 편이 새로 번역하는 것보다 훨씬 쉽다는 점도 함께 언급해 두어야겠다.

첫 번째 오류는 뉴턴이 혜성에 대해 설명하는 3권 명제 41에 나온다. 여기에서 뉴턴은 혜성의 꼬리 에 관한 여러 견해를 소개하고, 그중 하나에서 꼬리가 "혜성의 머리부터 지구까지 진행하는 빛이 굴절 되어 발생하는 것"이라고 설명한다. 교열자는 모트의 번역에 따라 "refractio"를 정확히 "굴절refraction" 이라고 수정한다. 이 문단 전체에서 "refractio"가 총 일곱 번 나오는데, 모트는 일관되게 "굴절"이라고 번역했다.

그러나 모트-캐조리 버전에서는 "refractio"가 "crumbling"으로 바뀌는 경우가 두 차례 있다. 그 결 과 "si cauda oriretur ex refratione materiae coelestis"는 "만일 꼬리가 천체 물질의 붕괴에 의한 것이라 면(if the tail was due to the crumbling of the celestial matter)"이 된다. 이와 비슷하게, "igitur repudiata coelorum refractione"는 "따라서 하늘의 붕괴는 틀렸다는 것이 입증된다"로 바뀐다. 불행히도 이러한 변화를 두고 일부 학자들은 이것이 검증되지 않은 20세기 교열자의 실수가 아니라 모트의 오역이라고

---

21 Cajori, *Limits and Fluxions*, p.5.

22 아래 §3.3에서 "관성력" 논의 참고.

오해하게 되었다.

모트-캐조리 버전의 (3페이지에 나오는) 오류 중에서 한 가지는 다소 충격적이다. 이 오류는 정의 5의 논의 중간 부분에서, 지구 표면 근처의 포물체의 운동에 관한 내용 중에 나온다. 뉴턴은 공기 저항이 없는 상황에서 어떤 일이 일어날지를 설명하고 있다. 모트-캐조리 버전에서 뉴턴은, "무거움gravity"이 작을수록, 또는 물질의 양이 작을수록, 또는 포물체가 발사될 때의 속도가 더 클수록, 물체는 직선 경로에서 덜 벗어나고 더 멀리 날아갈 것이다"라고 말한다(뉴턴 당시의 '무거움'의 개념은 오늘날 생각하는 중력과 조금 다르다. '무거움'은 사물이 태생적으로 지니는 1차 성질이며, 이 '무거움'으로 인해 물체가 끌리는 현상이 'gravitate'다. 이 책에서는 'gravity'를 '무거움', 'the force of gravity'를 '중력(무거움의 힘)', 'gravitation'를 '인력'으로 구분하여 번역하였다. —옮긴이). 날아가는 물체가 땅에 떨어질 때까지의 거리는 실제로는 자유낙하의 가속과 관련이 있지만, 뉴턴은 이 거리가 물체의 무게("물체의 무거움") 또는 질량("또는 물질의 양")과 관련이 있다고 생각하는 것처럼 보인다. 이 부분만 놓고 보면 뉴턴은 갈릴레오와 다른 이들의 실험을 모르고 기초 물리학에서 거대한 실수를 저지른 것 같다. 그러나 당연하게도 뉴턴은 『프린키피아』의 다른 부분에서 이 내용을 정확하게 설명하고 있다.

이 오류는 뉴턴이 저지른 것이 아니라 모트-캐조리 버전에서 도입된 것이다. 라틴어 원문을 좀 더 정확히 번역하면 다음과 같다. "물질의 양에 비례하는 무거움이 작을수록, 또는 발사되는 속도가 클수록, 물체는 직선 경로에서 덜 벗어나며 더 멀리 날아갈 것이다." 다시 말해, 무거움 또는 무게가 질량에 비례하지 않고 더 작은 비율을 가지면, 발사된 물체는 주어진 시간 동안 낙하하는 폭이 더 짧을 것이며, 따라서 "직선 경로에서 덜 벗어나고 더 멀리 날아가게" 된다.

좀 어색하긴 해도(그리고 엉뚱한 쉼표 하나가 현대의 독자들을 괴롭히긴 해도), 모트의 문장은 내용은 정확하다. "The less its gravity is, for the quantity of its matter (…)" 이 문장을 현대 영어로 표현하면 "The less the gravity or weight is in proportion to the mass (…)"라고 쓸 수 있다. 아마 20세기의 편집자 또는 교정자는 모트가 사용하는 18세기식 구두법이 지금과는 크게 다르다는 점, 특히 쉼표를 지나치게 많이 찍는다는 점에 혼란스러웠을 것이고, 이 문장에서 "its gravity is" 뒤에 찍힌 쉼표가 읽다가 잠깐 쉬어가라는 표시라는 것을 알았다면 더더욱 당황했을 것이다. 그리고 분명히 누군가는, 문장의 의미를 깊이 생각하지 않고, 쉼표 사이의 절을 동격 또는 삽입절로 생각해서 "for"를 "or"로 고쳐 문장을 뒤죽박죽으로 만들었을 것이다. 아니면 단순히 인쇄 과정에서 실수로 "for"의 "f"가 빠졌을 가능성도 있다.

뉴턴은 순수하게 가설적인 상황만 따진 것이 아니라, 유체 또는 매질 안에 담긴 물체의 물리적 조건을 생각하고 있었다. 만일 물체의 질량에 대한 무게의 "비율"을 진공에서 결정하고, 그런 다음 공기 중에서 물체의 무게를 재면, 물체의 무게 그리고 그에 따른 질량에 대한 무게의 비율은 공기의 부력에 의해 감소할 것이다. 뉴턴은 『프린키피아』에서 다루는 여러 문제에서 무게에 가해지는 부력의 효과를 고려하고 있다.

다음으로 너무나도 심각해서 캐조리 같은 훌륭한 학자가 만들었다고는 믿기 힘들었던 오류를 살펴보자. 캐조리는 세상을 뜨기 전 10년 동안 『프린키피아』의 라틴어 문장들을 주의깊게 연구했다. 그리고 자신의 저서 『극한과 유율 개념의 역사*History of the Conceptions of Limits and Fluxions*』에 『프린키피아』에서 발췌한 라틴어 원문과 영어 번역문을 함께 수록했다.[23] 캐조리는 발췌한 문장 각각에 대하여 라틴어 초판본의 문장과 이후 판본에서 뉴턴이 수정한 내용을 병기하여 주석으로 달았다. 심지어 다음과 같은 사소한 변경 사항도 꼼꼼히 주석을 달았는데 (2권 보조정리 2 이후의 주해에서), "'pervenientis'로 'pergentis'를 대체한다" 또는 "'intelligi eam'로 'intelligieam'을 대체한다", "'at'로 'et'을 대체한다"라는 식이었다.[24] 『유율의 역사』의 다른 곳에도 이와 비슷하게 작업한 내용이 등장한다.[25] 이렇게 꼼꼼하고 신중한 학자가 뉴턴의 문장을 점검하면서, 앞서 살펴본 『프린키피아』의 모트–캐조리 개정판의 어설픈 수정과 모순을 만들어냈다고는 믿기 어렵다.

(모트–캐조리 버전에서) 정의에 대한 주해에서는 "상대적 양"과 우리가 이름을 붙여 부르는 양 사이의 차이를 구분하며 "양 그 자체" 그리고 우리가 "알고 있는 양"을 논의한다. 그런 다음 뉴턴은 "단어의 의미는 그 단어의 용례에 따라 결정되어야" 하며, 우리가 알고 있는 양은 "순수한 수학적" 표현을 제외하고는 "시간, 공간, 장소, 그리고 운동의 이름에 따라" 파악해야 한다고 주장한다. 그리고 나서 모트–캐조리 버전의 뉴턴은 다음과 같이 선언한다.

> 이런 측면에서, 이 단어들을 측정된 양으로 해석하는 사람들은 엄밀히 유지되어야 하는 언어의 정확성을 위배하는 것이다.

또한 "양 사이의 관계 그리고 우리가 인지하는 양을 실제 양과 혼동하는 사람들 역시 수학적, 철학적 진리의 순수성을 더럽히는 것"이라고도 했다.

이 선언의 철학적 입장은 절대적, 상대적 시간과 공간 같은 중요한 문제에 대한 뉴턴의 생각과 관련하여 정말로 중요한 의미를 담고 있다. 이 글을 읽는 독자는 "엄밀히 유지되어야 하는 언어의 정확성"에 실린 장엄한 레토릭과 무게에 감명받지 않을 수 없다. 문제는 단 하나, 이 글이 뉴턴이 쓴 게 아니라는 것이다. 심지어 모트의 표현도 아니다. 뉴턴의 문장은 다소 단순하고 직설적이다.

---

23 Cajori, *Limits and Fluxions*, chap. 1.

24 『프린키피아』 2권의 섹션 2, 보조정리 2에 관하여, 캐조리는 주요 변경 사항과 함께 "earum"을 "eorum"으로, "Termini"를 "Lateris"로 대체한 것 같은 사소한 부분까지 모두 기록했다.

25 예를 들어 p.51에서는, 로피탈 후작의 교과서 서문에 대한 E. 스톤의 번역(London, 1730)을 소개하면서, 캐조리는 꺾쇠괄호를 사용해 "스톤이 추가한" 단어들을 따로 표시했다.

Proinde vim inferunt sacris literis, qui voces hasce de quantitatibus mensuratis ibi interpretantur. Neque minus contaminant mathesin & philosophiam, qui quantitates veras cum ipsarum relationibus & vulgaribus mensuris confundunt.

우리는 이 글을 영어로 "이 단어를 (…) 해석하는 사람들은 성경을 왜곡하는 것과 같다."라고 번역했다. 원문의 "sacris literis"는 성스러운 글을 뜻하며, 특별히 경전 또는 성경을 의미한다. 그리고 모트의 번역서에서도 "이 단어를 (…) 해석하는 사람들은 성스러운 글을 왜곡하는 것이다"라고 정확하게 번역하고 있다.

모트-캐조리 버전은 어떻게 이렇게 원문을 심하게 벗어났던 것일까? 그 답은 모트-캐조리 버전의 이 문장이 모트의 번역서가 아닌 소프의 번역을 바탕으로 하고 있다는 것이다. 소프는 "sacris literis"를 "성스러운 글"이 아니라 "성스럽게 지켜야 하는 언어"로 번역했고, 아마도 좋은 의도로 "정확성"을 추가했다. 모트-캐조리 버전은 소프의 "언어의 정확성을 위반하는"이라는 표현을 그대로 썼지만, 그런 다음 "성스럽게 지켜져야 하는"이라는 표현은 "정확성을 엄밀히 유지해야 하는"로 바꾸었다.[26] 그 결과 뉴턴을 연구하는 사람들은 언어의 정확성에 관한 이 아름다운 글을 뉴턴이 쓴 것이라고 잘못 믿게 되었다.

마지막 예는 너무 터무니없어서 『프린키피아』 같은 책에서 이런 오류를 발견하리라고 믿기 어려울 정도다. 이 괴상한 예는 3판의 3권에 나온다. 뉴턴은 달 궤도의 교점node의 운동에 관하여 존 마친이 제시한 두 가지 문제를 소개하고 있다. 소개 글에서 뉴턴은 다음과 같이 썼다.

Alia ratione motum nodorum *J. Machin Astron. Prof. Gresham. & Hen. Pemberton* M.D. seorsum invenerunt.

모트는 모호할 구석이 하나도 없는 이 문장을 정확히 번역했지만, 마친의 직함인 그레셤의 천문학

---

26 뉴턴이 『운동에 관하여』의 집필을 마치고 『프린키피아』로 넘어가기 직전에 여러 정의에 대해 정리한 원고가 있다. 이 원고의 마지막 문단에서 바로 이 문제를 언급하는 내용이 나온다. 뉴턴이 서술한 내용은 다음과 같이 번역될 수 있다. "그뿐 아니라 절대적 양과 상대적 양을 신중하게 구분할 필요가 있었다. 모든 현상은 절대적 양에 의존하기 때문이다. 그러나 감각으로부터 생각을 추출하는 법을 모르는 일반인들은 언제나 상대적 양에 대해서만 말하기 때문에, 학자나 심지어 예언자조차도 그 관계를 다르게 말하면 터무니없게 여겨질 정도다. 그러므로 성스러운 경전과 신학자들의 글은 모두 항상 상대적인 양을 말하고 있다고 이해해야 하며, 이러한 바탕에서 볼 때 누군가 자연의 절대적[이후 '철학적'으로 변경] 개념, 즉 철학적 의미에서 취한 개념에 관한 주장을 내세운다면, 그는 어리석은 편견과 외롭게 분투하고 있을 것이다." 이 글의 문맥으로 보면(예언자, 신학자), 『프린키피아』에서 뉴턴이 성경을 언급한다는 사실에 대하여 혹시라도 남았을 의심이 제거된다. 이 글의 라틴어 원문은 『Math. Papers』 6:102와 『Background』 p.307에 실려 있다.

교수(또는 그레셤 칼리지의 천문학 교수)를 줄여서 "Astron. Prof. Gresh."라고 썼다. 모트의 번역문은 다음과 같다.

Mr. *Machin* Astron. Prof. Gresh. and Dr. *Henry Pemberton* separately found out the motion of the nodes by a different method. (그레셤의 천문학 교수 마친 씨와 헨리 펨버튼 박사가 서로 다른 방법을 활용하여 독립적으로 교점의 운동을 발견했다.) (2:288)

마친과 헨리 펨버튼의 이름은 이탤릭체로 표기되어 있다.

그런데 아마도 누군가 "Prof. Gresh."가 단순히 마친의 직함의 줄임말이 아니라 제3의 천문학자를 가리킨 것이라고 생각했던 것 같다. 모트나 인쇄업자가 이 천문학자의 이름을 이탤릭체로 쓰는 것을 잊었나 보다고 추측한 후에, 교열자는 자신이 생각한 오류를 바로잡았다. 그 결과 ─반세기 넘게─ 이 문장은 다음과 같이 읽히게 되었다.

Mr. *Machin*, Professor *Gresham*, and Dr. *Henry Pemberton*, separately found out the motion of the moon by a different method. (마친 씨, 그레셤 교수, 그리고 헨리 펨버튼 박사는 서로 다른 방법을 활용하여 독립적으로 달의 운동을 발견했다.)

이러한 예들은 모트-캐조리 버전이 뉴턴의『프린키피아』의 정식 번역본으로 인정될 수 없음을 여실히 보여준다. 마지막 두 예는─언어의 정확성에 관한 논의와 그레셤 교수의 등장─온전히 새로운 번역서를 내야겠다는 우리의 결심에 쐐기를 박았다.

2.4 번역의 문제: 1권, 섹션 2와 섹션 3에서 수동태와 능동태 문제; 1권 명제 1의 "Acta"의 의미

뉴턴은『프린키피아』의 서두에서 능동태보다는 수동태를 많이 사용했고, 특히 1권의 섹션 2와 3에서 수동태의 사용이 두드러진다. 그는 이렇게 쓰고 있다. "Corpus omne, quod movetur in linea aliqua curva. (…)"(명제 2), "Si corpus.... in orbe quocunque revolvatur. (…)"(명제 6), "Gyretur corpus in circumferentia circuli. (…)"(명제 7). 일부 영문판에서는 이 동사들을 수동태로 번역했다(즉, "움직임을 당하는 모든 물체" 또는 "물체가 회전된다고 하자"라는 식으로). 그러나 동사 "movere"와 "revolvere"가 수동태로 등장하는 이유는, 고전 라틴어에서는 두 동사 모두 타동사로 간주되고 직접적인 대상(목적어)이 없이는 적절한 능동태의 형태로 쓰일 수 없기 때문이다. 따라서 『옥스퍼드 라틴어 사전』에서 동사 "revolvere"는 오직 타동사로만 분류되어 있다. 이 동사가 고전 시대에 자동사로 쓰인 예는 찾아볼 수 없다. 그러나 동사 "movere"의 경우는, 사전에서는 "타/자동사tr.(intr).,"로 기재되어 있지만, 모든 주요 예문들에서는 타동사이고 일반 운동(위치의 이동) 또는 힘이 가해지는 경우를 설명하는 예문들 역시 타동사로 되어 있다.[27]

"gyrare"의 경우는 좀 다르다. 『옥스퍼드 라틴어 사전』은 기원후 3세기 이전에 쓰인 라틴어를 주로 수록하고 있어서 동사 "gyrare"는 등재되어 있지 않다. 그러나 명사 "gyrus"와 형용사 "gyratus"는 둘 다 게재되어 있다. 좀 더 이후 시대의 라틴어 용법을 다룬 『루이스 앤 쇼트 라틴어 사전』에는 동사 "gyrare" 항목도 실려 있으며, 대부분의 예문에서 자동사처럼 사용되었다는 사실을 확인할 수 있다. 아래에서 보게 되겠지만, 그래도 뉴턴은 "gyrare"의 수동태 형을 더 선호했던 것 같고, 다른 두 동사 "movere"와 "revolvere"와 조화를 이루게 하고 싶었던 것 같다.

『프린키피아』 당시와 이후에, 뉴턴이—영어로 글을 썼을 때—궤도를 도는 물체를 서술하면서 수동태가 아닌 능동태를 사용했다는 확실한 증거가 있다. 예를 들어 『프린키피아』를 집필한 직후에, 뉴턴은 "현상Phaenomena" 시리즈(ULC MS Add. 4005, fols. 45-49)를 영어로 썼다. 이 글은 A. 루퍼트 홀과 마리 보아스 홀이 최초로 발표하였다. 이 시리즈 중 "현상 7"을 보면, "수성과 금성은 황도12궁의 순서를 따라 태양 주위를 회전한다."라는 문장을 찾아볼 수 있다. 이와 유사하게 "현상 8", "현상 9", "현상 10"에서는 외행성—화성, 목성, 토성—들이 "태양 주위를 돈다"고 설명하고 있다.[28]

수동태보다 능동태를 주로 사용하는 영어 문서 중 두 번째는 행성의 타원 궤도 운동에 관한 뉴턴의 에세이로, 『프린키피아』 초판이 출간되고 몇 년 후에 철학자 존 로크에게 보낸 글이다.[29] 이 글의 명제 2를 보면 물체는 "타원의 원주를 따라 회전한다"고 쓰여 있고, 명제 3에서는 "타원의 둘레를 따라 회전한다"고 쓰여 있다.

뉴턴이 영어로 쓴 『광학』 1718년 판에서도, 문제 28은 "행성은 (…) 동심원 궤도 위에서 움직인다", "혜성은 (…) 편심 궤도 위에서 움직인다"라고 되어 있다. 이와 유사하게 문제 31에서는, "행성은 (…) 동심원 궤도 위에서 움직인다" 그리고 "혜성은 대단히 큰 편심 궤도 위에서 움직인다"고 썼다.[30] 라틴

---

27 이 문제에 대해 길더슬리브와 로지(§213a)는, 타동사가 "종종 자동사로 사용되고, 그런 경우 동사는 단순히 동인(動因)을 특징 짓는 역할을 하며", "특히 movement 동사의 경우가 그렇다"고 설명한다. 이 특별한 용례는 "모든 시기에서 발견된다." 이들이 제시한 예에서는 동사 "movere"와 "vertere"("revolvere"가 아니라)를 설명하고 있지만, 이 특별한 용례("동인을 특징짓는다")는 운동과 관련된 뉴턴의 명제에서는 나타나지 않았다. 뉴턴의 명제의 목적은 만들어진 운동을 설명하는 것이지 운동을 일으키는 동인을 설명하는 것이 아니기 때문이다.

28 『Unpubl. Sci. Papers』, pp.378-385.

29 같은 책, pp. 293-301. (D.T. 화이트사이드가 주관하고 브루스 브래큰리지가 지원한) 연구에 따르면, 현재는 존재하지 않는 이 에세이의 초안은 1684년에 작성되었다고 한다.

30 Query 28, ult. par. (Isaac Newton, *Opticks*, based on the 4th ed., London, 1730 [New York: Dover Publications, 1952], p.368); query

어로 번역된 『광학*Opticks*』에서는 이러한 궤도 위 운동을 설명할 때 능동태인 "movent"가 아닌 수동태 "moventur"로 번역되었다.[31]

『프린키피아』 초기 판본의 1권 섹션 2와 3의 명제는 1684년 가을에 쓴 소책자『운동에 관하여』에도 나온다. 이 예비 문서에서(『운동에 관하여』), 두 개의 동사 "movere"와 "gyrare"는 능동태로 등장한다. 따라서 문제 1과 문제 2는 이렇게 시작한다. "Gyrat corpus inv (…)"[32] 문제 4에서는 (『프린키피아』의 명제 17이 된다.) "movere"의 능동태 형태를 사용하여 "(…) ut corpus moveat in Parabola vel Hyperbola" 라고 쓰고 있다.

1684–85년 겨울 동안, 뉴턴은 훗날『프린키피아』 1권이 되는 원고를 쓰고 있었다(내가『루카시안 강의록』이라고 불렀던 글이다).[33] 그는『운동에 관하여』의 명제들을 다시 쓰고 새로운 내용을 추가하면서, 이번에는 두 동사 "gyrare"와 "movere"를 모두 사용했다. 그러면서 문제 4는 위에서 인용한 것처럼 "moveat"로 고쳐서 화이트사이드의 말대로 "더 자연스러운 'moveatur'"로 바꾸었다. 이 같은 변화는 뉴턴의 라틴어 학습이 반영된 것이다. 라틴어에서는 동사 "movere"가 타동사(또는 기본적으로 수동형으로) 또는 재귀용법으로 사용되어야 한다.[34] 그러나『루카시안 강의록』에서는 "gyrare"의 능동형을 계속 사용했다(즉, 명제 8에서, "Gyrat corpus in spirali PQS……" 명제 9, 10에서, "Gyrat corpus in Ellipsi……"). 앞에서 보았듯이 "gyrare"는 일반적으로 자동사다.

『루카시안 강의록』의 문장은 뉴턴이 라틴어 동사 "movere"의 수동태 형식을 영어의 능동형 "move"("is moved"가 아니라)와 동등하게 보고 있다는 확고한 증거가 된다. 명제 11("Movetur corpus in Hyperbola……") 그리고 명제 12("Movetur corpus in perimetro Parabolae……")는 이전 명제 8, 9, 10에서와 같이 중심 힘의 작용을 받아 일어나는 궤도 운동의 개념을 제시한다. 둘 사이의 유일한 차이점은 동사의 선택뿐이다. 같은 아이디어를 표현하기 위해, 동사 하나("movere")는 수동형으로 써야 하고, 다른 것("gyrare")은 그렇지 않은 것뿐이다.

그러나『루카시안 강의록』으로부터 인쇄를 위한 최종고가 완성되었을 때, 뉴턴은 일관된 문체를 쓰기로 결심했던 것이 분명하다. 그래서 그는, 일반적인 라틴어 용법에 따라 재귀용법으로 쓰인 현재 능

---

31 (ibid, p.402).

31 문제 28의 경우는 상황이 조금 다르다. 영문판에서 문제 28에 해당하는 문장이 라틴어 초판 출간(1706)과 영문판 출간(1718) 사이에 수정되었기 때문이다. 즉, 1706년의 라틴어 초판에는 행성과 혜성이 "움직이는" 방식에 대한 구체적인 언급이 나오지 않는다. 그러나 영문 2판(1718)을 바탕으로 개정된 라틴어판(런던, 1719)에서는, "움직이다(move)"가 "movent"가 아니라 "moventur"로 번역되었다.
이 라틴어판은 뉴턴의 측근이자 라이프니츠-클라크 서신에서 뉴턴의 대변인이었던 새뮤얼 클라크가 제작한 "공인" 버전이다.

32 『운동에 관하여』의 문장은 여러 학자들이 자주 인용하고 있으며, 특히 Rigaud, Rouse Ball, Halls, Herivel, 가장 최근에는 화이트 사이드가 *Math. Papers.* 제 6권에서 인용했다.

33 『Introduction』, §4.2.

34 그러나 뉴턴은 능동태를 전부 수동태로 바꾼 것은 아니어서, 명제 7의 능동 "moveat"은 그대로 두었다. "Moveat corpus in circulo PQA……" (ULC MS Dd.9.46); 『Math. Papers』, vol.6 참고.

동 분사는 유지했지만, 궤도 운동과 관련된 동사들은 모두 수동태로 적었다.[35] 그는 또한 "movetur"를 "moveatur"로 대체함으로써 직설법에서 가정법으로 서법도 전환시켰다. 이렇게 바꾸면서 일부 명제의 동사도 바꾸었다. 예를 들어, 그는 수동태를 사용하기 위해 명제 7의 문장을 새로운 동사로 다시 썼다("movere" 자리에 "gyrare"로). 명제 10과 11(명제 8과 9에서 번호 다시 매김)은 "Gyretur corpus in Ellipsi (…)"가 되었다. 명제 11(이전 명제 10)은 새로운 동사를 사용해 "Gyrat corpus in Ellipsi (…)"에서 "Revolvatur corpus in Ellipsi (…)"가 되었다. 앞서 살펴본 대로, 동사 "revolvere"는 고전 라틴어에서는 타동사로 나타나고 여기에서는 "moveatur"와 비슷한 형태로 수동태로 등장한다. 여기에서 추가적인 증거를 확인할 수 있는데, 『프린키피아』를 쓰던 당시 뉴턴이 궤도 운동을 라틴어로 설명하면서 선호하던 문체는 "revolvere"와 "movere"와 함께 동사 "gyrare"의 수동형을 쓰는 것이었다. 그러나 의미로는 영어의 능동에 해당한다.

『프린키피아』 1권 명제 1은 과거분사 "acta"의 사용법이 다른 책들과 조금 다르다. 이전의 『운동에 관하여』에서 이 명제는 이렇게 나온다. "Gyrantia omnia radiis ad centrum ductis areas temporibus proportionales describere."("모든 [물체는] 중심까지 이어진 반지름으로 시간에 비례하는 면적을 휩쓴다.") 「루카시안 강의록」에서 이 문장은 몇 단계에 걸쳐 상당히 확장되었다. 그러면서 "radiis"에 대한 언급이 생략되었는데, 분명히 무심코 생략되었을 것이었다. 이 무렵에 뉴턴은 시작 부분을 "Areas, quas corpora in gyros ad immobile centrum virium ductis describunt (…)"로 바꾸었다. 그런 다음 『프린키피아』에서 내용을 이해하기 위해 필요한 "radiis"가 복원되었고, 그런 다음 분사 "acta"를 추가했다. 그리하여 이 최종 버전의 문장은 『프린키피아』의 2판과 3판에서도 그대로 유지되었다. 문장은 다음과 같다.

Areas, quas corpora in gyros ad immobile centrum virium ductis describunt, & in planis immobilibus consistere, & esse temporibus proportionales.

"in gyros acta"라는 구절을 제외하면 의미는 상당히 명료하다. "물체가 (…) 움직이지 않는 중심 힘까지 이어지는 반지름으로 휩쓰는 면적은" 두 가지 성질을 갖는다. 즉, 이 면적은 "움직이지 않는 평면 위에 놓여 있고 시간에 비례하여 증가한다"는 것이다.

그러나 "in gyros acta"는 다소 당혹스럽다. "acta"는 라틴어의 완료수동분사이며, 직역하자면 "궤도 내로 (강제로) 진입한"이라는 의미다. 그렇게 이해하면, 이 구는 뉴턴 역학의 관점에서 볼 때 충분치

---

35 재귀용법으로 쓰인 현재 능동 분사의 사용에 관해서는, Kühner-Stegmann, 1:108-110(§28.4), A. Ernout and F. Thomas, *Syntaxe latine*, 2d ed., §224, G.M. Lane, *Latin Grammar*, §1482, Hale and Buck, *Latin Grammar*, §288.3.a를 참고할 것.

않아 보일 수 있다. 다시 말해 이 구는 물체를 처음 궤도에 진입시키는 선형 관성 운동의 초기 성분만 언급하고, 물체를 궤도 위에 유지시키는 데 필요한 구심력이 계속해서 작용한다는 내용은 전혀 언급하지 않는다. 그러므로, "acta"를 현재형으로 이해해서, "in gyros acta"를 "quae in gyrum aguntur"(번역하면, "[계속해서] 궤도 안에 붙들려 있는") 절과 동등한 형태로 이해해야 한다는 주장도 일리가 있어 보인다. 이 "quae in (⋯)" 절은 뉴턴이 정의 5의 논의에서 네 번째 문장으로 사용하고 있는데, 다른 관계절 안에 포함된 관계절이 어색하지 않았다면 여기에서 사용할 수 없었을 것이다. (즉, 명제 1은 이렇게 시작했을 것이다. "Areas, quas corpora quae in gyrum [또는 gyros] aguntur. (⋯)") 제 1권 섹션 8의 제목에 쓰인 "agitata"의 용법과 비교해 보자. "De inventione orbium in quibus corpora viribus quibuscunque centripetis agitata revolvuntur," 이 문장은 이렇게 번역했다. "물체가 구심력의 작용을 받아 회전하는 궤도를 찾는 법." 앤드류 모트는 분사 "agitata"의 의미를 정확히 파악하여 "작용을 받는being acted upon"이라고 정확하게 번역하였다.[36] 물론 뉴턴은 앞서 사용했던 "gyrantia omnia"이나 또는 "corpora in orbibus revolventia" 같은 표현을 사용하여 이런 구조를 피할 수도 있었다. (3권 명제 41 끝부분의 "planetarum in orbibus (⋯) revolventium"을 참고하라.)

"acta"의 특별한 의미를 수용하고 구절이 뉴턴 물리학의 원리와 조화를 이룰 수 있도록, 우리는 뉴턴의 정의 5의 논의를 이렇게 번역했다. "그리고 궤도 위에서 움직이도록 작용을 받는 모든 물체에 같은 내용이 적용된다." 명제 1의 번역에서도 비슷한 문장을 사용했다. "궤도를 따라 움직이도록 작용을 받는 물체는 (⋯) 면적을 휩쓴다."

2.5 "연속Continuous" 대 "계속Continual"; "무한Infinite"의 문제

진짜 문제는 "continuous"(그리고 "continuously") 대 "continual"(그리고 "continually")의 사용에서 발생했다. 에릭 파트리지의 『말의 사용과 오용Usage and Abusage』에 따르면, 이 단어들은 서로 개념이 다르며 "절대" 혼동해서는 안 된다. 이 두 단어는 유의어가 아니다. "continuous"는 "연결된, 끊어지지 않은, 시간 또는 흐름 안에서 간섭받지 않는"으로 정의되며, "continual"은 "항상 진행되는"으로 정의된다. 파울러의 『현대 영어 용법Modern English Usage』에서는 이 차이를 장황하게 강조한다. 무언가가 "항상 진행되거나 짧은 간격 후 다시 진행되어 끝나지 않은 (또는 끝날 것 같지 않다고 간주되는) 경우"는 "continual"이다. 이와는 대조적으로 "continuous"는 "시작과 (반드시 길게 이어질 필요는 없지만)

---

36   현재형에서 완료분사의 용법에 대하여, Kühner-Stegmann, 1:757-758(§136.4.b.α), A, Ernout and F. Thomas, *Syntaxe latine*, 2d ed., §289, Hale and Buck, *Latin Grammar*, §601.2, Woodcock, *A New Latin Syntax*(1959), p.82, §103("acta"가 포함된 예문 인용)을 참고할 것. 『루이스 앤 쇼트 라틴어 사전』에서는 "agito"와 "ago"를 "movere"의 동의어로 분류한다.

끝 사이에 끊어짐이 일어나지 않는다"는 뜻이다. 그러나 파트리지와 파울러는 현대 수학에서 사용되는 "continuous"의 특별한 의미에 대해서는 관심이 없다. 수학적으로 오해를 일으키지 않기 위해, 우리는 "continuous"보다는 "continual"을 주로 사용했다.

이와 비슷하게, 뉴턴이 라틴어 구 "in infinitum"(예컨대 1권 명제 1의 증명) 그리고 라틴어 부사 "infinite"(예컨대 1권 명제 4의 주해)을 사용한 부분에서도 문제가 생겼다. 모트 같은 일부 번역자들은 라틴어 원전의 "in infinitum" 구를 그대로 유지하고, 부사 "infinite"도 같은 식으로 해석했다. "infinite"와 "infinitely"의 의미에 관한 철학적 논의를 피하기 위해, 우리는 이 말을 "한없는without limit"이라는 의미의 "indefinite"와 "indefinitely"로 사용했고, 이 관행은 (나중에 발견한 것이지만) 19세기 후반의 편집자들, 예를 들면 존 H. 에반스와 P.T. 메인 같은 편집자들이 영국의 대학생들을 위한 『프린키피아』 발췌본을 준비하며 사용했던 관행이었다. 따라서 우리의 선택은 현대 수학의 관행과 일치한다.

어원학의 관점에서 보면, "infinite", "indefinite", 그리고 "without limit" 사이에는 실질적인 차이가 없다. "Infinite"는 라틴어의 접두사 "in-"("not"의 의미를 가진다) 그리고 "finitus", 즉 "finire"의 과거분사("to limit")가 결합하여 나온 말이다. "Indefinite"는 "in-"과 "definite"가 결합된 것으로(문자 그대로 해석하면 "뚜렷한 한계를 갖는"이란 의미다), "definite"는 라틴어 "definitus", 즉 "definire"의 과거분사에서 온 말이다("유한한 또는 정확한 한계를 정한다"는 뜻이다). 그러나 "infinite"라는 말은 철학적, 수학적으로 함축적 의미를 가지고 있어서, 우리는 "indefinite" 또는 "한계가 없는"이라는 말을 사용하여 이를 피하고자 했다. 이 방침을 따르면서 수학에서 "무한infinite"이 갖는 특별한 의미 때문에 불거지는 문제도 함께 피할 수 있었다.[37]

1권 명제 1의 논의에서, 에반스와 메인이 쓴 문장에서는 물체가 "끊임없이 작용할will act incessantly" 힘에 의해 "접선 방향으로부터 계속해서 잡아 당겨진다perpetually drawn off from the tangent." 퍼시벌 프로스트도 이와 비슷하게 "infinitely"를 쓰지 않고 대신 "indefinitely"를 썼다. 그러나 그에게 있어 제한적인 힘은 "연속적으로continuously" 작용하는 것이다. 이 명제는 번역자가 풀어야 할 문제가 무엇인지 전형적으로 잘 보여주고 있으며, 여기에는 뉴턴의 다각형 모형도 포함된다. 1권 명제 1의 논의에서, 다각형 궤적의 극한은 곡선이며, 따라서 "연속적continuous"이라고 쓰는 부분이 자주 보이며, 후술하겠지만, 힘이 극한에서 "연속적인continuous" 방식으로 작용한다고 간주할 수 있는가에 관하여 상당히 중요한 논의도 나온다. 그런데 "continuous"와 그 부사 "continuously"는 현대 수학에서 특별한 기술적 의미를 가지기 때문에, 우리는 형용사 "continual"과 부사 "continually"를 선택해 혼란을 피하고자 했다. 물론 우리는 파트리지와 파울러 같은 저자들의 경고를 늘 염두에 두고 있다. 그러나 뉴턴이 영어로

---

37 물론 "무한히 작은(infinitely small)", "극미의(infinitesimal)" 그리고 "무한소로 작은(infinitesimally small)" 같은 용어들과 관련된 문제는 훨씬 더 성가시다.

글을 쓸 때 "continuous"보다는 "continual"을 사용하는 경향이 있음을 발견했을 때, 비록 "continual" 과 "contianually"가 부적절해 보이더라도 이 단어를 사용하는 것이 타당하다는 결정을 굳히게 되었다. 『프린키피아』가 출간된 직후 1690년에 존 로크에게 보낸 타원 운동에 관한 에세이에서, 뉴턴은 "continuous"와 "continuously"보다 "continuall"("끌림은 계속continuall될 것이다")과 "continually"("끌림은 계속적으로continually 작용하지 않고 띄엄띄엄by intervals 작용한다")를 선호했다.[38]

〔위 내용은 라틴어를 영어로 옮기는 번역자가 세운 원칙이고, 이 영어 번역문을 한국어로 옮기는 과정에서는 또 다른 고민이 있었다. 이 책을 번역하며 내가 세운 원칙은 한국어를 사용하는 독자가 한국어로 『프린키피아』를 읽을 수 있도록 하는 것이었다. 이 때문에 뉴턴의 목소리를 고스란히 옮기겠다는 영어 번역자들의 목표를 한국어 번역서에서는 그대로 수용하기 어려운 부분이 있었다. 무엇보다 영어의 수동태를 한국어로 그대로 옮기면 대단히 어색해진다는 문제가 있다. 그러나 해설서의 내용은 영어 번역 과정을 설명하는 내용이기 때문에 우리말 표현이 부자연스럽더라도 고스란히 번역하였다. 다만 『프린키피아』 본편은 한국어 번역의 원칙에 따라 한국 어법에 맞게 번역하였으므로, 2장에서 설명한 예문과 본편의 번역이 일치하지 않을 수 있다. —옮긴이〕

---

38 더욱 깊이 있게 이 주제를 들여다보려면, D.T. 화이트사이드와 에릭 에이튼, 특히 미셸 블레이의 글을 찾아보는 것이 좋다. 1 권 명제 1과 2, 그 밖의 여러 곳에서, 힘은 극한에서 "연속적(continuous)"이 될 수 있지만 다각형은 "연속적인(continuous)" 곡선 이 되지 않는다고 주장하고 있다. 이 주제에 관해서는 특히 Eric J. Aiton의 "Parabolas and Polygons: Some Problems concerning the Dynamics of Planetary Orbits", *Centaurus* 31(1989): 207-221, D.T. Whiteside, "Newtonian Dynamics: An Essay Review of John herivel's *The Background to Newton's 'Principia'*", *History of Science* 5(1966); 104-117, "The Mathematical Principles Underlying Newton's *Principia Mathematica*"(§1.2, n.9 above), Whiteside, *Preliminary Manuscripts for Isaac Newton's 1687 "Principia"*(§1.1, n.5 above), Herman Ehrlichson, "Newton's Polygonal Model and the Second Order Fallacy", *Centaurus* 35(1992): 243-258을 참고하자.

3장
『프린키피아』의 일반적 측면

3.1 뉴턴의 『프린키피아』의 제목; 데카르트의 영향

뉴턴은 『프린키피아』의 분량을 2권에서 3권으로 늘리면서, 원래 제목이었던 『물체의 운동에 관하여』를 좀 더 거창하게 『자연철학의 수학적 원리*Philosophiae Naturalis Principia Mathematica*』로 바꾸었다. 초판의 표지에는 Philosophiae와 Principia라는 단어가 커다란 대문자로 새겨져 있어, 이 두 명사의 수식어인 Naturalis와 Mathematica가 상대적으로 왜소해 보인다(그림 3.1, 3.2 참고). 이런 스타일이 애초에 핼리가 의도적으로 결정한 것인지 아니면 단순히 인쇄소 고유의 디자인이 형용사를 희생하고 명사를 강조하는 형식을 따른 것인지는 확실치 않다. 그러나 뉴턴 자신은 이 표지 스타일이 마음에 들었는지, 2판(1713) 표지도 Philosophiae와 Principia를 똑같은 형식으로 강조하고 있다. 3판에서는 강조된 두 단어의 활자도 더 커지고 빨간색 잉크로 인쇄되어 수식어로부터 거리를 둔 것처럼 보인다. 3판과 마지막 공식 판본의 약표제는 다음과 같다.

NEWTONI **PRINCIPIA** *PHILOSOPHIÆ*

이는 "뉴턴의 철학 원리"라고 번역할 수 있다.

그러나 이런 강조가 없더라도, 대다수 독자들은 이 제목이 단순히 데카르트의 『철학의 원리*Principia*

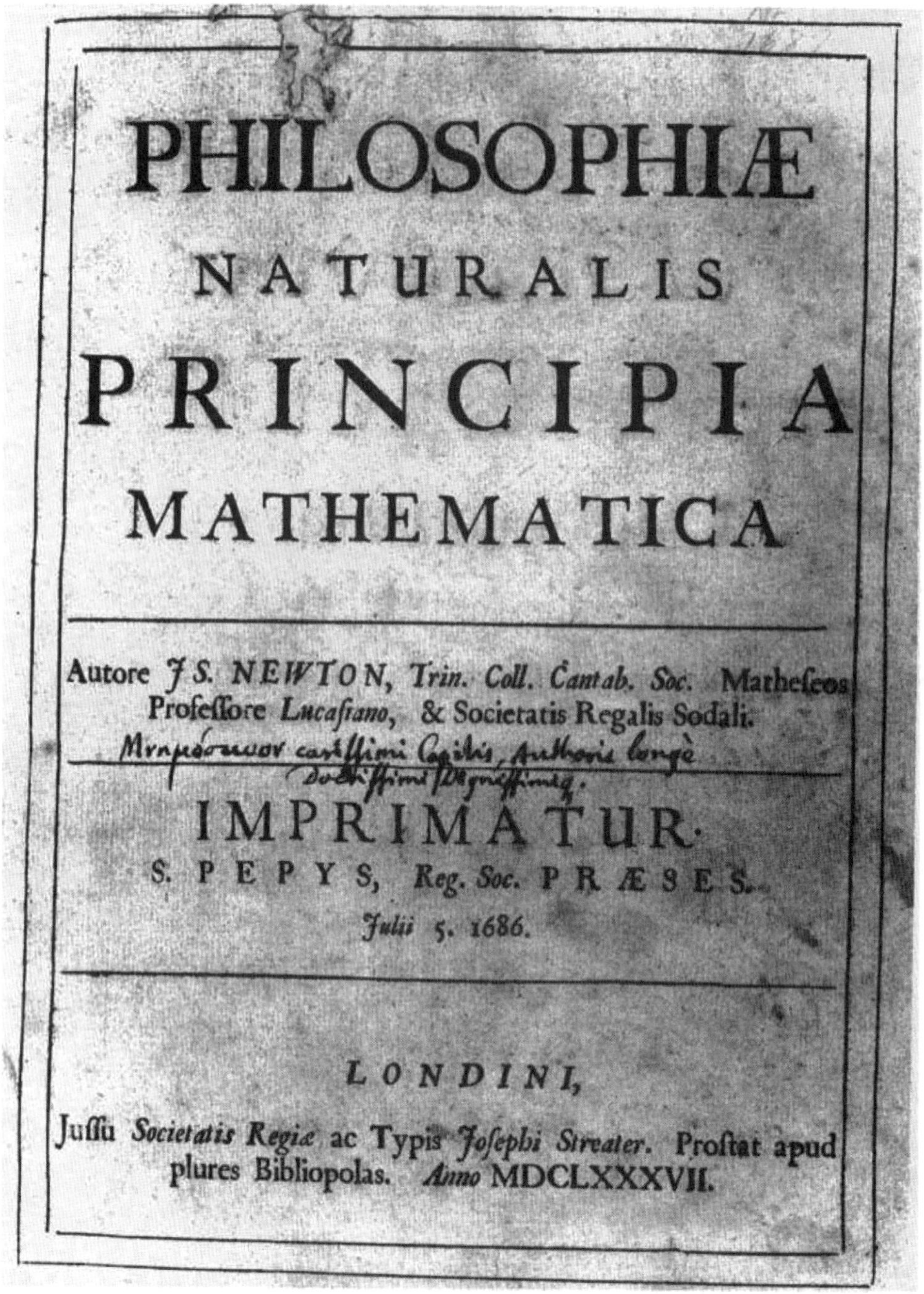

PHILOSOPHIÆ
NATURALIS
PRINCIPIA
MATHEMATICA

Autore *JS.* NEWTON, *Trin. Coll. Cantab. Soc.* Matheseos Professore *Lucasiano*, & Societatis Regalis Sodali.

IMPRIMATUR.
S. PEPYS, *Reg. Soc.* PRÆSES.
Julii 5. 1686.

LONDINI,

Jussu *Societatis Regiæ* ac Typis *Josephi Streater*. Prostat apud plures Bibliopolas. *Anno* MDCLXXXVII.

그림 3.1 프린키피아 초판의 표지(London, 1687). 이 사본은 번디 도서관이 소장한 Grace K. Babson Newton Collection에 포함된 것으로 에드먼드 핼리의 소유였다. 책에는 핼리와 뉴턴이 남긴 원고 교정 내용이 포함되어 있다.

초판 사본 중에는 표지의 형태가 다른 것들도 있는데, 그중에는 원본에서 삭제되거나 덧붙인 내용이 적혀 있는 것도 있다. 이 그림 속 표지는 발행자명만 달라서, "*LONDINI*, Jussu *Societatis Regiae* ac Typis *Josephi Streater*. Prostant Venales apud *Sam. Smith* ad insignia Principis *Walliae* in Coemeterio D. *Pauli*, aliosq; nonnullos Bibliopolas. *Anno* MDCLXXXVII."라고 인쇄되어 있다.

PHILOSOPHIÆ
NATURALIS
PRINCIPIA
MATHEMATICA.

AUCTORE
ISAACO NEWTONO,
EQUITE AURATO.

EDITIO SECUNDA AUCTIOR ET EMENDATIOR.

CANTABRIGIÆ, MDCCXIII.

그림 3.2　2판의 표지(Cambridge, 1713). 번디 도서관의 Grace K. Babson Newton Collection에 소장된 사본. 1판과 3판의 표지처럼 "PHILOSOPHIAE"와 "PRINCIPIA"가 강조된 것이 눈에 띈다.

Philosophiae』"를 변형한 것임을 눈치챌 것이다.[1] 이 제목은 뉴턴이 데카르트처럼 일반 철학 전반에 관한 책을 쓴 것이 아니라, 주제를 자연철학에 한정했음을 대담하게 선언한다. 이에 더하여 뉴턴이 제시하는 원리가 수학적임을 선언하고 있다.

뉴턴의 『프린키피아』를 읽는 독자들은 반反-데카르트적 경향, 그리고 데카르트의 『프린키피아』와 거기 나오는 잘못된 소용돌이 이론을 대체하겠다는 목표를 인지하지 않을 수 없다. 뉴턴의 『프린키피아』 2권은 데카르트 체계가 케플러 법칙[2]과 일치하지 않음을 보이며 결론을 맺는다. 아마도 이 때문에 2권의 목적이 데카르트가 틀렸음을 입증하는 것이라는 견해가 생겨났을 것이다.[3] 그 정도로 뉴턴의 글과 제목은 반-데카르트적 분위기를 공공연히 강조한다.

데카르트 과학에 적대적인 태도를 보이고 있지만, 뉴턴이 데카르트에게 큰 빚을 졌다는 사실은 뉴턴의 『프린키피아』에서 거듭해서 드러난다. 뉴턴이 자신의 법칙을 "공리, 또는 운동의 법칙Axiomata, sive Leges Motus"이라고 표현한 것은 명백하게 데카르트의 『프린키피아』에서 운동의 법칙을 "일정한 규칙 또는 자연 법칙Regulae quaedam sive Leges Naturae"이라고 일컬은 데에서 영향을 받은 것이다. 뉴턴이 관성 법칙을 배운 것도 데카르트의 『프린키피아』였는데, 이 내용은 데카르트의 『프린키피아』와 뉴턴의 『프린키피아』에서 모두 '법칙 1'로 등장한다.[4] 데카르트가 서술한 법칙의 내용에서, 뉴턴은 운동을 "state"("상태 status")로 표현하는 중요한 개념을 얻었다. 뉴턴의 관성 표현(정의 3과 법칙 1에서)도 데카르트와 같은 언어를 사용하고 있으며, 심지어 "quantum in se est" 같은 표현도 그대로 쓰고 있다.[5] 뉴턴의 『프린키피아』 앞부분에서 반복되는 표현 "conatus recedendi a centro", 즉 "중심으로부터 멀어지려는 노력"은 데카르트가 사용했던 표현을 직접 인용한 것이다. 데카르트는 힘의 작용보다는 "코나투스conatus" 즉 "노력" 쪽에 더 관심이 많았다.[6]

뉴턴이 일정한 직선운동을 하는 물체에 대한 충격력의 작용을 배운 것도 데카르트에게서였으며, 이 원리는 『프린키피아』 1권의 제일 첫 번째 명제에서 다루어진다. 뉴턴은 일정한 직선운동을 하는 물체

1　D.T. 화이트사이드의 생각은 좀 다르다. 그는 "자연철학의 수학적 원리라는 책의 제목은, (뉴턴이 운동에 관한 수많은 아이디어를 형성하는 과정에서 데카르트의 '철학의 원리'에 큰 빚을 겼음을 암시한다는) 세간에 알려진 내용과는 달리, 그저 '책 판매를 촉진하기 위해' 고안해낸 번드레한 제목에 불과하다"고 생각한다. 화이트사이드가 쓴 "The Prehistory of the Principia"(§1.2, n.14 above), 특히 p.34를 참고하자.

2　2권, 섹션 9, 명제 52 이후의 주해와 특히 명제 53 이후의 주해, 아래 §7.9 참고.

3　아래 §7.1 참조.

4　내가 쓴 "Newton and Descartes", in *Decartes: Il metodo e i saggi*, ed. Giulia Belgioioso et al. (Rome: Istituto della Enciclopedia Italiana, 1990), pp.607-634 참고. 뉴턴은 데카르트의 『프린키피아』를 읽기 전에 이미 데카르트의 관성 개념을 알고 있었다. 아래 §4.8 참고.

5　내가 쓴 "'Quantum in se est': Newton's Concept of Inertia in Relation to Descartes and Lucretius", *Notes and Records of the Royal Society* 19(1964): 131-156 참고.

6　내가 쓴 "Newton and Descartes"(위 n.4) 참고.

로 이 명제[7]를 시작한다. 그는 충격력 또는 타격blow이 어느 지점 S를 향한다고 가정한 다음, 새 직선 경로를 결정한다. 그런 뒤에 시간차를 두면서 과정을 계속 반복하고 되풀이하여 다각형 형태의 궤적을 만들어낸다. 이 과정은 뉴턴이 갈릴레오의 『새로운 두 과학Two New Sciences』에서 유도했다고 알려져 있지만, 실은 데카르트가 1637년에 자기 "방법"을 적용한 사례로서 출간한 세 편의 논문 중 하나인 「굴절 광학Dioptrique」에서 차용했다. 논문에서 데카르트는 매질(예컨대 공기) 안에서 일정한 속도로 움직이는 물체를 설정하고, 이 물체가 매질과 다른 매질(예컨대 물) 사이의 경계에 도달하면 충격력을 받으며, 이를테면 공이 테니스 라켓에 맞는 것처럼 이 충격력이 운동의 방향과 세기를 모두 바꾼다고 가정한다.[8] 원래 데카르트의 목표는 굴절의 광학 법칙을 세우는 것이었지만, 이를 위해 실제 사물의 운동, 즉 날아가다 테니스 라켓에 맞아 방향을 트는 테니스공을 비유로 들었다.

우리는 특히 베티 조 돕스의 연구를 통해 수정된 뉴턴의 저작 연대표를 참고하여, 뉴턴이 『운동에 관하여』를 완성한 후 『프린키피아』를 집필하기 직전까지 데카르트의 아이디어를 적극적으로 연구하고 비판했음을 알게 되었다. 돕스가 수정한 연대표를 보면, 「중력과 유체의 균형에 대하여De Gravitatione et Aequipondio fluidorum」로 시작하는 제목 없는 소논문[9](이하 「중력에 대하여De Gravitatione」)이 꽤 늦은 시기에 작성되었을 뿐 아니라, 실질적으로 이 소논문부터 "뉴턴이 데카르트와 진정한 절연을 선언"했음을 알 수 있다.[10] 또한 이 새 연대표에서 왜 뉴턴의 『프린키피아』가 반–데카르트 성향을 보여주는지를 이해하는 단서를 찾을 수 있는데, 『프린키피아』가 나오기 직전 몇 년 동안 뉴턴이 데카르트 철학에 대한 반감을 품고 자신만의 개념들을 개발하고 있었기 때문이다. 「중력에 대하여」에서는 데카르트와 데카르트의 『프린키피아』에 대한 구체적인 언급이 있지만, 뉴턴의 『프린키피아』는 동역학이나 천체 운동의 맥락에서 데카르트를 직접적으로 언급한 부분이 없다. 그러나 로저 코츠는 2판을 위해 준비해둔 색인에서(2권 말미, 섹션 6의 일반 주해의 결론에서), 뉴턴이 거부해야 할 "미묘한 물질"을 설명할 때 염두에 두었던 철학자들은 데카르트의 추종자들이었다고 지적했다.

뉴턴의 『프린키피아』에서는 데카르트의 이름이 네 번 나온다. 1권 명제 96의 주해에서, 뉴턴은 스넬이 (하나의 형태로) 굴절 법칙을 "발견"했고, 그런 다음 데카르트가 (다른 형태로) "제시" 또는 "발표"했다고 말한다. 1권 명제 97의 따름정리 1에서는, "데카르트가 쓴 광학과 기하학에 관한 논문에서 굴절과 관련하여 제시한" 곡선을 언급하고, 데카르트가 이 곡선을 발견한 방법을 "감추었다"고 덧붙였다. 네 번째로 나오는 데카르트의 이름은 2판과 3판의 3권, 명제 6, 따름정리 2에 나온다. 이 따름정리

---

7   아래 §§5.3과 10.8 내용 참고.

8   광학과 관련해 뉴턴이 데카르트에게 받은 영향에 관해서는, Maurizio Mamiani, "Newton e Descartes: La *Questio* manoscritta *Of Colours e La Dioptrice*" in *Descartes: Il metodo e i saggi*(위 n.4), pp.335-340을 참고할 것.

9   『Unpubl. Sci. Papers』, pp.89-156에 수록되어 있다.

10   Betty Jo Teeter Dobbs, *The Janus Faces of Genius: The Role of Alchemy in Newton's Thought*(Cambridge: Cambridge University Press, 1992), p.148.

는 이하 §8.5에서 자세히 논의한다.

소논문 「중력에 대하여」를 보면 뉴턴이 "[데카르트의] 허구를 제거하기 위해" 데카르트의 『프린키피아』 사본을 얼마나 열심히 연구했는지 기록되어 있다.[11] 뉴턴은 자신의 책을 쓰기 직전까지도 데카르트의 『프린키피아』를 비평적으로 연구하는 데 몰두해 있었으므로, 우리는 데카르트의 『프린키피아』를 새로운 종류의 『프린키피아』로 대체하겠다는 뉴턴의 목표를 충분히 인정할 수 있다. 이에 따라 뉴턴은 데카르트의 『철학의 원리』를 『자연철학의 수학적 원리』로 바꾸어 자신의 책의 제목으로 삼았던 것 같다.

뉴턴과 수많은 그의 추종자들은 뉴턴의 『프린키피아』를 데카르트의 책 이름으로 부르곤 했다. 마치 당시 통용되던 『철학의 원리』가 데카르트가 아닌 뉴턴의 책을 의미하는 것처럼 보이게 하고 싶었던 것 같다.[12] 뉴턴은 문서에서도 적어도 한 번은 자신의 책을 '그의' "철학 원리"라고 부른 적이 있다. 이 문서는 왕립학회 보고서인 『서신 교환the Commercium Epistolicum』에 실린 익명의 책 리뷰로, 미적분학 발명의 우선권을 다투는 내용이다. 이 글에서 뉴턴은 자신을 3인칭으로 지칭하면서, "새로운 해석을 바탕으로 뉴턴 씨는 그의 『철학 원리』의 명제 대부분을 알아냈다"고 썼다.[13] 새뮤얼 클라크(라이프니츠와 서신을 주고받던 그 클라크)의 형제인 존 클라크는 "아이작 뉴턴 경의 자연철학의 원리"라고 일컬으며, 뉴턴의 "'철학의 원리'의 첫 두 권"이 어떻게 여러 주제를 "엄격한 수학적 방법"으로 다루고 있는지를 설명했다.[14] 『프린키피아』의 최종 버전인 3판을 펼치면 출간 허가서와 뉴턴의 초상화 앞에 있는 약표제가 눈에 띄는데, 이 약표제는 앞서 본 바와 같이, "Newtoni Principia Philosophiae", 즉 "뉴턴의 철학의 원리"라고 대담하게 선언하고 있다.

1686년에 뉴턴은 후크가 역제곱 법칙을 발견한 공을 주장했다는 사실에 매우 화가 나서 핼리에게 3권을 철회할 생각이라고 말했다. 그러나 그럴 경우 과연 제목이 적절할지 우려스러웠다. 핼리에게 3권을 철회할 결심에 대해 편지를 쓰면서, 뉴턴은 "3권 없이 1, 2권만으로는 Philosophiae naturalis Principia Mathematica라는 제목에 걸맞지 않을 것 같아서, 이 책의 제목을 De motu corporum libri duo로 바꾸었다"고 썼다. 그러나 "곧 생각이 바뀌어 이전의 제목을 계속 유지하기로" 결심했다고 결론을 맺었다. "이제 이 책은 당신의 것이며 이 제목이 책 판매에 더 유리할 테니 내가 훼방을 놓아서는 안 될 것입니다."[15] 결국 뉴턴은 마음을 바꾸었고, 3권은 『프린키피아』에서 철회되지 않았다.

---

11 『Unpubl. Sci. Papers』, pp113, 146-147 참고. Dobbs의 *Janus Faces*, p.145도 참고할 것.

12 뉴턴도 (그리고 다른 이들도) 이 책을 "프린키피아", "수학적 원리", "원리의 책", "철학의 수학적 원리", "철학의 수학적 원리에 관한 책", "원리의 책", "수학적 원리" 등 여러 이름으로 불렀다.

13 *Philosophical Transactions* 29, no. 342(Jan.-Feb., 1715): 173-224, 특히 206 참고. 아래 §5.8, n.25도 참고할 것. 이 문서의 사본은 Hall, *Philosophers at War* (위 §1.3, n.56)에 수록되어 있다.

14 John Clarke, *A Demonstration of Some of the Principal Sections of Sir Isaac Newton's "Principles of Natural Philosophy"*(London: printed for James and John Knapton, 1730; facsimile reprint, with introd. by I Bernard Cohen, New York and London: Johnson Reprint Corp., 1972), p.iv.

15 뉴턴이 핼리에게 보낸 편지, 1686년 6월 20일, 『Corresp.』 2:437.

3.2 뉴턴의 목표: 『프린키피아』에 실리지 않은 서문

뉴턴은 『프린키피아』 세 판본에 실린 서문 말고도 끝내 발표되지 않은 여러 편의 서문 초안을 남겼다. 이중 다수는 뉴턴이 유율법을 수록할 새 판본을 계획하던 시기에 (1710년대 중반과 말) 쓴 것이다. 이 때 쓴 서문들의 한 가지 목적은 유율이 (또는 미적분학이) 실질적으로 『프린키피아』의 집필 초기 단계부터 사용되고 있었음을 주장하려는 것이고, 또 다른 목적은 미적분학의 최초 발명에 있어 그가 라이프니츠보다 앞서 있음을 주장하려는 것이었다. [16] 비록 뉴턴이 수많은 명제를 독창적으로 발견했고 하나의 방법(해석)으로 이를 증명한 후 다른 방법(통합)에 따라 재구성하였다고 주장하고는 있지만, 이 주장을 뒷받침할 증거는 없고 반박할 정황 증거는 많다. [17]

서문의 초안 대부분은 『프린키피아』 2판 이후 연도로 기록되어 있는데(1713), 그중 한 편이 특히 흥미롭다. 이 원고가 흥미로운 이유는 뉴턴이 고려한 『프린키피아』의 목표와 성과를 분명하게 제시하고 있기 때문이다. 이 원고는 또한 특정 명제와 관련해서 뉴턴의 수학적 방법을 설명하고 있다. 뉴턴은 이 글에서 『프린키피아』의 주요 특징에 관한 자신의 생각을 가치 있게 요약하여 제시한다.

다음 번역은 뉴턴의 라틴어 원문을 바탕으로 한 것이다. [18]

발표되지 않은 『프린키피아』 서문 [19]

고대 기하학자들은 그들이 추구하던 것을 해석하여 조사하고[즉, 해석의 방법으로 문제에 관한 그들의 해결책을 발견하고] 발견한 것을 통합하여 증명하고, 증명된 내용이 기하학에 수용될 수 있도록 공표하였다. 문제가 해결되었다고 해서 곧바로 기하학에 수용되는 것은 아니며, 그러기 위해서는 증명의 구성 요소로서 풀이가 요구된다. [20] 기하학의 모든 권능과 영광은 확실성에 있고, 확실성은 명백하게 구성된 증명으로 이루어져 있기 때문에[즉, 통합 또는 구성의 방법에 따른 증명], 기하학에서는 간결성보다 확실성이 더 중요하다. 그리고 이에 따라, 이 책에서는 해석적 방법에 의해 발견된 명제

---

16   이 원고들 중 가장 중요한 몇 편은 영어 번역문과 함께 『Math. Papers』 8권에 수록되었다.

17   이 주제는 아래 §5.8에서 논의된다.

18   ULC MS Add. 3968, fol. 109. D.T. 화이트사이드의 『Math. Papers』 8:442-459에는 풍부한 해설과 함께 라틴어 사본(그리고 첫 문단의 번역문)이 수록되어 있다.—"현재는 개인 소장품이 된 원본 초안"를 바탕으로 하는—화이트사이드의 라틴어 사본에는 케임브리지 대학 도서관의 원고를 보완해주는 중요한 내용이 포함되어 있다.

19   이 번역은 케임브리지 대학 도서관에 소장된 뉴턴의 원고를 바탕으로 한 것이다. 화이트사이드가 수록한 뉴턴의 초안 버전에서도 일부 내용을 추가했다.

20   라틴어 "resolutio"와 "compositio"는 영어 "해석(analysis)"과 "통합(synthesis)"과 같은 말이다. 첫 문장에서 뉴턴은 그리스-라틴어인 "analysis"와 "synthesis"를 사용하지만, 두 번째 문장에서는 라틴어의 동의어로 바꾸었다.

들을 통합적 방법으로 증명해 보였다.[21]

고대인들의 기하학은 사실상 양量을 염두에 둔 것이다. 그러나 양에 관련된 명제들은 가끔 국소적 운동으로 증명되는 경우가 있다. 이를테면 유클리드의 『원론Elements』 1권 명제 4에서, 두 삼각형의 동일성은 하나의 삼각형을 다른 삼각형의 자리로 겹치도록 이동하여 증명하는 경우가 이에 해당된다. 그러나 연속적인 운동에 의한 양의 발생도 기하학에서 수용된다. 이를테면 직선에 직선이 곱해져 면적을 만들고, 면적에 직선이 곱해져 입체가 만들어지는 경우다. 만일 직선에 곱해지는 직선의 길이가 주어져 있다면 평행사변형 면적이 만들어질 것이다. 만일 그 길이가 어떤 정해진 법칙에 따라 연속적으로 변화하면 곡선으로 이루어진 면적이 만들어질 것이다. 만일 직선이 곱해진 한 면적의 양이 연속적으로 변화하면 휘어진 표면으로 이루어진 부피가 만들어질 것이다. 만일 시간, 힘, 운동, 그리고 운동의 속도가 선, 면적, 부피, 또는 각도로 표현된다면, 이 양들 역시 기하학으로 다루어질 수 있다.

연속적으로 변화하며 증가하는 양을 변량fluents이라고 하고, 증가하는 속도를 유율fluxion이라 부른다. 그리고 순간적인 증분을 모멘트moment라고 하고, 이런 유의 양을 다루는 방법을 유율과 모멘트의 방법이라고 부른다. 그리고 이 방법은 통합 또는 해석을 사용한다[즉 통합적 또는 해석적이다].

유율과 모멘트의 통합적 방법은 이 논문의 여러 곳에서 찾아볼 수 있다. 나는 이 방법의 요소들을 1권의 첫 11개의 보조정리와 2권의 보조정리 2에서 서술하였다. [초안에는 다음의 두 문장이 포함되어 있다: 우리는 이 책에 나오는 명제들을 해석적 방법으로 찾았지만, 이를 통합적으로 증명하여 3권에 제시된 우주의 [자연]철학이 기하학적으로 증명된 명제 위에 성립될 수 있도록 했다. 이러한 구성 방법을 이해하는 사람은 당연히 풀이 방법에 무지할 수 없을 것이다.]

해석 방법의 예는 1권 명제 45와 명제 92의 주해 그리고 2권의 명제 10과 14에 나온다.[22] 그러나 명제가 발견되었던 해석은 증명의 구성을 뒤집어서도 배울 수 있다. {이 해석에 관한 논문은 이전에 출간된 『프린키피아』 판본에서 제외되었었는데, 이번 새 『프린키피아』에 첨부했다.}[23]

원리의 책의 목적은 수학적 방법을 상세히 설명하려는 것도 아니고, 이 방법에 포함된 크기, 운동, 그리고 힘과 관련된 난제에 대하여 진 빠지는 해결책을 제시하려는 것도 아니다. 이 책의 목적은 오로지 자연철학에 관한 것들만을, 그중에서도 특히 천체의 운동을 다루는 것이다. 따라서 목적에 크게 기여하지 않는 것은 완전히 생략하거나 가볍게 언급하고 넘어가거나, 증명을 생략하였다.

---

21   아래 §5.8 참고.

22   이 초안에서 뉴턴이 추가로 덧붙인 내용이 있다. "예 3에서, 나는 2차 모멘트를 모멘트들의 차이와 차이의 모멘트라고 불렀다." 그리고 "2권, 문제 3 [명제 5]에서"는 "곡면의 유율의 유율을 변화량의 변화량이라고 불렀다"라고 하는 구절도 있다. "2차 차이"를 사용했다는 주장에 대해서는 『Math. Papers』 8:456-457 n.44의 화이트사이드의 자세한 해설을 참고하자.

23   뉴턴은 나중에 이 문장을 삭제하도록 괄호({ })를 쳐서 표시했다.

[초안에서 다음 문단은 삭제되었다: 초판 1권의 명제 13의 따름정리를 증명하지 않았다고 이의를 제기한 이들이 있었다.[24] 그들은 주어진 위치, 주어진 속도 및 법칙에 따라 (즉 중심 힘으로부터 거리의 제곱에 상호적으로 비례하는) 주어진 구심력을 받으며 직선을 따라 이동하는 물체 P가, 매우 많은 곡선을 그려낼 수 있다고 주장하기 때문이다. 그러나 이는 그들의 착각이다. 직선의 위치나 물체의 속도가 변하면 그려지는 곡선도 원에서 타원으로, 타원에서 포물선 또는 쌍곡선으로 변할 수 있다. 그러나 직선의 위치, 물체의 속도, 중심력이 동일하게 유지된다면 다른 곡선이 만들어질 수 없다. 그리고 그 결과로, 주어진 곡선으로부터 (만들어지는) 구심력이 결정된다면, 역으로 주어진 중심력으로부터 곡선이 결정된다. 2판에서 나는 이 문제를 짧고 간단하게 다루었다. 그러나 각각[의 판본]에서 나는 명제 17의 따름정리의 작도를 제시함으로써 그 진실을 명백히 보여주었고, 1권 명제 41에서 일반적인 방법으로 문제가 해결됨을 보였다.]

첫 두 권의 책에서 나는 힘들을 일반적으로 다루었다.[25] 만일 힘이 어느 중심을 향하는 경향이 있다면, 이 중심이 움직이든 움직이지 않든 상관없이 이 힘을 (일반적 명칭으로서) 구심력이라고 불렀고, 힘의 원인이나 종류는 따지지 않고 단지 세기와 방향[직역하면 '편향determinations'], 효과만을 고려했다. 3권에서 나는 무거움을 힘으로서 다루기 시작했다. 이 힘에 의해 천체는 궤도를 유지하며 운동한다. 나는 이 힘이 행성을 궤도에 붙잡아두는 힘이며, 힘의 중심이 되는 행성으로부터 멀어질수록 힘의 크기는 중심부터의 거리의 제곱의 비로 감소한다는 것을 [즉, 거리 제곱에 반비례하는 것을] 알아냈다. 그리고 달을 지구 주위 궤도를 유지하게 하고 지구 표면으로 잡아당기는 힘이 우리 지구의 무거움의 힘과 같은 것으로 드러났다. 이 힘은 따라서 무거움이거나 무거움의 힘의 두 배다.

[초안에는 다음과 같이 삭제된 문단이 포함되어 있다: 1권 명제 13의 첫 번째 따름정리의 증명은 충분히 명백하므로 초판에서 삭제하였다. 2판에서는 한 케임브리지의 동료의 요청에 따라 몇 단어로 간단히 표현했다. 반면 1권 명제 17에서는 이 따름정리의 예들을 모두 설명하였다. 더 나아가 1권의 명제 41에서는 이 따름정리가 특별한 사례가 되는 일반 법칙을 증명과 함께 제시했다. 그리고 이 3권의 목적은 중력의 성질, 힘, 방향, 효과를 설명하는 것이다.][26]

[초안에서 삭제되지 않은 문장은 이렇게 이어진다: 그리고 덧붙여서, 그 원인이 무엇이든 간에, 무거움의 힘 즉 중력은 물체의 물질의 양에 비례하여 모든 물체와 물체의 모든 부분에 작용하고, 이 힘과 효력은 모든 물체의 정중앙을 관통한다는 것을 설명하였다. 그런 다음 이 중력을 모든 행성이 서

---

24   아래 n.26 참고.

25   초안에서 뉴턴은 제한적 단서를 달았다. "진자와 진동하는 물체의 문제가 있는 경우를 제외하고는 힘의 종류를 정의하지 않았다."

26   이 따름정리에 대해서는 아래 §6.4를 참고하자. 또한 내가 쓴 『Introduction』, pp.293-294와, 『Math. Papers』 6:147 n.124 그리고 vol. 8, §2, appendix 6에 수록된 화이트사이드의 해설도 참고할 것. 초안에서, 첫 문단 끝에서 두 번째 문장에는 이런 문장이 붙어 있다. "나는 무거움을 천체가 궤도를 유지되도록 하는 힘으로 여기기 시작했다."

로에게 미치는 보편적인 힘으로 다루었다. 태양은 크기가 가장 크므로 다른 모든 행성에 가장 큰 힘을 작용하며, 그 힘이 태양을 향할 때 행성은 곡선 궤도를 그리게 된다. 이는 마치 공중으로 던진 돌이 허공을 나는 동안 땅 쪽으로 휘어지는 곡선을 그리는 것과 같다.]

오래전 칼데아인들은 행성이 거의 동심 궤도[27]를 그리고 혜성은 심하게 일그러진 편심 궤도를 따라 회전한다고 믿었고, 피타고라스 학파는 이들의 철학을 그리스에 소개했다. 그러나 또한 고대인들은 달이 지구를 향해 무겁고, 별들은 다른 별들을 향해 무거우며, 진공 안의 모든 물체는 지구를 향해 같은 속도로 낙하하므로 각자의 물질의 양에 비례하여 무겁다는 사실을 알고 있었다. 이 철학은 증명할 수 없어 폐기되었고,[28] 나는 이 개념을 발명한 것이 아니라 단지 증명을 통해 복원하려 했을 뿐이다. 그러나 『프린키피아』에서는 분점의 세차와 바다의 밀물과 썰물, 달의 불균등 운동과 혜성 궤도, 그리고 목성을 향한 무거움[29]에 의한 토성 궤도의 섭동[30]이 모두 같은 원리를 따르고 있으며, 이 원리들을 따르는 것이 현상과 일치함을 명백하게 보여주었다.[31] 나는 아직 현상으로부터 무거움의 원인을 알아내지 못했다.

이 같은 확실성으로 전기력의 법칙과 효과를 성공적으로 조사하는 사람은, 설령 이 힘의 원인을 알지 못한다 하더라도, 철학[즉, 자연철학]을 증진하게 될 것이다. 첫째, 현상을 관찰해야 한다. 그런 다음 이 현상의 가능성 있는 원인—그리고 원인의 원인—을 조사해야 하고, 마지막으로 선험적 논증을 통해 (현상phenomena을 통해 확립한) 원인의 원인으로부터 그 효과를 도출하는 것이 가능해질 것이다. [삭제된 문장: 그리고 우리가 인지하는conscious[32] 정신의 작용도 현상에 포함되어야 한다.] 자연철학은 형이상학인 견해 위에 세워져서는 안 되며, 오로지 그 자신의 원리 위에 세워져야 한다. 그리고 (…) [원고가 여기에서 **중단된다**.]"[33]

[초안에는 다음의 문단이 추가되어 있다: 형이상학에서 가르치는 것은, 만일 그것이 계시를 통해 유도된 것이라면, 종교다. 현상으로부터 오감을 통해 유도된 것이라면, 물리와 관련된 것이다["ad

---

27　뉴턴은 여기에서 "orbibus"(직역하면, "구", "원", "궤도")를 사용했는데, 이 말은 고대 천문학에서는 공(orb) 또는 구체(sphere)일 수 있다("천구(celestial spheres)"처럼). 뉴턴은 초안에서 구체적으로 칼데아 인이라 지칭하기보다는 "고대인"이라고만 언급했다.

28　초안에서 이 절은 이렇게 쓰여 있다: "이 철학은 우리에게 전해 내려오지 않고 구체와 관련된 대중적인 의견에 자리를 내주었다."

29　뉴턴은 처음에 이 단어를 "인력(gravitation)"("gravitationem")으로 썼다가, 이후 "무거움(gravity)" 또는 무게("gravitatem")로 바꾸었다.

30　뉴턴은 처음에 이렇게 썼다: "토성과 목성이 합conjunction 근처에서 상호 인력에 의해 끌리는 것과 같은 방식으로"

31　뉴턴은 처음에 이렇게 썼다: "같은 이론에 의해 결정되며 정확히 수행된 관측 결과와 대단히 잘 [일치한다]."

32　뉴턴은 처음에는 "quae nobis innotescunt"("우리의 관심에 들어오는", "우리에게 알려지는", "우리가 경험을 통해 알게 되는")이라고 썼다가 이후 "quarum conscii sumus"("우리가 인지하는")으로 고쳤다.

33　화이트사이드는 이 뒤에 이어지는 문장이 "원리는 현상으로부터 유도되어야 한다"라는 결론일 것으로 제안한다. 초안에서 삭제된 문장이 있는데, 다음과 같다. "그리고 현상 사이에 우리가 인지하는 의식의 작용이 포함되어야 한다."

Physicam pertinet"]. 만일 그것이 숙고의 의미를 통해 우리 의식의 내적 작용의 지식으로부터 유도된 것이라면, 물리와 관련된 내부 현상으로서 인간의 의식과 그 아이디어에 관한 철학일 뿐이다. 현상을 제외하고 관념의 대상을 두고 논쟁하는 것은 백일몽에 불과하다. 모든 철학은 현상부터 시작해야 하고, 현상을 통해 확립되지 않은 사물의 원리, 원인, 설명은 받아들여서는 안 된다. 그리고 비록 철학 전체가 즉각 분명해지지는 않더라도, 인간의 정신을 미리 가설의 선입견으로 채우기보다는 하루하루 조금씩 지식으로 채워나가는 편이 더 낫다.]

3.3 『프린키피아』에서 나타난 뉴턴의 다양한 힘 개념

뉴턴은 과학적 사고를 펼치는 과정에서 다양한 힘을 믿었고 이를 활용했다.[34] 여기에는—다른 무엇보다도—"능동적" 힘과 "수동적" 힘이 포함되며,[35] 화학적 힘과 단거리 힘 또는 입자 간 힘, 그리고 다양한 개념의 에테르와 관련된 (또는 여기에서 유발된) 다양한 힘들이 포함된다.[36] 『프린키피아』의 주제는 큰 물체의 동역학이지만, 뉴턴은 물질 입자들 사이의 힘도 같은 방식으로 해석할 수 있기를 바라는 희망을 초판 서문에서 언급했다. 1권 섹션 14에서 뉴턴은 무거움과 유사한 힘의 장field이 입자에 작용하여 광선에서 관찰되는 것과 비슷한 효과를 만들어내는 현상을 탐구했다. 2권 명제 23에서는 입자 사이의 반발력을 논하면서, 이 반발력이 자연에서 관찰되는 "탄성 유체", 즉 보일의 법칙을 따르는 압축성 기체와 유사한 현상을 만들어냄을 설명했다.[37] 1권 섹션 12와 3권 명제 8, 19, 20에서는 하나의 물체를 구성하는 입자들의 인력의 합과 물체 전체의 인력을 수학적으로 비교하여 탐구했다.

뉴턴은 『프린키피아』에서 힘을 몇 가지 성질에 따라 분류했다. 이를테면 물체의 내부 힘이 있는데, 주로 "vis insita" 즉 "내재하는 힘" (아래 §4.7에서 논의) 그리고 "vis inertiae" 즉 "관성력"이 있다. 그리고 외부 힘으로는 중력, 전기력, 자기력[38], 압력, 충격력, 탄성력, 그리고 저항력 등이 있다. 뉴턴이 일차적으로 외부 힘과 내부 힘을 구분한 조건은, 외부 힘은 물체의 운동 상태 또는 정지 상태를 바꿀 수

---

34 R.S. Westfall, *Force in Newton's Physics* (London: Macdonald; New York: American Elsevier, 1971), 또한 Max Jammer, *Concepts of Force*(Cambridge, Mass.: Harvard University Press, 1957), chap. 7, "The Newtonian Concept of Force"도 참고할 것.

35 이 주제에 대해 Dobbs, *Janus Faces*(위 n.10)을 참고하자. "능동적" 힘과 "수동적" 힘에 관해서는, Jame E. McGuire, "Force, Active Principles, and Newton's Invisible Realm", *Ambix* 15(1968): 154-208, 그리고 "Neoplatonism and Active Principles", in *Hermeticism and the Scientific Revolution*, ed. Robert S. Westman and J.E. McGuire(Los Angels: Clark Memorial Library, 1977), pp.93-142를 참고해도 좋다.

36 뉴턴이 다양한 에테르의 개념을 어떻게 발전시켰는지에 관해서는, Dobbs의 *Janus Faces*(위 n.10)을 참고하자.

37 아래 §7.5 참고.

38 자기력은 3권 명제 6, 따름정리 5에 나온다.

있고 내부 힘은 그러한 상태 변화에 내적으로 저항하는 방식으로 작용한다는 것이었다. 뉴턴은 입자가 엉겨 물체를 이루는 원인이 되는 결합력도 함께 언급했다.[39] 그리고 운동 법칙의 따름정리에서 고전적 장치들의 움직임을 해석하면서 정적 힘Static force을 사용했다.

『프린키피아』의 앞부분에서는 지구 위에서 무게를 만드는 힘으로 "무거움의 힘", 즉 중력을 설명한다. 그리고 그 원인이 무엇인지, 또는 이 힘이 당기거나 밀친 결과인지 아니면 에테르나 입자들의 빠른 흐름의 결과인지 구체적으로 명시하지 않는다. 뉴턴은 (1권 섹션 11의 주해의 결론에서) 이런 유형의 힘은 충격력으로 인해 발생할 가능성이 높다고 인정한다.[40] 논문『운동에 관하여』에서는 이 "무거움의 힘"이 달의 낙하를 일으키는 "구심력" 또는 태양이 행성에 미치는, 거리 제곱에 반비례하는 구심력이라는 논리를 발전시켜 나가지만, 『프린키피아』에서는 아직 그 단계에 이르지는 않는다. 『프린키피아』에서 이 힘은 (정의 5에서) "또 다른 한 힘은 그게 무엇이 되었든 간에 (…) 행성을 끊임없이 끌어당겨서 휘어진 선을 따라 돌게 만든다"고 서술된다. 뉴턴은 나중에 이 힘을 (『프린키피아』 1권 섹션 11에서 소개하며) 단순히 "인력attraction"이라고 부르게 된다.[41] 지구의 중력이라는 의미로 쓰인 이 "무거움의 힘"은 논문「중력에 대하여」에 나오는 용어로서, 해당 논문은『운동에 관하여』와 거의 비슷한 시기에 쓰였다. 결국 뉴턴은 지구를 향하는 무거움이 달까지 확장되며 이것이 달의 궤도 운동을 일으키는 힘이라는 것을 증명하고(『프린키피아』, 3권, 명제 4)[42], 태양−행성 간의 힘 역시 같은 무거움의 사례이며, 따라서 국소적인 지구상의 힘에서 보편적인 중력으로 도약하게 된다는 훌륭한 논거를 발전시킨다. 오늘날의 독자들에게 이 둘은 서로 다른 차원을 갖는 뚜렷이 구분되는 개념이다. 즉, 하나는 충격이고(F × dt), 다른 하나는 힘(F)이다. 아래에서 보게 되겠지만 뉴턴은 차원 문제를 피해 가는데, 그 이유는 그가 등식보다는 비比를 다루었기 때문이다.

정의와 법칙들을 읽다 보면 뉴턴이 순간적인 충격력force of impact과 연속적인 압력을 동시에 도입했음을 알게 된다. 앞으로 보게 되겠지만(아래 §5.4), 뉴턴은 간단한 수학적 연산을 통해 순간적인 힘에서 연속적인 힘으로 넘어간다. 법칙 1에서는 실례를 들어 설명했듯이 연속적인 힘이 명시되는 반면 법칙 2에서는 충격력이나 순간적인 힘이 명시된다.[43] 이렇게 수학적 방식을 이용해 순간적으로 작용하는 힘에서 연속적으로 작용하는 힘으로 넘어가기 때문에, 『프린키피아』에서는 기본적으로 이 둘을 구분하지 않는다.

『프린키피아』의 정의에서는 물체의 운동 상태 또는 정지 상태를 보존하는 "힘"과 물체의 상태를 변

---

39   그는 결합력의 성질이나 양(量)적인 표현에 대해서는 깊이 들어가지 않았다. 제1 법칙을 설명하며 든 예를 참고하자.

40   뉴턴은 충격력을 선호했고 이를 명시했다. 이에 대한 논의는 아래 §6.11에서 설명한다.

41   "인력"이란 단어를 사용하면서 발생한 문제들은 아래 §6.11에서 논의한다.

42   위 §3.2에 수록된 서문의 초안에서 이 결과에 대한 뉴턴의 서술을 참고하자.

43   이는 따름정리 1에서 법칙 2를 적용한 내용에서 알 수 있다. 이 주제에 관한 토론은 아래 §§5.2, 5.3에서 볼 수 있다.

화시키는 힘만 일차적으로 구분한다. 현대의 독자들은 정의 3에서 뉴턴이 관성의 "힘"을 소개하는 내용을 읽고 혼란을 느낄 것이다. 뉴턴이 "힘"이라는 단어를 이후에 사용되는 의미와 매우 다르게 사용하기 때문이다. 이는 전통적으로 원동자mover가 없이는 아무 움직임도 일어날 수 없다고 여겼던 (관성 이전의) 자연철학으로부터 물려받은 유산임이 틀림없다. [44] 앞에서도 말했듯이 모트-캐조리 버전의 『프린키피아』에서는 "관성의 힘"이라는 맥락에서 "힘"이라는 단어를 제거했다. 이러한 개입은 뉴턴이 표현하는 생각과 개념을 무시한 것이지만, 뉴턴 이후 시대 독자들은 이 결과물을 훨씬 더 수월하게 이해한다. 뉴턴은 당시 통용되던 "vis insita"에 "vis inertiae"라는 이름을 부여하면서, 공식적으로 "관성 inertia"을 이론 역학의 일반적 용어로 도입했다.

3.4 뉴턴의 자연철학의 방향 전환; 연금술과 『프린키피아』

뉴턴에게 궤도 운동을 해석할 강력하고 새로운 방법을 제시했던 1679-80년의 후크와의 서신 교환은, 뉴턴이 자연철학을 바라보던 시각에 중대한 변화가 일어났던 시기에 이루어졌다. 이런 변화는 실로 중대해서 R.S. 웨스트폴은 "심오한 전향"이라고 불렀다. 이 사건은 돌이켜 보면 뉴턴이 『프린키피아』의 체계를 구축하는 데 필요한 전제조건이었던 것 같다. 웨스트폴은 이 전향을 "영 어울리지 않는 짝 꿍", 즉 "연금술"과 "우주 궤도역학 문제"의 영향이 결합된 것이라고 보았다. 지금까지는 뉴턴의 사고가 정확히 어떤 단계를 거쳐 발전했는지 확인하기가 어려웠는데, 그 이유는 1679년(뉴턴이 자연철학에 대하여 보일에게 보낸 그 유명한 편지를 썼던 때)부터 1686-87년에 쓴 것이 확실한 논문들 사이에 작성된 원고들은 작성 시기가 확실치 않았기 때문이었다. 1686-87년 무렵에 뉴턴은 『프린키피아』의 "결론Conclusio" 초고를 쓰면서 동시에 서문의 비슷한 문제들을 논의하고 있었는데, 분명히 이때까지는 입자 간 단거리 힘의 개념을 포용하고 있었다. 웨스트폴은 후크가 "중심을 향하는 인력의 관점에서 본 궤도 운동 문제를 제기"했을 때, 뉴턴이 "조금도 망설이지 않고 인력 개념을 수용했다"는 사실을 특히 강조했다. [45] 뉴턴은 여전히 "어떤 의미에서는 기계철학자"였지만, 엄밀히 따지면 더 이상 사람들이 일반적으로 생각하는 기계철학자는 아니었다. 엄격한 기계철학자는 한때 보일이 "물체, 물질 그리고 운동에 관한 가장 범기독교적이고 거대한 두 가지 원리" [46] 라고 일컫은 관점에서 모든 현상을 설명하려 하지만, 뉴턴은 "자연의 궁극의 행위자는 (…) 움직이는 입자 자체라기보다 입자 사이에

---

44   아래 §4.7 참고.

45   『Never at Rest』, p.388.

46   *The Works of the Honourable Robert Boyle*, ed. Thomas Birch (London: printed for J. and F. Rivington …, 1772), vol.3 "Origins of Forms and Qualities", p.14.

서 작용하는 힘"이라고 믿게 되었다.[47]

뉴턴의 일원화된 자연철학은 발표되지 않은 "결론"에 잘 드러나 있다. 이 글에서 그는 "자연은 대단히 단순하며 그 자체로 일관성을 갖는다"고 서술했다. 그러므로, 무엇이든 "큰 운동에서 성립하는 내용은 그보다 작은 운동에서도 성립해야 한다." 큰 물체들은 "무거움의 힘, 자기력, 전기력" 같은 "다양한 자연의 힘"을 "서로에게 작용"하기 때문에, 뉴턴은 "보이지 않는 작은 입자들 사이에 작용하는, 아직은 관측되지 않은 더 작은 힘"이 존재할 것이라고 "의심"을 품게 되었다.[48] 뉴턴이 자신의 입장을 뒷받침하기 위해 제시한 증거는 (웨스트폴이 말한 대로) "이후 『광학』의 질문Query 31로 유명해진 문제의 초안"이 되었다. 그의 글은 그가 1670년대에 왕립학회에서 발표했던 "'빛의 가설'에서 에테르 역학과 함께 중요한 역할을 하는" 다양한 현상들을 다루고 있다. 웨스트폴은 뉴턴이 입자 간 힘을 옹호하면서 여러 화학 현상을 확고한 근거로 들었고, 이 현상들은 "모두 그의 연금술 논문에서 다루었던 것"이라고 결론지었다. 뉴턴이 직접 수행한 실험에서 다룬 현상도 있고, 다른 이의 논문에서 인용한 것도 있으며, 대부분은 둘 다 등장하는 것이었다.[49] 그러므로 뉴턴이 힘을 기본적인 실체로 수용한 데에는 연금술 연구도 상당한 영향을 미쳤다.

이는 베티 조 돕스의 연구를 통해 밝혀진 내용이다. 돕스는 뉴턴이 아이디어를 발전시킨 과정이 그간 알려진 바와 많이 다르다는 것을 알아냈다. 돕스는 특히 뉴턴의 연금술과 신학에 관한 글들을 집중적으로 연구하고, 중요한 의미를 갖는 두 편의 논문, 즉 「공기와 에테르에 관하여De Aere et Aethere」와 「중력에 대하여」가 작성된 시기를 새롭게 밝혀냈다. 그녀는 이 두 편의 글이 후크와 서신을 교환하던 때보다 몇 년 후에 작성되었다고 설명했다. 이때는 『프린키피아』를 쓰기 직전이었다.[50]

이 새 연대표는 현재 『프린키피아』의 개념에 관한 여러 문제를 설명하는 데 적용될 수 있다. 예를 들어, 뉴턴은 소논문 『운동에 관하여』를 쓰고 난 후부터 『프린키피아』의 초안을 고안하던 시기까지 "vis insita"라는 용어를 고민했다는 것을 알 수 있다. 내적 힘 또는 내재하는 힘과 비슷한 개념이 「중력에 대하여」에서 "vis indita"로 나타나기 때문이다.[51] 이제 돕스의 연대표를 참고하면 뉴턴이—『프린키피아』를 쓰기 직전에—어떻게 "vis indita"에서 "vis insita"로, 그런 다음 "vis inertiae"로 쉽게 옮겨갔는지를 이해할 수 있다. 그러나 이 소논문이 그보다 몇 년 전에 쓰였다면, 「중력에 대하여」에서 내적 힘을 고민

47　『Never at Rest』, p.390. 웨스트폴은 이제 뉴턴이 "운동역학과 대조되는 동역학적 기계철학"을 고수하게 되었다고 말한다.

48　『Unpubl. Sci. Papers』, pp.183-213 참고.

49　웨스트폴은(『Never at Rest』, p.389) "연금술의 특정 주제, 이를테면 변화하는 물질에서 일어나는 발효와 식물 생장 현상, 유황의 기이한 행동, 그리고 활성과 비활성의 결합 같은 주제들은 사물의 본질을 새롭게 설명하는 방향으로 나아가는 것이기도 하다"고 강조해서 지적한다. 뉴턴이 "연금술로 제작한 화합물인 '네트'(구리와 안티몬의 합금으로 보라색을 띤다.—옮긴이)는 그가 떠올린 물질의 새 개념의 이름에도 영향을 미쳤다."

50　Dobbs, *Janus Faces*(위 n.10).

51　아래 §4.7 참고. 돕스는 헤리벨이 "De Gravitatione"에서 "vis indita"를 "vis insita"로 잘못 읽었다고 지적한다.

하다가 대략 20년이 흐른 후 다시 『프린키피아』를 쓰기 직전에 이 주제를 고민했다는 얘기가 된다. 이 간극은 그간 설명하기가 매우 어려웠다.

물론 베티 조 돕스는 문서 작성 시기만 연구한 것이 아니었다. 그녀의 궁극적인 목표는 연금술이 뉴턴의 다른 과학적 사고와 분리될 수 없음을 보여주는 것이다. 돕스는 뉴턴이 쓴 광범위하고 다양한 원고를 조사하며 논증을 확장하고 있다. 이제는 더 이상 역학이나 우주 물리학 분야에 대한 뉴턴의 사고가 연금술 그리고 물질의 구조와 상호작용에 관한 심도 깊은 고민과 밀접한 관련이 있음을 의심할 수 없다. 돕스는 "활성과 비활성, 역학적 힘과 비역학적 힘에 관한 모든 사안이 뉴턴에게는 철학·종교적인 복합체 안에서 하나로 얽혀 있었다"고 결론을 내렸다. 그녀는 "뉴턴이 인력 그리고 '활성' 원리active principles를 처음 마주한 것이 연금술 연구에서였을 것"이라고 지적하지만, "그런 아이디어를 중력에 적용한 데에는 틀림없이 다른 여러 사항이 매개체로 작용했을 것"이라고 말한다. 돕스는 뉴턴이 보편적인 "자연 세상에서 작동하는 식물 생장의 원리와, 연금술사들이 말하는 은밀하고, 보편적이고, 활기 있는 영의 원리를 심사숙고"했음을 강조한다.

베티 조 돕스는 『프린키피아』에 등장하는 특정 개념이 뉴턴의 신앙, 공간과 물질에 관한 아이디어들, 고대의 지혜의 전통에 관한 고민, 연금술 연구, 물질의 활성과 비활성 원리에 대한 고민, 그리고 일반적인(즉 "식물 생장성의") "영"에 관한 흥미 들과 얼마만큼 밀접한 관련성을 맺고 있는지 상세히 보여주었다. 따라서, 만일 우리의 목적이 『프린키피아』를 쓰던 당시의 아이작 뉴턴의 사고 또는 의식 세계를 이해하는 것이라면, 수학적으로 발달된 이론 역학과 다른 분야에 대한 그의 사고를 분리해서는 안 된다.

예를 들어, 허공void에 관한 뉴턴의 결론을 따져보자. 허공은 데카르트가 주장한 물질인 에테르가 없어서 행성의 운동에 영향을 미치는 힘이 생성될 수 있는 공간을 말한다. 그가 내린 결론들은 천문학적 결과(장시간 관찰했을 때 케플러의 법칙을 벗어나는 현상이 없다는 사실)를 바탕으로 한 것이지만, 그와 동시에 공간과 장소 그리고 신의 본성에 대한 뉴턴의 관점과 직접적으로 관련되어 있다.

뉴턴은 성숙한 사고를 통해 "실험철학"과 경험적으로 확립 가능한 것을 넘어선 철학의 영역을 예리하게 구분할 것을 제안했다. 이 둘을 구분하고 각자의 영역을 유지하기 위해 뉴턴이 들인 지속적인 노력은 과학 분야 전반에서 이룬 여타 성취와 견주어도 절대 뒤지지 않는다. 따라서 뉴턴의 전반적인 철학적 사상이 지닌 연속성은 당연히 인정해야 하더라도, 우리 역시 뉴턴처럼 실험철학과 다른 영역의 철학을 구분해야 한다.

『프린키피아』는 사실상 물리 저서로서 읽을 수 있고, 실제로 지난 300여 년간 독자들은—오늘날의 관점에서 볼 때—과학 외적인 내용의 맥락은 제대로 이해하지 않은 채 이 책을 읽어왔다. 심지어 정의 다음의 주해에서 다루는 절대 공간에 관한 뉴턴의 논의를 그대로 지나쳐도, 이론 역학과 세상의 체계에 대한 뉴턴의 설명을 이해하는 데 전혀 지장이 없다. 『프린키피아』의 내용 대부분이 절대 공간보다는 상대 공간에서 서술되기 때문에 더욱 그러하다. 초판 3권 서두의 가설 3에서 뉴턴은 물질 간 변환을 언급하고 있는데, 여기에는 아마도 연금술적인 의미가 내포되어 있을 수 있다. 그러나 『프린키피아』 전체에서 이 "가설"을 언급하는 곳은 딱 한 곳뿐이며, 2판이 나올 즈음에는 이 "가설"과 그에 관한 내용은 삭제되었다.[52] 물론 2판의 1쇄에서 일반 주해의 결론을 맺으며 신의 존재와 속성에 관한 문제를 소개하고 그와 함께 "전기와 탄성의 영"에 대해서도 일부 측면을 다루었지만, 이는 신학–철학적 부록일 뿐이며 『프린키피아』의 주요 부분에서는 전혀 다루어지지 않았다.

일부 독자들은 (아마도 초판의 "가설 3"만 제외하고) 뉴턴에게 있어 이론 역학의 체계(1권과 2권), 그리고 세상의 체계의 동역학(3권)은 그 자체로 끝이 아니라 연금술, 물질의 이론, "식물 생장"과 그 밖의 "영"들, 예언, 고대인들의 지혜, 그리고 신의 섭리를 아우르는 우주의 통합된 일반적 질서의 일부일 뿐이라고 생각할 수도 있다. 그러나 『프린키피아』를 집필하는 뉴턴의 방식은 이런 생각을 배제하는 방식을 취한다. 더 나아가, 이 "전체론적인" 뉴턴의 사고는 단순히 『프린키피아』만 읽어서는 절대 발견할 수 없으며, 학자들, 특히 베티 조 돕스, R.S. 웨스트폴, J.E. 맥과이어, A. 루퍼트 홀과 마리 보아스 홀, 나 자신과 다른 학자들이 이 사실을 밝히기까지 300여 년이 걸렸다. 연구를 통해 드러난 것처럼, 뉴턴은 『프린키피아』에서 고대 현인과 철학자들로부터 전해 내려온 인용구나 그가 생각하는 근본적이면서도 포괄적인 시사점을 간간이 소개할 계획이었다. 그러나 마지막에 그는 "의도를 노출하고 싶은" 유혹을 거부했다. 그 결과 『프린키피아』는 자연철학에 관한 수학적 원리와 그 응용을 엄격하게 서술한 책으로 남게 되었다.

돌이켜 보면 『프린키피아』의 가장 특별한 점 중 하나는 오늘날 우리가 비과학적이라고 여기는 주제들에 관하여 뉴턴이 고민했던 흔적이 완벽하게 제거되었다는 것이다. 결과적으로 지적 고고학을 통해 『프린키피아』의 표면 아래 감춰진 사상에 도달하고 뉴턴의 사고를 전체 맥락에서 조명하기까지 300년 넘게 걸렸고, 오늘날에 이르기까지도 뉴턴이 그런 생각들을 했다는 사실을 막연한 암시로밖에 인식할 수 없을 정도다. 뉴턴은 어떻게 이런 고민의 흔적들을 『프린키피아』에서 그토록 완벽하게 제거할 수 있었을까? 몇 년 전 나는 이 분야의 권위자인 프랜시스 예이츠에게 이 문제를 물어본 적이 있다. 그녀의 답은 단순하지만 매우 심오했다. "그야, 뉴턴은 천재니까요." 누가 여기에 동의하지 않겠는가! 이 정도의 창의적인 천재라면 평범한 방식으로 행동하리라고 예상할 수 없을 것이다.

---

52   뉴턴이 연금술사의 관점에서 쓴 "가설 3"에서는 물질이 "변환된다"고 썼지만, 흥미롭게도 1권의 섹션 4와 5에서는 수학자의 입장에서 기하학적 조형(투영에 의한)의 변환을 "변성(transmutation)"의 의미로 다루고 있다.

3.5 인력의 실체; 뉴턴 스타일

『프린키피아』에서 뉴턴은 수학 그리고 수학적 개념의 물리와 직접 관련되지 않은 고려 사항들은 모두 한옆으로 치워두는 표현 방식을 채택했다. 나는 이러한 『프린키피아』의 방식을 "뉴턴 스타일"이라고 불렀고, 이 스타일이 어떻게 『프린키피아』의 명제들을 개발하고 이를 실험과 관측의 세계에 적용하는 뉴턴의 과정을 드러내는지를 보여주었다. 그러나 나의 이런 작업은 단순히 『프린키피아』 안에 존재하는 뉴턴의 사고 과정을 체계화하고, 뉴턴의 서술을 다시 서술한 것뿐임을 짚고 넘어가야겠다. 뉴턴은 자신만의 독창적인 스타일을 통해, 신과 자연 또는 세상 일반에 대한 근본적인 신앙을 누설하지 않고도 물질(또는 질량)과 힘, 나아가 공간(변위, 속도, 가속도, 궤도와 관련한 공간)과 같은 개념을 논할 수 있었다. 이런 식으로 (적어도 초기 단계에서) 뉴턴은, 힘이 작용 가능한 방식에 대한 우려에 압도되지 않고도, 광대한 거리에 걸쳐 작용하는 힘을 고려할 수 있었다. 그러나 개인적인 문서와 중력의 작용 원리를 설명하려 시도한 여러 원고에서, 그는 자기 신앙에 부합하는 것에 의지하려는 경향을 보인다. 그렇지만 뉴턴의 스타일 덕분에 뉴턴은 『프린키피아』에서 철학적으로 커다란 질문을 고려하지 않고도 인력의 힘을 다룰 수 있었다. 이 같은 분리는 앞서 인용한 초고 서문의 마지막 문단에서 보았듯이 뉴턴의 지적 성취가 상당했음을 보여준다. 특히 뉴턴은 이러한 태도를 취함으로써 추측상 철학적 의문의 결과를 "꿈"의 형태로 탐구할 수 있었고, 이에 따라 『프린키피아』의 결론이 온전히 보존되면서 데카르트처럼 이른바 "철학적 모험담"으로 빠지지 않았다는 점을 주목해야 한다. 여기에서 앞서 소개한 서문의 마지막 문단을 다시 살펴보자. "그리고 비록 철학 전체가 즉각 분명해지지는 않더라도, 인간의 정신을 미리 가설의 선입견으로 채우기보다는 하루하루 조금씩 지식으로 채워나가는 편이 더 낫다." 이를테면 역제곱 법칙을 따르는 중력의 보편성과 같은 특정한 근본 진리는 수학에서 직접 도출된다. 그러나 뉴턴은—일단 한번 확립된—법칙조차도 자신의 전반적인 사고 체계와 맞아떨어져야 한다고 생각했고, 고대 현인들도 그러한 법칙의 특정 측면을 알고 있었다고 믿기에 이르렀다.

자연철학의 방향을 전환한 후, 뉴턴은 입자 간 인력과 척력이 존재한다고 믿게 되었다. 뉴턴에 따르면 이 입자 간 힘은 충분히 작은 범위에서 작용하는 힘이라(『광학』 질문 31에서 분명히 밝힌 것처럼), 작용 방식을 이해하는 데 별다른 문제가 생기지 않는다. 다른 말로 하면, 이런 힘들은 일정 거리를 두고 작용하는 힘의 범주에 속하지 않는다. 이런 근거리 힘의 존재는 뉴턴의 물질 연구, 특히 연금술 연구에서는 합리적인 것처럼 보인다. 그러나 이런 근거리 힘의 합리성이 먼 거리에 걸쳐 작용하는 장거리 힘의 존재를 보증해 주는가? 태양과 지구 사이의 중력을 고려해 보자. 이 힘은 대략 1억 5천만 킬로미터라는 거리에 걸쳐 작용해야 한다. 개념적 관점에서 보면 수십억 킬로미터에 걸쳐 작용하는 태양과 토성 사이의 힘은 상황이 더 나쁘다. 결국 뉴턴은 혜성이 일종의 행성이며, 태양계의 경계를 넘어 뻗어나가는 혜성의 방향을 틀어 궤도로 돌아오게 할 만큼 태양의 중력이 강력하다는 결론을 내리게 되었다. 뉴턴이 일반 주해에서 말했듯이, 중력은 "실제로 존재한다." 그러나 "그 원인"을 어떻게 찾을 것인가?

『프린키피아』를 완성한 직후 뉴턴은 리처드 벤틀리에게, 제정신인 사람이라면 물체가 "있지도 않은 곳에서 힘을 미친다"는 것을 믿지 못할 것이라고 강한 어조로 편지를 썼다. 우리는 『프린키피아』를 발표하고 나서도 뉴턴이 중력을 설명하기 위해 이런저런 방법들을 시도했음을 알고 있다. 그중에는 파시오 드 듀일리에가 제안한 에테르 기반의 설명과 전기 현상도 포함되어 있었다. 뉴턴에 따라 밀도가 변한다. 이 내용은 『광학』의 후기 판본에 수록된 질문들에서 논의된다.

뉴턴이 연금술을 통해 힘이 자연 작용의 1차 성분이라는 아이디어를 수용하게 되었다는 R.S. 웨스트폴과 베티 조 돕스의 견해에 동의해야 하겠지만, 그와 함께 연금술이 만유인력의 성립에 필요한 장거리 힘 개념의 정당성을 충분히 확보하지 못한다는 점도 알아야 한다고 생각한다. 연금술은 뉴턴이 힘을 자연 작용의 1차 성분으로 인정하는 철학적 또는 개념적 기틀이 되었던 것 같다. 심지어 그런 기틀이 없었다면 뉴턴이 힘을 바탕으로 중력의 성질과 효과를 정교화하는 물리 체계를 개발하기를 꺼렸을 수도 있다. 그러나 이는 뉴턴 개인의 의식의 측면 또는 기본 철학이지 『프린키피아』의 속성이 아니다. 『프린키피아』에서 뉴턴의 이 같은 견해는 초판에서만 간혹 보인다. 뉴턴은 초판 서문에서 거대한 몸체에 적용했던 방식과 비슷하게 "역학적 원리"로부터 "자연의 다른 현상"을 추론하기를 바란다고 썼고, 초판의 "가설 3"에서도 (이후 판본에서 삭제되었다) 물질 변환과 관련한 내용을 서술하며 비슷한 바람을 표현했다. 그러나 초판 서문에서 뉴턴은 기본 상호작용의 폭넓은 철학적 그림을 가정으로 세워 꼼꼼히 다루고 있다. 이 가정은 『프린키피아』에서 제시한 방법이 다른 현상의 영역에서도 비교할 만한 결과로 이어지는지 여부에 따라 이후 지지를 얻을 수도 그렇지 않을 수도 있다. 이런 의미에서 연금술은 서문에 나온 발언의 배경으로 일부 암시되어 있을 수 있지만, 그렇다고 해서 뉴턴이 제시하는 방법의 진실성이 떨어지는 것은 아니다. 뉴턴은 "자연의 다른 현상"에 대한 희망을 역설하는 어조로 철학적 가정과 실험철학 사이의 기본적인 차이를 선언하고 있다.

데카르트와는 달리 뉴턴은 이렇게 경험과학과 철학을 예리하게 구분하고 있고, 이는 두 사람이 보인 견해차 중 가장 근본적인 요소다. 이런 관점에서 보면 『프린키피아』의 뉴턴 스타일은 뉴턴이 서문 초고에서 보인 견해와 조화를 이루는 것 같다. 이 글에서 뉴턴은 "그 대상이 현상인 경우를 제외하고는 관념 대상에 대해 논쟁하는 것"은 한낱 "꿈"에 지나지 않는다고 말하고 있다. 그는 자연철학은 "현상에서 출발해야 하고 현상을 통해 확립된 것이 아닌 사물의 원리, 원인, 설명은 인정해서는 안 된다"고 선언한다. 또한 『프린키피아』의 목적은 "자연철학과 관련된 것들만을 (…) 다루는 것이며" 자연철학은 "형이상학적 견해 위에 (…) 세워져서는" 안 된다고 주장한다.

이런 논조와 유사하게, 1715년 《철학회보》에 발표한 「서평recensio libri」, 즉 『서신 교환』에 대한 리뷰에서, 뉴턴은 자신이 『프린키피아』와 『광학』에서 추종한 철학은 "실험" 철학이라고 주장했다. 이 "실험 철학"은 "실험을 통해 증명될 수 있는" 정도까지만 "사물의 원인"을 알려준다. 따라서 우리는 "현상으로 증명할 수 없는 의견으로 이 철학을 채우면 안 된다."

물론 『프린키피아』에서 밝힌 힘에 관한 입장과 그 밖의 뉴턴 철학, 그리고 연금술 연구를 통해 얻게 된 신념 사이에는 어느 정도의 연속성이 있어야 한다. 뉴턴이 기계철학의 구조를 완화하기로 선회한 데는 연금술이 일부 동기로 작용했겠지만, 먼 거리에서 작용하는 보이지 않는 힘을 연구하는 동시에 경험 철학과 여타 철학을 계속해서 예리하게 구분짓는 새로운 방법도 필요해서였다. 나는 이 새 방법에 '뉴턴 스타일'이라는 이름을 붙였고, 이 스타일은 『프린키피아』에서 높은 수준까지 발전했다. 이러한 발전은 1680년대 초에 발현된 뉴턴의 기본 철학에서 중요한 부분을 차지한다.

이러한 관점에서 우리는 뉴턴이 힘을 다루는 문제에 어떻게 직면했는지를 이해할 수 있다. 주위에서는 먼 거리에서 작용하는 인력 개념을 끊임없이 경멸했지만, 뉴턴은 굴하지 않고 후크가 제안한 중심력을 채택했고, 이후 『운동에 관하여』에서 인력의 수학적 성질을 발전시켜 궁극적으로 『프린키피아』를 창작하기에 이르렀다. 과연 뉴턴은 어떻게 그럴 수 있었을까? 나는 그 답이 두 부분으로 이루어져 있다고 생각한다. 먼저, 자연에 그런 힘이 "실제로" 존재하며, 그 필연적 결과로서 힘이 자연철학의 기본 개념이라고 믿게 된 뉴턴의 강한 신념이 그 바탕이 되었을 것이다. 이 같은 신념의 바탕에 연금술 연구가 자리잡고 있음은 의심할 수 없다(어쩌면 연금술이 기원이 되었을 수도 있다). 그러나 『프린키피아』의 실질적 구조를 해석해 보면 뉴턴은 『프린키피아』 안에서 뚜렷한 "스타일"을 개발했으며—본문과 여러 예제에서 제시된—이 스타일을 통해 동시대 사람들이 자연철학에서 금지했던 유형의 힘을 자유롭게 탐색하여 그 성질을 밝혀냈다. 이 힘은 뉴턴이라 하더라도 그 바탕에 깔린 "원인" 또는 작용 방식을 정하지 않고서는 완전히 증명할 수 없는 그런 힘이었다. 앞으로 보게 되겠지만,[53] 뉴턴 스타일은 인력, 특히 만유인력의 실체에 대한 뉴턴 자신의 굳건한 믿음과는 무관하다. 뉴턴 스타일은 과연 그런 힘이 과학으로서 타당한지 혹은 우리가 보는 효과를 만들어내기 위해 어떤 식으로 작용하는지에 대한 토론 없이도 힘의 성질을 발전시킬 수 있도록 하는 담론의 방식으로 구성되어 있다.

일반 주해에서 뉴턴은 중력의 원인이 "기계적"일 수 없는 이유를 설명한다. 그가 말하는 기계적 원인란 물질과 운동을 의미한다. 이유는 쉽게 찾을 수 있다. 무거움에 의해 물체를 누르는 힘이 "기계적"이라고 가정해 보자. 그렇다면 이 힘은 움직이는 입자들이 연속적으로 와서 부딪치는 결과라는 것이다. 이런 경우, 주어진 물체에 작용하는 힘의 세기는 단위 시간당 충격 횟수에 비례할 것이며, 다시 말해 입자에 노출된 표면적에 비례하게 된다. 그러나 중력은 표면적에 비례하지 않고 물체의 질량에 비

---

53 아래 §6.11에서 뉴턴 스타일과 그 결과에 대한 해석을 참고하자.

례한다. 파시오 드 듀일리에가 남긴 글을 보면, 뉴턴이 한때 자신이 소장한『프린키피아』의 사본에 기록한 메모를 필사하도록 파시오에게 허락했는데, 그 내용은—파시오에 따르면—"무거움의 기계적 원인으로서 유일하게 가능한 것"은 파시오가 "발견했던" 그것이라는 것이다.[54] 그러나 파시오는 뉴턴이 "무거움Gravity은 오직 하느님의 자유로운 의지 안에서 그 기초를 두고 있다고 생각하는 경향이 있다"고 덧붙였다.[55] 이 같은 뉴턴의 믿음은 앞서 살펴보았듯이 데이빗 그레고리도 기록한 바가 있다.

3.6 뉴턴은 1660년대에 그 유명한 중력 이론의 달 실험을 수행했나?

『프린키피아』의 절정은 3권 명제 4에서 등장한다. 뉴턴은 만일 역제곱 법칙에 따라 지구의 중력이 확장되어 달까지 뻗친다면, "달의 낙하"는 정확히 관측하는 그대로일 것임을 보여준다. 여기에 달이 거리 제곱에 반비례하는 중력을 받으며 궤도를 따라 움직인다는 설득력 있는 증거가 있다. 자주 인용되는 뉴턴의 자전적 에세이를 보면, 뉴턴은 중력이 저 멀리 달까지 뻗어나가는지를 알아내기 위해 1660년대에 달 실험을 수행했다고 주장한다. 이 글에서 그는 자신이 발명한 미적분학 그리고 빛과 색깔의 발견에 대해 설명한다. 그런 다음 "달 궤도까지 확장되는 무거움"에 관한 그의 생각을 서술한다. 뉴턴은 이미 "구면 안에서 회전하는 구가 구면을 누르는 힘을 추산하는 방법"을 발견했다고 썼고, 행성 운동에 관한 케플러의 제3 법칙 또는 조화 법칙도 알고 있었다. 그는 이 두 법칙을 결합하여 "행성을 궤도 위에 유지하는 힘은 반드시 회전의 중심부터의 거리 제곱의 역수에 비례해야 한다는 것을 추론했다." 다시 말해, 일정 속도의 원운동을 일으키는 "힘"이 v^2/r으로 측정된다는 것을 발견하고, 이를 케플러의 법칙인 $r^3 \propto T^2$과 결합하여 행성을 궤도에 붙잡아두는 힘이 $1/r^2$에 비례해야 한다는 결과를 얻었다는 것이다. 뉴턴은 "이로써 달을 그 궤도에 붙잡아 두는 데 필요한 힘을 지구 표면의 중력과 비교"했으며 "이 둘이 상당히 일치한다는 것을 발견했다"고 주장했다.[56] 이 서술 때문에 1660년대에 뉴턴이 알고 있던 내용과 관련하여 과장된 주장들이 양산되었다. 그중에는 뉴턴이 이미 1660년대에 "중력 법칙"을 알고 있었고, 따라서 이를 발견한 때와 발표한 시기(『프린키피아』가 출간된 1687년) 사이에 "20년간의 지연"이 있었다는 추정도 포함되어 있다.[57]

뉴턴이 1660년대에 실질적으로 중력과 행성과 달의 운동 문제를 어떻게 연구했는지를 알 수 있는

---

54 Nicolas Fatio de Duillier, "La cause de la pesanteur: Mémoire Présenté à la Royal Society le 26 fevrier 1690," ed. Bernard Gagnebin, *Notes and Records of the Royal Society of London* 6 (1949): 105-160. 내가 쓴『Introduction』, p.185 참고.

55 『Introduction』, p.185.

56 이 내용은 *Catalogue of the Portsmouth Collection*(위§1.2, n.11)에 최초로 수록되었다. 좀 더 복잡하고 정확한 버전과 유사 문서들은 내가 쓴『Introduction』, suppl.1에 수록되어 있다.

57 Cajori, "Newton's Twenty Years' Delay in Announcing the Law of Gravitation"(위§1.2, n.15).

문서가 몇 편 있다. 그러나 이 문서에서 뉴턴은 여전히 데카르트의 언어로 곡선 운동 또는 궤도 운동을 생각하고 있다. 따라서 이때의 연구는 1679-80년의 연구처럼 구심력을 바탕으로 한 것이 아니라 원심의 노력, 즉 "코나투스"를 바탕으로 한다. 이 문서에서는 뉴턴의 기초적인 개념적 기틀을 언급하고 있으며, 그가 이룩한 수학적 성과에 대한 내용은 없다. 실제로 이 문서들을 통해 우리는 현재의 관점(성숙한 뉴턴의 관점)과 17세기 중반에 역학 문제를 다루는 방식(청년 시절 뉴턴의 관점)의 차이에 대한 통찰을 얻을 수 있다.

뉴턴이 자전적 에세이에서 언급했던 계산은 두 편의 문서에서 발견된다. 그중 하나는 『낙서장』이라고 불리는 문서로, 뉴턴의 계부 바나바스 스미스가 소유했던 거대한 장정본이다. 바나바스 스미스는 이 책에 신학 용어들을 모아 기록하고 있었는데, 뉴턴은 이 책의 빈 공간을 메모와 계산을 하는 데 활용했다. 사실상 이 책의 첫 페이지에서, 뉴턴은—그의 표현에 따르면—"구면 안에서 회전하는 구가 구면을 누르는 힘"을 추산했다. 그는 반지름이 r인 원 위를 일정한 속도 v로 움직이는 운동에서, 원심의 노력은 v^2/r로 측정된다고 기록했다(이 발견은 하위헌스와 독립적으로 이루어졌다).[58]

훗날 「벨룸 원고*Vellum Manuscript*」[59]로 알려지게 되는 원고의 계산을 보면, 뉴턴은 갈릴레오가 『새로운 두 과학』에서 연구했던 코페르니쿠스 문제의 답을 찾고 있었다. 지구 표면의 물체들은 지구가 자전과 공전을 하는데도 왜 우주로 날아가지 않는가 하는 문제였다. 뉴턴은 수직으로 45도 기울어진 81인치 길이의 원추형 진자로 실험을 해서 중력을 결정하고, 이를 회전하는 지구 표면에서의 원심의 노력과 비교했다.[60] 그리고 지구 자전에 의해 발생하는 원심의 노력보다 중력이 훨씬 더 크기 때문에 지구 위의 물체들은 자전 때문에 날아가지 않는다는 결론을 내렸다. 뉴턴은 지구의 공전으로도 비슷한 계산을 수행했다.

바로 그 직후에, 뉴턴은 다른 문서에서 지구 표면의 원심 노력과 중력의 비를 조금 다른 방법으로 다시 계산했다.[61] 이번에는 한 단계 더 나아가 "달이 지구 중심으로부터 멀어지려는 노력"을 지구 표면의 중력과 비교했다. 계산 결과 중력이 4,000배 약간 넘는 것으로 밝혀졌다. 이 두 번째 문서에서[62] 뉴턴은 자신이 알아낸 원심 노력 법칙을 케플러의 제 3법칙과 결합해 행성이 "태양으로부터 멀어지려는 노력"은 "태양부터의 거리 제곱에 반비례한다"는 결론을 내렸다.

---

58 헤리벨의 『Background』에는 이 내용을 『낙서장』에서 발췌, 편집한 버전이 실려 있다. 이와 함께 역학과 관련하여 뉴턴의 기록들도 수록되어 있다. 『낙서장』은 케임브리지 대학 도서관에서 소장하고 있으며, 분류번호는 ULC MS Add. 4004이다.

59 ULC MS Add. 3958, fol. 45; Herivel, 『Background』, pp.183-191, 『Corresp.』 3:46-54. 헤리벨의 설명에 따르면 이 문서는 "찢어진 양피지에 임대 계약 내용을 새긴" 것이고, 뉴턴은 그 뒷면에 계산을 적어 놓았다.

60 실험의 자세한 내용은 Westfall, 『Never at Rest』, p.150에 잘 요약되어 있다. 관련 문서는 Herivel, 『Background』에서 찾아볼 수 있다.

61 『Never at Rest』, p.151.

62 ULC MS Add. 3958.5, fol.87, 『Background』, pp.195-197, 『Corresp.』 1:297-303, cf. Hall, "Newton on the Calculation of Central Forces" (위 §1.2, n.12), Ole Knudsen, "A Note on Newton's Concept of Force", *Centaurus* 9 (1963-1964): 266-271.

이 문서에는 회전하는 달의 원심 노력과 회전하는 지구 위 물체의 원심 노력을 비교하는 내용이 포함되어 있다. 이전의 문서에서 뉴턴은 지구 표면의 원심 노력을 중력과 비교했지만, 이제는 지구 표면의 원심 노력을 "달이 지구의 중심으로부터 멀어지려 하는 원심 노력"과 비교한다. 우리는 여기에서 뉴턴이 달의 "멀어지려는 (…) 노력"("conatus Lunae recedendi a centro terrae")을 구체적으로 설명하면서 어떤 의미로든 원심력을 다루지 않는다는 점을 주목할 수 있다. 뉴턴은 이제 원의 중심부터 멀어지려는 노력이 지름을 주기의 제곱으로 나눈 것과 같다는 규칙을 사용한다. 그는 지구 표면의 원심 노력이 달 궤도 위에서의 원심 노력보다 대략 $12\frac{1}{2}$배 크다는 것을 발견하고, 별다른 말 없이, 지구 표면에서의 "무거움의 힘"("vis gravitatis")은 달 궤도 위에서 지구 중심으로부터 멀어지려는 노력보다 약 4,000배 가량 더 크다는 결론을 내린다. 그는 이 결과의 의미에 대해서는 아무 말도 남기지 않는다.

뉴턴은 그다음 다른 계산으로 넘어간다. 여기에서 그는 달 궤도 위에서의 원심 노력(또는 달이 지구로부터 멀어지려는 노력)과 지구 궤도 위의 원심 노력(또는 태양으로부터 멀어지려는 노력)의 비가 약 5:4라는 것을 발견한다. 이 비와 이전의 계산 결과를 결합하면 지구 궤도 위에서의 노력과 지면에서의 중력 세기의 비를 구할 수 있게 한다. 그는 지구의 중력이 지구가 태양으로부터 멀어지려는 노력보다 5,000배 크다는 것을 알아낸다.

그다음 문단에서는 앞서 구했던 지구 중력과 달의 궤도를 벗어나려는 노력의 비인 4,000이라는 숫자의 의미를 밝힌다. 이 문단은 케플러 제3 법칙의 명제로 시작하지만 특별히 케플러를 언급하지는 않는다. 뉴턴은 이 법칙에 따라 행성 궤도를 원으로 가정할 때 행성의 궤도 위에서의 노력이 태양부터의 거리에 반비례한다고 서술한다. 자전적 에세이에서는 자신의 v^2/r 법칙을 케플러의 제3 법칙과 결합해 멀어지려는 노력이 거리 제곱에 반비례한다는 결과를 얻었다고 말한다. 이것을 증명하는 것은 상당히 쉽다.

원 궤도(반지름=r, 주기=T)를 따라 움직이는 행성을 생각해 보자. 그런 다음 간단한 대수 연산을 이용해 뉴턴이 발견한 v^2/r 법칙과 r^3이 T^2에 비례한다는 케플러의 법칙을 결합시킨다. E를 원심 노력이라고 해보자.

$$E \propto \frac{v^2}{r} = \frac{1}{r} \times \left(\frac{2\pi r}{T}\right)^2 = \frac{4\pi^2 r^2}{rT^2} \propto \frac{r^2}{rT^2}$$

케플러의 제3 법칙에서는 $T^2 \propto r^3$이므로,

$$E \propto \frac{r^2}{rT^2} \propto \frac{r^2}{r^4} = \frac{1}{r^2}$$

따라서 뉴턴은 행성의 원심 노력이 태양부터의 거리 제곱에 반비례한다는 결론을 내린다.

이후 뉴턴은 달의 운동을 달까지 확장된 중력과 비교했다는 말을 남겼는데, 이 의미는 다음과 같이 해석할 수 있다. 지구 표면의 중력이 달까지 확장되고, 이 힘이 행성에서처럼 같은 비율로 거리에 따라 감소한다고 가정해 보자(뉴턴은 $E \propto 1/r^2$ 법칙을 사용했다). 그런 다음, 뉴턴은—다른 문서에서—달이 지구 중심으로부터 지구 반지름의 59배나 60배 정도의 거리만큼 떨어져 있다고 했으므로, 달 궤도에서의 지구 중력은 지구 표면에서의 힘의 세기나 지구 중심부터 지구 반지름만큼의 거리에서의 힘의 세기의 $1/60^2$이어야 한다. 그러므로 지구 표면에서의 중력의 세기는 달 궤도 위에서의 원심 노력보다 3,600배 정도 커야 한다는 이론적 결론이 나오는데, 이것을 뉴턴이 4,000으로 계산한 것이다. 헤리벨이 지적했던 대로, 두 값 사이의 차이는 뉴턴이 정확하지 않은 지구 반지름 값을 사용한 데에서 발생한다.[63]

4,000과 3,600의 차이는 4,000분의 400, 또는 10분의 1, 즉 10퍼센트다. 그러므로, 뉴턴이 이후 이론과 관측값이 "상당히 일치한다"고 기록했다면 실제 데이터를 잊어버렸거나 아니면 비교의 정확성을 과장한 것이다. 그러나 실은 "상당히 가깝다"가 아니라 "그다지 일치하지 않는다not quite"라고 쓰려했던 것이라는 가설도 있다.[64]

헨리 펨버튼이 기록한 내용은 뉴턴의 글과 약간 다르다. 펨버튼은 뉴턴의 지시를 받아 『프린키피아』 3판을 편집한 편집자다. 펨버튼의 말에 따르면, 뉴턴은 "계산이 예상에 미치지 못해서, 달에 미치는 무거움의 힘의 작용 외에 어떤 다른 원인이 더 작용하는 것이 틀림없다는 결론을 내렸다."[65] 이와 비슷하면서 좀 더 자세한 이야기는 윌리엄 휘스턴이 기록한 글에서 찾을 수 있다. 뉴턴의 뒤를 이어 케임브리지 루카시안 석좌교수직을 이어받은 휘스턴은, 뉴턴이 "달에게 영향을 미치는 무거움의 힘만을 놓고 봤을 때, 달을 궤도에 구속하는 힘이 기대했던 것과 그다지 일치하지 않은 것에 다소 실망했다"고 적고 있다. "실망한 아이작 경은 이 힘이 일부는 무거움의 힘이고 일부는 데카르트가 주장한 소용돌이의 힘이 아닐까 의심하게 되었다"고 휘스턴은 덧붙였다.[66] 펨버튼과 휘스턴 모두 뉴턴의 계산 오류가 부정확한 지구 반지름 값에서 기인한 것임을 알고 있었다.

이 이야기에는 몇 가지 혼란스러운 요소가 있다. 첫 번째로 흥미로운 사실은, 뉴턴이 후크에게 행성의 역제곱 힘을 배웠는지 아니면 그전부터 알고 있었는지를 두고 논란이 일었을 때 뉴턴이 이 두 번째 문서를 제출하지 않았다는 점이다. 그 대신 뉴턴은 핼리에게 빛의 본질에 대한 자신의 "가설"을 설명

---

63 『Background』, pp.68, 198 n.8.

64 이는 헤리벨의 제안이다. 『Background』, p.68.

65 Henry Pemberton, *A View of Sir Isaac Newton's Philosophy* (London: S. Palmer, 1728), preface.

66 William Whiston, *Memoirs of the Life and Writings of M. William Whiston, Containing Memoirs of Several of his Friends also, Written by Himself*, 2d ed. (London: J. Whiston and B. White, 1753), 1:35-36.

하고 이 내용을 1675년에 왕립학회에 제출했다. 이 문서는 이전에 운동에 관하여 쓴 문서보다 훨씬 설득력이 약한 것이었다. 『프린키피아』가 출간된 직후 뉴턴은 이미 계산이 완성된 원고를 가지고 있었다. 웨스트폴의 설명에 따르면,[67] 그레고리가 뉴턴의 자전적 에세이보다 20년쯤 앞선 1694년에 남긴 글에서 뉴턴이 자신에게 보여준 문서에 대해 언급하고 있는데, 그 내용 중에 "그의 철학의 모든 기초 (⋯) 즉 지구에 대한 달의 무거움, 태양에 대한 행성의 무거움, 그리고 사실상 이 모든 것이 계산의 대상이 된다"는 대목이 있었다는 것이다.[68]

뉴턴이 정말로 1660년대에 일종의 달 실험을 수행한 것으로 추측해 본다고 하더라도, 그 실험은 어떤 종류의 실험이었는가? 그는 무엇을 실험하였는가? 일각의 주장대로 뉴턴의 계산을 중력 이론의 달 실험으로 간주할 수 있는가? 적어도 세 번째 질문의 답은 확실히 "아니오"이다. 무엇보다도 중력 이론은 만유인력이라는 중심 개념을 바탕으로 한다. 뉴턴은 1660년대에 상당히 다른 어떤 것, 즉 데카르트의 노력 또는 "코나투스"를 고민하고 있었다. 이것은 힘은 아니고, 만유인력은 더더욱 아니었다. 이 노력은 원심[69]의 노력이다. 즉 중심 물체로부터 바깥 방향을 향하고, 위치를 바깥쪽으로 이동시키려는 경향이 있다. 만유인력은 구심적이며 안쪽을 향하고, 위치를 안쪽으로 이동시키려는 경향이 있다. 다음으로, 뉴턴의 완숙한 물리학에서는 무거움이 중심 방향을 향하는 가속을 만들고, 그로 인해 궤도를 도는 물체는 끊임없이 안쪽으로 낙하하는데 그 이유는 불균형한 구심력이 있기 때문이다. 1660년대의 뉴턴은 여전히 원심 노력에 대해 생각하고 있었는데, 이 노력은 물체가 궤도 위에서 일종의 평형 상태를 유지할 수 있도록 균형을 이루어야 했다.[70] 마지막으로 지구 표면의 중력을 달의 중력과 비교하면서 뉴턴은 달의 중력이 지구 중심부터의 거리 제곱에 반비례한다고 가정했다. 『프린키피아』 1권 섹션 12를 읽어본 사람이라면 이를 증명하기가 얼마나 어려운지 알 것이다.

요약하자면, 뉴턴은 분명히 1660년대에 달 실험을 수행했다. 그는 분명히 달까지 확장되는 중력을 고려했지만, "달을 궤도 위에 유지시키는 데 필요한 힘"과 중력을 비교하지 않은 것도 분명하다. 당시 그는 그런 "힘"의 개념을 아직 개발하지 못했다. 이 개념은 그로부터 약 10년 후, 『프린키피아』를 집필하기 몇 년 전에야 개발된다. 그리고 나서 마침내, 뉴턴은 힘이 운동을 변화시키는 방식을 이해하게 되고, 이 힘에 "구심력centripetal force"라는 이름을 붙여주었다.

---

67   『Never at Rest』, p.152 n.36.

68   『Corresp.』 1:301.

69   데카르트는 "conatus" 또는 노력의 개념과 관련하여 "원심(centrifugal)"이라는 표현을 사용하지 않았다. 이 용어는 크리스티안 하위헌스가 도입한 것이다.

70   1660년대의 뉴턴이 데카르트의 "코나투스"와 이후 힘의 개념을 비교한 내용에 대해서는, 『Never at Rest』 pp.153-155를 참고할 것. 더 자세한 내용은 Westfall, *Force in Newton's Physics* (위 n.34) 참고.

3.7 뉴턴의 궤도 운동 연구 방법의 연속성: 세 가지 근사(다각형, 포물선, 원)

아직 20대 청년이던 1660년대에, 뉴턴은 곡선 운동 또는 궤도 운동을 다루는 세 가지 방식을 제시했고, 이 방식들은 몇십 년 후 『프린키피아』에 등장한다. 브루스 브래큰리지는 이 세 가지 방식을 다각형 근사, 포물선 근사, 원 근사라고 명명했다.[71] 이 근사의 초기 응용이 이후의 응용과 다른 점은 단 하나, 뉴턴이 1660년대에 (§3.6에서 보았듯이) 여전히 데카르트의 언어로 원심 "코나투스conatus"를 생각하고 있었다는 것뿐이다. 뉴턴은 처음에는 구심력 개념을 개발하지 못했다. 이 초기의 관점과 이후 관점은 단순히 노력 또는 힘의 값을 계산하는 방식이 다른 것이 아니라 지적인 기틀 자체가 다르다. 뉴턴이 초기에 생각했던 곡선 운동은 균형에 의해, 일종의 정역학에 의해 만들어진다. 그리고 이후 떠올린 곡선 운동은 (가속이 만들어내는) 불균형한 힘과 접선의 관성 성분의 결과이며, 동역학의 예이다.

다각형 근사는 『낙서장』[72]의 기록 중 1660년대 중반에 쓴 글에 나타난다. 이 글에서 뉴턴은 원운동의 원심력의 크기를 결정하는데, 그의 방법은 (앞서 §2.5에서 설명했듯이) 원 안에 내접한 사각형 궤도에서 출발한다. 공은 각각의 꼭짓점에서, 공은 바깥쪽으로 향하는 힘을 받아 원에 부딪치고 반사될 것이다. 뉴턴은 힘 자체보다는 이후 충격 또는 충격력(힘과 힘이 작용하는 시간 간격의 곱)이라고 알려지는 개념을 고려한다. 원심력의 크기는 충격력이 없을 때 물체의 최종 위치 그리고 힘의 작용을 받을 때 물체의 최종 위치의 차이가 된다. 그는 변의 개수를 늘려서 다각형이 n각형이 되도록 하고 결국에는 변의 개수가 무한대가 되도록 했다. 극한을 취하면 다각형은 원이 되고 힘은 연속적으로 작용한다.[73] 이 초기 문서에서 뉴턴은 힘이 v^2/r과 비례한다는 것을 증명하지 않고 운동의 다른 성질을 유도한다. 이 성질은 v^2/r 법칙으로 치환될 수 있다. 사실상 근본적으로 동일한 이 방법은 다각형에서 매끄러운 곡선으로, 충격력에서 연속적으로 작용하는 힘으로 이행하는 방식인데, 『프린키피아』 1권 명제 1과 2 그리고 바로 이전에 집필된 소논문 『운동에 관하여』에 등장한다. 『프린키피아』 1권 명제 4의 주해에서 뉴턴은 수년 전 자신이 개발한 이 해석 방식을 언급한다. 그리고 여기에서 그는 힘이 v^2/r에 비례한다는 것을 증명한다.

---

71 Bruce Brackenridge, *The key to Newton's Dynamics: The Kepler Problem and the "Principia"*, with English translations by Mary Ann Rossi(Berkeley, Los Angeles, London: University of California Press, 1996). 앞으로 나올 뉴턴의 세 가지 해석 방식에 대한 논의는 브래큰리지의 연구에 바탕을 둔 것이다.

72 ULC MS Add. 4004. 『Background』, pp.128-131도 참고할 것.

73 뉴턴의 해석이 과연 수학적으로 엄밀한 것인지는 과거에도 지금도 학자들 간의 논쟁거리였다. 예를 들어(특히 미셸 블레이가 제시한 예에서), 다각형의 극한을 매끄러운 곡선으로 볼 수 있다고 해도, 충돌의 수열의 극한은 연속적으로 작용하는 힘이 될 수 없다는 주장이 있었다. 뉴턴의 논증의 수학적 엄격성 문제에 대해서는, 『Math. Papers』 6:6 n.12;35-39 n.19; 41 n.29에 수록된 D.T. 화이트사이드의 해설과, Aiton, "Parabolas and Polygons"(위 §2.5, n.38)를 참고하자. 그리고 내가 쓴 "Newton's Second Law and the Concept of Force in the Principia", in *The Annus Mirabilis of Sir Isaac Newton, 1666-1966*, ed. Robert Palter (Cambridge, Mass., and London: MIT Press, 1970), pp. 143-185도 함께 참고하자.

포물선 근사는 1669년에 쓴 원운동에 관한 문서에 나온다.[74] 이 해석 방법에서, 물체는 힘 F의 작용을 받으며 원을 따라 움직인다. 힘의 방향은 중심점 C로부터 곡선 위 임의의 점 P를 향한다. 뉴턴은 점 P 주위의 아주 작은 (실질적으로 무한소인) 영역에 작용하는 힘을 고려한다. 이 영역은 매우 작으므로 힘은 일정하다고 간주할 수 있다. 물체는 운동의 두 성분을 가지고 있다. 하나는 일정하고 선형이며 접선을 따르는 성분으로, 물체가 운동을 시작할 때 주어진다. 또 하나는 안쪽으로 가속되는 운동 성분이며 힘 F에 의해 만들어진다. 뉴턴은 갈릴레오의 연구를 통해 일정한 힘이 등가속도 효과를 만든다는 것을 알고 있었다. 그러므로 이 영역에서는 갈릴레오가 연구했던 포물체 운동과 동일한 조건을 갖는다. 따라서 P 근처에서의 물체의 궤적은 포물선 형태를 띠게 될 것이다. 이 해석 방식을 따르면 결과적으로 원운동을 그리는 힘을 얻는다. 이 내용은 『프린키피아』 1권 명제 4와 『운동에 관하여』의 초안에 등장한다. 이 방법은 『프린키피아』 1권 명제 6, 10, 11, 그 외 여러 곳에서도 다루어지고, 『운동에 관하여』에서는 방법에 대한 예상이 나온다. 특히 이 『운동에 관하여』에서는 원운동에 대한 고찰에서 출발하여 임의의 곡선 경로를 따르는 운동으로 확장된다.

세 번째인 원 근사에서는(좀 더 적절한 용어로는 호도법circular measure이라고 한다) 앞선 두 근사에서는 없었던 문제가 발생한다. 우리가 아는 바로는 1660년대에 이 방법이 적용된 예제가 없기 때문이다. 그러나 뉴턴은 1660년대에 『낙서장』에 확실한 기록을 남겼다.[75] 이 글에서 그는 접원, 즉 곡률원을 사용하여 타원 운동을 만드는 힘을 찾는 문제를 해결할 수 있다고 말한다. 이 문장은 사실상 다음과 같다.

만일 물체가 타원을 그리며 움직인다면, 타원 위 각 점에서의 힘은 (그 점에서의 운동이 주어진다면) 그 점과 동일한 휘어짐〔곡률―옮긴이〕을 갖는 접원에 의해 발견될 수 있다.

화이트사이드에 따르면, 뉴턴은 이 수학적 메모에서 출발하여 접원을 이용해 "휘어짐", 즉 곡선의 휘어진 정도를 측정하는 방법을 개발하는 과정을 문서로 작성할 수 있었다.[76] 접원은 곡선 위의 한 점에 가장 근접한 원이며 현재에는 접촉원osculating circle이라고 부른다. 뉴턴은 원의 곡률이 상수이며, 로그나선 또는 등각나선의 곡률은 일정하게 변화하고, 원뿔의 곡률은 일정하지 않게 변화한다는 것을 일찌감치 알고 있었다. 오늘날의 수학 언어로 표현하면, 곡선 위 주어진 한 점과 가장 근접하는 원, 즉 접

---

74   이 문서와 포물선 해석 방법은 Hall, "Newton on the Calculation of Central Forces"에 처음 수록되었다. 이 문서와 그 의미에 관한 긴 논의는 Brackenridge, *Key to Newton's Dynamics*에서 다루고 있다. Herivel, 『Background』, pp.192-198도 참고하자. 『Math. Papers』 1:297-303에서 화이트사이드의 중요한 분석을 볼 수 있다.

75   이 글 역시 헤리벨이 『Background』, p.60에 수록하였다. 원본은 fol.1, 다각형 방법에 의한 원운동 해석 바로 아래에서 찾아볼 수 있다. 헤리벨은 문단 끝부분의 동사를 해석하는 데 확신이 없어 "would"일 것이라 제안했지만, 브래큰리지는 이것이 "may"여야 한다는 것을 발견했다. 그래서 뉴턴은 "힘은 (…) 접원에 의해 발견될 수 있다"라고 말한 것이라고 알려져 있다.

76   특히 『Math. Papers』 1:546 n.3의 화이트사이드의 논의를 참고할 것.

촉원은 그 점에서 "휘어짐crookedenesse"이 측정된 곡선과 동일한 1차, 2차 도함수를 갖는다. 뉴턴의 원고는 그가 이미 1664년 12월에 원뿔의 곡률을 구하는 단계를 알고 있었음을 보여준다.[77]

곡률에 관한 뉴턴의 초기 연구 내용은 문서로 잘 보존되어 있지만,[78] 뉴턴이 이 곡률 방법을 힘과 운동 문제에 적용하는 것을 확인할 문서는—앞서 언급한 대로—없다. 그러나 이 방법을 사용한 예는 1684–85년의 소논문 『운동에 관하여』와 『프린키피아』 초판 원고(1687)의 삭제된 문단에 흔적이 남아 있다. 전문가들은 초판과 이후 판본에서 "보조정리 11의 기본"이 되는 개념이 곡률 개념이라는 것을 알 수 있을 것이다. 그러나 초판에서는, "이 보조정리는 원운동과 나선운동의 문제에만 적용된다."[79] (명제 4와 9) 하지만 뉴턴이 초판에서 곡률 방법을 사용한 예를 3권 명제 28에서 찾아볼 수 있다. 이는 적어도 1687년에는 뉴턴이 동역학 문제를 다루는 방법을 완전히 개발했다는 증거가 된다. 동역학에 이 방법을 적용하는 예를 온전히 기록한 문서로는 1690년에 뉴턴이 존 로크에게 보냈던 소논문이 있는데, 1690년이라면 『프린키피아』가 세상에 나오고 나서 몇 년 후다.[80] 이 소논문의 아이디어들은 조금씩 다른 형태로 이보다 더 이전, 어쩌면 1684년까지도 거슬러 올라갈 수 있다.[81]

『프린키피아』 초판이 출간되고 몇 년이 지난 1690년대에, 데이빗 그레고리는 뉴턴에게 초판의 개정 내용을 배웠다. 그의 요약본을 보면 뉴턴이 새 판본에 대해 세운 계획이 기록되어 있는데, "약 35년 전, 곡률에 관하여 『낙서장』에 쓴 아리송한 문장들을 면밀히 반영"할 생각이었다는 것이다.[82] 화이트사이드는 『프린키피아』 개정과 관련된 현존 문서를 정리하여 발표했는데,[83] 이 문서들을 보면 뉴턴이 『프린키피아』의 첫 부분을 재구성하면서—여러 참신성 중에서도 특히—곡률 방법을 도입할 계획을 세웠음을 확인할 수 있다.

『프린키피아』 2판에서도, 언제나 분명히 드러나는 것은 아니지만 이 방법이 등장한다. 뉴턴은 2판에서 1권의 명제 6에 새 따름정리(3, 4, 5)를 추가하고, 명제 7의 증명을 수정하고, 명제 9와 10에는 대안 증명("idem aliter")을 추가했다. 명제 6의 새 따름정리에서는 곡률원을 소개한다. 예를 들어 따름정리 3에서는 "원과의 접촉각을 (⋯) 최소로 만드는" 궤도로서 구체적으로 접촉원을 언급한다. 이 "최소" 접촉각 개념은 앞선 보조정리 11의 주해에서 논의되지만 곡률 반지름에 관한 명쾌한 언급은 없다. 명제 7의 수정된 증명과 명제 9, 10에 추가된 대안 증명 역시 곡선의 주어진 점에 가장 근접하는 원을 이

---

77   같은 책.

78   이 문서화 작업은 화이트사이드가 『Math. Papers』를 집필, 편찬하며 이루어진 것이다.

79   『Math. Papers』 1:27 n.43.

80   『Unpubl. Sci. Papers』에 수록.

81   Brackenridge, "The Critical Role of Curvature in Newton's Developing Dynamics"(위 §1.2, n.21).

82   Bruce Brackenridge, "Newton's Mature Dynamics: A Crooked Path Made Straight". (이 문서는 매사추세츠 케임브리지 Dibner Institute에서 1995년 11월에 개최된 "Isaac Newton's Natural Philosophy" 심포지움에서 낭독되었다.)

83   이 문서들은 화이트사이드가 *Math. Paper*, vol. 6에 수록하고 내용을 분석하였다.

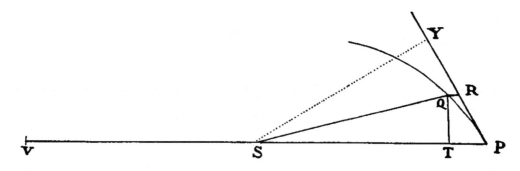

그림 3.3   나선 궤도 운동의 구심력 (3판 1권 명제 9의 그림). 선분 PS가 점 V까지 연장되어 있는데, 이는 2판과 3판에 추가된 대안 증명에서만 볼 수 있다.

용하는 곡률 방법을 사용하고 있다. 곡률을 이용하는 방법은 직관적으로 명백하지는 않지만, 관심이 있는 독자라면 다소 암호 같은 뉴턴의 글을 면밀히 분석한 브루스 브래큰리지의 논문과 저서가 도움이 될 것이다.[84]

2판에서 정확히 곡률원이라고 지칭하지는 않았지만, 그림을 보면 그런 원을 가리키는 고유의 표시가 포함되어 있다. 1권 명제 9의 그림에서, 선분 PS는 (그림 3.3 참고) 점 V까지 연장되고, PV는 점 S를 지나 곡률의 현chord(또는 곡률의 원의 현)이 된다. 명제 6에서는 곡선 궤도 위의 점 P부터 힘의 중심 S로 향하는 힘선은 점 V를 지나 뻗어나가며, 점 P는 이후 판본의 따름정리 3에서 곡률의 원의 중심으로 사용된다. (§10.8 아래와 그림 10.6*b* 참고) 명제 10에서는 타원의 지름 PCG 위에 점 V가 추가되었는데(그림 3.4 참고), 이는 타원의 중심 C를 통과하는 곡률의 현의 끝점을 표시하기 위한 것이다. 그러나 명제 11의 대안 증명에서는 이전 명제 10에서처럼 직접적인 방식으로 곡률원이 포함되지 않기 때문에, 개정된 명제 11의 그림에서는 점 V가 필요없다. 이렇게 명제 11에서는 점 V가 아무 하는 일이 없는데도, 다른 데 썼던 그림을 또 사용하여 비용을 절감하려는 목적에서 2판의 1권 명제 10의 그림이 명제 11에서 재사용된다. 3판에서는 이 두 명제의 그림이 다르다.

마이클 나우엔버그는 뉴턴이 『프린키피아』를 쓰기 훨씬 전에 이 곡선 궤도 문제를 연구했고, 이때 도해적 해석과 수치적 해석을 결합해 곡률 방법을 사용하였을 것이라고 제안했다. 이 같은 그의 주장은 뉴턴이 1679년 12월 13일 후크에게 보낸 편지를 근거로 한 것이다. 편지에 그려진 곡선은 물체가 중심 방향을 향하는 일정한 크기의 힘을 받을 때 그리는 궤적을 나타낸다. 나우엔버그는 수치적 방법을 반복하여 이 곡선을 그릴 수 있었을 것이라고 주장한다.[85] 나우엔버그가 재구성한 내용 중에는 뉴턴

---

84   *The Key to Newton's Dynamics* (위 n.71). 뉴턴은 2판과 3판에서 힘의 두 번째 크기($SY^2 \times PV$)도 유도한다. 이 값은 분명히 곡률에 의존하는 값이다. PC는 점 P에서의 곡률의 현이기 때문이다. 이 곡률은 명제 7, 9, 10의 대안적 풀이에서 사용된다.

85   Michael Nauenberg, "Newton's Early Computational Method for Dynamics", *Archive for History of Exact Sciences* 46(1994):221-252. 이 편지에 그려진 뉴턴의 그림을 두고 지금까지 의미심장한 학문적 논의가 진행되어 왔다. 나우엔버그는 뉴턴이 사용한 방법

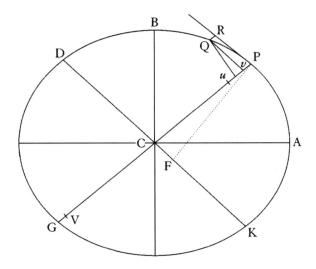

그림 3.4 중심을 향하는 힘의 작용을 받는 타원 궤도 운동(3판 1권 명제 10에서는 일부 삭제되었다). 타원의 지름 PCG 위에 있는 점 V를 주목하자.

이 곡선 궤도를 만드는 힘의 해석적 크기를 유도할 때 1671년에 쓴 『수열과 유율의 방법*Methods of Series and Fluxions*』에서 개발했던 방법을 사용했을 것이라는 가정이 있다. 주장을 뒷받침하기 위해, 나우엔버그는 위에서 언급한 1679년 12월의 편지를 근거로 들고 있다. 이 편지에서 뉴턴은 일정한 중심력에 의해 만들어지는 곡선을 언급하면서, 거리의 지수에 반비례하여 변하는 중심력을 가정하고 물체가 "무한한 횟수의 나선 공전을 하며 중심을 가로지를 때까지 연속적으로 하강할 수 있다"고 주장했다. 나우엔버그는 이 내용을 이해하려면 거리 세제곱에 반비례하는 힘이 등각나선 또는 로그나선을 만든다는 것을 뉴턴이 '알고 있어야만 했다'는 점에 주목한다. 만일 이것을 몰랐다면 "무한한 횟수의 나선 공전" 후에 곡선이 힘의 중심 또는 나선 축을 지나간다는 것을 뉴턴이 어떻게 알았겠냐는 것이다. 수치 해석을 따르면 유한한 횟수의 공전이라는 결과만 산출되며, 물체의 궤적은 중심을 향하는 경향이 있지만 "중심을 가로지를 때까지"라는 대담하고 구체적인 서술을 뒷받침할 근거는 찾을 수 없다.[86] 나우엔버그는 『프린키피아』 1권의 명제 9가 등각나선을 만드는 힘을 찾는 문제라는 것을 독자들에게 일깨워준다. 그

은 정확했지만 이 그림을 그릴 때는 실수를 했다고 주장한다. 그는 뉴턴의 방법이 기본적으로 곡률원의 불연속적인 호를 사용하여 곡선으로 근사하는 방법이라고 생각한다. 그리고 다음 과정에서 (pp.235-239) 이 방법을 이용해 도형을 얻고, 이 도형이 뉴턴이 의도했던 것이라고 주장한다. 다만 그의 논거는 문서를 바탕으로 하는 근거는 없다.

나우엔버그 교수가 재구성한 뉴턴의 방법의 해석은 『프린키피아』 이전 뉴턴이 발전시킨 동역학적 방법을 새로운 관점에서 바라볼 것을 제안한다. 나우엔버그의 주장에 대한 근거와 결과 요약은 아래 §3.9에서 다룬다. 그의 이 재구성은 뉴턴이 생각을 발전시켜온 과정에 대하여 많은 것을 설명하고 있지만, 확실히 약간의 틈은 있다. 예를 들어 나우엔버그는 몇 년의 시간차를 두고 작성된 문서에 동일한 방법이 기록되어 있다고 가정한다.

86 나우엔버그는 직접적인 증거가 없는 두 가지 가정을 바탕으로 뉴턴의 논리를 멋지게 재구성했다. 하나는 뉴턴이 로그나선 해석을 통해 결국은 곡선이 결국에 중심에 도달하리라는 사실을 알았다는 것이고, 다른 하나는 나선 궤도를 만드는 힘의 수식에서 거리의 지수를 고의로 감추거나 구체화하지 않았다는 것이다.

반대의 경우는 1권 명제 41 따름정리 3에서 다룬다.

돌이켜 보면, 힘의 작용에 관한 뉴턴의 세 가지 해석 방식에서 가장 놀랄만한 점은 그 불변성이다. 동역학을 연구하던 어린 시절의 습작에서 처음 등장했던 이 방식들은 그대로 살아남아 『프린키피아』에서 발전하여 완숙한 동역학의 바탕이 되었다. 그러는 동안 뉴턴의 근본적인 자연철학은 다양한 변화를 겪었는데—앞에서 보았듯이—비단 데카르트의 "코나투스"에서 동역학적 힘으로 넘어갔을 뿐 아니라 "에테르"에 대한 믿음도 변화를 겪었다. 그러나 힘과 운동, 공간의 본질에 관한 생각이 수십 년에 걸쳐 변화하는 동안에도, 뉴턴은 원래의 세 가지 해석 방식을 놓치지 않았다. 이는 뉴턴의 수학적 방법과 해석이 철학적, 신학적 모체로부터 독립되어 있음을 가늠하는 척도로서 받아들여질 수 있다.

3.8 뉴턴이 생각한 궤도 운동, 그리고 후크의 기여

뉴턴의 동역학에서는 이 초기의 세 가지 근사가 지속적으로 사용되었다. 이 사실을 알면 1679년에서 1680년 사이에 서신을 교환하며 뉴턴이 후크에게서 정확히 무엇을 배웠는지를 이해하는 데 도움이 된다. 뉴턴은 곡선 경로를 만드는 운동의 두 성분을 이미 알고 있었다. 하나는 (관성에 의해) 직선을 따라 일정하게 진행하는 성분이고 다른 하나는 아래쪽으로 가속을 받는 성분이다. 뉴턴은 갈릴레오의 책을 읽으면서 발사된 물체의 운동을 이런 식으로 고려하면 공기의 저항이 없을 때 포물선 궤도가 그려진다는 것을 배웠다. 그러나 원 궤도나 일반 곡선 궤도 운동에 관해서는 여전히 데카르트의 물리학에서 벗어나지 못한 채, 구심력이 아닌 원심력, 즉 노력을 생각하고 있었다. 그래서 궤도 운동을 생각할 때 방사상으로 안쪽을 향하는 운동이 아니라 중심에서 멀어지는, 접선을 따라 바깥쪽을 향하는 이동으로 보았다. 뉴턴은 이미 곡률 방법에 의해 곡선 궤도 연구를 진행해 나가고 있었다.

그러므로 후크의 역할은 곡선 운동을 성분으로 나누어 분석하는 방법을 알려준 것보다는, 궤도 운동에서 위치 이동 방향을 바깥쪽에서 안쪽으로 전환한 데 있다. 일단 중심을 향하는 위치 이동과 그 원인으로 힘의 작용을 고민하게 되자, 뉴턴은 중심 방향의 위치 변화를 정량적으로 서술하는 핵심은 케플러의 면적 법칙에 있다는 것을 알게 되었다. 이는 후크가 전혀 몰랐던 사실이었다. 뉴턴은 그 이후 과정을 『운동에 관하여』와 『프린키피아』에서 정교하게 발전시켜 왔다. 이 과정의 핵심 명제들은 1권의 명제 1, 2, 4, 6, 10, 11이다. 만일 뉴턴이 1690년에 로크에게 보냈던 소논문의 초안을 1684년에 작성했다면, 그때에도 곡률 방법을 사용했었을 것이다. (후크가 천체 역학에 관한 뉴턴의 생각에 기여한 부분은 후술할 §3.9에 보완적 견해가 제시되어 있다.)

이 사건들을 시간 역순으로 보면 후크가 1690년에 제안하기 전, 뉴턴이 갈릴레오의 발사체 운동 원리를 행성 운동에 적용하지 않았던 것이 의아해 보일 수도 있다. 돌이켜 보면 뉴턴과 갈릴레오의 연구는 하나의 해석에 대한 두 가지 예처럼 보일 수 있다. 그러나 발사체의 포물선 경로를 생성하는 아래 방향의 중력 가속과 궤도 회전을 하는 물체의 원심 노력 사이에는 개념적 차이가 엄청났고, 이 차이를 뛰어넘기 위해서는 사고의 기틀을 완전히 뒤집는 거대한 지적 도약이 필요했다. 그런 의미에서 뉴턴에게는 후크가 제공할 수 있는 바로 그런 종류의 자극이 필요했다. 돌이켜 볼 때 아마도 가장 흥미로운 부분은, 1660년대에 개발된 뉴턴의 세 가지 해석 방식은 노력의 방향과 변위를 바꾸고 노력을 힘으로 변환함으로써 개념적으로 반전시킬 수 있었고, 그러면서도 뉴턴이 개발한 수학적 해석에는 근본적으로 아무 변화를 일으키지 않았다는 점이다. 물론 물체가 궤도를 유지하려면 원심 노력에 대응하여 방향이 반대인, 즉 중심을 향하는 노력 또는 압력의 작용이 있어야 한다. 또 주목해야 할 것은, (누구나 예상하듯)『프린키피아』3권에서 뉴턴이 물체의 무게에 지구 자전이 미치는 효과를 탐구하며 "vis centrifuga"를 언급하고 있다는 점이다. (아래 §3.10도 참고하자.)

『프린키피아』로 이어지는 뉴턴의 지적 여정에 후크가 결정적인 역할을 했다는 점은 분명하다. 그리고 잘 알려진 대로, 후크는 단순히 자신이 뉴턴을 도와준 정도가 아니라, 뉴턴이 역제곱 힘을 그에게서 배웠으므로 자신이 뉴턴의 중력 이론의 주요 저자라고 핼리와 다른 이들에게 말하고 다녔다. 이러한 후크의 주장은『오브리의 위인전*Brief Lives*』에 꽤 과장된 형태로 인용되어 있다. 존 오브리에 따르면, "후크는 뉴턴의 오류를 바로잡았고, 중력이 거리 제곱에 반비례한다는 것을 가르쳤다. 이는 뉴턴이 증명한 천체 이론의 전부이며, 뉴턴은 후크에게서 이를 배우기 전에는 전혀 알지 못했다." 오브리는 뉴턴이 후크에게서 "그 근원은 알지 못한 채로, 세상이 창조된 이래 자연에서 가장 위대한 발견"을 전수하였다고 결론지었다.[87]

이러한 후크의 주장을 전해 들은 뉴턴은 분노가 극에 달했고,『프린키피아』3권을 철회할 결심까지 세웠다. 그러나 그는 곧 진정하고 후크가 제안하기 이전에 이미 역제곱 관계를 알고 있었다는 몇 가지 증거를 핼리에게 보내는 것으로 만족했다. §3.6과 §3.7에서 논의된 문서를 봐도 알 수 있듯이 뉴턴은 후크의 편지를 받았을 때 이미 역제곱 관계를 알고 있었다. 문서에서 뉴턴은 후크의 수학에 오류가 있다는 사실을 경고하고 있다. 후크는 인력이 거리 제곱에 반비례하면 그 결과로 궤도 속도가 인력의 중심부터의 "거리에 반비례"할 것이라고 썼기 때문이었다. 뉴턴은 오히려 궤도 속도가 오히려 중심부터 접선까지의 수직 거리에 반비례해야 한다는 것을 증명했고, 이 둘은 타원의 장축단에서만 같다. 아무튼 커티스 윌슨은, 후크가 뉴턴에게 자신의 아이디어를 설명할 때 "자신이 쓴 내용에 대해 제대로 알지 못했다"고 결론내린다. 후크의 "동역학에 관한 서술은 가망 없을 정도로 틀린 데다가 수학은 손 댈 수

---

87   Oliver Lawson Dick, *Aubrey's Brief Lives, Edited from the Original Manuscripts* (Ann Arbor: University of Michigan Press, 1962)

도 없는 수준"이었기 때문이다. [88] 단순히 힘의 방향을 (원심에서 구심으로) 전환하는 것만으로는 (1) 타원 궤도에서 힘이 중심이 아닌 초점을 향하고, (2) 이러한 운동의 핵심은 면적 법칙이라는 결론으로 이어지지 못한다. 마이클 나우엔버그의 기본적인 해석 (아래 §3.9 참고) 그리고 브루스 브래큰리지가 추가한 설명을 보면, 뉴턴이 후크의 제안에서 자극을 받고 궤도 운동 문제를 해결하는 과정을 이해할 수 있다. 나우엔버그와 브래큰리지의 새로운 연구를 통해 뉴턴의 창의적 도약이 어떤 단계를 밟았는지, 또 후크와의 만남이 어떤 효과를 빚어냈는지를 정확히 파악할 수 있다.

3.9 힘에 대한 뉴턴의 곡률 측정: 새로운 발견 (마이클 나우엔버그의 연구)

뉴턴이 후크에게 1679년 12월 13일에 보낸 편지를 분석해 보면, 뉴턴은 당시의 수준을 훌쩍 넘어 궤도 운동의 동역학을 발전시켰다. [89] 특히 이 편지를 통해 뉴턴이 "최근접점points quam proxime" 방법을 개발하여 일반적인 중심력이 그리는 궤도의 기하학적 모양을 계산했음을 알 수 있다. 물론 다음에 나오는 설명을 보면 이렇게 중심을 향하는 힘이 면적 법칙으로 이어진다는 것은 아직 깨닫지 못했다. 이 편지의 구석에 일정한 중심력이 그리는 궤도를 그려 놓았는데, 이 그림은 에너지 보존과 시간 방향의 역전에서 기대할 수 있는 대칭을 보여준다. 더 나아가 회전하는 알모양곡선 궤도의 기하학적 형태는, 근일점과 원일점 사이의 각도가 다소 빗나가 있기는 해도 상당히 정확히 그려져 있다. 이는 그림을 그릴 때 발생한 오류이며 계산상의 오류는 아니다. [90]

후크에게 보낸 편지의 본문에서, 뉴턴은 중심을 향하는 힘의 크기가 증가할 때 궤도에서 발생하는 변화를 정성적으로 논의하고, 나선 궤도를 생성하는 힘의 법칙이 존재한다고 서술한다. 뉴턴은 "무한 횟수의 나선형 공전"을 하는 궤도를 언급하는데, 이러한 궤도는 단순히 수치적, 도해적 근사로는 발견되지 않는다. 따라서 이 문장은 뉴턴이 해석적 풀이를 발견했다는 중요한 근거가 된다. 뉴턴은 후크에게 보낸 편지에서 나선 궤도가 반지름의 세제곱의 역수에 비례하는 힘에 의해 만들어진다는 것을 설명하지 않았다. 이 내용은 1684년 소논문 『운동에 관하여』의 주해에 증명 없이 등장한다. [91]

후크와 서신 교환을 하던 당시에 뉴턴이 나선 궤도의 역세제곱 법칙을 알고 있었다는 추가적인 증거가 있다. 이는 『프린키피아』 1권 초안의 주해에서 찾아볼 수 있으며, 이 원고는 「루카시안 강의록」으

---

88   Curtis Wilson, "Newton's Orbit Problem: A Historian's Response", *The College Mathematics Journal* 25 (1994): 193-200, 특히 p.195 참고.

89   Nauenberg, "Newton's Early Computational Method"(위 n.85).

90   자세한 내용은 이전 각주에 인용된 논문을 참고할 것.

91   『Background』, p.281; 『Math. Papers』 6:43.

로 분류되어 케임브리지 대학 도서관이 소장하고 있다.[92] 1684년에 작성한 것으로 기록되어 있는 이 원고에는 주해가 실려 있는데, 뉴턴은 이 주해에서 뉴턴은 후크에게 보낸 편지에 기록된 것과 거의 같은 궤도들을 설명하고 있다. 이 원고에서는 방사 형태에 의존하는 힘을 설명하고 있으며 또한 그에 대응하는 근일점과 원일점 사이의 각도 값도 적어 놓았다. 이 값들은 실제 값과 거의 일치한다.

이 주해는 삭제되었고 『프린키피아』 초판에는 포함되지 않았다. 그 이유는 뉴턴이 이후에 각도를 재는 좀 더 강력한 해석적 방법을 개발하였기 때문이다. 이 방법은 『프린키피아』 섹션 9 "움직이는 궤도"에 등장한다. 이 방법은 뉴턴의 이전의 도해적, 수치적 방법으로부터 진화한 것이며, 편심률이 작은 경우 중심력에 따른 궤도 운동이 회전하는 알모양곡선으로 잘 근사됨을 보여주었다.

뉴턴은 초기의 연산 방법을 후크에게 공개하지 않았지만, 우리는 이 방법이 『프린키피아』 1권 명제 6에 제시된 힘의 측정 방법을 바탕으로 한 것이 아니라고 확신할 수 있다. 그 이유는 이 힘의 측정이 모두 반지름이 휩쓴 면적에 의한 시간 측정, 즉 면적 법칙에 의존하고 있기 때문이다. 그러나 뉴턴의 『낙서장』에 기록된(1664-65) 수수께끼 같은 문장을 보면 뉴턴의 초기 방법에 대한 중요한 단서를 찾을 수 있다. 여기에서 뉴턴은 속도와 타원의 휘어짐(즉 곡률)이 알려지면 타원 궤도를 따라 움직이는 물체에 작용하는 힘을 각각의 점에서 결정할 수 있다고 말한다. 이 문장은 뉴턴이 (그리고 하위헌스도) 원운동에서 발견한 규칙을 타원 궤도로 확장하는 것을 고려했음을 보여준다.

더 나아가 1664년에서 1671년까지 작성된 뉴턴의 수학 원고를 보면 뉴턴도 하위헌스와 같은 "전개 방법"을 개발했음을 알 수 있다. 하위헌스는 이 방법을 좀 더 일찍 개발해서 『진자시계』(Leiden, 1673)에서 소개하고 명칭도 부여했다. 이 방법에서, 곡선의 짧은 호는 원의 호로 근사되며, 이 원의 반지름과 중심은 곡선의 호와 원의 세 교차점이 극한에서 일치하도록 조정하여 결정된다.[93] 곡률에 대한 뉴턴의 수학적 정의 중 하나는 이 원의 반지름의 역수를 곡률과 동일시하는 것이다. 이 전개 방법은 (곡률이 알려져 있다면) 각 점에서 곡선의 호를 곡률원의 호로 근사하여 곡선을 얻는 방법을 보여준다.

휘어짐에 관한 뉴턴의 암호 같은 문장은 힘과 속도가 위치의 함수로 알려진 경우 곡선 궤도의 곡률을 결정할 수 있음을 암시한다. 뉴턴은 『프린키피아』에서 중심력의 면적 법칙에 따라 속도를 결정한다. 후크와 서신 교환을 하던 당시에는 이 법칙이나 법칙의 의미를 알지 못했기 때문에, 다른 방법으로 속도를 구해야 했다. 속도를 근사할 수 있는 한 가지 간단한 방법은, 곡선의 호를 따라가는 속도의 변화를 힘의 접선 성분과 경과된 시간 간격의 곱과 같다고 보는 것이다. (이 시간 간격은 호의 길이를 호를 따라가는 초기 속도로 나눈 것과 같다.) 이는 갈릴레오의 일정 가속에 관한 법칙을 일반화한 것이며, 호의 길이가 0으로 수렴되는 극한에서 에너지 보존 원리로 이어지게 된다. 이 내용은 『프린키피아』 1권

---

92   Whiteside, *Preliminary Manuscripts* (위 §1.1, n.5), pp. 89-91.

93   원래 라이프니츠가 정의한 접원은 네 교차점이 일치해야 하는데, 이것은 최대와 최소 곡률의 특별한 점에서가 아니면 성립하지 않는다.

명제 39와 40에서 소개하고 있다. 실제로 뉴턴은 1671년에 이 원리를 적용하여 사이클로이드 진자 추의 속도를 위치의 함수로 결정하고 적분으로 주기를 구했다. 이는 하위헌스가 1659년에 수행한 연구와 거의 일치한다.[94]

그러므로 뉴턴은 힘의 성분을 궤도에 수직인 성분(곡률과 속도에 관련된)과 접선 성분(시간에 대한 속도 변화율을 결정하는)으로 분해하여 궤도 역학에 대한 곡률 접근법을 개발할 수 있었다. 이는 뉴턴이 후크에게 보낸 편지에 기록한 모든 근사 결과가 이 접근법으로 재연될 수 있다는 사실로써 검증될 수 있다.[95] 특히 이 편지에 등장하는 나선 궤도의 특별한 역할은 오늘날 명백해졌다. 뉴턴은 1671년에 곡률이 방사상 거리에 반비례한다고 유도했는데, 이 나선이(1권에서 등각나선으로 확인된다) 이 성질을 가지고 있기 때문이다. 이 경우, 곡률 접근법을 사용하면 중심을 향하는 힘이 나선 중심부터의 거리의 세제곱에 반비례하며 변한다는 것을 단 몇 줄로 증명할 수 있다.[96]

후크는 1679년 11월 24에 쓴 편지에서, 태양 주위를 도는 행성의 운동은 궤도의 접선을 따르는 운동(즉 속도) 그리고 태양을 향해 안쪽으로 끌어당겨지는 운동(즉 속도 변화)을 "결합한" 것으로 생각할 수 있다고 뉴턴에게 제안했다. 그러나 자신의 제안을 수학적으로 표현하는 것은 불가능했다. 이는 중심을 향하는 충격력의 수열로 중심력을 근사해야만 가능한 것이다.[97] 뉴턴은 이 아이디어를 일찍이 일정한 원운동에 적용했었다. 극한을 취해 연이은 충격력과 충격력 사이의 시간이 0으로 수렴하면 중심력은 연속적으로 작용하게 된다. 그러면 원심력 f, 속도 v, 반지름 r 사이의 관계식 $f \propto v^2/r$ 을 얻을 수 있다. (이 내용은 『프린키피아』 1권 명제 4의 주해를 참고하자.) 원운동이 아닌 운동의 경우 이렇게 연이은 충격력은 곧바로 면적 법칙으로 이어지게 되며, 이는 뉴턴이 『프린키피아』 1권 명제 1에서 증명했던 것이다. 뉴턴은 후크와 서신을 교환하기 시작한 직후에 이 법칙과 중심력의 상관관계를 발견했기 때문에, 충격력의 근사를 이때 처음 시도한 것처럼 보일 수도 있다. 곡률 접근법에서 면적 법칙은 오로지 극한에서만 유효하지만, 여전히 감추어져 있으며 곡률 관계식으로부터 유도되어야 한다.

이렇게 추론해 나가다 보면, 1679년 후크의 제안을 듣고 뉴턴이 이전의 곡률 방법을 보완하는 궤도 동역학을 개발하고 이를 통해 중심력에 대한 면적 법칙의 의미를 발견하게 되었다는 결론으로 이어진다. 뉴턴은 그런 다음 면적 법칙을 적용해 곡률 방법의 속도를 구하고, 이로써 힘의 새로운 곡률을 구했다. 그러나 이 값은 『프린키피아』 초판 1권에서는 소개되지 않았다. 1690년대 초에 뉴턴은 곡률 방법

---

94   M. Nauenberg, "Huygens, Newton on Curvature and Its Application to Orbital Dynamics", *De Zeventiende eeuw: Cultuur in de Nederlanden in interdisciplinair perspectief* 12 (1996): 215-234.

95   Nauenberg, "Newton's Early Computational Method"(위 n.85) 참고.

96   같은 책.

97   그러나 작성 시기가 1685년 9월로 기록된 원고에서, 후크는 거리에 따라 선형적으로 변하는 중심력에 대하여 이 방법을 수행하였고, 궤도가 타원임을 증명했다. M. Nauenberg, "Hooke, Orbital Motion and Newton's *Principia*", *American Journal of Physics* 52 (1994): 331-350, 그리고 같은 책에서, "On Hooke's 1685 Manuscript on Orbital Motion", *Historia Mathematica* 25 (1998) 89-93 참고.

을 바탕으로 『프린키피아』 앞부분을 근본적으로 고칠 계획을 세웠지만, 이 계획은 폐기되었다. 곡률 방법은 『프린키피아』 1권의 2판에서 최초로(1713), 1권 명제 6의 새로 추가된 따름정리 3에서 등장한다. 그리고 초판에서는 3권 명제 28에서, 태양의 중력에 의한 달 운동의 섭동에 곡률이 적용된다.

뉴턴은 분명히 자신이 개발한 곡률 연산 방법을 공개하기를 꺼렸다. 심지어 『프린키피아』 초판의 본문을 쓸 때도 그런 그의 태도는 변하지 않았다. 따라서 후크에게 보낸 편지에서 넌지시 언급하는 데 그친 최근접점 방법은 그 성질을 설명하기가 매우 어려웠다.

3.10 『프린키피아』에서 "원심력"에 대한 뉴턴의 용례

『프린키피아』에서 "원심centrifugal"이라는 단어는 몇 번밖에 나오지 않고, 종종 다른 의미로도 쓰인다. 1권의 명제 4 주해에서 하위헌스의 이름이 잠깐 등장하는데, 그는 "vis centrifuga"를 믿었고 그 힘에 이런 이름을 부여한 사람이기도 하다. 뉴턴은 1, 2, 3판에 모두, 원 안에 내접한 다각형을 따라 움직이는 물체가 원에 가하는 바깥을 향하는 힘("원심력")의 연구 내용 요약을 실었다.

1권 섹션 2의 끝부분에서 뉴턴은 궤도 경로가 쌍곡선으로 바뀌면 "구심력"이 "원심력"으로 바뀐다고 쓰고 있다. 이와 비슷하게(명제 12의 대안 증명에서), 구심력에서 "원심력으로" 힘이 바뀌면 물체는 "반대쪽 쌍곡선에서 움직이는" 것을 보게 될 것이다. 뉴턴은 명제 41의 따름정리 1에서 구심력이 원심력으로 변화한 후의 결과를 탐구한다. 1권 명제 66 따름정리 20에서는 물이 특별한 조건에서 "그 자신의 원심력에 의해" 유지될 수 있다는 것을 부정한다. 이는 수학 문제이며, 행성 궤도에서 발생할 수 있는 운동을 다룬 것은 아니다.

2권 명제 23에서 "원심력"은 "탄성" 유체 또는 기체 입자들 사이의 반발력으로 사용된다.

3권의 명제 19에서는 "원심력"이 12회 등장한다. 이 명제는 회전하는 행성의 표면에서 무게 또는 중력이 회전으로 인해 발생하는 "힘"에 따라 어떻게 줄어드는지를 설명하는 내용이다. 명제 36의 따름정리와 명제 37의 따름정리 7에서는 "원심"이 지구의 자전과 같은 방식으로 사용되었다. 지금도 수많은 엔지니어와 물리학 교사들은 지구의 자전이 물체의 무게에 미치는 영향을 설명할 때 원심력 아이디어를 사용하고 있다.

3권 명제 4의 주해에서는 "원심력"이 조금 다르게 사용되고 있다. 이 주해는 3판을 위해 새로 쓰인 내용이며, 가상의 달 궤도 운동을 다루고 있다. 뉴턴이 말하기를, 만일 이 작은 달이 "궤도에서 앞으로 나아가는 운동을 전부 박탈당하면" 달은 "지구로 떨어지게 될 것"인데, 그 이유는 "달을 궤도에 붙잡아 두는 원심력이 사라지게" 되기 때문이다. 뉴턴 시대와 뉴턴 사후 수십 년 동안 뉴턴의 추종자들은 "원심력"(또한 "추진력")을 곡선 운동의 관성(접선) 성분을 의미하는 용어로 사용하는 경향이 있었다.

이 같은 용례는 두 명의 독실한 뉴턴 추종자들이 쓴 책에서 찾아볼 수 있다. 이 둘은 『프린키피아』 초판이 나오고(1687) 몇 년 후에『프린키피아』의 과학에 대한 해설서를 썼다. 윌리엄 휘스턴은 뉴턴이 런던으로 가기 위해 케임브리지를 떠날 때 그의 대리인으로 선택했던 사람이었고, 훗날 뉴턴의 후임으로 루카시안 교수직에 올랐다. 휘스턴이『프린키피아』의 과학에 대하여 쓴 강의록은 존 해리스의『기술용어 사전*Lexicon Technicum*』(London, 1704)에서 상세히 인용되었다.

휘스턴은 뉴턴의 이론 역학과 천체 동역학의 관점에서 다음과 같이 행성의 운동을 설명했다.

> 운동의 중심에서 멀어지려는 시도Attempt나 노력Endeavour의 (…) 진정한 의미는 이것뿐이다. 즉 모든 물체는 순수하게 수동적이며, 따라서 매 순간 직선 또는 곡선의 접선 방향을 따라 일정한 운동을 하는 물체가 그 운동을 바꾸는 것은 불가능하다. 물체는 여전히 같은 선 위에서 안쪽을 향하려는 경향이 있고, 곡선을 따라 움직이는 모든 순간에 직선 운동을 향한 경향 또는 노력을 유지한다. 그리고 결과적으로 경로상의 모든 점에서, 경로의 접선을 따라 날아가며 경로를 벗어나려는 노력을 한다.

간단히 말해, 물체가 곡선 또는 궤도 운동을 할 때, 접선을 따라 궤도를 벗어나려는 노력은 물체를 중심에서 멀어지게 하려는 경향, 즉 "중심에서 물러나도록" 하는 경향이 있다. 따라서 "Conatus recedendi a centro"〔중심에서 물러나려는 노력―옮긴이〕는 "비활동성 힘[즉 관성], 즉 지속적인 직선 운동 외의 다른 작용으로부터는 발생하지 않는다." 이에 따라 이런 결론을 도출된다.

> 그러나 vis centripeta, 또는 인력Power of Gravitation은 활동적이고 능동적인 힘이며, 물체를 끊임없이 갱신하고 물체에 인상을 남긴다. Vis centrifuga, 또는 conatus recedendi a centro motus〔운동의 중심으로부터 물러나려는 노력―옮긴이〕은 그렇지 않으며, 단순히 물체의 비활동성[즉, 관성]의 결과물일 뿐이다.

존 해리스 역시 철저한 뉴턴 신봉자였다. 그의『기술용어 사전』(제1권, 1704, 제2권, 1710)은 뉴턴의 자연철학과 수학 체계의 입문서이며, 방대한 분량의 뉴턴의 글을 발췌, 인용했다. 뉴턴은 해리스에게 에세이『산의 성질에 대하여*De natura acidorum*』의 첫 출간을 맡겼다.『기술용어 사전』 1권에서 해리스는 "원심력CENTRIFUGAL Force"을 다음과 같이 단순 명료하게 정의한다.

> 이 힘은 원 또는 타원을 따라 다른 물체의 주위를 도는 모든 물체가 운동의 축으로부터 그 둘레의 접

선 방향으로 날아가고자 노력하는 힘이다.

2권에서는 "원심력CENTRIFUGAL Force"을 더욱 상세히 정의한다.

모든 움직이는 물체는 직선을 따라 운동하려고 노력한다. (…) 그러므로 곡선을 따라 움직일 때마다, 물체를 직선 운동으로부터 잡아당겨서 궤도 위에 묶어두는 무언가가 있어야 한다. 물체를 중심으로 잡아당기는, 구심력이라 불리는 이 힘은, 그 작용을 멈출 때마다 움직이는 물체가 곡선의 접선 방향으로 반듯하게 나아가고, 이전의 곡선 운동의 중심 또는 초점으로부터 점점 멀어진다. 그리고 접선 방향으로 날아가려 하는 이 노력이 원심력이다.

이 요약문을 보면 뉴턴 추종자들이 말하는 "원심력"이 오늘날 우리가 곡선 또는 궤도 운동의 접선 성분, 또는 관성 성분을 일컫는 것이라는 점은 의심의 여지가 없다. 그러므로 휘스턴의 말대로 이 "힘" 은 확실히 물체의 "관성"의 결과다.

이런 식의 "원심력" 개념은 오늘날의 독자들을 한층 더 혼란스럽게 만든다. "원심centrifugal"이라는 기묘한 형용사뿐 아니라 "힘force"이라는 명칭의 사용법도 오늘날과는 다르기 때문이다. 그러나 『프린키피아』에서는, 물체의 관성적 경향을 일반적으로 힘의 언어로 서술하고 있다. 뉴턴은 이 개념을 "vis inertiae" 또는 "관성력"이라고 부르고 있으며, "vis insita"와 같은 것이지만 이름만 다를 뿐이라고 설명한다. 뉴턴이 정의 4에서 분명하게 명시한 대로, 이것은 물체가 운동 상태의 변화를 겪는 원인이 되는 힘이 아니라 운동 상태를 유지해주는 힘이다.

4장
『프린키피아』의 기본 개념들

4.1 뉴턴의 정의들

뉴턴은 정의에 대한 주해에서 (§4.11에서 논의) "익숙치 않은 단어의 의미를 이 논문에서 설명"하였다고 말한다. 익숙치 않은 단어에는 "모두에게 익숙한" "시간, 공간, 위치, 운동"은 포함되지 않는다. 그러나 그는 "일반적으로 이 양들이 감각 지각의 대상으로서만 생각되는 점"을 고려하는 것이 중요하다고 지적한다. 뉴턴은 이 책에서 "이 양을 절대적인 양과 상대적인 양, 실제 양과 겉보기 양, 수학적 양과 일반적인 양으로 구분"할 것이라고 말한다.

그러기 위해 먼저 "익숙하지 않은" 용어들에 대한 8개의 정의부터 시작한다. 뉴턴이 말하는 "익숙지 않은" 용어는 용어 자체가 잘 알려지지 않았다는 뜻이 아니라, 새로운 개념을 표현하기 위해 이 단어들을 익숙지 않은 의미로 사용하고 있다는 뜻이다. 이중 첫 번째가 "물질의 양"(정의 1)이다. "물질의 양"은 당시 사용되던 것과 다른 척도로서 사용되며, 뉴턴은 이것을 "물체" 또는 "질량"이라고 부른다. 두 번째 (정의 2) "운동의 양"은 물질의 양을 바탕으로 새로운 개념의 운동의 척도를 제시한다. 다음으로 뉴턴은 현재 사용되는 "vis insita" 즉 내재하는 힘(정의 3)의 의미를 설명하고, 그러면서 새로운 개념과 이름인 "vis inertiae" 즉 "관성력"을 소개한다. 이 개념은 "inertia materiae" 즉 "물질의 관성"에서 생성된 것이다. 이렇게 하여 "관성"은 이론 역학의 표준 용어에 공식적으로 도입되었다. 다음으로 (정의 4) 뉴턴은 "누르는 힘impressed force"의 정의를 제시한다. 그런 다음 (정의 5) 그가 만든 "구심력centripetal force"이라는 이름을 사용하여 중심을 향하는 힘의 일반적 개념을 도입한다. 마지막 정의 세 개는 (정의 6, 7, 8) 구심력의 세 가지 양, 즉 "절대량", "가속량", 그리고 "동인動因 양"을 설명하는 데 쓰이고 있다.

이 정의들에는 흥미로운 특징들이 여럿 있다. 그중 첫째는, 앞으로 보게 되겠지만, 정의 1과 2의 형식이 나머지 정의 3에서 8까지와는 다르다는 점이다. 두 번째로는, 이 정의들을 제시하면서 뉴턴은 사실상 정의를 바탕으로 하는 첫 번째 "공리 또는 운동 법칙"을 예상하고 있다는 것이다. 세 번째는, 정의 1이 일반적인 정의로서 증명된 것이 아니라 양量 사이의 법칙 또는 관계를 서술한다는 것이다.

4.2 물질의 양: 질량 (정의 1)

『프린키피아』의 서막을 여는 정의(정의 1)의 대상은 "물질의 양"이다. 뉴턴은 물질의 양을 물질의 척도로 정의한다. 특히 그는 물질의 양이 "물질의 밀도와 부피를 결합하여", 즉 밀도와 부피의 곱에 의해 "발생하는"(기원하는)이라고 쓰고 있다. 이렇게 물질의 양을 정의하면서, 뉴턴은 당시에 사용되던 다른 물질의 양 개념도 잘 알고 있었다. 이를테면 데카르트는 연장성extension 즉 물체가 공간을 점유하는 성질의 개념으로 생각했고, 이는 케플러의 "몰mole" 또는 부피bulk 개념과 유사하다. 그리고 갈릴레오가 좋아했던 무게weight 개념이 있다.

뉴턴은 『프린키피아』 집필의 마지막 단계에 이르러서야 자신의 개념을 최종적으로 다듬었다. 『운동에 관하여』에서는 질량(또는 물질의 양)이 정의definienda 중 하나로 등장하지 않는다. 『운동에 관하여』는 대부분 단위 질량을 갖는 질점으로 서술하기 때문에 굳이 질량 개념이 필요없었다. 그러나 결론 부분에서 저항력을 설명할 때는 질량 개념이 없기 때문에 심각한 한계를 드러낸다. 질량의 개념이 없다 보니 마지막 주해에서 제시된 저항력 측정 방법은 가속의 척도만 산출하게 되고, 따라서 모양이 같지만 무게가 다른 물체들의 경우 다른 값이 나오게 된다. 이는 뉴턴이 『운동에 관하여』를 쓰던 당시 질량의 개념이나 이에 관련된 동인력의 개념을 정립하지 못했다는 강력한 증거다.

물질의 양의 정의는 뉴턴이 『프린키피아』 1권의 미완성 원고에서[1] 법칙과 함께 18개의 정의를 제안할 때 처음으로 문제가 제기된 것 같다. 이때는 『운동에 관하여』가 나오고 어느 정도 시간이 흐른 뒤이고, 『프린키피아』 1권의 첫 원고가 다 작성되기 전이었다(뉴턴은 이 원고를 훗날 「루카시안 강의록」으로 케임브리지 대학 도서관에 기탁한다).[2] 이 예비 정의들 중 여섯 번째 정의가 "물체의 밀도"다. 본

---

1   이 라틴어 원고는 『Math. Papers』 6:188-192에 수록되어 있다. 그 이전에 영어로 번역된 원고는 Herivel, 『Background』 pp.304-312에 실려 있다(이에 대한 보완은 내가 쓴 『Introduction』, pp.92-96에 수록했다).

2   이 원고는 몇 단락으로 구분되어 있으며, 전체 글을 쓰고 고친 단계를 자세히 보여준다. 이 원고는 화이트사이드의 『Math. Papers』 6권의 기본 바탕이 된다(번역과 해설도 함께 실렸다). 자세한 내용은 내가 쓴 『Introduction』, pp.310-321을 참고하자.

문에서 뉴턴은 "quantitas seu copia materiae" 즉 "물질의 양quantity, amount"을 설명하는데, 명쾌하게 정의하지는 않지만 "점유된 공간의 양"으로서 간주하고 있다. 다음에 이어지는 정의(정의 7)에서는 뉴턴이 이해하는 "pondus" 즉 "무게"의 의미를 설명한다. 뉴턴의 의미는 단순하거나 관습적이지 않다. "내가 '무게'라고 말할 때는 움직여지는 물질의 양을 뜻하는 것이다. 이때 끌어당기는 물체가 존재하지 않는 한 무거움gravity에 대한 고려는 별개로 한다"고 쓰고 있다. 뉴턴이 관례적 표현인 "무게"를 사용한 까닭은 아직 이를 대체할 말을 찾지 못했기 때문이다. 그럼에도 그는 이 "무게"를 일반적인 의미로 해석하려 하지 않았다. 오히려 그가 마음속에 품고 있던 생각은 그가 훗날 질량의 관성 성질로 생각하게 되는 의미에 가까웠다. 이는 뉴턴이 무게를 운동과 관련하여 언급하는 것을 보면 명백하다. 무게는 '아래를 향하는 힘'으로 생각하는 것이 일반적이기 때문이다. 뉴턴은 이런 평범한 의미로 "무게"를 사용할 수 없었다. 그렇게 하면 주어진 시료의 양, 즉 "물질의 양"이 상수가 아닌 변수 성질임을 암시하기 때문이다. 다시 말해, 그는 런던이나 파리 같은 대도시에서 먼 곳으로 시계나 초진자(반주기에 1초가 걸리는 진자—옮긴이)를 운반했던 천문학자들의 경험을 통해 무게가 장소에 따라 다르다는 것을 알고 있었다.[3] 이를 바탕으로 보면, 뉴턴이 실험을 통해 "물질의 양과 비례"하다고 발견했던 것은 무거운(직역하면 인력에 이끌려 당겨지는) 물체의 무게다. 그리고 "유추"를 통해 물체 안의 "물질의 양"이 "표현될 수 있고 지정될 수도 있다"고 결론 내린다. 뉴턴은 이런 내용을 "유추"할 수 있었던 근거로 진자 실험을 언급하지만 자세히 설명하지는 않는다. 이 실험에서 사용된 재료는 금, 은, 납, 유리, 모래, 일반 소금, 물, 나무, 그리고 밀이라는 말이 있다.[4]

훗날 삭제된 마지막 문장에서, 뉴턴은 '무게'라는 말은 인력의 당김 즉 "무거움"을 고려하지 않으므로 물체에 사용하기 적합하지 않다는 것은 잘 알지만, 이러한 "유추"를 바탕으로, 또 "적절한 용어가 없으므로", "'무게'를 물질의 양으로서 표현하고 지정하겠다"고 선언한다. 여기에서 말하는 "무거움"에는 위성이 모행성을 향하는 위성의 "무거움"이 포함된다. 이 문장과 삭제된 초안을 통해 우리는 뉴턴이 아직 이름을 찾지 못한 새로운 개념을 정립하기 위해 얼마나 노력했는지 알 수 있다. 뉴턴은 "물체의 양"을 "형체를 가진 물질의 양"으로 추정할 수 있으며, 이 양은 "무게에 비례하는 경향이 있다"고 제안했다. 그리고 『프린키피아』 정의 1에서 물질의 양은 무게로서 결정될 수 있다고 반복한다.

그리고 오래지 않은 1684년 겨울 또는 1685년 이른 봄에, 뉴턴은 "적절한 용어의 필요성"에 따라

『Introduction』에서는 이 원고를 LL(『루카시안 강의록』)이라고 부르고 있다. 이 원고의 사본은 화이트사이드의 *Preliminary Manuscripts for Isaac Newton's 1687 "Principia"*(위 §1.1, n.5)에 소개글과 함께 수록되었다.

3   이러한 무게의 중요한 성질은 탐험에 나선 천문학자들, 특히 진 리처와 에드먼드 핼리가, 파리 또는 런던에서 위도가 다른 먼 지역으로 떠났을 때 진자시계의 주기가 이전과 다르다는 사실을 발견하면서 알려졌다. 뉴턴은 (『프린키피아』 3권에서) 이렇게 주기가 달라지는 현상이 자유낙하 가속도 또는 중력 가속도의 변화, 즉 진자의 추 무게의 변화로 인한 것이라고 설명했다.

4   이 실험은 아래 §8.9에서 논의한다.

"질량mass"를 선택하기에 이른다. 『프린키피아』 1권 초안[5] 첫머리에 나오는 다섯 개의 정의는 이후에 출간된 버전과 기본적으로 같은 내용이다. 그러나 책에 실린 마지막 세 가지 정의(정의 6, 7, 8)는 초안에서는 정의 5의 논의로 포함되어 있으며, 따로 번호를 매겨 논의되지는 않는다. 초안의 정의 1은 책의 본문과 같다. 뉴턴은 여기에서 "물질의 양"("quantitas materiae")이라는 명칭을 사용한다. 그리고 정의 1의 논의에서 "물질의 양"을 "물체body"와 "질량mass"으로 지정할 것이라고 말한다. 이렇게 해서 물리학의 바탕이 되는 개념과 용어를—새롭고 구체적인 의미로—도입하게 된다.

『프린키피아』의 정의 1의 논의에서, 뉴턴은 "질량"(또는 "물질의 양")이 "물체의 무게로부터 항상 알 수 있다"는 초안의 서술을 반복한다. 그리고 "진자를 이용한 정밀한 실험"을 통해 질량이 "무게에 비례"함을 확인했다고 설명한다.[6] 여기에서 주목할 점은, 뉴턴이 질량을 결정할 유일한 방법은 무게 측정, 즉 인력을 찾는 것이라고 말할 수밖에 없었다는 것이다. 앞으로 자세히 살펴보겠지만, 뉴턴이 물체의 밀도와 부피를 먼저 결정한 후 질량을 계산하는 내용은 『프린키피아』 어디에도 없다.[7] 그보다는 동역학과 중력을 고려하여 질량을 결정하고 그런 다음 밀도를 산출한다.

이러한 실험의 수학적 근거는 2권 명제 24의 주제로 다루어지고, 실험 과정은 3권 명제 6에 상세히 소개되어 있다. 뉴턴은 "무게, 모양, 공기 저항이 정확히 같은" 한 쌍의 진자를 "완전히 동일한 11피트 길이의 줄에" 매달아 사용했다. 그는 무게는 같고 재질은 각기 다른 여러 개의 추를 이용해 주기를 재고, 한 장소에서 여러 재질의 물질의 양 또는 질량이 무게와 비례한다는 사실을 높은 정확도로 입증했다. 그리고 이 결과는 귀납법에 의해 모든 재질로 일반화될 수 있다. 알베르트 아인슈타인은 이 문제를 다룬 방식에서 뉴턴의 천재성을 두 가지로 확인할 수 있다고 말했다. 첫째, 뉴턴은 질량과 무게의 비례성을 증명해야 한다는 것을 깨달았고, 둘째, 고전역학에서는 오로지 실험을 통해서만 증명할 수 있다는 점을 깨달았다는 것이다.[8]

4.3 뉴턴의 질량 정의는 순환 논리인가?

뉴턴이 정의한 물질의 양, 즉 질량은 수많은 과학자와 철학자의 집중 공략 대상이 되었다. 이들의 공개

---

5   위 n.2 참고.

6   지구상의 물체의 무게는 위도에 따라 달라지지만, (용수철저울이 아닌) 천칭 저울로 무게를 재면 지리적 위치에 상관없이 물체의 수치적 무게는 언제나 같은 값으로 나오는데도, 뉴턴은 이를 설명할 필요성을 느끼지 못했다. 물론 그 이유는 측정되는 물체의 무게 그리고 이와 비교되는 표준 무게가 같은 요인에 의해 동시에 변하기 때문이다.

7   아래 §4.3 참고,

8   아인슈타인 이후 물리학의 개념적 기틀에서 설명하자면, 뉴턴은 중력질량과 관성질량의 비례성을 깨달은 것이다.

적 비판 중에서 특히 저명한 과학철학자 에른스트 마흐가 제기한 내용은 주목할 만하다.[9] 그는 그 유명한 순환 논리를 지적하고 있다. 뉴턴 이후 시대에서 밀도는 단위 부피당 질량으로 정의된다. 따라서 질량을 밀도와 부피의 곱 또는 그 곱에 비례한 양으로서 정의하면 질량의 정의는 순환 논리가 된다. 그러나 『프린키피아』의 정의 1과 그 의미를 이해하려면 논리적 해석뿐 아니라 역사적 해석도 필요하다. 그 출발점은 뉴턴이 새로우면서도 불변하는, 물질의 척도를 정의하고 있음에 주목하는 것이다. 앞서 언급한 것처럼 이 척도measure는 물체를 가열하고 구부리고 늘이고 쥐어짜거나 짓눌러도 혹은 지구상의 한 곳에서 다른 곳으로 옮겨도, 심지어 지구 밖 공간에 갖다 놓아도, 다시 말해 달이나 목성이나 아예 우주 저편으로 보내 버려도 절대 변하지 않는 성질이다. 뉴턴의 질량은(규칙 3에서 말한 대로) "더해질 수도 덜어낼 수도 없는" 성질 중 하나이다.

『프린키피아』 도입부에서 물질의 양을 논의하면서, 뉴턴은 특별히 보일의 기체 압축 실험을 언급한다. 밀봉한 용기 안에서 기체를 압축하면, 압축 과정에서 기체 일부가 용기를 빠져나가지 않는 한 기체를 압축시키는 작용만으로 물질의 양은 변화하지 않는다. 밀봉된 기체를 팽창시켜도 마찬가지다. 주어진 기체의 양을 원래 부피의 절반으로 압축시키면, 물질은 두 배 더 조밀해진다. 이와 비슷하게 기체가 원래 부피의 두 배가 되도록 팽창시키면 처음 시작했을 때의 공간에는 정확히 물질의 절반이 남게 된다. 물질은 절반으로 압축될 수도 있고 조밀함이 절반으로 감소할 수도 있다. 이러한 추론 과정에서 우리는 뉴턴의 말대로 물질의 양이 두 가지 인자로부터 결정되거나 발생할 수 있음을 알 수 있다. 이 두 인자는 물질이 점유하는 공간 그리고 압축 또는 팽창된 정도이다. 뉴턴이 언급한 이 두 인자는 물질의 양에 대한 공식적인 정의에 포함되어 있다.

특히 주목할 부분은 『프린키피아』 서두에 제시된 정의에서 밀도를 정의하지 않는다는 점이다. 그 뒤에 이어지는 주해에서도 밀도는 논의되지 않는다. 뉴턴은 독자들이 이 용어의 의미를 알 것이며 밀도를 주어진 공간에서 물질이 압축된 정도임을 보여주는 지금껏 특기하지 않은 척도로 이해하리라고 가정했던 것 같다.

뉴턴 시대에는 물리량에 대한 단위 체계가 없었다는 점도 기억해야 한다. 특히 질량의 단위는 아예 없었다. 힘은 (무게처럼) 파운드 또는 그와 비슷한 단위로 측정되었고, 부피는 액체의 양으로서 정해졌다. 그러나 밀도의 단위는 없었다. 그 결과 밀도는 상대적 양으로 표현되었다. 뉴턴 시대의 과학 용어 사전인 존 해리스의 『기술용어 사전Lexicon Technicum』(London, 1704)을 보면, 당시 과학자들은 밀도를 구체적인 정의 없이 일반적 의미로 사용하는 경향이 있었다. 이 책에는 밀도와 관련된 용어가 두 개 나온다. 첫 번째는 "조밀함dense"이다. 해리스에 따르면, 물체는 "그것이 차지하는 공간에 다른 물체보다

---

9   Ernst Mach, *The Science of Mechanics: A critical and historical Account of Its Development*, trans. Thomas J. McCormack, 6th ed, with revisions from the 9th German ed. (La Salle, III.: Open Court Publishing Co., 1960), chap. 2, §7: "밀도는 오직 단위 부피의 질량으로서만 정의할 수 있기 때문에 순환 논리가 된다."

더 많은 물질을 가지고 있을 때 빽빽하거나 조밀하다고 말할 수 있다." 이어지는 다음 정의에서, "이러한 조건을 물체의 '밀도density'라고 부르며," "그것을 생성하는 것을 응축condensation이라고 한다"고 설명한다. 해리스는 그런 다음 몇 가지 물질의 밀도를 비로 제시한다. 예를 들면, "아이작 뉴턴 씨가 설명했듯이, 물의 밀도와 공기의 밀도의 비는 800 또는 850 대 1이다." 또는 "수은의 밀도 대 물의 밀도는 $13\frac{1}{2}$대 1이다." 이런 식이다. 이렇게 그가 제시하는 여러 예제에서 밀도는 상대적인 수치 또는 비로 다루어지므로, 오히려 오늘날의 비중 개념에 더 가깝다.[10] 아래에서 살펴보겠지만 뉴턴 자신도 밀도를 비중과 동일시했다.

정의 1과 정의 2에서 보이는 용어들의 용례가 『프린키피아』의 다른 정의들과 다르다는 점은 앞에서 설명했다. 정의 1과 2를 제외한 다른 정의에서는 '표제어는 무엇이다'라는 식으로 서술한다. 예를 들면, "내재하는 힘은 (…)" "구심력의 가속량은 (…)" "액체는 (…)"[11] 이런 식이다. 다시 말해, 정의는 표제어와 동사 "esse" 즉 "to be"로 서술되는 문장으로 시작된다. 이러한 문장 형식은 유클리드의 점, 선, 면의 정의, 즉 "Punctum est (…)" "Linea est (…)" "Superficies est (…)"에서도 발견되는 표준 형식이다. 이에 따라 정의 1은 대략 두 부분으로 나누어 볼 수 있다. 첫 부분은 전통적인 형식으로 "Quantitas materiae est mensura ejusdem"라고 쓰여 있으며, 이는 "물질의 양은 척도", 즉 물질의 척도라는 의미다. 두 번째 부분에서는 이 양을 "orta ex illius densitate et magnitudine conjunctim"〔밀도와 부피에서 동시에 유래한다는 의미—옮긴이〕이라고 설명하고 있다. 주목할 점은 뉴턴이 이 부분에서 이태동사〔라틴어에서 형태는 수동이고 뜻은 능동인 동사—옮긴이〕인 "oriri", 즉 "to arise"의 과거분사를 사용하고 있다는 것이다. 그는 우리가 지금까지 토론해온 질량의 성질을 공식적으로 서술하고 있다. 뉴턴은 이러한 언어를 선택함으로써, 정의에서 두 번째 부분이 기본적인 부분이 아니라는 것을 보여준다. 즉 일반적으로 정의가 제시되는 기본적인 형식으로 명시되지 않았으며, 『프린키피아』의 다른 정의들이 제시되는 형식과도 다르다. 정의에서 두 번째 부분은 다소 규칙Rule처럼 보여지는데, 이때 규칙은 질량(물질의 척도)과 부피, 그리고 직관적으로 알려진 밀도 간의 관계를 명시한다.

이 같은 정의 1의 의미는 여러 뉴턴 신봉자들이 소중하게 유지하여 고수했다. 그중에서도 존 해리스는 『기술용어 사전』의 "물질MATTER" 항목에서, "물체에 들어있는 물질의 양은 그 물질의 부피 Magnitude와 밀도Density가 결합하여 발생하는 것"이라고 적어놓았다. 해리스는 물질의 양이 밀도와 부피의 곱, 또는 그와 비례한 양으로 정의된다고 설명하지 않는다.〔현대 영어에서 magnitude는 물체의 '크기'로 정의되지만, 라틴어 magnitudo는 '크기' 또는 '부피'의 의미를 가지고 있으며, 이 경우 '부피'의 의미에 더 가까우므로 '부피'로 번역하였다. —옮긴이〕

---

10   『기술용어 사전』의 뒷부분에 보면 여러 페이지에 걸쳐 비중을 자세히 다루고 있다. 밀도와 비중에 관해서는 아래 §4.5를 참고하자.

11   2권 섹션 5의 정의 3과 7.

이렇듯 뉴턴이 정의의 단계를 신중하게 고민하고 개정했던 과정을 고려하면, 정의 1의 형식이 정의 3에서 8까지와 다른 것은 단순히 형식상의 우연이 아니라 뉴턴이 의도한 결과임을 확신할 수 있다. 이런 해석을 뒷받침하는 증거는 크게 두 가지가 있는데, 하나는 뉴턴이 정의의 내용을 구체적으로 설명하기 위해 실험 데이터를 계속해서 사용하는 것, 그리고 다른 하나는 3권에서 태양, 달, 그리고 행성들의 질량과 밀도를 꼼꼼히 다루고 있다는 점이다. 우리가 편찬한 이문이 포함된 라틴어판과 정의 1의 각주에서 볼 수 있듯이, 뉴턴은『프린키피아』가 출간된 후 정의 1의 의미를 설명하는 실험 데이터를 제시하는 데 상당한 시간과 노력을 들였다. 언뜻 생각하기에 뉴턴이 그토록 간단한 질량과 밀도−부피의 곱의 비를 설명하기 위해 그토록 많은 시간과 노력을 들여야 했다는 게 이해가 가지 않을 것이다. 그러나 뉴턴은 앞에서 살펴본 바와 같이 단순히 질량을 밀도와 부피의 곱으로 정의하지 않기 위해 매우 신중하게 어휘를 선택했다. 심지어 질량이 밀도와 부피의 곱에 비례한다는 표현조차 피했다. 따라서 그가 제시하는 수치 데이터들을 설명할 필요가 있었다. 뉴턴이 초판에서 물질의 양이 어떻게 밀도와 부피로부터 "발생하는지"를 설명하기 위해 제시한 실험 데이터는 한 건뿐이었다. 그러나『프린키피아』가 출간된 후 뉴턴은 자신의 글을 반복해서 점검하고 수정하면서 독자들이 정의를 더 쉽게 이해하는 데 도움이 될 수치 데이터들을 고민하여 추가했다. 그 이유를 제대로 헤아리지 않으면 뉴턴이 이런 간단한 내용을 설명하기 위해 그렇게 열심이었던 게 이상해 보일 수도 있을 것이다.

『프린키피아』가 세상에 나온 후 수백 년 동안, 질량M, 길이L, 시간T은 고전역학의 기본 단위가 되었고, 이를 바탕으로 차원 해석이 이루어졌다. 그러나『프린키피아』를 쓰던 뉴턴은 기본적으로 단위나 차원을 크게 신경 쓰지 않았다. 무거움의 척도로서의 낙하 거리, 다양한 장소에서의 초진자의 길이, 지구의 적도축과 극축 길이의 차이를 제외하고는, 뉴턴은 양 그 자체보다는 양의 비를 더 고려했기 때문이다. 그러므로 그는 질량 단위를 정해 개별적인 질량을 계산하지 않는다. 앞서 설명한 대로, 뉴턴은 힘의 단위를 알고 있었지만(영국의 파운드, 프랑스에도 그에 해당하는 단위가 있었다) 구체적인 중력이나 동역학적 힘의 세기를 계산하지는 않는다. 그보다는 하나의 질량을 다른 질량과 비교하고, 이 힘을 저 힘과 비교한다. 예를 들어 달이 바닷물을 움직이는 힘은 태양이 바닷물을 움직이는 힘과 비교되고, 목성이나 토성의 질량은 태양의 질량과 비교되는 식이다. 뉴턴은 밀도의 단위를 정하지 않았으므로 밀도를 계산하지 않고, 그 대신 상대적인 밀도를 연산하는 것에 그친다. 뉴턴은 충격력의 법칙 $F \propto d(mV)$에서 상수 dt를 이용해 $F \propto d(mV)/dt$로 이행하는데, 이는 사실상『프린키피아』가 차원 없는 물리학을 제시하고 있어 가능한 일이었다.[12] 그러나 현대의 독자들이 이 예를 이해하려면 꽤 골치가 아플 것이다. 두 수식의 비례상수는 차원이 달라야 하기 때문이다.

뉴턴의 1차 양은 뉴턴 이후 시대 고전 물리학에서 다루는 질량, 길이, 시간과는 다르다. (공간으로

---

12   아래 §5.4 참고.

서의) 길이와 시간은 정의의 주해에서 논의되지만, 『프린키피아』에서 실질적으로 정의하는 항목들은 질량(물질의 양), 운동량(운동의 양), 그리고 여러 유형의 힘과 그 척도이다. 운동량(정의 2)은 유도된 양 또는 2차 양으로 질량과 속도로부터 발생하고, 속도(또는 빠르기)와 가속 역시 공간과 시간에서 유도되는 2차 양이다. 따라서 『프린키피아』의 정의와 그에 딸린 주해에서 등장하는 뉴턴의 1차 양들은 질량, 운동량, 힘, 공간, 그리고 시간이다. 이 양들은 밀도, 속도와 가속의 직관적 개념을 담고 있으며 구체적으로 정의되지 않는다.

4.4 뉴턴의 질량 측정

『프린키피아』에서 질량은 (1) 동역학적으로, 운동 제2 법칙을 통해 (2) 중력적으로, 중력 법칙을 통해 힘과 관련되어 있다. 이러한 관점에서 보면 순환 논리를 둘러싼 논쟁은 잘못되었다. 논쟁의 바탕에는 정의 1에서 다루는 질량이 1차 양인 밀도와 부피로써 정의되는 2차 양이라는 추정이 깔려 있다. 그러나 『프린키피아』에서 질량은 1차 성질이지 2차 성질이 아니다. 질량은 1차 성질인 다른 양의 언어로써 명쾌하고 적절하게 정의된 것이 아니라 오직 암시로만 정의되어 있다. 질량은 관성의 성질을 가진다 (정의 3). 질량은 제2 법칙에서 (운동량, 또는 "운동의 양"으로서) 물체의 운동 변화(충격력) 또는 가속 (연속적 힘)에 대한 물체의 저항 척도로 나타난다.

뉴턴은 『프린키피아』에서 밀도와 부피를 구해 질량을 정하는 것이 아니라 동역학적(관성과 중력)인 과정을 통해 결정한다. 실제로 정의 1과 그에 따른 논의를 주의 깊게 읽다 보면 뉴턴이 밀도와 부피를 구해서 질량을 계산하겠다고 말하는 부분은 없다. 그보다는 오히려 무게로부터 질량을 알 수 있다고 말하고 있다.

정의 1에 대한 이 같은 해석의 근거는 존 클라크의 『아이작 뉴턴 경의 자연철학의 원리 중 주요 섹션의 증명*Demonstration of Some of the Principal Sections of Sir Isaac Newton's Principles of Natural Philosophy*』(London, 1730)이라는 책에서 발견할 수 있다. 존 클라크는 건실한 뉴턴 해석가이며, 뉴턴의 요청에 따라 『광학』을 라틴어로 번역한 사람이기도 하다. 라이프니츠-클라크 서신 교환에서 뉴턴의 대변인 역할을 한 새뮤얼 클라크는 존 클라크와 형제였다. 존 클라크는 이 책에서 물질의 양을 일반적인 의미로 정의하지 않고, 단순히 측정하는 방법만 서술한다. 그는 이렇게 쓰고 있다. "물질의 양은 밀도와 부피를 함께 측정하거나, 밀도에 부피를 곱하여 측정해야 한다."

뉴턴이 직접 질량, 밀도, 부피 사이의 관계를 서술한 경우는 적어도 두 곳에서 찾아볼 수 있다. 3권 명제 6, 따름정리 4에서 물질의 입자를 논의하면서, 뉴턴은 "입자는 각각의 관성력[또는 관성질량]이 입자의 크기에 비례할 때 같은 밀도를 갖는다"고 말한다. 이 내용은 프린키피아 직전에 작성된 것으로 추정되는 소논문 「중력에 대하여」의 정의와 매우 유사하다. 이 소논문에서는 질량이나 물질의 양을 정의하는 대신 밀도의 정의(정의 15)를 제시한다. 번역하면 다음과 같은 내용이다. "물체는 관성력이 더 강할 때 더 조밀하고, 관성력이 약할 때 더 성기다."[13] 『프린키피아』가 출간된 직후 뉴턴은 개정판에 정의 1에 관한 주해를 더욱 확장하여 추가할 것을 고민했다. 이제 그는 질량과 밀도−부피의 곱 사이의 비례성을 명료하게 서술하기에 이른다. 정오표와 개인용 사본에 기록한 교정 목록에서, 그는 다음과 같이 논의를 확장한다. "이 양은, 밀도가 주어지면 부피와 같고, 부피가 주어지면 밀도와 같다. 따라서 둘 다 주어지지 않으면 둘의 곱과 같다." 그러나 마지막 순간에 이 문장을 삭제하고, 질량의 정의를 비로 해석할 여지를 남길 수 있는 내용을 추가하지 않기로 결심했다. 뉴턴이 원했던 것은 일반적 의미의 정의가 아니라 처음 발표했던 것처럼 정의의 두 번째 부분의 법칙에서 서술하는 비에 대한 내용 없이도 그 자체로 성립하는 정의였다.

4.5 뉴턴의 밀도 개념

앞서 설명한 대로, 뉴턴 시대의 밀도는 특별한 단위 없이 상대적인 수치로 주어지는 값이었다. 흔히 물이나 다른 물질 또는 물체의 밀도와 비교하여 제시되는 경우가 많았다. 뉴턴도 『프린키피아』에서 달의 밀도를 지구의 밀도와 비교하지만, 이를 수치로 산정하지는 않았다. 이렇게 비로 주어지는 밀도는 현실적으로 비중과 구분되지 않았다. 실제로 밀도는 실험으로 측정된 비중을 통해 직접적으로 발견할 수 있는 물질(또는 물체)의 양적 성질로 고려되었다.

뉴턴이 밀도와 비중을 융합하여 사용하는 예는 『광학』에서도 찾아볼 수 있다. 책에서(2권, 3장 명제 10) 뉴턴은 "물체의 (…) 밀도는 물체의 비중에 의해 추산되는" 것이라고 쓴다. 어느 표의 세로열에는(2권, 3장) "물체의 밀도와 비중"이라고 표시해 둔 부분도 있다.[14] 헨리 크루는Henry Crew 질량에 의존하지

---

13 『Unpubl. Sci. Papers』, pp.89-157

14 『프린키피아』 직전에 집필된 것으로 추정되는 소논문 「중력에 대하여」에서, 뉴턴은 비중과 부피에 의해 결정되는 양을 소개한다. 그러나 여기에서 그는 물질의 양이 아닌 무게를 정의한다. 그는 "절대적으로 말해서('absolute loquendo')", 무게('gravitas')는 "비중과 당겨지는 물체의 부피"로부터 빚어지는 결과라고 선언한다("ex gravitate specifia et mole corportis gravitantis").

아래 정의에서, 뉴턴은 비중을 표준과 비교한 상대적 무게가 아닌 단위 부피당 무게로 잡고 있다. 뉴턴 시대의 비중은 (현대와 마찬가지로) 물질의 무게를 같은 부피의 물의 무게와 비교한 값으로 정의되었다. 이러한 비중의 정의는 해리스의 『기술용어사전Lexicon Technicum』에 실은 비중에 관한 긴 논의에서, 그리고 해리스가 《철학회보》(제 199호)에서 발표한 비중표에서 분명히 나타난다.

이 같은 정의에서 뉴턴은 "절대" 무게를 직관적이지 않은 의미로 사용하는 점을 눈여겨 봐야 할 것이다. 그 결과가 상대적 무게이기 때문이다. 아무튼 앞서 본 바와 같이 『프린키피아』에서 뉴턴은 일반적으로 상대적 무게들을 계산하고 있다.

아마도 이 정의에서 가장 흥미로운 부분은 크기(magnitude) 또는 부피(volume)가 아니라 "몰(mole)"이라는 단어를 사용했다

않는 밀도의 해석을 제안했다.[15] 이 해석대로라면『프린키피아』의 질량 정의가 순환 논리처럼 보이는 문제가 제거될 것이었다. 크루의 재구성에서는 물질의 양 즉 질량과 밀도가 독립적으로 정의된다. 뉴턴은 확신에 찬 원자론자였다. 그는 모든 물질이 궁극의 기본적인 입자로 구성되어 있다고 확고하게 믿었다. 따라서 뉴턴은 질량을 주어진 시료 안에 든 기본 미립자나 물질 입자(그는 이전에 "형체를 가진 물질의 양"이라고 불렀다)의 개수의 척도라고 생각했을 수도 있다. 이 경우 밀도는 기본 입자들이 모여 있는 밀접도의 척도가 될 것이다.

　뉴턴은『프린키피아』에서는 밀도를 공식적으로 정의하지 않았지만,[16] 여기에서(정의 6) 그는 물체의 밀도가 "물질의 양"("quantitas seu copia materiae")을 "점유하는 공간의 양과 비교한 것"("collata cum quantitate occupati spatii")이라고 썼다. 같은 문서에서, 물질의 양은 "그 밀도와 부피 모두로부터 발생하는 것"이라고 정의되어 있다(정의 1). 이 내용은『프린키피아』본문의 내용과 비슷하지만,『프린키피아』에서는 뉴턴이 물질의 "척도"를 정의하고 있다고 덧붙여 서술하는 점만 다르다. 그러나 이러한 밀도의 정의는 곧장 삭제되었다. 아마도 뉴턴이 그 순환 논리를 깨달았기 때문인 것 같다. 따라서 이 밀도의 정의는『프린키피아』1권의 초안 두 편에는 전혀 등장하지 않는다.[17]

4.6 운동의 양: 운동량 (정의 2)

정의 2는 뉴턴이 채택된 운동의 양 개념이 질량과 속도로부터 발생한 물리량, 우리가 알고 있는 운동량임을 서술한다. 뉴턴은 물질의 양을 설명할 때처럼 구체적으로 언급하지는 않지만, 단순히 "운동"이라고만 쓸 때 종종 이 운동의 양을 의미하는 경우가 많다. 예를 들어 법칙 2에서, 뉴턴은 "운동의 변화"가 "동인력에 비례"한다고 쓰고 있다. 여기에서 말하는 운동의 변화란 "운동의 양의 변화" 즉, 오늘날의 용어로 쓰자면 운동량의 변화를 뜻한다.

　　는 점일 것이다. 이 단어는 50년보다 더 전에 요하네스 케플러가『신천문학(Astronomia nova)』(1609)에서 사용했던 용어다.
　　　　이 특별한 정의는『운동에 관하여』에는 나오지 않고, 이 뒤로 이어지는 정의나『프린키피아』초판과 2판 원고에도 나타나지 않는다.

15　　*The Rise of Modern Physics, rev.ed.* (Baltimore: Williams and Wilkins, 1935), pp. 127-128.

16　　『프린키피아』직전에 작성해 두었던 정의에서는 밀도를 정의했다. 내가 쓴『Introduction』, §4.3 참고.

17　　즉,「루카시안 강의록」에도, 인쇄소에 보낸『프린키피아』원고에도 나오지 않는다. 이 주제에 대해서는 헤리벨의『Background』, pp.25-26을 참고하자.

4.7 "Vis Insita": 내재하는 힘 그리고 관성력 (정의 3)

정의 3은 여러 면에서 『프린키피아』의 모든 정의 중 가장 혼란스럽다. 이 정의의 대상은 뉴턴이 "vis insita"(종종 "타고난 힘innate force"이라고 번역된다)라고 부르는 힘이다. 우리는 이 힘을 "내재하는 힘"이라고 불러왔고, 뉴턴은 이 힘에 "vis inertiae" 또는 "관성력"이라는 이름을 붙여주었다. 이 "힘force"은, 뉴턴에 따르면 "모든 물체" 안에 들어있는 "힘power"이고, 물체가 "정지 상태 또는 일정하게 직선을 따라 나아가는 운동 상태", 즉 일정한 속도로 직선을 따라 나아가는 상태를 지속하도록 하는 원인이 된다. 여기에는 한 가지 제약이 있는데, 이 제약은 뉴턴이 "quantum in se est"라고 표현했다. 이 말은 종종 "그 안에 있는 만큼as much as it lies"이라고 번역되며, 그 안에 담긴 "가능한 한"이라는 의미는 물체가 운동 상태를 지속하는 것을 막는 상황이 있을 수도 있다는 것을 암시한다. 그런 예로는 다른 물체와의 접촉 또는 충돌, 외부 힘의 작용, 저항이 있는 매질에 잠기는 것 등이 있다. 이 정의는 『프린키피아』에서 조금 뒤에 나오는 첫 번째 운동 법칙을 암시하기 때문에 특별히 흥미롭다. 오늘날 독자들은 뉴턴이 "힘"이라는 단어를 "관성"("vis inertiae")과 관련해서 사용한다는 사실에 놀랄 텐데, 관성은—뉴턴이 어렵게 설명하고 있듯이—내부의 힘이며 (두 번째 법칙에 따르면) 물체의 정지 상태나 운동 상태를 바꾸기 위해서 외부에서 작용하는 힘이 아니다. 뉴턴의 지시에 따라 내부 "힘"과 외부 힘을 잘 구분하지 않으면, 동역학에 대한 뉴턴의 체계를 완전히 이해하지 못한다.

지금까지 뉴턴의 "vis insita" 개념의 의미와 중요성에 대해 많은 글이 쓰여졌다. 그러나 뉴턴의 『프린키피아』를 읽고 이해하기 위해 반드시 이 용어의 철학적 의미를 따지고 들 필요는 없다. "vis insita"라는 명칭은, 우리가 "질량"에서 살펴본 것과는 달리, 뉴턴이 만들어낸 이름이 아니었다. 이 용어는 이미 당시 물리학에서 사용되고 있었다. 특히 케플러의 저서나 뉴턴이 『프린키피아』를 쓰던 당시 표준 참고 도서였던 사전에서도 발견된다.[18]

"정의"와 "운동 법칙"의 초안은 『프린키피아』 직전에 작성된 것으로 추정되는데,[19] 이 원고의 정의 12에서 뉴턴은 "Corporis vis insita innata et essentialis"를 정의하려고 시도했다. 몇 년 후 리처드 벤틀리에게 보내는 (영어로 쓴) 편지에서 뉴턴은 내부의 힘이 "태생적이고, 내재하며, 근본적"인 것이라고 썼다.[20] 나는 이 같은 문헌들이 뉴턴의 "vis insita"를 "타고난 힘innate force"보다는 오히려 "내재하는 힘 inherent force"으로 번역하는 것이 타당함을 보증해 준다고 생각한다. '타고난 힘'은 데카르트의 의중을 담고 있으며, 굳이 탐색하지 않아도 될 수많은 철학적 의문을 일으킨다.[21]

---

18   아래 §4.8을 참고하자.

19   위 n.2 참고.

20   뉴턴이 벤틀리에게 보낸 편지, 1692, 2월 25일, 『Corresp.』 3:254.

21   물론 "내재하는 힘"이라는 번역에도 문제가 있다. "inherent"에 해당하는 라틴어는 "inhaerens"이기 때문이다. 그러나 『프린

"vis insita"를 "내재하는 힘"으로 번역하는 데 있어 존 클라크의 『아이작 뉴턴 경의 자연철학의 원리 중 주요 섹션의 증명*Demonstration of Some of the Principal Sections of Sir Isaac Newton's Principles of Natural Philosophy*』(London, 1730)도 추가 근거가 될 수 있다. 클라크는 뉴턴의 정의 3을 번역하면서, "vis insita"를 "내재하는 물질의 힘the inherent Force of Matter"이라고 썼다.

　　내재하는 힘에 대한 뉴턴의 정의를 앞선 물질의 양과 운동의 양의 정의와 비교해 보면 한 가지 공통점이 있다. 이 개념들은 뉴턴이 새롭게 발명한 것이 아니라 당시 사용되던 개념에 뉴턴이 새로운 해석을 제시했다는 점이다. 정의 3의 "vis insita"의 경우, 뉴턴은 이 "힘"이 물체의 "질량"으로부터 기인하는 "관성"과 "어느 모로도 다르지 않"으며, 다만 개념의 기반이 다를 뿐이라고 말한다. 그런 다음 "물질의 관성" 때문에, 모든 물체는—정지 상태이든 일정한 속도로 움직이는 상태이든—상태 변화에 저항하려 하고 그래서 상태를 변화시키는 것이 어렵다고 설명한다. "물질의 관성"으로부터 발생하는 이 저항 때문에, 뉴턴은 그가 "vis insita"에 대한 새로운 이름으로 "vis inertiae", 즉 관성력을 소개한다. 그런 다음 그는 상태 변화에 저항하기 위해 물체가 어떻게 이 "힘"을 쓰는지를 설명한다.

　　뉴턴은 처음에 『프린키피아』의 초안 격인 「루카시안 강의록」에서 이렇게 썼다. "3. Materiae vis insita est potentia resistendi. (…)" 그런 다음 "inertia sive"를 삽입해 다음과 같은 문장을 만들었다. "Materiae vis insita est inertia sive potentia resistendi. (…)" 그 결과 정의 3은 이렇게 시작된다. "물질의 내재하는 힘은 관성 또는 저항하는 힘이다. (…)" 그러나 훗날 마음을 바꾸어 이 문장을 삭제했다. 『프린키피아』의 최종 원고에서, 정의 3의 논의 중 첫 번째와 세 번째 문장에 같은 아이디어가 표현되어 있다. 이 부분에서 "vis insita"는 "vis inertiae"로 대체된다. 나중에 『프린키피아』 2판에서 도입된 3권의 규칙 3에서, 뉴턴은 다시 한번 단언한다. "Per vim insitam intelligo solam vim inertiae." 이 말은, "내가 말하는 내재하는 힘이란 오로지 관성력을 의미한다"는 뜻이다.

　　뉴턴이 "vis insita"를 "vis inertiae"라고 부르겠다고 선언했으니, 『프린키피아』의 본문에 "vis insita"가 더 나오지 않을 것이라고 자연스럽게 예상하게 된다. 그리고 실제로 이 표현은 아주 자주 등장하지는 않아서, 『프린키피아』 전체로 볼 때 15회 정도밖에 나오지 않는다. 그리고 "vis insita" 또는 약간 변형된 표현이 사용되는 경우도 그 의미는 "vis inertiae"와 크게 다르지 않으며, 대부분은 "vis inertiae"와 같은 의미로 사용된다.[22]

키피아』에서 뉴턴은 "inhaerens"라는 형용사를 절대 사용하지 않는다. 키케로의 『투스쿨룸에서의 대화Tusculan Disputations』 (4.11.26)를 보면 "Opinatio inhaerens et penitus insita"라는 표현이 있는데, 이 말은 "내재하고 깊이 박혀 있는" 가정 또는 견해라는 뜻이다.

22　1권 전체에서 "vis insita"는 법칙의 주해에서 1회, 나머지 부분에서 3회 등장한다. 그리고 그중 하나는 초판의 명제 4 첫 문장에 나온다. 이 문장은 2판에서 새로운 증명이 추가되면서 삭제되었다. 나머지 둘은 (명제 1과 명제 66 따름정리 20에서) "내재하는 힘에 따르는" 물체의 운동을 설명하는 내용이므로 "관성력"으로 간단히 대체될 수 있을 것이다("vi insita"; "per vim insitam").
　　2판과 3판에서는, 이 5회의 등장에 더하여 (정의 3에서 2회, 법칙의 따름정리에서 1회, 그리고 명제 1과 명제 66의 딸린 법칙 20

이 "관성력"은 수동적이므로, (저절로 그리고 그 자체로) 물체의 운동 상태나 정지 상태를 바꾸지 못한다. 이는 단순히 물질의 타성inertness 때문에 물체가 (저절로 그리고 그 자체로) 자신의 운동 상태나 정지 상태를 바꾸지 못한다는 말을 다른 식으로 표현한 것이다. 그러나 외부 힘이 작용해 물체의 운동 상태나 정지 상태를 바꿀 때마다, 물체는 (정의 4에 따라) "오로지 관성력에 의해 새로운 상태를 지속한다."[23]

"vis insita"와 "vis inertiae" 모두에 대한 뉴턴의 관점과 서술을 설명하기 위해 지금까지 엄청난 연구가 진행되었다. 그러나 뉴턴의 "vis insita"를 두고 벌어진 이 장황한 토론을 들여다볼 필요는 없다. 우리는 "내재하는 힘"을 "관성력"으로 바꾸어도 된다는 뉴턴의 허락을 받았다. 그러므로 이제 앞장에서 언급했던 문제만 남게 된다. 뉴턴이 물질의 성질로서의 "관성"이 아니라 관성의 "힘"을 도입했다는 것은,[24] (862페이지, 1번 참고) 그 힘이 대단히 특별한 내부 힘이라 하더라도, 모든 운동은 "원동자" 또는 동인력이 반드시 필요하다는 고대의 개념을 완전히 버린 것은 아님을 보여주는 것일 수 있다는 점이다. 그러나 우리는 이 힘을 다른 전통적인 힘과 혼동해서는 안 된다. 예를 들어 관성력과 구심력을 평행사변형 법칙을 이용해 더하고 그 합력을 구하거나 해서는 안 된다는 뜻이다.[25] 또는 이 힘이 뉴턴이 구체화한 내용 외에 다른 어떤 성질을 가질 것이라고 가정해서도 안 된다.

뉴턴은 이 "힘"이 오직 물체가 상태 변화에 저항할 때만 물체에 가해진다고 말한다. 이 말의 의미를 조명하는 예는 수없이 많다. 중형 트럭이 수평 방향으로 깔린 도로를 따라 움직이고 있다고 하자(마찰은 최소화되어 있다). 트럭이 멈춰 있는 상태에서 움직이게 하려면 엄청난 노력이 들지만(상태 변화를 위해 저항력을 극복해야 하는 것처럼), 트럭을 계속 움직이게 하는 데에는 상대적으로 적은 노력이 든다. 그러다 또 움직이는 트럭을 멈추게 하려면 마치 극복해야 하는 힘이 있는 것처럼 꽤 노력이 든다. 이와 비슷한 예는[26] 앞으로 나아가는 발사체가 벽을 때리는 경우인데, 이때 벽 위 충돌 지점에 구멍을 내기에 충분할 만큼 큰 힘이 가해진다.

에서 각각 1회씩) 2권에서 9회, 3권의 규칙 3에서 1회, 총 10회 더 등장한다. 여기에서는 단순히 "vis insita"가 "vis inertiae"라고 서술하고 있다.
　　2권에서 "vis insita"는 명제 1의 따름정리 첫 문장, 보조정리 3의 주해, 섹션 6 끝부분의 일반 주해에서 2회, 명제 53의 증명, 그리고 명제 2, 5, 6, 11의 서술문에서 각각 사용된다. 이 9회의 "vis insita" 중 거의 두 경우에서만 "sola vi insita" 또는 그와 비슷한 의미이고, 나머지 경우에서는 모두 "vis inertiae"와 같은 의미로 사용된다.

23　『프린키피아』의 최초 초안과 인쇄된 버전의 법칙 1에서는 "vis insita"가 나오지 않는다. 이후 이 법칙은 '정의'로 바뀌었다.

24　이 지점에서, W.A. Gabbey의 중요한 연구, "Force and Inertia in Seventeenth-Century Dynamics", *Studies in History and Philosophy of Science* 2 (1971): 32-50을 참고하자.

25　뉴턴은 주어진 시간 동안 힘이 생성하는 변위의 벡터 합을 이용해 힘을 더한다. 이 주제는 아래 §5.3에서 다루고 있다. 따라서 주어진 시간에 이 힘들 각각에 관련된 운동을 결합할 수 있지만, 결론적으로 vis insita와 가속력을 결합하는 것은 아니다.

26　조지 스미스가 나에게 제안했던 예다.

4.8 뉴턴이 알았던 "Vis Insita"와 "관성"

앞서 설명한 바와 같이, 뉴턴은 정의 3에서 일부 해설가들이 추정했던 것처럼 새로운 개념을 도입했던 것이 아니다. 그보다는 "물질의 양"과 "운동의 양"을 스스로 정의했던 것처럼 당시 사용되던 용어를 자신만의 개념으로 다시 정의했던 것이다. "vis insita"는 뉴턴 시대에 흔히 쓰이는 표현은 아니었지만, 그래도 비교적 널리 사용되던 말이었고 뉴턴이 즐겨 보던 여러 책에도 등장한다. 예를 들어 이 용어는 헨리 모어의 『영혼의 불멸성*The Immortality of the Soul*』(London, 1679)에 나오는데, 뉴턴은 이 책을 꼼꼼히 읽으며 주석을 달고, "훌륭한 무어[즉 모어] 박사가 자신의 저서에서 영혼의 불멸성을 훌륭하게 설명했다"고 극찬하기도 했다.[27] 이 책에는 "세속의 물체에 깃든 내적 힘 또는 (무거움이라 불리는) 성질"이라는 문장이 나온다. 이 문장은 이후 라틴어판에서 "innatam quandam vim vel qualitatem (quae Gravitas Dicitur) corporibus terrestribus insitam"으로 번역된다. 이 "깃들다implanted"의 문자 그대로의 의미는 하나만 있는 것이 아니다. 전통적으로 "insitus"는 "내재하는" 또는 "본질적인natural" 성질에 대하여 사용되었다. 이러한 용례는 적어도 키케로까지 거슬러 올라가며, 키케로의 『신들의 본성에 관하여*De Natura Deorum*』[28]와 다른 여러 책에서 자주 발견된다. 호라티우스의 시에도 "vis insita"라는 표현이 나온다.

그 외에 뉴턴이 "vis insita"라는 표현을 접하게 된 책으로 요한 마기루스가 쓴 책이 있다. 뉴턴은 케임브리지 학부생이던 시절에 마기루스가 쓴 아리스토텔레스 철학 안내서를 공부했었다. 마기루스에 따르면, "움직일 수 있는 물체가 그 자신의 힘[sua virtute]으로 움직일 때 운동은 그 자체이며 고유하다고 말할 수 있다. 인간은 온전히 타고난[또는 내재하는] 힘[insita vi sua]으로 움직이므로 스스로 움직인다고 할 수 있다."[29] 마기루스의 글에는 "insitus" 또는 "insita"가 몇 번 더 등장하는데, 어떨 때는 "vis", 또 어떨 때는 "vistus"와 결합되어 나온다. 이 표현은 아리스토텔레스의 『윤리학*Ethics*』 라틴어 번역본에도 등장한다. 이 책 역시 뉴턴이 학부생 시절에 공부했던 것이다.[30]

"vis insita"라는 단어는 루돌프 고클레니우스의 대중적인 철학 사전에서, "vis" 항목의 여러 변형에 대한 설명 중 등장한다. 고클레니우스는 "Vis insita est, vel violenta. Insita, ut naturalis potestas"라고 쓰

---

27   Henry More, *The Immortality of the Soul, So Farre Forth as it is Demonstrable from the Knowledge of Nature and the Light of Reason* (London: printed by J. Flesher for William Morden, 1659), p.192. 모어의 책은 그가 쓴 *Opera Omnia* (London: typis impressa J. Macock, 1679) 1권에서 라틴어로 번역되어 *Enchiridion Metaphysicum; sive, De Rebus Incorporeis Succincta & Luculenta Dissertatio*라는 제목으로 수록되었다. 뉴턴의 대학 공책에는 "Issac Newton/Trin: Coll Cant/1661"이라고 표시되어 있으며, 케임브리지 대학 도서관에 MS Add. 3996으로 등재되어 있다(fol. 89r 참고).

28   Arthur Stanley Pease가 편찬한 키케로의 『신들의 본성에 관하여 De Natura Deorum』 제 1권 (Cambridge: Harvard University Press, 1955), pp.289ff에 이 주제에 관한 길고 상세한 주석이 실려 있다.

29   Johann Magirus, *Physiologiae Peripateticae Libri Sex, cum Commentariis……* (Cambridge: ex officina R. Daniels, 1642), book 1, chap 4, §28. 뉴턴은 공책에 이 인용문의 앞부분을 베껴 놓았다.

30   Book 2, chap. 1, 1103a. 특히 이 단어는 마기루스가 편찬한 아리스토텔레스의 『윤리학』에도 나온다.

고 있다.[31] 이는 "힘은 내재하는 [또는 타고난] 것이며 거칠다. 자연의 힘으로서 내재한다"라는 의미다.

케플러의 『신천문학』(1609)와 『코페르니쿠스 천문학 개요*Epitome Astronomiae Copernicanae*』(1618–1621)에도 이 용어가 자주 등장한다. 뉴턴이 이 두 책을 읽었는지, 만일 읽었다면 얼마나 깊이 있게 읽었는지 정확한 증거는 없지만, 이 개념을 이 책에서 발견했을 가능성이 있다.[32]

뉴턴이 "관성"이라는 용어를 어디에서 알게 되었는가 하는 문제는 그동안 내내 수수께끼였다. 뉴턴의 소논문 「중력에 대하여」의 집필 추정 시기 때문이었다. 나는 이 주제를 연구하다가 이 소논문에서 뉴턴이 "관성inertia"이라는 단어를 접하게 된 경로를 추정할 단서를 발견했다. 오늘날 우리는 뉴턴이 『프린키피아』를 쓰기 직전 이 소논문을 썼다는 사실을 알고 있다. 따라서 그가 왜 그동안에는 힘과 운동을 서술할 때 "관성"을 도입하지 않다가 사실상 『프린키피아』 집필 단계에 이르러서야 도입했는지 이해할 수 있다. 「중력에 대하여」의 집필 시기가 정확히 알려지기 전까지는 그가 『프린키피아』의 집필을 앞두고 왜 약 20년 전에 탐구했던 주제를 다시 끄집어냈는지 설명하기가 어려웠다. 뉴턴의 「중력에 대하여」는 데카르트의 『프린키피아』를 비평하는 내용이 주를 이루지만, 동시에 세상에 알려진 데카르트의 서간문, 특히 데카르트와 마렝 메르센이 운동의 물리학에 대해 주고받은 편지도 다루고 있다. 나는 이 단서를 따라 그들이 교환한 서신의 주제 중 하나가 "관성"과 "본질적 관성"임을 발견했다. "본질적 관성"이란 동인력이 작용을 멈출 때 물체가 정지 상태가 되도록 하는 물질의 "타성"을 말한다. 메르센과 데카르트는 케플러를 직접적으로 언급하지는 않았지만, 아마도 메르센은 케플러가 "관성" 개념을 사용한 사례에 대해 데카르트에게 물어보았던 것 같다. 데카르트의 편지를 보면 그는 이 개념에 대한 비판적 입장을 취하고 있었다. 이 편지는 뉴턴이 물리적 맥락, 좀 더 구체적으로는 운동의 맥락에서 "관성"이라는 용어를 알고 있었다는 명백한 근거가 된다. 베티 조 돕스[33]가 새롭게 찾아낸 이 소논문의 작성 날짜를 통해, 우리는 뉴턴이 『프린키피아』를 집필할 준비가 되었을 때 "관성"이라는 용어를 접하게 되었음을 유추할 수 있다. 뉴턴은 「중력에 대하여」에서 데카르트에 강하게 반대하는 입장을 고수하고 있었으므로, 어쩌면 데카르트가 무시했던 개념을 채택하며 기뻐했는지도 모른다.[34]

내가 확인한 바에 따르면, 데카르트는 운동에 관한 글에서 "관성"이나 "본질적 관성" 같은 용어를 (편지를 제외하면) 사용하지 않았다. 『프린키피아 필로소피애』에서 운동 법칙을 서술하는 부분에서도 언급하지 않았다. 뉴턴은 거대한 물체의 "타성"이라는 아이디어를 좋아했고 그 개념을 자신의 것으로 만들었다. 뉴턴의 관성 개념은 데카르트의 개념으로부터 의미심장한 변환을 도입시켰다. 데카르트의

---

31   Rudolph Goclenius, *Lexicon Philosophicum, Quo Tanquam Clave Philosophiae fores Aperiuntur* (Frankfurt: typis viduae Matthiae Beckeri, 1613), p.321.

32   "vis insita" 개념의 역사와 확산에 관해서는, 내가 쓴 『Newt. Revolution』을 참고할 것.

33   *Janus Faces* (위 §3.1, n.10 참고).

34   나는 돕스 교수가 새롭게 확인한 「중력에 대하여」의 작성 시기를 뒷받침하는 이 추가적 논거를 발전시킬 수 있게 되어 대단히 기쁘다.

글에서 말하는 "관성"은 "타성"의 성질이었고, 이 "타성"으로는 동인력의 작용이 멈출 때 물질이 저절로 또는 그 자체로 움직일 수 없다. 뉴턴의 개념("inertia materiae")은 물체가 어떤 상태에 있든, 즉 정지 상태든 일정하게 직선 운동 상태에 있든 간에 유지하는 "힘"을 의미했다. 이후 이 "힘" 개념이 생략되면서, 뉴턴의 관성 개념은 고전 물리학의 표준이 되었다.

뉴턴이 "관성"이라는 용어를 썼을 때는 그 이전에 누가 운동 연구에서 이 용어를 창안했는지 몰랐다. 이는 아마도 메르센이나 데카르트가 문서에서 케플러의 이름을 명시하지 않았기 때문일 것이다. 그러나 『프린키피아』가 세상에 나오고 몇 년 후에, 라이프니츠는 뉴턴이 이 개념을 케플러에게서 가져왔다며 비판했다(라이프니츠의 『변신론Théodicée』에서).[35] 실제로 케플러는 "관성"이라는 단어를 물리학과 관련해서 사용했다. 그러나 케플러의 주장은 물질의 "타성" 때문에 물체를 움직이는 힘의 작용을 멈추면 어느 곳에 있든 정지하게 된다는 것이었고, 데카르트는 이를 반대하는 입장이었다. 뉴턴은 라이프니츠의 『변신론』에서 자신을 비판하는 글을 읽고 해당 페이지 끝을 접어서 문제의 부분을 표시해두고, 『프린키피아』 개인용 사본에서 정의 3 옆에 다음과 같이 수정할 내용을 적었다. "내가 말하는 관성은 물체를 정지 상태로 향하게 하는 케플러의 관성의 힘이 아니다." 뉴턴은 "정지해 있든 움직이고 있든 같은 상태를 유지하려는 힘"을 의미했다. 그러나 이후 그는 이렇게 수정할 필요가 없다고 결정했다.[36]

4.9 가하는 힘: 운동 법칙에 대한 기대 (정의 4)

뉴턴은 정의 4에서 "가하는 힘impressed force" 개념을 제시하면서 또 한 번 전통적인(이번에는 후기 중세 시대) 개념을 사용하지만, 이번에도 역시 완전히 새로운 방식을 채택한다. 가하는 힘은 "작용action"이며, 오로지 이 작용만이 "물체에 가해져", 물체가 정지해 있든 운동하고 있든 그 "상태를 변화시킨다." 이렇게 제2 법칙을 일부 설명한 다음(힘의 작용으로 물체의 상태를 바꾸는 내용), "물체는 오로지 관성력에 의해 새로운 상태를 계속 유지한다"고 말하며 제1 법칙을 예고한다. 뉴턴은 가하는 힘의 근원으로 충돌(또는 추동력impetus), 압력, 구심력을 꼽는다.

이후 정의의 나머지 부분에서 뉴턴은 구심력에 대해서만 논한다. 구심력은 새로운 개념이고, 뉴턴이 지어준 새 이름을 달고 있어 당시 독자들에게는 낯설었을 것이다. 뉴턴은 충돌과 압력에 대해서는 설명할 필요가 없다고 생각했다.

---

35   I. B. Cohen, "Newton's Copy of Leibniz's *Théodicée*, with Some Remarks on the Turned-Down Pages of Books in Newton's Library", *Isis* 73 (1982): 410-414.

36   같은 책.

4.10 구심력과 세 가지 척도 (정의 5, 6에서 8까지)

뉴턴은 『프린키피아』의 정의 5에서 "구심력"이라는 용어를 소개한다. 뉴턴은 "물체가 모든 방향에서 당겨지고 추진되고, 어떤 식으로든 중심의 한 점을 향하도록 하는" 힘을 "구심력"이라고 명명했다. 그러면서 구심력의 세 가지 예를 들며 설명한다. 지구의 인력("이 힘에 의해 물체는 지구 중심을 향하는 경향이 있다."), 자기력, 그리고 "그게 무엇이든, 반듯하게 앞으로 나아가는 행성을 지속적으로 끌어당겨서 휘어진 선을 따라 돌게 만드는 힘"이다. 그런 다음 여러 예를 드는데, 끈에 묶여 회전하는 돌멩이, 발사체의 운동, 인공위성, 그리고 달이다. 구심력을 설명하기 위해 이렇게 많은 예가 필요하다는 것은 그만큼 이 개념이 새로운 것이라는 뜻이기도 하다.

이렇게 여러 가지 물리적 예를 들고 있지만, 뉴턴은 적어도 지금 이 단계에서는 물리학이 아니라 수학을 중점적으로 다루고 있음을 명시한다. 다시 말해 구심력의 물리적 본질, 작용 방식 또는 물리적 성질을 조사하기보다는 구심력의 수학적 성질을 개발하고 있다는 것이다. 따라서, 『프린키피아』를 쓰는 그의 임무는 수학자로서 두 가지 수학 문제를 해결하는 것이다. 하나는 물체가 "정확히 주어진 속도로 주어진 궤도 위를 따르도록" 유지하는 힘의 수학 법칙을 찾는 것이고, 또 하나는 "주어진 속도로 주어진 위치를 벗어나는 물체가 주어진 힘에 의해 방향을 바꾸는 곡선 경로"를 찾는 것이다.

마지막 세 정의에서(정의 6, 7, 8) 뉴턴은 구심력을 생각할 때 사용하게 될 세 가지 척도measure를 소개한다. 그러면서 뉴턴은 척도라는 표현 대신 "양quantity"이라는 단어를 언급한다. 이러한 "양"은 정의 1과 2에서 사용하는 의미로서, 이때 물질의 "양"이 물질의 "척도"가 되고 운동의 "양"이 운동의 "척도"가 된다.

구심력의 가속량accelerative quantity은(정의 7) "주어진 시간에 발생하는 속도에 비례하는" 척도다. 여기에서는 돌발적인 충격력이 아닌 연속적인 힘을 다루고 있기 때문에 "주어진 시간"이 반드시 포함되어야 한다. 또한 이 척도는 주어진 시간에 발생하는 속도에 비례하므로 그에 따라 생성되는 가속에도 비례하게 된다. 뉴턴은 이 내용을 명쾌하게 언급하고 있다. 가속의 척도는 주어진 힘이 단위 질량에 작용하여 발생하는 효과이며, 이 양을 현재는 장field이라고 부른다. 운동 제2 법칙은 다음 섹션에서 공식적으로 선언되지만, 뉴턴은 이 정의에서 연속적인 힘에 대한 운동 제2 법칙을 설명하고 있다. 뉴턴이 제시하는 가속 척도의 예는 무거움gravity이다. 무거움은 공기 저항이 없을 때 "낙하하는 모든 물체를" (주어진 장소에서) "동일하게 가속시킨다." 이는 뉴턴이 1권 섹션 11까지 힘을 언급할 때마다 염두에 두고 있던 척도다.

두 번째 척도(정의 8)는 힘의 "동인動因 양"이다. 이 척도는 "주어진 시간에" 발생한 운동의 양에 비례한다. 즉 주어진 시간 동안 발생한 운동량이다. 그러한 예로 무게를 들 수 있다. 뉴턴은 수학자로서 무게를 "구심성 즉 물체의 중심을 향하는 성향"이라고 설명한다. 운동의 양, 즉 운동량은 질량에 비례하므로, 힘의 동인 양도 질량에 비례해야 한다. 여기에서 또 한 번 운동 제2 법칙이 예고된다.

뉴턴의 세 번째 척도, 즉 "절대량"은 "중심으로부터 주위 공간을 통과해 전파하는 원인의 효력"에 비례하는 양이다. 뉴턴은 정의 6에서 이 개념을 자철석이 가하는 자력으로 설명한다. 이 힘의 세기는 자철석의 크기에 따라 달라지고(일반적으로 큰 자철석은 작은 자철석보다 힘이 더 세다) 자력의 강도에 따라서도 달라진다(크기가 같은 자철석도 자력은 다를 수 있다).

뉴턴은 『프린키피아』 전반에서 "간결하게 설명하기 위해" 이 양을 "동인 양, 가속량, 그리고 절대량"으로 칭하고 있다. 그러면서 다시 한번 여기에서 다루어지는 힘 개념은 "순수하게 수학적이므로, 현재는 힘의 물리적 원인과 장소는 고려하지 않는다"고 주장한다.

이 힘에 관한 세 가지 척도의 의미는 중력과 관련된 양으로 모아질 수 있다. "가속량"은 중력의 척도로 "주어진 시간 동안 그것이 만들어내는 속도에 비례"하는 양이다. 오늘날의 용어로 따지면, 이것은 dv/dt, 즉 가속도다. 지구 위에서 이 양은 중력가속도라고 부르고, 친숙한 기호인 g로 표시한다. 갈릴레오의 실험과 뉴턴의 동역학 해석에 따르면, 지구 위에 주어진 한 점에서 공기 저항이 없을 때, 중력가속도는 자유낙하하는 모든 물체의 가속도이며 질량과 무관하다. 달 표면이나 다른 행성 또는 태양의 표면에서는 이 중력의 가속도 또는 자유 낙하의 가속도의 값이 모두 다르다.

이 양은 『프린키피아』에서 가장 자주 사용되며, 뉴턴이 의도한 힘의 양이 이것이라고 구체적으로 명시하지 않고 사용된다. 예를 들어 3권 명제 8의 따름정리에서, 뉴턴은 태양, 목성, 토성, 지구로부터 "같은 물체", 즉 질량이 같은 물체들이 같은 거리만큼 떨어져 있을 때 태양, 목성, 토성, 지구가 물체에 가하는 "무게weight" 또는 "무거움gravity"(또는 중력)을 계산한다. 뉴턴은 절대량이 아닌 상대량을 다루고 있으므로, 이 물체들의 무게는 단위 질량당 무게와 동일하다. 뉴턴의 제2 법칙 $F = m A$에 따라, 힘의 가속 척도는 $F/m = A$이고, 중력의 경우, $W = m g$가 되어 $W/m = g$가 된다. 일정한 질량 m 또는 단위 질량에 대하여, F의 척도는 A이고 W의 척도는 g이다.

중력의 경우, "동인 양"은 정의에 따라 중력이 "주어진 시간에 발생시키는 운동[의 양]에 비례하는" 척도다. 오늘날의 언어로 설명하면, 이것은 $d(mv)/dt$, 즉 특정 물체에 작용하는 힘 그 자체, 따라서 무게가 된다. m은 고전 뉴턴 물리학에서는 주어진 물체에 대하여 상수이므로, 이 힘의 척도 $d(mv)/dt$는 mdv/dt와 같다. 이 힘의 수식은 제2 법칙의 일반적 형태를 따른다. 여기에서 우리는 뉴턴이 이 정의들을 고민하면서 운동 법칙 또는 공리를 이끌어 낸 과정을 생생히 볼 수 있다.

무게 또는 중력의 경우에는, 자유 낙하의 가속도가 가속량 또는 척도가 된다. 이는 지구 또는 다른 중심체로부터 주어진 위치에 있는 모든 물체에 해당되지만, 물체의 중력가속도의 크기는 지구상의 위도에 따라 다르다. 또한 물체가 지구, 달, 행성, 태양 같은 중심 물체의 표면에 있는지, 아니면 어느 정도 거리만큼 떨어져 있는지에 따라서도 다르다. 중력의 동인 양 또는 척도는 그 중심체, 즉 지구, 달, 태양, 행성 등으로 향하는 실질적인 무게로 바뀐다.

절대량 또는 척도는 이해하기가 좀 더 어렵다. 그러나 중력의 관점에서 이 개념이 어떻게 발생하는 지는 비교적 쉽게 볼 수 있다. 질량이 주어진 물체가 경험하는 중력은 지구, 달, 태양, 또는 행성의 표면에서 각각 다 다르다. 앞에서 예로 든 3권 명제 8 따름정리에서, 뉴턴은 질량이 같은 물체가 여러 천체의 표면에 놓여 있을 때 작용하는 중력을 계산한다. 그러면서 태양, 목성, 토성, 지구의 중심에서 같은 거리에 있을 때 중력 값도 계산한다. 이 값들은 서로 대단히 다르며, 태양에 대한 값은 다른 값보다 몇 배 더 크다. 이를 설명하는 방법 중 하나는 태양이 다른 세 행성보다 중력을 훨씬 더 효과적으로 생성한다고, 즉 중력적 "효력"이 더 크다고 설명하는 것이다. 뉴턴의 언어로는, 태양이 잡아당기는 힘의 절대량 또는 척도가 나머지 셋보다 크다고 할 수 있다.

중력이라는 특별한 예에서, 절대량의 차이를 일으키는 요소는 질량이다. 그리고 명제 8의 따름정리에서, 뉴턴은 사실상 이 현상을 태양, 목성, 토성, 지구의 상대 질량을 계산하는 데 사용한다. 그러나 다른 힘들의 경우 이 효력은 질량의 차이에 의해 발생한 것이 아니다. 뉴턴이 제시한 예는 자기력의 효력이다. 자기력은 자철석마다 다르다. 자철석의 "효력", 즉 자력을 만들어내는 능력이 다르다는 것인데, 이 차이는 질량과 관련이 없다.

『프린키피아』 전반, 특히 1권의 첫 섹션에서 뉴턴은 단위 질량과 단일 역장force fields을 다루면서 가속 척도를 사용하고 있다. 일반적으로 뉴턴이 다른 조건 없이 "힘"을 언급할 때는 가속량을 의미하는 것이다. 그러나 경우에 따라서는 절대 힘을 사용하기도 한다. 그러한 예로 1권 명제 69를 들 수 있다. 물체 A가 다른 물체들(B, C, D …)을 "거리 제곱에 반비례하는 가속력으로" 끌어당기고 있고, 반면 다른 물체(B) 역시 나머지 물체들(A, C, D …)을 같은 힘의 법칙에 따라 끌어당기고 있다. 명제 69에 따르면 이 경우, "끌어당기는 물체 A와 B의 절대 힘은 서로에 대하여 이 힘들이 속한 물체 A와 B 자체[즉 질량]와 같은 비를 가질 것이다." 절대 힘은 1권의 명제 65 예 1, 그리고 명제 66의 따름정리 14, 그 외 여러 곳에서도 소개된다. 질량은 1권 섹션 11 명제 57과 그 밖의 여러 곳에서 명쾌하게 소개된다. 이에 따라 섹션 11에서, "가속력"에서 "동인력"으로 넘어가면서 내용상의 큰 변화가 생기게 되고, 실질적으로 동역학이 시작된다. 엄밀한 관점에서 보면 1권 섹션 1에서 10까지는 주로 "힘"이라는 용어를 쓰고 있기는 하지만 그 주제는 대체로 운동학이라고 할 수 있다.

뉴턴은 "인력, 충격력, 또는 중심을 향하는 경향을 의미하는 힘을 표현"할 때, "물리적 관점이 아니라 수학적 관점에서의 힘"을 다루고 있음을 다시 한번 강조하며 결론을 맺는다. 이는 뉴턴이 "인력과 충격력을 각각 가속력과 동인력으로" 부른다는 의미다. 독자들은 뉴턴이 이런 용어들로 "작용의 종류나 방식, 물리적 원인 또는 이유를 정의하고 있다고 생각해서는 안 되며, '중심이 끌어당긴다' 또는 '중심이 힘을 가지고 있다'는 식으로 서술할 때도 그 중심(수학적 점)에 실제로 물리적 의미의 힘이 있다고 생각하지 않도록" 주의해야 한다.

4.11. 『프린키피아』의 시간과 공간: 뉴턴의 절대 시간-공간과 상대 시간-공간 그리고 절대 운동의 개념; 회전하는 양동이 실험

정의 다음으로는 주해가 나오며 한 섹션을 마무리 짓는다. 주해에서 논의되는 주제는 시간, 공간, 장소, 운동이다. 뉴턴은 이 양들을 "절대적인 양과 상대적인 양, 참된true 양과 겉보기 양, 수학적인 양과 일반적인 양"으로 구분하며 주해를 시작한다. 뒤이은 논의에서, 뉴턴은 "상대 시간, 시태양시apparent time, 일반적인 시간"과 비교되는 "절대 시간, 진태양시true time, 수학적 시간을" 다룬다. 그러나 공간, 장소, 운동에 대해서는 "절대"와 "상대"만 구분한다. 절대 시간을 설명하며, 뉴턴은 "진태양시", 즉 일정한 속도로 절대적으로 앞으로 나아가는 천문학적 시간의 예를 인용한다. 이것은 평균 태양시mean time라고 불리는 수학적 개념이다. 실제로 천문학자들은 지역 시간 또는 시태양시를 관측하고 "균시차 equation of time"〔시간을 일정한 간격으로 등분했을 때 나뉜 부분들의 차이―옮긴이〕를 계산하여 주어진 순간에 두 시간 사이의 차이를 구한다. 아래에서 보게 되겠지만, §5.4의 운동 법칙들에 대한 논의에서 뉴턴의 유율법의 공식에는 여기에서 사용된 것과 동일한 시간 개념이 등장한다.

뉴턴의 순수한 수학에는, 이를테면, 평행사변형 법칙 같은 운동학적 원리가 포함되는 경우가 많아 운동학의 언어로 보일 때가 많다. 그런 만큼 독자는 순수한 수학적 서술을 운동학의 서술로 잘못 읽지 않도록 주의를 기울여야 한다.[37] 뉴턴의 수학에서 시간은 기본적인 독립 변수다. 시간은 일정하게 흐르는 양이고, 주해에서 말하는 절대 시간 같은 성질을 가지고 있다. 이러한 시간과 관련하여 x와 y 같은 뉴턴의 미분계수가 결정된다. 라이프니츠 미적분의 dx/dt 또는 dy/dt 는 뉴턴 이후 시대의 표기법을 사용하면 뉴턴의 미분계수 $\dot{x}$와 $\dot{y}$가 된다.

뉴턴은 절대 시간을 믿었던 것만큼 절대 공간도 믿었지만, 당시 물리학에서 절대 공간보다는 상대 공간을 사용하던 일반적 관행도 충분히 잘 알고 있었다. 실제로 주해의 뒷부분으로 가면서, 뉴턴은 일반적인 용례와 문제로 돌아간다. 그가 사실상 "측정되는 양"(또는 양 그 자체)과 "합리적인 척도"를 구분하는 것이 바로 이 지점이다. 앞에서 (§2.3) 성경과의 비교가 어떻게 "언어의 정확성"으로 탈바꿈했는지 살펴보았던 것도 이 대목이었다.

이를 설명하는 과정에서 뉴턴은 두 가지 실험을 제시한다. 사람들은 흔히 이 실험들이 뉴턴의 주장

37 　자세한 내용은 화이트사이드가 편찬한 『Math. Papers』의 앞부분과 내가 쓴 『Newt. Revolution』 pp. 55-56을 참고하자.

의 예로서가 아니라 주장의 근거로서 제시된 것이라고 잘못 생각한다. 이 두 실험은 모두 회전의 원심 효과를 다룬 것으로, 뉴턴의 주장을 두 가지 다른 측면에서 보여주는 것으로 여겨졌다. 심지어 이 둘을 구분하기 위해 상세하게 설명이 되어 있는데도 말이다. 주해의 마지막 문단에 나오는 두 번째 실험은 명백히 "사고실험"이며, 뉴턴이 직접 수행했다거나 목격했다는 말이 없다. 이 실험에서는 공 두 개가 "하나의 줄로 연결되어 서로 일정한 거리를 유지한 채" 공통의 무게 중심 주위를 회전하고 있다. 뉴턴은 이 경우에, "공이 운동 축에서 멀어지려는 노력은 줄의 장력을 통해 알 수 있고", 그 때문에 "원운동의 양"을 산출할 수 있다고 쓰고 있다.

앞선 실험은 그 유명한 회전하는 양동이 실험이다. 물을 일부만 채운 양동이가 밧줄에 매달려 있다. 실험자는 양동이를 "밧줄을 더 이상 감길 수 없을 만큼 끝까지" 돌린다. 실험자가 손을 놓으면 감긴 밧줄이 풀리면서, 회전하는 양동이 안에 담긴 물은 "서서히 중심으로부터 멀어지고 양동이의 벽면을 타고 위로 오르면서, 전체적으로 오목한 형태를 이룬다." 양동이가 점점 빠르게 회전할수록 물은 벽면을 타고 "점점 더 높이 오를 것"이며, 수면은 점점 더 오목해진다. 물이 양동이 벽면을 "타고 오르는 현상"은, 뉴턴에 따르면, "수면이 (⋯) 운동 축으로부터 멀어지려는 노력을 보여주며," 따라서 "그런 노력"은 "물의 참된 절대 원운동을 발견하고 측정할 수 있다" 해준다. 이 실험의 결과를 보고하면서, 뉴턴은 "실험이 보여준 바와 같이"라는 표현을 쓰고 있다. 이 말은 그가 실제로 이 실험을 수행했음을 의미한다.

이 두 실험에서 대단히 흥미로운 점은, 이 실험의 의미를 설명할 때 뉴턴이 데카르트의 언어를 사용한다는 점이다. 뉴턴이 쓴 "conatus recedendi ab axe motus", 즉 "운동 축으로부터 멀어지려는 노력"이라는 말은 데카르트의 『프린키피아』에서 직접 가져온 것이다.[38] 데카르트가 쓴 이 구절은 두 실험 설명에 모두 등장한다.

뉴턴은 앞으로 나올 내용에서 "원인과 효과 그리고 겉보기 차이로부터 참된 운동을 결정하는 방법"과, 역으로 "운동으로부터, 이 운동이 참된 운동인지 겉보기 운동인지, 그리고 그 원인과 효과를 어떻게 결정할 것인지"를 좀 더 완전히 설명하겠다며 글을 마무리한다. 그리고 사실상 이것이 "이 책을 쓰는" 목적이라고 선언한다.

로버트 리나시에비치의 최신 해석[39]에 따르면, 이 주해에서 보여준 뉴턴의 전략은 종종 오해되고 있다. 사람들은 뉴턴이 "회전하는 양동이와 공 실험에서 발견되는 원심 효과"를 바탕으로 "절대 운동의 존재"를 확립하려 했다고 생각한다. 리나시에비치의 해석에 따르면, 회전하는 양동이 실험은 "연속된 다섯 가지 [주장] 다음으로 소개되는데, 이 주장들은 데카르트의 제안처럼 물체의 진짜 정지 또는 운동

---

38   내가 쓴 "Newton and Descartes"(위 §3.1, n.4) 참고.

39   Robert Rynasiewicz, "By Their Properties, Causes and Effects: Newton's Scholium on Time, Space, Place and Motion," *Studies in History and Philosophy of Science* 26 (1995): 133-153, 295-321.

상태가 다른 물체에 비해 상대적으로 더 선호되는 유형의 운동으로 정의될 수 없다는 내용을 담고 있다."[40] 리나시에비치는 이 다섯 가지 주장의 궁극적인 "의도"는 독자들이 "참된 운동과 정지 상태는 오직 운동하지 않는 공간에 대해서, 따라서 앞서 설명한 절대 공간에 대해서만 적절히 이해될 수 있다"는 것을 알리기 위한 것이라고 결론 내렸다. 회전하는 공들에 대한 논의는 주요 주장들이 "종결된 후"에야 등장한다. 공 실험을 제시한 목적은 "개별적인 물체가 움직이는 절대 공간을 지각할 수 없다는 사실을 감안할 때, 개별적인 물체의 참된 운동에 관한 증거를 얻을 수 있는" 경우가 있다는 것을 보이기 위해서였다.

---

40   이로써 뉴턴이 데카르트의 주장을 반박하면서 데카르트의 언어와 개념을 사용했던 이유가 설명된다.

5장
공리, 또는 운동의 법칙

5.1 뉴턴의 운동 법칙, 또는 자연의 법칙

뉴턴의 세 가지 운동 법칙에는 "Axiomata, sive Leges Motus", 즉 "공리, 또는 운동의 법칙"이라는 일반적인 제목이 붙어 있다. 앞서 언급한 것처럼(위 §3.1), 데카르트의 『프린키피아』에서 "자연의 법칙" 또는 "Regulae quaedam sive Leges Naturae"로 선언되었던 법칙들을 뉴턴이 (무의식적으로라도) 활용하지 않았다고 보기는 어렵다. 적어도 한 가지 사례를 보면, 뉴턴은 『프린키피아』 2판을 준비하는 동안 로저 코츠에게 보낸 편지에서 무심코 자신의 운동 법칙 중 하나를 데카르트가 작명한 이름인 "자연의 법칙Law of nature"이라고 불렀다.

뉴턴 추종자들은 뉴턴의 운동 법칙을 "자연의 법칙"이라고 불렀다. 예를 들어, 뉴턴 물리학을 소개하는 교과서인 W.J. 스흐라베산더W.J. 'sGravesande의 『아이작 뉴턴 경의 철학 개요서Introduction to Sir Isaac Newton's Philosophy』에는, 운동 법칙을 설명하는 챕터에 "자연의 법칙에 관하여"라는 제목이 붙어 있다.[1] 존 해리스가 쓴 『기술용어 사전』에서도—"운동, 운동 법칙"이라는 제목 아래—세 가지 법칙이 제시되어 있고, 다음과 같이 설명되어 있다. "비할 데 없이 훌륭한 아이작 뉴턴 씨는 이 세 가지 운동 법칙을 제시하는데, 이것은 진정으로 '자연의 법칙'이라 불릴 만하다."[2]

---

1   W.J. 'sGravesande, *Mathematical Elements of Physicks, prov'd by Experiments, being an Introduction to Sir Isaac Newton's Philosophy*, revised and corrected by John Keill (London: printed for G. Strahan..., 1720), vol. 1, book 1, pt. 1, chap. 16.

2   Jane Ruby, "The Origins of Scientific 'Law'", *Journal of the History of Ideas* 47(1986): 341-360.

5.2 제1법칙; 왜 법칙 1과 법칙 2가 필요한가?

제1 법칙은 관성의 법칙 또는 원리를 서술한다. 이 내용은 뉴턴이 데카르트의 『프린키피아』에서 배운 것이며, 뉴턴의 『프린키피아』에서도 첫 번째 법칙으로 정했다. 앞서 언급한 바와 같이 데카르트가 서술한 관성의 원리는 하나가 아닌 두 개의 법칙을 요구한다. 이러한 특성은 뉴턴의 법칙과는 달리 데카르트의 "자연의 법칙"은 운동으로부터 힘을 추론하는 방식으로 구성되지

 않음을 보여주는 것이다. 뉴턴의 법칙은 왜 첫 번째와 두 번째 법칙으로 나뉘는가를 두고 종종 의문이 제기되곤 한다. 라우스 볼도 지적한 내용이지만, 제1 법칙은 "제2 법칙의 결과처럼 보이며", "왜 이 둘을 별개의 법칙으로 제시하는지 명백한 이유가 밝혀지지 않았기" 때문이다.[3] 다시 말해, 두 번째 법칙이 $F = mA$ 또는 $F = md\,V/dt = d(mV)/dt$ 이라면, $F = 0$ 일 때 $A = d\,V/dt = 0$ 이 된다. 이 사고의 논리에서 유일하게 문제가 되는 부분은 $F = mA = md\,V/dt$ 가 연속적으로 작용하는 힘 F 에 대한 두 번째 법칙인데, 뉴턴의 두 번째 법칙은 (『프린키피아』의 서술대로라면) 충격력의 언어로 표현되어 있다는 점이다. 충격력은 운동량의 변화에 비례하고 운동량의 변화율에는 비례하지 않는다. 그러므로 뉴턴의 생각에 대한 한 가지 가능한 단서는 첫 번째 법칙의 논의에서 사용된 예에서 찾아볼 수 있다. 이 예는 아래에서 자세히 분석했다. 여기에서 다루는 예들은 모두 (법칙 2에 나오는 힘들과는 달리) 연속적으로 작용하는 힘이다. 따라서, 법칙 1이 다른 종류의 힘과 관련된 것이므로 법칙 1은 법칙 2의 특별한 경우가 아니라고 결론 내릴 수 있다.

그러나 더 흥미로운 의문이 제기된다. 이미 정의 3과 정의 4에서 관성의 원리를 예상할 수 있는데도 뉴턴은 왜 첫 번째 법칙이 필요하다고 믿었는가 하는 점이다. 뉴턴의 첫 번째 법칙은 단순히 정의 3에서 구체화한 원리를 다시 언급한 것이 아니라, 우리가 인지하지 못하는 어떤 힘들의 존재에 대한 조건처럼 보인다. 그러한 힘으로 뉴턴에게 가장 중요한 힘은 달과 행성에 작용하는 구심력이었다. 뉴턴은 이 힘을 무거움과 동일시한다. 우리가 그러한 힘을 의식하는 유일한 이유는 달과 행성이 일정한 직선 운동을 하지 않기 때문이다. 외부에서 작용하는 힘이 없다면 달과 행성은 당연히 직선 운동을 했을 것이다. 이 말은, 우리가 그러한 힘을 인지하는 것은 제1 법칙 그리고 행성이 일정한 직선 경로를 따르지 않는다는 관측된 사실을 바탕으로 한다는 것이다.

뉴턴이 법칙 1과 법칙 2를 분리하기로 결정한 데에는 하위헌스가 1673년 발표한 『진자시계』도 큰 영향을 미쳤다. 뉴턴은 이 책의 내용을 숙지하고 있었다. 책의 2부에서, 하위헌스는 "가설"이라고 명명한 세 개의 법칙으로 인력의 동역학적 분석을 시작한다. 뉴턴도—10년 후—이와 비슷하게 『운동에 관하여』에서 운동 법칙들을 "가설"로 제시하고 있다. 하위헌스의 첫 번째 법칙은 뉴턴의 제1 법칙과 비슷

---

3   『Essay』, p.77.

한 점이 많다. 하위헌스는 "무거움이 존재하지 않고, 공기 저항이 물체의 운동을 거스르지 않으면", 운동을 시작한 물체는 "일정한 속도로 직선을 따라 나아가며 그 운동을 지속할 것"이라고 서술한다. 하위헌스의 두 번째 "가설"에서는 무거움의 작용(그 원인이 무엇이든)을 소개하면서, 그 결과 "물체의 운동은 원래의 등속운동과 무거움에 의해 생성되는 낙하 운동의 합성이 될 것"이라고 했다. 이렇게 하위헌스는 포물체 운동을 두 성분으로 분리하는데, ―첫 번째는 외부 힘이 없을 때의 일정한 직선 운동, 두 번째는 여기에 더해지는 일정하지 않은 운동[4]―이것이 뉴턴이 『프린키피아』의 두 법칙을 하위헌스의 방식으로 구성해야겠다고 결정하는 요인이 되었을 수 있다. 그러나 하위헌스가 세운 두 가설의 조건들은 뉴턴의 처음 두 법칙들과 다소 다르다는 점을 주목해야 한다.[5]

첫 번째 법칙을 서술한 후, 뉴턴은 오래도록 지속되는 선형 운동의 세 가지 예로 포물체, 회전하는 굴렁쇠 또는 팽이, 그리고 물체의 궤도 운동을 제시한다. 언뜻 보면 이 예들은 다소 혼란스러워 보일 수 있다. 이 운동들은 곡선 경로를 따르지만 첫 번째 법칙의 주제는 일정한 직선(또는 선형) 운동이기 때문이다. 그러나 뉴턴은 포물체와 회전하는 굴렁쇠(또는 팽이)의 예에서, 관성에 의한 운동 성분은 곡선 성분이 아닌 접선이나 직선 성분임을 보여주고 있다. 회전(자전)하는 물체가 회전을 유지하는 이유는 물체를 구성하는 입자들이 "응집력"에 의해 움직이며 "직선 운동을 하는 입자들을 서로 연속적으로 잡아당기기" 때문이다. 이러한 설명에서, 뉴턴은 곡선 운동을 접선의 관성 성분과 안쪽으로 떨어지는 성분으로 분리할 수 있다고 가정한다. 또한 뉴턴이 입자들 사이의 응집력을 가속력으로 보고 있다는 점도 함께 주목할 수 있다.

5.3 두 번째 법칙: 힘과 운동의 변화

『프린키피아』에 서술된 뉴턴의 제2 법칙에서는 "힘"과 그 힘의 결과인 "운동의 변화" 사이의 비례성을 제시한다. 뉴턴이 말하는 "운동의 변화"란 운동의 양의 변화, 즉 운동량의 변화를 의미한다. 이 법칙에서 힘은 주어진 시간 내에(또는 단위 시간 동안) 가속 또는 운동량을 발생시키는 힘이고 그다지 익숙한 버전은 아니라서, 일부 학자들은 뉴턴의 법칙을 다시 서술해야 한다고 생각해 왔다.[6]

뉴턴은 이 법칙을 서술하면서 그가 설명하는 "힘"이 충격의 힘 또는 충격력을 의미한다는 것에 의

---

4   Christiaan Huygense, *The Pendulum Clock; or Geometric Demonstrations concerning the Motion of Pendula as Applied to Clocks*, trans. Richard J. Blackwell (Ames: Iowa State University Press, 1986)

5   하위헌스의 가설 1에서는 공기 저항을, 가설 2에서는 중력을 유일한 힘으로 고려하고 있다.

6   그래서 라우스 볼은 다른 언급 없이 2 법칙을 다음처럼 서술한다. "2 법칙. 운동량의 변화[단위 시간당]는 가해지는 동인력에 항상 비례하며, 힘이 가해지는 방향으로 발생한다." 그는 "단위 시간당"을 삽입하는 대신 뉴턴이 무슨 생각을 했는지 밝혀 보겠다는 생각은 하지 않았던 것 같다.

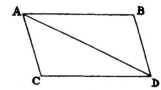

그림 5.1   충격력에 의해 생성된 운동의 평행사변형 법칙 (운동 법칙의 따름정리 1)

심의 여지를 남겨서는 안 된다고 생각했다. 그래서, 힘 F가 운동량 mV를 생성한다면 힘 2F는 운동량 2mV를, 힘 3F는 운동량 3mV를 생성한다고 설명하고, 이 내용은 충격력에 대해서도 모두 성립한다고 덧붙인다. 그리고 그는 힘이 가해지는 방식이 "simul & semel"이거나 "gradatim & successive"이거나 상관없이, 다시 말해 "즉시"("순간적으로") 또는 "연속적으로"("서서히") 가해지는지와는 무관하다는 점을 지적하고 있다. 다른 말로 하면, 힘 3F를 즉시 한꺼번에 가하거나, 충격 F를 연속적으로 세 번 가하거나, F와 2F가 연달아 두 번 가하거나 상관없이 같은 운동량 3mV가 발생한다는 뜻이다. 오늘날의 독자들이 혼란을 느낀다면 아마도 그 근원은 뉴턴이 "점진적으로" 또는 "서서히"라는 의미의 부사 "gradatim"을 사용하고 있어서일 것이다. 현대 영어의 부사 "gradually"는 원래 가지고 있던 "단계적으로step by step"라는 의미를 잃었지만, 뉴턴 시대의 "gradatim" 또는 "gradually"는 단계적이라는 의미를 유지하고 있었다.

두 번째 법칙에서 충격이 힘의 일차적 의미라는 점은 이어지는 따름정리 1의 첫 번째 응용에서도 명료하게 드러난다. (그림 5.1 참고) 점 A에 있는 물체에 힘 M이 작용하고 물체는 A에서 B까지 등속운동을 한다. 이와 비슷하게 힘 N은 A에서 C까지 등속운동을 일으킨다. 두 힘 모두 동시에 A에 작용하면, 물체는 변 AB와 AC를 갖는 평행사변형 ABDC의 대각선 AD를 따라 나아갈 것이다. 물체가 운동하는 동안 힘은 연속적으로 작용하지 않고, 오직 A점에서만 작용한다. 그러므로 뉴턴은 힘에 의해 생성되는 운동이 "일정하다"고 구체적으로 명시한다. 그는 그런 다음 정의 4를 언급하며, 물체는 획득한 운동을 자체적인 "관성력"에 의해 유지한다고 서술했다.

물론 뉴턴은 제2 법칙을 오늘날 우리가 일반적으로 사용하는 형태, 즉 연속적으로 작용하는 힘에 관한 법칙으로 알고 있었고, 그것을 『프린키피아』에서 그대로 활용했다. 그래서 2권 명제 24의 증명에서는, "힘과 시간이 주어져 있을 때, 주어진 물질의 양에서 생성할 수 있는 속도는 힘과 시간에 정비례하고 물질에 반비례한다"고 쓰고 있다. 여기에서 뉴턴이 "시간이 주어져 있을 때"라는 구절을 추가한 것에 주목하자. 이 구절은 연속적으로 작용하는 힘에 필요한 것이다. 뉴턴은 그런 다음 이 내용이 "운동 제2 법칙으로부터 자명하다"고 말한다. 그는 이렇게 서술하며 연속적으로 작용하는 힘에 관한 법칙이 공리로서 명시되는 제2 법칙의 충격력에 관한 설명에서 비롯됨을 암시한다.

충격력의 중요성은 특히 1권 섹션 11의 소개글에서 두드러진다. 여기에서 뉴턴은 "끌어당기는" 힘을 "충격력이라고 부르는 편이" 더 타당하다고 제안한다. 우리는 여기에서 왜 뉴턴이 충격력을 1차로 선택하고 연속적으로 작용하는 힘들을 2차 또는 부차적으로 선택했는지 과감하게 추측해 볼 수 있다. 뉴턴이 세운 『프린키피아』의 궁극적인 목표는 세상의 체계의 다양한 측면에서 만유인력의 작용을 탐구하는 것이었다. 앞에서 설명했듯이, 우주 공간에서 이 같은 인력의 존재는 직접 경험되는 현상을 통해 발현되는 것이 아니라 오로지 논리와 역학 이론을 통해서만 추론되며, 이 추론은 행성이 일정한 속도로 직진하며 운동하지 않는다는 사실을 바탕으로 한다. 뉴턴의 동시대 사람들은 이러한 인력 개념 자체를 혐오했다. 이는 뉴턴도 잘 알고 있었고, 여러 사건을 통해 증명되는 사실이다. 그러나 아무리 뉴턴 시대의 사람들이라 해도 뚜렷이 구분되는 물리적 사건으로 인해 관측 가능한 운동량의 변화를 일으켰을 때, 충격력의 작용으로서 힘이 가해졌다는 사실을 의심할 수는 없었다. 따라서 뉴턴은 먼 거리에서 작용한다는 이유로 당시 자연철학에서 배제된 힘을 내세우기보다 동시대 사람들이 쉽게 받아들일 수 있는 충격력 개념에 주안점을 두고 이를 바탕으로 이론 역학 체계를 세우려 했을 것이다.

뉴턴은 사실상 유율법이나 미적분학으로 제2 법칙을 공식화한 적이 없었다. 이 작업은 야코프 헤르만이 자신의 책 『역학Phoronomia』(1716)에서 처음으로 수행한 것 같다. 이 책에서 그는 이렇게 쓴다.

$$G = M\,d\mathrm{V} : d\mathrm{T}$$

여기에서 "G는 가변하는 질량 M에 적용되는 무게 또는 무거움을 의미한다"고 쓰여 있다.[7]

법칙의 주해 중 2판에서 추가된 부분을 보면, 뉴턴은(첫 번째 법칙에서와 마찬가지로) 두 번째 법칙에서 갈릴레오의 공을 인정한다. 심지어 갈릴레오가 제2 법칙을 이용해 낙하 물체의 법칙을 발견했다고 주장하기도 했다. 이 내용을 보면 뉴턴은 갈릴레오가 자신이 발견한 내용을 어떻게 발표하게 되었는지를 몰랐던 것 같다.[8] 갈릴레오가 뉴턴의 첫 번째 법칙을 몰랐던 것은 확실하다. 두 번째 법칙에 관해서는, 뉴턴이 말하는 의미의 운동량 변화와 관련된 내용은 몰랐을 것이다. 이는 질량 개념에 의존하는 내용인데, 질량은 뉴턴이 고안하여 『프린키피아』에서 처음 발표한 개념이기 때문이다.

---

7   Jacob Hermann, *Phoronomia; sive, De Corporum Solidorum et Fluidorum* (Amsterdam: apud Rod. & Gerh. Wetstenios, 1716), p.57; 내가 쓴 『Newt. Revolution』, pp.143-146도 추가로 참고할 것.

8   I. B. Cohen, "Newton's Attribution of the First Two Laws of Motion to Galileo", in *Atti del Symposium Internazionale di Storia, Metodologia, Logia e Filosofia della Scienza: Galileo nella storia e nella filosofia della scienza*, Collection des travaux de l'Académie internationale d'histoire des sciences, no. 16(Vinci and Florence: Gruppo Italiano di Storia delle Scienze, 1967), pp. xxv-xliv 참고.

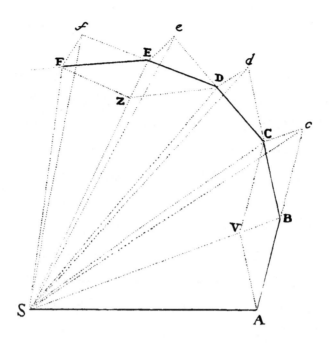

그림 5.2　연속적인 충격력에 의해 만들어지는 다각형 경로 (1권, 명제 1)

5.4　충격력부터 연속적으로 작용하는 힘까지: 1권 명제 1;
　　『프린키피아』는 그리스 기하학의 형식을 차용하였는가?

충격력에서 연속적으로 작용하는 힘으로 이행하는 뉴턴의 방법은 1권 명제 1에 등장한다. 뉴턴은 시간 t 동안 A에서 B까지 직선을 따라 등속운동으로 이동하는 물체를 가정하며 시작한다(그림 5.2 참고). 물체가 B에 도달하면, 점 S 방향으로 추력thrust 또는 충격력이 가해진다. 이는 물체의 "운동의 양" 또는 운동량에 순간적인 변화를 일으킨다. 즉, 제2 법칙에 따라 운동의 세기와 방향 모두에 변화가 생기게 되며, 이에 따라 물체는 새로운 속도로 직선 BC를 따라 움직이게 될 것이다. 어느 정도의 시간 t가 경과한 후에 물체가 C에 도달하면, 다시 한번 S 방향으로 추력을 받게 되고 직선 CD를 따라 진행한다. 이런 식으로 일정한 시간 간격을 두고 연속적으로 충격을 받으면, ABCD로 이어지는 다각형의 경로와 ASB, BSC, CSD 같은 일련의 삼각형이 만들어진다. (이 삼각형들이 같은 면적을 갖는다는 증명을 포함해서, 자세한 내용은 후술할 §10.8을 참고하자.) 뉴턴은 그런 다음 삼각형의 개수가 무한정 증가하고 삼각형의 밑변은 무한정 감소하는 극한을 고려한다. 그 결과 경로의 "궁극적인 둘레"는 "곡선"이 되고 "구심력"은 "끊임없이 (…) 작용하게" 된다. 이 극한에서 "형성되는 면적"은 "형성되는 시간"에 비례한다. 여기에서 우리는 순간적으로 작용하는 힘 또는 충격력이 연속적으로 작용하는 힘으로 넘어가는 방식을 분명하게 확인할 수 있다.

뉴턴이 1권의 이 첫 번째 명제에서 가장 중요한 의미를 담은 명제를 제시했다는 사실은 주목할 만하다. 그는 이 1번 명제에서 (앞서 섹션 1에서 했던 것처럼) 『프린키피아』가 고전 기하학 또는 유클리드 기하학이 아닌 극한 이론을 바탕으로 작성된 책이라는 점을 분명하게 밝혔다. 아마도 독자들은 이미 섹션 1을 읽으면서, 피상적으로만 보면 『프린키피아』가 그리스 기하학의 스타일로 쓰인 것처럼 보인다고 생각했을 것이다. 그러나 1권의 명제 1에서 소개된 극한은 『프린키피아』의 수학적 특징을 대담하게 선언한다. (862페이지, 각주 2 참고)

명제 1의 증명은 무척 간단해 보이지만, 꼼꼼히 해석하면 그 이면에 숨은 가정들이 있음을 알 수 있다. 이 가정들은 D.T. 화이트사이드의 연구를 통해 1966년[9], 1974년[10], 그리고 1991년[11]에 밝혀진다. 뉴턴이 제시하는 다각형 경로 ABCDEF가 곡선 ABCDEF로 변환되는 과정을 논하면서, 화이트사이드는 "호 BF의 '모든' 점에서 '순간적으로' S를 향해 작용하는 불연속적인 무한소의 충격력을 무한히 더하면 호 BF 위에서 중심 S를 향하여 '끊김없이' 작용하는 힘이 되는" 문제를 정확히 짚고 있다.[12] 이 문제를 다루는 뉴턴의 방법에 대한 화이트사이드의 비평적인 연구는 모든 독자에게 추천할 만하다. 화이트사이드의 글 중 "뉴턴의 주장에 따르면 연속적으로 이어지는 다각형 ABCD…는 이를 구성하는 선분들이 '무한히' 작아지는 극한에서만 각이 없이 매끄러워지는데, 이 내용은 핼리에게도 인정받지 못했다"는 대목에서 이 문제의 어려움이 고스란히 잘 드러나 있다.

1권 명제 4에 이어지는 주해의 세 번째 문단에서, 뉴턴은 『낙서장』에서 가져온) 이전 증거를 언급한다.[13] 일정한 속도 v로 반지름 r인 원을 그리는 원운동에 대하여, "원심력"은 v^2/r에 비례하고, 이는 반대 방향으로 작용하는 힘과 같아야 한다는 것이다. 1660년대에 작성된 이 증명에서, 뉴턴은 먼저 연달아 일어나는 충격으로 다각형 경로를 만들어내고, 그런 다음 극한을 취해 (다각형의 변들이 "무한히 작아져 사라지도록") 연달아 이어지는 충격들이 연속적으로 작용하는 힘이 되도록 한다. 여기에서 다시 한 번, 우리는 뉴턴이 직관적인 극한을 사용해 1차적인 충격력에서 연속적으로 작용하는 2차적인 힘으로 전환하는 과정을 볼 수 있다.

순간적인 충격력에서 연속적으로 작용하는 힘으로 전환하는 과정을 들여다보면, 이 힘들이 근본적

---

9   Whiteside, "Newtonian Dynamics" (위 §2.5, n.38), 헤리벨의 『Background』에 대한 리뷰. 여기에서 화이트사이드는 "원심 '노력'의 연속 작용은 무한한 수의 순간적인 '압력'이 결합된 효과를 통해 결정될 수 있다는 가정, 그리고 정해진 곡률의 원은 무한히 작은 변을 가진 무한히 많은 수의 다각형으로 근사할 수 있다는 가정은 편차 cC, dD, … 그리고 다각형의 변 bc, cd, … 이 이차 무한소여야 성립한다"는 점을 지적한다.

10   『Math. Papers』 6:35-37 n.19.

11   Whiteside, "The Prehistory of the Principia from 1664 to 1686" (위 §1.2, n.14), 특히 p.30.

12   같은 책. p.31에서, 화이트사이드는 "심지어 정리 1에 따르면, 무한소의 충격력이 연속적인 점에 '순간적으로' 가해져 연속적인 힘으로 작용할 때 만들어지는 매끄러운 호 BF도 그 자체로 무한히 작아야 한다"는 점을 지적한다.

13   『Background』, pp. 128-130.

으로 무한히 작은 충격이 이어지는 수열처럼 생각하게 된다. 수학적 시간에 대한 뉴턴의 이론에서, 시간은 일정하게 연속적으로 흐르지만 그 자체는 뉴턴이 『프린키피아』를 통해 거듭 주장한 것처럼 무한히 작은 시간의 "입자들"로 구성되어 있다(근본적으로 "dt"). 이러한 시간의 원칙은 뉴턴의 미적분 이론에서도 기본적으로 중요한 의미를 갖는다. 미적분 이론에서 뉴턴은 "유율" 또는 미분계수가 "속도"이며 그 양은 늘거나 준다고 명시하고 있다.[14] 수학적 시간의 일정한 흐름 그리고 준이산적quasi-discrete 성질 때문에(dt가 상수임), 제2 법칙은 다음의 형태를 띠게 된다.

$$(1)\ \ \mathrm{F}\ \propto\ d\mathrm{V}$$

$$(2)\ \ \mathrm{F}\ \propto\ \frac{d\mathrm{V}}{dt}$$

(1)과 (2)는 다음과 같이 쓸 수도 있다.

$$(1)\ \ \mathrm{F}\ \propto\ k_1 d(m\mathrm{V})$$

$$(2)\ \ \mathrm{F}\ \propto\ k_2 \frac{d(m\mathrm{V})}{dt}$$

여기에서 k_1과 k_2는 비례상수다. 상수 k_1과 k_2는 명백히 차원이 다르다. dt는 k_1에 포함되지만 k_2로는 흡수되지 않기 때문이다. 오늘날에는 이 두 힘을 명확히 구분하고 있으며, 두 수식 1, 2에서는 일반적으로 같은 문자 "F"를 사용하지 않는다. 다시 말해, 수식 1의 힘은 충격력인 반면, 수식 2의 힘은 연속적으로 작용하는 힘이다.

힘 자체가 변수가 되는 경우, "F"는 시간 dt 동안의 평균값이 되어야 한다. 물론 여기에서 비례상수의 차원이 뉴턴에게는 문제가 되었을 리 없다는 점을 염두에 두어야 한다. 뉴턴은 운동의 원리를 수식이 아닌 수사적 표현으로 서술했기 때문이다.[15] 그러므로 그는 상수의 차원을 고민할 필요가 없었다.

이러한 맥락에서, 다소 역설적이지만, 뉴턴의 물리학 안에서는 시간이 일정하게 흐른다는 점을 주목해야 한다. 따라서 뉴턴의 시간은 동일한 "길이"의 무한소로 나뉠 수 있는 흐름의 척도라고 하기보

---

14   『Math. Papers』 3:17, 73, 특히 71-72 nn. 82, 84를 참고하자.

15   이와 함께, 내가 쓴 "Newton's Second Law and the Concept of Force in the *Principia*" (위 §3.7, n.73), 특히 appendix 1 ("Continuous and Impulsive Forces and Newton's Concept of Time")과 appendix 2("Finite or Infinitesimal Impulses, 'Particles' of Time, Forces, and Increments of 'Quantity of Motion'")도 참고하자.

다는, 시간 그 자체가 낱낱의 무한소 단위로 이루어져 있다고 말하는 쪽이 더 정확할 수도 있다.[16] 이 점에 대해서는, 뉴턴이 「구적법에 관하여」에서 유율을 "동일하면서 대단히 작은 시간 입자로부터 생성된 흐름의 증가"라고 설명한 부분을 주목하자.[17]

5.5 세 번째 법칙: 작용과 반작용

뉴턴의 제3 법칙에서는 "작용과 반작용"의 동일성을 서술한다. 이 법칙은 "[동역학의] 원리 측면에서 볼 때 뉴턴의 가장 중요한 업적"으로 인용되어 왔다.[18] 이 법칙은 수많은 법칙들 중에서도 뉴턴이 갈릴레오의 공로를 따로 언급하지 않은 유일한 법칙이다. 뉴턴은 법칙의 주해에서 소개된 탄성충돌과 비탄성 충돌의 다양한 사례를 고민하다가 이 법칙을 떠올린 것 같다.[19] 충돌에 관한 법칙은 17세기의 주요 관심사였고, 통째로 오류이기는 하지만 데카르트의 『프린키피아』에서 제시된 법칙들의 주제이기도 했다.[20]

사람들은 종종 뉴턴의 제3 법칙을 혼란스러워 한다. 이 법칙은 물체 A가 물체 B에 힘 F를 가하면, 물체 B도 물체 A에 크기는 같고 방향이 반대인 힘 F를 가한다고 설명한다. 사람들이 흔히 저지르는 일반적인 오류는 크기는 같고 방향이 반대인 두 힘이 평형 상태를 이룬다고 생각하는 것이다. 18세기 말 존 애덤스는 양원제 의회를 주장하면서, 대학 시절 물리학 시간에 배운 내용을 떠올리며 정적인 벤저민 프랭클린에게 "아이작 뉴턴 경의 운동 법칙 중 하나, 즉 '반작용은 언제나 작용과 언제나 같거나 반대여야' 하며, 그렇지 않으면 결코 정지 상태로 갈 수 없다"는 것을 잊었냐며 따졌다. 애덤스는 미국 의회가 안정된 상태를 유지하려면 상원과 하원 사이의 균형이 필요하다고 믿었고, 뉴턴의 제3 법칙이 자신의 입장을 지지하는 근거가 되어줄 거라고 잘못 생각하고 있었다.[21] 그는 제3 법칙의 힘이 서로 다른 물체에 작용하기 때문에 균형이나 평형 상태를 만들 수 없다는 것을 몰랐던 것이다.

---

16 뉴턴이 기록으로 남긴 제2 법칙의 수정 사항을 분석하면서, 나는 처음에는 어떤 힘("vis motrix impressa")이 일차 무한소의 시간 dt가 아니라 유한한 시간 간격에 걸쳐 작용하는 것으로 잘못 생각했었다. *The Texas Quarterly* 10, no.3 (가을호, 1967):127-157에 실린 나의 기고문 "Newton's Second Law" (위 n.15에서 언급됨)의 출간 전 원고를 참고하자. 화이트사이드는 제2 법칙에 관한 뉴턴의 메모가 갖는 중요한 의미를 일깨워주며 나에게 큰 도움을 주었다.

17 J.M.F. Wright의 *Commentary on Newton's "Principia"*(London: printed for T.T. & J. Tegg, 1833), vol. 1, 특히 §43을 참고하자. 여기에서는 "dt를 상수로 고려하는 것"이 무슨 의미인지를 소개하고, 이와 함께 "힘의 단위를 적절히 조정"해야 하는 2 법칙의 여러 형태를 설명하고 있다.

18 예를 들면, Mach, *The Science of Mechanics*(위 §4.3, n.9), p.243.

19 위 §1.2, n.29 참고, 3 법칙에 대한 뉴턴의 초기 연구를 다루고 있다.

20 William R. Shea, *The Magic of Numbers and Motion: The Scientific Career of René Descartes* (Canton, Mass.: Science History Publications, 1991), pp.296-299 참고.

21 I. B. Cohen, *Science and the Founding Fathers* (New York: W.W. Notron and Co., 1995) 4장 참고.

5.6 따름정리와 주해 : 평행사변형 법칙, 단순한 기계, 탄성과 비탄성 효과

법칙들 다음으로는 따름정리가 등장한다. 이중 따름정리 1에서 충격력에 대한 평행사변형 법칙, 즉 힘들이 만들어내는 속도에 관한 법칙을 다룬다. 따름정리 2는 정적 힘을 성분들로 분해하고 분해된 성분이 결합하여 합력을 이룰 수 있음을 보여준다. 그런 다음 이 원리로 단순한 기계 장치의 힘의 작용을 설명한다. 나머지 따름정리들은 물체의 계를 다룬다. 따름정리 3의 주제는 상호작용하는 물체들로 이루어진 계의 총 운동량이다. 이 총 운동량은 서로에 대한 물체들의 작용에 의해 변하지 않는다. 따름정리 4는 "두 개 이상의 물체"로 이루어진 계에서 "물체들이 서로에게 미치는 작용"으로 인해 "공통의 무게 중심"의 운동 "상태" 또는 정지 "상태"가 변하지 않는다고 서술한다. 이 두 개의 따름정리를 통해 뉴턴은 전체계가 정지 상태인지 아니면 절대 공간에 대하여 일정하게 직선으로 움직이는지를 따지지 않고, 태양계의 동역학(3권 앞부분에서처럼) 또는 상호작용하는 물체의 고립계의 동역학을 다룰 수 있었다.

이어지는 주해에서 뉴턴은 충돌하는 진자 실험의 결과를 제시한다. 논의에서 특히 주목할 점은 그가 탄성과 비탄성 효과를 구분하고 있다는 것이다. 이 내용은 뉴턴이 탄성과 비탄성 효과를 연구하면서 제3 법칙을 발견했을 가능성을 시사하는 것이다.

뉴턴은 이 책을 쓰는 목적이 "[실용적인] 기계에 관한 논문을 쓰려는 것이 아니므로," 기계의 원리 분석은 "단지 운동 제3 법칙의 광범위함과 확실성을 보여주기 위한" 것이라고 밝히고 있다. 그는 제3 법칙이 "인력에 대해서도 성립한다"는 것을 보여주는 사고실험도 폭넓게 다룬다. 이처럼 3 법칙이 중요하게 강조되는 것은, 뉴턴이 1684–85년에 『운동에 관하여』의 개정 과정에서 만유인력으로 나아가는 결정적 단계에 3 법칙이 얼마나 중요하게 작용했는지를 보여주는 단서가 된다.

5.7 에너지 개념 그리고 에너지 보존은 『프린키피아』에 등장하는가?

영국의 물리학자 피터 거스리 테이트는, 『프린키피아』의 운동 법칙 섹션을 마무리하는 주해에서, 뉴턴이 "당시 시대가 허용했던 실험과학 발전의 한계 안에서, 에너지 보존이라는 위대한 법칙을 서술했다"고 주장했다. 테이트는 『프린키피아』의 맥락에서 보면, 뉴턴이 말하는 "actio"는 "오늘날 '일률rate of doing work' 또는 '마력horsepower'이라 불리는" 양을 뜻한다고 결론지었다. 마찬가지로, "reactio는, 가속과 관련되었을 때 '운동에너지의 증가율rate of increase of kinetic energy'을 뜻한다." 테이트는 또한 "마찰에 대항하는 일", "분자력"에 대항하는 일, 그리고 "가속에 대한 저항을 극복하는 데 (⋯) 쓰이는 일" 같은 구절을 도입해서 뉴턴의 주해를 완전히 재구성했다. 테이트의 『열역학 개요*Sketch of Thermodynamics*』 (Edinburgh: David Douglas, 1877) 2장에서 발췌한 번역을 우리가 한 번역과 나란히 비교해 보았다.

<table>
<tr><td align="center">우리 번역</td><td align="center">테이트 판본</td></tr>
<tr><td>동인의 작용을 힘과 속도의 결합으로 인지하고, 저항하는 물체의 반작용도 마찰, 응집력, 무게, 가속으로 발생하는 저항력과 물체의 개별 부분들의 속도의 결합으로 인지한다면, 모든 장치나 기계에서 작용과 반작용은 언제나 같을 것이다.</td><td>물체의 계에 대하여 한 일은, 가속도가 없다면, 마찰, 분자력 또는 무게에 대항하여 한 일의 형태와 등가이다. 그러나 가속이 있다면, 일의 일부는 가속의 저항을 극복하는 데 쓰이고, 추가로 생성된 운동에너지는 소비된 일과 등가이다.</td></tr>
</table>

뉴턴의 "힘과 속도의 결합"은 전후 맥락을 무시하면 뉴턴 이후 시대의 동등한 개념인 "일률"로 번역될 수 있을 것이다. 왜냐하면 F가 상수일 때 $F\,ds/dt = d(F \times s)/dt$ 이기 때문이다. 그러나 일 개념은 이론역학에서 유용한 물리량이긴 하지만 『프린키피아』가 출간되고 한참 후에야 개발되었고, "힘과 속도의 결합"으로 "작용"을 계산하는 것은 『프린키피아』를 쓴 뉴턴의 의도가 아니다. 물론 운동 법칙 마지막 부분의 주해에 나오는 기계에 대한 토론을 보면, 뉴턴은 기계의 "속도를 줄여 힘을 증가시킬 수 있고, 그 반대도 가능하다는" 바탕 원리를 알고 있었다. 이 사실이 대단히 흥미롭고 또 중요하긴 하지만 당시 도르래나 지렛대 또는 제철소 기계를 조금이라도 다루어본 사람이라면 이 정도 지식은 누구나 가지고 있었을 것이다.

위에서 비교한 두 문장을 보면, 테이트는 "운동에너지"와 "일" 개념을 도입하여 뉴턴의 글을 "현대화"했을 뿐 아니라, 뉴턴이 쓴 "응집력"을 "분자력"으로 탈바꿈시켜 놓았다. 독자들은 이 두 문장을 읽고 테이트의 급진적인 문장 또는 번역이 과연 뉴턴의 의중을 정확히 따르고 있는지 판단해야 할 것이다.

1권 명제 40에서 주목할 점은, 뉴턴이 오늘날 일과 에너지 개념으로 알려진 양을 계산하려 하고 있다는 것이다. (그림 5.3은 뉴턴의 그림을 단순화한 것이고, 그림 5.4는 그 일부를 90도 회전한 것이다.) 이 명제에서, 물체는 점 A에서 C를 향하는 구심력의 작용을 받아 (정지상태에서 출발하여) 낙하한다. 가로선(AD, AE)은 낙하하는 물체가 출발점 A에서 이동한 거리 s를 나타내고, 곡선은 힘 F를 나타낸다. 다시 말해, 세로선 FD와 GE는 힘의 크기에 비례한다. 이런 이유로, 곡선 ABFD 아래의 면적은 $\int F ds$ 이다. 화이트사이드가 언급한 것처럼(『Math. Papers』 6:338 n.191), 점 D에서의 속도를 v라 할 때, 뉴턴은 이 면적이 $\frac{1}{2}v^2$임을 보여준다. 이 적분은 힘과 변위의 곱을 표현한다. 즉 오늘날 우리가 일

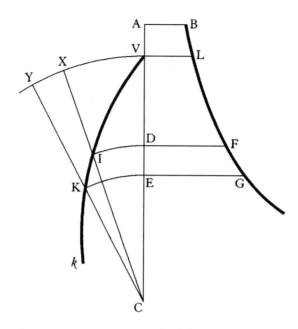

그림 5.3   힘의 작용을 받아 낙하하는 물체의 속도를 결정하는 과정. 1권 명제 41에 딸린 그림을 단순화하여 그린 것이다. VIKk는 C를 향하는 원심력의 작용을 받아 V부터의 낙하 경로이다. 다른 물체는 A에서 낙하하고 점 D에서 첫 번째 물체가 I를 통과할 때의 속도를 얻는다. 여기에서 DI는 중심이 C인 원의 호다.

또는 에너지로 알고 있는 양이다. 뉴턴의 단위 질량 자리에 질량 m 을 대입하면, 낙하로 인해 얻는 운동에너지는 $\frac{1}{2}mv^2$가 된다.

그뿐 아니라, 에이튼과 다른 이들이 지적한 것처럼,[22] 뉴턴의 비는 라이프니츠의 미적분 언어로 번역될 수 있으므로 $v^2 = 2\int F ds$ 뿐 아니라 $t = \int \dfrac{ds}{\sqrt{(2\int F ds)}}$도 얻게 된다. 뉴턴은 명제 41에서 (아래 §10.12 참고) 곡선 경로를 따르는 물체의 운동을 분석하면서 또 한 번 구심력의 작용을 받는 운동을 다룬다. 여기에서 그는 v (곡선 궤적 위 임의의 점에서의 속도)에 대한 방정식과 같은 방정식을 유도한다. 다음 식에서 v_0는 점 V에서의 초기 속도이고, $r = CP$, $a = CV$, 그리고 F는 구심력이다.

$$v^2 = v_0^2 + 2\int F dr$$

22   Eric J. Aiton, "The inverse Problem of Central Forces", *Annals of Science* 20 (1964): 81-99, 그리고 업데이트된 버전 "The Contributions of Isaac Newton, Johann Bernoulli and Jakob Hermann to the Inverse Problem of Central Forces", in *Der Ausbau des Calculus durch Leibniz und die Bruder Bernoulli: Symposion der Leibniz-Gesellschaft und der Bernoulli-Edition der Naturforschenden Gesellschaft in Basel, 15. bis 17. Juni 1987*, ed Heinz-Jurgen Hess and Fritz Nagel, *Studia Leibnitiana*, Sonderheft 17 (Stuttgart: Franz Steiner Verlag Wiesbaden, 1989) pp. 48-58.

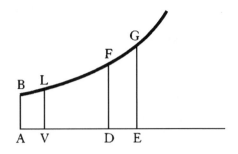

그림 5.4 그림 5.3의 일부를 90도 회전한 것. 세로선 FD와 GE는 힘 F의 세기에 비례하고, 가로선 VD와 VE는 낙하하는 물체의 이동 거리 S를 표현한다. 따라서 곡선 BLFG는 낙하 거리 s의 함수인 힘 F의 그래프이며, 곡선 아래 면적 $\int Fds$는 운동에너지의 증가분을 표현한다. 이 값은 $\frac{1}{2}mv^2$로, v는 점 D에서 속도다.

에이튼의 지적대로 오늘날의 독자라면 이 수식이 "궤도의 운동에너지와 중력 퍼텐셜 에너지의 합이 불변"임을 보여주는 식이라는 것을 알아볼 것이다. 에이튼은 "뉴턴은 구체적인 용어 없이도 일과 운동 에너지 사이의 관계를 이해하고 있었음이 분명하다"라고 결론을 내린다. 그러나 화이트사이드가 지적하고 귀차르디니가 상세히 보여주었듯이,[23] 동시대 사람들은 뉴턴의 해석법이 가지는 유용함을 인지하지 못했고, 뉴턴이 이미 이루어놓은 것을 어느 정도 시간이 흐른 후 미적분의 언어로 재발견해야 했다.

5.8 증명 방법 대 발견 방법; "새로운 해석" 그리고 『프린키피아』 제작 과정에 대한 뉴턴의 주장; 『프린키피아』에서 사용된 유율

뉴턴은 여러 편의 출간물과 원고에서 자신이 단일 방식으로 『프린키피아』의 주요 명제들을 발견하고 증명했으며, 그 증명을 재구성하여 완전히 다른 방식으로 결과를 재현했다고 주장했다. 우리는 앞서 살펴본 미발표 서문(위 §3.2)에서 이러한 주장의 한 예를 보았다. 원고에 기록된 내용 중 뉴턴의 가장 강경한 주장은 『서신 교환』(London, 1722)에서 볼 수 있다. 이 원고는 미적분학 발명의 우선권을 두고 라이프니츠와 뉴턴이 벌인 경쟁에 관한 내용을 담고 있다.[24] 이 글에서 뉴턴은 스스로를 3인칭으로 칭하며 다음과 같이 쓴다.

뉴턴 씨는 새로운 '해석'에 힘입어 『프린키피아 필로소피애』에 실린 명제들 대부분을 알아냈다. 그러나 모든 면에서 철두철미했던 고대인들은 종합적인 증명이 확립되기 전에는 어떠한 것도 기하학으로 수용하지 않았으므로, 뉴턴 씨 역시 명제들을 종합적으로 증명하여 완벽한 기하학의 기반

---

23 이 문제에 관한 화이트사이드의 해설은 1권 명제 41에 관한 확장된 코멘터리의 형태로 『Math. Papers』 8:348-351에 수록되어 있다. Niccolo Guicciardini, "Johann Bernoulli, John Keill and the Inverse Problem of Central Forces", *Annals of Science* 52 (1995): 537-575 참고.

24 Hall, *Philosophers at War* (위 §1.3, n.56) 참고. 『Math. Papers』, vol.8도 참고할 것.

위에 하늘의 체계를 세울 수 있도록 했다. 그리고 이제 미숙한 사람들은 그 명제의 바탕이 되는 해석을 이해하기가 어려워졌다.[25]

그리고 『프린키피아』 2판과 3판 서문 초안으로 작성했던 자전적 원고에서 뉴턴은 더 구체적으로 서술하고 있다.

이 책의 명제들은 해석을 통해 고안한 것이다. 그러나 (내가 알기로) 고대인들이 구조적으로 증명되지 않은 것은 그 무엇도 기하학에 포함시키지 않았던 것을 고려하여, 나 역시 해석을 통해 고안한 명제에 기하학적 정통성을 부여하고 대중에게 적합하도록 풀어 썼다. 이 책이 해석적 연산 과정이 아니라 고대인들의 방식에 따라 산문으로 서술된 이유가 이것이다. 그러나 해석을 이해하는 사람이라면 길게 서술된 명제의 증명 문장을 다시 해석으로 치환할 수 있을 것이다. 이 과정은 매우 쉬울 뿐아니라, 명제가 어떤 해석 방법으로 고안되었는지도 보게 될 것이다. 이런 의미에서 로피탈 후작은 이 책이[presque tout de ce Calcul〔이 계산의 모든 것이―옮긴이〕] 미적분학의 거의 전부라고 단언할 수 있었다.[26]

다음 문장은 아마도 가장 과장된 주장일 것이다.

나는 1677년에 유율법을 역으로 하여 행성이 타원 궤도로 움직인다는 케플러의 천문학 명제를 증명했으며, 이는 이 책 1권의 열한 번째 명제이다.[27]

다시 말해 뉴턴은 자신이 미적분법으로 『프린키피아』의 명제들을 만들고 증명한 동시에, 타원 궤도를 생성하는 힘의 문제는 사실상 그를 올바른 방향으로 이끌었던 후크와의 서신 교환이 있기 2년 전에 이미 풀었다고 주장하는 것이다.

왜 뉴턴이 이런 주장을 했는지를 이해하려면, 뉴턴이 이 글을 썼던 시기가 미적분학 발명의 우선순위를 두고 라이프니츠와 맹렬히 다투던 1710년대 중반이었음을 염두에 두어야 한다. 뉴턴은 자신이

---

25   Isaac Newton, "[Recensio Libri=] An Account of the Book entitled *Commercium Epitolicum Collinii & Aliorum, De Analysi Promota*, published by order of the Royal Society, in relation to the dispute between Mr. Leibnits and Dr. Keill, about the right of invention of the new geometry of fluxions, otherwise call'd the differential method", *Philosophical Transactions* 29 (1715): 173-224. 위 §3.1, n.13 참고. 철학회보에 제시된 책의 제목은 정확하게 *Commercium Epistolicum*(초판)이 아니다.

26   『Introduction』, p.294 (from ULC MS Add. 3968, fol.101) "presque tout de ce Calcul"이라는 구절은 뉴턴이 직접 대괄호로 삽입한 것이다. 이 원고는 라이프니츠와의 논쟁 내용을 토론하며 계속 이어진다. 참고문헌은 로피탈 후작의 *Analyse des infiniment petits...* (Paris, 1696)의 서문이다.

27   『Introduction』, p.295 (from ULC MS Add. 3968, fol.402).

라이프니츠보다 한참 전에 미적분을 이해하고 사용했음을 과시하고 싶어 했다. 그러나 『프린키피아』에 제시된 결과가 비밀스러운 수학적 어젠다에 따라 창조되었다는 증거는 전혀 없다. 편지도, 명제의 초안도, 어떠한 종류의 문서도—심지어 폐기된 종잇조각도—『프린키피아』를 통해 공개된 내용과 다른 사적인 문서 같은 것은 존재하지 않는다.

D.T. 화이트사이드는 1970년에 "『프린키피아』가 세상에 공개되었을 때의 상태는 (…) 책이 쓰였던 상태와 정확히 같다"고 판단했고 1981년에 이를 재확인했다. 나에게는 그의 판단을 반박할 자료가 전혀 없다.[28] 비록 뉴턴은 "해석을 이해하는 사람이면 누구나" 쉽게 문장으로 풀어 쓴 증명을 "해석으로 치환할 수 있을 것"이라고 썼지만, "뉴턴 자신도 『프린키피아』의 '글로 쓰인' 명제들 중 초기의 해석 원형으로 거슬러 갈 수 있는 것이 과연 몇 개나 있는지—있기는 한지!—알게 된다면 크게 낙담했을 것이다."[29]

겉으로만 보면 『프린키피아』는 기하학적 그림을 제시하고 연속적인 단계를 통해 결론으로 이어지는 증명을 제시하고 있어, 어떤 의미에서 보면 그리스 기하학 스타일로 쓰인 것처럼 보인다. 증명의 결론은 "Q.E.D"("Quod erat demonstrandum"), 즉 "증명될 내용이었음", 또는 "Q.E.I"("Quod erat inveniendum"), 즉 "발견하게 될 내용이었음", 또는 "Q.E.F"("Quod erat faciendum"), "했어야 할 내용이었음", 또는 "Q.E.O"("Quod erat ostendendum") "보여줄 내용이었음" 등으로 표시된다. 『프린키피아』의 증명 대부분은 대수 방정식이나 미분 방정식으로 작성된 것이 아니라, 뉴턴의 말대로 "고대인들의 방식에 따라 긴 문장으로 쓰였다." 심지어 비나 비례도 수식이나 방정식의 형태가 아닌 "수사적 문장의 형태"로, 문단 안에서 단어와 문장으로 표현된다. 이런 측면에서 보면 『프린키피아』는 분명히 그리스 기하학과 외형적으로 비슷하다.

그러나 『프린키피아』의 단순한 외양을 넘어 증명을 꼼꼼히 읽어보면, 대부분의 증명이 두 단계로 진행됨을 알게 된다. 첫 번째 단계에서 뉴턴은 일련의 기하학적 관계를 비나 비례로 제시한다. 그러나 예를 들어 1권의 명제 11 같은 경우처럼 (§10.9 아래 참고), 기하학적 관계와 비에 관한 내용을 잘 결합시키고 적절히 용어들을 삭제하여 훨씬 단순한 비례성 명제를 얻는다. 그다음 두 번째 단계에서는 어떤 양이 0으로 향하도록 극한을 취하거나 무한히 증가시킨다. 1권 명제 1에서 뉴턴은, "삼각형의 개수를 늘리고 밑변을 무한히 줄여서", 그 결과로 "궁극적" 상태를 얻는다. 1권 명제 11에서는 "점 Q와 P가 만나는" 극한의 조건에서 "Qx^2에 대한 Qv^2의 비"를 생각한다. 1권 명제 6에서는 명제의 문장 자체가 무한의 성질을 보여주고 있다. 물체가 "극도로 짧은 시간 동안 생겨나기 시작하는 호"를 그린다고 설

---

28   D.T. Whiteside, "The Mathematical Principles Underlying Newton's *Principia Mathematica*", *Journal for the History of Astronomy* 1 (1970): 116-138; 『Math. Papers』 8:442-443 n.1.

29   『Math. Papers』 8:442 n.1. 화이트사이드에 따르면, 뉴턴은 "소수의 보조정리, 정리, 문제들을 선별하고 그에 해당하는 서술문을 동등한 내용의 종합적 증명 형태로 재구성하지 않은 채 (그는 그렇게 주장했다) 자신의 논거를 강화하는 데 사용했다."

명하기 때문이다. 뉴턴은 "극도로 짧은 시간", "선분 토막"("lineola" 또는 옛 영어로 "linelet"), "면적의 성분" 또는 극도로 짧은 호 같은 표현을 거듭 사용한다. 미분에 관한 용어들이 명확하게 표현되지 않았다 하더라도, 『프린키피아』에 등장하는 이러한 무한소에 관한 내용들은 이 책이 확실히 17세기에 쓰인 책이며 단순히 그리스 기하학에 머물러 있지 않음을 단적으로 보여준다. 이 같은 특징은 특히 1권 명제 41에서처럼 호의 무한소 증분을 시간의 무한소 성분으로 나눈 몫으로 순간 속도를 표현하는 대목에서 극명히 드러난다.

1권 명제 45에서, 뉴턴은 섭동의 영향을 받은 타원 궤도에서 타원의 장축단의 운동을 결정하는 문제를 풀기 위해 "수렴하는 급수의 방법method of converging series"이라고 불리는 $(T - X)^n$의 이항 급수 전개의 첫 항들을 사용한다. 이와 비슷한 내용으로[30] 1권 3의 주해에서 뉴턴은 $(A + o)^{m/n}$의 수렴급수 전개를 도입한다. 뉴턴은 2판에 삽입할 내용을 따로 사본에 기록해 두었고, 이 내용은 "유율법에 관하여"라는 제목으로 목록으로 정리되어 있다.[31] 이 목록을 보면 뉴턴이 유율("모멘트")의 방법과 무한급수의 방법을 조합하여 사용하고 있음을 알 수 있으며, "급수와 모멘트를 함께 이용해 문제를 해결하는 방법을 제시했다"는 언급도 찾아볼 수 있다. 또한 목록에 기재된 1권 섹션 1, "최초 비와 궁극적인 비"에 관하여, 그리고 2권의 보조정리 2와 명제 14에서, 미분계수와 무한급수를 사용하는 다른 예가 나온다.[32] 명제 14는 극한처럼 "모멘트"도 명쾌하게 사용하고 있다. 예를 들어, 뉴턴은,

$$AK = \frac{AP^2 + 2BA \times AP}{Z}$$

를 세우고 "모멘트"를 AK의 KL로 정한다. 즉, AK를 미분해서 다음을 얻는다.

$$KL = \frac{2AP \times PQ + 2BA \times PQ}{Z}$$

이때 PQ는 AP의 미분이다. 무한급수 역시 2권의 명제 18, 명제 21, 명제 22와 그 주해에 나온다.

앞서 말한 특징들에 더해서, 『프린키피아』에서는 뉴턴의 유율법으로 미적분도 명쾌하게 사용하고 있다. 예를 들어 1권 명제 41의 서술에서, 그리고 다른 곳에서 "곡선 도형의 구적법을 인정한다고 하자"는 구절이 등장하는데, 뉴턴의 이 말은 명제의 내용을 증명할 때 곡선 아래의 면적을 구하기 위해 함수를 적분할 필요가 있다는 뜻이다. 그러므로 우리는 뉴턴이 왜 『프린키피아』의 이후 판본에 소논문

---

30   『Math. Papers』 8:446 n.13의 논의를 참고할 것.

31   위 §1.3 참고. 이 책은 케임브리지 대학 도서관, Adv.b. 39.2에 소장되어 있다. 뉴턴이 단 주석은 모두 우리가 편찬한 라틴어판 (이문 포함)에 수록되어 있다.

32   이 내용은 아래 §6.2에서 논의한다.

「구적법에 관하여」[33]를 포함시킬 계획을 세웠는지를 이해할 수 있다. 이 소논문은 『광학』(London, 1704)의 증보판으로 발표되었으며 사실상 뉴턴의 유율법을 완전하게 다룬 최초의 책이었다.

유율은 증명의 두 번째 문단에서처럼 2권의 명제 11에서도 뚜렷이 등장한다. 이 부분에서는 "면적소 DE*ed*가 시간의 증분으로 주어진 극도로 작은 면적이라 하자"는 조건이 도입된다. 그런 다음, 뉴턴은 이렇게 쓰고 있다. "$\frac{1}{GD}$의 감소분은 (2권 보조정리 2에 의해) $\frac{Dd}{GD^2}$가 되고, (…)" 이 문장에서 "감소분"이라는 말은 맥락상 "감소의 속도" 또는 미분계수를 의미하고 있다. 세 번째로는 2권 명제 18 다음에 나오는 섹션 4의 결론에서 등장한다. 뉴턴은 이렇게 쓰고 있다. "나는 이런 문제를 다루는 방법을 2권 명제 10과 보조정리 2에서 제시하였고, 독자들이 더 이상 이런 유의 복잡한 문제에 붙들려 있는 것을 원하지 않는다."

2권의 보조정리 2에서는 뉴턴의 유율법을 간단히 설명하고 있다. 뉴턴이 이 주제를 책에서 설명하고 있는 것은 사실상 이 부분이 처음이다. 여기에서 그는 곱 AB를 미분하여 *b*A+*a*B를 얻는 방법과, A^2에서 2*a*A를 얻는 방법, 세 항의 곱 ABC에서 *c*AB+*b*CA+*a*BC를 얻는 방법을 보여주고, 양수 *n*에 대한 적분 값 A^n으로부터 nA^{n-1}을 얻을 수 있음을 보여준다. 그런 다음 좀 더 일반적인 예로 A^nB^m을 제시한다. 이때 *n*과 *m*은 양수이거나 음수이거나 상관없이 A와 B의 유리수 제곱수가 될 수 있다. 이 예를 통해 뉴턴은 유리수 계수의 다항식으로 넘어간다.[34] 뉴턴은 보조정리 2에서 "모멘트"라는 표현을 사용하지만, 이 보조정리에서 "모멘트" 대신 "증분과 감소분의 속도"라고 쓸 수 있으며, 이는 "운동" 그리고 "양ﾟ의 유율"이라고도 쓸 수 있다고 설명한다. 보조정리 2 다음에 나오는 주해는 2판을 위해 많은 부분이 재구성되었는데, 여기에서 뉴턴은—자신이 먼저 미적분학을 발명했다고 주장하며—자신의 "일반적 방법"을 언급하고 있다. 그러면서 이 일반적 방법의 "바탕은 (…) 앞선 보조정리 안에 포함되어 있다"고 썼다.[35] (추가로 이하 171페이지도 참고하자.)

유율은 3권의 보조정리 2에서(명제 39 바로 앞) 증명 마지막 부분에 명확하게 등장한다. 여기에서 뉴턴은 참으로 능청스럽게 독자에게 어떠한 설명이나 사과도 없이, "유율이 $AC^4 - 4AC^2 \times CX^2 + 3CX^4$

---

33 『Math. Papers』 8:625-632에 수록된, 『프린키피아』와 「구적법에 관하여」의 합동판의 서문으로 제안된 원고를 참고하자. 『Math. Papers』 8:647-655에 수록된 『프린키피아』(ca. 1719) 서문의 영문 초안과 『프린키피아』 새 판본에 추가할 계획이었던 「구적법에 관하여」(ca. 1719)의 서문 초안에서 보면, 『프린키피아』 집필과 관련된 여러 주장이 되풀이되고 있다. 같은 책, pp.656-669(같은 책, 라틴어판, pp. 670-675).

34 이 방법은 다른 곳에서도 사용되고 있지만, 2권과 3권에서 보조정리 2를 직접 언급하는 곳은 겨우 세 곳뿐이다. 2권 명제 29의 증명 세 번째 문단에서, 뉴턴은 저항(R)이 속도의 제곱(V^2)에 비례하므로, "저항의 증분"은 보조정리 2에 의해 "속도와 속도의 증분을 결합한 값에 비례한다"고 쓰고 있다. 이 말은, R ∝ V^2 또는 R ∝ kV^2이므로, $dR = 2kVdV$ 또는 $dR = VdV$라는 뜻이다.

35 이 주해에 대해서는, 『Math. Papers』 8:628-632에 수록된 화이트사이드의 주석을 참고하자. 그리고 특히 pp.633-646의 "The 'Mind' of the *Principia*'s Fluxions Scholium"와, 뉴턴의 "Enarratio Plenior Scholii Praecedentis" 또는 "Mens Scholii Praecedentis"에 대한 설명을 참고하자.

인 전체 변량 대 유율이 $AC^4 - AC^2 \times CX^2$인 전체 변량"의 비를 다루고 있다. 이것은, "유율법"에 따라, $AC^4 \times CX - \frac{4}{3}AC^2 \times CX^3 + \frac{3}{5}CX^5$ 대 $AC^4 \times CX - \frac{1}{3}AC^2 \times CX^3$과 같다.[36] 그는 다음 결과를 "유율법에 의해" 얻는다고 쓰고 있다. 『프린키피아』에서는 미적분을 사용하는 대신 그리스 기하학 스타일로 쓰겠다고 했으면서 말이다! 이제는 왜 뉴턴이 로피탈 후작의 찬사, 즉『프린키피아』가 "presque tout de ce Calcul", 즉 "미분 해석의 거의 모든 것"이라고 했던 말을 그토록 흡족해 하며 인용하였는지 이해할 수 있을 것이다. 뉴턴은 처음에는 "미적분학infinitesimal calculus"이라고 썼다가, calculus라는 단어를 삭제하고 그 자리에 "해석analysis"을 넣었다.[37] (862페이지 각주 3 참고.)

---

36   뉴턴이 쓴 AC를 A로, CX를 X로 대체하자. 그러면 그가 말하는 내용은 다음과 같다.
    $Z = A^4X - \frac{4}{3}A^2X^3 + \frac{3}{5}X^5$이고,
    $Y = A^4X - \frac{1}{3}A^2X^3$이라면,
원하는 미분계수는
    $dZ/dX = A^4 - 4A^2X^2 + 3X^4$ 그리고
    $dY/dX = A^4 - A^2X^2$ 이다.

37   『Introduction』, p.294.

6장
1권의 구조

6.1 『프린키피아』의 일반적 구조

최종 형태의 『프린키피아』는 4개의 서문, "정의", "공리 또는 운동의 법칙", 그리고 "물체의 운동"을 다룬 1권과 2권, "세상의 체계"를 다룬 3권, 그리고 마지막으로 결론 격인 "일반 주해"로 구성되어 있다. 1권의 주제는 자유 공간, 즉 저항이 없는 공간에서의 운동이고, 2권은 몇 가지 종류의 저항을 받는 운동을 다룬다. 특히 2권에서는 자연철학의 여러 수많은 주제를 다루는데, 이를테면 파동 운동의 원리나 일반적인 유체 이론 같은 내용이 포함되어 있다.

1권에는 다른 두 권의 책과 뚜렷이 구분되는 부분들이 여럿 있다. 『프린키피아』의 시작을 알리는 섹션 1, "최초 비와 궁극적인 비의 방법"의 목적은 1권과 2권 전체에서 사용되고 그에 따라 3권의 궁극적인 기반이 되는 증명, 작도, 문제의 수학적 기틀을 제시하려는 것이다. 오늘날 사용하는 용어로 말하자면, 섹션 1에서는 극한 이론과 그 응용을 다루고 있다.

섹션 2와 3은 구심, 즉 중심을 향하는 힘의 법칙을 발전시킨다. 이 과정에서 중심을 향하는 힘이 관성 운동 성분을 갖는 물체에 작용할 때 케플러의 면적 법칙이 필요충분조건이라는 증명(명제 1, 2, 3)도 포함된다.

뉴턴은 구심력의 척도(명제 6)를 제시한 데 이어 초점을 향하는 힘이 거리의 제곱에 역으로 비례할 때 타원, 쌍곡선, 포물선 궤도 운동이 생성된다는 증명이 나온다. 명제 14는 케플러의 제 3 법칙(또는 조화 법칙)을 다루고, 명제 15는 궤도 위 임의의 점에서 궤도 속도를 다룬다. 뉴턴은 3권에서 수학적

훈련을 충실히 받은 사람이라도 1권의 이 부분(처음 세 섹션)까지는 주의 깊게 많이 읽어야 한다고 당부하고 있다.

6.2 섹션 1: 최초 비와 궁극적인 비

1권 섹션 1의 제목은 "최초 비와 궁극적인 비의 방법"이다. 여기에 뉴턴은 "다음의 내용을 증명하는 데 사용한다"("cujus ope sequentia demonstrantur", 문자 그대로 해석하면 "이것의 도움을 받아 다음에 이어지는 내용이 증명된다")라는 부제를 덧붙였다. 그러므로 언뜻 보기에 뉴턴은 11개의 보조정리를 통해 엄밀한 극한 이론을 세우고, 그런 다음 이어지는 증명에서 극한법을 사용할 때 이론을 다시 참조하는 것처럼 보인다. 그러나 사실 이 보조정리들은 "뉴턴이 예측했던 것처럼 모든 곳에서 중심적인 보조 역할을 하는 것은 아니다."[1] 즉, "그가 처음 세운 목표는 가속을 받는 운동 원리에 대해 논리적으로 꼭 들어맞는 설명을 제시하려는 것이었지만, 자신의 주장을 자세히 설명하기 위해 내용을 다듬어 가면서 처음의 의도는 점점 희미해지고, 얼마 후엔 의도했던 것보다 덜 엄격한 방식에 만족하고 이를 『프린키피아』에서 제시한 것 같다"는 것이다.[2] 물론 뉴턴은 극한에서 접선과 호, 그리고 현chord(뉴턴은 가끔 이것을 "사인sine"이라고 부른다)이 결국 같아지는 결과를 자주 활용했다. 그뿐 아니라 섹션 1에서는, "이후에 만들어낼 기하학적 구적법, 곡선 길이 구하는 법rectification, 극한의 바탕이 되는 일반 정리로서의 보조정리들을 구성하기 위해, 뉴턴은 페르마, 블레즈 파스칼, 하위헌스, 제임스 그레고리, 그리고 최근에 사망한 케임브리지의 동료 아이작 배로우 같은 사람들의 다양한 연구와 체계화를 이해하려는 당대의 전통을 굳건히 따르고 있다"고는 하지만, 그렇다고 해서 보조정리의 참신성을 과대평가하지 않도록 주의해야 한다.[3]

보조정리 1은 "양들"과 "양들의 비"의 기본 개념을 제시한다. 이 비는 ("유한한 시간 동안") "꾸준히 같아지려는 경향이 있고 (…) 결국에는 같아진다." 다시 말해, 두 양은 서로 가까워지며 시간이 지나면 둘 사이의 차이가 "어느 주어진 양보다 작아"지게 된다. 여기에서 뉴턴은 극한의 근본적인 개념을 소개한다. 뉴턴은 양 또는 양의 비가 "유한한 시간" 안에서 "그 시간이 다하기 전에"("ante finem temporis") 서로 가까이 접근하지만, 둘 사이의 차이가 아무리 작더라도, 궁극적 상태나 극한에 더 가까워지더라도 아주 작은 차이는 존재할 것이라고 말한다.

---

1   『Math. Papers』 6:108 n.40.

2   같은 책.

3   같은 책. 이와 함께 D.T. Whiteside, "Patterns of mathematical Thought in the Laser Seventeenth Century," *Archive for History of Exact Sciences* 1 (1961): 179-388, 특히 chaps. 9, 10, pp.331-355도 참고할 것.

섹션 1의 결론의 주해에서, 뉴턴은 "사라지는 양의 궁극적인 비" 또는 "[양이] 사라지는 비"와 그 양들이 "사라지기 전이나 사라지고 난 후"의 비 사이에 중요한 차이가 있다고 지적한다. 이런 의미에서, 뉴턴은 "양이 사라지는 순간의 궁극적인 비는 실제로 [개별적으로 분리된] 궁극적인 양들의 비가 아니"라고 설명한다. 오히려 일정하게 감소하는 양의 "궁극적인 비"는, "무한히 감소하는 양의 비가 지속적으로 접근하는 비의 극한이다." 이렇게 비들이 연속적으로 수렴하는 극한은, (앞서 보조정리 1에서 제시한 바와 같이) 비들이 이러한 극한에 "가깝게 접근하여" 둘 사이의 차이가 "주어진 양보다 작아지는" 성질을 갖는다. 그러나 그 비들은 "양들이 무한정 감소하기 전에는" 그러한 극한을 "초과하거나 극한에 도달할 수 없다."

보조정리 2, 3, 4에서는 곡선의 구적법을 설명한다. 구적법은 곡선에 내접하는 평행사변형과 외접하는 평행사변형을 두고, 그런 다음 "이 평행사변형들의 폭을 줄이고 개수를 무한히 늘려" 곡선 아래의 면적을 구하는 방법이다. 보조정리 2, 3, 4의 서술에서 뉴턴은 "평행사변형"이라고 말하고 있지만, 보조정리 2의 증명을 보면 직사각형의 경우만 따지는 것처럼 보인다(그림을 봐도 그런 것 같다). 그러나 이 증명은 평행사변형에 대해서도 성립하기 때문에, 후세의 여러 해설가들은(대표적으로 퍼시벌 프로스트) 뉴턴의 "직사각형"을 "평행사변형"으로 바꾸고 AK, BL, CM, Dd, Eo가 AE와 수직으로 만나지 않도록 그림을 고치기도 했다.

보조정리 6, 7, 8은 사라지는 호와 그 호의 현과 접선이 궁극적으로는 같다고 선언한다. 뉴턴은 보조정리 7에서 "접선"을 특별한 의미로 사용하고 있다. 여기에서 말하는 "접선"은 무한정 뻗어나가는 접선의 선분을 가리키는데, 이 선분은 호의 한쪽 끝 A(접점), 그리고 다른 한쪽 끝 B에서부터 앞서 말한 접선까지 그은 선 사이의 잘린 구간이며, 현과 고정된 각도를 이룬다. 이 결과는 『프린키피아』 전반에서 자주 사용된다. 뉴턴은 보조정리 10도 자주 사용하고 있다. 여기에서 그는 물체에 작용하는 유한한 힘 때문에 발생하는 초기 변위를 고려하는데, 그 힘이 일정하든 균일하게 증가하거나 감소하든 관계가 없다. 그리고 무한히 짧은 시간 동안 힘이 작용할 때 시간의 제곱에 비례하는 변위가 일어난다는 것을 근본적으로 증명한다.

보조정리 11은 곡률의 척도를 제시한다. 뉴턴은 증명의 첫머리에서 "맞변subtense"을 매우 다른 두 가지 의미로 사용한다. 첫 번째는 호의 한쪽 끝(B)에서 호의 다른 쪽 끝점(A)의 접선까지 그은 선을 의미하는데, 이 선은 접촉각의 맞변(또는 접선영subtangent)이 된다. 그러나 바로 다음에서는 현 AB를 "맞변"이라고 부르고 있다.

마지막으로 주해에서는 실진법(그리고 귀류법reductio ad absurdum), 불가분량법method of indivisible을 극한법과 비교하고 대조한다. 여기에서 뉴턴은 "곡선과 곡선이 포함하는 [평면의] 표면에 관하여 증명된 내용은 휘어진 면과 그 체적에도" 쉽게 확장시킬 수 있다고 설명한다. 그는 독자들에게 ("이해를 돕기 위해") "극도로 작은", "사라지는" 또는 "궁극적인" 같은 표현을 사용할 것이라고 예고하며 결론을 맺는다. 이런 표현들은 "크기가 정해진 양"으로 이해해서는 안 되고, "한없이 감소하는 양"으로 이해해야 한다.

6.3 섹션 2-3: 면적 법칙, 원운동, 뉴턴의 동역학적 힘의 척도; 타원, 쌍곡선, 포물선 운동의 구심력

섹션 2와 3은 중심을 향하는 힘의 법칙과 효과에 관한 내용이며, 뉴턴이 일반 독자들에게 주의 깊게 읽도록 권고한 부분이다. 명제 1-3에서(섹션 2), 뉴턴은 면적 법칙과 관성 원리의 연관성을 제시한다. 즉 면적 법칙이 성립하려면 중심을 향하는 힘이 관성 운동의 초기 성분을 가진 물체에 반드시 작용해야 한다는 것을 증명한다.[4] 명제 1에서 추구하는 방법은 §5.4에서 이미 논의하였다. 뉴턴은 2판에 새로운 따름정리를 추가했는데, 곡선 궤도 위의 한 점에서의 속도는 힘의 중심에서 그 점의 접선에 내린 수선의 길이에 반비례한다고 서술한다. 그러므로 1679-80년에 뉴턴과 서신을 교환하면서 속도가 힘의 중심부터 점까지의 거리에 반비례한다고 했던 후크의 의견을 뉴턴이 『프린키피아』1권 명제 1의 첫 번째 따름정리에서 바로잡은 것이다.

뉴턴은 면적 법칙이나 타원 궤도 법칙(명제 11) 또는 조화 법칙(명제 15)과 관련해서 케플러의 이름을 언급하지 않는다.[5] 명제 4의 주제는 일정한 원운동의 힘이다. 뉴턴의 해석은 원운동을 가속 운동으로 고려하는 것을 바탕으로 한다. 중심에서 바라보면 같은 시간 동안 같은 면적을 휩쓸고 가기 때문에,

---

4   Bruce Pourciau, "Newton's Solution of the One-Body Problem", *Archive for History of Exact Sciences* 44 (1992):125-146. 원운동의 동역학에 관한 뉴턴의 초기 아이디어와 『프린키피아』의 마지막 퇴고로 이어지는 단계에 관해서는, Brackenridge, *The key to Newton's Dynamics*(위 §3.7, n. 71)를 참고할 것.

5   사실 1권과 2권 어디에서도 뉴턴은 케플러를 언급하지 않는다. 3권 "세상의 체계에 대하여" 중 "현상" 섹션에서는 행성 운동의 제3 법칙을 발견한 사람으로서 케플러의 이름이 등장하지만, 첫 두 법칙에 대해서는 완전히 무시된다. 3권에서 케플러는 혜성의 위치와 구조를 논의할 때도 자주 등장한다. 뉴턴과 케플러에 관해서는, 내가 쓴 "Kepler's Century, Prelude to newton's", *Vistas in Astronomy* 18 (1975): 3-36을 참고하자.
      그러나 『프린키피아』 직전에 쓴 소논문 『운동에 관하여』에서는 행성의 타원 궤도에 대하여 "케플러가 가정했던 그대로"라고 쓰고 있다. 훗날 아이디어의 발전 과정을 설명하는 원고에서, 뉴턴은 행성 궤도가 "케플러가 서술한 대로 타원이 된다는 사실", 또 "행성이 타원 궤도를 따라 움직인다는 (…) 천문학적 명제를 케플러가 증명한 내용"을 발견한 과정을 설명했다.
      뉴턴의 조카사위인 존 콘두이트는 뉴턴의 전기를 쓰기 위해 기록한 자료에서, "같은 시간 동안 같은 면적을 휩쓴다는 명제"를 가정한 사람은 "케플러뿐이었지만, 그는 이 명제를 증명하지 못했고, 첫 증명의 영광은 아이작 경에게 돌아갔다"고 썼다. 자세한 내용은 내가 쓴 『Newt. Revolution』, chap. 5, p.252 그리고 『Introduction』, suppl. 1을 참고할 것.
      핼리는 후크가 중력의 역제곱 법칙을 발견했다고 주장하고 다닌다는 사실을 알려주기 위해 뉴턴에게 편지를 보냈는데, 이에 대하여 뉴턴이 쓴 답장에서 뉴턴의 의견을 엿볼 수 있다. 뉴턴은 답장에서(1686년 6월 29일) 타원 궤도 발견을 예로 들며, 후크가 힘의 법칙을 넘겨짚었던 것처럼 케플러도 행성 궤도가 타원을 그릴 것이라 "추측했을" 뿐이라고 썼다. 뉴턴은 "타원" 궤도와 역제곱 법칙을 발견한 공로는 모두 자신이 인정받아야 한다고 결론을 맺었다.

중심으로 향하는 힘이 있어야 한다는 것이다. 그리고 v가 궤도 속도, r이 원의 반지름일 때, 이 힘의 세기가 v^2/r에 비례한다는 것을 증명한다. 따름정리 중 하나는 하위헌스-뉴턴의 v^2/r 법칙과 케플러의 조화 법칙을 결합하여 역제곱의 구심력을 산출하는 과정을 보여준다. (두 법칙의 결합으로 역제곱 법칙을 얻는 내용은 위 §3.6에서 논의하였다.) 다음으로 나오는 주해에서는 1660년대에 뉴턴이 이 주제에 관해 썼던 책을 언급한다. 이 주해의 목적은 뉴턴이 후크보다 먼저 역제곱 법칙을 발견했다는 주장을 강화하려는 것이었다. 2판에서는 명제 4의 증명 중 상당 부분이 개정되었다. 따름정리 6에서는 만일 주기가 반지름의 $\frac{3}{2}$제곱에 비례하면 힘은 반지름의 제곱의 역수에 비례하며, 그 반대도 성립한다고 설명한다. 이후 따름정리 7에서는 시간이 임의의 지수의 반지름에 비례하는 경우로 따름정리 6을 일반화한다.

뉴턴은 명제 6에서 구심력의 동역학적 척도를 제시한다. 이 내용은 타원 경로를 따르는 운동을 일으키는 힘을 규명하는 풀이의 핵심이다. 이 척도의 기원은 아래 §10.8에서 설명하고 있다. 2판에서 이 힘의 척도에 관한 내용이 많이 수정되고 확장되었으며, 대안적인 증명도 함께 소개한다. 그뿐 아니라 앞에서 보았던 것처럼(위 §3.7), 명제 7, 9, 10, 11에 대한 대안 증명도 소개되어 있다.

뉴턴은 명제 8에서 힘의 중심이 아주 멀리 있을 때 반원을 그리며 움직이는 물체에 작용하는 힘을 구한다. 명제 9의 주제는 등각나선이다. 이때의 힘은 거리의 세제곱에 반비례하는 것처럼 보인다. 명제 10에서 물체는 타원의 중심을 향하는 힘의 작용을 받으며 타원을 따라 움직인다. 주해에서는 중심이 무한히 멀어질 때 곡선은 포물선이 되고 힘은 상수가 될 것이라는 점에 주목한다. 뉴턴은 이것이 갈릴레오가 포물체 운동에서 발견한 정리라고 말한다. 이렇게 섹션 2가 마무리된다.

섹션 3은 명제 11로 시작된다. 뉴턴은 이전의 명제들(특히 명제 6과 10)을 바탕으로, 물체가 타원 궤도를 따르며 움직인다면 이 물체에 작용하는 힘은 중심을 향하며 거리의 제곱에 반비례한다는 것을 증명한다. §10.9에서 이 증명을 단계적으로 상세히 분석하였다. 한 가지 주목할 점은 뉴턴이 그런 타원 운동에서 사실상 초점 중 하나를 향하는 힘을 가정한다는 것이다. 앞서 보았듯이, 이 가정은 (전술한 명제 1과 2에 따르면) 초점 반지름이 같은 시간 동안 같은 영역을 휩쓴다는 내용과 같다. 그 뒤를 잇는 명제 12와 13은 쌍곡선과 포물선 궤도에서도 마찬가지로 힘이 거리 제곱에 반비례해야 함을 보인다. 따라서 뉴턴은 이른바 정문제direct problem를 푼 것이다. 그는 임의의 원뿔곡선을 따르는 동일 면적의 궤도 운동이 거리 제곱에 반비례한 힘을 의미한다는 것을 증명했다. 그리고 앞서 설명한 것처럼 2판에서 명제 11과 12의 대안 증명을 소개한다.

뉴턴의 『프린키피아』의 서술 방식이 익숙지 않은 독자는 자연스럽게, 명제 11, 12, 13에서 정문제를 풀었으니 다음으로 역문제indirect problem로 넘어가리라고 추측할 것이다. 그러나 뉴턴은 중심을 향하는 역제곱 힘이 생성하는 궤적을 계산하는 데 명제 하나를 할애하지는 않는다. 그 대신 이 중요한 내용을 따름정리로 내려보내서, 명제 13의 따름정리 1에서 다루고 있다. 앞으로 보게 되겠지만 초판에서는 아예 증명도 생략했다. 3권에서 뉴턴이 '세상의 체계'를 발전시키는 데 있어 이 역문제가 얼마나 중요하게 작용하는지를 생각하면 그의 무심함이 훨씬 더 놀랍게 느껴질 것이다.

명제 14에서 (상호작용하지 않는) 몇 개의 물체들은 공통의 중심 주위로 운동하는 것으로 가정되며, 각 물체는 거리 제곱에 반비례하는 구심력을 받는다. 그런 다음 통경이 주어진 (같은) 시간 동안 초점 반지름이 휩쓰는 면적의 제곱에 비례함을 증명한다. 다음으로 이어지는 명제 15에서는, 같은 조건에서 힘의 결과로 그려지는 타원 궤도의 주기가 장축의 $^3/_2$제곱에 비례함을 보인다. 이것이 케플러의 제 3법칙이다. 그리고 명제 16에서는 원뿔곡선 위를 움직이는 물체의 속도를 알아내는 방법을 보여준다.

명제 17에서, 뉴턴은 알려진 "절대" 양의 역제곱 힘이 주어진 점을 향한다고 가정한다. 이 명제는, 한 물체가 주어진 점에서 주어진 방향으로 주어진 속도로 직선을 따라갈 때, 그 물체가 그리게 될 "선"(즉 곡선)을 구하라고 말한다. 뉴턴은 증명에서 궤도가 원뿔곡선일 것이라고 가정하고 문제의 원뿔곡선을 찾는 과정에 착수한다. 그러면서 힘의 중심을 초점(S)에 두고 통경과 다른 초점(H)의 위치를 결정한다. 그는 다양한 종류의 원뿔곡선을 산출하는 조건들을 제시한다.

사람들이 명제 17에 대하여 흔히 하는 오해가, 뉴턴이 명제에서 제안된 내용을 증명하고 있다고, 즉 중심을 향하는 역제곱 힘이 "주어진 속도로 주어진 직선을 따르는" 물체에 작용할 때 생기는 궤적을 찾고 있다고 생각하는 것이다. 이는 사실상 앞선 명제 13의 따름정리 1의 주제이며, 이 내용은 아래에서 논의한다. 실제로 뉴턴이 명제 17에서 증명하는 것은 힘과 궤도의 역문제가 아니다. 방금 언급한 대로, 뉴턴은 명제 17에서 (직접적으로 그렇게 말하지는 않지만) 주어진 조건에서(고정된 중심을 향하는 역제곱 힘 그리고 관성 운동의 초기 성분) 그려지는 궤도가 원뿔곡선이라고 가정하고, 그런 다음 다양한 조건에서 특별한 원뿔곡선을 결정하려 한다. 이런 이유로, 화이트사이드도 지적했듯이 명제의 서술문에서 "선" 또는 "곡선"이라는 단어는 좀 더 제한적으로 "힘의 중심을 초점으로 두는 원뿔곡선"으로 읽어야 한다. 실제로 이전의 『운동에 관하여』의 같은 명제에서는 일반적인 "선" 또는 곡선을 구하라고 묻지 않았다. 그보다는 초기 조건이 동일할 때 물체가 횡단할 "타원"을 구한다. 섹션 3은 명제 17로 마무리된다.[6]

『프린키피아』의 초판과 이후 판본을 모두 살펴보면, 세 판본 모두에서 내용이 거의 동일한 따름정리는 네 개가 있다. 이중 명제 17의 따름정리 3과 4는 1권의 이전 버전(『루카시안 강의록』)의 원문에 포함되어 있지 않고, 명제의 번호도 17번이 아닌 16번으로 매겨져 있다. 그리고 소논문 『운동에 관하여』에서 명제 17의 따름정리들은 제시되어 있지 않다. 그러나 따름정리 3과 4는 이후 「루카시안 강의록」

---

6   *The College Mathematics Journal* 25 (1994): 222에서, Robert Weinstock는 명제 17의 역제곱 힘이 원뿔곡선 궤도를 만든다는 내용에서 오류를 발견했다고 주장한다. 그는 이 오류를 "뉴턴뿐 아니라, L. 오일러와 I.B. 코헨도" 저질렀다고 말한다.

56번 폴리오의 왼쪽 여백에 추가되었고, 나중에 초판의 인쇄 원고 일부로 수록되었다(이 원고는 현재 왕립학회 도서관에 소장되어 있다). 이 두 따름정리는 뉴턴이 섭동 운동을 하는 궤도를 다루는 방법을 알고 있음을 보여준다. 따름정리 4에서, 뉴턴은 궤도를 그리며 운동하는 물체가 "외부에서 가해지는 힘에 의해 일정하게 섭동을 받을 때" 궤적을 "아주 근사하게" 결정하는 방법이 있다고 말한다. 뉴턴은 이 방법을 아주 자세히 서술하지는 않지만, "[외부] 힘이 특정 지점에 도입하는 변화"를 파악하고 그런 다음 "중간 위치들에서의 연속적인 변화를 순서대로" 추정하면 된다고 설명한다. 이 말을 좀 더 이해하기 쉽게 풀어 써 보면, "중간 지점들에서 연속적으로 일어나는 변화를 내삽법으로 추정"한다고 쓸 수 있겠다. 마이클 나우엔버그는 따름정리 3과 4에서, 뉴턴이 『프린키피아』를 쓸 때와 마찬가지로, 명제 17이 "그에게 새로운 섭동 방법의 바탕을 마련한다는 사실을" 뉴턴도 깨닫고 있었음을 발견했다. 뉴턴은 이 섭동 방법을 『포츠머스 컬렉션 카탈로그』의 개요의 부록으로 출판된 원고에서 요약하여 설명하였고, 나우엔버그는 이 내용을 1997년 3월 런던 왕립학회에서 열린 뉴턴 학술 재단 심포지움에 제출한 논문에서 다루었다.

6.4 역문제: 역제곱 구심력이 만드는 궤도

명제 11, 12, 14는—명제 13의 따름정리 1의—일반적인 반비례 관계에 관한 서술로 이어진다. 즉 직선 운동 성분을 가진 물체에 거리 제곱에 반비례하는 힘이 가해지면 물체는 2차 곡선, 즉 원뿔곡선 궤도를 그린다는 내용이다. 뉴턴은 초판에서 이 결과를 증명 없이 간단히 서술했지만,[7] 비평에 대응하여 간단한 증명을 2판에 실었고, 일부 내용을 수정한 뒤 3판에도 수록하였다.[8]

독자들은 이토록 중요한 결과가 왜 단독 명제로 제시되지 않고 한낱 명제의 따름정리로 다루어졌는지 혼란스러울 것이다. 아마도 뉴턴은 이 결과가 너무나 명백하여 따름정리 이상으로 크게 다룰 필요가 없다고 믿었을 것이다. 이런 관점에서, 뉴턴이 제시한 개별 사례들(타원, 쌍곡선, 포물선)을 모두 아울러 하나의 "종합 정리"로 쉽게 만들고 그런 다음 "다시 되돌려서" 주어진 수직선(SY)과 곡선의 반경(R)의 값을 구할 수 있다는 브로검과 라우트의 주장을 주목해볼 만하다. "그러나 원뿔곡선 말고는

---

7   데이빗 그레고리는 『프린키피아』에 관한 (1판을 바탕으로 하는) 미발표 해설에서 따름정리 1이 "앞선 세 명제의 역"이라고 언급했다. 그는 "저자가 이 구심력 법칙에 의해 물체가 원뿔곡선이 아닌 곡선을 그리며 나아갈 수 없음을 증명했으면 좋았을 것"이라고 자신의 바람을 완곡히 표현했다. "같은 차수의 곡선[즉 2차 곡선]은 원뿔곡선 말고는 존재하지 않기 때문"에 충분히 "가능했을" 일이라고 그는 지적한다. 이 내용은 그레고리의 "Notae in Newtoni Principia Mathematic Philosophiae Naturalis" 번역문에서 인용하였다. 해당 문서는 네 가지 버전으로 존재하며 애버딘, 에딘버러, 옥스퍼드(크라이스트처치), 그리고 런던(왕립학회, 그레고리 소유)에 소장되어 있다. 내가 쓴 『Introduction』, pp.189-191, 그리고 W.P.D. Wightman, "David Gregory's Commentary on Newton's *Principia*", *Nature* 179 (1957): 393-394 참고.

8   자세한 내용은 『Math. Papers』 6:146-149 n.124 참고.

어떠한 곡선도 같은 SY와 R의 값을 가질 수 없다. 왜냐하면 2차 곡선으로 다른 곡선은 없으며, 이 값들은 좌표 사이에서 4차 방정식을 내놓기 때문이다."[9]

최근에 이 문제는 뉴턴에 대하여 제기된 두 건의 비난[10] 때문에 유명해졌다. 첫 번째는 애초에 뉴턴이 증명의 필요성을 믿지 않았다는 것이다. 두 번째는 결과로서 나온 증명이 전혀 증명이 아니라는 점이다. 나는 뉴턴이 원, 타원, 쌍곡선, 포물선이 초점을 향하는 역제곱 구심력을 필요로 한다는 각각의 증명을 근거로 삼지 않고 원뿔 궤도를 암시하는 역제곱 힘의 서술이 성립한다고 생각했을 것 같지 않다. 만일 그랬다면, 『프린키피아』를 쓸 정도로 비범한 수학적 능력을 갖춘 뉴턴이 믿기지 않을 만큼 매우 기초적인 오류를 범했다는 말이 된다. 근본적으로 이 오류는 "A가 B를 함의한다"는 증명이 그 자체로 "B가 A를 함의한다"고 가정하는 것이다. 섹션 2의 명제 1과 명제 2가 모두 섹션 2에 포함되어 있다는 바로 그 자체가 뉴턴이 어느 명제든 그 역이 별개의 증명을 필요로 한다는 점을 완벽히 알고 있음을 보여준다. 명제 1은 일정한 운동을 하는 물체에 적용되는 구심력이 면적 법칙을 함의하고, 명제 2는 역으로, 면적 법칙이 구심력을 함의한다는 것을 증명한다.

이제 뉴턴에 대한 두 번째 비난, 즉 그가 제시한 증명이 전혀 증명이 아니라는 지적으로 논의를 옮겨보자. 이 주제에 대해서는 여러 편의 기고문이 발표되었다. 브루스 H. 푸르쇼는 뉴턴의 증명을 "논리적 구조와 (…) 상세한 부분까지" 신중하고 완전하게 조사했고, 뉴턴의 "주장이 사실상 결함을 포함하고 있긴 하지만, 심각한 논리적 오류라기보다는 사소한 누락"이라는 결론을 내린다. 그리고 이 누락을 바로잡으면, "뉴턴이 서술한 대체적인 윤곽을 역제곱 힘에 의한 궤도가 원뿔곡선이어야 하는 신빙성 있는 증명으로 확장된다"는 것을 보여준다.[11]

뉴턴은 이 문제를 사적인 메모에서 논의하고 있다. "11, 12, 13번째 명제의 첫 따름정리는 그 증명이 매우 명백하므로 초판에서 생략하였고, 17번째 명제를 추가하는 것으로 만족했다. 17번째 명제에서는 어떤 속도로 어떤 곳을 출발하여 움직이는 물체가 모든 경우에 대하여 원뿔곡선을 그리게 될 것임이 증명되었다. 이것이 바로 그 따름정리의 내용이다."[12] 그러나 지금까지 살펴본 것처럼, 이 정도를 가지고 명제 17의 내용을 적절히 서술했다고 볼 수는 없다.

9   『Anal. View』, pp.55-57.

10   Robert Weinstock, "Dismantling a Centuries-Old Myth: Newton's *Principia* and Inverse-Square Orbits", *American Journal of Physics* 50 (1982): 610-617에서 처음 제기됨. 또한 "Long-buried Dismantling of a Centuries-Old Myth: Newton's Principia and Inverse-Square Orbits", *American Journal of Physics* 57 (1989): 846-849에서도 제기됨.

11   Bruce H. Pourciau, "On Newton's Proof That Inverse-Square Orbits Must Be Conics", *Annals of Science* 48 (1991): 159-172; Eric J. Aiton, "The Solution of the Inverse Problem of Central Forces in Newton's Principia", *Archives internationales d'histoire des sciences* 38 (1988): 271-276도 참고할 것. 『Math. Papers』 vol. 6에 수록된 D.T. 화이트사이드의 자세한 해설도 함께 보면 좋다.

12   『Introduction』, suppl. 1, §3, p.294(from ULC MS Add. 3968, fol. 101). 이와 비슷한 뉴턴의 서술이 다양한 원고에 기록되어 있다 (『Introduction』, suppls. 1, 8).

6.5 섹션 4-5: 원뿔곡선의 기하

(1권의) 섹션 4와 5는 원뿔곡선의 기하와 관련된 다양한 명제와 보조정리를 다룬다. 뉴턴은 이 내용에 "궤도"라는 단어를 추가하여 구색을 갖추었지만, 사실 이 두 섹션은『프린키피아』를 집필하기 한참 전에 별도의 소논문 형식으로 이미 써 놓은 글이었다.[13] 뉴턴은『프린키피아』가 이 원고의 최종본을 발표하기에 적합하다고 결정했다.

3권에서 뉴턴은 이 내용을 추가한 이유를 설명한다. 1권을 다 쓰고 완성된 원고를 인쇄업자에게 넘기기 위해 핼리에게 보냈을 때(이 내용은 뉴턴이 핼리와 주고받은 서신을 통해 알 수 있다), 뉴턴은 아직 혜성의 포물선 궤도를 결정할 적절한 방법을 개발하지 못한 상태였다. 당시 그의 계획은 명제들 중 일부를 사용하여 (3권 명제 41에서 설명한 것처럼) "이 지극히 어려운 문제"를 해결하는 것이었다. 명제 41에서 제시된 "(근사를 사용한) 약간 더 단순한 해답"은 나중에 떠올랐다. 그러나 그 무렵에는 이미 1권의 인쇄가 끝나서, 섹션 4와 5를 제거하기엔 늦어버렸다.

뉴턴은 이 두 섹션의 내용이 기하학에서는 매우 중요한 주제이지만,『프린키피아』의 내용으로서는 적절치 않다고 생각했다. 이 두 섹션은 동역학에 관심이 있는 독자들의 주의를 분산시켜, 섹션 3에서 곧바로 섹션 6으로 넘어가도록 할 우려가 있기 때문이었다. 따라서 2판을 계획하던 1690년대에 뉴턴은, 데이빗 그레고리의 기록처럼, 이 두 섹션을 본문에서 삭제하고 "별도의 소논문으로서" 두 편의 부록으로 싣자고 제안했다. 그래서 부록 1은 이 두 섹션의 내용을 살려 싣고 부록 2는 "구적법을 포함"하거나 미적분법을 수록하도록 했다.[14]

섹션 4와 5에서, 뉴턴은 "주어진 점을 통과하거나 주어진 선에 접하는 유형의 다섯 조건을 만족시키는 원뿔곡선을 서술하는" 독창적이고 "우아한 작도와 증명"을 제시하고, "그로 인해 발생하는 여섯 가지 예를 모두 다룬다."[15] 그는 원뿔곡선의 기하를 "점의 궤적"으로 정교하게 다듬었다. 이 점의 궤적과 "주어진 두 개의 선 사이의 거리는 세 번째 선으로부터의 거리, 또는 세 번째와 네 번째 주어진 선으로부터의 거리의 곱에 비례한다."[16] 이 내용을 제시하는 과정에서 뉴턴은 사영변환 projective transformation 을 사용한다. 1권의 섹션 5 보조정리 22를 예로 들면, 도형을 "같은 종류의 다른 도형"으로 "바꿔라"("mutare")라는 문제가 제시된다. 본문은 주어진 도형을 "바꿔야 한다"("transmutare")는 조건으로 시작된다. 그런 다음 "첫 번째 도형의 각 점들이 새로운 도형에서 각각에 해당되는 점을 생성"하는

---

13   『Introduction』, chap.4, §4 참고.

14   『Introduction』, pp. 193-194; 그레고리의 메모는『Corresp.』3:384에 수록되었다. 이 두 섹션에 관한 뉴턴의 계획은『Math. Papers』 6:229-298과 특히 229 n.1을 참고하자.

15   H. W. Turnbull, *The mathematical Discoveries of Newton* (London and Glasgow: Blackie and Sons, 1945), p.54.

16   같은 책, p.55.

"연속적 운동"으로 사영을 설명한다. D.T. 화이트사이드는 섹션 4와 5의 역사적 의의를 자세히 설명하고 분석했다. [17]

6.6 타원 운동 문제(섹션 6): 케플러의 문제

섹션 6의 주제는 주어진 시간에 궤도 운동을 하는 물체의 위치를 찾는 방법에 관한 것이다. 여기에서 뉴턴은 자연에서 흔히 볼 수 있는 궤도, 즉 포물선과 타원을 고려한다. 보조정리 28과 이어지는 명제 31, 그리고 주해에서, 뉴턴은 이른바 '케플러의 문제'라고 하는 문제의 일반성을 다루고 있다. 케플러는 타원의 초점을 꼭지점으로 두는 부채꼴과 단순비를 갖는 다른 초점 부채꼴을 찾는 문제에서 "합리적" 풀이를 발견하지 못했다. 이 때문에 케플러의 면적 법칙을 사용해 행성의 위치를 정확히 결정할 방법이 없었다. 케플러 이후 시대의 천문학자들은 면적 법칙을 대신해 여러 근삿값을 활용해야 했다. 이 근사는 타원의 빈 초점(이를테면 태양 궤도에서 태양이 없는 초점)에서 동경벡터를 일정하게 회전시키고 여기에 적절한 보정 계수를 더하여 구한 것이다. [18] 보조정리 28은 대담하게 서술한다. "임의의 직선으로 잘라낸 면적을 항과 차수가 유한한 방정식을 통해 구할 수 있는 알모양곡선은 존재하지 않는다."

뉴턴의 보조정리 28은 시작부터 문제에 직면했다. 화이트사이드의 설명처럼(『Math. Papers』 6:302-309 nn. 119-127), 뉴턴의 수기본에서 보여지는 초창기 진술은 지나치게 일반적이어서 초판 인쇄용 원고에서는 수정되어야 했다. 그러다가 라이프니츠가 실수를 발견했는데—화이트사이드에 따르면—요한 베르누이가 "주저없이 진실임을 받아들이고" 그 내용을 1691년의 논문에 포함시켰다. 라이프니츠는 뉴턴의 증명에서 결함을 발견했다고 주장하면서, 보조정리 28의 서술처럼 모든 경우에 일반성이 성립될 수 없음을 보여주는 예를 내밀었다. 그럼에도, 화이트사이드의 설명대로, "라이프니츠의 베르누이 렘니스케이트lemniscate는 이중 고리를 가지며, 원점에서 그 자신과 교차한다." 하위헌스 역시 반례를 제시했지만, 이것은 "이중 포물선"으로—다시 한번 화이트사이드를 인용하자면—"두 쌍의 켤레 무한분지conjugate infinite branch"를 갖는다. 이 특성은 "뉴턴이 훗날 (…) 명시적인 예외로 받아들인 것이다." 화이트사이드는 라이프니츠의 렘니스케이트와 하위헌스의 이중 포물선이 "용어의 의미로만 보자면 진정한 닫힌 '알모양곡선'은 아니"라고 결론을 내린다. 아무튼, 『프린키피아』 2판에서 뉴턴은 보조정리 28의 증명에 추가한 마지막 문장에서 "무한히 뻗어가는 켤레 도형들과 만나지 않는 알모양곡선을 말하는 것"이라고 분명히 명시한다.

---

17   『Math. Papers』 6:229-299.

18   케플러의 면적 법칙과 17세기 천문학자들이 이 법칙을 대신해 사용한 여러 근사에 대해서, Wilson, "From Kepler's Laws, So-Called, to Universal Gravitation"(위 §1.2, n.23 위), 그리고 내가 쓴 『Newt. Revolution』, pp.224-229를 참고할 것.

라우스 볼은 어떤 알모양곡선에 대해서는 "정확한 구적법"이 "가능하다"는 사실을 바탕으로 뉴턴의 증명에서 오류를 발견했다.[19] 그러나 이는 브로검과 라우트의 판단을 반복한 것일 뿐이다.[20] 보조정리 28에 관한 해설에서, 화이트사이드는 뉴턴의 증명에 기본적인 결함이 있음을 발견했다고 선언했고(『Math. Papers』 6:302-303 n.121), "뉴턴의 주장에 대한 반례"를 제시하여 자신의 주장을 강화했다. (p.207 n.26)

최근에는 V.I. 아르놀트가 보조정리 28을 연구하고 있는데, 그는 뉴턴이 쓴 "수학으로 가득 찬 두 페이지"에 엄청나게 감명을 받았다고 했다. 아르놀트가 이를 매우 특별하게 여긴 이유는 이 두 페이지에 걸쳐 "아벨 적분의 초월성에 관한 놀랍도록 현대적인 위상 정리"가 서술되기 때문이다. 아르놀트는 이 정리를 다음과 같은 (좀 더 정확한) 형태로 다시 서술했다. "대수적으로 적분할 수 있는 알모양곡선은 모두 특이점을 가지고 있다. 모든 매끄러운 알모양곡선은 대수적으로 적분이 불가능하다."[21] 이런 예를 볼 때 과거의 수학책이나 수학을 바탕으로 하는 책을 비평적으로 읽다 보면 증명이나 수식이 참인지 거짓인지 자꾸 판단하려는 경향이 있다는 클리포드 트루스델의 말이 사실임을 확인할 수 있다.

뉴턴은 케플러 문제의 풀이[22]를 명제 31에 곧바로 이어서 풀어놓고 있다. 그는 곡선을 이용한 근사해를 소개한다. (화이트사이드는 이 곡선이 '길쭉한 사이클로이드'임을 확인했다.) 주해에서는 이 곡선의 "그리기가 어려우므로, 근사적으로 참인 풀이"를 이용할 것이라고 말한다. 우리는 여기에서 오늘날 뉴턴–랩슨 법으로 알려진 근사법에 주목할 수 있다.[23] (862페이지, 각주 4 참고)

초판의 주해는 "독창적이지만 실용적이지 않은 작도의 기하학적 방식"[24]으로 시작된다. 이것은 2판과 3판에서 뉴턴의 "반복법과 수열 전개를 사용하는 우수한 연산적 해석 방법"으로 대체되었다. 주해의 첫 문장은 2판에서 현재의 문장으로 바뀌었다. 원래 초판의 문장은 이러했다. "곡선을 작도하기

---

19 『Essay』, p.83. 라우스 볼은 이 보조정리에 대한 또 다른 논의를 비평하였는데, 그 내용은 『Math. Papers』 6:307 n.126을 참고하자.

20 『Anal. View』, p.72: "뉴턴은 (…) 보조정리[보조정리 28]에 따라 조사에 착수하고, 무한히 뻗는 반원형 도형에 닿지 않고 자기 자신으로 돌아오는 알모양곡선은 그 어떤 것도 유한한 구적법을 적용할 수 없음을 증명하려 노력했다." 그들은 다음과 같은 코멘트를 덧붙였다. "사실 아이작 뉴턴 경에게 '노력'이라는 표현을 쓸 수 있는 경우는 드물다. 그러나 이 경우에 대해서는 그의 이성의 확실성에 의문을 제기하는 이들이 있다."

21 V.I. Arnol'd, *Huygens and Barrow, Newton and Hooke: Pioneers in Mathematical Analysis and Catastrophe Theory from Evolvents to Quasicrystals* (Basel, Boston, Berlin: Birkhäuser Verlag, 1990), appendix 2, "Lemma XVIII of Newton's *Principia*"; S. Chandrasekhar, Newton's "*Principia*" for the Common Reader (Oxford: Clarendon Press, 1995), p. 133. 찬드라세카르는 (아르놀트의 권위를 인용하며) 보조정리 28이 "뉴턴의 수학적 통찰의 놀라운 발현"이며, 이로써 뉴턴은 "당대의 과학 수준을 200년 이상 앞당겨 놓았다"고 주장했다. 찬드라세카르는 뉴턴의 증명에 대한 화이트사이드의 비평 내용을 알지 못했다.

22 이 주제에 관해서는 J.C. Adams, "On Newton's solution of Kepler's Problem", *Monthly Notices of the Royal Astronomical Society* 43 (1882): 43-49를 참고하자. 천문학자들이 케플러 문제에 지대한 관심을 가졌는지는 1900년의 문헌 목록에 이 주제에 관한 논문이 123편이나 수록되어 있다는 사실을 통해 잘 드러난다.

23 이 근사법의 사용법과 이전의 역사에 대해서는, 『Math. Papers』 6:317 n.151, 그리고 — 명제 31과 주해에 관한 수학적 해설은 — 같은 책, pp.308-323을 참고하자.

24 『Math. Papers』 6:314 n.114.

가 어려우므로 관례에 따라 근사적으로 참인 구조를 사용하는 것이 바람직하다." 즉, 초판에서 뉴턴은 도해적 "구조"("constructiones")를 사용하는 것이 바람직하다고 했고 2판(그리고 3판)에서 이를 "풀이"("solutionem")로 고쳤다. 이와 함께 "in praxi mechanica"("관례적으로")라는 조건도 삭제되었다.

6.7 물체의 수직 상승 또는 하강 (섹션 7)

이제까지 (섹션 2, 3) 뉴턴은 원뿔곡선 궤도와 (섹션 4, 5) 원뿔곡선의 기하학적 구조 그리고 (섹션 6) 주어진 원뿔곡선 위에서의 운동을 논의했다. 섹션 7에서는 곡선운동에서 벗어나 다양한 조건의 힘을 받는 물체의 수직 "상승과 하강"을 다룬다. 첫 번째 명제(명제 32)는 극한으로 가는 뉴턴방법을 보여주고, 원뿔곡선의 기하학적 구조로 어떻게 수직 하강 문제를 다루는지를 보여준다. 그러나 돌이켜보면 명제 32는 뉴턴의 기하학적 방법으로서 절묘한 솜씨를 보여주지만, 문제를 해결하기 위한 수단으로서는 번거롭고 불필요하게 복잡해 보인다. 이 과정은 훨씬 더 간단한 해석적 풀이로 바뀔 수 있다. 이 명제는 동일한 내용으로 『운동에 관하여』에서 처음 소개된 적 있다.

아래 §10.11에서 명제 32를 상세히 분석하고 각 단계를 이해하기 쉽게 정리해 두었으니, 여기에서는 뉴턴의 구조가 초점 S를 향하고 거리 제곱에 반비례하는 힘의 작용을 받아 타원 궤도를 그리는 운동을 고려하고 있다는 정도만 언급하겠다. 단축minor axis은 극한에서 0이 되는 경향이 있으므로, 궤도는 직선 경로가 되려는 경향이 있다(점 S가 근일점으로 향하는 경향). 이것이 문제의 풀이이다.

섹션 7의 마지막 명제인 명제 39는 지금까지의 다른 명제들과 한 가지 중요한 차이점이 있다. 명제의 서술문에는 특별히 "곡선 도형의 구적법"을 가정하고 있는데, 이는 적분을 하거나 특정 곡선 아래의 면적을 구하는 것을 뜻한다. 다시 말해 증명의 내용에서 어떤 구체적인 적분을 요구한다는 뜻이다. 이 명제는 이후에 원고에 추가된 것이다. 사실, 이 주제의 성질과 구적법을 가정하는 조건과 관련해서, 명제 39의 논리는 명제 40 그리고 41과 더 가깝다. 따라서 이 두 명제와 함께 묶여 섹션 8을 여는 명제들이 될 수도 있었다. 명제 39도 명제 40과 41처럼 구체적이지 않은 구심력의 작용을 받는 운동을 다룬다. 명제 39의 일차적인 결과는 구심력의 작용을 받아 움직이는 물체가 획득하는 속도를 표현할 면적 또는 적분을 어떻게 구할 수 있는지를 보여주는 것이고, 명제 41은 이 결과를 활용한다.

6.8 임의의 구심력의 작용을 받는 운동(섹션 8); 명제 41

섹션 8은 "임의의 구심력"의 작용을 받아 만들어지는 궤적(또는 운동 곡선)을 찾는 문제를 다룬다. 간단히 말해서 뉴턴은 구체적이지 않은 거리의 함수인 힘의 작용을 받는 운동 문제를 풀고 싶은 것이다. 그의 목표는 크게 둘로 나뉜다. 먼저 임의의 시간 t에 곡선상의 임의의 점 P의 방사상 좌표를 찾는 것이고, 그런 다음 각좌표 θ를 찾는 것이다.

섹션 8을 구성하는 세 개의 명제(명제 40, 41, 42) 중 명제 41이 가장 유명하다. 명제 39부터 42까지 보았듯 명제 41에서도 뉴턴은 "[관련] 곡선 도형의 구적법"과 "임의의" 구심력을 가정하고, 그 결과로 나타나는 곡선 궤적과 "그 위에서 물체가 운동하는 시간"을 구한다.

명제 41의 증명 단계에 대해서는 아래에서(§10.12) 자세히 논의하였지만, 몇몇 단계에 대해서 간단히 언급하고 넘어가겠다. 무엇보다도 먼저, 이 명제에서 고려하는 운동은 주어진 점(V)에서 특정 속도로 시작되며, C를 힘의 중심이라 할 때 힘의 작용선(CV)과 특정 각을 이루며 진행된다. (점 V에서의) 초기 속도가 결정되는 방식은 갈릴레오가 플라톤을 인용하며 썼던, 신이 태양과 행성으로 이루어진 세계를 창조했다는 글을 연상시킨다. (자세한 내용은 아래 §6.9를 참고하자.)

과학사가들은 명제 41이 『프린키피아』에서 발전된 동역학의 정점을 이룬다는 사실을 깨달았다. 이 명제에서 뉴턴은 미적분 연산과 사실상 같은 연산을 자유자재로 사용하여 자신이 이 분야의 진정한 달인임을 과시하면서 거대한 일반론 문제를 다룬다. 뉴턴 이전에 운동의 과학을 다룬 문헌 가운데 이 정도 규모나 의미를 갖춘 문헌은 없다. 수학적 동역학은 『프린키피아』의 명제 41로 말미암아 최초로 현대적 형태를 갖추게 되었다고 평가할 수 있다.

명제 41 다음으로 세 개의 따름정리가 뒤따른다. 따름정리 3은 명제 41의 주제인 일반 힘의 구체적인 예로 거리 세제곱에 반비례하는 힘을 탐구한다. 뉴턴은 이러한 경우에 데카르트 나선으로 알려진 곡선이 됨을 보인다.[25] 이 따름정리는 명제 41과 관련하여 뉴턴이 제시한 유일한 예이기 때문에, 역사학자와 과학자들은 종종 왜 뉴턴이 『프린키피아』 1권과 3권에서 주로 다룬 거리 제곱에 반비례하는 힘이 아닌 거리 세제곱에 반비례하는 힘이라는 특이한 선택을 했는지 의문을 품었다. 실제로 요한 베르누이 같은 당대의 비평가들은 뉴턴이 역제곱 문제를 풀지 못해서 그들의 풀이를 대신 제시했을 거라고 추정했을 정도다.[26]

이처럼 중심력의 역문제에 대한 뉴턴의 풀이에 관하여 사람들의 평가가 대체로 박하지만, 대단히

---

25 따름정리 3의 분석 그리고 미적분 언어로 변환한 내용은 『Math. Papers』 vol.6의 화이트사이드의 해설을 참고하자. 따름정리 3에 관한 헤르만 에를릭손의 최근 연구가 특히 좋다. "The Visualization of Quadratures in the Mystery of Corollary 3 to Proposition 41 [of book 1] of Newton's *Principia*", *Historia Mathematica* 21 (1994): 148-161.

26 데이빗 그레고리의 요청에 대한 답으로 뉴턴이 직접 단 주석도 함께 참고하면 좋다. 『Corresp.』 6:348-354 참고.

중요한 예외가 하나 있다. 니콜로 귀차르디니 교수가 발견한 내용으로, 야코프 헤르만은 1711년 이탈리아의 학술지인 《조르날레 데이 레테라티 디탈리아*Giornale dei Letterati d'Italia*》(7:173-229)에 발표한 논문에서 뉴턴이 이 역문제를 성공적으로 해결했으며 자신의 풀이도 근본적으로 뉴턴의 것과 다르지 않다는 점을 주장했다. 야코프 헤르만의 주장은 요한 베르누이가 뉴턴에게 제기한 신랄한 비판과 대척점에 있었다. 헤르만은 『역학』에서(1716, p.73) 『조르날레』에 실린 자신의 논문을 언급하며 이 점을 특히 강조했다. 그는 "이 문제는 저명한 과학자 뉴턴이 『프린키피아』의 명제 41에서 최초로 해결했고, 그 뒤에 가장 명민한 기하학자 요한 베르누이에 의해 같은 방법으로[gemino modo] 해결되었으며", 그런 다음 바리뇽에 의해 "다른 방법으로[diversis modis]" 해결되었다고 서술했다.

D.T. 화이트사이드는 "뉴턴과 동시대를 살았던 사람은 명제 41의 구조의 깊이와 힘을 깨달을 수 준에 이르지 못했고", "이것이 역제곱과 역세제곱 궤도라는 특별한 경우에 쉽게 적용될 수 있다는 점을 인정하지 못했다"고 설명한다.[27] 왜 뉴턴이 명제 41을 설명하기 위해 거리 제곱이 아닌 거리 세제곱에 반비례하는 힘을 선택했는가에 관한 문제는 아주 처음부터 항상 존재했다. 분명히 거리 제곱에 반비례하는 힘이 물리적으로 더 의미가 있고, 이러한 힘을 다루는 문제는 뉴턴의 능력으로 충분히 감당할 수 있는 범위에 있었다.[28] 한 가지 가능성은 아마도 뉴턴이 역세제곱 힘이 만드는 나선 궤도를 선택함으로써 "역제곱 사례를 다루지 않은 것이 결코 이 문제를 수학적으로 풀 수 없기 때문이 아니라는" 신호를 주고 싶었다는 것이다.[29] 더 나아가 뉴턴이 역제곱이 아닌 역세제곱을 선택한 것은 물리학과 천문학의 실용적인 예제보다 지적인 흥미를 북돋는 예에 더 관심이 있었다는 증거로 볼 수도 있다. 그러나 3권에서 조수를 일으키는 달의 알짜중력으로 역세제곱 힘을 소개하고 있다는 점은 지적하고 넘어가야 한다.[30]

6.9 명제 41의 초기 속도 구하기; 갈릴레오-플라톤 문제

명제 41에서 뉴턴은 궤적 위의 점 I에서의 초기속도를 정한다. 초기속도를 정할 때 선 CV 위의 점 A를 기준으로 하는데(그림 6.1 참고), 이 점에서 그는 물체가 곧바로 C를 향하는 구심력의 작용을 받아 떨어진다고 가정했다. 이 경우 가속은 일정하지 않고 C를 향하는 힘의 변화에 의해 결정되며, 이 힘의

27　『Math. Papers』6:349 n.209. 이와 함께 Aiton, "Inverse Problem"과 "Contributions"(위 §5.7, n.22)도 참고할 것.

28　"두어 번의 간단한 적분 연산"이 필요했을 테지만 말이다. Whiteside, "The Mathematical Principles Underlying Newton's *Principia Mathematica*" (위 §1.2, n.9), p.18 참고.

29　같은 책.

30　아래 §8.13 참고.

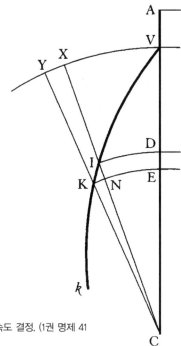

그림 6.1　구심력의 작용을 받으며 움직이는 물체의 속도 결정. (1권 명제 41
의 그림 중 일부)

크기는 C로부터의 거리의 함수다. 점 A는 낙하하는 물체가 점 D에 도착했을 때 물체의 속도가 I에서
곡선 경로 VIK*k*를 따라 움직이는 물체의 속도와 같다는 성질에 의해 결정된다.

　점 I를 궤적 운동의 출발점으로 선택한다면, 점 D가 점 V 위치에 오게 되면서 점 A에서 낙하하는
속도는 구하고자 하는 궤적을 그리는 물체의 초기속도가 될 것이다. 그러나 A에서 V로 물체가 자유낙
하하며 운동이 시작된다면, 물체가 V에 도착할 때에는 속도의 감소나 증가 없이 운동 방향이 약간 변
하도록 해야 한다.

　임계 속도에 도달하는 이런 방식은 갈릴레오가 고안한 것이 분명하지만, 갈릴레오가 이 문제를 플
라톤에게 헌정하였기 때문에 오늘날 흔히 갈릴레오–플라톤 문제라고 알려져 있다.[31] 이 문제에서도 뉴
턴의 명제 41에서처럼, 물체는 가속하는 힘의 작용을 받으며 특정 거리만큼 떨어진다. 낙하하는 물체
는 특정 지점에 도착해서 (뉴턴의 명제 41의 낙하하는 물체처럼) 속도 변화는 없이 방향만 바뀌게 된
다. 그러나 갈릴레오–플라톤 문제와 뉴턴의 명제 41 사이에는 한 가지 대단히 중요한 차이가 있다. 갈
릴레오는 물체를 일정한 가속을 받으며 떨어지게 한 반면(즉, 등가속도 운동), 뉴턴은 물체를 가변하는
힘과 그 결과 가변하는 가속의 작용을 받으며 낙하하게 한다.

31　수많은 학자가 열심히 찾아보았지만, 갈릴레오-플라톤 문제를 다루는 초기 문헌은, 플라톤이든 다른 저자가 쓴 것이든 아직 아
　　무것도 발견된 것이 없다. 따라서 학자들은 갈릴레오가 이 문제를 최초로 고안했지만 플라톤이나 다른 르네상스 신플라톤학
　　파의 책에서 보았다고 착각한 것 같다고 생각하는 편이다.

갈릴레오-플라톤 문제는 천문학 또는 우주론적인 문제이며, 신이 태양계를 형성하는 방식과 관련되어 있다. 갈릴레오는 지동설(코페르니쿠스 체계)에 따라 지구가 아닌 태양 주위를 도는 행성 궤도를 고려하고 있으므로, 이 문제를 플라톤이 제안했을 가능성은 거의 없다. 갈릴레오에 따르면, 플라톤은 우주 밖의 어느 곳에 신이 존재해서 태양을 향해 각각의 행성들이 낙하하도록 주관한다고 말했다고 한다. 행성이 태양으로부터 적절한 거리에 도달하면, 행성은 궤도 속도와 동등한 속도를 얻게 될 것이다. 그리고 바로 이곳에서 신은 행성의 속도는 바꾸지 않고 운동 방향만 바꾸어서 궤도를 따라 돌게 만든다. 궤도 속도를 얻은 행성은 그 이후로 궤도를 따라 계속해서 회전한다.[32]

뉴턴은 『프린키피아』를 출간한 직후에 갈릴레오-플라톤 문제에 대한 비평적인 해석을 내놓았다. 먼저, 낙하하는 행성이 받는 가속이 일정할 것이라는 갈릴레오의 가정은 수정해야 한다. 뉴턴은 태양의 힘이 거리의 제곱에 반비례하며 변하므로 가속이 계속해서 증가하리라는 것을 알고 있었다. 여담이지만, 우리는 여기에서 운동에 관한 갈릴레오 과학과 뉴턴 과학 사이의 거대한 격차를 볼 수 있다. 마지막으로 뉴턴은 "모든 행성이 공통의 위치에서 떨어지기 시작해서 (갈릴레오의 가정대로) 균일하고 동일한 무거움Gravity으로 하강하다가" 궤도 속도를 얻게 되는, 그런 "공통의 위치는 존재하지 않는다"는 것을 증명했다.[33] 갈릴레오의 방법이 성공하려면, 행성이 낙하하는 동안 태양의 중력이 반으로 줄어야 하고, 그런 다음 일단 행성이 궤도에 도착하면 다시 원래대로 복원되어야 한다고 뉴턴은 지적했다. 뉴턴의 말을 그대로 빌려오자면, "여기에서 신의 능력은 이중적 측면으로 요구된다. 즉 행성의 낙하 운동을 측면 운동으로 바꾸어야 하고, 동시에 태양의 인력을 두 배로 늘려야 한다."[34] 신의 능력이 이렇게 이중으로 작용하지 않으면 행성은 "궤도에서 벗어나 포물선을 따라 저 높은 천국으로 날아갈 것"이라고 덧붙였다.

뉴턴은 이런 결과들이 "나의 『프린키피아』 제 1권 명제 33, 34, 36, 37을 따르는 것"이라고 설명했다. 앞에서 보았듯이 명제 32에서 37까지는 거리 제곱에 반비례하는 힘이 만들어내는 가속 운동을 탐구한다. 이들 명제에서 뉴턴은 낙하 경로 위 임의의 위치에서 속도와 (명제 36과 37) 낙하 시간을 찾는 방법을 보여준다.

『프린키피아』 3권을 보면 갈릴레오-플라톤 문제와 일부 비슷한 낙하 운동의 예가 있다. 여기에서 뉴턴은 태양을 향해 낙하하는 행성과 행성을 향해 낙하하는 위성을 모두 고려하지만, 이 낙하하는 물

---

32   플라톤 문제는 『대화』와 『새로운 두 과학』에 모두 등장한다. *Dialogue concerning the Two Chief World Systems, Ptolemaic and Copernican*, trans. Stillman Drake (Berkeley and Los Angeles: University of California Press, 1953), p.21; [*Discourses and Mathematical Demonstrations concerning*] *Two New Sciences*, trans. Stillman Drake (Madison: University of Wisconsin Press, 1974), pp.233-234 참고.

33   이 문제에 대한 갈릴레오의 서술과 이에 대한 뉴턴의 대응에 관한 상세한 내용은, I. B. Cohen, "Galileo, Newton, and the Divine Order of the Solar System", in *Galileo, Man of Science*, ed. Ernan McMullin (New York: Basic Books, 1967), pp.207-231을 참고하자.

34   뉴턴이 리처드 벤틀리에게 보낸 편지, 1693년 1월 17일, 1693년 2월 11일, 『Corresp.』 3:238-240, 244.

체들은 중간 어느 지점에서 운동 방향이 바뀌지 않는다. 예를 들어 3권 명제 4에서, 뉴턴은 달의 속도에서 앞으로 나아가는 성분을 제거해 지구 쪽으로 떨어지도록 하는 효과를 탐구한다. 명제 6에서는 목성의 위성이 목성을 향해 떨어지고 태양 주위를 도는 행성들은 태양을 향해 떨어진다.

이어지는 예는 각각의 경우 낙하 운동의 가속이 중력에 비례하여 일정하지 않다는 점에서 갈릴레오-플라톤 문제와 다르다. 그러나 3권의 (명제 41 바로 앞에 나오는) 보조정리 11에서, 뉴턴은 전진 운동 성분을 모두 박탈당하고 특정 높이에서 태양을 향해 낙하하는 혜성을 가정한다. 여기에서 뉴턴은 혜성이 "처음에 받았던 힘을 계속해서 받고, 이 힘은 일정하게 지속된다"고 가정한다. 이 부분만 보면 태양의 힘이 "일정하게 지속"되고 낙하하는 동안 유지되기 때문에 갈릴레오-플라톤 문제와 유사해 보인다.

훗날 3권이 되는 원고 초안[35]에서, 뉴턴은 이와 다소 비슷한 문제를 해결한다. 그는 임의의 행성이 전진 운동(또는 "포물체 운동")의 접선 성분을 박탈당한다고 가정하고, 이미 알고 있던 태양부터 행성까지의 거리를 사용하여 행성이 태양으로 떨어지게 될 시간을 계산한다. 그런 다음 1권 명제 36의 결과를 이용해, 각각의 행성에 대해 낙하 시간은 행성이 태양으로부터 원래 거리의 $\frac{1}{2}$인 궤도에 있을 때 주기(또는 완전한 1회 공전에 걸리는 시간)의 $\frac{1}{2}$이 될 것이라는 결과를 얻는다. 다시 말해서 행성의 주기를 T라 하고 낙하 시간을 t라 하면, $t : T = 1 : 4\sqrt{2}$가 된다. 뉴턴은 금성이 태양까지 낙하하는 시간은 40일이고, 목성은 2년 1개월, 그리고 지구와 달은 66일 19시간 동안 낙하할 것이라고 계산한다.[36]

뉴턴이 1690년대 초에 갈릴레오-플라톤 문제를 토론할 때, 처음에는 이 문제를 갈릴레오와 연관시키지 않고 다른 출처를 인용했다. 1693년 1월 17일 뉴턴이 리처드 벤틀리에게 보내는 편지를 보면, "블론델이 쓴 폭탄에 관한 책 어딘가에서, 플라톤이 (…) 단언하고 있다는 내용이 있습니다"라는 문장이 나온다. 분명한 것은, 설령 뉴턴이 갈릴레오가 쓴 어느 책에서 이 문제에 관한 내용을 읽었다 하더라도 당시에 그는 이것을 기억하지 못했다. 우리는 이로부터 뉴턴이 갈릴레오의 『대화』 또는 『새로운 두 과학』에서 갈릴레오-플라톤 문제를 본 기억이 없었고, 그래서 블론델을 출처로 들었다고 확신할 수 있다. 이 같은 가설은 뉴턴이 갈릴레오의 『새로운 두 과학』을 한 번도 읽지 않았고, 세상의 두 체계에 관한 내용인 『대화』를 토머스 샐러스버리의 영역본으로 일부만 읽었다는 여러 증거와 일관된 것이다.[37] 벤틀리에게 편지를 쓸 당시, 뉴턴은 분명히 블론델의 폭탄에 관한 책을 읽고 있었다. (뉴턴의 개인 도서관에는 이 책이 없었던 것 같다.)[38] 블론델은 태양계가 이런 방식으로 창조되었다고 설명하고, 그 기

---

35 이 3권의 초안, the *Essay on the System of the World*와 관련해서 위 §1.1, n.8를 참고할 것.

36 *Essay on the System of the World*, §27.

37 뉴턴이 갈릴레오의 『새로운 두 과학』을 알지 못했다는 점에 대해서는, 내가 쓴 "Newton's Attribution of the First Two Laws of Motion to Galileo" (위 §5.3, n.8)를 참고하자. 또한 "Galileo and Newton", in *Galileo a Padova, 1592-1610*, vol. 4, *Tribute to Galileo in Padua* (Trieste: Edizioni LINT, 1995), pp.181-210도 함께 참고하면 좋다.

38 John Harrison, *The Library of Isaac Newton* (Cambridge, London, New York: Cambridge University Press, 1978).

원이 플라톤에게서 유래하였다고 썼다. 앞선 편지에 이어지는 1693년 2월 25일자 편지에서, 뉴턴은 마침내 갈릴레오를 언급했다.[39] 아마도 뉴턴이 블론델의 책에서 블론델이 이 문제를 고안한 사람으로 갈릴레오를 언급하는 내용을 발견했을 가능성이 크다.

『프린키피아』를 쓰고 나서 얼마 후, 아마도 1690년대 말일 가능성이 큰데, 뉴턴은 『대화』의 라틴어 번역본을 읽었고, 적어도 플라톤 문제에 관해서 찾아봤던 것 같다. 이에 대한 근거로 뉴턴이 플라톤 문제에 대해 쓴 글을 들 수 있는데, 이 글에는 이 문제와 관련하여 『대화』의 라틴어 번역본에서 거의 그대로 인용한 내용이 포함되어 있다.[40] 지금까지 알려진 바로는, 뉴턴의 원고와 발표된 글 가운데에서 갈릴레오의 이름이 등장하는 글은 이 인용문뿐이다.[41] 『대화』의 내용을 바탕으로 이 문제와 갈릴레오에 대하여 쓴 주석은 『프린키피아』 초판의 개인 사본[42]에 기록이 남아 있지만 2판에는 수록되지 않았다.

마지막으로 한 가지 짚고 넘어갈 점은, 뉴턴이 속도를 정하는 데 있어 기하학적 방법을 사용한 이유는 명제 41의 문제에 대한 그의 풀이 방식과 잘 맞기 때문이었다. 문제의 구조와 내용은 해석적이지만, 뉴턴의 풀이는 기하학적 기틀 위에서 전개된다. 아래 §10.12에서 다시 살펴보겠지만, 뉴턴의 풀이는 미적분과 기하학적으로 등가인 방식으로 진행된다. 이 방식은 속도를 낙하 거리에 해당하는 선의 길이를 기하학적으로 결정하는 뉴턴의 방식과 잘 맞았다.

6.10 움직이는 궤도(섹션 9) 그리고 매끄러운 평면과 표면 위에서의 운동(섹션 10)

섹션 9에서는 그간의 정지 궤도에서 움직이는 궤도로 주제를 옮겨, 타원의 장축단에서의 운동을 소개한다. 1권에서는 달의 운동을 다루는 데 직접 사용할 수 있는 수학적 결과를 내는 부분이 두 곳 있는데, 섹션 9가 그중 하나이고, 다른 하나는 명제 66과 그 뒤에 이어지는 따름정리들이다. 이 섹션 9에서는 여러 물체에 대하여 같은 궤도, 즉 정지 궤도와 움직이는 궤도를 생성하는 힘을 비교한다(명제 44에서). 이 섹션은 특히 무한급수 방법을 소개한다는 특징이 있다(명제 45, 예2, 예3). 뉴턴은 이 방법을 "수렴하는 급수의 방법"이라고 부르며 "부정급수indeterminate series"라는 명칭으로 소개하고 있다. 이 내용은 핼리가 1687년 《철학회보》에 발표한 『프린키피아』 리뷰에서 언급한 부분으로, 특히 뉴턴이 "옛 기

---

39   『Corresp.』 3:255.

40   이 인용문은 내가 쓴 "Galileo, Newton, and the Divine Order", p.225에 수록되어 있다.

41   갈릴레오는 플라톤 문제를 제시하면서 "극치sublimity" 개념을 사용하는데, 이 내용은 『대화』에서는 나오지 않고 『새로운 두 과학』에만 등장한다. 극치는 물체가 주어진 시간 동안 일정한 가속으로 낙하하는 거리이며, 가속의 척도이다. 현재까지 알려진 증거를 통해 뉴턴이 『새로운 두 과학』을 읽지 않았다는 것은 명백하므로, 명제 41의 초기속도 결정을 갈릴레오의 '극치'로 보는 것은 부정확하다.

42   이문이 포함된 우리의 『프린키피아』 라틴어판 참고(위 §1.3, n.45).

하와 새 기하"를 "개선"한 것과, 특히 뉴턴의 "무한급수 방법"의 도입에 주목할 것을 요구하고 있다.[43]

명제 45는 달의 운동 가운데에서도 장축단에서의 평균 운동이라는 구체적인 문제를 다룬다. 이 운동은 관측을 통해 알려졌고 아직 이론적으로 설명되지는 않았었다. 문제를 간단히 하기 위해 "원과 아주 약간 다른 궤도", 즉 거의 원에 가까운 궤도를 고려한다. 뉴턴은 구심력이 일정한 경우들을 다루고 있다. 즉 구심력이 $\dfrac{A^3}{A^3}$과 같을 때(예 1), $\dfrac{A^n}{A^3}$과 같을 때(예 2), 그리고 $\dfrac{bA^m+cA^n}{A^3}$과 같을 때(예 3)를 살펴본다. 따름정리 2는 타원 궤도를 그리는 물체의 운동을 탐구한다. 물체는 중심을 향하며 거리 제곱에 반비례하는 힘의 작용을 받는 동시에 "다른 외부 힘"도 받는다. 뉴턴은 3판에서 따름정리 2의 마지막에 "달의 장축단[의 전진]은" 뉴턴의 계산 결과인 공전당 $1°31'14''$보다 "약 두 배 정도 빠르다"라는 문장을 하나 추가했는데, 지금까지 이 문장에 대해 수많은 해석이 이루어졌다.[44]

섹션 10에서는 매끄러운 평면 위에 물체가 힘의 중심이 그 평면 위에 있지 않은 힘의 작용을 받을 때 일어나는 운동을 소개한다. 물체는 휘어진 표면 위를 움직이게 되고 (명제 48과 49에서) 에피사이클로이드와 하이포사이클로이드의 "길이"는 시간 함수로 주어진다.

그 다음 명제 50은 중력의 작용을 받으며―"주어진 사이클로이드" 또는 하이포사이클로이드를 따라 진자 운동을 하는 추의 수학을 탐구한다. 문제의 진자는 (무게는 없고 늘어나지 않는) 유연한 끈에 매달려 있고 질점은 맨 끝에 있다. 우리는 이것을 "단진자"로 번역했다. 사이클로이드 모양 틀의 사용법은 하위헌스가 발견하여 『진자시계』(1673)에서 설명한 내용인데, 이런 틀에서의 진자 운동은 등시성isochronous을 가지며, 다시 말해 진폭과는 무관한 주기를 갖게 된다. 명제 52 따름정리 1에서 뉴턴은 자신의 진자 연구를 이용해 "물체가 진동하고, 낙하하고, 회전하는 시간들"을 비교하는 방법을 보여준다.

조지 스미스는 섹션 10에서, "뉴턴이 상수 g에 대한 하위헌스의 등시성의 결과가 역제곱 g에 대해서는 유지되지 않지만, r에 비례하는 g에 대해서는 계속 유지된다는 것을 보여주고 있다"고 나에게 알려주었다. 이런 이유로, 사이클로이드 진자는 g가 r에 비례하는 지구 표면 아래에서는 등시성을 갖지만, g가 $1/r^2$에 비례하는 지구 표면 위에서는 그렇지 않다. 그러므로 섹션 10은 "단순히 하위헌스의 결과를 더 넓은 맥락에서 해석할 뿐 아니라, 지구 표면 아래에서 뉴턴의 만유인력과 하위헌스의 균일한 무거움의 차이를 구분하는 경험적인 잣대를 제공한다."

---

43   I.B. Cohen, "Halley's Two Essays on Newton's *Principia*", in *Standing on the Shoulders of Giants: A Longer View of Newton and Halley*, ed. Norman Thrower (Berkeley and Los Angeles: University of California Press, pp.91-108).

44   예를 들어 Rouse Ball, Essay, p.85 그리고 특히 『Math. Papers』 6:380-381 n.260과 508-537의 D.T. Whiteside의 해설 등이 있다. 아래 §8.16 참고.

6.11 물체들의 상호 인력(섹션 11) 그리고 뉴턴 스타일

섹션 11에서는 이론 역학의 모든 토론을 새로운 차원으로 끌어올리는 근본적인 변화가 도입된다. 지금까지의 과정은 다음과 같았다. 첫째, 뉴턴은 저항 없는 매질에서 힘의 수학적 중심 주위를 움직이는, 차원 없는 단위 질량의 질점의 운동을 탐구했다. 이 설정은 정지해 있는 중심 물체 주위로 여러 물체들이 상호작용하지 않고 회전하는 다체multiple-body계에서도 성립하지만, 사실상 뉴턴은 단일 물체의 "계system"[45]를 연구하는 것이다. 그런 다음, 뉴턴은 정지한 궤도에서 움직이는 궤도로 넘어가 매끄러운 표면(즉 저항이 없는 표면) 위에서의 물체의 운동을 탐구했다. 이제 섹션 11에서는 물체 하나와 힘의 중심으로 이루어진 계 다음으로 상호작용하는 두 물체의 계로 넘어가게 되고, 상호작용하는 세 개의 (또는 그 이상의) 물체로 이루어진 계로 진행한다. 그런 다음 물체의 형태와 구조 또는 구성으로 관점을 옮긴다. 마지막으로 다양한 저항의 매질에서 움직이는 물체들을 고려하게 된다.

　이 과정에서 뉴턴은 수학자로서 자연계의 주요한 성질 일부를 반영하는 지적, 수학적 구조를 만들고 이론 역학의 체계를 개발했다. 이런 과정은 두 가지 매우 중요한 장점이 있었다. 첫째, 뉴턴은 이 과정을 따르면서 가장 단순한 계부터 시작해, 다중으로 얽힌 문제들을 한꺼번에 다루지 않고 크고 작은 복잡성을 하나씩 추가해가며 발전시켜 나아갔다. 또 다른 장점은 힘의 수학적 관계를 따지면서, 자연철학에서 인정하지 않았던 힘의 작용 방식을 정당화하거나 인력을 사용하는 구실을 댈 필요 없이 자유롭게 탐구할 수 있었다는 것이다. 다시 말해, 중심을 향하는 인력은 논란의 여지가 있는 개념이었지만, 이를 수학적으로만 다루면서 여러 문제를 회피할 수 있었다는 뜻이다. 이론 역학 체계가 인력을 바탕으로 한 이론임을 알았다면, 당시의 수많은 (아마도 대부분의) 자연철학자들이 이론 역학을, 특히 천체 역학을 거부하리라는 것을 뉴턴은 잘 알고 있었다. 그러나 그는 기계철학 지지자들에 의해 과학적 담론에서 금지당한 개념을 온전히 수학적으로 고민할 수 있었다. 뉴턴 자신도 비록 그런 힘의 존재를 믿긴 했지만, 그 자신의 표현대로 힘이 "다른 무언가의 매개 없이" 엄청난 거리를 넘어 작용할 수 있다는 아이디어를 결코 인정하지 못했다. 그러나 그는 『프린키피아』 1권과 2권에서 담론의 수준을 물리 체계와 비슷한 수학적 체계로 제한함으로써 그런 문제들을 피해 갈 수 있었다(또는 피해 갔다고 믿었다). 이 과정을 나는 뉴턴 스타일이라고 불러왔다.[46]

　『프린키피아』를 시작하면서, 뉴턴은 수학적 구조를 제시했다.[47] 물론 이 구조는 단순화한 자연으로부터 유도된 것이다. 분명히 그는 수학적인 3차원 유클리드 공간 안에서 여러 조건을 고려하고 있다. 뉴턴은 이러한 구조 안에서 차원 없는 단위 질량이 수학적 힘의 중심점 주위를 도는 인공적인 (그러나 수

45　엄격히 말하자면, 단일 물체와 수학적 점이 하나의 계를 이룰 수 있다 하더라도 단일 물체의 "계"는 존재할 수 없다.

46　이 개념은 내가 쓴 『Newt. Revolution』에서 상세히 설명했다.

47　나는 '모델'이라는 용어는 쓰지 않으려 한다. 이 용어에는 여기에는 적용되지 않는 철학적 의미를 담고 있기 때문이다.

학적인) 조건을 설정한다. 비록 구심력 개념을 사용하고 있고 그 수학적 조건과 결과들을 탐색하긴 하지만, 이 구심력은 수학적 개념일 뿐이다. 왜냐하면—뉴턴이 섹션 11의 소개 글에서 말한 대로—수학적 점이 향하는 힘은 수학적 힘뿐이기 때문이다. 실제 자연 세상에서 물리적 힘은 물리적 물체에서 생겨나 물리적 물체를 향한다. 다시 말해 여러 수사적 표현에도 불구하고 이 힘의 물리적 측면 또는 성질은 고려하지 않는다는 뜻이다. 또한 힘의 작용 방식에 있어서도, 그것이 중심을 향해 "당기는" 것인지 뒤에서 "미는"("vis a tergo") 것인지 묻지 않는다. 나는 이러한 수학적 조건들, 그리고 그에 대한 수학적 결과물의 탐색을 뉴턴 스타일의 1단계라고 불렀다.

그런 다음 2단계로 넘어간다. 2단계에서는 먼저 수학적 구조의 조건과 외부 세계를 비교한 후, 1단계의 원래 구조가 실제 관측된 세상의 조건과 유사해지도록 하는 몇 가지 요소를 도입하여 1단계의 조건들을 수정한다. 이러한 수정을 통해 새로운 1단계 또는 개정된 1단계가 만들어지는데, 이렇게 새롭고 좀 더 복잡하게 만들어진 수학적 구조에서 뉴턴은 다시 한번 수학적 조건들의 수학적 결과물을 탐구한다.

섹션 11의 소개 글에서, 뉴턴은 『프린키피아』의 이런 특성에 대해 단호한 태도를 보인다. 그는 이제부터 단일 물체의 단순한 수학적 구조와 수학적 중심으로서의 힘을 버리려 한다고 분명하게 말한다. 그 이유는, 그의 구조를 자연 세상과 비교할 때 그런 상황이 "자연계에는 (…) 거의 존재하지 않는다"는 것을 발견했기 때문이다. 자연계에서 "인력은 언제나 물체를 향하고" 추상적인 수학적 점을 향하지 않는다. 두 물체가 있고 그중 하나가 다른 것을 끌어당긴다면, 운동 제3 법칙에 따라 "잡아당기고 잡아당겨지는 물체들의 작용은 언제나 상호적이고 동등"하며, 따라서 임의의 두 물체 사이에는 상호 인력이 존재한다. 만일 이 계에 두 개 이상의 물체가 포함되어 있으면, 각각의 물체는 다른 모든 물체를 당기고 다른 모든 물체에 의해 당겨진다. 뉴턴은 이제부터 이러한 계를 고려할 것이며, "서로를 끌어당기는 물체들의 운동을 제시하려 한다"고 선언한다.

뉴턴 스타일에서는, 수학적 구조 안의 계의 성질에 대한 수학적 전개 그리고 외부 세계의 조건과의 비교를 바탕으로 한 계의 변경 사이에 거듭되는 대조적 요소가 존재한다. 이렇게 해서 우리는 『프린키피아』를 통해 단일 질점이 힘의 수학적 중심 주위를 움직이는 수학적 구조로부터 상호작용하는 두 질량의 계, 더 나아가 세 개 이상의 질점으로 구성된 계로 발전해 나가는 과정을 볼 수 있다. 외부 세상과 비교하여 얻은 추가적 변화로 물리적 차원을 갖는 물체들의 계를 얻을 수 있고, 그런 다음 다양한 성분과 형태를 갖는 물체의 계를 얻게 된다. 또 다른 비교를 통해 저항이 있는 여러 유형의 매질 안에서의 운동을 고려할 수 있으며, 이러한 운동은 주어진 평면 위나 줄 끝의 진동에서처럼 특정 제약 조건 아래서 이루어진다.

"뉴턴 스타일", "1단계", "2단계" 같은 이름들은 내가 만든 것이긴 하지만, 나는 이런 정의들이 『프린키피아』 1권과 2권에서 뉴턴이 문제를 처리하는 방식을 정확히 설명하고 있다고 믿는다. 마지막으로 "3단계"가 있는데, 3단계에서(3권에서) 뉴턴은 해석과 결과를 적용함으로써 수학적 유사성 수준에서 관측 세계의 현상으로 나아간다.

앞서 우리는 뉴턴이 섹션 11에서 소개하면서 이런 문제들을 직접 언급하는 것을 살펴보았다. 뉴턴은 이전의 섹션 10에서 탐구한 수학적 구조물이 자연 세상의 조건에는 해당되지 않는다고 설명한다. 따라서 1단계를 개정해 2단계를 만들었고, 이제 인력의 중심은 더 이상 수학적인 점이 아닌 두 번째 물체가 된다. 그러나 이 두 "물체"는 아직은 "진짜" 물리적 물체가 아니고 유클리드 공간 안의 수학적 개체일 뿐이다. 다시 말해 섹션 1–10에서 물체는 차원이나 크기, 질량[48] 그리고 무게, 색, 단단한 정도 등의 물리적 성질이 없다.

뉴턴의 과정을 면밀히 조사해본 사람이라면 내가 제시한 단계들이 사실상 뉴턴의 절차와 방법임을 부정하지 못할 것이라고 나는 믿는다. 그러나 1권에서 자신은 수학자의 입장에서 문제를 다루고 있으며, 그가 세운 개념은 물리적 개념이 아닌 순수한 수학적 개념이라는 뉴턴의 주장에 대해서는 학문적 의심이 일었다. 뉴턴은 자연 세상의 수학적 유사체를 창조해왔기 때문에, 물리적 개체들에 일반적으로 사용되던 것과 동일한 이름을 수학적 개념에 부여했다. 곧 보게 되겠지만, 뉴턴 시대에서부터 현대까지 과학자와 철학자들은 담론의 수학적 수준에 관한 뉴턴의 주장을 액면 그대로 받아들이려 하지 않았다. 뉴턴이 단순히 비판을 모면하기 위해—특히 인력 개념을 사용하기 위해—속임수로서 수학자로서의 자세를 취한 것인지, 아니면 내가 뉴턴 스타일이라 명명한 방법론에 대해 진지한 견해를 표현한 것인지, 우리는 이 문제에 직면해야 한다.[49]

"서로를 끌어당기는 물체들의 운동"의 특성을 정교하게 다듬으면서, 뉴턴은 "인력으로서의 구심력을 고려"하고 있다고 말한다. 만일 그가 수학적 구조가 아닌 물리 영역을 다루고 있는 것이라면, "아마도 물리의 언어로" 서술해야 할 것이라는 점도 잘 알고 있다고 설명한다. 그럴 경우, 인력은 "충격력이라고 부르는 편이 더 타당할 수도 있겠다." 그러나 그는 여기에서 물리가 아닌 "수학을 고려하고" 있으며, 그래서 "물리와 관련된 모든 논쟁은 잠시 치워두"겠다고 주장한다. 상호작용하는 두 개의 물체가 있는 수학적 구조물에서는 단일한 힘의 중심이 없다. 어쩌면 뉴턴은 "물체 사이에서 작용하는 상호 구심력"이라는 식으로 물리적, 철학적으로 중립처럼 보이도록 에둘러 말했을 수도 있다. 그러나 그의 목표는 "물리와 관련된 모든 논쟁은" 옆으로 치워두고 수학자의 입장에서 서술하는 것이었다. 또한 뉴턴은 "수학을 잘 아는 독자들이 더 쉽게 이해할 수 있는 익숙한 언어" 사용해서, 수학적으로 더 단순한 의미를 가진 "인력attraction"이라는 용어를 도입했다. 여기에서 뉴턴은 정의 8의 논의에서 말했던 내용,

---

48   섹션 11에서 물체는 질량을 가진 것으로 간주한다. 명제 57에서는 "물체" 또는 질량에 반비례하는 거리에 대해 쓰고 있다. 명제 59에서, 뉴턴은 회전하는 물체의 질량을 명확히 고려하고 있다.

49   이 문제는 내가 쓴 『Newt. Revolution』에서 상세히 다루고 있다.

즉 "인력, 충격력, 또는 중심을 향하는 경향을 의미하는 힘을 표현할 때, 물리적 관점이 아니라 수학적 관점에서의 힘을 고려"한다고 반복한다.

만일 뉴턴이 스스로 말한 대로 추상적인 수학 이론만 정교하게 다듬고 "인력"이란 단어를 쓰지 않았다면, 지금까지 알려진 것 같은 온 세상의 맹렬한 적의와 마주하지 않았을 것이다. 그러나 독자들 모두 알고 있듯이, 애초에 이 책의 제목에 "자연철학"이라는 말이 들어간 것은 뉴턴의 궁극적인 목표가 수학이 아니라 물리임을 보여주는 것이었다. 내가 뉴턴 스타일이라고 명명한 과정을 인정하는 독자라 하더라도—1단계와 2단계 사이의 변화에서부터—뉴턴이 물리적 우주와 거의 비슷한 수학적 구조를 만들고 있다는 점은 잘 알 수 있을 것이다. 미리 3권을 잠깐 보더라도 뉴턴이 수학적 구상인 "인력"으로부터 태양계에서 실제로 관측되는 운동에서 발현되는 물리적 힘으로 옮겨가는 것을 볼 수 있다.

섹션 11의 마지막 주해에서, 뉴턴은 "'인력'이라는 단어를 물체들이 서로에게 접근하려는 모든 노력을 가리키는 일반적 의미로 사용"하고 있으며, 그러한 힘이 물리적으로 어떻게 작용하는지는 전혀 고려하지 않는다는 점을 강조했다.[50] 그는 1권에서 다시 한번, "힘의 종류나 그 물리적 성질"은 고려하지 않았으며, 오로지 "힘의 양과 수학적 비"만 따졌다고 주장했다. 이제 수학적 수준에서 (즉, 그의 수학적 구조물 안에서) 해결해야 하는 문제는 "가정되는 조건으로부터 뒤따르는 그러한 힘의 양과 비율"을 조사하는 것이라고 설명했다. 그런 다음 "물리학으로 내려와, 이 비율을 현상과 비교하고, 그래서 어떤 힘의 조건이 [또는 법칙이] 각각의 끌어당기는 물체들의 종류에 적용되어야 하는지를 찾을 수 있"을 것이라고 했다. 이는 내가 뉴턴 스타일의 3단계라고 명명한 것을 뉴턴이 자신의 언어로 서술한 것이다.

마지막으로 뉴턴은 "이러한 힘의 물리적 종류, 물리적 원인, 그리고 물리적 비율에 관하여 좀 더 확실히 논의할 수 있게 될 것"이라고 말한다. 뉴턴 스타일의 마지막 3단계에서, 뉴턴은 수학적 구조 안에서 발전된 원리를 물리적 세상에도 적용할 수 있을 것이라고 가정한다. 3권에 가면 뉴턴의 수학적 원리가 세상의 체계에 적용될 것이다.

3권을 시작하며 뉴턴은 같은 점을 지적한다. 『프린키피아』의 1, 2권에서는 "철학의 원리"를 제시하였지만 (즉 자연철학의 원리), "철학적이라기보다는, 다만 엄밀히 말해서 수학적"이라고 말한다. 물론 이 원리들은 ("운동과 힘의 법칙과 조건들") "특히 [자연]철학과 관련된 내용들"이며, 그래서 철학적 또

---

50 다시 말해, "노력이 서로를 향해 끌리는 물체들의 작용 때문에 발생한 것인지, 물체에서 방출되는 영(spirit)에 힘입어 서로에게 작용하는 것인지, 아니면 에테르나 공기 같은 매질이—물질적이든 비물질적이든— 물체가 떠다니며 서로에게 이끌리도록 하는 작용을 하는 것인지", 그런 문제는 고려하지 않는다는 뜻이다.
    섹션 11의 마지막 명제(명제 69)에서, 뉴턴은 인력이 서로 끌어당기는 두 물체의 질량에 비례한다는 필요조건으로서 3 법칙이 서로 "끌어당기는" 물체들에 적용된다고 가정한다. 그러나, 커티스 윌슨이 나에게 일깨워준 대로, "만일 '인력'이 서로를 향해 물체를 밀어붙이는, 후원력(vis a tergo)을 만들어내는 에테르에 의해 발생하는 것이라면, 3 법칙이 꼭 적용될 수 있는 것은 아니다." 이 경우 A와 P는 직접적으로 상호작용하지 않을 것이므로, 만유인력의 결과가 아닐 것이다.

는 물리적 문제들이 소개된 주해에서 이 원리들을 조명했다. 그러나 1권과 2권에서는 이 "원리들"을 물리가 아닌 수학적 관점에서만 탐구했다고 주장했다.

그러나 비평가들은 뉴턴이 진심으로 이런 말을 했다고 추정하지도, 인정하지도 않았다. 『프린키피아』가 발표되기 전에도 이미 하위헌스는 이 새로운 책에 대해 주위에서 이런저런 말을 듣고 우려를 표했다. 한 편지에서 그는 이런 글을 남겼다. "나는 그가 데카르트 학파가 아니어도 전혀 반대하지 않습니다. 그가 인력 가설을 자꾸 우리에게 들이밀지만 않는다면 말입니다."[51] 하위헌스는 『프린키피아』를 읽고 난 후 "뉴턴이 인력의 원리 위에 쌓은 모든 이론이 다, 나에게는 어색해 보인다"며 뉴턴의 조석 이론을 거부했다.[52] 그는 뉴턴의 "인력이 역학의 그 어떤 원리로도, 또는 운동 법칙으로도" 설명할 수 없으며, 그러므로 자연철학에 수용될 수 없다는 점을 최대한 분명하게 서술했다.[53] 라이프니츠는 "물질이 물질을 향하는 인력"을 뉴턴이 도입한 것은 "사실상 초자연적 성질로의 회귀이며, 어쩌면 더 최악이라 할 수 있는, 설명할 수 없는 성질로 돌아간 것"이라고 선언했다.[54] (데카르트 학파였던) 퐁트넬은 파리 과학 왕립학회에서 발표한 뉴턴의 공식 추도문에서, "데카르트가 물리학에서 제거한 이래 모든 외양에서 영원히 사라진 인력과 진공을, 이제 아이작 뉴턴 경이 다시 불러왔다"고 말했다.[55] 퐁트넬은 무거움gravity이 "실제로는 인력이고, 물체의 능동적 힘"이라는 뉴턴의 주장을 비난했다. 그러면서 1권 섹션 11의 논의 중에서, 뉴턴이 중력이 "충격력에 의해 작용할 수 있다"고 설명한 부분을 지적했다. 그렇다면 왜 "더 명확한 용어"인 충격력을 사용하지 않았느냐는 것이다. 퐁트넬은 "인력과 충격력 서로 반대이기 때문에" 이 두 용어를 구분 없이 사용할 수 있다고 생각하지 않았다. 퐁트넬은 인력 개념에 해당하는 "어떤 실체가 존재한다고 상상하고, 그래서 그것을 이해한다고 믿는 위험에 빠지지 않도록" 경계해야 한다고 결론을 내렸다.[56] 저명한 철학자이자 과학사가인 알렉상드르 쿠아레는 뉴턴의 입장을 인정하지 않았다. 그는 퐁트넬의 서술을 언급하면서, "물론 퐁트넬이 옳다. 단어들은 중립적이지 않다. 단어는 의미를 가지고 있고 그 의미를 전달한다"고 말했다.[57]

볼테르는 퐁트넬에게 고전적인 답변을 보냈다. 그는 『철학서한Lettres philosophiques sur les Anglais』에서, 뉴턴이 왜 "누구나 잘 이해하는 충격력이라는 단어를 쓰지 않고, 그 대신 우리가 이해하지 못하는 인력이라는 단어를 썼는지"를 다루고 있다. 볼테르는 뉴턴을 옹호하며 어차피 비평가들이 "인력보다 충격

51 하위헌스가 파시오 드 듀일리에에게, 1687년 7월 11일, Christiaan Huygens, *Œuvres complètes, publiées par la Société hollandaise des sciences* (The Hague: Martinus Nijhoff, 1888-1950), 9:190.

52 하위헌스가 라이프니츠에게, Huygens, *Œuvres* 21:538.

53 "Discours sur la cause de la pesanteur", Huygens, *Œuvres* 21:471.

54 G.W. Leibniz, *Die philosophischen Schriften* (Berlin: Weidmann, 1876-1890), 5:58(Nouveaux essais).

55 *Newton's Papers*, ed. Cohen and Schofield (위 §1.2, n.41), pp.453ff 참고.

56 현대 영어로 번역한 퐁트넬의 추도문은 *Newton's Papers*, ed. Cohen and Schofield, pp.453ff에서 찾아볼 수 있다.

58 Koyré, *Newtonian Studies* (위 §1.2, n.16), p.58.

력이라는 단어를 더 잘 이해하는 것도 아니다"라고 대답했다.[58] 다른 여러 답변 가운데에서도, 볼테르는 아마도 뉴턴이 "내가 인력이라는 단어를 사용하는 경우는 내가 자연에서 발견했던 효과, 미지의 원리가 보여주는 분명하고 반론의 여지가 없는 효과, 물질에 내재된 성질, 내가 아닌 다른 누군가도 발견할 수 있는 원인을 표현할 때뿐이다"라고 대답했을 거라고 (상당히 정확하게) 추측했다. 볼테르는 인력의 원인이 "전능하신 분의 비밀arcana 가운데에", 즉 "신의 품 안에" 있다고 결론을 내렸다. 물론 뉴턴도 이에 동의했으리라는 것은 충분히 추측할 수 있다.

나는 뉴턴이 만유인력의 존재를, 그리고 만유인력으로부터 지구의 중력이 발현되었음을 굳게 믿었다는 것을 전혀 의심하지 않는다. 그러나 그는 이 힘이 도대체 어떻게 작용하는지 그 부분에 대해서는 항상 고민했다. 앞에서도 언급했고(§3.5) 또 언급할 기회가 있겠지만, 뉴턴은 생이 끝나는 날까지도 이 힘이, 다른 무엇의 매개 없이 그 자체로, 엄청난 공간을 가로질러 뻗어 나가면서도 여전히 행성이나 혜성의 운동에 충분한 영향력을 미칠 능력이 있다는 가정 없이도 이 힘의 작용을 설명할 방법을 탐구했다. 그는 내가 명명한 뉴턴 스타일에 따라 『프린키피아』를 발전시켜 나가면서, 연달아 이어지는 명제들이 가리키는 길을 어느 정도 따라갔고, 그러면서 인력의 개념이 필요한 부분에서 특별히 곤란해지도 않았고 방해받지도 않았다. 이런 유의 힘의 작용 방식을 찾아야 할 필요성 때문에 최종 목적을 향한 길을 바꾸지 않았다.

뉴턴은 그의 독자들이 그와 함께 그가 발전시키는 수학적 원리를 따라줄 것이라고 진심으로 바랐을 것이다. 이 원리는 자연철학이 거부할 수 없을 만큼 강력한 것이었다. 그렇다면 이 보편적인 힘의 작동 방식만 찾으면 될 것이라고 뉴턴은 생각했다. 그러나 막상 현실에서는, 아무리 인력 개념이 수학적 수준의 담론이라 하더라도 그 자체로 너무나도 혐오스러워서, 일부 동시대인들은 (그중에는 하위헌스와 라이프니츠가 있었다) 단순히 이 인력 개념이 포함되어 있다는 이유만으로 뉴턴의 자연철학을 거부했다. 그들은 수학과 물리 그리고 담론의 수준에 관한 뉴턴의 서술을 무시하거나 뉴턴주의의 탁월함을 인정하지 않았다. "뉴턴은 차라리 말을 아끼는 편이 나았을지도 모른다. 50번을 부인해도, 아니, 50에 50을 곱한 만큼 부인해도 기계철학자들의 분노를 잠재우지는 못했을 것이다." R.S. 웨스트폴의 말이다.[59]

하위헌스가 『프린키피아』를 공부한 후 쓴 글을 보면 인력에 대한 혐오를 어느 정도 달랠 수 있을 것이다. 하위헌스는 "태양과 행성 사이, 또는 달과 지구 사이의 거리만큼 멀리 무거움의 작용을" 확장시킨다는 생각을 단 한 번도 해본 적이 없다고 썼다. 그 이유는, "내가 보기에 데카르트 씨의 소용돌이가 좀 더 타당해 보였고 지금도 그렇게 생각하는데, 소용돌이 이론에 따르면 그런 생각을 할 수 없었기 때문"이었다. 그가 기계철학으로부터 놓여나지 못했다는 점은 참으로 안타까운 사실이다.

---

58   Koyré, *Newtonian Studies*, pp.60-61에서 번역 인용됨.

59   『Never at Rest』, p.465.

6.12 섹션 11: 섭동 이론 (명제 66과 22개의 따름정리)

섹션 11은 서로를 잡아끄는 두 물체가 공통의 무게중심 주위를 회전하는 이체 문제로 시작된다(명제 57과 58). 이어지는 명제 59에서는 하나의 물체 주위를 도는 다른 물체의 주기를 공통의 무게중심 주위를 도는 운동의 주기와 비교한다. 이 내용은 케플러 제3 법칙에 필요한 수정의 바탕이 된다. 더 나아가 명제 60에서 63까지는 두 물체로 구성된 계의 여러 성질을 탐구한다. 그런 다음 명제 64는 끌어당기는 힘이 물체 사이의 거리 제곱이 아니라 거리에 비례할 때 이 계에서의 운동을 조사한다. 뉴턴은 두 물체로 구성된 계에서 출발해서, 그 다음 세 번째 물체를 추가하고 마지막으로 네 번째 물체를 추가한다. 명제 65에서, 뉴턴은 세 물체가 상호작용을 하고 그 사이의 인력은 거리의 제곱에 반비례하는 경우에 대하여 두 가지 예를 연구한다. 그리고 서로에 대한 궤도가 "타원과 크게 다르지 않"으며, "초점까지 이어진 반지름은 시간에 거의 비례하는 면적"을 휩쓴다는 것을 보여준다.

다음으로 명제 66과 22개의 따름정리들이 나오는데, 여기에서 뉴턴은 가장 유명한 문제 중 하나인 삼체문제를 이론 역학에 도입한다. 명제 66은 약간 일그러지는 타원을 포함해 섭동 효과를 명시적으로 다룬다는 점에서 명제 65와 다르다. 독자들이 보기에는 논리적으로 명백해 보이지만, 뉴턴은 서로를 끌어당기는 세 물체 문제를 일반화시키지 못한다. 그래서 명제 66은 외행성이 내행성에 미치는 섭동 효과로 시작하지만, 명제 66과 22개의 따름정리에서는 이보다 좀 덜 까다로운 문제를 다루고 있다. 태양이 가하는 섭동력을 받은 달이 지구 주위를 도는 운동과 상당히 유사한 문제다.[60]

여기에서 우리는 뉴턴 스타일이 작동하는 분명한 예를 보게 된다. 수학적 1단계는 2단계에 의해 확장 또는 변화되고, 그 안에 새로운 특징 또는 자연 세상의 특징들이 도입된다. 이 경우에는 세 번째 힘 즉, 섭동하는 물체의 힘이 된다. 뉴턴의 목적은 복잡한 수학적 구조를 만들고 그 구조가 궁극적으로 세상의 체계에서 관측된 가장 의미 있는 특징을 유사하게 드러낼 수 있도록 하는 것이다. 섹션 11에서 뉴턴이 하나씩 소개하는 특징들을 살펴보면, 그가 한꺼번에 복잡한 세상의 체계에 뛰어들지 않고 상대적으로 다루기 쉬운 단계에서부터 수학적 복잡성을 높여가고 있는 것을 볼 수 있다.

섹션 11에 이르면 독자들은 비로소 뉴턴의 궁극적인 목표를 완전히 알게 된다. 세상의 체계를 분석

---

60   라우스 볼(Essay, pp.88-89)은 명제 66의 따름정리 22개의 주요 주제들을 간결하게 제시했다. 여기에서 뉴턴은 태양 같은 물체의 작용이 달 같은 물체의 운동에 미치는 "간섭" 또는 섭동 효과를, "경도상 운동, 위도상 운동, 연차(annual equation), 장축의 운동, 교점의 운동, 출차(evection), 달 궤도의 기울기 변화, 춘분점과 추분점의 세차 측면에서 탐구했다. 이 명제는 또한 조석 이론에도 적용되며, 교점의 운동으로부터 추론된 지구 내부의 구성을 결정하는 데에도 적용된다."

이 주제에 대해서는 D.T. Whiteside, "Newton's Lunar Theory: From High Hope to Disenchantment", *Vistas in Astronomy* 19 (1976): 317-328에 훌륭한 해설이 수록되어 있다. 달의 운동에 대한 뉴턴의 주해를 비평적으로 요약한 해설은 『Newt. Achievement』, pp.262-28에서 찾아볼 수 있다. 뉴턴의 달의 이론에 대해서는, *Isaac Newton's Theory of the Moon's Motion* (1702), introd. Cohen(위 §1.3, n.53), 그리고 아래 §8.14, n.78에서 언급한 두 편의 박사학위 논문 (Craig Waff 그리고 Philip Chandler)을 참고하자.

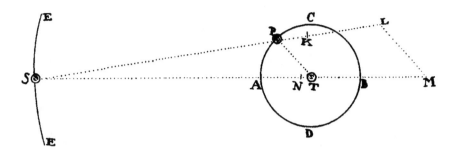

그림 6.2 삼체문제(1권 명제 66, 따름정리들). 태양(S="Sol")은 지구(T="Terra") 주위 궤도를 도는 달(P="Planeta", 2차 위성 또는 위성)에 섭동력을 가한다

하는 데 사용되는 수학적 결과를 얻는 것이다. 중심 물체는 T로("Terra", 지구), 궤도를 도는 물체를 P로("Planeta"), 그리고 섭동하는 물체를 S로("Sol", 태양) 표기한 것을 보면 의심의 여지가 없다. 뉴턴은 항상 그런 것은 아니지만 행성과 위성을 일컬을 때 "planeta"라는 명사를 사용하는 경향이 있었다. 그는 우리가 말하는 행성을 "주행성"이라고 부르고, 다른 때에는 별다른 단서 없이 "행성"이라고만 부른다. 『프린키피아』 3권에서는 위성이나 달을 "위성"이라고 부르는 동시에 "행성"의 일종으로, 또는 "목성 주위를 도는circumjovial 행성"과 "토성 주위를 도는circumsaturnian 행성"으로 부르기도 한다("태양 주위를 도는circumsolar 행성"에 대비되는 개념으로).

『프린키피아』 초판에서는 상호작용하는 세 물체를 T, P, S로 지정하지 않았다. 초판에서는 중심이 T가 아닌 S였고, 궤도를 도는 물체에는 P를 사용했다. 뉴턴이 표현한 것은 분명히 코페르니쿠스 체계였다. 그는 무의식적으로 태양("Sol"의 S)을 중심에 두고 그 주위를 도는 위성("Planeta"의 P)을 배치했다. 그런 다음 알파벳 순서대로 P 너머에서 섭동하는 물체를 Q로 정했다. 2판에서는 중심 물체를 S에서 T("Terra")로 바꾸었지만, 그 주위 궤도를 도는 물체를 L("Luna")이라고 부르지 않고 그대로 P(2차 위성 또는 행성의 위성)로 두었다. 아마도 그 이유는 그가 이미 알파벳 순서대로 점 L, M, N 중 하나로 L을 사용했고, 이 순서를 흐트러뜨리고 싶지 않았기 때문일 것이다. 세 번째 변화는 섭동하는 외부 물체를 지정한 것인데, 이제 이것이 S("Sol")가 되었다.

명제 66은 §8.15에서 자세히 논의하므로 여기에서는 방법만 간단히 요약하겠다. 뉴턴은 처음에는 거리 제곱에 반비례하는 힘의 작용을 받는 물체 P(이를테면 달)가 물체 T(이를테면 지구) 주위 궤도를 도는 운동을 고려한다(그림 6.2 참고). P는 T의 중심을 중심으로 하는 타원 형태로 움직일 것이고, 동경벡터 TP는 같은 시간 동안 같은 면적을 휩쓸 것이다. 그런 다음 상당히 먼 곳에 섭동하는 물체 S를 추가하고, 이 세 물체들이 역제곱 법칙에 따라 서로 끌어당길 것이라고 가정한다. 다음으로, 뉴턴은 S가 P에 가하는 힘을 두 성분으로 나누는데, 한 성분은 P에서 T로 향하는 선과 평행하고, 다른 성분은

S에서 T로 향하는 방향이다. 그는 그런 다음 이 세 힘의 효과를 각각 조사한다. 먼저 TP에 평행한 성분(그 척도인 LM으로 지정됨)은 T가 P에 가하는 구심력을 더한다. 이 힘은 역제곱 힘이 아니므로 알짜 힘은 더 이상 거리의 제곱에 반비례하지 않게 된다. 따라서 궤도는 타원을 벗어나게 된다. P에 가하는 S의 힘의 두 번째 성분은 T에서 S 방향으로 작용한다. 이 방향은 S가 T에 가하는 힘의 방향과 같으므로, 이 성분이 다른 두 힘과 결합하면 합력의 방향은 더 이상 S에서 P를 향하지 않게 된다. 따라서 타원 궤도와 면적 법칙을 따르는 궤도 위의 운동에서 편차를 초래한다. 이 세 번째 힘의 알짜 양은 NM으로 지정되며, 두 섭동력 중 두 번째다. 이들 두 섭동력 각각은 (LM과 NM) S와 P의 상대적 위치에 따라 변하고, 이는 타원 궤도에서 또는 그 세기에 따른 면적 법칙에서 편차를 초래한다. 명제 66의 따름정리 22개는 S와 P의 다양한 조건에 따른 결과들을 탐색한다. 뉴턴의 방법과 그가 사용한 다양한 그림들은 오늘날에도 이 두 섭동력을 해석하는 데 사용되고 있다.[61]

명제 66의 따름정리 14는 특히 흥미롭다(이 내용은 §10.16에서 자세히 분석했다). 이 내용이 달의 질량과 밀도를 결정하는 데 사용되기 때문이다. 앞으로 보게 되겠지만, 뉴턴은 달 밀도 계산에서 따름정리 14를 언급하고 있는데(3권 명제 37, 따름정리 3에서), 정작 1권 명제 66 따름정리 14에서는 밀도가 명확히 언급된 부분이 전혀 없다.

1권 명제 66 따름정리 14의 또 다른 흥미로운 특징은 최종 결과가 태양의 "겉보기 지름"의 관점에서 서술되어 있다는 점이다. 분명히 이 "겉보기 지름"은 관측을 암시하는 것이며, 이 책이 순수한 수학적 담론이라는 주장에 비추어 보면 이례적으로 보일 수 있다. 그러나 뉴턴은 3권 명제 37 따름정리 3에서 "겉보기 지름"의 관점에서 서술된 결과가 필요했다. 태양의 질량과 밀도를 설명할 때 수치가 불확실한 변수, 즉 태양 시차를 바탕으로 삼고 싶지 않았기 때문이었다. 태양의 겉보기 지름은 마지막 문장에만 등장하는데, 이로써 뉴턴이 나중에 3권 명제 37 따름정리 3에서 필요하다는 것을 발견하고 이 문장을 추가했다고 추측할 수 있다.

1권 명제 66의 마지막 특징도 눈여겨볼 만하다. 여기에서 뉴턴은 "절대 힘"의 개념을 사용하여(또는 힘의 절대 척도) 물체의 질량을 도입한다. 사실 따름정리 14의 구체적인 조건은 물체의 "양" 또는 질량과 그것이 가하는 인력의 절대 척도의 비례성이다. 뉴턴은 섹션 11에 올 때까지 오로지 단위 질량 또는 질점만 고려했고, 그래서 "가속을 일으키는" 힘(또는 힘의 가속 척도)만 사용했었다.[62]

명제 67은 궤도 위로 운동하는 물체 S를 다룬다. 여기에서는 S의 동경벡터가 T 또는 P가 아니라 T

---

61   Forest Ray Moulton, *An Introduction to Celestial Mechanics*, 2d ed. (New York: Macmillan Co., 1914; reprint, New York: Dover Publications, 1970), chap. 9, §185, pp.337ff. Cf. I.B. Cohen, "*The Principia*, the Newtonian Style, and the Newtonian Revolution in Science", in *Action and Reaction: Proceedings of a Symposium to Commemorate the Tercentenary of Newton's "Principia"*, ed. Paul Theerman and Adele Seeff (Newark: University of Delaware Press; London and Toronto: Associated University Presses, 1993), pp.61-104.

62   이 척도에 관해서는 정의 6, 7, 8과 위 §4.10을 참고하자.

와 P의 무게 중심에 대하여 시간에 "거의" 비례하는 면적을 휩쓸 것이라고 서술한다. 이와 유사하게, 초점이 T 또는 P의 중심이 아니라 무게중심에 놓이면 궤도는 타원 모양에 더 가까워지게 된다. 명제 68과 따름정리는 "작은 물체들 몇 개가 가장 큰 물체 주위를 공전"하는 계를 다루고, 명제 69는 물체의 수를 늘려 계를 확장한다. 명제 69의 주제는 거리 제곱에 반비례하는 힘으로 서로를 끌어당기는 여러 물체의 계다. 여기에서 끌어당기는 물체 중 하나에 가해지는 절대 힘은 질량에 비례하다는 것을 증명한다.

6.13 섹션 12(구체의 동역학의 측면들); 섹션 13(구체가 아닌 물체의 인력); 섹션 14("지극히 작은" 물체의 운동)

섹션 1에서 10까지 뉴턴은 차원이나 크기, 모양, 구성, 질량이 없는 단위 질량 또는 질점을 고려하고, 예외적으로 섹션 11 말미에서 질량을 도입했다. 이제, 뉴턴은 뉴턴 스타일의 1단계와 2단계를 대조하면서, 실제 자연계의 측면을 도입하여 그가 구축한 수학적 구조에 새로운 조건을 추가한다. 그렇게 섹션 12로 넘어가면, 구체의 성질을 탐구하면서 물리적 차원과 모양을 도입한다. 명제 70은 속이 빈 구형 껍질에서 껍질의 입자들이 거리 제곱에 반비례하는 힘으로 서로를 끌어당길 때 껍질 내부에 힘이 0이 되는 점이 있음을 증명한다. 이 같은 조건에서(명제 71) 껍질 밖의 입자 또는 미립자는 껍질의 중심을 향하는 역제곱 힘에 의해 당겨진다. 이어지는 명제에서는 인력에 관한 일차적 예제들을 탐구하면서, 단단하고 균질한 구의 인력 그리고 균일한 구형 껍질로 이루어진 구, 즉 내부 밀도가 중심부터의 거리에 의해서만 변하는 구의 인력 문제를 다룬다.

구체의 다음 단계는 "다른 물체를 끌어당기는 입자들로 구성된 물체의 인력 법칙"이다. 그러나 섹션 12의 마지막 주해에서 말하듯, "이 문제를 특별한 예로 다루는 것은" 뉴턴이 세운 "근본적인 계획"이 아니다. "이러한 유의 물체의 힘 그리고 그 힘에서 발생하는 운동에 관하여 보다 일반적인 명제들"을 추가하는 것으로 충분할 것이며, 그 이유는 이런 명제들이 "철학적 문제들에서 조금은 유용하기 때문"에, 다시 말해서 자연철학이나 물리학의 문제에서 유용하기 때문이다. 이 내용은(섹션 13) 구 모양이 아닌 물체의 인력으로 이어진다. 여기에서는 거리의 세제곱에 (또는 그보다 더 높은 지수) 반비례하여 변하는 인력을 가하는 입자로 구성된 물체의 인력(명제 86), 원판의 인력(명제 90), 그리고 "구심력이 임의의 거리 비에 따라 감소"할 때 회전하는 입체가 회전축 위의 미립자에 가하는 인력(명제 91) 등을 다룬다. 그리고 명제 93에서는 "한쪽으로는 평면이고 다른 쪽으로는 무한히 확장되는 어떤 입체"의 인력을 다룬다.

마지막 섹션 14는 "구심력이 거대한 물체의 각 부분을 향할 때 이러한 구심력을 받는 극도로 작은 물체", 다시 말해 미립자에 작용할 때의 운동에 관한 것이다. 이 섹션의 명제들은(특히 명제 94, 95, 96) 처음과 마지막 경로 사이에서 관찰되는 빛의 굴절과 유사한 운동 방향과 속도의 변화를 다루고 있다. 이들 명제에서 '굴절의 사인 법칙'의 의미는 "굴절" 전후의 속도가 입사각의 사인과 굴절각의 사인의 역수비라는 것이다. 이 법칙은 뉴턴이 빛의 경우에 대하여 믿었던 내용이다. 다시 말해 입사 전의 속도 대 굴절 후의 속도비는 굴절각의 사인(수직선을 기준으로) 대 입사각의 사인 비와 같다는 것이다. 이 명제는 빛의 파동 이론에 대항하는 빛의 미립자 이론의 특징으로, 결과적으로는 파동 이론의 비와 역수비가 된다. 또한 이 명제에서는 경계면에서 경로가 순간적으로 휘지 않고 서서히 휜다.

　다음으로 나오는 주해에서, 뉴턴은 앞선 섹션에서와 유사한 태도로 섹션 14에서 탐구한 물체의 수학적 운동과 빛의 전파 사이에 "유사성"이 있다고 설명했다. 그러므로 "광학에서 사용하기 위해" 몇 가지 명제를 추가하지만, "광선의 본질에 대해서는" 아무것도 논의하지 않는다고 주장한다. 즉 "빛이 물체인지 아닌지"는 논하지 않겠다는 것이다. 뉴턴은 "광선의 궤적과 유사한 물체의 궤적을 결정하는" 것이 유일한 목적이라고 단언한다. 이 유사성은 당시 올레 뢰머가 발견했던, 빛이 유한한 속도로 전파된다는 사실로부터 좌우되는 것이다. 마지막으로 뉴턴은 구형 망원경 렌즈의 색수차 문제를 탐구하고, 이를 바로잡지 않으면 다른 오류들을 바로잡으려는 노력 역시 모두 헛수고가 될 것이라고 결론을 내렸다.

7장
2권의 구조

7.1 2권의 몇 가지 측면

『프린키피아』2권은 여러 유형의 유체가 운동에 미치는 저항력을 이론과 실험을 통해 연구하는 내용이다. 2권은 여러 가지 면에서 1권과 3권과 다른데, 특히 두드러지는 특징은 에른스트 마흐를 포함한 여러 과학사가들 또는 역학을 연구하는 역사학자들이 잘 논의하지 않고, 심지어 언급조차 자주 하지 않는다는 것이다. 2권을 연구하는 역사학자들은 일반적으로 2권의 특정 주제만 다룰 뿐 중심 주제인 유체역학의 이론적, 실험적 탐구에 대해서는 별로 고민하지 않았다. 학자들이 주로 연구하는 주제는 크게 4가지다. (1) 1권 보조정리 11. 뉴턴이 (라이프니츠의 설명과 함께) 최초로 그의 미적분법을 활자로 발표한 부분이다. (2) 3권 마지막 주해. 여기에서 뉴턴은 데카르트의 소용돌이가 케플러의 법칙과 일관되지 않음을 증명한다. (3) 소리의 속도 결정. 이 부분에서 학자들의 주된 관심은 일반적으로 공기의 단열 팽창 대신에 등온 팽창을 가정할 때 뉴턴이 저지른 실수에만 집중된다. (4) 입체의 최소 저항 연구. 이제는 그리 놀랍지 않겠지만, 2권의 수학은 D. T. 화이트사이드가 상세히 연구, 분석하였다.[1]

2권이 이렇게 홀대를 받게 된 데에는 뉴턴에게도 일부 책임이 있다. 그 자신이 독자들에게 1권의 앞부분을 열심히 공부한 다음 세상의 체계를 다룬 3권으로 건너뛰라고 제안했기 때문이다. 역사학자와 과학사가들에게는 아무래도 유체의 성질보다는 세상의 체계가 훨씬 더 매력적인 연구 주제였을 것이다. 또한 2권은 전체 내용이 가설처럼 보인다는 문제가 있다. 이를테면 유체의 저항을 속도의 함수로

---

[1] 특히 『Math. Papers』, 8권과 6권의 일부에서.

보는 자의적인 가정이나 분출하는 물줄기를 단단한 얼음 조각으로 간주하는 식이다.

2권은 1권과 달리 3권으로 곧장 이어지지 않기 때문에, 과학사가들뿐 아니라 수많은 뉴턴 학자들마저도 2권을 1권의 이론적 원리와 3권의 세상의 체계에 대한 이론 적용 사이에 저자가 갖다 놓은 불필요한 장애물로 취급한다. 트루스델은 이런 경향을 상당히 정확하게 관찰했고, 사실상 2권이 "역사학자와 철학자들이 자기가 가진 『프린키피아』에서 뜯어내 버리는 부분"이라고 말했다.[2] 18세기 프랑스의 수학자 클레로는 2권이 "유체와 그 안에 담겨 있는 물체의 운동에 관한 대단히 심오한 이론을 다루고 있다"며 다르게 평가했지만, 이 같은 그의 후한 평가는 현대의 역사학자와 과학자들에게 전혀 인정받지 못하고 있다.

클리포드 트루스델은 1권과 3권에만 쏠려 있던 학자들의 관심을 유체역학의 역사로 확장시키는 데 기여한 사람이다. 그런 그도 2권에 대해서는 "대단히 독창적이고, 대부분은 틀렸다"고 자신의 견해를 강한 어조로 표현했다.[3] 트루스델의 관점에서 보면, "매 단계마다 가설이 새롭게 제기된다. 겉으로 드러나지 않은 가정이 자유롭게 사용되고, 겉으로 명시된 가정이 이따금 전혀 사용되지 않기도 한다." 트루스델은 2권에서 "문헌이나 역사에 포함된 내용은 거의 없으며, 간혹 포함되더라도 종종 잘못 표현되어 왔다"고 지적한다. 트루스델은 현대 유체역학 또는 가변 물체의 물리학을 창시한 이는 뉴턴이 아닌 오일러라고 보고 있다.

2권을 박하게 평가한 이는 트루스델만이 아니다. 심지어 뉴턴에 대해서는 아낌없는 찬사를 보냈던 19세기의 브로검과 라우트도, "뉴턴의 [유체역학에서의] 발견들은 (…) 천체물리와 운동의 일반 법칙들에서 보여준 수많은 변화에 비하면 미미하다"고 마지못해 인정한다.[4] 다시 말해, 뉴턴이 "과학의 가지 위에서 만들어낸 연구 성과는, 그의 손이 빚어낸 『프린키피아』의 나머지 부분만큼 완전하지 못하다"는 것이다.

2 Clifford Truesdell, "Reactions of Late Baroque Mechanics to Success, Conjectures, Error, and Failure in Newton's Principia", in *The Annus Mirabilis of Sir Isaac Newton, 1666-1966*, ed. Robert Palter (Cambridge Mass., and London: MIT Press, 1970), pp.192-232.

3 Clifford Truesdell, "A Program toward Rediscovering the Rational Mechanics of the Age of Reason", *Archive for History of Exact Sciences* 1 (1960): 3-36, 특히 7.

  트루스델은 또한 *The Rational Mechanics of Flexible or Elastic Bodies, 1638-1788: Introduction to Leonhardi Euleri Opera Omnia, Vol X et XI Seriei Secundae*, vol 11, sec 2, of *Leonhardi Euleri Opera Omnia*, ser. 2 (Zurich: Orell Füssli, 1960)라는 제목으로 책 한 권 분량에 육박하는 중요한 논문을 썼다. 트루스델의 "Rational Fluid Mechanics, 1687-1765 (Editor's Introduction to Euleri Opera Omnia II 12)" (125페이지), in *Leonhardi Euleri Opera Omnia*, ser 2, vol.12 (Zurich: Orell Füssli, 1954), 그리고 "Editor's introduction (*Leonhardi Euleri Opera Omnia* II 13)"(118페이지)에 포함된 "I. The First Three Sections of Euler's Treatise on Fluid Mechanics (1766); II. The Theory of Aerial Sound, 1687-1788; III. Rational Fluid Mechanics, 1765-1788", in *Leonhardi Euleri Opera Omnia*, ser. 2 vol. 13 (Zurich: Orell Füssli, 1956)도 함께 참고하자. 이중 마지막 논문에서, 트루스델은 『프린키피아』 2권 섹션 8을 "소리를 정량화하는 이론으로 최초의 시도"(p.xxi)라고 설명한다. 트루스델은 뉴턴이 파동 공식을 "전파 속도 = (진동수) × (파장)"이라고 명확하게 서술하고, "파동 운동의 전파와 회절" 원리도 명확하게 서술하고 있음을 지적한다.

4 『Anal. View』, p.163. 브로검과 라우트는 이 미미한 변화에 대하여 다음과 같이 기가 막히게 변명했다. "아이작 뉴턴 경의 시대 이전에 이미, 과학 전체 분야 중 유체역학 분야가 역학의 다른 분야보다 더 많이 발전했기 때문이다." 이 문장은 오일러와 현대의 유체역학의 거장들의 연구 성과를 돌이켜 볼 때 정반대의 얘기를 하고 있다.

그러나 내가 잘 아는 여러 편의 간행물에서는 뉴턴의 2권을 진지하게 연구하고 있다. 브로검과 라우트가 쓴 『아이작 뉴턴 경의 "프린키피아"에 대한 분석적 견해*The Analytical View of Sir Isaac Newton's "Principia"*』는, 비록 부정적인 결론을 내리는 데다가 다소 시대에 뒤쳐져 현대의 독자들이 이해하기 어렵겠지만, 2권의 주요 내용을 상세히 살펴보고 있다. 20세기 초 존 R. 프리먼이 편찬한 책에서는 뉴턴이 『수리학*hydraulics*』에 기여한 공로와 그의 독창성을 칭송하는 논문이 몇 편 실려 있다.[5] 그러한 뉴턴의 성과로는 유사성 원리, 상환 원리(또는 움직이는 유체 안에 정지해 있는 물체와 정지한 유체 안에서 움직이는 물체의 유체역학적 동일성), 그리고 U자형 관 안의 유체의 진동 운동과 진자의 진동 운동의 동일성을 발견한 점 등이 있다. 이러한 성과는 수리학 또는 유체역학의 역사에서 여러 학자들에게 인정받는 것이다. 르네 뒤가스는 자신의 책에서 2권에 대해 논의하기는 하지만, 17세기 역학의 역사에서 뉴턴을 중요하게 다루었던 것에 비하면 상대적으로 가볍게 넘어가고 있다. 역학의 일반적 역사에서 뉴턴의 지위를 조명한 챕터에서도 2권은 언급하지 않는다.[6] 두 번째 책에서 18세기의 사상들을 논하며 뉴턴의 유체역학 연구에 대해 일부 논의한 내용이 있는데, 글의 초점은 뉴턴의 아이디어를 어떻게 수정해야 하는지에 맞춰져 있다. 라우스와 인스가 쓴 수리학의 역사[7]는 상당한 지면을 할애해 2권을 설명하지만, 내용이 다소 산만하고 비판적 관점이 부족하다는 문제가 있다.[8] 그리고 윌리엄 프레드릭 뒤랑이 편찬한 6권짜리 『공기역학 이론*Aerodynamic Theory*』에 수록된 R. 쟈코멜리와 E. 피스톨레시의 「역사적 개요*Historical Sketch*」에서는 뉴턴의 실질적 성과와 실패에 관한 가장 유용한 평가를 찾아볼 수 있다.[9] 마지막으로 P. 네메니가 쓴 수리학의 역사에 관한 논문에서도 뉴턴의 2권에 대한 비평적 분석이 상당 부분을 차지하고 있다.[10] 네메니는 "유체역학의 중심 개념과 아이디어들"을 강조하면서 뉴턴의 목적이나 방법 그 자체를 탐구하려 하지 않고 부적절한 개념에만 지나치게 집중하는 경향이 있으며, 중요한 의미를 갖는 실험에도 그다지 관심을 보이지 않는다. 그럼에도 그의 해설은 유체에 관한 뉴턴의 저작을 철저하고 예리하게 분석하는 명문이다. 내가 만나본 여러 저자 중에서 소용돌이가 천문학 법칙에 모순이

---

5   John R. Freeman, ed., *Hydraulic Laboratory Practics, Comprising a Translation, Revised to 1929, of Die Wasserbaulaboratorien Europas, Published in 1926 by Verein Deutscher Ingenieure* (New York: American Society of Mechanical Engineers, 1929). 이와 함께 appendix 15, "Dimensional Analysis and the Principle of Similitude....," by Alton C. Chick, 특히 pp.776-777, 796-797도 참고할 것.

6   René Dugas, *A History of Mechanics*, trans. J.R. Maddox (Neuchâtel: Editions du Griffon; New York: Central Book Co., 1955); René Dugas, *Mechanics in the Seventeenth Century*, trans. Freda Jacquot (Neuchâtel: Editions du Griffon; New York: Central Book Co., 1958).

7   Hunter Rouse and Simon Ince, *History of Hydraulics* (Ames: Iowa Institute of Hydraulic Research, State University of Iowa, 1957).

8   *Isis* 50 (1959): 69-71에 수록된 C. Truesdell의 리뷰를 참고하자.

9   W.F. Durand, ed., *Aerodynamic Theory: A General Review of Progress* (1934-1936; reprint, New York: Dover Publications, 1963), 1:306-394.

10   P.F. Neményi, "The Main Concepts and Ideas of Fluid Dynamics in Their Historical Development", *Archive for History of Exact Sciences* 2 (1962): 52-86. *Newton's Natural Philosophy*, ed. I.B. Cohen and Jed Buchwald (Cambridge: MIT Press, 출간 예정)에 수록된 George Smith의 "The Newtonian Style in Book Two of the *Principia*"에서 2권에 대한 새로운 해석을 확인할 수 있다.

라는 2권 마지막 부분의 뉴턴의 "증명"에 결함이 있음을 밝힌 저자는 네메니가 유일하다. 공학과 과학 철학의 관점에서 2권을 다른 각도로 바라보는 다양한 접근법에 대해서는 아래 §7.10에서 논의한다.

『프린키피아』 2권은 얼핏 보면 1권 또는 3권과 맥락이 닿지 않는 것 같고, 그보다는 오히려 듬성듬성 모아놓은 주제들의 컬렉션처럼 보인다. 전체 아홉 섹션 중 처음 네 섹션은 뉴턴이 쓴『물체의 운동에 관하여 2권*De Motu Corporum Liber Secundus*』에서도 소개되어 있는데, 여기에서는 몇 가지 조건의 저항을 받는 운동을 다루고 있어 자유 공간 또는 저항이 없는 공간에서의 운동을 연구한 1권의 보충처럼 보일 수 있다. 2권의 첫 부분은 1권의 초안 말미의 내용을 확장한 것으로 궁극적으로는『운동에 관하여』의 결말 부분에서 유래한 것이다. 섹션 6과 7에서는 유체의 저항에 관한 물리 이론을 발전시킨다. 그 다음으로는 진자 운동, 유체 운동의 일부 성질, 파동 운동, 소리 이론, 소용돌이 등을 주제로 다룬다. ―간단히 말하자면 자연철학의 수학적 측면을 조명하고 있다. 그렇게 해서 도달한 결론은 데카르트의 소용돌이 이론이 케플러의 면적 법칙에 모순이므로 폐기되어야 한다는 주장이다. 2권의 결론은 사람들의 관심을 꾸준히 받고 있다. 『프린키피아』를 읽고 난 후 하위헌스가 한 말대로, "소용돌이 이론은 뉴턴에 의해 폐기되었다."[11]

2권의 내용 대부분은 세상의 체계를 서술한 3권과 관련이 없고, 그런 이유로 원래 계획의 일부가 아니었다고 추정된다. 그렇다면 왜 뉴턴이 2권을 써서『프린키피아』에 포함시켰는지 자연스럽게 의문이 들게 된다. 프랑스의 수학자 클레로는『프린키피아』에 대해 쓴 해설에서, "비록 뉴턴이 데카르트에게 공공연하게 반기를 드는 것은 마지막 명제의 주해에서, 천체의 운동은 소용돌이에 의해 만들어질 수 없음을 증명한 부분뿐이지만," 2권의 궁극적인 목적은 "소용돌이 체계를 파괴하는 것"이라고 제안했다. 그는 주해에서 특히 이 점을 강조했다. "뉴턴은 데카르트의 소용돌이 이론을 무너뜨리기 위해 이 책을 썼다."[12]

돌이켜 보자면 (섹션 1, 2, 3에서) 뉴턴의 목표는 저항 조건의 결과를 일부 탐구하여 자연에서 발견할 가능성이 높은 현상을 다루는 것이었다. 어떤 저항은 속도에 비례하고 어떤 것은 속도의 제곱에 비례하고, 또 어떤 것은 이 둘 모두에 비례한다. 뉴턴은 논의에서 물체가 유체에서 받는 저항이 속도에만 비례할 뿐 아니라 유체의 물리적 성질, 이를테면 밀도나 점도에 의해서도 영향을 받는다고 지적한다. 뉴턴은 또한 어떤 입체가 주어진 유체를 특정 속도로 통과하는 경우와, 앞서 같은 유체가 정지한 물체를 같은 속도로 통과하는 경우가 수학적으로 동일하다는 원리를 활용했다. 이 원리는 직관적으로 볼 때 명백한 내용이지만, 뉴턴의 독창성의 상징처럼 보아도 될 만큼 대단히 중요하다. 특히 뉴턴의 저항 연구는 실험 보고서를 폭넓게 사용하고 있다는 점에서『프린키피아』의 다른 부분과 뚜렷이 구분된다.

---

11   Christiaan Huygens, "Varia Astronomica", in *Œuvres complètes* (위 §6.11, n.51), 21:437-439; cf. Alexandre Koyré, *Newtonian Studies* (Cambridge: Harvard University Press, 1965), p.117.

12   뒤 샤틀레 후작부인의 프랑스어 번역본『프린키피아』(Paris, 1756)의 2권, p.9, §16에 수록되어 있다.

이론 역학의 오랜 역사를 거슬러 현재부터 과거를 돌아보면, 2권은 변형 가능한 물체의 물리학이나 유체역학의 관점보다는 수학과 공학의 관점에서 볼 때 좀 더 흥미롭다. 결국 (앞서 §5.8에서 보았듯이) 2권 섹션 2 보조정리 2에서 뉴턴이 보여주는 유율법이란 유리수 계수를 가진 다항식의 도함수를 얻는 방법이며, 뒤에서 실제로 "유율"이라는 단어도 사용하고 있다. [13]

7.2 2권의 섹션 1, 2, 3 ; 다양한 조건의 저항을 받는 운동

1권의 뉴턴 스타일에 관한 논의를 계속 이어가면, 뉴턴은 물체가 운동하는 매질의 저항이 속도에 비례한다는 (섹션 1) 가장 단순한 가정으로 2권을 시작한다. 그런 다음, 이 가정의 수학적 결과를 탐구하고, 다음으로 저항이 속도의 제곱에 비례하는 좀 더 복잡한 조건으로 넘어간다 (섹션 2). 그런 다음 섹션 3에서는, 저항의 일부는 속도에 비례하고 다른 일부는 속도의 제곱에 비례하는 매질 안에서의 운동을 다룬다.

섹션 1 마지막의 주해에서, 뉴턴은 속도에 비례하는 저항의 조건은 "자연계보다는 수학에 더 많이 해당하는" 가설임을 인정하고, 앞서 살펴본 뉴턴 스타일대로, 이 가설이 자연계와 일치하려면 어떻게 수정되어야 하는지를 설명한다. 그는 3판의 섹션 3의 결론에 이에 대한 해설을 추가하면서 구체의 운동에 대한 매질의 저항과 관련하여 세 가지 물리적 요인, 즉 점성, 마찰, 밀도를 도입한다.

섹션 1의 명제 1 뒤에 나오는 보조정리에서는 다음의 내용을 서술한다. 만일,

$a : a - b = b : b - c = c : c - d \cdots$ 이라면,

$a : b = b : c = c : d \cdots$ 이다.

이것은 제임스 그레고리에게 배운 것이고[14] 소논문 『운동에 관하여』의 보조정리 2에서 이미 소개한 내용이다. 초판의 명제 4에는 따름정리가 다섯 개뿐이었다. 2판에서 두 개가 더 (1과 2로 번호가 매겨진다) 추가되었다.

섹션 2에서, 미적분학은 곱, 몫, 제곱근, 또는 거듭제곱한 양(또는 기하학적으로 동등한 양)의 "모멘트"(미분계수에 비례)를 사용한다. 이 모멘트는 "결정되지 않았으며 변할 수 있다"고 간주되어, "마치 연속적인 운동 또는 유동에 의해"(보조정리 2) 증가하거나 감소하는 것처럼 다루어진다. 우리는 앞서

---

13   이 주제에서 좀 더 나아가면, 1권에서 (예. 명제 41) 뉴턴이 특정 곡선에 대하여 "구적법을 인정"하는 명시적 조건을 도입하는 것을 보았다. 다시 말해 곡선 아래의 면적, 즉 곡선으로 표현되는 함수의 적분을 결정한 것이다. 위 §5.8도 함께 참고하자.

14   『Math. Papers』 6:33 n.13 참고.

(135페이지) 뉴턴이 AB의 모멘트가(또는 미분계수) $aB+bA$이고, ABC는 $aBC+bAC+cAB$의 모멘트를 갖는다고 설명하는 내용을 보았다. $A^2, A^3, A^4, A^{1/2}, A^{3/2}, A^{1/3}, A^{2/3}, A^{-1}, A^{-2}, A^{-1/2}$의 모멘트들은 정확하게 $2aA$, $3aA^2, 4aA^3, \frac{1}{2}aA^{-1/2}, \frac{3}{2}aA^{1/2}, \frac{1}{3}aA^{-2/3}, \frac{2}{3}aA^{-1/3}, -aA^{-2}, -2aA^{-3}$, 그리고 $\frac{1}{2}aA^{-3/2}$로 각각 표시되고, 임의의 거듭제곱 $A^{n/m}$의 모멘트는 $\frac{n}{m}aA^{(n-m)/m}$이라고 말한다. 여기에서는 $A^2B, A^3B^4C^2$, 그리고 A^3/B^2의 모멘트도 제시한다. 증명은 $AB, A^n, 1/A^n, A^{m/n}, A^m B^n$을 포함하는 구체적인 예를 통해 제시되며, 이는 다항식의 모멘트(즉 미분계수)를 찾는 다음 단계로 이어진다.

이어지는 주해에서, 뉴턴은 (1687년 초판에서) 이미 10년 전에 자신이 최댓값과 최솟값을 찾는 방법, 접선을 그리는 방법 등을 알고 있으며, 이 방법은 유리수 항과 무리수 항 모두에 적용된다는 내용을 라이프니츠에게 알렸다고 쓰고 있다. 그는 그런 다음 "유동량을 포함하는 방정식이 주어지면 유율을 찾을 수 있으며, 그 역도 성립한다."라는 내용을 암호 속에 감추고 그 열쇠를 적어 보냈다고 했다. 라이프니츠는 그에 대한 답장으로 그가 찾은 방법을 알려 왔으며, 뉴턴은 이 내용이 언어나 표기법을 제외하고는 "나의 것과 거의 다르지 않다"고 주장했다. 2판에서 뉴턴은 자신의 방법과 라이프니츠의 방법이 "양quantity의 생성에 대한 개념"에서도 다르다는 취지의 문장을 추가했다. 그러나 3판에서는, 뉴턴은 이 개념이 명확하게 서술된 존 콜린스에게 보낸 편지(1672년 12월 10일)를 인용하며 완전히 새로운 주해를 도입했다. 이 편지는 미적분학의 발명에서 뉴턴에게 우선권이 있음을 공적으로 평가할 때 중요하게 여겨지는 자료다.[15] 이후로 뉴턴은 라이프니츠를 언급한 내용은 삭제하고, "이 주제에 대하여 내가 1671년에 쓴 논문"을 근거로 "이 일반적 방법의 기반은 이전의 보조정리에 포함되어 있다"고 분명히 서술하고 있다.

이어지는 명제 10에서, 뉴턴은 매질의 저항이 매질의 밀도와 속도의 제곱에 모두 비례하여 변하는 조건에서 포물체 문제를 다룬다. 이 증명은 2판에서 개정되었고, 조판이 끝나고 인쇄가 된 후에 거의 처음부터 다시 작성되었다.

7.3 명제 10의 문제들

『프린키피아』의 역사를 공부한 사람이라면 2권 명제 10이 특별한 관심의 대상임을 알 것이다. 문제는 무거움gravity이 균일하면서 일정한 방향을 향하고, 매질의 저항은 매질의 밀도와 속도의 제곱에 따라 변한다고 가정할 때, 물체가 주어진 곡선을 따라 움직이도록 하는 매질의 밀도를 찾는 것이다. 이 때 물체의 속도와 매질의 저항은 알려져 있다. 이 명제는 무엇보다도 뉴턴의 유율(또는 "모멘트")을 그

---

15   Hall, *Philosophers at War*(위 §1.3 n.56). 그리고 『Math. Papers』, vol. 8의 문서와 해설도 참고할 것.

림으로 표현한 것으로 유명하다. 뉴턴이 쓴 원고는 험프리가 정서했는데, 변경된 내용이 거의 없이 초판의 조판으로 넘어갔다. 뉴턴이 쓴 "indefinite"를 라틴어 "infinite"로 바꾸는 수준의 사소한 수정은 있었지만, 이것이 핼리가 "개선"한 내용인지 아니면 인쇄공의 오류인지는 알려지지 않았다.[16] 코츠가 2판 출간을 위해 수정된 『프린키피아』 원고를 받았을 때, 명제 10의 수정 사항은 미미했다. 뉴턴이 코츠에게 보내고 아마도 코츠가 살짝 수정한 후 인쇄공에게 넘긴 실제 원고는 현재 남아있지 않지만, 뉴턴이 주석을 달고 개인 소장용 초판에 끼워넣은 삽지에 적힌 수정 사항을 바탕으로 원고의 내용을—대부분—재구성할 수 있다.[17] 현재까지 확인되는 한에서는, 대부분은 사소한 수정이다. 수정된 내용은 증명을 마무리하는 "Q.E.D."를 "Q.E.I"로 적절히 바꾼 경우, 예 3에서 "XY와 YG"를 "3XY와 2YG"로 바꾼 경우, 예 4에서 "DN"을 "BN"으로 대체하고 "densitas illa"를 삽입한 경우, 주해에서 $\frac{3nn+3n}{n+2}$를 $\frac{2nn+2n}{n+2}$로 고친 경우 등이 있다. 그러므로 본문에서 크게 고친 부분은 분명히 없었다. 뉴턴-코츠의 서신을 보면, 코츠는 대대적으로 수정할 내용이 없어서 간단히 손을 본 원고를 인쇄공에게 넘겼으며, 이 원고는 232-244쪽으로 수록되고, 마지막 장의 접지 기호 Gg, 전체 접지 기호 Hh, 그리고 첫 장에 접지 기호 Ii와 함께 적절한 절차에 따라 인쇄되었다고 적혀 있다.

1712년 9월, 니클라우스 베르누이는 런던에 도착해 A. 드무아브르의 소개로 뉴턴을 만났다. 뉴턴은 베르누이를 저녁 식사에 두 번 초대했다. 베르누이는 드무아브르에게, 그의 삼촌 요한 (I) 베르누이가 명제 10의 "저항이 있는 매질 안에서 원을 그리는 물체의 운동"과 관련하여 심각한 오류를 발견했다고 알렸다.[18] 뉴턴은 처음에는 이 오류가 "단순히 접선을 다룬 방식이 잘못된 데에서 비롯되었으며, 근본적인 계산의 바탕과 계산에서 사용한 급수는 정확하다"고 생각했다(또는 그렇게 생각했다고 알려져 있다).[19] 그러나 이 오류는 훨씬 더 근본적인 것이었다.[20] 따라서 뉴턴은 이중의 문제에 직면해 있었다. 첫 번째는 그의 수학을 재구성하고 오류를 제거하는 것이었고, 두 번째는 수정된 내용을 이미 인쇄된 명제 10의 본문과 정확히 같은 공간을 차지하도록 압축하는 것이었다. 실제로 어느 정도 시간이 흐른 후인 1713년 1월 6일에 뉴턴이 코츠에게 "2권의 열 번째 명제가 수정되었다"는 편지를 보냈을 때,

---

16 초판의 인쇄 원고는 인쇄소에 보낸 원고와 사소하게 다른 점들이 좀 더 있다. 이를테면 ("indefinite"를 "infinite"로{255.5} 바꾼 것 외에도) "ducantur"를 "dicantur"로 바꾼 것{256.28}, "ille"의 삽입{259.2}, "Et simili"를 "Simili"로 바꾼 것{263.10}, 그리고 "V"를 "X"로{264.15} 표기한 것 들이 있다. 중괄호 안의 숫자는 3판의 페이지와 행 번호를 표시한 것이며, 우리가 편찬한 라틴어판(이문 포함)을 기준으로 하였다.

17 이 내용은 모두 우리의 라틴어판(이문 포함)에 수록되어 있다.

18 드무아브르가 요한 베르누이에게 보낸 편지, 1712년 10월 18일, *Math Papers* 8:52에서 인용.

19 이 내용을 뉴턴의 미발표 서문의 내용과 비교해 보자(위 §3.2).

20 화이트사이드는 뉴턴의 오류에 대해 『Math. Papers』 8:53 n.180에서 자세히 설명하고, p.50 n.175에서 보충 설명했다. §6, appendix 2.1 참고.

『프린키피아』는 거의 대부분이 인쇄된 상태였다.[21] 그래서 새로운 내용은 기존의 공간 안에 맞춰야 했다. 뉴턴은 대체할 내용을 포함하려면 "230페이지부터 240페이지까지 한 장 반을 재인쇄해야 할 것"이며, 이 부분은 접지 기호 Gg의 네 번째 장과 접지 기호 Hh 전체가 될 것이라고 예상했다. 당시의 관행으로, 삭제되거나 새로 추가되는 지면은 (접지 기호 Gg의 네 번째 장은 231–232페이지) 삭제 지면의 끝부분에 붙여져 면밀히 검토할 수 있도록 했다.[22] 이렇게 개정된 부분은 2판의 리뷰를 『학술기요Acta Eruditorum』에 보낸 한 검토자의 눈을 피하지 못했다. 그는 이렇게 썼다.

> 저명한 베르누이는 1713년의 『학술기요』 121페이지에서 뉴턴이 시의적절하게 (조카 니클라우스 베르누이를 통해) 그 자신의 조언을 받아, 새 판본의 인쇄가 완료되기 전에, 이전 판에서 저항 대 무거움의 비와 관련하여 잘못 서술한 내용을 정정했고, [정정한 본문을] 그의 책에 별도의 장으로 삽입했다. 이전 판본과 새 판본을 비교하고, 베르누이의 해설을 참고하면 이러한 작업이 완성되었음을 알 수 있다. 그리고 삭제된 장과 그 자리를 대체한 새로운 장을 통해 초판의 오류가 2판에도 있었음을 명백히 알 수 있다.[23]

뉴턴은 예 1의 숫자에 오류가 있음을 쉽게 알 수 있었다. 뉴턴이 실수를 바로잡기 위해 어느 정도의 노력을 했는지는 뉴턴이 『프린키피아』를 수정한 과정을 추적한 A. 루퍼트 홀의 연구를 통해 처음으로 밝혀졌다.[24] 명제 10과 관련한 뉴턴의 작업량은 뉴턴의 『수학적 논문』의 8권에 수록된 뉴턴의 수정본 원고 초안 그리고 D.T. 화이트사이드가 재구성한 뉴턴의 논증과 분석을 통해 분명하게 드러난다. 뉴턴의 노력이 어느 정도 규모였는지는 화이트사이드의 책에서 이 문서들과 해석이 차지하는 분량이 백여 장이 넘는다는 단순한 사실만으로도 충분히 엿볼 수 있다. 뉴턴은 문제의 수학을 완성했고, 이 내용을 새 판본의 페이지에 맞게 다듬었다. 코츠가 문제가 있다고 공표한 지 고작 3개월 만에 이루어진 일이었다.

화이트사이드가 명제 10을 설명하는—일반 개요[25], 본문, 수정 내용의 번역, 그리고 광범위한 주석으로 구성된—논문은 책 한 권 분량에 육박한다.[26] 특히 그는 뉴턴이 미적분학을 부정확하게 이해하고

---

21   사실상 1712년 11월 23일까지, 코츠는 뉴턴에게 마지막 장 Qqq의 열아홉 줄(사실상 20줄)을 제외하고는 논문 전체가 모두 인쇄되었다고 보고했다. 마지막 장은 뉴턴이 덧붙일 결론을 위한 자리였다.—이 자리에는 결국 일반 주해가 들어가게 되었다. 내가 쓴 『Introduction』, pp.236-237을 참고할 것.

22   나는 여러 나라의 도서관을 돌며 2판의 사본들을 조사했지만, 231-240페이지의 원문을 수록한 사본은 한 권도 보지 못했다.

23   *Acta Eruditorum*, March 1714:134.

24   A. Rupert Hall, "Correcting the 'Principia'", *Osiris* 13 (1958): 291-326.

25   『Math. Papers』 8:48-61.

26   같은 책, pp.312-420.

있다는 베르누이의 주장을 다시 설명한 후 비평적으로 분석하고, 『프린키피아』의 주해에서 드러난 뉴턴의 수학을 면밀히 해설했다. 명제 10과 따름정리 그리고 예제에서, 뉴턴은 유율법과 무한급수의 응용에 크게 의존한다. 브로검과 라우트는 뉴턴의 설명을 적절히 무시하고, 라이프니츠와 라이프니츠 이후의 미적분 알고리즘만을 사용하여 명제 10을 완전히 다시 썼다.[27]

명제 10의 증명에서, 뉴턴은 세로선의 순간적인 증분 또는 무한히 작은 증분을 도입하고, 구하려는 곡선 그리고 균일한 힘 장 안에 저항이 없는 경우 생기는 포물선 사이의 차이를 근본적으로 결정했다. 두 번째 문단에서 뉴턴은, 독자와 조금도 타협하지 않고, 이렇게 쓴다. "가로선 CB, CD, CE에 대하여 $-o, o, 2o$라고 쓰고," "MI는 임의의 급수 $Qo + Ro^0 + So^3 + \cdots$라고 쓰자." 여기에서 o는 세로선이 막 생겨나는 부분 또는 무한히 작은 증분이다. 뉴턴은 증명에서 세로선 CD, CE를 양으로, CB를 음으로(반대 방향으로) 잡는다. 그러므로 $CD = o$, $CE = (CD + DE) = 2o$, $CB = -o$이다. 르 쇠르와 자키에, 그리고 화이트사이드는 이 부분을 설명할 필요성이 있다고 보았는데, 뉴턴은 여기에서 세로선 CH, DN의 "differentia fluxionalis" 즉 순간적인 증분 MI를 무한급수 $Qo + Ro^0 + So^3 + \cdots$로 표현한다. 여기에서 Q, R, S, $\cdots$는 (좀 더 익숙한 라이프니츠의 표현을 쓰면) $\frac{de}{da}$, $\frac{1}{2}\frac{d^2e}{da^2}$, $\frac{1}{6}\frac{d^3e}{da^3} = \frac{1}{3}\frac{dR}{da}$, $\cdots$이다. 뉴턴은 그가 "첫 번째 항이라 부르는 것은 무한히 작은 양 o가 존재하지 않는 항이다. 두 번째 항은 그 양이 1차원인 항이고, 세 번째는 그 양이 2차원인 항이다. 네 번째는 그 양이 3차원인 항이며, 이렇게 무한정 나아간다"고 설명한다. 그는 만일 "선분 IN이 유한한 크기를 갖는다면, 세 번째 항과 이후 무한정 이어지는 항들에 의해 그 크기가 지정된다. 그러나 만일 선분이 무한히 감소하면, 이후 항들은 세 번째 항보다 훨씬 더 작아지며 따라서 무시할 수 있다"고 설명한다.

베르누이는 뉴턴의 일반적인 유율법 그리고 특히 명제 10에 대한 해석, 그리고 요한 베르누이와 존 케일 사이의 공격과 반격에 대해 진술을 (그리고 정확하지 않은 진술도) 남겼고, 화이트사이드는 자신의 논문에서 이 내용을 분석했다. 화이트사이드는 뉴턴이 2판 서문에서 베르누이를 특별히 언급하거나 명제 10의 내용을 수정했음을 따로 밝히지 않은 점에 주목한다. "특히 수정된 명제 10은 뉴턴으로서는 (베르누이의 조카 탓에) 재구성하느라 꽤나 애를 먹어야 했던 일이었다." 화이트사이드의 해설에 따르면, 뉴턴이 베르누이를 무시한 것은 "악의까지는 아니더라도 비열하고 비겁한 행위였으며, 베르누이는 늘 분한 감정을 품고 살았고 한번은 이 분노를 공공연히 표출한 적도 있었다. 결국 이 일은 뉴턴에게 후회로 남게 되었다."[28]

---

27   『Anal. View』, pp.202-205.
28   『Math. Papers』 8:362 n.37. 화이트사이드는 p.373 n.1에서 베르누이의 *Opera Omnia* (Lausanne and Geneva, 1742)의 ("수정된") 2판의 편집자 가브리엘 크레이머가 1687년판 원문과 1713년 수정된 본문을 2단 인쇄로 나란히 수록한 사실을 환기시켰다. 이는 독자들로 하여금 뉴턴이 베르누이의 비평으로부터 무엇을 어떻게 얻어갔는지를 쉽게 알 수 있도록 하기 위한 것이었다.

7.4 명제 10의 주해의 그림 문제

2권 명제 10 주해의 끝부분에 나오는 그림은 상당히 희한한 역사를 가지고 있다. 이 그림이 가진 문제 중 하나는, 뉴턴 자신이 직접 제작한 모든 판본의 본문에서, 원의 일부와 쌍곡선이 교차해 생기는 두 점을 모두 같은 문자 H로 표기한다는 것이다. 그래서 본문에는 "두 교차점 H와 H로부터 두 개의 각 NAH와 NAH가 생긴다"라고 되어 있다. 이 문제를 해결하기 위해, 후세의 일부 편집자와 번역자들은 본문과 그림을 고쳤는데, 그 과정에서 원문의 원래 의미를 벗어나기도 했다. 뉴턴이 오늘날의 일반적인 표기법을 따라 한 점은 H로, 다른 점은 H'로 표기했다면 이런 문제는 일어나지 않았을 것이다.

문제의 그림은 초판의 명제 10, 예 3의 증명에서, 그리고 규칙 8 중간의 주해에서도 나온다. 세 군데에 걸쳐 등장하는 이 그림에는, 본문을 설명하는 데 있어 필요 이상으로 많은 요소를 가지고 있다. 당시에는 일반적인 관행이었지만, 그림을 새기는 목판 수를 줄이기 위해 두 그림을 합쳐 그리는 일이 종종 있었다. 이 초판의 그림을 아래에 그림 7.1로 실었다. 그림에서 보이듯이 곡선의 교차점 두 개에 같은 문자 H가 표기되어 있다. 점선 A*b*는 곡선 A*k*의 접선이고, 이 접선은 두 점과 교차하는 곡선의 바깥쪽 점 *b*에서 만나게 된다. 점 *b*는 H와 H 사이에 놓여 있다. 2판에서도 그림은 바뀌지 않고 명제 10의 증명에 처음 나온 다음 (예 3의 중간 부분) 주해에서 또 다시 등장한다(규칙 3의 중간 그리고 규칙 8에서).

그러나 3판에서는, 이 그림 중에서 명제 10의 증명에 필요한 부분과 주해에서 필요한 부분이 다르다. 그래서 이 중복된 H 문제는 주해에서만 드러난다. 다음 그림 7.2로 실은 그림은 주해의 내용을 위

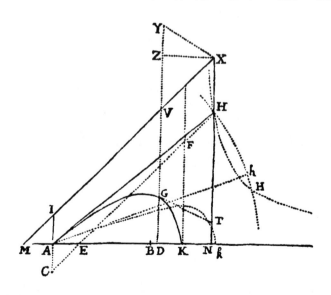

그림 7.1   2권 명제 10과 이어지는 주해에 나오는 그림. 1687년 초판에서 발췌. (Grace K. Babson Collection, Burndy Library)

한 부분인데, 아래쪽 H가 삭제되었고 곡선 아래쪽 교차점을 표시하는 문자가 없다.

펨버튼이 그림에서 아래쪽 H를 제거한 이유는 뉴턴이 규칙 바로 앞의 주해에서 그림을 소개할 때 하나의 점 H만을 언급했기 때문이다. 그래도 이 부분의 본문은 아무튼 헷갈릴 수밖에 없다. 뉴턴이 "AH를 길게 늘여 점근선 NX와 [쌍곡선 AGK 방향으로] H에서 만나고" 있다고 쓰기 때문이다. 만일 AH를 "길게 늘여" 확장시키면, 이 선은 점 H를 넘어 뻗어나가게 된다. *h*를 최초로 언급한 부분은 규칙 7에 등장한다. 본문에서 볼 수 있듯이, 두 개의 H에 대한 언급은 규칙 8의 끝부분, 주해의 결론으로서 단 한 번 등장한다. 따라서 주해의 본문에 두 번째 H가 등장하지 않으므로, (3판의 편집자) 펨버튼은 독자들이 같은 문자로 표기된 두 점 때문에 혼란스럽지 않도록 아래쪽 교차점에서 H를 삭제했다. 수정된 그림에서 문자 H는 두 곡선의 위쪽 교차점을 분명하게 표시하고 있다(이 점은 곡선 AK의 접선 위에 놓여 있다). 그리고 이제 두 곡선의 아래쪽 교차점에는 지정된 문자가 없다. 3판의 본문은 이전과 같이 "두 교차점 H와 H" 그리고 "두 개의 각 NAH와 NAH"라고 쓰고 있지만, 3판의 독자들은 교차점 H와 각 NAH를 하나씩만 보게 된다.

그림 7.2에서 보듯, 펨버튼은 두 번째로 그림을 수정했다. 이 그림에서는 점선 A*h*의 위치가 옮겨지고 점 *h*는 곡선의 아래쪽 교차점 아래에 나타난다(이전 판본에서는 *h*가 두 교차점 사이에 놓여 있었다). 이 변경은 수학적으로 의미가 없다. 모트의 영어 번역본(1729)은 뉴턴의 본문을 충실히 번역해서, "두 교차점 H, H" 그리고 "두 개의 각 NAH와 NAH가 생겨난다"라고 쓰고 있다(2권 42페이지). 이 그림과 (2권, 2판 그림 6) 라틴어판 3판에서는 두 곡선의 위쪽 교차점만 문자로 표기되어 있다. 그리고 점 *h*도 쌍곡선과 원의 아래쪽 교차점에 바짝 붙어 있다.

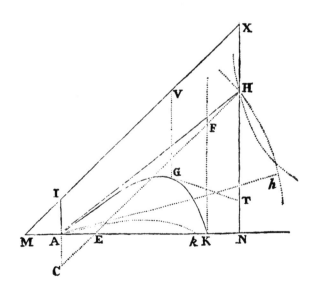

그림 7.2 1726년에 나온 3판의 2권 명제 10 다음의 주해에 수록된 그림. 점 h의 위치가 이동하고 두 번째 H가 사라졌다. (Grace K. Babson Collection, Burndy Library)

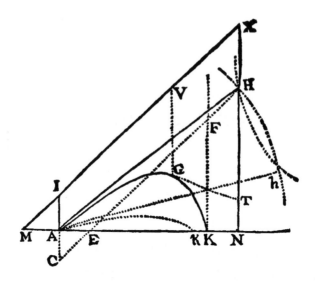

그림 7.3a 르 쇠르와 자키에 판 2권(1740)의 그림 중 하나. 이 그림에서 선 Ah가 두 곡선 아래페이지의 교차점 바로 아래까지 뻗어나가는 것을 눈여겨보자. 그러나 본문에서는 Ah 위의 점과 두 곡선의 아래페이지 교차점을 표시하는 데 같은 h가 사용된다. (Grace K. Babson Collection, Burndy Library)

　본문과 그림의 대대적인 변경은 르 쇠르와 자키에가 18세기 중반 출간한 해설이 포함된 대형 라틴어판에서 처음으로 진행되었다. 초판에서(2권, 1740), 규칙 8의 본문에 두 점 "H, H"와 두 각 "NAH, NAH"를 언급하는 부분이 나오는데, 이는 펨버튼이 편집한 『프린키피아』 1726년 판의 표현을 정확히 재현한 것이다. 이 1740년 판에서 "규칙regulae"에 몇 차례 등장하는 그림은 두 가지 형태가 있는데, 이는 분명히 두 개의 다른 목판으로 찍은 것이다. 그림 하나에는(102페이지 규칙들rules 직전, 107페이지 규칙 7, 109페이지 규칙 7 중간) 1726년 판처럼 *Ah*가 그려져 있고 곡선의 두 교차점 아래로 조금 뻗어나가 있다(그림 7.3a 참고). 그러나 규칙 4(105페이지), 그리고 마지막 규칙인 규칙 8에서(2회 등장, 110페이지와 112페이지), 두 번째 형태의 그림이 나온다(그림 7.3b 참고). 여기에서 선 *Ah*는 두 곡선의 아래 교차점을 통과하여 세 번째 교차점이 생기고, 이 점은 *h*로 표시된다.

　2판(2권, 1760)에서도 1740년 판과 마찬가지로 두 가지 형태의 그림이 사용되지만 위치가 다르다. 정확한 그림은 선 *Ah*가 세 번째 교차점을 형성하는 것이 아니라 두 곡선의 교차점 아래까지 뻗어있는 것인데, 이 그림은 규칙들 직전(102페이지) 그리고 규칙 7에(2회 등장, 107페이지과 109페이지) 등장한다. 다른 형태의 그림은 (세 번째 교차점이 *h*로 표시된) 규칙 4(105페이지)에서 한 번, 그리고 마지막 규칙인 규칙 8에서 두 번(110, 112페이지) 등장한다.

　따라서 2판에서는 규칙 8의 결론이 뉴턴이 썼던 대로 표현될 수가 없다. 뉴턴의 글대로라면 마지막 그림이 본문과 일치하지 않기 때문이다. 그러나 이 본문을 『프린키피아』의 공식 판본 그리고 르 쇠르와

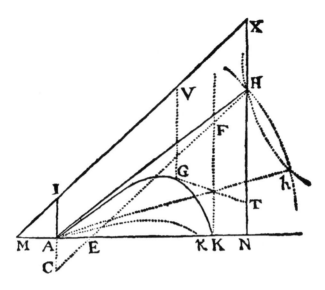

그림 7.3b　르 쇠르와 자키에 판 2권(1740)의 변경된 그림. 여기에서 선 Ah는 두 곡선의 아래쪽 교차점을 지나 뻗어있고, 문자 h는 선 Ah 위의 점과 두 곡선의 교차점을 모두 표기한다. (Grace K. Babson Collection, Burndy Library)

자키에의 판본과 비교해 보면, 아마도 누군가 마지막 그림과 본문의 차이를 눈치챘던 것인지 그림에서 곡선들의 두 번째 교차점이 "H"가 아닌 "*b*"로 표기되어 있다. 게다가 두 개의 다른 각 "NAH" 대신에 각 NAH와 각 NA*b*로 되어 있다. 그 결과, 수정이 필요했다. 그러나 본문에 맞춰 그림을 고친 것이 아니라, 누군가가 뉴턴의 본문을 고쳐 그림과 일치시켰다. 따라서, 1760년 판본의 본문에서는 뉴턴의 두 점 "H, H"은 "H, *b*"로, 두 각 "NAH, NAH"는 두 각 "NAH, NA*b*"로 바뀌었다.

　르 쇠르와 자키에 판은 존 M. 라이트가 편찬하여 19세기에 재판을 찍었다(Glasgow, 1822, 1833). 라이트는 서문 역할을 하는 글에서 이전의 두 판본(1740, 1760)을 "면밀히 분석하여 (…) 오류와 불일치를 발견했다"고 주장하고, "이전 판본에 감춰져 있던 결함들을 한 번에 걷어냈다"고 선언한다. 사실 글래스고에서 발간한 두 판본에 실린 그림들은 모두 두 개의 곡선과 선 A*b*가 세 번째 교차점 *b*에서 만나는 형태로 되어 있다. 그리고 이 그림에 해당되는 본문은 뉴턴이 쓴 그대로가 아니라 1760년 판의 본문으로, 두 점을 "H, *b*" 그리고 두 각을 "NAH, NA*b*"로 표기한 버전이다.

　19세기 모트의 번역본의 미국 버전에서, 뉴턴의 본문은 르 쇠르와 자키에의 2판 내용과 같이 변경된다. 그래서 "두 교차점 H, *b*로부터, 두 각 NAH, NA*b*가 생긴다."라고 씌어 있다. 그러나 그림은 라틴어 3판에 나오는 것과 근본적으로 같다. 꼼꼼히 살펴보면 점 *b*는 곡선들의 "두 교차점" 중 하나가 아니라 직선 A*b*와 바깥쪽 곡선의 교차점이다. 이런 이유로 본문과 그림이 일치하지 않는다. 그러나 이 두 교차점은 아주 바짝 붙어 있어 언뜻 보면 선 A*b*가 아래쪽 점이 아닌 곡선들의 교차점(뉴턴의 두 번

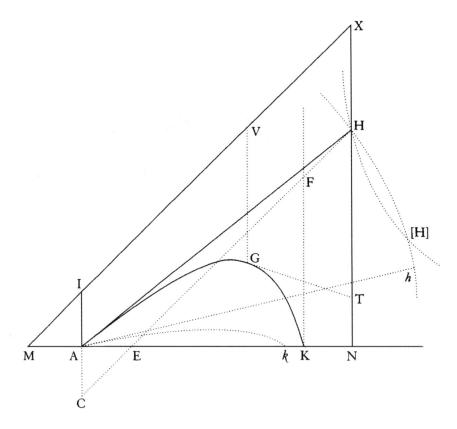

그림 7.4   우리 번역본 2권 명제 10에 나오는 그림으로, 3판 그림을 수정한 것이다. 선 A*h*의 위치 변화와 대괄호 안에 두 번째 H가 추가된 것에 주목하자.

째 H)까지 이어져 있다는 잘못된 결론에 이를 수 있다.

마지막으로 모트–캐조리 버전의 그림은 선 A*h*가 두 곡선의 아래쪽 교차점을 통과해 지나가는 르쇠르와 자키에 판의 그림과 비슷하다. 문자 *h*는 두 곡선과 선 A*h*의 교차점인 세 번째 교차점을 표시하는 데 사용된다. 본문은 모트 번역을 현대화하는 대신 르 쇠르와 자키에의 2판과 일치하도록 수정되었다. 그래서 이 문장은 "두 교차점 H, *h*로부터, 두 각 NAH, NA*h*가 생긴다"라고 되어 있다.

그림 7.4에는 우리 번역본의 그림을 수록하였다. 이 그림에서 우리는 두 곡선의 아래쪽 교차점을 대괄호에 넣은 H로 표기했다. 이는 번역의 기준이 된 『프린키피아』 3판에서 이 문자가 빠져 있음을 표시하기 위한 것이다. 우리는 (3판에 따라) H로 표시한 위쪽 교차점은 그대로 두고, 펨버튼이 옮겨 놓았던 점 *h*를 점 [H] 아래에 복원했다. 명제 10과 주해의 그림과 본문의 이 희한한 문제가 지금까지 주목받지 못했다는 점은 상당히 흥미롭다. 그 이유는 아마도 앞에서 설명했던 것처럼 학자들이 1권과 3권을 치밀하고 꼼꼼히 연구했던 것과는 달리 2권은 그만큼 자세히 보지 않았기 때문일 것이다.

7.5 섹션 4, 5: 유체의 정의, 보일의 법칙에 대한 뉴턴의 입장, "단진자Simple Pendulum"의 정의

섹션 4는 저항이 있는 매질 안에서의 나선 운동을 다룬다. 뉴턴은 거리 제곱에 반비례하여 변하는 구심력(명제 15)과 거리의 n제곱에 반비례하는 구심력을 고려한다. 섹션 5에서 뉴턴은 유체를 변형이 가능한 물체로 정의한다. 다시 말해, 물체의 일부가 "가하는 임의의 힘에 의해" "다른 부분으로 쉽게 전해지는" 물체라는 의미다.

명제 21과 22는 밀도가 "압력compression에 비례하는" 유체 내부의 힘을 탐구한다. 명제 23에서는, 첫째, 유체가 서로 반발하는 입자들로 구성되어 있고 밀도는 압력에 비례할 때, 입자 사이의 힘은 입자 사이의 거리에 반비례할 것임을 증명한다. 둘째는 첫 번째의 역으로, 힘의 법칙이 주어지면 밀도는 압력에 비례한다는 결과로 이어짐을 증명한다. 초판에서는 이 명제와 명제의 역의 순서가 바뀌어 있다. 주해에서 뉴턴은 반발력의 법칙에서 적분값이 다르면 압력과 밀도 사이의 관계가 달라짐을 보였고, 이로써 힘은 거리의 n제곱(D^n)에 비례한다는 일반 조건을 얻게 되었다.

밀도가 압력에 비례한다는 법칙은 실험적으로(보일의 법칙으로) 확립되었으므로, 사실상 명제 23의 두 부분은 반발력이 이웃하는 입자에서 종결된다는 반발력의 법칙($F \propto 1/D$)이 보일의 법칙의 필요충분조건임을 증명하는 것이다.[29] 그러나 늘 그렇듯, 뉴턴은 수학적 담론과 물리적 담론을 구분하려 노력한다. 따라서 그는 명제 23의 주해에서 "탄성 유체"가 실제로 "서로를 밀치는 입자들로 구성되어 있는지 여부는 물리학의 문제"라고 서술한다. 그는 이 문제를 수학의 수준에서만 다루었고, "자연철학자들에게는" 그가 연구했던 반발하는 입자로 구성된 유체를 조사할 수단을 제공해줄 수 있기를 바란다는 말로 마무리한다.

2권 섹션 6의 진자에 대한 논의에서는 1권 명제 50−52에서처럼 "corpus funependulum"이라는 용어를 도입하여(1권에서는 "funipendulum"이라는 철자로 썼다) 진자의 종류를 구체화한다. 그러므로 2권 섹션 6의 제목은 "De motu & resistentia corporum funependulorum"으로 되어 있다. 그 내용을 보면 뉴턴이 토론하는 것은 오늘날의 일반적인 물리적 진자가 아니라, 실 또는 끈funis 끝에 무게추 또는 입자가 달린 진자를 논하고 있다.[30]

오늘날에는 그런 진자를 "단진자simple pendulum"라고 부른다. 브루스 린제이는 『학생용 기초 물리학 핸드북Student's Handbook of Elementary Physics』(New York: Dryden Press, 1942, p.246)에서 "단진자"를 "질량 없는 끈의 끄트머리에는 질점이, 끈의 반대쪽 끄트머리에는 단단한 지지대가 고정돼 있다"고 정의하고, "입자는 중력을 받으며 평형 위치 주위로 왕복 운동을 하도록 허용된다"고 덧붙인다. 단진자는 수

---

29 즉, 입자 사이에 반발하는 힘이 '있다'는 가정을 증명하는 것이다.

30 뒤 샤틀레 후작부인은 "corps suspendus à des fils(철사에 매달린 물체)"(명제 27) 그리고 "pendule(추)"(명제 28)을 사용한다. D.T. 화이트사이드는 "끈 진자"라고 쓰고 있다.

학적 진자 또는 이상적 진자로 불리기도 하며, "물리적 진자"(같은 책, p.229)와는 대조된다. 물리적 진자는 "질량 중심을 지나지 않는 수평축에 대하여 지지를 받는 강체로, 중력을 받아 평형 위치를 중심으로 진동하도록 허용되는" 것이라 할 수 있다.

H.C. 플러머의 『동역학의 원리 *The Principles of Dynamics*』(London: G. Bell and Sons, 1929, p.110)에서, "단진자"는 "무게 없는 줄로 고정점에 연결된 입자"로 구성되며, 이 입자는 "수직 평형 상태에서 약간 흔들린다"고 설명된다. G.F. 로드웰의 『과학 사전 *A Dictionary of Science*』(London: E. Moxon, Son, and Co., 1871, p.426)에 따르면, "단진자"는 "점에 고정된 가느다란 실로 연결되어 있는 작고 가벼운 입자"로 구성된다.

이러한 "단진자" 개념은 뉴턴 시대에도 사용되었다. 『프린키피아』가 나오기 1년 전인 1686년에 크리스티안 하위헌스가 토머스 헬더에게 보낸 문서에서 (Œuvres complètes[§6.11, 각주 51], 9:292), 첫 문장에 "Observatie aengaende de Lenghde van een simpel Pendulum"이라고 쓰여 있다. 이 내용에 해당하는 그림에는 단단한 지지대에 고정된 실과, 고정되지 않은 끝에 매달린 작은 공이 그려져 있다. 뉴턴은 하위헌스의 『진자시계』(Leiden, 1673)를 소중히 여겼는데, 이 책의 4부에 실린 정의 3은 다음과 같은 내용이다. "Pendulum simplex dicatur quod filo vel linea inflexili, gravitatis experte, constare intelligitur, ima sui parte pondus affixum gerente; cujus ponderis gravitas, velut in unum punctum collecta, censenda est." R.J. 블랙웰의 영어 번역본(Ames: University of Iowa Press, 1986)에서 이 내용은 이렇게 번역되었다. "단진자는 휘지 않는 끈 또는 무게 없는 선과, 끈의 가장 아랫부분에 매달린 추로 구성된다. 추의 중력은 한 점에 위치한다고 이해된다." 독자는 왜 뉴턴이 하위헌스를 따라 "pendulum simplex"라 하지 않고 "funependulum"라 썼는지 궁금할 것이다.

1권 명제 50에서 52까지와 2권 섹션 6의 진자에 대한 논의에서 "corpus funependulum"이라는 용어를 소개하면서(가끔은 "corpus funipendulum"), 뉴턴은 독자들에게 자신이 일반적인 물리적 진자를 생각하는 것이 아니라고 경고했던 것 같다. 뉴턴 시대에도 현대에도, (다른 수식어구 없이) "진자"라고만 하면 일차적으로 물리적 진자를 의미했다. 반면 『프린키피아』 1권의 명제 51−52 그리고 2권 섹션 6에서, 뉴턴은 수학적 또는 이상적인 진자를 고려하고 있다. 존 해리스의 『기술용어 사전』(London, 1704)을 예로 들면, 진자에 대한 긴 논의에서는 오직 물리적 진자, 즉 실의 끝에 진동하도록 만든 물질적 물체(물리적 차원을 가진)가 달린 진자만 다루고 있다.

뉴턴에게는 『프린키피아』 2권 섹션 6에서 물리적 진자가 아닌 수학적 진자나 단진자 또는 이상적인 진자를 다루고 있다는 점을 강조하는 게 특히 중요했을 것이다. 2권의 다른 곳에서는 사실상 실제 진자를 고려하고 있기 때문이다. 초판의 섹션 7 끝부분에서 이후 판본의 섹션 6으로 옮겨진 일반 주해에서, 뉴턴은 유체의 저항을 탐구하며 실제 진자를 사용한 다양한 실험들을 상세히 설명한다.

"funipendulum"이라는 말은 『프린키피아』의 첫 두 판본의 1권 명제 40, 따름정리 1에 나온다. 이 따름정리 1의 본문이 이리저리 바뀐 과정을 보면 뉴턴이 이 "단진자"를 라틴어로 뭐라고 불러야 할지 몰랐음을 여실히 보여준다. 3판에서 뉴턴은 이 사물을 "실에 매달려 진동하거나 (…)"("corpus vel oscilletur pendens a filo, vel (…)") 하는 물체라고 최종적으로 쓰고 있지만, 이 문장은 이전 버전이 다수 있었다. 1권의 초안 원고(루카시안 강의록)에서는 처음에 "corpus vel pendulum oscilletur, vel (…)"이라고 시도했다가, 그다음에는 "corpus filo pendens (…)"라고 고쳤고, 마지막으로 "corpus vel funipendulum (…) vel (…)"로 고쳤다. 이 표현은 인쇄소에 보낸 원고와 첫 두 판본에서도 볼 수 있다. 이와는 대조적으로 2권 섹션 6에서는, 인쇄소 원고 원본과 출간된 판본에서 모두 단순히 "corpora funependula"라고만 쓰고 있다. 이를 문자 그대로 해석하면 "실[또는 끈]에 매달린 물체"가 된다. 첫 두 판본에서, 1권 명제 40 따름정리 1에 나오는 진자는 철자가 "funipendulum"인 반면, 모든 판본의 2권 섹션 6에서는 "funependulum"이라고 쓰여 있다. 3판에서는 "funipendulum"이 두 번 등장한다. 3권 명제 20에서 뉴턴은 카이엔 섬에서 리처가 수행한 연구를 설명하고 있다. 이 연구에서 리처는 "pendulum simplex", 즉 "단진자"를 구성했다.

모트의 『프린키피아』 번역서(1729)에서는 "줄에 매달린 물체funependulous"라고 나오지만, 이 형용사는 『옥스퍼드 영어사전』에 등재되지 못했다. 그러나 "funipendulous"는 사전에 세 번 나온다. 그중 하나는 (수학자 오거스터스 드 모르간이 1863년에 사용한 것으로서) 다음과 같은 내용이다. "그래서 검토자가 자신의 목을 어떻게 매는지 보여주었으므로, 나는 그를 목 매달린funipendulous 채로 내버려 두었다."

7.6 섹션 6, 7: 진자 운동 그리고 유체의 저항을 받는 진자와 포물체의 운동까지; 일반 주해(운동에 미치는 저항에 관한 실험)

뉴턴은 섹션 6에서 진자의 다양한 성질을 탐구한다. 명제 24에서 그는 지주의 중심과 진동 중심을 소개하며 하위헌스의 연구를 알고 있음을 보여준다. 앞서 언급한 바와 같이, 뉴턴은 증명의 첫 문장에서 연속적으로 작용하는 힘의 제2 법칙을 (단호하게) 서술한다. 즉 주어진 시간 동안 주어진 질량에 작용하는 주어진 힘이 생성하는 속도는 힘과 시간에 비례하고 질량에 반비례한다는 내용이다. 우리의 관심은 특별히 따름정리 7로 향하는데, 여기에서는 진자 실험으로 물체의 질량을 비교하는 방법,그리고 다른 장소에 또 하나의 물체가 있을 때 무게들을 비교하여 무거움의 변화를 결정하는 데 사용하는 방법을 보여준다. 그는 정의 1에서처럼, "나는 정밀한 실험을 통해 이미 개별 물체의 물질의 양[즉 개별 물체의 질량]이 무게에 비례한다는 것을 발견했다"는 말로 따름정리 7의 결론을 맺는다. 이 실험들은 3권 명제 6에 제시되어 있다.

다양한 조건과 저항의 법칙과 관련된 진자 운동을 다룬 명제들 다음으로, 일반 주해에서는 저항에 관한 실험들을 소개한다. 이 일반 주해는 초판에서는 섹션 7의 끝부분에 있었다. 뉴턴은 자신이 수행한 실험을 상세히 설명하고 실험 데이터를 제시하여 스스로 훌륭한 실험가처럼 보이게 하고 있다. 공기 중에서의 실험을 예로 들면, 그는 진자의 저항과 함께 실의 저항도 정확히 정한다. 그리고 물속에서 진동하는 진자와 수은 안에서 진동하는 쇠 진자를 가지고서도 실험을 수행한다. 본문을 읽다 보면 뉴턴이 특히 지지대 제작에 공을 들였다는 것을 알 수 있다. 이 지지대는 끈을 걸 수 있는 고리를 동그란 형태로 설계하고, 방해받지 않는 상태에서 고리의 모서리에 수직인 평면을 따라 진자가 진동하도록 만들었다.

일반 주해의 결론 부분에 제시된 진자 실험의 보충 실험들은 "대단히 미묘한 에테르 같은 매질이 존재해서, 모든 물체의 공극과 통로에 자유롭게 스며"든다는 의견을 검증하기 위해 설계된 것이다.[31] 불행히도 뉴턴은 실험 데이터를 기록한 종이를 잃어버렸다고 쓰고 있다. 그의 말에 따르면 초기 실험에서는 갈고리가 너무 약해서 "휘어지면서 진자의 운동에 굴복"하는 문제가 있었다고 회상했다. 이 일련의 실험들이 보여준 결과는 세상에는 그런 미묘한 유체가 존재하지 않는다는 것이었다.[32]

섹션 6에서 유체의 저항과 관련된 문제들을 탐구한 후, 뉴턴은 섹션 7로 넘어가 유체 저항의 일반적 문제와 물체의 운동을 다룬다. 『프린키피아』의 섹션 7은 어찌 보면 독자들의 만족도가 가장 낮은 부분인 것 같다. 라우스 볼은 일반적으로 노골적인 비평을 내지 않기로 유명한데, 그런 그도 뉴턴이 섹션 7의 문제들을 "불완전하게 다룬다"고 평하며, "이 섹션에서 다뤄지는 문제들은 결코 쉽지 않다"며 뉴턴을 옹호한다.[33] 라우스 볼은 그럼에도 섹션 7에서 "뉴턴이 자신의 분석 능력을 뛰어넘는 문제들을 공략하는 방식을 연구하는 것이 흥미롭다"고 말한다. 뉴턴 자신도 처음에 이 주제들을 다뤘던 방식이 만족스럽지 않다는 것을 알고 있었다. 그래서 2판에서는 초판의 명제 34에서 40까지와 따름정리들을 폐기하고 완전히 새로운 본문으로 대체했다. 이때 일반 주해를 섹션 7의 끝에서 섹션 6의 끝으로 옮겼다. 이 일반 주해는 섹션 6과 섹션 7 둘 다 관련 있는 내용이었지만, 개정된 2판에서는 섹션 7과는 무관하게 되었다.[34]

새로운 명제 34에서, 뉴턴은 가설적 유체 또는 이상적 유체를 제시하고, 지름이 같은 구체와 (축 방

---

31 로저 코츠의 『프린키피아』 2판의 편집자 서문에서, 이 의견을 지지한 사람들은 데카르트와 그의 추종자들로 확인된다.

32 즉, 뉴턴은 그런 매질의 검출 가능성에 한계가 있음을 보인 것이다. 이후 『광학』의 문제들에서는 뉴턴도 "에테르 매질"을 지지했다.

33 『Essay』, p.99.

34 초판의 명제 39-40의 번역문은 *Newton's Natural Philosophy*(해설 포함)에 수록되어 있다. (위 n.10 참고.)

향으로 움직이는) 원통이 받는 저항을 비교한다. 그는 희박한 이상적 유체의 경우 구체가 받는 저항이 원통이 받는 저항의 절반밖에 되지 않는다고 결론을 내린다. 그리고 주해에서 그러한 유체 안에서 여러 모양을 가진 입체들이 받는 저항을 설명한다.

7.7 최소 저항의 입체; 배의 설계; 물의 유출

2권에서 학자들이 상당히 관심을 갖는 주제 하나는 최소 저항을 받는 입체의 형태다. 이 내용은 명제 34의 주해의 주제다. 여기에서 뉴턴은 먼저 밑면과 높이가 주어진 원뿔대에 대하여 "밑면과 높이가 같고 축의 방향을 따라 (…) 나아가는 다른 원뿔대들보다 저항을 덜 받"는 원뿔대의 상대적 비 또는 모양을 결정한다. 그런 다음 대칭적 타원 또는 달걀 모양의 닫힌 곡선을 회전시켜 만들어지는 입체가 축을 따라 움직이는 상황을 살펴본다. 그리고 특별한 기하학적 구성에 따라 만들어지는 새로운 입체를 정하고(특정한 두 각이 각각 135°)―어떤 증명이나 증명 방식을 암시하지 않고―이 도형을 회전해 만들어지는 입체가 "앞에서 다루었던 입체보다 저항을 덜 받을 것이다"라고 선언한다. 그리고는 "사실 나는 이 명제가 선박 제조에 유용하게 쓰일 것이라 생각한다"고 덧붙인다. 뉴턴은 마지막 문단에서 이 결과를 일반화한다.

라우스 볼은 이 주해에 대하여, "최소 저항을 받는 입체는 만들어지는 곡선의 미분방정식으로부터 추론할 수 있지만, 뉴턴은 『프린키피아』에서 이에 대한 증명을 제시하지 않았다"고 말했다. 라우스 볼의 설명대로, "문제는 변분법으로 풀 수 있지만, 뉴턴이 어떻게 이 결과에 도달했는지는 오랫동안 퍼즐로 남아있었다."[35] 뉴턴의 추론의 핵심 열쇠는 1880년대에 포츠머스의 백작이 가문이 소유하고 있던 뉴턴의 과학 및 수학 논문의 방대한 컬렉션을 케임브리지 대학교에 기증하면서 발견되었다. 뉴턴의 원고 목록에 포함되었던 어느 편지의 초안을 J.C. 애덤스가 『카탈로그Catalogue』에 수록했는데,[36] 이 원고를 보면 뉴턴은 자신의 수학적 주장을 정교하게 다듬고 있다. 그러나 이 주제에 관한 뉴턴의 수학적 추론은 D.T. 화이트사이드가 주요 원고들을 발표하면서 비로소 정확히 알려지게 되었다.[37] 화이트사이드의 역사를 아우르는 분석적인 해설은 뉴턴을 연구하는 학생들에게 뉴턴의 발견과 증명의 길을 온전히 따를 수 있는 지침을 알려줄 뿐 아니라, 최소 저항의 표면에 대한 뉴턴의 이후 계산(1694)도 복기할 수 있도록 도와준다.[38]

---

35 같은 책, p.100.

36 *A Catalogue of the Portsmouth Collection of Books and Papers Written by or Belonging to Sir Isaac Newton* (위 §1.2, n.11).

37 『Math. Papers』6:456.

38 같은 책, pp.470-480.

최소 저항의 입체 계산이 ("선박 건조용으로") 유용하다는 뉴턴의 말은 원래는 이러했다. "이 명제는 사실 선박 건조에서 하찮게 사용되어서는 안 될 것이다." 『프린키피아』의 여러 주석본을 공부하면서, 나는 스코틀랜드의 수학자 존 크레이그가 자신이 소장한 사본에서 해당 문단 옆에 메모를 남긴 것을 발견하였다. 크레이그가 케임브리지의 뉴턴을 방문했을 때 선박의 최상의 상태를 찾는 문제를 뉴턴에게 제안하는 취지의 메모였다.[39] 화이트사이드는 뉴턴의 원고를 통해 크레이그가 1685년 중반에 사실상 "체류 연장"을 했고(뉴턴의 표현으로는 "diutius commoratus"), 그러면서 뉴턴의 원고 일부를 보았다는 증거를 찾았다. 그러나 이 주해의 초안 원본으로는 문제의 문장이 이후에 삽입된 것인지 확실치 않다.

초판에 수록된 이 주해에는 뉴턴이 이후 판본에서 삭제한 결론 문단이 남아 있다. 여기에서 뉴턴은 입체가 받는 저항을 실험적으로 연구한 방법이 "적은 비용으로 가장 적절한 선박의 모양"을 결정하는 데 사용될 수 있다고 제안했다. 다시 말해, 일정한 비율의 선체 모형을 제작해 흐르는 물이 담긴 수조에 놓는 것이다. 뉴턴이 그런 실험을 했다는 증거는 없다. 화이트사이드는, 만일 뉴턴이 실제로 이 실험을 했다면 표면 마찰과 유동교란flow disturbance 같은 부수적인 왜곡 요인을 구분 못 한다 해도, "유체 운동에 대한 저항이 단순히 기운 각도의 사인값에 따라 변한다는 가정이 인위적이라는 것을 단박에 이해했을 것"이라고 지적했다.[40] 뉴턴은 섹션 7 명제 34의 주해에서 선체의 설계를 실험으로서가 아니라 수학으로 다루었다. 나는 앞서 존 크레이그가 뉴턴에게 배 모양 문제를 제안했다고 주장하는 내용을 언급했었다.[41] 아마도 크레이그가 뉴턴에게 제안했던 것은 최소 저항의 입체를 구하는 수학의 응용이 아니라 이 실험이었을 것이다.[42]

우리는 왜 뉴턴이 배에 관한 문단을 제거했는지 알지 못한다. 한 가지 가능성 있는 이유는 일반 주해를 섹션 7에서 섹션 6으로 옮긴 것이다. 일반 주해가 섹션 7의 끝에 있을 때는 명제 34의 주해 다음의 자리였고, 이 주해에서 뉴턴은 최소 저항의 입체와 선박 설계에 관한 수학적 결과를 서술했다. 그러므로 논리적인 이론을 소개한 후 실험 내용을 제시하기 적절한 위치였을 것이다. 그러나 뉴턴이 일반 주해를 섹션 7에서 섹션 6으로 옮기고 난 후에 그 문단이 여전히 남아 있었다면, 실험 내용은 이론적 개요 다음이 아닌 그 이전에 나오게 되었을 것이다. (862페이지, 각주 5 참고.)

명제 36의 주제는 "원통형 용기의 바닥에 뚫린 구멍을 통해 흘러나오는 물의 운동"이다. 이것은 꽤

---

39 『Introduction』, p.204; 이 주제에 대하여 추가적인 정보는 I.B. Cohen, "Isaac Newton, the Calculus of Variations, and the Design of Ships: An Example of Pure Mathematics in Newton's Principia, Allegedly Developed for the Sake of Practical Applications", in *For Dirk Struik: Scientific, Historical and Political Essays in Honor of Dirk J. Struik*, ed. Robert S. Cohen, J.J. Stachel, 그리고 M.W. Wartofsky, Boston Studies in the Philosophy of Science, vol 15 (Dordrecht and Boston: D. Reidel Publishing Co., 1974), pp.169-187 을 참고할 것.

40 『Math. Papers』 6:463 n.23.

41 이 주제에 대해서는 위 n.39에서 인용된 나의 논문을 참고하자.

42 D.T. 화이트사이드는 『Math. Papers』 6:463 n.23에서 이렇게 추정했다.

어려운 문제라서 1855년에 브로검과 라우트가 "이 문제는 아직 완벽하게 해결되지 않았다"고 소개할 정도였다.[43] 그들은 "이 문제에 대한 뉴턴의 풀이가 아주 만족스럽지 않더라도 놀라서는 안 된다"고 결론지었다. 초판에서 이 문제는 설명이 미흡한 데다가 오류도 있어, 뉴턴은 2판을 위해 문제의 내용을 완전히 뜯어고쳐야 했다. 예를 들어 초판에서의 결론은 "유출 속도는 관 내부 수위의 '절반'밖에 되지 않는다"는 것이었다.[44] 어찌어찌 오류는 바로잡을 수 있었지만, 그의 "탐구는 여전히 격렬한 반대 견해에 부딪혔다."[45]

클리포드 트루스델의 해석은 이와는 매우 다른 결론을 내놓는다. 트루스델은 초판에서 뉴턴이 "사실상 자신의 운동 법칙을 무시하는, 근본적으로 정반대인 주장을 내놓았다. 마지막 결론이 실험과 모순이라는 것을 알게 된 후, 뉴턴은 2판의 문단 전체를 수정했지만 이 내용도 타당하지 않다. 이 주장은 녹은 얼음 조각이 폭포를 이루며 쏟아진다는 임시방편의 허구에 바탕을 둔 것이었다"고 말한다.[46] "뉴턴 자신도 당시에 자신의 첫 번째 서술의 오류를 분명히 믿었다는 증거가 있지만, 어떻게 알게 되었는지는 설명하지 않았다. 그 대신, 뉴턴은 당시 옳다고 믿었던 다른 답으로 이어지는 미로를 꾸몄다. 노골적으로 말하자면 유출 문제의 첫 번째 서술은 틀렸고, 두 번째 서술은 허세다." 트루스델은 여기에서 보여준 뉴턴의 과정이 "소리의 속도 계산" 방법과 완전히 동일하다고 주장한다. 트루스델에 따르면, 뉴턴은 2판에서 소리의 속도를 계산하며 "단단한 공기 입자의 성긴 구조"라는 "허구"를 도입해 오늘날의 "퍼지 요인fudge factor"과 같은 인자를 삽입해 "고집불통인 이론으로부터" 원하는 수치를 얻으려 했다.[47] 트루스델은 "데카르트 추종자들의 소용돌이 이론보다 하등 나을 것 없는 조잡하고 비수학적인 두 소품, 즉 '폭포'와 '단단한 공기 입자들'은 『프린키피아』를 거센 비판에 직면하게 했다"고 말하며 결론을 맺는다.

---

43 『Anal. View』, p.257.

44 같은 책, p.264.

45 같은 책. 이 책에는 이러한 반대 견해 중 일부를 상세히 제시했다. 예를 들면, "뉴턴이 유출 속도로부터 저항의 법칙을 추론하는 방식은 대단히 잘못되어 있다. 아이디어는 기발하고 훌륭하지만, 동시에 매우 불확실하기도 하다. 명제는 원칙적으로 오류가 있어서, 이 명제를 바탕으로 세워진 따름정리 역시 정확성을 기대할 수 없다. 구와 원통에 대한 저항이 동일한 것으로 볼 수 있다는 추론은, 물을 최대한 빠르게 통과시키기 위해 유동성이 필요하지 않은 원통, 구, 또는 회전타원체 위의 모든 물이 응고되어 있다는 가정에서만 정확할 수 있다. 이것은 뉴턴 자신도 인정하는 것이다. 그러나 그런 가정은 전혀 타당하지 않다. 또한 실험에 의해 저항의 크기는 물체의 표면 형태에 물질적으로 의존한다는 사실도 분명하다." 『Anal. View』, pp.380-387의 "Note VII"도 함께 참고하자.

46 Truesdell, "Late Baroque Mechanics" (위 n.2), p.201.

47 소리의 속도는 아래 §7.8에서 논의한다. 여기에서 독자들은 소리의 속도를 구하는 뉴턴의 잘못된 계산에 대하여 (라플라스가 내놓은) 다소 다른 결론을 보게 될 것이다.

7.8 섹션 8: 파동 운동과 소리의 운동

섹션 8을 볼 때는 뉴턴 시대의 파동 운동 문제가 물리 문제이면서 수학 문제였음을 감안해야 한다. 물리의 관점에서 기본적인 문제는 개념에 관한 것이었다. 매질의 입자들은 앞으로 나아가지 않고 제자리에서 위아래로 출렁거리는데, 파동 또는 섭동이 매질을 통해 전파되고, 앞뒤로 진동하고, 작은 원이나 알모양곡선 형태의 주기성을 갖는 것을 어떻게 이해할 수 있을까? 휴얼에 따르면, 요한 베르누이는 1736년이 되어서야 음파에 관한 뉴턴의 명제를 제대로 이해하지 못했다고 솔직히 인정했다고 한다.[48] 파동 운동의 개념을 이해하는 난제는 하위헌스의 위대한 저서 「빛에 관한 논문Traité de la lumière」(1690)에서 분명히 확인된다. 빛의 파동 이론을 창시했다고 여겨지는 이 논문은, 빛의 "파동"이 주기적이지 않다고 가정한다.

2권 섹션 8을 여는 명제 41과 42는 파동이 작은 구멍 또는 틈이 나 있는 장애물을 만나면 장애물 너머의 공간으로 확산된다는, 우리에게는 익숙한 결과를 제시한다. 명제 43에서, 뉴턴은 "탄성 매질 안에서 진동체"에 의해 전파되는 펄스가 "모든 방향으로 (…) 똑바로 전파하지만", 비탄성 매질에서 만들어지는 운동은 "원운동"이 되는 현상을 조사한다. 그런 다음 (명제 44) U자형 관 안에 든 물과 단진자의 왕복 운동을 비교하고(따름정리 1), 물의 진동 주기가 진동의 진폭과 무관하다는 중요한 결론을 얻는다. 그리고 1권 명제 52에서 다루었던 단순 조화 운동에 대한 명시적인 설명이 여기에서 등장한다.

그런 다음 (명제 45) 뉴턴은 별다른 증명 없이 파동의 속도가 파장의 제곱근에 비례한다고 서술한다. 이 내용은 명제 46의 따름정리 2에서 횡파를 다룰 때 다시 등장한다. 명제 46에서는 파장을 "파동의 길이"로 정의한다. 이는 오늘날의 기초 물리학 교과서에서 "골과 골의 바닥 사이 또는 마루와 마루의 꼭대기 사이의 가로 거리"라고 설명하는 내용과 일치한다. 뉴턴은 "물의 부분들이 수직으로 올라가거나 내려간다는 가정"을 전제로 하였으나, "이러한 상승과 하강이 사실은 원의 형태로 더 많이 발생하므로, 이 명제에서 시간은[즉, 주기는] 근삿값으로만 결정했다"고 언급했다.

명제 48과 49에서는 펄스 또는 파동의 속도를 밀도와 매질의 탄성의 함수로 다룬다. 그런 다음 명제 50에서 "펄스 사이의 거리" 또는 파장을 구한다. 뉴턴은 어느 시간 t 동안에 진동자가 만드는 진동의 수 N을 정하고, 같은 시간 t 동안 만들어지는 파동이 움직이는 거리 D를 측정한다. 그렇다면 파장(λ)은 측정된 거리 D를 진동 횟수 N으로 나눈 값이라고 말한다. 오늘날의 표현법으로 말하자면 이는 $\lambda = D/N$, 즉 $D = \lambda \times N$ 라는 뜻이다. 이 식으로부터 $D/t = \lambda \times N/t$ 즉 $v = \lambda \nu$를 얻게 된다. 내가 아는 한에서는 파장, 진동수, 속도가 결합된 단순 파동 공식 또는 법칙을 명료하게 정리해 서술한 것은 뉴턴의

---

48   William Whewell, *History of the Inductive Sciences from the Earliest to the Present Time*, 3d ed., 2 vols. (New York: D. Appleton and Co., 1865).

이 명제가 최초다.

　마지막 주해에서는 "앞선 명제들은 빛과 소리의 운동에도 적용된다"는 점을 주목한다. 뉴턴은 빛이 직선으로 전파된다고 주장한다. (명제 41과 42에 의해) 파동은 퍼져나가므로 빛은 파동 현상일 수 없다.[49] 그러나 소리는 (명제 43에 부합하는) 공기 중의 펄스로 구성된 파동 현상이고, 이 결론은 실험 또는 경험에 의해 성립될 수 있다. 이를테면 "크고 깊은" 북소리 같은 경우를 살펴보면 그러하다. 다음으로 이어지는 주해에서, 뉴턴은 "모든 개방된 관이 내는 소리에서 펄스의 길이는 대체로 관 길이의 두 배와 같다"는 결론을 내린다.

　이 주해에서 뉴턴은 소리의 속도가 초당 979피트라고 추정했다. 초판에서 이 값은 초당 968피트였다. 뉴턴은 초판에서 한때 연구원으로 지냈던 트리니티 칼리지의 회랑에서 수행했던 실험을 제시한다. 이 실험 결과는 그의 계산과 일치했던 것 같다. 그러나 나중에, 다른 사람이 더 정확하게 수행한 실험에서 이 값이 초당 1,142영국피트〔당시 1영국피트는 10/11앵글로색슨피트와 같았다.—옮긴이〕인 것으로 밝혀졌다. 뉴턴은 이 차이(약 1/6)를 만족스럽게 설명하지 못했고, 이후 라플라스가 오차의 원인을 발견해 자신의 책 『천체 역학Mécanique céleste』에서 설명했다. 라플라스에 따르면, 뉴턴은 공기의 탄성이 오직 압력에 의해서만 변한다고 잘못 생각했다. 소리의 경우 매우 빠른 진동은 열을 만들고, 이 열이 추가로 탄성을 증가시킨다. 다시 말해, 음속에 대한 뉴턴의 이론적 추론(명제 48, 49, 50)에서는 속도가 "탄성력의 제곱근에 정비례하고 [매질의] 밀도의 제곱근에 반비례하여" 변한다(명제 48). 그리고 다른 공식에서(명제 49, 따름정리 1) 속도는 "무거운 물체가 일정한 가속을 받아 높이 A의 절반만큼의 거리를 낙하했을 때 얻게 되는 속도"라고 결론을 내렸다. 여기에서 A는 "균질한" 매질 또는 공기의 높이로, 29,725영국피트로 (주해에서) 설정되어 있다. 그렇다면 소리의 속도는 초당 979피트가 된다. 뉴턴은 자신의 계산과 관측값 사이의 불일치를 알고 있었고, 계산 결과가 크게 벗어난 것은 "공기에서의 고체 입자의 두께"와 그 밖의 가능한 요인들을 고려하지 않았기 때문이라고 변명했다.[50] 그러나 문제는 뉴턴이 압축에 의한 열기와 팽창에 의한 냉기가 탄성에 영향을 미친다는 사실을 무시했다는 점이다. 그때까지 많은 이들이 뉴턴의 불일치를 설명하기 위해 시도했지만, 라플라스가 뉴턴의 오류의 원인을 발견하고 문제를 해결하기 전까지는 누구도 만족스럽게 해결하지 못했다. 그럼에도 라플라스는 이 주제를 연구한 사람은 뉴턴이 최초였다며 상당히 정확하게 평가했다. —라플라스에 따르면—뉴턴의 "이론이 아무리 불완전하다 하더라도, 이는 그의 천재성을 보여주는 기념비라 할 수 있다."

49　이 주장은 다른 여러 주장과 함께 『광학』 문제 28에서 반복된다.

50　아래 §10.17 참고.

7.9 소용돌이의 물리학(섹션 9, 명제 51–53); 케플러의 행성 운동과 맞지 않는 소용돌이

섹션 9는 임의의 지점에서 점성이 있는 유체의 저항이 입자가 분리되는 속도에 정비례한다는 "가설"로 시작된다. 그 뒤를 이어 소용돌이에 관한 두 명제(51과 52)가 나온다. 하나는 (명제 51) 무한히 긴 원통이 무한한 유체 안에서 축을 중심으로 회전할 때 그런 소용돌이가 생긴다는 내용이다. 다른 것은 (명제 52) 그러한 유체에서 지름을 중심으로 회전하는 구를 도입한다. 두 명제 모두 사실상 틀렸고, 이는 G.G. 스토크스가 처음으로 지적했다.

뉴턴은 주해에서 명제 52의 의도가 "천체 현상을 소용돌이로 어떻게든 설명할 수 있는지 검증하기 위해 소용돌이의 성질을 연구했다"고 주장한다. 데카르트의 세상 체계를 철거하기 위해 뉴턴이 수행한 작업은 데카르트 체계의 핵심 중 하나가 물리적으로 성립할 수 없음을 보이는 것이었다. 다시 말해 뉴턴은—데카르트의 주장과는 반대로—행성과 행성의 위성이 궤도를 따라 돌도록 하는 소용돌이가 스스로 유지될 수 없음을 보여준다.[51] 2권의 결론에서, 뉴턴은 케플러의 제3 법칙에 따라 목성의 위성과 행성들의 궤도 운동이라는 특정 현상과 관련된 소용돌이 운동을 탐구한다. 만일 행성들이 소용돌이에 의해 태양 주위를 돌고, 이와 유사하게 목성의 위성들도 소용돌이에 의해 목성 주위를 도는 것이라면, —뉴턴의 주장은—소용돌이 자체도 케플러의 제3 법칙에 따라 회전해야 한다.[52] 그리고 뉴턴은 소용돌이의 운동 주기는 주기가 케플러의 법칙대로 거리의 $3/2$제곱이 아니라 거리의 제곱에 비례한다는 것을 발견했다. 그러므로 수학적으로 결정된 제곱비가 관측 결과인 $3/2$ 비가 되려면, 중심으로부터 거리가 멀어질수록 소용돌이의 물질이 더 부드러워지거나 아니면 우리가 고려하는 저항 법칙 말고 다른 저항 법칙을 따라야 한다는 결론으로 이어진다. 뉴턴은 처음에 이 추론이 바탕이 되었던 가설에서 저항이 속도의 기울기에 비례한다고 가정했지만, 이제는 케플러의 제3 법칙에서 훨씬 더 크게 벗어난다는 것을 지적한다. 뉴턴은 이렇게 결론 내린다. "그러므로 행성들이 보여주는 $3/2$제곱 현상이 소용돌이로 어떻게 설명될 수 있을지를 알아내는 일은 철학자들에게 달렸다."

명제 53 다음으로 이어지는 마지막 주해에서는 이보다 더 노골적으로 데카르트에게 반기를 든다. 여기에서 뉴턴은 행성의 소용돌이 운동이 면적 법칙과 일관되지 않음을 보인다. 따라서 "소용돌이 가설은 어떤 식으로도 천체 현상과 조화를 이룰 수 없으며 천체 운동을 명확히 하기는커녕 오히려 더 모호하게 만든다"고 결론짓는다.

네메니는 "2권을 마무리하는 이 매력적인 주해가" 몇 가지 이유에서 "설득력이 없다"고 지적한다. 하나는 뉴턴이 "엄격하게 2차원적인(평면) 흐름에서만 허용되는 방식으로 연속방정식(유체 질량의 보

---

51   나는 이 중요한 통찰에 대하여 R.S. 웨스트폴에게 빚을 졌다.

52   이 법칙을 서술하면서 뉴턴은 케플러의 이름을 구체적으로 언급하지 않으며, 3권의 "현상"에 가서야 케플러의 이름을 언급한다.

존)을 사용"했다는 것이다. 그러므로 "회전하는 입체 주위의 소용돌이에 관한 그의 해석은 불완전하며," 이 불완전성으로 인해 데카르트 체계를 "성공적으로" 폐기했다는 뉴턴의 주장은 맹렬한 비판을 받게 되었다.[53] 이 결론은 뉴턴의 동시대인들과 그 직후 세대 사람들로서는 이해하기 어려웠다.

에테르 문제와 함께 소용돌이 문제도 처리한 뉴턴은 독자들에게 이제 3권으로 넘어갈 것이며, 3권에서는 1권에서 정교하게 다듬은 원리들을 사용하여 "소용돌이 없는 자유 공간에서" 천체의 운동이 어떻게 만들어질 수 있는지를 보이겠다고 선언한다.

7.10 2권을 읽는 또 다른 방법: 2권이 거둔 몇 가지 성과(조지 E. 스미스의 연구)[54]

2권의 적절한 제목은 뉴턴이 소논문 『운동에 관하여』의 확장된 버전에서 마지막 두 명제 앞에 붙인 제목인 "De motu corporum in mediis resistentibus", 즉 "저항이 있는 매질 안에서의 물체의 운동"이다. 사람들은 종종 2권을 유체역학에 관한 책으로 다루었다. 그러나 이 책은 유체 저항fluid resistance이라는 분야의 특별한 주제를 다루는 논문으로 설명하는 것이 더 정확하다. 2권에 대해 제기된 비판의 상당 부분은 책의 주제를 유체 저항이 아닌 유체역학으로 (오일러, 달랑베르, 그들의 후계자들의 연구 분야를 가리키는 의미의 유체역학으로) 간주하는 데에서 비롯된다.

갈릴레오는 유체 저항에는 이질적인 요소들이 너무 많이 관련되어 있어서 과학으로 결코 성립될 수 없다고 썼다.[55] 그로부터 3세기가 지난 지금도 구체에 작용하는 저항력은 이론만 가지고서는 계산할 수 없고, 임의의 모양에 대해서는 더더욱 불가능하다. 저항을 알아내려면 풍동이나 여타 장치에서의 실험에 의존해야 한다. 그럼에도 유체 저항의 과학은 지난 세기에 급부상했으며, 그 대부분은 항공기의 개발과 함께 이루어졌다. 2권은 이러한 유체 저항의 과학 발전에 있어 최초의 시도로 정당하게 평가받을 수 있다. 비록 뉴턴의 노력은 오늘날의 과학의 수준에는 한참 못 미쳤지만, 2권의 수많은 요소는 현재의 과학에서 핵심적인 요소로 남아 있다.

『운동에 관하여』의 마지막 두 명제는 속도에 비례하는 저항을 받는 구체의 운동에 대한 풀이를 제시한다. 이 소논문과 『프린키피아』 사이에, 뉴턴은 유체의 관성으로부터 발생하는 저항 성분은 매질의 밀도, 구체의 앞면적, 속도의 제곱에 비례하여 변한다고 결론지었다. 이는 오로지 물리를 바탕으로 한 질

---

53   Neményi, "Main Concepts" (위 n.10), pp.73-74.

54   2권은 1, 3권과 달리 최근까지 체계적으로 연구된 사례가 거의 없었다. D.T. 화이트사이드는 섹션 1의 초안 자료, 그리고 섹션 4, 6, 7에서 선택한 문제들의 서술에 대하여 『Math. Papers』, 6권에서 논하고, 논란의 여지가 있는 2권 명제 10에 대해서는 8권과 "The Mathematical Principles Underlying Newton's *Principia Mathematica*" (위 §1.2, n.9)에서 논의했다. 2권이 거둔 성과는 여러 저작에서 검토되었다. (nn.4-10 위 참고).

55   Galileo, *Two New Sciences*, trans. Drake (위 §6.9, n.32), pp.275ff.

적 추론만으로 얻은 결과일 것이다.[56] 이 세 가지 양들은 여전히 저항력의 변수로 사용되고 있다.

$$F_{\text{resist}} = \tfrac{1}{2}C_D\rho A_f v^2$$

이 식에서 C_D는 무차원 항력 계수, ρ는 유체의 밀도, 그리고 A_f는 앞면적이다. 뉴턴은 더 나아가 저항에 두 개의 다른 성분이 더 있다고 제안했다. 하나는 유체의 점성(또는 윤활함의 결여)에서 발생하는 것으로, 이 성분은 속도에 독립적이라고 두었고, 다른 하나는 유체의 내부 마찰에서 발생하는 것으로, 이 성분은 속도에 비례한다고 두었다.[57] 그런 다음 2권에서의 뉴턴의 접근법은 이러한 세 개의 개별 성분을 중첩시키는 수학적 기틀 안에서 저항력을 표현하는 것이다.

$$F_{\text{resist}} = a + bv + cv^2$$

이때 c는 ρA_f에 따라 변한다. a와 b가 달라지는 요인은 아직 결정되지 않았다.

따라서 뉴턴의 수학적 기틀은 저항이 있는 매질 안의 운동 문제를 두 부분으로 나눈다. 하나는 물체에 작용하는 힘이 알려지지 않은 속도에 의존할 때 운동방정식의 풀이를 제공한다(2권의 섹션 1부터 4까지). 두 번째는 사실상 계수 a, b, c의 값을 결정하는 바탕을 제공해야 한다. 섹션 5에서 7까지는 일차적으로 c에 대한 연산을 다룬다. 그런 다음 섹션 8과 9에서는 유체 매질에 작용하는 크기는 같고 방향은 반대인 반응력의 효과 일부를 고려한다. 섹션 8에서는 유체 안을 움직이는 물체가 만드는 유체 안의 파동 운동을, 그리고 섹션 9에서는 유체 안에서 회전하는 물체가 만드는 유체 안의 소용돌이 운동을 다룬다.

첫 다섯 개의 섹션에서 가장 유명한 결과는 명제 10(저항이 v^2에 비례하여 변할 때의 포물체 운동) 그리고 명제 23(보일의 법칙으로부터 공기의 기본 구조에 대한 결론을 끌어내려는 시도)이다. 그리고 그보다는 조금 덜하지만 유사한 원리를 사용한 명제 5와 명제 7의 따름정리도 많이 알려져 있다. 명제 5와 7에서는 다른 매질에서 움직이는 두 개의 다른 구를 다루는데, 핵심 변숫값이 같으면 두 구체는 거

---

56   하위헌스는 그 이전에 속도에 비례하는 저항을 받는 운동의 풀이를 구했지만, 실험을 통해 저항의 지배적 힘이 속도의 제곱에 따라 변한다는 확신을 얻고 결과를 발표하지 않았다. (*Œuvres complètes* [위 §6.11, n.51], vol. 21, pp.168-176에서 "Discours de la cause de la pesanteur"에 추가된 섹션을 참고할 것. 이와는 대조적으로 뉴턴은 실험 내용을 고려하여 이런 결론에 도달했다는 설명은 전혀 하지 않는다. 속도에 따라 저항이 변한다는 단순한 예를 넘어 그가 내놓은 유일한 설명은 섹션 1의 마지막 주해에서 제시된 정성적인 물리적 추론뿐이다.

57   매질의 내부 마찰에서 발생하는 뉴턴의 힘들은 오늘날의 점성력과 밀접하게 대응하는 개념이다. 현대의 "미끄럼 방지(no-slip)" 조건은 움직이는 물체의 바깥쪽 표면에 있는 유체 입자들이 표면과 같은 속도로 움직인다는 내용인데, 이 조건이 저항의 수식에서 유체의 점성 때문에 발생하는 뉴턴의 힘을 제거했다. 유체 저항의 마찰력에 관한 논의는 오늘날의 점성력에 대한 것이다.

의 비슷하게 움직인다. 이러한 유사성 원리에 대한 탐구는 그 이후로 유체역학의 여러 영역에서 연구의 주류를 형성해 왔고, 다른 무엇보다도 축소 항공기 모형 실험에서 항공기의 양력계수와 항력 계수를 결정할 수 있는 레이놀즈 수Reynolds number를 발견하면서 정점에 이르렀다.

섹션 4는 일반적인 경우라면 거리 제곱에 반비례하는 구심력을 받아 원을 그리는 운동이 되었겠지만, 밀도가 반지름에 반비례하여 변하는 매질에서 운동이 일어날 때는 로그나선 궤적이 그려진다는 것을 보여준다. 이는 저항을 받는 궤도 운동의 감소율에 관한 결과로 이어지고, 이 결과는 나중에 행성에 작용하는 저항력이 없다는 주장의 근거가 된다.[58]

표면적으로 볼 때, 섹션 6은 여러 유형의 저항을 받는 사이클로이드 진자 운동의 풀이를 제시함으로써 섹션 1에서 4까지의 논리를 이어간다. 그러나 이 풀이들의 진짜 목표는 진자 운동의 감소율을 실험을 통해 결정하기 위해 저항력의 세기를—즉 위의 계수 b, c —바꿔가며 측정하는 것이다. 뉴턴은 진자의 추를 공기, 물, 수은에 담가 진동하게 하는 실험을 수행했다. 초판에 수록된 실험 결과는 (섹션 7 끝의 주해에 제시되어 있다) 여러 유형의 저항력의 세기를 결정하는 유일한 근거가 된다. 이 주해는 이후 판본에서 섹션 6의 끝으로 옮겨졌는데, 아마도 결과들이 실망스러웠기 때문일 것이다. 뉴턴은 자신이 구한 데이터를 조금이라도 이론에 일치시키기 위해, v와 v^2항에 기이한 $v^{3/2}$ 저항 항을 추가했다. 그리고 v^2 즉 관성 항이 실험 조건의 범위에서 충분히 크고 데이터에 예상하지 않은 오차가 있음을 허용하면, 이 항은 매질의 밀도에 따라 변하는 것 같다는 빈약한 결론만 도출할 수 있었다.[59]

세 판본 모두에서 섹션 7은 가설상의 모형을 제시한다. 이 모형에서는 움직이는 물체에 미치는 유체 입자의 충격으로부터 저항의 관성 성분이 발생한다. 충격력은 상대적 운동에만 의존하기 때문에, 움직이는 유체 입자가 움직임 없는 물체에 영향을 줄 때에도 같은 힘이 얻어진다. 뉴턴이 여기에서 제시한 상대적 운동 원리는 그 이후로 유체역학 연구의 중심 개념이 되었다. 예를 들어 항공기의 풍동 실험에서는 공기가 정지해 있는 축소 모형 위로 흐르도록 설계되어 있어 축소 모형을 직접 움직이며 측정할 필요가 없다. 뉴턴은 충돌 모형을 이용해 최소 저항의 입체에 관한 잘못된 결과를 얻었고, 이 오류에 대해 이후 상당히 많은 논의가 이루어졌다.[60] 이런 유의 모형은 뉴턴이 유출 문제—즉, 용기의 바닥에 뚫린 둥근 구멍을 통해 물이 유출되는 문제—에 관심을 보인 이유이기도 하다. 관성 저항에 대응

---

58 이 결과들과 명제 10의 주해는, 우리 대기의 밀도와 태양을 감싸고 있는 매질의 밀도가 어떻게 변하는지를 알아야 한다는 문제가 있다. 이 내용은 곧바로 섹션 5로 이어진다. 섹션 5에서는 압축될 수 있는 매질의 밀도가 다양한 크기의 중력을 받을 때 어떻게 변하는지를 중심 주제로서 다룬다.

59 뉴턴은 처음에는 이 실험의 실망스러운 결과가 진자 끈에 작용하는 저항이 설명할 수 없는 효과를 일으키는 탓이라고 주장했다. 이것이 한 요인이었다면, 더 큰 문제는 진자 운동에 의해 유체가 앞뒤로 움직이는 운동이 유도된다는 것이었다. 다음으로 수행한 수직 낙하 실험 결과에서는 진자 실험에서 추론한 저항이 유체 안에서 움직이는 구체에 적용하기에는 너무 크다는 결론이 나왔다. 뉴턴은 이 오차의 원인 역시 (진자 운동에서) 유도된 유체의 앞으로 움직이는 운동 탓으로 돌렸다.

60 예를 들어, R. Giacomelli와 E. Pistolesi, "Historical Sketch", in *Aerodynamic Theory*, ed. Durand (위 n.9), 1:311ff, 그리고 Neményi, "Main Concepts" (위 n.10), pp. 70-71를 참고하자.

시키기 위해 구멍 중앙의 입체 원형 표면에 충돌하는 유체의 무게를 재기 때문이다.

섹션 7의 내용은 2판에서 대부분 다시 쓰였다. 이러한 개정을 통해 ρ, A_f, v^2, 물체의 질량이 주어지면, 구체, 원판, 원통(끝)에 대하여 관성 저항력의 정확한 값을 결정할 수 있는 확장된 충돌 모형을 얻었다. 뉴턴은 c가 ρA_f와 $\dfrac{\rho A_f}{2}$ 사이에 오고, 압축할 수 없는 "희박한" 매질의 경우에는 모양에 의존하는 인자를 곱하고 압축할 수 없는 "연속" 매질의 경우에는 $\dfrac{\rho A_f}{4}$를 곱한다고 결론을 내린다. 현대 용어로 표현하자면 이 양은, 점성력을 무시할 수 있다면, 희박해진 매질 안의 구에 대하여 항력 계수가 1.0과 2.0 사이가 되고, 연속 매질에서는 구와 원판 모두에 대하여 0.5가 된다. 이 계수들을 가지고, 명제 9의 v^2에 따라 변하는 저항의 경우 수직 낙하에 대한 풀이는 주어진 매질 안에서 지정된 높이에서 구체가 떨어지는 시간을 예측하는 데 사용될 수 있다. 2판에서 추가되고 3판에서 확장된 섹션 7의 마지막 부분에서는, 이런 식으로 예측한 시간을 물과 공기 중에서 여러 차례 수행한 수직 낙하 실험에서 관측한 결과와 비교한다.[61] 예측한 시간과 관측된 시간이 잘 일치하면서, 뉴턴은 두 가지 결론을 내놓았다. (1) 연속 매질에 대한 충돌 모형은 물과 공기에서 모두 성립한다. 그리고 (2) 이제 이론으로 관성 성분을 설명할 수 있으니, 예측한 시간과 비교하여 관측된 낙하 시간이 조금 더 긴 것은 저항의 다른 성분을 실험적으로 조사할 수단이 된다는 것이다.

이 두 결론 모두에서 뉴턴은 실수를 했다. 뉴턴의 오류는 18세기 중반 실험을 통해 원판의 저항이 같은 단면적의 구에 대한 저항보다 두 배 이상 크다는 것이 밝혀지면서 드러났다.[62] 뉴턴은 섹션 7에 설명된 수직 낙하 실험에 흥미를 잃으면서 관성 저항의 이론적 모형에 대한 흥미도 함께 잃었다. 이 실험들이 저항력을 최초로 정확히 측정한 것이라는 것을 감안하면, 뉴턴의 태도가 변한 것은 불행이었다. 사실 이 실험에서 구의 항력 계수 값을 구할 수 있다. 뉴턴이 확신을 가지고 설명한 실험만 가지고 보면, 이 값들의 범위는 최저 0.462, 최고 0.557이다. 이 실험에서 레이놀즈 수 범위에 대하여 현대적으로 측정된 구체의 항력 계수 값들은 최저 0.38에서 최고 0.51까지이다. 게다가 뉴턴이 얻은 최저값은 레이놀즈 수의 적정값 근처에 있다. 구의 항력 계수 측정은 표면의 마감 상태와 국소적으로 작은 불규칙성 같은 이차 요인들 때문에 결코 쉽지 않다. 이에 더하여, 구가 고정되어 있지 않고 회전하는 경우에는 원치 않는 효과가 생기고, 구를 고정시키면 구 주위 유체 흐름이 바뀐다. 그러므로 섹션 7의 수직 낙하 실험의 진

---

61 뉴턴의 공기 중 실험은 당시 새로 완성된 런던의 세인트 폴 대성당의 꼭대기에서 유리구슬들을 떨어뜨리는 것이었다. 3판에서는 데사굴리에가 세인트 폴 대성당에서 수행한 실험 내용을 추가한다. 이 마지막 실험은 여러 실험 중에서도 가장 정밀하게 수행되었고 가장 정확한 결과를 내놓았다.

62 이 실험은 1760년대에 드 보르다 훈작사가 수행했다 (*Mémoires de l'Académie des sciences*, 1763과 1767 참고). 그는 회전하는 플라이휠의 둘레에 물체를 부착하여 저항을 측정했다. Dugas, *History of Mechanics* (위 n.6), pp.309-313에 간단히 요약되어 있는 내용을 참고하자.

정한 성과는 가설 모형의 검증이 아닌 항력을 측정하려는 시도로서 보는 것이 바람직해 보인다.[63]

섹션 8에서 가장 주목을 받았던 항목은 뉴턴이 이론적으로 결정한 공기 중 음속에서 나타난 17퍼센트의 불일치다. 그 원인은 한 세기가 더 지나서 라플라스가 발견했는데, 당시는 기체의 열팽창에 대해 훨씬 더 많은 것들이 알려져 있던 시대였다. 라플라스에 따르면 이 불일치는 단열 팽창보다는 압력파의 등온 팽창에 대한 암묵적 가정에서 비롯된 것이었다.[64] 압축이 가능한 유체 안에서의 파동 운동에 대한 뉴턴의 동역학적 해석은 이것 외에는 정확하다. 특히 인상적인 것은, 압축이 불가능한 유체에서의 파동 운동에 대한 해석도 역시 옳으며, 이 해석은 마찰이 없는 유체−진자 모델, 다시 말해 U자형 관 안에서 진동하는 유체 운동을 바탕으로 했다는 것이다. 이 결과들은 연속적이고 다차원적인 물체와 매질의 진동 역학을 연구하는 계기가 되었다. 뉴턴 이후 시대의 사람들이 이 결과들을 이해할 만큼 똑똑했다면 역사적으로도 훨씬 더 중요한 의미를 부여받았을 것이다.[65]

회전하는 원통과 구에 의해 유도되는 소용돌이 운동이 케플러의 ³⁄₂제곱 규칙과 양립할 수 없다는 최종 결론에서는 옳았지만, 섹션 9에서 이 소용돌이 운동에 대하여 얻은 결과는 정확하지 않다. 그러나 뉴턴은 그 과정에서 쿠에트 흐름Couette flow 문제를 정의했으며, 이 문제는 이후로도 수많은 관심을 받아왔다.[66] 섹션 9는 또한 가설의 형태로 훗날 뉴턴 유체로 알려지게 되는 개념을 제시한다. 유체의 윤활성이 부족하여 발생하는 저항력은 속도의 변화율에 비례한다는 것이다.[67] 뉴턴이 이것을 가설로 남겨둔

---

63 이 실험에서 거둔 뉴턴의 성과를 인정하는 연구 중 하나는 R.G. Lunnon, "Fluid Resistance to Moving Spheres", *Proceedings of the Royal Society of London* 110 (1926): 302-326, 특히 320-321이다.

　뉴턴이 세운 관성 저항의 이론적 모형에는 두 가지 오류가 포함되어 있다. 첫 번째 것은 뉴턴도 예상했던 것이다. 움직이는 물체에 의한 압력의 교란이 전방으로 전파되기 때문에, 일반적으로 유체는 물체에 충돌하는 것이 아니라 그 주위에 유선(streamline)을 형성한다. 그렇다면 물체에 걸리는 저항력은 이 유선을 따라 물체의 표면에 미치는 유체 압력의 순 효과로부터 발생한다. 그 결과 물체의 모양은 언제나 중요한 요인으로 작용한다.

　두 번째 오류는 이보다 더 심각하고 뉴턴도 예상하지 못했던 것이다. 모양이 주어진 물체의 항력 계수는 상수가 아니라 레이놀즈 수, 즉 $\frac{\rho d v}{\mu}$에 따라 변한다. 이때 d는 구, 원통 또는 원반의 지름이고, μ는 유체의 점성이다. 저항은 유체의 점성 그리고 관성에 관련된 두 개의 독립적인 성분으로부터 직접적으로 발생하지 않는다. 그런 것이 아니라, 저항을 일으키는 단 하나의 복잡한 메커니즘이 있고 이 메커니즘에서 움직이는 물체 표면 주위의 압력은 이 두 성분이 일으키는 효과가 결합되어 발생한다. 이 결합을 지배하는 것이 관성인지 아니면 점성 효과인지에 따라 성질이 변한다. 그러므로, 저항을 v에 따라 변하는 항 그리고 v^2에 따라 변하는 항의 중첩으로 다루려는 시도 자체가 이 현상의 물리를 잘못 전달하는 것이다. 그러한 접근 방식에서 v^2 항의 계수는—앞서 소개한 뉴턴의 방식대로는 c—ρ와 A_i뿐 아니라 μ에도 의존해야 한다!

　더 자세한 내용은, R.P. Feynman, R.B. Leighton, and M. Sands, *The Feynman Lectures on Physics* (Reading, Mass.: Addison-Wesley, 1964), vol. 2, chap. 41; L.D. Landau and E.M Lifshitz, *Fluid Mechanics*, vol. 6 of *Course of Theoretical Physics*, trans. J.B. Sykes and W.H. Reid (Oxford: Pergamon Press, 1959), 또는 D.J Tritton, *Physical Fluid Dynamics*, 2d ed. (Oxford: Clarendon Press, 1988)을 참고하자.

64 그러므로, 정확한 음속은 뉴턴의 $(\frac{p}{\rho})^{1/2}$이 아니라 $(\frac{\gamma p}{\rho})^{1/2}$이 된다. 이때 γ는 비열의 비(공기의 경우 1.4)이다. 다시 말해 유의미한 계수는 p가 아니라 γp다.

65 J.T. Cannon and S. Dostrovsky, *The Evolution of Dynamics: Vibration Theory from 1687 to 1742* (New York: Springer-Verlag, 1981) 참고.

66 예를 들어 S. Chandrasekhar, *Hydrodynamic and Hydromagnetic Stability* (Oxford: Clarendon Press, 1961)를 참고하자.

67 현대 용어로 쓰면, 전단응력 = $\mu dv/dx$이며, x는 v와 직각이다.

이유는 사실상 b—즉 저항력의 점성 성분—의 변화를 결정할 방법을 발견하지 못했기 때문이었다. 아마도 이것은 뉴턴이 세운 2권 후반부의 주요 목표 중 하나였을 것이다. 뉴턴이 2판의 섹션 7에 들인 공을 보면 이 목표를 얼마나 간절히 달성하고 싶었는지 가늠할 수 있을 것이다.

8장
3권의 구조: 세상의 체계

8.1 3권의 구조

3권은 크게 여섯 부분으로 나눌 수 있다. (1) 자연철학 연구에 필요한 규칙들("regulae"). (2) 세상의 체계에 관한 설명의 바탕이 될 수 있는 "현상"들. (3) 만유인력 작용에 의한 행성과 위성들의 운동을 설명하기 위한 수학적 원리(일차적으로는 1권에서 발전시켰던 내용)의 응용. (4) 조수에 대한 뉴턴의 중력 이론. (5) (명제 22에서 33까지) 달의 운동에 대한 해석. 이 내용은—후술하겠지만—『프린키피아』에서 가장 눈부시고 독창적인 부분 중 하나인 동시에, 어떤 의미에서는 실패한 부분이기도 하다. (6) 여섯 번째이자 마지막 부분은 (보조정리 4와 명제 40부터 끝까지) 혜성의 운동을 다룬다. 이렇게 명제의 주제를 따라 3권을 나누는 것은 누가 보아도 자연스럽지만, 3권은—1권과 2권과는 달리—공식적으로 섹션으로 나뉘어 있지 않다.

3권의 서두는 이 책이 앞선 책들과 다른 점을 서술하는 평이한 글로 시작된다. 뉴턴은 글에서 간단한 준비 과정을 제안한다. 이는 뉴턴식 세상 체계를 이해하기 위해서 뉴턴의 이론 역학을 배우려는 독자를 위한 것이었다. 먼저 "정의, 운동 법칙, 그리고 1권의 처음 세 섹션만 주의 깊게" 읽어도 충분하고, 추가적으로 3권에 "언급하는" 1권과 2권의 다른 명제들을 "자유롭게" 찾아보면 좋다.

뉴턴은 1권과 2권에 "수학에 능통한 독자들이 읽기에도 시간이 꽤 걸릴 만큼" 명제들이 많이 있다고 지적한다. 그러면서 3권을 의도적으로 읽기 어렵게 썼다고 거리낌없이 인정했다. 뉴턴은 처음에 3권을 인쇄된 것보다 쉽게 써서 "대중들이 쉽게 이해할 수 있고, 더 많은 이들이 읽을 수 있도록" 작성했다.[1] 이후에 뉴턴은 "초안의 내용을 수학적 형식의 명제로" 재구성해서 "이 원리를 먼저 습득한 사람들"로 독자층을 한정하려 했다. 그렇게 해서 오랜 선입견에서 "벗어나지 못할" 독자들은 이 책을 들추지 못하게 하고 싶다고 했다. 뉴턴은 세상의 체계에 대한 자신의 원리를 직접적으로 응용하는 것과는 상관없는 문제들에 대해 "장황한 논쟁을 피하"고 싶었다.

3권의 도입부에서는 1권과 2권에서 제시한 자연철학의 원리가 물리가 아닌 수학적 원리였음을 다시 한번 강조한다.[2] 이런 원리들은 물리(또는 자연철학)와 관련된 것이므로, 그는 "일부 철학적 설명", 다시 말해 물리적 주제를 다루는 설명을 가지고 "그 내용을 조명"한다. 물리적 주제 중에서 주로 꼽는 것은 "물체의 밀도와 저항, 물체가 없는 공간, 그리고 빛과 소리의 운동"이다.

3권에서 뉴턴이 보이는 과정은 예상했던 것과 예상치 못했던 것의 조합이다. 먼저 예상했던 대로, 뉴턴은 위성들이 원 궤도를 따라 회전한다고 가정하고 행성들 그리고 목성과 토성의 위성 체계(목성과 토성은 2, 3판에서만)에 대한 케플러의 면적 법칙과 조화 법칙—타원 궤도 법칙은 아니고—같은 "현상"들에서 출발한다. 그는 또한 달이 면적 법칙에 따라 운동한다고 쓰지만, 이러한 서술을 뒷받침하는 확고한 증거는 없다. 따라서 타원 궤도로부터 역제곱 힘을 추론했던 1권 명제 11처럼 힘 있게 서술하지 못한다. 그는 위성 체계에서 역제곱 힘의 성립을 보여주지만 다소 예상치 못했던 방식이었고, 그런 다음 우리가 알고 있는 중력이 지구에서 달까지 뻗어간다는 것을 증명한다. 그는 다음으로 태양이 행성에 미치는 힘이 거리 제곱에 반비례하는 힘이라고 주장하고, 왜 이 역제곱 힘들을—위성에 작용하는 힘 그리고 행성에 작용하는 힘—마찬가지로 중력의 사례로 간주해야 하는지, 그 이유를 제시한다.

행성과 위성에 대한 역제곱 힘을 설명한 다음 타원 궤도로 넘어간다. 그래서 명제 1에서는 목성의 위성 궤도가 원이고, 위성들의 운동은 일정하다고 간주한다. 이에 따라 면적 법칙이 성립해야 하고 위성에 작용하는 구심력이 존재해야 하는데, 이 힘은 거리의 제곱에 반비례한다. 2판과 3판에서는 토성의 위성에 대해서도 마찬가지로 성립함을 보인다.

3권의 명제 2에서, 뉴턴은 행성의 궤도 운동과 관련하여 현상 5를 소개하고 (행성 운동의 면적 법칙에 관한 설득력이 약한 경험적 논거) 여기에 1권의 명제 2를 근거로 태양을 향하는 구심력이 존재함을 보인다. 그런 다음 역제곱 힘에 대하여 현상 4(케플러의 제3 법칙, 이는 직접적인 경험 증거 위에 확립된 것이다)를 소개하고, 1권의 명제 4(원형 궤도의 역제곱 법칙을 확립한 명제)를 근거로 제시한다.

행성 궤도를 원으로 가정하는 것이 "참된" 천문학 체계에서 크게 벗어나는 것처럼 여겨질 수 있지

---

1 이 초안은 영어로 번역되어 출간되었고, 뉴턴이 사망한 직후에 라틴어 원문으로도 출간되었다. 이 원고를 바탕으로 앤 휘트먼과 I. 버나드 코헨이 번역한 새 번역은 캘리포니아 대학교 출판부에서 『세상의 체계에 관한 에세이(Essay on the System of the World)』라는 제목으로 출판될 예정이다.

2 위 §6.11 참고.

만, 사실 모든 행성 궤도는—수성은 예외로 하고—거의 원에 가깝다. 흔히 사람들은 행성 궤도를 아주 납작한 타원처럼 생각하는 경향이 있는데, 그 이유는 천문학과 물리학 교과서가 면적 법칙에 의한 타원 효과를 쉽게 볼 수 있도록 궤도의 모양을 심하게 왜곡하기 때문이다. 이런 교과서의 타원 궤도들은 행성보다는 혜성의 궤도에 더 가깝다. 행성 궤도의 주된 특징은 궤도 모양이 그렇게 "심한" 타원이라는 것이 아니라, 태양이 궤도의 정확히 중심 또는 그 근처에 있지 않다는 것이다. 따라서 면적 법칙에 따라 원일점에서 근일점까지의 행성의 속도에는 상당한 변화가 일어난다.

아무튼, 뉴턴은 행성의 역제곱 법칙에 대한 자신의 주장의 근거를 1권의 명제 2와 4의 증명이 아닌 완전히 새로운 논증, 즉 거리 제곱에 반비례하는 힘을 "대단히 명확하게" 증명한다고 주장하는 논증으로 돌린다. 이 증명은 "원일점이 정지 상태"라는 관측된 사실을 바탕으로 한다. 뉴턴은 1권 명제 45의 따름정리 1을 언급하면서, 역제곱의 비에서 "조금만 벗어나도" "1회의 공전만으로도 장축단의 움직임이 눈에 띄게 커질 것"이며, 회전이 여러 번 반복되면 "운동은 더욱 커"진다는 사실을 지적한다. 이는 관측한 내용과는 반대된다.

이렇게 거리 제곱에 반비례하는 힘을 확립하고, 이 힘이 중력임을 강한 확신과 함께 주장한 후에, 뉴턴은 (3권 명제 13에서) 면적 법칙을 따르는 행성의 궤도 운동에 대한 그의 서술이 "현상"을 바탕으로 한 것이라고 말한다. 즉, 자신의 논거가 역제곱 법칙을 성립시킨 관측에 따른 추론에 바탕을 두었다는 것이다. 이제 명제 13에서, 뉴턴은 "운동의 원리가 밝혀졌으므로, 우리는 이 원리로부터 선험적으로 천체의 운동"을 추론한다고 말한다. 그는 현상이 아닌 역제곱 법칙을 바탕으로 한 추론에 따라 행성의 타원 궤도를 도입한다. 이 결말을 향하여 가면서 1권 명제 1과 11, 그리고 특히 1권 명제 13의 따름정리 1을 사용한다. 그러므로 독자들로서는 3권의 기본 정리가—역제곱 힘이 원뿔곡선 궤도를 암시한다는 내용—포물선 궤도에 관한 명제 뒤에 따라 나오는 따름정리라는 미미한 위치에 묻혀 버린 것이 놀라워 보일지도 모르겠다. 심지어 더 놀라운 것은 처음엔 이 따름정리에 증명이 없었고 이후에도 간단한 증명만 제시되어 뉴턴 시대부터 오늘날까지 수많은 비평가가 의문을 품게 했다는 점이다.

8.2 가설에서 규칙과 현상으로

『프린키피아』 초판의 3권은 아홉 개의 "가설"로 시작한다. 이러한 설정 때문에 『프린키피아』는 숱한 비난의 표적이 되었다. 처음 1, 2권에서는 수학에 중점을 두었다고 주장했고 3권은 "가설"을 바탕으로 한 것처럼 보였기 때문에, 『프린키피아』가 자연철학의 체계를 드러낸 것이 아니라는 비평가들의 불만은 정당해 보일 수도 있다. 데카르트 학파였던 벨기에의 학자 피에르 실뱅 레지스로 추정되는 《주르날

데 사방》의 서평 저자[3]는 다음과 같은 가혹한 말을 남겼다. "완벽한 작품을 만들기 위해, 뉴턴은 그저 자기가 쓴 『역학』만큼만 정확한 『물리』[즉, 자연철학]를 내놓기만 하면 되었다." 그러면서 뉴턴이 "가정했던 운동을 진짜 운동으로 대체했다면" 그럴 수 있었다고도 덧붙였다. 뉴턴이 2판에서 3권의 서두를 수정한 것은 아마도 이 비평에 대응하기 위해서였을 것이다. 그는 이제 "가설"을 크게 두 묶음으로 나누었다. 앞부분의 가설 1과 2는 방법론적인 것으로, 새로운 카테고리인 "Regulae Philosophandi", 즉 "자연철학을 위한 규칙"의 첫 두 규칙이 되었다. 그리고 새로운 규칙 3이, 3판에서는 규칙 4가 추가되었다.[4]

원래 두 번째 묶음의 가설에는 5, 6, 7, 8, 9번으로 번호가 매겨졌다. 2판에서는 이 규칙들이 "현상"이 되고, 번호는 1, 3, 4, 5, 6번으로 바뀌었다. 이때 현상 2가 새로 추가되었다. 이 "현상"들은 사실상 현상학적이며, 행성과 위성의 관측된 주기나 케플러의 제3 법칙 같은 내용을 실제 데이터 표와 함께 다룬다.

그리고 원래 가설 3은, "모든 물체는 다른 종류의 물체로 변형될 수 있고, 연속적인 중간 단계의 성질을 취할 수 있다"는 내용인데, 이것이 2판에서 삭제되었다. 가설 4("세상의 체계의 중심은 정지해 있다")는 2판에서 "가설 1"이 되었지만 3권의 서두에서 빠지고 적절한 위치(명제 10과 11 사이)로 옮겨졌다. 뉴턴은 2판에서 초판의 보조정리 3도 (명제 38 다음으로 나오는) "가설 2"로 바꾸었다.

초판의 "가설"들은 흥미로운 방식으로 묶여 있다. 이 묶음에는 자연철학의 절차에 관한 규칙, 현상, 그리고 두 개의 가설 포함되어 있는데 이는 모두 사고 체계 또는 과학 체계의 가설이 될 것들이다. 이런 "가설"들을 하나로 묶는다면, 이렇게 잡다한 컬렉션에 붙일 단 하나의 중립적인 이름을 떠올리기가 쉽지 않다. 지금에 와서 보면 이 가설의 조합을 2판에 싣기 위해 1713년에 작성된 일반 주해와 대조해 보면 더욱 이상하다. 이 글에서 뉴턴은 그 유명한 "가설을 꾸미지 않는다Hypotheses non fingo"라는 말을 남겼을 뿐 아니라 "현상으로부터 추론한 것이 아니라면 무엇이든 가설이라고 불러야 한다"고 선언하기 때문이다. 반면 초판 3권의 서두에서는 현상들 전체가 가설로 지정되어 있다.

8.3 뉴턴의 "자연철학을 위한 규칙"

『프린키피아』 2판에는 세 개의 "Regulae Philosophandi", 즉 "자연철학을 위한 규칙"이 있다. 앞서 보았듯이 초판에서는 규칙 1과 2가 각각 가설 1과 2였다. 이 규칙에서는 전통적인 사고 절약의 원리principle

---

3   Paul Mouy, *Le développement de la physique cartésienne* (Paris: Librairie Philosophique J. Vrin, 1934), p.256.

4   I.B. Cohen, "Hypotheses in Newton's Philisophy", *Physics* 8 (1966): 63-184.

of parsimony를 선언한다. 즉 현상에서 "참이며 충분한" 것 이상의 원인을 인정하지 않으며(규칙 1), "같은 종류의 자연적 효과"에는 가능한 한 같은 원인을 부여하는 것이다(규칙 2).

규칙 3은 2판에서 처음 등장하는데, 종류가 좀 다르다. 규칙 3의 메시지는 어떤 특정한 "성질"이 있어서, (1) 이 성질은 지구 위에서 직접 경험하는 범위 안의 모든 물체에서 발견되며, (2) 변하지 않으며, 보편적으로 모든 물체 즉 우주 어디에나 있는 물체의 성질로 간주되어야 한다는 것이다. 우리가 실험할 수 있는 성질에서 실험할 수 없는 성질로 옮겨가는 이런 특징을 "트랜스딕션transdiction"이라고도 하고 "투사projection"라고도 한다.[5] 그러므로 예를 들어 연장성(물체가 공간을 점유하는 특성)과 관성(즉, 관성 또는 질량의 힘)은 이런 유의 특성이고 규칙 3에 의해 태양, 행성, 행성의 위성, 혜성, 별 같은 천체의 특성으로도 간주할 수 있다. 이 규칙 3에 의해 천체에 중력이라는 특성, 즉 "물질의 양에 비례하여" 힘을 가하는 성질을 부여할 수 있고, "이 규칙 3에 따라 모든 물체는 서로를 향하여 잡아 당겨진다"는 것이다.[6]

규칙 3을 서술하면서 뉴턴은 "intendi"와 "remitti"라는 단어를 사용했다. 이는 명사 "intensio"와 "remissio"의 동사형의 수동태 부정형에 해당하며, 다시 말해 각각 "더해짐intension"과 "덜어냄remission"이라는 의미를 가진다. 이런 사용법은 중세 후기의 "위도방식latitude of forms"라는 원리로 거슬러 올라간다. 이 중세의 개념은 정량화될 수 있고 더하거나 덜어낼 수 있는 성질—운동, 위치 변화, 심지어 사랑과 우아함까지—을 가리킨다. 모트는 뉴턴의 원문을 정확하게 번역해서, "물체의 성질은 정도에 따라 더해지거나 덜해질 수 있다"고 썼다. 그러나 캐조리 버전에서는 "intension (…) of degrees"라는 표현이 뉴턴 시대의 독자에게 어떤 의미였을지를 고려하지 않고 "더해짐"을 "강화intensification"로 바꾸었다. 자세히 설명하자면, 오늘날의 "강화"는 극단적인 정도까지의 증가하거나 농축되는 과정을 뜻하는 반면, "더해짐"은 세기나 크기가 커지는 과정을 의미한다.[7]

존 해리스의 『기술용어 사전』(London, 1704)에서는 "자연철학에서의 INTENSION"은 "열기와 냉기 등, 모든 성질에 대한 힘이나 에너지의 증가를 의미하며, 이러한 성질은 더해지거나 덜어낼 수 있다고, 다시 말해 증가하거나 감소할 수 있다"라고 정의한다. 해리스가 덧붙이기를, "모든 성질의 더해짐이란, 성질이 발산되는 중심으로부터 거리 제곱값이 감소함에 따라 반비례하여 증가한다." 그리고

---

5   물체에서 관찰하는 특성 또는 성질(예컨대 질량이나 관성)을 감각 경험의 즉각적인 범위를 넘어 물체에 부여하는 수단. 넬슨 굿맨은 이 개념을 "투영(projection)"이라고 불렀는데, 이 이름이 철학자들 사이에서 점점 많이 사용되면서 만델바움의 "트랜스딕션(transdiction)"을 대체했다. 영어를 사용하는 철학자들의 커뮤니티에서는 일반적으로 "투영 가능한 것"으로 간주되는 가설과 그렇지 않은 가설을 구분한다. Maurice Mandelbaum, *Philosophy, Science, and Sense Perception* (Baltimore: Johns Hopkins Press, 1954) 참고. 철학자들은 만델바움의 제안을 받아들이지 않았고 "투영"이라는 용어를 선택했다.

6   규칙 3에서 인용됨.

7   중세의 "calculatores"에 의해 사용된 이 두 기술 용어가 『프린키피아』의 초판 (1687)에서는 발견되지 않고 2판에서 (1713) 처음 등장한 것이 이상해 보일 수도 있겠다. 약 반세기쯤 후에, 뒤 샤틀레 후작부인은 이 용어에 현대적 의미를 부여하여, "qualités des corps qui ne sont susceptibles ni d'augmentation ni de diminution(증가하거나 감소하지 않는 물체의 특성)"이라고 썼다.

"QUALITY" 항목에는 "발산Radiation의 중심으로부터의 거리를 두 번 곱한 비Duplicate Ratio에 따라 모든 성질 또는 그 성질의 힘이나 능력이 감소한다"는 증명이 제시되어 있다. 이 증명은 존 케일의 『실용물리학 개론Introductio ad Veram Physicam』(Oxford, 1702)에서 인용했다.

규칙 4는 3판에서 소개되었다. 이 규칙은 여러 면에서 가장 중요하다. 이 규칙의 목적은 추측에 따른 (그리고 검증되지 않은) 가설에 반하는 귀납적 결과를 인정하자는 것이다. 뉴턴은 귀납법에 의한 명제는 새로운 현상을 통해 "더 정확해지거나 예외로 인정받게" 될 때까지는 "정확하거나 사실에 대단히 가깝다고 간주해야 한다"고 선언한다.

8.4 뉴턴의 "현상"

뉴턴의 세상의 체계의 바탕 역할을 하는 "현상"은 일반적으로 이해되는 의미의 현상이 아니다. 뉴턴은 현상을 말할 때 "감각으로 인지할 수 있는 단 하나의 사건, 상황, 또는 사실"을 염두에 둔 것이 아니다. 철학에서의 현상은 일반적으로 "그 근본적인 존재를 증명하거나 본질을 이해하는 것과는 상관없이, 마음에 실제처럼 보이는 것"이라는 의미로 쓰인다. 그러나 물리학에서 현상은 단순히 "관측할 수 있는 사건"이다. 뉴턴의 현상은 단순히 개별적인 관측, 감각 경험 또는 관측할 수 있는 사건의 원자료raw data가 아니라, 그러한 자료 또는 사건을 바탕으로 한 일반화이며 심지어 현상학에 바탕을 둔 이론적 결론일 수도 있다. 이를 잘 보여주는 예가 현상 3이다. 현상 3의 내용은 "다섯 개의 주행성—수성, 금성, 화성, 목성, 토성—의 궤도는 태양을 둘러싼다"는 것이다. 이것은 현상 4에서 말하는 행성 운동의 케플러 제3 법칙 즉, 조화 법칙과 같으며, 현상 5의 면적 법칙과도 같다. 현상 1에서 5까지에 대한 근거는 상당히 설득력 있는 반면, 현상 6의 경우는 달의 궤도 운동의 면적 법칙(지구의 중심 관점으로)은 설득력이 약하며 "겉보기 지름"과 "겉보기 운동"의 상관관계 이상은 아니다.

2판에서는 현상 1(이전에는 가설 1)의 내용에 큰 변화가 도입되었다. 이제 뉴턴은 목성의 위성에 관한 개선된 데이터를 갖고 있었다. 또한 토성의 위성에 관한 내용도 추가했는데 (현상 2), 뉴턴은 1판을 쓸 때에는 이 위성의 존재를 인정하려 하지 않았다.[8]

핼리와 뉴턴의 매서운 눈을 용케 피해 1판에 인쇄되었던 현상 4의 오류는 2판에서 수정되었다. 1판에서 케플러의 제3 법칙을 논의하면서(가설 7), 뉴턴은 행성의 주기와 행성 궤도의 크기가 "지구 주위를 돌든 태양 주위를 돌든" 똑같다고 말했는데, 이는 순전한 난센스다. 2판에서 수정한 내용처럼, 그가

---

8   뉴턴은 초판에서 하위헌스가 발견한 토성의 위성 하나만을 다루었다. 이후 판본에서 (현상 2, 그리고 3권의 명제 1) 카시니가 발견한 위성들도 함께 설명한다.

말하고자 했던 것은 주기와 궤도의 크기가 "태양이 지구 주위를 돌든, 아니면 지구가 태양 주위를 돌든" 같다는 것이었다. 다시 말해, 주기와 궤도의 크기는 코페르니쿠스 체계나 티코 체계, 리치올리 체계에서는 모두 같지만, 프톨레마이오스 체계와 코페르니쿠스 체계에서는 분명히 다르다는 것이다.

　　뉴턴은 현상 4에서 행성 운동의 제3 법칙을 서술하면서(이전에는 가설 7), 마침내 케플러의 공을 인정한다. 그러나 현상 5(이전에는 가설 8)의 면적 법칙에 대해서는 마찬가지로 케플러를 무시한다.

8.5 뉴턴의 가설 3

2판에서 삭제된 초판의 가설 3은 다음과 같은 내용이었다. "모든 물체는 다른 물체로 변형될 수 있으며, 연속적인 중간 단계의 성질을 취할 수 있다." 이 가설은 다양하게 해석되어 왔다.[9]

　　초판에서 가설 3은 3권의 명제 6, 따름정리 2의 증명에서 딱 한 번 사용되었다. 이 따름정리는 따름정리 1의 결과를 바탕으로 한다. 따름정리 1의 내용은 (모든 판본에서) 다음과 같다.

> 이런 이유로, 물체의 무게는 물체의 형태나 질감에 의존하지 않는다. 만일 무게가 형태에 따라 달라진다면 같은 물질[의 양] 안에서 무게가 여러 형태에 따라 더 크거나 작을 것인데, 이는 경험과 완전히 모순이다.

이는 (초판에서) 따름정리 2로 이어진다.

> 그러므로 지구 위 또는 근처에 있는 모든 물체는 보편적으로 지구를 향해 무거우며[또는 당겨지며], 지구 중심으로부터 같은 거리에 있는 모든 물체의 무게는 그 안에 든 물질의 양에 비례한다. 만일 에테르나 다른 어떤 물체가 무거움을 전혀 갖지 않거나 그 안의 물질의 양에 비례한 것보다 덜 당겨진다면, 물질의 형태 말고는 다른 물체와 다른 것이 없으므로, 형태를 바꾸어 물질의 양에 비례해 가장 많이 끌어당겨지는 물체와 같은 조건을 갖도록 조금씩 **바뀔**changed 수 있다(가설 3에 따라). 반면 가장 무거운 물체들은, 다른 물체의 형태를 조금씩 취함으로써 무거움을 조금씩 잃을 수 있다. 이에 따라 무게는 물체의 형태에 의존하고 형태와 함께 바뀔 수 있는데, 이는 따름정리 1에서 증명한 내용과 모순이다.

9　가설 3과 관련한 상세한 정보는 Dobbs, *Janus Faces* (위 §3.1, n.10)를 참고하자.

2판에서 뉴턴은 가설 3을 삭제하고 완전히 다른 내용의 따름정리 2를 도입했다. 그러나 따름정리 1은 바꾸지 않았다.

새 따름정리에서는 가설 3을 언급한 부분이 삭제되었고, 커티스 윌슨의 표현대로, 가설의 "변증법적 가정을 제거하고"[10] 중력의 보편성을 지지하기 위해 "귀납적 일반화의 규칙"을 따름으로써 논증을 개선한다. 뉴턴은 새로운 따름정리에서 이렇게 말한다.

> 만일 에테르나 다른 어떤 물체가 무거움을 전혀 갖지 않거나 그 안의 물질의 양에 비례한 것보다 덜 당겨진다면, (아리스토텔레스, 데카르트, 그리고 다른 이들의 의견에 따라) 물질의 형태 말고는 다른 물체와 다른 것이 없으므로, 형태를 바꾸어 물질의 양에 비례해 가장 많이 끌어당겨지는 물체와 같은 조건을 갖도록 조금씩 **변형될**transmuted 수 있다. 반면 가장 무거운 물체들은, 다른 물체의 형태를 조금씩 취함으로써 무거움을 조금씩 잃을 수 있다. 이에 따라 무게는 물체의 형태에 의존하고 형태와 함께 바뀔 수 있는데, 이는 따름정리 1에서 증명한 내용과 모순이다.

여기에서 뉴턴은 아리스토텔레스와 데카르트의 이름을 언급하는데, 아리스토텔레스의 경우는 『프린키피아』의 이 부분에서만 유일하게 언급된다. 앞서 우리는 뉴턴이 데카르트의 『프린키피아』의 직접적인 영향을 받아 개념과 정의 3과 4, 정의의 따름정리를 설명하는 것을 보았고, 2권의 말미에서 데카르트의 소용돌이 이론을 논의하는 것도 보았지만, 이중 어디에서도 데카르트나 데카르트 학파를 직접 지칭하지 않았다. 3권의 규칙 1은(이전의 가설 1) 물론 아리스토텔레스의 저서에서 그대로 가져온 것이다. 다른 내용에 관해 데카르트를 언급하는 부분은 위 §3.1을 참고하자.

뉴턴이 아리스토텔레스와 데카르트("그리고 다른 이들")을 언급한 것은 데이빗 그레고리가 『프린키피아』 해설에서 이 가설에 대해 쓴 주석의 맥락에 따라 이해해야 한다. 그레고리는 뉴턴과 나눈 대화를 기록해 두었는데,[11] 이 기록은 『프린키피아』의 초판과 2판 사이에 뉴턴이 사고를 발전시켜 나간 과정, 그리고 1690년대에 세운 『프린키피아』의 개정 계획을 알 수 있는 중요한 사료이다. 뉴턴은 그레고리가 옥스퍼드 교수 자리에 지원했을 때 그를 강력히 추천하는 추천장을 써 주었는데, 이를 보면 그레고리의 능력을 매우 높이 평가했음을 알 수 있다. 뉴턴이 그레고리에게 『프린키피아』의 개정 계획, 새로운 개념과 설명에 대한 추론 과정,[12] 심지어 그가 발견한 기본 원리와 법칙을 예상했던 고대 학문의 전통에 대한 신념까지 자유롭게 이야기했던 것으로 보면,[13] 『프린키피아』를 깊이 있게 이해했던 그레고리를

---

10   『Newt. Achievement』, p.258.

11   이 내용은 『Corresp.』 3권에서 찾아볼 수 있다.

12   내가 쓴 『Introduction』, pp.181-189 참고.

13   내가 쓴 "Quantum in se est" (위 §3.1, n.5) 참고. 그리고 "Hypotheses in Newton's Philosophy" (위 n.4)도 함께 참고하자.

인정하고 있었음이 분명하다.

그레고리는 『프린키피아』의 해설에서 가설 3에 대하여 다음과 같은 주석을 썼다. "데카르트 학파는 이것을 쉽게 인정할 것이다. 그러나 천체 물질과 지상의 물질 사이의 구체적인 차이를 인정하는 소요 학파는 그렇지 않을 것이다. 원자와 모든 사물의 씨앗이 불변이라고 믿는 쾌락주의 철학의 추종자들도 마찬가지다."[14] 그런 다음 그레고리는 저자가 이 가설을 개정했음을 지적한다. 그리고 이후의 규칙 3의 초안을 장황하게 인용하는데, 여기에서 뉴턴은 "모든 물체의 법칙과 성질quality"이 아닌 "특성property" 〔본문에서는 '성질'과 '특성'을 엄밀히 구분하지는 않는다. 다만 quality는 물체에 내재하는 고유한 성질의 의미가 있고(태생적인 1차 성질과 획득한 2차 성질), property는 다른 물체와 구분되는, 부여받은 성질의 의미가 있는 듯 하다. —옮긴이〕을 설명하며 시작한다.[15]

8.6 명제 1–5: 행성과 그 위성들의 운동의 원리; 첫 번째 달 실험

뉴턴은 명제 1에서 목성의 위성에 작용하는 구심력 문제를 다룬다. 위성의 궤도 운동은 (현상 1에 의해) 면적 법칙과 조화 법칙을 따르므로, 1권의 명제 2(또는 명제 3) 그리고 명제 4, 따름정리 6을 적용해, 첫째, 목성의 중심을 똑바로 향하는 힘이 있다는 것과, 둘째, 이 힘이 거리 제곱에 반비례하여 변한다는 것을 보인다. 2판에서는 하위헌스가 발견한 내용에 더하여 카시니가 발견한 토성의 위성을 주목하고, 명제 1의 결과를 이 위성들까지 확장한다. 명제 2의 주제는 행성에 작용하는 힘으로 바뀐다. 증명은 명제 1에서와 같지만, 여기에서는 현상 5(행성의 면적 법칙) 그리고 현상 4(행성의 조화 법칙)만 사용하는 것은 다른 점이다. 그리고 1권 명제 45 따름정리 1에 의해, 거리 제곱의 반비례 관계에서 조금만 벗어나도 단 1회의 회전만으로도 장축단이 눈에 띌 만큼 크게 움직이며, 회전수가 많아지면 더 많이 벗어난다는 점을 주목한다.

다음으로 명제 3에서는 주제를 달로 옮긴다. 현상 6(달의 궤도 운동에 대한 면적 법칙) 그리고 1권의 명제 2 또는 3에 의해, 달 운동이 가능하려면 중심을 향하는 힘이 있어야 한다. 지구 주위를 회전하는 위성은 달 하나뿐이기 때문에, 조화 법칙만으로는 역제곱 법칙을 확립할 수 없었다. 그래서 뉴턴은 명제 3에서 달의 원지점(지구에서 가장 먼 점)의 운동이 매우 느리며, 1회의 공전 또는 1 태음월에 대하여 약 3°3′ 전진한다는 관측 사실에 1권의 명제 45, 따름정리 1을 적용한다. 이 따름정리에 따라, 지

---

14 그레고리의 해설에 대해서는 위 §6.4, n.7을 참고하자.

15 나는 한때 데카르트 학파에 대한 그레고리의 주석이, 가설 4가 반드시 뉴턴의 신념을 표현하는 것이 아니라 단지 그 활용과 효과를 고려한 것일 뿐임을 암시했을 수 있다고 제안했었다. 뉴턴이 말하려는 것이 "가설"이라면 그것이 꼭 원칙에 대한 뉴턴의 단호한 헌신을 암시할 필요는 없다고 본 것이다. 이러한 생각은 나의 명백한 오류였다. Dobbs, *Janus Faces*(위 §3.1, n.10) 참고.

구의 중심으로부터의 달의 거리와 지구의 반지름의 비가 D 대 1이라면, 이 원지점의 운동이 만들어내는 힘은 $\frac{1}{D^n}$에 비례해야 한다. 이때 n의 값은 $2\frac{4}{243}$이다. 뉴턴은 명제 3에서 "이 원지점의 운동은 태양의 작용으로 인해 발생"하며 "여기에서는 무시할 수 있다"고 말한다. 그는 1권 명제 45 따름정리 2를 바탕으로 태양의 작용이, "태양이 달을 지구로부터 끌어당기는 한," 달에 대한 지구의 힘과 갖는 비는 대략 2 대 357.45 즉 1 대 $178\frac{29}{40}$와 같다고 말한다.[16] 이 힘을 제거하면 지구가 달에 미치는 알짜 힘만 남게 되고 이 힘은 지구 중심부터의 거리의 제곱에 반비례하게 된다. 이렇게 거리 제곱에 반비례하는 힘의 법칙은 명제 4에 의해 확증된다.

명제 4에서는 『프린키피아』에서 제안된 세상의 체계가 기존의 서술과 근본적으로 다른 첫 번째 결과를 제안한다. 뉴턴은 여기에서 달을 "직선 운동으로부터 끌어당겨" 지구를 향해 "당겨지고, (…) 궤도를 유지"하는 것은 "무거움gravity의 힘"이라고 선언한다. 그러면서 "무거움"의 본질이나 작용 방식에 대해서는 따로 추측하지 않고, 모든 독자가 "무거움" 또는 무게에 익숙하리라고 가정한다. 그러므로 명제 4의 목적은 두 가지다. 첫째, 무거움이—지구 위의 무거움, 지구 위의 우리 모두에게 익숙한 무거움—역제곱 법칙에 따라 달까지 확장되며, 둘째, 달이 관성의 직선 경로로부터 안쪽으로 낙하하여 공전 궤도를 유지하도록 하는 것은 이 무거움의 힘이라는 것을 보이고 싶은 것이다.

달 실험에서, 뉴턴은 먼저 달이 (또는 달의 궤도, 즉 지구 중심으로부터 지구 반지름의 60배 만큼 떨어져 있는 물체가) 전진하는 운동 성분을 모두 박탈당할 경우 1분 동안 낙하하는 거리가 얼마인지 계산한다. 그 결과는 $15\frac{1}{12}$파리피트다.[17] 만일 무거움gravity이 역제곱 법칙에 따라 감소하고 지구의 무거움이 달까지 뻗친다면, 지구 표면에 있는 무거운 물체는 1초 동안 $15\frac{1}{12}$파리피트(좀 더 정확하게는, 15피트 1인치 1과 $\frac{4}{9}$라인(라인line은 길이의 단위이며, 1/12인치이다.—옮긴이)), 1분 동안에는 그 거리의 60×60배 즉 3,600배를 자유롭게 낙하해야 한다. 이 결과는 실제 지구에서의 실험 결과와 대단히 근접했고, 이를 바탕으로 뉴턴은 달을 궤도에 붙잡아두는 힘이 "우리가 일반적으로 무거움이라고 부르는" 바로 그 힘이라는 결론을 내릴 수 있다. 주해에서 제시한 대안적 증명은 지구의 위성을 가정하여 전개된다. 이후 3권

---

16 그러나 1권 명제 45 따름정리 2를 주의 깊게 읽어 보면, 뉴턴은 (타원 궤도를 만드는 역제곱 구심력에 "더해지거나 감해지는 (…) 외부 힘"의 작용을 고려하면서) 이렇게 쓴다. "외부 힘이 타원 궤도를 회전하는 물체에 작용하는 다른 힘에 비해 357.45배 작다고 가정해 보자." 3권 명제 3에서의 주장을 고려하면, (1권, 명제 45, 따름정리 2를 바탕으로) 달을 지구로부터 끌어당기는 태양의 작용과 달에 미치는 지구의 구심력의 비는 "대략 2 대 357.45"이다. 『Newt. Achievement』 p.264 참고.

17 커티스 윌슨이 나에게 귀띔해 준 내용이다. "뉴턴이 $15\frac{1}{12}$파리피트라는 결과를 얻기 위해서는, 계산의 처음 결과에 (이 값은 15.093파리피트/분이다) $178\frac{29}{40}$을 곱한 후 $177\frac{29}{40}$으로 나누어야 한다. 다시 말해 뉴턴은, 사실을 언급하지 않은 채, 달에 대한 지구의 중력 효과의 일부를 상쇄하는 태양의 평균 감쇠력을 가정하고 이를 뺀 것이다. 그가 뺀 값은 지나치게 컸다. Shinko Aoki, 'The Moon-Test in Newton's *Principia*: Accuracy of Inverse-Square Law of Universal Gravitation', *Archive for History of Exact Sciences*, 1992, 44: 147-90 참고. 뉴턴의 계산은 파리에서 관측된 초당 낙하 거리와 정확히 일치시키기 위해 두드려 맞춰져 있다. 그러지 않았어도 두 값은 꽤 괜찮게 일치했을 것이다." 『Never at Rest』 pp.732-34도 함께 참고하자.

명제 37 따름정리 7에서(2판에서 추가됨), 뉴턴은 이러한 두 번째 달 실험을 제시하게 된다.

그런 다음 뉴턴은 규칙 2를 이용해 (명제 5에서) 행성들이 태양을 향해 당겨지듯 목성과 토성의 위성들도 모행성을 향해 "당겨진다"는 것을 증명한다. 따름정리 1은 "보편적으로 모든 행성을 향하는 무거움이 존재한다"고 명확하게 서술하는데, 이 힘은 "거리 제곱에 반비례"하는 힘이다(명제 5, 따름정리 2). 따라서 "모든 행성은 (…) 서로에 대하여 무거움을" 가지며(따름정리 3), 이에 대한 증명은 합(지구에서 봤을 때 태양과 나란한 자리에 놓이는 위치—옮긴이)의 위치에 있는 토성과 목성에서 발견할 수 있다. 토성과 목성은 합의 위치에서 "서로의 운동에 상당한 섭동을 가한다"고 알려져 있다. 이후의 주해에서는 천체의 궤도를 만드는 구심력이 중력이므로, 앞으로는 이 이름을 사용할 것이라고 말한다.

8.7 토성에 대한 목성의 섭동, 만유인력의 근거

3권의 명제 1부터 3까지는 행성과 행성의 위성들을 각각의 궤도에 유지시키는 힘이 존재하고, 이 힘은 중심을 향해야 함을 증명한다. 앞에서 보았듯이, 그렇다면 명제 4(달 실험)는 이 힘이 (지구와 달의 경우) 지구의 중력으로 확인될 수 있음을 보여준다. 그리고 명제 5는 이 힘을 만유인력으로 일반화하는 중요한 단계를 제시한다. 즉 같은 무거움의 힘이 행성과 위성들을 궤도 위에 묶어두면서 동시에 모든 행성의 짝 사이에서도 작용한다고 주장한다. 뉴턴은 명제 5의 따름정리 3에서, "목성과 토성이 합의 위치에 있을 때, 서로를 끌어당기며 서로의 운동에 상당한 섭동을 가한다"고 대담하게 주장한다.

뉴턴은 이 주제를 명제 13에서 다시 다루면서, "토성에 미치는 목성의 작용"에 대한 증거를 제시한다. 뉴턴은 토성 운동에 대한 목성의 섭동으로 만유인력의 존재를 증명하기를 바랐다. 목성의 질량은 어마어마하게 크므로(다른 행성들의 질량 전부를 합친 것보다도 더 크다), 목성이 토성에 힘을 가한다면 합의 위치 전과 후에 토성의 운동에 눈에 띄는 변화가 있으리라고 합리적으로 예측할 수 있었다. 이에 따라, 뉴턴은 왕립 천문학자 존 플램스티드에게 토성의 궤도 운동에서 그러한 변화의 증거를 묻는 편지를 썼다.[18]

뉴턴은 소논문 『운동에 관하여』를 바탕으로 『프린키피아』를 쓰기 위해 엄청난 노력을 들이던 무렵 플램스티드에게 편지를 보냈는데(1684년 12월 30일), 천문학자들이 토성의 운동에서 불규칙한 점을 관측한 적이 있는지를 특별히 묻고 있다. "케플러가 정의한 토성의 궤도는 1배 반의 비에 비해 너무 작습니다." 즉, $\frac{3}{2}$ 비에 대하여 작다는 의미다. 그는 다음처럼 계속 이어갔다.

---

18 목성과 토성의 상호작용 연구의 역사는 Curtis Wilson, "The Great Inequality of Jupiter and Saturn: From Kepler to Laplace", *Archive for History of Exact Sciences* 33 (1985): 15-290에서 상세히 논의한다. 본 해설서의 §8.7은 조지 스미스의 연구 내용을 바탕으로 한다. 행성 섭동 문제에 관한 스미스의 주석은 아래 §8.8에 수록하였다.

목성과 종종 합을 이루는 이 행성은, (목성의 작용에 의해) 자신의 궤도에서 태양의 반직경 1, 2개 정도 또는 그 이상으로 벗어나야 하고, 그 범위 안에서 남은 대부분의 운동이 이루어져야 합니다. 아마도 이 때문에 케플러가 궤도를 너무 작게 정의한 것 같습니다.

이 문제는 뉴턴의 근본적인 의문으로 이어진다.

혹시 토성과 목성이 합의 위치에 있을 때 토성이 케플러의 표에서 상당히 벗어나 있는 것을 관찰한 적이 있는지 기꺼이 알고 싶습니다. 내가 추측하는 가장 큰 오차는 토성이 합의 위치에 오기 1년 전 태양으로부터 정방향으로 3 또는 4궁만큼 지나가 있을 때, 또는 합의 위치에서 1년 후 태양으로부터 역방향으로 같은 거리만큼 이전에 있을 때 일어났을 것입니다.[19]

플램스티드가 1685년 1월 5일에 쓴 답장은, 그가 관측한 내용이 실제로 목성과 토성에 대한 케플러의 표에서 편차를 보인다는 내용으로 뉴턴의 추론을 확증했다.[20] 그러나 플램스티드는 목성과의 합의 위치 근처에 있는 2년 동안 토성 운동 주기에 생긴 불규칙성의 원인이 중력일 거라는 뉴턴의 기대를 지지해줄 만한 증거는 찾지 못했다.

플램스티드는 이렇게 썼다.

토성의 운동에 대하여, 내가 이곳에 온 이후로 석양 무렵 토성이 케플러의 수치보다 27′ 늦어지는 것을 관측했습니다. 그리고 목성은 약 14′ 또는 15′ 빨라지는 것을 보았는데, 이는 목성과 토성의 합에 관하여 내가 작년 『회보』에 발표한 글에서 설명을 찾아볼 수 있을 것입니다.

플램스티드는 "목성의 오차는 항상 같은 것은 아닌데, 케플러의 표에서 원일점의 위치가 잘못되어 있기 때문"이라고 설명을 이어갔다. 그뿐 아니라 "토성의 오차"도 "항상 같지 않지만," "구quadrature(지구에서 볼 때 외행성이 태양과 직각을 이루는 위치―옮긴이)에서 기대되는 값보다 더 작다"고 썼다. 그러나 "둘 사이의 차이는 일정하며, 핼리 씨가 내가 요청하고 독려한 바에 따라 제작한 새로운 표에 따라 토

---

19   『Corresp.』2:407.

20   커티스 윌슨은 ("The Great Inequality of Jupiter and Saturn", p.42에서) 토성과 목성의 운동 문제는 그보다 이전에 호록스가 주목한 것이었고, 플램스티드가 편찬해 1673년 출판한 *Opera Posthuma*에 그 내용이 수록되었다는 점을 지적했다. 불리오는 토성의 위치를 루돌핀 표보다 0.5도 뒤로 돌려놓았고, 토성이 달 뒤에 가려지는 성식(occultation)을 관측한 내용을 기록한 자신의 표보다 ⅓도만큼 뒤로 돌려놓았다. *Philosophical Transactions* 12, no. 139 (April-May-June 1678): 969-975.

성에서 관측한 내용대로 숫자를 조금 변경하면 쉽게 일치될 것"이라고 썼다.

플램스티드는 목성에 대하여 직접 구한 보정 계수를 도입했고, 그 결과 목성은 "최근 몇 년 동안 궤도상의 모든 위치가 내 계산에 부합한다"라고 썼다. 그러나 뉴턴이 "토성에 대해 제안하는 궤도 이탈이 없다고 단언할 만큼 엄밀하게 계산했던 것은 아니"라고 인정하면서, "다음번 시기 후에는" 이 문제를 "성실히 조사하겠다고" 약속했다. 그러나, "나의 생각을 자유롭게 고백하자면," 뉴턴이 제안했던 "그런 영향이 있으리라고는 생각할 수 없다"고 했다. 그 이유는 "그 위치에서 행성들 간의 거리는 '태양 궤도orbis annus' 반지름의 4배에 가깝고", 그 결과 "에테르 같은 유연한 물질 안에서, 하나의 행성이 만드는 그런 압력이 다른 행성의 운동을 방해할 수 있으리라고는 생각할 수 없다"는 것이었다. 간단히 말해서, 플램스티드는 "케플러가 정한 토성의 거리가 1.5 대 1 비와 일치하지 않으며 목성의 거리 역시 수정되어야 한다"는 점은 충분히 인식하고 있었다. 즉 "목성의 운동이 토성의 운동에 영향을 미치는지 여부를 조사하기에 앞서 이 두 값이 먼저 수정되어야 한다"고 생각했다.[21]

그렇다면, 『프린키피아』 초판이 출간되었을 때 뉴턴에게는 토성과 목성이 합에 있을 때 토성이 목성의 섭동을 받는다는 주장을 뒷받침할 만한 천문학적 증거가 없었다. 그로부터 26년 후 2판에서, 뉴턴은 목성의 작용이 토성의 운동을 변화시킨다고 좀 더 강하게 주장했다. 이는 두 판본의 3권 명제 13의 같은 문단을 대조하면 더욱 분명하게 볼 수 있다.

초판	재판
그럼에도 토성에 대한 목성의 작용은 완전히 무시될 수 없다. 목성을 향하는 무거움과 태양을 향하는 무거움의 비는 (같은 거리에 놓았을 때) 1 대 1,100이다. 따라서 목성과 토성이 합에 있을 때, 목성부터 토성까지의 거리와 태양부터 토성까지의 거리의 비는 4 대 9이므로, 토성이 목성을 향하는 무거움 대 토성이 태양을 향하는 무거움은 81 대 16 × 1,100 또는 대략 1 대 217이다.	그럼에도 토성에 대한 목성의 작용은 완전히 무시될 수 없다. 목성을 향하는 무거움과 태양을 향하는 무거움의 비는 (같은 거리에 놓았을 때) 1 대 1,033이다. 따라서 목성과 토성이 합에 있을 때, 목성부터 토성까지의 거리와 태양부터 토성까지의 거리의 비는 4 대 9에 가까우므로, 토성이 목성을 향하는 무거움 대 토성이 태양을 향하는 무거움은 81 대 16 × 1,033, 또는 대략 1 대 204이다.

---

21 『Corresp.』 2:408-409. 플램스티드가 편지에서 말한 《철학회보》의 논문에서, 그는 1683년 1월 26일에 관측된 토성의 황경이 케플러의 표보다 24′ 뒤처져 있으며, 목성은 15′41″ 앞서 있다고 썼다.

그렇기는 하지만, 토성이 태양 주위를 도는 운동에서 생기는 모든 오차, 즉 목성을 향하는 무거움이 너무 커서 발생하는 오차는 토성 궤도의 초점을 목성과 태양의 공통의 무게중심에 놓으면 거의 제거할 수 있다. 이렇게 하면 오차가 가장 클 때에도 거의 2분을 넘지 않는다.

이런 이유로 토성과 목성이 합을 이룰 때마다 토성 궤도는 섭동을 받으며, 이 규모는 감지할 수 있는 수준이어서 천문학자들을 당혹스럽게 했다. 토성이 합에 있는 여러 상황에 따라, 토성의 이심률은 어떨 때는 증가하고 어떨 때는 감소하며, 원일점은 어떨 때는 앞으로 이동하다가 어떨 때는 뒤로 물러난다. 그리고 토성의 평균 운동은 교대로 가속되거나 감속된다. 그렇기는 하지만, 토성이 태양 주위를 도는 운동에서 생기는 오차, 즉 더 큰 힘에 의해 발생하는 오차는 궤도의 아래쪽 초점을 목성과 태양의 공통의 무게 중심에 놓으면 (평균 운동을 제외하고) 거의 제거할 수 있다(1권 명제 67에 따라). 이렇게 하면 오차가 가장 클 때에도 거의 2분을 넘지 않는다. 그리고 평균 운동에서 가장 큰 오차는 1년에 거의 2분을 넘지 않는다.

3판에서 이 문단은 숫자 1,033과 204를 1,067과 211로 바꾸었을 뿐 나머지는 2판과 같다. 그런 다음, 토성을 향하는 태양의 무거움과 토성을 향하는 목성의 무거움 사이의 차이는 태양을 향하는 목성의 무거움에 대하여 65 대 156,609 즉 1 대 2,409의 비를 갖는다고 결론을 내린다. 초판에서는 이 값이 65 대 122,342 즉 1 대 1,867로 주어져 있었다. 2판에서는 65 대 124,986 즉 1 대 1,923이었다. 뉴턴에 따르면, "토성이 목성의 운동을 섭동하는 가장 큰 힘은 이 차이에 비례"하므로, 결과적으로 "목성 궤도의 섭동은 토성 궤도의 섭동보다 훨씬 더 작다."

뉴턴의 이런 확신에 찬 주장이 무엇을 근거로 한 것인지는 알려지지 않았다. 뉴턴이 왜 초판에서보다 2판에서 더 강력한 주장을 할 수 있었는지를 설명할 문서나 근거 자료도 전혀 없다. 『프린키피아』 2판과 3판에서 뉴턴은 자신의 주장을 정당화할 구체적인 관측 자료나 계산을 제시하지 않았고, 그가 말한 "천문학자들"이 누구인지도 밝히지 않았다. 그의 다른 원고 가운데에서도 관측 데이터나 관련된 계산은 (그런 것이 실제로 존재한다면) 확인되지 않았다.

목성과 토성의 합은 평균적으로 약 20년에 한 번꼴로 발생한다. 1683년 12월의 합 다음은 1702년 8

월에 일어났다. 그러나 이보다 11년 전인 1691년 8월, 이때는 『프린키피아』가 출간되고 몇 년이 지난 후인데, 뉴턴은 플램스티드에게 "목성과 토성 이론을 좀 더 생각해볼 수 있도록, 적어도 앞으로 4, 5년 간은 목성과 토성을 잘 관측해 주기를" 바란다고 편지를 썼다. 그리고 "앞으로 12 또는 15년 동안은 더 관찰할 것"이라면서, 이런 말도 남겼다. "당신과 내가 그만큼 오래 살지 못하더라도, 그레고리 씨와 핼리 씨는 아직 젊으니까요."[22]

그러나 플램스티드에게 편지를 쓴 지 3년 만에, 뉴턴은 섭동 효과의 실체에 대해 확신을 갖게 되었던 것 같다. 『프린키피아』를 수정하고 대대적인 개정 계획을 세우던 1694년에, 그는 1683년의 합에서 사실상 섭동력의 존재에 대한 증거가 나왔다고 판단했다. 1694년 5월, 데이빗 그레고리는 뉴턴이 "토성과 목성의 최근 합에서 확실한 상호작용이 이루어졌다"고 선언했다는 기록을 남겼다. 그레그리가 뉴턴과 나눈 대화의 기록에 따르면, 뉴턴은 "그 둘의 합 이전에 목성은 속도가 빨라지고 토성은 느려지고 있었고, 합 이후에 목성은 느려지고 토성의 속도가 올라갔다"고 말했다고 한다. 뉴턴의 결론은 "핼리와 플램스티드가 토성과 목성의 궤도를 수정했지만, 결국 이는 쓸데없는 짓이었고 두 행성의 상호작용을 주목했어야 했다"는 것이었다.[23]

뉴턴은 1694년 9월 1일에 플램스티드를 방문해서, (그레고리의 기록에 따르면) 함께 달 궤도와 목성과 토성의 궤도 문제를 토론했다.[24] 뒤이어 플램스티드에게 보낸 편지에서(1694년 12월 20일), 뉴턴은 이렇게 썼다. "나는 며칠 내로 토성의 궤도를 결정하려 합니다. 그 결과를 당신에게도 보내겠습니다."[25] 그리고 플램스티드는 기록의 여백에 "그 편지는 영영 도착하지 않았다"고 덧붙였다. 플램스티드는 뉴턴이 정말로 그 작업을 하기는 "했을지" 의문을 표했다.[26] 그래서 우리도 플램스티드처럼, 뉴턴의 주장의 근거는 무엇인지에 대한 의문을 표하며 끝맺어야 한다. 오늘날 알려진 바로는 뉴턴이 그토록 확인하고 싶어 했던 효과는 당시에 사용할 수 있었던 도구로 관측하기에는 너무 작았다.

---

22 『Corresp.』3:164.

23 같은 책, pp.314, 318.

24 같은 책, 4:7. 그레고리에 따르면 뉴턴은 "달 이론을 완성하기에는 관측이 충분하지 않다. 물리적 원인을 고려해야 한다. 플램스티드는 달의 백여 가지의 위치를 보여주려 하고 있다. 물리적 원인에 대한 고려는 하늘과 목성과 토성의 궤도의 조화를 위해 필요하다. 목성과 토성의 장축단은 진동 운동에 의해 섭동을 받는다"고 생각했다고 한다. 플램스티드도 이 만남에 대한 기록을 남겼지만, 목성과 토성 얘기는 언급되지 않는다.

25 같은 책, p.62.

26 같은 책, p.63.

8.8 행성 섭동: 목성과 토성의 상호작용[27] (조지 E. 스미스의 연구)

태양 주위 궤도를 도는 두 행성의 상호작용에서 발생하는 삼체문제는 이른바 "제한 삼체문제"라고 하는, 태양이 달에 미치는 작용 때문에 생기는 문제보다 수학적으로 훨씬 더 어렵다. 오일러가 처음으로 이 문제에 대해 가능성 있는 해석적 접근법을 구상한 때로부터[28] 라플라스가 최초로 적절한 "풀이"를 얻기까지[29] 40년의 노력이 필요했다. 이런 이유로, 우리는 왜 뉴턴이 이보다 수십 년 전에 토성의 운동에 미치는 목성의 효과를 정량적으로 분석하지 않고 정성적으로만 분석했는지 쉽게 이해할 수 있다. 뉴턴의 정성적 분석은 1702년 출간된 데이빗 그레고리의 『천체 물리와 기하학 요소*Astronomiae Physicae & Geometricae Elementa*』의 명제 51에 수록되어 있다.[30]

목성과 토성의 궤도는 거의 원에 가깝다. 그러나 기울기는 같지 않고, 궤도 중심은 서로 벗어나 있어서, 두 궤도의 장축단을 잇는 선은 서로에 대하여 각을 이룬다. 그러므로 두 행성은 서로 다른 일심황경heliocentric longitude의 근일점에서 최고 속도에 도달한다. 결과적으로 둘의 상호작용은 매 합마다 다르며, 이는 뉴턴이 『프린키피아』 3권 명제 13에서 설명한 대로다. 그러나 두 행성이 합에 근접할 때 중력의 상호작용이 크게 작용하는 것에 비해 이러한 2차 효과가 작다고 생각할 표면적인 이유가 있었다. 따라서 뉴턴은 두 궤도를 동심원으로 모델링하고 두 행성의 상호작용의 1차 효과를 합리적으로 근사할 수 있었다. 이 경우 목성이 토성에 미치는 섭동력의 횡단면 성분이 합 이전에는 속도를 느리게 만들고 이후에는 빠르게 만든다. 반면 토성이 목성에 미치는 작용은 합 이전에 속도를 올리고 이후에 속도를 늦춘다. 이는 뉴턴이 말하고 그레고리가 설명한 그대로다.

뉴턴은 토성 운동의 불규칙성을 그 바탕의 케플러 궤도의 관점에서 정의해야 한다는 것을 알고 있었다. 하지만 어떤 케플러 궤도를 써야 할까? 뉴턴은 플램스티드에게 토성에 관한 정보를 요청했던 1684년 말 소논문 『운동에 관하여』의 개정판을 썼는데,[31] 이 책에서 뉴턴 자신도 섭동이 있을 때 적합한

---

27 이 주제에 대한 커티스 윌슨의 중요한 연구 내용은 위 n.18에서 자세히 인용되어 있다.

28 "Recherches sur le Mouvement des corps célestes en général", *Mémoires de l'Académie des sciences de Berlin* [3] (1747): 93-143; reprinted in *Leonhardi Euleri Opera Omnia*, ser. 2, vol. 25 (Zurich, 1960), pp.1-44. 오일러가 이 책에서 뉴턴의 운동 제2 법칙의 공식인 "F=ma"를 사용한 이후로 이 공식이 널리 사용된 것 같다. 그러나 이 공식이 인쇄물에 등장한 것은 이것이 처음이 아니었다. 야코프 헤르만은 『역학』(1716)(위 §5.3, n.7), p.57에서 제2 법칙을 미분하여 이 공식을 제시했다.

29 현재는 이러한 삼체문제에 대한 정확한 해석적 풀이가 없다고 알려져 있다. 라플라스의 섭동 방법의 풀이는 엄밀히 말하면 일정하게 수렴하지 않는 무한급수를 절단하는 근사일 뿐이다.

30 영어 번역은 *The Elements of Phisical and Geometrical Astronomy*, 2d ed. (London: D. Midwinter, 1726; reprint, New York: Johnson Reprint Corp., 1972)에서 찾아볼 수 있다. p.488을 참고할 것.

31 "이러한 세부 사항을 제외하고, 모든 변화들의 평균으로 구한 단순한 궤도는 내가 이미 말했던 타원이 될 것이다. 만약 누군가가 (평소와 마찬가지로) 3회의 관측을 통해 삼각 계산으로 이 타원을 결정하려 한다면, 이는 무모한 짓이 될 것이다. 그러한 관측은 내가 여기에서 무시했던 불규칙하고 미세한 운동의 영향을 받을 것이기 때문이다. 그리고 그런 요인은 타원이 (모든 변화들의 평균인) 적절한 크기와 위치에서 벗어나도록 하는 원인이 될 것이다. 다시 말해 3개의 관측값에 대하여 서로 다른 각각의 타원을 얻을 수 있다. 그러므로, 최대한 많은 관측을 하여 데이터를 결합하고 하나의 과정으로 합쳐 균등하게 분배하면, 평균

케플러 궤도를 정의하는 문제를 부각했다. 섭동은 적절한 궤도를 정의하기 전에 어떤 식으로든 확인하거나 걸러내야 한다. 바탕이 되는 궤도를 확실하게 정의하기 어려운 만큼, 이 궤도에서 조금만 벗어나도 다른 결론에 도달할 수 있었다.

오늘날의 관점에서 보면 이 혼란의 원인이 무엇인지 쉽게 알 수 있다. 1890년에 제시된 G.W. 힐의 이론[32]에 따르면, 토성은 세 개의 우세한 사인파sine 섭동을 받으며, 이중 어느 것도 정성적 조사에는 조금도 방해가 되지 않는다. 하나는 주기가 60년 조금 넘고 진폭은 7.04′이다. 두 번째는 주기가 30년을 조금 넘고 진폭은 11.4′다. 그리고 세 번째는 다른 둘에 비해 압도적으로 큰 "거대한 불균등성Great Inequality"[33]으로, 주기는 대략 900년이고 진폭은 48.49′다! 힐의 토성 이론 논문에는 목성의 작용에 의해 생기는 96개의 섭동 목록이 나열되어 있는데, 모두 진폭이 1′ 미만이다. 여기에 천왕성과 해왕성의 작용으로 인해 발생하는 상대적으로 작은 섭동까지 추가된다.[34] 뉴턴의 19년 섭동과 플램스티드의 59년으로 추정되는 섭동도 여기에 속하며, 둘 다 진폭은 약 7″이다.

현재는 1683년의 합이 일어나는 동안 토성에 적합한 케플러 궤도로부터 토성의 편차에 대하여 거의 근사한 추정치를 얻을 수 있다. 이를 구하려면 힐의 이론에서 세 개의 우세한 섭동 항을 더하고, 여기에 30년 미만의 주기를 갖는 주요 섭동 항들을 더하면 된다.

날짜	일심황경에서의 불일치	연간편차
1680년 2월	−44.27′	
		1.57′
1681년 2월	−43.35	
		1.72
1682년 2월	−41.63	
		1.88
1683년 2월	−39.75	
		2.13
1684년 2월	−37.62	
		2.39
1685년 2월	−35.23	
		2.64
1686년 2월	−32.59	

표의 마지막 칸은 적합한 케플러 궤도에 대한 연간 평균 각속도 편차를 표시한 것이다.

위치와 크기의 타원을 산출하게 된다." (『Unpubl. Sci. Papers』, p.281)

32 G.W. Hill, "A New Theory of Jupiter and Saturn", in *Astronomical Papers Prepared for the Use of the American Ephemeris and Nautical Almanac* (Washington, D.C.: Government Printing Office, 1890).

33 라플라스가 지은 이름이다.

34 게다가 내행성이 일으키는 작은 섭동 항들까지 포함된다.

그렇다면 적어도 토성에 적합한 케플러 궤도를 기준으로 볼 때, 토성의 평균 연간 각속도는 1683년 목성과의 합을 포함하여 6년 주기로 증가하고 있었다. 주기가 30년 이하인 섭동 항들은 뉴턴이 설명한 패턴을 그대로 보이고 있지만, 그들의 순 효과는 1680년부터 합까지 0.4′/년年만큼의 속도만 감소시켰고, 이후 3년간은 속도가 증가했다. 그러나 이 효과는 문제의 6년 동안 훨씬 더 큰 30년짜리 섭동 항에 의해 가려지게 된다. 이 섭동 항은 연간 평균 각속도를 1680년부터 1686년 사이에 총 1.2′/년만큼 증가시키고, 1680년부터 합까지는 0.7′/년 이상을 증가시킨다.[35]

이 정도로 작은 속도의 요동fluctuation은 뉴턴 시대에는 감지하기가 매우 어려웠을 것이고, 어쩌면 불가능했으리라는 것은 두말할 필요도 없는 일이다. 그러나 설령 감지할 수 있었다 하더라도, 위의 숫자들만 봐서는 토성이 1683년 합 이전에 눈에 띄게 느려졌다가 그 이후에 속도가 증가했다는 결론을 내릴 아무런 근거가 없다. 그렇다고 해서 뉴턴이 1683년 2월의 합 이전과 이후에 대칭에 가까운 속도 변동을 발견한 계산을 수행했을 가능성을 부인하는 것은 아니다. 그가 사용한 기본 궤도와 관측 결과가 대칭적인 패턴을 내놓았을 수도 있기 때문이다. 그는 토성의 원일점의 주기적 왕복 운동을 허용했던 것 같고, 오늘날에는 케플러 면적 법칙과 관련된 것 이상으로 속도에서 감지되는 편차가 특히 장축단의 선이 위치한 곳에 민감한 경향이 있다고 알려져 있다.

뉴턴이 세상을 뜨고 약 10년 후에, 토성과 목성 모두 케플러 운동에서 상당히 벗어나고 있음이 점점 더 명백해졌지만, 이 편차의 성분이 정확히 무엇인지는 전혀 명확하지 않았다. 이에 대응하여, 프랑스 과학 아카데미는 목성과 토성 이론을 제안한 오일러를 1748년의 수상자로 선정했다. 오일러의 수상 수락 논문 「토성과 목성의 불균등성 문제에 관한 연구Recherches sur la question de inégalités du mouvement de Saturne et de Jupiter」는 해석적 방법을 통해 중력 이론으로부터 행성의 섭동 운동을 도출하는 과정을 보여주는 대단히 중요한 저서다. 이 논문에서 오일러는 삼각급수를 도입하고, 삼체문제의 정확한 해석적 풀이가 불가능한 상황에 대응하여 섭동 근사perturbational approximation를 사용한다.

오일러가 논문에서 첫 번째로 제시한 예는 그레고리가 설명한 뉴턴의 두 동심원 모형이다. 그는 다음처럼 결론을 내린다.

이것을 인정하면, 토성의 황경은 다음과 같다.

$$\varphi = \text{평균황경} + 4''\sin \omega - 32''\sin 2\omega - 7''\sin 3\omega - 2''\sin 4\omega - etc$$

이것으로부터 토성의 운동에서 이러한 요동이 1.5분을 초과하는 경우가 매우 드물기 때문에 요동을 거의 감지할 수 없으리라는 것을 알 수 있다. 그리고 종종 10′보다 몇 배 더 큰 요동이 관측되는데,

---

35 30년 섭동 항이 각속도에 미치는 효과는 1702년 합이 일어나는 해에서는 작아진다. 결과적으로 짧은 주기의 섭동 항이 발생시키는 대칭 변동은 거의 가려지지 않는다. 그렇다 하더라도 연간 평균 각속도의 변화는 여전히 1′/년 이하가 되므로 감지하기가 매우 어렵다.

이것을 목성의 효과로 설명할 생각은 들지 않았을 것이다. 우리는 같은 이유로 토성 궤도의 이심률 뿐 아니라 목성 궤도의 이심률까지 계산에 도입할 후속 연구가 필요함을 인지하고 있다.[36]

그러나 이후에 이심률을 포함한 낮은 차수의 섭동 보정 항을 도입했을 때에도, 그는 여전히 관측된 두 행성의 운동을 설명하지 못했다.

삼체문제가 워낙 까다롭다 보니 중력 이론으로부터 토성과 목성의 운동을 해석적으로 구하지 못한 것이 이론의 도전 과제로 여겨지지 않았다. 오일러는 그 다음 1752년 프랑스 과학 아카데미의 수상 수락 논문 「목성과 토성 운동의 불규칙성에 관한 연구*Recherches sur les irégularités du mouvement de Jupiter et Saturne*」에서 이 점을 대단히 솔직하게 인정했다.

> (⋯) 클레로가 달의 원지점 운동이 뉴턴의 가설을 완벽하게 따른다는 것을 발견했으므로 (⋯) 이 명제에 대해서는 추호의 의심도 남지 않는다. (⋯) 이제 우리는 대담하게 두 행성 목성과 토성이 그들 사이의 거리 제곱에 반비례하는 비로 서로를 끌어당기고 있으며, 두 행성의 운동에서 발견되는 모든 불규칙성은 영락없이 이 상호작용에 의한 것이라고 주장할 수 있다. (⋯) 그리고 만일 이 이론으로부터 도출되었다고 주장하는 계산이 관측과 흡족하게 일치하지 않는다면, 우리는 언제나 이론의 진실성보다는 계산의 정확성을 정당하게 의심할 것이다.[37]

이후 30여 년 동안 삼체문제는 조금씩 진전을 보였다. 이러한 진전은 대부분 라그랑주가 이끌어냈지만, 최초로 시도한 사람은 라플라스였다. 그러나 중력 이론으로부터 토성과 목성의 운동을 유도하려던 시도들은 라플라스가 1785년 '거대한 불균등성'을 발견하기 전까지는 모두 역부족이었다. 이때는 뉴턴이 플램스티드에게 처음 요청했을 때부터 100년 가까이 지났을 때였다.

특히 라플라스는 토성의 평균 운동의 5배와 목성의 평균 운동의 2배 사이에서 결정적인 "근공명near resonance"의 영향을 발견했다. $C + \sin(5n't - 2nt)$인 항을 고려해 보자. 이때 n'과 n은 각각 토성과 목성의 평균 운동이다. $(5n' - 2n)$은 매우 작으므로, 이 항의 주기는 대략 900년 정도로 매우 크다. 그러나 운동 방정식들을 결합하면 이 작은 양의 제곱은 항의 계수의 분모에 나타난다. 특히 이심률의 지수가 포함된 황경의 섭동을 구체화하는 항들이 가장 먼저 나타난다. 결과적으로 이심률이 아무리 작더라도 이를 포함하는 고차 보정 항들은 다른 섭동 항에 비해 클 수 있다. 그래서 거대한 불균등성이 생기

---

36   *Leonhardi Euleri Opera Omnia*, ser. 2, 25:72.

37   *Recueil des pièces qui ont remporté les prix de l'Académie des sciences*, vol.7 (Paris, 1769), pp.4-5. 인용문은 Curtis Wilson, "Perturbations and Solar Tables from Lacaille to Delambre: The Rapprochement of Observation and Theory, Part I", *Archive for History of Exact Sciences* 22 (1980): 144에서 발췌하였다.

는 것이다. 라플라스는 1785년 11월에 이 내용을 발표한 후 1786년 5월에 「목성과 토성의 이론*Théorie de Jupiter et de Saturne*」을 발표했다. 이 논문에서 목성과 토성이 받는 주요 섭동들을 거대한 불균등성과 결합시켜 최초로 두 행성의 복합적인 운동을 수긍할 수 있는 수준으로 설명하고 있다. 이 설명은 중력 이론으로부터 유도된 것이었고, 천문학자들이 관측을 통해 이 이론을 발견하리라는 희망을 갖게 된 것은 그보다 수십 년, 거의 한 세기 가까이 지나서였다.

토성 운동에 대한 라플라스의 풀이가 나오던 시기에, 중력 이론을 뒷받침하는 몇 가지 중요한 결과들이 있었다. (1) 클레로는 1743년에 지구 모양에 대한 뉴턴의 근사해를 중력 변화에 대한 다른 "규칙"을 허용하는 해석적 풀이로 대체하였고, 프랑스 아카데미의 라플란드와 페루 여행에서 발견된 내용이 뉴턴의 규칙과 대부분 일치한다는 것을 증명했다.[38] (2) 클레로는 1749년에 중력 이론으로부터 달의 장축단 운동을 추론했다. (3) 달랑베르는 1749년에, 그리고 이후 오일러가, 구가 아닌 지구의 자전 운동에 대한 해석적 풀이를 고안했는데, 이는 26,000년 주기의 분점(추분점과 춘분점—옮긴이)의 세차 운동뿐 아니라, 1720년대 말 브래들리가 발견한 달의 중력에 의한 18년 주기의 장동(지구 자전축의 주기적인 미동—옮긴이)까지 설명했다.[39] (4) 핼리 혜성이 1758년 돌아왔고, 클레로가 목성과 토성의 중력 작용, 그리고 태양의 중력 작용을 설명한 후 예측했던 기간인 30일 내에 근일점에 도달했다.[40] 그리고 (5) 라플라스는 1770년대 중반에 조석에 대한 해석적 풀이를 고안했는데, 여기에는 자전뿐 아니라 중력도 포함되어 있다.[41] 그러므로 토성과 목성에 관한 라플라스의 결과들은 『프린키피아』에서 간신히 근사 정도로만 다루어졌던 중력 관련 문제에 대한 해석적 풀이에 속하지만, 중력 이론 확립에 중요하게 작용하기에는 너무 늦게 발표되었다.

그렇다고는 해도, 이 결과들은 중력 이론의 역사에서 대단히 중요하다. 일례로 행성의 운동을 예측할 때 예전에는 천체 관측을 통해 얻은 운동학적 모형을 활용하는 것이 표준 방식이었는데, 이 결과들은 중력 이론이 기존의 방식보다 더 높은 신뢰성으로 행성 운동을 예측한다는 것을 보여주었다. 이 점에 있어 라플라스의 결과들은 퐁트넬이 쓴 뉴턴의 공식 추도문의 타당성을 입증하는 이상을 해냈다.

38 Isaac Todhunter, *A History of the Mathematical Theories of Attraction and the Figure of the Earth from the Time of Newton to That of Laplace* (London, 1873; reprint, New York: Dover Publications, 1962) 참고.

39 뉴턴이 유도한 분점의 세차 운동은 이 힘들의 작용을 성공적으로 밝혀냈지만, 그의 이론은 달의 교점 운동에 관한 물리적으로 허술한 비유를 바탕으로 한다. 세차 운동을 이해하기 위한 달랑베르와 오일러의 노력은 Curtis Wilson, "D'Alembert versus Euler on the Precession of the Equinoxes and the Mechanics of Rigid Bodies", *Archive for History of Exact Sciences* 37 (1987): 233-273에서 논의된다.

40 특히 클레로는 목성의 작용으로 인해 혜성의 근일점 도착이 518일, 토성의 작용에 의해서는 100일 늦춰질 것이라고 결론지었다. 그가 예측한 근일점 도달 날짜는 1759년 4월 13일이었다. 그리고 실제 관측된 날짜는 1759년 3월 13일이었다. 핼리 혜성의 귀환과 클레로의 예측이 중력 이론의 수용에 미친 영향은 Robert Grant, *History of Physical Astronomy from the Earliest Ages to the Middle of the Nineteenth Century* (London, 1852; reprint, New York: Johnson Reprint Corp., 1966), pp.103-104에서 설명되어 있다.

41 조석 풀이를 얻기 위한 라플라스의 노력에 관한 내용은, Eric J. Aiton, "The Contributions of Newton, Bernoulli, and Euler to the Theory of the Tides", *Annals of Science* 11 (1955): 206-223을 참고할 것.

"가끔 이 결과들은 천문학자들이 떠올리지조차 못한 사건을 예언하곤 한다." 라플라스의 결과는 물리 이론과 관측 천문학 사이의 관계를 영원히 바꾸어 놓았다.

게다가 토성과 목성 이론에서 라플라스가 거둔 성공은 기념비적인 그의 저서 『천체 역학*Traité de mécanique céleste*』을 쓰는 데 큰 자극이 되었을 것이다. 1권은 1799년에, 마지막 5권은 1825년에 출판된 이 책은, 목성과 토성에 관한 풀이 방식에 따라 모든 행성의 운동에 대한 섭동 기반 이론을 제시하는 것 이상의 역할을 해냈다. 이 책은 한 세기 동안 중력 이론에서 현상을 도출한 성공적 사례들을 하나로 통합하여 제시했다.[42] 전설적인 책 『프린키피아』는 세 가지 운동 법칙을 바탕으로 일반 역학을 제시한다. 이는 케플러의 행성 이론과 함께 만유인력 이론의 바탕이 된다. 그리고 이 만유인력 이론은 모든 천체의 운동과 관련된 조석 문제, 지구 주위의 중력가속도 변화, 그리고 분점의 세차 운동에 대하여 완전하고 상세한 설명을 제공한다. 이 전설은 조건부로 진실이다. 그러나 라플라스의 『천체 역학』을 설명할 때는 이 조건이 더 이상 필요하지 않다.

8.9 명제 6, 7 : 질량과 무게

명제 6은 특히 흥미롭다. 그 이유는 뉴턴이 단순히 모든 물체가 각 행성을 향해 당겨진다고 서술할 뿐 아니라, 행성의 중심으로부터 주어진 거리에서 "그 행성을 향하는" 물체의 "무게"가 물체의 "물질의 양"에 비례한다고 설명하기 때문이다. 간단히 말하면, 행성으로부터 어떠한 주어진 위치에 있는 물체의 무게는 질량에 비례한다. 뉴턴은 이 명제를 『프린키피아』 서두의 정의 1에서 이미 언급하고 있다. 명제 6에 나오는 증명은 특별히 고안된 속이 빈, 추가 매달린 한 쌍의 진자를 사용한 실험을 통해 제시된다. 뉴턴은 이 비의 정확성을—1000분의 1 이내, 즉 0.1 퍼센트 이내의 정확도로—금, 은, 납, 유리, 모래, 소금, 나무, 물, 그리고 밀, 이렇게 총 9가지 물질에 대하여 검증했다. 그는 이 실험이 물체 낙하 실험을 더 정교하게 설계한 버전이라고 말한다.

명제 6에서, 뉴턴은 (질량이 무게에 비례함을 보여주는) 그의 진자 실험이 이전에 물체 낙하 실험에서 확립된 내용을 확증한다고 말한다. 자유낙하의 경우 동인력은 떨어지는 물체의 무게이고, 이 힘은 제2 법칙에 따라 가속과 떨어지는 물체의 질량의 결합에 비례한다. 만일 W가 물체의 무게의 가속력이고 m 이 그 질량이라면, 제2 법칙은 $W \propto m A$로 쓸 수 있다. 이때 A는 가속도다. 물체 낙하 실험은, 공

---

42 1권의 서문 첫 문장에서 라플라스의 목표가 선언된다. "17세기의 끝을 향해 가면서, 뉴턴은 만유인력의 법칙을 발표했다. 이 시대 이후의 수학자들은 세상의 체계에서 알려진 모든 현상을 이 위대한 자연의 법칙으로 환원하는 데 성공했으며, 이로써 천체 이론과 천문학 표는 기대 이상으로 정확해졌다. 나의 목적은 현재 여러 책으로 흩어져 있는 이 이론들에 대하여 서로 연관된 견해를 제시하는 것이다." (라플라스의 『천체 역학』에서 인용. Nathaniel Bowditch 번역[Bronx, N.Y.: Chelsea Publishing Co., 1966], 1:xxiii.)

기 저항에 의한 약간의 지연을 예외로 하면, 주어진 위치에 있는 다양한 무게의 물체들이 정지 상태에서 같은 가속으로 낙하한다는 것을 보여주었다. A가 상수이므로 이 식은 $W \propto m$가 되고, 이는 뉴턴이 말한 대로다.

오늘날의 독자에게 이 실험은 물리-수학에 대한 뉴턴의 깊은 통찰을 그대로 보여주는 걸출한 예다. 뉴턴은 그가 발명한 질량이 단순히 물체의 상태 변화 또는 가속에 대한 저항의 척도일 뿐 아니라, 주어진 중력장에 대한 물체의 반응을 결정하는 요인임을 깨닫고 있었다.

명제 6의 따름정리에서, 뉴턴은 무게가 물체의 형태나 재질에 의존하지 않으며(따름정리 1), 지구 위 또는 지구 근처에 있는 모든 물체는 물질의 양, 또는 질량에 따라 지구로 당겨지고(따름정리 2), 규칙 3에 의해 이 성질은 "보편적으로 모든 물체에 대하여 단언할 수 있다"고 선언한다. 또한 에테르의 존재를 부인하는 주장을 펼쳤다(따름정리 3). 따름정리 4에서는 "진공이 반드시 존재해야 한다"고 선언한다. 그리고 따름정리 5에서 중력과 자력을 구분한다. 이는 명제 7로 이어진다. "무거움은 보편적으로 모든 물체 안에 존재"한다. 중요한 따름정리인 따름정리 1에서는 "전체 행성을 향하는 무거움은 각 개별 부분을 향하는 무거움에서 발생하며 이 무거움들이 합성된 것과 같다"라고 설명한다. 그런 다음 1권 명제 69와 따름정리들의 내용을 언급하면서 "모든 행성을 향하는 무거움이 그 안에 든 물질[의 양]에 비례한다"는 결론을 내린다.

명제 8은 균질한 껍질로 이루어진 두 구 사이의 중력 인력을 다루는데, 이 힘은 두 구의 중심 사이의 거리 제곱에 반비례하는 것으로 밝혀진다. 여기에서 뉴턴은 역제곱 법칙이 여러 역제곱 힘을 합성한 전체 힘에 대하여 정확히 성립할 것인지, 혹은 "거의 근접"하게 성립할 것인지에 관한 중요한 문제를 다룬다. 후자의 문제는, 전체 행성을 향하는 무거움이 "각 개별 부분을 향하는 무거움에서 발생하며 이 무거움들이 합성된 것"이며(명제 7 따름정리 1), "물체의 입자들 각각을 향하는" 무거움이 거리 제곱에 반비례한다는 사실에서 비롯한다.

8.10 명제 8과 따름정리들(태양, 목성, 토성, 지구의 질량과 밀도)

명제 8은 『프린키피아』의 천체 물리에서 대단히 중요한 명제이지만, 그 따름정리들도 어느 의미에서는 그보다도 더 중요한 의미를 갖는다고 간주된다. 명제 8의 핵심은 균질한 구나 동심의 균질한 껍질로 만들어진 구가 마치 모든 질량이 구의 기하학적 중심에 집중된 것처럼 물체를 끌어당긴다는 것이다. 뉴턴은 앞에서 본 것처럼, 전체 행성들의 역제곱 힘이 개별 입자들의 역제곱 힘의 합과 정확히 같을지 우려를 표하며 명제 8을 마무리 짓는다. 그런 다음 이어지는 따름정리들을 통해 다양한 거리에서의 중력을 비교하는 규칙을 서술한다.

명제 8의 따름정리에서는 태양과 세 행성의 질량과 밀도를 결정하는 내용이 포함되어 있다. 이는 『프린키피아』에서 가장 주목할 만한 부분이다. 이 따름정리들은 지구 위 모든 물체에 적용되는 물리적 원리가 태양과 행성뿐 아니라 우주의 모든 물체에도 적용된다는 원칙을 극명하게 표현하고 있다. 뉴턴은 자신의 동역학적 방법이 질량과 밀도에 대한 합리적인 정량적 값을 구할 수 있다는 것을 보여줌으로써, 오래도록 이어진 의심을 제거하고 질량과 밀도가 천체에 적용될 때 의미 있는 개념임을 보였다. 다른 말로 표현하자면, 지구뿐 아니라 태양과 행성의 질량과 밀도에 값을 부여하는 방법을 보여줌으로써, 이 물체들이 질량과 밀도를 (그러므로 관성을) 가지고 있으며, 따라서 그가 세운 물리 법칙의 대상임을 선언한 것이다.

명제 8의 따름정리에서 뉴턴이 거둔 성과는 굉장했고, 곧바로 사람들의 인정을 받았다. 『프린키피아』가 출간되고 4년 후, 크리스티안 하위헌스는 「빛에 관한 논문」을 보완하기 위해 발표한 논문 「중력의 원인 La cause de la pesanteur」에서, 뉴턴이 "지구에서 태양까지의 거리가 알려져 있다고 가정"함으로써, "목성과 토성의 주민들이 우리가 이곳 지구에서 느끼는 중력에 비해 어느 정도의 중력을 느끼는지" 그리고 "그 세기가 태양의 표면에서는 얼마일지" 계산한 내용을 읽으며 특히 기뻤다고 썼다. 그전까지 이 문제는 "우리의 지식이 닿는 곳 저 너머에 있는 것" 같았기 때문이었다.[43] 그로부터 50년 후, 콜린 맥로린은 『아이작 뉴턴 경의 철학적 발견에 대한 설명 Account of Sir Isaac Newton's Philosophical Discoveries』 (London, 1748)에서, "태양과 행성의 물질을 측정하는 것은 대단히 어려운 문제이며, 언뜻 보기에는 인간의 능력으로 도달할 수 있는 한계 너머에 있는 것 같았다"고 말했다.[44]

이 따름정리들은 『프린키피아』의 초판과 이후 판본의 내용이 많이 다르다. 이를 통해 우리는 이 중요한 문제를 다루는 뉴턴의 능력이 차츰차츰 발전해 가는 과정을 볼 수 있다. 이 과정은 최종판인 3판에서 시작해 이전의 접근법으로 거슬러 들여다보면 가장 쉽게 이해할 수 있다.

3판의 따름정리 1에서, 뉴턴은 "동일한 물체들"(즉 같은 질량의 물체들)이 태양, 목성, 토성, 지구의 중심으로부터 임의의 거리에 놓여 있을 때, 이 네 개의 천체들을 향하는 상대 무게를 찾는 것부터 시작한다. 그런 다음 이 네 천체의 표면에 있는 물체의 상대 무게를 계산한다. 『프린키피아』에서 흔히 그러하듯이, 이들 무게에 대한 뉴턴의 결과들, 그리고 태양과 행성들의 질량과 밀도에 관한 결과들은 모두 상대적이다. 그러므로 "같은 물체들의 무게[즉 질량이 같은 물체들의 무게]와 태양, 목성, 토성, 지구의 각각의 중심으로부터의 거리"는 비로 주어지며, 이때 태양을 향하는 무게를 1로 정해 놓았다. 이와 유사하게, 표면에서의 이 네 물체의 무게는 태양을 향하는 무게를 10,000으로 잡았을 때 각각의 비로

---

43   이 논문은 케런 베일리가 번역하고 조지 스미스가 해설을 추가해 발표되었다.

44   Colin Maclaurin, *An Account of Sir Isaac Newton's Philosophical Discoveries* (London, 1748), p.288.

주어져 있다.

앞으로 이어지는 내용에서, "무게"라는 단어 뒤에 별표 기호가 붙일 때는 문제의 양("무게*")이 흔히 생각하는 무게-힘weight-force 또는 중력이 아니라 같은 질량의 물체에 가해지는 무게-힘임을 표시하는 것으로 이해해 주기 바란다. 다시 말해 무게*는 따름정리 1의 의미로 "가속량" 또는 가속의 척도라 부르는 것이며, (정의 7에서) "주어진 시간 동안 속도가 생성하는, 속도에 비례하는 힘의 척도"다. 뉴턴은 상대적 질량과 상대적 밀도를 고려하고 있으므로, 실험 질량은 단위 질량으로 잡을 수 있다. 따라서 무게*는 단위 질량당 무게력weight-force으로 고려될 수 있다. 이는 오늘날 국소적 역장local force field이라고 부르는 것이다.

이 따름정리에서, 뉴턴은 적어도 하나의 위성을 가지고 있다고 알려진 태양계 내 네 개의 행성들, 즉 태양, 목성, 토성, 지구 각각에 대하여 단위 질량당 무게-힘을 계산한다. 뉴턴이 태양에 대하여 사용한 위성은 금성이다. 목성의 경우에는 가장 바깥쪽 위성(칼리스토)을 사용했다. 지구의 위성으로는 달을, 토성의 위성은 타이탄을 사용했다. 뉴턴은 타이탄을 "하위헌스의 위성"이라고 부른다. 『프린키피아』 초판이 출간되었던 무렵에 뉴턴은 토성의 위성으로 타이탄 하나만 알고 있었지만, 이후 판본에서 카시니가 추가로 발견한 위성들의 존재도 인정했다. 그러나 모든 판본의 계산에서는 토성에서 가장 먼저 발견된 위성만 사용했다.

이 따름정리들에서, 뉴턴은 태양, 목성, 토성, 지구가 균질한 물체 또는 동심원적으로 균질한 물질로 구성된 구라고 (아주 명쾌하지는 않게) 간주한다. 그리고 금성, 목성과 토성의 위성, 그리고 달의 궤도가 원이라고 가정한다. 따라서 반지름 r의 원 위를 주기 T로 움직이는 물체에 대하여, 중심을 향하는 힘은 $\dfrac{r}{T^2}$과 같다는 규칙 (1권 명제 4 따름정리 2에서 제시)을 적용할 수 있다. 그는 그런 다음 "행성의 표면 또는 중심으로부터 다른 거리에 있는" 같은 물체들의 무게에도 같은 규칙이 성립한다는 결론을 내린다.

뉴턴의 방법은 기본적으로 네 위성들 (금성, 칼리스토, 타이탄, 그리고 달) 각각의 궤도 반지름을 계산하고 이 반지름을 공전주기의 제곱으로 나누는 것이다. 그는 자세한 계산 내용을 보여주지 않지만, 확실히 첫 번째 과제는 네 궤도의 반지름과 주기의 제곱을 찾는 것이었다. 그러려면 이 주기들 모두를 하나의 공통 단위로 변환하고 그런 다음 제곱을 계산해야 한다. 이 주기들은 초판과 3판에 제시되어 있으며, 다음 표 8.1로 실었다.

표 8.1 3권 명제 8의 계산을 위한 데이터

	태양	목성	토성	지구
중심체로부터 위성의 최대 태양심 이각		8′13″ *8′16″*	3′20″ *3′4″*	*(10′33″)*
공전 주기(T)	224⅔^d *224^d 16¾^h*	16¾^d *16^d 16⁸⁄₁₅^h*	15^d 22⅔^h *15^d 22⅔^h*	17^d 7^h 43^m *27^d 7^h 43^m*
중심체로부터 같은거리에서의 무게*$^\alpha$	1 *1*	$\frac{1}{1,100}$ *$\frac{1}{1,067}$*	$\frac{1}{2,360}$ *$\frac{1}{3,021}$*	$\frac{1}{28,700}$ *$\frac{1}{169,282}$*
태양에서 보이는 행성의 반지름		19¾″	11″$^\beta$	
궤도 중심에서부터 궤도를 도는 물체까지의 "실제" 거리(r)$^\gamma$	72,333	581.96	1,243	946.4
중심체의 반지름	10,000 *10,000*	1,063 *997*	889 *791*	208 *109*
중심체 표면에서의 무게*$^\alpha$	10,000 *10,000*	804½ *943*	536 *529*	805½ *435*
중심체에서 물질의 양(질량)	1 *1*	$\frac{1}{1,100}$ *$\frac{1}{1,067}$*	$\frac{1}{2,360}$ *$\frac{1}{3,021}$*	$\frac{1}{28,700}$ *$\frac{1}{169,282}$* $^\delta$
중심체의 "실제" 반경	10,000 *10,000*	889 *997*	1,063 *791*	208 *109*
중심체의 밀도	100 *100*	60 *94½*	76 *67*	387 *400*

주석 정자로 쓴 숫자는 초판에서, 이탤릭체 숫자는 3판에서 발췌한 것이다.

α 여기에서 사용된 "무게*"는 단위 질량에 중심체(순서대로 태양, 목성, 토성 그리고 지구)가 가하는 무게 또는 중력을 뜻한다.

β 초판에서 뉴턴은 태양에서 보이는 토성의 반지름을 10″ 또는 9″로 두는 것을 선호한다고 말한다.

γ 궤도를 도는 물체는 각각 금성, 칼리스토, 타이탄, 달이다.

δ 뉴턴은 태양 시차를 10″30‴으로 취했으며, 만일 시차가 이 값보다 크거나 작으면 지구의 질량은 "세제곱 비"로 증가하거나 감소할 것이라고 말한다.

궤도 반지름을 결정하는 방법은 여러 가지가 있으며, 거리는 태양부터 지구의 평균 거리(천문학적 단위, 즉 AU)가 1인 척도에 따라 결정된다. 당시 태양부터 금성까지의 평균 거리는 0.724AU로 알려져 있었다. 목성과 토성에 대해서는 최대 태양심 이각(태양에서 보이는 최대 이각)을 기준으로 계산하고 있다. 이 값은 천문학적으로 지구에서 보이는 최대 이각을 통해 구할 수 있다. 그런 다음 각 궤도의 반지름(뉴턴은 "실제 반경"이라고 불렀다)은 태양부터 행성까지의 평균 거리에 최대 태양심 이각의 탄젠트를 곱하여 구했다.

이 척도에서 달의 궤도 반지름을 구하는 데에는 특별한 문제가 있다. 달 궤도의 반지름은 칼리스토와 타이탄의 궤도와 같은 방법으로 찾을 수 없다. 달은 목성과 토성의 위성의 경우에서처럼 최대 지구 중심 이각으로부터 계산될 수 있는 최대 태양심 이각이 존재하지 않기 때문이다. 따라서, 금성, 칼리스토, 타이탄에 대하여 사용한 척도에서 달의 궤도 반지름을 정하려면 태양부터 지구까지의 거리가 필요하다. 다시 말해 천문단위의 값 또는 태양 시차의 값, 태양에서 보는 지구 반지름의 각이 필요하다는 뜻이다. 태양 시차는 결정하기가 매우 어렵다 보니, 뉴턴 시대에는 태양 시차의 크기에 대한 합의가 없었다. 우리는 이 불확실성이 뉴턴의 지구 질량 계산에 어떻게 포함되는지를 살펴볼 것이다.

r/T^2 계산을 통해 중심부터 공통의 궤도 거리에 있는 이들 네 위성 각각의 중심체를 향하는 무게*를 얻는다. (뉴턴의 결과는 표 8.1에 제시되어 있다.) 로버트 개리스토는 최근에 이 따름정리를 연구하면서 뉴턴의 결과를 다시 계산했다.[45] 칼리스토의 주기(16.689일)와 최대 태양심 이각 8′16″은 뉴턴의 값을 사용하고, 여기에 태양부터 목성까지의 거리 5.211 AU를 추가하면, 칼리스토의 궤도 반지름은 다음과 같이 나온다.

5.211 tan8′16″ = 0.01253 AU

비슷한 방법으로 타이탄의 궤도 반지름도 계산한다.

다음 단계는 궤도 거리에서 목성, 토성, 지구를 향하는 무게*를 중심부터 공통의 거리에서의 무게*로 변환하는 것인데, 공통의 거리는 금성의 궤도 반지름(VS)으로 선택되었다. 이 계산에서 뉴턴은 명제 8의 규칙을 사용한다. 이 규칙에 따라 중심부터의 거리 r_1에서의 무게 W_1과 이와 비슷하게 거리 r_2에서의 무게 W_2의 비를 구한다. 이 비는 r_1의 제곱과 r_2의 제곱의 비와 같다.

이제 JC를 칼리스토의 궤도 반지름, VS를 금성의 궤도 반지름이라 하고, T_c와 T_v를 각각 칼리스토와 비너스의 주기라고 하자. 그러면 뉴턴의 계산은 다음과 같이 진행된다.

---

45   Robert Garisto, "An Error in Isaac Newton's Determination of Planetary Properties", *American Journal of Physics* 59 (1991): 42-48.

$$\frac{\text{거리 JC에서 목성을 향하는 무게*}}{\text{거리 VS에서 태양을 향하는 무게*}}$$

$$= \frac{\dfrac{\text{칼리스토의 궤도 반지름}}{(\text{칼리스토의 주기})^2}}{\Bigg/} \frac{\text{금성의 궤도 반지름}}{(\text{금성의 주기})^2}$$

$$= \frac{\text{JC}}{\text{T}^2} \times \frac{\text{T}_v^2}{\text{VS}} = \frac{\text{JC}}{\text{VS}} \times \left(\frac{\text{T}_v}{\text{T}_c}\right)^2$$

거리 VS에서 태양을 향하는 무게*를 1이라 하고(뉴턴이 한 대로), 다음으로 명제 8의 규칙을 이용해 거리 JC에서 목성을 향하는 무게*를 거리 VS에서의 무게*로 변환한다. 여기에는 $\left(\dfrac{\text{JC}}{\text{VS}}\right)^2$의 곱이 포함되어 있다. 따라서 거리 JC에서 목성을 향하는 무게*와 거리 VS에서 태양을 향하는 무게*의 비는 다음과 같이 주어질 것이다.

$$\frac{\text{JC}}{\text{VS}} \times \left(\frac{\text{T}_v}{\text{T}_c}\right)^2 \times \left(\frac{\text{JC}}{\text{VS}}\right)^2 = \left(\frac{\text{JC}}{\text{VS}}\right)^3 \times \left(\frac{\text{T}_v}{\text{T}_c}\right)^2$$

우리는 JC = 0.01253 AU이고 VS = 0.724 AU 임을 알고 있다. 주기는 각각 224.698d와 16.698d이다. 그러므로 거리 VS에서 목성을 향하는 무게*와 같은 거리에서 태양을 향하는 무게*의 비는 다음과 같다.

$$\left(\frac{0.01253}{0.724}\right)^3 \times \left(\frac{224.698}{16.689}\right)^2 = 0.00094 \times \frac{1}{1,064}$$

이러한 계산을 바탕으로, 뉴턴은 태양, 목성, 토성, 지구를 향하는 무게*가 각각 1, $\dfrac{1}{1,064}$, $\dfrac{1}{3,021}$, 그리고 $\dfrac{1}{169,282}$이라고 기록했다. 로버트 개리스토가 신중하게 뉴턴의 계산을 검토한 결과 우리의 계산값인 $\dfrac{1}{1,064}$와 뉴턴의 $\dfrac{1}{1,067}$ 사이의 차이는 뉴턴이 반올림을 너무 일찍 한 탓으로 밝혀졌다.

다음 문제는 명제 8의 규칙을 다시 한번 적용하여 네 개의 중심체 각각의 표면에서 무게*를 계산하는 것이다. 중심부터 표면까지의 거리는 (즉 반지름) 태양의 반지름을 10,000으로 두는 척도에 따라 주어진다. 이 거리 또는 반지름은 3판에 나온 대로, 10,000, 997, 791, 109이며, 태양, 목성, 토성, 지구 표면에서의 무게*는 10,000, 943, 529, 435로 나온다. 초판에서는 이 거리가 10,000, 1,063, 889, 208이었으며, 무게*는 10,000, 804$\frac{1}{2}$, 536, 805$\frac{1}{2}$이었다. 2판에서는 거리가 10,000, 1,077, 889, 104였으며, 이에 해당하는 무게*는 10,000, 835, 525, 410이었다.

2판과 3판에서, 태양 그리고 위성이 있는 세 행성의 상대적 질량 계산은 따름정리 2에서 완성되었다. 이는 상대적으로 간단한 문제라서, 뉴턴은 아예 과정도 설명하지 않고 단순히 이 질량들이 "계산될 수 (…) 있으며" 이 질량들이 "중심에서 동일한 거리만큼 떨어진 지점에서의 힘에 비례"한다고 서술한다. 뉴턴은 이 "힘"이 같은 질량의 물체에 가해지는 중력을 의미한다는 사실을 특별히 암시하지 않더라도 독자들이 이해하리라고 가정했다. 계산은 근본적으로 이전에 계산된 태양, 목성, 토성, 지구 표면 위의 동일한 물체들의 무게에 네 천체 각각의 반지름의 제곱을 곱한 것이다. 이는 중력 법칙에서 바로 얻어지는 결과다. 같은 물체들의 질량을 m이라 하고, M은 중심체의 질량, 그리고 r은 중심체의 반지름이라 하자. 그렇다면 표면에서의 무게는 중력 법칙, $W = G\dfrac{mM}{r^2}$으로 주어진다. 이 경우 G와 m은 상수이므로, $W = Gm\dfrac{M}{r^2}$은 새로운 상수 k를 사용해 $W = k\dfrac{M}{r^2}$ 또는 $M = \dfrac{1}{k}Wr^2$로 쓸 수 있다. 상대 질량(M)은 동일한 물체의 표면 무게(W)에 반지름(r)의 제곱을 곱해 얻을 수 있다. (뉴턴이 구한 태양, 목성, 토성, 지구의 질량은 표 8.1에 주어져 있다.)

뉴턴의 값을 현재 알려진 값(표 8.2 참고)과 비교하면, 목성과 토성의 질량은 상당히 정확하다. 그러나 지구에 대한 결과는 한참 벗어나 있다. 일차적인 이유는 뉴턴이 태양 시차 값으로 10″30‴을 선택했기 때문인데, 이는 10퍼센트 이상 큰 값이다. 이는 뉴턴이 따름정리 2의 결론에서 지적한 그대로다. "만일 태양의 시차가 10″30‴보다 크거나 작으면, 지구 안의 물질의 양은 세제곱의 비로 증가하거나 감소할 것이다."

이어지는 따름정리 3에서, 뉴턴은 태양, 목성, 토성, 지구의 밀도 계산으로 넘어간다. 여기에서는 놀랍게도 앞선 따름정리에서 구한 지구의 질량을 직접 사용하지 않는다. 그 대신 1권 명제 72를 바탕으로, "균질한 구를 향하는 동일하고 균질한 물체의 무게는 구의 지름에 비례하기 때문이다"라고 주장한다. 그러므로 밀도는 "그 무게를 구의 지름으로 나눈 값"에 비례한다. 여기에서 다시 한번, 뉴턴이 사용한 "무게"라는 단어가 표면에서의 중력 또는 표면의 역장을 의미하는 것임을 주목하자. 앞에서와 같은 표기법을 써서, 무게 W는 수식 $W = G\dfrac{M}{r^2}$으로 쓸 수 있다. 밀도는 $\dfrac{M}{r^3}$이므로 행성의 밀도는 $\dfrac{W}{r}$에 비례하며, 또는 "지름으로 나눈 무게"에 비례한다. 3판에서 태양, 목성, 토성, 지구의 지름은 각각 10,000, 997, 791, 109로 주어졌고, 이에 해당하는 무게는 10,000, 943, 529, 435이며, 이를 통해 밀도 100, 94$\frac{1}{2}$, 67, 400이 산출된다.

표 8.2 질량, 지름, 밀도

	현재 값에 따른 결과*			뉴턴의 값(제3판)		
	질량	밀도		질량	지름	밀도
태양	1,000	100		1	10,000	100
목성	$\dfrac{1}{1,067}$	94.4		$\dfrac{1}{1,067}$	997	94½
토성	$\dfrac{1}{3,498}$	50.4		$\dfrac{1}{3,021}$	791	67
지구	$\dfrac{1}{332,946}$	390.1		$\dfrac{1}{169,282}$	109	400

* 케네스 R. 랭Kenneth R. Lang의 『천체물리학 데이터: 행성과 별Astrophysical Data: Planets and Stars』(New York, Heidelberg: Springer Verlag, 1991)에 나오는 값을 사용하였다. 밀도는 평균 밀도이다.

뉴턴이 따름정리 3에서 설명한 대로, "이 계산의 결과로 얻은 지구의 밀도는 태양 시차에 의존하지 않고 달의 시차로부터 결정된 것이며 따라서 정확히 결정되었다." 왜 그러한지를 보기 위해, M_e를 지구의 질량, M_s를 태양의 질량, 그리고 R_e는 지구의 반지름, R_s는 태양의 반지름이라 하자. 그리고 T_e는 태양 주위를 도는 지구의 공전 주기이며 T_m은 달의 공전 주기다. ES는 지구에서 태양까지의 거리라 하고 EM은 지구에서 달까지의 거리라 하자. 그렇다면 지구 질량과 태양 질량의 비(M_e/M_s)는 다음과 같이 주어진다.

$$\frac{M_e}{M_s} = \left(\frac{T_e}{T_m}\right)^2 \left(\frac{R_e}{ES}\right)^3 \left(\frac{EM}{R_e}\right)^3$$

이 방정식은 태양 시차(R_e/ES)가 어떻게 지구 질량 대 태양 질량의 비(M_e/M_s)의 계산에 들어가는지를 보여준다. 이 계산에는 EM/R_e의 값(달 시차의 역수)도 등장한다. 이 값은 대략 60이며 고대로부터 상당히 정확하게 알려져 있다.

밀도의 비, 즉 D_e와 D_s의 비는 이와 유사한 수식으로 주어진다. 식에서 D_e는 지구의 밀도이고 D_s는 태양의 밀도이다.

$$\frac{D_e}{D_s} = \left(\frac{T_e}{T_m}\right)^2 \left(\frac{R_s}{ES}\right)^3 \left(\frac{EM}{R_e}\right)^3$$

이 수식은 태양 시차(R_e/ES)가 아닌 달의 시차, 즉 R_e/EM, 그리고 지구에서 보는 달의 반지름 R_s/ES에 의해 좌우된다. 마지막 항은 태양에서 보는 지구의 반지름(또는 태양 시차)보다는 구하기가 쉽다.

마지막 따름정리 4는 2판과 3판에서 등장하는데, 특정 숫자를 언급하지 않고 행성의 밀도에 대한 설명으로 시작하면서, 태양에 가까운 행성들이 멀리 있는 행성보다 더 작고 밀도도 더 높다고 서술한다. 이는 태양 가까이에 있는 행성들이 왜 밀도가 높은지에 대한 논의로 이어진다. 그 이유는 행성들이 태양으로부터 더 강한 열을 받아도 더 잘 견딜 수 있기 때문이다.

따름정리 3에서 보여준 뉴턴의 밀도 계산 방법은 그의 놀라운 통찰을 보여준다. 만일 뉴턴이 따름정리 2에서 계산한 질량을 각각의 반지름의 세제곱으로 나누어 밀도를 구했다면, 지구의 경우 그 결과는 태양 시차에 의존했을 것이고, 태양 시차의 불확실성의 영향을 받았을 것이다. 그렇다면 지구 밀도에 오차가 도입되었을 것이고, 이는 뉴턴이 지적했던 대로, 세제곱의 비로 나타났을 것이다. 그러나 뉴턴이 사용한 방법대로라면 따름정리 3에서 설명한 것처럼 "태양 시차에 의존하지 않고" 지구의 밀도를 결정할 수 있고, "따라서 정확히 결정"할 수 있었다.

데이빗 그레고리는 「뉴턴의 자연철학의 수학적 원리에 대한 주석Notae in Newtoni Principia Mathematica Philosophiae Naturalis」이라는 해설 논평에서, 뉴턴이 이런 일반성을 서술한 것에 놀라움을 표했다. 물론 그레고리는 뉴턴의 방법에서 "지구의 밀도를 다른 행성의 밀도와 비교하기 위해 태양 시차는 필요하지 않다"고 설명하고 있다. 그럼에도 "이 시차는 지구의 밀도를 태양의 밀도와 비교하기 위해 필요하다." 이런 이유로 그레고리는 뉴턴의 서술이 지나치게 일반적인 것처럼 보인다고 지적했다.

이 문제에 있어서 뉴턴의 판단이 타당했는지는 그가 얻은 결과를 현재의 값들과 비교하면 간단히 확인된다. 3판에서 지구의 질량은 $\frac{1}{169,282}$이라 하였고(태양의 질량이 1인 척도 안에서), 현재의 값은 $\frac{1}{332,946}$으로, 오차율이 거의 100퍼센트이다. 반면 지구의 밀도는, 3판에서 제시하는 값이 400으로, 현재 값인 392와 큰 차이가 없다. 초판에서 지구의 질량$\left(\frac{1}{28,700}\right)$은 3판보다도 훨씬 더 크게 벗어나지만, 그럼에도 밀도(387)는 오늘날의 값과 상당히 가깝다.

지구 질량의 최종값에서 보이는 오차에는 두 가지 원인이 있다. 하나는 이미 언급한 것으로, 태양 시차의 값이 정확하지 않은 데서 비롯된 것이다. 또 하나의 오차는 개리스토가 발견한 것인데, 인쇄 실수로 거슬러 올라갈 수 있다. 뉴턴은 천문학적 변수들의 값을 각 판마다 수정했고, 새로운 계산법도 꾸준히 시도했다. 개리스토는 뉴턴의 연구를 단계별로 신중하게 점검하면서, 오류의 상당 부분은 뉴턴이 소장했던 2판의 개인 사본에서 숫자를 옮겨 적는 과정에서 발생한 실수가 원인임을 발견했다.

뉴턴이 초판에서 태양과 행성들의 질량과 밀도를 다룬 방식은 상당히 다르다. 초판에서는 계산 방법이 좀 더 자세히 나오고, 태양 시차의 값을 결정하는 특정 가설을 도입하였지만 나중에 폐기되었다. 또한 2판과 3판에서는 삭제된 몇 가지 추측성 규칙을 제시하였는데, 이 규칙으로 목성, 토성, 지구와 당시 위성이 없다고 알려진 수성, 금성, 화성에도 자신의 결과를 확장시킬 수 있었다. 여러 천문학적 변수들의 값도 다르다.

이에 더하여, 이 주제를 다룬 따름정리는 초판에서는 네 개가 아닌 다섯 개였다. 이후 판본에서 원래의 따름정리 2가 제거되고, 초판의 따름정리 3, 4, 5는 이후 판본에서는 따름정리 2, 3, 4가 된다.

초판의 따름정리 1은 이후 판에서와 거의 비슷하게 시작된다. 목성의 가장 바깥쪽 위성의 가장 큰 태양심 이각을 도입하면서, 뉴턴은 "플램스티드의 관측에 따라 목성이 태양으로부터 평균 거리에 있을 때 이 값은 8′13‴"이라고 말한다. 뉴턴은 플램스티드를 두 번째로 언급하며 이렇게 쓴다. "위성의 식으로부터 구한 목성의 그림자 지름으로부터, 플램스티드는 태양에서 보이는 목성의 평균 겉보기 지름과 가장 바깥쪽 위성의 이각elongation의 비가 1 대 24.9임을 알아냈다." 따라서 "이 이각은 8′13″이므로 태양에서 보이는 목성의 반지름은 $19\frac{3}{4}$″이 될 것"이라고 결론을 내린다. 이후 판본에서 목성의 반지름을 결정하는 방법과 플램스티드의 이름이 모두 삭제되었고, "현상"에서도 플램스티드의 관측에 관한 언급이 빠졌다. 뉴턴이 플램스티드를 내용에서 삭제한 것은 아마도 두 거인 사이의 불화의 영향이었을 것이다.

초판과 이후 판본의 또 다른 차이는, 초판에서 뉴턴이 "지구부터 달까지의 거리"를 "수평 태양 시차 또는 태양에서 보이는 지구의 지름이 약 20″라는 가설"에서 출발하여 계산했다고 설명한다는 점이다. 그리고 이후 판본의 첫 따름정리에서는 태양 시차를 어떻게 사용했는지 언급하지 않는다. 초판에서 사용한 태양 시차의 값은 대단히 커서, 카시니와 플램스티드가 확인한 10″ 또는 9.5″의 두 배에 육박한다. 이렇게 뉴턴이 더 큰 수를 채택한 것은 당시 천문학계가 카시니와 플램스티드의 결과를 곧바로 인정하지 않았던 하나의 신호로 볼 수 있다.[46] 앞으로 보게 되겠지만, 태양 시차로 이런 큰 값을 선택한 것은 보조 가설에 필요해서였는데, 뉴턴은 나중에 이 보조 가설을 부인한다.

초판에서 뉴턴은 "토성의 지름과 그 고리의 지름의 비는 4 대 9이며, 태양에서 보이는 고리의 지름은 (플램스티드의 측정에 따르면) 50″이므로, 태양에서 보이는 토성의 반지름은 11″이다"라고 말한다. 그는 그런 다음 다소 놀라운 서술을 하고 있다. "토성의 구체는 빛의 불규칙적인 굴절성으로 인해 다소 퍼지기 때문에, 나는 10″ 또는 9″라고 말하고 싶다." 이것은 완전히 말도 안 되는 얘기다! 데이빗 그레

---

46   Albert Van Helden, *Measuring the Universe: Cosmic Dimensions from Aristarchus to Halley* (Chicago and London: University of Chicago Press, 1985), p.144.

고리는 포괄적인 해설 논평 「뉴턴의 자연 철학의 수학적 원리에 대한 주석」에서 이 문제를 상당히 정확하게 지적한다. "이 현상은 모든 별, 아니, 빛을 발하는 모든 물체에서 발생한다." 따라서 토성의 지름이 왜 "이것 때문에 줄어들어야 하는지"에 대한 타당한 근거가 되지 못한다.

앞으로 보게 되겠지만, 뉴턴이 이 값을 줄인 이유는 토성에 대한 특별한 광학적 효과 때문이 아니라, 행성의 성질과 관련하여 제안하려던 규칙과 더 가깝게 일치시키고 싶었기 때문이었다. 이 규칙은 『프린키피아』 초판의 따름정리 2에서 제시되어 있으며, 이후 판본에서 삭제되었다.

초판의 따름정리 1 나머지 부분에서 적용된 수치들은 기본적으로 이후 버전과 다르다. 뉴턴은 태양, 목성, 토성, 지구 표면에서 무게력이 각각 10,000, 804$\frac{1}{2}$, 536, 그리고 805$\frac{1}{2}$이라고 결론을 내린다. 따름정리 1의 마지막 문장에서는 "달 표면에 있는 물체의 무게는 지구 표면에 있는 물체 무게의 거의 반 정도"이며, 이는 "아래에서 살펴볼 것"이라고 되어 있다.

뉴턴이 초판에서 태양 시차로 20″이라는 큰 값을 쓴 이유는 초판의 따름정리 2에 제시되어 있다. 이 따름정리는 이후 판본에는 존재하지 않는데, 일반적인 규칙 두 가지를 설정하려는 목적이다. 뉴턴이 명확하게 밝힌 것은 아니지만, 이 규칙들이 있다면 위성이 있는 행성들의 질량에 관해 발견한 내용을 위성이 없는 행성(화성, 수성, 금성)으로 확장할 수 있을 것이었다. 2판에서 초판의 따름정리 2를 삭제하자 이렇게 큰 태양 시차 값이 더 이상 필요하지 않았고, 그래서 작은 수를 쓰기 위해 이 내용을 삭제한 것이다.

초판을 쓰던 당시 뉴턴은 20″가 일반적인 태양 시차 값으로 인정되지 않는다는 점은 잘 알고 있었다. 따라서 그의 선택에는 설명이 필요했다. 그는 이를 두 가지 형태로 해결했다. 하나는 작은 값이 아닌 20″를 선택했어야 했던 정당성을 주장하는 것이고, 다른 하나는 어쩌면 태양 시차가 20″보다 작을 수도 있다는 언질을 남기는 것이었다.

큰 태양 시차 값에 대한 방어는, 초판의 따름정리 2에서처럼, "태양에서 보이는 지구의 지름"에 대하여 "아직은 합의된 내용이 없다"는 선언으로 시작된다. 그는 이 값을 태양 시차의 20″에 대응하는 40″로 잡았다. 태양에서 보이는 지구의 지름으로 최대 상한값을 선택하면서, "케플러, 리치올리, 벤델린의 관측"에 따른 것이라고 말하지만, 동시에 "호록스와 플램스티드의 관측 결과를 보면 이 값보다 좀 더 작은 것 같다"는 점도 잘 알고 있었다. 그는 "오차를 크게 잡는 쪽을 늘 선호해 왔다"고 말했다. 그러나 독자들에게 이미 언급했듯이, 뉴턴은 태양에서 보이는 지구의 지름이 약 24″이며 따라서 태양 시차가 약 12″가 될 수 있다는 주장(아래에서 제시된다)을 알고 있었다.

그런 다음 "약간 큰 지름"을 채택한 진짜 이유를 독자들에게 밝힌다. 뉴턴은 큰 수가 "이 따름정리의 규칙과 더 잘 일치하기 때문"이라고 쓰고 있다. 다시 말해, 태양에서 보는 지구의 지름이 더 크면 태양 시차가 더 커지고, 그가 지구와 행성 표면에 있는 물체들의 무게와 관련해 제시하려 한 규칙과 더 잘 일치한다. 뉴턴은 이 무게들이 "태양에서 보이는 (…) 겉보기 지름의 제곱근에 거의 비례한다"고 주장한다.

뉴턴의 태양 시차의 값에 대한 두 번째 논의는 초판의 따름정리 2에서도 다루고 있다. 여기에서 뉴턴은 태양에서 보이는 지구의 지름과 질량이 각각 태양계 전체 행성들의 지름과 질량의 평균일 가능성을 제시한다. 그러나 실제로는 공식을 계산하거나 화성, 금성, 수성의 질량을 추정하지 않는다. 또한 태양에서 보이는 이 행성들의 겉보기 지름도 제시하지 않는다. 그레고리는 『주석Notae』에서 뉴턴의 주장을 검증한다. 그는 화성, 금성, 수성의 질량을 따로 계산하지 않고, 대신 태양에서 보이는 행성들의 겉보기 지름을 토성(18″), 목성(39.5″), 화성(8″), 금성(28″), 수성(20″)으로 적었다. 이 값들을 이용해 평균에 대한 뉴턴의 주장을 검증하기는 쉽다. 위의 다섯 개 지름을 합하면 113.5이고, 평균은 (113.5를 5로 나눈 값인) 22.7″이다. 따라서 뉴턴의 평균의 법칙이 사실이라면, 태양에서 보이는 지구 지름 24″, 즉 태양 시차 12″보다 약간 작은 값이므로 그에 상응하는 값이 있을 것이다. 이 값은 뉴턴이 "호록스와 플램스티드도 대체로 이와 근접한 결론을 내렸다"라고 말한 값이다.

2판이 나오기 10여 년 전에, 뉴턴은 큰 값의 태양 시차를 버렸다. 이유 중 하나는 하위헌스의 「빛에 관한 논문」의 부속 논문 「중력의 원인」에 실린 비평에 대응하기 위해서였다. 뉴턴은 이 책을 두 부 가지고 있었는데 한 부는 저자로부터 받은 선물이었다.[47] 이에 따라 낡은 따름정리 2도 폐기해야 했다. 새로운 수치들로 인해 동일 물체의 무게와 지름에 대해 제안된 규칙은 더 이상 유효하지 않았기 때문이다. 뉴턴은 이와 동시에 따름정리 1에서 새로운 값들을 도입했고, 현재는 따름정리 2와 3이 된 예전 따름정리 3과 4의 수치들을 새로운 데이터로 바꾸었다.

마지막 3판에서, 태양, 목성, 토성, 지구의 지름은 10,000, 997, 791, 109가 되고, 그에 해당하는 무게*는 10,000, 943, 529, 435이며, 이로써 밀도는 100, 94$\frac{1}{2}$, 67, 400이 된다. 이 값들은 초판의 100, 60, 76, 387과는 상당히 다르다. 두 번째 숫자 60은 90을 잘못 인쇄한 것이다.

마지막 따름정리는 (초판의 따름정리 5, 다른 판에서는 따름정리 4) 판본마다 조금씩 다르다. 초판의 따름정리 5의 첫 부분은 이후 판본에서는 삭제되었다. 초판에서는 잇따라 규칙을 서술하며 시작한다. "더 나아가 행성들의 서로에 대한 밀도의 비는, 태양으로부터 거리와 태양에서 보이는 행성 지름의 제곱근을 합성한 비와 거의 같다." 토성, 목성, 지구, 달의 밀도(초판에서는 각각 60, 76, 387, 700)는 겉보기 지름(18″, 39$\frac{1}{2}$″, 40″, 11″)의 제곱근을 태양까지의 거리의 역수$\left(\dfrac{1}{8,538}, \dfrac{1}{5,201}, \dfrac{1}{1,000}, \dfrac{1}{1,000}\right)$로 나눈 값의 비와 거의 같기 때문이다. 뉴턴은 그런 다음 따름정리 2에서 발견한 규칙을 "행성 표면에서의 무거움은 근사적으로 태양에서 보이는 행성의 겉보기 지름의 제곱근에 거의 비례한다"는 결과에 적용하고, 이전 따름정리에서 제시된 규칙은(그는 실수로 "따름정리 4"가 아니라 "보조정리 4"라고 썼다)

47　　John Harrison, *The Library of Isaac Newton* (Cambridge: Cambridge University Press, 1978.

"밀도는 무거움을 실제 지름으로 나눈 값에 비례한다"였다. 이에 따라, 뉴턴은 "밀도는 겉보기 지름의 제곱근에 실제 지름을 곱한 값에 비례한다. 다시 말해, 겉보기 지름을 태양에서부터 행성까지의 거리로 나눈 값의 제곱근에 반비례한다"는 결론을 내린다. 이를 바탕으로 뉴턴은 다음과 같은 결론을 내린다. "그러므로 신은 행성을 태양으로부터 각기 다른 거리에 두시어, 각 행성이 그 밀도의 정도에 따라 태양으로부터 더 많거나 적은 열을 누릴 수 있도록 하셨다."

앞에서 보았듯이, 뉴턴은 2판과 3판에서 숫자와 규칙에 대한 언급을 삭제했다. 앞서 인용한 문장도 이렇게 바꾸었다. "물론 행성들은 태양으로부터 다양한 거리에 놓여야 하고 (…)" 이 마지막 따름정리에서 숫자와 관련하여 남은 것은 설명조의 문장 몇 개뿐이고(숫자 없이), 내용은 태양에 가까운 행성이면 행성보다 더 작고 밀도도 높다는 것이었다. 이 마지막 따름정리의 나머지 부분은 모든 판본에서 거의 같으며, 왜 태양 가장 가까이에 있는 행성이 밀도가 가장 높은지에 대해 논하는 내용이다. 뉴턴이 제시한 이유는 작은 행성들이 태양으로부터 받는 강한 열을 더 잘 견딜 수 있기 때문이다.

일부 저자들, 특히 장 바티스트 비오는, 『프린키피아』 초판에는 신이 등장하지 않다가 1713년의 2판에만 도입되었다고 썼다. 그는 신이 2판 본문의 다른 곳에는 어디에도 등장하지 않다가, 2판에서 처음 실린 마지막 일반 주해에만 등장한다는 사실을 주목했다. 이후 『프린키피아』에는 신과 종교에 관한 내용이 포함되었고, 이 부분은 1687년의 초판에서는 보이지 않았으므로, 비오는 뉴턴이 종교로 선회한 이유가 나이가 들었기 때문이라고 설명했다. 그러나 초판의 마지막 따름정리를 조사해 보면 뉴턴은 초판에서도 우주의 질서와 관련하여 신을 언급한 적이 있다. 이 단락은 2판에서 삭제되었으므로 비오와 다른 저자들이 알지 못했던 것이다.

8.11 명제 9-20: 행성들 사이의 중력, 태양계의 기간, 역제곱 중력의 효과들(무거움과 세상의 체계의 추가적 측면): 뉴턴의 가설 1

명제 9는 1권에서 탐구하는 수학적 구조와 자연의 외부 세계의 물리적 조건 사이의 차이를 조명한다는 특징이 있다. 1권의 명제 73에서, 뉴턴은 균일한 구의 내부, 즉 밀도가 균일한 구의 내부에서, 무거움의 힘은 중심부터의 거리에 정비례하여 변한다는 것을 보였다. 3권 명제 9에서는 행성이 밀도가 균일한 구가 아니며, 따라서 행성 내부의 중력은 중심부터의 거리에 아주 정확히는 아니고 "거의" 비례한다는 점을 주목한다. 그런 다음 명제 10에서, 뉴턴은 "행성의 운동은 하늘에서 대단히 오랫동안 지속될 수 있다"는 것을 보인다.

2판과 3판에서는 가설 1(초판에서는 가설 4)이 명제 11 바로 앞에 나온다. 이 명제에서 가설 1이 필요해질 것이기 때문이다. 가설의 내용은 다음과 같다. "세상의 체계의 중심은 정지해 있다." 이것이 가설임을 그 누가 부인할 수 있단 말인가! 이에 대해 뉴턴은 간단히 이렇게만 말한다. "누구도 이것을 의심하지 않는다. 어떤 이들은 지구가, 또 어떤 이들은 태양이 계의 중심에 정지해 있다고 주장하지만 말이다." 그는 곧바로 이 가설을 법칙의 따름정리 4와 함께 사용하여, "지구, 태양, 그리고 모든 행성의 공통의 무게 중심은 정지 상태"임을 증명한다. 법칙의 따름정리 4와의 상관성에 따라, 무게 중심은 반드시 "정지 상태"이거나 "일정하게 직선으로" 움직여야 한다. 그러나 후자의 경우, "우주의 중심 역시 움직일 것인데, 이는 가설에 모순이다." 이 부분은 『프린키피아』에서 뉴턴이 절대 우주를 공공연하게 언급하는 몇 안 되는 부분 중 하나다. 명제 12에서 뉴턴은 태양의 "연속적인 운동"을 논하지만, 태양도 "모든 행성의 공통의 무게 중심으로부터 절대 멀리 벗어나지 않는다."

그런 다음, 명제 13에서 뉴턴은 다음과 같이 서술한다.

> 행성은 태양의 중심이 초점인 타원을 따라 움직이며, 그 중심으로 이어진 반지름으로 시간에 비례하는 면적을 휩쓴다.

이 명제의 논의는 다음과 같이 시작한다.

> 우리는 이미 현상에서 이러한 운동을 논의했다. 이제 운동의 원리가 밝혀졌으므로, 우리는 이 원리로부터 선험적으로 천체의 운동을 추론한다.

다시 말해, 뉴턴은 3권의 현상 섹션을 시작하며 면적 법칙과 조화 법칙을 따르는 천체의 궤도 운동을 선보였다. 이제 그는 "태양을 향하는 행성의 무게는 태양 중심에서부터 거리의 제곱에 반비례한다"는 (3권의) 앞선 결과의 의미를 탐구한다. 그는 (1) 태양이 정지 상태이며 (2) "나머지 행성들이 서로에게 작용하지 않는다"는 조건에서 출발한다. 그런 다음 (1권 명제 1과 11, 그리고 명제 13과 따름정리 1을 언급하며) 이 조건에 따라, 거리 제곱에 반비례하는 힘을 받는 운동은 타원 궤도를 그리며 일어나고, 공통의 초점에는 태양이 놓인다고 말한다. 그리고 행성은 "시간에 비례하는 면적을 휩쓸 것"이라고 말한다.[48] 그러나 그는 "(1권 명제 66에 따라) 행성들이 서로에게 미치는 작용은 대단히 작아서 무시될 수 있으며, 정지된 태양 주위로 타원 궤도 운동을 할 때보다 움직이는 태양 주위로 타원 궤도 운동을 하는 경우에 섭동의 영향이 덜할 것"이라고 설명한다. 그렇지만 "토성에 미치는 목성의 작용"은 무시될 수 없다. 그는 이 섭동 효과가 특히 "목성과 토성이 합에 있을 때" 두드러진다고 주장한다. 그는

---

48 물론 명제 11은 여기에 적용되는 것이 아니라 그 반대의 경우에만 적용된다(명제 13, 따름정리 1).

이 섭동이 달 궤도에도 눈에 띄는 영향을 미친다는 것을 보인다.

다음 명제들은 행성 궤도의 원일점과 교점의 정지 상태를 다루고(명제 14), 궤도의 주 지름(명제 15), 그리고 궤도의 이심률과 원일점을 찾는 방법(명제 16)을 다룬다. 이 내용은 명제 17에서 행성의 일주 운동의 균일성과 달의 칭동libration으로 이어진다.

그런 다음 명제 18과 19에서는 행성의 지름을 논의한다. 이때 지구는 편평한 회전 타원체 모양으로 고려한다. 여기에서 뉴턴은 지구의 물질이 균질하다고 가정하고, 지구가 회전 타원체일 때 그리고 완벽한 구 형태일 때 달라지는 물체의 무게를 수리학적 비유를 들어 설명한다. 명제 19와 이어지는 명제 20에서, 뉴턴은 (진자 실험에서) 관측된 무게의 편차 데이터와 이론로부터 지구의 모양을 위도의 함수로 세우고, 이 모양을 바탕으로 지구 자전의 효과를 설명한다.

뉴턴은 중력 이론과 지상에서의 측정 결과를 결합하여 지구와 목성 모양을 탐구했다. 『프린키피아』의 이 내용은 전작들과 비교할 때 뉴턴의 천재성과 높은 지식 수준을 분명히 보여주는 부분 중 하나다. 라플라스의 사려 깊은 지적처럼, 뉴턴이 이러한 문제를 다룸에 있어 여전히 "미진한 점"도 많고 일부 "불완전한 점"도 있지만, "거대한 첫걸음"임에는 틀림없다. 라플라스는 특히 "난해한 주제"와 함께 "구와 회전 타원체의 인력에 관하여 설정한 명제의 중요성과 참신성"을 따져보면 이 첫걸음이 얼마나 위대한 것인지 더욱 분명히 알 수 있다고 말했다.

3권 명제 19의 목표는 행성의 회전축과 그에 수직인 지름의 상대적 크기를 찾는 것이며, 다시 말해 적도 지름에 대한 극 지름의 비를 찾는 것이다. 뉴턴은 여러 유형의 측정을 바탕으로 지구의 모양이 짧은 축을 중심으로 회전하는 타원이 만들어내는 납작한 회전 타원체이며, 따라서 극 쪽으로는 납작하고 적도 쪽으로는 불룩하다고 보았다. 뉴턴은 두 가지 힘을 고려한다. 즉 (1) 지구를 구성하는 입자들의 상호 중력과 (2) 지구 자전의 효과다. 증명에서 (그림 8.1 참고) 그는 물로 채워진 가느다란 관이 지구의 극 Q에서 중심 C까지 이어져 있고, C에서 90도로 꺾여 적도 위 한 지점인 A로 이어진다고 가정한다. AC는 적도 반지름이고, QC는 극 반지름이다.[49] 뉴턴은 지구가 회전하는 상황에서 지구 중력에 의해 가해지는 인력이 균형을 이루는 수로의 두 팔의 길이를 구하려 한다.

뉴턴은 만일 팔 AC(적도 반지름에 해당) 모든 부분에 걸리는 지구 자전의 원심력 대 지구의 인력(또는 그 부분에서의 무게)이 4 대 505와 같다면, "유체는 평형 상태로 정지해 있을 것"이라고 결론 내린다. 그러나 모든 부분에 걸리는 원심력 대 무게는 1 대 289이므로 원심력은 무게의 1/289가 되는데, 1권 명제 91 따름정리 3을 바탕으로 한 계산에서는 이 값이 무게의 4/505가 되어야 한다. 추론을 이어간 결과, "적도에서의 지구 지름 대 극지방의 지구 지름의 비는 230 대 229"라는 결론으로 이어진다. 뉴턴은 추론적인 비에 만족하지 않고 피카드의 측정값을 사용해 "지구는 극보다 적도에서 85,472피트

---

49   실제 인쇄본의 그림은 극의 축이 수평이고 적도 지름이 수직으로 되어 있어 혼란을 일으킨다.

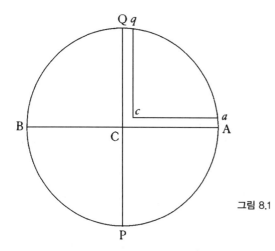

그림 8.1　3권 명제 19의 지구 모양을 그린 그림. 여기에서는 90도로 회전하고 뒤집어서, 양극 Q와 P가 양옆이 아닌 위아래로 놓이게 해 지구의 일반적인 표현 방식을 따르도록 했다.

또는 $17\frac{1}{10}$ 마일 더 높을 것"이라는 결론을 내린다. 그러므로 적도 반지름은 대략 19,658,600피트가 되고, 극 지름은 대략 19,573,000피트가 될 것이다.[50]

초판에서는 이 숫자들이 조금 다르다(1 대 289 대신 1 대 290, 1 대 230 대신 3 대 689). 뉴턴은 지구의 타원율을 1 대 230으로 잡았다. 이 결과를 얻으면서 그는 (1) 지구는 균질한 물질로 되어 있으며, (2) 지구가 완전한 유체라 해도 그 모양은 같을 것이라는 두 가지 가정을 사용했다.[51]

명제 19의 마지막 부분에서, 뉴턴은 목성으로 관심을 돌린다. 그는 "동쪽에서 서쪽으로 잡은 목성의 지름과 양극 사이의 지름의 비는 $10\frac{1}{3}$ 대 $9\frac{1}{3}$에 매우 가깝다"고 결론을 내린다.[52] 초판과 2판의 명제 19의 끝에는 이 결과가 "행성의 물질이 균질하다는 가설을 바탕으로 한 것"이라고 서술하는 부분이 있다. 그가 이 문장을 쓴 이유는 "만일 물질이 둘레보다 중심에서 더 밀도가 높으면", 즉 지구의 물질이 균질하지 않고 둘레에서 중심으로 들어갈수록 밀도가 높아진다면, 그에 따라 타원율은 훨씬 더 커질 것이기 때문이다. 그러나 클레로의 말대로 뉴턴은 여기에서 실수를 저질렀다. 만일 중심에서 밀도가 높아져 고체가 될 정도면, 지구 둘레 부분의 타원율은 증가하지 않고 감소할 것이기 때문이다.[53]

3판에서 뉴턴은 중심으로 갈수록 밀도가 더 높아진다는 위의 두 문장을 삭제하고 그 자리에 최종 버전을 대체해 삽입했다. "이 논증은 목성의 밀도가 균일하다는 가설에 바탕을 둔 것이었다." 그런 다음 뉴턴은 이렇게 말한다. "그러나 만일 목성의 극지방보다 적도 평면 쪽의 밀도가 더 높으면, 그 지름들의 비는 12 대 11 또는 13 대 12, 또는 심지어 14 대 13까지도 될 수 있다." 이것이 위에서 말한 타원율

50　뉴턴은 "1마일을 5,000피트로 가정한다"고 말한다.

51　뉴턴의 주장은 Todhunter, *History*, pp.17-19에서 현대적인 수학 언어로 다시 쓰이는데, 여기에서 매 판본마다 바뀌는 논증에 대한 자세한 설명이 제공된다. 특히 p.23 참고.

52　같은 책, §29.

53　같은 책.

$10\frac{1}{3}$ 대 $9\frac{1}{3}$에서 감소하는 상황이다. 그러나 우리는 뉴턴의 논증에서 목성의 중심 부분의 밀도가 둘레보다 더 높다는 조건에서 적도 평면의 밀도가 극 지역보다 더 높다는 쪽으로 옮겨간 부분을 더 주목해야 한다.

뉴턴은 2판의 명제 19를 둘레보다 내부에서 밀도가 더 높은 행성의 물질에 관한 토론으로 마무리한다. 여기에서 뉴턴은 카시니가 목성의 극 지름이 적도 지름보다 짧다는 것을 관측했다는 문장을 추가했다. 그리고 이어지는 명제에서 (명제 20) 지구의 극 지름이 적도 지름보다 짧다는 것을 밝힐 것이라고 했다. 3판에서 뉴턴은 1691년에 카시니가 목성의 적도 지름이 극 지름보다 대략 15분의 1 가량 더 길다는 것을 발견했다고 언급한다.[54] 그는 그런 다음 천문학자 제임스 파운드에게서 받은 최신 데이터를 표로 제시했다. 이 데이터들은 뉴턴의 3판 서문에서도 언급된다.

3판에는 두 문단이 새로 추가된다. 첫 번째 문단은 카시니와 파운드의 천문학적 데이터를 통해 "이론이 현상과 일치함"을 확인할 수 있다고 선언한다. 그리고 다음과 같은 문장을 덧붙인다. "더 나아가, 행성들은 적도 쪽에서 태양열에 더 많이 노출되고 그 결과 극지방보다 적도 쪽에서 더 많이 가열된다." 이 문장은 엄청난 혼란을 일으켰다. 문제의 동사는 "decoquuntur"인데, 이 단어의 뜻은 '조리하다', '굽다', 심지어 '끓이다'의 의미도 담을 수 있다. 앤드류 모트와 샤틀레 후작부인부터 시작해서, 뉴턴의 번역가들은 뉴턴이 해당 용어를 사용함으로써 적도에서 태양열의 강도가 물질을 응축시키거나 밀도를 증가시킨다는 사실을 보여주고자 했다고 흔히 추정해 왔다. 앤드류 모트는 1729년의 번역에서, "행성은 태양열로 인해 적도 쪽이 더 많이 가열되고, 그러므로 그 열에 의해 극지방보다 적도 쪽이 조금 더 응축된다"고 썼다. 뒤 샤틀레 후작부인은 한 문장을 더 추가해서, 행성이 적도 쪽에서 "태양의 작용에 더 많이 노출되어, 그곳에 있는 물질은 이를테면 더 많이 조리된다cooked[또는 구워진다baked]. 따라서 극지방보다 밀도가 더 높아야 한다"고 썼다.

뉴턴의 결론은 아무래도 좀 기이해 보인다. 물질을 가열하면 그 결과로 수축보다는 팽창하는 경향이 있기 때문이다. 그러므로 상대적인 열과 냉기를 고려하면 적도보다 극지방의 밀도가 더 높아야지 낮을 것이라고 기대할 수는 없다. 이 문단과 관련해 토드헌터는 모두의 당황스러운 감정을 한 마디로 잘 요약했다. "나는 이 문장에 특별한 의미가 있다고는 생각하지 않는다."[55] 그러면서, "열이 물체를 팽창시키기 때문에, 적도 부분은 태양의 작용에 의해 극지방보다 밀도가 더 낮아지도록 이 내용은 고쳐

---

54   2판의 이 문장에서는 카시니가 관측한 해나 15분의 1이라는 수치는을 언급하지 않았다. 커티스 윌슨에 따르면, 1690년대 목성의 지름을 관측한 천문학자는 카시니 I(d. 1712)였지만, 1720년경에 측지학 연구를 완성한 사람은 분명히 카시니 II였다. 뉴턴은 지구가 극 방향으로 길어져 있다는, 파리에서 나온 아이디어를 분명히 알고 있었다. 이것은 추정컨대 경험적 결과였으며, 목성의 모양이나 지구 모양이 타원형이라는 뉴턴과 하위헌스의 추론과는 무관하다. 1730년대에 폴레니와 모페르튀이는 뉴턴의 의견을 그대로 반복하여 (2판) 카시니의 데이터에서 남북 변화의 정도는 관측 데이터의 정확도 범위 안에 들어가므로 신뢰할 수 없다고 주장한다.

55   Todhunter, *History*, p.19.

야 할 것으로 보인다"고 설명했다. 실제로 이어지는 명제 20에서, 뉴턴은 (마지막 문단에서) 여름날의 열기로 인한 쇠 막대의 팽창을 증거로 제시한다.[56] 물론 뉴턴의 논리대로, 행성의 적도 쪽 물질이 밀도가 더 높고 극지방 쪽 밀도가 낮으면, 타원율은 감소하게 되고 파운드의 표에 있는 데이터에 더 근접하게 된다.

명제 20에서는 계속해서 지구의 모양에 관한 논의가 이어진다. 이 명제의 근본적인 주제는 지구 표면의 여러 지점에서 무게에 대해 얻은 다양한 데이터를 위도와 연관시키는 것이다.[57] 뉴턴은 다시 한번 균형 잡힌 물기둥을 가지고 설명을 시작한다. 그리고 "물체가 적도에서부터 극지방까지 올라가며 무게가 증가할 때, 이 증가분은 위도의 두 배의 버스트 사인[1에서 해당 각의 코사인값을 뺀 값. 자세한 설명은 §10.4에 나온다. 따로 번역어가 없어 음차 용어를 사용한다. 버스트versed는 reversed를 의미한다. —옮긴이], 또는 (같은 내용이지만) 위도의 사인의 제곱에 거의 비례한다"는 정리를 얻는다.[58]

이 문제의 설명에 대해 2판과 3판에서 수많은 변화가 도입되었다. 뉴턴은 초판에서 파리, 고레 섬, 카이엔 섬, 적도에서의 상대적 무게를 계산함으로써 자신의 이론의 정확성을 확인했다. 무게는 각 위치에서의 진자 주기를 측정해 결정했다. 이 내용은 논의로 이어졌고, 2판에서는 일부 수정되었으나 3판에서 생략되었다. 논의에서 뉴턴은 지구가 균일하다는 초기 가정을 수정하기 위해 필요한 요소들을 설명하려 시도했다. 2판과 3판에서는 여러 관측 데이터가 추가되어 이론과 실제가 더 잘 일치하는 결과를 보여주었다. 이에 따라 뉴턴은 초판에서 부족한 관측 결과에 신뢰도를 괄호로 표시하여 설명했던 문장을 삭제했다. 뉴턴이 코츠와 주고받은 편지를 보면 명제 20에 표로 수록된 데이터의 계산이 꽤 까다로웠음을 알 수 있는데, 이 때문에 뉴턴은 이론을 발전시키면서 전체 내용을 수정해야 했다. 뉴턴은 특히 지구의 타원율을 결정하는 문제에서 크게 애를 먹었고, 원하는 답이 나오도록 숫자를 조작했다는 분명한 증거도 있다. 2판에서 뉴턴은 진자 실험의 관측 결과에 따라 이론을 수정하면 지구의 적도 반지름이 극 반지름보다 $31^{7}/_{12}$마일 더 크다는 결과를 낳을 것이라고 결론을 내린다. 3판에서는 이론의 결과를 수용하고 반지름의 차이는 대략 17마일("milliarium septendecim circiter")로 설정했다.[59] 오늘날 측정된 값은 13마일을 약간 넘는다.

코츠는 명제 20의 개정된 내용을 받고 해당 표가 본문과 더는 일치하지 않는다는 것을 알았다. 초판의 표는 지구 반지름의 차이가 32마일 약간 안 되는 값이 아니라 17마일일 때를 바탕으로 계산된 것이

---

56   뉴턴의 의도는 적도 쪽 물질이 강렬한 태양열의 결과로 더 많이 "구워지고" 밀도도 더 높아져서 열을 더 잘 수용한다고 말하려던 것일 수도 있다. 이는 3권의 명제 8 따름정리 4의 주장과 비슷한데, 사실상 밀도가 높은 행성은 다른 행성보다 태양의 강한 열을 받기에 더 적합하고 그래서 태양에 더 가까이 위치한다는 내용이었다.

57   『프린키피아』의 이 부분에 대한 논의는 Todhunter, *History*, 1장에서 다루고 있다. 토드헌터는 2판과 3판에서 이루어진 개정 작업들을 자세히 설명한다.

58   뉴턴의 주장에 대한 비평적 해석은 Todhunter, *History*, pp.20-22를 참고할 것.

59   지구의 모양에 대한 뉴턴의 주장에 대하여, 그리고 특히 이후 클레로의 비평과 관련해는, Todhunter, *History*, pp.20-22를 참고할 것.

기 때문이었다. 코츠는 뉴턴에게 1712년 2월 23일 보낸 편지에서, 32마일을 바탕으로 다시 계산해 새로운 표를 싣는 것이 독자들에게 더 나을 것이라고 썼다. 그러나 뉴턴은 2월 26에 쓴 답장에서, 비록 "32마일이 아닌 17마일을 기준으로 계산된 것이더라도" 예전 표를 고수하는 쪽을 택했다. 그가 내놓은 이유는 "17이 [초과할 수 있는 값으로] 최소이며", "지구가 균일하다는 가설"에 대해서는 17이 확실하다는 것이었다. 반면 "32는 충분히 확인되지 않았고, 나는 이 차이가 너무 크다는 의심이 든다"고 주장했다.

명제 20의 결론 부분은 2판과 3판에서 상당히 달라졌다. 2판의 마지막 문단은 카시니와 피카드의 측정 결과가 지구의 모양이 장축 타원체일 가능성을 시사한다고 언급했다. 그러나 뉴턴은 이 가설에 따라 모든 물체는 적도보다 극지방에서 더 가벼울 것이고, 극지방에서의 지구의 높이가 적도보다 거의 95마일 더 높을 것이며, 초진자의 길이는 파리의 관측소에서보다 적도에서 더 길 것이라고 추측하는데, 이는 모두 경험과 반대되는 내용이다.

본문의 각주에서 볼 수 있듯이, 원래 명제 20은 표준 초진자, 즉 주기가 2초인 진자가 보편적인 길이 표준으로 쓰일 수 있을 것이라고 제안하는 문장이 포함되어 있었다. 이런 유의 전세계적 표준은 이미 하위헌스가 1673년에『진자시계』에서 제안한 적이 있다. 뉴턴이 이 새로운 표준을 거부했기 때문에 이 내용을 2판에서 삭제했다는 증거는 없다. 그보다는 이 내용이 포함된 긴 문단을 제거하면서 같이 삭제한 것 같다.

8.12 명제 24: 조석 이론; 간섭 원리의 첫 번째 선언

뉴턴의 조석 이론은 만유인력을 바탕으로 한 새로운 자연철학의 위대한 성과 중 하나다. 이 이론은 태양과 달이 바닷물에 가하는 중력의 조합이라는 물리적 원인에 의해 조석 현상을 이해할 수 있는 완전히 새로운 기반을 마련했다. 그러나 뉴턴이 내디딘 거대한 발걸음들이 대개 그러하듯, 당시 뉴턴은 조석 현상을 완벽하게 설명해낼 수 없었다. 이러한 관점에서 보면 뉴턴의 조석 이론은 달 운동에 관한 이론과 닮았다. 이 두 이론은 물리적 원인을 바탕으로 과학을 새로운 길 위에 올려놓았고, 그럼으로써 해묵은 문제들에 대한 새로운 접근법은 후세의 과학자들이 따를 만한 방법으로 자리매김했다.

뉴턴의 조석 이론은 중력 이론의 논리적 확장이다. 만일 중력이 사실상 보편적인 힘이라면, 행성, 달, 사과, 그 외 모든 단단한 물체뿐 아니라 바닷물에도 영향을 미쳐야 한다. 태양과 달이 가하는 두 별개의 힘의 작용은 개념적인 면에서는 이 두 힘의 작용을 받는 달의 운동 해석과 비슷하다. 그러므로 뉴턴의 조석 이론이 두 별개의 인력이 결합하여 미치는 작용을 탐구하는 1권 명제 66과 수많은 따름정리를 바탕으로 한다는 사실이 크게 놀랍지 않다.

뉴턴의 개념에서 보면, 태양의 힘과 달의 힘이 같은 위상에 있어 강화되는 때가 있고, 둘이 반대 위상에 있어 합력이 그 둘의 차가 되는 때도 분명히 있을 것이다. 이 두 극단 사이에 태양과 달의 상대적인 방향에 의존하는 다양한 조합이 있을 것이다.

뉴턴의 조석 이론은 3권의 주요한 세 명제, 즉, 명제 24, 36, 37로 정리된다. 명제 24는 1권 명제 66 따름정리 19, 20의 내용을 언급하며 시작된다. 따름정리 19에서는 지구처럼 위성을 하나 거느린 중심체를 고려한다. 그렇다면 중심체를 덮고 있는 (회전할 수 있고 전진할 수도 있는) 물은 위성과 태양의 중력의 작용을 받게 되고, 그 결과 조석 현상이 발생한다. 따름정리 20에서는 "적도 지역이 극지방보다 좀 더 높거나 밀도가 좀 더 큰 물질로 구성된" 중심체 또는 구체를 고려한다(3권 명제 19에서처럼. 위 §8.10 참고). 결론은 바닷물의 수위가 매일 두 번 상승과 하강을 하고, 태양 또는 달이 자오선을 가로지른 뒤 6시간이 조금 안 될 때 수위가 최고조에 이른다는 것이다. 이 조건은 대서양의 특정 지역, 남태평양, 그리고 에티오피아 해에서 일어나는데, 만조는 자오선을 통과하고 "둘째, 셋째, 또는 넷째 시간"에 일어나며, 예외적으로 바닷물의 운동이 얕은 곳으로 전파할 때는 "다섯째, 여섯째, 일곱째 시간, 또는 그 이후까지" 지연될 수 있다.

태양과 달은 바닷물에 각각 별개의 힘을 가하지만, 그 결과는 별개의 두 독립적 운동이 아니라 두 힘의 합성으로 하나의 파도의 운동이 빚어지게 된다고 뉴턴은 설명한다. 태양과 달에 의한 조력의 주기는 다양하다. 태양과 달이 합과 충을 이룰 때, 태양과 달의 힘은 서로에 대해 최대로 작용하여 만조와 간조가 일어난다. 그러나 "구quadratures의 경우, 태양이 물을 끌어올리면 달은 내리누르고, 태양이 물을 내리누를 때는 달이 끌어올린다." 이때 달이 미치는 효과가 태양의 효과보다 더 크다는 결론은 경험과도 일치한다. "가장 높은 조수는 세 번째 태음시 무렵〔달을 기준으로 지구 자전을 기초로 잡은 시간. 1 태음일은 24시간 50분 28초다.—옮긴이〕" 일어나기 때문이다. 뉴턴은 조석 효과와 관련해서 태양과 달에 관련된 다른 상황을 논의하며, 결론에서 이것은 "넓은 바다"에서 일어나는 일이고 조석 현상은 "강 하구"의 현상과 다르다고 지적한다.

그런 다음 뉴턴은 상당히 다른 요인을 소개한다. 지구 중심부터 달과 태양까지의 거리에 따른 달과 태양의 조석력 변화이다. 그밖에 고려하는 내용으로는 태양과 달의 "적위 또는 적도로부터의 거리"의 효과가 포함된다. 뉴턴은 또한 "발광체〔태양과 달—옮긴이〕의 효과"가 조석이 발생하는 곳의 "위도"에 의존하는 현상도 설명한다.

지금까지 뉴턴은 외해의 넓은 수역에서 발생하는 조수의 일반적 측면을 다루었다. 그는 대양의 물에 중력 이론이 어떻게 일반적 방식으로 적용될 수 있는지를 보여주었다. 그렇다면 다음 단계는 발생할 수 있는 예외적 상황을 일반 규칙으로 설명하는 것이다. 이를 위해 하나의 예를 다룬다. 그러나 이 얘기로 넘어가기 전에, 우리는 태양과 달의 중력이 바닷물에 미치는 역할을 설명해낸 뉴턴의 성과가 얼마나 대단한 것인지 주목해야 한다. 그 의미를 제대로 이해하려면, 달이 조수에 영향을 미칠 수 있다고 제안한 케플러를 갈릴레오가 강하게 비판했던 것과, 뉴턴과 동시대를 살았던 하위헌스가 태양 또는 달의 힘이 바닷물에 영향을 미쳐 조석을 만들 수 있다는 사실을 끝내 믿지 못했던 것을 생각해 보면 된다.

그럼에도 뉴턴의 조석 이론은 『프린키피아』의 다른 성과와 마찬가지로 엄청난 지적 도약이긴 하지만, 불완전하고 어느 정도 결함도 있었다. 다시 말해, 뉴턴의 이론은 조석의 일반적 성질들을 만족스럽게 설명하지만, 매일 일어나는 두 번의 간만에서 시간이 조금씩 틀어지는 현상도 적절하게 설명할 수 없었고, 사실상 어느 장소에서 만조의 발생 시각이나 조차(밀물과 썰물의 수위 차―옮긴이)를 예측할 수도 없었다. 실패의 원인은 중력 이론만으로는 조석 현상의 모든 측면을 예측하고 설명할 수 없기 때문이었다. 뉴턴은 중력으로는 조석력의 일부만 해석할 수 있을 뿐이며, 조석력에 대한 반응의 성질과 지구 자전의 효과도 함께 고려해야 한다는 사실을 이해하지 못했다.

뉴턴이 사용한 여러 예 중 하나는 특히 흥미롭다. 이 예의 설명에서 간섭 원리로 볼 수 있는 내용이 최초로 사용되기 때문이다. 토머스 영은 간섭 개념을 빛의 파동 이론의 맥락에서 제시하면서, "위대한 로버트 훅 씨의 저서"와 "밧샤 항구의 조석에 대한 뉴턴의 설명"에 들어있는 "다소 설익은 암시" 말고는, "내가 아는 그 어떤 저자도" 간섭 법칙을 발견한 이는 없었다고 선언했다.[60] 토머스 영은 이어지는 글에서 뉴턴이 세운 조석의 일반 이론과 음악의 "박자"에 대한 설명이 영이 빛의 파동 이론에서 제안한 것과 비슷한 간섭의 예로 볼 수 있다고 지적했다. 영에 따르면, "태양에 의한 조석과 달에 의한 조석의 결합으로 파생되는 한사리spring tide와 조금neap tide(조수간만의 차가 가장 클 때와 작을 때―옮긴이)은, 거대한 두 파도가 일으키는 간섭 현상의 훌륭한 예다." 다시 말해, "한사리는 두 파도의 시간과 장소가 일치할 때의 결과이고, 조금은 간격의 반만큼의 거리를 두고 서로 이어질 때의 결과다."

밧샤 항구는 당시에는 인도차이나에 속했고 현재는 베트남의 영토인데, 이 항구의 조석 현상은 뉴턴이 3권 명제 24에서 자세히 논의한다. 밧샤는 통킹만의 북서쪽, 통킹강의 가장 큰 줄기인 도메아 지류에 있는 항구로, 대략 위도 $20°50'N$에 위치한다. 밧샤의 조석 현상에 대한 설명은 선장 프랜시스 데이븐포트가 작성하여 에드먼드 핼리의 부실한 설명과 함께 런던 왕립학회에 전달되었다. 밧샤에서는 24시간 동안 밀물과 썰물이 각각 두 번이 아니라 대체로 한 번씩 일어난다. 그리고 1 태음월에 두 번, 달이 적도 근처에 올 때 조석의 변화가 거의 또는 전혀 보이지 않는 약 이틀의 기간이 있다. 이렇게 조석 변화가 전혀 없는 기간이 지나고 대략 첫 7일 동안, 조수는 서서히 증가해 최고조에 이른다. 그러다가 약 7일 동안 서서히 감소하고, 그 이후에 또 다시 변화 없는 이틀이 시작된다.

---

60   Thomas Young, *Miscellaneous Works* (London: John Murray, 1985), vol. 1.

뉴턴은 『프린키피아』에서 이 현상을 이렇게 설명했다. "조수가 바다로부터 다양한 수로를 거쳐 같은 항구까지 전달되기도 하는데, 어떤 수로에서는 다른 수로보다 더 빠르게 통과하기도 한다." 뉴턴에 따르면 이런 경우, "하나의 조수가 둘 이상의 조수로 나뉘어 연속적으로 도달하며 다양한 형태의 운동이 새로 합성될 수 있다."

두 개의 동일한 조수가 다른 위치에서 출발해 같은 항구로 들어오고, 첫 번째 것이 두 번째 것보다 여섯 시간 앞서 있다고 가정하자. 이 같은 현상은 달이 항구의 자오선을 지난 후 세 번째 시간에 일어난다고 하자. 만일 달이 자오선을 지나는 순간에 적도 위에 있었다면, 여섯 시간마다 만조와 그에 해당하는 간조가 서로 만나게 되고, 조금은 한사리와 균형을 이루게 되어, 하루 중 그 시간 동안에는 물이 조용하고 잠잠하게 될 것이다.

뉴턴은 여기에서 더 나아가 밧샤의 조수 데이터를 설명했던 방식으로, 적도에 대한 달의 위치에 따라 다른 형태의 조수의 조합이 수로에서 일어난다고 설명한다. 뉴턴의 설명에서 조수를 파동으로 보고, 만조를 마루, 간조를 골이라고 생각하면, 이 조합이 상쇄간섭부터 보강간섭까지 모든 간섭을 다 아우르는 것을 볼 수 있다.

뉴턴은 이 항구가 두 개의 만inlet과 두 개의 열린 수로로 이루어져 있다는 점을 설명하면서, "그중 하나는 중국해에서 대륙과 루코니아 섬 사이로 들어오는 길이고, 다른 하나는 인도양에서 대륙과 보르네오 섬 사이로 들어오는 길이다"라고 썼다. 그러나 "인도양에서 12시간 동안, 중국해에서 6시간 동안 조수가 들어오는지, 그래서 세 번째와 아홉 번째 태음시에 합쳐져서 앞서 설명한 조수 현상을 일으키는지", 또는 이 원인이 "이곳 해역의 다른 조건에 의한 것인지" 확신할 수 없었다. 그가 제안한 해석이 타당한지는 "이웃 해안을 관찰하여 결정해야" 했다.

뉴턴이 제안한 통킹만 조수에 대한 설명은 그의 독창적인 지성의 힘을 보여준다. 그러나 그는 조석력이 몇 가지 유형이 있다는 것과 바다의 유형에 따라 조석력에 대한 반응이 다르다는 것을 이해하지 못했다. 오늘날 태양과 달이 조수를 만들어내는 힘은 일반적으로 세 부류로 나누어 생각한다. 즉 일조력(주기가 약 24시간), 반일조력(주기가 약 12시간) 그리고 주기가 보름 이상인 힘이다. 이 힘들은 위도에 따라 약간씩 다르지만 대체로 지구 표면에 일정하게 분포되어 있으며, 이 힘에 대한 특정 수역의 반응은 지역의 물리적, 지리학적 성질에 따라 다르다. 다시 말해 각 수역에는 자체적인 자연 주기가 있고 이 주기는 길이와 깊이의 함수이므로, 일차적으로 이 자연 주기에 가장 가까운 조석력에 반응한다. 그러므로 대서양은 일차적으로 반일조력에 반응하고, 그 결과 미국 동해안에는 매일 두 번의 만조와 간조가 생기는 경향이 있다. 그러나 통킹만은 거의 전적으로 일조력diurnal forces에 반응하며, 그 결과 뉴턴이 서술한 것처럼 일반적으로 하루에 만조와 간조가 각각 한 번씩 일어난다. 뉴턴은 조석의 크기 변화를 간섭 원리로 설명하였지만, 현재는 적도에 대한 달의 방향 변화가 원인인 것으로 알려져 있다.[61]

8.13 명제 36 – 38: 태양과 달의 조석력, 달의 질량과 밀도(그리고 크기)

명제 36과 37에서는 태양과 달의 중력이 바닷물의 순 조석력에 미치는 상대적 영향을 분석한다. 명제 36에서 뉴턴은 먼저 태양이 지구로부터 평균 거리만큼 떨어져 있을 때 조수에 미치는 태양력을 구한다. 이 힘은 위치에 따라 태양 고도의 두 배의 버스트 사이에 비례하고 지구로부터 거리의 세제곱에 반비례한다. 명제 37에서는 새뮤얼 스터미가 관측하여 보고한 브리스틀 해협의 만조와 간조를 비교하여 달의 영향으로 인한 조석력을 추정한다. 만조(45피트)는 봄과 가을의 삭망에, 태양과 달이 서로를 잡아당겨 알짜 힘이 두 별개의 힘의 합이 될 때 발생한다. 간조(25피트)는 구에서 알짜 힘이 두 힘의 차가 될 때 발생한다. 그러므로 이 두 힘을 S와 L이라 하면,

$$\frac{L+S}{L-S} = \frac{45}{25} = \frac{9}{5}$$

뉴턴은 "만조가 태양과 달의 삭망일 때 발생하지 않고," 이후 태양의 조석력과 달의 조석력의 방향이 더 이상 일치하지 않을 때 (또는 평행하지 않을 때) 발생하므로 이 첫 비는 조정이 필요하다고 주장한다. 달의 조석력은 "달의 적위"에 의해서도 감소한다. 그래서 수정된 비인 $L + 0.7986355S$ 대 $0.8570327L - 0.7986355S$가 9 대 5와 같다는 결과를 얻게 된다. 그리고 마지막으로 달의 거리를 보정하면 $1.017522L \times 0.7986355S$ 대 $0.9830427 \times 0.8570327L - 0.7986355S$가 9 대 5와 같다는 결과가 나오며, 이로써 S대 L은 1 대 4.4815와 같다는 최종 결과를 낳는다. 이런 이유로, (3권 명제 36에 의해) 태양의 조석력 대 중력의 비는 1 대 12,868,200이므로, 달의 조석력 대 중력의 비는 1 대 2,871,400이 된다.

뉴턴은 따름정리 1에서 외해에서의 조석 현상이 자신의 이론과 일치하는 예를 제시한다. 그러나 항구와 수로의 물리적 특성으로 인한 예외도 함께 언급한다. 따름정리 2에서는 달의 조석력이 중력의 1/2,871,400밖에 되지 않기 때문에, 그 효과는 진자 실험을 비롯한 지상에서의 실험으로 파악하기에는 너무 작아 조수 효과로만 알아차릴 수 있다고 설명한다.

---

61 통킹만 조석 현상의 원인에 관한 이 설명은 J.H. 홀리가 알려준 내용을 바탕으로 하였다. 홀리는 미 해안 및 측지 연구소의 전직 감독관이다. 이와 함께 H.A. Marmer, The Tide(New York: Harper, 1926), P.C. Whitney, "Some Elementary Facts about the Tide", Journal of Geography 34 (1935): 102-108도 참고하자.

여기에서 주목할 사실은 뉴턴의 방법이 내놓은 결과가 그다지 신뢰할 만하지 않다는 것이다. 오늘날 알려진 달의 조석력 대 태양의 조석력의 비는 뉴턴이 제시한 4.4815 대 1이 아닌 약 2.18 대 1이다. 거의 100퍼센트에 달하는 이 오차는 중요한 의미를 갖는다. 이 오차 때문에 (따름정리 3과 4에서) 달의 질량과 밀도를 결정할 때 같은 크기의 오차가 발생했기 때문이다. 이는 결과적으로 (따름정리 7에서) 역제곱 법칙에 관한 뉴턴의 두 번째 달 실험에서 심각한 문제로 이어지게 된다.[62]

따름정리 3, 4, 5는 달의 정량적 성질에 집중되어 있다. 3판의 따름정리 3에서, 뉴턴은 달의 조석력과 태양의 조석력의 4.4815 대 1이라는 점을 언급하며 시작한다. 1권 명제 66 따름정리 14에 따르면, 이 두 힘의 비는 밀도와 겉보기지름의 세제곱의 비와 같다. 그러므로,

$$\frac{\text{달의 밀도}}{\text{태양의 밀도}} = \frac{4.4815}{1} \times \frac{(32'12'')^3}{(32'16\frac{1}{2}'')^3} = \frac{4{,}891}{1{,}000}$$

뉴턴은 이전에 달의 밀도 대 지구의 밀도가 1,000 대 4,000이라고 구했었으므로, 달의 밀도 대 지구의 밀도는 4,891 대 4,000, 즉 11 대 9와 같다. 그러므로, "달의 몸체는 지구보다 밀도가 더 높고 흙이 더 많다"는 결론을 내린다.

그런 다음 따름정리 4에서, 뉴턴은 달의 질량 대 지구의 질량이 1 대 39.788이라고 결론을 내린다. 이 결과는 ("천문학적 관측으로부터 얻은") 달의 "실제" 지름과 지구의 실제 지름의 비인 100 대 365에서 비롯된 것이다. 따름정리 5에서, 뉴턴은 앞서 말한 결과를 이용해 달 표면의 "가속 중력accelerative gravity"(즉, 중력가속도, 또는 자유낙하의 가속)이 지구 표면에서보다 약 3분의 1 정도로 작다는 것을 계산한다.

이 수치 결과들은 제값에서 두 배 이상 벗어나 있다. 무엇보다도 먼저, 앞서 보았듯이, 이 결과에는 태양과 지구의 상대적 밀도의 오차가 포함되어 있다(매우 작긴 하지만). 이 오차에 달의 조석력에 포함된 오차까지 더해져 달의 질량 값에 대한 오차를 만들어냈다. 달과 지구의 질량비는 오늘날 약 1 대 81로 알려져 있으므로, 뉴턴의 비인 1 대 39.788은 오차율이 거의 100퍼센트에 이른다.

뉴턴은 따름정리 6에서 달과 지구의 상대적 질량을 구하기 위해 그가 얻은 데이터를 사용해 지구와 달로 구성된 계의 무게중심을 계산한다. 이 무게중심은 달 궤도의 중심이 될 것이며 "질량중심barycenter"이라고 알려져 있다. 뉴턴은 이 계산 과정에서 지구에 대한 달의 상대적 질량에 포함된 오차 때문에 심각한 오류를 범한다. 이 점은 사실상 지구의 몸체 안에 있어, 지구 표면부터 지구 반지름의

---

62 『프린키피아』 초판에는 따름정리가 1-5까지밖에 없다. 따름정리 6-8은 2판에서 추가되었고, 9와 10은 3판에서 추가되었다. 따름정리 7의 절반은 3판에서 새로운 데이터와 함께 다시 작성되었고, 따름정리 8은 3판에서 거의 새로 쓰다시피 수정되었다. 자세한 내용은 우리가 편찬한 라틴어판(이문 포함)을 참고하자.

1/4(또는 약 1,000 마일)만큼 내려간 지점에 위치한다. 그러나 따름정리 6에서 뉴턴은 달의 중심부터 이 점까지의 거리가 지구 중심에서 달 중심까지의 거리의 $\dfrac{39.788}{40.788}$ 이 된다고 썼다. 따름정리 7에서는 달의 중심부터 지구 중심까지의 평균 거리가 1,187,379,440파리피트(60.4 지구 반지름과 같은 값)이고, 달 궤도의 반지름, 또는 달 중심부터 지구와 달의 무게중심까지의 거리는 1,158,268,534파리피트(또는 58.9 지구반지름)이라고 계산한다. 따라서 이 중심은 지구 안이 아니라 바깥에 있다.

따름정리 7에서 뉴턴은 이 결과들을 두 번째 달 실험에 사용한다. 이 실험은 3권 명제 4에서 제시된 실험보다 더 정교하고 정확하다. 뉴턴은 달에 미치는 힘이 변하지 않고 대신 달이 앞으로 나아가는 운동 성분이 순간적으로 제거될 때, 달이 1분 동안 궤도 중심을 향해 낙하하는 거리를 계산한다.[63] 그 결과는 14.7706353파리피트이고, 이 값은 14.8538667파리피트로 수정된다.

이제 뉴턴은 역제곱 법칙의 정확성을 테스트하기 위해 무거운 물체가 지구 표면에서 1초 동안 떨어지는 거리를 예측하고, 달의 낙하 거리(또는 달 궤도로부터 무거운 물체의 낙하 거리) 그리고 지구 위 무거운 물체의 낙하 거리 사이의 차이가 거리의 제곱에 반비례하는지를 확인한다. 계산해 보면, 특정한 보정 인자를 도입할 때 지구의 위도 45°에서 무거운 물체가 1초 동안 낙하하는 거리는 1,511175 파리피트, 즉 15피트 1인치 $4\frac{1}{11}$라인으로 나온다. 뉴턴은 이 값을 파리의 위도에 맞게 조정해서, 실제로 파리에서 무거운 물체가 (진공이라는 조건을 적용할 때) 1초 동안 낙하하는 거리를 측정했다. 그리고 결괏값을 적절히 조정하고 지구 자전의 원심력 효과를 고려하면, 측정된 낙하 거리는 15피트 1인치 $1\frac{1}{2}$라인이었다.

달 질량에서 거의 100퍼센트의 오차가 포함되고 이로 인해 지구-달의 무게중심의 위치도 크게 벗어났는데, 뉴턴이 예측한 값은 어떻게 관측값과 이렇게 비슷할 수 있었을까? 답은 간단하다. 형편없는 데이터로 그 정도 수준의 일치를 얻으려면, 데이터를 만지작거리면서 특정 수에 맞추어야 한다. 이 예는 R.S. 웨스트폴이 그의 유명한 논문 「뉴턴과 퍼지 요인*Newton and the Fudge Factor*」에서 사용한 세 가지 역사적 사례 중 하나다. 웨스트폴은 뉴턴이 결과를 가지고 거꾸로 계산했다는 신뢰할 만한 증거를 제시했다.[64] 이후 N. 콜러스트롬은 뉴턴의 과정을 재해석하면서 "계산의 정확성이 상당히 과장"되긴 했지만, 결과적으로 웨스트폴이 옳다는 것을 확인했다.[65]

앞서 제시한 내용에서, 달의 밀도 대 지구의 밀도의 비로 뉴턴이 내놓은 4,891 대 1,000이라는 값은

---

63   자세한 내용은 아래 n.65에서 인용된 N. Kollerstrom의 두 편의 논문을 참고하자.

64   Richard S. Westfall, "Newton and the Fudge Factor", *Science* 179 (1973): 751-758.

65   N. Kollerstrom, "Newton's Two Moon Tests", *British Journal for the History of Science* 24 (1991): 169-172; "Newton's Lunar Mass Error", *Journal of the British Astronomical Association* 95 (1995): 151-153. 이중 두 번째 논문은 조수 데이터를 사용한 뉴턴의 달 질량 계산을 신중하게 재구성하고, 특히 지구-달의 공통의 무게 중심에 대한 계산과 세차 운동의 설명에서 달과 관련된 데이터를 적용한 부분을 상세히 설명하였다.

『프린키피아』 3판에 나온다. 초판에서는 달의 밀도 대 지구의 밀도의 비가 9 대 5라고 말하고 있으며, 이에 해당하는 달의 질량 대 지구의 질량 비는 1 대 26이다. 이 비는 오늘날 약 1 대 81로 알려져 있으므로, 뉴턴의 계산은 3배 이상 벗어나 있다. 3판의 값인 1 대 39.788 (2판에서는 1 대 39.37)도 여전히 벗어나 있지만, 그래도 3배까지는 아니고 대략 2배 정도 벗어나 있다.

8.14 명제 22, 명제 25-35: 달의 운동

달의 이론, 또는—좀 더 정확히 말해서—달의 운동 이론은 3권에서 상당한 분량을 차지한다. 명제 22 그리고 명제 25부터 명제 35까지 이어져 있고, 여기에 명제 35의 설명까지 포함하면 전체 본문의 약 3분의 1가량이 된다. 사실상 이 이론은 『프린키피아』의 가장 혁명적인 부분 가운데 하나로 고려될 수 있다. 그 이유는 이 이론이 달의 운동을 해석하는 완전히 새로운 방식을 소개함으로써 달 연구의 방향을 완전히 새롭게 정립하였고, 그 이후로 천문학자들은 대부분 이 길을 따랐기 때문이다. 『프린키피아』 이전에 천문학자와 표 제작자들이 달의 운동을 이해하기 위해 사용한 방법은 도표를 구성하여 달 운동과 위치를 달의 이균차variation〔균차들의 차이를 일컫는다.—옮긴이〕와 명백한 불규칙성irregularities으로 설명하고 예측할 수 있도록 하는 것이었다. 뉴턴의 『프린키피아』는 달 운동을 천체의 복잡한 기하에서 중력 물리학의 한 분야로 바꾸어 놓았다. 다시 말해, 달 운동의 물리적 원인을 도입함으로써 새로운 연구 방법을 제시하고, 지구와 달의 이체 문제에 태양 중력에 의한 섭동을 포함시켜 삼체문제로 확장한 것이다. 1권 명제 44와 명제 66 그리고 3권의 22개의 따름정리를 바탕으로, 뉴턴은 달 운동 연구를 근본적으로 재구성하는 대담한 아이디어를 제안했다.

  『프린키피아』 2판의 3권 명제 35에 새로 추가된 주해에서, 뉴턴은 "달의 운동을 계산함으로써, 중력 이론을 통해 달의 운동을 그 원인으로부터 계산할 수 있다는 것을 보이고 싶었다"며 자랑했다. 이것은 달 운동을 소개하는 명제들 중 첫 명제(3권 명제 22)에 나온 주장을 반복한 것으로, 뉴턴은 "달의 모든 운동과 그 운동의 모든 불균등성"은 "앞서 제시된" 중력의 동역학 원리로부터 추론될 수 있다고 썼다. 그리고 『프린키피아』 2판을 검토하고 『학술기요』에 리뷰를 쓴 검토자는 뉴턴이 달의 천문학에 일으킨 심오한 변화에 주목했다. "중력 이론을 사용하여 그 원인으로부터 달의 운동을 계산해 내고 그 결과가 현상과 일치한다는 사실은, 이를 발견한 이의 월등한 현명함과 인간 이성의 신성한 힘을 입증하는 것이다."[66] 플램스티드는 뉴턴에게 보내는 편지에서 뉴턴의 공로를 케플러와 비교하며 그가 거둔 성취의 의미를 인정했다. 그는 "케플러는 하늘의 모양[즉 현상]에 답하기 위해 이런저런 시행착오 끝에 행

---

66 *Acta Eruditorum*, March 1714: 140.

성 운동의 진정한 이론을 찾아냈다"면서, 뉴턴에게 케플러의 "사례"를 따랐음을 인정하는 것을 "부끄러워할 필요가 없다"고 격려했다. "달의 불균등성이 발견되면, 중력의 원칙을 거의 알지 못했던 케플러보다 뉴턴이 그 이유를 더 쉽게 알아낼 것"이기 때문이었다.[67] 라플라스도 이런 정서를 이어받아 동역학적 원리를 응용한 달 운동 해석을 "[뉴턴의] 경이로운 작품 중에서 가장 심오한 부분"으로 꼽는 데 주저함이 없다고 말했다.

근본적으로 새로운 달 운동 이론을 도입하여 천문학의 흐름을 완전히 바꾸어 놓긴 했지만, 사실상 뉴턴은 스스로 제시한 문제를 완벽하게 푼 것은 아니었다. 달 운동의 알려진 불균등성 중 일부는 설명할 수 있었고 심지어 새로운 불균등성을 찾아내기도 했지만, 뉴턴 역시 동역학 이전의 방법, 특히 제러마이어 호록스가 세운 체계에 의존해야 했다. 경우에 따라서는 이론을 관측 결과에 일치시키기 위해 숫자들을 "얼버무려야" 했다. 이런 관점에서 볼 때 왜 D.T. 화이트사이드가 뉴턴의 달 이론을 "큰 기대에서 환멸로" 추락했다고 언급했는지 이해할 수 있다.[68] 현실적인 측면에서, 달의 위치 계산에 뉴턴의 규칙을 적용해 봤자 기존 방법에 비해 특별히 개선된 점이 없었고, 표 제작자들도 대개는 이 방법을 채택하지 않았다.[69] 특히 당시에는 응용 천문학과 달 운동 연구의 주요 목표가 해상 경도를 정확히 결정하기 위한 것이었으므로, 뉴턴의 규칙들은 크게 도움 되지 않았다.

뉴턴의 달 운동 이론에서 다룬 복잡한 주제들은 최근 수십 년 동안 여러 학자들이 연구하고 있고, 그중에는 필립 챈들러, N. 콜러스트롬, 크레이그 와프, R.S. 웨스트폴, D.T. 화이트사이드, 커티스 윌슨, 그리고 나도 포함된다. 또한 존 카우치 애덤스, G.B. 에어리, 장-루이 칼란드리니, 데이빗 그레고리, 휴 갓프리, A.N. 크릴로프도 중요하고 의미 있는 연구 결과를 내놓았다.[70] 내가 학생 때 공부했던 천체 역학 교과서는 F.R. 몰튼이 쓴 것이었는데, 이 책은 (1권 명제 66에서 보여준) 뉴턴의 방식과 매우 비슷한 태도로 서술하고 있고, 『프린키피아』를 적극적으로 활용한다.[71] 커티스 윌슨의 해설은 유용하고 체계적인 관점에서 뉴턴의 노력을 집중적으로 조명하는 반면, 화이트사이드는—늘 그렇듯—뉴턴의 원고 전체를 아우르며 예리한 분석을 제시하고 있다.

달 운동에 대한 뉴턴의 초기 연구는 아주 만족스럽지는 않았다. 그는 『프린키피아』 초판이 출간된 이후에도 이 문제를 계속 연구했다. 그가 최초로 내놓은 새 결과들은 꽤 광범위하게 순환되어, 1702년

67　플램스티드가 뉴턴에게 보낸 편지, 1695년 7월 23일, Corresp. 4:153.

68　Whiteside, "Newton's Lunar Theory: From High Hope to Disenchantment" (위 §6.12, n.60).

69　표 제작자들이 뉴턴의 방법을 실제로 사용했던 경우에 대해서는, 아래 n.72에서 인용된 Craig Waff의 중요한 논문을 참고할 것.

70　이 저자들의 논문은 모두 본 해설서에서 각주로 인용되거나 Peter Wallis and Ruth Wallis, *Newton and Newtoniana, 1672-1753: A Bibliography* (Folkestone: Dawson, 1977)에서 목록으로 정리하였다. 칼란드리니의 달의 원지점 운동 문제에 관한 연구는 르 쇠르와 자키에 판 『프린키피아』의 3권 명제 35에서 해설의 일부로 삽입되어 있다. 이 주제에 대해서는 아래 n.72에 인용된 Waff의 논문을 참고하자. 칼란드리니에 대해서는 Robert Palter, "Early Measurements of Magnetic Force", *Isis* 63 (1972): 544-558도 참고하면 좋다.

71　Moulton, *Introduction to Celestial Mechanics* (위 §6.12, n.61), pp. 337-365.

에 출간된 데이빗 그레고리의 2권짜리 라틴어판 천문학 교과서와 같은 해 나온 별도의 소논문에 영어로 수록되었다.[72] 그리고 『프린키피아』 2판의 3권 명제 35의 수정된 주해 중 일부로 포함되어 있었다. 뉴턴이 3판을 계획하는 동안, 존 마친과 헨리 펨버튼은 독립적으로 달 궤도의 교점의 운동 문제를 해결해 뉴턴에게 풀이를 보냈다. 뉴턴은 3판에 펨버튼이 아닌 마친이 제시한 풀이를 싣기로 선택했다. 마친이 세운 두 명제는 "달의 교점에서 태양의 평균 운동 속도는 합충syzygy일 때와 구일 때 태양이 교점을 떠나는 두 운동 속도 사이의 비례중항임을 보여준다."[73]

뉴턴은 달 운동을 설명하며 먼저 달 운동에 대한 태양의 섭동력(3권 명제 25) 그리고 "달이 지구까지 이어진 반지름으로 원 궤도를 그리며 면적을 휩쓸 때, 시간에 따라 증가하는 면적"(명제 26)을 탐구한다. 그런 다음 (명제 27) 달의 "시간당 운동"과 지구부터 달까지의 거리로 주제를 돌리고, 이어서 (명제 28) 이심률이 없는 궤도의 지름을 구한다.

명제 29는 달의 "이균차"에 대한 연구를 다루는데, 이 내용은 2판에서 상당히 확대되었다. 명제 30에서 뉴턴은 달의 교점(원형 궤도에 대하여)의 시간당 운동을 고민하고, 명제 31에서는 이전 명제 29에서 얻은 궤도로 확장시킨다. 명제 32는 교점의 평균 운동을 다루고, 명제 33은 교점의 실제 운동을 다룬다. 3판에서는 명제 33 다음으로 존 마친의 두 명제를 수록해 교점 운동의 대안적 방법을 살펴본다.

그런 다음 명제 34는 황도면에 대한 달 궤도의 기울기의 시간당 이균차를 소개한다. 명제 35에서 뉴턴은 주어진 어느 시간의 기울기를 결정한다. 초판에서는 이 명제에 짧은 주해가 달려 있었는데, ―앞서 언급한 대로―2판에서는 이 주해가 삭제되고 훨씬 더 긴 주해로 대체되었다. 이 주해에서 뉴턴은 달 운동에서 다른 불균등성도 중력 이론으로 유도될 수 있다고 주장했다. 이 주해의 자료는 이전에도 별도로 발표된 적이 있었다.

3권에서 달의 일반적 성질을 다루는 부분은 네 개의 명제와 세 개의 보조정리로 마무리되고, 다음 주제인 혜성의 운동과 물리로 넘어간다. 이 네 명제 중 첫 두 개는 (명제 36과 37) 각각 태양과 달의 조수를 주제로 한다. 우리는 명제 37에서 달의 조석력을 구한 후 이를 달의 질량을 결정하는 근거로 사용하는 것을 보았다(위 §8.13). 이 내용은 명제 38에서 달의 회전 타원체 모양을 결정하는 과정으로 이어지고, 뉴턴은 왜 지구에서는 항상 달의 같은 면만 (칭동 효과는 제외하고) 보이는지 그 이유를 설명한다. 혜성을 주제로 한 명제들 이전의 마지막 명제 39는 분점의 세차를 조사한다.

뉴턴의 달 이론은 크게 세 부분으로 구성되어 있다. 첫 번째는 1권의 섹션 9 명제 43–45이고, 두 번

---

72 이 두 원고 모두 *Isaac Newton's Theory of the Moon's Motion* (1702), introd. Cohen (위 §1.3, n.53)에 원본 그대로 재수록되었다. 이 책에는 또한 그레고리의 교과서(London, 1715)의 영어 번역본과 윌리엄 휫슨의 *Astronomical Lectures* (London, 1728) 영문판에 실린 버전도 해설과 함께 수록되어 있다. 이 원고에 대한 중요한 논의는 Craig Waff, "Newton and the Motion of the Moon: An Essay Review", *Centaurus* 21 (1977): 64-75를 참고할 것.

73 Rouse Ball, 『Essay』, p.108.

째는 1권 명제 66과 그에 딸린 22개의 따름정리다. 세 번째는 3권의 명제 22, 25-35, 그리고 일반 주해다. 1권의 명제 43-45에서 뉴턴은 두 힘의 작용을 받아 편심 궤도가 생성되는 방법을 탐구한다. 두 힘 중 하나는 거리 제곱에 반비례하는 구심력으로 정지해 있는 궤도를 만들고, 다른 하나는 중첩된 인력으로, 달 운동의 경우에는 태양의 섭동 작용에서 기인한 힘이다. 명제 45에서는 달 궤도가 거의 원에 가까울 때 장축단의 운동을 고려한다.

뉴턴은 달 운동을 설명하면서 장축단의 운동에 대해서도 함께 탐구한다. 1권 명제 45에서는 움직이는 편심 궤도에서 힘을 계산하는 방법을 보여주는데, 이때 중심을 향하는 역제곱 힘과 함께 다른 힘도 고려한다. 달 궤도의 경우 이 힘은 태양의 섭동 작용에서 기인한 힘이다. 따름정리 1에서 뉴턴은 매 공전마다 원지점이 약 3° 앞으로 나아가려면(달의 운동에서 일반적으로 관측되는 현상이다), 합쳐진 구심력은 "거리의 제곱보다 약간 큰 값에 반비례하지만, 세제곱보다는 제곱 쪽에 $59\frac{3}{4}$배만큼 가깝다"고 결론을 내린다. 따름정리 2에서는 궤도를 도는 물체에 가해지는 힘에서 거리의 선형 함수이며 그 거리보다 1/375.45배만큼 작은 섭동력을 뺀다. 그렇다면 이러한 환경에서 1회의 공전마다 근지점은 1°31′28″만큼 전진할 것이며, 이 각은 달의 장축단이 운동하는 각도의 반($\frac{1}{2}$) 밖에 되지 않는다고 지적한다(3판에 새로 추가된 내용에서).[74]

뉴턴의 설명은 수많은 억측을 불러일으켰다. 그러나 우리는 실제로 뉴턴이 『프린키피아』의 어디에서도 달의 장축단 운동을 계산하지 않았다는 사실에 주목해야 한다. 그는 원래 이 계산을 포함시킬 계획이었고, "기본 달 이론에서 가장 어려운 문제"라 불리던 달의 장축단의 운동 속도 그리고 100년 동안 전진하는 평균 속도를 구하는 문제도 풀어볼 생각이었다. 이 문제를 해결하기 위해 뉴턴이 얼마나 공을 들였는지는 1881년 J.C. 애덤스가 포츠머스 백작이 케임브리지에 기증한 원고를 바탕으로 간접적으로 언급한 바 있다.[75] 그러나 뉴턴의 전체 연구 범위는 흩어져 있던 수많은 원고를 D.T. 화이트사이드가 『수학적 논문Mathematical Papers』 6권으로 집대성하면서 그제야 뚜렷이 밝혀지게 되었다.[76]

화이트사이드의 해설을 통해 이제 우리는 달 궤도에 미치는 태양의 섭동력의 방사 성분radial component과 횡단 성분 모두를 설명하려는 뉴턴의 사고를 따라갈 수 있다. 이를 위해 뉴턴은 "호록스 궤도 모델을 사용했는데, 이 모델에서는 섭동의 영향을 받지 않는 달의 원래 궤도는 초점인 지구 주위를 도는 케플러의 타원이고, 태양의 섭동 효과에 의해 장축의 길이(방향이 아니라)는 그대로 유지되는 반

---

74 위 §6.10 참고. 숫자 1/375.5를 태양의 섭동력의 방사 성분의 평균값으로 표현하는 것이 과연 정당한지에 대해서는 『Newt. Achievement』, p.264을 참고하자. 윌슨은 (같은 책, p.262b) 계산에서 뺀 값이 섭동력의 횡단 방향(반지름 벡터에 직각인 방향) 효과임을 주목한다.

75 화이트사이드는 (『Math. Papers』 6:537 n.63) 뉴턴이 "현존하는 원고에서 다룬 것보다 더 완전하고 아마도 훨씬 더 복잡한 연구를 통해" 특정 변량들을 도출했다는 J.C.애덤스의 "근거 없는 억측" (*Catalogue* [위 §1.2, n.11], p.xiii)에 대하여 경고하고 있다.

76 『Math. Papers』 6:508-537.

면 이심률이 조금 변화된다고 가정한다."[77] 화이트사이드는 뉴턴이 "달의 장축단에서 관측된 연주 운동의 궁극적인 근삿값에 도달하기 위해" 노력했음을 알아냈다. 『프린키피아』 초판의 3권 명제 35의 주해를 보면, 뉴턴은 자신의 계산이 "과정이 너무 복잡하고 근사가 너무 많아 정확성을 보장할 수 없으므로"『프린키피아』에 싣기에 부적합하다고 인정한다. 이 주해는 이후 판본에서는 축약된다. 우리는 뉴턴 이후로 수십 년 동안 유능한 수학자들이 달의 장축단 문제를 풀기 위해 지속적으로 노력한 끝에, 마침내 달랑베르, 클레로, 오일러에 의해 해결되었음을 주목해야 한다.[78]

달의 장축단 운동에 대한 뉴턴의 연구 내용은 커티스 윌슨이 뉴턴의 달 이론을 분석하면서 체계적으로 잘 요약해 놓았다.[79] 뉴턴은 3권 명제 26, 27, 28에서, "태양 섭동력의 방사 성분에 따라 변하는 면적 속도를 수치적으로 적분한 다음"[80] "이균차", 즉 티코 브라헤가 발견한 경도상 운동의 불균등성을 구하는 방향으로 나아간다.

"이균차variation"란 기본적으로 달까지 이어진 반지름이 휩쓰는 면적 속도의 변화율인데, 뉴턴의 이균차 해석은 달 운동을 연구하며 거둔 성과 중 가장 많은 찬사를 받고 있다. 1권 명제 66, 따름정리 4–5에서 처음 소개된 이 주제는 3권 명제 26에서 29까지 수치 해석으로 발전한다. 명제 26에서 뉴턴은 원 궤도부터 시작해 일련의 단계를 거쳐 결국 35.10′이라는 이균차 값에 도달한다(명제 29). 초판에서는 그다음 내용으로 천문학자가 (이름은 없지만 아마 티코 브라헤일 것이다) 상당히 다른 값을 제시했으며 최근 핼리는 이 값이 32′에서 38′ 사이에서 변한다는 것을 발견했다고 썼다. 뉴턴은 "지구 궤도의 곡률로 인해 발생하는 차이, 그리고 태양의 작용이 보름달보다 초승달에 더 크게 미치는 현상은 무시하였다." 이균차의 평균값을 계산했음을 밝히며 명제를 마무리한다. 명제 29의 본문은 2판에서 상당히 확장되었고, 핼리가 최대값으로 38′를, 최소값으로 32′를 발견했다는 언급이 삭제되었다. 핼리의 발견을 굳이 소개했던 이유는 뉴턴이 구했던 형편없는 "평균값" 35′를 변명하기 위한 것이었다.[81]

뉴턴이 3권에서 제시한 또 다른 달 운동의 불균등성inequality은 연례 불균등성이다(3권 명제 22). 이 불균등성은 티코 브라헤와 케플러가 발견한 것으로, 뉴턴은 "달의 평균 운동은 지구가 원일점에 있을 때보다 근일점에 있을 때 더 느리다"고 설명했다. 뉴턴은 또한 출차evection〔태양 인력에 의한 달 운행의 주기적 차이―옮긴이〕와 달의 장축단의 진동도 연구했다.[82]

---

77   같은 책, p.509 n.1; 뉴턴의 호록스 모델 사용에 대해서는 p.519 n.28을 참고할 것.

78   이 문제를 집중적으로 연구한 두 편의 박사학위 논문을 참고하자. Philip P. Chandler II, "Newton and Clairaut on the Motion of the Lunar Apse" (Ph.D. diss., University of California, San Diego, 1975); Craig Beale Waff, "Universal GRavitation and the Motion of the Moon's Apogee: The Establishment and Reception of Newton's Inverse-Square Law, 1687-1749" (Ph.D. diss., Johns Hopkins University, 1976).

79   『Newt. Achievement』, pp.262-268.

80   같은 책.

81   자세한 내용은, 같은 책, p.264b를 참고하자.

82   위와 같은 책, pp.462b-463b.

뉴턴은 달의 질량 문제, 조수의 원인, 분점의 세차 운동에 대하여 과감한 연구 계획을 세웠지만, 목표를 이루기 위해서는 다른 이들의 결과를 기다려야 했다. 비록 달 운동을 완벽하게 설명하는 이론은 만들지 못했지만, 뉴턴은 중력의 동역학적 원리를 바탕으로 달 운동 이론을 세우고 이균차와 불규칙성의 주된 원인을 밝힘으로써 후학들의 연구 방향을 설정했다. 그의 대담한 행보는 천문학을 완전히 새로운 길 위에 올려놓았고, 이로써 천체의 운동은 물리적 원인의 측면에서 해석할 수 있게 되었다. 뉴턴이 다른 기회에 말했던 것처럼, "Satis est", 즉 이걸로 충분했다![83] 뉴턴의 달 운동 이론은 불완전하지만, 천문학의 기반을 새롭게 다진 것만으로도 『프린키피아』에서 가장 의미 있는 성과 중 하나로 꼽히기에 충분했다.

8.15 뉴턴과 달 운동 문제 (조지 E. 스미스의 연구)

달의 운동은 히파르코스 이래로 수리천문학 분야의 특별한 문제로 제기되어 왔다. 라플라스 이후로 지금까지 우리는 행성의 상호작용 때문에 행성들의 운동이 아주 복잡해질 수 있다는 것을 알게 되었다. 행성 운동의 변칙은 아주 오랫동안 관찰하거나 아주 정교한 망원경으로 자세히 들여다봐야만 분명히 알 수 있다. 반면 달의 운동은 상대적으로 짧은 기간 동안 맨눈으로만 봐도 엄청나게 복잡하다. 그 결과, 뉴턴이 『프린키피아』 집필을 시작하던 무렵의 수학적 기틀 안에서 '설명되는' 달 운동의 정확도는 행성 운동의 정확도 수준에 한참 못 미쳤다. 당시 "달의 문제"는 케플러와 이후 사람들이 행성 운동을 서술했던 것만큼 정확하게 달의 운동을 서술하는 것이었다. 이 문제를 최초로 완전하게 해결한 이론은 1877년부터 1919년까지 개발된 힐–브라운 이론인데, 여기에는 약 1,500개의 항이 포함되어 있다.

교과서의 표들은 달이 이심률 0.0549인 타원 궤도를 따라 27.32일의 주기로 공전하며, 이 궤도는 황도면에 대하여 5°9′만큼 기울어져 있다고 설명한다. 장축단을 잇는 선, 또는, 같은 얘기지만, 각속도가 가장 작은 곳부터 가장 큰 곳까지 잇는 선은 달의 운동 방향으로 한 번 회전할 때마다 평균 3° 약간 넘게 세차 운동을 하고, 그 주기는 대략 8.85년이다. 교점을 잇는 선—달의 궤도면과 지구의 궤도면이 교차하는 선—은 이 속도의 절반보다 조금 느리게 역행하며, 대략 18.60년에 한 주기를 완성한다. 그러나 이러한 사실들은 복잡성의 일부만 보여주는 것이다. 궤도 모양은 엄밀히 말하면 타원이 아니고 시간에 따라 변한다. 이심률이 변화하는 방식은 대단히 복잡하며, 가장 클 때는 0.0666부터 작을 때는 0.0432까지 변한다. 기울기도 이와 비슷해서, 가장 클 때는 5°18′에 달하고 작을 때는 5° 정도이다. 교점과 장축단의 선들은 둘 다 복잡한 방식으로 평균 운동에서 벗어난다. 그래서 교점의 위치는 평균 운

---

83   같은 책, p.262b.

동으로부터 어느, 방향으로든 1°40′만큼 벗어날 수 있고, 원지점의 위치는 평균 운동으로부터 어느 방향으로든 12°20′만큼 벗어날 수 있다.[84]

달 운동의 이례적인 성질을 운동역학적 모델로 설명하려는 노력은 히파르코스에서 시작되어 프톨레마이오스, 코페르니쿠스, 티코, 케플러를 비롯해 불리오, 윙, 스트리트, 그리고 호록스와 뉴턴까지 이어졌다. 그들의 목표는 언제나 불규칙해 보이는 운동을 그 바탕에 깔린 몇 가지 규칙적인 운동의 중첩으로 설명하는 것이었다. 문제는 이 바탕에 깔린 규칙성을 확인하고 특징을 정의하는 것이었다. 케플러는 달 운동에 잔재하는 불규칙성은 결국 여러 우연이 이 운동의 물리적 원인으로 작용한 것이며, 따라서 불규칙성 자체가 완벽한 설명이 불가능하다는 명백한 증거가 된다고 주장하기에 이르렀다.[85]

뉴턴 시대에서는 달의 황경에 나타나는 네 가지 이상 현상, 즉 불균등성이 알려져 있었다. 이른바 '첫 번째 불균등성'은 히파르코스가 발견한 것으로서 편심 궤도의 장축단 선이 회전하는 현상으로 설명되었다. 두 번째 불균등성은 프톨레마이오스가 그 특징을 찾았고, 이심률의 월별 변화와 장축단 선의 운동에서 한 달에 두 번 일어나는 요동의 조합으로 설명된다.[86] 티코는 교점과 기울기의 불규칙한 운동과 함께 황경 위에서 두 개의 작은 근점이각을 발견했고, 속도에서 월 2회 발생하는 요동, 즉 '이균차'는 달이 합충에 있을 때 속도가 올라가고 구에 있을 때 느려지면서, 이각 45도의 위치에서 황경에 약 39′의 최대 효과를 만들어 낸다. 그리고 속도의 연간 요동, 즉 '연례 균차'는 그 최대 효과가 약 11′이다. 달의 지름이 30′ 라디안임을 감안하면, 이 정도는 인지할 수 있는 크기다.

현대의 달 궤도 이론에는 이외에도 수많은 불균등성이 포함되어 있다. '월각차parallactic inequality'나 (핼리가 발견한) '영년가속secular acceleration' 같은 것은 특별한 이름을 얻을 만큼 충분히 의미가 있다. 그러나 대부분은 이름조차 얻지 못했다.

두 번째 불균등성은 이심률 변화와 장축단 선의 운동의 요동 모두와 관련되어 있는데, 이 불균등성의 역사는 현상을 서술하는 문제의 난점을 고스란히 보여준다.[87] 이 불균등성은 달 궤도의 체계적인 변

---

84 현대 과학의 역사에서 달의 운동과 이를 이해하기 위한 노력을 조명한 최근 저서로 Alan Cook, *The Motion of the Moon* (Bristol: Adam Hilger, 1988)이 대단히 뛰어나다. 위의 설명은 J.M.A. Danby, *Fundamentals of Celestial Mechanics*, 2d ed. (Richmond: Willmann-Bell, 1988), 12장에서 가져온 것이다. 이 문제는 궤도 이론을 다룬 다른 저서에서도 논의되고 있다. 이를테면 Moulton, *Introduction to Celectial Mechanics* (위 §6.12, n.61), chap. 9; Dirk Brouwer and Gerald M. Clemence, *Methods of Celestial Mechanics* (New York: Academic Press, 1961), chap. 12; 그리고 A.E. Roy, *Orbital Motion*, 3d ed. (Bristol: Adam Hilger, 1988, chap. 9 등이 있다. 달 운동에 관한 고전 저서로는 Ernest W. Brown, *An Introductory Treatise on the Lunar Theory* (Cambridge: Cambridge University Press, 1896; reprint, New York: Dover Publications, 1960)가 있다. Brown과 H. Hedrick이 쓴 브라운의 3권짜리 책인 *Tables of the Motion of the Moon*(New Haven: Yale University Press, 1919)은 힐-브라운의 달 이론의 해설서로서 정점을 찍는다.

85 케플러는 이 우연의 효과에 대해 여러 곳에서 언급하는데, 특히 *Johannes Keplers Gesammelte Werke* (Munich: C.H. Beck, 1969), p.44에 수록된 *Tabulae Rudolphinae*, vol 10의 서문 끝부분에서 구체적으로 주장하고 있다.

86 O. Neugebauer, *The Exact Sciences in Antiquity* (New York: Harper, 1962), pp.192-198 참고.

87 Curtis Wilson, "On the Origin of Horrocks's Lunar Theory", *Journal for the History of Astronomy* 18 (1987): 77-94, 특히 78-81 참고.

위로부터 발생하는 것 같지만, 이 변위가 달 궤도 자체의 모양을 바꾸지는 않는다. 이 때문에 불리오는 이 불균등성을 "출차"(라틴어 "evectio"에서 온 말이며, evectio는 동사 eveho 즉 "앞으로 나르다"에서 온 말이다)라고 불렀다. 이 이름은 궤도가 한 곳에서 다른 곳으로 옮겨진다는 것을 암시한다. 문제는 이 변위의 특징을 정확히 규정하는 데 있었다. 프톨레마이오스, 코페르니쿠스, 티코 그리고 케플러는 각자 모두 다른 특징을 제시했고, 특히 케플러는 이심률 변화의 주기를 한 달에서 6.75개월로 바꾸었을 때 월 주기에 발생하는 결과와 거의 같은 운동을 얻을 수 있음을 발견했다. 현대 이론에서 "출차"는 31.8일 주기로 이심률에서 나타나는 이균차에 따른 황경의 불균등성을 말하며, 여기에 장축단 선의 운동의 요동도 합해진다. 출차의 진폭은 1°16′나 되어 황경에 가장 큰 근점이각을 만들어낸다. 출차는 달에 작용하는 태양의 섭동력을 확장된 조화해석을 통해 식별하였는데, 이는 중력 이론에서 상당히 의미 있는 성취로 기록된다.

뉴턴 이전 시대를 살았던 제러마이어 호록스(1618-1641)는 길지 않은 생애의 마지막 3년 동안 가장 성공적인 달의 동역학 모델을 만들었다.[88] 그는 케플러의 타원 위에서 면적 법칙을 따르는 운동을 고려했다. 이 타원의 중심은 작은 원 주위를 회전하고, 이심률에 그리고 세차 운동을 하는 평균 위치에 대하여 상대적인 장축단 선의 위치에 6.75개월 주기의 진동을 생성한다. 다른 말로 하면, 그는 두 번째 불균등성에 케플러의 방법을 채택했던 것이다. 이 모델에 18세기 초부터 사용되던 성분 값들을 적용하면 황경 위의 오차를 10′ 미만으로 줄일 수 있다. 이 정도 오차라면 여전히 목표에는 한참 못 미쳤지만, 다른 모델들의 오차가 20′가 넘는 것을 감안하면 꽤 훌륭한 수준이다.[89]

뉴턴은 호록스의 이론이 달 운동에 대하여 기본적으로 옳은 설명이라고 인정했다. 특히 두 번째 불균등성의 주기는 호록스의 6.75개월 주기를 채택했고, 그런 다음 이 주기를 생성할 수 있는 태양의 섭동력을 확인하기로 했다(1권 명제 66 따름정리 9). 결과적으로 보면 현대 이론의 출차가 중력 이론의 산물이며 이를 알아내는 데 뉴턴의 역할이 매우 중요했지만, 뉴턴이 설명하는 두 번째 불균등성은 현대 이론과는 다소 차이가 있다. 반면, 다른 세 개의 불균등성에 대한 설명은 현대 이론과 질적으로 일치한다. 뉴턴은 태양의 섭동 효과를 설명하며 이전에 알아채지 못했던 경미한 황경의 불균등성도 확인했다. 이중 몇 가지는 비논리적이었지만, 대부분은 진짜였다. 마지막으로 기울기의 요동 그리고 교점의 평균 운동과 운동 변화에 대한 뉴턴의 설명은 현대 이론과 대단히 유사하며, 위도상의 주요 불균등성을 모두 다룬다.

---

88   달에 대한 호록스의 설명은 1672년 그가 쓴 *Opera Posthuma*에 수록되었다. 자세한 내용은 Curtis Wilson, "Predictive Astronomy in the Century after Kepler", in *Planetary Astronomy from the Renaissance to the Rise of Astrophysics, Part A: Tycho Brahe to Newton*, ed. René Taton 그리고 Curtis Wilson, vol. 2A of *The General History of Astronomy* (Cambridge and New York: Cambridge University Press, 1989), pp.194-201, 그리고 "On the Origin of Horrocks's Lunar Theory"를 참고할 것.

89   17세기 말까지 목표는 천문경도 기준으로 2′였고, 이는 해상 경도의 항해 오차 1°에 해당하는 것이었다. 호록스 모델에서 천문위도의 오차는 약 4′였다.

뉴턴의 달 연구는 다섯 편의 소논문을 통해 확인된다.[90] (1)『프린키피아』1권 명제 66과 수많은 따름 정리들. 이 내용은 세 판본 모두 대부분 동일한 내용으로 기록되어 있다. (2, 3)『프린키피아』3권의 달의 불균등성에 관한 내용. 초판과 이후 판본에서 해석하는 방식이 약간 다르다.[91] (4) 1권 명제 45, 그리고 초판에는 나오지만 2, 3판에서는 언급되지 않은 달의 장축단의 평균 운동에 관한 미발표 원고들,[92] 그리고 (5) 뉴턴의「달 운동 이론*Theory of the Moon's Motion*」. 이 라틴어 문서는 1702년 데이빗 그레고리의『천체 물리와 기하학 요소』에 부록 형태로 수록되었고, 이후 영문으로 번역되어 별도의 소논문으로 발표되었다. 이 짧은 책자는 여러 차례 재쇄를 거쳤으며, 그중 한 판본에는 윌리엄 휘스턴의 해설이 수록되어 있다.[93]

『프린키피아』1권의 명제 66과 따름정리들은 태양 중력의 섭동 효과가 어떻게 호록스 모델에서 서술된 달 운동의 불균등성을 '모두' 일으킬 수 있는지를 탐구하고, 그보다 규모가 작은 불균등성에 대한 정성적 설명을 제시한다. 뉴턴은 초판 서문에서 자신의 결과가 "불완전하다"고 했지만, 달 연구 분야에서 그가 거둔 가장 위대한 성과라고 주장할 만하다. 3권의 명제 25부터 35까지의 정량적 결과들은 동심 원궤도에서 출발해서 (이심률을 무시하는 조건으로) 이균차, 궤도 변화, 교점의 운동, 그리고 기울기의 요동의 근삿값으로 이어진다. 이 결과들은 이심률의 효과를 무시하면 현대의 결과와도 잘 맞는다.

독자들은 3권 명제 35 다음으로 원지점의 운동에 대하여 비슷한 근사를 구할 것이라 기대하게 될 텐데, 초판에서는 그 자리에 유사한 계산으로 원지점에 대해서도 괜찮은 결과를 얻을 수 있다고 설명하는 내용의 짧막한 주해가 달려 있다. 뉴턴은 실제 계산을 보여주지는 않고 단순히 계산이 아주 정확하지는 않다고 말했다. 본 해설서의 다른 곳에서 지적했듯이, 원지점의 평균 운동과 관련하여 정확한 수치를 얻을 수 있다는 주장들은『프린키피아』2판과 3판에서 모두 사라진다.

1690년대 뉴턴의 달 연구는 중력 이론을 적용해 호록스 모델의 불규칙성의 계수들을 구하는 데 초점이 맞추어져 있었다. 그리고「달 운동 이론」(1702)에서 제시한 결과에서는 모델과 관측값 사이의 불일치를 최대 10′까지 줄였다. 이 결과를 갱신한 내용은 3권의 2판과 3판에서 명제 35 다음으로 나오는 긴 주해에 제시되어 있다. 2판에서는 이 주해에 뉴턴이 중력 이론으로부터 파악한 네 개의 추가 불균

---

90 뉴턴의 달 연구에 관한 최고의 논문은 Whiteside, "Newton's Lunar Theory: From High Hope to Disenchantment"(위 §6.12, n.60)이다. 이 논문은 여기에서 논의된 내용 외에도 그간 알려지지 않았던 뉴턴의 노력까지 다룬다.

91 『프린키피아』3권 초판에서 2판으로 넘어갈 때와 비교해 보면, 2판에서 3판으로 넘어갈 때 달과 관련해 수정된 내용은 많지 않은 편이다.

92 뉴턴의 방법은 장축단 선의 평균 운동을 제대로 설명하지 못했고, 이후 클레로가 이 문제를 이해하는 데 성공했다. 이 내용은 §8.16에서 논의하였다.

93 이 여러 버전의 원고의 사본은 *Isaac Newton's Theory of the Moon's Motion (1702)*, introd. Cohen (위 §1.3, n.53)에서 찾아볼 수 있다. 18세기 표 제작자들이 이 책을 사용했다는 설명에 관해서는, N. Kollerstrom, "A Reintroduction of Epicycles: Newton's 1702 Lunar Theory and Halley's Saros Correction", *The Quarterly Journal of the Royal Astronomical Society* 36 (1995): 357-368을 참고할 것. 이 논문에서는 뉴턴의 방법을 적용하는 데 필요한 다양한 단계를 플로우차트로 보여주고, 저자가 고안한 시뮬레이션 프로그램으로 뉴턴의 방법을 재현한다.

등성의 계수들도 포함되어 있었고, 이 중 일부는 『프린키피아』의 모든 판본에서 언급된 적 없는 두 불균등성과 함께 「달 운동 이론」에서 제시되어 있다. 이 네 개의 불균등성 중 하나는 3판에서 완전히 삭제되었고, 남은 것 중 두 개는 실제 불규칙성을 포착하는 데 실패한다.[94]

1740년대 오일러와 클레로의 저작을 통해 명백해졌듯이, 1729년 마친이 쓴 「중력에 따른 달 운동의 법칙The Laws of the Moon's Motion according to Gravity」이 아니었다면(이 글은 앤드류 모트의 번역본에 보충 자료로 수록되었다) 달 운동을 정량적으로 해석하는 데 성공했다는 뉴턴의 주장은 과도한 것이었다. 달 운동과 관련된 문제에서 뉴턴이 호록스를 넘어 의미 있는 성과를 보인 것이 없었다. 그러나 뉴턴이 이 문제의 역사에 기여한 바는 상당한 의미가 있다. 그 의미는 3권의 2판과 3판에서 명제 35 뒤에 나오는 주해의 첫 문장에서 볼 수 있다. "달의 운동을 계산함으로써, 중력 이론을 통해 달의 운동을 그 원인으로부터 계산할 수 있다는 것을 보이고 싶었다." 뉴턴에게 이는 결코 가벼운 사건이 아니었다. 뉴턴은 몇 안 되는 천체, 특히 달의 케플러 운동을 기반으로 중력 이론을 세웠기 때문이다. 따라서 달의 변덕스러운 움직임이 설명되지 않는다면, 달은 뉴턴의 추론을 위태롭게 할 수도 있었다. 1750년 이후에 클레로가 원지점 운동을 성공적으로 설명하고, "달의 문제"는 "제한된 삼체문제"의 특별한 예가 되었다. 즉, 태양과 지구의 중력이 결합된 효과를 받는 달의 운동 문제가 된 것이다. 힐–브라운 이론은 달의 운동을 "중력 이론을 통해 (…) 그 원인으로부터" 계산함으로써 이 삼체문제와 기존의 "달 문제"의 적합한 풀이를 구했다.

8.16 달의 장축단에서의 운동 (조지 E. 스미스의 연구)[95]

18세기에 『프린키피아』의 내용 중에서 태양–달–지구 계의 해석만큼 관심을 받았던 내용은 거의 없다. 그 이유는 뉴턴이 조수와 분점의 세차 운동에 대하여 탁월하게 설명했을 뿐 아니라, 마침내 복잡한 달의 운동을 해결할 수 있다는 희망까지 제시했기 때문이었다. 케플러의 궤도 이론과 이론의 여러 변주는 행성에 대해서는 놀랍도록 정확하게 설명하지만, 달의 경우에는 속수무책이었다. 다른 천체를 설명하는 정확도와 비슷한 수준으로 달 운동의 관측 위치를 예측하는 '서술적' 설명을 고안하는 문제는 여

---

94 커티스 윌슨은 달 운동을 정량적으로 이해하려는 뉴턴의 노력을 『Newt. Achievement』, pp.262-268에서 탐구하고, 원지점의 변화와 평균 운동에 관한 결과는 Isaac Newton's Natural Philosophy, ed. Jed Buchwald and I.B. Cohen (Cambridge: MIT Press, 출간 예정)의 "Newton on the Moon's Variation and Apsidal Motion: The Need for a Newer 'New Analysis'"에서 설명했다.

95 달 궤도를 해석하는 뉴턴의 방법은 『Newt. Achievement』, pp.262-268 그리고 Whiteside, "Newton's Lunar Theory: From High Hope to Disenchantment"에서 논의하였다. 달의 장축단 운동 문제는 Waff, "Universal Gravitation and the Motion of the Moon's Apogee" (위 n.78)에서 상세히 논의하고, 클레로의 풀이는 Wilson, "Perturbations and Solar Tables" (위 n.37), pp. 133-145에서 논의하였다.

전히 해결되지 않은 상태였다.

『프린키피아』에서는 두 곳에서 달 운동과 관련된 결과를 제시한다. 1권 명제 66의 따름정리 2부터 11까지는 태양 중력의 영향에 따라 각속도, 지구에서 달까지의 거리, 주기, 궤도의 이심률, 궤도 기울기가 케플러의 이론값으로부터 달라지는 '정성적' 결과와 함께, 타원의 장축단을 이은 선과 교점을 이은 선의 운동에 관한 결과도 제시한다. 3권의 명제 25부터 35까지는 달 운동에서 가장 두드러지는 이상 현상 세 가지를 중력 이론에서 유도한 '정량적' 결과로 설명하는데, "이균차"(합일 때 속도가 올라가고 충일 때 속도가 느려지는 현상), 교점의 운동, 기울기 변화가 바로 그것들이다.

3권의 정량적 해석에서 달의 장축단 운동이 빠진 것은 특히 눈에 띈다. 장축단은 평균적으로 1 태음월 동안 3° 이상 전진하고, 1년에는 40° 이상 전진한다. 이것이 평균이고, "실제"로는 훨씬 더 크게 움직인다. 극단적인 경우 장축단은 1 태음월당 약 15°까지도 전진하고, 후진할 때는 1 태음월당 대략 9°까지 움직인다. 명제 66의 따름정리 7, 8, 9는 장축단의 요동과 평균 운동 모두를 정성적으로 설명한다. 3권에서는 교점의 요동 그리고 평균 운동과 유사한 문제에 대하여 중력 이론으로부터 상당히 정확한 정량적 결과를 도출한다. 그러나 장축단에 대해서는 그런 결과를 전혀 제시하지 않는다.

궤도의 장축단을 잇는 선의 운동에 대해 정량적 결과가 유도되는 부분은 1권의 섹션 9가 유일하다. 이 섹션에서는 좁은 범위에 한정된 구체적인 문제를 다룬다. 물체가 고정된 구심력이 지배하는 궤도를 따라 움직이고 있을 때, 물체가 회전하는 동일한 궤도를 따르도록 하려면 어떤 구심력이 더해져야 하는지에 관한 문제다. 이 문제는 구심력에 관한 것이므로 1권에 속해 있는 것이다. 명제 43과 44는 '거리 세제곱에 반비례하는 구심력이 중첩되어야 한다'는 일반적인 답을 제시한다. 그런 다음 명제 45는 수학적으로 가장 간단한 원에 가까운 궤도를 가정하고 장축단 선의 운동 속도에 관한 결과를 제시한다. 이 명제 다음의 두 따름정리는 구체적인 수를 적용하여 계산하는데, 이 데이터는 사실상 달의 장축단에 관한 것이지만 명시되어 있지는 않다. 첫 번째 따름정리에서는 장축단 선이 매 공전마다 3°를 전진하면, 전체 구심력은 약 $\dfrac{1}{r^{2\frac{4}{243}}}$에 비례하여 변한다. —이 수는 뉴턴이 3권의 서두에서 달 궤도를 논의할 때 사용한 값이다. 두 번째 따름정리에서는 외부 힘에 의해 정지 궤도를 지배하는 구심력이 1/357.45만큼 감소하면, 장축단은 매 공전마다 1°31′28″만큼 전진한다는 것을 보여준다. 왜 꼭 357.45여야 하는지는 아무 설명이 없다. 심지어 1판과 2판에서는 이 내용이 달과 관련이 있다는 내용도 없다. 그러나 3판에서는 따름정리의 결론 부분에 "달의 장축단[의 전진]은 이보다 두 배 정도 빠르다"라는 문장이 추가되었다.

3권 명제 25와 26을 닫는 글에서 이 357.45가 어디에서 온 것인지 밝혀진다. 뉴턴은 1권 명제 66에서처럼 명제 25에서도 달에 미치는 태양의 섭동력을 비직교 성분으로 분해한다. 성분 중 하나는 달에서 지구를 향하는 방향이다. 명제 25에서는 태양의 구심력 성분의 평균값이 달에 미치는 지구의 구심력의 1/178.725이라고 결론 내린다. 명제 26에서는 태양의 섭동력을 직교 방사 성분과 횡단 성분으로 분해한다. 방사 성분 크기가 가장 작을 때는 달이 구에 있을 때, 지구를 향하는 방향으로 지구 힘의 1/178.725이고, 가장 클 때는 달이 합충에 있을 때, 지구에서 멀어지는 방향으로 지구 힘의 2/178.725 이다. 이 범위 안에서 방사 성분은 뚜렷한 사인 곡선 형태를 보이며 변화한다. 그러므로 평균값은 이 두 값의 중간, 즉 1/357.45가 되고 지구로부터 멀어지는 방향이 된다. 따라서 명제 45의 따름정리 2에 나오는 1/357.45만큼 감소하는 구심력은 달이 지구에서 멀어지도록 하는 태양 섭동력의 방사 성분의 평균값이며, 달의 장축단의 평균 운동을 계산하기 위해 타당하게 사용될 수 있다.

당시 독자들이 모두 이렇게 3권 명제 26부터 1권 명제 45 따름정리 2까지 이어지는 이 추론을 해낼 수 있었던 것은 아니었다. 그러나 일부 해낸 사람도 있었다. 존 마친은 1742년 왕립학회 회의록에서 이 내용을 소개했다.[96] 게다가 뉴턴이 3권 명제 26에서 서술한 내용에서 출발해 태양 섭동력의 방사 성분 변화에 대한 해석적 서술에 도달하는 것은 그리 어렵지 않았다.

$$\frac{F_R}{F_{달-지구}} = \left(\frac{1}{357.45}\right) \times (1 + 3\cos 2\theta)$$

이때 θ는 지구를 꼭지점에 두고 태양과 달이 이루는 각이다.

그러므로 태양 섭동력의 방사 성분의 평균값은 달의 장축단의 평균 운동의 절반에 해당한다. 그렇다면 나머지 절반은 무엇에 해당하는가? 이 문제는 『프린키피아』의 어느 판본에도 명시적으로 제시된 적이 없다. 그런데도 문제의 답은 초판 3권 명제 35의 주해에 나와 있다. 여기에서 뉴턴은 계산을 통해 달이 합충에 있을 때 원지점이 하루에 23′씩 전진하며 구에 있을 때는 하루에 $16\frac{1}{3}$′씩 후퇴한다는 결과를 얻었으며, 이에 따라 연간 평균 운동은 약 40°에 이른다고 밝혔다. 초판에 따르면, 뉴턴이 계산 내용을 싣지 않은 이유는 계산이 "너무 복잡하고 거추장스러운 근사치가 많아서" 정확하지 않기 때문이라고 했다.

뉴턴이 말한 이 계산 내용은 1970년대에 최초로 대중에게 공개되었다.[97] 이 계산은 케플러의 타원에서 시작하고, 태양 섭동력의 방사 성분과 횡단 성분을 모두 포함한다. 그러나 불행히도 이 계산에는 무작위적인 요소가 포함되어 있는 것 같고, 이를 정당화하는 것은 이 요소로 인해 원지점의 연간 평균 운동이 약 40°로 산출된다는 것뿐이다. 결과적으로, 이 계산을 통해서는 달의 원지점 운동의 누락된 절반이 편심 궤도 위의 달에 작용하는 태양 중력의 횡단 방사 성분 때문이라는 것을 알 수 없다. 계산의 모

---

96   *Journal Book* 17:459-463.

97   『Math. Papers』 6:508-537.

든 단계가 중력 이론에 의해 정당화될 수 있다는 점을 감안하면, 이 계산은 기껏해야 그런 설명이 문제를 개선할 '가능성이' 있다는 것을 보여줄 뿐이다.

이 계산에 대한 언급은 『프린키피아』 2판과 3판에서 모두 사라졌다. 명제 35의 원래 주해는 더 길게 새로 쓴 주해로 대체되었으며, 그 내용은 대부분 뉴턴이 1702년에 발표했던 「달 운동 이론」에서 발췌하거나 그 내용을 바탕으로 쓴 것이다.[98] 이 주해의 달에 대한 설명은 호록스가 1630년대 말에 구성했던 달 운동 모델을 채택한다. 그 결과, 비록 모델 안에서 변수를 결정할 때 중력 이론을 사용하기는 하지만, 이 내용은 중력 이론으로부터 추론된 것으로 볼 수 없다. 새로운 주해는 지구가 장축단에 있을 때 태양 섭동력 차이와 관련된 달의 원지점 운동의 작은 이균차, 그리고 달의 원지점이 합충과 구에 있을 때 태양 섭동력 차이와 관련된 큰 이균차에 대해 여러 수치를 제시한다. 그러나 작은 이균차의 수치들 중 아주 일부만 중력 이론에서 비롯된 것이고, 큰 이균차는 중력 이론과는 아예 상관이 없다. 뉴턴의 새 주해에는 태양 섭동력으로부터 달의 원지점의 평균 운동을 추론하는 내용이 전혀 없다. 사실 장축단의 평균 운동은 호록스의 운동 역학에서 구축된 것이므로 이를 언급할 필요가 없다.

이런 이유로, 새로운 주해가 "중력 이론을 통해 (…) 그 원인으로부터" 달의 운동을 계산해 내겠다는 목표를 밝히며 시작되고 있지만, 실제로 달의 장축단의 평균 운동을 이렇게 계산했다고 생각할 만한 근거를 전혀 제공하지 않는다. 주해는 달 궤도를 더 연구해야 한다는 내용으로 마무리된다. 특히 마지막 문장에서, "달과 원지점의 평균 운동은 아직 충분히 정확하게 결정되지 않았다"고 주장하고 있다. 그러므로 펨버튼이 『프린키피아』에 대해 쓴 해설에서 "아이작 뉴턴 경은 아직 원지점의 운동과 이심률의 변화를 계산하지 않았다"고 쓴 것이나,[99] 마친이 1729년에 "현재 나와 있는 달의 원지점 운동을 설명하는 이론 중에, 내가 보기에 충분히 완벽한 이론은 하나도 없었다"고 평가한 것을 보더라도[100] 크게 놀랄 일은 아니다.

뉴턴이 2판에서 수정한 또 다른 내용은 혼란을 가중시켰다. 3권 명제 3의 새 따름정리는 명제 4의 이른바 "달 실험"에서 지구를 향하는 달의 구심 가속도가 증가해야 함을 보여준다. ―이는 태양 중력으로 인해 달이 지구로부터 벗어나려는 외부의 방사 성분을 제거하기 위한 것이다. 명제 3에 새로 추가된 본문에서 필요한 값을 제시한다.

태양의 작용은, 태양이 달을 지구로부터 잡아당기는 한, 지구로부터 달까지의 거리에 거의 비례하

---

98   *Isaac Newton's Theory of the Moon's Motion (1702)*, introd. Cohen (위 §1.3, n.53).

99   Pemberton, *A View of Sir Isaac Newton's Philosophy* (위 §3.6, n.65), p.229; cf. Waff, "Universal Gravitation", p.123.

100   John Machin, "The Laws of the Moon's Motion according to Gravity", 모트의 『프린키피아』 영어 번역에 수록 (1729; reprint, London: Dawsons of Pall Mall, 1968), p.31. 모트가 이 글을 자신의 번역본에 수록한 것은 대단히 현명한 행위였다. 마친은 이 글 전반에서 뉴턴의 달 연구를 온전히 이해하고 있다는 것을 보여주었다.

며, 따라서 (1권 명제 45, 따름정리 2의 내용으로부터) 이 작용 대 달의 구심력의 비는 대략 2 대 357.45, 또는 1 대 $178^{29}/_{40}$과 거의 같다. 이렇게 작은 태양의 힘을 무시한다면, 달이 궤도를 유지하도록 하는 나머지 힘은 D_2에 반비례할 것이다. 그리고 이 힘을 중력과 비교하면 이 규칙은 더욱 완벽하게 성립할 것인데, 이는 아래 명제 4에서 수행하였다.

이 내용을 보면 명제 45 따름정리 2를 언급한 것 말고는 1/357.45를 왜 두 배로 늘리는지에 대해 설명하는 부분이 전혀 없다. 독자는 자연스럽게 앞에서 계산된 1°31′28″로부터 달의 장축단의 정확한 평균 운동인 3°3′를 얻기 위해 필요한 방사상 힘의 성분일 것이라고 생각하게 된다. 그러나 사실 이 두 배는 태양의 섭동력만으로 정당화될 수 없다. 이 힘의 방사 성분의 평균은 지구가 달에 미치는 평균 힘의 1/357.45이지 2/357.45가 아니다. 따라서 독자는 근거 없이 두 배로 늘어버린 섭동력의 방사 성분을 앞에 두고 혼란에 빠지게 된다. 이 두 배는 3판 명제 4의 달 실험에서 놀라운 수준의 일치를 일구어낸다.[101] 그리고 이 같은 결과는 달의 장축단의 평균 운동을 태양 섭동력의 방사 성분으로 완전히 설명할 수 있다는 인상을 준다.

뉴턴 자신이 2판과 3판에서 다루었던 달의 장축단의 평균 운동 문제를 어떻게 평가했는지는 오롯이 『프린키피아』를 통해 이해해야 한다. 그가 쓴 편지는 전혀 도움이 되지 않는다. 그러나 앞에서 살펴보았듯이, 그리고 클레로도 1747년에 지적했듯이, 『프린키피아』에는 이 사실에 대해 명확하게 설명된 내용이 없다. 우리는 뉴턴이 왜 평균 운동의 잃어버린 절반이 태양력의 횡단 성분의 결과라는 생각을 버렸는지 알지 못한다. 그는 여전히 반년 동안의 장축단 운동의 이균차가 횡단 성분으로 인해 일어난다고 여겼다. 만일 뉴턴이 명제 3의 내용대로 평균 운동을 일으키는 요인이 전적으로 섭동력의 방사 성분이라고 결론을 내렸다면, 이제 문제는 이 운동을 생성할 만큼 충분히 큰 다른 섭동력을 찾는 문제로 바뀌게 된다. 아마도 뉴턴은 태양의 중력 말고 다른 원인을 생각했던 것 같다.[102]

---

101 만일 명제 4의 달 실험에서 1/357.45을 보정계수로 사용하면, 달이 지구 표면에서 1초 동안 낙하하는 거리를 계산한 값과 하위헌스가 측정한 값은 겨우 인치 단위까지만 일치한다. 즉 계산된 값은 15피트 0인치 7.35라인이었고, 측정값으로 1판과 2판에서 인용된 값은 $15^1/_{12}$피트다. 〔$15^1/_{12}$피트는 15피트 1인치다.—옮긴이〕 3판에서 주장하는 놀라운 일치는—계산값이 15피트 1인치 $1^4/_9$라인이고 측정값은 15피트 1인치 $1^7/_9$라인—보정계수로 1/178.725를 사용하여 얻은 결과다.

102 지구 자기력이 달에 영향을 미칠 가능성은 2판의 명제 37에서, 지구에 미치는 달의 힘을 논의하는 부분에서 처음 언급된다. 뉴턴은 자기력이 거리 세제곱에 비례하여 감소한다고 생각했기 때문에 (3권 명제 6 따름정리 5), 지구 자기력이 달의 장축단을 움직이게 하는 원인이 될 수 있다고 생각했을 것이다. 또 다른 가능성은 뉴턴이 달에 작용하는 방사 힘이 사인 곡선 형태로 변화함으로써 어떤 식으로든 비대칭 효과를 생성하고, 이 때문에 원지점이 후진보다 전진의 폭이 커질 것이라고 생각했을 수도 있다. 마친은 앤드류 모트가 『프린키피아』 영문 번역본에 별도로 수록한 1729년의 논문에서 (p.31) 이 가능성을 암시했고, 클레로는 1747년의 "Remarques sur les articles qui ont rapport au mouvement de l'apogée de la lune, tant dans le livre des Principes mathématiques de la philosophie naturelle de M. Newton que dans le commentaire de cet ouvrage publié par les PP. Jacquier et le Seur", Procès-verbaux de l'Académie royale des sciences 66 (1747): 553-559에서 보다 분명하게 주장한다. 클레로가 직접 서명한 이 논문의 원본은 파리 과학 아카데미 문서 소장고의 "Dossier Clairaut"에서 찾아볼 수 있고, 편집된 버전은 the manuscript procès-verbaux of the Académie에 수록되었다. 이 논문에 대한 해석은 Waff, "Universal Gravitation" 3장을 참고하자. 특히 p.153

가장 가능성 높은 가설은 뉴턴이 달의 장축단 평균 운동 문제를 분명히 파악했지만 이 문제를 만족스럽게 풀 방법을 찾지 못했고, 그래서 『프린키피아』 2판과 3판에서 이 내용을 언급하는 것을 자제했다는 것이다. 이런 식으로 그는 반대자들이 아직 다 완성되지 않은 중력 이론을 공격하는 것을 막을 수 있었다. 그러나 아주 철두철미하게 감춘 것은 아니었다. 설령 뉴턴이 그렇게 결정했다 하더라도, 영리한 독자들이라면 충분히 재구성할 수 있을 만큼 흔적이 남아 있었다. 마친이 바로 그 일을 해낸 것이었다.[103]

우리가 확신할 수 있는 한 가지는 뉴턴이, 달의 장축단 운동을 어떤 식으로든 중력 이론을 통해 설명할 수 있다는 점을 중요하게 생각했다는 것이다. 그가 말하기를, 3권 명제 2에서 행성의 구심력이 거리 제곱에 반비례하는 성질은

> 원일점이 정지 상태라는 사실로 미루어 볼 때 대단히 명확하게 증명된다. 왜냐하면 이 제곱비에서 조금만 벗어나도 (1권 명제 45 따름정리 1에 의해) 1회의 공전만으로도 눈에 띄는 장축단의 운동이 발생할 것이며, 공전이 여러 번 이어지면 운동은 더욱 커지기 때문이다.

그리고 명제 3에서 "달의 원지점의 아주 느린 움직임"은 달에 작용하는 구심력이 거리 제곱에 반비례한다는 것을 보여준다고 주장한다. 뉴턴은 달의 원지점의 실제 평균 운동이 거리 제곱이 아닌 $2\frac{4}{243}$ 제곱에 반비례하지만, 이 같은 작은 차이는 "태양의 작용으로 인해 발생하므로 (이후 설명하겠지만) 여기서는 무시하기로 한다"고 명시했다. 그러므로 달의 장축단의 평균 운동이 태양의 섭동 효과나 다른 외부 힘에 의해 발생한다는 것을 성공적으로 증명하지 못한 이상, 중력 이론을 주장하기에는 심각한 빈틈이 있었다. 특히 구심력이 단지 근사가 아니라 정확하게 거리 제곱에 반비례하는지에 대한 의문이 제기될 수밖에 없었다.

오일러와 클레로, 달랑베르는 모두 1740년대 말 (다른 무엇보다도) 달의 장축단의 평균 운동 중 절반만 태양 중력으로 설명할 수 있음을 보여주는 계산을 인용하며 이 같은 문제를 제기했다.[104] 이 세 사람은 뉴턴의 기하학적 접근법을 묵살하고 대신 해석적 접근법을 고안했는데, 그러면서 작은 항들이 여럿 삭제되었다. 클레로의 연구는 특히 유익했다. 그는 태양 섭동력의 방사 성분과 횡단 성분에 대한 해석적 수식을 구성했고, 편심 타원 궤도의 경우에 대하여 장축단의 평균 운동을 계산하는 데 이 두 성분을 포함시켰다. 그러나 클레로는 "거리 제곱에 반비례하는 인력으로 인해 발생하는 원지점의 주기는 실제 주기인 약 9년이 아니라 약 18년이 될 것이다"라고 결론을 내릴 수밖에 없었다.[105] 그는 이 결과를

---

n.42에서 두 버전의 차이를 논의한 내용을 볼 수 있다.

103 18세기 초 뉴턴이 쓴 달 장축단에 관한 원고의 리뷰는 Waff, "Universal Gravitation", chap. 3을 참고할 것.

104 Waff, "Universal Gravitation", chap. 2 참고

105 Clairaut, "Du système du monde dans les principes de la gravitation universelle", *Mémoires de l'Académie royale des sciences* (Paris),

뉴턴의 중력 이론의 증거를 전면적으로 검토해야 한다는 취지로 1747년 말 프랑스 과학 아카데미에 보냈다. 그는 중력이 $\frac{c}{r^2}$이 아니라 $\frac{c}{r^2} + \frac{d}{r^4}$에 비례하여 감소하는데, 두 번째 항은 너무 작아서 거대 행성 사이의 거리에서는 파악하기 어렵다고 결론을 맺었다.[106]

클레로의 논문은 프랑스 아카데미 내부에서 격한 논쟁을 일으켰고,[107] 이 논쟁은 클레로 자신이 18개월 후 장축단의 평균 운동 문제의 정확한 풀이를 발견하면서 종결되었다. 클레로는 너무 작은 항들은 무시해도 큰 차이가 없을 것이라 믿으며 계산을 단순화했었다. 이를테면 회전하는 타원의 동경벡터에 사용했던 수식은 생략되었다. 당시 그는 계산을 단순화하지 않으면 좀 더 정확한 결과를 얻을 수 있겠지만, 그 대가로 계산이 훨씬 더 길어질 것이라 생각했다. 그러나 결국 1년 여 지난 후 클레로는 더 정확하게 계산해야 했다. 이때에는 회전하는 타원이 아니라 이미 태양 중력에 의해 일그러진 회전 타원의 동경벡터에 관한 수식을 포함시켜 개선된 수식으로 더 긴 계산을 수행했다. 그 결과 달 장축단의 평균 운동을 계산한 결과는 관측 결과와 상당히 가까웠다. 결과적으로 평균 운동은 편심 궤도의 모양에 영향을 미치는 태양 섭동력의 방사 성분과 횡단 성분이 결합된 결과다. 이는 이심률의 제곱과 세제곱을 포함하는 고차항들을 섭동 보정에 포함시켜야 한다는 의미다.[108] 뉴턴의 미발표 원고에 적힌 계산을 보면 뉴턴도 이심률의 1차 항(선형 성분)만 고려했었다.

클레로가 새로 내놓은 결과는 상당히 중요했다. 오일러는 1751년 6월 29일 클레로에게 보내는 편지에서 이렇게 썼다.

(…) 이 멋진 발견은 생각하면 할수록 더욱더 중요하게 여겨집니다. 내가 볼 때 이것은 천문학 이론에서 가장 위대한 발견이라 할 수 있습니다. 이것이 없었다면 행성이 서로의 운동에 일으키는 섭동을 절대 이해할 수 없었을 것입니다. 왜냐하면 이를 발견한 후에야 거리 제곱에 반비례한다는 인력 법칙이 견고하게 성립함을 알 수 있으며, 이는 모든 천문학 이론의 바탕이 되기 때문입니다.[109]

1745(1749년 간행), p.336. 이 내용은 Waff, "Universal Gravitation", p.71에서 인용되었다.

106 Clairaut, "Du système du monde", p.339.

107 이 논쟁에 대한 요약은, Waff, "Universal Gravitation", chap 4, 그리고 Philip Chandler, "Clairaut's Critique of Newtonian Attraction: Some Insights into His Philosophy of Science", *Vistas in Astronomy* 32 (1975): 369-378에서 찾아볼 수 있다. 챈들러의 박사학위 논문 "Newton and Clairaut on the Motion of Lunar Apse"(위 n.78)도 함께 참고하면 좋다.

108 Wilson, "Perturbations and Solar Tables", pp.134-139 참고.

109 G. Bigourdan, "Lettres inédites d'Euler à Clairaut", in *Comptes rendus du Congrès des sociétés savantes de Paris et des départements tenu à Lille en 1928, Section des sciences* (Paris: Imprimerie Nationale, 1930), p.34. 이 글은 Wilson, "Perturbations and Solar Tables", p.143에서 인용되었다. 오일러가 찬사를 보낸 내용은 중력의 원거리 작용이 아니라 역제곱 법칙에 대한 것이었다. 커티스 윌슨은 오일러가 원거리 작용을 절대 인정하지 않았다고 강하게 주장하고 있다. 윌슨의 "Euler on Action-at-a-Distance and Fundamental Equations in Continuum Mechanics", in *The Investigation of Difficult Things: Essays on Newton and the History of the Exact Sciences*, ed. P.M. Harman and Alan E. Shapiro (Cambridge: Cambridge University Press, 1992), pp. 399-420를 참고할 것.

오일러는 이러한 견해를 1753년 발표한 「달의 운동 이론*Theoria Motus Lunae*」의 서문에서 강하게 주장했다. 이 논문에서 그는 뉴턴이 강조했던 장축단 선의 미세한 감도와 문제의 운동에서 절반 이상을 설명하지 못했던 『프린키피아』를 지목하며 이렇게 썼다.

> 그러므로 정확히 수행된 계산에 따라 뉴턴의 이론이 지금까지 관측된 달의 원지점 운동, 즉 해마다 40″씩 움직이는 운동을 설명한다는 것이 밝혀진다면, 이 이론의 진실성을 증명할 이보다 더 강력한 논거는 바랄 수 없을 것이다.[110]

궤도 운동에 대한 프랑스의 선도적 전문가 클레로와, 그 외 지역에서 최고의 전문가인 오일러의 연구는, 달의 장축단 운동에 대한 뉴턴의 풀이를 확장시키면 관측값과 정확히 일치한다는 것을 보여줌으로써 중력 법칙에 대한 결정적인 근거를 마련했다.

8.17 명제 39: 지구의 모양과 분점의 세차

돌이켜 보면, 뉴턴이 지구의 모양과 관련하여 분점의 세차를 설명한 것은 『프린키피아』가 거둔 가장 위대한 지적 성취로 여길 수 있을 것이다. 뉴턴은 만유인력 법칙의 힘과 타당성에 대한 강력한 증거와 지구의 모양이 편평한 회전타원체임을 뒷받침하는 근거를 일거에 제시했고, 기원전 2세기부터 알려져 있었지만 물리적 원인을 통해 해석된 적은 없었던 현상에 대하여 동역학적 원리를 바탕으로 한 간단한 이유를 제안했다. 『프린키피아』 이전에는 물리적 원인을 구체적으로 제안한 사람이 전혀 없었다. 뉴턴은 단순히 세차의 원인만 찾아낸 것이 아니었다. 그는 자신의 이론으로부터 세차의 평균 속도가 1년에 50″라는 것을 알아냈고, 당시 천문학자들의 인정을 받았다. 뉴턴은 명민한 통찰을 통해 달과 조수 운동을 이해했고, 그 내용은 오늘날 우리가 알고 있는 내용과 크게 다르지 않다. 그러나 세차의 경우 일반 원리에서 출발해 세부적인 내용으로 들어갔다는 점에서는 달과 조수 연구와 비슷하지만, 뉴턴의 해석만으로 세차 운동의 주요 측면을 설명하기에는 부족하다. 그러므로 뉴턴이 "진짜 원인을 가정하고 그 바탕 위에서 설명하고 있지만, 그 이후로는 완전히 틀렸거나 애매모호한 단계를 하나씩 거쳐 간신히 결론에 도달한다"는 커티스 윌슨의 지적에 동의할 수밖에 없다.[111]

뉴턴의 세차 설명은 기본적으로 그전에 지구의 모양에 대하여 내린 결론에서 출발한다. 지구가 납

---

[110] Euler's *Theoria Motus Lunae*, in *Leonhardi Euleri Opera Omnia*, ser.2, vol.23 (Basel and Zurich, 1969), p.72, 윌슨의 번역으로 "Perturbations and Solar Tables", pp.141-142에 수록됨.

[111] 『Newt. Achievement』, p.269.

작한 회전타원체라고 가정해 보자. 즉 타원을 단축 중심으로 회전시켜 만들어지는 타원체이며, 극 쪽으로 납작하고 적도 쪽이 불룩한 모양이라고 하자. 이런 모양은 동역학적으로는 적도 쪽에 물질로 만든 고리를 추가로 두르고 있는 구체와 동등하다고 간주할 수 있다. 지구는 황도면에 23.5°만큼 기울어진 축을 중심으로 자전하고 있다. 달 궤도는 황도면에 대하여 겨우 5°밖에 기울어져 있지 않다. 이런 이유로 태양과 달은 지구에 거의 같은 각도로, 지구 적도면에 대하여 상당한 각을 이루는 방향에서 지구를 끌어당긴다. 이때 간단한 계산으로 달이 먼 쪽의 부푼 부분과 가까운 쪽의 부푼 부분에 대하여 끌어당기는 힘의 크기가 매우 다르다는 결과를 얻을 수 있다. 지구 반지름을 R이라 하면, 지구 중심부터 달까지의 거리는 약 60R이므로, 이 두 힘은 $\frac{1}{(59R)^2}$과 $\frac{1}{(61R)^2}$에 비례할 것이고, 이에 따라 이 두 힘이 생성하는 회전 효과 세기의 차이는 상당할 것이다. 그러므로 달의 회전력의 알짜 힘이 지구 회전축의 방향을 틀어 세차가 일어난다. 이와 비슷한 태양력도 존재하므로, 알짜 세차력은 달과 태양의 힘의 변화의 합이 될 것이다. 태양이 세차를 일으키는 힘은 지구의 회전축을 틀어 지구의 적도를 황도면 쪽으로 잡아당기는 경향이 있고, 반면 달의 힘은 지구의 적도를 달의 궤도면 쪽으로 당기는 경향이 있다. 그러나 앞서 언급한 것과 같이, 이 두 면은 대단히 가깝다.

뉴턴은 태양과 달의 세차력의 순 효과가 지구 축을 원뿔 회전하도록 만든다고 보았다. 그의 계산에는 결정적으로 두 가지 정보가 부족했다. 즉 달의 질량과 지구에서 태양까지의 거리다. 따라서 뉴턴이 계산한 달과 태양의 섭동력의 상대적 크기에는 오류가 포함되어 있다.

1권 명제 66 따름정리 18에서 뉴턴은 지구 주위의 궤도 위에 달이 하나만 돌고 있다고 가정하지 않고, 일종의 유체로 구성된 고리의 형태로 수많은 달이 회전하고 있다고 가정했다. 이 위성들은 모두 같은 크기의 태양의 섭동력을 받고, 이 섭동력은 궤도의 교점의 세차를 생성하는 경향이 있다. 따름정리 20에서는 위성들의 고리가 단단해지고 중심 물체는 팽창하여 돌출된 고리를 두르고 있거나 적도 쪽이 불룩한 지구와 비슷해질 때까지 부풀어오른다. 뉴턴은 이 논거를 3권의 명제 39에서 다시 한번 사용한다. 이 명제는 태양과 달의 조석력과 달의 질량에 관한 명제 36과 37, 그리고 달의 모양에 관한 명제 38에서 곧바로 이어지는 내용이다. 명제 39는 이러한 앞선 결과들과, 특히 명제 37 그리고 세 개의 보조정리와 가설에서 발견된 달의 기조력에 관한 내용에 의존한다. 초판에서는 명제 38 다음으로 명제 39의 내용을 소개하는 보조정리 1, 2, 3이 있었다. 2판에서는 보조정리 1의 내용이 상당히 많이 바뀌었고 새로운 보조정리 2가 삽입되었으며, 기존의 보조정리 2는 그 뒤에 보조정리 3이 되었다. 기존의 보조정리 3은 "가설 2"로 다시 명명되었다.[112] 명제 39는 위에서 언급한 1권 명제 66의 몇몇 따름정리들을 사용한다.

---

112   이러한 내용 변화와 초판에 수록되었던 기존 "가설"의 재구성에 대해서는 위 §8.2를 참고하자.

뉴턴은 1권 명제 66을 바탕으로 지구 둘레의 고리에 미치는 태양의 섭동 효과가 축 기울기의 주기적인 진동, 그리고 이전과 같은 조건을 따르는 교점의 역행으로 나타날 것이라고 주장한다. 이 효과는 그 크기가 같지 않더라도, 또는 고리가 고체가 되더라도 지속될 것이다. 중심체가 매우 커져서 적도 면의 고리와 맞닿게 되더라도 효과는 여전히 같을 것이며, 이 경우 고리는 적도의 돌출부가 된다. 이때 "고리가 구체에 달라붙고 그 교점 또는 분점이 역행하는 운동을 구체에 전달한다"고 가정해 보자. 그렇다면 "고리에 남은 운동과 이전 운동의 비는" 4,590 대 489,813이 되며, 이런 이유로 "분점의 운동은 같은 비로 감소하게 될 것이다."

이 결과를 얻는 과정에서 뉴턴은 여러 개의 가정을 세워야 했고, 그중에는 고체가 된 위성 고리가 섭동을 받은 하나의 달처럼 움직일 것이라는 내용도 있었다. 그는 또한 초판에서는 보조정리 3, 2판과 3판에서는 가설 2로 명시했던 내용을 사용했다. 이 보조정리, 가설에서는 지구가 태양 주위 궤도를 돌고 있을 때 지구 궤도를 따라 움직이는 고체 고리를 생각하도록 지시한다. 그리고 지구의 중심 물질은 모두 제거되고, 축을 중심으로 매일 자전을 한다고 가정한다(축은 황도면에 대하여 23.5° 기울어져 있다). 이런 조건에서, 뉴턴은 "춘분점과 추분점의 운동은 그 고리가 유체이든 단단한 고체로 구성되든 같을 것"이라고 주장한다. 보조정리 3에서 가설 2로 명칭을 변경하면서, 뉴턴은 자신이 이 명제를 증명할 수 없다는 점을 인정했다.[113]

뉴턴은 추가적인 계산을 통해 태양 중력에 의해 1년 동안 발생하는 분점의 세차 크기를 $9''7'''20^{iv}$으로 결정한다.[114] 그런 다음 "분점을 움직이는 달의 힘"을 계산하는데, 이때 분점을 움직이는 달의 힘 대 분점을 움직이는 태양의 힘의 비는, "바다를 움직이는 달의 힘 대 [바다를 움직이는] 태양의 힘"의 비와 같다. 앞선 명제 37에서 뉴턴은 이 비가 "약 4.4815 대 1"이라는 것을 발견했다. 이런 이유로 오로지 달의 힘에 의해서만 발생하는 연주세차는 $40''52'''52^{iv}$가 될 것이다. 이 둘을 더하면 $50''00'''12^{iv}$가 되는데, "이 세차 운동은 현상과 일치한다."

뉴턴이 달의 기조력을 산정하는 데 겪었던 어려움은 별개로 하더라도(명제 37에서), 명제 39의 바탕이 되는 세 보조정리에는 심각한 문제가 있다. 뉴턴은 보조정리 1에서 지구를 단단한 구로 가정하고 그 주위를 "불룩하게 돌출된 껍질"[115]이 감싸고 있다고 간주한다. 그런 다음 이 외부 껍질에 작용하여 회전시키는 태양의 힘(또는 회전시키는 모멘트)을 부풀어 있는 구의 모든 물질이 황도에서 가장 먼 적도 위의 한 점에 압축되었을 때의 힘과 비교한다. 그러면 첫 번째 힘이 두 번째 힘의 절반이라는 결과가 나온다. 보조정리 2에서, 불룩한 구체의 물질이 적도를 따라 고리 형태로 분포되어 있다고 가정한 후 같은 비교를 한다. 이때에는 2 대 5의 비가 나온다. 보조정리 3에서, 뉴턴은 지구 전체의 회전력

---

113   Rouse Ball, 『Essay』, p.110에서는 이 보조정리/가설에 대해 "라플라스가 이를 증명한 최초의 저자"라고 말한다.

114   이 계산에 관한 내용은 아래 n.116을 참고할 것.

115   Essay, p.110.

과 고리의 질량이 지구 전체 질량과 같을 때의 회전력을 비교하고 이 둘의 비가 925,275 대 1,000,000 임을 발견한다.[116] 여기에서 문제는 이러한 힘 또는 회전 모멘트를 비교한 뉴턴의 계산이 아니라, "질량 차의 분포에 따른 관성 효과를 고려하지 않은 채 단순히 결과 운동이 모멘트에 비례할 것"이라는 가정에 있다.[117] 커티스 윌슨은, "이 동일한 누락" 때문에 뉴턴이 보조정리 3에서 "적도 고리의 세차 운동이 고리가 결합 되는 기본 구체와 어떻게 공유되는지를" 결정할 때 "틀린 결과로 이어졌다"는 점을 주목한다. 이 과정 어디에도 "뉴턴이 회전하는 지구의 각운동량을 고려한 곳이 없다."[118] 보조정리 2에서 뉴턴이 유율이 주어지는 양을 적용하는 "유율법"을 사용한다는 점을 주목해야 한다.

8.18 혜성 (3권의 결론 부분)

뉴턴은 3권의 서두에서 중력이 거리 제곱에 반비례하는 보편적인 힘임을 증명했다. 그렇다면 혜성도 물질로 만들어졌으므로 혜성에 작용하는 역제곱 힘도 있어야 했다. 그러므로 1권 명제 13 따름정리 1에 의해 혜성은 원뿔곡선 궤도를 따라 움직여야 한다. 보조정리 4와 그 뒤의 세 개의 따름정리는 혜성을 탐구하는 보조정리와 명제들 중 첫 보조정리인데, 여기에서 뉴턴은 혜성이 "일종의 행성이며 연속적으로 움직이면서 궤도를 따라 회전한다"고 결론을 내린다. 그리고 명제 40 따름정리 1에서 이 결론의 의미를 이렇게 서술한다. "따라서 혜성이 궤도를 따라 공전한다면, 이 궤도는 타원일 것이다." 그리고 "혜성과 행성의 주기 비율은 그 주축", 즉 혜성 궤도 축의 $\frac{3}{2}$제곱비와 같아지도록 운동할 것이다. 그런 다음 명제 40 따름정리 2에서, 뉴턴은 혜성의 궤도가, 적어도 우리에게 보이는 태양계 안의 부분에 한해서는, "포물선에 대단히 가까워서 포물선으로 대체하여도 큰 오차는 생기지 않을 것"이라고 지적한다.

뉴턴은 수백 년간 축적된 혜성 관측 결과를 이용해, 뉴턴은 만일 혜성 궤도가 닫힌 곡선이라면 이 타원 곡선은 행성처럼 거의 원에 가까운 모양일 수는 없으며, 혜성이 태양계의 가시 범위 바깥까지 나아갈 수 있도록 대단히 길게 잡아 늘인 타원 형태여야 한다는 것을 알고 있었다. 그러므로 혜성이 일종의 행성이라는 것을 간파한 뉴턴의 통찰은 단지 그중 일부가 주기적으로 태양 근처로 되돌아온다는 것뿐 아니라, 돌아오는 혜성이 길게 늘인 타원 궤도를 따라 회전해야 한다는 점을 추론했다는 데에 진정한 의미가 있다. 이 경우 타원 궤도 가운데 우리가 관측할 수 있는 부분(즉, 가시 태양계 안의 궤도 부

---

116   Wilson, 『Newt. Achievement』, p.270 에서는 뉴턴의 계산 과정을 다음과 같이 깔끔히 요약하였다. 뉴턴은 "태양이 일으키는 달 궤도 교점의 역행 중 알려진 현상에서 출발하여, 여러 개의 달들의 역행 속도가 각자의 주기에 따라 달라질 것이라는 가정을 세우고, 지구 표면에서 하루에 한 번 공전하는 달의 역행 속도를 결정한다. 그런 다음 이 달을 적도 고리로 바꾸면 여기에 적용되는 보조정리에서 다양한 비가 유도된다."

117   『Newt. Achievement』, p.270.

118   같은 책.

분)은 포물선과 크게 구분되지 않는다. 뉴턴은 『프린키피아』 초반에서, 포물선은 타원의 초점 중 하나를 아주 멀리 옮겨 잡아 늘인 타원으로 간주해도 무방하다고 서술한다. 1권 섹션 1의 마지막 명제인 명제 10에서, 뉴턴은 타원의 중심을 향하는 힘에 의해 생성된 타원 궤도의 운동을 탐구한다. 그리고 이어지는 주해에서 만일 "타원의 중심이 무한히 멀어져서", 그래서 "타원이 포물선으로 바뀌면" 무슨 일이 일어날지를 고려한다. 그렇게 해서 이 궤도를 포물선으로 생각하게 되는데, 이 경우 계산은 타원 궤도일 때보다 훨씬 간단해진다. 타원보다 포물선 계산이 더 간단한 이유는 모든 포물선이 닮은꼴이기 때문이다. 뉴턴은 또한 쌍곡선 궤도의 가능성도 고려하는데, 이 경우 혜성은 태양계를 벗어나게 된다. 혜성의 길쭉한 타원 궤도 모양이 갖는 의미는 중력이 태양계의 가시 범위를 훌쩍 넘어 엄청난 거리까지 뻗어나간다는 점을 암시하기 때문에 특히 중요하다.

뉴턴은 1680-81년의 "대혜성great comet", 또는 1680년 혜성으로 알려진 혜성의 출현에 큰 흥미를 느꼈다. 그는 특히 케플러가 지지했던 낡은 가설, 즉 혜성은 태양을 향해 직선으로 날아왔다가 직선으로 날아가 태양에서 멀어진다는 가설을 저버렸다.[119] 그러나 『운동에 관하여』(1684년 11월)에서 혜성의 궤도를 해석하려던 초창기의 노력은 썩 만족스럽지 못했다.[120] 뉴턴이 왕립 천문학자 존 플램스티드에게 편지를 보냈던 1685년 9월까지도, 그는 여전히 "혜성의 궤도"를 계산하지 못한 상태였다. 그러나 편지에서 그는 자신이 1680년 혜성을 연구하는 중이며, 11월에 태양을 향하는 혜성이 보였고 12월에는 태양에서 멀어지는 혜성이 보였는데 아마 "이 둘이 같은 혜성"일 것이라고 결론을 내렸다.[121] 그런데도 1686년 6월에 핼리에게 보낸 편지를 보면, 그는 그때까지도 혜성의 운동을 설명할 "좋은 방법이 없어서" 만족스러운 이론을 내놓지 못하고 있었다.[122] 그래서 그는 1권으로 돌아가서 "혜성과 관련된 (…) 몇 가지 명제들을" 추가했다.[123] 그리고 인쇄를 위해 3권 원고를 핼리에게 보냈던 1687년 3월까지 필요한 이론들을 개발했다. 이 이론의 핵심 요소들은 3권의 보조정리 5부터 11까지에서, 그리고 명제 41에서 발견된다.[124] 뉴턴은 자신의 결과를 3권 명제 41에서 제시하면서, "이 대단히 어려운 문제에 여러 가지 접근법을" 시도해 보았고 "그 풀이로서 의도된" 일부 명제들을 1권에서 "고안했다"고 했다. 그러나 나중에 "조금 더 단순한 풀이를 떠올렸다"고 했다. 여러 해설자 중에서도 특히 라우스 볼은, 루카시안 강의록 또는 초안의 본문에서 찾아볼 수 있는 그의 초기 풀이가 『프린키피아』에 수록된 풀이보다 더

---

119 뉴턴과 혜성에 관한 박사학위 논문이 두 편 있다. James Alan Ruffner, "The Background and Early Development of Newton's Theory of Comets" (Ph.D. diss., Indiana University, 1966); Sarah Schechner Genuth, "From Monstrous Signs to Natural Causes: The Assimilation of Comet Lore into Natural Philosophy" (Ph.D. diss., Harvard University, 1988).

120 『Newt. Achievement』, pp.270-273 참고.

121 뉴턴이 플램스티드에게 1685년 9월 19일 쓴 편지, *Corresp.* vol.2.

122 뉴턴이 핼리에게 1686년 6월 20일 쓴 편지, *Corresp.*, vol.2.

123 같은 책.

124 『Newt. Achievement』, p.270.

간단하다"고 지적했다.

혜성에 대한 뉴턴의 해석은 『프린키피아』의 눈부신 성과 중 하나로 꼽힌다. 데이빗 그레고리는 "혜성에 대한 토론이 책 전체에서 가장 어렵다"고 했던 뉴턴의 말을 기록했다.[125] 뉴턴 자신도 3권 명제 41에서 자신의 방법을 소개하며 이것이 "대단히 어려운 문제"라고 명쾌하게 말했다. 기본적으로 뉴턴이 설정한 문제는 지구의 운동에 맞춰 수정된 혜성의 관측 데이터를 통해 혜성의 특별한 위치 세 군데를 결정하는 것이다. 이 위치들은 같은 간격을 유지해야 하고(꼭지점을 포함해서) 지구 궤도와 혜성 궤도 평면의 차이에 맞춰 수정되어야 한다. 이로부터 뉴턴은 포물선 궤도, 또는 궤도에 근접한 포물선을 결정한다. 이 과정에서 뉴턴은 오늘날 뉴턴 근사법Newton's approximation formula이라고 하는 방법을 개발하고 사용했다.[126]

폭넓은 주해와 함께 『프린키피아』를 러시아어로 번역한 러시아의 천문학자 알렉세이 니콜라에비치 크릴로프는, 흔히 "오일러 정리" 또는 "람베르트 정리" 또는 "오일러−람베르트 정리"라고도 알려진 이 결과를 뉴턴이 3권 보조정리 10에서 명료하게 서술하고 있음을 지적했다. 이 보조정리에서는 혜성의 포물선 궤도에서, 호를 가로지르는 데 걸리는 시간, 그 호의 맨 끝으로 그려지는 동경 벡터들, 그리고 현 사이에 특별한 관계가 있다고 서술한다. 『프린키피아』를 분석한 해설자들(대표적으로 라우스 볼)은 혜성 궤도를 결정하는 뉴턴의 방법이 "비현실적"이며 천문학자들에게는 결코 표준이 되지 못했다는 데 동의했지만, 크릴로프는 이 방법이 현대의 개념으로 쉽게 번역되며 다양한 혜성을 성공적으로 해석했다는 점을 지적한다.[127]

뉴턴은 『프린키피아』에서 혜성 운동을 수학적으로 분석했을 뿐 아니라 1680년(또는 1680년)의 "대혜성"의 실제 경로를 상세히 추적한다. 그러나 사람들이 종종 오해하는 것과 달리 이 혜성은 1682년에 나타났던 핼리 혜성이 아니다. 핼리 혜성은 2판에서 언급되긴 하지만 일차적인 분석 대상은 아니었다. 뉴턴은 『프린키피아』에서 1680년 혜성의 궤도를 계산하기 위해 지구 반지름이 16.33인치가 되는 척도의 거대한 도해를 구성했다. 이 근사는 꽤 성공적이었고, 20세기의 계산과 비교할 때 오차가 0.0017인치밖에 안 되는 훌륭한 결과를 얻었다. 크릴로프는 뉴턴이 "제도공으로서 신에 가까운 능력을 소유하지 않은 이상" 이런 결과를 얻으려면 그림의 중심부를 훨씬 더 큰 척도로 확대해 그린 두 번째 그림을 사용했어야 했을 것이라고 평가했다.

혜성 궤도에 맞는 포물선을 구하는 과정에서 뉴턴은 1권 명제 19를 언급했다.[128] 커티스 윌슨은

---

125 『Corresp.』 3:385.

126 Duncan C. Fraser, "Newton and Interpolation", in *saac Newton, 1642-1727: A Memorial Volume Edited for the Mathematical Association*, ed. W.J. Greenstreet(London: G. Bell and Sons, 1927), pp.45-74 참고.

127 A.N. Kriloff[Krylov], "On Sir Isaac Newton's Method of Determining the Parabolic Orbit of a Comet", *Monthly Notices of the Royal Astronomical Society* 85 (1925): 640-656.

128 뉴턴의 방법과 특히 3권 보조정리 8의 역할에 대해 Wilson, 『Newt. Achievement』, pp.270b-272b에서 탁월하게 설명하고 있다. 추

"1680−81 혜성의 궤도 성분을 뉴턴이 (…) 어떻게 결정했는지 그 세부적인 내용은 완전하게 알려지지 않았다"고 말했다. 명제 41에 제시된 방법으로는 "1차 근사 이상은 가능하지 않았고, 이후 임기응변식 조정을 통해 개선되었다." 윌슨은 이 방법이 "아주 실용적이지는 않고, 이후로도 사용되는 일이 거의 없었지만, 만유인력 기반의 동역학에서 뉴턴이 혜성 운동에 대해 세운 소전제는 향후 혜성 연구의 발판을 마련한 획기적인 성과"라고 결론을 내린다.[129]

『프린키피아』 2판에서 뉴턴은, 초판이 발표된 후 "우리의 동료 시민 핼리가 [1680−81년의 혜성의] 궤도를 도해적 방법보다 훨씬 더 정확하게 산술적 계산으로 결정했다"고 보고했다. 그리고 3판에서는 주기가 575년인 혜성에 대해 핼리가 발견한 놀라운 내용을 강조했다. 이 혜성은 "율리우스 카이사르가 살해된 후 9월, 람파디우스와 오레스테스가 집정관이던 기원후 531년, 기원후 1106년 2월, 그리고 1680년 말에" 나타났다. 뉴턴은 이 혜성의 궤도를 구하는 핼리의 계산 결과를 싣고, 이 혜성의 위치 25군데에 대한 계산값과 관측 결과를 비교하는 표를 수록했다. 이 표를 보면 (3판에서) 경도상 오차는 2′31″를, 그리고 위도상 오차는 2′29″를 넘지 않는다.

이에 따라 뉴턴은 다음과 같은 결론을 내렸다.

행성의 실제 운동이 일반적인 행성 이론과 일치하는 것처럼, 혜성도 관측한 운동과 계산한 궤도 위에서의 운동이 처음부터 끝까지 모두 일치한다. 이는 지금까지 나타났던 혜성들이 단 하나의 같은 혜성이며, 여기에서 그 궤도가 정확하게 결정되었다는 증거가 된다.

그러나 후세의 천문학자들은 575년 주기로 추정되는 혜성에 대한 핼리의 주장이 틀렸음을 입증했다.

궤도에 대한 논의에 이어, 뉴턴은 혜성의 물리적 구성 요소에 관한 몇 가지 문제를 소개한다. 뉴턴은 "혜성의 몸체가 행성의 몸체처럼 단단하고, 압축되어 있으며, 변하지 않고, 내구성이 있다"고 결론을 내렸다. 그는 또한 혜성이 "태양[근처]에서 엄청난 열을" 받는다고 주장했다. 뉴턴은 "꼬리가 혜성의 머리 또는 핵이 그 열에 의해 방출되는 지극히 희박한 증기일 뿐"이라고 믿었다. 그러나 그는 혜성 꼬리에 관하여 몇 가지 다른 견해들도 제시했다. 이를테면 이런 것이다.

가로 크릴로프의 논문도 참고하자(위 n.127).

129 『Newt. Achievement』, p.273a. 『프린키피아』의 행성 궤도 계산 이전의 계산 과정이 기록된 원고는 D.T. 화이트사이드의 해설과 함께 『Math. Papers』 6:498-507에 수록되어 있다. 뉴턴과 혜성 궤도에 대해서, *Standing on the Shoulders of Giants: A Longer View of Newton and Halley*, ed. Norman J. W. Thrower (Berkeley, Los Angeles, London: University of California Press, 1990)에 수록된 Eric G. Forbes, "The Comet of 1680-1681", pp.312-324, 그리고 David W. Hughes, "Edmund Halley: His Interest in Comets", pp.324-372를 참고하자. 이 훌륭한 논문들은 뉴턴의 설명과 특히 2판에 포함된 새로운 자료에 핼리가 기여한 내용이 무엇인지를 기록했다. 이 책에는 다른 유용한 논문도 포함되어 있는데, 특히 Sarah Schechner Genuth의 "Newton and the Ongoing Teleological Role of Comets", pp.299-311도 참고하기 좋다.

혜성의 꼬리는 반투명한 혜성의 머리를 통과해 전파해 나아가는 태양 빛이고, 혜성의 머리에서부터 지구까지 진행하는 빛이 굴절되어 생긴 빛줄기이며, 마지막으로 이 꼬리들은 혜성의 머리에서 지속적으로 발생하여 태양으로부터 멀어지는 방향으로 사라져 가는 구름 또는 증기라는 것이다.

뉴턴이 도달한 결론 중 한 가지 흥미로운 내용은 혜성 꼬리에 대한 연구를 통해 또 다른 논거를 얻을 수 있다는 것이다. 즉 "천상 공간에 저항력이 없다는 결론을 내릴 수 있는데, 그 이유는 공간 안에서 행성과 혜성의 단단한 몸체뿐 아니라 꼬리의 희박한 증기까지도 대단히 자유롭게 움직이며 대단히 빠른 움직임도 아주 오랫동안 보존되기 때문이다."[130]

뉴턴이 상상한 혜성의 목적은 뉴턴의 사상에 익숙지 않은 독자들에게는 다소 놀라워 보일 수 있다. 『프린키피아』의 초판에서 뉴턴은 우리 대기권으로 들어오는 혜성의 꼬리에서 나오는 물질이 지구의 생명체들의 생명 유지에 필요한 "필수적인 영vital spirit"을 공급하며, 화학적으로 변환되어 동물, 식물, 광물의 물질을 공급한다고 주장했다. 2판에서는 혜성이 태양과 별들의 에너지를 충전할 수 있다고 제안했다. 뉴턴은 이러한 혜성의 출현을 통해 그간 설명하기 어려웠던 신성의 출현을 설명할 물리적 수단을 찾았다. 이 개념은 뉴턴이 데이빗 그레고리에게 "혜성은 행성과는 다른 용도로 사용될 운명"이라고 했던 말을 이해하는 단서가 되는 것 같다.[131] 그레고리가 기록으로 남긴 뉴턴의 생각은 존 콘두이트도 문서 자료로 남긴 것이었는데, 증기와 빛의 물질이 합쳐져서 달을 생성하고 그런 다음 점점 더 많은 물질을 끌어당겨 행성이 되고, 결국에는 혜성이 되었다가 마지막에는 일종의 태양이 되어 순환하는 우주를 이룬다는 것이었다.[132] 심지어 뉴턴은 성경에서 예언된 대재앙에 의해 지구가 파괴될 수 있으며,[133] 신이 혜성을 이용해 목성이나 토성의 위성을 끌어당겨 새로운 창조를 기다리는 새 행성으로 전환함으로써 체계를 갱신할 것이라고 상상했다. 분명한 것은, 뉴턴이 이런 극단적인 상상을 진지하고 냉철한 『프린키피아』에 싣지는 않았다는 것이다.

---

130 뉴턴은 "혜성 머리 부근의 대기에서 꼬리가 상승하고, 꼬리가 태양으로부터 멀어지는 방향으로 이동하는 현상을 꼬리 물질을 함께 운반하는 광선의 작용에 기인한다"라는 케플러의 이론에 특히 관심을 보인다.

131 Dobbs, *Janus Faces* (위 §3.1, n.10), pp.236-237

132 David C. Kubrin, "Newton and the Cyclical Cosmos: Providence and the Mechanical Philosophy", *Journal of the History of Ideas* 28 (1967): 325-346 참고.

133 Dobbs, *Janus Faces* 참고. 그리고 Sarah Schechner Genuth, "Comets, Teleology, and the Relationship of Chemistry to Cosmology in Newton's Thought", *Annali dell'Istituto e Museo di storia della scienza* 10 (1985): 31-65도 함께 참고할 것.

9장
마지막 일반 주해

9.1 일반 주해: "나는 가설을 꾸미지 않는다"

『프린키피아』의 초판은 적절한 결론이 없는데, 그 이유는 뉴턴이 초안 "결론Conclusio"를 초판에 수록하지 않았기 때문이다. 2판에서는 "물체의 작은 입자들의 인력"에 대한 최종 논의를 추가할 계획을 세웠고, 이 원고는 본문이 대부분 인쇄된 후인 1712 3월 2일에 코츠에게 편지로 보냈다.[1] 그러나 이후 생각을 바꾸어, 미립자 물질의 힘, 상호작용, 구조 그리고 그 밖의 여러 측면에 대한 이론을 공개하려는 유혹을 버리고, 그 대신 전체 결론에 해당하는 일반 주해를 쓰고 "철학의 부분에 관한 짧은 단락"을 포함시켰다. 일반 주해를 쓴 목적 중 하나는 특정 비평가들, 특히 데카르트 추종자들과 엄격한 기계 철학의 지지자들에게 답하기 위한 것이었다.

일반 주해의 첫 문단에서는 "소용돌이 가설"이 천체 현상과 양립할 수 없음을 증명하는 본문 내용을 총정리한다. 그 다음으로 행성과 혜성의 운동이 오랜 시간에 걸쳐 불변이라는 사실을 바탕으로 "지구 대기 위의 천체 공간"이 텅 비어 있다는 논의가 뒤따른다.

다음 주제는 설계자에 관한 논거인데, 창조의 완벽성으로부터 창조자의 존재를 증명하는 내용이다. 뉴턴은 "지적이고 전능한 존재", 우주를 설계한 존재를 확립하고, 이 창조자의 이름과 속성을 분석하는 과정으로 넘어간다. 2판에서는 "실험철학"에서는 현상으로부터 "신"을 논하는 것이 정당하다고 주장하며 이 문단을 마무리했다. 3판에서는 "실험철학"이 "자연철학"으로 변경되었다. 이 문장은 뉴턴이

---

1 『Corresp.』, vol.5.

코츠에게 보냈던 일반 주해 원고에 원래 있던 문장이 아니었다. 뉴턴은 코츠에게 곧바로 다시 편지를 보내 이 문장을 추가하도록 지시했다.

다음 문단이자 일반 주해의 끝에서 두 번째 문단은 뉴턴이 쓴 모든 글 가운데 가장 자주 논의되는 부분일 것이다. 뉴턴은 여기에서 하늘의 현상과 바다의 조수 현상을 "중력으로" 간단히 설명했지만, 여전히 "중력의 원인을 규명하지 못했다"고 선언한다. 그는 3권에서 제시했던 주요 성질 중 일부를 요약하며, 이 힘이 "작용하는 입자 표면의 양에 비례하지 않고," 오히려 "'단단한' 물질의 양에 비례"한다는 점에 주목한다. 따라서 중력은 "역학적 원인에 의해" 작용하는 힘이 아니다.[2] 그런 다음 뉴턴은 현상으로부터 중력의 원인을 발견할 수 없었음을 인정하고, 이렇게 선언한다. "나는 가설을 꾸미지 않는다 Hypotheses non fingo."

분명 뉴턴이 이 문장을 쓸 때는 단순히 가설을 "사용"하지 않거나 "만들지 않는다"는 의미를 의도한 것은 아니었다. 그렇다면 바로 거짓말이 되어버리기 때문이다. 예를 들어 2권에도 "가설"이 하나 나오고 3권에서도 추가로 두 개의 가설이 더 등장한다. 알렉산드르 쿠아레는 뉴턴이 "fingo(만들어내다)"라는 단어를 쓰면서 "허구를 창조하다"는 의미로, 즉 "I feign(나는 꾸며낸다)"이라는 의미로 썼으리라는 의견을 제시했다. 왜냐하면 『광학』(1704)의 라틴어판(1706)에서 영어 "feign(꾸며내다)"을 번역할 때 같은 어원의 "confingere(confingo)"를 사용했기 때문이다. 그러므로 뉴턴은 단순히 현상을 기반으로 하는 견고한 설명 대신 제안할 가설을 만들어내거나 고안하지 않는다고 말하는 것이며, 이러한 가설의 범주에 "형이상학적", "물리적" 가설, "기계적" 가설, 그리고 "초자연적 성질"의 가설을 포함시켰다. 뉴턴은 『광학』과 그 밖의 다수의 원고에서, 영어 동사 "feign"을 가설에 대한 경멸을 표현하는 맥락에서 사용했다.[3]

원고 초안으로 미루어, 우리는 뉴턴이 "fingo"를 신중하게 선택했음을 알게 되었다. 뉴턴은 제일 먼저 "fugio"를 시도해 보았는데, 이는 "나는 가설로부터 달아난다[또는 피하다]"라는 의미였다. 다음으로 "sequor"도 써 보았으며, 이는 "나는 가설을 따르지 않는다[또는, 아마도, 나는 가설의 추종자가 아니다]"라는 의미다.[4] 영어를 사용하는 대다수 독자는 이 문장을 앤드류 모트의 번역으로 "I frame no hypotheses"로 잘 알고 있다. 모트가 "frame"이라는 동사를 무슨 의미로 썼는지는 정확히 알 방법이 없다. 분명한 것은 "frame" 동사는, 이론의 맥락에서는 "날조하다"라는 의미로 사용한다. 아무튼 오늘날과 마찬가지로 뉴턴의 시대와 모트의 시대에 "to frame"은 확실히 경멸의 의미를 담고 있었다. 그러나 오늘날의 용법에서, "to frame"이 갖는 경멸의 의미는 뉴턴 시대와는 상당히 다르다. 우리에게 "to frame" 동사는 (사람에게 누명을 씌우기 위해) "거짓 증거를 꾸며내다"라는 의미이기 때문이다. 새뮤

---

2   강한 바람이 물체에 가하는 기계적 압력은 물체의 노출된 표면적에만 좌우되지만, 주어진 중력장의 효과는 물질의 양 또는 질량에 의존한다.

3   오늘날 "feign"은 허구를 "가장하다"는 의미로 사용된다. 이를테면 "feign sleep(자는 척하다)"처럼 쓴다.

4   자세한 내용은 내가 쓴 『Introduction』, pp.240-245를 참고하자.

얼 존슨의 『사전Dictionary』(London, 1785)에 수록된 정의 중 하나는 "(나쁜 의미로) 만들어내다, 조작하다: 예, 이야기 또는 거짓말을 '꾸며내다frame'"라고 되어 있다. 존슨은 예문으로 프랜시스 베이컨의 말을 실었다. "천문학자들이 현상을 해결하기 위해 희한한 편심 궤도와 주전원을 꾸며낸다." 분명히 모트는 "fingo"가 뉴턴에게 경멸적 의미를 갖는 단어임을 정확히 이해하고 있었다. 따라서 자신의 번역에서 "frame" 단어를 사용함으로써 독자들에게 같은 의미를 전달하려 했을 것이다. [5]

코츠는 뉴턴에게 일반 주해 원고를 받고 3권 명제 7이 뉴턴이 "꾸며낸 가설Hypothesim fingere"처럼 보이는 데 심각한 우려를 표했고, 뉴턴에게 "정오표와 함께 인쇄될 부록Addendum"에 추가 내용을 쓰라고 제안했다. [6] 그러나 뉴턴은 끝에서 두 번째 문단의 마지막을 수정할 것이라고 대답했다.

코츠에게 보냈던 원문에서 이 문단은 다음과 같이 결론을 맺는다.

> 사실상, 나는 현상으로부터 이 같은 무거움의 성질의 이유[또는 원인]을 아직 추론해내지 못했고, 나는 가설을 꾸며내지 않는다. 현상으로부터 추론되지 않은 것은 무엇이든 가설이라 불려야 하며, 그 가설이 형이상학적이든 물리적이든, 초자연적 성질을 가지든 기계적이든 나는 가설을 따르지 않는다. 무거움이 실제로 존재하고 우리가 자세히 설명할 수 있는 법칙에 따라 작용하는 것으로도 충분하며, 천체와 우리 바다의 모든 운동에 대해서는 이것으로 족하다.

이제 뉴턴은 코츠에게 좀 더 일반적인 내용이 되도록 이 부분을 수정하라고 지시했다. 이 부분은 현재 이런 내용이다.

> 나는 아직 현상으로부터 이러한 무거움의 성질의 원인을 유추해내지 못하였고, 나는 가설을 꾸미지 않는다. 현상으로부터 추론한 것이 아니라면 무엇이든 가설이라고 불려야 하며, 가설은 형이상학적이든 물리적이든, 또는 초자연적 성질을 바탕으로 하든 아니면 기계적이든, 실험철학 안에는 설 자리가 없기 때문이다. 이 실험철학 안에서, 명제는 현상으로부터 유추되고 귀납법에 의해 일반화된다. 물체의 불가입성, 기동성, 추동력, 그리고 운동 법칙과 무거움의 법칙은 바로 이런 방법으로 발견한 것이다. 그리고 중력은 실제로 존재하며 우리가 제시한 법칙에 따라 작용하는 것으로 충분하고, 그로써 천체와 우리 바다의 모든 운동을 충분히 설명하기에 족하다.

---

5   I.B. Cohen, "The First English Version of Newton's *Hypotheses non fingo*", *Isis* 53 (1962): 379-388.

6   내가 쓴 『Introduction』, pp.240-245와 『Corresp.』, vol. 3 참고.

이것이 우리가 아는 문장이다. 코츠에게 보내는 편지에서, 뉴턴은 개정된 일반 주해의 주석을 썼고, 이에 대해 이렇게 설명한다. "기하학에서 가설이라는 단어가 공리와 공준을 포함할 만큼 큰 의미로 받아들여지지 않는 것처럼, 실험철학의 가설도 내가 운동의 법칙이라 부르는 첫 번째 원리 또는 공리를 포함할 만큼 큰 의미로 받아들여서는 안 된다." 이러한 원리에 대해 그는 이렇게 설명한다. "이 원리는 현상으로부터 추론되고 귀납법에 의해 일반화된다. 이것은 명제가 실험철학 안에서 가질 수 있는 가장 높은 수준의 근거다." 그뿐 아니라, "여기에서 내가 사용하는 가설이라는 단어는 현상이나 현상에서 추론된 것이 아닌, 그 어떤 실험적 증거도 없이 가정 또는 추정되는 명제를 의미하는 것이다." 뉴턴은 "물체 사이에 상호 동등한 인력은 운동 제3 법칙의 한 갈래이며 (⋯) 이 갈래는 현상으로부터 추론된 것"이라고 믿었다.[7]

9.2 "Satis est": 이것으로 충분한가?

뉴턴은 일반 주해의 끝에서 두 번째 문단을 다음과 같은 주장으로 마무리한다. 첫째, 실험철학의 "명제들은 현상으로부터 유추되고 귀납법에 의해 일반화된다." 둘째, 이것은 "물체의 불가입성, 기동성, 추동력"을 발견한 방법이고, 그와 함께 "운동 법칙과 무거움의 법칙"도 이런 방법으로 발견했다. 마지막 결론으로, "그리고 중력이 실제로 존재[revera existat]하며 (⋯) 충분하고[satis est]", 중력이 (1) "우리가 제시한 법칙에 따라 작용"하고 (2) "천체와 우리 바다의 모든 운동을 충분히 설명하기에" 족하다.

온전히 이 내용만으로, 뉴턴은 에른스트 마흐에 의해 초기 실증주의자로서 환대를 받았고, 다른 이들도 마흐를 따라 뉴턴이 실증주의적 입장에 대해 확실한 지지를 표명하였다고 인정했다. 그러나 뉴턴의 글을 많이 접한 사람들, 특히 그의 편지와 이 주제에 관해 이후에 발표한 원고를 읽은 사람들은, 뉴턴의 입장이 실증주의 철학의 영향으로부터 완전히 자유로웠음을 알 것이다. 우리는 뉴턴이 일반 주해를 쓰기 전과 후, 먼 거리에서 작용하는 힘을 설명하기 위해 여러 방법을 시도했고, 최소한 『프린키피아』를 쓰기 시작했던 1680년대부터 이러한 노력이 이어졌다는 것을 알고 있다.[8] 그는 여러 편의 논문과 『프린키피아』의 개정을 위해 제안된 내용 중 가능한 설명을 탐구했을 뿐 아니라, 1718년에 (개정된) 『광학』 2판의 영문판에서, 그중에서도 특별히 서문에서 이 주제를 언급했다.[9]

뉴턴이 이 "satis est"를 독자들에게 어떤 의미로 전달하고 싶었던 것인지 확실히 알 방법은 없다. 그

---

7 뉴턴이 1713년 3월 28일 코츠에게 보낸 편지, 『Corresp.』, vol.3.

8 가장 최근의 연구로 Dobbs, *Janus Faces*(위 §3.1, n.10)에서 이러한 뉴턴의 노력에 대해 완전하게 설명하고 있다.

9 "이 『광학』의 2판에서 나는 (⋯) 중력의 '원인'에 관한 문제 하나를 '질문 21'로 추가하였다. 이것을 문제로 제안하기로 선택한 이유는 실험의 부족으로 인해 아직 만족스럽게 이해하지 못했기 때문이다."

러나 남겨진 자료를 보면, 뉴턴에게는 "실제로 존재하는" 힘을 바탕으로 하늘과 땅에서 관측된 현상을 설명할 수 있고, 이 힘이 자신이 제시한 법칙을 따른다는 사실만으로는 결코 "충분하다"고 할 수 없었다. 그럼에도 뉴턴이 실체로서의 만유인력과 태양계 안에서의 만유인력이 작용함을 굳게 믿었다는 사실에는 의심의 여지가 없다.

문제를 물리적 지평이 아닌 수학적 지평 위에서 최우선적으로 다루는 뉴턴 스타일이 단순히 비난을 피하기 위한 속임수인지 아니면 방법론적 원리를 충실히 따른 것이었는지 역시 알 방법이 없다. 그러나 뉴턴의 관점에서 보면, 이 스타일은 중력이 실제로 존재하는지 여부를 고민할 필요 없이 자연 세계의 수학적 비유 안에서 중력과 비슷한 힘이 작용하는 법칙을 개발할 수 있는 방편이었다.

1권과 2권의 수학적 담론으로부터 3권의 물리적 담론으로 넘어가면서, 현상으로부터의 연역 또는 귀납을 꾸준히 언급하면서[10] 가장 기본적인 자연 현상 중 일부를 정리하거나 설명하는 우아한 방법을 만들어냈다. 뉴턴은 일반 주해에서 어떻게 빈 공간을 뚫어 광활한 영역에 이르기까지 힘이 작용할 수 있는지 설명할 수 없었다고 기꺼이 인정했다. 그는 그런 힘이 도대체 어떻게 작용하는지 알아내지 못했다. 그런데도 그는 중력이 실제로 존재하며 근본적인 자연 현상을 만들어내는 데 중력이 작용하고 있다고 주장할 수 있었다.

만일 그런 원거리 힘이 있다면, 행성은 거리 제곱에 반비례하는 힘이 만드는 궤도를 따라 회전한다는 것을 수학적 추론을 통해 확인하였다. 그리고 귀납법을 통해 행성과 달의 힘이 지구의 중력과 같은 종류이며, 뉴턴의 표현을 따르면, "실제로 존재"하는 힘이라는 결론에 도달했다. 그러므로 뉴턴은 일반 주해에서 중력이 실제로 존재하는 힘이고, 달과 그 너머로 뻗어나가며, 관측된 자연 현상을 체계적으로 정리하는 수단을 제공한다고 말한다. 이 힘을 이용하여 우리는 천체, 조수, 그리고 그 외 많은 현상을 설명할 수 있다.

그렇다면 일반 주해에서 뉴턴이 독자들에게 말하려는 바는, 단순히 중력의 원인을 더 이상 찾지 말라는 것도 아니고, 중력이 그런 효과를 만들어내는 작용 원리를 이해하는 것이 중요하지 않다는 것도 아니다. 사실 뉴턴 스스로가 이 두 문제를 풀기 위해 얼마나 열심히 노력했는지 잘 알려져 있다. 그러므로 뉴턴이 말하려는 의도는 앞으로 해결해야 할 문제가 두 가지가 있다는 것이다. 하나는 만유인력의 원인과 작용 방식을 찾는 것이고, 다른 하나는 아직 규명되지 않은 현상에 중력 이론을 적용하고 수학적 기술로써 그 자신이 풀지 못한 성가신 문제들을 해결하는 것이다. 두 번째 문제에는 달의 장축단 운동을 포함하여 복잡한 달 운동에 관한 문제도 포함되어 있다.

뉴턴은 일부 과학자들, 특히 유럽 대륙의 과학자들이 태양-행성 그리고 행성-위성 간에 작용하는 힘으로써 역제곱 힘은 인정하지만(인력으로서는 아니더라도), 철학적 바탕에서 만유인력을 부인하는

---

10   일반 주해와 다른 여러 곳에서, 뉴턴은 현상으로부터의 추론과 귀납적 추론을 모두 언급한다.

주장을 내놓은 것을 우려했다. 뉴턴은 이런 비평가들에게, 비록 인력 개념이 허용되지 않은 것이라 해도, 또 지금은 만유인력의 원인과 작용 방식을 이해하지 못해도, 이론 역학과 천체 역학이 함께 전진하는 것은 유익하다고 말하려는 것 같다. 이런 목적에 비추어 보면 중력이 수많은 현상을 설명하는 것으로 "충분"하며, 이에 따라 이론 역학과 천체 역학의 주제를 확대하고 더 나아가 인력의 형태와 다양성을 연구하는 새로운 과학 분야를 탐구하기 위해 중력 개념을 정당하게 사용할 수 있다. 이렇게 연구하면서 새로운 현상을 계속 찾아 나가다 보면 중력의 원인이나 작용 원리를 설명할 방법을 발견할 수도 있다. 뉴턴은 실증주의자가 아니었다. 그가 말한 "satis est"는 원인을 몰라도 상관없다는 의미가 아니었다. 그는 원인과 작용 원리를 찾기 위해 이렇게 유용한 개념의 응용을 중단해서는 안 된다고 믿었다.

일반 주해의 메시지를 이런 식으로 해석하는 것이 정확하다는 것은 마지막 문단을 보면 확인이 된다. 뉴턴은 이 문단에서 만유인력의 원인과 작용 방식의 문제를 조명할 수 있는 새로운 연구 방향을 직접 보여주고 있다. 어느 정도 성과를 기대해 볼 만한 이 연구 주제에는 뉴턴이 생각했던 "대단히 미묘한 영spirit"의 성질과 법칙이 포함되어 있다.[11] 이 "영"을 설명한 문단에서 뉴턴은 이와 관련된 여러 현상을 나열하지만, 중력은 포함되지 않았다. 아마도 당시 뉴턴은 영이 중력과 어떤 식으로든 관련이 있다고 넌지시—암시로, 또는 맥락으로—힌트를 주는 이상은 감당할 준비가 안 되어 있었던 것 같다. 아니면 그저 원인과 작용 방식의 근본적인 문제를 조명할 새로운 연구 분야가 항상 존재한다고 주장했을 수도 있다. 뉴턴이 쓴 여러 원고를 보면, 당시 그가 중력 작용이 설명되기를 바라며 동원한 방법은 오늘날 '전기'라는 새로운 분야의 연구에서 찾아볼 수 있음을 알 수 있다.[12] 이러한 유용한 연구 분야 제안은, 앞으로 보게 되겠지만(아래 §9.3에서), 미래를 위한 연구 계획을 선언한다는 점에서 『광학』 마지막 부분의 연구 제안과 비슷하다.

9.3 뉴턴의 "전기적" 영과 "탄성적" 영

일반 주해의 마지막 문단에서는 "스피리투스spiritus" 개념을 소개한다. 일반 주해의 결론에서 언급한 "영"이 무엇을 의미하는지는 미적분 발명의 우선권에 대하여 뉴턴이 왕립학회의 보고서 『서신 교환』에 발표한 「서평」의 초안 원고를 보면 이해할 수 있을 것이다.[13] 이 원고에서 뉴턴은 특히 "영"을 설명하는 데 공을 들이고 있다. 그의 설명에 따르면, 이것은 "물체 안에 잠재된 미묘한 영 또는 동인agent으로서,

---

11   이 "영"은 아래 §9.3, 9.4에서 논의한다.

12   언뜻 보면 이 마지막 문단은 뉴턴 스스로 가설에 대한 경고를 어긴 것처럼 보이지만, 나의 재구성을 통해 뉴턴이 이 문단을 도입한 이유를 잘 설명해 주리라 믿는다.

13   위 §5.8, n.25 참고.

전기적 인력과 수많은 다른 현상을 수행할 수 있는 것"이다.[14] 원고의 내용을 보면, 그의 비평가들은 ("『학술기요』의 편집자들") "만일 이 동인이 데카르트 주의자들이 말하는 '미묘한 물질'이 아니라면 하찮은 것으로 간주될 것"이라고 주장했다. 뉴턴은 이 주제를 "실험으로 조사"해야 한다고 믿었던 반면, "이 신사들"은 "전기적 인력이 작동하는 동인, 빛이 반사 및 굴절되며 방출되도록 하는 동인, 우리의 감각이 작동하여 이것이 하나의 같은 동인인지 판단하게 하는 동인에 대하여 섣불리 성질과 효과를 조사하려 들지 말고, 먼저 이 동인이 무엇인지 가설로 설명해야 한다"고 주장했다. 다시 말해 그들은 "실험철학은 가설을 확립하기 전까지는 실험을 통해 추구해서는 안 된다"고 믿는 것이다.[15] 뉴턴은 여기에 덧붙여서, "그리고 이 간접적인 관행에 의해 그들은[**삭제** 표시 되었다] 뉴턴 씨가 미분 방법을 발견할 수 없었다고 믿었을 것"이라고 썼다. 이어지는 내용에서 뉴턴은 그들의 과학적 관행과 미적분을 사용한 내용을 비교하고 대조함으로써 라이프니츠를 비판한다.

> 라이프니츠 씨는 평생동안 무언가를 증명하기 위해 새로운 실험을 구상한 적이 없다. (…) 뉴턴 씨는 다수의 새로운 실험을 통해 빛과 색에 관한 많은 것을 발견하고 증명했으며, 이로써 흔들리지 않는 새 이론을 정립했다. (…) 뉴턴 씨는 기하학에 적용되는 무한소 해석으로 하늘의 이론을 확립하였고, 라이프니츠 씨는 「천체 운동의 원인에 대한 연구Tentamen de Motuum Coelestium causis」에서 그를 흉내 내보려 했지만, 이러한 해석에 능숙하지 못한 탓에 성공하지 못했다.

또 다른 초안에서, 뉴턴은 『학술기요』의 편집자들이 "뉴턴 씨는 중력의 원인이 기계적인 것임을 부인한다"라고 했던 것과, 뉴턴 씨가 "물체의 공극에 스민 미묘한 영(아마도 헨리 모어 박사의 힐라르티크Hylarctick 원리와 같은 것)에 대한 새로운 가설을 세우고 있으며, 이 영이 데카르트 지지자들이 말하는 에테르나 미묘한 물질이 아닌 이상 가설 이상의 가치를 갖지 못할 것 같다"고 말한 것을 두고 그들을 비난하고 있다.[16] 그리고 이에 대한 답으로, 뉴턴은 "중력의 원인이 기계적이라는 것을 부인한 내용이 어디에도 없으며, 미묘한 영이 물질인지 무형의 것인지를 확증한 적도 없고, 그 원인에 대해 어떠한 견해도 발언한 적이 없다"고 말한다.

이어지는 내용은 다음과 같다. "(최근 왕립학회에 혹스비 씨가 보고한) 실험에 따르면, 물체는 아주 작은 거리만큼 서로를 끌어당기는데, 이는 그가 말한 인력의 의미에 해당하는 것이다." 그리고 뉴턴의

---

14   ULC MS Add. 3968, fol. 586v.

15   이 문단은 뉴턴이 직접 삭제 표시를 했다.

16   ULC MS Add. 3968, sec.41, fol.125. 〔힐라르티크(Hylarctick)는 헨리 모어 박사의 『컨젝투라 카발리스티카(Conjectura Cabbalistica)』에 나오는 개념으로서, 뉴턴의 연구에 적지 않은 영향을 주었던 것으로 추측된다. 프랑크 린하르트 박사는 뉴턴이 물리학에 신을 도입하는 방법을 찾는 과정에서 이 개념에 도움을 받았을 가능성을 제시하였다. Frank Linhard. *Newtons Spirits und der Leibnizsche*를 참고할 것—옮긴이〕

글에 따르면, 혹스비는 더 나아가 "이 인력과 전기적 인력이 하나의 동인에 의해 일어날 수 있으며, 물체는 아주 작은 거리에서는 마찰 없이 서로를 지속적으로 끌어당기고, 인력은 마찰에 의해 먼 거리까지 확장될 수 있다고 생각하고 있다. 혹스비는 이 동인을 미묘한 영이라고 부른다." 그런 다음 이렇게 덧붙였다. "그러나 혹스비는 이 동인 또는 영이 무엇인지, 그리고 그것이 작용하는 법칙은 무엇인지는 실험을 통해 결정해야 한다고 여지를 남겨두었다."

삭제 표시한 단락에서는, 혹스비가 "왕립학회에서 직접 실험을 통해 이 동인 또는 영이 충분히 동요되면 빛을 발하고, 이 빛이 그로부터 약간 떨어진 물체의 가장자리를 지나면 굴절된다는 것을 보여주었다"고 덧붙였다. 이 실험을 통해 얻은 결론으로, 뉴턴은 『프린키피아』의 마지막 부분에서 빛과 이 영이 상호적으로 작용하여 열, 반사, 굴절, 회절, 상像을 일으킬 수 있다는 것을 서술하고, 만일 이 영이 빛으로부터 인상을 받고 이를 감각sensiorium으로 전달할 수 있는지, 인간이 보고 생각하는 기질에 작용할 수 있는지, 그리고 이 기질이 영과 상호작용하여 동물적인 움직임을 일으킬 수 있는지를 제시하였다." 그러나 뉴턴은 이런 것들을 "지금은 간단히 언급만 하고 이후 실험을 통해 더 자세히 조사하도록 남겨둔다"고 결론을 내렸다.[17]

또 다른 버전의 초안에서, 뉴턴은 자신의 논리 과정을 명백하고 직설적인 태도로 제시했다. "『학술기요』의 편집자들"이 "『프린키피아』의 마지막에 대단히 미묘한 영의 작용에 대한 가설을 실은 것"에 대해 그를 비난했다고 언급한 후, 뉴턴은 그 내용이 "가설로서 제안한 것이 아니라, 편견 없는 독자들이 그의 의도에 따라 의문을 품도록 하기 위한 것이었다"고 주장했다. 그리고 다음과 같이 설명했다.

그는 원인에 구애받지 않고 중력의 법칙, 힘 그리고 효과를 보여주고 그로부터 우주의 계 안의 거대한 물체들[초안에서는 행성, 분점, 혜성, 그리고 바다]의 모든 운동을 추론한 후에, 혹시 물체의 작은 부분들 사이에 종류가 다른 인력이 있어 이 인력이 수많은 현상을 일으키는 것이 아닐까 하는 의심을 간단히 표현했다. 이 내용은 실험의 부족으로 인해 지금으로부터 시간과 기술을 충분히 가진 이들에게 과제로 넘겨졌고, 이러한 인력이 영 또는 동인으로서 작용하여 발생할 가능성이 있는 주요 현상 두세 가지를 언급한 것은 앞으로 이를 연구할 이들에게 약간의 빛을 비추어 주기 위함이었다. 그는 친구들에게 연구의 바탕이 될 만한 현상은 충분하지만 인력 법칙을 결정할 만큼은 아직 충분하지 않다고 늘 말해왔다.[18]

---

17 또 다른 삭제된 문장, ULC MS Add. 3968, sec. 41, fol. 26에서는 위 n.16에서 인용된 문장과 단어 사용이 조금 다른 버전이 포함되어 있다. 이 원고는 혹스비가 "왕립학회 앞에서" 수행한 실험을 언급하며 마무리된다. 이 실험에서는 "전기를 띤 물체가 문지르지도 않았는데 짧은 거리에서 서로를 끌어당기는 것"을 보여주었다고 뉴턴은 말했다. 그는 "이 인력이 발생하는 동인"을 "미묘한 영"이라고 부른다.

18 ULC MS Add. 3968, fol.586.

뉴턴의 말을 그대로 받아들인다면, 이 마지막 문단은 현재까지 알려진 지식을 설명하고 혹스비의 전기 실험 결과에 대한 자신의 의견을 표하려는 의도로 쓴 것이었다.[19] 그런 다음 뉴턴은 그 자신과 다른 자연철학자들을 위해 이 "영"이 작동하는 법칙을 발견하기 위한 연구 계획을 선언했다. 이런 의미에서 일반 주해의 마지막 문단은 연구 계획으로서 『광학』의 결론에 나오는 '질문들', 특히 1706년 라틴어판에 추가된 질문들과 목적이 같다. 그리고 사실상 『광학』의 마지막 질문들과 일반 주해의 마지막 문단의 주제들 일부는 밀접한 상관관계가 발견되며, 특히 뉴턴의 「서평」 초안 원고에 기록된 주석 내용을 고려하면 더욱 그러하다.

마지막으로 2판 사본에 3판에 반영할 수정과 개정 내용을 기록한 메모가 추가된 사본을 보면, 뉴턴이 "영" 앞에 "전기적 그리고 탄성적"이라는 형용사로 구체적인 성질을 한정했음을 주목할 수 있다. 이 수정 내용은 3판에서 발견되지 않았지만 앤드류 모트에게는 전달되었고, 그는 이 단어들을 영어 번역본에 삽입했다. 뉴턴은 이후에 마지막 문단 전체를 삭제할 생각도 했었다. 그는 그 글이 더 이상 자신의 아이디어를 정확하게 담고 있다고 생각하지 않았다.

9.4 뉴턴의 "전기적, 탄성적" 영에 대한 주석: 전기에 대한 『프린키피아』의 결론

뉴턴은 『프린키피아』 2판을 위한 최종 개정 내용에 몰두하면서 이전에 한 번도 발표된 적 없던 결론을 작성했다. 이 글은 일반 주해의 결론에 해당하는 마지막 문단을 이해할 단서를 포함하고 있는데, 그 이유는 뉴턴이 상당한 분량을 할애해 마지막 문단의 주제인 "영"의 본질과 특성을 정교하게 다듬고 있기 때문이다. 뉴턴이 이 영을 논의한 원고는 이것 말고도 여러 편이 있다. 이중 일부는 (위 §9.3 참고) 『서신 교환』에 수록한 뉴턴의 리뷰와 관련되어 있다. 다른 문서는 뉴턴의 『광학』 관련 원고들 중에서 발견되는데, 이 컬렉션은 ULC MS Add. 3870, 특히 fols. 427, 599-604 영역에 포함되어 있다. 그리고 『프린키피아』의 원고 중 ULC MS Add. 3965, fols. 356-365에 혜성에 관한 내용과 일반 주해의 초안이 포함된 원고도 있다. 152번 폴리오에서는 혜성에 대한 논의 가운데 영에 관한 내용이 포함되어 있다. 『광학』 원고 중 일부는 전기가 논의된 뉴턴의 마지막 문제 22(2판)과 관련이 있고, 나머지는 다양한 물리 현상에 관련된 것들이다.

일반 주해의 초안에서(ULC MS Add. 3995, fols. 351-352, 루퍼트 홀과 마리 홀이 발표했다),[20] 뉴턴은 "아주 작은 입자들" 사이의 인력에 대해 자세한 내용은 설명하지 않고 간단한 개요만 제공하면서, 이 인

---

19 혹스비와 뉴턴에 관해서는, Henry Guerlac, *Essays and Papers on the History of Modern Science* (Baltimore and London: Johns Hopkins University Press, 1977), chap. 8 참고.

20 『Unpubl. Sci. Papers』, pp.361-362.

력이 "전기적인 유형"이라고만 언급한다. 그런 다음 "전기적 영"의 특징 몇 가지를 간단하게 나열한다. 이 글이 1962년 발표된 이후, 일반 주해의 마지막 문단에서 언급된 "영"은 전기라는 것이 분명해졌다.[21]

여기에 소개하는 문서(ULC MS Add. 3965, fols. 351-352; MS 3970, fols 602-604)는 『프린키피아』의 결론으로 제안된 문서의 마지막 부분이다. 이 글에서 『광학』(1704년 영어판, 1706년에 라틴어 판으로 개정)을 언급하고 있는 걸로 보아 작성 시기는 1704년과 일반 주해를 쓴 1712년 사이로 추정되고, 그 중에서도 후반부에 쓰였을 가능성이 높다. 문서의 대부분은 (뉴턴의 필기로) 깔끔하게 쓰여 있고, 줄을 그어 삭제하거나 단락을 다시 써 지저분해진 부분은 없지만, 가장 마지막 부분에는 다소 머뭇거린 흔적이 있다. 이 원고는 인쇄소에서 바로 인쇄할 수 있도록 신중하게 작성된 것이었다. 문서의 내용 대부분은 초판 3권 끝부분에 나오는 혜성에 관한 논의이다. 이 원고의 제목은 "Pag. 510, post finem adde", 즉 "[이 글을] 510 페이지 끝에 추가할 것"이다. 510페이지에는 초판 3권의 마지막 부분 또는 결론이 나오고 "FINIS"라는 표시가 되어 있다. 이 글이 사실상 『프린키피아』의 새로운 결론으로 계획되었다는 사실은 혜성에 대한 논의와 인쇄된 2, 3판에 나오는 혜성 관련 결론 부분이 단락마다 동일하다는 점에서 추가로 입증된다.

초판의 마지막은 3권 명제 42, "혜성이 발견될 경우, 혜성의 궤적을 수정하는 법"으로 끝난다. 이에 대한 방법은 세 가지로 제시되어 있고, 그다음으로 결론을 서술한 문단과 "Q.E.I"로 마무리된다. 2판과 3판에서는 그 뒤로 이 문제에 관한 몇 페이지 분량의 보충 글이 뒤따른다. 여기에는 1664년 혜성에 관한 표와 관측 내용, 1683년 나타났던 혜성과 1682년의 혜성에 대한 데이터와 표가 실려 있다. 3판에서는 1723년 혜성에 관한 표와 데이터가 추가되고, 이에 더하여 1607년, 1680년에 관측된 혜성과, 1572년의 혜성에 관한 논의도 포함되어 있다. 2판과 3판 모두에서, 뉴턴은 혜성의 꼬리가 "행성의 대기"로 떨어져 유입되고 "응축되고 물과 습한 영spirits으로 변환된다. 그런 다음—느리게 가열되어—서서히 염, 황, 팅크, 진흙, 뻘, 점토, 모래, 돌, 산호, 그리고 그 밖의 다른 토양성 물질로 형태를 바꾼다"는 논의로 마무리한다.

이 원고는 사실상 동일한 문서가 있다. 수기본에는 깔끔히 정리된 표도 들어가 있지만—인쇄본과 달리—혜성의 수증기 꼬리가 "토양성 물질"로 변한다는 논의로 결론 맺지 않는다. 이 "토양성 물질"에 대한 단락은(fols. 601v, 602r, 602v) 페이지 중간쯤에 나오고, 그 뒤에 곧바로 "영"에 대한 긴 논의로 바로 이어진다. 이 영은 뉴턴이 일반 주해의 마지막 문단에서 간단히 논의했던 바로 그 "영"이 분명하다. 해당 원고 내용은 본 9장 말미에 (영역본으로) 수록해 놓았다.

이 글 대부분은 이전의 혜성에 대한 논의처럼 뉴턴의 깔끔한 글씨로 작성되어 있고, 이로 미루어 보

---

21   뉴턴의 "전기 영"과 일반적인 "영"(그리고 "식물의 영"도)에 관한 고찰과 관련하여 추가적인 정보는 Dobbs, *Janus Faces* (위 §3.1, n.10)에서 확인할 수 있다.

아 뉴턴이 혜성에 대한 논의를 확장하여 2판의 새로운 결론으로 쓰기 위해 이 글을 작성했음을 알 수 있다. 그러나 맨 마지막 부분은 앞부분처럼 말끔하게 정돈되지 않고 짧은 문단 형태로 분리되어 있어, 뉴턴이 최종적으로 내용을 다듬고 완성하는 단계에 이르지 못했음을 보여준다. 분명히 뉴턴은 이후 "전기적 영"을 논하는 결론 부분을 싣지 않기로 결심했고, 이 부분을 일반 주해와 전기적 성질이 구체적으로 확인되지 않은 "영"에 대한 논의를 담은 부록으로 대체하기로 했다. 앞에서 보았듯이, 이후 뉴턴은 3판에서 이 "영"을 "전기적 그리고 탄성적"으로 구체화하는 내용을 추가할 계획이었지만, 결국 마지막 문단을 아예 삭제하기로 결심했다.

독자들은 2판 초안의 결론이 여러 측면에서 일반 주해와 다르다는 것을 보게 될 것이다. 이 글에는 일반 주해의 서두에 나오는 소용돌이 가설을 반대하는 주장도 없고, "지적이고 전능한 존재의 설계와 지배 없이는 생겨날 수 없었을" 세상의 체계와 우아한 설계에 대한 내용도 전혀 없다. 이 초안에는 신성한 창조주에 대한 언급이 없고, 따라서 신의 속성에 관한 논의도 없다. 일반 주해에서 이 확인되지 않은 "영"을 설명하는 단 하나의 짧은 단락에는 초안에서 서술했던 다양한 실험 증거에 대한 내용이 단 한 줄도 포함되어 있지 않고, 심지어 초안에서 제시한 "전기적 영"의 여러 성질과 힘에 대한 언급도 없다. 일반 주해의 마지막 문단에서 뉴턴은 감각을 뇌에 전달하고 동물의 사지를 "의지의 명령"에 따라 움직이게 하는 "영"의 역할을 언급하는데, 이중 어느 것도 초안에는 나오지 않는다. 마지막으로, 초안에서 뉴턴은 세 종류의 인력—중력, 전기력, 자기력—을 비교 대조하는데, 이 역시 일반 주해에서는 다루지 않는 내용이다. 초안에는 자연철학과 관련된 가설에 대한 논의도 포함되어 있지 않다.

초기 원고에서 뉴턴은 혹스비가 행한 몇몇 실험에 크게 의존한다. 뉴턴이 사고를 발전시키는 과정에 혹스비의 실험이 미친 영향은 헨리 겔락의 연구를 통해 잘 알려졌다. 겔락은 특히 『광학』의 질문들에서 드러난 아이디어에 혹스비가 어떤 영향을 미쳤는지를 집중적으로 연구했다.[22] 뉴턴의 인력 아이디어의 관점에서 고려할 때, 혹스비의 실험은 크게 두 부류로 나뉜다. 하나는 전기 실험으로, 뉴턴은 이 실험을 통해 "전기적 영"과 "탄성"의 존재를 확신하게 되었다. 주요 실험 중 하나는, 틀 안에 자전하는 진공 구체(즉 부분적으로 공기를 제거한 구체)가 있고 실험자가 이 구체에 손을 대는 것이었다. 이때 글로glow가 형성되는 것이 보였다. 전기를 띤 상태로 자전하는 구체 근처에 특정 물체를 두면, 그 물체 역시 환한 빛과 함께 글로 즉 광선을 내뿜는다. 이 실험은 전기적 "영"의 존재를 확증했을 뿐 아니라 여러 성질도 함께 드러냈다.

두 번째 실험은 전기와 직접적인 관련은 없었지만, 뉴턴은 —초안의 내용에서 확인되듯—이것 역시 전기적 영의 관점에서 해석했다. 이 실험은 모세관 현상에 관한 것이었다. 혹스비는 모세관 안에서

---

22   Guerlac, *Essays and Papers*, chap. 8, "Francis Hauksbee: Expérimentateur au profit de Newton" (1963); Chap. 9, "Newton's Optical Aether: His Draft of a Proposed Addition to His *Opticks*"(1967).

상승하는 유체를 연구했고, 관 벽의 두께가 상승하는 높이에 아무 영향도 주지 않는다는 것을 확인했다. 그리고 수직 방향에 대하여 다양한 각도로 고정된 관과 다양한 유체를 가지고 실험을 수행했다. 아마도 그의 실험 중 가장 유명한 것은 진공 처리된 병 안에서의 모세관 상승이 공기가 가득한 환경과 정확히 동일하다는 것을 입증한 실험일 것이다. 또 다른 실험에서는, 광을 낸 평평한 유리판과 다른 재질의 판으로 한쪽 가장자리를 맞대고 아주 작은 각을 이루게 한 후, 판 사이에서 유체가 상승하는 효과를 연구했다. 뉴턴은 이 실험들을 전기 실험에서 관측된 현상들의 원인인 "영"이 작용한 효과로 해석했다.[23]

이 초안에서 뉴턴이 몇 가지 다른 유형의 현상의 원인으로 전기적 "영"을 지목하고 그 가능성을 가늠하는 것이 눈에 띈다. 뉴턴은 "아주 가까이에 있는 유리는 마찰이 없이도 언제나 전기력을 풍부하게 띠고 있으므로, 유리 전체에 전기적 영이 풍부한 것이고, 이 영은 엷은 대기로서 물체를 항상 감싸고" 있다고 썼고, 이 영이 마찰로 인해 동요된다고 확신했다. 그리고 이 "전기적 영"은 "빛을 방출"하기도 한다. 뉴턴은 빛이 "반사되거나 굴절"되는 방식도 "유리 안에 감춰진 어떤 영의 작용"을 원인으로 여겼고, 이 영은 "물체와 전혀 접촉하지 않고도" 빛줄기가 "물체의 근처에서 굴절되도록" 할 수 있다고 여겼다. 그는 빛줄기가 "물체 근처에 있는 어떤 떨리는 영에 의해 동요되고" "더욱이 이 영은 위에서 말한 내용으로부터 분명 전기적 유형의 영"이라고 믿었다.[24] 그는 "동물의 몸체, 식물, 광물의 발효와 소화, 합성"을 간략히 설명하며 결론을 맺는다. 마지막 내용으로부터 독자들은 만일 이 영의 작용을 더 많이 알 수 있다면, 인력의 본질과 중력의 작용을 더 일반적으로, 자세히 이해할 수 있으리라는 인상을 받는다.

『프린키피아』 2판이 나오고 약 4년 후에 뉴턴은 『광학』 2판(London, 1718)을 발표했다. 이 책에서 그는 "에테르 매질"의 성질과 효과를 탐구한다. 여기에서 말하는 에테르 매질은 뉴턴이 이전에 거부했던 데카르트의 에테르 또는 조밀한 에테르와는 다소 다른 개체다. 이 에테르 매질이 전기적 영과 동일한 것인지 아닌지 대해서는 학자들의 판단이 엇갈린다.[25] 이 문제로 인해 학계의 견해가 첨예하게 맞선다.

---

23 『광학』 끝부분의 문제에 익숙한 독자들은 『광학』에서 뉴턴이 제시한 내용과 초안에서 혹스비의 전기 및 모세관 실험을 설명한 내용이 비슷하다는 것을 알아챌 것이다.

24 뉴턴의 "영"에 대한 이런 생각들은 이후 "에테르 매질"의 작용으로 변환되어 『광학』의 문제들로 발전되었다.

25 예를 들면 다음을 참고할 것. R.W. Home, "Force, Electricity, and the Powers of Living Matter in Newton's Mature Philosophy of Nature", in *Religion, Science, and Worldview: Essays in Honor of Richard S. Westfall*, ed. Margaret J. Osler와 Paul Lawrence Farber (Cmabridge and New York: Cambridge University PRess, 1985), pp.95-107; J.E. McGuire, "Force, Active Principles, and Newton's Invisible Realm", *Ambix* 15 (1968): 154-208, 특히 176; R.W. Home, "Newton on Electricity and the Aether", in *Contemporary Newtonian Research*, ed. Z. Bechler (Dordrecht: D. Reidel Publishing Co., 1982), pp.191-214. 또한 『Never at Rest』와 Dobbs, *Janus Faces*의 여러 곳을 참고하자.
　　뉴턴의 전기 효과 연구에 대해서는 특히 Maurizio Mamiani, "Newton e i fenomeni della vita", *Nuncius: Annali di storia della scienza* 6 (1991): 69-77에 중요한 내용이 추가 연구와 함께 (pp.78-87) 제시되어 있다. 이 추가 연구는 뉴턴의 두 편의 글, "De Motu et Sensatione Animalium" 그리고 "De Vita & Morte Vegetabili"로 구성되어 있으며 편집자 Emanuela Trucco의 해설도 추가되어 있다(pp.87-96). 마미아니의 해석에 따르면, 이 글의 일차적인 특징은 다양한 현상의 동인으로서 전기 작용을 논하는 부분인데, 그중 일부는 『광학』의 문제들에서 논의된 현상과 비슷하다.

그러나 여기에서 주력하는 부분은 영과 힘에 대한 뉴턴의 고찰을 속속들이 알려는 것이 아니라, 뉴턴이『프린키피아』최종판의 결론이 되는 일반 주해를 쓸 때 무엇을 생각하고 있었는가를 이해하려는 것이다. 이 책에 수록한 결론 초안에서 명백하게 보여주듯이, 또한 A. 루퍼트 홀과 마리 보아스 홀이 발표한 논문에서도 확인할 수 있듯이, 뉴턴이 말하는 "영"은 "전기적 영"이고, 혹스비의 실험을 통해 그 성질을 확인한 것이었다.

초안을 보면 뉴턴이 생각하는 "전기적 영"의 존재는 실험을 통해 입지가 상당히 강화되었지만, 여전히 가설에 불과했다는 점은 분명하다. 출간된 책에서도 인정하고 있지만, "이러한 영의 작용을 지배하는 법칙"은 아직 정확하게 증명되지 않았다. 따라서 독자들은 뉴턴이 이 문단을 삽입한 이유가 무엇인지 매우 혼란스러워했다(그 혼란은 지금까지도 이어진다). 특히 이 문단이 뉴턴의 대담한 선언, "나는 가설을 꾸미지 않는다" 바로 뒤에 이어지는 것이라 더욱 그렇다! 나는 뉴턴이 애초에 이 문단을 삽입한 이유보다 왜 3판에서 이 초안을 싣지 않기로 결심했는지 그 이유를 더 쉽게 이해할 수 있을 것이라 생각한다.

라틴어로 쓰인 프린키피아 결론부 초안의 번역본

나는 지금까지 무거움의 힘, 성질 그리고 효과를 설명했다. 현상을 통해 전기와 자기의 인력 역시 존재한다는 것은 자명하다. 그러나 이러한 [인력의] 법칙은 중력의 법칙과는 매우 다르다. 전기나 자기의 인력은 더하거나 덜해질 수도 있다. 반면 중력은 더해지거나 덜해지지 않는다. 자기와 전기는 가끔은 끌어당기고 가끔은 밀친다. 반면 중력은 언제나 끌어당긴다. 두 힘은 가까운 거리에서 작용하고 중력은 대단히 먼 거리에서 작용한다. 자기력은 접촉하여 힘을 전달한다. 다른 힘들은 그렇지 않다. 모든 물체는 물질의 양에 비례한 만큼 무거움을 갖는다[즉 끌어당겨진다]. 대부분의 물체는 전기를 띤다. 쇠로 된 물체만이 자성을 띠지만, 물질의 양에는 비례하지 않는다. 중력은 중간에 물체를 삽입해도 전혀 방해를 받지 않는다. 전기력은 방해를 받고 크기가 감소한다. 자기력은 차가운 비非 철 물체가 끼어들어도 전혀 방해받지 않지만, 동요된 물체가 끼어들면 방해를 받으며, 이렇게 끼어든 철제 물체를 통해[문자 그대로, 철로 된 물체의 삽입을 통해] 전파된다. 중력은 마찰에 의해 변하지 않는다. 철은 문지르거나 두드려서 부분적으로 동요하며, 자석으로부터 자기의 성질을 기꺼이 받아들인다. 전기를 충분히 띤 물체의 전기력은 마찰에 의해 크게 발현된다. 전기적 영이 문지른 물체에서 방출되어 멀리 뻗어나가기 때문이다. 그리고 이런 영은 다양한 동요에 비례해서 깃털이나 종이 조각, 또는 금박 같은 작고 가벼운 물체를 여러 방식으로 움직이는데, 때로는 (곡선을 따라) 끌어당기고 또 어떨 때는 밀어내고, 또 어떨 때는 [일종의] 바람처럼 소용돌이치며 [약간의 물질을] 낚아챈다.

이러한 영은 물체로부터 방출되기도 한다(호박금[엘렉트럼]과 금강석[즉 가장 단단한 물질, 다이아몬드]에서 방출되듯이). 이때에는 마찰 없이 열만 방출되며, 작고 가벼운 물체를 끌어당긴다.

더 나아가, 이 영은 마찰과 열이 없이도 전기를 띤 물체 가까이에 있는 물체를 끊임없이 끌어당기며, 가느다란 유리관의 밑바닥에 고여 있는 액체를 끌어올리기도 한다. 이때 이 유리관이 공기 중에 있거나 진공 중에 있거나 상관없이 정확히 같은 방식으로 작용한다. 그리고 관의 내부 지름이 작을수록 액체는 더 높이 올라간다. 그리고 잘 닦은 동일한 유리판 두 개를 수평선에 수직인 한쪽 끝에서 만나게 하고 두 유리판의 하단부를 흐르지 않은 액체에 담근 후 아주 작은 각도, 이를테면 10′, 20′ 또는 40′를 이루도록 벌리면, 액체는 두 유리판 사이로 상승한다. 간격이 좁을수록 액체는 더 높이 상승하며, 이때 수면의 상부는 직각쌍곡선의 형태를 띤다. 그 점근선 중 하나는 두 유리판의 가운데 선과 나란하고, 다른 하나는 고인 액체의 수면과 일치한다. 그리고 유리판이 수평면에 대하여 기울어져 있으면 쌍곡선은 비스듬한 각도를 갖게 될 것이며, 점근선들은 언제나 유리판의 중앙과 고인 물의 표면 위에 놓이게 된다. 더 나아가, 유리판 중 하나를 수평과 평행하게 놓고, 한쪽 끝에 오렌지오일이나 테레빈오일을 한 방울 떨어뜨리고 다른 유리판을 그 위에 두어 한쪽 끝이 기름방울에 닿게 하고 반대쪽 끝이 아래쪽 유리판과 닿도록 하면, 유리에 의해 끌어 당겨진 기름방울은―처음에는 느리게, 갈수록 가속되면서―유리판 중앙을 향해 움직이게 된다. 그러는 동안, 유리판의 중앙이 약간 올라가면 기름방울도 같은 [중앙으로] 더 느리게 상승한다. 유리판이 더 높이 올라가면 기름방울은 그 자신의 무거움의 힘과 유리의 끌어당기는 힘이 평형을 이루면서 멈추게 될 것이다. 유리의 중앙이 좀 더 상승하면, 기름방울은 경로를 바꾸어 하강하게 된다. 기름방울의 무거움이 유리의 끌어당기는 힘을 압도한 것이다. 이 같은 현상은 공기 중에서와 진공 중에서 정확히 동일하게 일어난다. 첫 번째 실험은 테일러 씨가, 두 번째 실험은 혹스비 씨가 발견한 것이며, 두 실험 모두 왕립학회에서 시연되었다. 두 유리판의 폭이 대략 3인치, 길이가 20인치쯤이고, 한쪽 끝은 맞닿아 있고 다른 쪽은 16분의 1인치쯤 떨어져 있을 때, 기름방울은 아래쪽 유리판이 수평선에 대하여 각각 0°15′, 0°25′, 0°35′, 0°45′, 1°, 1°45′, 2°45′, 4°, 6°, 10°, 22° 기울어져 있을 때, 유리 중앙으로부터 18, 16, 14, 12, 10, 8, 6, 5, 4, 3, 2인치 거리에서 평형을 이루고 멈추었다. 유리판 중앙에서 3인치와 2인치 사이에 있을 때, 기름방울은 계란형과 장방형을 거쳐 길게 늘어지다가 두 방울로 나뉘었다. 이중 하나는 자체 무게가 인력을 극복하고 아래로 내려갔다. 다른 하나는 매우 빠르고 큰 가속 운동을 하며, 끌어당기는 힘에 의해 유리판 중앙 쪽으로 상승했다.

이 실험들을 통해 아주 가까이에 있는 유리는 마찰이 없이도 언제나 전기력을 풍부하게 띠고 있으므로, 유리 전체에 전기적 영이 풍부한 것이고, 이 영은 엷은 대기로서 물체를 항상 감싸고 있지만, 마찰에 의해 동요되지 않는 한 공기 중으로 멀리 퍼지지는 않는다는 사실이 분명해졌다. 이는 다른 전기를 띤 물체에서도 동일하게 적용된다.

또한 이 힘은 유리 표면에서 가장 강력하다는 점도 분명하다. 가장 최근의 실험에서, 끌어당기는 힘은 유리판 중앙에서 오렌지오일 방울까지의 거리 제곱에 거의 반비례한 비로[즉 거리 제곱의 역수에 비례하게] 나타나는 것으로 밝혀졌다. 그리고 이 거리가 겨우 2인치였을 때는, 어느 쪽이든 유리판을 향해 방울을 끌어당기는 힘 대 그 무게의 힘은 (내가 정확하게 계산했다면) 약 120 대 1이었다. 두 유리판을 향하는 수직 방향의 인력 대 유리판의 중앙을 향하는 인력의 비는 20 대 $\frac{1}{32}$와 같았으며, 이 인력은 옆의 유리면을 따라 내려오는 기름방울의 무게의 힘과 같았고, 이 힘과 수평을 향하는 전체 무게의 비는 약 3 대 8이었다. 그리고 계산을 해 보면, 유리판을 향하는 수직 인력과 수평을 향하는 무게의 비는 240 대 1이었고, 유리판 중 하나를 향한 수직 인력과 수평을 향하는 무게의 비는 120 대 1이었다. 이 경우 기름방울의 폭을 $\frac{1}{3}$인치라 하면 그 무게는 $\frac{1}{7}$그레인(0.0648 그램)이며 유리를 향하는 인력 대 1그레인의 무게의 비는 120 대 7 또는 대략 14 대 1이 될 것이다. 더 나아가, 만일 기름방울의 두께가 100만 분의 1로 더 작고, 그 폭이 천 배 더 크면, 총 인력은―이제는 (앞서 말한 실험에 따라) 대략 감소한 두께의 제곱비로 증가하게 되는데―140,000,000,000,000그레인의 무게와 같아진다. 그리고 지름이 $\frac{1}{3}$인치인 원형 부분의 인력은 14,000,000그레인의 무게 또는 약 30,000온스, 즉 2,500파운드와 같다. 그리고 이 힘은 물체가 점착하기에 충분하다.

그리고 지구가 중심을 향하는 부분들의 무거움 때문에 구 모양을 유지하는 것처럼, 액체 방울도 그 자신을 향하는 부분들의 전기적 인력에 의해 지속적으로 구형을 유지하고 있다.

더 나아가 전기적 영이 전기를 띤 물체의 마찰을 통해 강하게 들뜨게 되면 빛을 발산한다. 공 모양의 유리병을 축을 중심으로 빠르게 회전시키고 손을 고정시킨 채 병의 표면을 문지르면, 문질러지는 곳에서 빛이 난다. 이는 마찰을 통해 방출하는 전기적 영의 동요 때문이다. 이 영은 발현된 후 재빠르게 빛을 잃는다. 그러나 병에서 0.25인치 그리고 간혹 0.5인치의 거리에 있는 움직이지 않는 물체에도 영향을 준다는 점을 감안하면, 병 주위 어디에서나 다시 빛을 발할 것이다. 그렇다면 이 영은, 충분히 동요되면 빛을 발하고, 지극히 뜨거운 물체에서도 빛을 발하며 그 결과 발산된 빛의 반작용을 받는다. 무엇이든 작용하는 것은 그 자체에 미치는 반작용을 받기 때문이다. 이는 모든 물체가 햇빛을 받아 성장하고, 충분히 데워지면 빛을 발한다는 사실을 통해서도 확인된다. 그리고 특정 형광체는 큰 물체로부터 열을 받지 않더라도 햇빛의 자극을 받아(또는 심지어 구름 빛만 받아도) 빛을 발한다. 물체와 빛 사이에는 전기적 영의 매개를 통한 작용과 반작용이 있다.

그런데 빛줄기를 방출할 수 있고 그 결과 빛줄기에 의해 동요될 수 있는 매질은, 같은 빛을 굴절,

회절, 반사시키고, 가끔은 중단시킬 수도 있다. 빛줄기를 구부리거나 멈추게 하는 작용은 그것을 방출하는 작용과 같은 종류이기 때문이다. 빛줄기에게 운동을 부여할 수 있는 것이 빛의 운동을 바꾸고, 운동을 강하게 또는 약하게 하거나 아예 운동을 앗아갈 수도 있다. 물체가 햇빛 안에서 따뜻하게 빛날 때, 빛줄기의 반사, 굴절, 정지의 반작용으로 열이 발생한다. 물체가 빛에 작용하지 않는 한 빛도 물체에 작용하지 않는다.

우리는 『광학』에서 빛이 두껍고 단단한 물체의 입자 위 단 하나의 점에서 부딪혀 반사하고 굴절하는 것이 아니라, 물체 안에 감춰진 영에 의해 조금씩 휘어진다는 것을 입증하였다. 유리를 통과하여 표면 위에 부딪히는 빛줄기는 일부 반사되고 일부 굴절하며, 유리가 진공 중에 놓여 있어도 마찬가지이다. 유리를 테레빈유, 아마씨유, 계피유, 사사프라스유와 같이 반사력이 큰 기름에 담그면, (진공 상태였다면 반사되었을) 빛은 유리에서 기름으로 거의 직선으로 통과하는데, 이때 유리 일부에 의해 반사되거나 굴절되지 않고—반사와 굴절이 멈춘 상태로—유리 전체를 곧장 통과한다. 그리고 (만일 기름이 없는 경우) 반사되거나 굴절되기 이전에 진공을 통과하므로, 진공 중에서는 유리의 인력을 통해 반사되거나 굴절된다. 즉 유리에 감춰진 어떤 영의 작용을 통해 유리를 빠져나와 짧은 거리만큼 진공으로 나아가고 다시 빛줄기를 유리로 끌어당긴다. 더 나아가, 빛줄기가 물체 근처에서, 또 물체에서 어느 정도 거리만큼 떨어져 있어 물체와 어떠한 접촉이 없을 때에도 굴절한다는 사실은 이미 현상을 통해 확인되었다. 빛은 사실상 구불구불하게 움직이며 물체에 접근하고, 굴절한 후 물체에서 멀어지는데, 이는 투명한 물체이거나 불투명한 물체이거나 상관없이 그러하다. 이런 이유로 빛줄기 역시 물체 근처의 어떤 떨리는 영에 의해 동요된다는 결론을 내릴 수 있다. 더욱이 이 영은 위에서 말한 내용으로부터 분명 전기적인 영이라고 확실히 말할 수 있다.

우리는 또한 『광학』에서, 가장 확실한 실험을 통해 물체에 부딪히는 빛줄기가 굴절 및 반사되는 매질에서 진동 운동을 유발한다는 점을 증명하였다. 그리고 이 진동은 빛 자체보다도 훨씬 더 짧고 빠르며, 빛줄기를 계속해서 뒤따르고 그보다 더 빨리 앞서 나감으로써 빛줄기의 가속과 지연을 연이어 일으킨다. 이로 인해 빛줄기는 무수히 많은 동일한 거리 간격 동안 쉽게 반사하고 전파할 수 있도록 노출된다. 소리는 공기의 진동 간격을 통해 생성되는데 이 간격은 1피트를 넘는다. 그러나 이 영의 진동 간격은(이제 이 영은 전기인 것으로 밝혀졌다) 10만분의 1인치보다도 짧다. 따라서 이 영은 가장 미묘한 존재임이 틀림없다. 마찰을 통해 호박금을 충분히 동요시키기만 하면, 유리가 가로막고 있더라도 밀짚이나 가벼운 물체들이 호박금 쪽으로 당겨진다. 따라서 이 영은 유리 물체를 어떤 속도로도 쉽게 관통하여 전파됨을 알 수 있다. 한다. 또한 이 영의 진동은 빛 자체보다 빠르므로, 대단히 활동적이며 물체를 데우는 데 가장 적합하다는 점도 분명하다.

앞서 서술한 내용으로부터, 왜 따뜻하게 데워진 물체가 그 열을 아주 오랫동안 보존하는지도 이해할 수 있다. 단단한 물체 안에 응집해 있는 굵은 입자는 서로 밀접하게 접촉하며 거대한 무더기를 이루는 돌멩이들보다 운동을 수행하고 지속하는 데 더 불리하다. 그러나 모든 물체의 공극에 스며 있는 것으로 추정되는 전기적 영은 진동 운동을 대단히 쉽게 수용하고 이를 오랫동안 보존한다. 이 영은 묽은 유체에서도, 단단하고 조밀한 물체에서도 똑같이 진동 운동을 보존하는데, 그 이유는 이 영이 조밀한 물체 안에 더욱 풍부하고, 영의 진동은 균일한 전체 영을 통해 물체 표면까지 전파되며, 거기에서 멈추는 것이 아니라 반사된 후 다시 전체를 통해 전파되고 반사되는 과정을 매우 자주 반복하기 때문이다.

또한 이런 이유로 물체의 열은 근접한 물체를 통해 매우 쉽고 빠르게 전파된다. 두 물체(뜨거운 물체와 차가운 물체) 안에 감춰진 전기적 영이 물체의 접촉을 통해 연속적으로 전달되면, 뜨거운 물체 안의 진동은 두 물체가 접한 표면에서 반사되지 않고 두 번째 물체의 영을 통해 연속적으로 전파될 것이기 때문이다.

또한 이런 이유로, 물체의 입자가 입자들 사이를 흘러다니는 정도가 쉬운지 어려운지에 따라, 물체는 이 영의 동요를 통해 부드러워지면서 연성을 띠거나 아니면 흐르는 상태가 되어 액체로 바뀌게 된다. 그리고 물, 기름, 알코올, 수은 같은 물질은 작은 동요를 통해, 밀랍, 수지[라틴어로는 "cebum"[26]], 송진, 비스무트, 양철 같은 물질은 더 큰 동요를 통해, 백점토, 돌, 구리, 은, 금 같은 물질은 매우 큰 동요를 통해, 흐르는 상태가 되어 액체 형태를 취하게 된다. 그리고 물체의 입자가 강하게 들러붙거나 쉽게 흩어지거나 하듯이, 일부 입자는 이 영의 동요를 거치며 재빠르게 증기와 연기로 변하는데, 이를테면 물, 알코올, 테레빈유, 염화암모늄 등이 그러하다. 이런 상태 변화가 조금 더 어려운 물질로는 기름, 황산염, 황, 수은 등이 있다. 가장 어려운 물질은 납, 구리, 철, 돌 같은 것이며, 최고로 센 불에서도 원래 형태를 유지하는 물질은 금이나 금강석 같은 것들이다.

같은 영의 작용을 통해, 어떤 물체 입자들은 서로 더 강하게 끌어당기고 어떤 것은 그보다 덜 강하게 끌어당기는데, 이로 인해 발효와 소화 과정을 거쳐 입자들이 다양하게 결합하고 분리될 수 있다. 특히 입자들이 느리게 가열될 경우에는 더욱 그러하다. 열은 어떠한 경우든 더 큰 인력으로 균질한 입자들을 모아 결합하고, 더 작은 인력으로 이질적 입자들을 분리한다. 그리고 이러한 작용을 통해 생명체는 자신과 유사한 영양소를 끌어당겨 영양을 섭취한다. 산성 입자와 열에 의해 산성을 잃은 고정된 입자들 사이에 가장 큰 인력이 존재한다. 이들로부터 작은 인력을 지닌 입자들이 합성되고, 합성된 입자들의 느린 발효와 연속적인 소화를 통해 동물의 몸체, 식물, 그리고 광물이 합성된다.[27]

---

26   "수지"에 해당하는 라틴어는 "sebum"이지만, "cebum"도 간간이 쓰이는 변형이며 바른 철자이다. (R.E. Latham, *Revised Medieval Latin Word-List*[London: Oxford University Press, 1965], p.427 참고.

27   이 결론 초안의 라틴어 원본과 실제 원고와 관련된 추가 정보는 매사추세츠 케임브리지 디브너 연구소의 번디 도서관에 소장되어 있다.

10장
『프린키피아』를 읽는 법

10.1 도움이 되는 해설과 참고서적; 『프린키피아』 독자들을 위한 뉴턴의 지침

아이작 뉴턴과 『프린키피아』에 관한 문헌은 그 규모가 엄청날 뿐 아니라 계속 늘고 있다. 그 수많은 책들 가운데 몇 권은 『프린키피아』의 수학적, 기술적 구조를 연구하려는 이들에게 첫 안내서로 특별히 추천할 만하다. 그런 책으로는 D.T. 화이트사이드의 『프린키피아』 이전에: 동역학적 천문학에 대한 뉴턴의 사상*Before the Principia: The Maturing of Newton's Thoughts on Dynamical Astronomy*』과 『뉴턴의 『프린키피아』의 바탕에 깔린 수학적 원리*The Mathematical Principles Underlying Newton's Principia*』(위 §1.2, 각주9) 그리고 커티스 윌슨의 『뉴턴의 성과』가 있다. 이중 『뉴턴의 성과』는 간략한 범위 내에서 동역학에 관한 뉴턴의 사고 발달 과정을 잘 요약해 보여주고 있으며, 『프린키피아』의 주요 천문학적 성과를 분석한다. 『프린키피아』를 진지하게 연구하는 학생들은 『프린키피아』 이전에 작성된 문서와 1권을 중점적으로 다룬 D.T. 화이트사이드의 기념비적인 선집, 『수학 논문들』과 그중에서도 특히 6권을 공부하면 좋다. 이 책의 내용 대부분은 『프린키피아』 1권의 초안 번역에 집중되어 있으며, 명제와 정의와 법칙 들의 수학적 주석과 해설이 함께 수록되어 있다.[1] 화이트사이드의 주석은 뉴턴의 아이디어와 방법의 기원, 이에 대한 당시 반응과 이후 활용에 대해 다루는 내용으로, 뉴턴의 수학과 과학에 관한 기본 안내서로 손색이 없다.

R.S. 웨스트폴의 기념비적인 전기 『아이작 뉴턴』은 뉴턴의 생애와 사상을 전반적으로 설명한다. 특

---

[1] 화이트사이드는 소논문 『운동에 관하여』, 1권 초안, 그리고 로크에게 보낸 증명 등을 담은 책도 편찬했다: Whiteside, *Preliminary Manuscripts for Isaac Newton's 1687 "Principia"* (위 §1.1, n.5).

히 문제를 해결하기 위한 뉴턴의 과학적 개념과 방법의 발전 과정을 상세히 제시하고 있다. 웨스트폴은 뉴턴의 물리와 수학에 대한 논의 외에도 다른 분야에서의 지적 활동, 이를테면 예언, 신학, 성서 연대학, 연금술 등의 연구를 중요하게 다루었다. 뉴턴의 생애와 사상을 이보다 조금 더 가볍게 다룬 책으로는, A. 루퍼트 홀이 쓴 『아이작 뉴턴: 생각의 모험가*Isaac Newton: Adventurer in Thought*』(위 §1.1, 각주 2)가 있다. 뉴턴의 과학과 수학의 발전 연대기와 과학적 성취를 요약한 내용으로 『과학 위인 사전 *Dictionary of Scientific Biography*』에 수록된 나의 논문을 참고하면 좋다. 데릭 그제르센의 『뉴턴 핸드북*The Newton Handbook*』(London and New York: Routledge and Kegan Paul, 1986)은 뉴턴의 사상과 최근 연구 동향을 안내하고 있다.

책으로서의 『프린키피아』의 역사, 즉 작성 단계, 1에서 3판까지의 출간 과정, 그에 대한 리뷰와 개정 과정에 관한 내용은 내가 쓴 『뉴턴의 '프린키피아' 개론』을 참고하자. 최초 인쇄 원고부터 3판까지 본문이 발전해온 과정은 우리가 편찬한 『프린키피아』 라틴어판(이문 포함)에 소개되어 있다. (위 §1.3, 각주 45)

헨리 로드 브로검과 E.J. 라우트가 쓴 『아이작 뉴턴 경의 '프린키피아'에 대한 해석적 견해』는 비록 여러 면에서 시대에 뒤떨어지긴 하지만, 수많은 난제를 다루는 방법이 읽을 가치가 있다. 또 다른 유용한 책으로는, 『프린키피아』의 증명을 확장하고 이해하기 쉽게 주석을 달아 설명하는 판본으로 이른바 "예수회" 판본이라고 알려진 책이다. 이 책은 예수회 사제인 토머스 르 쇠르와 프랑수아 자키에가 제작한 것이며(1739-1742, 1760, 1780-1785, 1822, 1833), 그중 최고의 에디션은 J.M.F. 라이트의 편집으로 글래스고에서 1822년과 1933년 출간된 버전이다. 라이트의 2권짜리 『뉴턴의 '프린키피아'에 관한 해설*Commentary on Newton's 'Principia'*』(1833, §5.4, 각주 17) 역시 유용하다. 마이클 마호니의 논문을 읽으면 1권의 주요 명제들의 증명에서 보이는 뉴턴의 수학적 방법을 깊이 있게 이해할 수 있을 것이다.[2]

『프린키피아』의 처음 세 섹션은 값진 해설과 함께 영문으로 번역된 버전이 많이 나와 있다. 그 초기작 중 하나이며 아마도 여전히 가장 값어치 있는 책으로 꼽히는 것이 존 클라크의 『아이작 뉴턴 경의 '자연철학의 원리' 중 주요 섹션의 증명*A Demonstration of Some of the Principal Sections of Sir Isaac Newton's 'Principles of Natural Philosophy'*』(1730, 위 §3.1, 각주 14 참고)이다. 그리고 19세기에 대학 교과서 용으로 제작된 책이 있는데(케임브리지와 옥스퍼드), T. 뉴턴(1805, 1825), 존 카(1821, 1825, 1826), J.M.F 라이트(1830), 존 해리슨 에반스(1834-1835, 1837, 1843, 1855, 1871), 윌리엄 휴얼(1838), 하비 굿윈(1846-1848, 1849, 1853, 1857, 1866), 조지 리 쿡(1850), 퍼시벌 프로스트(1854, 1863, 1878, 1880, 1883, 1900)가 제작자로 참여했다. 이중, P.T. 메인이 편찬한 에반스 5판과(1871), 프로스트의 이후

---

2   Michael Mahoney, "Algebraic vs. Geometric Techiniques in Newton's Determination of Planetary Orbits", in *Action and Reaction: Proceedings of a Symposium to Commemorate the Tercentenary of Newton's "Principia"*, ed. Paul Theerman and Adele F. Seeff (Newark: University of Delaware Press, 1993), pp.183-205.

판본이 특히 가치가 높다.[3] 프로스트 판에는 미적분과 역학적 응용에 관한 추가 설명을 실었고, 학생들을 위한 연습문제도 수록했다.[4]

러시아어를 읽을 수 있는 독자에게는 A.N 크릴로프가 번역한 『프린키피아』(1915-1916, 1936)를 적극 추천한다. 이 책은 특히 해설이 훌륭하다.[5] 라우스 볼의 『뉴턴의 '프린키피아'에 관한 에세이』는 『프린키피아』를 섹션 별, 명제 별로 잘 요약해 놓았다(6장).

도메니코 베르톨로니 멜리의 『동등성과 우선권: 뉴턴 대 라이프니츠*Equivalence and Priority: Newton versus Leibniz*』(Oxford: Clarendon Press, 1993)에 대해서는 특별히 소개할 내용이 더 있다. 이 책은—뉴턴과 라이프니츠에 관한 새로운 문서 자료에 더하여—『프린키피아』의 개념과 방법에 관한 수많은 중요한 고찰을 제시한다. 스페인어를 아는 독자들은 엘로이 라다 가르시아의 2권짜리 『자연 철학의 수학적 원리*Principios matemáticos de la filosofía natural*』(Madrid: Alianza Editorial, 1987)를 읽어보기를 추천한다. 이 책은 번역이 대단히 정확하며 자세한 해설과 주석이 매우 유용하다.

우리의 작업이 모두 끝난 후 출간되어 참고할 수 없었던 책 5권은, 오늘날 사용되는 수학 언어로 『프린키피아』의 전체 또는 일부를 서술하여 초심자도 뉴턴의 주장들을 상대적으로 쉽게 이해할 수 있도록 돕는다. 고故 S. 찬드라세카르의 『일반 독자를 위한 뉴턴의 "프린키피아"*Newton's "Principia" for the Common Reader*』(Oxford: Clarendon Press, 1995)는 세계에서 가장 중요한 천체물리학자 중 하나가 쓴 책으로, 근본적으로 역사적 내용을 참고하지 않는다. 제목과는 달리 이 책의 대상은 수학과 천체역학의 기본을 잘 이해하는 독자다. 찬드라세카르는 1권과 3권의 명제를 자신만의 방법으로 증명하고, 그런 다음 자신의 증명을 뉴턴의 증명과 비교했다. 그러나 독자들이 경계해야 하는 부분은, 역사 문제에 관한 찬드라세카르의 서술이 시대에 많이 뒤처져 있으며, 비평적 검증을 견디지 못할 과학자들의 논평에만 의지하여 (그리고 광범위하게 인용하여) 뉴턴을 연구하는 역사학자들 전체를 경멸하고 무시한다는 점이다. 찬드라세카르는 역사적 문헌만 조사했더라면 피할 수 있었을 오류를 여럿 범하고 있다. 이를테면 뉴턴이 1권 섹션 2를 개정한 날짜라든가, 제2 법칙을 표현한 형식을 틀리게 써 놓았고, 뉴턴의 "운동의 변화"(운동의 양 즉 운동량의 변화)를 "질량 × 가속"과 같은 개념으로 오해하고 있다. 뉴턴의 "수학적 원리"를 연구하면서 D.T. 화이트사이드의 기념비적인 선집 『수학 논문들』의 해설을 참고하지

---

3   이 책들은 일반적으로 두 부분으로 구성되어 있다. 첫 번째는 1권 섹션 1-3에 대한 설명이고, 두 번째는 프로스트 판의 경우 섹션 7 (명제 32, 36, 38)과 섹션 8(명제 40), 에반스와 메인 판은 섹션 9(명제 43-45)와 섹션 10(명제 57-60, 64, 66, 그리고 따름정리 1-17)을 집중적으로 다룬 보충 설명이 포함되어 있다. 이들 책 중 일부는 해설에서 미적분을 사용하는 경향이 있다. 이 책들의 본문과 해설은 목록으로 작성하여 우리가 편찬한 『프린키피아』 라틴어판 부록 8에 실었다(위 §1.3, n.45).

4   나는 앨프리드 노스 화이트헤드가 소유했던 프로스트 판을 소장하고 있는데, 책 안쪽에 "A.N. Whitehead/Trin. Coll./March '81" 이라고 적혀 있다. 연습문제에는 공부를 위한 메모가 표시되어 있다. 그중에 p.29의 문제 1번은, "보조정리 3의 경우를 예로 들어, 보조정리 1에서 사용된 'tempore quovis finite'와 'constanter tendunt ad aequalitatem'이라는 용어를 설명하라."이고, 문제 4번은, "직원뿔의 부피는 밑면과 높이가 같은 원기둥의 부피의 ⅓임을 증명하여라."이다.

5   나를 위해 크릴로프 번역본의 소중한 주석들을 번역해준 제자들, 리처드 코츠와 데니스 브레치나에게 감사의 마음을 전한다.

않았다는 것은 실로 놀라운 일이다.

『프린키피아』를 공부하는 학생들에게 새로 나온 J. 브루스 브래큰리지의『뉴턴 동역학의 핵심: 케플러 문제와 "프린키피아"*The Key to Newton's Dynamics: The Kepler Problem and the "Principia"*』(Berkeley, Los Angeles, London: University of California Press, 1995)는 매우 중요하다. 이 책에는 메리 앤 로시의 영문 번역도 함께 실려 있다. 브래큰리지의 주 관심사는『프린키피아』1권의 처음 세 섹션과 그에 앞선 소논문『운동에 관하여』이고, 그의 목표는 일반 독자 또는 공부를 시작하는 학생들이 미로 같은 증명들을 무사히 통과할 수 있도록 가이드 역할을 하는 것이다. 브래큰리지는 소논문『운동에 관하여』에서 출발해 일반적인 궤도 운동과 특별한 케플러 운동을 다루는 뉴턴의 방법 몇 가지를 독자들에게 소개한다. 그중에서도 특히 뉴턴의 곡률 방법을 강조한다. 이 설명은『프린키피아』초판 내용을 바탕으로 하고 있기 때문에, 초판 시작 부분에 (메리 앤 로시가 번역한) 번역문이 바로 등장한다.

데이나 덴스모어의『뉴턴의 '프린키피아': 중심 논증―번역, 주석, 확장된 증명*Newton's "Principia": The Central Argument ― Translations, Notes, and Expanded Proofs*』(Santa Fe, N.M.: Green Lion Press, 1995)는 지금까지 소개한 책들과는 완전히 다른 유의 책이다. 이 책에는 윌리엄 H. 도나휴의 번역과 그림이 실려 있고,『프린키피아』(3판) 1권과 3권의 발췌문이 번역, 수록되어 있다. 이 책에서 뉴턴의 증명과 지시는 두 가지 형태로 제시된다. 하나는 뉴턴의 언어를 그대로 사용해 몇 단계의 설명으로 제시하고, 다른 하나는 수학을 잘 모르는 독자나 학생이 이해하기 쉽게 풀어 쓴 형태로 되어 있다. 우아한 활자는 문장을 뚜렷하게 읽는 데 큰 도움이 된다. 이전에『프린키피아』를 소개한 수많은 책처럼(이를테면 18세기에 존 클라크가 쓴 책), 이 책도 1권의 정의, 법칙, 그리고 처음 세 섹션을 소개한 후 곧장 3권으로 건너뛴다. 독자들은 뉴턴의 간결한 작도와 증명에서 누락된 여러 단계와 가정을 설명해준 덴스모어에게 고마운 마음이 들 것이다. 또한 이 책에서는 유클리드와 아폴로니우스의 기하학 규칙, 방법, 과정도 상세히 설명하고 있는데, 이런 내용은 당연히 독자들이 알 것이라 가정하고 뉴턴이 생략했던 것들이다.

네 번째 책은 프랑수아 드 간트의『뉴턴의 '프린키피아'의 힘과 기하*Force and Geometry in Newton's "Principia"*』로, 커티스 윌슨이 번역했다(Princeton: Princeton University Press, 1995). 드 간트는『프린키피아』를 이해하는 데 중요한 세 가지 주제를 세운다. 즉,『운동에 관하여』(1684)의 개념과 방법,『프린키피아』가 나오기 전 뉴턴의 동시대 사람들과 이전 세대가 힘을 개념화하는 방식, 그리고『프린키피아』에서 뉴턴이 보여준 수학적 방법이다. 어찌 보면 이 책은 R.S. 웨스트폴의 고전『뉴턴 물리학의 힘*Force in Newton's Physics*』(New York: American Elsevier, 1971)을 보완해 주지만 완전히 대체하지는 못한다. 이 주제를 탐구하려는 이들에게는 여전히 웨스트폴의 책이 가장 일차적인 자료다.

다섯 번째 책은 프랑스어로만 볼 수 있는데, 미셸 블레이의 짧지만(119페이지 분량) 우아한『뉴턴의 "프린키피아"*Les "Principia" de Newton*』(Paris: Presses universitairesde France, 1995)이다. 블레이는 1권 처음 세 섹션의 원리와 방법을 설명하고, 원래의 방법과 미적분 알고리즘을 모두 동원하여 증명을 재해석한다. 저자의 특징인 간결하고 명료한 문체가 돋보이며, 뉴턴 시대의 지식과 철학적 문제를 모두 주의 깊게 다루고 있다.

독자들은 곧 출간될 조지 스미스의『뉴턴의 프린키피아 안내서』를 기다리고 있을 텐데, 이 책은 스미스가 터프츠 대학교의 대학원 세미나를 위해 준비했던 원고를 바탕으로 한 것이다. 이 책은『프린키피아』의 처음부터 끝까지 안내해 주고, 현대 과학에서 정보를 가져와 개념과 증명을 설명한다. 특히 주목할 특징은 2권을 일반적인 관점과는 다른 각도에서 조명하고 있다는 점이다. 이 책과 함께 마이클 나우엔버그의 출중한 저작에 대해서도 독자들에게 알리고 싶다. 그의 책은 안타깝게도 너무 늦게 출간되어서 이 해설서에서는 참고할 수 없었다. (위 §3.9 참고)

앞서도 언급했듯이(위 §8.1) 뉴턴은 3권의 서두에서『프린키피아』를 읽는 법을 명쾌하게 지시한다. 그의 지침은 "정의, 운동 법칙, 그리고 1권의 처음 세 섹션만 주의 깊게 읽"고 나서, "그런 다음 세상의 체계를 다룬 3권으로 넘어"오라는 것이다. 그리고 "본 책에서 언급하는 1권과 2권의 다른 명제들을 자유롭게 참고하면 될 것"이라고 권했다. 뉴턴은 1690년에 보일 강의록Boyle Lectures를 준비 중이던 리처드 벤틀리에게도 같은 충고를 전했다. 이 강의록에서 벤틀리는 자신의 목표인 '무신론'을 주장하기 위해 당시 막 출간된『프린키피아』를 근거로 논리를 발전시키고 있었다.[6]

뉴턴은 삽지를 끼워 넣은『프린키피아』2판의 개인 소장용 사본에 이 지침을 기록해 두었는데, 이는 분명히 3판을 위한 것이었다. 여기에는 다음과 같은 문장이 추가되어 있다. "수학을 배우지 않은 사람들도 명제들을 읽을 수 있고, 증명의 진실성에 대해서는 수학자에게 문의할 수 있다." 이 문장을 쓸 때 뉴턴이 철학자 존 로크를 생각하고 있었을 가능성이 있다. 뉴턴의 제자인 물리학자 J.T. 데사굴리에는 "위대한 로크 씨는 최초로 기하학의 도움 없이 뉴턴 철학자가 된 사람"이라고 기록했다. 그는 로크를 예로 들며『프린키피아』의 진실성이 "수학의 지지를 받지만, 그럼에도 이 책의 물리적 발견은 수학 없이도 소통될 수 있음"을 입증한다. 데사굴리에에 따르면(그는 이 이야기를 "아이작 뉴턴 경에게 직접 여러 번" 들었다고 기록했다) 로크는 크리스티안 하위헌스에게 "아이작 경의『프린키피아』에 있는 수학적 명제들이 모두 진실인지" 물었다고 한다. "로크는 명제들의 확실성을 믿을 수 있다는 말을 듣고, 명제들을 당연하게 받아들이고, 그로부터 발생하는 추론과 따름정리들을 주의 깊게 연구했다." 데사굴리에는 로크가 이런 식으로 "물리학의 달인이 되었고, 책에 포함된 위대한 발견들을 전적으로 확신하게 되었다"고 썼다.[7]

---

6   『Corresp.』, 3권; 우리가 편찬한 뉴턴의 *Papers*에 수록된 페리 밀러의 논문을 참고할 것 (위 §1.2, n.41).

7   『Introduction』, pp.147-148.

10.2 우리 번역의 몇 가지 특징: 도표에 대한 참고 사항

이 책의 번역은 『프린키피아』 3판, 즉 아이작 뉴턴이 승인한 최종 버전을 바탕으로 한다. 세 판본 (1687, 1713, 1726)의 본문들 사이의 주요한 차이는 주석으로 명시하였고, 1판 또는 2판의 인쇄된 본문과 3판 본문이 상당히 다를 경우 그 내용도 일부 번역했다. 그러나 우리가 편찬한 라틴어판(이문 포함)(1972)에 수록된 이문들을 전부 다시 싣거나 이문의 위치를 모두 표시하려는 시도는 하지 않았다. 특히, 뉴턴이 메모를 삽입하고 표시를 남겨둔 개인 소장용 사본에서 발생한 이문들도 특별한 의미가 있는 한두 경우를 제외하고는 번역하거나 언급하지 않았다. 간단히 말해서 이 책은 3판을 영어로 번역한 것이며, 다른 두 판본의 이문들 중 선택된 문헌과 영문판에 실린 일부 이문을 포함하고 있다. 다시 말해 이 책은 우리가 편찬한 라틴어판(이문 포함)의 완전한 번역본이(또는 대체본이) 아니다.

우리의 목표는 뉴턴이 쓴 『프린키피아』 본문을 원문의 문체와 형태를 최대한 그대로 유지하면서 단순한 영어 문장으로 번역하는 것이었다. 그러나 뉴턴의 라틴어 표현과 비슷하거나 정확히 같더라도 옛 말투가 되었거나 현대 독자들에게 낯선 영어 단어나 구절은 피하려 했다. 정리하자면, 우리는 17세기 책으로서의 『프린키피아』의 구조와 형태를 그대로 유지하되, 억지스럽지 않고 부자연스럽게 모방하지 않는, 원문과 거의 동일한 영어 번역서를 제작하기 위해 노력했다. 퇴고 마지막 단계에서(본 해설서의 서문에서 설명했듯이), 번역문 중 상당 부분을 모트의 번역본과 어느 정도 일치시켰는데, 이는 거의 300년 가까이 영어 독자들에게 표준으로 자리잡았던 모트의 번역서와 연속성을 유지하기 위해서였다.

『프린키피아』를 번역하는 번역자라면 직면하게 되는 여러 문제가 있다. (1) 현대 독자들이 당혹스러워할 옛 단어들, 이를테면 비를 논할 때 등장하는 "subsesquiplicate"[8] 또는 "subsesquialterate" 같은 단어가 자주 쓰이고 있다. (2) "divisim" 또는 "ex aequo perturbate"처럼 비율이 포함된 연산을 꾸준히 사용한다. (3) 비를 설명할 때 수식보다 산문 형태를 더 선호한다. (4) "맞변subtense"처럼 낯선 기술 용어를 자주 사용한다 (5) 지수를 올리는 표시법이 현대의 방식과 다르다. (6) 압축된 표시법을 사용하고 있는데, 예를 들어 ABC는 AB × BC를 의미한다.

이 번역서에서는 이런 문제들을 다루면서 라틴어를 이해하지 못하는 현대 독자들이 뉴턴의 글을 읽을 수 있도록 하는 데 중점을 두었다. 또한 우리의 목표는 뉴턴이 쓴 『프린키피아』에 준하는 영문판을 만드는 것, 즉 뉴턴이 쓴 글을 지나치게 편집하거나 현대화하지 않고 그대로 제시하는 것이었다. 이러한 노력은 두 가지 측면을 가지고 있다. 하나는 뉴턴의 문장에 오늘날의 기준을 강요하지 않았다는 것이다. 예를 들어 현대 과학에서는 벡터인 "속도velocity"와 스칼라인 "속력speed"을 엄격하게 구분하지

---

8   3판에서 "subsesquiplicate"는 3권 명제 15의 증명 첫머리에, "in ratione subsesquiplicata"에서 등장한다. 초판 원고에서는 이 부분이 "sesquialtera"로 잘못되어 있었지만, 뉴턴의 지시문과 삽지를 삽입한 사본에서 모두 "subsesquiplicata"로 수정되어 2판과 3판에서 변경되었다. 이 단어의 뜻은 "3/2 비의 역으로"이다.

만, 우리는 뉴턴의 선택을 따라 "velocitas"를 "velocity"로, 그리고 "celeritas"를 "speed"로 그대로 번역했다. 뉴턴이 쓴 "ratio"와 "proportio"도 마찬가지다. (이 경우는 아래 §10.4를 참고하자.) 『프린키피아』 본편에서는 velocity와 speed를 모두 '속도'로 번역하였다. 우리말에서는 이 둘을 크게 구분하지 않을뿐더러 뉴턴 역시 이 두 개념을 구분하지 않기 때문이다. —옮긴이)

우리는 가능하다면 뉴턴의 선택을 그대로 따르려 노력했다. 예를 들어, 뉴턴은 법칙 1을 포함하여 책 전반에서 운동을 서술할 때 "uniformiter in directum"이라고 쓰는데 이를 우리는 "일정하고 반듯하게 앞으로uniformly straight forward"라고 번역했다. 여기에서 "straight"는 "반듯하게, 또는 직선으로"라는 의미가 있다. 그러나 "직선straight line"이라는 표현은 사용하지 않으려 했다. 이 말은 뉴턴 자신이 소논문 『운동에 관하여』 초안의 제 1 법칙에서 "in linea recta"라고 쓴 이후 의도적으로 사용하지 않은 단어였다.[9] 아무튼 "일정하고 반듯하게 앞으로" 움직이는 운동은 직선 운동 말고 다른 운동은 없을 것이다.

물론 모든 번역은 끊임없는 해석이다. 경우에 따라서는 대괄호로 내용을 설명하는 단어나 구를 삽입해 불명확하거나 뉴턴의 글에 없었던 내용을 강조하기도 하였다. 그러나 그 밖의 수많은 경우에, 맥락상 필요하다고 판단되는 경우 문장을 확장하거나 대괄호 없이 단어를 삽입했다. 예를 들어 운동 법칙에 이어지는 주해의 마지막 문단에서 "in omni instrumentorum usu"로 끝나는 문장이 있는데, 이 문장을 우리는 "이런 식으로 작동하는 기계 또는 장치의 경우에 대하여"라고 번역했다. 문단의 맥락을 볼 때 뉴턴이 여기에서 기계를 언급하고 있다는 점이 분명하기 때문이다. 실제로 그 앞의 문장에서 뉴턴은 "machinae"라는 단어를 사용한다.

이 책에서 사용된 그림들은 캘리포니아 대학교 출판부에서 출간한 모트-캐조리 버전에서 가져온 것이다. 그림을 수정하거나 완전히 새 그림을 제작한 경우도 있다. 지금부터 두 가지 예를 통해 우리가 해결 방안을 모색했던 문제를 설명하려 한다. 하나는 아래에서 논의하는 1권 명제 11의 그림이고, 다른 하나는 앞서 §7.4에서 논의했던 2권 명제 10의 주해에 나오는 그림이다.

명제 11의 그림은 특이한 이력을 가지고 있다. 초판에서는 1권의 명제 10과 명제 11(그리고 명제 16도)의 이해를 돕기 위해 같은 그림이 실려 있었다(그림 10.1 참고). 이 두 그림을 하나로 제작한 것은 분명히 제작비를 아끼려던 핼리의 결정이었다. 『프린키피아』의 여러 그림들이 하나 이상의 명제에서 사용되었고, 이런 이유로 명제 하나에서 필요한 것보다 더 많은 내용을 담고 있다.

그러나 명제 10과 11의 경우, 이 두 명제는 하나의 그림으로 설명할 수가 없다. 명제 10에서 힘은 타원의 중심을 향하고, 따라서 변위 QR은 지름 CP와 평행해야 한다. 그러나 명제 11에서 힘은 초점 S를 향하고 있으므로, QR은 초점 반지름 PS와 평행해야 한다.

이렇게 하나의 그림을 여러 명제에서 사용하여 오해의 소지가 발생하는 경우는 2판에서도 유지되었

---

9   영국 영어를 사용하는 화이트사이드는 (『Math. Papers』 6:97) "일정하게 앞으로 반듯하게 움직이는"이라는 표현을 선호한다.

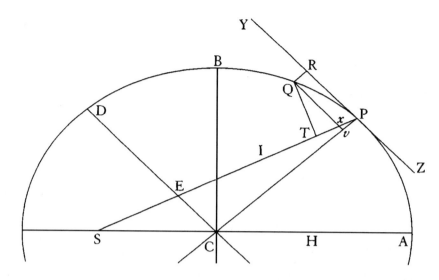

그림 10.1 『프린키피아』 초판에 수록된 그림의 일부. 이 그림은 1권 명제 10과 1권 명제 11에서 모두 사용된다. 명제 10에서는 QR이 CP와 평행하지만, 명제 11에서는 QR이 SP와 평행해야 한다는 점을 주목하자.

다. 그러다 마침내 3판에서 두 그림이 분리되었다. 비판적 독해에서는 1판과 2판의 그림이 여러 명제에 맞지 않는다는 점을 주목해야 하지만, 그 효과를 지나치게 과장해서는 안 된다. 아무튼 본문에서는 명제 10의 QR이 CP와 평행해야 하고 명제 11의 QR은 PS와 평행해야 한다고 분명히 명시하고 있다. 사실 어지간히 꼼꼼한 독자들도 (그중에서도 특히 로저 코츠조차) 이 그림의 오류를 전혀 눈치채지 못한 채 증명 단계들을 따라갔을 것이다.

명제 11에는 또 다른 문제도 있다. 모트–캐조리 판본에서 점 v 는 명확하게 표시되어 있지만, 자세히 조사해 보면(그림 10.2 참고) 선 Qxv 가 v 까지 제대로 이어져 있지 않다는 것을 발견하게 된다. 그러나 본문에서는 그래야 한다고 명시되어 있다. 다른 독자들과 마찬가지로 나도 이 명제의 증명을 여러 번 살펴보면서도 선 Qxv 가 사실상 v 까지 뻗어간다고 가정했고, 선이 x 에서 끝난다는 사실을 눈치채지 못했다.[10] 아마 독자들 대부분은 그림이 정확히 그려져 있고 뉴턴의 본문 내용의 요구사항을 충족한다고 생각하며 그림을 "읽었을 것이다." 모트–캐조리 그림의 다른 오류는 명제 11의 증명에서 서술한 것처럼 각 IPR이 각 HPZ와 정확히 같지 않다는 것이다. 이러한 문제들을 해결하려면 1권 명제 11의 그림을 다시 그리는 수밖에 없었다.

선분 xv 는 19세기에 미국에서 여러 차례 출간된 모트 번역본에서 단계적으로 사라졌다가, 마침

---

10   J.A. Lohne, "The Increasing Corruption of Newton's Diagrams", *History of Science* 6 (1967): 69-89에서 뉴턴의 그림에 대한 기초적인 연구 내용을 제시하고 있다. 1권 명제 11의 그림은 J. Broce Brackenridge, "The Defective Diagram as an Analytical Device in Newton's Principia", in *Religion, Science, and Worldview*, ed. Margaret Osler and Paul LAwrence Farber (Cambridge, London, New York: Cambridge University Press, 1985), pp.61-93에서 자세히 조사한다.

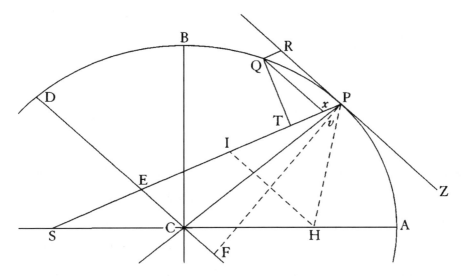

그림 10.2　1권 명제 11의 그림 중 일부. 모트-캐조리 버전에 수록된 것과 같다. 명백한 여러 오류 중 선 Qxv가 x에서 v까지 뻗어나가는 오류가 있다.

내 모트-캐조리 버전에서 "고이 박제되었다." 이 미국판 오류가 뉴턴의 과학적 업적을 기리기 위해 그의 초상화와 함께 최초 발행된 영국 파운드 지폐에 새겨져서 널리 전파되었다는 점은 역사의 아이러니다.[11]

10.3 기술 용어와 특별한 번역 (뉴턴이 사용한 "Rectangle"과 "Solid"를 포함하여)

뉴턴은 기하학적으로 표현된 양들을 다루면서 도형의 성질을 서술하는 전통적인 언어를 사용했다. 따라서 같은 두 길이의 곱을 표현할 때는 "square"을 썼고, 이로써 변의 길이가 같은 도형의 면적을 표시한다. 마찬가지로 같은 양을 세 번 곱하는 경우에는 부피를 뜻하는 "cube"을 사용했다. 이 두 단어—"square"과 "cube"—는 오늘날에도 널리 사용되지만, 이 단어의 기하학적인 근원과 의미를 생각하고 쓰는 사람은 거의 없다. 뉴턴은 기하학에서 유래한 다른 두 용어도 사용한다. 그중 하나는 "면적 rectangle"인데, 원래는 변의 길이가 같지 않은 사각형의 면적을 의미하는 단어였고, 따라서 서로 같지 않은 두 양의 곱을 뜻했다. 다른 단어는 "solid"다. 이 역시 세 변이 모두 같지 않은 직사각형 평행육면체의 부피를 의미하며, 이런 이유로 같지 않은 세 양의 곱을 뜻한다. 『프린키피아』는 현대적인 내용과 의미를 담고 있지만 여전히 17세기에 쓰인 책이고, 우리의 목표는 뉴턴의 글을 '번역'하는 것이

11　뉴턴 파운드 지폐와 권종별 차이점에 대해서는 앞선 각주에서 인용했던 브래큰리지의 책에서 논의하였다.

지 현대화하는 것이 아니므로, 우리의 번역에서는 뉴턴의 "면적rectangle"과 "부피solid"를 그대로 유지했다. 독자들이 이 단어에서 혼란을 겪지는 않으리라 희망한다. 『웹스터의 새 국제 사전, 2판*Webster's New International Dictionary, Second Edition*』에서는 이렇게 서술한다. "'직사각형'의 면적은 두 변의 곱이므로, 'rectangle'이라는 단어는 두 인자의 곱을 표현하는 데 사용되었다. 즉, *a*와 *b*의 곱rectangle은 *ab*이다."[12] 〔한국어 번역에서는 혼동을 피하기 위해 "rectangle"과 "solid"를 의미에 따라 '면적'과 '부피'로, 또는 '제곱(혹은 곱)'과 '세제곱'으로 번역하였다. ―옮긴이〕

"translate"이라는 단어 문제는 다소 결이 다르다. 오늘날의 독자들은 대부분 이 단어를 어떤 내용을 한 언어에서 다른 언어로 옮기는 의미로 알고 있다. 따라서, 이 번역서에서는 "translate"를 "전이transfer"라는 수학적 의미로 번역하였다.[13]

번역가는 뉴턴의 문장을 "개선"하고픈 끊임없는 유혹에 직면한다. 예를 들면, 뉴턴은 가끔 "선line"을 "간격interval"으로 쓰고, "원의 호circular arc"를 써야 할 곳에서 "원circle"을 쓴다. 1권 명제 41에서 그 예를 찾아볼 수 있는데, 여기에 대해 아래 §10.12에 주석을 달아두었다. 여기에서 뉴턴은 "circulus VR"과 "alii quivis circuli ID, KE"라고 언급한다. 그러나 전체 맥락에서 보면, 그가 고려하는 것은 원 전체가 아니라 원의 호 VR, ID, KE임이 명백하다. 그렇다 하더라도 편집자가 수정한 내용을 따라 "원의 호 VR" 또는 "다른 원의 호 ID와 KE"라고 쓸 필요가 있다고는 생각하지 않았다.

물론 우리는 뉴턴의 "압축된" 표기법을 전부 풀어썼다. 예를 들어, 1권 명제 7의 증명에 다음의 양이 나온다.

$$\frac{QRL \times PV\ quad.}{AV\ quad.}$$

이 양은 "QT *quad.*"와 같다. 이 식에서 "QRL"은 뉴턴의 "압축된" 표기 방식으로 QR × RL을 뜻한다. 따라서, 우리는 QRL을 확장된 형태인 QR × RL로 대체했다. 또한 "*quad.*" 또는 "*q*"는 위첨자 2로 대체했다. 따라서 위의 표현은 다음과 같이 수정되었다.

$$\frac{QR \times RL \times PV^2}{AV^2}$$

마찬가지로 뉴턴이 쓴 "*cub.*"는 위첨자 3으로 바꾸었다. 뉴턴이 쓴 괄선도 괄호로 대체했다.

---

12 우리는 좀 더 어렵고 올바른 옛 스타일인 "the rectangle under AG and BD(AG와 BC의 곱)"이라는 표현 대신 "the rectangle of AG and BD"라고 썼다(예컨대 1권 섹션 1, 보조정리 11).

13 물론 이 두 단어는 같은 라틴어 어원에서 온 것이다. 하나는 현재 직설법 "fero"의 갈래에서, 다른 하나는 과거분사 "latus"의 갈래에서 유래한 것이다.

괄선을 묶음 기호로 사용하는 위험성은 1권 명제 81 예제 3에서 확인할 수 있다. 초판의 라틴어 원문에는 다음의 수식이 등장한다.

$$\frac{LB^{\frac{1}{2}} \times SI^{\frac{3}{2}} \times LA^{\frac{1}{2}} \times SI^{\frac{3}{2}}}{\sqrt{2}}$$

3판에서 이 수식은 다소 단순화되어 다음과 같은 모양이 되었다.

$$\frac{SIq}{\sqrt{2SI}} \; in \; \overline{\sqrt{LB} - \sqrt{LA}}$$

다시 말해,

$$\frac{SI^2}{\sqrt{(2SI)}}$$에 $\sqrt{LB} - \sqrt{LA}$를 곱한다

라는 의미다.

이 판본에서는, 18–19세기의 모트 번역본에서와 마찬가지 방식으로 괄선을 쓰고 있다. 다시 말해 $\frac{SI^2}{\sqrt{(2SI)}}$에 $\sqrt{LB}$만 곱하는 것이 아니라 $\sqrt{LB}$에서 $\sqrt{LA}$를 뺀 값, 즉 $(\sqrt{LB} - \sqrt{LA})$를 곱해야 함을 표시하도록 사용되었다. 그런데 괄선의 왼쪽 끝이 제곱근 기호와 다소 가깝게 인쇄된 탓에 사람들이 이 수식을 잘못 읽었고, 그래서 모트–캐조리 판본(209페이지)에서 $\overline{\sqrt{LB} - \sqrt{LA}}$는 다음과 같이 표기되었다.

$$\sqrt{(LB - \sqrt{LA})}$$

이는 간단한 검산만으로도 잘못임을 알 수 있는 수식이다.

뉴턴은 간혹 같은 단락에서도 몇 가지 다른 형태의 표기법을 사용한다. 예를 들면 1권 명제 45 예제 2에서 이런 수식이 눈에 띈다.

$$T^n - nXT^{n-1} + \frac{nn - n}{2}XXT^{n-2} \& c.$$

이런 식으로 하나의 무한급수에서 위첨자 표기법과 문자를 두 번 연달아 쓰는 표기법이 (n^2을 nn으로 그리고 X^2을 XX로) 동시에 발견된다. 이와 비슷하게 같은 명제 45의 따름정리 2에서, 뉴턴은 "A^{-2}

또는 $\dfrac{1}{AA}$"이라고 쓰는 대신 "A^{-2} 또는 $\dfrac{1}{A^2}$" 이라고 쓰고 있다.

이 예에서 볼 수 있듯이, 뉴턴도 지수를 표시하기 위해 첨자 표기법을 사용했다. 그러므로 『프린키피아』는 지수의 크기를 지정하는 형태는 여러 가지가 있는데, 이를테면, A^2, *Aq.*, *Aquad.*, 그리고 AA 다. 우리의 번역에서는 이런 여러 형태를 지수 표기법(G^2, F^2, A^3, …)으로 통일하였다.

진짜 문제는 뉴턴의 "in infinitum"과 그 변형을 번역하는 데에서 발생한다. 이 말은 라틴어로 "무한 infinite"을 뜻한다. 뉴턴의 사상을 고려하면 단순히 "무한히" 또는 "무한까지"라고 써 버리면 안 되겠지만, 뉴턴도 그런 의미로 이 말을 쓴 경우가 적어도 하나는 있다. 1권 명제 10의 주해를 보면 '타원의 중심이 무한히 멀어져서'("centro in infinitum abeunte")라는 표현이 나오는데, 이는 극한으로 간다는 의미가 아니라 타원을 포물선으로 직접 변환한다는 의미이다. 그러나 거의 대부분의 경우, 뉴턴이 말하는 "in infinitum"은 단순히 (1권 명제 1의 증명에서처럼) "무한정으로" 또는 "한없이"라는 뜻이다. 다시 말해, 그는 극한을 수학적 의미로 고려하고 있다. 어원이 같은 말 때문에 생기는 문제는 (뉴턴이 1권 섹션 1의 마지막 주해 끝부분에서 설명하듯이) "무한정 작은 양, 사라지는 양, 또는 궁극의 양"라고 말하는 양에서 발생한다. 독자들은 이런 표현을 볼 때마다 항상 "크기가 정해진 양으로 이해하지 말고" "한없이 감소하는 양으로"("diminuendas sine limite") 생각하도록 주의를 기울여야 한다.

뉴턴은 『프린키피아』에서 "lineola"를 다양하게 사용한다(예컨대, 1권 명제 41의 증명). 이것을 우리는 "선분 line-element"으로 번역했다. "dato tempore quam minimo"(같은 책)은 "주어진 극도로 짧은 시간 동안"으로 번역했고, "arcus quam minimus"(1권 명제 16)은 "극도로 짧은 호"로 번역했다. 그리고 "linea minima"(1권 명제 14)는 "극도로 짧은 선"으로 번역했다. 극도로 작다는 의미는 명백하다.

우리는 뉴턴의 "tangunt"를 "접한다 are tangent to"라는 애매한 표현보다 "접한다"는 의미를 유지했다. 현대의 일부 저자들은 "애프스 apse"를 주로 쓰지만, 우리는 "원지점 apsis"을 선호했다. 원지점은 건축 용어와 확실히 구분되기도 하고, 옛 사전과 현대 사전(예컨대『웹스터의 새 국제 사전, 2판, 미국의 유산 사전 Webster's New International Dictionary, Second Edition, American Heritage Dictionary』)의 승인을 모두 받은 말이기도 하다.

낯선 옛 기술 용어들이 사용되는 경우가 있는데, 이를테면 행성의 운동을 묘사할 때 사용되는 "역행하여 in antecedentia" 그리고 "순행하여 in consequentia" 같은 경우에는 대괄호로 현대어 주석을 추가했다. 존 해리스는 『기술용어 사전』에서 "ANTECEDENCE IN, 또는 in Antecedentia"를 다음과 같이 정의했다. "행성은 일반적 경로 또는 황도십이궁 순서에 반대로 움직이는 것처럼 보일 때 역행한다고 in Antecedence 하는데, 이를테면 행성이 황소자리로부터 양자리로 향해 움직이는 경우와 같다." 반면 행성이 "양자리로부터 황소자리를 향해, 쌍둥이자리까지 움직인다면," 천문학자들은 "행성이 순행 in consequentia 또는 역행 in Consequence"하여 움직인다고 말한다.

10.4 삼각법 용어들("사인", "코사인", "탄젠트", "버스트 사인"
그리고 "사기타^{sagitta}", "맞변^{subtense}", "접선영^{subtangent}");
"비^{Ratio}"와 "비례^{Proportion}", "Q.E.D.", "Q.E.F.", "Q.E.I." 그리고 "Q.E.O."

오늘날에는 삼각함수를 각도의 함수로 생각하지만, 뉴턴 시대는 물론 19세기까지도 삼각함수는 각도보다는 호의 관점에서 생각되고 정의되었다. 삼각함수 용어들을 다루는 옛날 방식은 19세기의 유명한 교과서인 찰스 허튼의 『수학 강의$_A$ Course in Mathematics』에서 찾아볼 수 있다. 이 책은 1798−1801년에 처음 출간되었고, 1812, 1818, 1841−1843년에 재쇄와 개정을 거듭하다 1849년에 완전 개정판이 출간되었다. 그리고 1860년에 윌리엄 러더퍼드가 왕립 군사학교의 학생들을 위해 다시 한번 개정판 (London: William Tegg, 1860)을 내놓았다. 이전 버전과 마찬가지로 이 책의 최종판에서도 "사인"(그리고 "바른 사인right sine")의 정의는 호를 바탕으로 한다. "호의 사인, 또는 바른 사인"은 "호의 한쪽 끝에서 다른 쪽 끝을 통과하는 지름에 수직이 되도록 그린 선이다."〔여기에서 말하는 바른 사인right sine은 오늘날 사용하는 사인과 정확히 같은 개념이다. 뉴턴 당시에 '바른right'이라는 형용사를 쓴 이유는 버스트 사인versed sine과 구분하기 위해서였다. 버스트는 '뒤집힌reversed'의 의미다. —옮긴이〕 허튼의 그림을 아래 그림 10.3으로 다시 그렸는데, 이 그림에서 "BF는 호 AB 또는 호 BDE의 사인이다. 그러므로 사인 BF는 두 배의 호(BAG)의 현(BG)의 절반이다." 그림에서 명백히 보여주듯이, 이 정의들은 원의 호를 기준으로 한다.

마찬가지로 호의 '코사인'은 CF이고, AH는 접선이다. '접선'의 길이는 다음과 같이 정의된다. 호 AB의 접선은 "호의 한쪽 끝에서 원과 접하는 선"이며, "그곳에서부터 계속 뻗어나가 중심에서 호의 다른 쪽 끝을 통해 그려진 선과 만나게 된다." 이 두 번째 선(CH)이 호 AB의 시컨트secant, 즉 할선이다.

아마도 현대의 독자들에게 "버스트 사인"은 생소한 용어일 것이다. 허튼은 버스트 사인을 "호와 호의 사인 사이에 가로막힌 지름의 일부"라고 정의한다. 그렇다면 AF는 호 AB의 버스트 사인이 되고, EF는 호 EDB의 버스트 사인이 된다. 그림을 보면 버스트 사인에 코사인을 더하면 반지름이 됨을 알 수 있다. 일반적으로 반지름은 1로 간주하기 때문에, 버스트 사인은 1 빼기 코사인과 같다. 그리고 실제로 수많은 사전에서 이 관계식이 버스트 사인의 기본 정의로 사용되고 있다. 버스트 사인은 단순히 1 빼기 코사인으로 서술된다.

오늘날의 삼각함수는 호가 아닌 각도로 정의된다. 따라서 현대의 정의에서는 '호 AB의 사인'이라는 식으로 쓰이지 않고 그 호를 결정하는 중심각, 즉 각 ACB의 사인이라고 말한다. 또한 사인의 일차적 정의는 직각삼각형 BCF를 기준으로 삼는 것이 일반적이다. 각 BCF의 사인은 길이 BF가 아니라 변의 비 $\dfrac{BF}{CD}$가 된다.

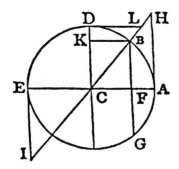

그림 10.3 삼각함수.

오늘날의 독자들에게 익숙지 않은 또 다른 용어로 "사기타sagitta"가 있다. '사기타'의 전통적 정의는 곡선 또는 호의 현의 중점으로부터 곡선 또는 현까지 (임의의 유한한 각도로) 그어진 선이다. 따라서 사기타는 활시위에 메긴 화살의 모양이며('사기타'는 라틴어로 "화살"이라는 의미다) 일반적으로, 특히 뉴턴의 용례에서, 호 전체와 관련된 개념으로 사용된다. 실제로 존 해리스의『기술용어 사전』에서도 "사기타"는 이렇게 정의된다. "일부 저자들이 그렇게 부르는 이유는 이것이 호의 현에 걸린 다트 또는 화살처럼 보이기 때문이다." 아주 엄밀히 따지자면, 사기타와 버스트 사인 사이는 근본적으로 두 가지 차이점이 있다. (1) 사기타는 일반적인 곡선에 대하여 정의되지만, 버스트 사인은 원의 호에 대하여 정의된다. (2) 버스트 사인은 현에 수직이지만, 사기타는 그럴 필요가 없다. 그렇다면 어떤 의미에서 버스트 사인은 사기타의 특수한 예로 고려할 수 있다.

실제 관행에서 "사기타"는 상당히 다른 두 가지 의미로 사용된다. 즉, (1) 호의 중점에서 현까지 그은 선, 그리고 (2) 호의 현의 중점에서 호까지 그은 선이다. 이중 첫 번째 정의는 퍼시벌 프로스트의 『뉴턴의 "프린키피아", 주석과 도해, 문제 컬렉션과 함께Newton's "Principia", with Notes and Illustrations, and a Collection of Problems』(4판, London, 1883, p.100)에 나오는데, 여기에서 사기타는 "곡선의 호의 중점부터 현까지 유한한 각을 이루며 이어질 때, 현과 호 사이에 끼인" 선분이라고 말한다. 두 번째로 등장한 것은 존 H. 에반스와 P.T. 메인의『뉴턴의 "프린키피아"의 처음 세 섹션The First Three Sections of Newton's "Principia"』(London, 1871, p.37)이며, 여기에서는 "호의 사기타"를 "현의 중점에서 호까지, 현과 유한한 각도를 이루도록 그려진 직선"으로 정의된다.

『프린키피아』1권에서 뉴턴은 "호의 사기타는 현을 이등분하도록 그려진다고 이해"할 수 있다고 구체적으로 선언한다(명제 6, 아래 §10.8 참고). 그러한 사기타는 무한정 많으므로, 사기타가 현과 이루는 각도 함께 정해야 했다. 뉴턴은 명제 6에서 사기타가 "뻗어나가서", 힘의 중심을 통과하도록 그려져야 한다고 말함으로써 이 각을 특정했다.

뉴턴 시대에, 또한 특히『프린키피아』에서, 버스트 사인의 개념은 곡선이 원의 호일 필요가 없고 현

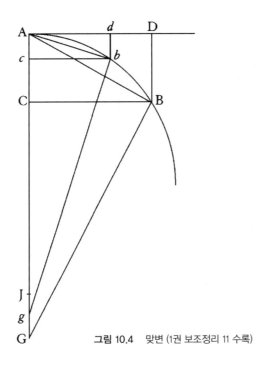

그림 10.4 맞변 (1권 보조정리 11 수록)

과 이루는 각이 직각일 필요가 없도록 확장되었다. 간단히 말하자면 "버스트 사인"은 "사기타"와 서로 호환할 수 있게 되었고, "사기타"가 좀 더 일반적으로 사용되었다. 존 해리스는 사기타가 "수학에서 임의의 호의 버스트 사인과 같다"고 썼다. 앤드류 모트의 영어 번역본과 플로리안 캐조리의 개정판에서는 뉴턴이 쓴 라틴어 용어 "사기타"가 "버스트 사인"으로 자주 번역되었는데, 이는 1권 명제 1, 따름정리 4와 5, 그리고 2권 명제 10(따름정리 1 직전에)에서 볼 수 있다.

수학 용어로서의 맞변은 일반적 의미로 '마주본다', '범위를 지정한다', '늘리거나 확장한다'는 의미를 가지고 있고, "대對하다"라는 뜻의 동사 "to subtend"와 같은 의미의 명사다. 예를 들면 삼각형의 변은 맞은편 각을 "대하고subtends", 호를 "대하는" 선은—옛날 용어에서는—그 호의 "맞변"이다. 『프린키피아』에서 맞변은 일반적으로 호와 각의 언어로 정의된다. 1권 보조정리 11(그림 10.4 참고)의 서술문에서 그 예를 찾아볼 수 있는데, 여기에서 AB는 호이고 AD는 접선이다. 이 경우, 점 A에서 "접촉각angle of contact"은 호 AB와 접선 AD 사이의 곡선 각curvilinear angle[직선과 곡선 또는 두 곡선 사이에 이루어지는 각.—옮긴이]이다. 여기에서 BD는 "접촉각[각 BAD]의 맞변"이고, 선 AB는 인접한 호 AB의 맞변이다. 선 AB, 즉 호 AB의 맞변(또는 현)이 인접한 이유는 그 끝점인 A와 B가 접선과 곡선 사이의 "접점"(A) 그리고 곡선의 교차점(B)과 접촉각의 맞변과 같기 때문이다. 그림에서 맞변 DB는 접선 AD에 수직으로 이어져 있지만, 임의의 고정된 직선을 따라서도 그려질 수 있다. 이때 단 하나 지켜야 할 사항은 극한에서 점 B가 점 A에 접근할 때, D도 특정한 방식으로 A에 집근하도록 조건을 지정해야 한다는 것이다.

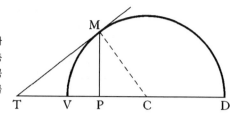

그림 10.5　접선영. 존 해리스의 『기술용어 사전』 2권(London, 1710)에 따르면, TM은 곡선 VM의 점 M에서 접하는 접선이고, PM은 축에 대한 세로선이다. 그렇다면 TP는 접선영이고, "접선이 곡선 V의 꼭지점 너머로 뻗어가는 축을 자르는 지점"인 점 T를 결정한다.

접선영subtangent은 맞변과 혼동해서는 안 된다. 접선영은 접선과 세로선 사이에 포함된 곡선 축의 일부를 말한다. 존 해리스가 『기술용어 사전』에서 썼듯이,[14] 접선영은 "축에서 접선의 교차점을 결정하는 선"이다. 해리스는 접선영을 임의의 "곡선"의 관점에서 증명하지만, 위 그림 10.5로 수록한 그의 그림에서는 곡선이 원처럼 보인다. 그림에서 TM은 점 M에 접하는 곡선의 접선이다. PM은 점 M을 지나는 축에 대한 세로선이다. 따라서 TP는 호 VM의 접선영이다. 접선영은 접선이 V 너머로 뻗어가는 축을 자르는 점 T를 결정한다.

해리스는 『기술용어 사전』에서, 포물선에서(그리고 포물면에서) 곡선의 접선영이 양의 부호를 가지며, 따라서 "접선과 x축의 교차점은 곡선의 꼭지점이 놓이는, y축 옆쪽에 떨어진다"는 사실을 증명했다. 그러나 접선영이 음의 부호를 가진다면, 교차점은 "꼭지점이나 x축상의 시작점을 기준으로 y축의 반대편에 위치"하며, 이는 쌍곡선과 "쌍곡선 형태의 도형hyperbiform figures" 같은 형태에 해당한다. 이런 두 가지 예시는 삼각함수를 각이 아닌 호의 언어로 정의함으로써 삼각함수가 원이 아닌 곡선의 호에 대해서도 기꺼이 사용될 수 있음을 보여준다.

오늘날에는 흔히 "비ratio"와 "비율proportion"을 구분하여 사용한다. 해리스는 『기술용어 사전』에서, 비는 두 양의 "크고 작음"을 비교한 것이고, "하나의 양이 다른 양에 대하여 갖는 rate, reason〔ratio의 고어―옮긴이〕, 또는 proportion"이라고 의미를 정의한다. 해리스에 따르면 어떤 저자는 "두 개의 양을 비교할 때는 ratio 또는 reason으로, 3개, 4개 또는 그 이상의 수 또는 양일 때는 proportion"으로 썼다고 한다. 그러나 해리스는 "아주 훌륭한 저자들은 단 하나의 양을 다른 양과 비교할 때 ratio나 reason 대신 proportion이라는 말을 자주 사용한다"고 덧붙였다. 뉴턴은 그러한 "아주 훌륭한 저자" 중 하나였는지, "ratio"와 "proportion"을 호환하여 사용하는 경향이 있었다. 우리 번역에서는 뉴턴의 용례를 따라 proportio는 "proportion"으로, 그리고 ratio는 "ratio"로 번역했다. 〔현대 영어에서는 ratio는 비 또는 비율, proportion은 비례식의 개념으로 쓰이지만, 뉴턴 당시에 사용되던 ratio, rate, proportion, reason의 의미는 이

14　해리스는 원전 『기술용어 사전』의 "삼각법" 항목에 접선영을 포함시키지 않았고 별도의 항목도 두지 않았다. 접선영에 대한 내용은 6년 후 나온 보완판, 또는 2권에 나온다.

와 조금 다르다. 이 단락에서는 비율을 설명하기 위해 뉴턴이 사용했던 라틴어 단어들을 영어로 어떻게 번역했는지를 설명하고 있다. 따라서 현재 한국에서 사용되는 개념과 바로 대응되지 않으므로, 독자의 이해를 돕기 위해 이 단락에서는 단어들을 번역하지 않고 원문 그대로 표기하였다. ―옮긴이 주)

『프린키피아』의 명제들은 각 권마다 순차적으로 번호가 매겨져 있으며, 명제 아래에 "정리" 또는 "문제"라는 표제가 붙어 있다. 정리의 증명은 대개 전통적인 유클리드 기하학의 "Q.E.D."로 마무리되는데, 이는 "Quod erat demonstrandum", 즉 "이상은 증명하려 했던 내용이다"라는 라틴어의 약어이다. 문제로 분류되는 명제의 결론은 일반적으로 "Q.E.F." 즉 "Quod erat faciendum", "필요한 일을 마쳤다"는 뜻이 된다. 이 두 약어는 『프린키피아』 시대에 출간된 유클리드 기하학 책에도 등장한다. 예를 들어 아이작 배로우가 편찬한 책에는 명제를 "정리"나 "문제"로 분류하지 않지만 위의 표현을 찾아볼 수 있다.

『프린키피아』에서 "문제"로 분류되는 명제의 경우 "Q.E.I."가 쓰이는 경우도 있다. 이는 "Quod erat inveniendum", "이것이 구하고자 했던 내용이다"라는 의미고, 심지어 "이것이 증명하려던 내용이다"라는 의미의 "Q.E.O." 또는 "Quod erat ostendendum"도 사용했다. 일부 보조정리(1권 보조정리 16, "예" 1과 3)에서는 "Q.E.I."를 사용하고 다른 곳에서는 (1권 보조정리 11) "Q.E.D."를 사용한다. 어떤 명제는 (1권 명제 5, 22, 30, 2권 명제 26), "문제"임에도 "Q.E.F."가 아닌 "Q.E.D."를 사용한다. 또 어떤 경우는(1권 명제 29, 문제 21, 2권 명제 36과 40) "Q.E.F."나 그 밖의 다른 결론도 없다. "Q.E.O."는 1권 명제 65에 (그리고 정리 25에도) 등장한다.

3권은 1, 2권과는 달리 대부분의 명제가 수학적 증명을 제시하는 대신 현상이나 1권 명제들의 결과를 주장하는 방식으로 전개된다. 따라서 3권에서는 "Q.E.D."나 "Q.E.F." 같은 약어가 잘 사용되지 않는다. 특히 명제 27 (문제 8)에서는 "Q.E.I.", 그리고 명제 30(문제 11)의 따름정리 1과 2의 끝에서는 "Q.E.D."가 나오지만, 명제 자체에서는 이런 약어가 사용되지 않는 점을 주목하자. "Q.E.I."는 명제 34(문제 15), 명제 38(문제 19), 그리고 명제 41(문제 21)에서 등장하고, "Q.E.D."는 명제 35(문제 16), 보조정리 10과 11에서, 그리고 "Q.E.F"는 보조정리 7에서 사용된다.

10.5 뉴턴이 비와 비례를 표현하는 방식

뉴턴은 『프린키피아』에서 비ratio를 "ratio duplicata", "ratio triplicata" 등으로 소개하고 있다. 이를 영어로 번역하면 "제곱비duplicate[또는 doubled] ratio", "세제곱 비triplicate [또는 tripled] ratio"가 되겠다. 이렇게 비를 표현하는 구식 표현들도 오늘날의 독자에게 큰 문제가 되지는 않을 것이며, 단어로부터 이것이 제곱, 세제곱 등의 비임을 쉽게 추측할 수 있을 것이다. 마찬가지로 "in the halved ratio"가 "제곱근 비square root of the ratio"을 말하는 것이고 "제곱근에 비례하는as the square root of"이라는 의미임을 어렵지 않게 추측할 수 있을 것이다. 그러나 "sesquialterate"나 "subsesquiplicate" 같은 표현은 얘기가 좀 다르다. 이런 표현들은 안 그래도 어려운 책을 더욱 어렵게 만든다.

1권 섹션 1, 보조정리 11의 따름정리 4는 비를 표현하는 옛 표현에 문제가 있다는 것을 여실히 보여준다. 이 부분을 보면 뉴턴 자신도 비의 표현에 문제가 있음을 잘 알고 있었고, 심지어 그가 제시하는 예비 정의는 사실상 오류로 이어진다. 뉴턴은 "Rationem vero sesquiplicatam voco triplicatae subduplicatam, quae nempe ex simplici & subduplicata componitur"이라고 썼다. 이 말은, "내가 세스퀴플리케이트sesquiplicate이라고 부르는 비는 실제로 트리플리케이트triplicate의 서브듀플리케이트subduplicate, 즉 단순비와 서브듀블리케이트의 합성비를 의미한다"라는 뜻이다. 발음하기도 길고 복잡한 세스퀴플리케이트는, "세제곱의 $\frac{1}{2}$제곱" 또는 "1제곱과 $\frac{1}{2}$제곱이 합성된" 비다. 쉽게 표현하자면, 뉴턴은 $\frac{3}{2}$제곱($A^{\frac{3}{2}}$)은 세제곱의 $\frac{1}{2}$제곱, 즉 1제곱과 $\frac{1}{2}$제곱의 곱($A^1 \times A^{\frac{1}{2}} = A^{\frac{3}{2}}$)이라고 말하는 것이다.

이 설명은 초판에는 나오지 않았다. 이 설명문의 초안은 초판에 뉴턴이 추가한 주석과 삽지에 기록되어 있다. 여기에 그는 이렇게 썼다. "Raionem vero sesquiplicatam voco quae ex triplicata & subduplicata componitur, quamque alias sesquialteram dicunt." 이를 해석하면, "내가 세스퀴플리케이트sesquiplicate라고 부르는 비는 세제곱과 $\frac{1}{2}$제곱의 합성비이며, '세스퀴알테레이트sesquialterate'의 또 다른 표현이다"라는 의미다. 이 주석은 상당히 혼란스럽다. $\frac{3}{2}$제곱이 세제곱과 $\frac{1}{2}$제곱의 곱이라는 의미처럼 보이기 때문이다($A^{\frac{3}{2}} = A^3 \times A^{\frac{1}{2}}$). 이것은 틀린 내용이고, $\frac{3}{2}$제곱은 1제곱과 $\frac{1}{2}$제곱의 곱이라고 설명하는 최종 버전과도 상당히 다른 내용이다.

우리는 번역을 하면서 두 가지 상반된 방안을 두고 고민했다. 즉 뉴턴이 쓴 『프린키피아』 원문과 최대한 비슷하게 번역할 것인지, 아니면 현대의 독자들이 최대한 수월하게 읽을 수 있도록 번역할 것인지를 결정해야 했다. 가장 큰 고민은 "sesquialterate", "subduplicate", "doubled" 같은 (비와 관련된) 표현들을 전부 없애고 현대적인 동의어 "2분의 3제곱" "역제곱" "제곱" 등으로 대체해야 하는지 여부였다. 처음에는 뉴턴이 쓴 표현들을 고수하고 뒤에 용어집을 추가하는 방법도 고려했었다. 그러나 이 방법을 쓰면 독자들이 책을 읽는 내내 계속 뒷장을 들춰봐야 하고, 안 그래도 난제로 가득한 책을 읽는 데 불필요한 고생 거리만 추가하는 결과를 낳았을 것이었다. 결과적으로 우리 번역서의 미래의 독자가 될 동료들의 조언에 따라, 뉴턴식 옛 표현들을 제거하기로 조심스럽게 결정했다. 뉴턴 자신도 『프린키피아』에서 두 가지 형태의 표현을 모두 사용하고 있다는 점을 감안하면 우리의 결정은 타당했다고 볼 수 있다. 일례로 1권 명제 17의 서술문은 이렇게 시작한다. "Posito quod vis centripeta sit reciproce proportionalis quadrato distantiae locorum a centro (…)" 이 말을 해석하면, "구심력이 중심에서부터 거리 제곱에 반비례하고 (…) 가정할 때"이라는 의미다. 이와 비슷하게 1권 명제 32에서, "vis centripeta sit reciproce proportionalis quadrato distantiae locorum", 또는 "힘"이 "거리의 제곱"과 비례 관계를 가질 수 있다고 가정하는 내용이 나온다. 다른 곳에서도 "속도의 제곱에 비례하는" 양이 나온다. 비를 설명하는 옛 표현을 제거하는 것을 주저한 이유는 『프린키피아』가 옛날 수학 논문이 아닌 현대의 과학책처럼 보이게 하고 싶지 않았고, (어느 친절한 비평가의 말처럼) 뉴턴의 비율 표현을 마치 300년간의 수학의 역사를 양탄자 밑으로 쓸어 넣고 덮어버리는 식으로 처리하고 싶지 않았기 때문이다.

그러나 결국, 우리 번역의 일차적 목표는 현대의 독자들이 뉴턴의 『프린키피아』를 최대한 쉽게 이해하도록 돕는 것이라고 결정했다. 이에 따라 비를 표현하는 옛 표현들은 가급적 사용을 자제하고 "sesquialterate"와 "subduplicate"처럼 이해하기 어려운 단어들은 삭제하기로 결정했다. 간단히 말해서, 뉴턴의 수학적 표현들도 라틴어 문장을 번역하는 것처럼 번역했다. 그러나 뉴턴의 형식까지 현대화하지는 않았다. 이를테면 비를 설명하는 문장들을 수식으로 고쳐 쓰지 않았고, 뉴턴의 문장을 편집하지도 않았으며, 뉴턴의 문체를 "개선"하려는 유혹에도 넘어가지 않았다. 이 같은 특별한 사례로 뉴턴이 주어진 비에 따라 "감소하는" 양을 서술한 문장을 들 수 있다. 1권 명제 65에서는 "두 개 이상의 물체의 힘이 물체들의 중심으로부터 거리 제곱에 따라 감소할 때"라는 조건이 나온다. 이 문장에서 힘은 거리의 제곱에 비례하여 감소하는데, 그렇다면 거리가 두 배가 될 때(즉 5에서 10이 되면) 힘은 2^2 만큼, 또는 4배만큼 감소한다는 의미가 된다. 즉, 힘이 거리의 제곱에 반비례한다고 말하는 편이 더 간단했을 것이다. 그러나 우리는 뉴턴이 쓴 문장 형태를 그대로 남겨두었다.

뉴턴이 쓴 거추장스러운 표시법 때문에 뉴턴 자신도 꽤 애를 먹었을 것이다. 초판에서, 1권 명제 6의 증명은 다음과 같이 마무리된다.

(…) 그러므로 구심력은 QR과 정비례하고 $SP^2 \times QT^2$과는 역으로 비례한다. 다시 말해 $\dfrac{SP^2 \times QT^2}{QR}$ 과 역으로 비례한다.

독자들은 왜 뉴턴이 "구심력은 $\dfrac{QR}{SP^2 \times QT^2}$에 비례한다"고 간단히 말하지 않았는지 궁금할 것이다. 그리고 실제로 뉴턴도 이 결과를 바로 다음 명제 9에서 사용하면서, (초판에서) "역으로"(또는 "reciproce")를 잊어버리고 이렇게 썼다. "그러므로 $\dfrac{QT^2 \times SP^2}{QR}$은 SP^3에 비례하고 (명제 6, 따름정리에 따라) 구심력은 거리 SP의 세제곱에 비례한다." 뉴턴은 이후 판본에서 이 문장을 수정하여, "(…) 구심력은 거리 SP의 세제곱에 반비례한다"고 썼다.

『프린키피아』에서, 뉴턴은 혼합된 비를 대담하게 제시한다. 뉴턴 시대 이전의 저자들과는 달리, 뉴턴은 어떤 양과 종류가 완전히 다른 양이 비례한다고 서술한다. 다시 말해 형태의 비율에 제약을 두지 않았다. 이를테면 주어진 속도 대 이차 속도가 첫 번째 시간 대 두 번째 시간의 비와 같다는 식이다. 뉴턴은 전통적인 규칙을 배제했고, 다음과 같은 표현을 썼다.

"힘은 타원의 중심에서부터 물체까지의 거리에 비례한다." (1권, 명제 10, 따름정리 1)

"구심력은 (…) 거리 SP의 제곱에 반비례한다." (1권 명제 11)

"거리 제곱에 반비례하는 구심력." (1권 명제 13, 따름정리 1)

이런 식으로 뉴턴은 오래된 규칙에 얽매이지 않고 자연을 자유롭게 수학적으로 서술했다.

10.6 고전적 비 (유클리드의『원론』; 제5권)

『프린키피아』에서는 유클리드의『원론』5권에 나오는 전통적인 비율 이론을 사용한다. 다음의 내용에서『원론』의 정의에 나오는 비의 변환과 조합, 기타 연산에 대해 우리 번역서에서 사용된 용어들을 정리하였고, 이와 함께 17-18세기의 유클리드 원론 라틴어판과 영어판에서 사용된 명칭들, 그리고 뉴턴이 관례적인 이름을 사용하지 않은 경우, 또는 하나 이상의 이름이 사용된 경우 뉴턴이 사용했던 이름들도 명시했다. 현대에 정의된 기호와 더불어『프린키피아』에 나오는 위치도 참고할 수 있도록 주석을 달았다.『프린키피아』에 등장하는 예도 일부 소개한다.

비의 교환에 의해

Alternando: 비의 교환에 의해(예. 1권 명제 45 예 2). 뉴턴은 *vicissim*이라는 단어를 사용했고, 다른 이들은 *permutando*라고 불렀다. 영어에서는 가끔 "교환 비alternate ratio에 의해"라고 쓰인다.

A : B = C : D 이면,

A : C = B : D 이다.

비의 전환에 의해

Convertendo: 비의 전환에 의해(1권 명제 94, 예 1 그리고 2권 보조정리 1). 뉴턴은 *convertendo*를 사용했다.

A : B = C : D 이면,

A : A – B = C : C – D 이다.

가비 원리에 의해

Componendo: 가비 원리에 의해(1권 명제 1 그리고 명제 20의 예 2). 뉴턴은 *componendo*와 *composite*를 모두 사용한다.

A : B = C : D 이면,

A + B : B = C + D : D 이다.

비의 분리에 의해

Dividendo(또는 *divisim*): 비의 분리에 의해(1권 명제 20, 예 1 그리고 2권 명제 6). 뉴턴은 *dividendo*와 *divisim*을 모두 사용한다.

A : B = C : D 이면,

A – B : B = C – D : D 이다.

비의 동등성에 의해

Ex aequo: 비의 동등성에 의해(1권 명제 39 따름정리 3 그리고 명제 71).

A : B = C : D 이고

E : F = G : H 이면,

A × E : B × F = C × G : D × H 이다.

1권 명제 71에서 "PI 대 PF는 RI 대 DF와 같고, *pf* 대 *pi*는 *df* 또는 DF 대 *ri*와 같다. 그리고 비의 동등성에 의해, PI × *pf* 대 PF × *pi*의 비는 RI 대 *ri*와 같을 것이다. (…)"

PI : PF = RI : DF

pf : *pi* = DF : *ri*

그렇다면, 비의 동등성에 의해,

$$PI \times pf : PF \times pi = RI \times DF : DF \times ri = RI : ri$$

뒤섞인 비에서 비의 동등성에 의해

*$Ex\ aequo\ perturbate$: 뒤섞인 비에서 비의 동등성에 의해(1권 보조정리 24 그리고 2권 명제 30). 여기에서 "뒤섞인inordinate"은 뉴턴 시대의 수학자들이 이해하는 의미로 쓰였으며, 오늘날의 "과도한" 또는 "불규칙하거나 무질서한" 같은 의미와 혼동해서는 안 된다. T.L. 히스가 편찬한 유클리드에서는 "뒤섞인 비perturbed proportion"라는 표현을 썼다.

A : B = F : G 이고
B : C = E : F 이면
A : C = E : G 이다.

2권 명제 30에서, "Fg 대 Dd는 DK대 DF와 같다. 마찬가지로 Fh 대 FG는 DF대 CF와 같고, 뒤섞인 비에서 비의 동등성ex aequo perturbate에 의해 Fh 또는 MN 대 Dd는 DK 대 CF 또는 CM과 같다. (…)"

Fg : Dd = DK : DF 그리고
Fh : Fg = DF : CF 이다.

그렇다면, 뒤섞인 비에서 비의 동등성에 의해,

Fh : Dd = DK : CF 이다.

우리 번역문에서는 이 비들을 전통적인 라틴어 명칭과 그에 해당하는 영어를 모두 사용하여 표기하였다. 이는 독자들에게 이 용어들이 기술용어임을 알려주기 위해서다. 이와 등가인 영어식 표현만으로는, 예를 들면 "by composition" 또는 "by division" 같은 표현으로는 비의 연산에서 사용되는 용어임을 알기 어렵기 때문이다. 〔우리말은 영어와는 달리 수학 용어가 구분되기 때문에, 우리말 번역에서는 라틴어 명칭을 생략하였다. ―옮긴이〕

이렇게 연산에서 라틴어 용어를 사용하는 전통은 1756년 처음 출간된 로버트 심슨의 유클리드 고전 영문판에서 비롯된 것 같다. 이후 심슨의 책은 아이작 토드헌터가 상당 부분을 개편해 1862년 재출간 되었고, 20세기에 영국의 랜덤하우스 출판사에서 출간한 《에브리맨즈 라이브러리*Everyman's Library*》 시리즈에 포함되었다.

뉴턴이 사용한 "ex aequo"와 "ex aequo perturbate"는 아이작 배로우가 제작한 유클리드 라틴어판에서 따온 것이며, 뉴턴 시대에는 널리 사용되던 말이었다. 그러나 뉴턴의 "ex aequo"는 전통적으로 "ex aequali"로 번역하는 경우가 많았다. 이에 대해 T.L. 히스는 "ex aequali"는 "ex aequali distantia(같은 거리에서)를 의미하는 것이어야 한다"며 오역임을 지적한다. 뉴턴의 "ex aequo perturbate"는 심슨-토드헌터 버전에서 "ex aequali in proportione perturbata seu inordinata, 불규칙한 또는 무질서한 비의 동등성으로부터"라고 번역되어 있다. 히스는 "뒤섞인 비에서in perturbed proportion"를 제안한다.

"비의 동등성"과 "뒤섞인 비에서 비의 동등성" 사이의 차이는 다음의 예에서 찾아볼 수 있다. 다음의 두 비는 모두 $A : D = E : H$라는 같은 결과를 낳는다.

$$A : B = E : F \qquad A : B = G : H$$
$$B : C = F : G \qquad B : C = F : G$$
$$C : D = G : H \qquad C : D = E : F$$

왼쪽 묶음에서("비의 동등성"에 해당한다), 항들은 위 오른쪽에서 아래 왼쪽으로 이어진다. 즉 B에서 B로 그리고 C에서 C로, 또 F에서 F로 그리고 G에서 G로 사선을 그리며 내려간다. 오른쪽 묶음에서는("뒤섞인 비에서 비의 동등성"에 해당한다), F에서 F로 그리고 G에서 G로 이어지는 사선이 반대 방향으로 기울어져 있다. A에서 D로 가는 방향은 양쪽 모두 같지만, E에서 H로 가는 방향은 두 묶음에서 서로 반대다.

10.7 뉴턴의 증명; 극한과 구적법; 『프린키피아』의 유율에 대하여

뉴턴의 증명과 작도를 읽는 첫 번째 단계는 각 단계의 논리와 관계의 전개를 따라가며 이해하는 것이다. 이 과정에는 종종 (1권 명제 11의 경우처럼, 이 내용은 아래 §10.9를 참고) 소거, 대입, 조합 등이 포함되어 있다. 이 첫 번째 단계에서 독자들은 비례상수나 $A : B = C : D, A : B :: C : D$, 또는 $\dfrac{A}{B} = \dfrac{C}{D}$ 같은 기호를 사용해서, 뉴턴이 장황하게 설명하는 비와 비례 표현들을 수식으로 변환해야 한다.

뉴턴의 증명과 작도를 읽을 때는, 뉴턴의 서술과 그림 대다수가 순간적인 극소량을 언급하는 내용이거나, 한 점(P)이 다른 점(Q)과 만나는, 또는 어떤 양이 "막 생겨나거나" "사라져가는" 극한에서 성립한다는 점을 알고 있어야 한다. 가끔 뉴턴은 이 극소량 또는 극한 조건에 관한 정보를 분명히 전달하는데(1권 명제 11처럼), 이를테면 어느 특정 단계에서 P와 Q가 "서로 만난다"고 설명하는 식이다.

앞서 설명한 대로 (위 §5.8 참고), 어떤 명제에서는 적분이 수행될 수 있고 특정 곡선에 대하여 "구적법" (또는 곡선 아래의 면적 구하기)이 가능하다고 가정함으로써, 담론이 수학적 수준에서 이루어지고 있음을 독자들에게 일깨워준다. 또한 뉴턴은 "극도로 작은", "무한정 작은", "시간의 조각"이나 "무한히 작은" 같은 표현을 사용하여 유율 또는 극미한 특성을 설명한다. 1권 명제 41을 예로 들면 (아래 §10.12 참고) "주어진 극도로 짧은 시간 동안 그려지는 선분 IK"라는 표현이 나오는데, 이는 명백히 $\dfrac{ds}{dt}$이고 뉴턴은 이것이 "속도에 비례"한다고 분명하게 말하고 있다. (아래 §10.12 참고)

뉴턴이 미적분 알고리즘을 체계적으로 개발해 사용한 것이 아니라서, 언뜻 볼 때 특정 양이 유율 또는 미분계수라는 것을 파악하기 어려울 때가 있다. 그런 양들은 여러 차수의 유율로 바꾸어 사용할 수 있는 극미량의 증분 또는 감소분으로 표현될 수 있으며, 이를테면 (2권 명제 10처럼, §7.3 참고), $\dfrac{de}{da}$, $\dfrac{d^2e}{da^2}$, $\dfrac{d^3e}{da^3}$, …에 해당한다. 이러한 유율 사용에 대해서는 『프린키피아』의 여러 해설에서 지적되었고(르쇠르와 자키에 판), 일부는(브로검과 라우트 판) 뉴턴의 설명을 좀 더 익숙한 라이프니츠 이후 시대의 미적분 알고리즘으로 완전히 새로 쓴 것도 있다. 윌리엄 에머슨이 쓴 『프린키피아』 해설은 유율의 관점에서 여러 명제들을 조명하고 사실상 유율을 표현하기 위한 점 문자를 도입하기도 한다.[15] D.T. 화이트사이드의 해설에서도(그가 편찬한 『수학적 논문』에 수록된), 뉴턴의 여러 주장과 결과들이 미적분 알고리즘으로 곧바로 쓰여 있다.

『프린키피아』를 가장 높은 수준에서 읽고 이해하려면 뉴턴 시대에 알려진 지식을 고려하고 각 명제의 온전한 의미를 파악해야 할 것이다. 이와 함께 뉴턴의 주장에 포함된 결함과 한계를 깨닫고 숨은 가정도 포착할 수 있는 능력을 갖추어야 한다. 또한 『프린키피아』 외에 뉴턴이 쓴 출간물과 초안 형태의 원고도 함께 읽으면서, 뉴턴이 해당 주제를 어떻게 다루었는지 파악하고 뉴턴의 주장에 깃든 숨은 가정뿐 아니라 드러난 가정까지도 가늠하고 평가할 수 있는 비평적 수학 능력도 갖추어야 한다.[16] 오늘날

---

15   에머슨의 해설은 ("윌리엄 데이비스의 신중한 개정과 수정에 힘입어") 1819년 런던에서 출간된 모트의 번역본 3권에 수록되어 있다. 1권 명제 81 예 2에 대해 그는 이렇게 쓰고 있다. "… 이것은 유율을 사용하여 쉽게 계산된다. LD는 흐르는 양이다. 면적의 유율은 {(ALB × SI)/2} × LD^{-2} × LD이다." 그리고 1권 명제 90 따름정리 1과 2를 논의하면서 점 문자는 사용하지 않고 이렇게 쓴다. "… 면적의 유율은 D'''D와 같아서…." 그러나 바로 다음 문단에서 이렇게 각주를 달았다. "면적의 유율은 = (PF/PR) × PF 이다."

에머슨은 1권 명제 31을 논의하면서 x와 z를 x와 z의 일차 유율로 소개했다. 1권 명제 41 따름정리 3을 논할 때는, "힘 DF가 1/x^3과 같으면 면적 ABFD의 유율은 $-x/x^3$이고, 변량(fluent)은 $\frac{1}{2}x^2$과 같다. 따라서 바로잡은 변량은 = $(aa-xx)/2aaxx$ = 면적 ABFD 이다." 라고 쓴다.

16   이 주제에 대하여, 마이클 마호니의 글은 특히 정곡을 찌른다. 그가 쓴 "Algebraic vs. Geometric Techniques in Newton's Determination of Planetary Orbits" (위 n.2 참고)를 참고하자.

우리 시대에 뉴턴의 수학적 사고를 이 정도 경지에서 이해하는 학자는 오직 한 명뿐이다. 바로 D.T. 화이트사이드다. 뉴턴의 『프린키피아』를 진지하게 연구하는 학생들은 화이트사이드가 편찬한 뉴턴의 『수학적 논문』 6권에서 8권까지를 반드시 공부해야 한다. 화이트사이드가 『프린키피아』 2-3권에 관하여, 오직 그만이 쓸 수 있는 완벽한 해설을 쓰지 않은 것은 심히 유감스럽다. 후학들에게 화이트사이드의 연구는 비할 데 없이 가치 있는 풍요로운 선물이다.

10.8 예 1: 1권 명제 6(뉴턴의 동역학적 힘의 측정), 명제 1의 주석과 함께(중심을 향하는 힘이 일정한 선형 운동을 하는 물체에 작용하면 면적 법칙을 따르는 운동이 생성될 것이다.)

뉴턴의 증명은 독자들에게 갖가지 장애물을 안겨준다. 무엇보다도 증명의 논리를 단계별로 따라가는 것이 대단히 어렵다. 내용을 제대로 따라가려면 "간결하게 압축된" 문체로 쓰인 뉴턴의 서술을 풀어써야 하기 때문이다. 뉴턴의 글에서는 여러 가지 기하학적 관계나 비율을 하나의 문장으로 결합해 서술하곤 한다. 뉴턴의 목표와 방법을 이해하기 위해 그의 증명을 현대적인 형식으로 바꾸어 써 보는 것도 도움이 될 것이다. 앞으로 나올 내용에서는 『프린키피아』를 처음 읽는 독자들이 내용을 소화할 방법을 제시하기 위해 중요한 몇 가지 명제의 기본 단계를 예로 들어 설명한다. 맨 먼저 살펴볼 명제는 뉴턴의 힘의 측정을 설명하는 1권의 명제 6이며, 이와 함께 명제 6의 증명에서 사용한 명제 1과 따름정리 4의 일부 내용도 함께 다룬다. 독자들은 이 예제에서 뉴턴이 일련의 관계를 세우고, 그런 다음 한 점이 다른 점에 접근하도록 하는 극한에서 점들의 최종 위치를 결정하는 과정이 표준적으로 사용되고 있음을 눈여겨보아야 한다.

　다음으로 나오는 예제들에서는 뉴턴의 증명과 설명이 두 부류로 나뉨을 보일 것이다. 첫째는 미적분을 분명하게 사용하는 경우로, 특정 곡선의 유율 또는 구적법이나 적분을 활용하여 무한소의 시간 동안 무한소의 증분을 다룬다. 두 번째는 기하학적 또는 대수적 관계에 적용되는 극한법을 사용하는 것이다. 두 유형 모두 본 해설서에서 이미 논의한 바 있다. 어떤 경우에는 명제와 증명이 이전 명제(또는 보조정리)의 결과를 바탕으로 극한을 사용하거나 유한하지 않은 조건을 명시하기도 한다. 그 예로 바로 아래에 1권 명제 6을 제시하였다.

　명제 6에서는 입자가 "극도로 짧은 시간 동안" "생겨나기 시작하는 곡선의 호"를 따라 움직이는 운동을 고려한다. 이 운동은 저항이 없는 매질 안에서 일어난다고 가정한다. 그림(그림 10.6a)은 『프린키

여기에서 다시 한번 마이클 나우엔버그의 연구 내용을 강조하고 싶다. 나우엔버그의 연구는 그간의 뉴턴 물리학과 수리천문학의 표준적 해석을 개정할 것을 제안하고 있다.

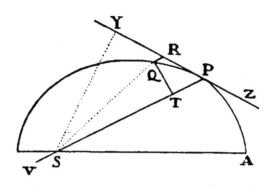

그림 10.6a 구심력의 측정 (1권 명제 6). 이 그림은 『프린키피아』에서 직접 발췌한 것이다.

피아』에서 발췌한 것인데, 타원 모양으로 생긴 곡선이 있고 힘은 고정된 점 S를 향한다. 본문에서는 곡선의 종류는 정하지 않았다. 입자는 S를 향하는 구심력 F의 작용으로 인해 휘어진 경로를 따라 움직이고, 이로 인해 P의 접선인 직선 경로 PRY로부터 멀어진다. 중심을 향하는 방향을 바꿔줄 힘이 존재하지 않으면, (관성 운동의 성분이 있다고 가정되는) 입자는 무한소의 시간 Δt 동안 접선을 따라 어느 정도의 거리 PR만큼 이동할 것이다. 그러나 중심을 향하는 힘 F 때문에 입자는 P에서 R로 향하는 직선을 따라 움직이지 않고, 그 대신 P에서 Q로 가는 곡선을 따라 움직인다. 명제는 기본적으로 주어진 시간 Δt 동안 R에서 Q까지 벗어난 거리에 따라 힘 F의 크기를 측정할 수 있다고 말한다. Q의 위치는 R에서 출발해 SP와 평행하게 뻗어나가다가 곡선과 교차하는 점으로 정한다.

그러나 명제의 서술문과 증명에서 뉴턴은 접선으로부터 꺾이는 거리 RQ로 힘을 측정하지 않고, 힘은 사기타에 정비례하고 시간의 제곱에 반비례하다고 말한다. 그런 다음 따름정리 1에서, 힘은 RQ에 대한 비로 변환된다. 명제 6의 서술과 증명이 혼란스러워 보이는 이유는 그림(그림 10.6a)에 사기타가 포함되어 있지 않기 때문이다. 사기타는 호의 현 중점부터 호까지 유한한 각을 이루며 그려진 선 또는 현의 임의의 점부터 호의 중심까지 그려진 선을 말한다. (사기타와 버스트 사인에 대한 논의는 위 §10.4 참고.) 뉴턴의 그림에는 사기타뿐 아니라 호의 현도 전혀 그려져 있지 않다.

명제 6과 증명을 좀 더 쉽게 이해할 수 있도록 새 그림에는 점 Q'를 추가하였고, 현 QQ'가 힘의 중심 S에서 점 P까지 이어지는 선에 의해 동일한 길이로 양분되도록 했다. 이 선은 점 X에서 현과 교차한다 (그림 10.6*b* 참고). 점선 SQ와 SY 그리고 선 QT는 명제 6의 증명에는 필요하지 않고 따름정리에서만 사용된다. 선 PS를 V까지 확장한 것은 앞서 §3.7에서 곡률 방법과 관련하여 논의하였다. 『프린키피아』의 다른 여러 그림과 마찬가지로, 경제적 이유로 하나의 그림이 하나 이상의 명제와 따름정리를 위해 사용되는 경우가 많았다. 가끔 이것이 지나쳐서 불행한 결과를 낳기도 했는데, 이를테면 초판에

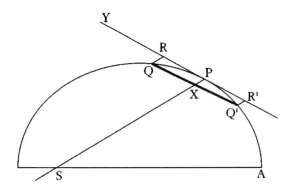

그림 10.6b 1권 명제 6의 그림의 변경된 버전. 명제 6에서 필요하지 않은 (그러나 따름정리에서는 필요한) 선들이 삭제되었다. 점 Q'와 현 QQ'을 추가했으며, PX는 뉴턴이 명제와 증명의 서술에서 사용한 사기타이다.

서 그림 하나로 명제 10과 11을 설명하려 한 경우가 그 예다. (§10.2, 특히 그림 10. 참고. 2권의 예 그리고 §7.4에서 명제 10의 주해에 대한 설명도 참고하자.)

수정된 명제 6의 그림에서는 선 XP가 명제 6의 본문과 그 증명에 나오는 호의 사기타다. 뉴턴은 명제 6을 서술하고 증명하면서 "사기타"라는 용어를 분명히 사용했음에도 불구하고, 『프린키피아』의 일부 번역가들은—앤드류 모트를 필두로 해서—이 "사기타"를 "버스트 사인"으로 바꾸어 놓았다(위 §10.4 참고). 뉴턴은 이 사기타를 "현을 이등분하도록 그리고", "길게 늘였을 때 힘의 중심을 통과하도록" 방향도 구체적으로 정했다.

그림과 증명을 고려하면서, 독자는 뉴턴이 "생겨나기 시작하는 호"와 "극도로 짧은 시간"이라는 조건을 설정했다는 점을 염두에 두어야 한다. 이는 P가 Q에 접근하는 극한에서 무슨 일이 일어나는지를 고려하는 것과 같다. 앞에서 본 것처럼 뉴턴이 설정한 조건에서는 힘이 (또는 그 척도인 가속이) 시간의 제곱으로 나눈 거리에 비례한다는 결론을 내릴 수 있으며, 이 경우에는 시간의 제곱으로 나눈 변위 RQ(또는 사기타 PX)에 비례하게 된다. 이것이 뉴턴이 명제 6을 증명하며 제시한 결론이다. 즉 "호의 중앙에서의 구심력"은 "사기타에 정비례하고" "시간의 제곱에" 반비례한다. 수정된 그림의 관점에서 보면, 이 명제는 구심력 F가 $\dfrac{PX}{\Delta t^2}$에 비례한다고 서술하는 내용이다. 이 같은 해석 형태를 포물형 근사parabolic approximation라고 한다.

뉴턴의 증명에서는 제일 먼저 명제 1 따름정리 4를 근거로 든다. 여기에서는 "저항 없는 공간에 있는 물체가 직선 경로를 벗어나 곡선 궤도로 편향되도록 하는 힘"은 "서로에 대하여 같은 시간 동안 그려지는 호의 사기타에 비례"한다고 서술한다. 간단히 말해 사기타 PX는 "주어진 시간 동안" 힘 F에 비례한다. 더 나아가 1권 보조정리 11 따름정리 2와 3에 따르면, 임의의 짧은 시간 동안 호는 시간에 정비례하여 증가하므로 "사기타는 물체가 주어진 속도로 호를 그리는 시간의 제곱에 비례한다."

그러므로 사기타 PX는 힘 F와 시간 Δt의 제곱에 모두 비례한다. 즉,

$$PX \propto F \times \Delta t^2$$

따라서 뉴턴의 지시대로, "양변에서 시간 제곱비를 제하면", 다음과 같이 된다.

$$F \propto \frac{PX}{\Delta t^2}$$

힘은 "사기타[PX]에 정비례하고 시간의 갑절[즉 시간의 제곱][Δt^2]에 반비례하게 될 것이다."

이 증명의 두 번째 버전에서, 뉴턴은 보조정리 11의 따름정리 2와 3을 근거로 든다. 따름정리 3을 무한정 짧은 호에 적용하면, 변위는 "힘과 시간 제곱의 곱에 비례"하게 된다. 그러므로 시간 Δt 동안 그려지는 호의 사기타는 힘과 시간의 제곱에 비례할 것이다.

뉴턴은 명제 6 따름정리 1에서 (앞서 명제 1에서 증명한) 케플러의 면적 법칙을 사용해서 시간의 척도를 구한다. 즉 부채꼴 SPQ의 면적에 비례하는 시간을 취한다. 먼저 Q에서 SP까지 선 QT를 수직이 되도록 그린다. 문제의 조건에서 부채꼴 SPR은 삼각형으로 간주할 수 있으므로, 그 호는 SP×QT에 비례하도록 잡을 수 있다. 따라서 시간의 제곱은 $SP^2 \times QT^2$에 비례하고, 힘은 $\dfrac{QR}{SP^2 \times QT^2}$에 비례한다. 이것이 뉴턴이 구한 동역학적 힘의 척도다. 우리는 후술할(§10.9) 1권 명제 11의 증명 (16), (17)단계에서 이것이 사용됨을 살펴볼 것이다. 이 값이 동역학적 척도인 이유는 힘을 동역학적 효과, 즉 힘의 작용에 의해 움직이는 물체가 선형 관성 경로에서 벗어나는 비율(속도)로 측정하기 때문이다. 1660년대의 포물형 근사에서 뉴턴은 중심이 힘의 중심인 원을 따라 움직이는 운동을 고려했었다. 그리고 이제 명제 6에서, 뉴턴은 궤도 운동을 고려하고 있다. 그러나 앞서 지적했던 대로 이 척도는 엄밀히 따지면 동역학적인 척도는 아니다. 질량 인자가 포함되지 않았기 때문이다.

명제 6과 따름정리 1의 논의를 완성하기 위해서는 명제 1과 따름정리 4의 설명이 필요하다. (명제 1의 증명은 이미 §5.4에서 요약 설명했다.) 명제 1에서 (명제 6에서와 같이) 운동은 저항이 없는 공간에서 일어난다고 가정한다. 또한 운동하는 물체는 모두 같은 질량, 또는—같은 얘기지만—단위 질량을 가지고 있다고 가정한다. 뉴턴은 선 ABc를 따라 일정한 운동을 하는 물체를 가정하며 시작한다. 만일 작용하는 힘이 없다면 물체는 등간격의 시간 Δt 동안 AB와 Bc를 횡단할 것이다. 이때 AB = Bc이다. 삼각형 SAB와 SBc는 면적이 같을 텐데, 그 이유는(그림 10.7) 두 삼각형의 밑변 AB와 Bc의 길이가 같고 높이(S에서 선 ABc에 수직으로 떨어뜨린 선)가 같기 때문이다.

그러나 일단 물체가 B에 도달하면, c를 향해 나아가지 않는다. 점 S를 향하는 추력 또는 충격력을

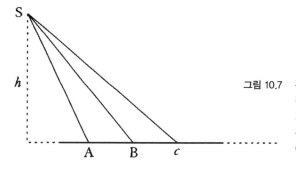

그림 10.7 관성 법칙과 면적 법칙 (1권 명제 1). 물체가 선 …ABc …를 따라 일정하게 움직인다고 가정하고 같은 시간 동안 횡단하는 거리 (AB, Bc, …)도 같다고 가정하자. 그러면, S가 운동 경로 위에 있지 않은 임의의 점이라 할 때, (같은 밑변과 공통의 높이 h를 갖는) 삼각형 ASB, BSc, …은 모두 면적이 같다.

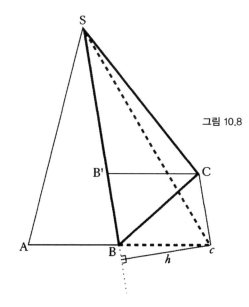

그림 10.8 충격력에 의해 운동에 변화가 생길 때 면적 법칙의 그림. B에서 충격력을 받은 후 물체는 B에서 C로 이동하면서 일정한 두 운동 성분을 갖게 된다. 한 성분은 원래의 관성 운동 성분으로, 이 성분만 있다면 시간 t 동안 물체를 B에서 c로 이동시켰을 것이다. 다른 성분은 S를 향하는 운동 성분으로, 이 성분만 있다면 시간 t 동안 물체를 B에서 B'로 이동시켰을 것이다. 이 두 운동 성분의 조합이 평행사변형 BB'Cc의 대각선을 따라 변위 BC를 만든다. 삼각형 SBc와 SBC의 면적이 같음을 증명하는 것은 상대적으로 간단하다. 먼저 두 삼각형은 같은 밑변 SB를 공유한다. 그리고 작도에 의해 cC는 BB'와 평행하므로, 두 삼각형은 같은 높이 h를 공유한다. 그러므로 두 면적은 같다.

받기 때문이다. B 이후의 운동은 S를 향하는 성분과 c를 향하는 성분의 합성이다. 평행사변형 법칙을 적용하면, 물체의 경로는 BC를 따르게 된다(그림 10.8). 뉴턴은 물체가 Δt 동안 B에서 C로 이동하면, 삼각형 SBC의 면적은 삼각형 SBc의 면적과 같다는 것을 보인다(이 면적은 삼각형 SAB의 면적과 같다).

물체가 C에 도달하면 다시 한번 곧바로 S를 향하는 충격력을 받게 되고, 이로 인해 Δt 동안 C에서 d가 아닌 D로 이동하게 된다. 이전과 같이 새로운 삼각형 SCD의 면적(그림 10.9)은 삼각형 SCd의 면적과 같다고 증명할 수 있다. 이 과정이 계속 이어지면서 동일한 면적의 삼각형들이 그려지고, 물체의 다각형 경로가 구성된다. 뉴턴은 "삼각형의 개수를 무한정 늘리고 폭은 무한정 줄어들게" 했고, 그 결과로 경로는 곡선이 되고 힘은 "끊임없이" 작용하게 될 것이다. 이로써 중심을 향하는 힘이 일정하게

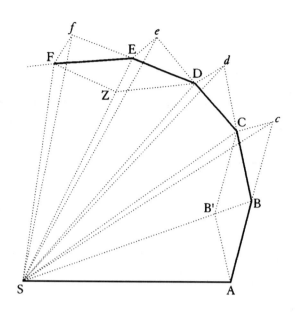

그림 10.9 연속으로 작용하는 충격력에 의해 생성되는 다각형 경로(1권 명제 1). 같은 시간 동안 그려지는 삼각형 ASB, BSC, CSD, … 는 모두 면적이 같다.

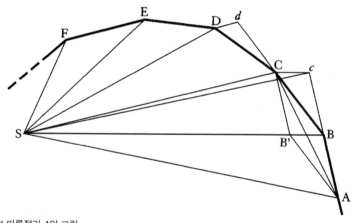

그림 10.10 1권 명제 1 따름정리 4의 그림.

직선 운동을 하는 물체에 작용하면, 그 결과는 면적 법칙을 따르는 운동이 될 것이라는 뉴턴의 증명이 완성된다.

명제 1의 따름정리 4에서, 충격력의 크기는 임의의 시간 Δt 동안 생성되는 변위에 의해 측정된다. 그림에서(그림 10.10) 이 변위는 cC인데, 작도에 의해 BB'와 같다. 선 AC를 그려보자. 그런 다음 Δt가 무한소로 작아지는 극한에서, AC는 호 ABC의 현이 되고 ½BB'는 그 호의 사기타가 될 것이다. 이것이 따름정리 4인데, 극한에서, 즉 극도로 짧은 시간 동안 그려지는 호의 사기타는 힘에 비례할 것이다.

10.9 예 2: 1권 명제 11 (직접 문제: 타원이 주어졌을 때, 초점을 향하는 힘을 찾는 문제)

다음으로 살펴볼 예는 명제 11에 대한 뉴턴의 증명인데, 이 예는 특별히 관심을 가지고 볼 것이다. 뉴턴이 천체역학에서 어느 정도 경지에 이르렀음을 보여줄 뿐 아니라 뉴턴의 과정이 잘 드러나 있기도 해서 중요하게 여겨지는 예이기 때문이다. 뉴턴의 증명을 설명하면서 우리는 각 단계마다 정당성을 확인하여 초심자들이 증명을 상세히 따라갈 수 있도록 했다. 따라서 독자들은 1권 명제 11의 증명이 어떻게 고전적인 패턴을 따르는지 확인하고, 그 안에서 원뿔의 기하를 고려하여 특정 비율을 확립한 다음 이를 결합하고 단순화하는 과정을 볼 수 있다. 다시 말해, 뉴턴은 전통적인 방식으로 원뿔의 기하와 평면 기하의 원리 또는 결과를 끌어온 다음 거의 2천 년의 세월을 넘어 17세기의 극한법을 도입한다. 『프린키피아』의 증명의 특성에 따라 이 증명 역시 기하로부터 추론된 특정 비율을 제시하고, 그런 다음 점 Q를 점 P에 접근시키는 극한법을 도입하여 Qv와 Qx가 "궁극적으로" 같다는 것을 보인다.

극한법은 P와 Q가 서로 접근하도록 명시적으로 허용하는 단계에서도 사용되고, 명제 6의 따름정리 1과 5에서 가져온 구심력의 순간 척도를 사용할 때도 쓰인다. 또 한 가지 주목할 점은 증명 과정 중 (12) 이후에서 특히 돋보이는 소거의 편리성 때문에 전통적인 비와 비율 방법이 대단히 강력한 도구로 활용될 수 있다는 점이다.

명제 11에서 사용된 극한법은 (명제 1과 4의 증명에서처럼) 기하에 익숙한 독자라면 누구나 직관적으로 이해할 만하다. 뉴턴은 독자들에게 미적분 개념과 방법을 먼저 익히고 특정 기호(예. $\dot{x}, \dot{y}$ 또는 $\frac{dx}{dt}, \frac{dy}{dt}$)를 조작하는 방법을 배워야 한다고 요구하지 않는다. 따라서, 3권의 서두에서 추천하기도 했던 1권의 처음 세 섹션은 일반 독자들이 읽기에 유율이나 미분계수를 활용한 설명보다 덜 난해하다. 물론 수학에 능통한 독자에게 뉴턴의 방법은 (특히 이후 명제에서) 불필요하게 복잡하고 심지어 결과의 해석적 의미를 가리기도 한다.[17]

명제 11을 이해하려면 평면 기하와 원뿔 기하에 대한 약간의 지식만 있으면 된다. 여기에 섹션 1(보조정리 7, 따름정리 2)에서 호, 호의 현, 그리고 그 접선의 최종 비가 일대일이라는 결과도 필요하다. 『프린키피아』 초판의 명제 11은 증명이 하나만 있었다. 2판에서는 명제 12 (쌍곡선을 따르는 운동)에서처럼 대안적 증명이 추가되었다.

명제 11에서는 (그림 10.11 참고), 타원을 따라 운동하는 물체를 초점 S로 향해 잡아당기는 힘 f를

---

17   1권 명제 41이 좋은 예다. 자세한 내용은 『Math. Papers』, 6:349-350, n.209를 참고하자.

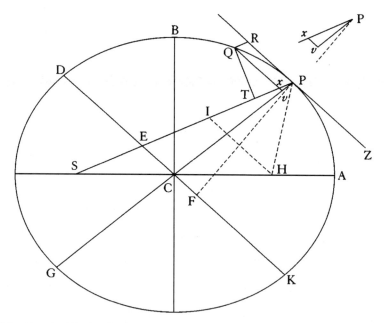

그림 10.11 1권 명제 11의 그림. 타원 궤도 운동을 생성하는 힘(J.A. Lohne, "The Increasing Corruption of Newton's Diagrams", 『History of Science』6 [1967]: 81에 따라). S와 H는 타원의 두 초점이다. 중심체(태양)는 S에 있고, 움직이는 물체(행성)는 P에 있다. 지름 PCG는 B에서 타원의 중심 C까지 이어져 있다. 다른 지름 DCK는 접선 RP와 평행하게 그려져 있다. 변위 RQ는 초점반지름 PS와 평행하게 그려져 있고, Qxv는 접선 PR에 평행하다. PR는 지름 DCK에 수직으로 그려져 있다.

구하려 한다. 물체가 타원 위 임의의 점 P에 있다고 하자. 그렇다면, 다음의 관계식

$$f \propto \frac{1}{\mathrm{SP}^2}$$

즉 힘 f 가 SP^2 에 반비례함을 증명해야 한다.

P에서 접선 RPZ를 그리자. P 근처에 임의의 점 Q를 선택하고 맞변 QR ∥ SP와 세로축 Qv ∥ RPZ를 그린다. 이때 SP는 x에서 만나도록 한다. QT⊥SP를 그리고 다른 초점 H에서 HP를 그린다. 타원의 중심 C를 통과하도록 지름 PCG를 그리고 켤레지름 DCK를 그리는데, (정의에 따라) DCK는 RPZ에 평행하고 E에서 SP와 만난다. 마지막으로 H부터 HI ∥ RPZ과 PF⊥DK를 그린다. 그러면,

(1) PE = ½(PS + PI)

증명: 초점 S와 H가 타원의 중심 C로부터 같은 거리에 있기 때문에, CS = CH이다. 따라서 EC ∥ IH이므로 SE = EI이다. 그러면, PE = PS − SE = (PI + EI + SE) − SE = PI + EI = ½(2PI + 2EI) = ½ [(PI+2EI)+PI] = ½ (PS+PI) 이다.

(2) PS + PI = 2AC

증명: 초점반지름 SP와 HP가 접선 RPZ와 같은 각도로 만나므로, ∠IPR = ∠HPZ이고, (작도에 의해) IH ∥ RPZ이므로, ∠HIP = ∠IPR = ∠HPZ가 된다. 그러므로 ∠HIP = ∠IHP이고, 또는 ΔIPH가 이등변삼각형이고, PI =PH이다. 이런 이유로 PS + PI = PS + PH이다. 그런데 타원에서는 PS + PH = 2AC이다. 그러므로, PS + PI = 2AC이다.

(3) PE = AC (PS + PI= 2PE이므로)

(4) QR (= Px) : Pv = PE : PC

증명: 이것은 QR = Px(평행사변형의 반대쪽 변)의 결과인 ΔPxv ~ ΔPEC로부터 이어지는 결과다.

다음으로, 수식 4의 왼쪽 두 항에 타원의 통경 L을 곱하면,

(5) L × QR : L × Pv = PE : PC

그러므로, 수식 3을 이용하여 (PE = AC),

(6) L × QR : L × Pv = AC : PC

그렇다면 다음 관계는 명백하다.

(7) L × Pv : Gv × Pv = L : Gv

왼쪽의 두 항은 단순히 우변의 항에 Pv만 곱한 것이다.

(8) Gv × Pv : Qv^2 = PC^2 : CD^2

증명: 이것은 원뿔 기하로부터 얻은 정리다. 타원의 지름(GP)이 세로선(Qv)에 의해 잘리면, 지름의 두 부분의 곱(Gv × Pv) 대 세로선의 제곱(Qv²)의 비는 전체 지름의 제곱(4PC²) 대 그 켤레 지름의 제곱(4CD²)과 같다. (그림 10.11 참고)

(9) $Qx^2 : QT^2 = PE^2 : PF^2$

증명: Qxv ∥ IH ∥ EF이므로, ∠QxT = ∠xEF이다. 또한 ∠QTx = ∠90° = ∠PFE이다. 따라서 ΔQTx ~ ΔPFE이고 Qx : QT = PE : PF이므로, 이를 제곱하면 수식 9를 얻을 수 있다.

(10) PE = CA(수식 3)을 수식 9에 대입하면, $PE^2 : PF^2 = CA^2 : PF^2$이다.

(11) $CA^2 : PF^2 = CD^2 : CB^2$

증명: 보조정리 12는 "주어진 타원 또는 쌍곡선의 켤레 지름 주위로 그려지는 모든 평행사변형은 서로 합동"이라고 서술한다. 이 보조정리는 임의의 타원에 적용되며 종종 두 형태 중 하나를 취한다. 오늘날의 언어로 풀어 말하자면, 한 쌍의 켤레 지름 끝의 접선에 의해 만들어지는 평행사변형의 면적은 상수라는 뜻이다. 지름의 끝에서 그려진 접선은 언제나 켤레 지름에 평행하기 때문이다. 켤레 지름이 장축과 단축인 특별한 경우에는 타원을 에워싸는 평행사변형이 직사각형이 된다. 그러므로 이 보조정리를 다른 형태로 쓰면, 켤레 지름 한 쌍의 끝에서 그리는 접선으로 이루어지는 평행사변형의 면적은 장축과 단축의 곱과 같다. 그림에서 밑변이 DK이고 높이가 PF인 평행사변형은 접선 RPZ를 포함하는 대변을 갖는다. 이 평행사변형은 D부터 접선 RPZ까지 이어진 접선, K부터 접선 RPZ까지 이어진 접선, 그리고 DK와 접선 RPZ로 그려진다. 이 평행사변형의 면적은 DK × PF이다. 이 면적이 보조정리에서 말하는 평행사변형 면적의 딱 절반이기 때문에, 장축과 단축의 곱의 절반(즉, 2CA × CB)과 같아야 한다. 이런 이유로 DK × PF = 2CA × CB이다. 그런데 DK = 2CD이므로, 2CD × PF = 2CA × CB, 또는 $\dfrac{CA}{PF} = \dfrac{CD}{CB}$이며, 따라서 양변을 제곱하면 수식 11을 얻을 수 있다.

그런 다음, 점 Q를 점 P에 접근시키면, 보조정리 7, 따름정리 2에 따라 Qv와 Qx는 결국 같아진다. 그러므로,

(12) $Qv^2 : QT^2 = CD^2 : CB^2$

이는 단순히 수식 9, 10, 11을 합친 결과이며, Qv^2과 Qx^2이 궁극적으로 같음을 주목한다. 그뿐 아니라 2PC와 Gv 역시 결국은 같다.

따라서 네 개의 기본 비는 다음과 같다.

* 6. $L \times QR : L \times Pv = AC : PC$

* 7. $L \times Pv : Gv \times Pv = L : Gv$

* 8. $Gv \times Pv : Qv^2 = PC^2 : CD^2$

*12. $Qv^2 : QT^2 = CD^2 : CB^2$

이 네 비례식은 첫 번째 항을 모두 곱하고, 두 번째 항을 모두 곱하고 하는 식으로 결합시킬 수 있다. 이 연산 과정에서 콜론 기호 양쪽에 오는 양들(즉, $L \times Pv$, $Gv \times Pv$; Qv^2; 그리고 PC, CD^2)은 소거될 수 있다. 그 결과는,

(13) $L \times QR : QT^2 = AC \times L \times PC : Gv \times CB^2$

통경 L은 정의에 따라 초점을 통과하는 두 개의 세로선이다. 이는 잘 알려진 정리로 (원뿔곡선을 설명하는 책에서 증명된다) 통경의 절반은 AC와 BD의 $\frac{1}{3}$에 비례한다. 다시 말해, $\dfrac{AC}{BC} = \dfrac{BC}{L/2}$ 또는 $AC \times L = 2BC^2$이고, 이로 인해 수식 13은 다음과 같이 쓸 수 있다.

(14) $L \times QR : QT^2 = 2BC^2 \times PC : Gv \times CB^2 = 2PC : Gv$

2PC와 Gv는 결국 같으므로, 여기에 비례하는 양인 $L \times QR$과 QT^2 역시 같아야 한다. 따라서 $L \times QR = QT^2$이다. 다시 말해,

(15) $L = \dfrac{QT^2}{QR}$

이제 양변에 SP^2을 곱하면 다음을 얻는다.

$$(16) \ L \times SP^2 = \frac{SP^2 \times QT^2}{QR}$$

그런데 명제 6의 따름정리 1과 5에 따르면, 구심력 f는 $\frac{SP^2 \times QT^2}{QR}$에 반비례한다. 그러므로,

$$(17) \ f \propto \frac{1}{L \times SP^2}$$

L은 주어진 타원에 대하여 상수이므로, 특별한 타원에서 힘 f는 거리 제곱에 반비례한다. 즉,

$$(18) \ f \propto \frac{1}{SP^2}$$

또 다른 증명

명제 10 따름정리 1에 따라, 중심 C를 향하는 힘 F는 중심 C부터의 거리 CP에 비례한다. 즉,

$$(1) \ f \propto CP$$

이 비례성으로부터, 타원의 초점 S를 향하는 힘 f는 다음과 같음을 증명하려 한다.

$$(2) \ f \propto \frac{1}{SP^2}$$

증명: 앞에서와 같이 CP와 SP를 그리고 접선 RPZ를 그리자. 또한 E에서 SP와 교차하도록 지름 DK ∥ PRZ를 그린다. C부터 SP에 평행하게 CO를 긋고, 그 선이 O에서 접선 RPZ와 교차하도록 하자. 명제 7 따름정리 3은 중심 C를 향하는 힘 F와 점 S를 향하는 힘 f 사이에는 다음의 비가 성립한다고 서술한다.

$$(3) \ F : f = CP \times SP^2 : OC^3$$

ECOP는 평행사변형이므로 OC = PE이다. 따라서 수식 3은 다음과 같다.

(4) $\text{F} : f = \text{CP} \times \text{SP}^2 : \text{PE}^3$

이 비를 다시 쓰고 수식 1을 도입하면,

$$(5)\ f = \frac{\text{F} \times \text{PE}^3}{\text{CP} \times \text{SP}^2} = \frac{\text{CP} \times \text{PE}^3}{\text{CP} \times \text{SP}^2} = \frac{\text{PE}^3}{\text{SP}^2}$$

임의의 타원에서 PE(=AC, 첫 번째 증명의 수식 3에서)는 결정된 양이므로, 다음의 결과를 얻는다.

$$(6)\ f \propto \frac{1}{\text{SP}^2}$$

10.10 예 3: 원뿔곡선 이론에서 얻은 타원에 관한 정리 (1권 명제 10과 11에 필요)

1권 명제 10에서 (그리고 특히 명제 11에서도), 뉴턴은 증명 없이 원뿔곡선의 성질을 사용하면서, 이 성질은 "원뿔곡선"에서 비롯된 것이라고만 말한다. 이때 뉴턴은 『프린키피아』의 다른 곳에서와 마찬가지로, 독자가 원뿔곡선의 원리와 유클리드의 원리에 익숙할 것이라 가정한다. 뉴턴의 책이 영국의 대학들에서 여전히 읽히던 시대인 18세기와 19세기에, 『원뿔곡선』에 관한 책의 저자들은—예를 들면 W.H. 베산트, W.H. 드류, 아이작 밀스—『프린키피아』의 증명을 이해하지 못해 당황할 독자들을 위해 이 특별한 정리의 증명을 제공하고 있다. 그들은 마지막 결과가 『프린키피아』와 완전히 동일하게 나올 수 있도록 그림에 지정하는 문자도 똑같이 선택하기도 했다. 그들의 증명은 조금 손을 봐서 아래에 수록했다.

그림 10.12와 같이 타원이 주어져 있고, DCK와 PCG를 타원의 켤레 지름이라고 하자. DCK는 P에서의 접선과 평행하고 PCG는 D에서의 접선과 평행하다. 타원 위 임의의 점 Q로부터 (P와 D 사이에서 선택한다) $C t$에 평행하게 Qv를 그리고, CP에 평행하게 Qu를 그린다. Q에서 접선 $\text{TQ}t$를 그리고, 이 선이 점 T와 t에서 (길게 늘인) CD와 CP와 만나도록 한다. 그러면, 지름은 서로 켤레 지름이므로, (이전 명제에서 증명된) 타원의 성질에 따라 다음이 성립한다.

$$(1)\ \frac{Cv}{\text{CP}} = \frac{\text{CP}}{\text{CT}} \quad \text{또는} \quad \text{CP}^2 = Cv \times \text{CT}$$

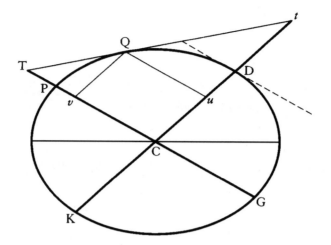

그림 10.12 타원 정리의 그림. 지름 PG는 D에서의 접선과 Qu에 평행하고, Qv는 지름 DK에 평행하다. TQt는 Q에서 그려지는 타원에 대한 접선이다.

$$(2) \quad \frac{Cu}{CD} = \frac{CD}{Ct} \text{ 또는 } CD^2 = Cu \times Ct = Qv \times Ct$$

따라서,

$$(3) \quad \frac{CD^2}{CP^2} = \frac{Qv \times Ct}{Cv \times CT}$$

$\Delta v TQ \sim \Delta CTt$이므로,

$$(4) \quad \frac{Ct}{CT} = \frac{Qv}{vT}$$

따라서 수식 3은 다음과 같이 쓸 수 있다.

$$(5) \quad \frac{CD^2}{CP^2} = \frac{Qv \times Qv}{Cv \times vT} = \frac{Qv^2}{Cv \times vT}$$

작도에 의해,

$$(6) \quad vT = CT - Cv$$

그러므로,

$$(7)\ Cv \times vT = Cv \times CT - Cv^2$$

그러나 수식 1에 의해 $Cv \times CT = CP^2$이므로, 수식 7은 다음과 같이 쓸 수 있다.

$$(8)\ Cv \times vT = CP^2 - Cv^2$$

작도에 의해, 그리고 $CP = CG$, $CP + Cv = Gv$, $CP - Cv = Pv$이므로,

$$(9)\ CP^2 - Cv^2 = (CP + Cv) \times (CP - Cv) = Pv \times Gv$$

수식 8과 9의 결과를 수식 5에 대입하면 다음을 얻는다.

$$(10)\ \frac{CD^2}{CP^2} = \frac{Qv^2}{Pv \times Gv}$$

이것은 뉴턴이 제시한 결과이다.

$$(11)\ Pv \times Gv : Qv^2 = PC^2 : CD^2$$

다음은 약간 다른 증명이다. 이번에도 같은 두 비례식에서 출발한다.

$$(1)\ \frac{Cu}{CD} = \frac{CD}{Ct}$$

$$(2)\ \frac{Cv}{CP} = \frac{CP}{CT} \quad \text{또는} \quad \frac{CP}{Cv} = \frac{CT}{CP}$$

유클리드 6.20 따름정리를 적용하면,

$$(1a)\ \frac{Cu^2}{CD^2} = \frac{Cu}{Ct}$$

$$(2a) \quad \frac{CP^2}{Cv^2} = \frac{CT}{Cv}$$

$\Delta QTv \sim \Delta tTC$이므로,

$$(3) \quad \frac{Tv}{TC} = \frac{Qv}{tC}$$

또는, $Cu = Qv$ 이므로,

$$(4) \quad \frac{Cu}{Ct} = \frac{Tv}{TC}$$

그리고 수식 1a는 다음과 같이 쓸 수 있다.

$$(5) \quad \frac{Qv^2}{CD^2} = \frac{Cu}{Ct} = \frac{Tv}{TC}$$

수식 2a는 "비의 분리에 의해" 다음과 같이 변환될 수 있다.

$$(6) \quad \frac{CT - Cv}{CT} = \frac{CP^2 - Cv^2}{CP^2}$$

그런데, $CT - Cv = Tv$이므로,

$$(7) \quad \frac{Tv}{CT} = \frac{CP^2 - Cv^2}{CP^2}$$

앞서와 같이, $CP^2 - Cv^2 = Pv \times Gv$임을 알고 있으므로,

$$(8) \quad \frac{Tv}{CT} = \frac{Pv \times Gv}{CP^2}$$

수식 5를 수식 8에 적용하면 다음의 결과를 얻는다.

$$(9) \quad \frac{Qv^2}{CD^2} = \frac{Pv \times Gv}{CP^2}$$

이것은 뉴턴이 제시하는 결과이다.

$$(10) \quad Qv^2 : Pv \times Gv = CD^2 : CP^2$$

10.11 예 4: 1권 명제 32 (역제곱 힘을 받는 물체가 낙하하는 거리는 얼마인가)

명제 32는 거리 제곱에 반비례하여 변하는 구심력의 작용을 받을 때 물체가 주어진 시간 동안(정지상태에서) 수직으로 얼마나 낙하하는지를 구하는 방법을 모색한다. 이미 『운동에 관하여』에서 문제 5로 다룬 적 있었던 이 명제는, 뉴턴이 기하학적 방법과 극한 이론을 결합시켜 문제를 해결하는 과정을 보여준다. 이 과정은 오늘날의 독자가 보기에는 필요 이상으로 간접적인 방법처럼 보인다. 이는 『프린키피아』가 그리스 기하학의 스타일을 따르지 않았음을 다시 한번 보여주는 증거가 된다.

그림 10.3에서와 같이 S를 힘의 중심이라고 하자. 물체가 S를 향해 직선 경로로 떨어지지 않는다면 (명제 13 따름정리 1에 의해) 초점을 S로 하는 원뿔곡선을 그리며 움직일 것이다. 예 1: 이 원뿔곡선을 타원 ARPB라고 하자. AB(타원의 장축) 위로 반원 ADB를 그린다. 점 C를 낙하하는 물체의 위치라 하고, CPD를 AB에 수직이 되도록 그린다. 선 CPD는 P에서 타원을 자르고 D에서는 반원을 자른다. 그리고 SP, SD, BD를 그린다. 타원은 원의 사영projection이므로, 면적 ASD는 면적 ASP에 비례할 것이다. 그리고 (면적 법칙, 명제 1과 2에 의해) ASP는 시간에 비례하므로 ASD도 시간에 비례할 것이다.

지금까지 뉴턴은 원뿔곡선의 기하와 면적 법칙을 이용했다. 그러나 이제부터는 극한법, 즉 1권 섹션 1의 "최초 비와 궁극적인 비"에서 제시된 원리를 도입한다. 타원의 축 AB를 상수로 유지하고, 타원의 폭을 계속해서 줄여나간다. 면적 ASD는 항상 시간에 비례할 것이다. 극한에서 폭은 계속해서 감소하므로, 궤도 경로 APB는 축 AB와 일치하게 되고 축의 끝점 B는 초점 S와 일치하게 될 것이다. 그렇게 하여 물체는 직선 AB를 따라 점 C로 떨어지게 되고, 면적 ABD(직선 AB와 BD 그리고 원의 호 AD로 이루어진)는 시간에 비례할 것이다.

따라서 뉴턴은 다음과 같은 결론을 내린다. 물체가 주어진 시간 동안 중심 S를 향하는 역제곱 힘을 받아 직선 AB를 따라 낙하한 거리를 구하려면, AB를 지름으로 하는 원을 그리고, 면적 ADB가 (지름 AB, 선 BD, 호 AD로 이루어진)

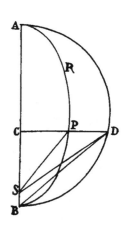

그림 10.13 거리 제곱에 반비례하는 구심력을 받는 자유 낙하 (1권 명제 32)

시간에 비례하도록 하는 점 D를 찾는다. 그리고 CD를 AB에 수직이 되도록 그린다. 그러면 거리 AC는 구하고자 하는 거리가 될 것이다.

뉴턴은 쌍곡선과 포물선의 경우도 각각 다룬다(예 2와 예 3). 증명 내용은 비슷하다.

10.12 예 5: 1권 명제 41(물체가 주어진 구심력을 받아 그리는 궤도를 구하고, 그런 다음 특정 시간에 궤도 위에서의 위치를 찾는 법)

명제 41은 『프린키피아』 독자들에게 여러 가지 이유로 특별히 흥미로운 명제다. 그 이유 중 일부는 §6.8에서 논의하였다. 어찌 보면 『프린키피아』에서 가장 중요한 명제 중 하나인 명제 41은 대단히 일반적인 힘의 조건으로부터 입자의 궤적을 결정할 수 있음을 보여준다는 점에서, 힘에 의해 생성되는 운동을 해석한 뉴턴 연구의 정점이라 할 수 있다. 이 명제는 D.T. 화이트사이드와 에릭 에이튼이 집중적으로 연구했으며, 최근에는 헤르만 에를리흐손의 연구가 돋보인다. 그의 해석은 이전의 브로검과 라우트의 해석을 대체할 만하다.[18] 앞으로 보게 되겠지만, 뉴턴은 『프린키피아』 이후 해석적으로 다루는 문제를 풀기 위해 다소 복잡한 기하학적 구조를 사용한다. 그러나, 이 역시 보게 되겠지만, 기하학 언어처럼 보이는 뉴턴의 풀이는 우리에게 좀 더 익숙한 라이프니츠의 미적분 알고리즘으로 변환할 수 있으며, 특히 신중하게 읽다 보면 뉴턴이 근본적으로 미분과 적분의 기하학적 표현을 사용하는 방법을 들여다볼 수 있다. 뉴턴의 증명은 처음 읽을 때는 (1권의 다른 명제에 대해 르네 뒤가가 한 말을 빌리자면) 그림과 글자가 뒤섞인 수수께끼 같아 보이겠지만, 그렇다 하더라도—화이트사이드의 말대로—뉴턴의 "작도는 어떤 지점에서 운동 속도와 방향이 주어질 때, 최소한으로 재구성하여 거리 r에 따라 변하는 주어진 힘 장 $f(r)$의 궤도 요소를 결정할 수 있다."[19]

명제 41에서, 뉴턴은 임의의 구심력(즉, 구체적이지 않은 거리의 함수로서의 힘)을 가정하고 궤적 성분과 그 궤적의 일부를 따르는 운동에 걸리는 시간을 찾는 문제를 설정한다. 명제 41의 전개 내용을 이해하려는 독자를 위해, 명제의 설명 부분을 몇 단계로 나누었다. 무엇보다 먼저, D.T. 화이트사이드와 에릭 에이튼의 재구성에 따라 뉴턴의 과정을 오늘날의 미적분학의 언어로 요약하고 다시 설명했다.

---

18   Whiteside, "The Mathematical Principles Underlying Newton's *Principia*" (위 §1.2, n.9); *Matt. Papers* 6:344-356 nn.204-215; Aiton, "The Contributions of Isaac Newton, Johann Bernoulli and Jakob Hermann to the Inverse Problem of Central Forces" (§5.7, n.22 위), 이는 이전 논문 "The Inverse Problem of Central Forces" (위 §5.7, n.22)의 업데이트된 버전이다. 또한 Aiton의 "The Solution of the Inverse Problem of Central Forces in Newton's *Principia*" (위 §6.4, n.11); 『Anal. View』, pp.79-86도 참고하자. 헤르만 에를리흐손은 이 문제를 그의 "The Visualization of Quadratures in the Mystery of Corollary 3 to Proposition 41 [of book 1] of Newton's *Principia*" (위 §6.8, n.25)에서 다루고 있으며, 특히 뉴턴의 역세제곱 힘의 예를 포함하는 따름정리 3의 논의가 아주 훌륭하다.

19   명제 41과 그 의미를 좀 더 자세히 공부하려는 사람은 화이트사이드의 각주와 해설을 찾아보는 것이 좋겠다. 그의 해설에는 뉴턴의 동시대인들과 후세 사람들의 반응도 함께 논의되어 있다. 후자에 대해서는 에이튼의 논문(위 n.18)이 특히 훌륭하다.

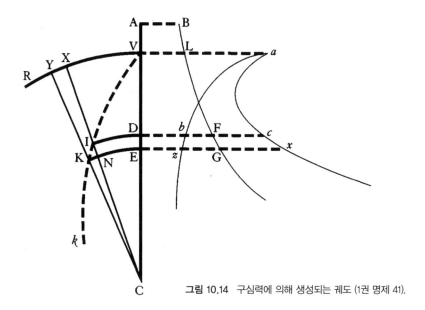

그림 10.14 구심력에 의해 생성되는 궤도 (1권 명제 41).

두 번째로, 『프린키피아』에 제시된 대로 뉴턴 자신의 전개 과정에 따라 단계별로 설명했다. 세 번째로 마지막의 중요한 몇 단계는 우리에게 익숙한 라이프니츠식 미적분 표기법으로 변환했다.

　뉴턴도 몇 가지 방법으로 이 명제에 미적분을 도입한다. 먼저, 명제의 서술문에서 특정 곡선의 "구적법"(또는 적분)이 가능하다는 점을 분명하게 밝힌다. 둘째, 무한소와 무한소의 비를 다루고 있는데 이는 명백하게 유율 또는 미적분을 활용한 예이다. 마지막 결과에서는 구체적인 구적법 또는 적분을 수행한다.

　명제 41에서, 뉴턴은 힘의 중심 C로부터 거리 r에 대한 함수 $f(r)$로 "구심력"을 가정한다. 그리고 (그림 10.14 참고) 궤적을 찾아야 하는 물체는 어느 점 V에서 초기 속도 v_0으로 출발한다. (뉴턴의 초기 속도 v_0를 결정하는 방법은 위 §6.9에서 논의되었고, 아래 단계 10에서 다시 제시한다.) 사실 뉴턴이 지정한 실제 조건은 초기 속도라기 보다는 궤도 위 어느 점 I에서의 속도다. V에서 C까지의 거리를 a라 하자. 그림에서 (그림 10.14 참고) VIKk는 결과적으로 그려지는 궤적이나 궤도 또는 운동의 곡선이다(뉴턴은 이것을 궤적이라 부른다). VR은 반지름이 CV = a이고 중심이 C인 원의 호다. 뉴턴은 곡선 위의 두 점 I, K를 선택하고 이 두 점이 "매우 가깝다"고 말한다. 그래서 호 IK는 무한히 작은 선분 또는, 오늘날의 용어로는 ds이며, "주어진 극도로 짧은 시간" dt 동안 그려지는 거리다. 순간 속도 v는 $\dfrac{ds}{dt}$다. 그러므로,

(i) IK = *ds* = *vdt*

선 CKY와 CIX를 그리고, ID와 KE는 중심이 C이고 반지름이 CK와 CI인 원의 호라고 하자. 각 VCX 또는 VCI를 전통적인 θ로 표기하면, XCY 또는 ICK는 $d\theta$가 될 것이다. 그렇다면, KC = *r*일 때,

(ii) KN = $rd\theta$

그리고 부채꼴 ICK의 삼각형 면적은,

(iii) 면적 ICK = ($\frac{1}{2}$)밑변 × 높이 = ($\frac{1}{2}$) $r(rd\theta)$

궤적은 연속적으로 작용하는 구심력에 의해 만들어지므로, (1권 명제 1에 따라) 시간에 대한 면적의 변화율은 상수이다. 이를 이라 하면,

(iv) 면적 ICK = $\left(\dfrac{Q}{2}\right)dt$

수식 iii을 수식 iv와 결합하면 다음을 얻는다.

(v) $r^2 d\theta = Qdt$

그림으로부터, $KI^2 = KN^2 + IN^2$ 또는 $ds^2 = (rd\theta)^2 + dr^2$이다. 그러므로

(vi) $v^2 = (\dfrac{ds}{dt})^2 = r^2(\dfrac{d\theta}{dt})^2 + (\dfrac{dr}{dt})^2$

수식 v로부터 얻은 $\dfrac{d\theta}{dt} = \dfrac{Q}{r^2}$을 수식 vi에 대입하면,

(vii) $v^2 = \dfrac{Q^2}{r^2} + (\dfrac{dr}{dt})^2$

이 식을 *dt*에 대하여 풀면, 다음을 얻는다.

$$\text{(viii)} \quad dt = \frac{dr}{\sqrt{\left[v^2 - \dfrac{Q^2}{r^2}\right]}}$$

명제 39과 40으로부터,

$$\text{(ix)} \quad v^2 = v_0^2 + 2\int_r^a f(r)\,dr$$

수식 ix의 v^2값을 수식 viii에 대입하고 적분하면, 다음을 얻을 수 있다.

$$\text{(x)} \quad \int_0^t dt = \int_0^r \frac{-dr}{\sqrt{\left(v_0^2 + 2\int_r^a f(r)\,dr - \dfrac{Q^2}{r^2}\right)}}$$

t의 함수인 r을 얻기 위해, 두 번 적분하여 두 개의 면적을 구해야 하며, 명제의 서술문에서는 이것이 가능하다고 가정한다. 두 적분을 수행하면 t의 함수로서의 r을 얻을 수 있다.

다음 문제는 t의 함수로서 θ를 결정하는 것이다. 이를 위해 수식 ii, 즉 $\text{KN} = r\,d\theta$ 그리고 수식 v, 즉 $\text{KN} = Q\dfrac{dt}{r}$를 사용하여 다음을 얻는다.

$$\text{(xi)} \quad d\theta = \frac{\text{KN}}{r} = Q\frac{dt}{r^2}$$

$$\text{(xii)} \quad dt = r^2\frac{d\theta}{Q}$$

그러므로 수식 x으로부터 다음의 결과를 얻는다.

$$\text{(xiii)} \quad \frac{r^2 d\theta}{Q} = \frac{-dr}{\sqrt{\left(v_0^2 + 2\int_r^a f(r)\,dr - \dfrac{Q^2}{r^2}\right)}}$$

그러므로

$$\text{(xiv)} \quad d\theta = \frac{-Q\,dr}{r^2\sqrt{\left(v_0^2 + 2\int_r^a f(r)\,dr - \dfrac{Q^2}{r^2}\right)}}$$

이 마지막 수식을 적분하면 t의 함수인 θ를 구할 수 있다. 따라서 우리는 시간의 함수인 r과 θ를 모두 찾았고 궤적을 찾는 문제를 해결했다.

다음으로 볼 내용은 위에서 살펴본 내용이 뉴턴의 기하학적 표현을 미적분의 언어로 번역한 것임을 확인할 것이다. 그러려면 뉴턴의 간결한 문장을 개별 단계로 쪼개어 보는 것이 편리할 것이다. 뉴턴이 구체적인 곡선의 "구적법"을 가정하고, 유율을 명확히 사용하고 있다는 점을 다시 상기하자. 예를 들어 단계 11에서 보면 속도는 변위 s의 유율, 즉 $\dfrac{ds}{dt}$이다. 뉴턴의 서술이 라이프니츠식 미적분학 알고리즘으로 번역될 때 구성이 얼마나 더 간결해지는지도 함께 보게 될 것이다.

작도는 다음 단계에 따라 발전된다.

1. 구심력이 C를 향하고 있다고 하자. 이 힘은 C로부터의 거리 r에 대한 함수다.

2. 물체는 주어진 초기 속도로 점 V에서 출발한다. 물체의 궤적은 곡선 VIKk이다.

3. 궤적 위의 두 점 I와 K가 "서로 대단히 가깝다"고 하자("sibi invicem vicinissima").

4. 중심이 C이고 반지름이 CV인 원의 호 VR를 그린다.

5. C를 중심으로 원의 호 ID와 KE를 추가하여 그린다. 이 호들은 I와 K에서 곡선을 자른다.

6. 직선 CV를 그린다. 이 직선은 위의 두 원을 점 D와 E에서 자른다.

7. 직선 CX를 그린다. 이 선은 두 원을 점 I와 N에서 자르고 원 VR은 점 X에서 자른다.

8. 점 Y에서 원 VR을 가로지르는 직선 CKY을 그린다.

9. 물체가 V에서 I와 K를 지나 k로 이동하도록 하자.

10. 선 AVC 위의 점 A는 이제 다음과 같이 정의된다. A는 물체가 낙하하기 시작하는 점이고, 물체는 그런 다음 C를 중심으로 하는 힘의 작용을 받아 하강할 것이다. 그러다가 점 D에 도달하면, 물체는 궤적을 찾아야 하는 물체가 I에서 얻게 되는 속도와 같은 속도를 얻게 될 것이다. I와 D는 중심이 C인 같은 원 위에 놓인다는 점을 주목하자.

단계 10에서, 뉴턴은 사실상 궤적을 찾아야 하는 물체의 초기 속도를 정했다. 만일 운동을 되돌리거나 곡선 KIV를 따라 D와 I가 V와 일치할 때까지 뒤로 거슬러 가면, I에서의 속도는 초기 속도가 되고 그 크기는 두 번째 물체가 A에서 V로 "자유낙하"하는 거리에 따라 정해질 것이다. 물론 앞서 언급한 대로 (§6.9에서) 낙하하는 물체의 운동 방향은 바뀌어야 한다. 이렇게 초기 속도를 정하는 기하학적 방법의 장점은 이 값을 기하학적 증명 과정 안에 쉽게 집어넣을 수 있다는 것이다.

11. 이제 명제 39를 사용하면, "주어진 극도로 짧은 시간 동안 그려지는 선분 IK"는 속도에 비례할 것이며, 따라서 면적 ABFD의 제곱근에 비례할 것이다. 여기에서 "주어진 극도로 짧은 시간 동안 그려지는 선분 IK"는 그냥 ds다. ABDF의 면적은 명제의 조건에서 언급한 대로 적분, 즉 "구적법"으로

만 알 수 있다. 우리는 비례상수의 값(그리고 다른 모든 것도)을 1이라고 가정할 수 있다.[20]

이 결과를 일반적인 미적분 기호로 바꾸어 쓰고, 비례상수를 1로 잡아보자.

$$\frac{ds}{dt} = \sqrt{\text{ABFD}}$$

$$s = \int \sqrt{\text{ABFD}}\,dt$$

12. 그러면 시간에 비례하는 삼각형 ICK가 주어진다.

13. 그러므로 KN은 IC에 반비례할 것이다.

14. 어떤 양 Q가 주어지고 IC = A라 하자.

15. 그러면 KN ∝ Q/A이다.

16. 편의를 위해, [21] $\dfrac{\text{Q}}{\text{A}}$를 Z로 표기한다.

17. 어느 한 경우에 Q가 다음과 같은 값을 갖는다고 가정하자.

$$\sqrt{\text{ABFD}} : \text{Z} = \text{IK} : \text{KN}$$

18. 그렇다면 모든 경우에 대하여,

$$\sqrt{\text{ABFD}} : \text{Z} = \text{IK} : \text{KN}$$

이고,

19. $\text{ABFD} : \text{Z}^2 = \text{IK}^2 : \text{KN}^2$이다.

20. 비의 원리에 따라[22]

---

20 이 부분에서 에를리흐손의 논문을 참고하자. (위 n.19).

21 우리의 라틴어판 『프린키피아』에서 볼 수 있듯이, Q/A를 Z로 대체하는 것은 뉴턴이 1권의 원고를 인쇄소에 보내기 전에 핼리가 추가한 것이었다. 화이트사이드는 핼리가 Q/A 대신 Z로 대체한 이유가 인쇄상의 편의를 위해서였다고 제안했다. 『Math. Papers』, 6:347, n.205 참고.

22 위 §10.6 참고.

$$\text{ABFD} - \text{Z}^2 : \text{Z}^2 = \text{IK}^2 - \text{KN}^2 : \text{KN}^2$$

21. 그런데 $\text{IK}^2 - \text{KN}^2 = \text{IN}^2$이다.

22. 그러므로,

$$\sqrt{(\text{ABFD} - \text{Z}^2)} : \text{Z} = \text{IN} : \text{KN}$$

23. $\text{Z} = \dfrac{\text{Q}}{\text{A}}$이므로, 22의 관계식은 다음과 같다.

$$\frac{\text{KN}}{\text{IN}} = \frac{\dfrac{\text{Q}}{\text{A}}}{\sqrt{(\text{ABFD} - \text{Z}^2)}}$$

24. 이것은,

$$\text{A} \times \text{KN} = \frac{\text{Q} \times \text{IN}}{\sqrt{(\text{ABFD} - \text{Z}^2)}}$$

25. 다음의 식이 성립하므로,

$$\text{YX} \times \text{XC} : \text{A} \times \text{KN} = \text{CX}^2 : \text{A}^2,$$

26. $\text{XY} \times \text{XC} = \dfrac{\text{Q} \times \text{IN} \times \text{CX}^2}{\text{A}^2\sqrt{(\text{ABFD} - \text{Z}^2)}}$

이 다소 복잡한 수식에는 변환 과정에서 확인될 수 있는 익숙한 성분이 포함되어 있다. IN은 방사상 거리 r의 무한소 변화량 dr인데, 뉴턴은 방사상 거리를 r 대신 A로 표기하고 있다. 그렇다면 $\dfrac{\text{Q}}{\text{A}}$ 또는 Z는 $\dfrac{\text{Q}}{r}$가 되고, 오늘날의 언어로 표현하면 속도의 횡단 성분 또는 $r\dfrac{d\theta}{dt}$, 또는 v_θ이다. 그러므로,

$$\frac{\text{Q}}{\text{A}^2} = \frac{r\dfrac{d\theta}{dt}}{r^2} = \frac{1}{r} \times \frac{d\theta}{dt}$$

분모의 $\sqrt{(\text{ABFD} - \text{Z}^2)}$은 방사상 속도, 즉 $\dfrac{dr}{dt}$ 또는 v_r인데, 이는 $\text{ABFD} = v^2$이고 Z^2은 v_θ^2이기 때문이다. ABFD는 구적 또는 적분 과정에서 이미 구한 값이다(명제 39와 40).

그러므로 현대의 언어로 쓰면 단계 26의 결과로서 $d\theta$와 dr로 표현된 dt를 구할 수 있는 수식을 얻게

된다. 오늘날 우리는 표준 방법을 사용해 변수를 분리하여 dr의 함수로 그리고 $d\theta$의 함수로 dt를 구한다. 그런 다음 이 미분방정식을 각각 적분으로 푼다. 다시 말해 변수를 분리함으로써 dr과 $d\theta$에 관한 미분방정식을 하나씩 얻게 된다. 이중 하나는 다음과 같다.

$$t = \int \frac{dr}{\sqrt{(\text{ABFD} - \text{Z}^2)}}$$

이것이 뉴턴이 한 일이다. 그는 반경 벡터가 휩쓰는 면적 VIC를 고려하는데, 이 면적은 (1권 명제 1에 따라) 시간에 비례하며 그 비율은 $\dfrac{\text{Q}}{2}$이다. 그러므로,

$$t \times \frac{\text{Q}}{2} = \text{면적 VIC다.}$$

그렇다면 기본적으로,

$$\text{면적 VIC} = \frac{\text{Q}}{2} \int \frac{dr}{\sqrt{(\text{ABFD} - \text{Z}^2)}}$$

그러므로 면적 VIC를 찾는 적분 문제가 된다. 뉴턴은 합동인 면적 VDba를 구하여 이 문제를 푼다.

뉴턴은 다음 단계로 넘어가는 방법을 명확하게 제시하지 않는다. 우리의 변수 분리에 해당하는 뉴턴의 방법은 두 개의 새 변량을 정의하는 것이다. 그중 하나는 다음과 같다.

$$\text{D}b = \frac{\text{Q}}{2\sqrt{(\text{ABFD} - \text{Z}^2)}}$$

다른 하나는 다음과 같다.

$$\text{D}c = \frac{\text{Q} \times \text{CX}^2}{2\text{A}^2\sqrt{(\text{ABFD} - \text{Z}^2)}}$$

이 두 방정식에서 단계 26의 Q와 $\text{Q} \times \dfrac{\text{CX}^2}{\text{A}^2}$을 확인할 수 있고, 분자에 2가 추가되어 있다. 이 2가 들어간 이유는 면적 VIC가 그려지는 속도가 $\dfrac{\text{Q}}{2}$이기 때문이다. 뉴턴은 효과적으로 변수 r과 θ를 분리했다.

명제 41에서 뉴턴은 Db와 Dc의 적분을 동시에 전개하려 한다. 그러나 우리는 더 간단한 방법으로 이 둘을 따로 다룰 것이다. 뉴턴은 처음에 Db의 적분이 ("생성되는 면적" VDba) 면적 VIC와 같음을

증명한다. VIC는 시간에 비례하므로 VDba 역시 시간에 비례한다. 따라서 주어진 시간 t에 대하여 그 시간에 비례하는 면적 VBba를 찾을 수 있는데, 이는 뉴턴의 "케플러 상수" Q를 2로 나눈 값에 의해 결정된다. 이렇게 면적을 결정하면 시간 t의 함수인 Db를 얻을 수 있다.

뉴턴의 과정을 이해하는 다른 방법은 방사상 속도의 방정식 $\sqrt{(\text{ABFD} - Z^2)} = \dfrac{dr}{dt}$에서 시작하는 것이다. 그러면,

$$\frac{dr}{dt} = \sqrt{(\text{ABFD} - Z^2)}$$

또는

$$dt = \frac{dr}{\sqrt{(\text{ABFD} - Z^2)}}$$

$$t = \int \frac{dr}{\sqrt{(\text{ABFD} - Z^2)}}$$

그런데,

$$\frac{Q}{2}t = \text{면적 VIC 이므로,}$$

$$\text{면적 VIC} = \frac{Q}{2} \int \frac{dr}{\sqrt{(\text{ABFD} - Z^2)}}$$

$$d(\text{면적 VIC}) = \frac{Q}{2\sqrt{(\text{ABFD} - Z^2)}}$$

$\dfrac{Q}{2\sqrt{(\text{ABFD} - Z^2)}}$ 은 뉴턴이 Db로 정의한 양이다.

뉴턴은 d(면적 VIC)를 면적 VIC의 "막 생겨나는 부분"이라고 부르고, 이것이 면적 VDba의 "막 생겨나는 부분"과 같다는 것을 발견한다. 따라서 적분에 의해 VIC는 VDba와 같다.

뉴턴은 이와 비슷한 과정을 사용해 변수 Bc에 대한 원의 부채꼴 VCX을 다룬다. 이런 식으로 그는 문제의 두 번째 부분, 즉 t의 함수로서의 θ를 찾는 문제를 해결한다.

이제 『프린키피아』에 제시된 실제 단계로 돌아가서, 단계 26 이후의 결론의 증명을 끌어내 보자.

27. AC에 수직인 DF를 세운다.

28. 다음이 성립하도록 점 b와 c를 선택한다.

$$Db = \frac{Q}{2\sqrt{(ABFD - Z^2)}}$$

$$Dc = \frac{Q \times CX^2}{2A^2\sqrt{(ABFD - Z^2)}}$$

29. 이 점들은 곡선[23] ab와 ac를 그릴 것이다.

30. V에서 AC에 수직인 Va를 그려서, 곡선으로 이루어진 면적 VCba와 VDca를 자르도록 한다.

31. 세로선 Ez와 Ex를 그린다.

32. 그러면,

Db × IN = DbZE의 면적 = $\frac{1}{2}$A × KN = 삼각형 ICK의 면적,

DC × IN = DcxE의 면적 = $\frac{1}{2}$YX × XC = 삼각형 XCY의 면적.

33. 그런 다음 뉴턴은 "면적 VDba와 VIC에서 막 생겨나는 부분 DbzE와 ICK는 언제나 같고, 면적 VDca와 VCX의 막 생겨나는 부분 DcxE와 XCY는 언제나 같"다고 말한다.

34. 그러므로, 생성되는 면적 VDba는 생성되는 면적 VIC와 같다.

다시 말해, d(VDba)=d(VIC)이므로, 이들의 적분은 같다.

35. 그런데 1권 명제 1에 따라 생성되는 면적 VIC는 시간에 비례하고, 따라서 생성되는 면적 VDba 역시 시간에 비례할 것이다.

36. 그러므로 생성되는 면적 VDca는 생성되는 부채꼴 VCX와 같을 것이다.

37. 따라서 "물체가 위치 V에서 출발한 후 경과 시간을 고려하면, 시간에 비례하는 면적 VDba 가 정해질 것"이다.

38. 그러므로 "물체의 높이 CD 또는 CI도 정해질 것이다. 또한 면적 VDca(…)도 정해지게 된다."

---

23   1판과 2판에서는 그림이 부정확하게 그려져 있다. Db와 Dc의 곡선들이 하나의 점 a에서 만나는 것이 아니라 두 점 a와 d에서 VL로 표시된—3판에서—선의 연장선에서 만나기 때문이다. 이 오류는 펨버튼이 3판에서 수정하였다. 『Math. Papers』, 6:347, n.297 참고.

    1판과 2판에서는 하나의 그림이 명제 40과 41에 모두 쓰였다. 3판에서는 명제 40을 위해 완전히 새로운 그림이 제작되었고, 전체 그림 중 이 명제에 필요한 일부만 보여준다.

    초판의 그림이 부정확한 이유는 쉽게 알 수 있다. 곡선 Db와 Dc가 CV에 수직인 VL과 교차하는데, 이는 D가 V와 일치할 때에만 가능하다. 이러한 조건에서, "높이" A는 (CD 또는 CI와 같다) CX와 같을 것이다. 따라서 CX^2/A^{2}은 1이 되고, 그러므로 Db=Dc이다.

다소 비슷한 과정을 통해 뉴턴은 각 VIC(또는 θ)를 결정한다. 이 과정은,

39. 부채꼴 VCX(면적 VDca와 같음)와 각 VCI가 주어진다.

40. 그러므로, "각 VCI와 높이 CI를 고려하면 위치 I도 결정될 텐데, 물체는 이 위치에서 발견될 것이다."

10.13 예 6: 1권 보조정리 29 (기하학적 형태 안에서 미적분 또는 유율법의 예)

명제 79에서 81까지와 보조정리 29는 인력의 다양한 측면을 다루고 있다. 이 내용은 소멸하는 양, 막 생겨나는 양 또는 무한소가 유율의 표현이며, 뉴턴의 기하학적 설명을 우리에게 익숙한 미적분 알고리즘으로 읽을 수 있다는 점을 보여주고 있어 특히 흥미롭다. 1권에서 보조정리 29와 이어지는 명제 79에서 80까지는 수학적인 동역학 문제에 대하여 『프린키피아』의 기하학적 유율과 라이프니츠식 알고리즘이 실질적으로 모두 장점이 있음을 잘 보여주고 있다.

보조정리 29는 중심이 S인 원 AEB를 그리는 것으로 시작한다(그림 10.15 참고). 다음으로 중심이 P인 원 EF와 ef를 두 개 더 그린다. 이 두 원은 "첫 번째 원을 E와 e에서 자르고, 선 PS는 F와 f에서 자른다." 그런 다음, "수직선 ED와 ed가 PS로 떨어지도록 그린다." 그러면, "호 EF와 ef 사이의 거리가 무한정 감소한다고 가정할 때, 사라지는 선 Dd와 사라지는 선 Ff의 궁극적인 비는 선 PE 대 선 PS의 비와 같다."

이 보조정리의 서술에서는 수학적 담론의 무한소가 선언되고 있다. 두 원의 호 EF와 ef 사이의 거리 Ff가 무한정으로 줄어들기 때문이다. 그런 다음 사라지는 선 Dd 대 사라지는 선 Ff의 최종 비는 PE 대 PS의 비와 같다. 그림에서 사라지는 호 Ee는 (극한에서) 현으로 취급된다. 그리고 기하학적 조건에 의

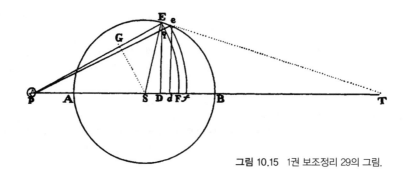

그림 10.15　1권 보조정리 29의 그림.

해 $\Delta DTE \sim \Delta dTe \sim \Delta DES$의 결과가 나온다. 그러므로,

$$(1) \quad \frac{Dd}{Ee} = \frac{DT}{TE} = \frac{DE}{ES}$$

그런데 (보조정리 8 그리고 따름정리 3 보조정리 7에 의해) $\Delta Eeq \sim \Delta ESG$이므로,

$$(2) \quad \frac{Ee}{eq} = \frac{ES}{SG} \quad \text{또는} \quad \frac{Ee}{Ff} = \frac{ES}{SG}$$

두 비를 곱하면 다음을 얻는다.

$$(3) \quad \frac{Ee}{Ff} \times \frac{Dd}{Ee} = \frac{ES}{SG} \times \frac{DE}{ES}$$

$$(4) \quad \frac{Dd}{Ff} = \frac{DE}{SG}$$

그런데 $\Delta PDE \sim \Delta PGS$이므로,

$$(5) \quad \frac{PE}{PS} = \frac{PD}{PG} = \frac{DE}{SG}$$

그러므로

$$(6) \quad \frac{PE}{PS} = \frac{Dd}{Ff}$$

이것이 증명된 내용이었다.

뉴턴의 결과는 우리에게 익숙한 라이프니츠식 미적분 알고리즘으로 쉽게 바꾸어 쓸 수 있다. 보조정리 29의 결론은,

$$(7) \quad PE \times Ff = PS \times Dd$$

Ff는 P를 중심으로 그려진 원의 반지름($r = PE$)의 무한소이거나 순간적 증분 또는 감소분 dr이다. 따라서 $PE \times Ff = rdr$이다. 그러므로 방정식 7은 다음과 같이 쓸 수 있다.

$$(8)\ rdr = cdx$$

x, y가 반지름 r인 원 위의 임의의 점의 좌표라고 하자. 그렇다면,

$$(9)\ x^2 + y^2 = r^2$$

그리고

$$(10)\ xdx + ydy = rdr$$

또는

$$(11)\ xdx - cdx + ydy + cdx = rdr$$
$$(12)\ rdr = (x - c)dx + ydy + cdx$$

이것은 사실상 중심이 좌표축의 원점으로부터 거리 c만큼 떨어져 있는 원을 서술한 것이다. 이 경우,

$$(13)\ (x - c)dx + ydy = 0$$

이 결과로서,

$$(14)\ rdr = cdx$$

10.14 예 7: 3권 명제 19 (지구의 모양)

이 명제의 목표는 이론과 데이터를 사용하여 (특히 지구의 측량과 자유낙하 가속도 측정 데이터) 지구의 모양을 결정하는 것이다. 위 §8.11에서 지적한 대로 3판에서 제시된 최종 버전은 수정을 거듭하여 초안과는 많이 달라졌다. 이 명제에서 뉴턴은 지구가 완전한 유체로서 회전하는 덩어리와 같은 모양을 갖고 있다고 가정한다. 그는 상당히 영리한 추론에 의해 지구의 타원율이 $\frac{1}{230}$이라는 최종 결과를 얻는

다. 현재 인정받는 값은 $\dfrac{1}{298.275}$ 이다.

1. 먼저, 뉴턴은 지구가 완벽한 구형이라고 가정한다. 그는 피카드–카시니의 지구 측정 데이터를 사용해 지구의 둘레가 123,249,600파리피트이며 반지름은 19,651,800파리피트라고 결론을 내린다. 이제부터 "피트"라고 하면 파리피트를 의미하며, "라인"은 1/12인치이다.

2. 공기 저항에 대한 약간의 보정 인자를 추가하여, 뉴턴은 파리의 위도에서 물체가 진공 중에서 (in vacuo) 1초 동안 자유롭게 낙하하는 거리가 2,174라인이라고 말한다. 이 결과는 파리에서 신중하게 수행된 진자 실험을 통해 얻은 것이다.

3. 1 항성일을 23시간 56분 4초로 잡으면, 뉴턴은 지구 적도 위의 물체가 (지구가 일정하게 회전한다고 가정할 때) 1초에 1,433.46피트의 호를 그린다고 계산한다. 이 호의 버스트 사인은 7.54064라인으로 계산된다. 버스트 사인은 현에서 호까지 연장되는 호의 현을 수직으로 이등분하는 부분이다.

4. 그러므로 뉴턴은 다음과 같은 결론을 내린다.

$$\frac{\text{파리에서 낙하하는 힘}}{\text{적도에서 원심력}} = \frac{2{,}174}{7.54064}$$

이때 "파리에서 낙하하는 힘"이란 물체가 파리의 위도에서 낙하할 때 받는 힘을 말한다. 이 "낙하하는 힘"은 물체가 첫 1초 동안 자유롭게 낙하하는 거리에 의해 측정된다. "적도에서의 원심력"은 지구 자전으로 인해 적도에서 발생하는 힘이다. 원심력 대 1초 동안 횡단하는 호의 버스트 사인의 비는 1권 명제 1, 따름정리 4와 5의 결과에 따른다.

5. 다음으로 뉴턴은 적도에서의 원심력 대 파리 위도에서의 원심력의 비를 계산한다. 이 비는 다음과 같다.

$$\frac{\text{적도에서의 원심력}}{\text{파리에서의 원심력}} = \left(\frac{r}{\cos\lambda}\right)^2$$

또는

$$\frac{\text{파리에서의 원심력}}{\text{적도에서의 원심력}} = \left(\frac{\cos\lambda}{r}\right)^2$$

이때 r은 지구 반지름이고 λ는 파리의 위도이다.

그 이유는 파리에서의 회전 반지름이 $r\cos\lambda$이고 이 반지름과 원심력이 비례하기 때문이다. 오늘날의 독자라면 이 비가 $\dfrac{\cos\lambda}{r}$이 아닌 $\dfrac{r\cos\lambda}{r}$의 제곱이 될 것이라 예상하게 된다. 뉴턴이 이 비를 $\dfrac{\cos\lambda}{r}$의 제곱으로 쓴 이유는 당시에 코사인을 (그리고 다른 삼각함수도) 각도가 아닌 주어진 원(이 경우에는 반지름 r인 원)의 호에 대한 함수로 다루었기 때문이다. 따라서 뉴턴은 다음과 같이 계산한다.

$$\frac{\text{적도에서의 원심력}}{\text{파리에서의 원심력}} = \frac{7.54064}{3.267}$$

6. 파리에서, 관측되는 물체가 낙하할 때 실질적으로 받는 힘은 "전체 중력"이 아니다. 지구 자전의 원심력 효과가 작용하기 때문이다(이는 위도와 관련이 있다). 따라서 "전체 중력"을 구하기 위해서는 1초 동안의 자유낙하에서 관측된 시간에 원심력 효과를 더해야 한다. 그렇다면 관측값인 $2{,}173\tfrac{7}{9}$라인, 또는 15피트 1인치 $1\tfrac{7}{9}$라인은 $2{,}177.267$라인, 또는 15피트 1인치 5.267라인으로 늘어나게 된다.

7. 이런 이유로,

$$\frac{\text{위도 }\lambda\text{에서의 전체 중력}}{\text{적도에서의 원심력}} = \frac{2{,}177.267}{7.54064} = \frac{289}{1}$$

8. 감소하지 않은 중력은 적도와 파리에서 아주 약간 다를 것이다. 그러나 뉴턴은 작은 2차 항을 무시하고, 적도에서 감소하지 않은 중력 대 원심력의 비가 289 대 1임을 발견했다. 이 값은 (이

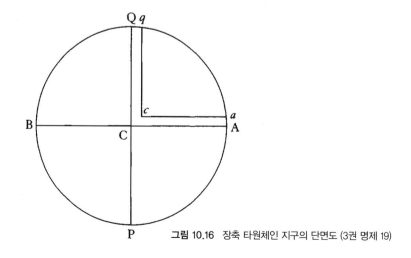

그림 10.16 장축 타원체인 지구의 단면도 (3권 명제 19)

후 판본에서) 하위헌스에 의해 조정된다.

다음으로 뉴턴은 지구를 단축 PQ를 축으로 하여 회전시킨 회전 타원체로 간주한다. 『프린키피아』의 그림은 단축에 해당하는 수평축이 회전축이라 자칫 오해하기 쉽다. 오늘날의 독자들은 이런 그림이 90도 회전되어 있는 것을, 즉 회전축이 수직으로 서 있는 그림을 많이 보아왔기 때문이다. 따라서 독자들의 편의를 위해, 여기에서는 (그림 10.16) 『프린키피아』의 그림을 90도 회전시켜 놓았다.

9. 뉴턴은 독자들에게 물로 채워진 두 수로 QCcq와 ACca가 결합되어 있는 상황을 떠올리도록 주문한다. 그러면 원심력의 작용 때문에 길이가 더 긴 수로 ACca의 물의 무게는 (위의 단계 7에서 얻은 결과에 따라) 짧은 수로 QCcq의 물의 무게보다 1/289만큼 크다. 다시 말해, 무게의 비는 289 대 288이 될 것이다.

10. 1권 명제 91 따름정리 2와 3을 이용해, 뉴턴은 극지방 Q에서의 중력 대 적도 A에서의 중력의 비가 501 대 500이 된다고 계산한다.

11. 다음으로 뉴턴은 "비례 법칙"을 도입한다. 만일 4/505만큼의 원심력이 두 수로의 길이에 1/100의 차이를 일으키면, 1/289의 원심력은 230 대 229의 길이 차이를 만들어낼 것이다.

12. 따라서 뉴턴은 지구의 적도 지름 대 극지름의 비가 230 대 229라는 결론을 내린다.

브로검과 라우트는 이러한 뉴턴의 해석에 "명백하게 결함이 있다"고 판단한다. 그 이유는 뉴턴이 "회전 타원체가 평형 상태라고 가정할 뿐 아니라, 타원율이 항상 원심력 대 중력의 비에 비례한다고 가정을 세우기" 때문이다. 두 주장은 "사실상 참이지만" "자명한 사실은 아니다." 브로검과 라우트는 이 주장들을 콜린 맥로린이 "최초로 증명"했다고 언급하며, 다음과 같이 결론을 내린다. "뉴턴은 종종 부적절한 방법으로 정확한 결과에 도달하곤 하는데, 그 과정은 참으로 감탄할 만하다. 그런 예는 이 경우 말고도 대단히 많다." 브로검과 라우트가 제시하는 예 중에는 뉴턴이 "지구의 평균 밀도를 추측하고" 그런 다음 "파도의 속도가 파장의 제곱근에 비례하여 변한다고 추론한" 사례도 포함되어 있다.[24]

10.15 예 8: 위도에 따른 무게 변화에 관한 정리 (3권 명제 20으로부터)

지금부터 살펴볼 예는 뉴턴의 증명의 논리를 이해하기 위한 것이라는 점에서 앞선 예들과는 좀 다르

---

24   『Anal. View』, p.179.

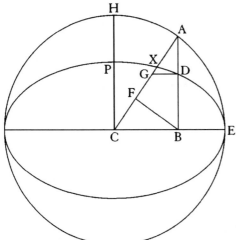

그림 10.17 적도에서 극지방으로 이동하는 무게의 증가에 관한 정리. (3권 명제 20에서)

다. 뉴턴은 명제 20을 논하면서 증명에 대한 언급 없이 정리를 서술한다. 명제 20에서 제시하는 문제는, "우리 지구의 여러 지역에 있는 물체들의 무게를 구하고 서로 비교하라"는 것이다. 여기에서 "무게"("gravitas")는 지구의 중력과 지구 자전의 원심력 효과의 결합을 의미한다. 뉴턴은 처음에는 지구 표면의 어느 곳에 놓인 물체의 무게는 지구 "중심에서부터 물체가 놓인 위치까지의 거리에 반비례한다"는 결론을 내린다. 토드헌터가 지적했듯이, 이 결과는 "반경 성분으로 분해될 때"라는 제한 조항이 포함되어야 한다.[25]

명제 20은 앞선 명제들의 요약으로 서술을 시작한다. 이때 지구의 모양은 극지방이 눌리고 적도가 불룩한 모양의 납작한 회전 타원체로 가정한다. 뉴턴은 극반지름과 적도 반지름의 길이를 비교하면 그 비가 229 대 230이라고 말한다. 그런 다음 무게가 지구 중심부터의 거리에 반비례한다는 법칙을 서술한다. 뉴턴은 이 결과로부터 다음의 "정리를 추론할 수 있다"고 말한다. 즉, "물체가 적도에서부터 극지방까지 올라가며 [지구 표면의 어느 위치에서의] 무게가 증가할 때, 이 증가분은 [해당 위치에서] 위도의 두 배의 버스트 사인, 또는 (같은 얘기지만) 위도의 사인의 제곱에 거의 비례한다." 뉴턴은 이 내용에 관한 증명은 밝히지 않았다. 그리고 『프린키피아』가 종종 그렇듯, 현대의 독자들 중 증명 없이 이 내용을 곧바로 이해할 이는 거의 없을 것이다.

몇몇 저자들이 생략된 증명을 보여주고 있는데, 그중에는 데이빗 그레고리가 있다. 그의 「뉴턴의 자연 철학의 수학적 원리에 대한 주석」는 각 명제의 이해를 돕기 위한 목적으로 쓰였다. 다음의 증명은 그레고리의 증명에서 일부 내용을 빌려왔다.

그림(그림 10.17)은 지구의 단면이다. 지구는 타원율이 대단히 과장된 납작한 회전 타원체(타원을

25   Todhunter, History (위 §8.8, n.38), 1:20-21, §33.

축 중심으로 회전시킨 도형)로 그려져 있다. 그리고 중심 C를 공유하는 원도 함께 그려져 있다. P는 지구의 극이고 E는 적도 위의 한 점이다. X는 지구 표면 위의 임의의 점이다. 선 CA가 지구 중심 C로부터 X를 지나 A에서 구와 만날 때까지 뻗어 그려져 있다. AB는 A부터 CE에 수직이 되도록 그렸고, BF는 CXA에 수직이 되도록 B로부터 그려져 있다. 점 G는 AC 위에서 AG=PH가 되도록 선택된다.

문제는 E에서 X로 가는 물체의 무게 증분을 구하는 것이다. 그레고리는 뉴턴의 "증가"라는 말은 적도에서 극지방까지 갈 때 무게의 총 증분에 대한 E에서 X까지의 무게 증분을 의미한다고 가정한다. 그러므로 뉴턴의 정리는 다음과 같이 서술된다.

$$\frac{\text{X에서의 무게} - \text{E에서의 무게}}{\text{P에서의 무게} - \text{E에서의 무게}} \text{는 } sin^2\lambda \text{에 "거의 비례한다."}$$

증명은 두 부분으로 이루어진다. 첫 번째는 적도(E)에서 임의의 점(X)까지 가는 동안의 무게 증가 대 적도에서 극(P)으로 갈 때의 무게 증가의 비가 AX대 HP에 "거의 비례한다"는 것을 보이는 것이다. 즉,

$$\frac{\text{X에서의 무게} - \text{E에서의 무게}}{\text{P에서의 무게} - \text{E에서의 무게}} \approx \frac{AX}{HP}$$

두 번째 부분은 $\frac{AX}{HP} = sin^2\lambda$임을 증명하는 것이다.

앞선 명제 19에서, 뉴턴은 물을 채운 두 수로가 균형을 이루는 상황을 바탕으로 지구 표면 위 임의의 위치에서의 무게는 지구 중심부터 그 위치까지의 거리에 반비례함을 보였다. 따라서,

$$\text{E에서의 무게} \propto \frac{1}{CE}$$
$$\text{X에서의 무게} \propto \frac{1}{CX}$$
$$\text{P에서의 무게} \propto \frac{1}{CP}$$

그러므로,

$$\frac{\text{E에서 X로 가는 동안의 무게 증가}}{\text{E에서 P로 가는 동안 의무게 증가}} \propto \frac{\frac{1}{CX} - \frac{1}{CE}}{\frac{1}{CP} - \frac{1}{CE}}$$

$$= \frac{(CE - CX) / (CX \times CE)}{(CE - CP) / (CP \times CE)} = \frac{CP}{CX} \times \frac{CE - CX}{CE - CP} = \frac{CP}{CX} \times \frac{AX}{HP} \approx \frac{AX}{HP}$$

이것을 풀어 설명하면, E에서 X로 가는 동안의 무게 증분 대 E에서 P로 가는 동안의 무게 증분의 비는 AX대 HP의 비와 "거의 가깝다"(또는 근사적으로 가깝다)는 것이다. "거의 가깝다"는 것이 얼마나 가까운지는 마지막 단계에서 확인된다. 앞선 명제 19에 따라, CX와 CP의 차이는 최대 1/230 또는 0.5퍼센트에 약간 못 미친다. 오늘날 알려진 데이터는 1/300이므로 이 차이를 거의 0.33퍼센트까지 줄일 수 있다.

이제 증명의 두 번째 부분으로 넘어가 보자.

$$\frac{AX}{HP} = \sin^2 \lambda$$

증명의 이 부분은 순수하게 기하학만으로 풀 수 있다.

타원의 성질로부터,

(1) $\dfrac{HP}{AD} = \dfrac{PC}{DB}$

작도로부터 HP = GA이고 PC = CG이므로, 수식 1은 다음과 같이 쓸 수 있다.

(2) $\dfrac{GA}{AD} = \dfrac{CG}{DB}$

(3) $\dfrac{CG}{GA} = \dfrac{DB}{AD}$

CG = AC − AG이고 DB = AB − AD이므로,

(4) $\dfrac{AC - AG}{AG} = \dfrac{AB - AD}{AD}$

그러면 가비 원리에 의해,

(5) $\dfrac{AC - AG + AG}{AG} = \dfrac{AB - AD + AD}{AD}$

(6) $\dfrac{AC}{AG} = \dfrac{AB}{AD}$

이 수식의 네 개 항들은 ΔDAG와 ΔBCA의 변들에 해당한다. 그러므로, ΔDAG ~ ΔBCA이고, 따라서,

(7) GD ∥ CE

타원은 원에 "대단히 가까우므로", 호 XD는 GA에 수직인 직선으로 간주할 수 있다. 그렇다면, XD 는 꼭지점으로부터 ΔDAG의 빗변 GA까지 수직으로 떨어지고 BF는 꼭지점으로부터 ΔBCA의 빗변까지 수직으로 떨어지며, ΔDAG ~ ΔBCA이므로,

(8) $\dfrac{GA}{XA} = \dfrac{AC}{AF}$

$rt\Delta AFB$ ~ $rt\Delta ACB$이므로,

(9) $\dfrac{AB}{AF} = \dfrac{CA}{AB}$

(10) $AB^2 = AF \times CA$

그렇다면,

(11) $\dfrac{AB^2}{CA^2} = \dfrac{AF \times CA}{CA^2}$

(12) $\dfrac{AF}{CA} = \dfrac{AB^2}{CA^2}$

수식 8을 12와 결합하면,

(13) $\dfrac{GA}{AX} = \dfrac{CA}{AF} = \dfrac{CA^2}{AB^2}$

작도에 의해 AG = PH이고 CA = HC 이므로, 수식 13은 다음과 같다.

(14) $\dfrac{XA}{PH} = \left(\dfrac{AB}{HC}\right)^2$

$\frac{XA}{PH}$적도에서 점 X로 가는 동안의 무거움의 증가분이다. $\frac{AB}{HC}$은($\frac{AB}{CE}$와 같음) 각 XCE의 사인(뉴턴은 이것을 "바른right 사인"이라고 불렀다), 또는 위도 λ의 사인이다.

그러므로 적도에서 지구 표면의 임의의 점 X로 가는 동안의 무거움의 증가는 위도의 사인의 제곱에 거의 비례한다(또는 근사적으로 비례한다)는 것이 증명되었다.

뉴턴의 정리는 무게 변화가 "위도의 두 배의 버스트 사인(…)에 거의 비례한다", 또는 위도의 사인의 제곱에 거의 비례한다고 서술한다. 따라서 다음의 삼각함수 등가식이 성립한다.

$$vers\ 2\lambda = 1 - \cos 2\lambda = \sin^2 \lambda$$

10.16 예 9: 3권 명제 37, 따름정리 3에 필요한 1권 명제 66, 따름정리 14

22개의 따름정리가 딸려 있는 명제 66에는 뉴턴의 삼체문제 설명이 포함되어 있다. 여기에는 (그림 10.18 참고) 중심체 T("Terra", 즉 지구의 약자)와 그 주위 궤도를 도는 위성 또는 달 P("Planeta" 즉 이차행성 또는 위성의 약자)가 있다. 섭동체는 S("Sol" 즉 태양)다. 앞에서 보았듯이(위 §6.12), 원래 뉴턴은 중심체를 S, 궤도를 도는 물체를 P, 그리고 섭동체는 Q로 지정했었다. 이 세 물체는 각각 거리 제곱에 반비례하여 변하는 힘으로 서로 끌어당긴다. 여기에서 T는 "가장 큰 물체"고, 그 주위로 P가 "내부 궤도"를, S는 "외부 궤도"를 따라 돌고 있다. 점 K는 연장된 선 SP 위에 있으며, S와 P 사이의 평균 거리를 표시한다. 우리는 적절한 척도를 선택하여 SK가 이 평균 거리에서 S가 P에 가하는 "가속 인력[의 척도]"이 되도록 해야 한다. 선 SP 위의 점 L은 다음 관계에 의해 결정된다.

$$SL : SK = SK^2 : SP^2$$

그렇다면 SL은 거리 SP에서 S가 P에 가하는 "가속 인력[의 척도]"이 된다.

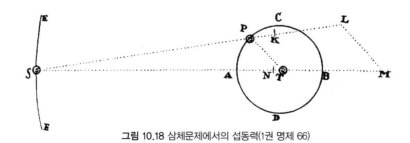

그림 10.18 삼체문제에서의 섭동력(1권 명제 66)

뉴턴은 다음으로 선 SP의 방향을 따라 S가 P에 하는 힘을 두 성분으로 분해한다. 한 성분(LM)은 PT에 평행하게 T가 P에 가하는 힘이다. 즉 이 힘은 P에서 T 쪽으로 향한다. 다른 한 성분은 SM으로 표현된다. 그러므로 이제 물체 P는 세 힘의 작용을 받는다. 천체역학을 공부한 독자라면 이 뉴턴의 세 힘을 우리에게 익숙한 직교 힘(방사 성분, 평면에 수직인 성분, 접선 성분)으로 생각하지 않도록 주의해야 한다.

P에 가하는 T의 힘은 그 자체로 P가 물체 T의 중심을 초점으로 하는 타원 궤도를 돌게 하여, 같은 시간 동안 같은 면적을 휩쓸게 할 것이다. 두 번째 힘 LM은 T가 P에 가하는 힘의 방향과 일치하지만, 거리 제곱에 반비례하지는 않는다. 결과적으로 이 두 힘의 합은 거리 제곱에 반비례하지 않는다. 그러므로 이 두 힘의 합을 받는 물체 P의 궤도는 타원에서 벗어나게 된다. 이전과 마찬가지로, 섭동력 LM이 더 크거나 작아짐에 따라 이 두 편차의 크기 역시 크거나 작아질 것이다. 세 번째 힘이 두 힘에 추가될 때, P에 작용하는 알짜 힘은 S와 P의 상대 운동과 위치에 따라 변하는 방식으로 T를 향하는 인력에 편차를 만들게 된다. 뉴턴이 설정한 문제는 이러한 세 개의 힘이 초래하는 결과를 탐구하거나, '태양과 비슷한 물체'의 섭동력이 '지구와 비슷한 물체의 주변 궤도를 도는, 달과 비슷한 물체'의 운동에 미치는 효과를 탐구하는 것이다.

따름정리 14에서, 뉴턴은 NM과 ML로 표현되는 힘을 다룬다. ML은 S의 힘의 성분이고, 사실상 PT 방향으로 S가 P에 가하는 힘의 성분이다. SN은 TS 방향으로 S가 T에 가하는 "가속 인력[의 척도]"으로 정의된다. 일반적으로 SN은 선 TS 방향의 힘의 전체 성분인 SM과 같지 않다. NM은 ST 방향으로 가해지는 힘 S의 알짜 성분이다. 다시 말해 ST 방향의 전체 성분 S와 T를 끌어당기는 성분 사이의 차이다. 두 섭동력 ML과 NM이 각각의 궤도 운동의 결과로 생기는 S와 P의 상대적 위치 변화에 비례하여 변하리라는 점은 분명하다. 뉴턴이 P의 궤도 모양과 P의 운동에 미치는 "효과"(즉 완벽한 케플러 운동에서 편차를 유발하는 효과)라고 부르는 것은 면적 법칙과 관련이 있으며, 그 각각의 크기에 비례할 것이다.

따름정리 14의 조건 중 하나는 물체 S가 대단히 멀리 있다는 것이다. 뉴턴은 섭동력("NM과 ML")의 크기에 평균 힘 SK와 궤도 거리 PT와 ST가 미치는 효과를 결정한다. 이 두 힘은 T에 상대적인 P의 운동을 섭동하는 힘이다. 앞으로 나오는 내용에서, 나는 오직 ML의 크기에 대해서만 논할 것이다. 뉴턴이 관심을 가지고 다룬 힘은 ML인데, 이 힘은 선 ML로 표현되며 이 선 ML에 비례한다. 뉴턴에게는 다음의 관계식이 필요했다.

$$ML \propto SK \times \frac{PT}{ST}$$

『프린키피아』의 수많은 증명과 대안 증명이 그렇듯, 뉴턴은 이 ML값을 어떻게 확보했는지 설명하지 않는다. 물론 뉴턴 시대와 바로 이후 시대의 독자들은 우리보다 기하학에 훨씬 더 능통했을 테니, 뉴턴이 남겨둔 공백을 스스로 메우거나 뉴턴의 수학이 정확하다고 가정하고 넘어갈 수 있었을 테다. 증명에 필요한 단계는 아래 §10.19에서 빠짐없이 수록했다.

다음으로 뉴턴은 거리 PT가 물체 S의 절대 힘에 비례하도록 주어진다고 가정한다. 그런 다음 마지막 관계식에서, PT는 거의 상수에 가깝고 주어져 있으며, S의 질량은 고정적이거나 상수이고, P에 미치는 S의 평균 힘 또는 SK는, 거리 SP의 제곱에 반비례한다. 거리 SP는 S가 대단히 멀리 있으므로 ST로 간주할 수 있다. 그러므로 마지막 관계식은 뉴턴의 말대로 다음과 같이 된다.

$$ML \propto \frac{1}{ST^3}$$

이 결과로부터 뉴턴은 다음의 두 결론을 끌어낸다. 첫 번째 결론은, 물체 T와 P로 이루어진 계가 변화 없이 유지되는 상태에서, 거리 ST 그리고 물체 S의 절대 힘 또는 질량만 변화할 때 그 결과를 선언한다. 이 같은 조건에서 NM과 ML, 그리고 이 둘이 만드는 효과는 "물체 S의 절대 힘의 비와 거리 ST의 세제곱의 역수 비를 합성한 비와 거의 같다" 두 번째 결론은 ML(그리고 NM)과 그것들이 만드는 효과가 "물체 T에서 보이는 먼 물체 S의 겉보기 지름의 세제곱에 비례"할 것이며, 그 역도 성립한다는 것이다.

이중 첫 번째 결론에서, P가 T 주위를 회전하는 계에서는 모든 것이 동일하게 유지되지만, 거리 ST와 S의 절대 힘은 변하는 양이 된다. 이 경우 위에서 얻은 마지막 결과는 S의 절대 힘의 변화를 허용하도록 바뀌어야 한다. 그러므로 마지막 관계식은 다음과 같이 된다.

$$ML \propto (S의 \ 절대힘) \times \left(\frac{1}{ST}\right)^3$$

그 다음, P가 T 주위를 회전하는 계가 S 주위의 원형 궤도를 도는 것이 허용된다고 가정하자. 그렇다면 힘 ML과 NM "그리고 그들의 효과"는 주기의 제곱에 반비례할 것이다. 이 결과는 1권 명제 4 따름정리 4와 6을 따른 것이다. 즉 공전주기를 t라고 하자. 다음 식은 이미 증명이 되었다.

$$ML \propto (S의 \ 절대힘)/ST^3$$

그리고 명제 4 따름정리 6으로부터,

$$t^2 \propto ST^3$$

그러므로,

$$ML \propto (\text{S의 절대힘})/t^2$$

지금까지의 대안 증명은 『프린키피아』 섹션 11의 정신에 부합하는 것이었다. 그러나 이제부터 다룰 두 번째 결론에는 태양의 "겉보기 지름"이 포함되어 있다. 이 값은 온전히 관측을 통해 얻은 값이고 뉴턴이 지금까지 보여준 순수한 수학적 담론에서는 전혀 예상하기 어려운 인자다. 그러나 앞서 언급한 것처럼 3권 명제 37 따름정리 3을 위해서는 이 결론이 필요하다.

따름정리 14의 두 번째 결론을 설명하려면, 기존의 조건, 즉 "물체 S의 절대 힘"이 변할 수 있다는 조건을 유지해야 한다. 다시 말해 단일 물체 S 외에도 어떤 물체가 더 있고, 이 물체들의 질량과 절대 힘이 서로 다를 가능성을 열어두어야 한다는 것이다. 이 따름정리 14의 두 번째 부분에서 뉴턴은 ML을 S의 관측 지름 또는 겉보기 지름으로 표현하는 방법을 보여준다.

뉴턴은 "물체 S의 양[또는 질량]은 S의 절대 힘에 비례한다"고 가정한다. 그런 다음 앞서 서술했던 결과, 즉 ML은 S가 가하는 절대 힘(의 척도)에 비례하고 거리 ST의 세제곱에 반비례한다는 결과에서 출발한다.

$$ML \propto \frac{\text{S의 절대힘}}{ST^3} \propto \frac{\text{S의 양의 크기(또는 질량)}}{ST^3}$$

$$\propto \frac{\text{S의 밀도} \times (\text{S의 진짜 지름})^3}{ST^3}$$

그런데,

$$\frac{\text{S의 겉보기 지름}}{\text{S의 진짜 지름}} = \frac{1}{ST}$$

이고,

$$\frac{(\text{S의 진짜 지름})^3}{ST^3} = (\text{S의 겉보기 지름})^3$$

이므로,

$$ML \propto (S의 \ 밀도) \times (S의 \ 겉보기 \ 지름)^3$$

따름정리 14를 3권 명제 37 따름정리 3에 적용하기 위해, 우리는 두 물체 S가 있으며, 이들 각각은 T의 물에 작용하여 조수를 일으키는 힘(조석력)을 가한다고 가정할 수 있다. 이 경우, ML에 대한 마지막 비례식은

$$ML \propto (S의 \ 밀도) \times (S의 \ 겉보기 \ 지름)^3$$

이와 같고, 이 식으로부터 물체 각각의 조석력을 구할 수 있다. 뉴턴이 3권 명제 37 따름정리 3에서 말한 것처럼, 달의 조석력 대 태양의 조석력의 비는 두 물체의 밀도와 겉보기 지름의 세제곱에 모두 비례한다.

3권 명제 37 따름정리 3을 처음 보는 독자들은 혼란에 빠지기 쉽다. 조석력이 밀도와 겉보기 지름의 세제곱의 곱에 비례한다고 주장하면서 그 근거로 1권 명제 66 따름정리 14를 드는데, 여기에서는 밀도를 전혀 언급하지 않기 때문이다. 실제로 이 부분을 처음 읽으면 뉴턴이 다른 따름정리를 생각하면서 번호를 잘못 쓰는 실수를 한 것이 아닐까 싶은 생각이 들 정도다. 이렇게 상호 연관성이 어긋나는 이유는 1권 명제 66 따름정리 14에서는 물체 S가 하나뿐이고, 그래서 밀도가 변수가 아니라 상수이기 때문이다. 해당 사례에서 뉴턴은 비례식에서 밀도를 정확히 생략하거나, 밀도 상수를 비례 상수에 포함시켜서 동일한 결과를 도출했다. 그러므로 따름정리 14에서는 밀도에 대한 언급은 없이 다음과 같은 결론을 내린다.

$$ML \propto (S의 \ 겉보기 \ 지름)^3$$

이 문제는 『프린키피아』를 읽을 때 부딪히는 수많은 어려움 중에서도 가장 전형적인 사례를 보여준다. 뉴턴은 종종 밑도 끝도 없이 단계를 생략해 버려서, 어느 날 문득 저절로 답이 떠오르기 전까지는 도저히 풀리지 않는 퍼즐을 만들어낸다.

독자들이 주목해야 할 부분은, 이 문제에서 뉴턴이 "절대 힘[힘의 절대 척도]"을 사용하는 반면, 1권 섹션 11 이전의 문제들에서는 가속 척도를 사용한다는 점이다. 그 이유는 1권 명제 66 따름정리 14 같은 문제에서는 질량이 도입되지만 그 이전의 문제들 대부분은 그렇지 않기 때문이다. 독자들은 또한

따름정리 14에서 S와 T가 가하는 힘, 즉 태양과 지구가 가하는 힘이 단순히 역제곱 힘일 뿐 아니라(1권 명제 1, 11 그리고 따름정리 2에서 명제 11에서 14까지에서도 보듯) 중력의 근원이 되는 물체의 질량에도 영향을 받는다는 점을 관찰했을 것이다. 이 주장에 대해서는 『프린키피아』의 이 부분에서는 어떠한 근거도 제시되지 않았고, 나중에 3권에서만 증명이 된다. 마지막으로 뉴턴이 여기에서 거리 세제곱에 반비례하여 변하는 힘을 언급했다는 점을 주목해야 한다. 이런 이유로 1권 명제 41 따름정리 3의 역세제곱 힘의 성질에 대한 탐구가 처음 보았을 때처럼 그렇게 이상하게 여겨지지는 않는다.

10.17 뉴턴의 숫자들: 퍼지 요인^{fudge factor}

『프린키피아』에서 제시되는 수치들은 종종 판본마다 달라진다. 예를 들어 1권 명제 45 따름정리 2의 끝에서 두 번째 문장 같은 경우는 14″에서 28″로 바뀌었는데, 이것은 단순히 실수를 정정한 것이었다. 어떤 경우는 좀 더 정확한 최신 관측 결과로 대체하기도 했다. 예를 들면 3판의 3권 명제 19에서 뉴턴은 영국의 천문학자 제임스 파운드가 발표한 최신 관측 결과를 추가했고, 특별히 3판의 서문에서 "파운드 씨가 목성의 긴 지름과 짧은 지름의 비를 관측한 새로운 결과"를 수록했다고 소개한다. 3권 앞부분의 숫자들도 대거 변경되었고, 특히 현상 1과 현상 2에서 두드러진다. 또한 3권 명제 41 뒤에 나오는 1680년 혜성의 "예"에 수록한 관측 데이터에 큰 변화가 있었다. 주요한 수치 변화는 주로 3권 명제 20에서 보이는데, 지구의 극 반지름과 적도 반지름 사이의 차이가 초판에서는 17마일이었던 것이, 밀도가 일정하다는 이상적인 가정을 세운 2판에서는 31$\frac{7}{12}$마일로 바뀌었다. 그러다 다시 3판에서 처음 값으로("약 17마일")로 돌아갔다. 이 경우 핵심은 초진자 길이에 대하여 어떤 값을 가장 신뢰할 것인가 하는 문제였다. 이렇게 계산에서 사용된 데이터나 숫자의 변경 사유는 흥미로운 몇 가지 경우를 제외하고는 본 해설서나 번역서의 각주에서 다루지 않았고, 우리가 편찬한 라틴어판(이문 포함)에서는 자세히 다루었다.

그러나 계산이나 새 관측 데이터와는 직접 관련이 없으면서도 판본마다 바뀐 숫자들이 있다. 가끔씩 뉴턴이 원하는 결과를 위해 "얼버무린" 것처럼 보이는 숫자들이다. 뉴턴의 『프린키피아』에서 드러나는 이러한 특성은 R.S. 웨스트폴이 진지하고 꼼꼼하게 연구했고, 유명한 논문 「뉴턴과 퍼지 인자」[26]에서 그 결과를 보고했다. 웨스트폴의 연구는 기본적으로 세 가지 역사적 사례를 바탕으로 한다. 즉, 달 실험(3권 명제 4와 명제 37), 소리의 속도(2권, 명제 50에 이어지는 주해), 그리고 분점의 세차(3권, 보조정리 1, 2, 3, 그리고 명제 39)이다. 웨스트폴은 뉴턴이 계산 결과와 이론이 일치하도록 (때때로 로

---

26 Westfall, "Newton and the Fudge Factor" (위 §8.13, n.64).

저 코츠의 도움을 받아) 이따금 숫자들을 건드렸음을 보여주었다.

　　뉴턴이 행한 두 번의 달 실험은 특히 주목할 만하다. 그 이유는 뉴턴이 관측된 달의 운동 데이터에 역제곱 법칙을 적용해 지구 표면에서 1초 동안의 자유 낙하 값을 예측한 결과와 실제 지구 위에서 진자 실험으로 측정한 결과 사이의 밀접한 연관성을 찾았기 때문이다. 이 두 결과를 비교하면서 뉴턴은 지구에서 달까지의 평균 거리를 결정해야 했고, 진자 실험이 평균 위도인 45도가 아닌 파리에서 수행되었기 때문에 이를 보정하기 위한 인자를 도입해야 했다. 또한 지구 자전의 원심력 효과도 설명해야 했다. 최종적으로 구한 두 결괏값은 라인의 소수점까지 일치한다(1라인은 1/12인치다). 뉴턴은 계산 결과, 달이 1분 동안 14.7706353피트 떨어진다고 결론을 내린다. 10억분의 1피트의 정확도라면 생각만으로도 절로 마음이 움츠러드는 수준이다. 우리는 웨스트폴이 "소수점 이하 일곱 번째 자리까지 이어지는 소수小數와 복잡하게 변하는 분수의 불안정한 조합"에 우려를 표한다는 점을 쉽게 이해할 수 있는데, 이런 수치는 "라인line 단위의 소수점에 이르기까지, 즉 그 정밀도가 3000분의 1 이상인 상관관계를 찾아낼 목적"으로 도입된 것이었다. 앞에서도 말했지만, 뉴턴이 달 계산에서 저질렀던 수많은 오류를 고려하면 이렇게 정확한 결과는 상당히 당혹스럽다.

　　그러나 웨스트폴이 제시하는 가장 노골적인 예는 분점의 세차다. 이는 뉴턴의 이론적 기반이 문제의 요구사항과 완전히 부합하지 않았다는 점에서 다른 두 사례와 유사하다. 특히 뉴턴은 세차 문제에 있어서는 입자의 역학을 다룰 때와 달리 강체의 역학을 제대로 다루지 못한다는 핸디캡을 안고 있었다. 모멘트의 역학dynamics of moments에 대해서는 아주 기초적인 것만 아는 상태였고, 관성 모멘트의 개념도 충분히 알지 못했다. 강체 역학에서 관성 모멘트 개념은 입자의 역학에서 뉴턴이 발명한 질량 개념과 동일한 지위를 차지한다. 이 문제에 대한 웨스트폴의 논의를 읽다 보면 코츠가 이 문제에 얼마나 깊이 관여했는지를 알게 되고 깜짝 놀라게 된다.

　　그러나 적어도 하나의 예, 즉 소리의 속도를 결정하는 문제에 대해서는, 뉴턴이 숫자를 얼버무렸다는 주장은 틀린 것 같다. 여기에서 (2권, 명제 50에 뒤이은 주해) 숫자 문제는 단순명료하다. 이론적 계산 결과를 관측과 실험으로부터 추론해 얻은 숫자와 어떻게 일치시킬 것인가 하는 문제다. 우리는 뉴턴이 (초판에서) 소리의 속도를 설명하면서 이론적 결과에 가장 잘 맞는 실험 데이터를 선택한 것을 보았다. 뉴턴은 관측과 실험 데이터와 근접하게 일치하는 이론값이 절실히 필요했다. 앞에서 보았듯이 뉴턴이 소리의 속도를 계산한 이론은 불완전했다. 공기의 열 압축과 팽창의 결과를 고려하지 않았기 때문이다. 뉴턴의 계산 결과는 사실상 단열 과정이 아닌 등온 상태를 가정한 것이다. 내가 볼 때 뉴턴은 적어도 이 경우만큼은 자신이 얻은 결과를 "얼버무리지" 않았다. 다시 말해 이론과 실험 사이의 불일치를 감추려 하지 않았다. 그보다는 불일치를 인정하고 이론적 수치와 실제 실험 결과를 일치시킬 수 있는 가능한 수치 인자를 찾았다. 앞서 내가 설명한 대로, 뉴턴은 데이터의 타당성을 인정하고 그의 이론에서 어떤 인자를 무시할 수 있는지, 데이터로부터 근거를 찾을 수 있는 이론적 양이 어떤 종류인지를 알아내려 했다. 그의 숫자들로부터 증거를 얻을 수 있다고 가정한 인자는 "거칢coarseness"과 밀도였는데, 둘 다 이론이나 실험에서의 실질적인 기반은 없었다.[27] 뉴턴이 근거 없는 추측을 한 데 대해서는 (또는 틀린 추측을 한 것에 대하여) 비난할 수 있겠지만, 소리의 속도 문제에서 그가 정직하지 않았다고 나무라서는 안 될 것이다.[28]

뉴턴의 『프린키피아』는 천문학이 아닌 자연철학을 다룬 최초의 주요한 작업물로서, 이론으로 구한 상세한 수치를 실험과 관측에서 얻은 수치와 비교한 내용을 바탕으로 한다. 다른 무엇보다도 바로 이같은 특징 때문에 『프린키피아』는 기념비적인 저서로 인정받을 만하다. 『프린키피아』는 "눈대중의 세계"에서 "정밀한 우주"로의 전환을 예고했고, 정밀과학exact science으로서 현대 물리학의 탄생을 알리는 신호탄이 되었다.[29] 과학의 여러 혁신적인 측면과 마찬가지로, 『프린키피아』는 양이나 숫자에 기반을 둔 과학의 새로운 길을 열었다. 달 운동 이론의 경우, 그리고 달의 질량, 소리의 속도, 분점의 세차에 필요한 이론의 경우에서, 뉴턴은 길을 제시했지만 자신이 설정한 마지막 목표 지점에 도달하는 방법은 알지 못했다. 그래서 숫자를 다루는 과정이 지나치게 단순하여 필요한 결과를 얻지 못할 때는 가끔씩 부적절한 방법에 의존했던 것이다.

10.18 뉴턴의 단위

『프린키피아』에서 뉴턴은 영국과 프랑스의 측정 단위를 모두 사용한다. 영국의 단위로는 피트("pedes")와 인치("digiti"), 라인("lineae")이 있는데, 라인은 12분의 1인치를 말한다. 이와 함께 프랑스의 단위인 파리피트("pedes Parisienses"), 라인, 그리고 토와즈 또는 헥사페드("hexapedae")도 사용한다. 헥사페드는 6프랑스피트와 같다. 1토와즈는 대략 1.9미터, 또는 $6\frac{2}{5}$영국피트와 같다.

"디지트digit"는 손가락의 폭, 다시 말해 너비에 해당하는 단위이고, 대략 1인치의 $\frac{3}{4}$정도가 되는데, 뉴턴의 시대에는 이 단위가 영어와 라틴어에서 모두 1인치와 같은 단위로 사용되었다. 그러므로 1669년에, 로버트 보일은(그가 쓴 「새 실험New Experiments」에서) 수은 기둥의 높이를 "29디지트"라고 적고, "이 논문에서는 1인치를 1디지트로 쓴다"라고 썼다.

존 해리스의 『기술용어 사전』에서는 여러 곳에서 사용된 단위들을 비교하여 표로 수록했다. 이 책에

---

27   자세한 내용은 웨스트폴의 분석을 참고하자.

28   이론과 실험의 불일치 원인을 찾으려는 뉴턴의 시도를 라플라스가 어떻게 보았는지는 위 §7.8을 참고하자.

29   Westfall, "Newton and the Fudge Factor", p.758. 과학 혁명에서의 『프린키피아』의 특성에 대해서는 알렉산드르 쿠아레의 견해가 큰 도움이 되었다.

는 1파리피트가 1.066영국피트와 같고("버나드 박사에 따르면"), 파리의 "로열피트"는 1.068영국피트와 같다고 적혀 있다.

2판과 3판의 2권 섹션 6 끝부분의 일반 주해에서(초판의 섹션 7 끝부분에도 나온다), 뉴턴은 납으로 만든 구슬로 수행한 실험을 설명한다. 하나는 지름이 2인치이고 무게는 $26\frac{1}{4}$온스다. 다른 구슬은 지름이 $3\frac{5}{8}$인치이고 무게는 $166\frac{1}{16}$온스다. 뉴턴은 이 무게를 "로만온스"라고 부른다("globum plumbeum diametro digitorum 2, & pondere unciarum Romanarum $26\frac{1}{4}$"). 문제는 이것이 트로이파운드troy weight인지(1트로이파운드는 12온스) 아니면 상용 파운드avoirdupois weight인지(1 상용 파운드는 16온스) 확실치 않다는 것이다. 이를 알아내기 위해, 물의 밀도를 세제곱피트당 62.4파운드로, 납의 비중을 11.34로 놓고 계산해 볼 수 있다. 존 해리스의 『기술용어 사전』의 "SPECIFICK Gravity" 항목을 보면 납의 비중은 $11\frac{1}{3}$이라고 되어있다. 그는 두 번째 값으로 11.42도 함께 기록했는데, 둘 다 현재의 값인 11.34에 가깝다.

이 값들을 사용해 우리는 뉴턴이 말한 지름이 각각 2인치와 $3\frac{5}{8}$인치인 납 구슬의 무게를 계산할 수 있다. 그러면 뉴턴이 사용한 온스 단위가 1파운드에 12온스인지 아니면 16온스인지를 결정할 수 있을 것이다. 그러나 이 계산에는 또 다른 문제가 있다. 뉴턴이 두 구슬에 대해 나열한 데이터로 계산해 보면 두 구슬의 밀도가 조금 다르다. 이는 뉴턴이 사용한 납 구슬에 불순물이 섞여 있었거나, 아니면 모양이 완벽한 구형이 아니었을 가능성을 암시한다.

만일 1세제곱피트의 물의 무게가 62.4파운드라면, 1세제곱피트의 납은 62.4 × 11.34 = 707.6파운드여야 한다. 따라서 1세제곱인치의 납의 무게는 $\frac{707.6}{12^3}$ = 0.409파운드일 것이다. 이 결과를 이용하여 지름이 각각 2인치와 $3\frac{5}{8}$인치인 구슬 무게의 기댓값을 계산할 수 있다.

지름이 2인치 또는 반지름이 1인치인 구슬의 부피는 4.189세제곱인치다. 만일 1세제곱인치의 납의 무게가 0.409파운드라면, 4.189세제곱인치의 납은 무게가 0.409 × 4.189 = 1.7파운드여야 한다. 트로이 파운드 단위에서는 12 × 1.7 = 20.4온스가 된다. 상용파운드 단위에서는 16 × 1.7 = 27.2온스다. 뉴턴은 구슬 무게가 26.25온스라고 했으니까, 상용파운드로 계산된 무게와 오차가 1파운드 이내다. 따라서 계산 결과로 보면 이 일반 주해에서 뉴턴이 사용한 단위는 트로이파운드가 아니라 상용 파운드 단위임을 알 수 있다.

확인 차원에서 두 번째 구슬에 대해서도 비슷한 계산을 할 수 있다. 이 구슬의 지름은 $3\frac{5}{8}$(또는 3.625)인치다. 그 부피는 $\frac{1}{6}\pi(3.625)^3$ = 24.94세제곱인치가 될 것이다. 그러므로 지름이 $3\frac{5}{8}$인치인 구슬의 무게가 0.409 × 24.98 = 10.2파운드가 된다. 트로이 단위로는 이 값이 12 × 10.2 = 122.4온스다. 상용 파운드 단위에서는 16 × 10.2 = 163.2온스가 된다. 뉴턴은 구슬의 무게가 $166\frac{1}{16}$온스라고 말하고 있으므로, 계산 결과 뉴턴이 일반 주해에서 사용한 단위는 상용 파운드 단위임이 확인된다. 뉴턴의 결과는 우리가 계산한 값보다 약간 크지만, 그가 사용한 납 구슬이 실제로는 합금이라거나 밀도가 낮은 금속이 섞여 있다고 의심할 정도는 아니다. 그보다는 뉴턴의 구슬이 완벽한 구형이 아니었거나 구슬의 지름을 재는 데 약간의 오차가 포함되었을 것으로 추정해 볼 수 있다.

뉴턴이 1687년의 일반 주해에서 보고한 실험을 수행할 때 트로이온스가 아닌 상용 파운드의 온스를 사용했다는 결론은 피할 수 없어 보인다. 그러나 1713년에 보고된 실험, 즉 섹션 7의 새로 개정된 주해(명제 40 다음)에서 설명하는 실험을 수행할 때는 분명히 상용온스가 아닌 트로이온스를 사용하고 있었다. 이 새 주해의 첫 문단에 보면 "세제곱런던피트에 빗물 76로만파운드가 담기고, 반면 런던피트의 세제곱인치에는 1로만파운드의 $^{19}\!/_{36}$온스가 담긴다"고 적혀 있다. 이전과 마찬가지로 뉴턴은 이 단위가 상용 파운드인지 트로이파운드인지 명시하지 않고, 앞서 사용했던 라틴어 표현을 사용해 "76 libras Romanas"라고만 쓰고 있다. 1세제곱피트에는 $12 \times 12 \times 12$세제곱인치가 들어가고, 트로이 단위에서 1파운드는 12온스이므로, 물 1세제곱인치의 무게는 $76 \times \dfrac{12}{12 \times 12 \times 12}$가 된다. 분자와 분모에서 12를 약분하면 $\dfrac{76}{12 \times 12}$ 또는 $\dfrac{19}{3 \times 12}$ 또는 뉴턴이 말한 $^{19}\!/_{36}$가 된다.

이 두 주해에서, 뉴턴은 한 곳에서는 트로이 단위를 다른 곳에서는 상용 단위를 썼으면서도 같은 형용사 "로만Roman"을 사용했다. 그 결과 모트의 번역서에서는 (자연스럽게 모트-캐조리 버전에서도) 두 경우 모두 트로이 단위로 번역되어 있다.

마지막으로, 뉴턴이 일반 주해에서 두 납 구슬에 대하여 제시한 값에 차이가 있음을 주목해 보자. 큰 것은 2퍼센트 약간 넘게 벗어나고, 반면 작은 쪽은 약 4퍼센트 정도 벗어난다. 뉴턴의 값은 큰 구슬에 대해서는 너무 크고, 작은 구슬에 대해서는 너무 작다. 분명한 것은 아무리 뉴턴 시대라 하더라도 무게는 4퍼센트 오차보다는 더 정확하게 측정할 수 있었고, 마찬가지로 구슬의 지름도 1.3퍼센트 미만의 정확도로 결정할 수 있었다. 이 불일치의 원인을 찾기 위해 우리는 여러 가능성 중 하나를 선택해야 한다. 그중 하나는 구슬이 완벽한 구형이 아니었다는 것이고, 또 다른 하나는 데이터를 기록할 때 오류가 있었다는 것이다. 그러나 측정 자체가 부정확했을 가능성이 가장 높다. 주목할 점은 이 두 구슬의 크기와 무게가, 일반 주해에 나오는 나무와 쇠구슬도 그러하듯, 실험에 특별히 의미 있는 값이 아니었다는 것이다. 다시 말해 이 데이터는 어떠한 계산에도 포함되지 않는다. 뉴턴은 단순히 실험에 사용한 도구의 규모에 대해 독자들이 감을 잡을 수 있도록 구슬의 크기와 무게를 제시했을 뿐이다. 따라서 이 같은 불일치는 뉴턴이 이 구슬로 수행한 실험의 정확성이나 실험 데이터의 신뢰도에 전혀 영향을 주지 않는다.

10.19 1권 명제 66 따름정리 14의 퍼즐 (조지 E. 스미스의 연구)

3권에서 뉴턴은 달에 작용하는 태양의 섭동력과 달에 작용하는 지구 중력의 서로 다른 비직교 성분 사이의 비를 구체적인 수치로 놓고 사용한다. 그러면서 이런 수치를 계산하기 위한 근거로 1권의 명제 66의 따름정리들, 그중에서도 따름정리 17을 인용한다. 이 따름정리들은 태양 섭동력의 크기를 다루는 명제 66의 따름정리들 중 마지막 네 개의 정리들이다. 이중 첫 번째인 따름정리 13는(그림 10.19 참고) S가 아주 멀리 있을 때, 섭동력 ML과 NM은 힘 SK(달이 태양으로부터 평균 거리에 있을 때 달에 미치는 태양의 힘)와 PT/ST(달의 거리 그리고 지구로부터의 태양의 거리의 비)에 거의 비례하여 달라진다는 주장으로 시작한다. 그런 다음 따름정리에서는 앞선 주장에 뒤따르는 일련의 결과를 나열한다. 뉴턴은 ML과 NM에 대한 이러한 주장에 도달한 과정은 따로 설명하지 않는다. 그는 어떻게 이렇게 주장할 수 있었을까?

이 주장의 특이한 점은 두 힘 ML과 NM이 궤도 위 달의 위치에 따라 변하지만, 서로 관련이 있다고 하는 세 양, 즉 힘 SK와 거리 PT 그리고 ST는 뉴턴의 그림에서 보이는 원 궤도에서는 전혀 변하지 않는다는 점이다. 3권에서 볼 수 있듯이, 뉴턴은 S가 아주 멀리 있을 때 힘 ML은 평균값에서 거의 변하지 않지만, 힘 NM은 달이 태양에서 가장 가까운 곳부터 가장 먼 곳까지 진행하는 동안 근일점 힘 ML의 평균값으로부터 +3배부터 −3배까지 변한다는 것을 알고 있었다. 그림의 원 궤도가 타원 궤도로 대체된다 하더라도, 힘 NM이 양에서 0, 0에서 음으로 변하는 변화는 PT와 ST의 변화만으로는 결코 설명할 수 없다. 그러므로 힘 ML과 NM이 힘 SK와 PT 대 ST의 비의 곱에 따라 변한다고 말할 때, 뉴턴이 말한 힘 ML과 NM은 달이 지구 주위 궤도에서 주어진 각각의 위치에서의 힘 ML과 NM을 의미했음이 틀림없다.

뉴턴은 3권에서 힘 NM이 양수 값에서 0을 지나 음수 값까지 변화는 구체적인 변화를 얻게 된 과정을 명시하지만, 힘 ML이 평균값에서 벗어난 정도는 무시할 만한 수준이라는 점은 어떻게 확신할 수 있었는지 설명하지 않는다. 앞으로 보게 되겠지만, 아래에 제시하는 설명은 그가 힘 ML과 NM에 대한 주장에 도달하는 과정에서 힘 ML의 변화가 무시할 만하다는 사실까지 확인했을 가능성을 보여준다.

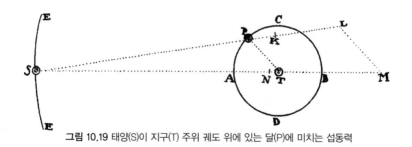

그림 10.19 태양(S)이 지구(T) 주위 궤도 위에 있는 달(P)에 미치는 섭동력

SK는 태양에서 달까지의 평균 거리이면서 동시에 이 평균 거리에서 달에 작용하는 태양력도 함께 표현하는 역할을 한다. 이로써 달에 미치는 태양력 SL과 지구에 미치는 태양력 SN의 척도를 고정하는 데에도 사용될 수 있다. 구체적으로 쓰자면,

$$\frac{\text{힘 SL}}{\text{힘 SK}} = \frac{\text{SK}^2}{\text{SP}^2}$$

그리고

$$\frac{\text{힘 SN}}{\text{힘 SK}} = \frac{\text{SK}^2}{\text{ST}^2}$$

동시에, 힘의 삼각형 SLM은 삼각형 SPT와 닮은꼴이다. 그러므로,

$$\frac{\text{힘 ML}}{\text{힘 SL}} = \frac{\text{PT}}{\text{SP}}$$

그리고

$$\frac{\text{힘 SM}}{\text{힘 SL}} = \frac{\text{ST}}{\text{SP}}$$

뉴턴은 힘 NM을 힘 SM 빼기 힘 SN으로 정의한다. 이 식들을 결합하면 다음을 얻는다.

$$\frac{\text{힘 ML}}{\text{힘 SK}} = \frac{\text{PT} \times \text{SK}^2}{\text{SP}^3}$$

그리고

$$\frac{\text{힘 NM}}{\text{힘 SK}} = \frac{\text{SK}^2}{\text{SP}^3}\left(\frac{\text{ST}^3 - \text{SP}^3}{\text{ST}^2}\right)$$

이제 문제는 이 수식의 SP^3을 PT와 ST에 관한 식으로 대체하는 것이다. 현대의 표기법을 이용하면,

$$\text{ST} = \text{SP}\cos(\angle \text{PST}) + \text{PT}\cos(\angle \text{PTS})$$

그러므로

$$SP = \frac{ST - PT\cos(\angle PTS)}{\cos(\angle PST)}$$

뉴턴이라면 여기에서 코사인 함수를 사용하지 않았을 것이다. 그 대신 선 PX를 ST에 수직이고 X와 교차하도록 그리고, 그런 다음 $\cos(\angle PTS)$ 자리에 PX와 PT의 비를 넣고 $\cos(\angle PST)$자리에는 SX와 SP의 비를 넣었을 것이다. 이런 식으로 코사인을 표현한 예는 3권 명제 26에서 힘 NM―여기에서는 MT로 표기되었다―을 다루는 방식에서 찾아볼 수 있다. 따라서 뉴턴은 이런 식으로 썼을 것이다.

$$SP = \frac{ST - PT(PX/PT)}{(SX/SP)}$$

부호를 적절히 바꾸면 달 P가 태양으로부터 반원만큼 멀어져 있을 때가 된다. 그러나 내용을 단순하게 유지하기 위해, 우리는 계속해서 코사인 함수를 사용하겠다.

만일 S가 대단히 멀리 있다고 하면, $\cos(\angle PST) \approx 1.0$이다. 그러므로,

$$SP^3 \approx ST^3 - 3ST^2PT\cos(\angle PTS) + 3PT^2ST\cos^2(\angle PTS) - PT^3\cos^3(\angle PTS)$$

이런 이유로

$$\frac{SP^3}{ST^2} \approx ST\left\{1 - \frac{3PT\cos(\angle PTS)}{ST} + \frac{3PT^2\cos^2(\angle PTS)}{ST^2} - \frac{PT^3\cos^3(\angle PTS)}{ST^3}\right\}$$

그런데 S가 아주 멀리 떨어져 있다면, PT/ST $\ll$ 1 이므로,

$$\frac{SP^3}{ST^2} \approx ST$$

이제 힘 ML과 힘 NM으로 돌아가 보자. 만일 S가 아주 멀리 떨어져 있다면, SK $\approx$ ST이므로,

$$\frac{\text{힘 ML}}{\text{힘 SK}} = \frac{PT \times SK^2}{SP^3} \approx \frac{PT \times ST^2}{SP^3} \approx \frac{PT}{ST}$$

이로부터 S가 아주 멀리 있을 때는 ML이 평균값으로부터 거의 벗어나지 않는다는 결과로 이어진다.

그 이유는 $\cos(\angle PTS)$가 방정식에서 제거되었기 때문이다.

이와 비슷하게, 힘 NM의 경우에 대해 다음을 얻는다.

$$\frac{\text{힘 NM}}{\text{힘 SK}} = \frac{SK^2}{SP^3}\left(\frac{ST^3 - SP^3}{ST^2}\right)$$

$$\frac{\text{힘 NM}}{\text{힘 SK}} \approx \frac{ST^2}{SP^3}\left(3PT\cos(\angle PTS) - \frac{3PT^2\cos^2(\angle PTS)}{ST} + \frac{PT^3\cos^3(\angle PTS)}{ST^2}\right)$$

$$\frac{\text{힘 NM}}{\text{힘 SK}} \approx \frac{PT\cos(\angle PTS)}{ST} \times \left(3 - \frac{3PT\cos(\angle PTS)}{ST} + \frac{PT^2\cos^2(\angle PTS)}{ST^2}\right)$$

$$\frac{\text{힘 NM}}{\text{힘 SK}} \approx 3\frac{PT\cos(\angle PTS)}{ST}$$

이로부터 따름정리와 같은 결과도 얻을 수 있다.

$$\frac{\text{힘 NM}}{\text{힘 SK}} \approx 3(\text{힘 ML})\cos(\angle PTS)$$

이는 뉴턴이 3권에서 사용하는 결과이다.

여기에서 주목할 점이 세 가지가 있다. 첫째, 이 추론은 전체적으로 힘의 삼각형 SLM과 SPT가 닮은꼴이라는 점을 바탕으로 한다. 이 도형들이 닮은꼴임은 뉴턴의 그림을 볼 때 경험적으로 명백하다. 둘째, 힘 ML과 NM의 결과 ─ 이는 S가 아주 멀리 있을 때, 즉 PT/ST가 작을 때의 기하학적인 원리와 그에 더해서 얻은 근사값 ─ 를 얻기 위해 고급한 수학적 방법이 필요하지 않았다는 점이다. 마지막으로 S가 아주 멀리 떨어져 있다고 가정하지 않는다면 같은 기틀에서 근사적 결과보다 더 정확한 값을 얻을 수도 있다는 점도 주목해야 한다.

11장
결론

뉴턴의 『프린키피아』는 실험과 관측을 통해 밝혀지는 범위 내에서 자연에 적용되는 수학적 원리를 담은 책이다. 다시 말해 증거를 바탕으로 하는 논문이다. 이 이전까지는 자연철학을 다루면서도 수치적 예측과 증거에 근거했던 책은 없었다. 『프린키피아』의 주된 목적을 고려할 때 뉴턴이 제시한 수치는 중요한 의의가 있다. 자연철학에 수학적 원리를 적용하는 데 있어 그 정확성을 뒷받침하는 신빙성 있는 근거일 뿐 아니라, 단순한—아마도 지나치게 단순한—이론과 증거에 입각한 우주 사이에서 발생하는 충돌의 이론적 의미를 모색하게 한다는 점에서 수치는 중요하다. 일례로, 둘 이상의 물체가 상호작용 하면서도 케플러 법칙이 정확히 들어맞는 계, 그리고 "실제" 증거에 입각한 실험적 세상이라는 둘 사이의 간극을 들 수 있다. 소리의 속도를 찾는 예를 통해 보면, 뉴턴은 이론을 정확히 따르는 수치적 증거를 찾기 위해 노력하는 과정에서 당시 (특히 『프린키피아』 2판이 집필되던 시기에) 실질적 증거 기반이 없는 인자를 도입했다. 그에게는 거리 제곱에 반비례하여 변하는 지구의 중력이 달까지 뻗어간다는 확증이 필요했다. 오늘날 독자들이 달 실험에서 가장 놀랍게 느낄 만한 부분은 뉴턴이 도입한 숫자들이 아니라, 뉴턴이 유효한 수치에 대한 직감에 휘둘리지 않고 그렇게 세세한 자릿수까지 계산할 수 있었다는 사실일 것이다. 사실상 이 부분이, 보편적 자연수학이 수학적일 뿐 아니라 수치적이기도 하다는 새로운 사실을 우리에게 알려주는 표지다. 뉴턴이 살던 시대에는 따를 만한 지침이나 표준적 절차가 없었다.[1] 세차의 경우, 뉴턴의 과도한 열정으로 인해 운동의 원인과 관련된 영민한 영감을 뒷받침할

---

[1] 여기에서 말하고자 하는 바는 당시에 수학적 자연철학을 다룬 책들이 변변히 없었다는 것이다. 물론 케플러의 『신천문학』 (1609)에서 이론과 관련된 수치 데이터를 광범위하게 사용하고 있지만, 이 책을 읽어보면 누구도 이 책을 표준으로 추천하기 어려울 것이다. 아무튼 이 책의 주제는 궤도 천문학이지 자연철학이 아니다. 그런 의미에서 하위헌스의 『진자시계』(1673)는 표

증거를 찾고자 숫자를 조작하거나 조정하기까지 했다. 그러나 그 기본 개념에 대해서는 근본적으로 정확했다는 점을 잊어서는 안 된다. 뉴턴은 심지어 강체 역학을 전혀 모르는 상태였다. 그가 강체 역학을 알았더라면 자신이 제시한 문제의 의미를 끝까지 온전하게 추적할 수 있었을 것이다.

뉴턴이 살던 시대는 이성의 시대였지만, 일부 과학의 거장들에게 모든 면에서 절대적으로 공명정대한 시절은 분명 아니었다. 뉴턴은 발견한 연대를 조작했고, 왕립학회 위원회의 이름으로 미적분학 발명의 우선순위를 다룬 보고서를 작성했으며, 왕립학회의 공식 학술지에 실린 보고서에 다시 익명으로 리뷰를 작성해서 발표했으며, 훗날 재판본을 찍으면서 보고서 앞부분에 해당 리뷰를 수록하기까지 했다. 그러나 뉴턴 혼자서만 후대가 허용 못할 선을 넘었던 것은 아니었다. 라이프니츠의 행동도 뉴턴과 쌍벽을 이룬다. 대표적으로 라이프니츠는 자신이 집필한 천체물리학의 개요를 서둘러 인쇄했는데, 그러면서 든 이유가 『학술기요』에서 『프린키피아』를 언급한 긴 리뷰를 읽긴 했지만 아직 『프린키피아』 자체는 읽지 않았기 때문이라는 것이었다. 그러나 최근 발견된 문서에서 라이프니츠가 개요를 쓰기 전에 『프린키피아』를 꼼꼼히 읽고 그에 대한 주석을 작성했다는 증거가 나왔다.[2] 앞서 뉴턴의 사례에서도 보듯, 과학 문제에 접근하는 뉴턴이나 라이프니츠의 행동을 과학 혁명 시대의 표준으로 받아들여서는 안 된다. 오히려 위대한 두 지성의 힘이 충돌한 징표로서 해석해야 하며, 이따금 자연을 강압해서 확증을 얻고자 했던 시도로서 이해해야 한다. 3백여 년이 흐른 지금, 그들의 행동을 판단하면서 그들이 이룬 위대한 성취를 폄하해서는 안 된다. 뉴턴은 당대 최고의 과학자였고 라이프니츠는 한 세기를 통틀어 최고로 지적인 사상가였다.

1701년 프로이센의 여왕이 라이프니츠에게 뉴턴을 어떻게 생각하느냐고 묻자, 라이프니츠는 "수학만 놓고 보면, 태초부터 [아이작] 경의 시대에 이르기까지 그가 이룬 업적은 전체의 절반을 넘는다"고 대답했다고 한다.[3] 우리도 물리와 천문학의 역사와 관련하여 『프린키피아』에 거의 같은 말을 할 수 있다. 뉴턴 이전 시대의 학문을 연구하고 『프린키피아』를 공부하는 사람이라면, 1687년 처음 발표된 이래로 이 책이 그토록 찬사를 받는 이유에 공감할 것이며, 인류가 이런 장엄한 창조물을 세상에 내놓을 수 있었다는 사실에 대단히 감격할 것이다.

준에 가장 가까운 책이지만, 이 책에서는 자연철학 전반이 아닌 제한된 주제만을 다룬다.

2   Domenico Bertoloni Meli, *Equivalence and Priority: Newton versus Leibniz* (Oxford: Oxford University Press, 1993).

3   A. 폰테인 경이 베를린의 왕궁에서 라이프니츠와 저녁 만찬에서 나눈 대화를 보고한 내용. Keynes MS. 130.7, sheet 2, King's College, Cambridge. R.S. 웨스트폴의 『Never at Rest』 p.721에 수록되어 있다. 이 기록은 실제 만찬이 있고 한참 후에 작성된 것으로 보이는데, 대화는 1701년에 있었고 뉴턴이 기사 작위를 받은 것은 1705년이었기 때문이다. 라이프니츠와 뉴턴에 관한 이 에피소드는 존 콘두이트가 뉴턴의 전기를 쓰기 위해 뉴턴 사후에 자료와 정보를 수집하는 과정에서 작성했을 가능성이 있다.

프린키피아

아이작 뉴턴 | 지음

버나드 코헨 • 앤 휘트먼 | 영역

줄리아 버덴즈 | 도움

THE PRINCIPIA

Translated by I. Bernard Cohen and Anne Whitman
with the assistance of Julia Budenz

NEWTONI

PRINCIPIA

PHILOSOPHIÆ.

뉴턴의 『프린키피아』 3판은 이러한 약표제로 시작해서 두 장의 삽지가 이어진다. 하나는 뉴턴의 초상화로서 존 반더뱅크가 그린 것을 조지 버튜가 목판으로 새긴 것이며, 다른 한 장에는 1726년 3월 25일자로 출판물의 "특별 허가", 즉 라이선스를 표기했다. (Grace K. Babson Collection, Burndy Library)

NEWTON'S

PRINCIPLES

OF PHILOSOPHY

뉴턴의 『프린키피아』 3판의 표지. 원본의 『PHILOSOPHIAE』와 『PRINCIPIA』, 그리고 ISSACO NEWTONO와 LONDINI는 붉은 글씨로 인쇄되었다. (Grace K. Babson Collection, Burndy Library)

MATHEMATICAL

PRINCIPLES

OF NATURAL

PHILOSOPHY.

WRITTEN BY
Sir ISAAC NEWTON.

Third edition, enlarged & revised.

LONDON:

WILL. & JNO. INNYS, printers to the Royal Society.
M DCC XXVI.

ILLUSTRISSIMÆ

SOCIETATI REGALI

A

SERENISSIMO REGE

CAROLO II

AD PHILOSOPHIAM PROMOVENDAM

FUNDATÆ,

ET

AUSPICIIS

SERENISSIMI REGIS

GEORGII

FLORENTI

TRACTATUM HUNC D.D.D.

IS. NEWTON.

TO THE MOST ILLUSTRIOUS

ROYAL SOCIETY,

FOUNDED

FOR THE PROMOTION OF PHILOSOPHY

BY

HIS MOST SERENE MAJESTY

CHARLES II,

AND

FLOURISHING

UNDER THE PATRONAGE OF

HIS MOST SERENE MAJESTY

GEORGE,

THIS TREATISE IS DEDICATED.

IS. NEWTON.

3판의 라틴어 헌사(옆면; Grace K. Babson Collection, Burndy Library)는 자연철학 또는 과학의 증진 차원에서 왕립학회를 "철학의 수호자(ad philosophiam promovendam)"라고 일컫는다. 뉴턴은 "자연에 대한 지식을 증진하는 런던 왕립학회"라는 공식 명칭을 변주하여 해당 표현을 만들었다. 그러나 왕립학회의 라틴어 공식 명칭은 "Regalis Societas Londini pro scientia naturali promovenda"이며 세 번째 장의 헌장 부분에 명시되어 있다. 『프린키피아』 초판의 헌사 끝부분에는 "그리고 강대한 군주 제임스 2세의 후원을 받아"라고 쓰여 있다. 이에 더해, 해당 논문이 "가장 겸허한 태도로"("humillime") 헌정되었다고 쓰여 있다. 2판의 헌사 끝부분에는 "그리고 가장 위엄있는 앤 여왕의 후원을 받아"라고 쓰여 있다.

| 헌시

우리 시대 우리나라의

놀랍고도 찬란한 업적에 바치는 찬사,

뛰어난 학자 아이작 뉴턴이 쓴

수학–물리 논문에 부쳐

—에드먼드 핼리

보라, 저 하늘의 패턴을, 신이 세운 균형 잡힌 구조를.

모든 것의 창조주가 세상을 처음 열 때부터 한 치도 어기지 않았던

위대한 계산과 법칙을.

보라, 그분이 자신의 피조물에 부여한 기틀을.

하늘은 정복되었으며 그 안에 깊숙이 감춰진 비밀이 드러났도다.

가장 바깥의 궤도를 돌리는 힘은 더이상 숨겨져 있지 않다.

태양은 중앙의 왕좌에 앉아 모든 것에게

그 자신으로부터 떨어지도록 지시하고, 천체의 전차들이

광활한 허공을 반듯하게 날아가지 못하도록 하였다.

모든 것은 태양을 중심으로 고정된 원을 따라 움직이도록 명을 받았다.

이제 우리는 무시무시한 혜성이 그리는 곡선 경로를 알게 되었다.

이제는 더 이상 꼬리 달린 별의 출현에 경탄하지 않아도 된다.

이 논문으로 인하여 우리는 마침내 왜 은빛 달이 움직이는 속도가 일정하지 않은지,

왜 지금까지 수많은 천문학자의 구애를 교묘히 벗어났는지,

왜 교점은 뒤로 물러나는지, 그리고 왜 장축단은 앞으로 나아가는지 이해할 수 있다.

이제 우리는 하늘을 거니는 우아한 달이 바다를 밀고 당기는 힘의 크기도 알게 되었다.

달이 바다를 움직이는 동안 지친 파도는 해초를 저 멀리 밀어내고,

선원들이 두려워하는 모래톱을 드러내며, 그런 다음 다시금 높이 솟아 해안을 덮친다.

고대로부터 철학자들의 마음을 성가시게 하고,

학자들이 그토록 시끄럽게 논쟁하여도 아무런 이익 없이 오직 혼란만 일으켰던 난제들이

그 답을 우리 앞에 드러내었으니, 이를 뒤덮던 구름을 수학이 모두 몰아내었기 때문이다.

실수와 의심은 더이상 안개처럼 거추장스러운 존재가 아니다.

예리하고 숭고한 지성이 우리로 하여금

신의 거처에 들어갈 수 있게 하였고 저 높이 천국의 고지에 오를 수 있게 했기 때문이다.

소멸할 운명을 타고난 이들이여 일어나라, 세속의 염려 따위 옆으로 치워두어라.

이 논문을 통해 천국에서 솟아난 지성의 힘,

야만의 삶과 동떨어진 이성의 힘을 알아보아라.

계명의 돌판으로 우리를 다스리신 이,

살인, 도둑질, 간음, 거짓 증언의 죄에서 멀어지게 하시고,

유목민들에게 벽으로 도성을 짓는 법을 가르치신 이, 세레스의 선물로 온 나라를 풍족하게 하신 이,

포도즙을 짜 위안 삼는 법을 알게 하시고,

나일강의 갈대를 엮는 법을 보여주셨던 이는,

소리를 그림으로 그리고 말씀을 눈앞에 들어 보이셨으니,

그분은 비참한 삶의 얕은 위안에만 안주하는 이들의 처지로부터

우리의 저자를 높이 들어 올려 숭고한 자리에 앉히셨다.

그러나 이제 우리는 모두 신의 만찬을 허락받았다.

이제 우리는 천상의 법칙을 다룰 수 있고,

감추어졌던 지구를 이해할 비밀 열쇠를 손에 넣었다. 이제 우리는 이 세상의 확고한 질서를 알고

과거 선조들이 알지 못했던 모든 것을 알게 되었다.

오, 천상의 음료를 받아 마시고 기뻐하는 이여,

나와 함께 이 모든 것을 밝혀낸 뉴턴을 칭송하자.

숨겨진 진실의 보물 상자를 연 이여,

뉴턴, 뮤즈의 신들이 소중히 여기는 이여,

그의 순수한 심장 안에는 태양신 아폴로가 살아 있으며 그의 지성은 전능한 능력으로 채워져 있다. 소멸할 운명을 타고난 이들 가운데 그보다 신에게 더 가까이 있는 자는 없을지니.

독자들에게 보내는
저자 서문

고대인들은 (파푸스에 따르면) 자연과 과학을 조사할 때 역학을 매우 중히 여겼고, 현대인들은—실체적 형상과 초자연적 성질을 거부하고—자연 현상을 수학적 법칙으로 환원하기 시작하였으므로, 이 논문에서는 자연철학과 관련된 '수학'에 집중하는 것이 최선이라 여겼다. 고대인들은 역학을 두 부분으로 나누었는데, 하나는 엄격한 증명을 통해 발전시킨 이론 역학rational mechanics이고 다른 하나는 실험 역학practical mechanics이다.[a] 실험 역학은 손으로 행하는 작업으로 이루어지는 역학이며, 이 때문에 이런 이름을 얻게 되었다. 그러나 손으로 행하는 작업은 일반적으로 정확도가 높지 않으므로, '역학' 분야 전체는 정확성이라는 속성에 따라 정확성이 높은 쪽은 '기하학'으로, 그보다 정확성이 떨어지는 쪽은 '역학'으로 구분한다. 그러나 오류는 기술이 아니라 기술을 행하는 사람에게서 비롯된다. 누구든 덜 정확하게 작업하는 사람은 부족한 기계공이고, 최상의 정확성으로 일할 수 있는 사람이라면 최고로 완벽한 기계공일 것이다. 기하학의 바탕이 되는 직선과 원의 설명하는 일은 '역학'에 속한다. '기하학'은 직

참고 번역문의 모든 각주는 위첨자 문자로 표기했다. 두 글자로 표시된 각주, 예를 들어 "aa"는, 위첨자 "a"로 시작되는 부분과 마지막 "a"로 끝나는 부분 사이에 들어가는 문장을 표시하는 것이다. (본한역본에서는 펼침면을 기준으로 위첨자문자를 새로 매겼다.)
이런 식으로 표시된 각주는 대부분 초기 두 판본에서 발견된 이문이나 표현을 소개한 것이다. 본문의 주석과 설명은 『프린키피아』의 순서대로 해설서에서 찾아볼 수 있다.

a 이런 식으로 이성 역학 또는 이론 역학과 실험 역학을 구분하고 대조한 것은 『프린키피아』 당시에는 흔한 일이었다. 존 해리스의 『기술용어 사전Lexicon Technicum』 (London, 1704)에서는 존 월리스의 권위를 인용하여 이 둘을 다음과 같이 구분하였다. 하나는 "운동의 기하학"으로, "힘, 또는 동인력의 효과를 보여주는 수리과학"이며 "운동의 법칙을 증명"한다. 다른 하나는 "일반적으로 편리한 도구로 여겨지는 것으로, 뇌를 사용한 탐구와 동시에 손의 노동력을 함께 요구하는 것"이다. 뉴턴이 서문에서 사용한 명칭으로 인해 『프린키피아』의 주제는 "이론 역학"으로 일반에 알려지게 되었다.

선과 원을 그리는 방법은 가르쳐주지 않으며, 다만 그 작도를 가정할 뿐이다. '기하학'은 초심자가 입문하기 전에 선과 원을 정확히 그리는 법을 배웠을 것이라 가정하고, 그런 다음 작도에 따라 문제를 해결하는 방법을 가르친다. 직선을 그리고 원을 그리는 것은 '기하학'의 문제는 아니다. '기하학'은 '역학'으로부터 이런 문제들의 답을 얻었다고 가정하고 이렇게 해서 해결된 문제의 활용법을 가르친다. 그리고 '기하학'은 다른 분야로부터 얻은 몇 안 되는 원리를 가지고도 많은 일을 할 수 있다고 자랑한다. 그러므로 '기하학'은 역학의 실현이라는 토대 위에 세워졌고, 측정 기술을 정확한 명제와 증명으로 환원하는 '보편 역학'의 일부에 지나지 않는다. 그러나 수공 기술이 특히 물체를 움직이게 하는 데 적용되므로, '기하학'은 흔히 양量을 참조하는 데 사용되고, '역학'은 운동을 설명하는 데 사용된다. 이런 의미에서 '이론 역학'은 정확한 명제와 증명으로 표현되는 과학이며, 그것이 어떠한 힘이든 간에 결과로서 발생하는 운동의 과학이자, 그것이 어떠한 운동을 하든 간에 요구되는 힘을 다루는 과학이 될 것이다. 고대인들은 '역학'의 이 부분을 수공 기술과 연관된 '다섯 가지 힘'[즉 다섯 가지 역학적 힘]의 관점에서 연구하였고, 무거움gravity의 힘에 의한 무게의 운동 말고는 무거움 자체에는 거의 관심을 두지 않았다. 그러나 우리는 수공 기술보다는 자연철학에 관심이 있고, 이 책에서는 사람의 힘보다는 자연의 힘을 서술하므로, 무거움, 가벼움, 탄성력, 유체의 저항 같은 힘을 인력이든 척력이든 상관없이 집중적으로 다룬다. 그러므로 이 책은 자연철학의 수학적 원리를 제시한다. 자연철학의 기본 문제는[직역하면 전반적 어려움은ᵃ] 운동 현상으로부터 자연의 힘을 발견하고 나서, 이 힘이 일으키는 다른 현상을 증명하는 것 같다. 1권과 2권의 일반 명제들은 이 같은 결론을 향하고 있으며, 3권에서 설명하는 세상의 체계는 이 명제들의 사례를 실제로 보여주고 있다. 우리는 1권과 2권에서 수학적으로 증명된 명제들을 바탕으로 3권에서 천체가 태양과 개별적인 행성들을 향하게 하는 인력을 천체 현상으로부터 추론한다. 그런 다음 수학적 명제에서 행성, 혜성, 달, 그리고 바다의 운동을 이러한 힘으로부터 추론한다. 자연의 다른 모든 현상도 이런 식으로 수학적 원리로부터 추론할 수 있다면 얼마나 좋을까! 나는 자연의 모든 현상이 특정 힘에 의해 일어난다고 의심하게 되었는데, 물체의 입자들은 아직 알려지지 않은 이런 힘으로 인해 서로 끌어당겨서 규칙적인 형태로 합쳐지거나, 서로 밀어내어 멀어지게 하는 것 같다. 이런 힘들은 알려지지 않았으므로, 철학자들은 지금까지 여러 가지 방법으로 자연을 시험해 왔지만 허사였다. 그러나 이 책에서 제시하는 원리들이 이 같은 철학적 방법이나 다른 진실된 방법에 어느 정도 빛을 비추리라 희망한다.

이 책의 출간하는 과정에서, 위대한 지성인이자 보편적 학문의 연구자인 에드먼드 핼리가 큰 힘을 보탰다. 그는 오타를 바로잡고 목판 제작 과정을 감독해 주었을 뿐 아니라, 내가 이 책을 발표하도록

---

a   뉴턴은 나중에 (『광학』의 문제 28에서) 영어로 "자연철학의 주요 과제"라고 표현한 개념을 거의 그대로 라틴어로 옮겨 놓은 것 같다.

마음먹게 만든 장본인이었다. 핼리는 천체 궤도의 모양에 대한 나의 증명을 읽고 나서 그 내용을 왕립학회에 알리도록 지속적으로 권유했다. 그후 왕립학회의 격려와 너그러운 후원에 힘입어 나는 이 책을 출간할 것을 고려하게 되었다. 그러나 달 운동의 불균등성을 연구하고, 중력과 다른 힘들의 법칙과 크기를 다른 관점에서 탐구하고, 주어진 법칙에 따라 끌어당겨지는 물체들이 그리는 곡선과 여러 물체의 상대적 운동, 저항 있는 매질에서의 물체의 운동, 매질의 힘과 밀도와 운동, 혜성의 궤도 등을 연구한 후에, 나는 책의 출간을 미루고 다른 내용을 더 조사하여 모든 결과를 종합해 발표해야겠다고 생각했다. 이 연구 내용은 달의 운동에 관한 명제 66의 따름정리들로 실었다(아직 완벽하지는 않다). 명제와 증명을 하나씩 다루었다면 다음에 이어지는 명제들의 흐름을 방해하고 또 필요 이상으로 복잡해졌을 것이다. 그리고 뒤늦게 발견한 내용이 몇 가지 있었는데, 그 때문에 명제와 전후 참고 목록의 번호를 전부 바꾸기보다는 조금은 부적절한 자리여도 중간에 삽입하기로 했다. 나는 독자들에게 모든 것에 열린 자세로 이 책을 읽어주기를 간곡히 부탁하며, 이 어려운 주제를 탐구하면서 저지른 잘못을 발견했다면 비난하기보다는 탐구해주기를, 새로이 노력하여 바로잡아주기를 부탁한다.

트리니티 칼리지, 케임브리지
1686년 5월 8일
아이작 뉴턴

2판
저자 서문

『프린키피아』 2판은 이곳저곳에서 많은 부분이 수정되었고, 새로운 내용이 추가되었다. 제1권 섹션 2에서, 물체가 주어진 궤도를 따라 회전하도록 하는 힘을 더욱 쉽게 구할 수 있게 되었고 내용이 확장되었다. 2권 섹션 7에서는 유체의 저항 이론을 더욱 정확하게 탐구하고 그 내용을 새로운 실험으로 확인한다. 3권에서는 달의 이론과 분점의 세차를 원리로부터 더욱 완전하게 추론한다. 그리고 혜성 이론은 더 많은 궤도 사례를 통해서 더 정밀하게 계산하고 검증했다.

런던
1713년 3월 28일
아이작 뉴턴

2판에 부치는
편집자 서문

오래도록 기다렸던 뉴턴의 『자연철학의 원리』의 새 판본이 많은 부분을 수정하고 새로운 내용을 추가하여 독자들 앞에 선보이게 되었다. 이 유명한 책의 주요 주제는 목차에 나열되어 있으며 이 판본에 대한 인덱스도 마련되었다. 주요한 추가 내용이나 변화된 부분은 저자 서문에 명시되었다. 이제 이 철학의 방법에 대해 말해야 할 것 같다.

자연과학을 연구해온 사람들은 대체로 세 부류로 나눌 수 있다. 먼저 알 수 없는 방식에 따라 물체를 움직이는—그들은 그렇게 주장해 왔다—초자연적 성질을 사물에 부여한 이들이 있었다. 아리스토텔레스와 소요학파에서 파생된 학문의 교리는 모두 이를 바탕으로 한다. 그들은 물체의 특정 성질로부터 개별적인 효과가 발생한다고 단언하지만, 그 성질의 원인이 무엇인지는 알려주지 않으므로 그들은 아무 말도 하지 않은 것이나 마찬가지다. 또한 그들은 사물 자체보다 그 이름에 전적으로 관심을 두는 탓에 철학 교사라기보다는 철학적 전용어의 발명가로 간주되어야 한다.

그 때문에 다른 이들은 이런 뒤죽박죽 쓸데없는 말잔치를 거부함으로써 더욱 신중한 사람으로 인정받고자 했다. 그래서 그들은 모든 물질이 균질하며, 물체에서 포착되는 다양한 형태는 모두 구성 입자의 대단히 단순하고 쉽게 이해할 수 있는 속성에서 비롯한다고 주장했다. 실제로 입자의 기본 속성으로 자연이 부여한 특성 외에 다른 것을 부여하지 않는 한, 단순한 것에서 복잡한 것으로 발전시켜 가는 방향은 옳다. 그러나 그들은 우리가 알 수 없는 입자의 모양과 크기를 제멋대로 상상하고, 입자의 불확실한 위치와 운동을 마음대로 추측하고, 심지어 물체의 공극에 자유롭게 스며들 수 있는 초자연적인 유체를 꾸며내기도 했다. 이 유체는 전능한 성질을 띠고 있으며 미지의 작용을 받아 움직이기 때문에 모든 물체에 스밀 수 있다고 주장했다. 그들은 이런 식의 억지 주장을 들이대면서 자신만의 환상을 좇는다. 그들이 간과하는 사물의 참된 구조는 정확하고 확실한 관찰로도 알아내기 어려운 것인데, 하물며 엉뚱한 추측으로는 발견될 가능성이 전혀 없다. 가설 위에 추측을 쌓아 올리는 자들은, 견고한 역학 법칙을 따라 추론을 발전시켜 나간다고 하더라도 결국은 공상에 불과하며, 그것이 아무리 우아하고 매력적이라 하더라도 공상은 공상일 뿐이다.

세 번째 유형은 실험을 바탕으로 한 자연철학을 추구하는 이들이다. 이들 역시 모든 사물의 원인은 가장 단순한 원리로부터 추론할 수 있다고 주장하지만, 현상으로부터 완전히 증명되지 않은 것은 결코 원리로서 가정하지 않는다. 그들은 가설을 꾸며내지 않고, 진실을 논의할 수 있는 문제가 아닌 한, 가설을 자연과학에 수용하지도 않는다. 그러므로 그들은 해석적 방법과 통합적 방법으로 논리를 발전시킨다. 선택된 특정 현상으로부터 해석적 방법으로 자연의 힘과 이 힘의 단순한 법칙들을 추론하고, 이로부터 통합적 방법을 통해 다른 현상의 구조를 제시한다. 이것이 우리의 위대한 저자가 무엇보다 우선적으로 포용해야 한다고 생각하는 최고의 철학적 방법이다. 그는 이 방법만이 노력을 들여 일구고 풍요롭게 할 만한 가치가 있다고 판단하였다. 이에 따라 이해하기 쉽게 표현된 예를 제시하였는데, 이것이 세상의 체계에 대한 설명이다. 이 설명은 중력 이론으로부터 가장 성공적인 방법으로 추론된 것이다. 다른 사람들도 중력이 모든 물체에 보편적으로 존재한다고 의심하거나 상상은 했지만, 뉴턴은 현상을 통해 그것[만유인력]을 증명하고 걸출한 이론의 확고한 토대를 마련한 최초이자 유일한 인물이었다.

나는 실제로 명성이 드높은 사람들도 편견에 지나치게 사로잡힌 나머지 이 새로운 [중력의] 원리를 쉽게 받아들이지 못하고, 확실성보다 불확실성을 더 선호하는 사례를 알고 있다. 그들의 명성을 깎아내리려는 것이 아니라, 친절한 독자 여러분이 이 문제를 직접 공정하게 판단할 수 있도록 하려는 것이다.

그러므로 우리 가까이에 있는 가장 간단한 주제로 토론을 시작하기 위해 천체 안에 깃든 무거움의 성질을 살펴보고, 이를 바탕으로 아주 먼 곳의 천체를 보다 확고한 논리로 고찰해 보기로 한다. 이제는 모든 철학자가 지구 위 또는 지구 근처에 있는 물체들은 모두 지구를 향해 끌어 당겨진다는 사실을 인정하고 있다. 그간 여러 실험을 통해 진정 가벼운 물체는 없다는 것이 오랫동안 확인되었다. 상대적 가벼움이라 불리는 성질은 진정한 가벼움이 아니라 단지 그렇게 보이는 것일 뿐이고, 인접한 물체의 더 강력한 무거움 때문에 발생한다.

더 나아가, 모든 물체가 보편적으로 지구를 향해 당겨지는 것처럼, 지구 역시 이와 마찬가지로 물체를 향해 끌어 당겨진다. 무거움의 작용은 상호적이고 양방향으로 동등하기 때문이다. 이것은 다음과 같이 밝혀진다. 지구 전체의 몸체를 두 부분으로 나눈다. 나뉜 두 부분이 같든 같지 않든 상관없다. 만일 두 부분의 무게가 서로 같지 않으면, 가벼운 무게가 큰 무게에 굴복할 것이고, 두 부분은 결합하여 더 큰 무게가 향하는 쪽으로 직선으로 뻗어나가게 될 것인데, 이는 경험과는 완전히 반대되는 내용이다. 그러므로 각 부분의 무게가 동일하다는 필연적인 결론에 이르다. 다시 말해 중력의 작용은 상호적이고 양방향에 대하여 같다.

지구 중심으로부터 같은 거리만큼 떨어져 있는 물체의 무게는 물체 안에 있는 물질의 양에 비례한다. 이것은 정지상태의 물체가 무게의 힘 때문에 낙하하면서 모두 동일한 가속을 받는다는 사실로부터 이해할 수 있다. 동일하지 않은 물체들도 동일한 가속을 받으려면 작용하는 힘이 움직이는 물질의 양에 비례해야 하기 때문이다. 이로써 낙하하는 물체들이 보편적으로 같은 크기로 가속된다는 것은 명백하다. 또한 보일의 공기 펌프로 제작된 진공 안에서(다시 말해, 공기의 저항이 제거된 공간에서), 낙하하는 물체들은 같은 시간 동안 같은 거리를 휩쓴다. 그리고 이는 진자 실험에서 좀 더 정확히 증명된다.

같은 거리에서 물체의 인력은 물체 안에 있는 물질의 양에 비례한다. 그 이유는, 물체들이 지구를 향해 당겨지고 지구 역시 물체들을 향해 당겨질 때 같은 모멘트로[즉 세기나 힘으로] 당겨지므로, 각 물체를 향하는 지구의 무게 또는 물체가 지구로 당겨지는 힘은 지구로 향해 당겨지는 물체의 무게와 같을 것이기 때문이다. 그러나 앞에서 말했듯이 이 무게는 물체 안에 있는 물질의 양에 비례하므로, 각 물체가 지구를 끌어당기는 힘 또는 물체의 절대 힘 역시 물질의 양에 비례한다.

그러므로 물체 전체가 끌어당기는 힘은 물체의 각 부분의 인력에서 비롯되어 합쳐진 것이다. 왜냐하면 (앞에서 보았듯이) 물질의 양이 늘거나 줄면 그 힘도 그에 비례하여 늘거나 줄기 때문이다. 그러므로 지구의 작용도 지구 각 부분의 작용이 합쳐진 결과여야 한다. 그리고 행성들 역시 물질에 비례하는 절대 힘으로 서로 끌어당겨야 한다. 이것이 지구의 무거움의 성질이다. 이제 하늘에서는 어떠한지 살펴보자.

모든 물체는 상태를 바꾸는 힘의 작용을 받지 않는 한 언제나 그 상태를 유지하며 정지해 있거나 똑바로 앞으로 움직인다. 이것은 모든 철학자가 인정하는 자연의 법칙이다. 이 법칙은 곡선을 따라 회전하는 물체가 꾸준히 작용하는 어떤 힘을 받아 궤도의 접선에서 계속 벗어나며 곡선 궤도를 유지한다는 결론으로 이어진다. 그러므로 곡선 궤도를 따라 공전하는 행성들의 경우, 행성이 접선에서 끊임없이 벗어나도록 계속해서 작용하는 어떤 힘이 반드시 있어야 할 것이다.

이제, 수학을 통해 발견하고 확실히 증명할 수 있는 내용을 인정하는 것이 합리적일 것이다. 즉, 평면 위에서 곡선 궤도를 따라 움직이는 물체가 있고, 이 물체부터 중심까지 (이 중점은 정지해 있든 움직이든 상관없다) 이어진 반지름이 휩쓰는 면적은 시간에 비례한다고 할 때, 물체는 중점을 향하는 힘을 받는다. 따라서 주행성〔태양 주위 궤도를 도는 행성—옮긴이〕들이 태양 주위로 시간에 비례하는 면적을 휩쓸고, 위성〔행성의 위성들—옮긴이〕도 마찬가지로 주행성 주위로 시간에 비례하는 면적을 휩쓸며 공전한다는 사실은 천문학자들도 모두 동의하는 바이므로, 행성들을 지속적으로 접선으로부터 끌어당기고 곡선 궤도를 따라 공전하게 하는 힘은 궤도 중심에 있는 물체를 향한다는 결론으로 이어진다. 그러므로 이 힘을 공전하는 물체에 대해서는 구심력이라 할 수 있고, 중심 물체에 대해서는 인력이라 불리는 것이 타당할 것이다. 이 힘의 원인이 무엇이든 간에 이 힘은 결국 존재하는 것이다.

다음의 규칙들 역시 수학적으로 인정받고 증명된 것이다. 만일 몇 개의 물체들이 일정하게 움직이며 동심원을 따라 공전하고, 공전주기의 제곱이 공통의 중심으로부터 거리의 세제곱에 비례한다면, 공전하는 물체들의 구심력은 거리 제곱에 반비례한다. 다시 한번 말하지만, 물체가 거의 원에 가까운 궤도를 그리며 공전하고 궤도의 장축단이 정지해 있으면, 공전하는 물체의 구심력은 거리의 제곱에 반비례한다. 천문학자들은 이것이 모든 행성에 대해 [주행성과 위성 모두] 성립한다는 것에 동의한다. 그러므로 행성의 구심력은 궤도 중심으로부터의 거리 제곱에 반비례한다. 만일 행성의 장축단, 특히 달의 장축단이 완전히 정지해 있지 않고 느리게 꾸준히 전진한다[즉 순행한다]는 사실을 들어서 반대하는 사람이 있다면, 우리는 다음처럼 대답할 수 있다. 구심력이 역제곱 비율에서 미세하게 벗어난 탓에 장축단이 매우 느리게 움직일 가능성을 인정하더라도, 그 차이는 수학적으로 계산해서 확인할 수 있으며 거의 알아차리기 어려운 수준에 불과하다. 이 역제곱 비에서 가장 많이 벗어나는 것이 달의 구심력일 텐데, 이 편차도 아주 작을뿐더러 역세제곱 비와 비교할 때 60배 가량 더 가깝기 때문이다. 그러나 반론에 대해 좀 더 정확히 답하려면, 달의 장축단의 전진은 이 편차가 [역]제곱비에서 벗어났기 때문이 아니라 전혀 다른 원인으로 인한 것이라 해야 한다. 이 원인은 뉴턴의 철학에서 경이롭게 밝혀진다. 결론적으로 주행성이 태양을 향하게 하고 위성이 주행성을 향하게 하는 구심력은 거리 제곱에 정확히 반비례한다.

지금까지 얘기한 내용으로부터, 행성들이 끊임없이 작용하는 어떤 힘을 받아 궤도를 유지하고 있다는 사실은 명백하다. 이 힘은 항상 궤도의 중심을 향하고, 그 효력은 중심으로 다가갈수록 증가하고 중심에서 멀어질수록 감소한다. 효력의 비는 사실상 거리의 제곱이 감소하는 것에 비례하여 증가하고, 거리의 제곱이 증가하는 것에 비례하여 감소한다. 이제 행성의 구심력을 중력과 비교해 보고 이 둘이 같은 것인지 아닌지를 확인해 보기로 하자. 이 두 힘에서 같은 법칙과 같은 특성이 발견된다면 둘은 같은 종류일 것이다. 그러므로 먼저 우리와 가장 가까이에 있는 달의 구심력을 고려해 보겠다.

정지한 물체에 어떤 힘이 작용하여 물체가 낙하한다고 할 때, 운동이 막 시작된 순간에 주어진 시간 동안 물체가 낙하하는 거리는 힘에 비례한다. 이것은 물론 수학적 추론의 결과이다. 그러므로 궤도를 공전하는 달의 구심력 대 지구 표면의 중력의 비는, 달에서 원운동 성분을 모두 제거한다고 가정하면, 달이 극도로 짧은 시간 동안 구심력을 받아 지구로 낙하하는 거리 대 무거움을 가진 물체가 동일하게 극도로 짧은 시간 동안 지구 근처에서 자체적인 무거움의 힘에 의해 낙하하는 거리의 비와 같을 것이다. 이중 달의 낙하 거리는 같은 시간 동안 달이 그리는 호의 버스트 사인과 같다. 이 버스트 사인은 구심력을 받은 달이 접선에서 벗어난 거리의 척도이므로 달의 주기와 지구 중심부터의 거리가 모두 주어질 경우 계산될 수 있는 값이다. 그리고 지구 위 물체의 낙하 거리는, 하위헌스가 밝힌 바와 같이, 진자 실험을 통해 구할 수 있다. 그러므로 계산 결과에 따르면 첫 번째 거리 대 두 번째 거리, 즉 궤도를 공전하는 달의 구심력 대 지구 표면에서의 중력은 지구 반지름 대 궤도 반지름의 제곱비와 같다. 그렇다면 앞에서 보인 바에 따라, 궤도를 공전하는 달의 구심력과 지구 표면에 있는 달의 구심력 사이에는 같은 비가 성립된다. 그러므로 지구 표면에서의 구심력은 중력과 같은 것이다. 이 둘은 다른 힘이 아니라 하나이며 같은 힘이다. 만일 이 둘이 다르다면, 두 힘의 작용을 모두 받는 물체들은 지구로 떨어질 때 중력의 작용만 받을 때보다 두 배 빠르게 떨어질 것이기 때문이다. 그러므로 달을 접선 방향으로 지속적으로 끌어당겨서 궤도를 유지하도록 하는 이 구심력은 달까지 뻗어나간 지구의 중력임이 분명하다. 그리고 사실상 해당 힘은 엄청난 거리를 뻗어 확장될 수 있다고 보는 것이 합리적이다. 가장 높은 산봉우리에서도 이 힘이 눈에 띄게 줄어드는 경향은 관찰할 수 없기 때문이다. 그러므로 달은 지구를 향해 잡아 당겨진다. 더 나아가 상호작용에 따라 지구 역시 같은 힘으로 달을 향해 당겨진다. 이 사실은 바다의 조수와 분점의 세차를 다룰 때 이 자연철학 안에서 충분히 확인되는 바이며, 두 현상 모두 달과 태양이 지구에 미치는 작용으로부터 발생하는 것이다. 그러므로 마침내 우리는 중력이 지구로부터 아주 멀리 있을 때 어떤 법칙에 따라 감소하는지도 알게 된다. 무거움은 달의 구심력과 같은 것이고 구심력은 거리의 제곱에 반비례하므로, 무거움 역시 같은 비로 감소할 것이기 때문이다.

이제 다른 행성으로 넘어가 보자. 태양 주위를 도는 주행성 그리고 목성과 토성 주위를 도는 위성의 공전은 달이 지구 주위를 도는 공전과 같은 현상이다. 또한 달의 구심력이 지구 중심을 향하듯 일차 행성의 구심력은 태양의 중심을 향하고 이차 행성의 구심력이 목성과 토성의 중심을 향한다는 것도 증명되었다. 이에 더하여, 이러한 힘들은 모두 중심부터의 거리의 제곱에 반비례하며, 이는 달의 힘이 지구로부터의 거리의 제곱에 반비례하는 것과 같다. 그러므로 주행성과 위성 모두 같은 성질을 가지고 있다는 결론을 내려야 한다. 달이 지구를 향해 당겨지듯, 그리고 지구도 달을 향해 당겨지듯, 위성들도 모두 자신의 주행성을 향해 당겨지며, 주행성들도 위성들을 향해 당겨진다. 그리고 주행성들도 모두 태양을 향해 당겨지며 태양 역시 주행성들을 향해 당겨진다.

그러므로 태양은 주행성과 위성 모두를 향해 당겨지고 행성들도 모두 태양을 향해 당겨진다. 위성은 주행성 주위를 돌며 그들의 주행성과 함께 태양 주위를 돌고 있다. 또한 같은 논거에 따라 주행성과 위성은 모두 태양을 향해 당겨지고 태양은 그들을 향해 당겨진다. 위성이 태양 쪽으로 당겨진다는 사실은 달의 불균등성으로부터 명백하게 증명된다. 이 불균등성에 대해 이 책의 3권에서 놀랍도록 정확한 이론이 제시된다.

혜성의 운동은 태양의 인력이 모든 방향으로 멀리까지 전파되며 주위에 빈 공간 없이 확산된다는 것을 명백히 보여주는 예다. 혜성은 어마어마하게 먼 곳에서 출발하여 태양 근처까지, 때로는 거의 태양에 닿을 듯이 다가가기 때문이다. 지금까지 천문학자들은 혜성의 이론을 찾기 위해 노력했으나 허사였다. 그러다 마침내, 우리 시대에 가장 걸출한 저자는 혜성 이론을 성공적으로 알아냈으며 관측 자료를 통해 높은 정확성으로 이를 증명했다. 그러므로 혜성이 태양 중심을 초점으로 두는 원뿔곡선을 따라 궤도를 돌며, 태양까지 이어진 반지름으로 휩쓰는 면적은 시간에 비례한다는 사실은 자명하다. 이 현상으로부터 수학적으로 분명하게 증명된 사실은 혜성이 궤도를 유지하도록 하는 힘이 태양을 향하고 있으며, 힘의 중심부터의 거리의 제곱에 반비례한다는 것이다. 그러므로 혜성은 태양을 향해 당겨지고, 태양의 인력은 거의 같은 평면 위에 고정된 거리만큼 떨어져 있는 행성뿐 아니라 우주 모든 지역과 모든 거리에 떨어져 있는 혜성까지 닿는다. 따라서 자신이 가진 힘을 모든 거리의 다른 모든 물체까지 퍼뜨려 잡아당기는 것은 물체의 본질이다. 이로부터 모든 행성과 혜성은 보편적으로 서로를 끌어당기며 서로에 대하여 무겁다는 결론으로 이어진다. 이는 또한 목성과 토성의 섭동 현상에서도 확인된다. 이 현상은 일찍이 천문학자들이 발견한 것으로 행성들이 서로에게 미치는 작용에 의해 발생한다. 또한 앞에서 언급했던 장축단의 매우 느린 움직임에서도 확인할 수 있는데, 이들의 원인은 아주 비슷하다.

이렇게 하여 마침내 지구와 태양 그리고 태양이 거느린 모든 천체는 서로를 끌어당긴다는 것을 인정해야 할 때가 되었다. 천체를 이루는 최소의 입자들은 모두 그 물질의 양에 비례하는 각자의 인력을 가지고 있을 것이며, 이는 위에서 지구상의 물체에 대하여 증명한 바와 같다. 그리고 서로 다른 거리에 있는 물체의 힘은 거리 제곱에 반비례할 것이다. 이 법칙에 따라 다른 것을 끌어당기는 입자들로 구성된 물체는 같은 법칙에 따라 다른 물체를 끌어당겨야 한다는 것이 수학적으로 증명되었기 때문이다.

앞서 설명한 결론들은 철학자들 모두가 인정하는 공리를 바탕으로 한 것이다. 즉 같은 종류의 효과—다시 말해, 알려진 성질이 모두 같은 효과—는 원인이 모두 같으며, 아직 알려지지 않은 성질 또한 같다는 것이다. 만일 유럽에서 돌멩이가 낙하하는 원인이 무거움 때문이라면, 미 대륙에서 돌멩이가 낙하하는 원인도 무거움이라는 것을 누가 의심할 수 있겠는가? 만일 유럽에서 돌과 지구의 무거움이 상호적으로 작용한다면, 이것이 미 대륙에서도 상호적임을 누가 부인하겠는가? 유럽에서 돌과 지구의 인력이 이들을 이루는 부분들의 인력을 합한 것이라면, 미국에서의 인력도 그와 비슷하게 합성된 힘이라는 것을 누가 부인할 것인가? 만일 유럽에서 지구의 인력이 모든 곳에 있는 모든 종류의 물체에 전파되어 나간다면, 미국에서도 같은 방식으로 전파된다고 말할 수 없는 이유가 있겠는가? 모든 철학은 이 규칙에 바탕을 둔 것이며, 이런 공리가 없다면 사물에 대하여 보편적으로 확증할 수 있는 것이 하나도 없다. 개별 사물의 구성은 관측과 실험으로써 발견될 수 있다. 또한 그곳에서부터 출발해 이 규칙을 따라야만 사물의 본질을 보편적으로 판단할 수 있다.

그렇다면 우리가 실험하고 관측하는 지구상의 모든 물체와 천체들은 무거우므로, 무거움은 모든 물체에 보편적으로 깃들어 있는 본질임을 예외 없이 인정해야 할 것이다. 그리고 우리가 공간을 점유하지 않고, 움직이지 않고, 꿰뚫을 수 있는 물체를 상상하지 못하는 것처럼, 무겁지 않은 물체도 상상할 수 없다. 물체의 연장성(물체가 공간을 점유하는 성질—옮긴이), 기동성, 관통성은 오직 실험을 통해서만 확인된다. 물체의 무거움도 마찬가지다. 우리가 관찰하는 모든 물체는 공간을 점유하고 움직이고 꿰뚫을 수 없다. 그리고 이를 근거로 모든 물체, 심지어 우리가 관찰하지 않은 물체도, 보편적으로 공간을 점유하고 움직일 수 있고 꿰뚫을 수 없다는 결론을 내린다. 우리가 관찰하는 모든 물체는 무거움의 속성을 갖는다. 그리고 이를 근거로 우리는 모든 물체가 보편적으로 무거우며, 심지어 관찰하지 못하는 물체도 무거움의 속성을 갖는다고 결론을 내린다. 누구든 항성의 무거움은 아직 관측된 적이 없으므로 항성이 무겁지 않다고 주장하려 한다면, 같은 논거로 항성의 연장성과 기동성, 관통성도 관측된 적이 없으므로 항성은 공간을 점유하지 않고 움직이지 않으며 관통될 수 있다고 말할 수 있다. 여기에 무슨 말을 더 보태야 할까? 모든 물체가 갖는 보편적이고 일차적인 특성 가운데 무거움도 포함되거나, 아니면 연장성, 기동성, 불가입성이 존재하지 않거나 둘 중 하나다. 그리고 사물의 본질이 물체의 무거움에 의해 정확히 설명될 수 없다면, 연장성, 기동성, 불가입성에 의해서도 설명되지 않을 것이다.

몇몇 사람들은 이 결론에 동의하지 않고 초자연적 성질이 어떻고 하며 투덜거릴 것 같다. 그들은 항상 무거움이 초자연적인 것이며, 초자연적 원인은 철학에서 완전히 제거해야 한다고 끊임없이 주절거린다. 그러나 그런 이들에게는 쉽게 답해 줄 수 있다. 초자연적 원인이란 관찰을 통해 명백하게 증명할 수 없는 원인이 아니라, 존재 자체가 초자연적이고, 증명되지 않는 상상의 산물인 원인이다. 그러므로 무거움은 천체 운동의 초자연적 원인이라 볼 수 없다. 현상을 통해 이 힘이 실제로 존재한다는 것이 밝혀졌기 때문이다. 그보다는 오히려, 앞뒤가 하나도 맞지 않는 허구의 물질의 소용돌이가 이러한 운동을 일으킨다고 주장하는 이들이 있는데, 그런 이들이 피난처로 삼는 것이 바로 초자연적 원인일 것이다.

그런데 무거움의 원인을 모르고, 아직 발견되지도 않았다는 이유로 무거움을 초자연적 성질로 분류하고 자연철학에서 배제해야 할까? 그렇다고 믿는 사람들은 철학의 모든 근간을 무너뜨릴 부조리를 따르지 않도록 조심하자. 일반적으로 원인은 복잡한 것에서부터 단순한 것까지 연쇄적으로 진행되므로, 가장 단순한 원인에 도달하면 더 이상 나아가지 못한다. 그러므로 가장 단순한 원인은 역학적인 설명이 부여될 수 없다. 만일 설명이 가능하다면 해당 원인은 아직은 가장 단순한 원인은 아닐 것이다. 독자 여러분은 이 가장 단순한 원인들을 초자연적인 것으로 분류하고 배제하겠는가? 그렇다면 그와 동시에 가장 단순한 원인에 직접적으로 의존하는 원인들, 그 다음으로 이 원인에 의존하는 원인들 역시 차례로 배제되어야 하고, 그러다 보면 결국에는 모든 원인이 배제되어 철학은 텅 비게 될 것이다.

일각에서는 무거움이 불가사의하며 영속적인 기적이라고 부르는 이들이 있다. 그들은 물리학에는 불가사의한 원인이 설 자리가 없으므로 이를 배제해야 한다고 주장한다. 그러한 주장은 그 자체로 철학 전체를 깎아내리는 것이며, 일일이 시간을 들여 대응할 가치가 없다. 그 이유는 그들이 무거움이 모든 물체의 성질이 아니라고 말하거나—이런 주장은 아예 성립될 수 없다—무거움이 물체의 다른 특성과 역학적인 원인에 근거하지 않기 때문에 초자연적이라고 주장할 것이기 때문이다. 그러나 분명 물체의 일차적인 특성이 존재하고, 이는 일차적이기 때문에 다른 것에 의존하지 않는다. 그러므로 무거움을 부정하는 이들은 이러한 특성이 모두 동일하게 초자연적인지, 그리고 동등하게 거부되어야 하는지 고려해 보아야 하며, 일차 성질을 배제하면 철학이 어떻게 될지를 따져보아야 한다.

천체물리학이 데카르트의 교리와 충돌하고 조화를 이루지 못하는 것 같다는 이유로 천체물리학 전체를 싫어하는 사람도 있다. 그들은 물론 자신의 견해를 옹호할 자유가 있지만, 그러려면 공정하게 행동해야 하며 그들이 요구하는 자유를 다른 사람들이 누리는 것을 부정해서는 안 된다. 그러므로 우리도 우리가 진실이라 여기는 뉴턴 철학을 신봉할 수 있다. 우리는 현상을 통해 증명된 원인을 증명되지 않은 허구의 원인보다 더 가치 있게 여긴다. 진정한 철학은 실재하는 원인에서 사물의 본질을 도출하고, 지고의 창조주가 이 세상의 가장 아름다운 질서를 확립하려는 의지가 담긴 법칙을 추구하지, 창조주가 원한다면 찾을 수도 있었을 법칙을 추구하지 않는다. 여러 원인으로부터 하나의 결과가 발생해도 논리에는 부합한다. 그러나 진정한 원인이란 결과가 실제로 발생하도록 하는 원인이며, 나머지는 진정한 철학에서 설 자리가 없다. 시계에서 시침 운동은 매달린 시계추의 작용 또는 내부 스프링으로 인해 움직인다. 그런데 시계추의 작용으로 돌아가는 시계를 두고 스프링의 작용을 상상하고 그런 성급한 가설을 바탕으로 시침의 운동을 설명하려 한다면 누구든 비웃음거리가 될 것이다. 진정한 운동의 원리를 확신하기 위해서는 기계의 내부 작동을 더욱 완전하게 조사해야 하기 때문이다. 우주가 미묘한 물질로 채워져 있고 이 물질이 소용돌이를 이루며 끝없이 움직인다고 주장하는 철학자들도 이와 같다고 보아야 한다. 이 철학자들이 그들만의 가설을 바탕으로 현상을 정확히 설명할 수 있다고 해도, 그 원인이 정말로 실재한다거나 아니면 적어도 그 외의 다른 원인은 존재하지 않는다는 것을 증명하기 전까지는 진정한 철학을 논한다고 볼 수 없고 천체 운동의 진정한 원인을 찾았다고 할 수도 없기 때문이다. 그러므로 물체의 인력이 사물의 본성 안에 보편적으로 실재한다는 것을 증명할 수 있다면, 더 나아가 모든 천체 운동을 그 인력으로 설명할 방법을 보일 수 있다면, 해당 운동을 소용돌이로 설명해야 한다고 주장은 공허하고 터무니없는 반론일 뿐이다. 설령 우리가 그러한 설명에 전적으로 동의한다고 하더라도 그렇다. 그러나 우리는 동의하지도 않을뿐더러, 저자가 최고로 명료한 논거로 증거하듯이 천체 현상은 절대로 소용돌이로 설명할 수 없다. 따라서 터무니없는 허구와 상상을 이어붙이고 새로운 거짓을 꾸며내는 데 무익한 노력을 기울이는 자들은 자신들만의 환상에 지나치게 몰두해 있는 것이 틀림없다.

만일 행성과 혜성이 소용돌이를 타고 태양 주위를 돌고 있다면, 소용돌이로 운반되는 물체들은 그 주위를 감싸는 소용돌이와 같은 속도, 같은 방향으로 움직여야 하고, 물질의 부피에 비례하는 같은 밀도 또는 같은 관성력을 가져야 한다. 그러나 행성과 혜성은 우주 안의 같은 영역에 있더라도 각기 다른 속도와 방향으로 움직인다는 것은 자명하다. 그렇다면 태양에서 같은 거리에 있는 유체들이 같은 시간 동안 서로 다른 방향과 속도로 회전한다는 필연적 결론으로 이어진다. 행성이 유체를 통과하여 진행하기 위해 필요한 방향과 속도가 혜성에 필요한 방향과 속도와 다를 것이기 때문이다. 이런 일은 설명이 불가능하므로, 천체가 소용돌이를 타고 운반되는 것이 아니라고 인정하거나 아니면 천체의 운동이 태양 주위의 같은 공간을 점유하는 각기 다른 여러 개의 소용돌이에 의해 발생한다는 주장을 늘어놓아야 한다.

한 공간 안에 여러 개의 소용돌이가 포함되어 서로 겹쳐지며 각기 다른 움직임으로 회전하고 있다고 가정한다면, 이 움직임은 어떨 때는 이심률이 큰 궤도를 그리는 천체의 운동과 일치해야 하고, 또 어떨 때는 거의 원에 가까운 원뿔곡선 궤도를 규칙적으로 그리는 천체 운동과도 일치해야 한다. 그렇다면 소용돌이들이 그토록 오랜 세월 동안 물질의 상호작용에 의한 섭동에 전혀 영향받지 않은 채 어떻게 온전히 움직임을 유지할 수 있는지 자연히 의문을 품게 된다. 물론 이러한 가상의 운동이 행성과 혜성의 운동보다 더 복잡하고 설명하기 어렵다면, 해당 가설을 자연철학에 수용하는 것은 의미가 없다. 왜냐하면 모든 원인은 결과보다 단순해야 하기 때문이다. 허구를 창작할 자유를 인정하고, 누군가 모든 행성과 혜성은 우리 지구처럼 대기에 휩싸여 있다고 주장하는 이가 있다고 하자. 확실히 소용돌이 가설보다는 더 합리적인 가설처럼 보인다. 이 사람은 이 대기가 자체적인 본질에 따라 원뿔곡선을 그리며 태양 주위를 움직이고 있다고 주장할 것이다. 이러한 움직임은 분명히 서로 겹치는 소용돌이들의 운동보다는 훨씬 더 쉽게 머릿속에서 그려볼 수 있다. 마지막으로 이 사람은 행성과 혜성들이 각자의 대기에 의해 태양 주위로 궤도 운동을 한다는 것을 믿어야 한다고 주장하며, 자신이 천체 운동의 원인을 발견했다고 의기양양하게 선언할 것이다. 이 허구가 터무니없다고 여기고 배제해야 한다고 믿는다면 소용돌이라는 다른 가설도 거부해야 마땅하다. 대기 가설과 소용돌이 가설은 한 꼬투리 안에 든 콩 두 쪽이기 때문이다.

갈릴레오는 돌멩이를 던지면 돌멩이가 직선 경로를 벗어나 포물선을 그리며 움직이는데, 이 운동은 지구를 향하는 돌의 무거움이라는 초자연적인 성질로부터 발생한다는 것을 보여주었다. 그런데 어쩌면 갈릴레오보다 더 영리한 철학자가 다른 원인을 떠올릴 수도 있다. 그는 보이지도, 만져지지도 않고, 인간의 감각으로는 전혀 감지할 수 없는 미묘한 물질이 지구 표면에 바로 맞닿은 영역에 존재한다고 상상할 것이다. 그는 더 나아가 이 물질이 (대부분의 경우에는 방향이 서로 반대인) 여러 방향의 운동에 의해 여러 방향으로 운반되며, 이로 인해 포물선을 그린다고 주장할 것이다. 그리고 마지막으로 대중의 박수갈채를 받을 만한 아름다운 원리를 설명할 것이다. 그러니까 돌멩이는 이 미묘한 유체 안에 떠다니며 유체의 흐름을 따라 어쩔 수 없이 같은 경로를 그리며 움직인다. 그런데 유체가 포물선을 그리며 움직이므로 돌멩이도 그와 함께 포물선을 그리며 움직여야 한다. 이렇게 역학적인 원인[즉, 물질과 운동]으로부터 자연 현상을 영민하게 추론해 내고 누구나 이해하기 쉽게 설명해낸 이 철학자의 예리한 천재성이 경탄스럽지 않은가? 철학에서 완전히 배제되었던 초자연적인 성질을 또 한번 이끌어내려고 수학적으로 심혈을 기울인 갈릴레오를 누가 비웃지 않을 수 있을까! 그러나 나는 그런 사소한 일에 시간을 낭비하는 것이 부끄럽다.

결국 이렇게 요약된다. 혜성의 수는 어마어마하게 많다. 혜성의 운동은 대단히 규칙적이며 행성의 운동과 같은 법칙을 따르는 것으로 관측된다. 혜성은 원뿔곡선 궤도를 그리며 움직인다. 혜성 궤도의 이심률은 대단히 크다. 혜성은 우주의 어느 곳에나 갈 수 있고 행성의 영역도 자유롭게 통과하며, 종종 황도12궁의 반대 순서로 움직이기도 한다. 이 같은 현상들은 천문 관측을 통해 높은 정확도로 관측되었으며, 소용돌이 가설로 설명될 수도 없을뿐더러 가설에 부합하지도 않는다. 혜성 운동에 관해서는 상상의 물질이 우주에서 완전히 제거되지 않는 한 설명될 여지가 전혀 없을 것이다.

만일 행성이 소용돌이에 의해 태양 주위를 돌고 있다면, 행성 가장 가까이에서 행성을 감싸는 소용돌이의 밀도는 행성의 밀도와 같을 것이다. 이 내용은 위에서 설명하였다. 그러므로 지구 궤도에 인접한 물질은 지구와 밀도가 같은 반면, 지구 궤도와 토성 궤도 사이에 있는 물질의 밀도는 이와 같거나 이보다 더 클 것이다. 왜냐하면 소용돌이 구조가 계속 유지되려면 중심부의 밀도가 작고 중심에서 먼 부분의 밀도는 커야 하기 때문이다. 행성의 주기는 태양부터의 거리의 $\frac{3}{2}$제곱에 비례하므로, 소용돌이의 주기도 같은 비를 지켜야 한다. 그렇다면 소용돌이의 원심력은 거리 제곱에 반비례한다는 결론으로 이어진다. 그러므로 중심에서 더 멀리 있는 소용돌이의 부분들은 중심에서 멀어지려 하는 힘이 더 약하다. 따라서 이 부분의 밀도가 작다면, 중심 가까이에 있는 부분들이 상승하려는 더 큰 노력에 굴복해야 한다. 그러면 밀도가 큰 부분은 상승하고 밀도가 작은 부분은 하강하게 될 것이며, 소용돌이를 이루는 유체 전체의 위치가 뒤바뀌고 이런 과정이 계속 진행되어 마침내 평형 상태에 이르게 된다[즉, 소용돌이의 부분들은 서로에 대하여 완전한 정지 상태에 이르러 상승 또는 하강의 움직임을 보이지 않는다]. 밀도가 다른 두 유체를 같은 그릇 안에 담아 놓으면 밀도가 큰 유체가 더 큰 중력의 작용을 받아 아래쪽으로 내려갈 것이다. 비슷한 논리로 소용돌이에서 밀도가 큰 부분은 더 큰 원심력의 작용을 받아 가장 높은 곳으로 올라가게 될 것이다. 그러므로 지구 궤도 바깥에 있는 전체 소용돌이(훨씬 더 큰 부분)는 지구의 밀도와 관성력(물질의 양에 비례)에 비해 작지 않은 밀도와 관성력을 갖게 될 것이다. 이로 인해 혜성이 통과할 때 엄청난 저항이 발생할 것이며, 이 저항이 혜성의 운동을 완전히 흡수해 혜성이 멈춰버릴 가능성도 있다. 그러나 혜성의 규칙적인 운동을 관찰해보면 최소한의 저항조차 받는 기색이 없다. 매질의 저항은 유체 물질의 관성이나 마찰[a]에 의해 발생하므로, 혜성은 저항력이 있는 물질, 즉 밀도나 관성력이 있는 물질은 전혀 접하지 않는 것이다. 유체의 마찰로 인한 저항은 대단히 미미하고, 기름이나 꿀처럼 끈기가 있는 유체가 아닌 이상 일반적으로 알려진 유체에서는 사실상 저항이 관찰되는 경우가 거의 없다. 공기, 물, 수은 같은 끈적이지 않는 유체의 저항은 미미한 수준이고, (저항에 비례하는) 유체의 밀도 또는 관성력이 동일하게 유지된다면 더 작아질 수 없다. 이는 우리의 저자가 유체 저항에 관해 세운 영민한 이론에서 가장 정확하게 증명하였고, 2판에서 물체의 낙하 실험을 통해 좀 더 높은 정확성으로 설명하였다.

앞으로 움직이는 물체는 주위 유체에 운동을 전달한다. 그러면서 운동을 잃고, 운동을 잃음으로써 속도가 느려진다. 그러므로 속도 지연은 전달되는 운동의 양에 비례하고, 전달되는 운동은 (움직이는 물체의 속도가 주어질 때) 유체의 밀도에 비례한다. 그러므로 속도 지연 또는 저항도 유체의 밀도에 비례하고, 유체가 물체의 뒤로 돌아가 잃어버린 운동을 복원하지 않는 한 어떤 방법으로도 제거될 수 없다. 그러나 이런 일은 물체 뒤에 있는 유체의 힘이 앞에서 물체가 유체에 가하는 힘과 같지 않은 한 일어나지 않는다. 다시 말해 유체가 물체를 뒤에서 미는 상대 속도와 물체가 유체를 미는 속도가 같아야 하고, 즉 뒤쪽으로 되돌아오는 유체의 절대 속도가 앞으로 밀리는 유체의 절대 속도보다 두 배 더 커야 한다는 얘기인데, 이런 일은 불가능하다. 그러므로 밀도와 관성력에서 비롯되는 유체의 저항은 제거될 방법이 없다. 따라서 천체의 유체는 저항력이 없으므로 관성력도 없다는 결론을 내려야 한다. 천체의 유체는 관성력이 없으므로 운동을 전달받을 수 있는 힘이 없다. 운동을 전달받을 수 있는 힘이 없기 때문에 하나 이상의 물체에 어떠한 변화도 일으킬 수 없다. 그리고 변화를 일으킬 능력이 없기 때문에 효력이 전혀 없다. 그러므로 이 가설은 전혀 근거가 없고 사물의 본성을 설명하는데 조금의 쓸모조차 없는 터무니없는 것이라 불릴 만하며, 특히 철학자에게는 아무런 가치도 없는 것이다. 우주가 관성 없는 유체 물질로 채워져 있다는 주장하는 사람이 있다면, 그들의 주장은 진공이 없지만 사실은 있다고 가정하는 것과 마찬가지다. 이런 유의 유체 물질은 빈 공간(진공)과 구분할 방법이 없으므로, 그들의 주장은 결국 사물의 본질이 아닌 이름으로 귀결되는 것이기 때문이다. 그러나 만일 물질에 너무 집중한 나머지 물체가 없는 빈 공간을 결코 인정하지 않는 사람이 있다면, 궁극적으로 그들의 논리가 어디로 향하게 되는지 살펴보자.

그런 사람들은 우리 우주가 신의 뜻에 따라 생겨났으며, 모든 곳이 가득 채워져 있다고 주장할 수 있을 것이다. 그들은 자연의 작용을 용이하게 하는 미묘한 에테르가 만물에 스며들어 있다고 상상한다. 그러나 이러한 주장은 성립할 수 없다. 관측된 혜성의 현상으로부터 에테르가 아무 효력이 없다는 것이 이미 밝혀졌기 때문이다. 그러면 그들은 이러한 우주의 구성이 신의 뜻에 따라 생겨났으며 신의

---

a   직역하면 윤활성 또는 미끄러움의 부족.

의도는 알 수 없다고 주장하겠지만, 이 역시 앞뒤가 맞지 않는다. 왜냐하면 같은 논리로 우주가 다르게 구성될 수도 있었기 때문이다. 결국에 그들은 신의 뜻이 아닌 자연의 필요로 인해 이 같은 구성이 생겨났다고 주장할 수 있을 것이다. 그래서 마침내 그들은 비참한 밑바닥까지 가라앉아야만 한다. 그곳에서 그들은 만물이 섭리가 아닌 운명의 지배를 받으며, 물질은 언제 어디서나 그 자체의 필연성에 의해 존재했으며, 무한하고 영원하다는 환상을 가지고 있다. 그런 가정에 따르면 물질은 모든 곳에서 균일해야 하는데, 형태가 다양하다는 것은 필연성과 완전히 배치되기 때문이다. 물질은 또한 아무런 움직임도 보이지 않을 것이다. 만일 필연성으로 인해 물질이 어떤 특정한 방향과 속도로 움직인다면, 그 같은 필연성으로 인해 물질은 다른 방향과 속도로 움직일 것이기 때문이다. 그러나 하나의 물체가 여러 방향과 여러 속도로 움직일 수는 없다. 그러므로 물체는 움직이지 못한다. 분명히 우리가 사는—다양한 형태와 움직임이 아름답게 존재하는—세상은 만물을 마련하고 지배하는 신의 자유의지가 아니면 발생할 수 없었을 것이다.

이러한 근원으로부터 자연의 법칙이라 불리는 모든 법칙이 나온다. 이 법칙에서는 가장 높은 지혜와 감춰진 의도의 흔적이 무수히 많이 드러나지만, 그 가운데 필연성의 흔적은 없다. 따라서 우리는 신뢰할 수 없는 추측을 이용해 이 법칙들을 찾아서는 안 된다. 자연의 법칙은 오로지 관찰과 실험을 통해 배워야 한다. 물리의 원리, 사물의 법칙을 오로지 이성의 힘과 논리적인 내적 통찰에 의존할 때에만 진정으로 발견할 수 있다고 확신하는 자는, 이 세상이 필요에 의해 존재해 왔으며 이 필요에 의해 위에서 말한 자연법칙을 따른다고 주장하거나, 또는 신의 뜻에 따라 수립된 자연의 질서를 보잘것없는 미물에 불과한 그가 명료하게 이해한다고 주장하는 것과 다르지 않다. 건전하고 견고한 철학은 현상을 바탕으로 한다. 이러한 철학은—그것이 아무리 못마땅하고 꺼려지더라도—전지전능한 존재의 가장 높은 비밀과 통치의 섭리를 가장 분명하게 드러나는 원리로 우리를 이끈다. 이 원리는 그것을 좋아하지 않는 사람이 있다고 해서 배제될 수 없는 것이다. 그런 사람들은 자기가 싫어하는 것들을 기적이니 초자연적 성질이니 하며 폄하할 수 있겠지만, 철학이 무신론에 근거를 두어야 한다고 그들이 기꺼이 인정하지 않는 한, 악의적으로 붙은 이름들은 그 자체로 비난의 대상이 될 수는 없다. 그러나 그런 사람들 때문에 철학이 전복되어서는 안 된다. 사물의 질서는 변하지 않기 때문이다.

그러므로 정직하고 공정한 평가자는 실험과 관측을 바탕으로 하는 자연철학의 최선의 방법을 인정할 것이다. 이러한 방식의 철학이 우리의 저명한 저자의 걸출한 책에서 조명되고 품격을 갖추게 되었음은 말할 필요도 없다. 가장 어려운 문제들을 하나씩 짚고 넘어가며 인간의 한계를 뛰어넘는 그의 엄청난 천재성은, 단순히 문제 해결에 능하다는 표면적인 평가 이상의 존경을 받는다. 그는 잠긴 문을 열고, 우리에게 가장 아름다운 자연의 미스터리를 향하는 길을 보여주었다. 그는 앞으로 우리가 계속 연구해 나갈 수 있도록 가장 우아한 세상의 체계 구조를 분명하게 제시하였다. 심지어 알폰소 왕이 살아

돌아온다 해도 이 단순하고 우아한 조화에서 부족함을 찾지 못할 것이다. 이제 우리는 장엄한 자연을 가까이에서 들여다볼 수 있게 되었으며, 달콤한 사색을 즐길 수 있게 되었고, 만물의 창조주이자 주인이신 분을 온 마음으로 경배하고 공경할 수 있게 되었다. 단언컨대 이것이 철학의 가장 위대한 결실이다. 훌륭하고 현명한 사물의 구조로부터 전능하신 창조주의 무한한 지혜와 선을 단번에 알아보지 못하는 자는 소경이나 다를 바 없고, 이를 알아보기를 거부하는 자는 미치광이나 다름없다.

그러므로 뉴턴의 이 훌륭한 논문은 무신론자들의 공격에 맞서는 강력한 요새로 우뚝 설 것이며, 불경한 군중에 맞서는 무기로 이보다 더 효과적인 탄약을 찾아볼 수 없을 것이다. 이는 뛰어난 학식의 소유자이자 예술의 걸출한 후원자인 리처드 벤틀리가 영어와 라틴어로 쓴 학술 논문을 통해 최초로 입증되며 오래전부터 알려져 있던 사실이다. 벤틀리는 우리 시대 학계의 위대한 인물이며, 트리니티 칼리지의 저명한 학자다. 나는 그에게 큰 빚을 지고 있다. 독자 여러분도 그에게 고마운 마음을 가져야 할 것이다. 벤틀리는 뉴턴의 오랜 친구로서(뉴턴은 벤틀리와의 우정에 대해 후손들로부터 찬사를 받는 것이 학계의 보물인 『프린키피아』로 유명해지는 것만큼이나 가치 있는 일이라고 생각한다), 뉴턴이 대중적으로 인정을 받고 과학 발전에 헌신할 수 있도록 함께 노력했다. 『프린키피아』 초판 부수가 얼마 되지 않고 가격도 대단히 비싼 것을 보고, 벤틀리는 뉴턴을 끊임없이 설득하여(뉴턴은 최고의 학식만큼이나 겸손하기로도 유명한 사람이다) 마침내—거의 꾸짖다시피 하여—자신의 사비를 들여 내용의 완벽성을 기하고 많은 부분을 추가하여 더욱 풍성해진 새 판본을 제작하였다. 벤틀리는 이 모든 과정이 정확하게 이루어지도록 관리 감독하는 즐거운 의무를 수행할 권한을 나에게 부여하였다.

케임브리지, 1713년 5월 12일

로저 코츠,
트리니티 칼리지
천문학과 실험철학 플루미언 교수

3판
저자 서문

3판에서는 해당 내용에 정통한 의학박사 헨리 펨버튼의 감수를 받아, 매질의 저항을 다루는 2권 내용을 더욱 자세히 설명하였고, 공기 중에 낙하하는 무거운 물체의 저항에 관한 새로운 실험 내용을 추가했다. 3권에서는 달이 중력에 의해 궤도를 유지한다는 사실을 좀 더 완전하게 증명했다. 그리고 파운드 씨가 목성의 긴 지름과 짧은 지름의 비를 관측한 새로운 결과도 추가되었다. 또한 커크 씨가 독일에서 1680년 11월 한 달 동안 혜성을 관측한 자료도 추가되었는데, 이는 최근에 입수한 것이다. 커크의 관측은 혜성 궤도가 거의 포물선 궤도에 가깝다는 것을 분명하게 보여준다. 혜성의 궤도는 핼리의 계산에 의해 종전보다 더 높은 정확도로 타원으로 결정된다. 그리고 행성이 천문학에서 결정된 타원 궤도를 따르는 것처럼 혜성도 정확히 이 타원 궤도를 따라 하늘의 아홉 개의 궁을 가로지르는 경로를 이동하는 것으로 밝혀진다. 또한 옥스퍼드 천문학과 교수인 브래들리 씨가 계산한 1713년의 혜성 궤도도 추가되었다.

런던,
1726년 1월 12일
아이작 뉴턴

[3판의 마지막 저자 서문 뒤에는 2페이지에 걸쳐 목차와 정오표 목록이 실려 있다.]

자연철학의 수학적 원리

PHILOSOPHIA NATURALIS PRINCIPIA MATHEMATICA

정의

정의 1

^a물질의 양은 물질의 밀도와 부피의 결합으로부터 발생하는 물질의 척도이다.^a

^b만일 공기의 빽빽한 정도가 공간 안에서 두 배가 되고 공간도 함께 두 배가 된다면 공기의 양은 네 배로 늘고, 공간이 세 배가 되면 여섯 배로 늘 것이다.^b 눈이나 가루를 압축하거나 녹이는 경우, 또는 어

---

aa 우리는 정의 1을 번역하면서 뉴턴이 쓴 "Quantitas materiae est mensura ejusdem⋯"을 일반적인 Quantity of matter is 'the' measure of matter⋯"가 아닌 "⋯ is a measure"로 번역했다. 부정관사는 관사가 없는 라틴어 용법에 더 가깝고, 따라서 이 정의를 해석할 때 의미에 더 잘 부합한다. 해설서의 §4.2를 참고하자. 부정관사는 정관사 또는 부정관사의 의미의 가능성을 모두 허용하지만, 정관사는 부정관사의 의미의 가능성을 배제한다는 점을 유의해야 한다.

bb 3판을 직역하면 다음과 같다. "Air, if the density is doubled, in a space also doubled, becoms quadruple; in [a space] tripled, sextuple." 1판의 인쇄용 원고와 실제 인쇄된 본문은 "Air twice as dense in twice the space is quadruple"으로 번역된다. 뉴턴이 1판에 삽입한 삽지에는 이렇게 되어 있다. "Air twice as dense in twice the space is quadruple; in three times [the space], sextuple." 1판 사본에 뉴턴이 남긴 메모는 이러하다. "Air twice as dense in twice the space becoms quadruple; in three times [the space], sextuple." 이 문장은 삭제되고 다음 문장으로 대체되었다. "Air, by doubling the density, in the same container becomes double; in a container twice as large, quadruple; in one three times as large, sextuple; and by tripling the density, it becomes triple in the same container and sextuple in a container twice as large(공기는 같은 용기 안에서 공기의 밀도가 두 배가 되면 그 양이 두 배가 된다. 용기가 두 배로 커지면 네 배가 된다. 세 배로 커진 용기에서는 여섯 배가 되고, 밀도가 세 배가 되면 같은 용기 안에서는 공기의 양은 세 배로, 용기가 두 배 커지면 여섯 배가 된다)." 그러나 마지막 절 "and by tripling ⋯ large"는 이후 삭제된다.

   주석 달린 사본의 마지막에 첨부된 정오표 원고에는 다음과 같이 되어 있다. "For this quantity, if the density is given [or fixed], is as the volume and, if the volume is given, is as the density and therefore, if neither is given, is as the product of both. Thus indeed Air, if the density is doubled, in a space also doubled, becomes quadruple; in [a space] tripled, sextuple(이 양은 [질량], 밀도가 주어지면 [또는 고정되면] 부피와 같고, 부피가 주어지면 밀도와 같다. 둘 다 주어지지 않으면 두 양의 곱과 같다. 그러므로 사실상 공기는, 밀도가 두 배가 되고 공간도 두 배가 된다면 네 배가 된다. [공간이] 세 배가 되면 여섯 배가 된다)." 첫 문장 "For this ⋯ product of both" 그리고 다음 두 단어, "Thus indeed"는 그 뒤에 단어 삽입 표시와 함께 "Air"가 추가되어 있다.

   1판 삽지로 삽입된 지면과 이후 2판에서 인쇄된 본문은 정확히 3판의 문장과 동일하다.

떠한 원인으로든 다양한 방법으로 물체가 응집되는 경우도 마찬가지다. 나는 현재로서는 물체의 각 부분 사이로 자유롭게 스며드는 매질은, 그러한 매질이 있다 하더라도, 고려하지 않는다. 그리고 앞으로 "물체" 또는 "질량"이라고 말할 때는 이러한 물질의 양을 의미하는 것이다. 이 양은 물체의 무게로부터 항상 알 수 있다. 그 이유는—진자를 이용한 정밀 실험을 통해—이 양이 무게에 비례한다는 것을 발견했기 때문이다. 이 내용은 아래에서 보일 것이다.

정의 2

운동의 양은 속도와 물질의 양의 결합으로부터 발생하는 운동의 척도다.

전체의 운동은 개별 부분의 운동의 총합이다. 따라서 어떤 물체가 다른 물체보다 두 배 크고 속도가 같으면 운동의 양은 두 배이고, 속도가 두 배이면 운동의 양은 네 배다.

정의 3

물질에 내재하는 힘은 모든 물체가 ᵃ가능한 한ᵃ 정지 상태 또는 ᵇ일정하게 앞으로 나아가는ᵇ 상태를 유지하기 위해 저항한다.

이 힘은 항상 물체에 비례하며, 보는 관점이 다를 뿐 질량의 관성과 어느 모로도 다르지 않다. 물질의 관성으로 인해 모든 물체는 정지 상태나 움직이는 상태에서 벗어날 때 어려움을 겪는다. 결과적으로 내재하는 힘은 관성력이라는 무척이나 중요한 이름으로도 불릴 수 있다.ᶜ 또한 물체는 상태가 변화할 때만 외부에 이 힘을 가하며, 물체의 상태 변화는 다른 힘이 가해질 때만 일어난다. 그리고 이러한 힘의 행사는 관점에 따라 저항인 동시에 추진력이 된다. 즉 물체가 가해지는 힘을 거슬러 상태를 유지하려 하면 저항이 되고, 같은 물체가 저항하는 장애물의 힘을 거슬러 그 장애물의 상태를 바꾸려고 노력한다면 추진력이 된다. 일반적으로 저항은 정지한 물체의 속성으로, 추진력은 움직이는 물체의 속성으로 간주된다. 그러나 운동 상태나 정지 상태는 널리 알려진 의미에서 관점에 따라 서로 구분될 뿐이며, 일반적으로 정지 상태라고 여겨지는 물체도 실제로 늘 정지 상태는 아니다.

---

aa 뉴턴이 쓴 라틴어 절은 "quantum in se est"이고, 이 말의 의미는 "그것이 혼자서 할 수 있는 정도까지"라는 뜻이다. I. Bernard Cohen, "'Quantum in se est': Newton's Concept of Inertia in Relation to Descartes and Lucretius," *Notes and Records of the Royal Society of London* 19 (1964): 131-155 참고.

bb 뉴턴의 "in directum" ("uniformiter"["uniformly"]와 함께 쓰인다)은 반듯하게 나아간다, 꾸준히 일정하게 진행한다는 의미이며, 따라서 직선이란 뜻이 된다. 초기 원고에서 뉴턴은 "in linea recta"("직선을 따라")라는 표현을 썼지만, 『프린키피아』를 쓸 당시에 이 표현을 버리고 대신 "in directum"을 택했다. 자세한 내용은 해설서의 §10.2를 참고하자. 뉴턴의 "vis insita"와 우리의 번역에 관해서는 해설서 §4.7을 참고하자.

c 뉴턴의 삽지가 포함된 2판 사본에는 다음 문장이 추가되어 있는데, 인쇄되지는 못했다. "내가 말하는 관성은 물체를 정지 상태로 향하게 하는 케플러의 관성의 힘이 아니다. 그런 것이 아니라, 정지해 있든 움직이고 있든 같은 상태를 유지하려는 힘을 말한 것이었다."

정의 4

누르는 힘이란 물체에 작용하여 정지 상태 또는 똑바로 일정하게 움직이는 상태를 변화시킨다.

이 힘은 오로지 물체에 작용할 때만 존재하며 작용이 중단된 후에는 물체에 남아 있지 않다. 이후 물체는 오로지 관성력에 의해 새로운 상태를 지속하기 때문이다. 또한 누르는 힘의 근원으로는 여러 가지가 있는데, 예를 들면 충돌, 압력, 또는 구심력 등이 있다.

정의 5

구심력은 물체가 모든 방향에서 당겨지고 추진되고, 어떤 식으로든 중심의 한 점을 향하도록 하는 힘이다.

그러한 힘 중 하나로서 무거움이 있으며, 이로 인해 물체는 지구의 중심을 향한다. 또 다른 하나는 자기력으로 이로 인해 철은 자철석을 찾아간다. 그리고 또 다른 한 힘은, 그게 무엇이 되었든 간에, 반듯하게 앞으로 나아가는 행성을 끊임없이 끌어당겨서 휘어진 선을 따라 돌게 만든다.

^d끈에 묶여 회전하는 돌멩이는 그것을 회전시키는 손을 떠나려고 노력한다. 그 노력에 의해 끈이 팽팽해지고, 돌멩이가 더 빠르고 세차게 회전할수록 끈은 더욱 팽팽해진다. 그러다가 손이 끈을 놓으면 돌멩이는 놓여나자마자 멀리 날아간다. 돌멩이의 노력에 맞서는 힘, 다시 말해 손을 향해 돌멩이를 끊임없이 잡아당기고 궤도를 유지시키는 힘을 나는 구심력이라 부른다. 이 힘은 손, 즉 궤도 중심 방향을 향하고 있기 때문이다. 그리고 '궤도 위에서 움직이도록 작용을 받는' 모든 물체에 같은 내용이 적용된다. 모든 물체는 궤도 중심으로부터 멀어지려 노력하고, 그러한 노력을 거슬러 물체를 구속하고 궤도 위에 묶어두는 어떤 힘이 존재한다. 이 힘이 없다면 물체는 일정하게 앞으로 날아갈 것이다. 나는 이러한 힘을 구심력이라 부른다. 만일 발사체에서 무거움의 힘이 박탈되면, 발사체는 지구 쪽으로 방향을 틀지 않고 하늘로 곧장 날아갈 것이며, 공기의 저항이 없다고 가정하면 일정하게 앞으로 뻗어 날아갈 것이다. 발사체는 그 무거움에 의해 직선 경로에서 끊임없이 끌어당겨져 지구를 향해 방향을 튼다. 방향을 트는 정도는 물체의 무거움과 운동의 속도에 대체로 비례한다. 물질의 양에 비례하는 무거움이 작을수록, 또는 발사되는 속도가 클수록, 물체는 직선 경로에서 덜 벗어나며 더 멀리까지 날아갈 것이다. 화약을 터뜨려 납으로 만든 공을 산꼭대기에서 발사했다고 가정해 보자. 공이 수평선을 따라 주어진 속도로 발사되어 휘어진 경로를 따라 2마일을 날아간 후 땅에 떨어졌다고 하면, 같은 공을 두 배 빠른 속도로 발사하면 두 배 더 멀리 날아가고 속도가 열 배 크면 열 배 더 멀리 간다. 이때 공기의 저항은 제거되었다고 가정한다. 그리고 속도를 증가시킴으로써 날아가는 거리도 마음대로 늘릴 수 있고 발사체가 그리는 경로의 곡률도 감소시킬 수 있다. 곡률이 감소하면 10° 또는 30° 또는 90° 거리만큼 날아

---

dD   1판에는 이 내용이 없다.

ee   해설서 §2.4 참고.

가 낙하하거나, 아예 지구 전체를 따라 원을 한 바퀴 돌게 되거나, 결국에는 하늘로 날아가 버려 이 운동을 무한정 계속하게 될 것이다. 그리고 발사체가 무거움의 힘에 의해 휘어진 궤도를 따라 지구 전체를 도는 것처럼, 달도 무거움의 힘—달이 무거움을 가지고 있다면—또는 지구를 향해 당겨지는 다른 어떤 힘에 의해 항상 직선 경로로부터 지구 쪽으로 끌어당겨져 휘어진 궤도를 따른다. 이러한 힘이 없다면 달은 궤도를 유지할 수 없다. 만일 이 힘이 너무 작으면 달을 직선 경로로부터 충분히 끌어당기지 못할 것이고, 너무 크면 달을 지나치게 잡아당겨 궤도가 지구를 향하게 된다. 실제로 이 힘은 적당한 크기여야 한다. 수학자들의 임무는 물체가 정확히 주어진 속도에서 주어진 궤도를 유지하도록 하는 힘을 찾는 것이며, 대안적으로는 주어진 속도를 가지고 주어진 위치를 떠나는 물체가 주어진 힘에 의해 그리는 곡선 경로를 찾는 것이다.[D]

구심력의 양은 세 종류가 있는데, 절대량, 가속량, 그리고 동인motive 양이다.

정의 6

구심력의 절대량은 중심으로부터 주위 공간으로 전파되는 원인의 효력에 대체로 비례하는 척도다.

그 예로 자력을 들 수 있다. 자력의 경우 어느 자석은 힘이 더 강하고 어느 자석은 덜한데, 이는 자석의 부피 또는 효력에 비례한다.

정의 7

구심력의 가속량은 주어진 시간에 발생하는 속도에 비례하는 척도다.

한 가지 예로 자석의 효력을 들 수 있다. 하나의 자석에 대하여, 효력은 자석으로부터의 거리가 짧으면 더 크고 거리가 멀면 더 작다. 다른 예는 무거움을 만들어내는 힘이다. 이 힘은 계곡에서 더 크고 높은 산꼭대기에서는 작으며, 지구의 몸체로부터 멀리 있을수록 더 작다(이는 아래에서 명백하게 밝힐 것이다). 그러나 같은 거리에 있을 때 이 힘은 어디에서나 같다. 그 이유는, 공기의 저항이 없다고 가정하면, 이 힘이 낙하시키는 물체들을 모두 동등하게 (물체가 무겁든 가볍든, 크든 작든) 가속시키기 때문이다.

정의 8.

구심력의 동인 양은 주어진 시간 동안 힘이 생성하는 운동에 비례하는 척도다.

그 예로 무게를 들 수 있다. 크기가 큰 물체는 무게가 더 많이 나가고 작은 물체는 무게가 덜 나간다. 그리고 같은 물체가 지구 가까이에 있을 때는 무게가 더 많이 나가고 하늘에 떠 있을 때는 무게가 덜 나간다. 이러한 양[E]은 전체 물체의 구심성, 즉 물체의 중심을 향하는 성향이며 (말하자면) 그 무게다.

이는 크기가 같고 방향은 반대인 힘으로부터 알아낼 수 있으며, 물체가 낙하하지 않도록 해준다.

이 힘의 양들은 간결하게 설명하기 위해 동인력, 가속력, 그리고 절대력으로 칭할 수 있으며, 구분을 위해서 중심을 향하려는 물체, 물체의 위치, 힘의 중심이라고 말할 수 있다. 다시 말해, 동인력은 중심을 향하는 전체 노력으로서 물체, 그리고 모든 부분의 노력이 결합된 형태로서 물체라고 할 수 있다. 가속력은 특정 위치에 있는 물체를 이동시키기 위해 중심에서 주위로 전파되는 효력으로, 물체의 위치로서 칭할 수 있다. 그리고 절대력은 중심에 있는 원인이며, 이 원인이 없이는 동인력이 주위 공간으로 전파되지 않는다. 이 원인은 어떤 중심체일 수도 있고(이를테면 자력의 중심으로서의 자석 또는 무거움을 만들어내는 힘의 중심으로서의 지구) 아니면 명확하지 않은 다른 원인일 수 있다. 이 개념은 순수하게 수학적이므로, 현재는 힘의 물리적 원인과 장소는 고려하지 않는다.

그러므로 가속력과 동인력의 관계는 속도와 운동의 관계와 같다. 운동의 양은 속도와 물질의 양의 곱으로부터 발생하고, 동인력은 가속력과 물질의 양의 결합으로부터 발생한다. 물체의 개별 입자에 작용하는 가속력의 합은 전체 물체의 동인력이 된다. 그 결과 가속 중력, 또는 무거움을 발생시키는 힘이 모든 물체에 대하여 보편적으로 동등한 지구 표면 근처에서는 동인 중력 또는 무게가 물체와 같지만, 가속 중력이 적어지는 곳으로 올라가면 무게는 그에 비례하여 감소하고 물질의 양과 가속 중력의 곱에 언제나 비례할 것이다. 그러므로 가속 중력이 절반인 곳에서, 물질의 양이 절반 또는 3분의 1이 되면 전체 무게는 4분의 1 또는 6분의 1만큼 줄어들게 된다.

더 나아가, 내가 인력과 충격력을 각각 가속력과 동인력이라고 부르는 것도 같은 의미다. 또한 인력, 충격력, 또는 중심을 향하는 경향을 의미하는 힘을 표현할 때, 물리적 관점이 아니라 수학적 관점에서의 힘을 고려하여 이들을 지칭하는 용어를 상호 구분 없이 사용할 것이다. 그러므로 독자들은 내가 이러한 용어를 사용할 때 작용의 종류나 방식, 물리적 원인 또는 이유를 정의하고 있다고 생각해서는 안 되며, '중심이 끌어당긴다' 또는 '중심이 힘을 가지고 있다'는 식으로 서술할 때도 그 중심(수학적 점)에 실제로 물리적 의미의 힘이 있다고 생각하지 않도록 주의해야 한다.

주해

지금까지 익숙하지 않은 단어들의 의미를 설명하였고, 이 논문에서 이 용어들의 의미를 설명하는 것이 최선이라고 생각했다. 시간, 장소, 운동 같은 말은 누구나 친숙하게 쓰는 말이지만, 일반적으로 이 양들은 오직 감각의 대상과 관련하여 인지할 수 있다는 점을 유의해야 한다. 그리고 이것은 선입견의 근원이 된다. 이러한 선입견을 제거하기 위해 이 양을 절대적인 양과 상대적인 양, 참된 양과 겉보기 양, 수학적인 양과 일반적인 양으로 구분하면 도움이 된다.

1. 절대 시간, 진태양시true time, 수학적인 시간은, 그 자체로 그리고 자체의 본질로서 외부의 어떠한

것과도 관계없이 일정하게 흐른다. 다른 이름으로 기간duration이라고도 불릴 수 있다. 상대 시간, 시태양시, 일반적인 시간이란, 합리적으로 ᵃ(정확하거나 부정확하게)ᵃ 외부에서 측정하는 기간으로서 운동에 의한 것이며, 이러한 척도—예컨대 시간, 하루, 한 달, 일 년—는 진태양시 대신에 일반적으로 사용된다.

2. 절대 공간은 그 자체의 본질로서 외부의 어떤 것과도 관계없이 언제나 균질하고 부동이다. 상대 공간은 절대 공간의 움직이는 척도 또는 차원이다. 이러한 척도 또는 차원은 공간의 물체의 위치를 인지하는 우리의 감각에 의해 결정되며, 흔히 부동의 공간처럼 사용된다. 이러한 예로 땅 밑 공간이나 하늘, 우주를 들 수 있는데, 이들 공간에서의 차원은 모두 지구를 기준으로 하여 결정된다. 절대 공간과 상대 공간은 종류와 크기는 동일하지만, 수치적으로는 항상 동일하지 않다. 예를 들어 공기가 있는 우리의 하늘은 상대적 의미이며 지구를 기준으로 언제나 같은 상태를 유지하지만, 지구가 움직이면 하늘은 공기가 흐르는 절대 공간의 일부가 되고 공기도 절대 공간의 다른 일부가 된다. 따라서 절대적 의미에서 꾸준히 변하게 된다.

3. 장소는 어떤 물체가 점유하는 공간의 일부이며, 공간에 의존한 것으로서 절대적이거나 상대적이다. 내가 말하는 공간의 일부란, 물체의 위치나 물체의 외부 표면이 아니다. 왜냐하면 동일한 입체의 위치는 언제나 동일하지만, 입체의 표면은 그 형태가 다르기 때문에 대개 고르지 않다. 또한 정확히 말하면, 위치는 양을 가지지 않으며 장소라기보다는 장소의 속성이다. 물체 전체의 운동은 부분 운동의 총합과 같다. 즉, 한 장소에서 전체의 위치 변화는 그 장소에서 부분의 위치 변화의 총합과 같으며, 따라서 전체 장소는 부분적인 장소의 총합과 같으므로 내부적이고 전체 안에 있다.

4. 절대 운동은 물체가 하나의 절대 장소에서 다른 절대 장소로 옮겨가는 위치 변화를 말한다. 상대 운동은 하나의 상대 장소에서 다른 상대 장소로 일어나는 위치 변화이다. 항해 중인 배에서 배 안의 공간은 물체의 상대적 장소가 된다. 물체는 배 안 어딘가에 있거나 배의 내부 전체를 가득 채운 상태로 배와 함께 움직일 수 있다. 그리고 물체가 배의 공간 또는 배의 내부를 기준으로 계속 정지해 있다면 이는 상대적 정지 상태로 볼 수 있다. 그러나 배와 배 안에 든 모든 것을 포함하는 부동 공간을 고려할 때 이 부동 공간을 기준으로 물체가 정지해 있는 상태가 절대 정지 상태다. 그러므로 만일 지구가 절대 정지 상태라면, 배 위에서 상대적 정지 상태에 있는 물체는 배가 지구를 기준으로 절대적으로 움직이는 속도로 함께 움직이고 있다. 그러나 지구 역시 움직이고 있다면, 물체의 참된 절대 운동은 부동 공간 안의 지구의 절대 운동으로부터 일부 발생하고, 지구 위에 떠 있는 배의 상대 운동에서도 일부 발생한다. 또한 물체가 배를 기준으로 상대적으로도 움직이고 있다면, 이 물체의 절대 운동은 부동 공간 안의 지구의 절대 운동, 지구 위에 떠 있는 배의 상대 운동, 배 위 물체의 상대 운동으로부터 발생하며,

---

aa 뉴턴은 "seu accurata seu inaequabilis"라고 쓰고 있는데, 문자 그대로 해석하면 "정확하게 또는 동일하지 않게"라는 의미다.

이 상대 운동들의 합이 지구에 대한 물체의 상대 운동이 된다. 예를 들어 배가 떠 있는 지구가 10,010 단위 속도로 동쪽으로 진짜로 움직이고 있고, 배는 돛과 바람의 힘으로 서쪽으로 10 단위 속도로 항해 중이라고 하자. 그리고 배 위에서 선원은 동쪽을 향해 1 단위 속도로 걷고 있다면, 선원은 움직이지 않는 공간에 대해 동쪽을 향해 10,001 단위 속도로 진정한 절대 운동을 하고 있고, 지구에 대해서는 서쪽으로 9 단위 속도로 상대 운동을 하고 있다.

천문학에서 절대 시간과 상대 시간은 균시차로 구분한다. 우리는 하루의 길이를 동등하다고 간주하고 일반적인 시간 측정 용도로 사용하지만, 사실 하루의 길이는 동등하지 않다. 천문학자들은 천체의 운동을 측정하기 위해 진태양시를 바탕으로 이 불균등을 교정한다. 시간이 정확한 척도를 갖도록 하는 일정한 운동은 없다고 할 수 있다. 모든 운동은 가속되고 감속될 수 있지만, 절대 시간의 흐름은 변할 수 없다. 사물의 운동이 빠르든 느리든 또는 사물이 정지해 있든, 사물의 존재가 지속하는 기간은 동일하다. 따라서 이러한 기간은 합리적 측정과 구분하는 것이 타당하며, 천문학적인 균차를 통해서 정확히 얻을 수 있다. 현상이 발생하는 시점을 결정할 때 균차가 필요하다는 것은 진자시계 실험과 목성의 위성들의 식触, eclipse에서도 이미 확인되었다.

시간의 순서가 불변인 것처럼 공간의 부분들도 변하지 않는 순서가 있다. 공간의 부분들이 제 위치에서 움직인다고 해보자. 그렇다면 그 부분들은 (달리 표현하자면) 그들 자신으로부터 이동하는 것이다. 시간과 공간은 이를테면 그들 자신 그리고 만물이 들어있는 곳이기 때문이다. 만물은 연속적 순서에 따라 시간 안에 놓이고 위치의 순서에 따라 공간 안에 놓인다. 장소는 공간의 본질이며, 근원적인 장소가 움직인다는 것은 터무니없다. 그러므로 근원적인 장소는 절대 장소이며, 이러한 장소에서 일어나는 위치 변화만이 절대 운동이라 할 수 있다.

그러나 공간의 부분들은 눈에 보이지 않으며 우리의 감각으로는 이 공간과 저 공간을 구분할 수 없으므로, 그 대신 합리적인 척도를 사용한다. 왜냐하면 우리는 부동이라고 간주하는 어떤 물체에서부터 사물까지의 위치와 거리에 근거해서 장소를 정의한 다음, 그 물체에 대한 위치 변화를 생각하고, 그러한 장소를 기준으로 운동을 추정하기 때문이다. 그러므로 우리는 절대적인 장소와 운동 대신에 상대적인 장소와 운동을 사용하는데, 비록 철학에서는 감각으로부터 추상화하는 작업이 필요할지 몰라도, 이는 일반적인 인간사를 다룰 때는 부적절하지 않다. 장소와 운동의 기준으로 삼을 절대 정지 상태의 물체가 없을 수도 있기 때문이다.

더 나아가 절대 정지와 절대 운동 그리고 상대 정지와 상대 운동은 그들의 성질, 원인, 효과에 의해 서로 구분할 수 있다. 물체가 다른 물체에 대하여 정지해 있는 것이 진정한 정지 상태의 성질이다. 항성의 영역 또는 그 너머에 절대 정지 상태의 물체가 있다 하더라도, 우리의 영역에 있는 여러 물체 중 어느 것이 절대 정지 상태의 물체를 기준으로 주어진 위치를 유지하는지 알 수 없으므로, 물체들의 상대적 위치를 기준으로 절대 정지를 정의할 수 없다.

전체에 대하여 주어진 위치를 유지하는 각 부분이 전체의 운동에 참여하는 것이 운동의 속성이다. 궤도를 도는 물체의 부분들은 모두 운동 축으로부터 멀어지려 노력하고, 앞으로 나아가는 물체의 추동력은 부분들의 추동력이 결합하여 발생한다. 그러므로 부분들을 포함하는 전체 물체가 움직일 때, 그 안에서 상대적으로 정지해 있는 부분들도 함께 움직인다. 따라서 전체 물체가 그 주변에 정지해 있는 물체에 대하여 위치 변화를 일으킨다 해도 이를 진정한 절대 운동으로 정의할 수 없다. 이 주변 물체가 단순히 정지한 것이 아니라 절대적으로 정지해 있다고 간주해야 하기 때문이다. 그렇지 않으면 전체 물체를 구성하는 부분들은 주변 물체로부터 위치 변화를 일으키는 것 외에도 전체 물체의 절대 운동에도 참여하는 셈이 된다. 그리고 이러한 위치 변화가 없다면 절대 정지 상태에 있는 것이 아니라 상대적 정지 상태에 있다고 간주될 것이다. 물체의 부분들과 전체 물체의 관계는 하나의 물체 바깥 부분과 안쪽 부분의 관계, 즉 조개껍데기와 알맹이의 관계로 생각할 수 있다. 조개껍데기가 움직이면 알맹이는 조개껍데기 주변으로부터의 위치 변화 없이 조개 전체의 일부로서 움직인다.

앞서 설명한 내용과 유사한 성질로, 장소가 움직이면 그 안에 든 것도 함께 움직이며, 따라서 움직이는 장소와 함께 운동하는 물체는 그 장소의 운동에도 참여한다는 성질이 있다. 그러므로 움직이는 장소로부터 멀어지는 운동은 전체적인 절대 운동의 일부일 뿐이고, 모든 전체 운동은 초기 장소로부터 멀어지는 물체의 운동, 그 장소로부터 멀어지려는 장소의 운동, 이런 식으로 움직이지 않는 장소에 도달할 때까지 발생하는 모든 운동을 합한 결과물이 된다. 위에서 언급한 선원의 예를 생각해 보면 이해가 갈 것이다. 따라서 전체적인 절대 운동은 움직이지 않는 장소를 통해서만 결정될 수 있으므로, 앞서 언급한 내용에서 나는 절대 운동은 움직이지 않는 장소로 설명하고, 상대 운동을 움직일 수 있는 장소로 설명했다. 더욱이 움직이지 않는 유일한 장소는 무한에서 무한까지 서로 주어진 위치를 유지하고, 이에 따라 움직이지 않고 공간을 구성하는데, 이러한 성질을 나는 부동성immovable이라고 부른다.

절대 운동을 상대 운동과 구분해주는 원인으로 물체에 작용하여 운동을 발생시키는 힘을 들 수 있다. 절대 운동은 움직이는 물체 자체에 가해지는 힘이 아니면 생성되지도 변화하지도 않지만, 상대 운동은 물체에 힘을 가하지 않아도 생성되거나 변화할 수 있다. 어떤 물체가 다른 물체와 관계를 맺고 있을 때, 이 다른 물체에만 힘을 가해도 다른 물체가 이 힘에 굴복하면 그것만으로 물체의 상대 정지 또는 상대 운동을 구성하는 관계에 변화를 일으키기에 충분하다. 다시 말하지만 절대 운동은 언제나 움직이는 물체에 가하는 힘에 의해 변화되지만, 상대 운동은 반드시 이런 힘에 의해서만 바뀌는 것이 아니다. 어느 움직이는 물체 그리고 이와 상대적인 위치를 유지하는 다른 물체에 같은 힘이 동시에 가해지면, 상대 운동을 구성하는 관계는 그대로 유지될 것이다. 따라서 모든 상대 운동은 절대 운동이 보존 유지되는 동안에 바뀔 수 있으며, 절대 운동이 바뀌는 동안에도 유지될 수 있다. 절대 운동은 이런 식의 관계로 구성되지 않는다.

절대 운동과 상대 운동을 구분해주는 효과로는 원운동의 축으로부터 멀어지게 하는 힘을 들 수 있다. 순수한 상대 원운동에서는 이 힘이 0이겠지만, 절대 원운동에서는 운동의 양에 비례하여 0보다 더 크거나 작다. 양동이를 아주 긴 밧줄에 매달아 밧줄을 더 이상 감길 수 없을 만큼 끝까지 감는다고 하자. 이 양동이에는 물이 담겨 있고 양동이는 물과 함께 정지 상태를 유지하고 있다. 그러다가 갑작스러운 힘에 의해 양동이가 밧줄이 감긴 방향과 반대 방향으로 회전하기 시작한다고 하자. 밧줄이 풀리면서 양동이가 회전하면, 처음에는 물의 수면은 양동이를 움직이기 전처럼 수평을 유지할 것이다. 그러나 양동이가 점점 물을 회전시키고 물에 힘이 가해지면, 물은 서서히 중심으로부터 멀어지고 양동이의 벽면을 타고 위로 오르면서, 전체적으로 오목한 형태를 이룬다(이는 경험으로 확인되었다). 양동이의 움직임이 더 빨라지면 수면의 가장자리는 점점 더 높이 오를 것이다. 그러다 물과 양동이가 동시에 회전하게 되면 물은 양동이 안에서 상대적인 정지 상태에 놓이게 된다. 이때 수면 가장자리의 상승은 물이 운동 축으로부터 멀어지려는 노력을 보여주는 것이고, 그러한 노력으로부터 우리는 물의 참된 절대 원운동을 발견하고 측정할 수 있다. 이 경우 절대 운동은 상대 운동에 대하여 정확히 반대 방향이다. 처음에 양동이에 담긴 물의 상대 운동이 최대였을 때, 이러한 운동은 축에서 멀어지려는 노력을 일으키지 않았다. 이에 따라 물은 양동이의 벽면을 타고 올라가 원의 둘레로 향하지 않고 수평을 유지했으므로 절대 원운동은 아직 시작되지 않았다. 그러나 그 후에 물의 상대 운동이 감소하자 물이 양동이 벽면을 타고 오르면서 운동 축으로부터 멀어지려는 물의 노력을 보여주었다. 이 노력은 물의 절대 원 운동이 지속적으로 증가하여 마침내 물이 용기에서 상대적으로 정지했을 때 최대치에 달했다는 사실을 보여준다. 그러므로 이 노력은 회전하는 물체에 대한 물의 위치 변화와는 무관하며, 이로써 절대 원운동은 이러한 위치 변화로는 결정될 수 없다는 것을 알 수 있다. 회전하는 물체의 절대 원운동은 고유하며, 적절하고 충분한 효과로서 그 고유의 노력에 대응한다. 반면 상대 운동은 외부 물체와 맺는 여러 관계에 따라 셀 수 없이 많으며, 고유한 절대 운동에 참여하는 경우를 제외하고는 절대 효과가 완전히 결여되어 있다. 일각에서는 우리의 하늘이 항성의 하늘 아래에서 회전하며 행성을 운반한다고 주장하는데, 그들이 주장하는 계 안에서도 하늘의 개별 부분들, 그리고 그 하늘 안에서 상대적 정지 상태를 유지하는 행성들은 절대 운동을 하고 있다. 행성들은 서로에 대하여 위치를 바꾸고(절대 정지 상태의 사물은 이런 일을 하지 않는다) 하늘과 함께 운반되면서 하늘의 운동에 참여하고, 회전하는 전체의 일부로서 전체의 축으로부터 멀어지려고 노력하기 때문이다.

그러므로 상대적 양은 그 이름이 품고 있는 실질적 의미의 양이 아니라, 측정되는 양 대신 일반적으로 사용되는 합리적 척도이다(그것이 참이든 오류이든). 그러나 단어의 의미를 그 용례에 따라 정의해야 한다면, "시간", "공간", "장소", "운동" 같은 단어는 우리가 사용하는 합리적인 척도로서 이해해야 하고, 실제 측정되는 양은 평범하지 않은, 순수한 수학적 표현 방식으로서 이해되어야 한다. 따라서 이러한 단어들을 측정되는 양으로 해석하는 사람들은 성경을 왜곡하는 것과 같다. 그리고 이러한 양 사이의 관계와 일반적 척도를 절대량과 혼동하는 사람은 그에 못지않게 수학과 철학을 왜곡하는 것이다.

개별 물체들의 절대 운동을 발견하고 그것을 겉보기 운동과 구분하는 것은 분명히 어려운 일이다. 왜냐하면 물체가 절대 운동을 하는 부동 공간의 부분이 우리 감각에 아무런 인상을 주지 않기 때문이다. 그러나 마냥 희망이 없는 것은 아니다. 절대 운동들 사이의 차이인 겉보기 운동으로부터, 그리고 절대 운동의 원인과 결과인 힘으로부터 부분적으로 약간의 증거를 이끌어낼 수 있기 때문이다. 예를 들어 두 개의 공이 하나의 줄로 연결되어 서로 일정한 거리를 유지한 채 공통의 무게 중심을 회전하는 경우, 공이 운동 축에서 멀어지려는 노력은 줄의 장력을 통해 알 수 있고, 이에 따라 원운동의 양을 계산할 수 있다. 그런 다음 두 공이 서로 대對하는 면에 동시에 같은 힘을 가해서 원운동을 증가시키거나 감소시키면, 줄의 장력이 증가하거나 감소하는 정도로부터 운동의 증감을 알 수 있고, 이에 따라 결과적으로 운동을 최대로 증가시키려면 공의 어느 면에 힘이 가해야 하는지 알 수 있다. 즉, 공의 후면이 어떤 것이고 원운동에서 뒤쪽이 어떤 것인지 알 수 있다. 더욱이 따라가는 면과 그 반대편에서 앞서가는 면을 일단 한번 알게 되면, 운동 방향도 알 수 있다. 이런 식으로 공들을 비교해 볼 외부 물체와 합리적 척도가 없는 광활한 진공 안에서도 이 원운동의 양과 방향을 모두 구할 수 있다. 이제 이 공간 안에 멀리 떨어진 물체들이, 마치 항성이 하늘 안에서 위치를 유지하듯 서로를 기준으로 주어진 위치를 유지한다면, 당연히 이 물체들 사이의 공의 상대적인 위치 변화만 가지고 이것이 물체의 운동인지 공의 운동인지 알 수 없다. 그러나 줄을 조사하여 줄의 장력이 공의 운동에 필요한 바로 그만큼이라는 것을 확인한다면, 그 운동은 공들의 운동이며 물체들은 정지 상태에 있다고 결론을 내릴 수 있으며, 그에 따라 물체 사이의 공들의 위치 변화로부터 운동의 방향을 결정해도 타당할 것이다. 이제 다음 내용에서 절대 운동의 원인과 효과 그리고 겉보기 차이로부터 절대 운동을 결정하는 방법을 더 자세히 설명하고, 반대로 어떤 운동이 절대 운동인지 겉보기 운동인지 확인하는 방법 그리고 그 원인과 효과를 결정하는 방법도 제시할 것이다. 이것이 내가 다음 논문을 쓰는 목적이다.

공리 또는
운동의 법칙

법칙 1

모든 물체는 외부의 힘을 받아 [a]그[a] 상태가 바뀌지 않는 한 정지 상태에 있거나 [b]일정하게 똑바로 나아가는[b] 상태를 유지한다.

발사체는 공기 저항에 의해 감속되거나 무거움의 힘에 의해 아래로 당겨지지 않는 한 운동을 지속한다. 회전하는 굴렁쇠[c]의 부분들은 응집력에 의해 직선 운동으로부터 서로를 계속 잡아당기고 있으며, 굴렁쇠 전체는 공기 저항에 의해 지연되지 않는 한 회전을 멈추지 않는다. 그리고 더 큰 물체들—행성과 혜성들—은 전진 운동과 원운동을 더 오랫동안 유지하는데, 이는 이러한 운동이 저항이 작은 공간에서 일어나기 때문이다.

법칙 2

운동의 변화는 가해지는 동인력에 비례하고, 그 힘이 가해지는 방향과 나란하고 반듯한 방향으로 발생한다.

어떤 힘이 운동을 생성할 경우, 힘이 두 배면 생성되는 운동도 두 배가 되고, 힘이 세 배면 운동도 세 배가 된다. 갑작스럽게 가해지는 힘이거나 세기가 조금씩 변하며 연속적으로 가해지는 힘 모두 해당된다. 그리고 물체가 그 전에 이미 움직이고 있는 경우, 새로운 운동은 (운동과 운동을 생성하는 힘은 언

---

aa   1판과 2판에는 대명사 "illud"가 없다. 3판에서는 지시어를 명시함으로써 동사("compel")의 형태만으로 전달되는 것보다 의미를 좀 더 강조하고 선행 명사("물체")가 더 명확히 참조되도록 하였다.

bb   정의 3의 각주 aa 참고.

c   라틴어의 "trochus"이며, 팽이나 회전하는 장난감을 뜻한다.

제나 같은 방향을 향하므로) 가하는 힘이 원래 운동과 같은 방향이면 원래 운동에 더해지고 반대 방향이면 원래 운동에서 감해진다. 비스듬한 방향으로 힘을 가하면 원래 운동과 비스듬하게 합쳐져 합성된 방향으로 새 운동이 생성된다.

법칙 3

모든 작용에는 방향이 반대이고 크기가 같은 반작용이 존재한다. 다시 말해, 두 물체가 서로에 미치는 작용은 항상 크기가 같고 방향은 반대이다.

물체를 누르거나 당기면 그 대상 물체도 그만큼 누르거나 당긴다. 손가락으로 돌멩이를 누르면, 돌멩이도 손가락을 누른다. 말이 밧줄에 매인 돌을 끌어당기면 (이를테면) 말도 그만큼 돌을 향해 당겨진다. 양 끝 사이에서 팽팽해진 밧줄이 느슨해지기 위해 노력하며 말을 돌 쪽으로, 돌을 말 쪽으로 당길 것이기 때문이다. 밧줄은 한쪽의 전진 운동을 증진하는 만큼 다른 쪽의 전진 운동을 방해할 것이다. 어떤 물체가 다른 물체에 영향을 미쳐 다른 물체의 운동을 바꾸면, 그 물체 역시 다른 물체의 작용에 의해 (서로에게 가하는 압력이 같으므로) 힘을 가하던 방향과 반대 방향으로 같은 변화를 겪게 된다. 이 변화는 운동에서는 일어나지만 속력은 변하지 않는다. 당연한 얘기지만, 이는 두 물체가 다른 외부 영향을 받지 않을 경우에 그러하다는 것이다.[a] 두 운동에 같은 크기의 변화가 일어나므로, 속도 변화는 반대 방향으로 발생하며 물체에 반비례한다. 이 법칙은 인력에 대해서도 성립하며, 다음 주해에서 증명할 것이다.

따름정리 1

[두] 힘의 작용을 함께 받는 물체는, 그 힘들이 별개로 작용했을 때 평행사변형의 [두] 변이 그려지는 시간 동안, 평행사변형의 대각선을 그린다.

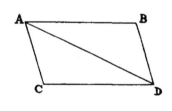

주어진 시간 동안 물체가 A에 가하는 힘 M만으로 A부터 B까지 일정하게 움직여 이동하고, 마찬가지로 A에 가하는 힘 N만으로 A부터 C까지 이동한다고 하자. 그렇다면 평행사변형 ABDC가 완성되며, 물체는 같은 시간 동안 두 힘에 의해 대각선을 따라 A에서 D로 이동하게 될 것이다. 왜냐하면, 힘 N은 BD와 평행한 선 AC를 따라 작용하고, 이 힘은 법칙2에 따라 다른 힘이 생성하는 선 BD를 향하는 속도에는 전혀 변화를 일으키지 않기 때문이다. 그러므로, 물체는 같은 시간 동안 힘 N이 가해지든 아니든 상관없이 선 BD에 도달하고, 그 시간이 끝나면 선 BD 위 어느 곳에서 발견될 것이다. 같은 논거로, 같은 시간이 흐르고 나면

---

a   "물체body"는 물질의 양 또는 질량(정의 1)을 의미하는 것이며, "운동"은 운동의 양 (정의 2) 또는 운동량을 뜻하는 것이다.

물체는 선 CD 위의 어느 곳에서 발견될 것이다. 따라서 물체는 반드시 두 직선의 교점인 D에서 발견되어야 한다. 그리고 법칙1에 따라, 이 물체는 [일정한] 직선 운동으로 A에서 D로 나아갈 것이다.

따름정리 2

이런 이유로 비스듬한 힘 AB와 BD로부터 직선 힘 AD가 나온다는 것은 명백하며, 반대로 직선 힘 AD를 비스듬한 힘 AB와 BD로 분해할 수 있다. 이와 같은 힘의 합성과 분해는 역학에서 충분히 확인된다. 예를 들어, OM과 ON을 어떤 바퀴의 중심 O에서 뻗어 나온 수레 바큇살이라고 하자. 바큇살들은 밧줄 MA와 NP를 통해 추 A와 P를 지탱하고 있다. 이때 바퀴를 움직이는 추의 힘을 구하자. 중심 O를 통과하는 직선 KOL을 그려 밧줄이 K와 L과 수직으로 만나도록 한다. 그리고 OK와 OL 중 큰 쪽인 OL을 반지름으로 삼아 O를 중심으로 원을 그린 다음, 이

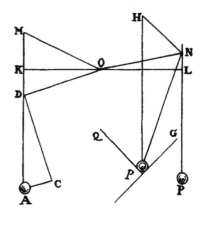

원이 D에서 밧줄 MA와 만나도록 한다. 그리고 직선 OD를 AC와 평행하도록, DC에는 수직이 되도록 그린다. 밧줄의 점 K, L, D가 바퀴의 평면에 고정되든 아니든 아무 차이도 만들지 않으므로, 추는 점 K와 L에 매달리거나 D와 L에 매달리거나 같은 효과를 낳을 것이다. 이제 추 A의 전체 힘을 선 AD로 표시한다고 하면, 이 힘은 힘 AC와 CD로 [즉 성분으로] 나뉠 것이다. 그중 AC 성분은 바큇살 OD를 중심 방향으로 반듯하게 끌어당겨 바퀴가 움직이는 데 아무 효과

도 일으키지 않는다. 반면 힘 DC는 바큇살 DO를 수직으로 끌어당기므로, 바큇살 OL(OD와 같음)을 수직으로 끄는 것과 같은 효과를 낳는다. 다시 말해 추 P와 추 A의 비가 힘 DC와 힘 DA의 비와 같다면, 힘 DC는 추 P와 같은 효과를 낳는 것이다. 그리고 (삼각형 ADC와 DOK가 닮은꼴이므로) 이 비는 OK 대 OD 또는 OL과 같다. 그러므로 추 A 대 추 P는 (직선상에 있는) 바큇살 OL과 OK의 비와 같으므로, 같은 힘으로 평형 상태에 놓이게 될 것이다. 이는 천칭, 지렛대, 바퀴와 차축의 성질로 잘 알려져 있다. 만일 추의 비가 이 비보다 크면, 바퀴를 움직이는 힘은 더 커진다.

추 P와 무게가 같은 추 p가 일부는 밧줄 Np의 지지를 받고 일부는 평면 pG가 비스듬히 지지해준다고 하자. 수평면에 수직이 되도록 pH를 그린 다음, 평면 pG에 수직이 되도록 NH를 그린다. 아래로 매달린 추 p의 힘을 선 pH로 표현한다면, 이 힘은 pN과 HN으로 [즉 성분으로] 분해될 수 있다. 밧줄 pN에 수직인 평면 pQ가 있고 이 평면이 다른 평면 pG를 수평에 평행한 선으로 자른다고 하자. 그리고 추 p는 단순히 이 평면들 pQ와 pG 위에 놓여 있다고 하자. 그러면 추 p는 힘 pN과 HN으로 이 평면들을 수직으로 누르게 된다. 즉 평면 pQ는 힘 pN으로, 그리고 평면 pG는 힘 HN으로 누르는 것이다. 따

라서 평면 pQ가 제거되어 추가 밧줄을 팽팽히 잡아당기면—추를 유지하는 밧줄이 평면 대신 추를 지탱하게 되므로—이제 밧줄은 이전에 평면을 누르던 힘 pN을 받아 팽팽히 늘려진다. 그러므로 이 비스듬한 밧줄의 장력 대 다른 수직인 밧줄 PN의 장력의 비는 pN 대 pH와 같다. 따라서 만일 추 p와 추 A의 비가, 바퀴 중심에서부터 각 추에 해당하는 밧줄의 최소거리 pN과 AM의 역수 비와 pH와 pN의 비의 합성비라면, 바퀴를 움직이는 추들의 힘은 동일하며 서로 지탱하게 된다. 이는 누구든 실험해볼 수 있다.

이제 추 p가 비스듬한 두 평면 위에 놓여 있다고 하자. 이 추는 갈라진 물체의 안쪽 면 사이에 박힌 쐐기 같은 역할을 하고 있다. 이때 쐐기와 망치의 힘을 구할 수 있다. 추 p가 그 자신의 무거움의 힘에 따라 또는 망치의 타격을 받아 평면 pQ를 누른다면, 평면 pQ를 누르는 힘과 선 pH 방향으로 두 평면을 누르는 힘의 비는 pN 대 pH와 같다. p가 pQ를 누르는 힘 과 p가 평면 pG를 누르는 힘의 비는 pN 대 NH와 같기 때문이다. 마찬가지로 나사도 지렛대로 움직이는 쐐기이므로 이와 비슷한 방법으로 힘을 분해하여 나사의 힘을 구할 수 있다. 이렇게 이 따름정리는 대단히 폭넓게 사용될 수 있으며, 다양하게 응용된다는 점에서 따름정리의 진실성을 명확히 알 수 있다. 그 이유는 지금까지 수많은 이들이 여러 방법으로 증명한 역학 전체가 앞에서 설명한 내용을 바탕으로 수립되었기 때문이다. 이 내용으로부터 기계의 힘을 쉽게 추론할 수 있으며, 일반적으로 바퀴, 드럼, 도르래, 지레, 팽팽한 줄, 무게 추로 구성된 기계 장치들이 똑바로 상승하거나 비스듬히 상승할 때의 힘, 그리고 이를테면 동물의 힘줄이 뼈를 움직이는 힘 같은 것도 계산할 수 있다.

따름정리 3

운동의 양은 같은 방향으로 만들어진 운동을 더하거나 반대 방향으로 만들어진 운동을 감하여 결정되며, 물체들 사이에서 미치는 작용에 따라서는 변하지 않는다.

법칙 3에 따라 작용과 반작용은 방향은 반대이고 크기는 같으므로, 그에 따라 일어나는 운동의 변화는 법칙 2에 따라 크기는 같고 방향이 반대이다. 그러므로, 두 운동이 같은 방향으로 진행되고 있다면, 첫 번째 물체[직역하면 달아나는 물체]의 운동에 더해지는 양은 두 번째 물체[직역하면 추적하는 물체]의 운동에서는 감해져 전체 합은 같아질 것이다. 그러나 물체들이 충돌하면, 서로의 운동에서 감해지는 양은 같고, 따라서 반대 방향으로 발생하는 운동의 차이도 똑같이 유지될 것이다.

예를 들어, 공 모양의 물체 A가 공 모양 물체 B보다 3배 더 크고 2 단위 속도로 움직이고 있는데, B가 같은 직선을 따라 10 단위 속도로 A의 뒤를 쫓는다고 하자. 그러면 A의 운동은 B의 운동에 대하여 6 대 10의 비를 갖는다. 이들의 운동이 각각 6 단위와 10 단위라고 하면, 그 합은 16 단위가 된다. 두 물체가 충돌하여 A가 차례로 3, 4, 5 단위의 운동을 얻는다면, 물체 B는 그만큼의 운동을 잃게 된다.

충돌 후 물체 A는 마찬가지로 9, 10, 11 단위 운동으로 계속 나아갈 것이며, B는 7, 6, 5 단위 운동을 하게 될 것이다. 이 두 운동의 합은 언제나 처음과 같은 16 단위의 운동이다. 만일 물체 A가 9, 10, 11 또는 12 단위 운동을 얻어, 물체 B와 충돌한 후에 15, 16, 17 또는 18 단위 운동으로 움직인다면, 물체 B는 A가 얻은 만큼을 잃게 되어, 9 단위를 잃으면 앞으로 1 단위 운동으로 움직이고, 10 단위를 잃으면 정지할 것이다. 나아가 1 단위를 더 잃으면(그렇게 말할 수 있다면) 1 단위의 운동만큼 뒤로 움직일 것이고, 전진하는 운동 성분의 12 단위를 잃으면 뒤로 2 단위만큼 움직일 것이다. 그러므로 두 운동의 합은 같은 방향으로는 15+1 또는 16+0이며, 반대 방향으로는 둘의 차이, 즉 17−1 또는 18−2가 되어 전체 합은 언제나 16이 된다. 이 양은 두 물체가 충돌해 튕겨 나가기 전과 같다. 그리고 물체가 서로 반사한 후 계속 진행하는 운동을 알 수 있으므로, 충돌 전후의 속도 비가 충돌 전후의 운동의 비와 같다는 가정에 따라 각각 속도 역시 구할 수 있다. 예를 들어, 마지막 예에서 물체 A의 운동이 충돌 전에는 6 단위이고 후에는 18 단위였으며, A의 속도가 충돌 전에 2 단위였다면, 충돌 후의 속도는 6 단위가 될 것이다. 이는 충돌 전후의 운동 비가 6 단위 대 18 단위이므로, 충돌 이전의 속도가 2 단위였다면 충돌 후에는 6 단위가 되어야 하기 때문이다.

만일 충돌하는 물체들이 공 모양이 아니거나 서로 다른 직선 위를 움직이며 비스듬히 부딪쳐 반사한 이후의 운동을 구해야 한다면, 먼저 충돌 지점에서 충돌하는 물체가 접촉하는 평면의 위치를 결정해야 한다. 그런 다음 (따름정리 2에 따라) 각 물체의 운동을 두 운동으로 분해하여 하나는 이 평면에 수직이고 다른 하나는 수평이 되도록 한다. 물체들은 이 평면에 수직인 선을 따라 서로에게 작용하기 때문에, 수평 운동[즉, 성분]은 반사 이후에도 똑같이 유지되어야 한다. 그리고 수직 운동에는 크기는 같고 방향이 반대인 변화가 일어나야 하며, 같은 방향으로의 운동의 합 그리고 반대 방향의 운동의 차가 충돌 전과 동일하게 유지되어야 한다. 일반적으로 이런 식의 충돌로부터 물체 자체의 중심 주위를 회전하는 원운동이 발생하기도 한다. 그러나 그러한 예는 따로 고려하지 않을 것이다. 이 주제와 관련하여 모든 내용을 다 증명하려면 지루한 작업이 될 것이기 때문이다.

따름정리 4

둘 이상의 물체의 공통의 무게 중심은, 움직이고 있거나 정지해 있거나 상관없이, 물체들이 서로에게 미치는 작용의 영향으로 상태가 바뀌지 않는다. 그러므로 상호작용하는 물체들의 공통의 무게 중심은 (외부 작용과 지연이 없다면) 정지 상태이거나 일정하게 직선으로 운동한다.

두 점이 직선을 따라 일정하게 움직이고 있고 둘 사이의 거리가 주어진 비로 나뉘어 있다면, 이 거리를 나누는 점은 정지해 있거나 직선을 따라 똑바로 일정하게 나아간다. 이는 아래 보조정리 23과 그 따름정리에서 점들의 운동이 같은 평면에서 이루어지는 경우에 대하여 증명하였고, 같은 논리로 운동이 같은 평면에서 일어나지 않는 경우에 대해서도 증명할 수 있다. 그러므로, 만일 임의의 개수의 물체들이 직선을 따라 일정하게 운동하고 있다면, 이들 중 두 물체의 공통의 무게 중심은 정지 상태이거나 직선 위에서 일정하게 운동하고 있다고 할 수 있다. 왜냐하면 물체들의 중심을 지나—중심은 직선을 따라 균일하게 앞으로 나아가고 있다—물체들을 잇는 선은 두 물체의 공통의 중심에 따라 주어진 비로 나뉘기 때문이다. 마찬가지로 이들 두 물체와 임의의 세 번째 물체의 공통의 무게 중심도 정지해 있거나 직선을 따라 일정하게 운동하고 있다. 두 물체의 공통의 중심과 세 번째 물체의 중심 사이의 거리가 주어진 비에 따라 셋의 공통의 중심에 따라 나뉘기 때문이다. 같은 방법으로 이 셋과 임의의 네 번째 물체의 공통의 중심은 정지 상태이거나 직선을 따라 일정하게 앞으로 나아가며, 그 이유는 공통의 중심이 셋의 공통의 중심과 네 번째 물체의 중심 사이를 주어진 비로 나누기 때문이다. 이런 식으로 끝없이 진행할 수 있다. 따라서, 물체 간의 상호작용에서 완전히 자유롭고 외부에서 가하는 작용이 없어 물체들이 각자의 직선을 따라 일정하게 움직이는 계 안에서는, 물체들의 공통의 무게 중심은 정지 상태이거나 일정하게 똑바로 나아간다.

더 나아가, 서로에게 작용하는 두 물체로 이루어진 계 안에서, 공통의 무게 중심부터 물체의 중심까지의 거리는 물체에 반비례하므로, 이들 물체가 중심으로 접근하거나 중심에서 멀어지거나 상관없이 물체들의 상대 운동은 동일할 것이다. 따라서, 이 물체들에는 방향은 반대이고 크기가 같은 운동 변화가 일어나고, 그로 인해 물체들이 서로 작용하여도 중심은 가속이나 감속되지 않고 중심의 운동 또는 정지 상태에 어떠한 변화도 발생하지 않는다. 여러 물체가 포함된 계에서도, 임의의 두 물체가 서로에게 작용하더라도 그 둘의 무게 중심의 상태는 바뀌지 않으며, 나머지 물체들(그 작용과는 아무 상관없는 물체들)의 공통의 무게 중심은 이 작용의 영향을 받지 않는다. 두 물체의 무게 중심과 나머지 물체들의 무게 중심 사이의 거리는 전체 물체의 공통의 무게 중심으로 나누어지고, 이렇게 나뉜 각각의 거리는 두 무게 중심을 이루는 물체들의 총합에 반비례한다. 그리고 (두 무게 중심은 운동 상태 또는 정지 상태를 유지하므로) 모두의 공통의 무게 중심 역시 원래 상태를 유지한다. 종합해 보면 두 물체가 서로 작용하여 물체 전체의 무게 중심의 운동 상태 또는 정지 상태에 전혀 변화가 생기지 않음은 분명하다. 또한 이러한 계에서 물체가 서로에 가하는 작용은 두 물체 사이에서만 발생하거나 두 물체 사이에서 일어나는 작용들의 합이거나 둘 중 하나일 것이다. 따라서 물체 전체의 무게 중심의 운동 상태 또는 정지 상태에는 어떠한 변화도 일어나지 않는다. 그 중심은 정지 상태이거나 직선을 따라 일정하게 움직일 것이기 때문에, 물체들이 서로 작용하거나 작용하지 않거나 외부의 힘에 따라 상태가 변하지 않는 한 항상 원래의 상태를 유지한다. 그러므로 이 법칙은 원래의 상태를 유지한다는 측면에서는 여러 물체로 구성된 계나 단일 물체의 계 모두에서 똑같이 성립한다. 전진 운동은 단일 물체의 계나 여러 물체의 계나 상관없이, 언제나 무게 중심의 운동으로서 이해될 수 있기 때문이다.

따름정리 5

주어진 공간 안에 물체들이 있을 때, 물체들의 서로에 대한 운동은 공간이 멈춰 있든지 원운동이 아닌 일정한 직선 운동을 하고 있든지 상관없이 동일하다.

어느 경우이든, 같은 방향을 향하는 운동의 차 그리고 반대 방향을 향하는 운동의 합은 처음에는 동일하며(가설에 따라), 이 합 또는 차로부터 물체들이 서로 부딪치며 생기는 충돌과 충격[직역하면 추동력]이 발생하기 때문이다. 그러므로 법칙 2에 따라 두 경우 모두 충돌의 효과는 동일할 것이며, 서로에 대한 운동은 이 경우든 저 경우든 동일할 것이다. 이는 경험을 통해서도 분명히 증명된다. 배 위에서 일어나는 운동은 배가 멈춰 있든 반듯하게 직선을 따라 움직이든 서로에 대하여 같다.

따름정리 6

물체가 서로에 대해 움직이고 있고 동일한 가속력을 받아 평행선을 따라 추진된다면, 물체들은 이 힘의 작용을 받지 않을 때와 마찬가지로 서로에 대하여 계속 움직일 것이다.

이러한 힘은 (움직이는 물체의 양에 비례하여) 평행선을 따라 동등하게 작용함으로써, (법칙 2에 따라) 모든 물체를 (속도와 관련하여) 동등하게 움직이기 때문에 서로에 대한 물체의 위치와 운동은 결코 변하지 않기 때문이다.

주해

지금까지 내가 제시한 원리들은 수많은 실험을 통해 확인되었으며 수학자들도 인정하는 내용이다. 갈릴레오는 처음 두 개의 법칙과 두 따름정리를 이용해 무거운 물체의 낙하 거리가 시간의 제곱에 비례하고, 발사체는 포물선 운동한다는 사실을 발견했다. 이는 운동이 공기 저항으로 인해 방해받지 않는다고 가정하면 실험으로 확인되는 내용이다. [a]물체가 낙하할 때, 균등하게 나눈 각각의 시간 조각 동안 균일한 무거움이 작용하여 물체에 같은 힘을 가하고 같은 속도를 발생시킨다. 그리고 전체 시간 동안 무거움이 가한 전체 힘이 발생시킨 전체 속도는 시간에 비례한다. 물체가 시간에 비례하여 이동하는 공간은 속도와 시간의 곱에 비례하므로, 결국 시간의 제곱에 비례하게 된다. 그리고 물체가 위쪽으로 발사될 때는, 균일한 무거움이 힘을 가해서 속도는 시간에 비례하여 감소한다. 그리고 가장 높은 곳에 올라갈 때의 시간은 빼앗긴 속도에 비례하고, 이 높이는 속도와 시간을 결합한 값에 비례하므로 속도의 제곱에 비례하게 된다. 물체가 직선을 따라 발사될 때 발사로 인한 운동은 중력에 따라 발생하는 운동과 결합된다.

예를 들어, 물체 A가 발사되었을 때 발사로 인한 운동으로 주어진 시간 동안 직선 AB를 그리고, 같

---

[a]A 1판과 2판에는 이 부분이 없다.

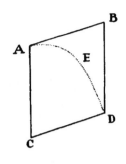

은 시간 동안 낙하 운동으로 수직 거리 AC를 그린다고 하자. 그렇다면 평행사변형 ABDC가 완성되고 물체는 합성된 운동에 따라 주어진 시간이 끝날 때 위치 D에서 발견될 것이다. 이때 물체가 그리게 될 곡선 AED는 포물선일 것이며, 직선 AB는 A에서 접하고 세로선^{ordinate} BD는 AB^{2}에 비례한다.[A] 〔'ordinate'는 영한사전에서 통상 '세로좌표'로 설명되고 있지만, 『프린키피아』에서는 다른 의미로 쓰인다. 일단 좌표계 자체를 사용하지 않기 때문에 '좌표'라는 용어는 적절치 않아 보인다. 영영사전(Oxford Press)에서도 "a straight line from any point drawn parallel to one coordinate axis and meeting the other, especially a coordinate measured parallel to the vertical"라고 설명하고 있으므로 'ordinate'는 '세로선'으로 번역했다. 어느 점으로부터 기준이 되는 선까지 세로로 내린 직선이라고 이해하면 된다. ―옮긴이〕

처음 두 법칙과 처음 두 따름정리에 따라 진동하는 추의 시간과 관련된 내용도 증명되었으며, 이 내용은 일상 경험을 통해서도 뒷받침된다. 이전 세대의 가장 중요한 기하학자인 크리스토퍼 렌 경, 존 월리스 박사, 크리스티안 하위헌스 씨는 같은 법칙과 따름정리 그리고 법칙 3을 이용해 각각 독립적으로 단단한 물체의 충돌과 반사 규칙을 발견했으며, 이 내용을 거의 동시에 왕립학회에 보고하고 (이 규칙에 관한) 서로의 연구에 대해 전적으로 동의하였다. 이들이 발견한 내용은 월리스가 최초로 공표했고, 렌과 하위헌스가 그 뒤를 이었다. 그러나 렌은 이에 더하여 이 규칙들의 진실성을 진자 실험으로 증명한 내용을 왕립학회에서 발표하였으며, 이를 본 저명한 학자 마리오트는 이 내용이 책으로 쓰기에 충분한 가치가 있다고 생각하게 되었다.

그러나 실험이 이론과 정확히 일치하려면, 공기 저항 그리고 충돌하는 물체의 탄성력을 모두 설명해야 한다. 공 모양 물체 A와 B가 중심 C와 D로부터 같은 길이의 밧줄 AC와 BD에 매달려 평행하게 늘어져 있다고 하자. 이 중심들을 원의 중심으로 삼고 밧줄 길이를 반지름으로 삼으면 반지름 CA와 DB로 이등분되는 반원 EAF와 GBH가 그려진다. 물체 B를 제거하고, 물체 A는 호 EAF 위의 임의의 점 R로 가져간 다음 그곳에서 손을 놓는다. 그러면 한 번 진동한 후에 점 V로 돌아온다고 하자. 이때 RV는 공기 저항 때문에 발생하는 지연이다. ST를 RV의 $\frac{1}{4}$이라 하고 RS와 TV가 같도록, 그리고 RS

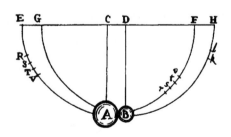

대 ST의 비가 3 대 2가 되도록 그 중간 위치에 두자. 그러면 ST는 S에서 A로 내려올 때 지연되는 거리와 거의 비슷할 것이다. 물체 B를 원래대로 가져다 놓고, 물체 A가 점 S에서 낙하하도록 하자. 그러면 반사 지점에서 물체 A의 속도는 진공 상태에서 T로부터 떨어졌을 때의 속도와 별 차이가 없을 것이다. 그러므로 이 속도를 호

TA의 현으로 표현하도록 하자. 가장 낮은 지점에서의 진자의 속도는 진자가 낙하하면서 그린 호의 현과 같다는 것은 기하학자들에게 이미 잘 알려진 명제이기 때문이다. 반사 직후 물체 A는 위치 s에 도착하고, 물체 B는 k에 도착한다고 하자. 이제 물체 B를 제거하고 위치 v를 찾을 텐데, 이 위치 v는 물체 A가 이 위치에서 출발하여 한 번의 진동 후 위치 r로 돌아올 때, st가 rv의 ¼이 되면서 rs와 tv가 등간격이 되도록 하는 위치다. 그리고 호 tA의 현은 물체 A가 반사 직후 위치 A에 있을 때의 속도를 표현한다고 하자. 공기의 저항이 없다면 t는 물체 A가 올라갔을 정확한 위치이기 때문이다. 비슷한 방법으로 물체 B가 올라가게 될 위치 k 역시 보정할 수 있고, 그 결과 진공 상태에서 물체 B가 올라가게 될 위치 l을 찾을 수 있다. 이런 식으로 우리는 진공 상태에 있는 것처럼 모든 실험을 수행할 수 있다. 마지막으로 위치 A에서 물체 A의 반사 직전의 운동을 구하려면 물체 A에 (이를테면) 속도를 표현하는 호 TA의 현을 곱해야 하고, 반사 직후의 운동을 구하려면 호 tA의 현을 곱해야 한다. 그러므로 반사 직후 물체 B의 운동은 물체 B에 호 Bl의 현을 곱해 구해야 한다. 비슷한 방법으로, 두 물체를 서로 다른 장소에서 동시에 놓을 때, 둘의 운동은 반사 직전과 직후 모두에 대하여 구해야 하고, 그런 다음 최종적으로 두 운동을 서로 비교하여 반사 효과를 결정해야 한다.

이와 같은 방법으로 길이가 10피트인 진자에 같은 물체를 달 경우와 다른 물체를 달 경우, 그리고 물체들이 아주 먼 거리에서, 이를테면 8, 12, 16피트 정도의 거리에서 출발해 서로 충돌하는 경우를 조사하였더니, 물체들이 충돌하고 난 후 크기는 같고 방향은 반대인 운동의 변화가 일어났다. 이때 측정 오차는 3인치 이하였다. 이에 따라 작용과 반작용이 항상 같음을 알 수 있었다. 예를 들어 물체 A가 9단위의 운동으로 정지해 있는 물체 B와 충돌하고, 충돌[반사] 후 7단위를 잃어서 2단위로 운동한다면, 물체 B가 그 7단위를 가지고 튕겨 나갔다. 12단위로 운동하는 A와 6단위로 운동하는 B가 정면으로 충돌하여 A가 두 단위만큼의 운동을 가지고 뒤로 튕겨 나가면, B는 8단위의 운동으로 뒤로 튕기게 되고, 각각에서는 14단위의 운동을 감하는 셈이 된다. A의 운동에서 12단위를 빼면 아무것도 남지 않는다. 여기에서 2단위를 더 빼면, 그만큼 반대 방향으로 운동이 생성될 것이다. 또한 B의 6단위 운동에서 14단위를 빼면 반대 방향으로 8단위가 만들어질 것이다. 만일 두 물체가 같은 방향으로 움직이고 있어, A는 14단위 운동으로 빠르게 움직이고 B는 5단위 운동으로 더 느리게 움직이고 있었다면, 반사 후 9단위가 A에서 B로 옮겨가 A는 5단위, B는 14단위로 움직이게 된다. 다른 경우도 마찬가지다. 물체의 접촉과 충돌의 결과로, 운동의 양은 같은 방향으로는 더하고 반대 방향으로는 감해서 결정되는데, 전체 운동의 양은 결코 변하지 않는다. 나는 1, 2인치의 측정 오차는 실험의 모든 것을 완벽하게 수행하기 어렵다는 점에서 기인한다고 본다. 실제로 물체들이 가장 낮은 위치 AB에서 서로 충돌하도록 동시에 손을 놓는 것도 그렇고, 충돌 후 물체가 올라가는 위치 s와 k를 파악하는 것도 무척이나 어려웠다. 게다가 추 자체만 보더라도, 각 부분마다 조금씩 밀도가 다르고 그 외 원인으로 인해 질감이 불규칙할 때도 오차가 생겼다.

그리고 혹시라도, 이 법칙을 증명하는 실험이 "자연에서" 생성되지 않는 완전히 단단한 물체 또는 완전 탄성체를 대상으로 수행한 것이라 여겨 이의를 제기하는 사람이 없도록, 앞에서 설명한 실험들은 부드러운 물체와 단단한 물체 모두 똑같이 적용된다는 것을 덧붙여 밝힌다. 이 실험들은 물체의 단단한 정도에는 어떤 식으로도 영향을 받지 않기 때문이다. 완전히 단단하지 않은 물체로 실험하더라도, 반사되는 거리가 탄성력의 크기만큼 고정된 비율로 줄어들 뿐이다. 렌과 하위헌스의 이론에서, 완전히 단단한 물체는 서로 충돌하는 속도로 튕겨 나온다. 이러한 현상은 특히 완전 탄성체에서 분명히 확인할 수 있다. 불완전 탄성체가 튕겨 나오는 속도는 탄성력에 따라 감소한다. 그 이유는 (내가 아는 한) 탄성력의 크기가 고정적으로 정해져 있어서 (물체의 부분들이 충돌로 인해 손상되거나, 망치 등의 타격을 받아 모양이 변형될 때를 제외하고) 물체들이 충돌할 때의 상대 속도에서 주어진 비만큼 감소한 속도로 서로 튕겨내기 때문이다. 나는 이 내용을 압축한 양모를 단단히 감아 만든 공으로 실험해 보았다. 먼저 진자로 충돌 실험을 하면서 공의 탄성력의 크기를 구했다. 그런 다음 이 힘을 바탕으로 다른 충돌에서 반사의 정도가 얼마일지를 계산해 보았는데, 이후 진행된 실험은 이 계산 결과와 일치했다. 공들은 언제나 5 대 9 정도의 상대 속도로 서로를 튕겨냈다. 쇠공은 거의 같은 속도로 튕겨 나왔고 코르크 공은 그보다는 약간 느린 속도로 튕겨 나왔으며, 유리 공의 경우 이 비율은 대략 15 대 16이었다. 이런 식으로—충돌과 반사에 관한—운동 제 3법칙을 이론에 따라 증명하였고, 실험과도 명백히 일치함을 확인하였다.

인력에 관한 운동 제3 법칙은 다음과 같이 간단히 증명한다. 서로를 끌어당기는 두 물체 A와 B 사이에 어떤 장애물이 있어 두 물체가 만나는 것을 방해한다고 가정해 보자. 물체 A가 물체 B 쪽으로 끌리는 힘이 B가 A를 향해 끌리는 힘보다 더 크다면, 장애물은 B보다 A에게 좀 더 강하게 눌릴 것이고 따라서 평형을 유지하지 않을 것이다. 그러면 더 강한 압력이 우세해지면서 두 물체와 장애물로 이루어진 계를 A부터 B 방향으로 반듯하게 움직이게 될 것이고, 이 계가 진공 안에 있다면 가속 운동으로 무한정 나아갈 것인데, 이는 터무니없는 얘기이며 운동 제 1법칙에 모순이다. 1법칙에 따르면 계는 정지 상태 또는 일정하게 똑바로 움직이는 상태를 유지해야 한다. 따라서 물체들은 장애물에 똑같은 압력을 가할 것이고, 이는 다시 말하면 서로 똑같은 힘으로 끌어당긴다는 뜻이다. 나는 이것을 자석과 철로 실험해 보았다. 자석과 철을 별개의 용기에 담고, 이 용기들을 잔잔한 물 위에 나란히 붙어있는 상태로 띄워 놓으면, 한 용기가 다른 용기를 앞으로 밀어내지 않는다. 그 이유는 양방향의 인력이 같아 물체가 서로를 향하는 상호 노력을 유지하고, 결국에는 평형 상태에 도달해 정지하기 때문이다.

---

aa   "자연에서 합성되는" 또는 "천연의 물체 안에서"의 의미다.

마찬가지로 지구와 지구의 부분들 사이에서도 무거움은 상호적이다. 지구 FI를 임의의 평면 EG로 잘라 EGF와 EGI 두 부분으로 나뉘게 해보자. 그러면 이 부분들이 서로를 향하는 무게는 같을 것이다. 더 큰 부분인 EGI를 첫 번째 평면 EG에 평행한 또 다른 평면 HK로 잘라 두 부분 EGKH와 HKI로 나누고, 먼저 자른 EFG와 HKI를 똑같이 만들면, 중간 부분인 EGKH는 바깥 부분들 중 어느

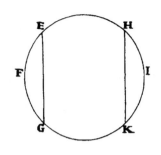

쪽으로도 무게가 기울어지지 않는다. 즉 두 부분 사이에서 평형 상태에 도달해 정지 상태를 유지하는 것이다. 더 나아가, 바깥쪽 부분 HKI는 온 무게를 다 실어 중간 부분을 눌러서 다른 바깥쪽 부분 EFG 쪽으로 밀 것이다. 그러므로 HKI와 EGKH의 합인 EGI의 힘은 세 번째 부분 EFG를 향하게 되며, 그 세기는 HKI 부분의 무게와 같다. 즉, 세 번째 부분 EFG의 무게와 같은 것이다. 그러므로 서로를 향하는 두 부분 EGI와 EGF의 무게는 같다. 나는 이렇게 증명을 제시한다. 만일 이 무게들이 서로 같지 않다면, 지구 전체는 더 큰 무게 쪽으로 굴복하여 그쪽으로 물러나면서 저항이 없는 에테르 안을 부유하며 무한정 나아가게 될 것이다.^b

물체의 속도가 내재하는 힘에[즉, 관성의 힘] 반비례하면 물체의 충돌과 반사가 동등하듯이, 동인[즉, 작용하는 물체]의 속도가 (그 힘의 방향으로부터 알 수 있다) 내재하는 힘에 반비례하는 기계의 운동 역시 동등성이 있으며 그 반대되는 노력에 따라 상태를 유지한다. 따라서 천칭이 진동하는 동안 무게추가 위와 아래를 향하는 속도에 반비례하면, 천칭 저울의 팔을 움직이는 추는 동등성을 가진다. 즉, 위아래로 움직이는 무게추가 천칭 축에서부터 추가 매달린 지점까지의 거리에 반비례하면 추의 무거움의 힘은 동등하다는 뜻이다. 무게추들이 비스듬한 평면이나 다른 장애물의 간섭을 받아 비스듬히 올라가거나 내려갈 경우에도, 추가 오르고 내리는 수직 거리에 반비례하면 힘은 동등하다. 이는 무거움의 방향이 아래쪽이기 때문이다. 마찬가지로 하나의 도르래 또는 결합된 여러 도르래에서, 무게추는 밧줄을 수직으로 잡아당기는 손의 힘에 의해 지탱되며, 손의 힘과 무게추의 비는 수직 상승하는 속도와 손이 밧줄을 잡아당기는 속도의 비와 같다. 맞물린 기어로 구성된 시계 또는 이와 비슷한 장치에서, 기어의 운동을 촉진하고 방해하는 상반된 힘들은 힘이 누르는 기어의 각 부분의 속도에 반비례할 경우에 서로를 지탱할 것이다. 물체를 누르는 나사의 힘과 손잡이를 돌리는 손의 힘의 비는 손이 돌리는 손잡이의 회전 속도와 눌린 물체를 향해 전진하는 나사의 속도의 비와 같다. 쐐기가 나무의 두 부분을 눌러서 쪼개는 힘 대 쐐기를 때리는 망치의 힘은 쐐기가 들어가는 정도(망치가 힘을 가하는 방향으로) 대 나무의 각 부분이 쐐기면에 대하여 수직인 선을 따라서 쐐기에 눌려지는 속도와 같다. 그리고 이 법칙은 모든 기계 장치에 대하여 동일하게 성립한다

---

bb   1판에는 이 내용이 없다.

기계 또는 장치의 효율성과 유용성은 속도를 줄여 힘을 늘리는 능력, 또는 속도를 늘려 힘을 줄이는 능력에 있다. 이런 식으로 작동하는 기계 또는 장치의 경우에 대하여 "주어진 힘으로 주어진 무게를 움직이는 문제", 즉 주어진 힘으로 주어진 저항을 극복하는 문제를 풀 수 있다. 동인[또는 작용하는 물체]의 속도와 저항[또는 저항하는 물체]의 속도가 힘에 반비례하도록 기계를 제작한다면, 동인은 저항을 지탱할 것이고, 속도 차가 더 크면 저항을 극복할 것이기 때문이다. 물론 속도의 차이가 아주 크면 일반적으로 발생하는 저항, 이를테면 인접한 물체들이 서로 미끄러지는 마찰, 달라붙은 물체들을 떼어낼 때의 접착력, 물체를 들어올릴 때의 무게 같은 저항도 다 극복할 수도 있다. 그리고 이 저항들을 모두 극복할 수 있으면, 남은 힘이 그에 비례하는 가속 운동을 만들어낼 것이다. 이 가속 운동은 일부는 기계에서, 일부는 저항하는 물체에서 생성된다.[a]

　　그러나 나는 역학을 설명하는 책을 쓰려는 것이 아니다. 단지 앞선 예들을 통하여 운동의 제3 법칙이 광범위하게 적용되면 확실히 옳다는 것을 보이고 싶을 뿐이다. 만일 어떤 동인의 작용을 힘과 속도의 결합으로 계산하고, 마찬가지로 저항체의 반작용을 마찰, 응집력, 무게, 가속으로부터 발생하는 저항력과 물체의 개별 부분의 속도의 결합으로 계산한다면, 장치나 기계를 사용하는 모든 사례에서 작용과 반작용은 언제나 같을 것이다. 그리고 작용이 기계를 통해 전파되고 최종적으로 저항하는 물체에 가해진다면, 그 궁극적인 방향은 언제나 반작용의 방향과 반대일 것이다.

---

a　뉴턴은 "intrumentorum"(직역하면 "장치(equipment)")과 "instrumentis mechanicis"(직역하면 "역학적 장치(mechanical instruments)")를 "machinae"와 함께 쓰고 있다. 해설서 §5.7 참고.

1권 물체의 운동
THE MOTION OF BODIES

보조정리 1

양들quanties, 그리고 양들의 비가 [a]유한한 시간 동안[a] 꾸준히 같아지려는 경향이 있고, 그 시간이 다하기 전에 서로 매우 가깝게 접근하여 양들의 차이가 주어진 양보다 작아진다고 하면, 이들의 비는 결국에는 같아진다.

결론을 부정하여, [b]양들이 결국 같아지지 않는다고 하고,[b] 그 궁극적인 차이를 D라고 하자. 그렇다면 두 양은 주어진 차이 D보다 작을 정도로 동등해질 수 없는데, 이는 가설에 모순이다.

보조정리 2

직선 Aa와 AE 그리고 곡선 acE가 도형 AacE를 구성하고, 이 도형 안쪽에 길이가 같은 밑변 AB, BC, CD, …와 도형의 변 Aa에 평행한 변 Bb, Cc, Dd, …로 이루어지는 평행사변형 Ab, Bc, Cd, …가 내접해 있다고 하자. 그러면 평행사변형 $aKbl$, $bLcm$, $cMdn$, …등이 완성된다. 이제 이 평행사변형들의 폭이 무한정 줄고 개수가 무한정 늘어나면, 나는 내접한 도형 AKbLcMdD, 외접한 도형 A$albmcndo$E, 그리고 곡선 A$abcd$E의 서로에 대한 비는 궁극적으로 같아진다고 말한다.

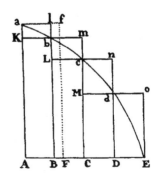

내접한 도형과 외접한 도형의 차는 평행사변형 Kl, Lm, Mn, Do

aa   1판에서는 "주어진 시간 동안"이었다.

bb   1판에는 이 내용이 없다.

의 합이고, (이 도형들은 모두 밑변이 같으므로) 밑변이 Kb(도형들 중 하나의 밑변)와 높이가 Aa(높이들의 합)인 직사각형이 된다. 다시 말해 직사각형 $ABla$이다. 그런데 폭 AB가 무한정 감소하므로, 이 직사각형은 주어진 다른 직사각형보다 작아진다. 그러므로 (보조정리 1에 따라) 내접한 도형과 외접한 도형, 그리고 중간의 곡선으로 이루어진 도형은 궁극적으로 같아진다. Q.E.D.

보조정리 3

평행사변형의 폭 AB, BC, CD, …가 서로 같지 않고 모두 무한정 감소할 때에도 도형들은 모두 궁극적으로 서로에 대한 비가 같아진다.

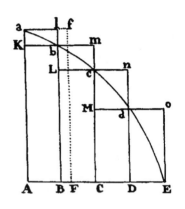

AF를 가장 큰 폭이라 하고, 평행사변형 $FAaf$가 그려진다고 하자. 이 평행사변형은 내접한 도형과 외접한 도형의 차보다 클 것이다. 그런데 폭 AF가 무한정 줄어든다고 하면, 그것은 주어진 직사각형보다 작아질 것이다. Q.E.D.

따름정리 1   따라서 무한정 작아지는 평행사변형들의 궁극적인 합은 곡선 도형과 같아진다.

따름정리 2   그리고, 무한정 작아지는 호 ab, bc, cd, …의 현으로 구성되는 직선 도형들은 궁극적으로 곡선 도형과 일치한다.

따름정리 3   그리고 이 내용은 같은 호들의 접선으로 이루어진 외접한 직선 도형에도 적용된다.

따름정리 4   그러므로 궁극적으로 그려지는 도형들은 (그 둘레 acE에 대하여) 직선이 아니라 직선 도형들의 극한 곡선이 된다.

보조정리 4

두 도형 $AacE$와 $PprT$ 안에 평행사변형들이 내접해 있고 (위에서와 같은 조건으로) 두 도형 안의 평행사변형 개수가 같다고 하자. 평행사변형들의 폭이 무한정 줄어들고, 한쪽 도형 안의 평행사변형 대 다른 쪽 도형의 그에 해당하는 평행사변형들의 궁극적인 비는 같다고 하자. 그렇다면 나는 두 도형 $AacE$와 $Pprt$가 서로에 대한 비가 같다고 말한다.

한 도형 안에 든 평행사변형들은 다른 쪽 도형에서 그에 해당하는 평행사변형들과 같으므로, (가비원리에 의해) 한 도형 안의 모든 평행사변형의 합은 다른 도형의 모든 평행사변형의 합과 같다. 마찬가지로 한 도형 대 다른 도형, 즉 첫 번째 도형은(보조정리 3에 따라) 첫 번째 합에 대응되고, 두 번째 도형은 두 번째 합에 대응되어 같은 비가 된다. Q.E.D.

따름정리   임의의 두 양이 어떠한 방법으로든 같은 개수의 부분으로 나뉜다고 하자. 이 부분들의

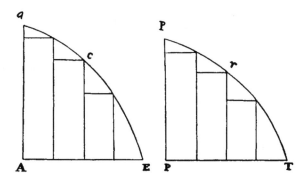

개수는 늘고 크기는 무한정 줄면서 서로에 대하여 주어진 비를 유지하고, 첫 번째는 첫 번째에, 두 번째는 두 번째에 대응되는 식으로 계속된다면, 양 전체도 서로에 대하여 주어진 비를 유지할 것이다. 이 보조정리의 그림 속 평행사변형들이 앞서 언급된 부분의 비율에 따라 나눠지고, 부분의 총합이 항상 평행사변형들의 총합과 같기 때문이다. 그러므로 부분들과 평행사변형들의 개수가 모두 늘어나고 그 크기는 무한정 줄어든다면, 부분들의 총합은 언제나 한쪽 도형의 평행사변형 대 다른 쪽 도형에서 그에 대응하는 평행사변형의 궁극적인 비, 즉 (가설에 따라) 한쪽 부분 대 다른 쪽 부분의 궁극적인 비를 이룰 것이다.

보조정리 5

닮은꼴 도형에서 서로 대응하는 모든 변은—곡선이거나 직선이거나—비례하고, 그러한 도형의 면적은 그 변의 제곱에 비례한다.

보조정리 6

어떤 호 ACB가 주어진 위치에서 현 AB를 대하고 있다고 하자. 매끄럽게 이어지는 곡선 중간의 어느 점 A에서 양 방향으로 뻗어나가는 직선 AD이 이 호 ACB에 접하고, 점 A와 B가 접근해 서로 만난다고 하면, 나는 현과 접선의 끼인각 BAD는 무한정 감소할 것이며 결국에는 사라질 것이라고 말한다.

[a]만일 각이 사라지지 않는다고 하면, 호 ACB와 접선 AD사이에 끼인 각은 직선각rectilinear angle일 것이고, 그러면 점 A에서 곡선이 매끄럽게 이어지지 않게 된다. 이는 가설에 모순이다.[a]

보조정리 7

위와 같은 가정에서, 나는 호, 현, 접선이 마지막에는 서로에 대하여 같은 비를 갖게 된다고 말한다.

점 B가 점 A에 접근하는 동안, AB와 AD는 언제나 멀리 있는 점 *b*와 *d*까지 뻗어나간다고 하고, *bd*는 할선 BD와 평행하게 뻗어나간다고 하자. 그리고 호 A*cb*는 언제나 호 ACB와 닮은꼴이라고 하자.

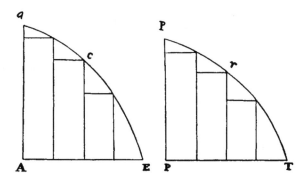

aa   1판에서는 다음과 같이 되어 있다. "AB에서 b까지, 그리고 AD에서 d까지 선을 연장하자. 그러면 점 A와 B는 서로 만나게 되므로 Ab의 AB 부분 중에는 곡선 안에 남는 부분이 없기 때문에, 직선 Ab는 접선 Ad와 일치하거나 접선과 곡선 사이로 그려지게 된다. 그런데 후자는 곡선의 본성에 모순이다. 그러므로 전자가 성립한다. Q.E.D."

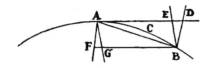

그렇다면 점 A와 B가 서로 만나므로 각 dAb는 사라질 것이다(보조정리 6에 따라). 그러므로 (언제나 유한한) 직선 Ab와 Ad 그리고 중간의 호 Acb는 일치할 것이고 따라서 같을 것이다. 이런 이유로, 직선 AB와 AD 그리고 중간의 호 ACB(이들은 언제나 선 Ab, Ad, 호 Acb에 각각 비례한다) 역시 사라질 것이며 마지막에는 서로에 대하여 같은 비를 갖게 될 것이다. Q.E.D.

따름정리 1 따라서 B를 지나 접선에 평행하게 BF를 그리고, 이 선이 A를 지나는 임의의 직선 AF를 항상 F에서 자른다고 하면, BF는 사라지는 호 ACB와 궁극적으로 같은 비를 갖게 된다. 왜냐하면 평행사변형 AFBD를 그리면 BF는 언제나 AD와 같은 비를 갖기 때문이다.

따름정리 2 그리고 B와 A를 지나고 접선 AD와 그 평행선 BF를 자르도록 직선 BE, BD, AF, AG를 추가로 그리면, 모든 가로선 AD, AE, BF, BG 그리고 현과 호 AB는 궁극적으로 서로 동일한 비를 가질 것이다.

따름정리 3 그러므로 최종적인 비와 관련된 논증에서는 이 선들을 서로 교환하여 사용할 수 있다.

보조정리 8

주어진 직선 AR과 BR이 호 ACB, 호의 현 AB, 접선 AD와 만나고, 세 개의 삼각형 RAB, RACB, RAD를 이룬다고 하자. 이때 점 A와 B가 서로 접근한다면, 나는 사라지는 삼각형들의 최종적인 형태는 서로 닮은꼴이며, 그들의 최종적인 비는 같다고 말한다.

점 B가 점 A에 접근하는 동안, AB, AD, AR은 언제나 RD에 평행하게 멀리 있는 점 b, d, r까지 뻗

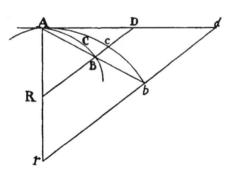

어나간다고 하자. 그리고 호 Acb는 언제나 호 ACB와 닮은꼴이라고 하자. 그렇다면 점 A와 B가 서로 만나므로 각 bAd는 사라질 것이다. 그러므로 유한한 세 삼각형 rAb, $rAcb$, rAd는 서로 일치하며, 다시 말해 닮은꼴이자 합동이다. 또한 RAB, RACB, RAD 역시 언제나 닮은꼴이며 서로 비례하는 삼각형이 되며, 최종적으로 서로 닮은꼴이자 합동이 될 것이다. Q.E.D.

따름정리 이런 이유로 이 삼각형들은 최종적인 비와 관련된 논증에서 서로 교환하여 사용할 수 있다.

보조정리 9

직선 AE와 곡선 ABC가 주어진 위치에 있고, 서로를 주어진 각 A로 교차한다고 하자. 그리고 BD와 CE는 세로선으로서 직선 AE 위에 세워지고 알려진 다른 각도로 B와 C에서 만난다. 이때 점 B와 C가 동시에 점 A로 접근한다면, 나는 삼각형 ABD와 ACD의 면적의 서로에 대한 비가 최종적으로 변의 제곱비와 같다고 말한다.

점 B와 C가 점 A로 접근하는 동안, AD는 언제나 먼 점 *d* 와 *e*로 뻗어나가서 A*d*와 A*e*가 AD와 AE에 비례한다고 하자. 그리고 세로선 *db*와 *ec*를 세로선 DB와 EC에 평행하게 세우고, 이 선이 뻗어나가 *b*와 *c*에서 AB와 AC를 만나도록 하자. 곡선 A*bc*는 ABC와 닮은꼴이 되도록 그리고, 직선 A*g*는 A에서 두 곡선을 접하고 세로선 DB, EC, *db*, *ec*를 F, G, *f*, *g*에서 자르도록 그린다. 그런 다음, 길이 A*e*를 동일하게 유지하면서 점 B와 C는 점 A에서 서로 만나도록 하자. 그러면 각 *cAg*가 사라지면서, 곡선으로 둘러싸인 영역 A*bd*와 A*ce*는 직선으로 둘러

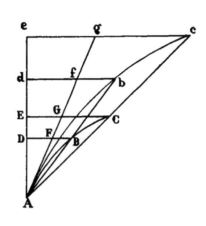

싸인 영역 A*fd*와 A*ge*와 일치할 것이다. 따라서 (보조정리 5에 따라) 변 A*d*와 A*e*의 제곱비와 같아질 것이다. 그런데 면적 ABD와 ACE는 언제나 이 면적에 비례하고, 변 AD와 AE는 이 변들에 비례한다. 그러므로 면적 ABD와 ACE 역시 최종적으로 변 AD와 AE의 제곱비를 갖게 된다. Q.E.D.

보조정리 10

어떤 [a]유한한[a] 힘을 받는 물체가 휩쓰는 공간은, [b]그 힘이 결정적이고 불변이든 또는 연속적으로 증가하거나 감소하든[b] 운동이 막 시작되는 순간에 시간의 제곱에 비례한다.

시간을 선 AD와 AE로, 생성되는 속도를 세로선 DB와 EC로 표현하자. 그러면 이 속도로 휩쓰는 공간은 이 세로선이 그리는 면적 ABD와 ACE에 비례할 것이다. 다시 말해 운동이 시작되는 순간에 이 공간들은 (보조정리 9에 따라) 시간 AD와 AE의 제곱비를 갖게 될 것이다. Q.E.D.

따름정리 1 따라서 물체가 비례하는 시간 동안 닮은꼴 도형의 닮은 부분을 휩쓸고 지나갈 때, 물체에 같은 힘이 작용할 때 생성되는 차이, 그리고 이 힘이 없을 경우 같은 물체가 비례하는 시간 동안 도달하게 될 닮은꼴 도형의 어느 점부터 물체까지의 거리로서 측정되는 차이는, 그 차이가 생성되는 시간의 제곱에 거의 비례한다고 간단히 결론 내릴 수 있다.

---

aa 1판에서는 "일정한(regular)"이다.

bb 1판에는 이 구절이 없다.

따름정리 2   그런데 닮은꼴 도형의 닮은 부분에 가하는 비례하는 힘에 따라 발생하는 차이는 힘과 시간 제곱의 곱에 비례한다.

따름정리 3[a]   물체에 서로 다른 힘들이 작용할 때 물체가 휩쓰는 공간도 마찬가지로 이해할 수 있다. 이 공간들은, 운동이 막 시작되는 순간에 힘과 시간 제곱의 곱에 비례한다.

따름정리 4   그러므로 힘들은 운동이 시작되는 순간 휩쓰는 공간에 비례하고 시간의 제곱에 반비례한다.

따름정리 5   그리고 시간의 제곱은 휩쓸리는 공간에 정비례하고 힘에는 반비례한다.

주해

서로 다른 종류의 불확정한 양들을 서로 비교하고 그중 어느 하나가 다른 하나에 정비례하거나 반비례한다고 할 때, 이는 처음 양이 두 번째 양과 같은 비율로 증가하거나 감소하거나 아니면 그 역으로 증가하거나 감소한다는 것을 의미한다. 그리고 그중 어느 한 양이 둘 이상의 다른 양에 정비례하거나 반비례한다고 할 때, 처음 양은 다른 양이나 다른 양의 역수가 증감하는 비율로 증감한다는 의미다. 예를 들어, A는 B에 비례하고 C에 비례하고 D에 반비례한다고 말하면, 그 의미는 A가 $B \times C \times \dfrac{1}{D}$ 과 같은 비율로 증감하며, 다시 말해 A와 $\dfrac{BC}{D}$ 는 서로에 대하여 주어진 비를 유지한다는 뜻이다.[a]

보조정리 11

접점에서 유한한 곡률을 갖는 모든 곡선에서, 접촉각의 사라지는 맞변은 결국 인접한 호의 맞변의 제곱에 비례하게 된다.

사례 1   AB를 호라고 하고, AD는 그 접선, BD는 접선에 수직인 접촉각[각 BAD]의 맞변, 그리고 선 AB는 호 AB의 맞변[즉 인접 현]이라고 하자. 이 맞변 AB와 접선 AD에 수직이 되

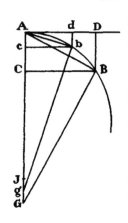

도록 BG와 AG를 세우고 G와 만나게 한다. 그런 다음 점 D, B, G가 점 d, b, g 에 접근하게 하고, 점 D와 B가 A에 도달하면 결과적으로 J에서 선 BG와 AG가 만나게 된다. GJ가 어떠한 거리보다 더 짧다는 점은 자명하다. 그리고 (점 A, B, G, 그리고 a, b, g를 지나는 원들의 성질로부터) AB^2은 $AG \times BD$와 같고 Ab^2은 $Ag \times bd$와 같으므로, AB^2 대 Ab^2는 AG 대 Ag와 BD 대 bd의 합성비와 같다. 그런데 GJ는 임의로 주어진 어떠한 길이보다 더 짧으므로, AG와 Ag가 서로 같지 않으면서 주어진 어떠한 차이보다 더 작을 수 있다. 그렇다면 AB^2 대 Ab^2의 비와 BD 대 bd의 비 사이의 차이도 주어진 차이보다 더 적어지게 된다. 그러므

---

aa   1판에는 따름정리 3-5와 주해가 없다.

로, 보조정리 1에 따라, AB^2 대 Ab^2의 최종적인 비는 BD 대 Bd의 최종적인 비와 같다. Q.E.D.

사례 2 이제 BD를 주어진 각도로 AD에 기울어지게 하자. 그러면 BD 대 bd의 최종적인 비는 언제나 이전과 같을 것이며, 따라서 AB^2 대 Ab^2과 같다. Q.E.D.

사례 3 그리고 각 D가 정해져 있지 않을 때도, 직선 BD가 주어진 점에 수렴하거나 다른 조건에 따라 그려진다면, 여전히 각 D와 d는 (둘 다 공통 조건에 따라 그려진다) 언제나 같아지려는 경향을 갖게 되고, 서로 근접하여 둘 사이의 차이가 임의로 정해진 양보다도 작아지다가, 결국 보조정리 1에 따라 같아진다. 그러므로 선 BD와 bd는 이전처럼 서로에 대하여 같은 비를 갖는다. Q.E.D.

따름정리 1 따라서 접선 AD와 Ad, 호 AB와 ab, 그리고 그들의 사인 BC와 bc는 결국 현 AB와 Ab와 같아지고, 그들의 제곱은 결국 현 BD와 bd에 비례할 것이다.

따름정리 2 이 접선, 호, 사인들의 제곱 역시 결국은 호의 사기타에 비례하고, 이 사기타는 현을 이등분하고 주어진 점으로 수렴한다. 이 사기타들은 현 BD와 bd에 비례하기 때문이다.

따름정리 3 그러므로 사기타는 물체가 주어진 속도로 호를 그리는 시간의 제곱에 비례한다.[b]

따름정리 4 직각삼각형 ADB와 Adb는 AD와 DB의 비와 Ad와 db의 비의 합성비에 비례하므로, 궁극적으로 변 AD와 Ad의 세제곱에 비례하고, 변 DB와 db의 ³⁄₂제곱에 비례한다. 그래서 삼각형 ABC와 Abc도 결국 변 BC와 bc의 세제곱에 비례한다. [c]내가 ³⁄₂제곱이라 부르는 비는 실제로 제곱근의 3배, 즉, 1제곱의 비와 제곱근의 비의 곱을 말한다.[c]

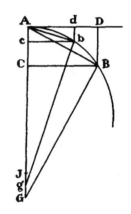

따름정리 5 DB와 db는 최종적으로 평행하고 AD와 Ad의 제곱에 비례하므로, 최종적인 곡선으로 둘러싸인 면적 ADB와 Adb는 (포물선의 성질로부터) 직각삼각형 ADB와 Adb의 ²⁄₃일 것이다. 그리고 활꼴 AB와 Ab는 이러한 삼각형들의 ⅓이 될 것이다. 그러므로 이 넓이와 활꼴들은 접선 AD와 Ad 그리고 현 AB와 Ab 그리고 그들의 호의 세제곱에 비례할 것이다.

---

bb   1판에는 따름정리 2와 3이 없다.

cc   1판에는 이 문장이 없다.

주해

우리는 전반적으로 접촉각이 원이 그 접선과 이루는 접촉각보다 무한히 커지거나 무한히 작아지지 않는다고 가정한다. 다시 말해 점 A에서의 곡률은 무한히 작지도 무한히 크지도 않으며, 거리 AJ는 유한한 크기를 갖는다는 뜻이다. 예를 들어 DB는 AD^3에 비례하도록 잡을 수 있는데, 이 경우 점 A를 지나고 접선 AD와 곡선 AB 사이에 위치하는 원을 그릴 수 없으므로, 접촉각은 원이 접선과 이루는 각보다 무한히 작아지게 된다. 마찬가지로 만일 DB가 AD^4, AD^5, AD^6, AD^7, …에 차례대로 비례한다면, 접촉각 수열은 무한히 나아가게 되고, 뒤의 각은 바로 앞의 각보다 무한히 더 작다. 그리고 DB가 AD^2, $AD^{3/2}$, $AD^{4/3}$, $AD^{5/4}$, $AD^{6/5}$, $AD^{7/6}$, …에 차례대로 비례한다면, 또 다른 접촉각의 무한수열이 생기게 된다. 이때 첫 번째 항은 원의 접촉각과 같고, 두 번째는 무한히 크고, 이후 이어지는 항들은 바로 앞의 항보다 무한히 크다. 또한 이 각들 중 임의의 둘 사이에 양 방향으로 무한히 뻗어가는 중간 각의 수열이 삽입될 수 있고, 언제나 뒤의 항은 앞선 항보다 무한히 커지거나 작아질 것이다. 예를 들어, AD^2과 AD^3 항 사이에 수열 $AD^{13/6}$, $AD^{11/5}$, $AD^{9/4}$, $AD^{7/3}$, $AD^{5/2}$, $AD^{8/3}$, $AD^{11/4}$, $AD^{14/5}$, $AD^{17/6}$, …이 삽입되어 있다고 하자. 그러면 이때에도 이 수열 중 어느 두 각 사이에 새로운 중간 각의 수열이 삽입될 수 있고, 서로의 차이가 무한히 나도록 할 수 있다. 자연은 한계를 모른다.

곡선과 곡선이 포함하는 [평면의] 표면에 관하여 증명된 내용은 휘어진 면과 그 체적에도 쉽게 확장해서 적용할 수 있다. 어쨌든 나는 명제에 앞서 이러한 보조정리를 제시하였는데, 이는 고대 기하학자들의 귀류법을 이용하는 지루하고 ᵃ장황한 증명ᵃ을 피하기 위함이었다. 실제로 증명은 불가분량법 method of indivisible을 사용하면 더 간결해진다. 그러나 아직 불가분량 가설에는 ᵇ미심쩍은ᵇ 부분이 있고, 불가분량법은 덜 기하학적인 방법으로 간주된다. 따라서 나는 사라지는 양의 궁극적인 합과 비율, 그리고 초기 양의 첫 번째 합과 비율의 극한을 바탕으로 증명하는 방법을 선택해서 최대한 간략하게 제시하기로 했다. 왜냐하면 이런 방법으로 불가분량법과 동일한 결과를 얻어낼 수 있으며, 우리는 앞서 증명된 원리를 더욱 안전하게 사용할 수 있기 때문이다. 따라서 앞으로 다룰 내용에서 양量이 입자로 구성돼 있다거나 직선 대신에 곡선 요소[즉, 아주 짧은 곡선]를 사용할 때마다, 내가 항상 불가분량이 아니라 사라지는 가분량 evanescent divisible을, 또 한정된 부분의 합과 비율이 아니라 그러한 합과 비율의 극한을 염두에 두고 있으며, 그러한 증명은 언제나 앞선 보조정리에서 제시한 방법에 기초하고 있다고

---

aa　이 "장황한(lengthy)"(라틴어로 "longas")은 1판과 2판에서는 "복잡한(complicated)" (라틴어. "perplexas")으로 되어 있다. 뉴턴은 1판 원고에 친필로 이 단어를 삽입했다. 모트는 "복잡한(perplexed)"이라는 표현을 쓰고 있는 걸로 보아 2판을 원문으로 사용했던 것 같고, 캐조리는 "복잡한(involved)"을 써서 이 부분의 라틴어 원전을 참고하지 않았음을 보여주고 있다. 그러나 『A History of the Conceptions of Limits and Fluxions in Great Britain from Newton to Woodhouse』(Chicago and London: Open Court Publishing Co., 1919)에서 캐조리는 p.5의 각주에서 "3판의 'longas'는 'perplexas'로 대체된다"고 썼고, p.8에서는 소프의 번역("long")을 썼다.

bb　뉴턴은 형용사 "durior"를 사용하는데, 이는 전통적으로 "다소 거슬리는(rather harsh)"로 번역한다.

이해해 주기 바란다.

사라지는 양의 궁극적인 비율 같은 것은 없다고 이의를 제기할 수도 있겠다. 사라지기 전까지는 그 비율을 궁극적이라 할 수 없고, 사라진 후에는 비율이 존재하지 않기 때문이다. 그러나 같은 논리로, 물체가 운동을 멈추고 특정 장소에 도달할 때 궁극적인 속도가 없다고 주장할 수 있다. 왜냐하면 물체가 이 장소에 도착하기 전의 속도는 궁극적인 속도가 아니며, 물체가 그곳에 도착한 때에는 속도가 아예 없기 때문이다. 그러나 답은 간단하다. 물체의 궁극적인 속도를 물체가 궁극적인 장소에 도착해 운동을 멈추기 전이나 그곳에 도착한 후가 아니라, 도착하는 바로 그 순간, 즉, 물체가 궁극적인 장소에 도착하고 운동이 정지하는 바로 그 순간의 속도라고 이해하는 것이다. 이와 비슷하게, 사라지는 양의 궁극적인 비도 양이 사라지기 전이나 사라지고 난 후의 비가 아니라 그 양이 사라지는 순간의 비로 이해해야 한다. 마찬가지로 생겨나는 양의 첫 번째 비 역시 그것이 존재하기 시작하는 [또는 생성되는] 비다. 그리고 첫 번째 합과 궁극적인 합은 그것이 존재하기 시작할 때와 멈출 때의 합(또는 증가하거나 감소하는 합)이 된다. 물체가 운동을 끝낼 때 도달할 수는 있지만 넘어서지는 못하는 속도의 한계가 존재한다. 이것이 물체의 궁극적인 속도다. 그리고 이는 생겨나고 사라지는 모든 양과 비율의 극한에서도 동일하게 성립한다. 이 극한은 구체적이고 유한하므로, 이를 정하는 것은 당연히 기하학 문제다. 그러나 기하학의 모든 것은 기하학적인 다른 모든 것을 결정하고 증명하는 데 정당하게 사용될 수 있다. 만일 사라지는 양들의 궁극적인 비가 주어지면 그 궁극적인 크기도 주어질 것이라는 의견이 제기될 수 있다. 따라서 유클리드가 『원론』제10권에서 통약불가함incommensurable을 증명한 내용에 반하여 모든 양이 불가분량으로 구성될 것이라는 주장이다. 그러나 이런 반론은 틀린 가설에 근거한다. 양이 사라지는 순간의 궁극적인 비는 실제로 궁극적인 양들의 비가 아니라 극한인데, 이 극한이란 무한히 감소하는 양의 비가 지속적으로 접근하는 것이며, 그 차이가 주어진 양보다 작을 정도로 가까이 접근하지만 양이 무한정 감소하기 전에는 결코 극한을 넘어서거나 극한에 도달할 수 없다. 이 문제는 무한정 큰 양들의 경우를 생각하면 더 쉽게 이해할 수 있다. 차이가 주어진 두 양이 무한정 증가하면, 그들의 궁극적인 비는 같아지겠지만, 이 비를 갖는 궁극적인 양 또는 최대 양은 정해지지 않을 것이다. 그러므로 나는 앞으로 독자의 이해를 돕기 위해 극도로 작은 양, 사라지는 양, 또는 궁극적인 양이라고 말할 텐데, 이때 이 양들은 크기가 정해진 양으로 이해하지 말고 언제나 한없이 감소하는 양으로 생각해 주기 바란다.

명제 1[a]

정리 1. 힘의 중심은 움직이지 않을 때, [b]궤도를 따라 움직이는[b] 물체에서 힘의 중심까지 이어지는 반지름이 휩쓰는 면적은 움직이지 않는 평면 위에 놓여 있으며 시간에 비례한다.

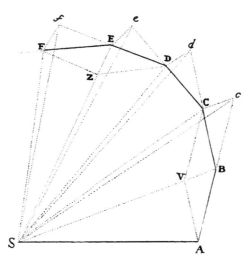

시간을 같은 간격으로 나누고, 물체가 시간의 첫 번째 부분 동안 내재하는 힘에 따라 직선 AB를 그린다고 하자. 시간의 두 번째 부분에서, 방해하는 것이 없다면, 이 물체는 (1법칙에 따라) 똑바로 c까지 나아갈 것이며, AB와 같은 길이의 직선 Bc를 그릴 것이다. 그렇게 해서—반지름 AS, BS, cS가 중

---

a   이 명제의 해설에 관하여 해설서 §10.8을 참고하자.

bb   명제 1의 서술문에서, 뉴턴은 "in gyros acta"라고 쓰고 있다. 해설서 §2.4 참고.

심까지 이어질 때—같은 면적 ASB와 BSc가 그려지게 된다. 그런데 물체가 B에 왔을 때, 구심력이 단한 번의 충격으로 작용하여 물체를 직선 Bc에서 벗어나 직선 BC로 나아가게 한다고 하자. cC를 BS와 평행하게 그리고 BC와는 C에서 만난다고 하자. 그러면 시간의 두 번째 부분이 끝났을 때, 물체는 (법칙의 따름정리 1에 따라) 삼각형 ASB와 같은 평면 위 C에서 발견될 것이다. SC를 그리면 SB와 Cc는 평행하므로, 삼각형 SBC는 삼각형 SBc와 합동이고, 따라서 삼각형 SAB와도 합동이다. 비슷한 방법에 따라 구심력이 C, D, E, …에서 연속적으로 작용하여 물체가 시간의 각 부분에서 직선 CD, DE, EF, …를 그린다면, 이 선들은 모두 같은 평면에 놓이게 될 것이다. 그리고 삼각형 SCD는 삼각형 SBC와, SDE는 SCD와, 그리고 SEF는 SDE와 합동일 것이다. 그러므로 움직이지 않는 평면 위에 같은 시간 동안 같은 면적이 그려진다. 그리고 가비 원리에 의해, 면적 중 임의의 합 SADS와 SAFS의 서로에 대한 비는 이 면적이 그려지는 시간의 비와 같다. 이제 삼각형의 개수를 무한정 늘리고 폭은 무한정 줄어들게 하면, 최종 둘레 ADF는 (보조정리 3, 따름정리 4에 따라) 곡선이 될 것이다. 그러므로 물체를 이 곡선의 접선으로부터 끊임없이 당기는 구심력은 연속적으로 작용할 것이고, 이 경우에도 그려지는 시간에 비례하는 임의의 면적들의 합, 이를테면 SADS와 SAFS은 시간에 비례할 것이다. Q.E.D.

[a]**따름정리 1**   저항이 없는 공간에서, 움직이지 않는 중심을 향해 당겨지는 물체의 속도는 그 중심부터 궤도에 접하는 직선까지 이어지는 수직선에 반비례한다. 위치 A, B, C, D, E의 속도는 각각 합동인 삼각형의 밑변 AB, BC, CD, DE, EF에 비례하며, 이 밑변들은 그 위로 이어지는 수직선에 반비례하기 때문이다.

따름정리 2   저항 없는 공간에서 같은 물체가 같은 시간 간격 동안 연속적으로 그리는 두 호의 현 AB와 B로 평행사변형 ABCV가 완성되고, 대각선 BV가 (이 호들이 무한정 작아질 때 궁극적으로 오게 되는 위치) 양방향으로 뻗어나간다고 하면, 이 선은 힘의 중심을 통과할 것이다.[a]

[b]**따름정리 3**   저항 없는 공간에서 같은 시간 동안 그려지는 호들의 현 AB, BC, 그리고 DE, EF가 평행사변형 ABCV와 DEFZ를 완성한다면, B와 E에서의 힘은 서로에 대하여 호들이 무한정 작아질 때 대각선 BV 대 EZ라는 궁극적인 비를 갖게 된다. 물체의 운동 BC와 EF는 (법칙의 따름정리 1에 따라) 운동 Bc, BV 그리고 Ef, EZ의 합성이기 때문이다. 그런데 이 명제의 증명에서 Cc와 Ff와 같은 BV와 EZ는 B와 E에서의 구심력의 충격에 따라 생성되었으며, 따라서 이 충격력에 비례한다.

따름정리 4   저항 없는 공간에 있는 물체가 직선 경로를 벗어나 곡선 궤도로 편향되도록 하는 힘들은

---

aa   1판에서, 따름정리 1과 2는 명제 2, 따름정리 1과 2의 초안 버전이고, 2판과 3판의 따름정리 1과 2는 없다.

bb   1판에는 따름정리 3~6이 없다.

서로에 대하여 같은 시간 동안 그려지는 호의 사기타에 비례하는데, 이때 사기타는 호가 무한정 짧아질 때 힘의 중심으로 모여들고 현을 이등분한다. 해당 호의 사기타들은 따름정리 3에서 다루었던 대각선의 절반이기 때문이다.

따름정리 5   그러므로 이 힘들과 중력의 비는, 이 사기타 대 같은 시간 동안 발사체가 그리는 포물선 호의 (수평면에 수직인) 사기타의 비와 같다.

따름정리 6   법칙의 따름정리 5에 따라 물체와 힘의 중심이 놓인 평면이 멈춰 있지 않고 일정하게 똑바로 움직일 때도 앞의 내용은 모두 성립한다.[b]

명제 2

정리 2. 물체가 평면 위에 그려진 곡선을 따라 움직이고 있고, 이 곡선의 중심은 정지해 있거나 일정하게 직선을 따라 움직인다. 물체부터 중심점까지 이어진 반지름이 시간에 비례하는 면적을 휩쓴다면, 해당 물체는 중심점을 향하는 구심력을 받는다.

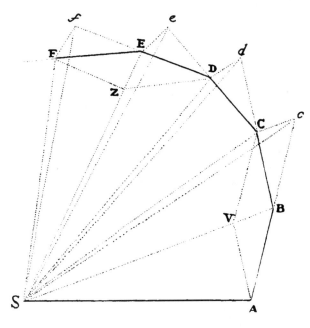

사례 1   곡선을 따라 움직이는 모든 물체는 물체에 작용하는 어떤 힘에 따라 직선 경로를 벗어난다(법칙 1). 그리고 물체를 직선 경로에서 벗어나게 하고 같은 시간 동안 정지한 점 S 주위로 면적이 같고 극도로 작은 삼각형 SAB, SAC, SCD, …를 그리게 하는 힘은, 위치 B에서 *c*C에 평행한 직선, 즉 선 BS을 따라 작용한다(『원론』의 1권, 명제 40, 그리고 법칙 2에 따라). 또 위치 C에서는 *d*D에 평행한 선, 즉 SC를 따라 작용한다. 이런 식으로 계속 작용한다. 따라서 이 힘은 정지한 점 S를 향하는 선들을 따라 항상 작용한다. Q.E.D.

사례 2   그리고 법칙의 따름정리 5에 따라, 곡선 도형을 그리는 물체가 위치한 평면은 정지해 있든 물체, 궤도, 점 S와 함께 일정하게 똑바로 움직이든 상관없다.

따름정리 1 [b]저항이 없는 공간 또는 매질에서, 휩쓸리는 면적이 시간에 비례하지 않는다면, 가속을 받을 때는 힘이 반지름들이 만나는 점을 향하는 것이 아니라 점의 앞쪽으로, 다시 말해 운동이 일어나는 방향으로 벗어나는 [또는 앞서가는] 경향이 있다. 감속되는 상황일 때는 힘이 뒤쪽으로 [또는 거슬러, 즉 운동이 일어나는 방향과는 반대로] 벗어나게 된다.[b]

따름정리 2 [c]저항이 있는 매질에서도, 면적이 그려지는 속도가 가속되면, 힘의 방향은 반지름이 만나는 점에서 운동이 일어나는 방향 쪽으로 벗어나게 된다.[a c]

주해

물체는 여러 힘이 합쳐진 구심력을 받을 수 있다. 이 경우 명제의 의미는 모든 힘이 합쳐진 힘이 점 S를 향한다는 뜻이다. 더 나아가, 여기에서 설명하는 평면에 수직인 방향으로 어떤 힘이 꾸준히 작용하면, 그 힘으로 인해 물체가 운동하는 평면에서 벗어나게 되겠지만 평면 위에 그려지는 면적의 크기는 늘거나 줄지 않는다. 그러므로 이 힘은 전체 힘의 합성에서는 무시할 수 있다.

명제 3

정리 3. [d]어떠한 물체가 아무렇게나 움직이는 두 번째 물체의 중심까지 이어진 반경을 따라 시간에 비례하는 중심 영역을 휩쓸고 있다면, 이 물체는 두 번째 물체를 향하는 구심력과 두 번째 물체가 받는 전체 가속력이 합쳐진 힘을 받는다.

첫 번째 물체를 L이라 하고 두 번째 물체를 T라 하자. (법칙의 따름정리 6에 따라) 만일 이 두 물체가 각각 평행선을 따라 물체 T가 받는 힘과 크기는 같고 방향은 반대인 새로운 힘을 받는다면, 물체 L은 이전과 같이 계속해서 물체 T 주위를 돌며 면적을 그릴 것이다. 그러나 물체 T가 받는 힘은 크기는 같고 방향이 반대인 힘에 상쇄될 것이다. 그러므로 (1법칙에 따라) 물체 T는, 힘을 받지 않는 상태가 되어 멈춰 있거나 일정하게 똑바로 움직일 것이다. 그리고 물체 L은, 힘의 차이가 [즉 남은 힘이] 작용하기 때문에, 계속해서 물체 T 주위를 돌며 시간에 비례하여 면적을 휩쓸 것이다. 그러므로 힘의 차이

---

aa 1판에서는 명제 2에 따름정리가 없다. 2판과 3판의 따름정리 1과 2는 기본적으로 1판의 명제 1, 따름정리 1과 2를 개정한 것이다.

bb 1판은 (명제 1, 따름정리 1로) 다음과 같이 서술되어 있다. "저항이 없는 매질에서, 면적이 시간에 비례하지 않으면, 힘은 그 반지름들이 만나는 점을 향하지 않는다."

cc 1판은 (명제 1, 따름정리 2로) 다음과 같이 되어 있다. "모든 매질에서, 그려지는 면적이 가속을 받으면, 힘은 반지름이 만나는 점을 향하는 것이 아니라 그것의 앞쪽으로 벗어난다 [또는 앞서간다]."

dd 1판에서는 이 명제와 따름정리의 서술과 증명 모두에서 두 물체를 지정하는 문자(L과 T)가 없다. 뉴턴이 주석을 단 1판의 사본에는 명제의 이 부분 모두에 문자 L과 T이 추가되어 있다. 뉴턴의 삽지가 포함된 1판 사본에서는 이 섹션의 모든 부분에 문자들이 추가되었지만, 이후 명제의 서술에서 삭제되었다. 이 문자는 아마도 처음에는 A와 B였다가 삭제되기 전 L과 T로 바뀌었던 것 같다. 이 삽지 사본에서 증명의 첫 문장과 문장 시작 부분에서 처음 추가되었던 두 문자는 원래는 A와 B였고, 그런 다음에 L과 T로 바뀌었다. 이 L과 T는 다른 곳에서도 추가되고 증명과 따름정리에서도 유지되었다.

는 (정리 2에 따라) 두 번째 물체를 중심으로 두려는 경향이 있다. Q.E.D.

따름정리 1 따라서 물체 L이 다른 물체 T로 이어지는 반지름으로 시간에 비례하는 면적을 휩쓴다면, 그리고 물체 L이 받는 전체 힘에서 (단순 힘이든 또는 법칙의 따름정리 2를 따르는 여러 힘의 합성이든) T가 받는 전체 가속 힘이 감해져 (마찬가지로 법칙의 따름정리 2에 따라), 물체 L이 받는 남는 힘 전체는 T를 중심으로 두는 경향을 띠게 된다.

따름정리 2 만일 면적이 시간에 거의 비례하면, 남는 힘은 물체 T에 매우 근접한 곳을 향하게 될 것이다.

따름정리 3 그리고 역으로, 만일 남는 힘이 물체 T에 매우 근접한 곳을 향하는 경향이 있으면, 휩쓸리는 면적은 시간에 거의 비례할 것이다.

따름정리 4 물체 T가 정지해 있거나 일정하게 똑바로 움직이고 있는데, 물체 L이 물체 T로 이어지는 반지름으로 휩쓰는 면적이 시간과 비교하여 일정치 않으면, 물체 T를 향하는 구심력이 없거나 구심력이 대단히 강한 다른 힘의 작용과 합쳐진 것이다. 그리고 여러 힘이 있을 경우 모든 힘이 합쳐진 전체 힘은 (고정되어 있거나 움직이는) 다른 중심을 향한다. 두 번째 물체가 아무렇게나 움직일 때에도, 물체 T에 작용하는 전체 힘을 빼고 남은 힘이 구심력으로 작용하면 동일한 내용이 성립한다.[d]

주해

면적이 균일하게 그려진다는 것은 어느 힘이 궤도의 중심을 향하고, 물체는 그 힘의 영향을 받아 직선 운동에서 벗어나 궤도를 유지한다는 의미다. 그렇다면 앞으로는 면적이 균일하게 그려진다는 점을 물체가 자유 공간에서 어느 한 점을 중심으로 궤도 운동을 한다는 기준으로 삼아도 무방할 것이다.

명제 4

정리 4. 일정하게 운동하여 서로 다른 원을 그리는 물체들의 구심력은 그 원들의 중심을 향하는 경향이 있고, 이 힘들은 서로에 대하여 같은 시간 동안 그려지는 호의 제곱을 원의 반지름으로 나눈 양의 비를 갖는다.

[e]이 힘들은 명제 2 그리고 명제 1의 따름정리 2에 따라 원의 중심들을 향하는 경향이 있다. 그리고

---

eE 1판은 이렇게 되어 있다. "원의 둘레 BD와 bd를 따라 회전하는 물체 B와 b가 같은 시간 동안 호 BD와 bd를 그린다고 하자. 물체에 내재하는 힘만 있었다면 물체들은 호를 그리는 대신 접선 BC와 bc를 그릴 것이므로, 구심력이 접선으로부터 물체들을 끊임없이 원둘레로 잡아당기는 힘이라는 것은 명백하다. 그러므로 이 힘들은 서로에 대한 비가 막 생겨나는 거리 CD와 cd의 첫 비와 같고, 정리 2에 따라 원의 중심을 향하는 경향이 있다. 반지름에 의해 휩쓸리는 면적은 시간에 비례하다고 가정하기 때문이다. [뉴턴은 여기에서 "첫 비"를 "첫" 비와 "마지막" 비 개념을 소개하는 위 섹션 1에서 다루었던 특별한 의미로서 사용하고 있다.] 도형 tkb가 DCB와 닮은꼴이라 하면, 보조정리 5에 따라 선분 CD와 선분 ktd의 비는 호 BD 대 호 bt의 비와 같을 것

힘들의 비는 명제 1의 따름정리 4에 따라, 같은 시간 동안 그려지는 극도로 짧은 호의 버스트 사인에 비례한다. 즉, 보조정리 7에 따라 호의 제곱을 원의 지름으로 나눈 값에 비례한다. 그러므로, 이 호들은 같은 시간 동안 그려진 호에 비례하고 지름은 그 반지름에 비례하므로, 힘은 같은 시간 동안 그려진 호의 제곱을 원의 반지름으로 나눈 값에 비례할 것이다. Q.E.D.[E]

따름정리 1[a] [b]이 호들은 물체의 속도에 비례하므로, 구심력은 속도의 제곱에 정비례하고 반지름에는 반비례할 것이다.[b]

따름정리 2 [c]그리고 주기는 반지름에 비례하고 속도에 반비례하므로, 구심력은 반지름에 비례하고 주기 제곱에 반비례한다.[c]

따름정리 3 따라서 주기가 같고 속도가 반지름에 비례한다면, 구심력 역시 반지름에 비례할 것이며, 그 역도 성립한다.

따름정리 4 [d]만일 주기와 속도 모두 반지름의 제곱근에 비례하면 두 구심력은 같고, 그 역도 성립한다.[d]

따름정리 5 [e]주기가 반지름에 비례하고, 이에 따라 속도가 같으면, 두 구심력은 반지름에 반비례할

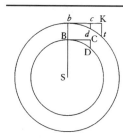

이다. 또한 보조정리 11에 따라, 막 생겨나는 선분 tk 대 막 생겨나는 선분 dc의 비는 bt^2 대 bd^2의 비와 같을 것이다. 그리고, 비의 동등성에 의해[또는 ex aequo], 막 생겨나는 선분 DC 대 막 생겨나는 선분 dc의 비는 BD × bt 대 bd^2와 같을 것이다. 이 내용은 BD × (bt/Sb) 대 (bd^2/Sb)의 비와 같다고 써도 된다. 그러므로 (bt/Sb와 BD/SB는 같으므로) BD^2/SB 대 bd^2/Sb와 같다. Q.E.D."

『운동에 관하여』의 초기 공식과 매우 비슷한 이 부분은 이후에 1판의 개정 내용으로 손으로 기록한 것이다. 이 부분을 보면 원심력을 설명하는 문장이 다소 애매하게 쓰여 있는데, 그 이유는 문법 구조상 이 힘을 새로 정의하고 있지만 맥락에서는 뉴턴이 원심력의 성질 중 하나를 제시하고 있다는 것을 보여주기 때문이다.

aa   따름정리 1, 2, 4, 5, 6의 다양한 버전들은 기본 수학 용어의 흥미로운 변형들을 보여주는 좋은 예가 된다. 이는 다음의 각주에서 잘 보여준다.

bb   1판에서 이 따름정리는 이렇게 되어 있다. "그러므로 구심력은 속도의 제곱을 원의 반지름으로 나눈 것에 비례한다." 1판의 개정 원고에서 "그러므로(Hence)"는 삭제되고 문장은 추가 절로 시작한다. "이때, 같은 시간 동안 그려지는 호는 속도에 비례하고 주기에 반비례하기 때문에." 2판은 이렇게 되어 있다. "그러므로, 이 호들은 물체의 속도에 비례하므로, 구심력은 속도의 제곱을 원의 반지름으로 나눈 것에 비례한다. 즉, 이 내용을 기하학자들의 방식으로 표현하면, 힘은 속도의 제곱에 정비례하고 반지름에 반비례하는 비를 갖는다." 그런 다음 3판에서, 뉴턴은 첫 번째 공식을 삭제하고 오로지 "기하학자들의 방식으로"만 표현하기로 결심한다.

cc   1판에서 이 따름정리는 이렇게 쓰여 있다. "그리고 이 힘들의 서로에 대한 비도 주기의 제곱을 반지름으로 나눈 것의 역수에 비례한다." 즉 (기하학자들의 표현 방식대로) 이 힘은 속도의 제곱비와 반지름의 역수의 비의 합성비를 가지며, 또한 반지름의 비와 주기 제곱의 역수의 비를 합성한 비를 갖는다." 첫 번째 문장은 도치 구문으로 되어 있는데, 원래는 이것이 완전한 문장이 아니라 따름정리 1에서 이어지는 것임을 암시하는 것이다. 『운동에 관하여』와 비교하면 이 생각이 맞다는 것을 알 수 있다. 2판은 이렇게 되어 있다. "그리고 주기는 반지름과 속도의 역수의 비를 합성한 비를 가지므로, 구심력은 주기의 제곱을 원의 반지름으로 나눈 것에 반비례한다. 다시 말해, 반지름에 정비례하고 주기 제곱에 반비례하는 비를 갖는다."

dd   1판에서 이 따름정리는 이렇게 쓰여 있다. "만일 주기의 제곱이 반지름에 비례하면 구심력은 동일하고, 속도는 반지름의 2분의 1 제곱 비를 가지며, 그 역도 성립한다."

ee   1판에서 이 따름정리는 이렇게 되어 있다. "만일 주기의 제곱이 반지름의 제곱에 비례하면, 구심력은 반지름에 반비례하고, 속도는 같으며, 그 역도 성립한다." "반지름에" 뒤에는 1판 사본에 수기로 쓴 수정 내용을 덧붙여서, "다시 말해, 시간은 반지름에 비례[한다]"라고 되어 있다.

것이고, 그 역도 성립한다.[e]

따름정리 6 [f]주기가 반지름의 $\frac{3}{2}$제곱에 비례하고, 이에 따라 속도는 반지름의 제곱근에 반비례하면, 구심력은 반지름의 제곱에 반비례할 것이고, 그 역도 성립한다.[a][f]

[g]따름정리 7 일반적으로 주기가 반지름 R의 임의의 거듭제곱 R^n에 비례하고, 이에 따라 속도가 반지름의 거듭제곱 R^{n-1}에 반비례하면 구심력은 반지름의 거듭제곱 R^{2n-1}에 비례하며, 그 역도 마찬가지다.

따름정리 8 물체가 임의의 닮은꼴 도형의 닮은 부분을 휩쓸고 중심도 그 도형들 안에 놓여 있는 경우, 앞선 증명을 적용하여 시간, 속도, 힘에 대하여 앞에서와 같은 비를 얻을 수 있다. 이를 적용하려면 일정한 운동 대신 일정하게 그려지는 면적으로 대체하고, 중심부터 물체의 거리를 반지름으로 사용하면 된다.

따름정리 9 같은 증명으로부터, 알려진 구심력을 받으며 일정하게 회전하는 물체가 임의의 시간 동안 그리는 호는, 같은 시간 동안 주어진 힘을 받으며 물체가 낙하하는 거리와 원의 지름 사이의 비례중항임을 알 수 있다.[g]

주해

[h]따름정리 6은 천체에 대해서도 성립한다(이는 렌과 후크, 핼리가 이미 독립적으로 발견한 내용이다). 따라서, 다음의 내용에서 중심부터의 거리 제곱에 따라 감소하는 구심력[즉, 거리 제곱에 반비례하여 변하는 구심력]에 관한 문제들을 좀 더 완전히 다루어보려 한다.

더 나아가, 앞에서 다룬 명제와 따름정리들의 도움을 받아 구심력 대 임의의 알려진 힘, 이를테면 중력의 비도 결정될 수 있다. [i]어떤 물체가 중력을 받아 지구 중심을 중심으로 하는 궤도를 회전한다

---

ff   1판에서 이 따름정리는 이렇게 되어 있다. "만일 주기의 제곱이 반지름의 세제곱에 비례하면, 구심력은 반지름의 제곱에 반비례하겠지만, 속도는 반지름의 2분의 1 제곱비를 가지며, 그 역도 성립한다."

gg   1판에는 따름정리 7과 9가 없고, 따름정리 8은 따름정리 7로 되어 있는데, 여기에서는 첫 문장의 "그 도형들"과 두 번째 문장 전부가 없다.

hH   1판의 인쇄용 원고에서는 이 주해가 단 한 문장으로 되어 있었다. 이 문장은 3판 주해의 첫 문장에 해당하지만, 세 사람의 이름이 포함된 삽입구는 없었다. 인쇄를 위한 추가 원고와 인쇄된 1판 본문에는 주해 전체가 포함되어 있지만, 이 세 사람의 이름은 추가 원고에는 렌, 핼리, 후크 순서로 적혀 있고, 인쇄된 1판 본문에는 3판 순서 그대로 등장한다. 후크의 이름이 핼리보다 앞선 것이 누구의 권한으로 이루어진 것인지는 알 수 없으나, 아마도 이러한 수정은 교정 과정에서 (즉 핼리에 의해) 이루어진 것이라 추론할 수 있다. 뉴턴이 핼리에게 보내고 핼리가 인쇄소에 보낸 수기 원고의 내용에는 바뀐 게 없기 때문이다. 아마 핼리는 후크의 기분이 상할까 봐 후크의 이름을 자신의 이름 앞에 놓았을 것이다.

iI   1판에서는 이렇게 되어 있다. "이는 물체가 호 BC를 가로지르는 시간 동안 구심력이 거리 CD를 통해 물체를 추진하기 때문이다. 거리 CD는 운동의 맨 처음에 호 BD의 제곱을 원의 지름으로 나눈 것과 같다. 그리고 모든 물체는 언제나 같은 방향으로 지속되는 같은 힘을 받아 시간의 제곱비로 거리를 휩쓸기 때문에, 그 힘으로 인해 회전하는 물체는 주어진 호를 그리는 시간 동안 앞으로 나아가며 그 호의 제곱을 원의 지름으로 나눈 것과 같은 거리를 휩쓸게 된다. 따라서 이 힘 대 중력의 비는 거리 CD 대 낙하하는 물체가 같은 시간 동안 휩쓰는 거리의 비와 같다."

면, 물체의 무거움이 구심력이 되기 때문이다. 그뿐 아니라, 명제 4 따름정리 9에 따라, 천체의 낙하로부터 1회 공전에 걸리는 시간 그리고 임의로 주어진 시간 동안 그려지는 호를 구할 수 있다.[I] 그리고 이런 방식의 명제에 따라 하위헌스도 그의 훌륭한 논문 『진자시계에 관하여*On the Pendulum Clock*』에서 회전하는 물체의 중력과 원심력을 비교하였다.

이 명제는 다음 방식으로도 증명할 수 있다. 임의의 원 안에 변이 여러 개인 다각형을 내접하여 그린다고 하자. 그리고 물체가 주어진 속도로 다각형의 변들을 따라 움직이며 다각형의 꼭짓점에서 원에 부딪혀 반사된다면, 반사될 때마다 물체가 원에 작용하는 힘은 물체의 속도에 비례할 것이다. 그러므로 주어진 시간 동안 힘들의 합은 속도와 반사 횟수의 곱에 비례할 것이다. 즉 (다각형의 변과 각이 구체적으로 지정된다면) 주어진 시간 동안 물체가 휩쓰는 길이에 비례할 것이며, 그 길이와 위에서 말한 원의 반지름의 비에 따라 증가 또는 감소할 것이다. 다시 말해 반지름으로 나눈 길이의 제곱에 비례한다. 그러므로, 변의 길이가 무한정 감소하면 다각형은 원과 일치하게 되고, 주어진 시간 동안 힘의 합은 주어진 시간 동안 그려진 호의 제곱을 반지름으로 나눈 값에 비례할 것이다. 이것이 물체가 원에 작용하는 원심력이다. 그리고 원이 물체를 꾸준히 중심 쪽으로 당기는 그 반대의 힘은 원심력과 크기가 같다.[H]

명제 5

문제 1. 임의의 장소에서 물체가 공통의 중심을 향하는 힘에 영향을 받아서 주어진 속도로 주어진 곡선을 그릴 때, 그 중심을 찾아라.

세 직선 PT, TQV, VR가 T와 V에서 만나고, 그려지는 곡선은 세 점 P, Q, R에서 이 세 직선과 접한다고 하자. 접선에 수직이 되도록 PA, QB, RC를 세우고, 이 수직선의 길이가 수직선이 세워진 점

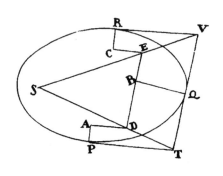

P, Q, R에서의 물체의 속도에 반비례하도록 하자. 다시 말해, PA 대 QB의 비가 Q에서의 속도 대 P에서의 속도와 같고, QB 대 RC는 R에서의 속도 대 Q에서의 속도와 같도록 하는 것이다. 수직선의 끝 A, B, C를 지나 AD, DBE, EC를 그리는데, 이 선들은 수직선에 직각이 되도록 하고, D와 E에서 만나도록 하자. 그렇다면 TD와 VE를 뻗어나가도록 그리면 원하는 중심 S와 만날 것이다.

중심 S에서 접선 PT와 QT로 떨어지는 수직선의 길이가 (명제 1 따름정리 1에 따라) 점 P와 Q에서의 물체의 속도에 반비례하므로, 작도에 따라 수직선 AP와 BQ의 길이에 정비례하기 때문이다. 다시 말해 점 D에서 접선으로 떨어지는 수직선 길이에 비례하기 때문이다. 그러므로 점 S, D, T가 하나의

직선 위에 있다는 것은 쉽게 이해할 수 있다. 그리고 비슷한 논증에 따라 점 S, E, V 역시 하나의 직선 위에 놓여 있다. 그러므로 중심 S는 직선 TD와 VE가 만나는 점에 놓인다. Q.E.D.

명제 6[a]

정리 5. [b]저항이 없는 공간에서 물체가 움직이지 않는 중심 주위를 임의의 궤도를 따라 돌고 극도로 짧은 시간 동안 생겨나기 시작하는 곡선의 호를 그린다면, 호의 사기타는 현을 이등분하도록 그려진다고 이해할 수 있으며, 뻗어나가서 힘의 중심을 통과한다고 하면, 호의 중앙에서의 구심력은 사기타에 정비례하고 시간의 갑절[즉 시간의 제곱]에 반비례한다.

주어진 시간 동안 사기타는 힘에 비례한다(명제 1, 따름정리 4에 따라). 만일 시간이 임의의 비로 증가한다면—호도 같은 비로 증가하므로—사기타는 그 비의 제곱에 따라 증가한다(보조정리 11, 따름정리 2와 3에 따라). 따라서 힘에 한 번 비례하고 시간에 두 번 비례한다[즉 힘과 시간 제곱의 곱에 비례한다]. 양변에서 시간 제곱비를 제하면, 힘은 사기타에 정비례하고 시간의 갑절[또는 시간의 제곱]에 반비례하게 될 것이다. Q.E.D.

이 명제는 보조정리 10, 따름정리 4에 따라서도 쉽게 증명된다.

따름정리 1 물체 P가 중심 S 주위를 회전하면서 곡선 APQ를 그리고, 직선 ZPR은 임의의 점 P에서 곡선에 접한다고 하자. QR을 곡선 위의 다른 점 Q부터 접선까지 거리 SP에 평행하게 그리고, QT는 그 거리 SP에 수직이 되도록 그리면, 구심력은 부피

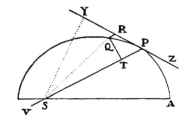

$\dfrac{SP^2 \times QT^2}{QR}$ 에 반비례한다. 이때 이 부피의 크기는 언제나 P와 Q가 궁극적으로 만날 때의 크기로서 취해진다. QR은 중심이 P이고 호 QP의 길이보다 두 배인 호의 사기타와 같으며, 삼각형 SQP의 두 배(또는 SP×QT)는 호가 그려지는 시간의 두 배인 시간에 비례한다. 따라서 QR로 시간을 표현할 수 있다.

따름정리 2 같은 논증에 따라 SY가 힘의 중심부터 궤도의 접선 PR까지 수직으로 떨어진다는 점을 안

---

a   이 명제에 관한 해설은 가이드 §10.8을 참고하자.

bB   1판의 명제 6은 내용이 다르고, 증명과 따로 번호가 매겨지지 않은 따름정리 하나로 정리되어 있다. 2판과 3판에서는 이 명제의 서술문이 새로운 명제 6의 따름정리가 되고, 따름정리는 따름정리 5가 된다. 1판의 증명은 다음과 같다. "무한정 작은 도형 QRPT에서 막 생겨나는 선분 QR은, 시간이 주어진다면 구심력에 비례하고(법칙 2에 따라), 힘이 주어진다면 시간의 제곱에 비례한다(보조정리 10에 따라). 그러므로 시간과 힘 모두 주어지지 않은 경우에는 구심력과 시간 제곱의 곱에 비례하며, 따라서 구심력은 선분 QR에 정비례하고 시간 제곱에 반비례한다. 그런데 시간은 면적 SPQ, 또는 SP×QT의 두 배, 즉 SP와 QT의 곱에 비례하므로, 구심력은 QR에 정비례하고 $SP^2 \times QT^2$에 반비례한다. 다시 말해 $(SP^2 \times QT^2)/QR$에 반비례한다. Q.E.D." (1판의 명제 6의 도형은 2판과 3판의 도형과 같고, 선 PS가 선 SA 아래까지 뻗어있지 않다는 것만 다르다. 그래서 점 V가 없다.)

하면, 구심력은 부피 $\dfrac{SY^2 \times QP^2}{QR}$에 반비례한다. 직사각형 SY×QP와 SP×QT가 같기 때문이다.

따름정리 3 궤도 APQ가 원이거나 동심원에서 원과 접하거나 동심원과 교차하고—즉 궤도와 원과 최소한의 접촉각과 단면각을 이루고—점 P에서 곡률과 곡률 반지름이 같다고 하자. 해당 원이 물체에서부터 힘의 중심까지 이은 현을 가진다면, 구심력은 부피 $SY^2 \times PV$에 반비례할 것이다. PV는 $\dfrac{QP^2}{QR}$이기 때문이다.

따름정리 4 마찬가지 조건[따름정리 3]에서 구심력은 속도의 제곱에 비례하고 현에 반비례한다. 왜냐하면 명제 1, 따름정리 1에 따라 속도는 수직선 SY에 반비례하기 때문이다.

따름정리 5 그러므로 임의의 곡선 도형 APQ가 주어져 있고 그 위의 점 S 역시 주어져 있어서 구심력이 꾸준히 점 S를 향한다면, 임의의 물체 P로부터 구심력의 법칙을 구할 수 있는데, 이 물체 P는 직선 경로에서 지속적으로 벗어나 해당 곡선 도형의 둘레를 궤도로 그린다. 즉, 이 힘에 반비례하는 부피 $\dfrac{SP^2 \times QT^2}{QR}$ 또는 부피 $SY^2 \times PV$를 계산으로 구할 수 있다는 뜻이다. 우리는 다음에 이어지는 문제에서 그러한 예를 제시할 것이다.[B]

명제 7

문제 2. 물체가 원의 둘레를 회전하고 있다고 하자. 주어진 한 점을 향하는 구심력의 법칙을 찾아라.

VQPA를 원의 둘레라 하고, 주어진 점 S는 힘이 향하는 그 중심이라고 하자. P는 둘레를 회전하는 물체이고 Q는 P가 다음으로 옮겨갈 위치이다. PRZ는 이전 위치에서의 원의 접선이다. 점 S를 지나도록 현 PV를 그린다. 원의 지름 VA를 그리고, AP를 그린다. SP를 향해 수직선 QT를 그린다. 이 수직선은

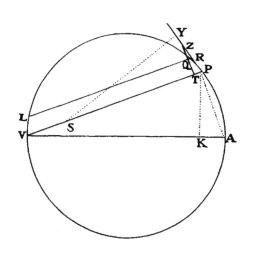

뻗어나가면 Z에서 접선 PR과 만난다. 마지막으로 점 Q를 지나 SP에 평행하게 LR을 그리면 이 선은 L에서 원과 만나고 R에서 접선 PZ와 만난다. 그러면 삼각형 ZQR, ZTP, VPA는 닮은꼴이므로, RP^2 (즉 QR×RL) 대 QT^2의 비는 AV^2 대 PV^2과 같을 것이다. 그러므로 $\dfrac{QR \times RL \times PV^2}{AV^2}$ 은 QT^2과 같다. 이 등식에 $\dfrac{SP^2}{QR}$ 을 곱한다. 점 P와 Q는 서로 만나게 되니 RL을 PV라고 쓰자. 그러면 $\dfrac{SP^2 \times PV^3}{AV^2}$ 는 $\dfrac{SP^2 \times QT^2}{QR}$과 같아질 것이다. 그러므로 (명제 6, 따름정리 1과 5에 따라) 구심력은

$\dfrac{SP^2 \times PV^3}{AV^2}$에 반비례할 것이고, 다시 말해 (AV²은 알려진 값이므로) 거리 또는 높이 SP의 제곱과 현 PV 의 세제곱의 곱에 반비례한다. Q.E.I.

다른 풀이

SY를 접선 PR에 수직이 되도록 그린다. 그러면 삼각형 SYP와 VAP는 닮은꼴이므로, AV 대 PV는 SP 대 SY와 같을 것이다. 그러면 $\dfrac{SP \times PV}{AV}$은 SY와 같고, $\dfrac{SP^2 \times PV^3}{AV^2}$은 SY²×PV와 같을 것이다. 그러므로 (명제 6, 따름정리 3과 5에 따라), 구심력은 $\dfrac{SP^2 \times PV^3}{AV^2}$에 반비례하며, 다시 말해, AV가 알려져 있으므로, SP²×PV³에 반비례한다. Q.E.I.

따름정리 1   따라서 구심력이 향하는 주어진 점 S가 이 원의 둘레 위에 있다고 하고, 이 점을 V라 하면, 구심력은 언제나 높이 SP의 5제곱에 반비례할 것이다.

따름정리 2   물체 P가 힘의 중심 S 주위로 원 APTV를 따라 회전하도록 하는 힘 그리고 같은 물체 P 가 다른 힘의 중심 R 주위로 같은 원둘레를 따라 같은 주기로 회전하도록 하는 힘의 비 는 RP²×SP 대 직선 SG의 세제곱의 비와 같다. 이 직선 SG는 첫 번째 힘의 중심 S부터 궤도의 접선 PG까지 이어지며, 두 번째 힘의 중심부 터 물체까지 이어지는 선과 평행하다. 이 명제의 작도 에 따라 첫 번째 힘 대 두 번째 힘의 비는 RP²×PT³ 대 SP²×PV³과 같고, 다시 말해 SP×RP² 대 $\dfrac{SP^3 \times PV^3}{PT^3}$, 또 는 (삼각형 PSG와 TPV가 닮은꼴이므로) SG³과 같다.

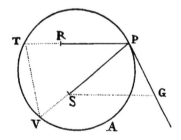

따름정리 3   물체 P가 힘의 중심 S 주위 궤도를 회전하게 하는 힘 그리고 같은 물체 P가 다른 힘의 중 심 R 주위로 같은 원둘레와 같은 주기로 회전하도록 하는 힘의 비는 부피 SP×RP²—힘 의 첫 번째 중심 S부터 물체까지의 거리 그리고 두 번째 힘의 중심 R부터의 거리 제곱으 로 구성되는—대 직선 SG³의 비와 같다. 이 직선 SG는 첫 번째 힘의 중심 S부터 궤도 접 선 PT까지 그어지며 두 번째 힘의 중심부터 물체까지 이어지는 선 RP에 평행하다. 모든 점에서 곡률이 같은 원 궤도에서는, 임의의 점 P에서의 힘들이 모두 같기 때문이다.

명제 8

문제 3. 물체가 반원 PQA를 따라 움직인다고 하자. 구심력은 점 S를 향하고, 이 점 S는 아주 멀리 있어서 점 S까지 그어지는 모든 선 PS와 RS는 평행하다고 간주할 수 있다. 이때 이 효과에 대한 구심력의 법칙을 찾아라.

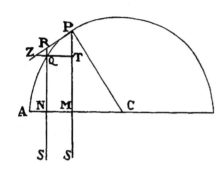

반원의 중심 C로부터 반지름 CA를 그린다. 이 반지름은 M과 N에 수직인 평행선들과 교차할 것이다. 여기에 선 CP를 그려 넣는다. 그러면 삼각형 CPM, PZT, RZQ는 닮은꼴이므로, CP^2 대 PM^2은 PR^2 대 QT^2과 같으며, 원의 성질로부터 PR^2은 곱 QR×(RN+QN)과 같다. 또한 점 P와 Q가 서로 만나므로, 곱 QR×2PM과도 같다. 따라서 CP^2 대 PM^2은 QR×2PM 대 QT^2과 같으므로 $\frac{QT^2}{QR}$은 $\frac{2PM^3}{CP^2}$과 같다. 그리고 $\frac{QT^2 \times SP^2}{QR}$은 $\frac{2PM^3 \times SP^2}{CP^2}$과 같다. 그러므로 (명제 6, 따름정리 1과 5에 따라) 구심력은 $\frac{2PM^3 \times SP^2}{CP^2}$에 반비례하며, (고정된[a] 비 $\frac{2SP^2}{CP^2}$을 무시하면) PM^3에 반비례한다. Q.E.I.

앞선 명제로 같은 내용을 쉽게 증명할 수 있다.

주해

그리고 비슷한 논증에 따라, 대단히 먼 힘의 중심을 향하고 세로선의 세제곱에 반비례하는 구심력을 받는 물체는, 타원 또는 쌍곡선이나 포물선을 따라 움직이는 것을 알 수 있다.

명제 9

문제 4. 물체가 나선 PQS를 따라 반지름 SP, SQ, …모두를 알려진 각도로 교차하며 회전한다고 하자. 나선의 중심을 향하는 구심력의 법칙을 찾아라.

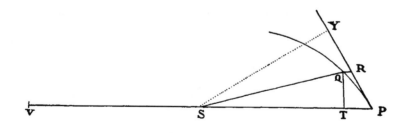

---

a   CP는 반원의 반지름이고, SP는 상수로 생각할 수 있다.

극도로 작은 각 PSQ가 알려져 있다고 하자. 모든 각이 알려져 있으므로, 도형 SPRQT의 부분들[즉 모든 부분들의 비율]도 알 수 있을 것이다. 그렇다면 $\frac{QT}{QR}$는 주어진 값이고, $\frac{QT^2}{QR}$은 QT에 비례하며, 다시 말해 (도형의 부분들이 주어져 있으므로) SP에 비례한다. 이제 각 PSQ를 아무렇게나 바꾸면, 접촉각 QPR을 대하는 직선 QR이 (보조정리 11에 따라) PR 또는 QT의 제곱에 비례하여 바뀌게 될 것이다. 그렇다면 $\frac{QT^2}{QR}$은 전과 동일하게 SP일 것이다. 따라서 $\frac{QT^2 \times SP^2}{QR}$은 SP³에 비례하고, (명제 6, 따름정리 1과 5에 따라) 구심력은 거리 SP의 세제곱에 반비례한다. Q.E.I.

다른 풀이

접선에 수직으로 떨어지는 수직선 SY, 그리고 원과 거의 중심이 일치하여 나선을 자르는 현 PV는 거리 SP에 대하여 주어진 비를 갖는다. 그러므로 SP³은 SY²×PV에 비례하고, 다시 말해 (명제 6, 따름정리 3과 5에 따라) 구심력에 반비례한다.

보조정리 12

주어진 타원 또는 쌍곡선의 켤레 지름 주위로 그려지는 모든 평행사변형은 서로 합동이다.

이는 『원뿔곡선*Conics*』을 보면 자명하다.

(다음 페이지 계속됨)

명제 10

문제 5. 물체가 타원을 따라 회전하고 있다고 하자. 타원의 중심을 향하는 구심력의 법칙을 찾아라.

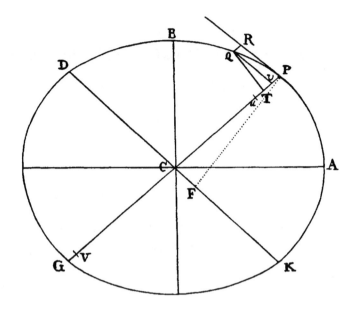

CA와 CB를 타원의 반축이라 하고, GP와 DK는 서로 다른 켤레 지름이라 하자. PF와 QT는 이 지름에 수직인 선이며, Qv는 지름 GP에 대한 세로선이다. 만일 평행사변형 QvPR을 완성하면, (『원뿔곡선』으로부터)[a] 곱 Pv×vG 대 Qv^2의 비는 PC^2 대 CD^{2}의 비와 같으며, (삼각형 QvT와 PCF는 닮은꼴이므로) Qv^2 대 QT^{2}은 PC^2 대 PF^{2}과 같다. 그리고 이 비들을 결합하면 곱 Pv×vG 대 QT^{2}의 비는 PC^2 대 CD^2 그리고 PC^2 대 PF^{2}의 비와 같다. 다시 말해, vG 대 $\dfrac{\text{QT}^2}{\text{P}v}$는 PC^2 대 $\dfrac{\text{CD}^2 \times \text{PF}^2}{\text{PC}^2}$과 같다. P$v$를 QR이라 쓰고 (보조정리 12에 따라) CD×PF를 BC×CA로 쓴 다음 외항과 내항을 서로 곱하면 $\dfrac{\text{QT}^2 \times \text{PC}^2}{\text{QR}}$은 $\dfrac{2\text{BC} \times \text{CA}^2}{\text{PC}}$과 같아질 것이다. 그러므로 (명제 6, 따름정리 5에 따라) 구심력은 $\dfrac{2\text{BC} \times \text{CA}^2}{\text{PC}}$에 반비례한다. 다시 말해 (2BC^2×CA^{2}이 알려진 값이므로) $\dfrac{1}{\text{PC}}$에 반비례하고 거리 PC에 정비례한다. Q.E.I.

다른 풀이

직선 PG 위에 점 T 너머로 점 u를 잡아 Tu가 Tv와 같아지도록 하자. 그런 다음 uV와 vG의 비가 DC^2 대 PC^{2}과 같아지도록 uV를 잡는다. 그러면 (『원뿔곡선』으로부터) Qv^2 대 Pv×vG는 DC^2 대 PC^{2}과 같

---

a   이 "원뿔곡선"에 대한 언급에 관해서는 해설서 §10.10을 참고하자.

으로, Qv^2은 $Pv \times uV$와 같을 것이다. 양변에 곱 $uP \times Pv$를 더하면, 호 PQ의 현의 제곱은 곱 $VP \times Pv$와 같아질 것이다. 그러므로 P에서 원뿔곡선을 접하고 점 Q를 지나는 원은 점 V도 지날 것이다. 점 P와 Q가 서로 만난다고 하면, vG에 대한 uV의 비는 PC^2에 대한 DC^2의 비와 같은데, 이 비는 PG에 대한 PV의 비 또는 2PC에 대한 PV의 비와 같아질 것이다. 그러므로 PV는 $\dfrac{2DC^2}{PC}$과 같다. 따라서 물체 P가 타원을 따라 회전하도록 작용하는 힘은 (명제 6, 따름정리 3에 따라) $\dfrac{2DC^2}{PC} \times PF^2$에 반비례할 것이고, 이는 ($2DC^2 \times PF^2$이 알려진 값이므로) PC에 정비례한다. Q.E.I.

따름정리 1 따라서 힘은 타원의 중심에서부터 물체까지의 거리에 비례한다. 그리고 반대로 힘이 거리에 비례하면, 물체는 타원을 따라 움직이게 되는데 이때 힘의 중심은 타원의 중심에 위치하게 된다. 이 타원을 원으로 바꾸면 물체가 원을 따라 움직일 수도 있다.

따름정리 2 그리고 일반적으로 타원의 중심이 같으면 이러한 타원들을 따라 회전하는 주기는 같을 것이다. 닮은꼴 타원들의 주기는 동일하기 때문이다(명제 4, 따름정리 3과 8에 따라). 반면 장축이 같은 타원들의 회전 주기의 비는 타원의 전체 면적에 비례하고, 같은 시간 동안 그려지는 면적에는 반비례한다. 즉, 단축에 정비례하고 꼭짓점에서의 물체의 속도에 반비례한다는 것이고, 단축에 정비례하고 공통 축의 동일한 지점에 내려진 세로선의 길이에 반비례한다. 그러므로 (정비례와 반비례의 비가 같으므로) 같은 비를 갖게 된다.

주해

타원의 중심이 무한히 멀어져서 타원이 포물선으로 바뀌면, 물체는 이 포물선 위를 움직일 것이다. 이제 이 힘은 무한히 먼 중심을 향하게 되어 일정하게 된다. 이것이 갈릴레오의 정리다. 그리고 (원뿔을 자르는 절단면의 기울기를 바꾸어) 원뿔의 포물선 단면이 쌍곡선으로 바뀌면, 물체는 쌍곡선의 둘레를 따라 움직일 것이며 구심력은 원심력으로 바뀌게 된다. 원이나 타원에서처럼 힘이 가로선에 놓인 도형의 중심을 향하는 경향이 있고, 세로선이 임의의 주어진 비로 증가하거나 감소하거나, 심지어 가로선에 대한 세로선의 경사각이 바뀌더라도, 주기가 동일하게 유지된다는 조건하에서 해당 힘은 항상 중심으로부터 거리에 비례하여 증가하거나 감소할 것이다. 이는 모든 도형에서 보편적으로 성립한다. 만일 세로선이 주어진 비에 따라 증가하거나 감소하거나, 또는 주기가 변함없이 유지되는 동안 세로선의 경사각이 어떤 식으로든 바뀌면, 가로선에 놓인 임의의 중심을 향하는 힘은 각각의 세로선에 대하여 중심에서부터 거리의 비에 따라 증가하거나 감소한다.

명제 11[a]

문제 6. 물체가 타원을 따라 회전하고 있다고 하자. 타원의 초점을 향하는 구심력의 법칙을 찾아라.

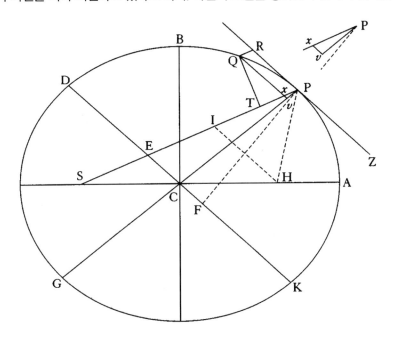

S를 타원의 초점이라 하자. SP를 그려 타원의 지름 DK를 E에서, 세로선 Qv를 x에서 자르도록 하고,

평행사변형 QxPR을 완성한다. EP는 장축의 절반인 AC와 같다는 것은 분명히 알 수 있다. 타원의 다른 초점 H에서 EC에 평행하게 선 HI를 그리면, CS와 CH가 같으므로 ES와 EI도 같기 때문이다. 그러므로 EP는 PS와 PI의 합의 절반이고, 다시 말해 (HI와 PR은 평행하고 각 IPR과 HPZ는 같으므로) PS와 PH의 합의 절반이다(이들을 합하면 전체 축 2AC와 같다). QT를 SP에 수직이 되도록 떨어뜨린다. L을 타원의 통경$^{latus \, rectum}$이라 하면(또는 $\dfrac{2BC^2}{AC}$), $L \times QR$ 대 $L \times Pv$는 QR 대 Pv와 같고, 즉 PE 또는 AC 대 PC와 같다. 그리고 $L \times Pv$ 대 $Gv \times vP$의 비는 L 대 Gv와 같을 것이다. 그리고^{a} $Gv \times vP$ 대 Qv^2의 비는 PC^2 대 CD^2의 비가 될 것이고, (보조정리 7, 따름정리 2에 따라) 점 Q와 P가 만나면 Qv^2와 Qx^2의 비는 1 대 1이 된다. 그리고 Qx^2 또는 Qv^2 대 QT^2의 비는 EP^2 대 PF^2과 같으며, 다시 말해 CA^2 대 PF^2 또는 (보조정리 12에 따라) CD^2 대 CB^2과 같은 것이다. 이 비들을 모두 합하면, $L \times QR$ 대 QT^2의 비는 $AC \times L \times PC^2 \times CD^2$ 또는 $2CB^2 \times PC^2 \times CD^2$ 대 $PC \times Gv \times CD^2 \times CB^2$, 또는 $2PC$ 대 Gv의 비와 같다. 그러나 점 Q와 P가 만나게 되므로, $2PC$와 Gv는 같다. 그러므로 이 값에 비례하는 $L \times QR$과 QT^2 역시 같다. 이 등식에 $\dfrac{SP^2}{QR}$을 곱하면 $L \times SP^2$은 $\dfrac{SP^2 \times QT^2}{QR}$과 같아질 것이다. 그러므로 (명제 6, 따름정리 1과 5에 따라) 구심력은 $L \times SP^2$에 반비례하고, 다시 말해 거리 SP의 제곱에 반비례한다. Q.E.I.

다른 풀이

물체 P가 타원을 따라 회전하도록 하고 타원의 중심을 향하는 힘은 (명제 10, 따름정리 1에 따라) 타원의 중심에서부터 물체까지의 거리 CP에 비례한다. 그러므로 CE를 타원의 접선 PR에 평행하도록 그리고 CE와 PS가 E에서 만난다고 하면, 같은 물체 P가 타원의 다른 점 S 주위를 회전하도록 하는 힘은 (명제 7 따름정리 3에 따라) $\dfrac{PE^3}{SP^2}$에 비례할 것이다. 다시 말해, 점 S가 타원의 초점이고 PE가 주어져 있다면, 이 힘은 SP^2에 반비례할 것이다. Q.E.I.

이 풀이는 명제 10처럼 포물선과 쌍곡선에 대해서도 편리하게 확장할 수 있다. 그러나 이 문제는 매우 중요하고, 또 다음의 내용에서도 사용할 것이기 때문에, 별도의 증명을 통해 각각의 경우를 확인해도 크게 번거롭지 않을 것이다.

---

a 이 결과는 "원뿔곡선"에 대한 책을 참조하여 명제 10에 제시되어 있다. 해설서 §10.10을 참고할 것.

명제 12

문제 7. 물체가 쌍곡선 위를 움직인다고 하자. 이 도형의 초점을 향하는 구심력의 법칙을 찾아라.

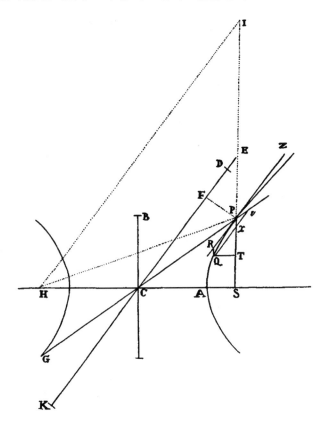

CA와 CB를 쌍곡선의 반축이라 하고, PG와 KD는 다른 켤레 지름, PF는 지름 KD에 수직인 선, Qv는 지름 GP의 세로선이라 하자. SP를 그려 지름 DK를 E에서, 세로선 Qv를 x에서 자르도록 하고, 평행사변형 QRPx를 완성한다. EP가 횡단 반축 AC와 같다는 것은 분명히 알 수 있다. 쌍곡선의 다른 초점 H에서 시작하여 선 HI를 EC에 평행하도록 그리면, CS와 CH가 같으므로 ES와 EI도 같기 때문이다. 그러므로 EP는 PS와 PI의 차의 절반이고, 다시 말해 (IH와 PR은 평행하고 각 IPR과 HPZ는 같으므로) PS와 PH의 차의 절반이 된다. 이 차는 전체 축 2AC와 같다. QT를 SP에 수직이 되도록 떨어뜨린다. L을 쌍곡선의 통경이라 하면 (또는 $\frac{2BC^2}{AC}$), L×QR 대 L×Pv의 비는 QR 대 Pv의 비, 또는 Px 대 Pv의 비와 같을 것이다. 다시 말해 (삼각형 Pxv와 PEC는 닮은꼴이므로) PE 대 PC, 또는 AC 대 PC의 비와 같을 것이다. 또한 L×Pv 대 Gv×Pv는 L 대 Gv와 같고, (원뿔곡선의 성질로부터) Gv×vP 대 Qv^2의 비는 PC^2 대 CD^2과 같다. 그리고 (보조정리 7, 따름정리 2에 따라) 점 Q와 P가 서로 만나게 되므로 Qv^2 대 Qx^2은 1 대 1이 될 것이다. 그리고 Qx^2 또는 Qv^2 대 AT^2의 비는 EP^2 대 PF^2의 비와 같고, 다시 말해 CA^2 대 PF^2의 비 또는 (보조정리 12에 따라) CD^2 대 CB^2의 비와 같다. 이 비들을 모두 합하면, L×QR 대 QT²의 비는 AC×L×PC²×CD² 또는 2CB²×PC²×CD² 대 PC×Gv×CD²×CB², 또는 2PC 대 Gv의 비와 같을 것이다. 그런데 점 P와 Q가 서로 만나게 되므로, 2PC와 Gv는 같다. 그러므로, 서로에 대하여 비례한 값인 L×QR과 QT² 역시 같다. 이 등식에 $\frac{SP^2}{QR}$을 곱하면, L×SP²은 $\frac{SP^2 \times QT^2}{QR}$과 같아질 것이다. 그러므로 (명제 6, 따름정리 1과 5에 따라) 구심력은 L×SP²에 반비례하고, 다시 말해 거리 SP의 제곱에 반비례한다. Q.E.I.

다른 풀이

쌍곡선의 중심 C로 향하는 힘을 구하라. 이 힘은 거리 CP에 비례하는 결과로 나올 것이다. 따라서 (명제 7, 따름정리 3에 따라) 초점 S를 향하는 힘은 $\frac{PE^3}{SP^2}$에 비례할 것이고, PE가 주어진 값이므로 SP²에 반비례한다. Q.E.I.

같은 방법으로 구심력을 원심력으로 바꾸면, 물체가 반대쪽 쌍곡선에서 움직이는 것을 증명할 수 있다.

보조정리 13

포물선의 임의의 꼭짓점을 포함하는 통경은 도형의 초점에서부터 그 꼭지점까지 거리의 4배이다.

이는 『원뿔곡선』으로부터 명백하다.

보조정리 14

포물선의 초점에서 그 접선에 내린 수직선은 접선에서부터 초점까지 거리와 도형의 주 꼭지점에서부터 초점까지 거리의 비례중항이다.

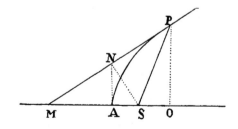

AP를 포물선이라 하고, S는 포물선의 주 초점, A는 꼭짓점, P는 접점, PO는 주 지름에 대한 세로선, PM을 주 지름과 M에서 만나는 접선이라 하자. SN은 초점에서부터 접선까지 그은 수직선이다. AN을 그으면, MS와 SP, MN과 NP, MA와 AO는 합동이므로 직선 AN과 OP는 평행할 것이다. 그러므로 삼각형 SAN은 A가 직각인 직각삼각형이고, 합동인 두 삼각형 SNM 그리고 SNP와는 닮은꼴이다. 그러므로 PS 대 SN은 SN 대 SA와 같다. Q.E.D.

따름정리 1   PS² 대 SN²은 PS 대 SA와 같다.

따름정리 2 SA가 주어져 있으므로, SN^2은 PS에 비례한다.

따름정리 3 임의의 접선 PM을 그리고, 초점에서부터 접선까지 수직이 되도록 직선 SN을 그리면, 접선 PM이 직선 SN과 만나는 점은 포물선과 주 꼭짓점에서 접하는 직선 AN 위에 위치한다.

명제 13

문제 8. 물체가 포물선의 둘레를 따라 움직인다고 하자. 도형의 초점을 향하는 구심력의 법칙을 찾아라.

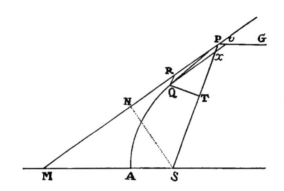

작도는 보조정리 14와 같다고 하고, P를 포물선의 둘레를 따라 움직이는 물체라 하자. 물체가 다음으로 옮겨갈 위치 Q에서부터, SP에 평행하게 QR을, SP에 수직이 되도록 QT를 그린다. 그런 다음 접선에 평행한 Qv를 그려 지름 PG와는 v에서, 거리 SP와는 x에서 만나도록 하자. 이제 삼각형 Psv와 SPM은 닮은꼴이고 삼각형의 변 SM과 SP는 같으므로, 다른 삼각형의 변 Px 또는 QR과 Pv는 같다. 그런데 『원뿔곡선』 책으로부터 세로선 Qv의 제곱은 통경과 지름의 일부인 선분 Pv가 이루는 직사각형과 같고, 다시 말해 (보조정리 13에 따라) 곱 $4PS \times Pv$, 또는 $4PS \times QR$과 같다. 그리고 점 P와 Q는 서로 만나므로, Qv 대 Qx의 비는 (보조정리 7, 따름정리 2에 따라) 1 대 1이 된다. 그러므로 이 경우 Qx^2은 곱 $4PS \times QR$과 같다. 더 나아가(삼각형 QxT와 SPN은 닮은꼴이므로), Qx^2 대 QT^2은 PS^2 대 SN^2이며, 다시 말해(보조정리 14, 따름정리 1에 따라), PS 대 SA와 같다. 즉 $4PS \times QR$ 대 $4SA \times QR$의 비와 같으며, 따라서 (유클리드의 『원론』, 5권 명제 9에 따라) QT^2과 $4SA \times QR$은 같다. 이 등식에 $\dfrac{SP^2}{QR}$을 곱하면, $\dfrac{SP^2 \times QT^2}{QR}$은 $SP^2 \times 4SA$와 같아질 것이다. 그러므로 (명제 6, 따름정리 1과 5에 따라) 구심력은 $SP^2 \times 4SA$에 반비례하며, 4SA는 주어진 값이므로 거리 SP의 제곱에 반비례한다. Q.E.I.

따름정리 1 마지막 세 개의 명제로부터 다음이 성립함을 알 수 있다. 물체 P가 위치 P를 벗어나 임의의 직선 PR을 따라 임의의 속도로 움직이고, 동시에 중심에서부터 해당 위치까지 거리 제곱에 반비례하는 구심력의 작용을 받으면, 이 물체는 힘의 중심을 초점으로 두는 원뿔곡선 중 어느 하나를 따라 움직일 것이며, 그 역도 성립한다. 초점과 접점, 접선의 위치가 정해져 있으면, 그 점에서 주어진 곡률을 갖는 원뿔곡선을 그릴 수 있기 때문이다. 그런데 곡률은 주어진 구심력과 물체의 속도로부터 결정되고, 서로 접하는 두 개의 다른 궤도는 같은 구심력과 같은 속도로써 그려질 수 없다.

따름정리 2   물체가 위치 P를 어떤 속도로 떠나고 있고, 그 속도에 따라 극도로 작은 시간 조각 동안 선분 PR을 그릴 수 있다고 하자. 그리고 물체는 구심력의 작용을 받아 같은 시간 조각 동안 공간 QR을 통과해 움직일 수 있다면, 이 물체는 선분 PR과 QR이 무한정 감소할 때 궁극적으로 통경이 $\dfrac{QT^2}{QR}$인 원뿔곡선을 따라 움직일 것이다. 이 따름정리들에서는 원도 타원에 포함시킬 수 있지만, 물체가 중심을 향해 반듯하게 낙하하는 경우는 해당되지 않는다.

명제 14

정리 6. 여러 개의 물체가 공통의 중심 주위를 돌고 있고, 구심력은 중심에서부터 물체까지의 거리 제곱에 반비례한다고 하자. 그렇다면 나는 궤도들의 통경의 비가 물체에서부터 중심까지 이어진 반지름들이 같은 시간 동안 휩쓰는 면적의 제곱에 비례한다고 말한다.

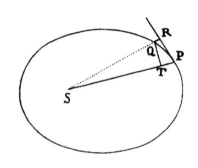

(명제 13, 따름정리 2에 따라) 통경 L은 점 P와 Q가 궁극적으로 서로 만날 때 $\dfrac{QT^2}{QR}$과 같다. 그런데 극도로 짧은 선 QR은 주어진 시간 동안 생성되는 구심력에 비례한다. 이 말은 (가설에 따라) SP^2에 반비례한다는 뜻이다. 그러므로 $\dfrac{QT^2}{QR}$은 $QT^2 \times SP^2$에 비례한다. 즉, 통경 L은 $QT \times SP$의 제곱에 비례한다. Q.E.D.

따름정리   그러므로 타원의 총 면적과 그에 비례하여 장단축으로 이뤄진 직사각형은 제곱근에 비례하며, 또한 주기에도 비례한다. 총면적은 주어진 시간 동안 그려지는 $QT \times SP$에 주기를 곱한 값에 비례하기 때문이다.

명제 15

정리 7. 명제 14와 같은 가정을 세울 경우, 나는 타원 주기의 제곱이 장축의 세제곱에 비례한다고 말한다.
단축은 장축과 통경의 비례중항이므로, 장축이 포함되는 면적은 통경의 제곱근에 비례하고 장축의

3⁄2제곱에 비례한다. 그런데 이 면적은 (명제 14, 따름정리에 따라) 통경의 제곱근과 주기에 비례한다. 양변에서 통경의 제곱근을 제하면[즉, 통경의 제곱근으로 나누면], 주기의 제곱이 장축의 세제곱에 비례하는 결과를 얻는다. Q.E.D.

따름정리.   그러므로 타원의 주기는 타원의 장축과 지름이 동일한 원의 주기와 같다.

명제 16

정리 8. 명제 15와 같은 가정을 세우고, 물체의 위치에서 궤도에 접하도록 직선을 그리고, 공통의 초점에서 이 접선들까지 수직선을 그으면, 나는 물체들의 속도가 이 수직선에 반비례하고 통경의 제곱근에 정비례한다고 말한다.

초점 S부터 접선 PR까지 수직선 SY를 떨어뜨리면, 물체 P의 속도는 $\dfrac{SY^2}{L}$의 제곱근에 반비례할 것이다. 이 속도는 주어진 시간 조각 동안 그려지는 극도로 짧은 호 PQ에 비례하기 때문이다. 이는 (보조정리 7에 따라) 접선 PR에 비례하며,—PR 대 QT의 비가 SP 대 SY의 비와 같기 때문에—$\dfrac{SP \times QT}{SY}$에 비례하게 된다. 다시 말해 SY에 반비례하고 SP×QT에 정비례하는 것이다. 그리고 SP×QT는 주어

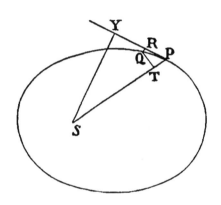

진 시간 동안 휩쓰는 면적에 비례하며, (명제 14에 따라) 통경의 제곱근에 비례한다. Q.E.D.

따름정리 1   통경들은 수직선의 제곱에 비례하고 속도의 제곱에 비례한다.

따름정리 2   물체가 공통의 초점부터 최대 거리 그리고 최소 거리에 있을 때, 물체들의 속도는 거리에 반비례하고 통경의 제곱근에 정비례한다. 수직선들은 이제 그 자체로 거리이기 때문이다.

따름정리 3   그러므로 초점부터 최대 또는 최소 거리일 때 원뿔곡선에서의 속도와, 중심에서 같은 거리에 있는 물체가 원에서 움직이는 속도의 비는 통경의 제곱근 대 그 거리의 두 배의 제곱근의 비와 같다.

따름정리 4   공통의 초점부터 평균 거리에 있는 물체가 타원을 회전하는 속도는, 같은 거리에서 원을 회전하는 물체의 속도와 같다. 즉 (명제 4, 따름정리 6에 따라) 거리의 제곱근에 반비례한다. 이제 수직선들은 단축의 반과 같고, 이것은 거리와 통경의 비례중항이기 때문이다. 이[반축의] 비의 역수를 통경의 제곱근의 비와 합성하면, 거리의 역수의 제곱비가 될 것이다.

따름정리 5 같은 도형에서, 또는 통경이 같은 다른 도형들에서도, 물체의 속도는 초점에서 접선까지 수직으로 그은 수직선에 반비례한다.

따름정리 6 포물선에서 속도는 도형의 초점부터 물체까지의 거리의 제곱근에 반비례한다. 타원에서 속도는 이 비보다 더 커지고, 쌍곡선에서는 이 비보다 더 적어진다. (보조정리 14, 따름 정리 2에 따라) 포물선의 초점부터 접선까지 떨어지는 수직선은 그 거리의 제곱근에 비례하기 때문이다. 포물선에서는 수직선이 이 비보다 더 짧고, 타원에서는 더 크다.

따름정리 7 포물선에서 초점부터 임의의 거리만큼 떨어져 있는 물체의 속도와, 중심부터 같은 거리만큼 떨어져 원을 따라 회전하는 물체의 속도의 비는 2의 제곱근 대 1의 비와 같다. 타원에서의 비는 이 비보다 작고 쌍곡선에서는 이 비보다 크다. 이 명제의 따름정리 2에 따라 포물선의 꼭짓점에서의 속도가 이 비이기 때문이다. 그리고—이 명제의 따름정리 6과 명제 4, 따름정리 6에 따라—모든 거리에서 같은 비가 유지된다. 따라서 포물선 위에서도 물체가 어느 곳에 있든 속도는 그 절반의 거리를 유지하며 원을 따라 도는 물체의 속도와 같다. 타원에서는 절반의 거리보다 작고 쌍곡선에서는 절반의 거리보다 크다.

따름정리 8 임의의 원뿔곡선 위를 회전하는 물체의 속도 대 원뿔곡선의 통경의 절반 거리에서 원을 따라 회전하는 물체의 속도의 비는 그 거리 대 원뿔곡선의 초점부터 접선까지 떨어지는 수직선의 비와 같다. 이는 따름정리 5로부터 명백하다.

따름정리 9 따라서, (명제 4, 따름정리 6에 따라) 이 원을 회전하는 물체의 속도 대 다른 원을 회전하는 물체의 속도의 비는 거리의 제곱근의 역수의 비와 같으므로, 비의 동등성에 의해 원뿔곡선을 회전하는 물체의 속도와 같은 거리에서 원을 그리며 회전하는 물체의 속도의 비는 공통의 거리와 통경의 절반의 비례중항 대 공통의 초점에서 원뿔곡선의 접선까지 떨어지는 수직선의 비와 같아질 것이다.

명제 17

문제 9. 구심력이 중심에서부터 거리 제곱에 반비례하고 이 힘의 절대량이 알려져 있다고 가정할 때, 물체가 주어진 위치에서 주어진 직선을 따라 주어진 속도로 앞으로 나아가면서 그리는 선을 구하라.

구심력이 점 S를 향하고 물체 p는 그 힘을 받으며 정해진 궤도 pq를 따라 회전하고 있고, 위치 p에서의 속도는 알려져 있다고 하자. 그리고 물체 P는 위치 P에서 선 PR을 따라 정해진 속도로 움직이다가 곧바로 구심력을 받아 직선으로부터 원뿔곡선 PQ로 방향을 바꾼다고 하자. 그렇다면 직선 PR은 P에서 이 원뿔곡선에 접하게 될 것이다. 임의의 직선 pr도 마찬가지로 p에서 궤도 pq를 접한다고 하자. 만일 S에서 해당 접선까지 수직선을 내린다고 하면, 원뿔곡선과 궤도의 통경의 비는 수직선의 제곱비

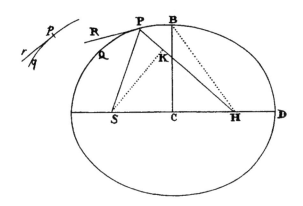

와 속도의 제곱비를 합성한 비가 될 것이며, 따라서 정해진 값이다. L을 원뿔곡선의 통경이라 하자. 원뿔곡선의 초점 S 역시 주어져 있다. 각 RPH는 두 개의 직각에 대한 각 RPS의 보각이라 하자. 그러면 다른 초점 H가 위치하는 선 PH의 위치가 정해질 것이다. 수직선 SK를 PH로 떨어뜨리고 켤레 반축 BC가 세워진다고 하자. 그렇다면 $SP^2-2KP \times PH+PH^2=SH^2=4CH^2=4BH^2-4BC^2=(SP+PH)^2-L \times$ $(SP+PH)=SP^2+2SP \times PH+PH^2-L \times (SP+PH)$이다. 양변에 $2(KP \times PH)-SP^2-PH^2+L \times (SP+PH)$를 더하면, $L \times (SP+PH)$는 $2(SP \times PH)+2(KP \times PH)$가 될 것이다. 즉 SP+PH 대 PH는 2SP+SKP 대 L과 같을 것이다. 따라서 PH는 위치와 함께 길이도 주어진다. 구체적으로 설명하자면, P에 있는 물체의 속도가 통경 L을 2SP+2KP보다 작아지게 하는 값일 경우 PH는 접선 PR을 기준으로 선 PS와 같은 쪽에 놓일 것이다. 그러므로 도형은 타원일 것이고, 초점은 S와 H 그리고 축은 SP+PH로 주어질 것이다. 물체의 속도가 아주 커서 통경이 2SP+2KP와 같아지면, 길이 PH는 무한이 될 것이다. 따라서 도형은 포물선일 것이며, 축 SH는 선 PK에 평행하므로 주어진 값이다. 그런데 물체가 위치 P로부터 훨씬 더 빠른 속도로 날아가면, 길이 PH는 접선 반대쪽에 자리 잡게 된다. 접선이 초점들 사이로 지나가게 되므로 도형은 쌍곡선이 되고 주축은 선 SP와 PH의 차로서, 이 역시 주어진 값이 된다. 물체가 이렇게 결정된 원뿔곡선을 따라 회전한다면, 명제 11, 12, 13에서 증명한 대로 구심력은 힘의 중심 S부터 물체까지의 거리의 제곱에 반비례할 것이다. 이로써 물체가 주어진 위치 P에서 주어진 속도로 주어진 위치에 있는 직선 PR을 따라 나아갈 때, 이러한 힘을 받으며 물체가 그리게 될 선 PQ가 정확히 결정된다. Q.E.F.

따름정리 1　따라서 모든 원뿔곡선에서 꼭짓점 D, 통경 L, 초점 S가 주어질 때, DH 대 DS의 비가 통경 대 통경과 4DS 사이의 차의 비와 같도록 잡으면 다른 초점 H가 결정된다. 이 따름정리에서는 SP+PH 대 PH의 비가 2SP+SKP 대 L의 비와 같은데, 이는 DS+DH 대 DH의 비가 4DS 대 L의 비와 같으며, 비의 분리에 의해 DS 대 DH의 비가 4DS−L 대 L과 같아지기 때문이다.

따름정리 2	그러므로 꼭짓점 D에 있는 물체의 속도가 주어지면 궤도를 곧바로 알 수 있다. 통경 대 거리 DS의 두 배의 비가 주어진 속도의 제곱 대 거리 DS에서 원을 따라 도는 물체의 속도의 비와 같도록 잡고(명제 16, 따름정리 3에 따라), DH 대 DS의 비가 통경 대 통경과 4DS의 차의 비와 같도록 잡으면 된다.
따름정리 3	또한 물체가 임의의 원뿔곡선을 따라 움직이고 있고 어떤 충격력을 받아 궤도에서 벗어나면, 물체가 이후에 그리게 될 궤도도 구할 수 있다. 물체 자체의 운동에 충격만으로 생성되는 운동을 합하면, 물체가 충격을 받은 위치에서 주어진 직선을 따라 나아가는 운동을 구하게 된다.
따름정리 4	그리고 물체가 외부에서 가해지는 어떤 힘에 따라 끊임없이 섭동을 받는다면, 그 궤적을 매우 근접하게 결정할 수 있다. 이는 힘이 특정 지점에 도입하는 변화를 파악하고 중간 위치들의 연속적인 변화를 순서대로 추정하면 된다.[a]

주해

물체 P가 주어진 임의의 점 R을 향해 구심력을 받으며 중심이 C인 주어진 원뿔곡선을 따라 움직일 때 구심력의 법칙을 구하려면, CG를 반지름 RP에 평행하게 그리고 궤도의 접선 PG와 G에서 만나도록 하자. 그렇다면 힘은 (명제 10, 따름정리 1과 설명, 그리고 명제 7 따름정리 3에 따라) $\frac{CG^3}{RP^2}$에 비례할 것이다.

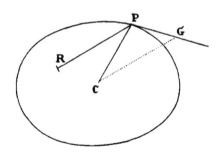

---

a   따름정리 4의 의미는 "특정 위치에서 [가해지는] 힘이 일으킬 변화"를 결정하고, 내삽법으로 중간 위치들에서 연속적으로 만들어지는 변화를 계산할 수 있다는 뜻이다.

보조정리 15

임의의 타원 또는 포물선의 두 초점 S와 H로부터 두 직선 SV와 HV가 세 번째 점 V를 향해 기울어져 있다. 두 선 중 하나인 HV는 도형의 주축, 즉 초점이 위치한 축과 같고, 이 선에 수직인 TR은 다른 선 SV를 T에서 이등분한다. 그렇다면 수직선 TR은 어느 점에서 원뿔곡선에 접할 것이다. 그리고 역으로 TR이 원뿔곡선에 접하면 HV는 도형의 주축과 같을 것이다.

수직선 TR이 직선 HV를 R에서 자른다고 하자(필요하다면 HV는 연장할 수 있다). 여기에 SR을 그려 넣는다. TS와 TV는 길이가 같으므로, 직선 SR과 VR 그리고 삼각형 TRS와 TRV는 합동일 것이다. 따라서 점 R은 원뿔곡선 위에 있고, 수직선 TR은 그 원뿔곡선에 접할 것이며, 그 역도 성립한다. Q.E.D.

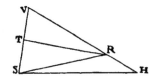

명제 18

문제 10. 초점과 주축이 정해져 있을 때, 주어진 점을 통과하고 주어진 위치의 직선을 접하는 타원 궤적과 쌍곡선 궤적을 구하라.

S를 도형들의 공통 초점이라 하고, AB는 임의의 궤적의 주축의 길이, P는 궤적이 지나야 하는 점, TR은 접해야 하는 직선이라 하자. 원 HG를 그리는데, 궤도가 타원이면 중심이 P, 반지름은 AB−SP

---

a　　뉴턴은 1권에 섹션 4와 5를 포함시킨 이유에 대해 3권 명제 41(827페이지)에서 설명하고 있다.

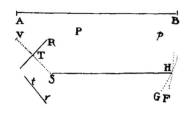

이고, 궤도가 쌍곡선이면 중심이 P, 반지름은 AB+SP가 되도록 그린다. 접선 TR 위로 수직선 ST를 내리고, 이 ST를 V까지 늘여 TV가 ST와 같아지도록 한다. 중심 V와 반지름 AB로 원 FH를 그린다. 이렇게 해서 두 점 P와 *p*, 또는 두 접선 TR과 *tr*, 또는 점 P와 접선 TR이 주어질 때, 두 개의 원을 그릴 수 있다. H를 두 원의 공통의 교점이라 하고, S와 H를 초점으로 삼고 주어진 축을 가지고 궤적을 그린다. 이제 문제가 해결되었다. 이렇게 그려진 궤적은 (타원에서 PH+SP, 또는 쌍곡선에서 PH−SP는 축의 길이와 같기 때문에) 점 P를 지날 것이고 (보조정리 15에 따라) 직선 TR을 접할 것이기 때문이다. 그리고 같은 논증에 따라, 이 궤적은 두 점 P와 *p*를 통과하거나 두 직선 TR과 *tr*을 접할 것이다. Q.E.F.

명제 19

문제 11. 주어진 초점에 대하여 주어진 점을 지나고 주어진 위치에 있는 직선을 접하는 포물선 궤적을 찾아라.

S를 초점이라 하고, P를 주어진 점, TR을 그려질 궤적의 접선이라 하자. 중심 P와 반지름 PS로 원 FG를 그린다. 초점에서 접선까지 수직선 ST를 내리고 ST를 V까지 늘여 TV가 ST와 같아지도록 하자.

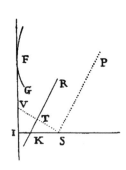

같은 방법으로 두 번째 점 *p*가 주어지면, 또는 두 번째 접선 *tr*이 주어지거나 두 번째 점 *v*를 구하면, 두 번째 원 *fg*를 그릴 수 있다. 그런 다음 직선 IF를 그린다. 이때 두 점 P와 *p*가 주어지면 두 원 FG와 *fg*에 접하도록 그리고, 두 접선 TR과 *tr*이 주어지면 두 점 V와 *v*를 지나도록 그리고, 점 P와 접선 TR이 주어지면 원 FG에 접하고 점 V를 지나도록 그린다. SI를 K에서 수직으로 이등분하도록 FI를 그리고, SK가 축이고 K가 꼭짓점인 포물선을 그린다. 이제 문제가 해결되었다. SK와 IK는 같고 SP와 FP가 같으므로, 포물선은 점 P를 지날 것이고, (보조정리 14 따름정리 3에 따라) ST와 TV가 같고 각 STR이 직각이므로, 포물선은 직선 TR을 접할 것이기 때문이다. Q.E.F.

명제 20

문제 12. 초점과 도형의 모양[즉 이심률]이 알려진 경우, 주어진 초점 주위를 도는 궤적을 구하라. 이 궤적은 주어진 점들을 지나고 주어진 위치의 직선에 접해야 한다.

사례 1   초점 S가 주어졌을 때, 두 점 B와 C를 지나는 궤적 ABC를 그려야 한다고 하자. 궤적은 모양이 알려져 있으므로, 주축 대 초점 사이 거리의 비도 알려져 있다. KB 대 BS와 LC

대 CS가 이 비가 되도록 잡는다. 중심 B와 C
그리고 반지름 BK와 CL로 두 원을 그리고,
K와 L에서 두 원과 접하는 직선 KL에 수직선
SG를 떨어뜨린다. SG를 A와 a에서 잘라 GA

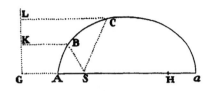

대 AS, 그리고 Ga 대 aS가 KB 대 BS와 같아지도록 한다. 그런 다음 Aa를 축으로 잡고
A와 a를 꼭짓점으로 하는 궤적을 그린다. 이제 문제가 해결되었다. 그려진 도형의 다른
초점을 H라 하면, GA 대 AS의 비는 Ga 대 aS의 비와 같으므로, 비의 분리에 의해 Ga-
GA 또는 Aa 대 aS-AS 또는 SH도 같을 것이다. 따라서 이 비는 그려진 도형의 주축과
초점 사이의 거리의 비가 될 것이다. 그러므로 그려진 도형은 그려져야 하는 도형과 모
양이 같다. 그리고 KB 대 BS 그리고 LC 대 CS는 서로 같으므로, 이 도형은 점 B와 C를
지날 것이다. 이는 "원뿔도형"에 관한 책으로부터 명백하다.

사례 2 초점 S가 주어졌을 때, 어느 곳에서 두 직선 TR과 tr에 접하는 궤적을 그려야 한다고 하
자. 초점부터 접선까지 수직선 ST와 St를 수직이 되도록 내리고, ST와 St를 V와 v까지
늘여 TV와 tv가 TS와 tS와 같아지도록 하자.
Vv를 O에서 이등분하고, 무한정 늘인 수직선
OH를 세운다. 그리고 무한정 늘인 직선 VS를
K와 k에서 잘라, VK 대 KS 그리고 Vk 대 kS
의 비가 그려야 하는 궤적의 주축 대 초점 사
이 거리의 비와 같아지도록 하자. 지름 Kk 위
로 OH를 H에서 자르는 원을 그린다. 그리고

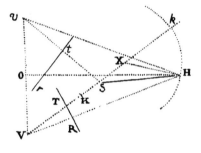

S와 H를 초점으로 두고 VH와 같은 주축을 가지고 궤적을 그린다. 이제 문제가 해결되
었다. Kk를 X에서 이등분하고, HX, HS, HV, Hv를 그린다. 그러면 VK 대 KS는 Vk 대
kS의 비와 같고, 가비 원리에 의해 VK+Vk 대 KS+kS의 비와 같으며, 비의 분리에 의해
Vk-VK 대 kS-KS의 비와 같은데, 이는 2VX 대 2KX 그리고 2KX 대 2SX와 같다. 그러
므로 VX 대 HX와 HX 대 SX와 같고, 삼각형 VXH와 HXS는 닮은꼴이 될 것이다. 그
러면 VH 대 SH의 비는 VX 대 XH와 같으며, 따라서 VK 대 KS와 같다. 그러므로 그려
진 궤적의 주축 VH과 초점 사이 거리 SH와의 비는 그려진 궤적의 주축 대 초점 사이 거
리에 비례하며, 따라서 같은 모양이다. 게다가 VH와 vH는 주축과 같고 VS와 vS는 직선
TR과 tr을 수직으로 이등분하므로, (보조정리 15로부터) 이 직선들은 그려진 궤적과 접
할 것임은 명백하다. Q.E.F.

사례 3   초점 S가 주어졌을 때, 주어진 점 R에서 직선 TR을 접하는 궤적을 그려야 한다고 하자.
직선 TR을 향해 수직선 ST를 내리고 ST를 V까지 늘여 TV가 ST와 같아지도록 하자.

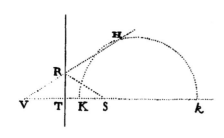

VR을 그려넣고, 무한정 늘인 직선 VS를 K와 k에서 잘라, VK 대 SK 그리고 Vk 대 Sk가 그려질 타원의 주축 대 초점 사이 거리의 비와 같아지도록 한다. 지름 Kk로 원을 그린 후, 길게 늘인 직선 VR을 H에서 자르고, S와 H를 초점으로 두고 직선 VH와 같은 주축을 잡아 궤적을 그린다. 이제 문제가 해결되었다. 사례 2에서 증명된 내용으로부터,
VH 대 SH는 VK 대 SK와 같고, 따라서 그려진 궤적의 주축 대 초점 사이 거리의 비와 같다. 그러므로 그려진 궤적은 그려져야 하는 궤적과 모양이 같다. "원뿔곡선"에 관한 책으로부터 각 VRS를 이등분하는 직선 TR이 점 R에서 궤적을 접할 것임은 명백하기 때문이다. Q.E.F.

사례 4   이제 초점 S 주위로 궤적 APB를 그려야 한다. 이 궤적은 직선 TR과 접하고 주어진 접선 바깥의 임의의 점 P를 지나며, 초점 s, h와 주축 ab로 그려진 도형 apb와 닮은꼴이어야 한다. 접선 TR을 향해 수직선 ST를 떨어뜨리고 ST를 V까지 늘여 TV가 ST와 같아지도록 하자. 다음으로 각 hsq와 shq가 각 VSP와 SVP와 같아지도록 한다. 이제 q를 중심으로 두고 원을 그리는데, 원의 반지름 대 ab의 비가 SP 대 VS와 같도록 한다. 이 원은 p에서 도형 apb를 자른다. 여기에 sp를 그려 넣는다. 그런 다음 SH 대 sh의 비가 SP 대 sp의 비와 같도록 SH를 그린 다음 각 PSH를 각 psh와 같아지도록, 그리고 각 VSH가 각 psq와 같아지도록 한다. 마지막으로 S와 H를 초점으로 두고 거리 VH와 같은 주축 AB로 원뿔

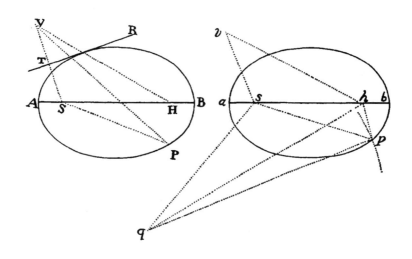

곡선을 그린다. 이제 문제가 해결되었다. SV 대 *sp*의 비가 *sh* 대 *sq*의 비와 같도록 SV를 그리고, 각 *vsp*가 각 *hsq*와 같고 각 *vsh*가 각 *psq*와 같도록 하면, 삼각형 *svh*와 *spq*는 닮은 꼴이 된다. 따라서 *vh* 대 *pq*는 *sh* 대 *sq*와 같을 것이며, (삼각형 VSP와 *bsq*는 닮은꼴이므로) 이는 VS 대 SP 또는 *ab* 대 *pq*와 같다는 뜻이다. 그러므로 *vh*와 *ab*는 같다. 그뿐 아니라 삼각형 VSH와 *vsh*는 닮은꼴이므로, VH 대 SH는 *vh* 대 *sh*와 같다. 즉, 방금 그린 원뿔곡선의 축 대 그 초점 사이 거리의 비는 축 *ab* 대 초점 사이 거리 *sh*의 비와 같다는 것이다. 그러므로 방금 그린 도형은 도형 *apb*와 닮은꼴이다. 그런데 삼각형 PSH는 삼각형 *psh*와 닮은꼴이므로, 이 도형은 점 P를 지난다. 그리고 VH는 이 도형의 축과 같고 VS는 직선 TR을 수직으로 이등분하므로, 도형은 직선 TR을 접한다. Q.E.F.

보조정리 16

주어진 세 점에서 비스듬히 직선을 그어 주어지지 않은 네 번째 점에서 만나도록 그려라. 이때 세 직선들 사이의 길이 차이는 주어진 값이거나 없다.

사례 1
정해진 점들을 A, B, C라 하고 찾아야 하는 네 번째 점을 Z라 하자. 선 AZ와 BZ의 차이는 알려져 있으므로, 점 Z는 초점이 A와 B이고 그 차이를 주축으로 하는 쌍곡선 위에 놓일 것이다. 이 축을 MN이라 하자. PM 대 MA가 MN 대 AB가 되도록 잡고, PR은 AB에 수직으로 세우고 ZR은 PR에 수직이 되도록 떨어뜨린다. 그러면 쌍곡선의 성질로부터 ZR 대 AZ는 MN 대 AB와 같을 것이다. 비슷한 방법으로, 점 Z는 또 다른 쌍곡선 위에 위치하게 될 것인데, 이 쌍곡선의 초점은 A와 C이고 주축은 AZ와 CZ 사이의 차가 된다. 그리고 QS는 AC에 수직이 되도록 그릴 수 있다. 그 결과로 이 쌍곡선의 임의의

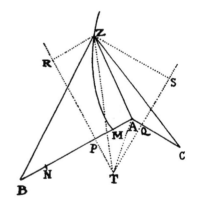

점 Z로부터 QS로 수직선 ZS를 내리면, ZS 대 AZ의 비는 AZ와 CZ의 차 대 AC의 비가 될 것이다. 그러므로 ZR과 ZS 대 AZ의 비는 정해지고, 결과적으로 ZR과 ZS의 서로에 대한 비도 정해진다. 그러므로 직선 RP와 SQ가 T에서 만나도록 하고 TZ와 TA를 그려 넣으면, 도형 TRZS의 모양이 결정되고 점 Z를 포함하는 직선 TZ의 위치도 정해질 것이다. 직선 TZ와 각 ATZ도 함께 결정된다. AZ와 TV 대 ZS의 비가 정해지므로, 서로에 대한 비도 정해질 것이다. 따라서 Z를 꼭짓점으로 두는 삼각형 ATZ가 결정된다. Q.E.I.

사례 2   세 선 중 두 선을 AZ와 BZ라고 하자. 이 둘이 합동이면, 직선 AB를 이등분하도록 직선
             TZ를 그린다. 그런 다음 위의 방법으로 삼각형 ATZ를 찾는다.

사례 3   만일 세 선이 모두 합동이면, 점 Z는 세 점 A, B, C를 지나는 원의 중심에 놓이게 된다.
             Q.E.I.

이 보조정리에서 다룬 문제의 풀이는 아폴로니우스의 저서 『접촉론On Tangencies』에도 나와 있다. 이
책은 비에트가 복원했다.

명제 21

문제 13. 주어진 초점 주위로 주어진 점들을 지나고 주어진 위치에 있는 직선을 접하도록 궤적을 그려라.

초점 S, 점 P, 접선 TR이 주어져 있다고 하자. 그렇다면 두 번째 초점 H를 찾아야 한다. 접선에 수
직선 ST를 내리고, ST를 Y까지 늘여 TY가 ST와 같아지도록 한다. 그러면 YH는 주축의 길이와 같을

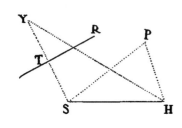

것이다. SP와 HP를 그려 넣고, SP는 HP와 주축 길이의 차이가
되도록 한다. 이런 식으로 더 많은 접선 TR 또는 더 많은 점 P가
정해지면, 언제나 그와 같은 개수의 선 YH 또는 PH가 있을 것이
고, 이 선들은 앞서 말한 점 Y 또는 P로부터 초점 H까지 그려
질 수 있다. 이 두 선은 축과 같거나 주어진 길이 SP만큼 차이가
날 것이고, 따라서 서로 같거나 그 차이가 정해진다. 그러므로
보조정리 16에 따라 두 번째 초점 H가 정해지게 된다. 일단 초점들을 찾으면, 축의 길이와 함께 (길이
는 YH, 또는 타원 궤적의 경우 PH+SP, 또는 쌍곡선 궤적의 경우 PH−SP가 될 것이다) 궤적을 구할
수 있다. Q.E.I.

주해

궤적이 쌍곡선일 때, 나는 쌍곡선의 반대쪽 부분을 궤적의 일부로 포함시키지 않는다. 물체가 방해받
지 않으며 운동할 때 쌍곡선의 한쪽에서 다른 쪽으로 넘어갈 수 없기 때문이다.

세 점이 정해져 있는 경우는 다음과 같이 더 간단히 문제를 해결할 수 있다. 점 B, C, D가 정해져
있다고 하자. BC와 CD를 그리고 이 선들을 E와 F까지 늘여 EB 대 EC의 비가 SB 대 SC와 같고 FC
대 FD의 비가 SC 대 SD의 비와 같아지도록 하자. EF를 긋고, 연장한 EF까지 법선[수직선] SG와 BH
를 내린다. 그리고 무한정 늘인 GS 위에서 GA 대 AS 그리고 Ga 대 aS의 비가 HB 대 BS가 되도록 한
다. 그러면 A는 꼭짓점이 될 것이고 Aa는 궤적의 주축이 된다. GA가 AS보다 크냐 같으냐 작으냐에
따라서 해당 궤적은 각각 타원, 포물선, 쌍곡선이 될 것이다. 타원의 경우 점 a는 선 GF를 기준으로 점

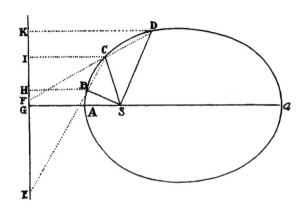

A와 같은 쪽에 위치하고, 포물선일 때는 무한히 멀어지며, 쌍곡선일 경우는 선 GF를 기준으로 점 A 와 다른 쪽에 떨어진다. 수직선 CI와 DK가 GF 위로 떨어지면, IC 대 HB의 비는 EC 대 EB와 같으며, 따라서 SC 대 SB와 같다. 그리고 비의 교환에 의해 따라 IC 대 SC는 HB 대 SB와 같거나 GA 대 SA와 같을 것이다. 비슷한 논증에 따라 KD 대 SD는 1 대 1임을 증명할 수 있다. 그러므로 점 B, C, D는 초점 S 주위로 그려지는 원뿔곡선 위에 놓이게 되고, 초점 S부터 원뿔곡선의 각각의 점까지 그려지는 모든 직선은 같은 점으로부터 직선 GF까지 떨어지는 수직선에 대하여 정해진 비를 갖게 된다.

저명한 기하학자 라 이르가 『원뿔곡선』 8권 명제 25에서 이 문제의 풀이를 제시하였는데, 이 방법과 크게 다르지 않다.

보조정리 17

네 개의 직선 PQ, PR, PS, PT가 주어진 원뿔곡선 위 임의의 점 P로부터 주어진 각도로 원뿔곡선에 내접한 사각형 ABDC의 네 변 AB, CD, AC, DB까지 이어져 있다고 하자. 사각형의 네 변은 무한정 뻗어나가고, 선 하나가 하나의 변으로 이어진다고 하면, 그려지는 선들의 곱 PQ×PR 대 마주 보는 두 변의 비는 그려진 선들의 곱 PS×PT 대 마주 보는 다른 두 변의 비가 되어 정해진 비를 갖는다.

사례 1　　　먼저 마주 보는 변으로 그려지는 선들이 다른 변들 중 하나와 평행하다고 가정하자. 그러니까 PQ와 PR은 변 AC에 평행하고, PS와 PT는 변 AB에 평행하다. 또한 마주 보는 변 중 둘, 이를테면 AC와 BD가 서로에 대하여 평행하다고 하자. 그러면 이 평행한 변들을 이등분하는 직선은 원뿔곡선의 지름 중 하나일 것이고, 이 선은 RQ도 이등분할 것이다. RQ가 이등분

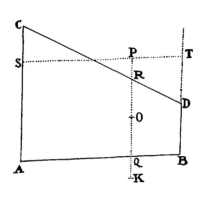

되는 점을 O라 하고, PO를 그 지름의 세로선이라 하자. PO를 K까지 늘려 OK가 PO와 같아지도록 하면, OK는 지름을 마주 보는 변의 세로선이 될 것이다. 그러면 점 A, B, P, K가 원뿔곡선 위에 있고 PK는 AB를 주어진 각도로 자르기 때문에, PQ×QK 대 AQ×QB는 주어진 비를 가질 것이다(아폴로니우스의 『원뿔곡선』 3권 명제 17, 19, 21, 23에

따라). 그런데 QK와 PR가 같은 선 OK와 OP, 그리고 OQ와 OR의 차差이므로 QK와 PR은 서로 같다. 따라서 PQ×QK와 PQ×PR 역시 같다. 그러므로 PQ×PR 대 AQ× QB의 비, 즉 PS×PT의 비는 정해진 값을 갖는다. Q.E.D.

사례 2   이번에는 사각형의 마주 보는 변 AC와 BD가 평행하지 않다고 가정해 보자. Bd를 AC에 평행하게 그리고, 직선 ST와는 t에서, 원뿔곡선과는 d에서 만나도록 하자. PQ를 r에서

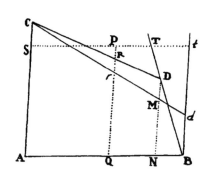

자르는 Cd를 긋고, PQ에 평행하게 DM을 그린다. 이 DM은 Cd를 M에서, AB를 N에서 자른다. 이제 삼각형 BTt와 DBN은 닮은꼴이므로, Bt 또는 PQ 대 Tt는 DN 대 NB와 같다. 또한 Rr 대 AQ 또는 PS의 비는 DM 대 AN과 같다. 그러므로 전항은 전항끼리 후항은 후항끼리 곱하면, PQ× Rr 대 PS×Tt의 비는 ND×DM 대 AN×NB와 같고, (사례 1에 따라) PQ×Pr 대 PS×Pt의 비와 같다. 이것은 비의 분리에 의해 PQ×PR 대 PS×PT의 비와 같다. Q.E.D.

사례 3   마지막으로 네 개의 선 PQ, PR, PS, PT가 변 AC와 AB와 평행하지 않고 어떤 식으로든 이 선들에 기울어져 있다고 가정하자. 이 선들을 대신해 AC에 평행하게 Pq와 Pr을, 그

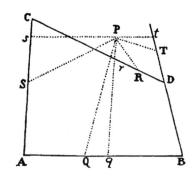

리고 AB에 평행하게 Ps와 Pt를 그리자. 그러면 삼각형 PQq, PRr, PSs, PTt의 각들이 주어져 있으므로, PQ 대 Pq, PR 대 Pr, PS 대 Ps, PT 대 Pt의 비는 알려진 값이고, 따라서 합성비인 PQ×PR 대 Pq×Pr, 그리고 PS×PT 대 Ps×Pt의 비도 알려진 값이다. 그런데 위에서 증명한 내용에 따라 Pq×Pr 대 Ps×Pt의 비는 알려져 있다. 그러므로 PQ×PR 대 PS×PT의 비도 알려진 값이다. Q.E.D.

보조정리 18

보조정리 17과 같은 가정을 세우고, 사각형의 마주 보는 두 변으로 선 PQ와 PR을 그리고, 다른 두 변으로 선 PS와 PT를 그린다. 이 선들의 면적 PQ×PR과 PS×PT가 알려진 비를 갖는다면, 선들이 그려지는 점 P는 사각형 주위로 외접하는 원뿔곡선 위에 놓이게 될 것이다.

  점 A, B, C, D를 지나는 원뿔곡선 위로 이러한 점 P는 무수히 많을 텐데, 이중 하나를 p라고 하자. 나는 점 P가 언제나 이 원뿔곡선 위에 있다고 말한다. 만일 이를 부인한다면, AP가 P가 아닌 어느 점에서 이 원뿔곡선을 자르도록 그릴 수 있다고 가정하자. 이 점을 b라고 하겠다. 점 p와 b로부터 직선

*pq, pr, ps, pt*와 *bk, bn, bf, bd*를 긋고, 이 선들이 사각형 의 변들과 정해진 각도를 이루도록 하면, $bk \times bn$ 대 $bf \times bd$는 (보조정리 17에 따라) $pq \times pr$ 대 $ps \times pt$와 같고, (가 설에 따라) $PQ \times PR$ 대 $PS \times PT$와 같다. 또한 사각형 *bkAf*와 PQAS는 닮은꼴이므로, *bk* 대 *bf*는 PQ 대 PS와 같다. 그러므로, 앞선 비례식의 항들을 각각에 해당되는 항들로 나누면, *bn* 대 *bd*의 비는 PR 대 PT와 같을 것이 다. 그러므로 사각형 D*nbd*의 모든 각은 사각형 DRPT 의 각들과 같을 것이고, 두 사각형은 닮은꼴이 될 것이

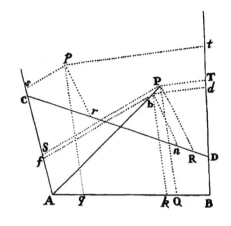

다. 결과적으로 두 사각형의 대각선 D*b*와 DP는 일치한다. 그러므로 *b*는 직선 AP와 DP의 교점에 놓 이게 되고, 따라서 점 P와 일치한다. 그러므로 점 P는, 어디에서 정했든 간에, 정해진 원뿔곡선 위에 놓이게 된다. Q.E.D.

따름정리   세 직선 PQ, PR, PS가 공통의 점 P로부터 주어진 각도로 다른 곳에 있는 세 개의 직선 AB, CD, AC로 그려진다고 하자. 이 선들은 한 선이 각각 다른 선으로 이어지도록 그어 져 있다. 이렇게 그려진 두 선 PQ와 PR의 곱 $PQ \times PR$과 세 번째 선 PS의 제곱의 비가 주어진 값일 때, 직선들의 출발점인 점 P는 A와 C에서 선 AB와 CD를 접하는 원뿔곡선 위에 위치하게 될 것이며 그 역도 성립한다. 그 이유는 다음과 같다. 직선 BD는 선 AC 와 일치하고, 세 선 AB, CD, AC의 위치는 변함없이 유지된다고 하자. 그리고 선 PT는 선 PS와 일치한다고 하자. 그렇다면 $PS \times PT$는 PS^2이 될 것이다. 그리고 이제는 이 점들 이 일치하게 되므로 앞에서 곡선을 A와 B, C와 D에서 잘랐던 직선 AB와 CD는 더이상 그 점에서 곡선을 자르지 못하고 접하게 될 것이다.

주해

이 보조정리에서는 "원뿔곡선"이라는 용어의 의미를 확장하여, 원뿔의 꼭짓점을 지나는 직선의 단면과 밑면에 평행한 원형 단면을 모두 포함하는 의미로 쓰였다. 만일 점 *p*가 점 A와 D 또는 C와 B를 잇는 직선 위에 놓이면 원뿔곡선은 두 개의 직선으로 바뀌게 된다. 그중 하나는 점 *p*가 놓이는 선이고 다른 하나는 네 점 중 나머지 두 점을 잇는 선이 된다.

    사각형의 마주 보는 두 각을 더해 두 개의 직각(180°를 말한다.—옮긴이)과 같고, 네 선 PQ, PR, PS, PT가 직각을 이루거나 어떤 같은 각도를 이루며 사각형의 변으로 이어졌다면, 그리고 그려진 두 선의 곱 $PQ \times PR$이 다른 두 선의 곱 $PS \times PT$와 같다면, 원뿔곡선은 원으로 그려질 것이다. 마찬가지로 네

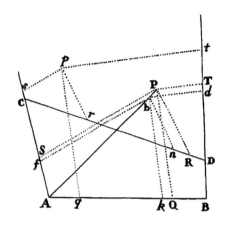

선이 임의의 각을 이루고 있고, 두 선의 곱 PQ×PR 대 다른 두 선의 곱 PS×PT의 비가 PS와 PT가 이어지는 각 S와 T의 사인값의 곱 대 PQ와 PR이 이어지는 두 각 Q와 R의 사인값의 곱의 비와 같다면, 원뿔곡선은 원이 된다.

다른 경우에서도 점 P의 궤적은 일반적으로 원뿔곡선으로 분류되는 세 도형 중 하나가 될 것이다. 그러나 사각형 ABCD를 대신해서, 마주 보는 두 변이 대각선처럼 서로를 교차하는 사변형으로 대체될 수도 있다. 또 네 점 A, B, C, D 중 하나 또는 두 점이 무한히 뻗어나가서, 이런 식으로 이 점에 수렴하는 도형의 변들이 평행해질 수도 있다. 이 경우 원뿔곡선은 다른 점들을 지나 평행선들의 방향으로 무한히 뻗어나갈 수 있다.

보조정리 19

점 P에서 주어진 위치에 있는 네 개의 다른 직선 AB, CD, AC, BD까지 주어진 각도로 네 개의 직선 PQ, PR, PS, PT가 그려질 때, 즉 점 P에서 각기 다른 네 개의 직선에 하나의 선이 그려질 때, 두 선의 곱 PQ×PR이 다른 두 선의 곱 PS×PT와 주어진 비를 갖게 되는 점 P를 찾아라.

선 AB와 CD를 그리되, 면적을 포함하는 두 직선 PQ와 PR까지 그려지는 선 AB와 CD가 정해진 위치의 점 A, B, C, D에서 다른 두 선을 만난다고 하자. 그중 한 점, 이를테면 A로부터 임의의 직선

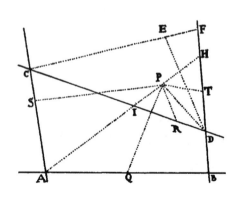

AH를 그리고, 이 선 위에서 점 P를 찾으려 한다고 하자. 이 선 AH는 마주한 선 BD와 CD를 자르고—즉 H에서 BD를, I에서 CD를 자르고—도형의 모든 각도는 주어져 있기 때문에, PQ 대 PA와 PA 대 PS의 비 그리고 결과적으로 PQ 대 PS의 비는 정해지게 될 것이다. 이 PQ 대 PS의 비를 주어진 비 PQ×PR 대 PS×PT에서 제하면 PR 대 PT의 비를 얻게 된다. 그리고 주어진 비 PI 대 PR과 PT 대 PH를 결합하면, PI 대 PH의 비가 결정되고, 이로써 P가 결정된다. Q.E.I.

따름정리 1   그러므로 무한한 개수의 점 P의 궤적 중 임의의 점 D에 접선이 그려질 수 있다. 점 P와 D가 만나게 될 때—즉, AH가 점 D를 지나도록 그려질 때—현 PD는 접선이 된다. 이 경우 사라지는 선 IP와 PH의 최종 비를 위의 방법대로 구할 수 있다. 따라서 CF를 AD

에 평행하게, BD와는 F에서 만나고 E에서 최종 비로 잘리도록 그린다. 그러면 DE는 접선이 될 것이다. 그 이유는 CF와 사라지는 선 IH가 평행하고 비슷하게 E와 P에서 잘리기 때문이다.

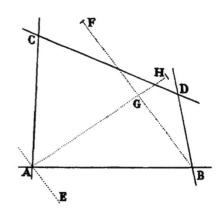

따름정리2[a] 또한 모든 점 P의 궤적은 결정될 수 있다. 점 A, B, C, D 중 아무것이나 하나—이를 테면 A라 하자—를 지나도록 궤적의 접선 AE를 그리고, 다른 점 B를 지나는 선 BF를 접선에 평행하고 F에서 궤적과 만나도록 그린다. 점 F는 보조정리 19에 따라 구할 수 있다. BF는 G에서 이등분되고, 직선 AG를 그리면 AG는 BG와 FG가 세로선이 되는 지름의 위치에 있게 될 것이다. 이 선 AG가 궤적과 H에서 만난다고 하면, AH는 지름 또는 횡경(*latus transversum*, 즉 *transverse diameter*) 대 통경의 비가 BG^2 대 $AG \times GH$가 되는 지름 또는 횡경이 된다. 만일 AG가 궤적과 어디에서도 만나지 않으면, 선 AH는 무한정 뻗어나가고, 궤적은 포물선이 되며, 지름 AG에 해당하는 통경은 $\dfrac{BG^2}{AG}$이 될 것이다. 그러나 AG가 궤적과 어느 점에서 만나면, 궤적은 점 A와 H가 같은 쪽 G에 있을 때는 쌍곡선이 되고, G가 A와 H 사이에 있을 때는 타원이 될 것이다. 각 AGB가 직각이 되고 BG^2이 $AG \times GH$와 같을 경우에는 궤적이 원이 된다.

그러므로 이 따름정리에서는, 유클리드가 처음 제시했고 아폴로니우스가 이어받아 다루었던 문제였던 고전적인 4선 문제를 [해석적] 연산이 아니라, 고대인들의 요구에 따라 기하학적인 합성으로 해결하였다.

보조정리 20

임의의 평행사변형 ASPQ가 마주 보는 두 각의 꼭짓점 A와 P에서 원뿔곡선을 접한다고 하자. 이 각들 중 하나에서 무한정 뻗어나가는 변 AQ와 AS는 원뿔곡선과 B와 C에서 만난다. 교점 B와 C로부터 두 직

---

a 코츠가 2판에서 추가해 3판까지 수록된 인덱스에서, 이 따름정리는 "Problematis"("문제") 항목 아래 다음의 설명과 함께 분류되어 있다. "고전적인 사선(四線) 문제의 기하학적 합성. 이 문제는 파푸스에 의해 널리 알려졌으며 데카르트가 대수적 연산으로 모색했던 것이다." 이 설명이 명쾌하게 지적하듯이, 뉴턴은 [해석적] 연산"을 거부하고 "기하학적 합성"을 택했는데, 이는 데카르트를 직격한 것이었다. 데카르트는 2차방정식을 사용해 4선 궤적을 대수적으로 정의되는 곡선 궤적으로 치환했다. D.T. Whiteside가 편찬한 *The Mathematical Papers of Isaac Newton,* (Cambridge: Cambridge University Press, 1967-1981), 6:252-254 n.35, 4:291 n.17, 4:274-282, 특히 274-276을 참고할 것.

선 BD와 CD가 원뿔곡선 위 임의의 다섯 번째 점 D까지 그려지고, 이 두 선이 무한정 뻗어나가는 평행사변형의 다른 두 변 PS와 PQ와 T와 R에서 만난다고 하자. 그렇다면 변에서 잘리는 부분인 PR과 PT는 언제나 서로 주어진 비를 유지할 것이다. 그리고 역으로, 잘리는 부분들이 서로에 대하여 주어진 비를 가지면, 점 D는 네 점 A, B, C, P를 지나 원뿔곡선과 만날 것이다.

사례 1 BP와 CP를 그린 다음, 점 D로부터 두 직선 DG와 DE를 그린다. 이중 첫 번째 선(DG)은 AB에 평행하고 PB, PQ, CA와는 H, I, G에서 만난다. 두 번째 선(DE)은 AC에 평행하고 PC, PS, AB와는 F, K, E에서 만난다. 그러면 (보조정리 17에 따라) DE×DF와

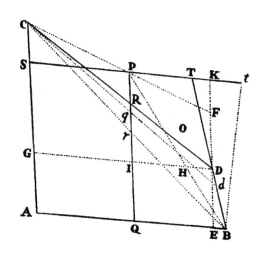

DG×DH는 정해진 비를 갖게 될 것이다. 그러나 PQ 대 DE(또는 IQ)의 비는 PB 대 HB와 같고 따라서 PT 대 DH의 비와 같다. 그리고 비의 교환에 의해 PQ 대 PT는 DE 대 DH와 같다. 또한 PR 대 DF는 RC 대 DC와 같고, 이에 따라 (IG 또는) PS 대 DG와 같다. 그리고 비의 교환에 의해 PR 대 PS는 DF 대 DG와 같다. 비들을 결합하면 PQ×PR 대 PS×PT의 비는 DE×DF 대 DG×DH의 비와 같아지게 된다. 이런 이유로 정해진 비를 갖게 된다. 그런데 PQ와 PS는 주어져 있으므로, PR 대 PT 역시 정해진 비를 갖는다. Q.E.D.

사례 2 그런데 PR과 PT가 서로에 대하여 정해진 비를 갖는다고 가정해 보자. 비슷한 논증으로 과정을 거슬러 올라가면, DE×DF 대 DG×DH는 주어진 비를 가지며 결과적으로 점 D는 (보조정리 18에 따라) 점 A, B, C, P를 지나는 원뿔곡선 위에 놓이게 된다. Q.E.D.

따름정리 1 그러므로 BC를 그려 PQ를 r에서 자르도록 하고, PT 위에서 Pt 대 Pr의 비가 PT 대 PR의 비와 같아지도록 잡는다면, Bt는 점 B에서 원뿔곡선에 접하는 접선이 될 것이다. 점 D가 점 B와 만나서 현 BD가 사라지게 하면 BT가 접선이 될 수 있을 텐데, 그렇다면 CD와 BT는 CB와 Bt와 일치할 것이기 때문이다.

따름정리 2 그리고 역으로, 만일 Bt가 접선이고 BD와 CD는 원뿔곡선의 임의의 점 D와 만난다면, PR 대 PT의 비는 Pr 대 Pt와 같을 것이다. 반대로 PR 대 PT가 Pr 대 Pt와 같으면, BD 그리고 CD는 원뿔곡선 위 어느 점 D에서 만날 것이다.

따름정리 3 하나의 원뿔곡선은 다른 원뿔곡선과 네 점 이상에서 만나지 못한다. 만일 만날 수 있다고 가정하면, 두 원뿔곡선이 다섯 개의 점 A, B, C, P, O를 지난다고 하고, 직선 BD는

이 원뿔곡선을 점 D와 *d*에서 자른다고 하자. 그리고 직선 C*d*는 PQ를 *q*에서 자른다고 하자. 그렇다면 PR 대 PT는 P*q* 대 PT와 같다. 그러면 PR과 P*q*는 서로 같아지는데, 이는 가설에 모순이다.

보조정리 21

움직일 수 있는 무한한 두 직선 BM과 CM이 정해진 점 B와 C를 극점으로 삼아 그려지고, 두 교점 M에 의해 세 번째 직선 MN이 주어진 위치에서 그려진다. 그리고 다른 두 무한한 직선 BD와 CD가 그려져서, 첫 두 직선과 주어진 점 B와 C에서 정해진 각 MBD와 MCD를 이룬다고 하자. 나는 두 선 BD와 CD가 만나는 점 D가 점 B와 C를 지나는 원뿔곡선을 그릴 것이라고 말한다. 그리고 역으로, 직선 BD와 CD가 만나는 점 D가 정해진 점 B, C, A를 지나는 원뿔곡선을 그리고, 각 DBM이 주어진 각 ABC과 항상 같고 각 DCM은 주어진 각 ACB와 항상 같다고 하면, 점 M은 주어진 위치에 있는 직선 위에 놓이게 될 것이다.

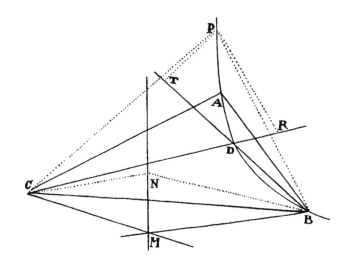

점 N이 직선 MN 위 주어진 위치에 놓여 있다고 하자. 그리고 움직일 수 있는 점 M이 고정된 점 N 위에 겹치게 될 때, 움직일 수 있는 점 D는 고정된 점 P 위에 겹친다고 하자. CN, BN, CP, BP를 그린 다음, 점 P로부터 직선 PT와 PR을 그려 T와 R에서 BD와 CD를 만나도록 한다. 그래서 주어진 각 BNM과 같은 각 BPT를, 그리고 주어진 각 CNM과 같은 각 CPR을 이루도록 한다. 그러면 (가설에 따라) 각 MBD와 NBP가 같고 각 MCD와 NCP가 같으므로, 공통의 각 NBD와 NCD를 제하면, 같은 각 NBM과 PBT, NCM과 PCR만 남을 것이다. 그러므로 삼각형 NBM과 PBT, 삼각형 NCM과 PCR는 닮은꼴이다. 그러므로 PT 대 NM은 PB 대 NB와 같고, PR 대 NM은 PC 대 NC와 같다. 그런데 점 B, C, N, P는 고정이다. 따라서 PT와 PR은 NM에 대하여 알려진 비를 갖고, 서로에 대해서도 알려진

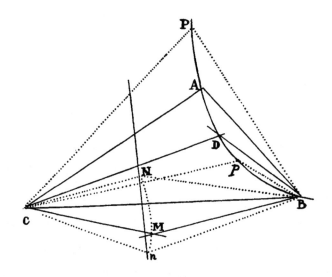

비를 갖는다. 그러므로 (보조정리 20에 따라) 점 D, 즉 움직일 수 있는 직선 BT와 CR이 만나는 점은 점 B, C, P를 지나는 원뿔곡선 위에 놓인다. Q.E.D.

그리고 역으로, 움직일 수 있는 점 D가 주어진 점 B, C, A를 지나는 원뿔곡선 위에 놓인다고 하자. 각 DBM은 언제나 주어진 각 ABC와 같고, 각 DCM은 언제나 주어진 각 ACB와 같다. 점 D는 원뿔 곡선 위에 고정된 두 점 p와 P 위에 잇달아 놓이고, 움직일 수 있는 점 M은 고정된 두 점 n과 N 위에 잇달아 놓인다고 하자. 그런 다음 이 두 점 n과 N을 지나는 직선 nN을 그리면, 이 선은 움직일 수 있는 점 M의 연속적인 궤적이 될 것이다. 그 이유는 다음과 같다. 가능하다면 점 M을 어떤 곡선 위를 따라 움직이게 해보자. 그러면 점 D는 다섯 개의 점 B, C, A, p, P를 지나는 원뿔곡선 위에 놓이게 되는데, 이때 점 M은 곡선 위에 잇달아 놓인다. 그런데 이미 증명된 내용에 따라, 점 D는 점 M이 연속적으로 직선 위에 놓이게 될 때도 같은 다섯 개의 점 B, C, A, p, P를 지나는 원뿔곡선 위에 놓이게 된다. 그러므로 두 원뿔곡선은 같은 다섯 개의 점을 지나게 되고, 이는 보조정리 20 따름정리 3에 모순이다. 그러므로, 점 M이 곡선 위를 움직인다는 가정은 터무니없다. Q.E.D.

명제 22

문제 14. 다섯 개의 주어진 점을 지나는 궤적을 그려라.

다섯 개의 점 A, B, C, P, D가 주어져 있다고 하자. 그중 하나인 A로부터 다른 둘 B와 C까지(B와 C를 극점이라 부르자) 직선 AB와 AC를 그리고, 이 선과 평행하게 TPS와 PRQ를 그려 네 번째 점 P를 지나도록 하자. 그런 다음 두 극점 B와 C로부터 무한정 뻗어가는 두 선 BDT와 CRD를 그린 다음, 다섯 번째 점 D를 지나도록 한다. 그러면 BDT는(방금 그린) TPS와 T에서 만나고, CRD는 PRQ와 R에

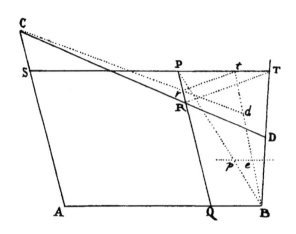

서 만난다. 마지막으로, 직선 *tr*을 TR에 평행하도록 그린 다음, 직선 PT와 PR로부터 PT 그리고 PR에 비례하게 임의의 직선 P*t*와 P*r*을 잘라낸다. 그렇게 해서 선들의 끝점 *t*와 *r*을 지나고 극점 B와 C를 지나 선 B*t*와 C*r*이 D에서 만나게 그리면, 점 *d*는 원하는 궤적 위에 위치할 것이다. 왜냐하면 점 *d*는 (보조정리 20에 따라) 네 점 A, B, C, P를 통과하는 원뿔곡선 위에 놓이기 때문이다. 그리고 선 R*r*과 T*t*는 사라지고, 점 *d*는 점 D와 일치하게 된다. 그러므로 원뿔곡선은 다섯 개의 점 A, B, C, P, D를 지난다. Q.E.D.

다른 풀이

주어진 임의의 세 점 A, B, C를 연결한 다음, 주어진 크기의 각 ABC와 ACB를 두 극점 B와 C를 기준으로 회전시킨다. 그리고 각의 변 BA와 CA가 먼저 점 D를, 그런 다음 점 P를 지나도록 하자. 다른 변 BL과 CL도 마찬가지로 점 M과 N을 교차한다고 하자. 길이가 정해지지 않은 직선 MN을 그린 다음, 두 각을 극점 B와 C를 중심으로 회전시킨다. 이때 변 BL과 CL 또는 BM과 CM의 교점(이제 이 점을 *m*이라 하자)은 언제나 직선 MN 위에 있어야 한다. 이제 변 BA와 CA 또는 BD와 CD의 교점(이 점은 *d*라 하자)이 구하려는 궤적 PAD*d*B를 그릴 것이다. 점 *d*는 (보조정리 21에 따라) 점 B와 C를 지나는 원뿔곡선 위에 놓일 것이기 때문이다. 그리고 점 *m*은 점 L, M, N에 접근하고, 점

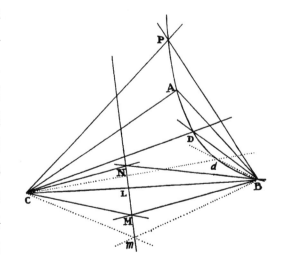

d는(작도에 의해) 점 A, D, P에 접근한다. 그러므로 원뿔곡선은 다섯 개의 점 A, B, C, P, D를 통과하도록 그려질 것이다. Q.E.F.

따름정리 1   그러므로 주어진 임의의 점 B에서 구하려는 궤적에 접하는 직선을 쉽게 그릴 수 있다. 점 d를 점 B에 접근시키면 직선 Bd가 구하고자 하는 접선이 된다.

따름정리 2   그러므로 궤도 중심, 지름, 통경은 보조정리 19, 따름정리 2의 방법에 따라 구할 수 있다.

주해

명제 22의 작도 중 첫 번째는 다음과 같이 더 간단히 그릴 수 있다. 먼저 BP를 그리고 필요하다면 길게 늘인다. 그런 다음 Bp 대 BP가 PR 대 PT와 같아지도록 잡는다. 길이가 정해지지 않은 직선 pe는 p를 지나고 SPT에 평행하도록 그리고, 그 위에서 pe가 Pr과 언제나 같도록 잡는다. 그런 다음 d에서 교차하는 직선 Be와 Cr을 그린다. 그러면 Pr 대 Pt, PR 대 PT, pB 대 PB, pe 대 Pt의 비가 같으므로, pe와 Pr은 언제나 같을 것이다. 이 방법을 이용하면 기계적으로 곡선을 그리는 방법을 더 선호하지 않는 한, 궤적의 점들을 더 편리하게 구할 수 있다.

명제 23

문제 15. 주어진 네 개의 점을 지나고 주어진 위치의 직선을 접하는 궤적을 그려라.

사례 1   접선 HB, 접점 B, 그리고 다른 세 점 C, D, P가 주어져 있다고 하자. BC를 잇고, PS를 직선 BH에 평행하게, PQ를 직선 BC에 평행하게 그려 평행사변형 BSPQ를 완성한다.

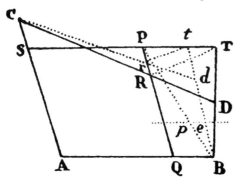

BD는 T에서 SP를 자르도록 그리고, CD는 R에서 PQ를 자르도록 그린다. 마지막으로, 임의의 선 tr을 TR에 평행하게 그려서 PQ와 PS로부터 Pr과 Pt를 자른다. 이때 Pr과 Pt는 각각 PR과 PT에 비례하도록 한다. 그런 다음 Cr과 Br를 그린다. 그러면 그 교점 d는 (보조정리 20에 따라) 언제나 구하고자 하는 궤적 위에 놓이게 된다.

다른 풀이

크기가 주어진 각 CBH를 극점 B를 중심으로 회전시키고, 양끝으로 길게 늘인 임의의 직선 반지름 DC를 극점 C를 중심으로 회전시킨다. 각의 변 BH가 점 P와 D에서 반지름과 만날 때 각의 변 BC가

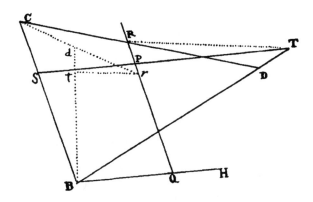

그 반지름을 자르는 점을 M과 N이라 하자. 그런 다음 길이가 정해지지 않은 선 MN을 그린 다음, 그 반지름 CP나 CD, 그리고 각의 변 BC가 잇달아 선 MN과 만난다고 하자. 그러면 다른 변 BH가 반지름과 만나는 교점은 구하려는 궤적을 그릴 것이다.

명제 22의 작도에서, 점 A가 점 B에 접근하면 선 CA와 CB는 일치할 것이고, 선 AB는 궁극적인 위치에서 접선 BH가 될 것이기 때문이다. 그러므로 명제 22에서 제시된 작도는 이 명제에서 그린 작도와 동일할 것이다. 그러므로 변 BH와 반지름의 교점은 점 C, D, P를 지나고 점 B에서 직선 BH와 만나는 원뿔곡선을 그리게 된다. Q.E.F.

사례 2

네 점 B, C, D, P가 접선 HI의 바깥쪽에 주어져 있다고 하자. 이 점들을 짝지어 선 BD와 CP로 잇는데, 이 선들은 G에서 만나고 접선과는 H와 I에서 만나도록 한다. 접선을 A에서 자르되, HA와 IA의 비가 CG와 GP의 비례중항과 BH와 HD의 비례중항의 곱 대 DG와 GB의 비례중항과 PI와 IC의 비례중항의 곱과 같아지도록 해야 한다. 그러면 A는 접점이 될 것이다. 그 이유는 다음과 같다. 직선 PI에 평행인 HX가 임의의 점 X와 Y에서 궤적을 자른다면, (『원뿔곡선』으로부터) 점 A의 위치는 HA^2 대 AI^2이 XH×HY 대 BH× HD, 또는 CG×GP와 DG×GD의 비 그리고 BH×HD와 PI×IC의 비를 곱한 값과 같도록 잡아야 하기 때문이다. 그리고 일단 접점 A를 구하면, 궤적은 사례 1의 방

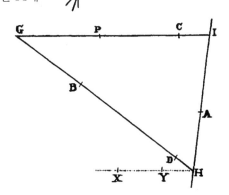

법에 따라 그릴 수 있다. Q.E.F.

그런데 점 A는 점 H와 I의 사이 또는 그 둘의 바깥쪽에 있도록 잡을 수 있다. 따라서 문제의 풀이처럼 두 개의 궤적을 그릴 수 있다.

명제 24

문제 16. 주어진 세 점을 지나고 주어진 위치에 있는 두 직선을 접하는 궤적을 그려라.

접선 HI와 KL 그리고 점 B, C, D가 주어져 있다고 하자. 이중 두 점 B와 D를 지나도록 무한정 긴 직선 BD를 그리고 이 선이 접선과 점 H와 K에서 만나도록 하자. 그런 다음, 비슷한 방법으로 다른

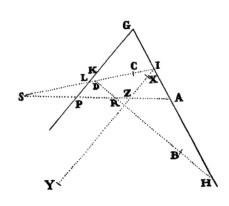

두 점 C와 D를 지나고 접선과는 I와 L에서 만나는 직선 CD를 그린다. BD를 R에서 자르고 CD를 S에서 자르되, HR과 KR의 비가 BH와 HD의 비례중항과 BK와 KD의 비례중항의 비와 같고, IS와 LS의 비는 CI와 ID의 비례중항과 CL과 LD의 비례중항의 비와 같아지도록 하자. 이 선들을 점 K와 H 사이 또는 I와 L 사이, 또는 이 점들의 바깥에서 자른다. 그런 다음 A와 P에서 접선을 자르는 RS를 그리면, A와 P는 접점이 될 것이다. A와 P가 접

선 위에 놓인 접점이라고 가정하자. 그리고 접선 HI 위에 놓인 H, I, K, L 중 어느 한 점, 이를테면 I를 지나는 직선 IY를 다른 접선 KL에 평행하고 곡선과는 X와 Y에서 만나도록 그린다고 하자. 이 선에서 IX와 IY 사이의 비례중항이 되는 IZ를 잡으면, 『원뿔곡선』으로부터, XI×IY 또는 IZ^2 대 LP^2은 CI×ID 대 CL×LD와 같다. 이는 (작도에 의해) SI^2 대 SL^2과 같으며, 따라서 IZ 대 LP는 SI 대 SL과 같을 것이다. 그러므로 점 S, P, Z는 하나의 직선 위에 놓인다. 그뿐 아니라 접선들은 G에서 만나므로, XI×IY 또는 IZ^2 대 IA^2은 (『원뿔곡선』으로부터) GP^2 대 GA^2과 같으며, 이런 이유로 IZ 대 IA는 GP 대 GA와 같다. 그러므로 점 P, Z, A는 한 직선 위에 놓이고, 점 S, P, A도 한 직선 위에 놓인다. 같은 논증에 따라 점 R, P, A도 한 직선 위에 놓임을 증명할 수 있다. 그러므로 접점 A와 P는 직선 RS위에 놓인다. 일단 이 점들을 찾으면, 명제 23, 사례 1의 방법에 따라 궤적을 그릴 수 있다. Q.E.F.

이 명제와 명제 23, 사례 2에서, 작도는 직선 XY가 X, Y에서 궤적을 자르든 아니든 상관없이 동일하다. 그런데 작도는 직선이 궤적을 자르는 경우에 대하여 증명되었으니, 궤적을 자르지 않는 경우의 작도도 찾을 수 있다. 그러나 굳이 이를 증명하여 내용을 더 복잡하게 할 필요는 없을 것이다.

보조정리 22

도형을 같은 종류의 다른 도형으로 바꿔라.

어떤 도형 HGI를 바꿔야 한다고 하자. 두 개의 평
행한 직선 AO와 BL을 마음대로 그린다. 이 선들은 주
어진 위치에 있는 임의의 세 번째 선 AB를 A와 B에서
자른다. 그리고 도형의 임의의 점 G로부터 직선 AB
까지 다른 직선 GD를 그리는데, 이 선은 OA에 평행
하다. 그런 다음 선 OA 위에 주어진 어떤 점 O로부

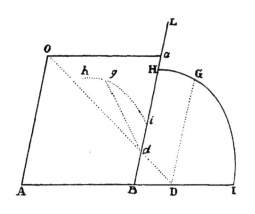

터 점 D까지 직선 OD를 그린다. 이 선은 BL과 d에서 만난다. 이렇게 만나는 점 위에 직선 dg를 세운
다. 이 선은 직선 BL과 주어진 각을 이루며, 이 선 대 Od는 DG 대 OD와 같다. 그리고 g는 새로운 도
형 hgi에서 G에 해당하는 점이 될 것이다. 같은 방법으로 첫 번째 도형의 각 점들이 새로운 도형에서 각
각에 해당되는 점을 생성할 것이다. 그러므로 첫 번째 도형에서 점 G가 연속적으로 움직이며 모든 점을
다 지난다고 가정하자. 그렇다면 점 g도—마찬가지로 연속적으로 움직이며—새로운 도형의 모든 점을
지나며 그 도형을 그리게 될 것이다. 서로 구분하기 위해 DG를 첫 번째 세로선이라 하고, dg는 새 세
로선, AD는 첫 번째 가로선, ad는 새 가로선이라 하자. O는 극점이고, OD는 절단하는 반지름, OA는
첫 번째 세로선 반지름, 그리고 (평행사변형 OAba을 완성하는) Oa는 새로운 세로선 반지름이라 하자.

나는 이제 점 G가 정해진 위치의 직선을 따라 움직이면 점 g 역시 정해진 위치의 직선을 따를 것이
라고 말한다. 만일 점 G가 원뿔곡선의 경로를 따르면 점 g도 원뿔곡선을 따를 것이다. 여기에서 나는
원도 원뿔곡선 중 하나로 포함시켰다. 더 나아가 점 G가 3차 곡선을 따른다면 점 g도 이와 비슷하게 3
차 곡선을 따를 것이다. 그런 식으로 고차 곡선에 대해서도, G와 g가 따르는 두 곡선은 언제나 차수가
같을 것이다. 왜냐하면 ad 대 OA는 Od 대 OD와 같고, dg 대 DG와 같으며, AB 대 AD와 같기 때문이
다. 이런 이유로 AD는 $\dfrac{\mathrm{OA} \times \mathrm{AB}}{ad}$와 같고, DG는 $\dfrac{\mathrm{OA} \times dg}{ad}$와 같다. 이제 점 G가 직선을 따라 움직
이면, 결과적으로 결정되지 않은 가로선 AD와 세로선 DG는 이 두 선의 관계에 대한 방정식에서 1차
항이 될 수 있다. 이 방정식에서 AD 대신 $\dfrac{\mathrm{OA} \times \mathrm{AB}}{ad}$를 쓰고 DG 대신 $\dfrac{\mathrm{OA} \times dg}{ad}$를 쓰면, 그 결과 새
가로선 ad와 새 세로선 dg는 1차항이 될 수 있고, 따라서 방정식은 직선을 지정하는 새 방정식이 될 것
이다. 그런데 만일 첫 번째 방정식에서 AD와 DG 둘 다 또는 이들 중 어느 하나만 2차항으로 올라가
면, ad와 dg도 마찬가지로 두 번째 방정식에서 2차항이 될 것이다. 그런 식으로 3차 이상에서도 같은
관계가 성립한다. 첫 번째 방정식의 AD와 DG, 그리고 두 번째 방정식의 ad와 dg는 언제나 같은 차수
로 올라가게 되며, 따라서 점 G와 g가 그리는 선들은 같은 차수를 갖는다.

더 나아가 나는 어떤 직선이 첫 번째 도형에서 곡선을 접하면, 이 직선은—곡선과 같은 방식으로 새로운 도형으로 변환된 후—새 도형의 곡선을 접하게 될 것이며, 그 역도 성립한다고 말한다. 만일 곡선 위 임의의 두 점이 첫 번째 도형에서 서로 접근하여 만나면, 같은 점들이—변환된 후—새 도형에서도 서로 접근하여 만나게 될 것이기 때문이다. 그러므로 이 점들이 접하는 직선들은 동시에 두 도형의 접선이 될 것이다.

이 증명은 기하학적인 방식으로 제시할 수도 있었다. 그러나 나는 간단한 방법을 택하기로 한다.

그러므로, 하나의 직선 도형을 다른 도형으로 바꾸려면, 도형을 구성하는 직선들의 교점을 변환하고 그 점들을 지나는 직선들을 그려 새 도형을 구성하기만 하면 된다. 만일 곡선 도형을 변환해야 한다면, 점, 접선, 그리고 곡선을 결정하는 다른 직선들을 변환해야 한다. 이 보조정리는 제안된 도형을 단순한 도형으로 변환하여 더 어려운 문제를 푸는 데 유용하게 쓸 수 있다. 수렴하는 직선들은 수렴하는 선들의 교점을 지나는 직선을 첫 번째 세로선 반지름으로 사용하여 평행선으로 변환된다. 교점이 그 방향으로 무한히 뻗어나가면, 어디에서도 만나지 못하는 선들은 평행선이 되기 때문이다. 새로 변환된 도형에서 문제를 해결한 후, 역순으로 도형을 처음 도형으로 변환하면 원하는 풀이를 구할 수 있다.

이 보조정리는 입체 문제를 푸는 데에도 유용하다. 두 원뿔곡선이 발생하고 그 교점에 의해 문제가 해결되면, 원뿔곡선이 쌍곡선이거나 포물선일 경우 둘 중 하나는 타원으로 변환될 수 있다. 타원은 쉽게 원으로 바꿀 수 있다. 마찬가지로 평면 문제를 작도할 때도 직선과 원뿔곡선은 직선과 원으로 바뀌게 된다.

명제 25

문제 17. 주어진 두 점을 지나고 주어진 위치의 세 직선을 접하는 궤적을 그려라.

길이가 정해지지 않은 긴 직선을 그려 서로 만나는 두 접선의 교점, 그리고 주어진 두 점을 지나는 직선과 세 번째 접선의 교점을 지나도록 한다. 이 직선을 첫 번째 세로선 반지름으로 삼아, 보조정리 22에 따라 도형을 새로운 도형으로 변환한다. 변환 도형에서 두 접선은 서로 평행해지고, 세 번째 접선은 주어진 두 점을 지나는 직선에 평행해지게 된다. hi와 kl을 평행한 두 접선이라 하고, ik는 세 번째 접선, bl은 세 번째 접선에 평행하고 점 a와 b를 지나는 직선이라 하자. 이 점 a와 b는 새 도형에서 원뿔곡선이 지나야 하는 점이고, 그렇게 해서 평행사변형 $hikl$이 완성된다. 직선 hi, ik, kl을 c, d, e에서 자르는데, 세 항을 합한 비, 즉 첫 항인 ik와 남은 두 항인 $ah \times hb$의 제곱근, $al \times lb$의 제곱근을 모두 합한 비와 같아지도록 하자. 그러면 c, d, e는 접점이 될 것이다. 왜냐하면, "원뿔곡선"에 관한 책으로부터 hc^2 대 $ah \times hb$, ic^2 대 id^2, ke^2 대 kd^2, el^2 대 $al \times lb$는 모두 같기 때문이다. 그러므로 hc 대 $ah \times hb$의 제곱근, ic 대 id, ke 대 kd, el 대 $al \times lb$의 제곱근 역시 모두 같으며, 가비 원리에 의해 모든 전항들 hi와 kl의 합 대 모든 후항들, 즉 $ab \times hb$의 제곱근, 직선 ik, $al \times lb$의 제곱근의 합은[즉 $hi + kl$ 대 $\sqrt{(ab + hb)} + ik + \sqrt{(al + lb)}$] 주어진 비를 갖는다. 그러므로, 이 주어진 비로부터 새 도형의 접점 c, d, e를 구할 수 있다. 보조정리 22의 과정을 역으로 따라가서, 이 점들을 첫 번째 도형으로 변환하면 (명제 22에 따라) 궤적이 그려질 것이다. Q.E.F.

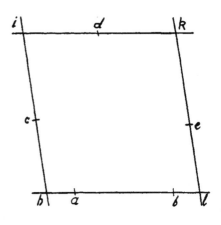

그런데 점 a와 b의 위치가 점 h와 l 사이에 놓이면 점 c, d, e는 h, i, k, l 사이에 놓이고, a와 b가 h, l의 바깥쪽에 놓이면 점 c, d, e는 h, i, k, l 바깥쪽에 놓이게 된다. 만일 점 a와 b 중 하나는 점 h와 l 사이에 있고 다른 하나는 바깥쪽에 있다면, 이 문제는 풀리지 않는다.

명제 26

문제 18. 주어진 한 점을 지나고 정해진 위치의 네 직선을 접하는 궤적을 그려라.

임의의 두 접선의 공통 교점과 나머지 두 접선의 공통 교점으로부터, 무한정 뻗어나가는 직선을 그린다. 그런 다음 이 선을 첫 세로선 반지름으로 이용하여 (보조정리 22에 따라) 새 도형으로 변환한다. 그러면 이전에 첫 번째 세로 반지름과 만났던 접선들은 서로 평행해질 것이다. 이 접선들을 hi와 kl, ik와 hl이라 하자. 이 선들은 평행사변형 $hikl$을 이룬다. 새 도형에서 첫 번째 도형의 주어진 점에 해당하는 점을 p라고 하자. 도형의 중심 O를 지나도록 pq를 그리고 Op와 Oq가 같도록 점 q를 잡으면, 점 q는 원뿔곡선의 새 도형이 반드시 지나야 하는 점이 된다. 보조정리 22의 과정을 역으로 거슬러 이 점을 첫 번째 도형으로 변환하면, 이 도형에서 구하고자 하는 궤적이 지나는 두 점을 구할 수 있다. 그리고 그 궤적은 명제 25에 따라 같은 점을 지나도록 그려질 수 있다.

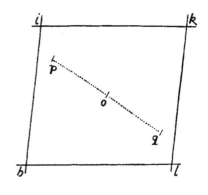

보조정리 23

치가 주어진 두 직선 AC와 BD가 주어진 점 A와 B에서 끝나고 서로 주어진 비를 이룬다고 하자. 그리고 위치가 주어지지 않은 점 C와 D를 잇는 직선 CD가 주어진 비율로 K에서 잘린다고 하자. 그렇다면 나는 점 K가 주어진 위치의 직선 위에 놓일 것이라고 말한다.

직선 AC와 BD가 E에서 만나고, BE에서, BG 대 AE가 BD 대 AC와 같아지도록 BG를 잡는다. 그리고 FD는 언제나 주어진 선 EF와 같다고 하자. 그렇다면 작도에 의해, EC 대 GD, 즉 EC 대 EF는

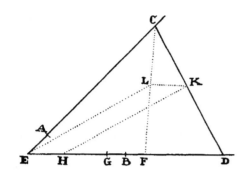

AC 대 BD와 같고 따라서 주어진 비를 갖게 된다. 그렇다면 삼각형 EFC의 모양이 결정될 것이다. CF를 L에서 잘라 CL 대 CF가 CK 대 CD와 같아지도록 하자. 그러면 이 비는 주어진 비이므로 삼각형 EFL의 모양 역시 정해질 것이며, 따라서 점 L은 주어진 위치의 직선 EL 위에 놓이게 될 것이다. LK를 그으면, 삼각형 CLK와 CFD는 닮은꼴이다. 또한 FD가 정

해져 있고 LK과 FD의 비도 주어진 값이므로, LK 역시 정해질 것이다. EH를 LK와 동일하게 잡으면 ELKH는 언제나 평행사변형이 된다. 그러므로 점 K는 평행사변형의 변 HK 위의 정해진 위치에 놓인다. Q.E.D.

따름정리   도형 EFLC의 모양이 정해져 있으므로, 세 직선 EF, EL, EC는(즉 GD, HK, EC) 서로에 대하여 주어진 비를 갖는다.

보조정리 24

세 직선이 있는데 그중 둘이 평행하며 위치가 정해져 있다고 하자. 이 세 직선이 임의의 원뿔곡선을 접한다고 하면, 나는 정해진 두 평행선에 평행한 원뿔곡선의 반지름이 접점과 세 번째 접선 사이에 잘리는 선분들의 비례중항이라고 말한다.

AF와 GB를 두 평행선이라 하자. 이 선들은 원뿔곡선 ADB와 각각 A와 B에서 접한다. 세 번째 직선 EF는 원뿔곡선과 I에서 접하고 첫 접선들과는 F와 G에서 만난다고 하자. 그리고 CD는 도형의 반지름으로 접선들에 평행하다. 그렇다면 나는 AF, CD, BG가 연속적으로 비례한다고 말한다.

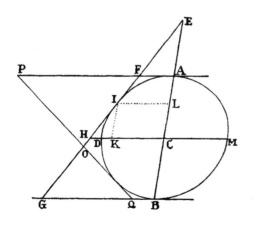

켤레 반지름 AB와 DM이 접선 FG와 E와 H에서 만나고 서로를 C에서 자른다고 하자. 그렇게 해서 평행사변형 IKCL이 완성된다면, 원뿔곡선의 성질로부터, EC 대 CA는 CA 대 CL과 같고, 비의 분리에 의해 EC−CA 대 CA−CL, 또는 EA 대 AL과 같다. 그리고 가비 원리에 의해 EA 대 EA+AL 또는 EL은 EC 대 EC+CA 또는 EB와 같을 것이다. 따라서 삼각형 EAF, ELI, ECH, EBG는 닮은꼴이므로, AF

대 LI는 CH 대 BG와 같을 것이다. 마찬가지로 원뿔곡선의 성질로부터, LI 또는 CK 대 CD는 CD 대 CH와 같다. 그러므로 뒤섞인 비에서의 비의 동등성에 의해 AF 대 CD는 CD 대 BG와 같을 것이다. Q.E.D.

따름정리 1 그러므로 두 접선 FG와 PQ가 평행한 접선 AF와 BG와 F, G 그리고 P, Q에서 만나고, 서로를 O에서 자른다면, 뒤섞인 비에서의 비의 동등성에 의해 AF 대 BQ는 AP 대 BG와 같고, 비의 분리에 의해 FP 대 GQ와 같으며, 따라서 FO 대 OG와 같다.

따름정리 2 또한 이런 이유로, 점 P와 G, F와 Q를 지나도록 그린 두 직선 PG와 FQ는, 도형의 중심과 접점 A, B를 지나는 직선 ACB와 만나게 될 것이다.

보조정리 25

무한정 늘인 네 직선으로 평행사변형을 만들고, 이 평행사변형이 임의의 원뿔곡선을 접하도록 하자. 원뿔곡선에 접하는 다섯 번째 직선이 평행사변형의 변들을 자르고, 인접한 두 변 위에 놓인 잘린 선분들이 이루는 평행사변형의 모서리들이 서로 마주 본다고 하자. 그러면 나는 잘린 선분의 길이 대 그 선분이 속한 변 전체 길이의 비는 그 변에 인접한 변 위의 접점과 세 번째 변 사이의 길이 대 인접한 변 위의 잘린 선분의 길이의 비와 같다고 말한다.

원뿔곡선과 A, B, C, D에서 접하는 평행사변형 MLIK의 네 변을 ML, IK, KL, MI라 하고, 다섯 번째 접선을 FQ라 하자. 이 접선은 네 변을 F, Q, H, E에서 자른다. 변 MI와 KI에서 잘린 부분 ME와 KQ를 잡거나, 변 KL과 ML에서 잘린 부분 KH와 MF를 잡는다. 나는 ME 대 MI가 BK 대 KQ와 같으며, KH 대 KL은 AM 대 MF와 같다고 말한다. 보조정

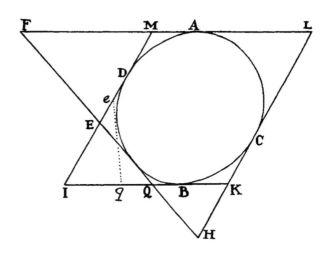

리 24 따름정리 1에 따라, ME 대 EI는 AM 또는 BK 대 BQ와 같으며, 가비 원리에 의해 ME 대 MI는 BK 대 KQ와 같다. Q.E.D. 마찬가지로, KH 대 HL은 BK 또는 AM 대 AF와 같고, 비의 분리에 의해 KH 대 KL은 AM 대 MF와 같다. Q.E.D.

따름정리 1 그러므로 주어진 원뿔곡선에 외접하는 평행사변형 IKLM이 주어지면 KQ×ME도 주어지고, 마찬가지로 그와 같은 값의 곱 KH×MF도 주어진다. 삼각형 KQH와 MFE가 닮

은꼴이므로 이 두 면적은 같다.

따름정리 2 그리고 접선 KI, MI와 각각 q, e에서 만나는 여섯 번째 접선 eq를 그리면, KQ×ME는 Kq×Me와 같을 것이고, KQ 대 Me는 Kq 대 ME와 같을 것이다. 그러면 비의 분리에 의해 Qq 대 Ee와 같을 것이다.

따름정리 3 그러므로 Eq와 eQ를 그려 이등분하고, 이 이등분 점들을 지나는 직선을 그리면, 이 선은 원뿔곡선의 중심을 지날 것이다. Qq 대 Ee가 KQ 대 Me와 같으므로, 같은 직선이 (보조정리 23에 따라) 직선 Eq, eQ, MK의 중심을 모두 지날 텐데, 직선 MK의 중심이 원뿔곡선의 중심이기 때문이다.

명제 27

문제 19. 위치가 정해진 다섯 개의 직선을 접하는 궤적을 그려라.

접선 ABG, BCF, GCD, FDE, EA의 위치가 정해져 있다고 하자. 임의의 네 접선으로 완성되는 사각형 ABFE의 대각선 AF와 BE를 M과 N에서 이등분하면, (보조정리 25, 따름정리 3에 따라) 이등분 점을 지나도록 그린 직선 MN은 궤적의 중심을 지날 것이다. 또 한 번 다른 임의의 네 접선으로 완성되는 사각형 BGFD의 대각선 BD와 GF를 P와 Q에서 이등분한다. 그러면 이등분 점들을 지나도록 그려진 직선 PQ는 궤적의 중심을 지날 것이다. 이런 식으로 계속하면 중심은 이등분선들의 교점에 놓일 것이다. 이 중심을 O라 하자. 접선 BC에 평행하도록 KL을 그릴 텐데, KL의 위치는 KL과 BC의 가운데에 중심 O가 놓이도록 잡고, 구하고자 하는 궤적에 접선이 되도록 그린다. 이 선 KL이 다른 두 접선 GCD와 FDE를 L과 K에서 자르도록 하자. 평행하지 않은 접선 CL과 FK 그리고 평행선 CF와 KL

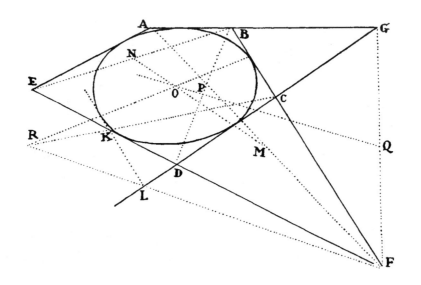

의 교점 C, K와 F, L을 지나도록 CK와 FL을 그려 R에서 만나게 하고, 직선 OR을 그려서 늘이면 평행한 접선 CF와 KL을 접점에서 자를 것이다. 이것은 보조정리 24, 따름정리 2에 따라 명백하다. 같은 방법으로 다른 접점들도 발견할 수 있으며, 마지막으로 명제 22의 작도법에 따라 궤적을 그릴 수 있다. Q.E.F.

주해

앞에서는 궤적의 중심 또는 점근선이 주어지는 문제들을 다루었다. 점과 접선이 중심과 함께 주어질 때, 같은 수의 다른 점과 접선들도 중심으로부터 같은 거리를 두고 다른 편에 놓이게 된다. 더 나아가, 점근선은 접선으로 간주되며, 점근선의 무한히 먼 끝점은 (이런 식으로 말하는 것이 허용된다면) 접점으로 간주된다. 접선의 접점이 무한으로 뻗어나가는 것을 상상해 보라. 그렇다면 접선은 점근선이 되고, 앞에서 다루었던 문제들의 작도는 점근선이 주어진 작도로 바뀌게 될 것이다.

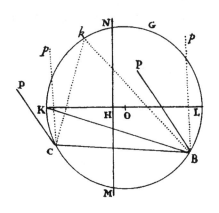

궤적이 그려지면 그 축과 초점은 다음의 방법으로 찾을 수 있다. 보조정리 21의 작도와 그림에서. 움직이는 각 PBN과 PCN의 변 BP와 CP가 (이 변들의 교점이 궤적을 그린다) 서로 평행하도록 잡고, 그 변들이—그 위치를 유지하는 동안—극점 B와 C를 중심으로 도형 안에서 회전하도록 하자. 한편, 다른 각의 변 CN과 BN이 만나는 점 K 또는 k로 원 BGKC를 그린다. 이 원의 중심을 O라 하자. 이 중심으로부터, 궤적이 그려지는 동안 다른 변 CN과 BN이 만나는 선 MN까지 수직선 OH를 내린다. 이 수직선은 원과 K와 L에서 만난다. 그리고 이 다른 변 CK와 BK가 직선 MN에 더 가까운 점 K와 만날 때, 첫 번째 변 CP와 BP는 장축에 평행하고 단축에 수직일 것이다. 그리고 같은 변이 더 먼 점 L을 만난다면 그와 반대가 될 것이다. 그러므로 궤적의 중심이 주어지면 축도 결정된다. 그리고 이 둘이 정해지면 초점은 명백하게 찾을 수 있다.

그런데 축의 제곱의 서로에 대한 비는 KH 대 LH와 같다. 따라서 주어진 네 점을 지나면서 모양이 정해진 궤적은 쉽게 그릴 수 있다. 만일 주어진 점 중 둘이 극점 C와 B를 구성하면, 세 번째 점이 움직이는 각 PCK와 PBK의 크기를 정할 것이기 때문이다. 이 값들이 정해지면 원 BGKC를 그릴 수 있다. 그러면 궤적의 모양이 결정되므로 OH 대 OK가 정해지고, 이에 따라 OH가 정해질 것이다. 중심 O와 반지름 OH로 다른 원을 그리고, 첫 번째 변 CP와 BP가 네 번째로 주어진 점에서 만날 때, 이 원에 접하고 CK와 BK의 교점을 통과하는 직선이 궤적을 그리는 직선 MN이 될 것이다. 그러므로 결과적으로 모양이 정해진 사각형이 (불가능한 몇몇 경우를 제외하고) 주어진 원뿔곡선에 내접하여 그려질 것이다.

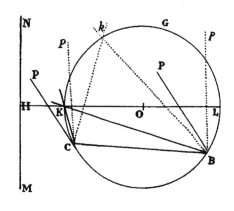

점과 접선이 주어지면 모양이 정해지는 궤적을 그릴 수 있는 다른 보조정리도 있다. 예를 들어 위치가 주어진 임의의 점을 지나도록 직선을 그리고, 이 직선이 주어진 원뿔곡선과 두 점에서 교차하도록 한 후 교점 사이의 거리를 이등분하면, 이 이등분 점은 주어진 원뿔곡선과 모양이 같고 그 축과 평행한 축을 갖는 다른 원뿔곡선 위에 놓일 것이다. 그러나 지금은 좀 더 유용한 내용으로 바로 넘어가겠다.

보조정리 26

모양과 크기가 정해진 삼각형의 세 꼭짓점을 위치가 정해진 세 직선 위에 놓아라. 이 직선은 모두 평행하지 않고, 각각의 꼭짓점이 각각의 선 위에 놓여야 한다.

[a]길이가 정해지지 않은 세 직선 AB, AC, BC는 위치가 정해져 있다. 삼각형 DEF를 그리는데, 그 꼭짓점 D는 선 AB에 닿고, 꼭짓점 E는 선 AC에 닿고, 꼭짓점 F는 선 BC에 닿도록 그려야 한다.[a] DE,

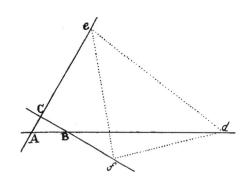

DF, EF 위에 원의 활꼴 DRE, DGF, EMF를 그리고, 이 활꼴들이 각각 각 BAC, ABC, ACB와 같은 각도를 이루도록 한다. 이 활꼴들을 선 DE, DF, EF 위에서 그릴 때 DRED가 BACB와 글자 순서가 같도록 두자. 마찬가지로 DFGD는 ABCA와, EMFE는 ACBA와 글자 순서가 같이 돌아가도록 만들자. 그러면 이 활꼴들은 완전한 원을 완성하게 된다. 첫 두 원이 G

에서 서로를 자른다고 하고, 그들의 중심을 P와 Q라고 하자. GP와 PQ를 그리고, G*a* 대 AB가 GP 대 PQ와 같도록 잡는다. 그런 다음 중심 G와 반지름 G*a*로 원을 그리면, 이 원은 첫 번째 원 DGE를 *a*에서 자른다. *a*D는 두 번째 원 DFG를 *b*에서 자르도록 그리고, *a*E는 세 번째 원 EMF를 *c*에서 자르도록 그린다. 그러면 이제 도형 ABC*def*는 도형 *abc*DEF와 닮은꼴이고 합동이 되도록 그릴 수 있다. 이것이 완성되면, 문제는 해결된 것이다.

F*c*를 그려 *a*D와 *n*에서 만나도록 하고, *a*G, *b*G, QG, QD, PD를 더하여 그린다. 작도에 의해, 각

aa   세 판본 모두, 그리고 원고 초안에서 (D.T. 화이트사이드가 편찬한 *The Mathematical Papers of Isaac Newton*, [Cambridge: Cambridge University Press, 1967-1981], 6:287), 본문과 그림 사이에 약간의 다른 점이 있다. 본문의 첫 문장에서는 "삼각형 DEF"라고 쓰여 있는데 그림에서는 "삼각형 *def*"로 표시되어 있고, 마찬가지로 "구석[직역하면 꼭짓점] D"와 "구석 F"는 각각 "구석 *d*"와 "구석 *f*"로 표시되어 있다. 그러나 문단의 끝과 이어지는 문단에서 뉴턴은 삼각형 *abc*를 소문자 a, b, c로 표기하였다.

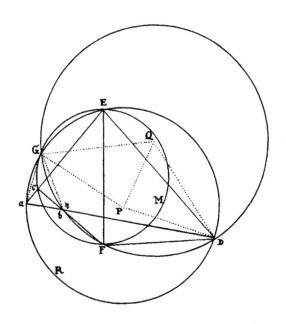

EaD는 각 CAB와 같고, 각 acF는 각 ACB와 같다. 그러므로 삼각형 anc의 각들은 각각 삼각형 ABC의 각들과 같다. 그렇다면 각 anc 또는 FnD는 각 ABC와 같으며, 따라서 각 FbD와 같다. 그러므로 점 n 은 점 b와 일치한다. 더 나아가, 중심각 GPD의 절반인 각 GPQ는 원주각 GaD와 같다. 그리고 중심 각 GQD의 절반인 각 GQP는 원주각 GbD의 보각과 같으므로 각 Gba와 같다. 그러므로 삼각형 GPQ 와 Gab는 닮은꼴이고, Ga 대 ab는 GP 대 PQ와 같으며, (작도에 의해) Ga 대 AB와 같다. 그러므로 ab 와 AB는 같고, 방금 닮은꼴이라 증명한 삼각형 abc와 ABC도 합동이 된다. 이런 이유로, 삼각형 DEF 의 꼭짓점 D, E, F가 삼각형 abc의 변 ab, ac, bc에 각각 접하는 것뿐만 아니라, 도형 ABCdef와 도형 abcDEF가 닮은꼴이자 합동으로 완성될 수 있다. 그리고 이것이 완성됨으로써 문제는 해결될 것이다. Q. E. F.

따름정리   이런 이유로 일부의 길이가 주어진 직선을 위치가 정해진 세 직선 사이에 놓이도록 그릴 수 있다. 삼각형 DEF를 상상해 보자. 점 D가 변 DF에 접근하고 변 DE와 DF는 직선 위에 놓인 다고 하면 이 삼각형 DEF는 직선으로 바뀌고, 길이가 알려진 직선의 일부 DE는 위치가 정해 진 직선 AB와 AC 사이에 놓이게 된다. 또한 길이가 알려진 선분 DF는 정해진 위치의 직선 AB와 BC 사이에 놓이게 된다. 그러면 앞선 작도 방법을 적용하여 문제를 해결할 수 있다.

명제 28

문제 20. 주어진 모양과 크기의 궤적을 그리되, 궤적의 일부는 주어진 세 직선 사이에 놓이도록 그려라.

그려야 할 궤적은 곡선 DEF와 닮은꼴이자 합동이어야 한다. 그리고 위치가 정해진 세 직선 AB,

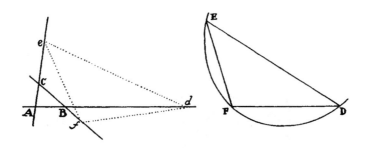

AC, BC에 의해 잘린 부분들은 곡선의 주어진 일부인 DE 그리고 EF와 닮은꼴이며 합동이어야 한다.

직선 DE, EF, DF를 그리고, 이 삼각형 DEF의 꼭짓점 D, E, F 중 하나를 위치가 정해진 각각의 직선 위에 놓자 (보조정리 26에 따라). 그런 다음 삼각형 주위로 곡선 DEF와 닮은꼴이자 합동인 궤적을 그린다. Q.E.F.

보조정리 27

위치가 정해진 네 개의 직선 위에 꼭짓점이 놓이는 모양이 정해진 사각형을 그려라. 이 직선들은 평행이 아니고 하나의 공통된 점으로 모두 수렴하지 않는다. 각각의 꼭짓점은 별개의 직선 위에 놓인다.

네 직선 ABC, AD, BD, CE의 위치가 정해져 있다고 하자. 이중 첫 번째가 A에서 두 번째 직선을 자르고, B에서 세 번째 직선을, C에서 네 번째 직선을 자른다고 하자. 이제 사각형 FGHI와 닮은꼴인 사각형 *fghi*를 그려야 한다고 하자. 이 사각형의 각 *f*는 주어진 각 F와 같으며, 직선 ABC를 만나고, 다른 각 *g*, *h*, *i*는 다른 주어진 각 G, H, I와 같으며, 각각 AD, BD, CE와 만나야 한다. FH를 그리고, FG, FH, FI 위에 원의 활꼴 FSG, FTH, FVI를 그린다. 이중 첫 번째(FSG)는 각 BAD와 크기가 같

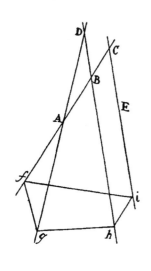

고, 두 번째 (FTH)는 각 CBD와 같은 각을, 세 번째(FVI)는 각 ACE와 크기가 같다. 또한 활꼴들을 선 FG, FH, FI의 변 위에 그릴 때, FSGF가 BADB와 글자 순서가 같도록, 그리고 FTHF는 CBDC와, FVIF는 ACEA와 글자 순서가 같이 돌아가도록 그려야 한다. 활꼴로 완전한 원을 완성하고, P를 첫 번째 원 FSG의 중심, Q를 두 번째 원 FTH의 중심이라 하자. PQ를 그리고 양방향으로 길게 늘인다. 그리고 그 위에서 QR을 잡는데 QR 대 PQ가 BC 대 AB와 같도록 잡아야 한다. 그리고 점 Q가 있는 쪽에 QR을 잡는다. 이때 글자의 순서는 P, Q, R이 A, B, C의 순서와 일치하도록 놓는다. 그런 다음 중심 R과 반지름 RF로 네 번째 원 FN*c*를 그리고, 이 원이 세 번째 원 FVI를 *c*에서 자르도록 한다.

Fc를 그리고, 이 선이 첫 번째 원을 a에서, 두 번째 원을 b에서 자르도록 한다. aG, bH, cI를 그리면 도형 ABC$fghi$는 도형 abcFGHI와 닮은꼴이 될 것이다. 이것이 완성되면, 우리가 그려야 하는 사각형 $fghi$가 그려진다.

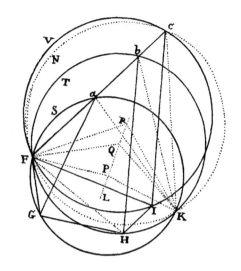

첫 두 원 FSG와 FTH가 K에서 서로 교차한다고 하자. PK, QK, RK, aK, bK, cK를 그리고 QP를 L까지 늘인다. 원주각 FaK, FbK, FcK는 중심각 FPK, FQK, FRK의 절반이며, 따라서 이 각들의 절반인 LPK, LQK, LRK와 같다. 그러므로 도형 PQRK의 각들은 각각 도형 abcK의 각들과 같으며, 두 도형은 닮은꼴이 된다. 이런 이유로 ab 대 bc는 PQ 대 QR과 같고, 다시 말해 AB 대 BC와 같다. 또한 각 fAg, fBh, fCi는 (작도에 의해) 각 FaG, FbH, FcI와 같다. 그러므로 도형 abcFGHI와 닮은꼴인 도형 ABC$fghi$를 완성할 수 있다. 이것이 완성되면, 사각형 $fghi$는 사각형 FGHI와 닮은꼴이 되도록 그려질 수 있으며 그 꼭짓점 f, g, h, i는 직선 ABC, AD, BD, CE와 만나게 된다. Q.E.F.

따름정리 이런 이유로, 위치가 정해진 네 직선 사이에서 주어진 순서대로 잘린 부분들이 서로 일정한 비율을 갖는 직선을 그릴 수 있다. 각 FGH와 GHI를 직선 FG, GH, HI가 하나의 직선 위에 놓일 때까지 늘린다. 그러면 이 경우 문제의 작도에 따라 직선 $fghi$가 그려질 것이다. 이 직선의 부분인 fg, gh, hi는 위치가 정해진 네 직선이 잘라서 생기게 되고, AB와 AD, AD와 BD, BD와 CE의 서로에 대한 비는 선 FG, GH, HI의 서로에 대한 비와 같다. 또한 서로에 대하여 같은 순서를 유지할 것이다. 그러나 다음과 같이 좀 더 효율적으로 문제를 풀 수도 있다.

AB를 K까지 늘이고 BD를 L까지 늘여, BK 대 AB가 HI 대 GH와 같고 DL 대 BD가 GI 대 FG와 같도록 하자. 그리고 KL을 그려 직선 CE와는 i에서 만나도록 하자. iL을 M까지 늘여서, LM 대 iL이 GH 대 HI와 같아지도록 한다. 그리고 MQ를 LB에 평행하게 그리고 직선 AD와는 g에서 만나도록 그린다. 그런 다음 gi를 그려 AB와 BD를 f와 h에서 자르도록 한다. 나는 이제 문제가 해결되었다고 말한다.

이는 다음과 같은 이유에서다. Mg가 직선 AB를 Q에서 자르도록 하고, AD는 직선 KL을 S에서 자르도록 하고, AP는 BD에 평행하게 그려 iL과 P에서 만나게 하자. 그러면 gM 대 Lh (gi 대 hi, Mi 대 Li, GI 대 HI, AK 대 BK) 그리고 AP 대 BL은 같은 비를 가질 것이다. DL을 R에서 잘라 DL 대 RL이 이 비와 같은 비가 되도록 하자. 그렇다면,

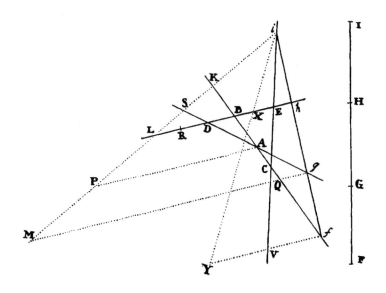

*g*S 대 *g*M, AS 대 AP, DS 대 DL은 서로 비례하므로, 비의 동등성으로부터 AS 대 BL, 그리고 DS 대 RL은 *g*S 대 L*h*와 같을 것이다. 그리고 연산을 합치면, BL−RL 대 L*h*−BL 은 AS−DS 대 *g*S−AS와 같을 것이다. 다시 말해, BR 대 B*h*는 AD 대 A*g*와 같고, 따라서 BD 대 *g*Q와 같다. 그런데 작도에 의해 선 BL은 D와 R에서 잘리고, 이때의 비는 FI가 G와 H에서 잘리는 비와 같다. 그러므로 BR 대 BD는 FH 대 FG와 같다. 결과적으로 *fh* 대 *fg*는 FH 대 FG와 같다. 그러면 *gi* 대 *hi* 역시 M*i* 대 L*i*와 같으므로, 다시 말해 GI 대 HI와 같으므로, 선 FI와 *fi*가 비슷하게 *g*와 *h*, G와 H를 자르는 것은 명백하다. Q.E.F.

이 따름정리의 작도에서, LK가 CE를 *i*에서 자르도록 그린 후 *i*E를 V까지 늘일 수 있다. 그래서 EV 대 E*i*가 FH 대 HI와 같아질 수 있고, 그런 다음 V*f*를 BD에 평행하게 그릴 수 있다. 중심 *i*와 반지름 IH로 원을 그리고 이 원이 BD를 X에서 자르고, *i*X를 Y까지 늘여 *i*Y 가 IF와 같아지도록 한다면, 그리고 Y*f*를 BD에 평행하게 그리면 같은 결과를 얻을 수 있다.

이 문제의 다른 풀이는 이전에 렌과 월리스가 고안한 것이다.

명제 29

문제 21. 모양이 정해진 궤적을 그리되, 위치가 정해진 네 직선이 이 궤적을 주어진 순서와 모양, 비율대로 자르도록 하라.

그려야 할 궤적은 곡선 FGHI와 닮은꼴이며, 위치가 정해진 직선 AB와 AD, AD와 BD, BD와 CE 사이에서 잘리게 된다. 그래서 곡선의 잘린 부분 FG는 AB와 AD 사이에, GH는 AD와 BD 사이에,

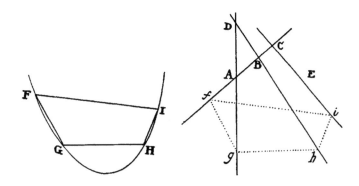

HI는 BD와 CE 사이에 놓이게 되며, 순서대로 비례해야 한다. 직선 FG, GH, HI, FI를 그린 후에, (보조정리 27에 따라) 사각형 FGHI의 닮은꼴인 사각형 *fghi*를 그리고 그 꼭짓점 *f*, *g*, *h*, *i*는 주어진 위치의 직선 AB, AD, BD, CE에 순서대로 접하도록 한다. 그러면 이 사각형 주위로 곡선 FGHI와 정확히 닮은꼴의 궤적이 그려진다.

주해

이 문제는 다음과 같이 구성할 수도 있다. FG, GH, HI, FI를 그린 후, GF를 V까지 늘이고 FH와 IG를 그린다. 그런 다음 각 CAK와 DAL이 각 FGH와 VFH와 같아지도록 한다. AK와 AL이 직선 BD와 각각 K, L에서 만나도록 하고, 이 점들로부터 KM과 LN을 그린다. 이중 KM은 각 AKM과 각 GHI가 같아지도록 그리고, 그래서 KM 대 AK가 HI 대 GH와 같아지게 하자. 그리고 LN은 각 ALN과 각 FHI가 같아지도록 그리고, 그래서 LN 대 AL의 비가 HI 대 FH와 같아지게 하자. AK, KM, AL, LN을 선 AD, AK, AL 쪽으로 그려서 CAKMC, ALKA, DALND의 글자 순서가 FGHIF와 같은 순서로 돌아가도록 배치한다. 그리고 MN을 그려 *i*에서 직선 CE와 만나도록 한다. 각 *i*EP가 IGF와 같아지도록 잡고, PE 대 E*i*가 FG 대 GI와 같아지게 잡는다. 그리고 P를 지나는 PQ*f*를 그린다. 이 선은 직선 ADE와 각 PQE를 이루게 되는데, 이 각 PQE는 각 FIG와 같고 직선 AB와는 *f*에서 만난다. 이 점 *f*에서 *fi*를 그린다. 이제 PE와 PQ를 선 CE와 PE가 있는 쪽에 그리면, PE*i*P와 PEQP가 FGHIF와 같은 글

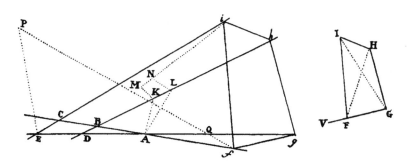

자 순서로 돌게 될 것이다. 그런 다음 선 fi 위에 사각형 FGHI와 닮은꼴인 사각형 $fghi$가 그려지면 (글자의 순서와 같은 순서로), 모양이 정해진 궤적이 사각형 주위로 외접하면서 문제는 해결된다.

지금까지 궤도를 찾는 문제들을 다루었다. 이제부터는 이렇게 찾은 궤도 위에서 물체의 운동을 결정하는 문제를 살펴볼 것이다.

명제 30

문제 22. 물체가 주어진 포물선 궤도 위에서 움직인다고 할 때, 지정된 순간에 물체의 위치를 구하라.

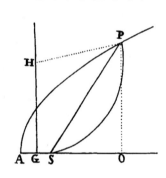

S를 포물선의 초점, A를 꼭짓점이라 하고, $4AS \times M$은 잘리는 포물선의 면적 APS와 같다고 하자. 이 잘린 면적 APS는 물체가 꼭짓점에서 출발한 후 반지름 SP가 휩쓰는 면적 또는 물체가 꼭짓점에 도착하기 전 같은 반지름에 의해 휩쓸려야 하는 면적이다. 이 면적의 크기는 그에 비례하는 시간으로부터 구할 수 있다. AS를 G에서 이등분하고, 수직선 GH를 3M과 같도록 세운다. 그러면 중심 H와 반지름 HS로 그린 원은 포물선을 원하는 위치 P에서 자를 것이다.

수직선 PO를 축으로 내리고 PH를 그리면, $AG^2 + GH^2 (= HP^2 = (AO - AG)^2 + (PO - GH)^2) = AO^2 + PO^2 - 2GA \times AO - 2GH \times PO + AG^2 + GH^2$이기 때문이다. 따라서 $2GH \times PO (= AO^2 + PO^2 - 2GA \times AO) = AO^2 + {}^3\!/_4 PO^2$이다. AO^2 대신 $\dfrac{AO \times PO^2}{4AS}$을 쓰고, 모든 항을 3PO로 나누고 2AS를 곱하면, 결과는, ${}^4\!/_3 GH \times AS \left(= {}^1\!/_6 AO \times PO + {}^1\!/_2 AS \times PO = \dfrac{AO+3AS}{6} \times PO = \dfrac{4AO-3AS}{6} \times PO = \text{면적} (APO - SPO)\right) =$ 면적 APS가 된다. 그런데 GH는 3M이므로, ${}^4\!/_3 GH \times AS$는 $4AS \times M$이 된다. 그러므로, 잘리는 면적 APS는 잘려야 하는 면적 $4AS \times M$과 같다. Q.E.D.

따름정리 1   그러므로 GS와 AS의 비는 물체가 호 AP를 그리는 시간 대 꼭짓점 A와 초점 S에서 축으로 내린 수직선 사이에서 물체가 호를 그리는 시간의 비와 같다.

따름정리 2 그리고 원 ASP가 꾸준히 움직이는 물체 P를 지난다면, 점 H의 속도와 꼭짓점 A에서의 물체의 속도의 비는 3 대 8이다. 따라서 선 GH 대 꼭짓점 A에서의 속도로 물체가 A에서 P까지 움직이며 그리는 직선의 비 역시 3 대 8이다.

따름정리 3 또한 역으로, 물체가 지정된 호 AP를 그리는 데 걸리는 시간을 찾을 수 있다. 직선 AP를 그려 넣고 그 중점에서 직선 GH와 H에서 만나는 수직선을 그리면 된다.

보조정리 28

임의의 직선으로 잘라낸 면적을 항과 차수가 유한한 방정식을 통해 구할 수 있는 알모양곡선은 존재하지 않는다.

알모양곡선 내부에 임의의 점이 주어지고, 이 점을 극점으로 하는 직선이 등속 운동으로 끊임없이 회전한다고 하자. 동시에 그 직선 위에서 움직이는 한 점이 극점에서부터 알모양곡선 내부에 있는 직선의 제곱에 비례하는 속도로 항상 멀어져 나아간다고 하자. 이렇게 움직이는 점은 무한히 회전하며 나선을 그릴 것이다. 이제, 이 직선에 의해 잘린 알모양곡선의 일부의 면적을 유한 차수의 방정식으로 구할 수 있다고 하면, 극점에서부터 점까지 거리가 면적에 비례하므로, 같은 방정식으로 그 거리도 구할 수 있다. 그러므로 나선 위의 점들은 모두 유한 차수의 방정식으로 구할 수 있으며, 위치가 주어진 임의의 직선이 나선과 교차하는 점도 마찬가지로 유한 차수의 방정식으로 구할 수 있다. 그런데 무한히 뻗어나가는 직선은 나선과 무한히 만나면서 무한한 수의 점을 자르게 된다. 그리고 두 선[즉, 곡선]의 교점을 구하는 방정식은 그 교점들을 근으로 [교점이 있는 만큼] 내놓는다. 따라서 교점의 개수만큼의 차수까지 올라가게 된다. 예를 들어 두 원은 두 점에서 서로를 자르므로, 하나의 교점을 구하려 해도 2차 방정식이 있어야 하고, 이 방정식으로 다른 교점까지 동시에 구할 수 있다. 두 원뿔곡선은 교점을 네 개 가질 수 있으므로, 이 교점 중 하나만 구하려 해도 네 개의 교점을 동시에 구할 수 있는 4차방정식이 없으면 찾을 수 없다. 이 교점들을 별개로 구한다 해도, 점들이 모두 같은 법칙과 조건을 따르기 때문에 각각의 연산도 모두 동일할 것이고, 따라서 결론 역시 언제나 동일할 것이다. 따라서 모든 교점을 함께 파악하고 방정식의 풀이로서 구분 없이 다루어야 한다. 이와 같은 이유로 원뿔곡선과 3차곡선의 교점은 여섯 개가 생길 수 있으므로 6차방정식으로 동시에 구한다. 그리고 두 3차곡선의 교점들은 아홉 개가 생길 수 있으므로 9차방정식으로 동시에 구한다. 이런 과정이 필수적이지 않았더라면, 입체 문제는 모두 평면 문제로 치환하고, 더 높은 차원의 입체 문제를 더 낮은 차원의 입체 문제로 치환하여 풀 수 있었을 것이다. 내가 지금 여기에서 설명하는 것은 차원을 낮출 수 없는 곡선이다. 만일 곡선을 정의하는 방정식의 차수를 낮은 차수로 치환할 수 있다면, 그 곡선은 단순한 곡선이 아니라 두 개 이상의 곡선이 결합된 것이며, 그 교점들은 별개의 연산으로 구할 수 있을 것이다. 같은 방식으로, 직선과 원뿔곡선의 교점 쌍은 언제나 2차 방정식으로 구할 수 있다. 직선과 치환될 수 없는 3차 곡선의 교점 세 개는 3차 방정식으로 구한다. 직선과 치환될 수 없는 4차 곡선의 교점 네 개는 4차 방정식으로 구한다. 이런 식으로 무한정 계속된다. 그러므로 직선과 나선의 교점들은 그 수가 무한하고(나선은 단순하고 더 많은 곡선으로 축소될 수 없으므로) 차수와 근의 개수가 무한인 방정식이 필요한데, 그 방정식을 통해서 모든 교점을 동시에 구할 수 있다. 교점이 모두 같은 법칙과 연산을 따르기 때문이다. 극점에서부터 교차하는 직선까지 수직선을 떨어뜨리고, 교차하는 직선과 함께 수직선이 극점 주위를 회전하면, 나선의 교점들은 서로 다른 교점들의 위치를 통과할 지날 것이다. 즉 첫 번째 또는 극점에서 가장 가까운 교점은 한 번의 회전 후 두 번째가 되고, 두 번의 회전 후에는 세 번째가 되며, 계속 나아갈 것이다. 그러는 동안 방정식도 교차하는 선의 위치가 결정되는 계수만 바뀔 뿐 근본적으로는 바뀌지 않는다. 따라서, 각 회전 후에 방정식의 계수들은 초기값으로 돌아오므로 방정식은 원래의 형태로 돌아올 것이며, 하나의 같은 방정식이 모든 교점을 근으로 내놓을 것이다. 즉 모든 교점을 무한히 많은 개수의 근으로 갖게 될 것이다. 그러므로, 직선과 나선의 교점을 일반적인 유한 차수의 방정식으로 구하는 것은 가능하지 않으며, 이런 이유로 위치가 정해진 직선이 자르는 면적을 유한 차수의 방정식으로 구할 수 있는 알모양곡선은 존재하지 않는다.

같은 논거에 따라, 극점과 나선을 그리는 점 사이의 거리를 알모양도형의 둘레 중 잘리는 부분에 비례하게 잡는다면, 둘레의 길이를 일반적인 유한 차수 방정식으로 구할 수 없음을 증명할 수 있다. [a]그러나 여기에서 나는 무한히 뻗어가는 켤레 도형들과 만나지 않는 알모양곡선을 말하는 것이다.[a]

따름정리   그러므로 초점에서부터 움직이는 물체까지 이어진 반지름이 휩쓰는 타원의 면적은, 주어진 시간으로 유한 차수의 방정식을 써서 구할 수 없다. 따라서 기하학적 유리有理 곡선을 그림으로써 결정할 수 없다. 여기서 내가 "기하학적 유리" 곡선이라고 부르는 것은, 모든 점이 방정식으로 정의되는 길이로써 결정될 수 있는 곡선, 즉 길이와 관련된 비에 의해 결정될 수 있는 곡선이다. 그렇지 않은 곡선(나선, 쿼드라트릭스, 사이클로이드 등)은 "기하학적 무리" 곡선으로 불린다. 정수비인 길이는 산술적으로 유리수에 속하고, 정수비가 아닌 길이는 산술적으로 무리수에 속한다. 그러므로 나는 다음처럼 시간에 비례하는 타원의 면적을 기하학적 무리 곡선으로 자른다.

---

aa   이 마지막 문장은 2판에서 처음 등장한다.

명제 31[a]

문제 23. 물체가 정해진 타원 궤적을 따라 움직일 때, 특정 시간에 물체의 위치를 구하라.

A를 타원 APB의 주 꼭짓점이라 하고, S는 초점, O는 중심, P는 물체의 위치라 하자. OA를 G까지 늘여 OG 대 OA가 OA 대 OS가 되도록 한다. 수직선 GH를 세우고, 중심 O와 반지름 OG로 원 GEF를 그린다. 그런 다음 직선 GH를 기저로 삼아 그 위로 바퀴 GEF를 자체 축을 중심으로 회전시켜 계속 앞으로 나아가게 굴린다. 그러면 바퀴 위의 점 A는 사이클로이드 ALI를 그린다. 사이클로이드가 완성되면 GK를 잡는데, 이때 GK와 바퀴의 둘레 GEFG의 비가 A부터 앞으로 나아가는 물체가 호 AP를 그리는 시간 대 타원의 1회 회전에 걸리는 시간의 비와 같아지도록 한다. 수직선 KL을 세우고, 이 선이 L에서 사이클로이드와 만나도록 한다. 그리고 LP를 KG에 평행하게 그리면, 이 선과 타원이 만나는 점이 우리가 구하고자 하는 물체 P의 위치가 된다.

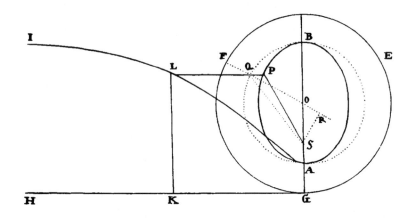

중심 O와 반지름 OA로 반원 AQB를 그리고, LP가 Q에서 호 AQ와 만나도록 하고(필요하다면 LP를 늘일 수 있다), SQ와 OQ를 그려 넣는다. OQ가 호 EFG와 F에서 만난다고 하고, 수직선 SR을 OQ로 떨어뜨린다. 그러면 면적 APS는 면적 AQS, 즉 부채꼴 OQA와 삼각형 OQS 사이의 차에 비례한다. 또는 면적 ½OQ×AQ와 면적 ½OQ×SR의 차에 비례하는데, ½OQ는 주어진 값이므로 호 AQ와 직선 SR의 차에 비례한다. 따라서 (SR 대 호 AQ의 사인, OS 대 OA, OA 대 OG, AQ 대 GF, 그리고 비의 분리에 의해 AQ−SR 대 GF−'호 AQ의 사인값'의 비가 모두 같기 때문에) 호 GF와 '호 AQ의 사인'의 차이인 GK에 비례한다. Q.E.D.

---

a   코츠가 2판에서 추가해 3판까지 수록된 인덱스에서, 이 명제는 "*Problematis*" ("문제") 항목 아래 "사이클로이드와 근사에 의한 케플러의 문제 풀이"라는 설명과 함께 배치되어 있다.

주해

그러나 이 곡선은 그리기가 어려우므로, 근사적으로 참인 풀이를 이용하는 편이 더 바람직하다. 각 B를 구하되, 각 B 대 각도 57.29578°(반지름과 같은 길이의 호가 마주 보는 각[즉 1 라디안을 말한다.—옮긴이]의 비가 타원의 초점 사이의 거리 SH 대 지름 AB의 비와 같도록 B를 구하자. 또한 길이 L을 구하되, L 대 반지름의 비는 SH 대 AB의 역수 비와 같도록 L을 구하자. 일단 이 둘을 구하면 이 문제는 다음의 해석 방법에 따라 풀 수 있다.

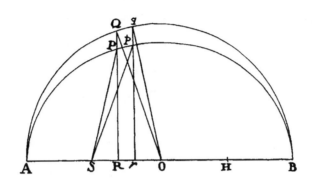

작도를 하거나 추측을 통해 물체의 실제 위치 p에 매우 가까운 위치 P를 구하자. 그런 다음 세로선 PR을 타원의 축으로 내리면, 타원의 지름과의 비를 통해 외접한 원의 세로선 RQ를 구할 수 있다. 세로선 RQ는 (AO를 반지름으로 잡으면) 각 AOQ의 사인이며 타원을 P에서 자른다. 이제 대략적인 수치 연산을 통해 각 AOQ의 근삿값을 구하기에 충분하다. 또한 시간에 비례하는 각도 찾아보자. 다시 말해 이 각 대 360°의 비가 물체가 호 Ap를 그리는 시간 대 타원을 한 바퀴 도는 데 걸리는 시간의 비와 같은 각을 찾는 것이다. 이 각을 N이라 하자. 그런 다음 각 D를 잡는데, 각 D 대 각 B의 비가 각 AOQ의 사인값 대 반지름의 비와 같아지도록 잡는다. 각 E도 각 E 대 각 N−AOQ+D의 비가, AOQ가 예각일 때는 길이 L 대 L 빼기 코사인 AOQ의 비와 같고, AOQ가 둔각일 때는 L 더하기 코사인 AOQ의 비와 같도록 잡는다. 다음으로 각 F를 잡는데, 각 F 대 각 B는 각 AOQ+E의 사인값 대 반지름의 비와 같아지도록 잡는다. 각 G는 각 G 대 각 N−AOQ−E+F의 비가, AOQ가 예각일 때는 L 대 L 빼기 코사인 AOQ+E와 같고, AOQ가 둔각일 때는 L 대 L 더하기 코사인 AOQ+E가 되도록 잡는다. 세 번째로 각 H는 각 H 대 각 B의 비가 각 AOQ+E+G의 사인 대 반지름이 되도록 잡고, 각 I는 각 I 대 각 N−AOQ−E−G+H의 비가 길이 L 대 L 빼기 코사인 AOQ+E+G(이 각이 예각일 때), 또는 L 더하기 코사인 AOQ+E+G(이 각이 둔각일 때)의 비와 같도록 잡는다. 이런 식으로 계속 각을 잡고, 마지막으로 각 AOq를 각 AOQ+E+G+I+…와 같아지도록 잡는다. 그리고 세로선 pr을 잡아, 이 세로선 대 사인 qr의 비가 타원의 단축 대 장축의 비와 같도록 잡으면, 세로선 pr과 코사인 Or로

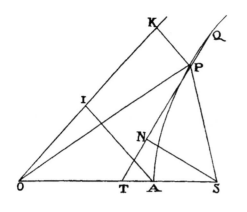

부터 물체의 보정된 위치 p을 구할 수 있다. 만일 각 N−AOQ+D가 음수면, E의 + 부호를 모두 −로 바꾸고, −부호는 모두 +로 바꾸어야 한다. G와 I에 대해서도 각 N−AOQ−E+F와 N−AOQ−E−G+F 의 부호를 같은 규칙에 따라 수정해야 한다. 그러나 무한수열 AOQ+E+G+I+···는 대단히 빠르게 수렴하므로 두 번째 항 E 이상을 고려할 필요가 거의 없다. 그리고 면적 APS는 호 AQ와 초점 S부터 반지름 OQ까지 수직으로 내린 직선 사이의 차에 비례한다는 정리를 바탕으로 연산한다.

쌍곡선일 때도 비슷한 연산으로 문제를 풀 수 있다. O를 쌍곡선의 중심이라 하고, A는 꼭짓점, S는 초점, OK는 점근선이라 하자. 이때 시간에 비례하는 잘린 면적의 크기를 구하자. 이 양을 A라 하고, 직선 SP가 실제 면적 APS에 거의 근사하도록 자른다고 가정한 후 직선 SP의 위치를 추측하도록 하자. OP를 그려 넣고, A와 P에서 점근선 OK까지 AI와 PK를 그린다. 이 선들은 두 번째 점근선에 평행하다. 그리고 나서 로그표에서 면적 AIKP를 찾고 그와 같은 면적 OPA를 삼각형 OPS에서 빼면 잘리는 면적 APS가 남을 것이다. 초점 S부터 접선 TP에 수직으로 내려 선 SN을 잡고, 이 선분으로 2APS−2A 또는 2A−2APS를 (잘리게 될 면적 A와 잘린 면적 APS의 차이의 두 배) 나눈다. 이렇게 나누면 현의 길이 PQ를 얻을 수 있다. 이제, 잘린 면적 APS가 잘려야 하는 면적 A보다 크면 A와 P 사이에 현 PQ를 그리고, A보다 작으면 P의 반대편에 PQ를 그린다. 그러면 점 Q는 물체의 좀 더 정확한 위치가 될 것이다. 그리고 이 과정을 계속 반복하면 물체의 위치는 점점 더 정확해질 것이다.

그리고 이 연산을 통해 문제의 일반적인 해석적 풀이를 얻을 수 있다. 그러나 이제부터 설명하는 연산은 천문학에서 사용하기에 더 적합하다. AO, OB, OD를 타원의 반축이라 하고, L을 타원의 통경, 그리고 D는 단축의 반축 OD와 통경의 절반인 ½L의 차이라 하자. 이때 각 Y를 구하는데, 각 Y의 사인 대 반지름의 비는 '그 차이 D와 축의 절반을 더한 AO+OD의 곱' 대 장축 AB의 제곱한 값의 비와 같다. 그리고 각 Z도 구할 텐데, 이 각의 사인 대 반지름의 비는 '초점 사이 거리 SH와 그 차이 D의 곱의 두 배' 대 '장축 AO의 절반의 제곱의 세 배'의 비와 같다. 일

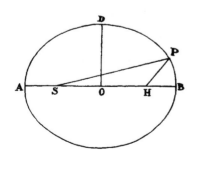

단 이 각들을 찾으면 물체의 위치가 결정될 텐데, 그 과정은 다음과 같다. 먼저, 각 T를 정하되 호 BP가 그려지는 시간에 비례하도록, 다시 말해 평균 운동mean motion과 같도록 각 T를 정한다. 그리고 각 V(평균운동의 첫 번째 오차equation)를 정하되, 각 V 대 각 Y(가장 큰 첫 번째 오차)의 비가 각 T의 두 배의 사인

대 반지름의 비와 같도록 한다. 그리고 각 X(두 번째 오차)를 정하되, 각 X 대 각 Z(가장 큰 두 번째 오차)의 비가 각 T의 사인의 세제곱 대 반지름의 세제곱의 비와 같도록 각 X를 정한다. 그런 다음 (평균 운동과 같아진) 각 BHP를 정하는데, 각 T가 예각일 때는 각 T, X, V의 합인 T+X+V와 같고, 각 T가 둔각일 때는 T+X−V와 같도록 한다. 그리고 HP가 P에서 타원과 만난다면, SP는 면적 BSP를 시간에 거의 비례하게 자르도록 그려질 것이다.

이 방법은 매우 빠르고 효율적인 것 같다. 아주 작은 각 V와 X(초 단위의 각까지도)의 처음 두세 개의 도형을 찾기에 충분하기 때문이다. 이 방법은 행성 이론에서도 충분히 정확하게 활용될 수 있다. 화성 궤도의 경우도, 중심의 가장 큰 균차가 10도인데 궤도 오차는 1초를 넘지 않는다. 일단 평균 운동과 같은 각 BHP를 구하면 실제 운동에서 각 BSP와 거리 SP는 알려진 방법으로 쉽게 구할 수 있다.

지금까지 곡선을 따라 움직이는 물체의 운동을 다루었다. 그런데 물체는 직선을 따라 아래로 내려가거나 똑바로 올라갈 수도 있다. 나는 이제부터 이러한 운동에 관한 내용을 자세히 설명하려 한다.

명제 32[a]

문제 24. 중심부터 위치까지의 거리의 제곱에 반비례하는 구심력이 주어졌을 때, 물체가 주어진 시간 동안 낙하하는 거리를 구하라.

사례 1   만일 물체가 수직으로 낙하하지 않는다면(명제 13, 따름정리 1에 따라), 물체는 힘의 중심과 초점이 일치하는 원뿔곡선을 그릴 것이다. 이 원뿔곡선을 ARPB라 하고, 초점을 S라 하자. 먼저 이 도형이 타원이라면, 장축 AB 위로 반원 ADB를 그린다. 그리고 직선 DPC는 낙하하는 물체를 지나고 축에 수직이라 하자. DS와 PS를 그리면, 면적 ASD는 면적 ASP에 비례할 것이고 따라서 시간에 비례한다. 축 AB를 고정시키고, 타원의 폭을 지속적으로 줄여나간다. 그러면 면적 ASD는 언제나 시간에 비례한 상태를 유지할 것이다. 이

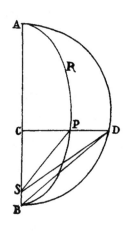

폭을 무한정 감소시키자. 그러면 이제 궤도 APB는 축 AB와 일치하게 되고, 초점 S는 축의 종점 B와 일치하게 되며, 물체는 직선 AC를 따라 낙하하게 될 것이다. 그리고 면적 ABD는 시간에 비례할 것이다. 그러므로 거리 AC가 주어진다. 면적 ABD가 주어진 시간에 비례하고 수직선 DC는 점D에서 직선 AB로 떨어진다고 하면, 물체는 그 시간 동

안 위치 A에서 수직으로 거리 AC만큼 낙하하게 된다. Q.E.I.

사례 2

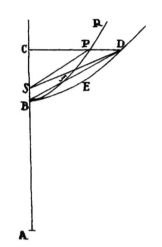

도형 RPB가 쌍곡선이라면, 동일한 주 지름 AB 위에 직각쌍곡선 BED를 그린다. 그리고 면적 CSP, CB*f*P, SP*f*B는 각각 면적 CSD, CBED, SDEB에 대하여 거리 CP와 CD 사이에서 주어진 비를 갖고, 면적 SP*f*B는 물체가 호 P*f*B를 지나 움직이는 시간에 비례하므로, 면적 SDEB 역시 같은 시간에 비례할 것이다. 쌍곡선 RPB의 통경을 무한정 줄이고 주 지름은 고정시키면, 호 PB는 직선 CB와 일치할 것이다. 또한 초점 S는 꼭짓점 B와, 직선 SD는 직선 BC와 일치할 것이다. 따라서, 면적 BDEB는 물체 C가 똑바로 낙하하며 선 CB를 그리는 시간에 비례할 것이다. Q.E.I.

사례 3.   그리고 비슷한 논거에 따라, 도형 RPB를 포물선이라 하자. 같은 꼭짓점 B를 공유하는 또 다른 포물선 BED를 그려 이대로 유지하고, 첫 번째 포물선의 통경이 (이 포물선의 둘레를 따라 물체 P가 움직인다) 줄어들어 0이 된다고 하자. 그렇게 해서 이 포물선이 선 CB와 일치하게 되면, 포물선의 활꼴 BDEB는 물체 P 또는 C가 중심 S 또는 B로 낙하하는 시간에 비례하게 된다. Q.E.I.

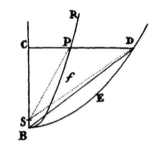

명제 33

정리 9. 앞에서 발견한 내용대로 가정하면, 나는 임의의 위치 C에서 낙하하는 물체의 속도 대 중심 B와 반지름 BC인 원을 그리는 물체의 속도의 비는, AC(원 또는 직각쌍곡선의 더 먼 꼭짓점 A부터 물체까지의 거리) 대 ½AB(도형의 주 반지름)의 제곱근 비와 같다고 말한다.

두 도형 RPB와 DEB의 공통의 지름 AB를 O에서 이등분한다. 그리고 직선 PT를 그려 도형 RPB와 P에서 접하는 동시에 공통의 지름 AB(필요하다면 늘일 수 있다)를 T에서 자르도록 한다. SY는 선 PT에 수직이라 하고, BQ는 지름에 수직이라 하자. 그런 다음 도형 RPB의 통경을 L이라 잡는다. 명제 16, 따름정리 9에 따라 임의의 장소 P에서 중심 S 주위로 [휘어진] 선 RPB를 따라 움직이는 물체의 속도 대 같은 중심과 반지름 SP로 그려지는 원을 따라 움직이는 물체의 속도의 비는 ½L×SP 대 SY^2의 제곱근 비와 같다. 그러나 "원뿔곡선"에 관한 책으로부터, AC×CB 대 CP^2의 비는 2AO 대 L과 같으며, 따라서 $\dfrac{2CP^2 \times AO}{AC \times CB}$ 은 L과 같다. 그러므로 두 속도의 서로에 대한 비는 $\dfrac{2CP^2 \times AO \times SP}{AC \times CB}$ 대 SY^2의 제곱근 비와 같다. 더 나아가 『원뿔곡선』에 관한 책으로부터, CO 대 BO는 BO 대 TO와 같고, 가비 원

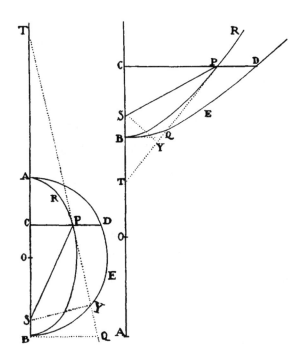

리 또는 비의 분리에 의해, CB 대 BT와 같다. 그러므로 비의 분리 또는 가비 원리에 의해, BO ± CO 대 BO는 CT 대 BT가 되고, 다시 말해 AC 대 AO는 CP 대 BQ와 같다. 따라서 $\dfrac{2CP^2 \times AO \times SP}{AC \times CB}$ 는 $\dfrac{BQ^2 \times AC \times SP}{AO \times BC}$ 와 같다. 이제 도형 RPB의 폭 CP가 무한정 감소한다고 하자. 그렇게 해서 점 P는 점 C와 일치하고 점 S는 점 B와 일치하며, 선 SP는 선 BC와, 선 SY는 선 BQ와 일치하게 된다고 하자. 그렇다면 이제 선 CB를 따라 똑바로 낙하하는 물체의 속도 대 중심이 B이고 반지름이 BC인 원을 그리며 낙하하는 물체의 속도의 비는 $\dfrac{BQ^2 \times AC \times SP}{AO \times BC}$ 대 SY^2의 제곱근 비와 같다. 다시 말해 (SP 대 BC 그리고 BQ^2 대 SY^2의 비는 1 대 1이므로 이를 무시하면) AC 대 AO 또는 $\frac{1}{2}$AB의 제곱근 비와 같다. Q.E.D.

따름정리 1 점 B와 S가 일치하게 되면, TC 대 TS는 AC 대 AO와 같아진다.

따름정리 2 중심으로부터 주어진 거리에서 원을 따라 회전하는 물체는, 그 운동이 상향 운동으로 전환되면, 중심부터의 거리의 두 배만큼 올라가게 된다.

명제 34

정리 10. 만일 도형 BED가 포물선이면, 나는 임의의 위치 C에서 낙하하는 물체의 속도는 중심이 B이고 반지름이 BC의 절반인 원을 그리면서 일정하게 움직이는 물체의 속도와 같다고 말한다.

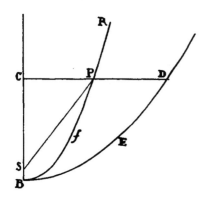

임의의 위치 P에서 중심 S 주위로 포물선 RPB를 그리는 물체의 속도는 (명제 16, 따름정리 7에 따라) 같은 중심 S와 간격 SP의 절반을 반지름으로 삼는 원을 일정하게 그리는 물체의 속도와 같다. 포물선의 폭 CP가 무한정 줄어든다고 하자. 그러면 포물선의 호 PfB가 직선 CB와 일치하게 되고, 중심 S는 꼭짓점 B와, 간격 SP는 간격 BC와 일치하게 된다. 그러면 명제는 성립한다. Q.E.D.

명제 35

정리 11. 동일한 가정 하에서, 나는 정해지지 않은 반지름이 SD가 휩쓰는 도형 DES의 면적이, 같은 시간 동안 중심이 S이고 도형 DES의 통경 절반을 반지름으로 하여 일정하게 회전하는 물체가 휩쓰는 면적과 같다고 말한다.

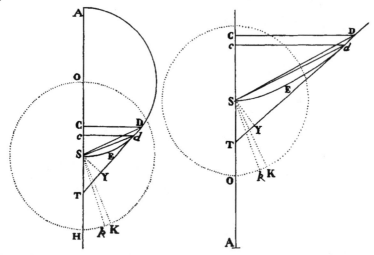

물체 C가 극도로 짧은 시간 동안 낙하하며 선분 Cc를 그리고, 다른 물체 K는 중심 S 주위로 원형 궤도 OKk를 일정하게 따르며 호 Kk를 그린다고 가정하자. 수직선 CD와 cd를 세워 도형 DES와는 D와 d에서 만나도록 하자. SD, Sd, SK, Sk를 그려 넣고, Dd를 그려 축 AS와 T에서 만나도록 한다. 그리고 Dd로 수직선 SY를 내린다.

사례 1   이제, 도형 DES가 원 또는 직각쌍곡선이면, 횡경*transverse diameter* AS를 O에서 이등분하자. 그러면 SO는 통경의 절반이 될 것이다. 그리고 TC 대 TD는 Cc 대 Dd와 같고, TD 대 TS는 CD 대 SY와 같으므로, 비의 동등성에 의해 처음 속도 대 마지막 속도의 비, 다시 말해 선분 Cc 대 호 Kk의 비는 AC 대 SC의 제곱근 비와 같다. 즉 AC 대 CD와 같다. 그러므로 CD×Cc는 AC×Kk와 같고, AC 대 SK는 AC×Kk 대 SY×Dd와 같다. 따라서 SK×Kk는 SY×Dd와 같고, ½SK×Kk는 ½SY×Dd와 같다. 다시 말해 면적 KSk는 면적 SDd와 같다. 그러므로, 각각의 시간 부분 동안 두 면적의 부분 KSk와 SDd가 생겨나고, 그 크기와 개수가 무한정 증가하면 그들은 같은 비를 얻게 된다. 그러므로 (보조정리 4, 따름정리에 따라) 같은 시간 동안 생겨나는 전체 면적은 언제나 같다. Q.E.D.

사례 2

그런데 만일 도형 DES가 포물선이면, 앞에서와 같이 CD×Cc 대 SY×Dd는 TC 대 TS와 같고, 다시 말해 2 대 1이 된다. 그러므로 ¼CD×Cc는 ½SY×Dd와 같을 것이다. 그런데 C에서 낙하하는 물체의 속도는 반지름 ½SC으로 일정하게 원을 그리는 속도와 같다(명제 34에 따라). 그리고 이 속도 대 반지름 SK로 원을 그리는 속도의 비는, 다시 말해, 선분 Cc 대 호 Kk의 비는 (명제 4, 따름정리 6에 따라) SK 대 ½SC의 제곱근비, 즉 SK 대 ½CD의 비와 같다. 그러므로 ½SK×Kk는 ¼CD×Cc와 같고, 따라서 ½SY×Dd와 같다. 즉, 앞에서와 마찬가지로 면적 KSk는 면적 SDd와 같다. Q.E.D.

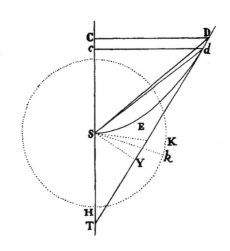

명제 36

문제 25. 정해진 위치 A에서 낙하하는 물체의 낙하 시간을 결정하라.

지름 AS(중심부터 낙하를 시작하는 물체의 위치까지의 거리)로 반원 ADS를 그리고, 중심 S 주위로 ADS와 합동인 반원 OKH를 그린다. 물체의 임의의 위치 C로부터 세로선 CD를 세운다. SD를 그려 넣고, 부채꼴 OSK가 면적 ASD와 같아지도록 작도한다. 명제 35에 따라 거리 AC만큼 물체가 낙하하는 시간은 중심 S 주위로 원 궤도를 일정하게 회전하는 다른 물체가 호 OK를 그리는 시간과 같다. Q.E.F.

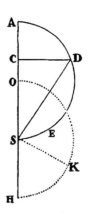

명제 37

문제 26. 주어진 장소에서 위쪽 또는 아래쪽으로 발사된 물체가 올라가는 시간 또는 떨어지는 시간을 정의하라.

물체가 주어진 위치 G에서 선 GS를 따라 임의의 속도로 출발한다고 하자. 그리고 GA를 잡을 텐데,

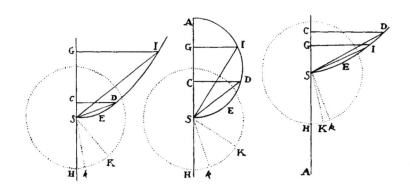

GA 대 ½AS의 비가 물체의 속도 대 S를 중심으로 주어진 간격(또는 거리) SG만큼 떨어져 일정하게 원운동하는 물체의 속도의 제곱비와 같도록 한다. 만일 이 비가 2 대 1이면 점 A는 무한정 멀고, 꼭짓점 S, 축 SG, 임의의 통경으로 포물선이 그려질 것인데, 이는 명제 34에 따라 명백하다. 이 비가 2 대 1보다 작거나 크면, 작은 경우는 원이, 큰 경우는 직각쌍곡선이 지름 SA 위에 그려지고, 이는 명제 33에 따라 명백하다. 그런 다음, 중심 S와 통경의 절반과 같은 길이의 반지름으로 원 HkK를 그리고, 낙하 또는 상승하는 물체의 위치 G와 임의의 다른 위치 C를 향해 수직선 GI와 CD를 세운다. 이 수직선들은 원뿔곡선 또는 원과 I와 D에서 만나야 한다. 이제 SI와 SD를 그린 다음, 부채꼴 HSK와 HSk가 활꼴 SEIS와 SEDS와 같아지도록 그리자. 그러면 명제 35에 따라 물체 G는 물체 K가 호 Kk를 그리는 시간 동안 거리 GC만큼 낙하할 것이다. Q.E.F.

명제 38

정리 12. 구심력이 높이 또는 중심부터의 거리에 비례한다고 가정하면, 나는 낙하하는 물체의 시간, 속도, 휩쓰는 면적이 각각 호, 사인, 버스트 사인에 비례한다고 말한다.

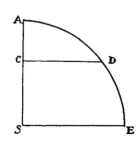

물체가 임의의 위치 A에서 직선 AS를 따라 낙하한다고 하자. 힘의 중심 S와 반지름 AS로 사분원 AE를 그리고, CD는 임의의 호 AD의 사인이라 하자. 그렇다면 시간 AD 동안 물체 A는 거리 AC를 휩쓸며 낙하하고, 위치 C에서 속도 CD를 얻을 것이다.

이는 명제 11로부터 명제 32가 증명된 것처럼, 명제 10으로부터 같은 방식으로 증명된다.

따름정리 1   그러므로 위치 A에서 낙하하는 물체가 중심 S에 도달하는 데 걸리는 시간은 다른 물체가 원을 따라 회전하며 사분원의 호 ADE를 그리는 데 걸리는 시간과 같다.

따름정리 2   따라서, 물체들이 임의의 위치부터 낙하할 때 걸리는 시간은, 중심에서 얼마나 멀리 떨어져 있든 상관없이 모두 같다. 회전하는 물체의 주기는 (명제 4, 따름정리 3에 따라) 모두 같은 까닭이다.

명제 39

문제 27. 임의의 구심력을 가정하고, 곡선 도형의 구적법을 인정하기로 하자. 물체가 수직 상승 또는 낙하할 때, 물체가 임의의 장소에 도달하는 데 걸리는 시간과 그 위치에서의 속도를 구하라. 반대로 속도와 시간으로부터 구심력의 크기도 구하라.

물체 E가 임의의 위치 A에서 아무 직선이든 ADEC를 따라 낙하한다고 하자. 물체의 위치 E에서는 언제나 수직선 EG가 세워진다고 하면, 이 EG는 위치 E에서 중심 C를 향하는 구심력에 비례한다. 그리고 BFG는 점 G가 연속적으로 그리는 궤적 곡선이라 하자. 운동이 처음 막 시작할 때 EG는 수직선 AB와 일치할 것이다. 그렇다면 임의의 위치 E에서 물체의 속도는 직선에 비례할 텐데, 그 직선의 제곱은 곡선으로 둘러싸인 면적 ABGE와 같을 것이다. Q.E.I.

EG에서 면적 ABGE의 제곱근과 같은 직선에 반비례하는 EM을 잡는다. 그리고 VLM은 점 M이 연속적으로 그리는 궤적 곡선이며, 곡선의 점근선은 직선 AB를 늘인 것이라 하자. 그러면 낙하하는 물체가 선 AE를 그리는 시간은 곡선 면적 ABTVME와 비례할 것이다. Q.E.I.

직선 AE에서 길이가 정해진 극도로 짧은 선분 DE를 잡고, 물체가 D에 있을 때 선 EMG의 위치가 DLF가 된다고 하자. 그래서 구심력에 의해 낙하하는 물체의 속도가 어떤 직선에 비례하고, 이 직선의 제곱이 면적 ABGE와 같다고 하면, 면적 자체는 속도의 제곱에 비례할 것이다. 다시 말해 D와 E에서의 속도 대신 V와 V+I를 쓰면, 면적 ABFD는 V^2에 비례하고 면적 ABGE는 $V^2+2VI+I^2$에 비례할 것이다. 그러면 비의 분리에 의해 면적 DFGE는 $2VI+I^2$에 비례할 것이다. 따라서 $\dfrac{DFGE}{DE}$는 $\dfrac{2VI+I^2}{DE}$에 비례할 것이다. 다시 말해 막 생겨나는 양들의 첫 번째 비를 잡으면, 길이 DF는 $\dfrac{2VI}{DE}$에 비례할 것이다. 따라서 이 양의 절반, 즉 $\dfrac{I \times V}{DE}$에도 비례한다. 그런데 낙하하는 물체가 선분 DE를 그리는 시간은 그 선분에 정비례하고 속도 V에는 반비례한다. 그리고 힘은 속도의 증분 I에 정비례하고 시간에는 반비례한다. 따라서—생겨나기 시작하는

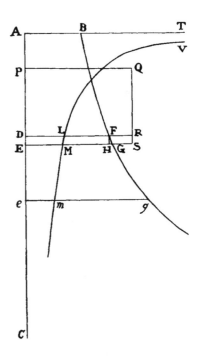

양들의 첫 번째 비를 취하면—$\dfrac{\mathrm{I}\times\mathrm{V}}{\mathrm{DE}}$에 비례하고, 다시 말해 길이 DF에 비례한다. 그러므로 DF 또는 EG에 비례하는 힘이 물체를 낙하시키면 물체의 속도는 그 제곱이 면적 ABGE와 같은 직선에 비례한다. Q.E.D.

더 나아가, 길이가 정해진 임의의 선분 DE가 그려지는 시간은 속도에 반비례하고, 따라서 그 제곱이 면적 ABFD와 같은 직선에 반비례한다. DL(즉 막 생겨나는 면적 DLME)도 같은 직선에 반비례하므로, 시간은 면적 DLME에 비례할 것이며, 모든 시간의 합은 모든 면적의 합에 비례하게 된다. 즉 (보조정리 4, 따름정리에 따라) 선 AE가 그려지는 전체 시간은 전체 면적 ATVME에 비례할 것이다. Q.E.D.

따름정리 1   어떤 물체가 위치 P에서 크기가 알려진 균일한 구심력(일반적인 예로 중력을 들 수 있겠다)을 받아 낙하하고, 위치 D에서 다른 물체와 똑같은 속도를 얻게 된다고 하자. 다른 물체는 어떠한 힘의 작용을 받아 같은 위치 D에서 그 속도를 얻었다고 하자. 그러면 수직선 DF에서 DR을 정하되, DR 대 DF의 비가 위치 D에서 균일한 힘 대 다른 힘의 비와 같도록 한다. 이렇게 면적 PDRQ를 완성하고 그와 같은 면적 ABFD를 잘라내자. 그러면 A는 다른 물체가 떨어지기 시작했던 위치가 될 것이다.

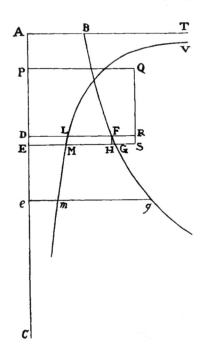

면적 DRSE가 완성될 때, 면적 ABFD 대 면적 DFGE의 비는 V^2 대 2VI와 같고 따라서 $\tfrac{1}{2}$V 대 I와 같다. 즉 전체 속도의 절반 대 균일하지 않은 힘을 받아 낙하하는 물체의 속도의 증분의 비와 같은 것이다. 그리고 이와 비슷하게, 면적 PQRD 대 면적 DRSE의 비는 전체 속도의 절반 대 균일한 힘을 받아 낙하하는 물체가 속도의 증분의 비와 같다. 그리고 그 증분은 (막 생겨나는 시간들은 같으므로) 생성하는 힘에 비례하며, 다시 말해 세로선 DF와 DR에 비례하므로, 막 생겨나는 면적 DFGE와 DRSE에 비례한다. 그러므로 전체 면적 ABFD와 PQRD는 비의 동등성에 의해 서로에 대한 비가 전체 속도의 절반에 비례하고, 이 속도들이 같으므로 두 면적은 서로 같다.

따름정리 2   따라서 어떠한 물체가 주어진 속도로 임의의 위치 D로부터 위쪽 또는 아래쪽으로 발사되고 구심력의 법칙이 주어지면, 임의의 장소 e에서의 물체의 속도는 다음과 같이 구할 수 있다. 먼저 세로선 eg를 세운다. 그리고 두 직선을 취하는데 첫 번째 직선의 제곱은 두 직선을 취하는데, 첫 번째 직선의 제곱은 면적 PQRD와 DFge의 합(위치 e가 D 아래에 있을 때) 또는 면적 PQRD와 DF*ge*의 차(위치 *e*가 D 위에 있을 때)과 같고, 두 번째 직선의 제곱은 면적 PQRD와 같다. 그렇게 해서 *e*에서의 속도 대 D에서의 속도의 비를 첫 번째 직선 대 두 번째 직선의 비와 같도록 잡으면 된다.

따름정리 3 시간도 다음의 방법으로 결정할 수 있다. 먼저 PQRD±DF*ge*의 제곱근에 반비례하는 수직선 *em*을 세우고, 물체가 선 D*e*를 그리는 시간을 잡되, 이 시간 대 다른 물체가 P로부터 균일한 힘을 받아 낙하하여 D에 도달하는 시간의 비가 곡선 면적 DL*me* 대 면적 2PD×DL의 비와 같아지도록 잡는다. 그러면 물체가 균일한 힘을 받아 낙하하며 선 PD를 그리는 시간 대 같은 물체가 선 PE를 그리는 시간의 비는 PD 대 PE의 제곱근 비와 같고, 다시 말해 (선분 DE는 이제 막 생겨나는 길이이므로) PD 대 PD+½DE, 즉 2PD 대 2PD+PE의 비와 같다. 그러면 비의 분리에 의해 같은 물체가 선분 DE를 그리는 시간에 대한 비는 2PD 대 DE와 같고, 따라서 2PD×DL 대 면적 DLME와 같다. 그리고 두 물체가 각각 선분 DE를 그리는 데 걸리는 시간 대 두 번째 물체가 일정하지 않은 운동으로 선 D*e*를 그리는 데 걸리는 시간의 비는 면적 DLME 대 면적 DL*me*의 비와 같다. 따라서 비의 동등성으로부터 처음 시간 대 마지막 시간의 비는 2PD×DL 대 면적 DL*me*의 비와 같다.

명제 40

정리 13. 어떤 물체가 임의의 구심력을 받아 어느 쪽으로든 움직이고, 다른 물체는 수직으로 상승 또는 낙하한다고 하자. 두 물체의 속도가 어느 한 사례에서 같고 그때 중심으로부터의 거리가 같았다고 하면, 두 물체의 속도는 중심으로부터 거리가 동일한 모든 사례에서 같을 것이다.

어떤 물체가 A에서 D와 E를 지나 중심 C를 향해 낙하하고, 다른 물체는 V부터 곡선 VIK*k*를 따라 움직인다고 하자. 중심 C와 임의의 반지름으로 동심원 DI와 EK를 그린다. 이 원들은 직선 AC와는 D와 E에서 만나고 곡선 VIK와는 I와 K에서 만난다. N에서 KE와 만나는 IC를 그려 넣고, IK까지 수직선 NT를 떨어뜨린다. 그리고 두 원둘레 사이의 간격 DE 또는 IN은 극도로 짧다고, 물체들은 D와 I에서 같은 속도를 갖는다고 하자. 거리 CD와 CI는 동일하므로, D와 I에서의 구심력은 같을 것이다. 이 힘들을 동일한 선분 DE와 IN으로 표현하자. 이제 이 힘들 중 하나인 IN을 (법칙의 따름정리 2에 따라) 두 성분 NT와 IT로 분해하면, 물체의 경로 ITK에 수직인 선 NT를 따라 작용하는 힘 NT는 그 경로로는 물체의 속도를 전혀 바꾸지 못하고, 물체를 직선 경로에서 끌어당겨 궤도 접선에서 벗어나 곡선 경로 ITK*k*를 따르도록 하는 영향만 줄 것이다. 이 힘 전체는 이러한 효과에만 전부 다 쓰이게 된다. 반면 물체의 경로를 따라 작용하는 다른 힘 IT는 물체를 가속시켜 주어진 극도로 짧은 시간 동안 그에 비례하는 가속을 만들어내는 데에만 전부 쓰일 것이다. 따라서 같은

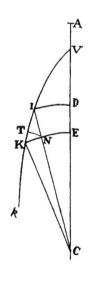

시간 동안 D와 I에서 생성되는 물체의 가속은 (막 생겨나는 선 DE, IN, IK, IT, NT의 첫 비를 취하면) 선 DE와 IT에 비례하지만, 시간이 다를 때는 선과 시간의 곱에 비례한다. 이제 DE와 IK가 그려지는 시간은 그려지는 경로 DE와 IK에 비례하고 (속도가 같으므로), 따라서 선 DE와 IK를 따르는 물체가 경로상에서 받는 가속은 DE와 IT, DE와 IK의 곱에 비례한다. 다시 말해 DE^2과 IT×IK의 곱에 비례한다. 그런데 IT×IK는 IN^2과 같으며, 다시 말해 DE^2과 같다. 그러므로 물체가 D와 I에서 E와 K로 지나가며 발생하는 가속은 같다. 따라서 E와 K에서 물체의 속도는 같으며, 같은 논증에 따라 최종적으로 같은 거리에 있는 물체는 모두 같은 속도를 갖게 될 것이다. Q.E.D.

또한 같은 논증에 따라, 속도가 같고 중심에서 등거리에 위치한 물체들은 같은 높이까지 올라가는 동안 동일하게 감속될 것이다. Q.E.D.

따름정리 1 그러므로 물체가 실에 매달려 진동하거나 완벽하게 부드럽고 매끄러운 곡면을 따라 곡선 궤도로 움직이고 있고, 다른 물체는 수직 상승하거나 낙하한다면, 그리고 같은 높이에서 둘의 속도가 같다면, 두 물체의 속도는 서로 같은 높이에 있을 때 언제나 같을 것이다. 물체를 매단 실 또는 완벽하게 매끄러운 곡면이 횡단 힘 NT와 같은 효과를 만들어 내기 때문이다. 물체는 이로 인해 감속 또는 가속되지 않고, 단지 직선 경로에서 벗어나도록 하는 작용을 받을 뿐이다.

따름정리 2 이제 물체가 실에 매달려 진동하거나 임의의 궤도를 따라 회전하면서, 궤도 위 임의의 점에서 위쪽으로 발사되었을 때 그 점에서의 속도로 중심에서 가장 멀리 올라갈 수 있는 거리를 P라 하자. 그리고 A는 중심부터 궤도의 다른 어느 점까지의 물체의 거리라 하자. 구심력은 언제나 A의 거듭제곱 A^{n-1}에 비례하고, 지수 $n-1$은 임의의 수 n이 1씩 줄어드는 것이라 하자. 그렇다면 모든 높이 A에서[즉, 거리 A] 물체의 속도는 $\sqrt{(P^n - A^n)}$에 비례할 것이며, 따라서 주어진 값이다. (명제 39에 따라) 수직 상승하거나 낙하하는 물체의 속도가 이 비를 따르기 때문이다.

명제 41[a]

문제 28. 임의의 구심력이 작용한다고 가정하고, 곡선 도형의 구적법을 인정한다고 하자. 이때 물체가 움직이는 궤적을 구하고, 그 위에서 물체가 운동하는 시간을 구하라.

임의의 힘이 중심 C를 향한다고 하자. 그리고 궤적 VIKk를 구해야 한다고 하자. 원 VR이 정해져 있고, 이 원은 중심 C와 반지름 CV로 그려진다고 하자. 같은 중심 주위로 다른 원 ID와 KE를 그리는데, 이 원들은 궤적을 I와 K에서 자르고 직선 CV를 D와 E에서 자른다고 하자. 그런 다음 직선 CNIX

---

a   이 명제에 대한 해설은 해설서 §10.12를 참고하자.

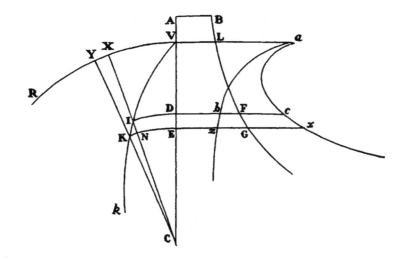

를 그려 원 KE와 VR을 N과 X에서 자르도록 하고, 원 VR과 Y에서 만나는 직선 CKY를 그린다. 점 I 와 K는 서로 대단히 가까우며, 물체는 V부터 I와 K를 지나 k로 나아간다고 하자. 그리고 점 A에서 다른 물체가 낙하하고, 첫 번째 물체가 I에서 얻는 속도를 위치 D에서 얻는다고 하자. 그리고 모든 조건 이 명제 39와 같을 때, 주어진 극도로 짧은 시간 동안 그려지는 선분 IK는 속도에 비례할 것이고, 따라서 그 제곱이 면적 ABFD와 같은 직선에 비례할 것이다. 그리고 시간에 비례하는 삼각형 ICK가 주 어질 것이다. 그러므로 KN은 높이 IC에 반비례할 것이다. 즉 어떤 양 Q가 주어지고 높이 IC를 A라 고 할 때, $\frac{Q}{A}$에 비례하게 된다. 이제 이 양 $\frac{Q}{A}$를 Z라 하고, $\sqrt{ABFD}$대 Z의 비가 IK 대 KN과 같도 록 하는 Q의 양을 가정하자. 그러면 모든 경우에 대하여 $\sqrt{ABFD}$ 대 Z는 IK 대 KN과 같고, ABFD 대 Z^2은 IK^2 대 KN^2과 같으며, 비의 분리에 의해 $ABFD-Z^2$ 대 Z^2은 IN^2 대 KN^2과 같을 것이다. 그러므 로 $\sqrt{(ABFD-Z^2)}$대 Z 또는 $\frac{Q}{A}$는 IN 대 KN과 같다. 따라서 $A \times KN$은 $\frac{Q \times IN}{\sqrt{(ABFD-Z^2)}}$과 같을 것이다. 그러므로, $YX \times XC$ 대 $A \times KN$은 CX^2 대 A^2과 같기 때문에, $XY \times XC$는 $\frac{Q \times IN \times CX^2}{A^2\sqrt{(ABFD-Z^2)}}$과 같을 것 이다. 이제 수직선 DF에서 D$b$와 D$c$를 잡는데 이 선들은 각각 $\frac{Q}{A^2\sqrt{(ABFD-Z^2)}}$과 $\frac{Q \times CX^2}{2A^2\sqrt{(ABFD-Z^2)}}$와 항상 같도록 잡는다. 그런 다음 점 b와 c가 꾸준히 그리는 궤적 곡선 ab와 ac를 그리고, 점 V로부터 선 AC에 수직이 되도록 Va를 세워 이 선이 곡선 면적 VDba와 VDca를 자르도록 한다. 그와 함께 수직선 Ez와 Ex도 세운다. 그러면, D$b \times$IN 또는 DBzE는 $A \times KN$의 절반과 같거나 삼각형 ICK와 같고, D$c \times$ IN 또는 DcxE는 면적 $YX \times XC$의 절반 또는 삼각형 XCY와 같기 때문에—즉, 면적 VDba와 VIC에서 막 생겨나는 부분 DbzE와 ICK는 언제나 같고, 면적 VDca와 VCX의 막 생겨나는 부분 DcxE와 XCY 는 언제나 같으므로—생성된 면적 VDba는 생성된 면적 VIC와 같으며, 따라서 시간에 비례할 것이다.

그리고 생성된 면적 VD*ca*는 생성된 부채꼴 VCX와 같을 것이다. 그러므로 물체가 위치 V에서 출발한 후 경과 시간을 고려하면, 시간에 비례하는 면적 VD*ba*가 정해질 것이고 이에 따라 물체의 높이 CD 또는 CI도 정해질 것이다. 또한 면적 VD*ca*, 이 면적과 같은 부채꼴 VCX 그리고 그 각 VCI도 정해지게 된다. 그리고 각 VCI와 높이 CI를 고려하면 위치 I도 결정될 텐데, 물체는 이 위치에서 발견될 것이다. Q.E.I.

따름정리 1 그러므로 물체의 가장 높은 높이와 낮은 높이(즉 궤도의 장축단)는 곧바로 구할 수 있다. 직선 IK와 NK가 같아서 면적 ABFD가 Z^2과 같으면, 중심을 지나도록 그린 직선 IC가 궤적 VIK에 수직으로 떨어지게 되는데, 이때 생기는 교점이 장축단이다.

따름정리 2 궤적이 어떠한 지점에서 선 IC를 가로지르는 각 KIN 또한 물체의 주어진 높이 IC로부터 곧바로 구할 수 있다. 다시 말해 이 각의 사인값 대 반지름의 비가 KN 대 IK, 즉 Z 대 면적 ABFD의 제곱근과 같아지도록 잡으면 된다.

따름정리 3 중심 C와 주 꼭짓점 V로 원뿔곡선 VRS를 그리고, 곡선 위 임의의 점 R로부터 접선 RT를 그린 다음 이 선을 무한정 늘여 점 T에서 축 CV와 만나도록 하자. 그리고 CR을 추가해 그리면, 가로선 CT와 같은 직선 CP가 그려지고, 부채꼴 VCR에 비례하는 각 VCP를 이룬다고 하자. 그러면 중심부터의 거리의 세제곱에 반비례하는 구심력이 중심 C를 향하고, 물체는 적절한 속도로 위치 V에서 출발해 직선 CV에 수직인 선을 따라 움직일 때, 물체는 점 P가 연속적으로 그리는 궤적 VPQ를 따라 앞으로 나아간다. 그러므로 원뿔곡선 VRS가 쌍곡선이면 물체는 중심으로 떨어진다. 그러나 원뿔곡선이 타원이면 물체는 계속 상승하여 무한을 향해간다.

그리고 역으로, 물체가 임의의 속도로 위치 V에서 출발했을 때, 물체가 비스듬히 아래로 기울어져 중심으로 향하는지 또는 비스듬히 중심에서 위로 향하는지에 따라, 도형 VRS는 쌍곡선이거나 타원이 된다. 그리고 궤적은 주어진 비에 따라 각 VCP를 늘이거나

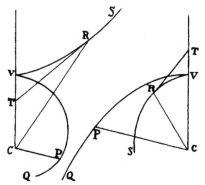

줄여서 찾을 수 있다. 구심력이 원심력으로 바뀌면 물체는 궤적 VPQ에서 비스듬히 위로 올라가게 된다. 이 궤적은 앞에서와 같이 각 VCP를 타원 부채꼴 VRC에 비례하도록 정하고 길이 CP는 길이 CT와 같도록 정해서 구할 수 있다. 이 내용은 앞선 명제(명제 41)를 따르는 것이며 곡선 도형의 구적법을 사용하면 된다. 이 방법은 매우 쉬우므로, 간결함을 위해 과정은 생략하겠다.

명제 42

문제 29. 구심력의 법칙이 알려져 있다고 하자. 주어진 위치에서 출발하여 주어진 속도로 주어진 직선을 따라 움직이는 물체의 운동을 구하라.

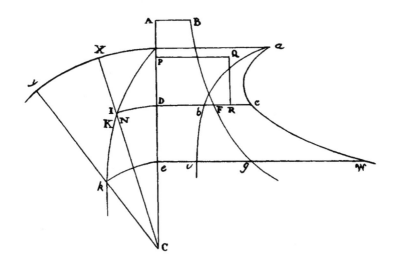

앞선 세 명제와 같은 조건이 설정되어 있다고 하자. 물체는 위치 I에서 선분 IK를 따라 나아가고 있다. 이 물체의 속도는 다른 물체가 위치 P에서 일정한 구심력을 받아 낙하할 때 D에서 얻게 될 속도와 같다. 그리고 다른 물체가 받는 일정한 힘 대 첫 번째 물체가 I에서 받는 힘의 비는 DR 대 DF와 같다고 하자. 물체는 *k*를 향해 나아가고 있다고 하자. 중심 C와 반지름 C*k*로 원 *ke*를 그리고, 이 원이 *e*에서 직선 PD와 만나도록 한다. 그리고 곡선 BF*g*, *abv*, *acw*에서 세로선 *eg*, *ev*, *ew*를 세운다. 크기가 정해진 사각형 PDRQ와 첫 번째 물체에 작용하는 구심력의 알려진 법칙으로부터, 곡선 BF*g*는 명제 39와 따름정리 1의 작도에 따라 정해진다. 그러면 정해진 각 CIK로부터 막 생겨나는 선 IK와 KN의 비가 정해진다. 따라서 명제 41의 작도로부터 양 Q가 정해지고, 이와 함께 곡선 *abv*와 *acw*가 결정된다. 그러므로, D*bve*가 완성되는 임의의 시간 동안 물체의 높이 C*e* 또는 C*k*가 정해지고, 면적 D*cwe* 그리고 그와 면적이 같은 부채꼴 XC*y*, 그리고 각 IC*k*와 물체가 그때 있게 될 위치 *k*도 정해지게 된다. Q.E.I.

이 명제들에서는 구심력이 중심부터의 거리에 따라 임의의 법칙에 따라 변한다고 가정하지만, 사실 중심에서 같은 거리에 있으면 구심력은 어느 곳에서나 같다. 지금까지 우리는 움직이지 않는 궤도를 그리는 물체의 운동을 고려했다. 이제 힘의 중심 주위로 궤도를 따라 회전하는 물체의 운동에 관하여 몇 가지 더 추가할 것이 남았다.

명제 43

문제 30. [a]힘의 중심 주위로 회전하는 임의의 궤도를 따라 물체가 움직일 때, 정지 상태의 궤도를 따라 물체가 운동하는 것과 같은 방식으로 움직이도록 하는 힘을 구하라.[a]

물체 P가 정해진 위치의 궤도 VPK를 따라 회전하고 있고, V에서 K를 향해 나아가고 있다고 하자. 중심 C부터 CP와 같도록 C*p*를 계속해서 그리고, 그러면서 각 VC*p*는 각 VCP에 비례하도록 한다. 그러면 선 C*p*가 휩쓰는 면적과 선 C*p*가 동시에 휩쓰는 면적 VCP의 비는 선 C*p*의 속도 대 선 CP의 속도와 같다. 다시 말해 각 VC*p* 대 각 VCP와 같고, 따라서 정해진 비이며 시간에 비례한다. 움직이지 않는 평면에서 선 C*p*가 휩쓰는 면적은 시간에 비례하므로, 방금 설명한 방식대로 점 *p*가 고정된 평면 위에 그려지는 곡선을 따라 회전하고, 물체도 특정 세기의 구심력을 받아 점 *p*와 함께 회전할 수 있다는

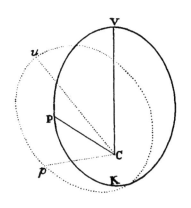

것은 명백하다. 각 VC*u*가 각 PC*p*와 합동이 되도록 잡았다고 하자. 그리고 선 C*u*는 선 CV와 같으며, 도형 *u*C*p*는 도형 VCP와 합동이라고 하자. 그러면 언제나 점 *p*에 있는 물체는, 회전하는 도형 *u*C*p*의 둘레를 따라 움직일 것이며, 다른 물체 P가 정지해 있는 도형 VPK의 호 VP를 그리는 시간 동안 호 VP

---

aa   뉴턴은 명제 43의 서술문에서 "힘(force)"이라는 단어를 쓰지 않았지만, 증명의 결론에서는 "힘"을 사용한다. 명제 43을 직역하면 다음과 같다. "물체가 정지 상태의 궤도 위를 움직이는 것과 정확히 같은 방식으로 힘의 중심 주위를 회전하는 궤도 위로 물체가 움직일 수 있도록 하라." 문제의 힘은 구심력임이 틀림없다.

와 닮은꼴이자 합동인 *uCp*의 호 *up*를 그릴 것이다. 그러므로 명제 6 따름정리 5에 따라, 점 *p*가 고정된 평면 위에서 그리는 곡선을 따라 물체가 회전하도록 하는 구심력을 결정하자. 그러면 문제는 해결될 것이다. Q.E.F.

명제 44

정리 14. 한 물체는 정지해 있는 궤도를 그리며 돌고 다른 물체는 동일하지만 회전하는 궤도를 따라 움직인다고 하자. 각기 힘을 받는 이 두 물체가 똑같이 움직이도록 하는 힘의 차이는 물체의 공통의 높이의 세제곱에 반비례한다.

회전하는 궤도의 일부 *up*와 *pk*가 정지해 있는 궤도의 일부 VP와 PK와 닮은꼴이자 합동이라고 하자. 그리고 점 P와 K 사이의 거리는 최소한으로 작다고 하자. 점 *k*에서 직선 *pC*로 수직선 *kr*을 떨어뜨리고, *kr*을 *m*까지 늘여 *mr* 대 *kr*이 각 VC*p* 대 각 VCP와 같아지도록 하자. 물체들의 높이 PC와 *p*C, KC와 *k*C가 언제나 같으므로, 선 PC와 *p*C의 증분과 감소분도 언제나 같을 것이다. 물체들이 위치 P와 *p*에 있을 때 물체 각각의 운동이 (법칙의 따름정리 2에 따라) 두 성분으로 분리되어, 그중 하나는 중심을 향하거나 선 PC 또는 *p*C를 따르고, 두 번째는 첫 번째 성분의 가로 방향으로 PC 또는 *p*C에 수직 방향을 향한다고 하자. 그러면 중심을 향하는 운동 성분들은 같고, 물체 *p* 운동의 횡성분과 물체 P 운동의 횡성분의 비는 선 *p*C의 각운동과 선 PC의 각운동의 비, 즉 각 VC*p* 대 각 VCP의 비와 같을 것이다. 그러므로 물체 P가 두 운동 성분에 의해 점 K에 도달할 동안, 물체 *p*는 중심을 향하는 동일한 운동 성분에 의해 똑같이 *p*에서 C를 향해 움직일 것이고, 그 시간이 끝나면 선 *mkr* 위 어디에선가 발견될

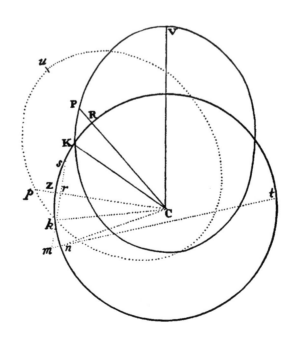

것이다(이 선 mkr은 점 k를 지나는 선 pC에 수직이다). 또한 운동의 횡성분에 의해 선 pC로부터 어느 거리만큼 떨어진 곳에 도달할 텐데, 이 거리 대 선 PC부터의 거리(다른 물체 P가 도달한 거리)의 비는 물체 p 운동의 횡성분 대 다른 물체 P 운동의 횡성분의 비와 같다. 그러므로, kr은 물체 P가 선 PC로부터 떨어진 거리와 같고, mr 대 kr은 각 VCp 대 각 VCP, 즉 물체 p의 횡단 운동 대 물체 P의 횡단 운동의 비와 같으므로, 그 시간이 끝나면 물체 p는 위치 m에서 발견될 것이다.

물체 p와 P가 같은 힘을 받아 똑같이 선 pC와 PC를 따라 움직이더라도 마찬가지일 것이다. 그런데 이제는 각 pCn 대 각 pCk가 각 VCp 대 각 VCP와 같도록 잡고, nC는 kC와 같다고 하자. 그렇다면 물체 p는—시간이 다 되면—사실상 위치 n에서 발견될 것이다. 그러므로 각 nCp가 각 kCp보다 크다고 하면 물체 p는 물체 P보다 더 큰 힘을 받는 셈이 된다. 다시 말해 궤도 upk가 선 CP가 전진[또는 순행 in consequentia]하는 속도보다 두 배 이상 빠른 속도로 전진[또는 순행] 또는 후진[또는 역행in antecedentia] 한다면 더 큰 힘을 받는 것이고, 궤도가 더 느린 속도로 후진[또는 역행]한다면 더 작은 힘을 받는 것이다. 그리고 힘의 차이는 물체 p가 이 힘의 차이를 받아 주어진 시간 조각 동안 이동하는 그 사이의 거리 mn에 비례한다.

중심 C와 반지름 Cn 또는 Ck로 원이 그려지고, 이 원이 연장된 선 mr과 mn을 s와 t에서 자른다고 하자. 그러면 곱 $mn \times mt$는 곱 $mk \times ms$와 같을 것이고, 따라서 mn은 $\dfrac{mk \times ms}{mt}$와 같을 것이다. 그런데 삼각형 pCk와 pCn은 주어진 시간 동안 주어진 크기를 갖고, kr과 mr 그리고 둘의 차이 mk와 합 ms는 높이 pC에 반비례하므로, $mk \times ms$는 높이 pC의 제곱에 반비례한다. 또한 mt는 $\frac{1}{2}mt$에 정비례하며, 다시 말해 높이 pC에 비례한다. 이것이 막 생겨나는 선의 첫 비이다. 그러므로 $\dfrac{mk \times ms}{mt}$(즉 막 생겨나는 선분 mn과, 이에 비례하는 두 힘 사이의 차)는 높이 pC의 세제곱에 반비례하게 된다. Q.E.D.

따름정리 1 그러므로 위치 P와 p 또는 K와 k에서 두 힘의 차이 대 물체 P가 고정된 궤도에서 호 PK를 그리는 시간 동안 물체가 R에서 K로 원을 그리며 회전하도록 하는 힘의 비는 막 생겨나는 선분 mn 대 막 생겨나는 호 RK의 버스트 사인의 비, 즉 $\dfrac{mk \times ms}{mt}$ 대 $\dfrac{rk^2}{2k\mathrm{C}}$ 또는 $mk \times ms$ 대 rk^2과 같다. 다시 말해, 주어진 양 F와 G가 서로에 대하여 각 VCP 대 각 VCp의 비가 되도록 잡으면, G^2-F^2 대 F^2의 비와 같다는 것이다. 그러므로, 중심 C와 반지름 CP 또는 Cp로 원의 부채꼴을 그리고, 이 면적이 물체 P가 임의의 시간 동안 고정된 궤도를 돌면서 중심까지 이어진 반지름으로 휩쓰는 전체 면적 VPC와 같다고 하면, 고정된 궤도를 도는 물체 P와 회전하는 궤도를 도는 물체 p가 받는 힘의 차이 대 면적 VPC가 그려지는 동안 어떤 물체가 중심까지 이어진 반지름으로 일정하게 부채꼴을 그리도록 하는 구심력의 비는, G^2-F^2 대 F^2과 같다. 이 부채꼴 대 면적 pCk의 비는 그것들이 그려지는 시간의 비와 같기 때문이다.

따름정리 2 궤도 VPK가 초점 C와 원점 V를 갖는 타원이고, 움직이는 타원 *upk*는 이와 닮은꼴이자 합동이라고 가정하자. 그래서 *p*C는 언제나 PC와 같고 각 VC*p* 대 각 VCP는 주어진 비로 G 대 F와 같다고 하자. 높이 PC 또는 *p*C를 A라고 쓰고, 타원의 통경을 2R이라 하면, 물체가 움직이는 타원 위로 회전하게 하는 힘은 $\dfrac{F^2}{A^2} + \dfrac{R(G^2-F^2)}{A^3}$에 비례하며 그 역도 성립한다. 물체가 움직이지 않는 타원 위를 회전하도록 하는 힘을 $\dfrac{F^2}{A^2}$이라고 표현하자. 그러면 V에서의 힘은 $\dfrac{F^2}{CV^2}$이 될 것이다. 그런데 물체가 타원을 따라 공전할 때 V에서의 속도로 거리 CV에서 원을 따라 회전하게 하는 힘 대 타원을 따라 회전하는 물체가 원점 V에서 받는 힘의 비는 타원의 통경의 절반 대 원의 반지름 CV의 비와 같고, 따라서 $\dfrac{R \times F^2}{CV^3}$과 같다. 그리고 이 값에 대하여 G^2-F^2 대 F^2의 비를 갖는 힘은 $\dfrac{R(G^2-F^2)}{CV^3}$과 같다. 그리고 이 힘은 (이 명제의 따름정리 1에 따라) 물체 P가 움직이지 않는 타원 VPK를 회전하며 V에서 받는 힘, 그리고 물체 *p*가 움직이는 타원 *upk*에서 회전하도록 하는 힘 사이의 차다. 따라서 (이 명제에 따라) 다른 높이 A에서의 힘의 차이 대 높이 CV에서의 힘의 차이의 비는 $\dfrac{1}{A^3}$ 대 $\dfrac{1}{CV^3}$과 같고, 모든 높이 A에서의 힘의 차이는 $\dfrac{R(G^2-F^2)}{A^3}$이 된다. 따라서 물체가 움직이지 않는 타원 VPK를 따라 회전하게 하는 힘 $\dfrac{F^2}{A^2}$에 이 힘의

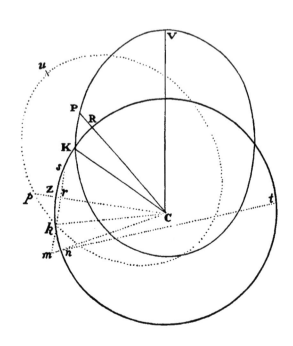

차이 $\dfrac{R(G^2-F^2)}{A^3}$를 더하면, 그 결과는 전체 힘 $\dfrac{F^2}{A^2}+\dfrac{R(G^2-F^2)}{A^3}$이 된다. 이 힘이 물체가 같은 시간 동안 움직이는 타원 *upk*를 회전하도록 힘이다.

따름정리 3   마찬가지로 움직이지 않는 궤도 VPK가 힘의 중심 C를 중심으로 갖는 타원이라고 하고, 움직이는 타원 *upk*는 이와 닮은꼴이고 합동이며 중심을 공유한다고 하자. 그리고 이 타원의 통경을 2R, 주 지름 또는 장축을 2T라 하고, 각 VC*p* 대 각 VCP는 항상 G 대 F와 같다면, 같은 시간 동안 물체가 움직이지 않는 타원과 움직이는 타원을 돌게 하는 힘들은 각각 $\dfrac{F^2 A}{T^3}$과 $\dfrac{F^2 A}{T^3}+\dfrac{R(G^2-F^2)}{A^3}$에 비례한다고 이해할 수 있다.

따름정리 4   그리고 보편적으로, 물체의 가장 높은 위치 CV를 T라고 하고, 궤도 VPK의 V에서의 곡률반지름 (즉, V에서 같은 곡률을 갖는 원의 반지름)은 R이라고 하자. 그리고 물체가 위치 V에서 움직이지 않는 임의의 궤도 VPK를 회전하도록 하는 구심력을 $\dfrac{VF^2}{T^2}$이라 하고, 다른 위치 P에서는 알려지지 않은 값 X로, 높이 CP는 A라고 표기하기로 하자. 이제 G 대 F가 각 VC*p* 대 각 VCP와 주어진 비를 이룬다면, 물체가 같은 시간 동안 원운동을 하는 같은 궤적 *upk*를 따라 같은 운동을 완성하도록 하는 구심력은 힘들의 합 X + $\dfrac{VR(G^2-F^2)}{A^3}$에 비례할 것이다.

따름정리 5   그러므로, 움직이지 않는 궤도 위 물체의 운동이 주어지면, 힘의 중심 주위로 물체의 각 운동은 주어진 비로 증가하거나 감소할 수 있다. 이에 따라 새로운 구심력에 의해 물체들이 그릴 수 있는 움직이지 않은 새 궤도를 구해질 수 있다.

따름정리 6   그러므로, 정해진 위치에 있는 직선 CV 위에 결정되지 않은 길이의 수직선 VP를 세우고, CP를 그린 다음, C*p*도 그와 똑같이 그려 각 VC*p*를 만들어서 이 각 VC*p* 대 각 VCP가 주어진 비를 갖는다면, 점 *p*가 연속적으로 그리는 곡선 V*pk*를 따라 물체가 회전할 수 있게 하는 힘은 높이 C*p*의 세제곱에 반비례할 것이다. 물체 P는 외부 힘의 작용 없이 스스로의 관성력에 의해 직선 VP를 따라 일정하게 앞으로 나아갈 수 있다. 여기에 높이 CP나 C*p*의 세제곱에 반비례하는 중심 C를 향하는 힘을 더하면, (앞서 증명한 대로) 직선 운동은 휘어진 선 V*pk*를 따라 굽어질 것이다. 그런데 이 곡선 V*pk*는 명제 41, 따름정리 3에서 찾은 곡선 VPQ와 같으며, 따라서 (따름정리 3에서 말한 대로) 물체들은 이런 유의 힘에 의해 당겨져 이 곡선을 따라 비스듬히 올라가게 된다.

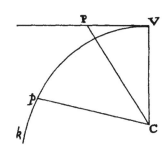

명제 45

문제 31. 원과 아주 약간 다른 궤도에서 장축단의 운동을 구하라.

이 문제는 다음과 같은 방법으로 산술적으로 해결할 수 있다. 먼저 움직이는 타원을 따라 회전하는 물체가 움직이지 않는 평면 위에 그리는 궤도를 잡고 (명제 44, 따름정리 2 또는 3에서처럼), 그 궤도가 우리가 구하고자 하는 장축단을 갖도록 형태를 갖추게 한 뒤, 움직이지 않는 평면 위에서 물체가 그리는 궤도의 장축단을 구하는 것이다. 궤도를 그리는 구심력을 서로 비교하여 같은 높이에서 힘의 세기가 비례하면 궤도는 동일한 모양을 얻게 된다. 점 V를 위쪽 원점이라 하고, 최고 높이 CV를 T로, 다른 높이 CP 또는 Cp를 A로, 그리고 두 높이의 차 CV−CP를 X로 쓰기로 하자. 그러면 (따름정리 2에서처럼) 자신의 초점 C 주위로 회전하는 타원을 따라 물체가 회전하도록 하는 힘은 따름정리 2에서 $\dfrac{F^2}{A^2}+\dfrac{RG^2-RF^2}{A^3}$, 즉 $\dfrac{F^2A+RG^2-RF^2}{A^3}$였는데, 이 식에서 A를 T−X로 대체하면 $\dfrac{RG^2-RF^2+TF^2-F^2X}{A^3}$이 될 것이다. 다른 구심력도 이와 비슷하게 분모가 A^{3}인 분수로 바꿀 수 있다. 분자는 상응하는 항들[즉 대응되는 항 또는 같은 차수의 항들]을 결합시켜 유사하게 [즉 같은 차수에서 비례하도록] 만든다. 이 내용은 아래의 예제를 통해 명료해질 것이다.

예 1 　　구심력이 일정하다고 가정하자. 그러면 $\dfrac{A^3}{A^3}$에 비례하며, (분자의 A 대신 T−X를 쓰면) 다음에도 비례한다.

$$\frac{T^3-3T^2X+3TX^2-X^3}{A^3}$$

그리고 분자의 상응하는 [또는 대응하는] 항들을 모아 (즉, 주어진 양끼리, 그리고 주어지지 않은 양끼리) RG^2−RF^2+TF^2 대 T^{3}은 −F^{2}X 대 −3T^{2}X+3TX^2−X^3 또는 −F^2 대 −3T^2+3TX−X^2 과 같아질 것이다. 이제, 궤도가 원과 아주 약간 다르다고 가정하였으므로, 이 궤도가 원과 일치하게 된다고 하자. 그러면 R과 T는 같아지고 X는 무한히 작아지므로, 최종 비는 RG^2 대 T^{3}이 −F^2 대 −3T^{2}과 같거나, 또는 G^2 대 T^{2}이 F^2 대 3T^{2}과 같을 것이다. 그러면 비의 교환에 의해 G^2 대 F^{2}은 T^2 대 3T^{2}과 같고, 다시 말해 1 대 3이 된다. 그러므로 G 대 F, 즉 각 VCp 대 각 VCP는 1 대 √3이 된다. 그러므로, 움직이지 않는 타원 위에 있는 물체가 위쪽 원점에서 아래쪽 근점으로 낙하하면서 각 VCP는 (이를테면) 180°를 이루므로, 움직이는 타원 위 (그러므로 우리가 다루는 움직이지 않는 궤도 위에 있는) 다른 물체는 위쪽 원점에서 아래쪽 근점으로 내려오면서 180°/√3인 각 VCp를 완성하게 된다. 이는 물체가 일정한 구심력의 작용을 받아 그리는 이 궤도가,

회전하는 타원을 따라 정지한 평면 위에서 1회 회전을 완성할 물체의 궤도와 닮은꼴이기 때문이다. 위의 항들을 대조하면 이 궤도들이 닮은꼴이 되도록 만들 수 있는데, 항상 가능한 것은 아니고 두 궤도가 원의 형태에 매우 근접했을 때 가능하다. 그러므로 일정한 구심력을 받으며 거의 원에 가까운 궤도를 회전하는 물체는 언제나 원점과 근점 사이에서 $180°/\sqrt{3}$, 또는 중심각 $103°55'23''$을 완성할 것이다. 물체는 이 각을 완성하며 원점에서 근점으로 내려가고, 다시 근점에서 원점으로 돌아가며 똑같은 각을 완성한다. 이런 식으로 끝없이 이어진다.

예 2 구심력이 임의의 지수가 붙은 높이 A, 즉 A^{n-3}(즉, A^n/A^3)에 비례한다고 하자. 이때 지수 $n-3$과 n은 정수든 분수든, 유리수든 무리수든, 양수든 음수든 상관없다. 분자 $A^n = (T-X)^n$을 수렴하는 급수의 방법method of converging series을 써서 부정급수로 치환하면〔실은 무한급수이다. —옮긴이〕, 결과는 $T^n - nXT^{n-1} + \dfrac{n^2 - n}{2}XT^{n-2} \cdots$가 된다. 그리고 이 급수의 항들을 다른 분자 $RG^2 - RF^2 + TF^2 - F^2X$와 순서대로 맞추면, 결과적으로 $RG^2 - RF^2 + TF^2$ 대 T^n의 비는 $-F^2$ 대 $-nT^{n-1} + \dfrac{n^2 - n}{2}XT^{n-2} \cdots$의 비와 같다. 그리고 궤도가 원의 형태에 접근할 때 발생하는 최종 비를 취하면, RG^2 대 T^n은 $-F^2$ 대 $-nT^{n-1}$의 비와 같을 것이고, 또는 G^2 대 F^2이 T^{n-1} 대 nT^{n-1}, 즉 1 대 n이 된다. 그러므로 G 대 F, 즉 각 VCp 대 각 VCP의 비는 1 대 $\sqrt{n}$이 된다. 각 VCP는 물체가 A^{n-3}에 비례하는 구심력의 작용을 받아 거의 원에 가까운 궤도를 그리며 원점과 근점 사이에서 완성하는 각인데, 이 각은 $180°/\sqrt{3}$와 같을 것이다. 그리고 이 각이 계속 반복해서 완성되면, 물체는 위쪽의 원점과 아래쪽 근점을 끝없이 왕복할 것이다.

　예를 들어, 구심력이 중심부터 물체까지의 거리에 비례한다고 하자. 다시 말해 A 즉 $\dfrac{A^4}{A^3}$에 비례한다면, n은 4이고 $\sqrt{n}$은 2가 되는 셈이다. 그러므로 원점과 근점 사이의 각도는 $180°/2$ 또는 $90°$가 될 것이다. 그러므로, 회전의 $\frac{1}{4}$을 완성하는 지점에서 물체는 아래쪽 근점에 도달하고, 또 한 번 $\frac{1}{4}$만큼 회전하면 물체는 위쪽 원점에 도달할 것이다. 그런 식으로 번갈아가며 끝없이 이어진다. 이 내용은 명제 10을 통해서도 분명히 확인할 수 있다. 이러한 구심력을 받는 물체는 힘의 중심이 중심인 움직이지 않는 타원을 따라 돌 것이다. 그러나 구심력이 거리에 반비례하면, 즉 $\dfrac{A^2}{A^3}$에 정비례하면, n은 2가 된다. 따라서 원점과 근점 사이의 각도는 $180°/2$, 또는 $127°16'45''$가 될 것이다. 그러므로 이런 힘을 받으며 회전하는 물체는—이 각이 계속 반복되면서—원점에서 근점으로, 다시 근점에서 원점으로 영원히 왕복한다. 더 나아가 구심력이 높이의 4분의 11제곱에 반비례하면, 즉, $A^{11/4}$에 반비례하고 $\dfrac{1}{A^{11/4}}$ 또는 $\dfrac{A^{1/4}}{A^3}$에 비례한다면, n은 $\frac{1}{4}$이 되고 $180°/\sqrt{n}$은 $360°$가 된다. 그러므로 물체는, 원점에서 출발해 꾸준히 아래로 내려와 회전 주기를 완성하고 근점에 도달할 것이고, 그런 다음 꾸준히 위로 올라가며 또 한 번 완전한 회전 주기를 완성하며 원점에 도달할 것이다. 이런 식으로 번갈아 가며 영원히 움직인다.

예 3 m과 n을 높이의 임의의 지수라 하고, b와 c는 임의로 주어진 수라 하자. 그리고 구심력은 $\dfrac{bA^m + cA^n}{A^3}$, 즉 $\dfrac{b(T-X)^m + c(T-X)^n}{A^3}$에 비례한다고 하자. 따라서 구심력은 (다시 한번 수렴하는 급수 방법을 써서) 다음에 비례한다고 하자.

$$\dfrac{bT^m + cT^n - mbXT^{m-1} - ncXT^{n-1} + \dfrac{m^2 - m}{2}bX^2T^{m-2} + \dfrac{n^2 - n}{2}cX^2T^{n-2} \cdots}{A^3}$$

이제 분자의 항들을 종류대로 모으면, 결과적으로 $RG^2 - RF^2 + TF^2$ 대 $bT^m + cT^n$의 비는 $-F^2$ 대 $-mbT^{m-1} - ncT^{m-1} + \dfrac{m^2 - m}{2}bX^2T^{m-2} + \dfrac{n^2 - n}{2}cXT^{n-2} \cdots$의 비와 같을 것이다. 그리고 궤도가 거의 원에 가까워질 때 최종 비를 취하면, G^2 대 $bT^{m-1} + cT^{n-1}$의 비는 F^2 대 $mbT^{m-1} + ncT^{n-1}$의 비와 같아지게 된다. 이제 비의 교환에 의해, G^2 대 F^2는 $bT^{m-1} + cT^{n-1}$ 대 $mbT^{m-1} + ncT^{n-1}$와 같을 것이다. 최고 높이 CV 또는 T를 1이라 하면, G^2 대 F^2은 $b+c$ 대 $mb + nc$와 같게 되고, 따라서 1 대 $\dfrac{mb + nc}{b + c}$가 된다. 그러므로 G 대 F, 즉, 각 VCp 대 각 VCP의 비는 1 대 $\sqrt{\dfrac{mb + nc}{b + c}}$가 된다. 움직이지 않는 타원에서 원점과 근점 사이의 각 VCP는 $180°$이므로, 물체가 $\dfrac{bA^m - cA^n}{A^3}$에 비례하는 구심력의 작용을 받아 그리는 궤도에서 장축단 사이의 각 VCp는 각 $180\sqrt{\dfrac{b + c}{mb + nc}}°$가 될 것이다. 그리고 같은 논거에 따라 구심력이 $\dfrac{bA^m - cA^n}{A^3}$에 비례하면 장축단 사이의 각은 $180\sqrt{\dfrac{b - c}{mb - nc}}°$가 될 것이다. 이보다 더 어려운 문제도 같은 방식으로 해결된다. 구심력이 비례하는 값은 언제나 분모가 A^3인 수렴급수로 분해할 수 있다. 그런 다음 분자에서 (연산의 결과로) 주어진 양과 주어지지 않은 양의 비를, 주어진 값인 $RG^2 - RF^2 + TF^2 - F^2X$ 대 주어지지 않은 다른 부분의 비와 같아지도록 맞추고, 필요하지 않은 양을 제거하고 T를 1로 잡으면 F에 대한 G의 비를 구하게 된다.

따름정리 1   그러므로 구심력이 높이의 거듭제곱에 비례하면, 장축단의 운동으로부터 높이의 지수를 구할 수 있고, 그 역도 성립한다. 다시 말해, 물체가 같은 원점 또는 근점으로 돌아오는 총 각운동과 한 번의 회전, 즉 360°의 각운동의 비는 어떤 수 m 대 어떤 수 n의 비와 같다고 하고, 높이를 A라 하면, 힘은 높이 A에 지수가 $\frac{n^2}{m^2}-3$인, $A^{\frac{n^2}{m^2}-3}$에 비례하게 될 것이다. 이것은 예 2를 보면 명백하다. 그러므로 물체가 중심에서 멀어질 때 물체가 받는 힘은 높이의 세제곱보다 더 큰 비율로 감소할 수 없다. 이런 힘의 작용을 받아 회전하는 물체가 원점에서 출발하여 낙하하기 시작하면, 물체는 절대로 근점 또는 최저 높이에 도달하지 못하고, 명제 41 따름정리 3에서 다루었던 곡선을 그리며 중심을 향해 내내 낙하할 것이다. 그러나 만일 물체가 근점에서 출발하여 조금이라도 올라가기 시작하면, 무한정 상승하면서 절대 원점에 도달하지 못할 것이다. 물체는 따름정리 3과 명제 44 따름정리 6에서 설명한 곡선을 그릴 것이기 때문이다. 그런 데다가 물체가 중심에서 멀어지고 이 힘이 높이의 세제곱비보다 더 큰 비로 감소하면, 원점 또는 근점에서 출발한 물체는 (그것이 출발할 때 위를 향했는지 또는 아래를 향했는지에 따라) 내내 중심을 향해 낙하하거나 무한정 상승할 것이다. 그리고 만일 물체가 중심에서 멀어지며 이 힘이 높이의 세제곱보다 더 작은 비로 감소하거나 높이의 임의의 비로 증가하면, 물체는 결코 중심으로 낙하하지 못하고 어느 순간 근점에 도달할 것이다. 또한 역으로, 어떤 물체가 원점과 근점 사이를 오가며 상승과 하강을 반복하고 결코 중심에 닿지 못하면, 물체는 중심에서 멀어지며 높이의 세제곱보다 작은 비로 증가하거나 감소하는 힘을 받을 것이다. 그리고 물체가 원점과 근점 사이를 더 빠르게 오갈수록, 힘들의 비는 이 세제곱 비에서 더 크게 벗어난다.

예를 들어, 상승과 하강을 반복하는 물체가 원점에서 원점으로 돌아오는 회전 주기가 8, 4, 2, 또는 $1\frac{1}{2}$이라고 하면, 다시 말해, m 대 n이 8, 4, 2, 또는 $1\frac{1}{2}$ 대 1과 같고, 따라서 $\frac{n^2}{m^2}-3$의 값이 $\frac{1}{64}-3$, $\frac{1}{16}-3$, $\frac{1}{4}-3$ 또는 $\frac{4}{9}-3$의 값을 갖는다면, 힘은 $A^{\frac{1}{64}-3}$, $A^{\frac{1}{16}-3}$, $A^{\frac{1}{4}-3}$ 또는 $A^{\frac{4}{9}-3}$에 비례할 것이며, 다시 말해 $A^{3-\frac{1}{64}}$ 또는 $A^{3-\frac{1}{16}}$ 또는 $A^{3-\frac{1}{4}}$ 또는 $A^{3-\frac{4}{9}}$에 반비례할 것이다. 만일 물체가 매 회전마다 움직이지 않는 동일한 원점과 근점으로 돌아오면, m 대 n은 1 대 1과 같고, 따라서 $A^{\frac{n^2}{m^2}-3}$은 $A^{\frac{1}{9}-3}$, $A^{\frac{1}{4}-3}$, A^{9-3} 또는 A^{16-3}과 같을 것이다. 그러므로 힘은 $A^{\frac{11}{9}}$ 또는 $A^{\frac{11}{4}}$에 반비례하거나, A^6 또는 A^{13}에 정비례할 것이다. 마지막으로, 원점에서 원점으로 나아가는 물체가 완전한 회전주기를 완성하고 추가적으로 3°를 더 진행하면 (그러므로, 물체가 1회 회전할 동안 그 원점이 3°씩 앞으

로 나아가면), m 대 n의 비는 363° 대 360° 또는 121 대 120이 되고, $A^{\frac{n^2}{m^2}-3}$은 $A^{\frac{29.523}{14.641}}$ 과 같을 것이다. 그러므로 구심력은 $A^{\frac{29.523}{14.641}}$에 반비례하고, 근사적으로 쓰면 $A^{2\frac{4}{243}}$에 반비례할 것이다. 그러므로 구심력은 제곱보다 약간 큰 비율로 감소하지만, 세제곱보다는 제곱에 $59\frac{3}{4}$배 더 가깝다.

따름정리 2 그러므로 물체가 높이의 제곱에 반비례하는 구심력의 작용을 받아 초점이 힘의 중심인 타원을 따라 회전할 때, 구심력과 무관한 다른 외부 힘이 구심력에 더해지거나 감해지면, 이 외부 힘에 의해 발생하는 장축단의 움직임을 구할 수 있고 그 역도 가능하다. 예를 들어, 물체가 힘을 받아 타원을 회전하는 데 그 힘은 $\frac{1}{A^2}$에 비례하고, 외부의 무관한 힘은 cA에 비례한다고 하자. 이 힘을 제하여 남은 힘이 $\frac{A-cA^4}{A^3}$에 비례하면, (예 3에서처럼) b와 m은 1과 같고 n은 4와 같을 것이다. 그러므로 장축단 사이의 회전 각은 $180\sqrt{\frac{1-c}{1-4c}}°$가 될 것이다. 물체가 타원을 따라 회전하도록 하는 힘보다 외부 힘이 357.45배만큼 약하다고 가정하자. 다시 말해 c가 100/35,745라고 가정하고, A 또는 T가 1과 같다고 하면, $180\sqrt{\frac{1-c}{1-4c}}$는 $180\sqrt{\frac{35,645}{35,345}}$ 또는 180.7623, 즉 180°45′44″가 된다. 그러므로 물체는, 위쪽 원점에서 출발해 180°45′44″의 각운동에 의해 아래쪽 근점에 도달하고, 이 각운동이 두 배가 되면 다시 위쪽 원점으로 돌아올 것이다. 그러므로 각 회전에서 원점은 1°31′28″만큼 앞으로 나아간다. ªª달의 장축단[의 전진]은 이보다 두 배 정도 빠르다.ªª

지금까지 힘의 중심을 지나는 평면 위에서 궤도를 그리는 물체의 운동을 다루었다. 이제 힘의 중심을 지나지 않는 평면에서 일어나는 궤도 운동을 결정하는 일이 남았다. 무거운 물체의 움직임을 다루는 학자들은 수직 상승과 하강뿐 아니라 주어진 평면에 대하여 비스듬히 기울어진 상승과 하강도 연구하는 경향이 있으니, 중심을 벗어난 평면 위에서 임의의 힘을 받아 중심을 향하는 물체의 운동을 연구하는 것도 마찬가지로 중요할 것이다. 우리는 이 평면이 완벽하게 매끄러워 물체의 운동을 전혀 방해하지 않는다고 가정한다. 또한 앞으로 다룰 증명에서, 물체가 그 위에 정지해 접촉하는 평면을 대신해서 그 평면에 평행한 평면을 사용할 것이며, 그 평면 위에서 물체의 중심이 움직이며 궤도를 그리게 될 것이다. 그리고 같은 원리에 따라 휘어진 표면에서 일어나는 물체들의 운동도 결정할 것이다.

---

aa 1판과 2판에는 이 문장이 없고, 삽입된 2판 사본과 주석 달린 사본에 실려 있다. 삽지가 들어간 사본에는 이런 글도 있다. "의문: 외부 힘이 두 배가 되면 이러한 운동이 발생할 수 있는가?" 본 번역문에 대해서는 해설서 §6.10을 참고하자.)

명제 46

문제 32. 어떠한 종류의 구심력을 가정하고, 힘의 중심과 물체가 회전할 평면이 둘 다 주어져 있다고 하자. 그리고 곡선 도형의 구적법이 허용된다고 하자. 정해진 위치에서 주어진 속도로 출발하여 그 평면 위에서 주어진 직선을 따라 움직이는 물체의 운동을 찾아라.

S를 힘의 중심이라 하고, SC는 주어진 평면부터 이 중심까지의 최소 거리라 하자. 물체 P는 위치 P에서 출발해 직선 PZ를 따라 움직이고, Q는 같은 물체로 이 궤적을 따라 회전하고 있다. 그리고 PQR은 구해야 하는 궤적이며 주어진 평면 위에서 그려진다고 하자. CQ와 QS를 그려 넣는다. QS 안에서 물체가 중심으로 당겨지는 구심력에 비례하도록 SV를 잡고, VT는 CQ에 평행하게 그려 SC와 T에서 만나도록 하자. 그러면 힘 SV는 (법칙의 따름정리 2에 따라) 힘 ST와 TV로 분해되는데, 그중 ST는 물체를 평면에 수직인 선을 따

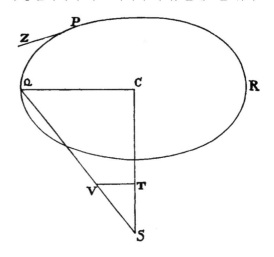

---

aa 우리는 "단진자simple pendulum"라는 용어를 고전적인 기술적 의미로 사용한다. 예를 들어 브로검과 라우트는 단진자를 "고정된 점으로부터 구부러지지 않고 늘어나지 않는 무게 없는 끈의 지지를 받는 물질 입자로 구성되어 있다"고 설명한다. (Henry Lord Brougham and E.J. Routh, *Analytical View of Sir Isaac Newton's "Principia"* [1855; I. Bernard Cohen의 소개글과 함께 재인쇄, New York and London: Johnson Repirint Corp., 1972], pp.240-241). 해설서 §7.5도 함께 참고하자.

라 끌어당김으로써, 평면을 따르는 물체의 운동에는 아무런 변화도 일으키지 않는다. 그러나 다른 힘 TV는 평면을 따라 작용하여 물체를 평면 위 주어진 점 C를 향해 [즉, 그 점을 향하는 선을 따라] 잡아 당긴다. 이로 인해 물체는 평면 위에서 마치 힘 ST가 사라진 것처럼 움직이며, 물체는 힘 TV만 받아 중심 C 주위로 자유 공간 안에서 회전하는 것처럼 움직이게 된다. 그런데 자유 공간에서 정해진 중심 C 주위로 물체 Q가 회전하도록 하는 구심력 TV가 주어지면, (명제 42에 따라) 물체가 그릴 궤적 PQR 이 정해질 뿐 아니라, 물체가 특정 시간에 있게 될 위치 Q도 주어지고, 마지막으로 그 위치 Q에서의 물체의 속도도 결정된다. 그 역도 성립한다. Q.E.I.

명제 47

정리 15. 구심력이 중심부터 물체까지의 거리에 비례한다고 가정하자. 그러면 임의의 평면에서 회전하는 물체들은 모두 타원을 그릴 것이며 회전하는 데 걸리는 시간도 모두 같을 것이다. 그리고 직선을 따라 움직이는 물체는 앞뒤로 진동하며, 회전 주기와 같은 시간 동안 왕복 주기를 완성할 것이다.

명제 46과 같은 조건을 가정하면, 힘 SV에 의해 물체 Q가 중심 S를 향해 당겨지며 임의의 평면 PQR 위를 회전하는데, 이 힘 SV는 거리 SQ에 비례한다. 그러므로—SV와 SQ, TV와 CQ가 비례하기 때문에—물체가 궤도 평면 위 주어진 점 C를 향해 당겨지는 힘 TV는 거리 CQ에 비례한다. 그러므로 평면 PQR 위에서 물체들을 점 C를 향해 당기며 거리에 비례하는 힘들은, 물체를 모든 방향에서 중심 S를 향해 당기는 힘들과 같다. 따라서 물체가 중심 S 주위로 자유 공간 안에서 움직일 때와 같은 시간 동안 임의의 평면 PQR 위의 물체들도 같은 도형을 그리며 점 C의 주위로 움직일 것이다. 이런 이유로 (명제 10, 따름정리 2와 명제 38, 따름정리 2에 따라) 항상 같은 시간 동안 물체들은 평면 위에서 중심 C 주위로 타원을 그리거나[즉, 그러한 타원에서 1회전을 완성하거나], 그 평면 위에서 중심 C를 지나는 직선을 따라 앞뒤로 진동하며 왕복 주기를 완성할 것이다. Q.E.D.

주해

휘어진 표면에서 물체의 상승과 하강은 방금 설명한 운동과 매우 밀접하게 연관되어 있다. 평면 위에 곡선들이 그려져 있고, 이 곡선들이 힘의 중심을 지나는 주어진 축을 중심으로 회전하면서 휘어진 표면이 그려진다고 상상해 보자. 그리고 물체들의 무게 중심이 언제나 이 표면 위에 놓이도록 물체들이 움직이고 있다고 하자. 이 물체들이 비스듬히 상승하고 하강하면서 앞뒤로 진동한다면, 물체들의 운동은 축이 통과하는 평면 위에서 이루어질 것이다. 따라서 회전하면서 휜 표면을 형성하는 곡선을 따르게 된다. 그러므로 이 경우 곡선 위에서의 운동만 고려해도 충분하다.

명제 48

정리 16. 바퀴가 구의 표면에 대하여 직각으로 세워져 있다가, 구르면서 [구의 표면 위에서] 대원great circle을 그리며 앞으로 나아가고 있다. 바퀴의 둘레 [또는 테] 위에 임의로 주어진 점이 구에 닿은 순간부터 그려 나가는 곡선 경로의 길이(이 곡선은 사이클로이드 또는 에피사이클로이드라고 불린다) 대 회전하는 동안 구의 표면과 접하는[바퀴 테의] 호의 절반의 버스트 사인의 두 배의 비는, 구와 바퀴의 지름의 합 대 구의 반지름의 비와 같다.

명제 49

정리 17. 바퀴가 속이 빈 구의 안쪽 표면 위에 직각으로 세워져 있다가, 구르면서 대원을 그리며 [공의 면 안쪽에서] 앞으로 나아가고 있다. 바퀴의 둘레[또는 테] 위에 임의로 주어진 점이 구면에 닿는 순간부터 그려 나가는 곡선 경로의 길이 대 회전하는 동안 구의 표면과 접하는 [바퀴 테의] 호의 절반의 버스트 사인의 두 배의 비는, 구와 바퀴의 지름의 차 대 구의 반지름의 비와 같다.

ABL을 구라 하고 그 중심은 C라 하자. BPV는 그 위에 서 있는 바퀴고, E는 바퀴의 중심, B는 접하는 점, 그리고 P는 바퀴 둘레에서 주어진 점이라 하자. 이 바퀴가 대원 ABL을 그리며 A부터 B를 지나 L을 향해 앞으로 나아가고, 구르는 동안 호 AB와 PB는 언제나 서로 같으며 바퀴 둘레 위에 주어진 점 P는 곡선 경로 AP를 그리고 있다고 가정하자. 이제 이 AP를 바퀴가 구와 A에서 접한 후로 구르면서 그리는 전체 곡선 경로의 길이라 하면, AP 대 호 ½PB의 버스트 사인의 두 배의 비는 2CE 대 CB와 같다. 그 이유는 다음과 같다. 직선 CE(필요하다면 늘일 수 있다)가 바퀴와 V에서 만난다고 하고, CP, BP, EP, VP를 그려 넣은 다음 CP를 연장하고 그 위로 수직선 VF를 내린다. H에서 만나는 PH와 VH는 원과 P와 V에서 접하고, PH는 VF를 G에서 자른다고 하자. 수직선 GI와 HK를 VP로 떨어뜨린다. 그리고 중심 C와 임의의 반지름으로 원 *nom*을 그린다. 이 원은 직선 CP를 N에서 자르고, 바퀴의 둘레 BP는 *o*에서, 곡선 경로 AP는 *m*에서 자른다. 여기에 더하여 중심 V와 반지름 V*o*로 원을 그려, 이 원이 길게 늘인 VP를 *q*에서 자르도록 한다.

바퀴는 구르면서 언제나 접점 B 주위로 회전하기 때문에, 직선 BP가 바퀴의 점 P가 그리는 곡선 AP에 수직임은 분명하다. 따라서 직선 VP는 점 P에서 이 곡선에 접한다. 원 *nom*의 반지름이 서서히 증가 또는 감소하여 마침내 거리 CP와 같아진다고 하자. 그렇다면 한없이 작아지는 도형 P*nomq*와 도형 PFGVI는 닮은꼴이므로, 사라져가는 선분 P*m*, P*n*, P*o*, P*q*의 최종 비, 다시 말해, 곡선 AP, 직선 CP, 원의 호 BP, 그리고 직선 VP의 순간적인 변화의 비는 각각 선 PV, PF, PG, PI의 비와 같을 것이다. 그러나 VF는 CF에 수직이고 VH는 CV에 수직이므로 각 HVG와 VCF는 같고, 각 VHG는 각 CEP와 합동이므로 (사각형 HVEP의 각들은 V와 P에서 직각이므로) 삼각형 VHG와 CEP는 닮은꼴이 될 것이

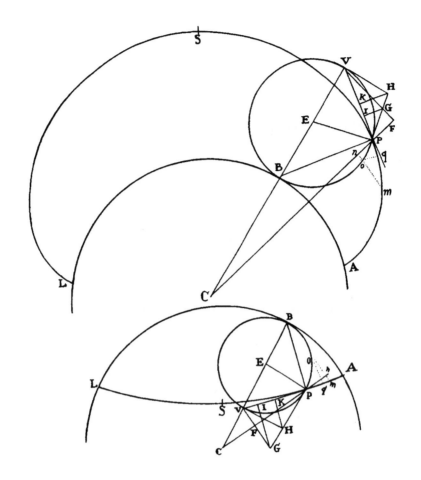

다. 따라서 EP 대 CE는 HG 대 HV 또는 HP와 같고, KI 대 KP와 같으며, 가비 원리 또는 비의 분리에 의해 CB 대 CE는 PI 대 PK와 같다. 그리고—후항들을 두 배로 잡으면—CB 대 2CE는 PI 대 PV와 같고, Pq 대 Pm과 같다. 그러므로 선 VP의 감소분, 또는 선 BV-VP의 증분 대 곡선 AP의 증분의 비는 CB 대 2CE의 주어진 비와 같다. 따라서 (보조정리 4 따름정리에 따라) 이 증분에 의해 생성되는 길이 BV-VP와 AP는 1 대 1이 된다. 그런데 BV는 반지름이고 VP는 각 BVP 또는 ½BEP의 코사인이므로, BV-VP는 이 각의 버스트 사인이 된다. 따라서 반지름이 ½BV인 바퀴에서, BV-VP는 호 ½BP의 버스트 사인의 두 배가 될 것이다. 그러므로 AP 대 호 ½BP의 버스트 사인의 두 배의 비는 2CE 대 CB의 비와 같다. Q.E.D.

구분하기 위해, 명제 48의 곡선 AP를 '구 바깥의 사이클로이드', 명제 49의 곡선 AP를 '구 안쪽의 사이클로이드'라고 부를 것이다.

따름정리 1   그러므로 전체 사이클로이드 ASL이 그려지고 S에서 이등분되면, PS의 길이 대 길이 VP(EB가 반지름일 때 각 VBP의 사인의 두 배)는 2CE 대 CB와 같고 따라서 주어진 비다.

따름정리 2 그리고 사이클로이드 둘레의 절반 AS의 길이는, AS 대 바퀴 지름 BV의 비가 2CE 대 CB의 비가 되는 직선의 길이와 같다.

명제 50

문제 33. 주어진 사이클로이드를 따라 진자가 진동하도록 하라.

중심이 C인 구 QVS 안쪽에 사이클로이드 QRS가 주어져 있다고 하자. 이 사이클로이드는 R에서 이등분되고 양 끝점 Q와 S는 구의 표면과 만난다. CR을 그려 호 QS를 O에서 이등분하도록 하고, CR을 A까지 늘여서 CA 대 CO가 CO 대 CR과 같아지도록 한다. 중심 C와 반지름 CA로 바깥쪽 구 DAF를 그린다. 그리고 이 구의 안쪽에 지름이 AO인 바퀴로 반(半)사이클로이드 AQ와 AS를 그린다. 이 두 개의 반–사이클로이드가 구 안쪽에서는 Q와 S에서, 바깥쪽에서는 A와 만난다고 하자. 물체 T는 점 A부터 늘어진 실 APT에 매달려 있고, 이 실 APT는 길이 AR과 길이가 같다. 이제 물체 T가 수직선 AR에서 출발해[22]서 두 개의 반–사이클로이드 AQ와 AS 사이에서 진자운동을 한다고 하자. 실의 위쪽 부분인 AP는 추가 향하는 방향인 반–사이클로이드 APS를 만나 감기듯이 휘어지고, 아래쪽 부분 PT는 아직 반–사이클로이드에 닿지 않아 직선으로 뻗는다. 그러면 추 T는 주어진 사이클로이드 QRS를 따라 진동한다. Q.E.F.

실 PT가 사이클로이드 QRS와는 T에서, 원 QOS와는 V에서 만난다고 하고, CV를 그리자. 그리고 실의 직선 부분 PT의 끝점 P와 T로부터 PT에 수직인 BP와 TW를 세운다. 이 선들은 직선 CV와는 B와 W에서 만난다. 작도로 닮은꼴 도형 AS와 SR이 완성되면, 수직선 PB와 TW가 CV에서 잘라

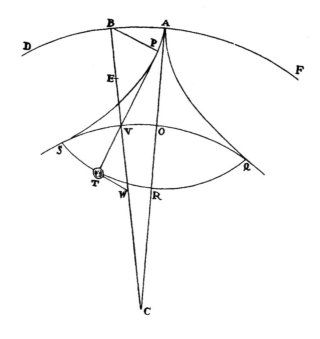

내는 길이 VB와 VW는 각각 바퀴들의 지름 OA와 OR과 같다는 것은 명백하다. 그러므로, TP 대 VP는 BW 대 BV와 같고, 또는 AO+OR 대 AO와 같다. 다시 말해(CA는 CO에 비례하고, CO는 CR에 비례하며, 그리고 비의 분리에 의해 AO는 OR에 비례하므로), CA+CO 대 CA와 같다. 또한 BV가 E에서 이등분된다면, 2CE 대 CB와도 같다. 따라서 (명제 49, 따름정리 1에 따라) 실의 직선 부분 PT의 길이는 언제나 사이클로이드의 호 PS와 같고, 전체 실 APT는 사이클로이드의 호 APS의 절반과 같다. 다시 말해 (명제 49, 따름정리 2에 따라) 길이 AR과 같다. 그러므로 역으로 실이 언제나 길이 AR과 같다고 하면, 점 T는 주어진 사이클로이드 QRS를 따라 움직일 것이다. Q.E.D.

따름정리.　　　실 AR은 반–사이클로이드 AS와 같다. 따라서 바깥쪽 구의 반지름 AC와의 비는 그와 닮은꼴인 반 사이클로이드 SR과 안쪽 구의 반지름 CO의 비와 같다.

명제 51

정리 18. 모든 방향에서 구의 중심 C를 향하는 구심력이 각각의 위치에서 중심부터의 거리에 비례하고, 오로지 이 힘의 작용만으로 물체 T가 (방금 설명한 방식대로) 사이클로이드 QRS의 둘레를 따라 진동한다면, 나는 아무리 그 진동이 일정하지 않다고 해도 진동 시간 자체는 항상 같다고 말한다.

　　사이클로이드의 접선 TW를 길게 늘여 그 위로 수직선 CX를 내리고, CT를 그려 넣는다. 이제 물체 T가 C를 향하여 받는 구심력은 거리 CT에 비례하고, CT는 (법칙의 따름정리 2에 따라) 성분 CX와 TX로 분해될 수 있다. 그중 CX는 (P쪽 방향으로 작용하여) 실 PT를 잡아 늘이는 성분이며 버티는 실에 의해 상쇄되어 다른 효과는 전혀 생성하지 못한다. 반면 다른 성분 TX는 (가로 방향 또는 X를 향하는 방향으로 작용하여) 사이클로이드를 따

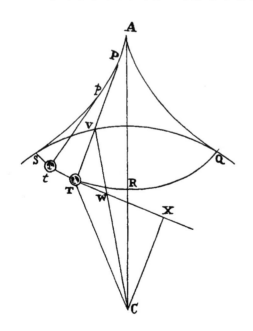

르는 물체의 운동에 직접적인 가속을 일으킨다. 그러므로 이 가속력에 비례해 발생하는 물체의 가속은 매 순간마다 길이 TX에 비례할 것임은 명백하다. 다시 말해 (CV와 WV, 그리고 그에 비례하는 TX와 TW는 주어져 있으므로) 길이 TW에 비례하고, (명제 49, 따름정리 1에 따라) 사이클로이드 TR의 호의 길이에 비례한다. 그러므로 두 진자 APT와 Apt가 수직선 [또는 수직] AR로부터 서로 같지 않은 높이로 뒤로 당겨졌다가 동시에 풀려나면, 두 무게추가 받는 가속은 언제나 TR과 tR로 그려지는 각각의 호에 비례할 것이다. 그런데 운동이 시작되는 순간 그려지는 호의 부분들

은 가속에 비례한다. 다시 말해 앞으로 그려지게 될 전체 호에 비례한다. 그러므로 그려지게 될 나머지 부분들과 이 부분들에 비례하는 이후의 가속 또한 전체 호에 비례하게 되며, 이런 식으로 계속된다. 그러므로 가속, 생성되는 속도, 그 속도로 그려지는 호의 부분들과 그려질 부분들은 모두 전체 호에 비례한다. 따라서 그려져야 하는 부분들은 서로에 대해 주어진 비를 유지하면서 동시에 사라질 것이며, 이는 다시 말해 진동하는 두 물체가 동시에 수직선[또는 수직] AR에 도달한다는 뜻이다. 그리고 역으로, 추는 가장 낮은 위치 R부터 같은 사이클로이드 호를 지나 반대쪽으로 움직이며 상승하는데, 이 상승은 모든 위치에서 추의 하강을 가속시켰던 힘에 의해 지연되므로, 같은 호에서의 상승 속도와 하강 속도는 동일하며 따라서 같은 시간 동안 발생한다는 것을 알 수 있다. 그러므로 수직선[또는 수직]의 양쪽에 놓인 사이클로이드의 두 부분 RS와 RQ는 닮은꼴이자 동일하며, 두 추의 전체 진동과 반 진동(진자 운동 1회와 ½회)은 언제나 같은 시간 동안 일어날 것이다. Q.E.D.

따름정리   물체 T가 사이클로이드 위 임의의 위치 T에서 가속 또는 감속을 받도록 하는 힘 대 가장 높은 위치 S 또는 Q에서의 물체의 전체 무게의 비는 사이클로이드의 호 TR 대 그 호 SR 또는 QR의 비와 같다.

명제 52

문제 34. 개별 위치에서 진자의 속도를 구하고, 완전히 진동하는 데 걸리는 시간과 진동 중 어느 한 순간에 해당하는 시간을 구하라.

임의의 중심 G 그리고 사이클로이드의 호 RS와 같은 반지름 GH로 반원 HKM을 그린다. 이 반원은 반지름 GK에 의해 이등분된다. 중심부터의 거리에 비례하는 구심력이 중심 C를 향하고, 둘레 HIK에서의 힘이 구 QOS의 둘레에서 중심을 향하는 구심력과 같다고 하자. 그리고 동시에 추 T가 최고 높이인 S에서 풀려나면 다른 물체 L은 H에서 G로 떨어진다고 하자. 그러면 물체에 작용하는 힘들은 운동이 시작되는 순간에 그 크기가 같고, 그려지게 될 거리 TR과 LG에 항상 비례하므로, TR과 LG가 같을 경우 작용하는 힘들은 위치 T와 L에서 언제나 같을 것이다. 따라서 두 물체가 운동이 시작되는 순간 같은 구간 ST와 HL을 그릴 것이고, 이후에도 같은 힘을 받아 진행하며 같은 구간을 나아가게 될 것임은 자명하다. 그러므로 (명제 38에 따라) 물체가 호 ST를 그리는 시간 대 한 번의 진동에 걸리는 시간의 비는 호 HI(물체 H가 L에 도달하는 데 걸리는 시간) 대 원주의 절반인 HKM(물체 H가 M에 도달하는 데 걸리는 시간)의 비와 같다. 그리고 위치 T에 있을 때의 추의 속도 대 가장 낮은 위치 R에서의 속도의 비는(다시 말해 물체 H가 위치 L에 있을 때의 속도 대 위치 G에 있을 때의 속도의 비, 또는 선 HL의 순간적인 증분 대 선 HG의 순간적인 증분의 비인데, 이때 호 HI와 HK는 일정한 비율로 증가한다) 세로선 LI 대 반지름 GK의 비, 또는 $\sqrt{SR^2-TR^2}$ 대 SR의 비와 같다. 이렇게 일정하지 않은

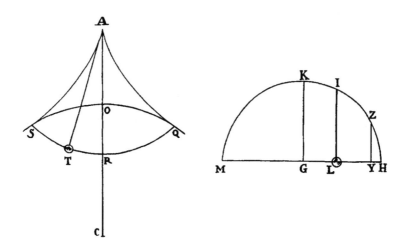

진동에서 전체 진동의 호에 비례하는 호는 같은 시간 동안 그려지므로, 모든 진동에서 형성되는 호와 속도는 주어진 시간으로부터 구할 수 있다. 이것이 제일 처음에 구하려던 것이다.

이제 단진자가 서로 다른 구 안에서 서로 다르게 그려지는 사이클로이드를 따라 진동하고, 진자가 받는 절대 힘 역시 모두 다르다고 하자. 그리고 임의의 구 QOS의 절대 힘을 V라고 하면, 이 구의 둘레에서 진자가 받는 가속력은, 진자가 중심을 향해 곧장 움직이기 시작할 때, 중심부터 진자까지의 거리와 구의 절대 힘의 곱, 즉 CO×V에 비례한다. 그러므로 선분 HY는 (가속력 CO×V에 비례하여) 주어진 시간 동안 그려질 것이다. 그리고 수직선 YZ가 Z에서 둘레와 만나도록 세워지면, 막 생겨나는 호 HZ가 그 주어진 시간을 나타낸다. 그런데 이 막 생겨나는 호 HZ는 GH×HY의 제곱근에 비례하고, 따라서 $\sqrt{(GH \times CO \times V)}$에 비례한다. 그러므로 사이클로이드 QRS를 따라 완전한 1회 진동에 걸리는 시간은 (완전한 진동을 나타내는 반원주 HKM에 정비례하고, 주어진 시간을 나타내는 호 HZ에는 반비례하므로) GH에 정비례하고 $\sqrt{(GH \times CO \times V)}$에 반비례할 것이다. 그런데 GH와 SR이 같으므로, $\sqrt{\dfrac{SR}{CO \times V}}$ 또는 (명제 50, 따름정리에 따라) $\sqrt{\dfrac{AR}{AC \times V}}$에 비례한다. 그러므로 모든 구와 사이클로이드를 따라 절대 힘에 의해 일어나는 진동은 실 길이의 제곱근에 정비례하며, 실을 고정하는 점과 구의 중심 사이의 거리의 제곱근에 반비례하고, 구의 절대 힘의 제곱근에 반비례한다. Q.E.I.

따름정리 1   그러므로 물체가 진동하고, 낙하하고, 공전하는 시간 또한 서로 비교될 수 있다. 구 안에서 사이클로이드를 그리는 바퀴의 지름이 구의 반지름과 같다면, 사이클로이드는 구의 중심을 지나는 직선이 될 것이고, 이제 진자의 진동은 이 직선을 따라 오르내리는 운동이 될 것이다. 따라서 임의의 위치에서 중심까지의 낙하 시간이 주어지고, 이와 함께 (이 낙하 시간과 동일하게) 물체가 임의의 거리에서 구의 중심 주위로 일정하게 회전하면서 사분원호를 그리는 시간도 주어진다. 이 시간 대 (두 번째 사례에 따라[즉 위의 두 번째

단락에 따라]) 임의의 사이클로이드 QRS에서 반 진동half-oscillation에 걸리는 시간의 비는

1 대 $\sqrt{\dfrac{AR}{AC}}$과 같다.

따름정리 2 렌과 하위헌스가 일반적인 사이클로이드에 대해 발견한 내용도 여기에서 비롯된 것이다. 만일 구의 지름을 무한정 늘이면, 구의 표면은 평면이 되고 구심력은 이 평면에 수직인 선을 따라 일정하게 작용할 것이며, 우리의 사이클로이드는 일반적인 사이클로이드로 바뀔 것이다. 그런데 이런 경우 해당 평면과 사이클로이드를 그리는 점 사이에서 클로이드 호의 길이는, 평면과 점 사이 바퀴의 호 절반의 버스트 사인의 네 배와 같을 것이다. 이것이 렌이 발견한 내용이다. 그리고 이런 종류의 두 사이클로이드 사이에서 진동하는 진자는 같은 시간 동안 닮은꼴이자 합동인 사이클로이드에서 진동할 텐데, 이것이 하위헌스가 증명한 것이다. 또한 한 번의 진동 주기 동안 낙하하는 무거운 물체에 관한 내용도 하위헌스가 증명하였다.

그뿐 아니라 우리가 증명한 명제들은 지구의 실제 구성과도 잘 맞는다. 바퀴의 둘레에 못을 박고 지구의 대원을 따라 구르게 하면 못이 사이클로이드를 그리게 된다. 그리고 탄광과 동굴 안쪽에 실을 매달아 진자운동을 하게 하면 진자는 사이클로이드를 그리며 등시성 진동[진폭과 관계없이 일정한 주기로 진동하는 성질―옮긴이]을 한다. 왜냐하면 무거움은 (3권에서 보게 될 테지만) 지구 표면에서 위로 갈수록 지구 중심부터의 거리 제곱에 비례하여 줄어들고, 표면 아래에서는 중심부터의 거리에 비례하여 줄어들기 때문이다.

명제 53

문제 35. 곡선 도형의 구적법을 인정한다면, 물체가 주어진 곡선을 따라 움직이도록 작용하는 힘은 언제나 등시성 진동을 일으킴을 증명하라.

물체 T가 임의의 곡선 STRQ를 따라 진동하고, STRQ의 축은 힘의 중심 C를 지나는 AR이라 하자. 이 곡선과 물체의 임의의 위치 T에서 접하도록 TX를 그린 다음, 이 접선 TX에서 호 TR과 같은 크기로 TY를 잡는다. [이 과정을] 일반적으로 알려진 도형의 구적법을 통하여 호의 길이가 구할 수 있을 때까지 반복한다. 점 Y부터 접선에 수직인 직선 YZ를 그린다. 그런 다음 Z와 수직으로 만나는 CT

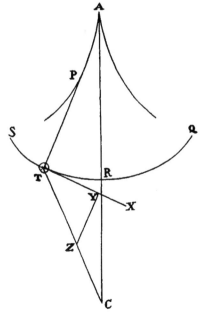

를 그리면 구심력은 직선 TZ에 비례할 것이다. Q.E.I.

물체가 T로부터 C를 향해 당겨지는 힘을 그에 비례하도록 잡은 직선 TZ로 표현하면, 이것은 힘 TY와 YZ로 분해될 것이다. 그중 YZ는 실 PT의 방향을 따라 물체를 당기는 힘이며, 물체의 운동에 전혀 변화를 일으키지 않는다. 반면 다른 힘 TY는 곡선 STRQ를 따라 운동을 가속하거나 지연시키게 된다. 이에 따라, 이 힘은 그려져야 하는 TR의 사영projection에 비례하므로, 두 진동(더 큰 진동과 더 작은 진동)의 비례하는 부분을 그리는 동안 발생하는 물체의 가속이나 지연은 언제나 해당 부분들에 비례할 것이고, 이로 인해 이 부분들은 동시에 그려지게 된다. 그리고 물체가 같은 시간 동안 그리는 부분들이 전체에 비례한다면, 물체들은 동시에 전체 호를 그릴 것이다. Q.E.D.

따름정리 1 그러므로 중심 A부터 직선 실 AT에 매달려 있는 물체 T가 원의 호 STRQ를 그리고, 그

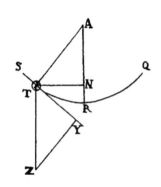

러는 동안 평행선을 따라 아래쪽으로 어떤 힘의 작용을 받는다고 하자. 이 힘은 일정한 중력에 대하여 호 TR과 그 사인인 TN의 비와 같은 비를 갖고, 임의의 1회 진동에 걸리는 시간은 같을 것이다. 왜냐하면, TZ와 AR가 평행하므로 삼각형 ATN과 ZTY가 닮은꼴이기 때문이다. 그러므로 TZ 대 AT는 TY 대 TN과 같다. 그리고 일정한 중력을 주어진 길이 AT로 표현하면, 등시성 진동을 일으키는 힘 TZ는 중력 AT에 대하여 호 TR (TY와 같다) 대 그 호의 사인 TN의 비와 같은 비를 갖는다.

따름정리 2 그러므로 [진자] 시계에서, 운동을 유지하기 위해 기계 장치가 진자에 가하는 힘을 중력과 더하고, 이렇게 해서 아래를 향하는 전체 힘이 호 TR과 반지름 AR의 곱을 사인 TN으로 나누어 생기는 선에 비례한다면, 모든 진동은 등시성을 가질 것이다.

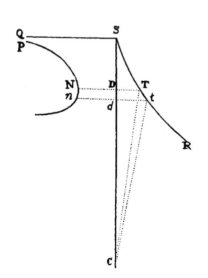

명제 54

문제 36. 곡선 도형의 구적법을 인정한다면, 임의의 구심력을 받는 물체가 힘의 중심을 지나는 평면 위에 그려지는 곡선을 따라 상승 또는 하강하는 시간을 구하라.

물체가 임의의 위치 S로부터 임의의 곡선 STtR을 지나 주어진 평면 위에서 힘의 중심 C를 통과해 낙하한다고 하자. CS를 그려 넣고 이것을 같은 간격으로 무수히 많은 부분으로 쪼갠다. 그중 하나를 Dd라 하자. 중심 C와 반지름 CD 그리고 Cd로 원 DT와 dt를 그린다. 이 원은 곡선 STtR과는 T와 t에서 만난다. 그러면, 구심력의 법칙과 물체가 떨어지는 높이

CS가 주어져 있으므로, 다른 높이 CT에서의 물체의 속도도 주어질 것이다(명제 39에 따라). 또한 물체가 선분 T*t*를 그리는 시간은 이 선분의 길이에 비례하며(즉 각 *t*TC의 할선, 속도에는 반비례한다. 세로선 DN이 이 시간에 비례하고 점 D를 지나는 직선 CS에 대해서는 수직이라 하자. 그렇다면 D*d*는 주어져 있으므로, D*d*×DN, 즉 DN*nd*의 면적도 같은 시간에 비례할 것이다. 그러므로 점 N이 연속적으로 그리는 곡선을 PN*n*이라 하면, [a]그리고 그 점근선이 직선 CS 위에 수직으로 서 있는 직선 SQ라면,[a] 면적 SQPND는 물체가 낙하하며 선 ST를 그리는 시간에 비례할 것이다. 따라서 면적이 구해지면 시간이 주어지게 된다. Q.E.I.

명제 55

정리 19. 물체가 임의의 곡면을 따라 움직이는데, 곡면의 축이 힘의 중심을 지난다고 하자. 수직선이 물체부터 축까지 내려져 있고, 수직선에 평행하고 길이가 같은 직선이 축 위의 임의의 점으로부터 그려져 있으면, 나는 이 평행선이 휩쓰는 면적은 시간에 비례할 것이라고 말한다.

BKL을 곡면이라 하고, T는 그 안에서 회전하는 물체, STR은 물체가 그 안에서 그리는 궤적, S는 궤적의 시작, OMK는 곡면의 축, TN은 물체부터 축까지 떨어지는 수직선이라 하자. 그리고 OP는 TN과 평행하고 길이가 같은 직선으로 축 위에 주어진 점 O로부터 그려져 있다. AP는 회전하는 선 OP가 이루는 평면 AOP 위에서 점 P가 그리는 경로이고, A는 (점 S에 해당하는) 사영이 시작되는 곳이다. 그리고 TC는 물체에서 중심까지 그린 직선이고, TG는 TC의 일부이며 물체가 중심 C를 향하여 받는 구심력에 비례한다. TM은 곡면에 수직인 직선이고, TI는 TM의 일부이며 물체가 곡면을 누르는 압력, 즉 표면이 M을 향하여 작용하는 압력에 비례한다. 그리고 PTF는 축에 평행한 직선이고, 이 선이 물체를 지난다고 하자. 그리고 GF와 IH는 점 G와 I로부터 평행선 PHTF를 향해 수직으로 떨어지는 직선이다. 이제 나는 운동이 시작될 때부터 반지름 OP가 그리는 면적 AOP는 시간에 비례한다고 말한다. 그 이유는 다음과 같다. 힘 TG는 (법칙의 따름정리 2에 따라) 힘 TF와 FG로 분해되며, 힘 TI는 TH와 HI로 분

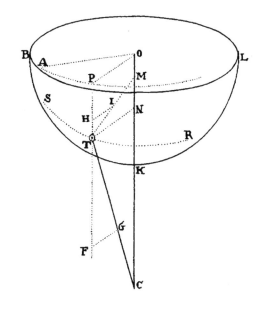

1판과 2판의 그림이 부정확하다는 것을 뉴턴에게 지적한 후 펨버튼이 추가한 설명. (*The Mathematical Papers of Isaac Newton*, D.T. Whiteside 편찬 [Cambridge: Cambridge University PRess, 1967-1981], 6:409, nn.308-309) 참고.

해된다. 그런데 힘 TF와 TH는 평면 AOP에 수직인 선 PF를 따라 작용하므로, 물체의 운동이 이 평면에 수직인 경우에만 영향을 미치게 된다. 그러므로 평면 위에서의 물체의 운동은—다시 말해 궤적의 사영 AP를 평면 위에 그리는 점 P의 운동은—힘 TF와 TH가 제거되고 물체가 힘 FG와 HI의 작용만 받는 경우와 동일하다. 그러니까 물체가 중심 O를 향하고 힘 FG와 HI의 합과 크기가 같은 구심력을 받아 평면 AOP에서 곡선 AP를 그리는 상황과 같다. 그런데 이러한 힘이 작용하면 면적 AOP는 (명제 1에 따라) 시간에 비례하여 그려진다.[a] Q.E.D.

따름정리   같은 논증에 따라, 둘 이상의 중심을 향하는 여러 힘을 받는 물체가 주어진 하나의 직선 CO를 따라 움직이고 있고, 자유공간에서 임의의 곡선 ST를 그린다면, 면적 AOP는 언제나 시간에 비례할 것이다.

명제 56

문제 37. 곡선 도형의 구적법을 인정한다면, 주어진 중심을 향하는 구심력의 법칙과 어떤 휘어진 표면이 주어져 있고 표면의 축이 그 중심을 지난다고 하자. 이 표면 위에서 물체가 주어진 위치로부터 정해진 속도로 풀려나 움직이기 시작할 때, 물체가 그리게 될 궤적을 구하라.

명제 55와 같은 조건으로 작도하고, 물체 T가 주어진 위치 S로부터 정해진 직선을 따라 구해야 하는 궤적 STR을 그리며 나아간다고 하자. 그리고 평면 BLO 위에 비친 이 궤적의 사영을 AP라 하자.

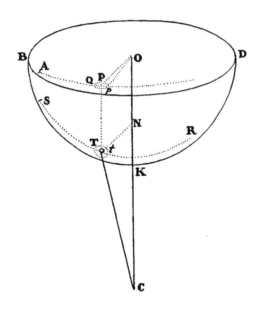

---

a   이 명제에서 뉴턴이 쓴 "vestigium"은 직역하면 "흔적a trace"이 되는데, 여기에서는 D.T. 화이트사이드를 따라 "사영projection"으로 번역했다.)

높이 SC에서 물체의 속도가 주어져 있으므로, 다른 높이 TC에서의 속도도 주어질 것이다. 물체는 이 속도로 주어진 극도로 짧은 시간 동안 그 궤적의 부분 Tt를 그린다고 하고, Pp는 평면 AOP에 그려지는 그 부분의 사영이라고 하자. Op를 그린 다음, 중심 T와 반지름 Tt로 곡면 위에 그려지는 작은 원의 사영(평면 AOP 위에 드리우는)을 타원 pQ라 하자. 그렇다면, 작은 원 Tt는 크기가 주어져 있고, 축 CO부터의 거리 TN 또는 PO도 주어져 있으므로, 타원 pQ는 모양과 크기가 주어질 것이다. 그와 함께 직선 PO에 대한 위치도 정해진다. 그리고 면적 POp는 시간에 비례하는데, 시간이 주어져 있으므로 면적 역시 결정될 것이고 각 POp도 정해질 것이다. 따라서 타원과 직선 Op의 공통의 교점 p도 정해지게 되며, 이와 함께 궤적의 사영 AP가 선 OP를 자르는 각 OPp도 주어진다. 따라서 (명제 41과 따름정리 2를 함께 참고하면) 곡선 APp를 결정하는 방법은 명백하다. 그러면 평면 AOP를 향해 사영의 점 P로부터 수직선을 하나씩 세우고 T에서 곡면과 만나도록 하면, 궤적의 점 T는 하나씩 주어질 것이다. Q.E.I.

지금까지 나는 움직이지 않는 중심을 향해 당겨지는 물체들의 운동을 설명했다. 그러나 자연계에는 그런 상황이 거의 존재하지 않는다. 인력은 언제나 물체를 향하고—제3 법칙에 따라—잡아당기고 잡아당겨지는 물체들의 작용은 언제나 상호적이고 동등하기 때문이다. 그래서 두 물체가 있는 경우, 물체 하나만 정지한 상태로 다른 물체를 당기거나 물체에게 끌어당겨질 수 없고, (법칙의 따름정리 4에 따라) 두 물체가 서로 인력을 받는 것처럼 공통의 무게 중심 주위를 회전하게 된다. 또 둘 이상의 물체가 있어 하나는 당기고 나머지는 끌리거나 서로가 서로를 끌어당긴다고 하면, 이 물체들은 공통의 무게 중심이 정지해 있거나 일정하게 직선을 따라 움직이는 것처럼 서로에 대하여 움직여야 한다. 이런 이유로 이제부터 나는 인력으로서의 구심력을 고려하여, 서로를 끌어당기는 물체들의 운동을 제시하려 한다. 아마도—물리의 언어로 말하자면—구심력을 충격력이라 부르는 편이 더 타당할 수도 있겠다. 그러나 지금 우리는 수학을 고려하고 있기 때문에, 물리와 관련된 모든 논쟁은 잠시 치워두고 수학을 잘 아는 독자들이 더 쉽게 이해할 수 있는 익숙한 언어를 사용하겠다.

명제 57

정리 20. 서로를 끌어당기는 두 물체는 공통의 무게 중심 주위로, 또 서로의 주위로 닮은꼴 도형을 그린다.

공통의 무게 중심부터 물체까지의 거리는 물체의 질량에 반비례하므로, 이 거리는 정해진 비를 갖는다. 그러면 가비 원리에 의해 물체들 사이의 전체 거리에 대해서도 주어진 비를 갖는다. 또한 이 거리들은 공통의 끝점을 중심으로 동일한 각운동으로 회전하게 되는데, 그 이유는 항상 같은 선상에 놓여 있으므로 서로에 대한 기울기가 변하지 않기 때문이다. 그리고 서로에 대하여 정해진 비에 따라 동일한 각운동으로 끝점 주위를 회전하는 직선들은 평면의 끝점 주위로 닮은꼴 도형을 그릴 것이며, 이 평면은 끝점들과 함께 정지해 있거나 각운동이 아닌 다른 형태의 운동으로 움직인다. 따라서, 이 거리들이 회전하며 그리는 도형은 닮은꼴이다. Q.E.D.

명제 58

정리 21. 만일 두 물체가 어떤 힘으로 서로를 끌어당기면서 동시에 공통의 무게 중심 주위로 회전한다면, 나는 이때 그려지게 되는 도형은 앞선 힘의 작용에 의해 움직이지 않는 물체 주위로 다른 물체가 그리는 도형과 닮은꼴이자 합동일 것이라고 말한다.

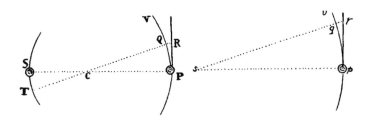

물체 S와 P가 공통의 무게 중심 C 주위로 회전하며 각각 S에서 T로, 그리고 P에서 Q로 나아간다. 주어진 점 *s*로부터 *sp*와 *sq*는 SP와 TQ에 언제나 합동이며 평행하게 그려진다고 하자. 그러면 점 *p*가 움직임 없는 점 *s* 주위를 돌며 그리는 곡선 *pqv*는 물체 S와 P가 서로의 주위에 그리는 곡선과 닮은꼴이자 합동일 것이다. 따라서 (명제 57에 따라) 이 곡선 *pqv*는 같은 물체들이 공통의 무게 중심 C 주위로 그리는 곡선 ST, PQV와 닮은꼴일 것이다. 이는 선 SC, CP, SP, *sp*의 서로에 대한 비가 주어져 있기 때문이다.

사례 1   공통의 무게 중심 C는 (법칙의 따름정리 4에 따라) 정지해 있거나 일정하게 직선을 따라 움직인다. 먼저 C가 정지해 있다고 가정하고, *s*와 *p*에 두 물체가 놓여 있다고 가정하자. 움직임이 없는 것은 *s*에, 움직이는 것은 *p*에 있고, 물체 S, P와 닮은꼴이자 합동인 도형을 이루도록 놓여 있다고 하자. 그런 다음 직선 PR, *pr*은 곡선 PQ, *pq*를 각각 P와 *p*에서 접한다 하고, CQ와 *sq*는 R과 *r*까지 늘이자. 그러면 도형 CPRQ와 *sprq*가 닮은꼴이기 때문에, RQ 대 *rq*는 CP 대 *sp*와 같을 것이며 따라서 주어진 비가 된다. 따라서 물체 P가 물체 S를 향해 끌리는 힘, 즉 중심 C를 향하는 힘이 물체 *p*가 중심 *s*를 향해 끌리는 힘과 똑같은 정해진 비를 갖는다고 하면, 같은 시간 동안 이 힘들은 물체들을 접선 PR과 *pr*로부터 호 PQ와 *pq*까지 시간에 비례하는 거리 RQ와 *rq*만큼 끌어당길 것이다. 그러므로 S를 향해 P를 당기는 힘은 물체 P가 곡선 PQV를 따라 회전하도록 할 것이며, *s*를 향해 *p*

를 당기는 힘은 물체 p가 곡선 pqv를 따라 회전하게 할 텐데, 이 곡선 pqv는 곡선 PQV와 닮은꼴일 것이다. 그리고 이 두 물체의 회전은 동시에 완성된다. 그런데 이 힘들은 서로에 대하여 CP 대 sp의 비가 아니라 1 대 1의 비를 갖는다 (왜냐하면 물체 S와 s, P와 p는 닮은꼴이자 합동이고, 거리 SP와 sp가 같기 때문이다). 그러므로, 물체들은 같은 시간 동안 접선으로부터 같은 거리만큼 끌어 당겨질 것이다. 두 번째 물체 p는 더 큰 거리 rq만큼 당겨지므로 더 많은 시간이 필요하다. 이 시간은 거리의 제곱근에 비례하는데, 그 이유는 (보조정리 10에 따라) 운동이 막 시작되는 순간 그려지는 거리가 시간의 제곱에 비례하기 때문이다. 그러므로 물체 p의 속도 대 물체 P의 속도는 거리 sp 대 거리 CP의 제곱근 비라고 가정해서, 거리의 제곱근에 비례하는 시간 동안 단비*simple ratio*인 호 pq와 PQ가 그려진다고 하자. 그렇다면 언제나 같은 힘에 의해 당겨지는 물체 P와 p는 정지 상태의 중심 C와 s 주위로 닮은꼴 도형인 PQV와 pqv를 그릴 것이고, 이중 pqv는 움직이는 물체 S 주위에 물체 P가 그리는 도형과 닮은꼴이자 합동일 것이다. Q.E.D.

사례 2 이제 공통의 무게 중심이, 물체들이 서로에 대하여 상대적으로 움직이는 공간과 함께 일정하게 직선을 따라 움직인다고 가정하자. 그렇다면 (법칙의 따름정리 6에 따라) 이 공간 안의 모든 운동은 사례 1처럼 일어날 것이다. 그러므로 물체들은 이전과 똑같이 도형 pqv와 닮은꼴이자 합동인 도형을 서로의 주위에 그릴 것이다. Q.E.D.

따름정리 1 그러므로 (명제 10에 따라) 두 물체는, 떨어진 거리에 비례하는 힘으로 서로 끌어당기면서, 두 물체의 공통의 무게 중심과 서로의 주변으로 공통의 중심을 공유하는 타원을 그린다.

그러므로 (명제 10에 따라) 두 물체는 떨어진 거리에 비례하는 힘으로 서로를 끌어당기면서, 두 물체의 공통의 무게 중심과 서로의 주변으로, 공통의 중심을 공유하는 타원을 그린다.. 그리고 역으로, 그런 타원이 그려진다면 힘은 거리에 비례한다.

따름정리 2 그리고 (명제 11, 12, 13에 따라) 거리 제곱에 반비례하는 힘을 받는 두 물체는—물체들의 공통의 무게 중심 주위로, 그리고 서로의 주위로—원뿔곡선을 그릴 것이며, 그 초점은 도형들이 그려지는 중심에 놓인다. 그리고 역으로, 이런 도형이 그려진다면 구심력은 거리 제곱에 반비례하는 것이다.

따름정리 3 공통의 무게 중심 주위로 궤도를 그리며 회전하는 임의의 두 물체는 그 중심과 서로의 중심까지 이어진 반지름으로 시간에 비례하는 면적을 휩쓴다.

명제 59

정리 22. 두 물체 S와 P가 공통의 무게 중심 주위를 회전하는 주기와, P가 움직이지 않는 물체 S 주위로 궤도를 회전하며 물체들이 서로의 주위에 닮은꼴이자 합동인 도형을 그리는 주기의 비는, 두 번째 물체 S 의 질량 대 두 질량의 합 S+P의 제곱근 비와 같다.

명제 58의 증명으로부터, 임의의 닮은꼴 호 PQ와 *pq*가 그려지는 시간은 각각 거리 CP의 제곱근과 SP 또는 *sp*의 제곱근에 비례하기 때문이다. 다시 말해 두 시간의 비는 물체 S 대 물체들의 합 S+P의 제곱근 비[또는 √S 대 √(S+P)]와 같다. 그리고 가비 원리에 의해 모든 닮은꼴 호 PQ와 *pq*가 그려지는 시간의 합, 다시 말해 전체 닮은꼴 도형들이 그려지는 전체 시간은 같은 비를 갖는다. Q.E.D.

명제 60

정리 23. 거리 제곱에 반비례하는 힘으로 서로를 끌어당기는 두 물체 S와 P가 공통의 무게 중심 주위를 회전하고 있다고 하자. 그렇다면 나는 물체 P가 이 운동에 의해 물체 S 주위로 그리는 타원의 주축과 같은 주기 동안 물체 P가 정지 상태의 다른 물체 S 주위에 그릴 수 있는 타원의 주축의 비는, 두 물체의 질량의 합 S+P 대 이 합과 물체 S의 질량 사이의 두 비례중항 중 첫 번째 값의 비와 같다고 말한다.[a]

그렇게 그려지는 타원들이 서로 합동이라면, 주기들의 비는 (명제 59에 따라) 물체 S의 질량의 제곱근 대 물체의 질량의 합 S+P의 제곱근의 비와 같다. 두 번째 타원의 주기가 이것과 같은 비로 감소한다고 가정하면, 주기들은 같아질 것이다. 그런데 두 번째 타원의 주축은 (명제 15에 따라) 앞선 비의 ³⁄₂제곱에 따라 감소할 것이며, 다시 말해 감소하는 비는 S 대 S+P의 세제곱이 되는 비가 될 것이다. 그러므로 두 번째 타원의 주축 대 첫 번째 타원의 주축의 비는 S+P와 S 사이의 두 비례중항 중 첫 번째 값 대 S+P가 될 것이다. 그리고 역으로, 움직이는 물체 주위로 그려지는 타원의 주축 대 움직이지 않는 물체 주위로 그려지는 타원의 주축의 비는 S+P 대 S+P와 S 사이의 두 비례중항 중 첫 번째의 비와 같을 것이다. Q.E.D.

명제 61

정리 24. 힘의 작용이 없었으면 서로 작용하거나 방해하지 않았을 두 물체가 임의의 힘으로 서로를 끌어당기며 움직이고 있다고 가정하자. 그러면 이 두 물체의 운동은 마치 공통의 무게 중심에 놓인 제3의 물체에게 각각 같은 힘으로 당겨질 때의 운동과 같을 것이다. 그리고 인력의 법칙은 공통의 중심부터 물체까지의 거리에 대해서든 물체들 사이의 전체 거리에 대해서든 동일할 것이다.

물체들이 서로를 끌어당기는 힘은 물체들을 향하며, 물체들의 공통의 무게 중심도 향하는 경향이

---

a   다시 말해 (S+P) 대 S × (S+P)²의 세제곱근에 비례한다는 뜻이다.

있다. 따라서 물체들 사이에 있는 물체에서 힘이 발산되는 것과 같다. Q.E.D.

그리고 두 물체의 공통의 중심부터 둘 중 어느 한쪽까지의 거리 대 물체 사이의 거리의 비는 주어져 있으므로, 한 거리를 거듭제곱한 만큼 다른 거리도 거듭제곱하면 그 두 값의 비도 주어지게 된다. 또한 한 거리로부터 어느 주어진 양과 함께 어떤 방식으로든 구한 양과, 다른 거리로부터 같은 개수의 주어진 양과 함께 같은 방식으로 구한 양에 대한 비도 거리들의 비를 갖게 되며, 마찬가지로 주어지게 된다. 이에 따라, 만일 한 물체가 다른 물체에 의해 당겨지는 힘이 물체들의 서로에 대한 거리에 비례하거나 반비례한다면, 또는 이 거리의 지수에 비례 또는 반비례하거나 마지막으로 이 거리와 주어진 양들로부터 아무러한 방법으로 구해진 양에 비례 또는 반비례한다면, 같은 물체가 공통의 무게 중심으로 당겨지는 같은 힘도 공통의 무게 중심부터 당겨지는 물체까지의 거리에 비례 또는 반비례할 것이다. 또한 이 거리의 같은 지수에도 비례 또는 반비례하며 이 거리로부터 같은 방식으로 구한 양과 그와 비슷하게 주어진 양에도 비례 또는 반비례할 것이다. 즉, 인력 법칙은 어떤 거리에 대해서도 동일할 것이다. Q.E.D.

명제 62

문제 38. 거리 제곱에 반비례하는 힘으로 서로를 끌어당기다가 주어진 위치로부터 서로에게 낙하하는 두 물체의 운동을 결정하라.

이 물체들은 (명제 61에 따라) 공통의 무게 중심에 놓인 세 번째 물체에 의해 당겨지는 것처럼 움직일 것이다. 그리고 가설에 따라, 그 중심은 운동이 시작되는 순간 정지 상태일 것이므로 (법칙의 따름정리 4에 따라) 언제나 정지 상태에 있을 것이다. 그러므로 물체들의 운동은 (명제 36에 따라) 물체가 중심을 향하는 힘을 받아 움직이는 것처럼 정해질 것이며, 이로써 서로를 향해 끌리는 물체들의 운동을 결정할 수 있다. Q.E.I.

명제 63

문제 39. 거리 제곱에 반비례하는 힘으로 서로를 끌어당겨, 주어진 위치로부터 주어진 속도로 정해진 직선을 따라 출발하는 두 물체의 운동을 결정하라.

처음에 물체의 운동이 주어져 있으므로, 이로부터 공통의 무게 중심이 일정하게 움직이는 운동이 정해지고, 이와 함께 이 중심과 함께 일정하고 반듯하게 움직이는 공간의 운동과 이 공간에 대한 물체들의 초기 운동도 주어진다. 그러면 이후에 물체들은 (법칙의 따름정리 5와 명제 61에 따라) 마치 공간이 공통의 무게 중심과 함께 정지 상태에 있는 것처럼 공간 안에서 운동하게 된다. 물체는 서로를 끌어당기는 것이 아니라 그 중심에 위치한 제3의 물체에 의해 당겨지는 것처럼 운동한다. 그러므로 이 움직이는 공간 안에서 어느 한 물체의 운동은, 주어진 위치로부터 주어진 속도로 정해진 직선을 따라 출발하여 중심을 향하는 구심력을 받아 당겨지는 운동이 되는데, 이 운동은 (명제 17과 37에 따라) 결정된다. 동시에 같은 중심 주위를 도는 다른 물체의 운동도 구할 수 있다. 이 운동은 (위에서 구한) 공간과 물체로 이루어진 계의 일정한 전진 운동과 결합되고, 움직이지 않는 공간 안에서 물체의 절대 운동으로서 알려지게 될 것이다. Q.E.I.

명제 64

문제 40. 물체들이 서로를 끌어당기는 힘들이 거리의 단비에 따라 중심부터 증가한다면, 두 개 이상의 물체들의 서로에 대한 운동을 구하라.

먼저 두 물체 T와 L이 공통의 무게 중심 D를 가지고 있다고 가정하자. 이 물체들은 (명제 58, 따름정리 1에 따라) 중심을 D에 두는 타원을 그릴 것이며, 그 크기는 명제 10에 따라 구할 수 있다.

이제 세 번째 물체 S가 처음 두 물체인 T와 L을 가속력 ST와 SL로 당기고 있다고 하자. 그리고 세 번째 물체도 결과적으로는 이 두 물체에 의해 당겨진다고 하자. 힘 ST는 (법칙의 따름정리 2에 따라) 힘 SD와 DT로 분해되고, 힘 SL은 힘 SD와 DL로 분해된다. 또한 힘 DT와 DL은 그들의 합 TL에 비례하고, 따라서 물체 T와 L이 서로를 끌어당기는 가속력에 비례하게 된다. 이 힘들이 각각 물체 T와 L

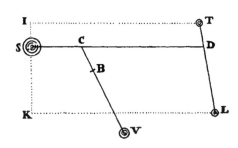

의 힘들에 더해지면, 이전과 같이 거리 DT와 DL에 비례하는 힘을 이루지만 이 앞의 힘들보다는 커지게 된다. 따라서 (명제 10, 따름정리 1 그리고 명제 4, 따름정리 1과 8에 따라) 이 힘들은 물체들이 여전히 타원을 그리지만 더 빠르게 그리도록 하는 원인이 된다. 남은 각각의 가속력은 SD가 되는데, 이 힘이 물체 T와 L

을 선 TI와 LK를 따라 (이 선들은 DS에 평행하다) 동인력이 되어 SD×T와 SD×L로 동등하게 끌어당긴다. 이 가속력은 물체들의 상대적인 조건을 전혀 바꾸지 않고, 단지 물체들이 선 IK에 동등하게 접근할 뿐이다. 이 선 IK는 물체 S의 가운데를 지나 선 DS에 수직이 되도록 그려진다고 생각할 수 있다. 그런데 이렇게 선 IK에 접근하면, 한쪽에는 물체 T와 L이 있고 다른 쪽에는 물체 S가 있는 계가 공통의 무게 중심 C 주위를 알맞은 속도로 회전하게 하는 원인이 되어 운동이 지연될 것이다. 물체 S는 그러한 운동으로 같은 점 C 주위에 타원을 그리는데, 그 이유는 거리 CS에 비례하는 동인력 SD×T와 SD×L의 합이 중심 C를 향하는 경향이 있기 때문이다. 그리고 CS와 CD는 비례하기 때문에, 점 D는 정확히 반대쪽에 닮은꼴 타원을 그리게 된다. 그런데 물체 T와 L은 각각 동인력 SD×T와 SD×L을 받아 (앞서 말한 대로) 평행선 TI와 LK를 따라 똑같이 끌어당겨지면서 (법칙의 따름정리 5와 6에 따

라) 이전과 같이 움직이는 중심 D 주위로 각자의 타원을 그리며 나아갈 것이다. Q.E.I.

이제 네 번째 물체 V가 추가된다고 하자. 비슷한 논증에 따라 이 점과 점 C는 모든 물체의 공통의 무게 중심인 B 주위로 타원을 그릴 것이며, 반면 이미 있던 물체들 T, L, S의 중심 D와 C 주위의 운동은 이전과 동일하게 유지되지만 가속될 것이다. 그리고 같은 방법으로 물체들을 더 많이 추가하는 것도 가능하다. Q.E.I.

이 내용은 물체 T와 L이 서로를 잡아당기는 가속력이, 거리에 비례하여 나머지 물체를 끌어당기는 힘보다 크거나 작을 경우에도 마찬가지로 성립한다. 모든 물체이 서로를 잡아당기는 상호 가속 인력이 그 거리와 물체를 곱한 값에 비례한다고 가정하자. 그렇다면 앞의 내용으로부터 모든 물체가 움직임 없는 평면 위에 같은 주기 동안 공통의 무게 중심인 B 주위로 서로 다른 타원을 그릴 것임은 쉽게 추론할 수 있다. Q.E.I.

명제 65

정리 25. 두 개 이상의 물체의 힘이 물체들의 중심으로부터 거리 제곱에 따라 감소할 때, 물체들은 서로에 대하여 타원을 그리며 움직이고, 초점까지 이어진 반지름은 시간에 거의 비례하는 면적을 휩쓸 수 있다.

명제 64에서 정확한 타원을 그리는 몇 가지 운동에 대한 경우들을 증명하였다. 힘의 법칙이 가정한 바로부터 멀어질수록 물체들은 상호 운동에서 서로 더 많이 섭동할 것이다. 또한 물체들 사이의 거리를 일정한 비율로 유지하지 않는 한, 여기서 가정한 법칙에 따라 물체가 서로 끌어당기면서 정확한 타원으로 움직이는 현상은 일어날 수 없다. 그러나 다음의 사례에서 다룰 궤도들은 타원과 크게 다르지 않을 것이다.

사례 1   몇 개의 작은 물체들이 대단히 큰 물체 주위로 다양한 거리를 두고 회전하고 있다고 가정하자. 그리고 이들 물체에 [즉 물체의 질량에] 비례하는 절대 힘이 모든 물체 각각을 향하고 있다고 하자. 그러면 모든 물체의 공통의 무게 중심은 (법칙의 따름정리 4에 따라) 정지 상태이거나 일정하게 직선을 따라 움직이고 있으므로, 작은 물체들은 아주 작아서 큰 물체의 중심이 무게 중심으로부터 많이 벗어나 있지 않다고 가정하자. 이 경우, 큰 물체는—뚜렷한 오차 없이—정지 상태에 있거나 일정하게 직진하고, 비교적 작은 물체들은 이러한 큰 물체 주위로 타원을 그리며 회전할 이다. 그리고 큰 물체까지 이어진 반지름은 시간에 비례하는 면적을 휩쓴다. 이는 큰 물체가 공통의 무게 중심에서 벗어나거나 작은 물체들의 상호작용하면서 오차가 발생하는 경우를 제외할 때의 얘기다. 그러나 작은 물체들은 큰 물체가 무게 중심에서 벗어난 정도와 상호작용의 세기가 임의로 지정된 값보다 작아지고, 그래서 임의로 지정한 값보다 작지 않은 오차 없이 궤도가 타원에 일치하고 면적이 시간에 대응할 때까지 감소할 수 있다. Q.E.O.

사례 2 이제 앞서 기술한 방식으로 큰 물체 주위를 도는 더 작은 물체들의 계를 상상해 보자. 혹은 두 물체가 균일하게 직진하면서 동시에 먼 거리에 위치한 훨씬 큰 물체의 힘 때문에 비스듬하게 당겨지는 다른 계를 상상해 보자. 그렇다면 평행선을 따라 물체들에 작용하는 동등한 가속력은 물체들 서로에 대한 조건은 전혀 바꾸지 않으면서 전체 계의 운동을 동시에 변화시키는 원인이 된다. 반면 부분들의 서로에 대한 운동은 유지된다. 따라서 물체들 사이에서 당겨지는 물체의 운동에 변화가 생기더라도, 이 변화가 서로 당기는 가속 인력이 달라지거나 힘이 다른 방향으로 기울어지지 않는 이상 큰 물체를 향하는 인력에는 아무 영향을 주지 않는다. 그러므로 큰 물체를 향하는 가속 인력들이 모두 서로에 대하여 거리 제곱에 반비례한다고 가정해 보자. 그런 다음 큰 물체와 다른 물체들 사이에 이어진 직선 길이 차이와 그들 간의 기울기 차이가 임의의 지정된 값보다 작아질 때까지 큰 천체의 거리를 증가시킴으로써, 계를 구성하는 부분들 간의 운동은 지정된 값을 넘지 않는 오차 없이도 지속될 것이다. 그리고 부분들 간의 거리는 상대적으로 짧으므로, 전체 계가 하나의 물체인 것처럼 당겨지고, 계는 이 인력을 받아 한 물체인 것처럼 움직일 것이다. 다시 말해, 그 무게 중심에 이끌려 큰 물체의 주위로 원뿔곡선을 (인력이 약할 경우 쌍곡선 또는 포물선을, 인력이 강할 경우 타원을) 그릴 것이며, 큰 물체까지 이어진 반지름은 시간에 비례하는 면적을 휩쓸게 될 것이다. 이때 부분들 사이의 거리로 인해 발생하는 오차 외에는 별다른 오차는 없을 것이지만, 이 오차는 대단히 작으며 원하는 대로 감소시킬 수 있다. Q.E.O.

비슷한 논증에 따라 더 복잡한 사례로 무한정 발전시킬 수 있다.

따름정리 1 사례 2에서, 큰 물체가 두 개 이상의 물체의 계로 가까이 접근할수록, 계의 부분들이 서로에 대하여 움직이는 운동은 섭동을 더 많이 받을 것이다. 큰 물체에서 계의 부분들로 이어진 선들이 서로에 대한 기울기가 더 커지고, 비의 불균등도 마찬가지로 더 커지기 때문이다.

따름정리 2 이 섭동이 최대가 되는 때는, 큰 물체를 향하는 계의 부분들의 가속 인력이 서로에 대하여 큰 물체까지의 거리 제곱에 반비례하지 않을 때, 특히 이 비의 불균등성이 큰 물체부터의 거리 비의 불균등성보다 더 클 때이다. 평행선을 따라 동등하게 작용하는 가속력이 부분들의 서로에 대한 운동에 전혀 섭동하지 않으면, 그 작용에 불균등이 있을 때 반드시 섭동이 발생할 것이고, 그런 섭동은 불균등의 정도에 따라 커지거나 작아질 것이기 때문이다. 어떤 물체에 큰 충격력이 작용하고 다른 물체에는 작용하지 않을 경우, 물체들 간의 상황에는 반드시 변화가 일어날 것이다. 그리고 섭동에 선들의 기울기와 힘의 불균등에서 비롯되는 섭동이 더해져 전체 섭동은 더 커질 것이다.

따름정리 3 그러므로 계의 부분들이—유의미한 섭동 없이—타원 또는 원을 그리며 움직이면, 이 부분들은 다른 물체를 향하는 가속력을 전혀 받지 않거나(아주 약간은 예외로 하고), 또는 평행선을 따라 모든 부분이 거의 동등하게 가속력을 받는다는 것을 알 수 있다.

명제 66[a]

정리 26. 세 개의 물체가—거리의 제곱에 반비례하는 힘으로—서로 끌어당기고, 그중 임의의 두 물체가 거리의 제곱에 반비례하는 가속 인력으로 세 번째 물체를 향한다고 하자. 그리고 비교적 작은 두 물체가 가장 큰 물체를 중심으로 돈다고 하자. 그렇다면 나는 다음과 같이 말한다. 만일 가장 큰 물체가 이런 인력에 의해 움직인다면, [공전하는 두 물체 중에서] 안쪽의 물체는 가장 안쪽의 가장 큰 물체에 그은 반지름으로써 어떤 면적을 휩쓸텐데, 이때 면적은 시간에 비례하는 비율에 더 가까워질 것이고 그 도형의 형태는 (반지름과 만나는 점이 초점인) 타원에 더 가까워질 것이다. 이런 경향은 가장 큰 물체가 작은 물체들에게 당겨지지 않고 정지 상태이거나, 가장 큰 물체가 더 적거나 더 많이 당겨지고 그에 따라 더 적거나 더 많은 작용을 받는 경우와 비교하는 경우에 비하면 더욱 그러하다.

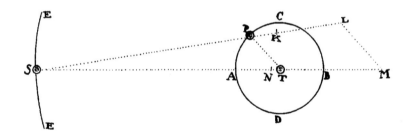

이는 명제 65의 두 번째 따름정리의 증명으로부터 충분히 알 수 있지만, 다음의 방법으로 더 명쾌하고 일반적이며 설득력 있게 증명할 수 있다.

---

a   뉴턴은 1판에서 다른 문자 체계를 사용했다. 코페르니쿠스 그림에서 흔히 볼 수 있는 형식을 따라 중심 물체는 S로 표기하고 ("Sol", 즉 태양의 첫 글자) 그 주위를 도는 물체는 P로 표기했다("Planeta", 즉 행성). 그 다음으로 바깥쪽에 놓이는 물체들은 P부터 Q까지의 순서를 이어갔다. 2판과 3판에서는 중심 물체를 T(지구를 뜻하는 "Terra"를 암시한다)로 썼고, 그 주위를 도는 물체는 여전히 P다(그러나 이제는 이차 행성 또는 위성을 뜻한다). 반면 가장 바깥쪽을 도는 또는 섭동하는 물체가 S다("Sol"을 암시한다). 이런 식으로 뉴턴은 2판과 3판에서 독자들에게 그가 기본적으로 삼체 문제 형식을 수학적으로 해석하고 있음을 적절한 방법으로 알리고 있다. 그에 대한 예로 먼 태양의 중력에 의해 섭동을 받으며 지구 주위 궤도를 도는 달을 들고 있다. 이 명제의 따름정리들은 3권의 달의 운동에 관한 내용을 다룰 뿐 아니라 3권 명제 37, 따름정리 3에서 달의 질량을 결정하는 데에도 사용된다.

사례 1 　작은 물체 P와 S가 같은 평면 위에서 가장 큰 물체 T 주위를 공전하고 있다고 하자. P 는 안쪽 궤도 PAB를, S는 바깥쪽 궤도 ESE를 그리고 있다. SK는 물체 P와 S 사이의 평 균 거리라 하고, 이 평균 거리에서 물체 S를 향하는 물체 P의 가속 인력은 같은 선 SK로 표현하기로 하자. SL을 취하여 SL 대 SK가 SK^2 대 SP^2과 같아지도록 한다. 그러면 SL은 임의의 거리 SP에서 S를 향하는 물체 P의 가속 인력이 될 것이다. PT를 그려 넣고, 이 와 평행하게 LM을 그려 ST와 M에서 만나도록 한다. 그러면 인력 SL은 (법칙의 따름정 리 2에 따라) 인력 SM과 LM으로 분해될 것이다. 그러므로 물체 P는 세 개의 가속력을 받아서 잡아당겨질 것이다. 그러한 힘 가운데 하나는 T를 향하고 물체 T와 P의 상호 인 력으로부터 발생한다. 물체 P는 오직 이 힘만으로 (T는 움직이지 않거나 이 인력에 의해 움직여진다) 반지름 PT가 물체 T 주위에 시간에 비례하는 면적을 휩쓸도록 움직여야 하 고, 물체 P가 그리는 타원의 초점은 물체 T의 중심에 놓여야 한다. 이것은 명제 11과 명 제 58, 따름정리 2와 3에 미루어 볼 때 명백하다.

　두 번째 힘은 인력 LM인데, 이 힘이 (P로부터 T를 향하므로) 첫 번째 힘에 더해지면 방향이 일치할 것이므로 이후 그려지는 면적은 명제 58 따름정리 3에 따라 여전히 시간 에 비례할 것이다. 그러나 이 힘은 거리 PT의 제곱에 반비례하지 않으므로, 첫 번째 힘 과 함께 이 비에 맞지 않는 다른 힘을 형성할 것이다. 그리고 그 차이가 클수록 나머지 조건은 모두 동일하고 다만 이 힘 대 첫 번째 힘의 비가 더 커지게 될 것이다. 따라서 (명 제 11과 명제 58 따름정리 2에 따라) 초점 T 주위로 타원을 그리는 힘의 방향은 초점을 향해야 하고 크기는 거리 PT의 제곱에 반비례해야 하므로, 이 비와 일치하지 않는 합성 력으로 인해 궤도 PAB는 초점이 T인 타원의 모양에서 벗어나게 될 것이며, 모양이 타원 에서 멀어질수록 이 비의 차이도 더 크다는 것을 알 수 있다. 그리고 두 번째 힘 LM 대 첫 번째 힘의 비가 커지면 비의 차이가 더 커질 것이고, 나머지는 여전히 동일하다.

　이제 세 번째 힘 SM은 물체 P를 ST에 평행한 선을 따라 잡아당김으로써 앞선 두 힘들 과 함께 하나의 힘을 형성할 것이다. 이 힘은 더이상 P에서 T를 향하지 않으며, 이 방향 에서 더 많이 벗어날수록 이 세 번째 힘 대 앞선 두 힘의 비는 더 커질 것이다. 나머지 것 은 그대로 동일하다. 그러므로 이 합성력으로 인해 물체 P까지 이어진 반지름 TP가 휩 쓰는 면적은 더 이상 시간에 비례하지 않게 되고 이 비에서 더 많이 벗어나게 할 것이며, 세 번째 힘과 다른 힘들에 대한 비는 더 커질 것이다. 이 세 번째 힘은 궤도 PAB가 타원 형태에서 더 많이 벗어나게 하는 원인이 되는데, 이 힘의 방향이 P에서 T를 향하지 않 고, 거리 PT의 제곱에 반비례하지도 않기 때문이다. 일단 이런 내용을 이해하고 나면,

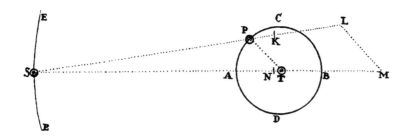

세 번째 힘이 최소이고 나머지 두 힘이 동일할 때 그려지는 면적이 시간에 대해 가장 많이 비례한다는 것은 명백하다. 또한 궤도 PAB는 두 번째와 세 번째 힘이(특히 세 번째 힘이) 최소이고, 첫 번째 힘은 이전과 같을 때 타원 형태에 가장 근접하리라는 것도 명백하다.

S를 향하는 물체 T의 가속 인력을 선 SN으로 표현하자. 가속 인력 SM과 SN이 같다고 하면, 물체 T와 P를 같은 세기로 평행하게 잡아당기므로 두 물체 간의 조건에는 전혀 영향을 미치지 않는다. 이 경우, 서로에 대한 두 물체의 운동은 (법칙의 따름정리 6에 따라) 이 인력이 없을 때와 다르지 않을 것이다. 그리고 같은 이유로, 인력 SN이 인력 SM보다 작으면, 인력 SM의 일부인 SN이 감해져 MN만 남게 되는데, 이에 따라 면적과 시간의 비례성과 타원 궤도의 모양은 영향을 받을 것이다. 마찬가지로 인력 SN이 인력 SM보다 크면, 면적과 시간의 비례성과 궤도의 섭동은 그 차이인 MN에 의해서만 발생하게 된다. 그러므로 세 번째 힘 SM에서 항상 SN이 감해져 MN만 남게 되고, 첫 번째와 두 번째 인력은 조금도 변화 없는 상태로 유지된다. 그러므로 면적과 시간이 비례하는 정도가 최대치가 되고 궤도 PAB는 타원 형태에 가장 근접하게 되는데, 이때 인력 MN은 0이거나 가능한 한 최솟값을 가진다. 다시 말해, 물체 S를 향하는 P와 T의 가속 인력이 가장 가까워질 때, 즉 인력 SN이 0도 아니고 모든 인력 SM의 최솟값도 아니지만 SM의 최댓값과 최솟값 사이에서 평균을 유지하여 SK보다 아주 크거나 작지 않을 때다.

사례 2   이제 작은 물체들 P와 S가 다른 평면 위에서 가장 큰 물체 T 주위로 공전하고 있다고 하자. 그렇다면 힘 LM은 궤도 PAB가 있는 평면 위에 놓인 선 PT를 따라 작용하면서 이전과 같은 효과를 낼 것이고, 물체 P를 궤도 평면에서 끌어당기지 않는다. 그러나 ST에 평행하게 작용하는 (따라서 물체 S가 교점들을 잇는 선 바깥에 있을 때, 궤도 PAB의 평면을 향해 기울어져 있는) 두 번째 힘 NM은, 이미 앞에서 설명한 황경 방향의 운동뿐 아니라 물체 P를 궤도 평면 밖으로 잡아당겨 황위 방향의 운동에도 섭동을 미칠 것이다. 그리고 이 섭동은, 물체 P와 T가 서로에 대하여 주어진 조건에 있을 때, 운동을 생성하는 힘 MN에 비례할 것이고, 따라서 MN이 최소일 때 섭동도 최소가 된다. 즉 (앞에서 설명했듯이) 인력 SN이 인력 SK보다 아주 크거나 아주 작지 않을 때 섭동은 최소가 된다. Q.E.D.

따름정리 1   그러므로 작은 물체들 P, S, R, …이 가장 큰 물체 T 주위를 공전한다면, 다른 물체들이 서로 끌어당기는 만큼 가장 큰 물체 T도 다른 물체들에 의해 당겨지며 (가속력의 비에 따라) 작용을 받을 때, 가장 안쪽의 물체 P의 운동이 외부 물체들의 인력으로부터 최소한의 섭동을 받을 것이다.

따름정리 2   세 물체 T, P, S의 계에서, 어느 둘로부터 세 번째 물체를 향하는 가속 인력이 서로에 대한 거리 제곱에 반비례한다면, 물체 P는 물체 T까지 이어진 반지름 PT로 물체 T 주위의 면적을 휩쓸 것이다. 그리고 그 속도는 구 C와 D 근처에 있을 때보다 합 A와 충 B 근처에 있을 때가 더 **빠를** 것이다.〔구quadrature는 지구에서 봤을 때 외행성과 태양의 각도가 90도가 되는 위치, 합conjunction은 지구에서 봤을 때 내행성이 태양과 완전히 같은 방향에 있는 위치, 충opposition은 지구에서 봤을 때 외행성이 태양과 정반대 쪽에 있는 위치다. ―옮긴이〕 그 이유는 물체 P에 작용하고 T에는 작용하지 않는 모든 힘, 그리고 선 PT 방향으로 작용하지 않는 힘은, 힘의 방향이 순방향인지 역방향인지에 따라 면적을 휩쓰는 속도를 가속하거나 감속시키기 때문이다. 그러한 힘이 바로 NM이다. 물체 P가 C에서 A로 이동하는 경로에서, 이 힘은 순방향이며 운동을 가속시킨다. 이후 D까지는 역방향으로 운동을 감속시킨다. 그런 다음 다시 B까지 순방향으로 나아가고, 마지막으로 B에서 C로 나아가며 역방향이 된다.

따름정리 3   같은 논증에 따라, 다른 조건이 모두 동일한 경우 물체 P가 구에서보다 합과 충 근처에서 더 빠르게 움직인다는 것은 명백하다.

따름정리 4   다른 조건이 모두 동일한 경우 물체 P의 궤도는 합과 충일 때보다 구에서 더 많이 휘어진다. 속도가 빠르면 직선 경로에서 덜 벗어나기 때문이다. 또한 합과 충에서 힘 KL 또는 NM은 물체 T가 물체 P를 끌어당기는 힘과 반대 방향이므로 힘을 감소시킨다. 이때 물체 P는 물체 T 방향으로 힘을 덜 받으면 직선 경로에서 덜 벗어날 것이다.

따름정리 5   따라서 다른 조건이 모두 동일한 경우, 이심률의 움직임[즉 변화]을 무시하면 물체 P는 물체 T를 기준으로 합과 충에 있을 때보다 구에 있을 때 더 많이 역행할 것이다. 물체 P의 궤도를 편심 궤도라 하면, 궤도의 이심률은 (이 명제의 따름정리 9에서 간단히 설명할 것인데) 장축단이 합충에 있을 때 가장 크기 때문이다. 그러므로 원지점에 도착하는 물체 P는 구에서보다 합과 충에 있을 때 물체 T로부터 더 멀어질 수 있다.

따름정리 6 물체 P를 궤도에 잡아두는 중심 물체 T의 구심력은, 구에서는 힘 LM만큼 더해지고 합과 충에서는 힘 KL만큼 감소한다. 그리고, 힘 KL의 크기로 인해[이 힘은 LM보다 크다], 증가하는 양보다 더 많이 감소한다. 구심력이 (명제 4, 따름정리 2에 따라) 반지름 TP의 단비와 주기의 역수의 제곱비가 이룬 복비이므로[즉 힘은 반지름에 정비례하고 주기 제곱에 반비례한다], 힘 KL의 작용으로 이 합성비가 감소한다는 것은 자명하다. 따라서 주기는 (궤도 반지름 TP가 변하지 않고 유지된다고 가정하면) 구심력이 감소하는 제곱 근 비에 비례하여 증가한다. 따라서 이 반지름이 증가 또는 감소한다고 가정하면, 주기 는 명제 4, 따름정리 6에 따라 이 반지름의 $\frac{3}{2}$제곱보다 더 증가하거나 덜 감소한다. 만일 중심 물체의 힘이 서서히 약해진다고 가정하면, 물체 P는 조금씩 덜 당겨지면서 중심 T 로부터 꾸준히 멀어질 것이다. 반대로, 힘이 증가하면 물체 P는 점점 더 중심 T에 접근 할 것이다. 그러므로, 먼 물체 S의 힘이 감소하면서 S의 작용이 번갈아가며 증가하거나 감소하면, 반지름 TP도 S의 작용에 따라 동시에 증가하거나 감소하고, 주기는 반지름의 $\frac{3}{2}$제곱의 비와 중심 물체 T의 구심력의 제곱근의 비가 결합된 비에 따라 증가하거나 감 소할 것이다.

따름정리 7 앞서 설명한 내용으로부터, 물체 P가 그리는 타원의 축, 또는 타원의 장축단을 잇는 선 은 각운동에 대하여 교대로 순행과 역행을 반복한다. 그러나 역행하는 거리보다 더 많이 순행하고, 순행 운동이 더 크기 때문에 전체적으로 순행하게 된다. 그 이유는 힘 MN이 사라질 때 구에 있는 물체 P가 물체 T 방향으로 받는 힘은 힘 LM 그리고 물체 T가 물체 P를 끌어당기는 구심력의 합이기 때문이다. 거리 PT가 증가하면 첫 번째 힘 LM은 이 거리와 대략 같은 비로 증가하고, 두 번째 힘은 이 비의 제곱에 비례하여 감소한다. 따라 서 이들 힘의 합은 거리 PT의 제곱비보다 적게 감소하고, (명제 45, 따름정리 1에 따라) 원점 또는 원일점을 역행시키는 원인이 된다. 그러나 합과 충에서 물체 P가 물체 T 방향 으로 받는 힘은 물체 T가 물체 P를 잡아당기는 힘과 힘 KL 사이의 차다. 그리고 힘 KL

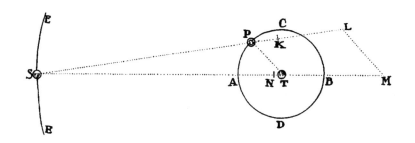

이 거리 PT의 비와 거의 비례하여 증가하기 때문에, 이 차 역시 거리 PT의 비에 따라 감소한다. 이 비는 거리 PT의 제곱보다 크므로 (명제 45, 따름정리 1에 따라) 원일점이 전진하는 원인이 된다. 합충과 구 사이의 위치에서 이 두 원인이 모두 원일점의 운동에 작용하며, 따라서 한쪽이 다른 쪽보다 커지면 원일점은 그에 따라 순행하거나 역행한다. 합충에서의 힘 KL은 구에서의 힘 LM보다 대략 두 배 가량 크므로, 남는 힘은 힘 KL과 같고 원일점은 순행할 것이다. 이 따름정리와 앞선 따름정리의 내용은 두 물체 T와 P의 계가 모든 방향으로 궤도 ESE 위에 있는 더 많은 물체 S, S, S, …에 에워싸여 있다고 가정하면 쉽게 이해할 수 있을 것이다. 이 물체들의 작용에 의해, T의 작용은 모든 방향으로 감소할 것이고 감소하는 비는 거리 제곱보다 더 클 것이기 때문이다.

따름정리 8 그런데 장축단의 순행이나 역행은 구심력의 증감에 따라 영향을 받는다. 즉 구심력이 감소하는 비가 거리 TP의 제곱비보다 크냐 작으냐에 따라 물체는 근일점에서 원일점으로 가는 경로에서 구심력이 거리 TP의 제곱에 대하여 감소하는 비에 따라 거리 TP가 줄어들게 된다. 그리고 물체가 근일점으로 돌아올 때도 구심력의 증가비에 따라 거리 TP가 증가한다. 따라서 원일점과 근일점에서의 힘의 비가 거리 제곱의 역수 비와 가장 큰 차이를 보일 때 원일점과 근일점이 순행 또는 역행하는 거리는 최댓값이 된다. 이런 점을 고려할 때 KL, 즉 힘의 차이 NM−LM은 장축단이 합과 충에서 더 빠르게 순행하는 원인이 되고, LM, 즉 힘의 합은 원일점/근일점이 구에서 더 느리게 역행하는 원인이 된다. 그리고 순행은 계속 빨라지고 역행은 계속 느려져, 그 차이가 최대가 된다.

따름정리 9 물체가 중심부터의 거리 제곱에 반비례하는 힘을 받아 중심 주위로 타원을 그리며 공전하고, 원일점 또는 원점부터 근일점으로 내려오면서 그 힘이—새 힘이 계속 더해지기 때문에—감소하는 힘의 제곱보다 더 큰 비로 증가한다면, 물체는 계속 더해지는 새 힘에 의해 중심 방향으로 작용을 받으면서, 감소하는 거리의 제곱만큼 늘어나는 힘의 작용만 받는 경우보다 중심 쪽으로 더 많이 쏠릴 것이다. 따라서 타원 궤도보다 안쪽으로 궤도를 그릴 것이며 근일점에 왔을 때 이전보다 중심에 더 가까워질 것이다. 그러므로 이 새 힘이 더해짐에 따라 궤도의 이심률은 커질 것이다. 이제, 물체가 근일점에서 원일점으로 돌아가는 동안 힘이 이전에 증가한 만큼 감소한다면, 물체는 이전의 거리를 유지하며 되돌아올 것이다. 힘이 이보다 더 큰 비로 감소하면, 물체는 전보다 덜 당겨져서 더 큰 거리만큼 상승하고, 따라서 궤도의 이심률은 여전히 더 커질 것이다. 그러므로 구심력의 증감 비가 공전마다 증가한다면, 이심률은 항상 증가할 것이다. 반대로 구심력의 증감 비가 감소하면 이심률도 감소할 것이다.

이제, 물체 T, P, S로 이루어진 계에서, 궤도 PAB의 장축단이 구에 있을 때 이러한 증감 비는 최소가 되고, 장축단이 합과 충에 있을 때 최대가 된다. 만일 장축단이 구에 있으면 장축단 근처에서 이 비는 더 작고, 합과 충 근처에서는 거리의 제곱비보다 더 크다. 그리고 비가 더 커지면 앞서 설명한 대로 원일점이 순행하거나 직선 운동한다. 그러나 장축단 사이의 순행 운동에서 전체적인 증감 비를 고려하면, 이 비는 거리의 제곱비보다 작다. 근일점에서의 힘 대 원일점의 힘의 비는 타원의 초점부터 원일점까지의 거리 대 같은 초점부터 근일점까지 거리의 제곱비보다 작다. 그리고 반대로 장축단이 합과 충에 있으면 근일점의 힘 대 원일점의 힘은 거리의 제곱비보다 더 크다.

구에서의 힘 LM이 물체 T의 힘에 더해져서 더 작은 비로 힘을 구성하고, 합과 충에서의 힘 KL이 물체 T의 힘에서 감해지면 더 큰 비의 힘을 남긴다. 그러므로 장축단 사이의 경로에서 전체적인 감소와 증가의 비는 구에서 최소가 되고 합과 충에서 최대가 된다. 따라서 장축단이 구에서 합충으로 가는 동안에 이 비는 연속적으로 증가하고, 타원의 이심률을 증가시킨다. 그리고 합충에서 구로 가는 동안에는 이 비는 연속적으로 감소하고 이심률도 감소시킨다.

따름정리 10 황위의 오차를 설명하기 위해, 궤도 EST의 평면이 움직이지 않고 유지된다고 상상해 보자. 그렇다면 방금 설명된 오차의 원인으로부터, (이 오차들의 전적인 원인인) 힘 NM과 ML 중 언제나 궤도 PAB의 평면에서 작용하는 힘 ML은 황위 방향 운동에는 전혀 영향을 미치지 않음은 자명하다. 마찬가지로 교점들이 합충에 있을 때, 역시 궤도와 같은 평면 위에서 작용하는 힘 NM도 이 운동에 영향을 미치지 않는다. 그런데 교점들이 구에 있을 때, 이 힘은 이 운동에 가장 큰 폭으로 섭동을 일으킨다. 그리고 물체 P를 궤도 평면으로부터 지속적으로 끌어당김으로써, 물체가 구에서 합충으로 가는 동안에는 평면의 기울기를 감소시키고 반대로 합충에서 구까지 가는 동안에는 기울기를 증가시킨다. 따라서 물체가 합충에 있을 때 기울기는 최소가 되고, 물체가 다음 교점에 올 때 거의 이전 기울기로 되돌아온다. 그러나 교점들이 구를 지나 8분원의 위치에 있으면, 다시 말해

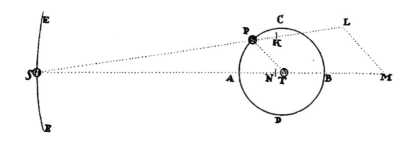

C와 A 사이, 또는 D와 B 사이에 있으면, 방금 설명한 내용으로부터 물체 P가 교점에서 90°가 되는 곳까지 가는 동안 평면의 기울기는 지속적으로 감소한다는 것을 이해할 수 있다. 그러면 그다음으로 45°를 더 지나 다음 구까지 가는 동안 기울기는 증가한다. 그리고 그 이후로 45°를 더 지나 다음 교점까지 가는 동안 기울기는 감소한다. 따라서 기울기는 증가하는 양보다 더 많이 감소하며, 바로 직전 교점에서보다 바로 그다음 교점에서 항상 더 작다. 그리고 비슷한 논리로, 교점들이 A와 B, 또는 B와 C 사이의 다른 8분원에 있을 때 기울기는 감소하는 것보다 더 많이 증가한다. 그러므로 교점들이 합충에 있을 때 기울기는 최대가 된다. 교점이 합충에서 구로 가는 동안, 기울기는 물체가 각각의 교점에 접근할 때마다 감소하고, 교점이 구에 있고 물체가 합충에 있을 때 최소가 된다. 그러다가 교점이 가장 가까운 합충에 접근하면서 이전에 감소한 양만큼 증가하여 원래 크기로 돌아온다.

따름정리 11 교점들이 구에 있을 때, 물체 P는 교점 C에서 합 A를 지나 교점 D로 가는 동안 계속해서 궤도 평면으로부터 S 방향으로 당겨지고, 교점 D에서 충 B를 지나 교점 C로 갈 때는 반대 방향으로 당겨진다. 이에 따라 물체가 교점 C를 출발하여 다음 교점에 도달할 때까지 궤도가 처음 그렸던 평면 CD로부터 지속적으로 역행하게 된다는 점은 자명하다. 그러므로 첫 평면 CD로부터 가장 멀리 있는 교점에서, 물체는 궤도 평면 EST를 지나, 그 평면의 다른 교점 D로 가지 않고 물체 S에 더 가까운 점을 통과하면서, 이전 위치 뒤에 있는 새로운 위치의 교점을 지난다. 비슷한 논증으로 물체가 이 교점에서 다음 교점으로 가는 동안 교점들은 계속 역행할 것이다. 이에 따라 구에 있던 교점들은 계속해서 역행한다. 교점들이 합충에 있을 때, 황위의 운동이 전혀 섭동을 받지 않으면 교점들은 정지해 있다. 교점이 그 중간 위치에 있을 때는 두 조건을 모두 공유하므로 역행 속도는 느려진다. 따라서, 교점들은 항상 역행하거나 정지해 있으므로, 공전이 일어날 때마다 뒤로 옮겨가게 된다.

따름정리 12 이 따름정리들에서 설명된 오차들은 모두 물체 P와 S의 충보다 합에서 약간 더 크다. 이

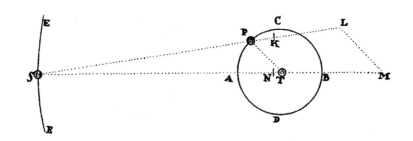

는 운동을 생성하는 힘 NM과 ML이 더 크기 때문이다.

따름정리 13 그리고 이 따름정리 들에서 다룬 비는 물체 S의 크기에 의존하지 않기 때문에, 앞선 서술들은 물체 S가 아주 커서 두 물체 T와 P의 계가 그 주위를 공전한다고 가정해도 무방하다. 그리고 물체 S가 커지고, 결과적으로 구심력이 증가하면(이로써 물체 P의 오차가 발생한다), 같은 거리에서 모든 오차는 물체 S가 물체 P와 T의 계 주위를 공전하는 경우보다 더 크게 나올 것이다.

따름정리 14[a] 물체 S가 대단히 멀리 있을 때, 힘 NM과 ML은 힘 SK와 'ST에 대한 PT의 비' 모두에 거의 비례한다(즉 거리 PT와 물체 S의 절대 힘이 주어진 값일 때, ST^3에 반비례한다). 그리고 이 힘 NM과 ML은 앞선 따름정리에서 다루었던 모든 오차와 효과를 일으키는 원인이다. 이에 따라 이러한 모든 효과는—물체 T와 P의 계는 동일하게 유지되고 거리 ST와 물체 S의 절대 힘만 바뀐다면—물체 S의 절대 힘의 비와 거리 ST의 세제곱의 역수 비를 합성한 비와 거의 같다. 따라서 물체 T와 P의 계가 멀리 있는 물체 S의 주위로 공전하면, 힘 NM과 ML 그리고 그들의 효과는 (명제 4, 따름정리 2와 6에 따라) 주기의 제곱에 반비례할 것이다. 또한 물체 S의 양이 물체 S의 절대 힘에 비례한다면, 힘 NM과 ML 그리고 그들의 효과는 물체 T에서 보이는 먼 물체 S의 겉보기 지름의 세제곱에 비례할 것이며, 그 역도 성립한다. 이 비들은 위에서 언급한 비와 같기 때문이다.

따름정리 15 만일 궤도 ESE와 PAB의 크기가 바뀌고, 그 형태와 비율과 서로에 대한 기울기는 유지되며, 물체 S와 T의 힘은 동일하게 유지되거나 임의의 주어진 비로 바뀐다면, S와 T의 힘은(T의 힘에 의해 물체 P는 직선 경로에서 궤도 PAB를 따라 휘어지게 되며, S의 힘은 P가 궤도 PAB에서 벗어나도록 작용한다) 언제나 같은 방식과 비율로 작용할 것이다. 그러므로 모든 효과는 닮은꼴이며 비례해야 하고, 일어나는 시간도 서로 비례해야 한다. 다시 말해 선線 오차들은 모두 궤도 지름에 비례할 것이며, 각角 오차는 이전과 같을 것이다. 그리고 닮은꼴인 선 오차가 발생하는 시간이나 동일한 각 오차가 발생하는 시간은 궤도 주기에 비례할 것이다.

따름정리 16 이에 따라 궤도 형태와 서로에 대한 기울기가 주어지고, 크기, 힘, 물체들의 거리가 어떤 식으로든 바뀌면, 한 경우에 주어진 오차와 오차 시간에서 다른 경우의 오차와 오차 시간을 거의 근접하게 구할 수 있다. 그러나 다음 방법을 통해 좀 더 간단히 확인할 수 있다. 나머지는 모두 동일한 조건에서, 힘 NM과 ML은 반지름 TP에 비례하고, 이 힘들의 주기적 효과는 (보조정리 10, 따름정리 2에 따라) 물체 P의 힘과 주기 제곱의 곱에 비

---

a   이 따름정리의 해설은 해설서 §10.16을 참고할 것.

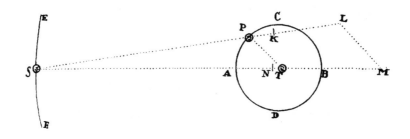

례한다. 이것이 물체 P의 선 오차이고, 따라서 중심 T에서 보이는 각 오차(다시 말해 원일점과 교점의 운동뿐 아니라 황위와 황경에서의 모든 겉보기 오차까지)는 물체 P가 공전하는 동안 공전 시간의 제곱에 거의 비례한다. 이 비가 따름정리 14의 합성 비라고 하자. 그렇다면 물체 T, P, S로 이루어진 임의의 계에서 P가 가까이 있는 T 주위를 돌고 T는 먼 S의 주위를 돌고 있을 때, 이 계에서 물체 P의 각 오차는 중심 T에서 보이는 대로—물체 P가 공전할 때마다—물체 P의 주기 제곱에 비례하고 물체 T의 주기 제곱에는 반비례할 것이다. 그러므로 원지점의 평균 운동과 교점의 평균 운동은 주어진 비를 가질 것이고, 이 두 운동은 각각 물체 P의 주기에 정비례하고 물체 T의 주기 제곱에 반비례할 것이다. 궤도 PAB의 이심률과 기울기가 지나치게 큰 경우를 제외하고 이 값들을 늘리거나 줄이더라도 원일점과 교점의 운동은 크게 바뀌지 않는다.

따름정리 17 그런데 선 LM은 반지름 PT보다 이따금 크거나 작으므로, 반지름 PT로 평균 힘 LM을 표현하자. 그러면 이 힘 대 평균 힘 SK 또는 SN의 비(이는 ST로 표현할 수 있다)는 길이 PT 대 길이 ST의 비와 같을 것이다. 그런데 물체 T가 S 주위로 궤도를 유지하게 하는 평균 힘 SN 또는 ST 대 물체 P가 T 주위 궤도를 유지하게 하는 힘의 비는, 반지름 ST 대 반지름 PT 그리고 T 주위를 도는 물체 P의 주기 대 S 주위를 도는 물체 T의 주기의 제곱비를 합성한 비다. 그러면 비의 동등성에 의해, 평균 힘 LM 대 물체 P가 T 주위 궤도를 유지하게 하는 힘의 비는 (또는 물체 P가 같은 주기로 움직이지 않는 점 T로부터 거리 PT를 유지하며 공전하게 하는 힘) 같은 주기들의 제곱비를 갖는다. 그러므로, 거리 PT와 함께 주기가 주어지면 평균 힘 LM도 정해진다. 그리고 힘 LM이 주어지면 힘 MN도 선 PT와 MN의 비율에 거의 근접한 값으로 주어진다.

따름정리 18 물체 T 주위에 수많은 유체가 T부터 같은 거리를 두고 회전하고 있다고 상상해 보자. 유체는 물체 P가 T 주위를 공전할 때 따르는 법칙과 같은 법칙을 따른다. 이 유체들이 서로 접촉하여 고리가 만들어진다고 하자. 이 고리는 마찬가지로 유체이며 둥글고, 물체 T

와 중심을 공유한다. 고리의 부분들은 물체 P의 법칙에 따라 운동하며 물체 T에 접근할 것이고, 물체 S의 구에서보다 합과 충에서 더 빠르게 움직일 것이다. 이 고리의 교점, 또는 물체 S나 T의 궤도 평면과 만나는 교차점들은, 합충에서는 정지해 있겠지만 합충 외의 위치에서는 역행하여 움직이고, 구에서 가장 빠르게, 다른 곳에서는 그보다 느리게 움직일 것이다. 고리의 기울기 역시 변화할 것이고, 한 번 공전할 때마다 축은 진동할 것이다. 그리고 공전이 완성되면, 고리는 세차 운동에 의해 진행한 부분을 제외하고는 원래 위치로 돌아갈 것이다.

따름정리 19 이제 유체가 아닌 물질로 구성된 구체 T가 이 고리에 닿을 때까지 크게 확장되었다고 상상해 보자. 구체의 둘레 전체를 따라 수로가 나 있고, 그 안에는 물이 채워져 있다고 하자. 이 새로운 구체는 축을 중심으로 이전과 같은 주기로 일정하게 회전하고 있다. 그러면 수로의 물은 가속과 감속을 교대로 겪으며, (앞선 따름정리에서처럼) 합충에서는 구체의 표면보다 빨리 움직이고 구quadrature에서는 더 느릴 것이다. 그러므로 수로 안에는 바다처럼 조수가 일 것이다. 만일 물체 S의 인력이 제거되면, 이제 물은 움직이지 않는 구체의 중심 주위를 회전하게 되고, 밀물과 썰물을 일으키지 못할 것이다. 이는 마치 구체가 균일하게 직선을 따라 전진하면서 그 자신의 중심 주위로 회전하는 경우(법칙의 따름정리 5에 따라), 그리고 직선 경로로 일정한 힘을 받아 끌어당겨지는 경우와 비슷하다(법칙의 따름정리 6에 따라). 그런데 이제 물체 S가 가까이에서 구체를 끌어당기게 하면, S에 가까운 쪽의 물은 더 큰 힘을, 멀리 있는 쪽의 물은 더 작은 힘을 받을 것이므로, 이 힘의 차로 인해 물의 운동은 섭동을 받게 된다. 또한 힘 LM은 물을 구에서 합충까지 아래쪽으로 잡아당기고, 힘 KL은 물을 합충에서 위쪽으로 끌어당겨 내려오는 것을 막아 구까지 상승시킬 것이다. 다만 밀물과 썰물의 움직임은 수로에 의해 제한되고, 마찰로 인해 조금 느려질 수 있다.

따름정리 20 이제 이 고리가 단단해지고 구체는 줄어든다고 하자. 그러면 밀물과 썰물의 움직임은 멈추겠지만, 기울기의 진동 운동과 교점의 세차 운동은 지속될 것이다. 구체가 고리와 동일한 축에서 같은 시간 동안 공전한다고 하자. 그리고 구체의 표면은 고리 안쪽에 접해서 붙어 있다고 하자. 그러면 구체도 고리의 운동에 참여하면서, 둘이 결합된 구조는 함께 진동하고 교점은 역행할 것이다. 곧 설명하겠지만, 구체도 모든 힘의 작용을 동일하게 받기 때문이다. 이제 구체를 제거하고 고리의 기울기만 볼 때, 교점이 합충에 있을 때 그 각이 가장 크다. 합충부터 구까지 교점이 전진하면서 고리는 기울기를 줄이려고 노력하고, 그에 따라 구체 전체의 운동에도 영향을 미치게 된다. 구체는 이러한 영향을 받은

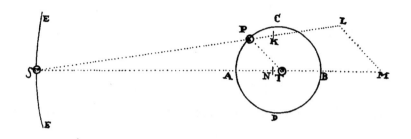

운동을 유지하다가, 고리가 반대 방향의 노력으로 인해 이 운동을 감소시키고 반대 방향으로 새로운 운동을 발생시키면 그에 따르게 된다. 이런 식으로 진행하다가 교점이 구에 오게 되면 기울기가 가장 크게 감소하고, 이에 따라 구 바로 다음에 오는 8분원 위치에서 기울기는 최소가 된다. 그리고 합과 충에서는 기울기가 가장 크게 증가하고, 합충 바로 다음의 8분원 위치에서 기울기는 최대가 된다. 이는 고리가 없어도 적도 지역이 극지방보다 좀 더 높거나 밀도가 좀 더 큰 물질로 구성된 구체의 경우와 비슷하다. 적도 지역에 적층된 물질이 고리를 대체하기 때문이다. 그리고 구체의 구심력이 어떤 식으로든 증가하여 지구의 무거운 부분들처럼 모든 부분이 아래쪽을 향하게 되더라도, 이 따름정리와 따름정리 19의 현상들은 물 높이가 최대와 최소인 곳을 제외하고는 거의 달라지지 않을 것이다. 이제 물은 그 자신의 원심력이 아니라 물이 흐르는 수로에 의해 궤도를 유지하고 지속하기 때문이다. 게다가 힘 LM은 구에서 물을 가장 세게 아래로 잡아당기고, 힘 KL 또는 NM−LM은 합충에서 물을 위쪽으로 가장 세게 당길 것이다. 그리고 이 힘들이 서로 합해져, 물은 합충 이전의 8분원에서 아래 방향으로 당겨지는 것을 멈추고 위쪽으로 끌어당겨지기 시작하며, 합충 이후의 8분원에서는 위쪽으로 당겨지는 것을 멈추고 아래쪽으로 끌어당겨지기 시작한다. 그 결과 합충 이후의 8분원에서 물의 최고 수위에 가장 근접하고, 구 이후의 8분원에서 최저 수위에 가장 근접한다. 다만 이 힘에 의한 물의 상승 또는 하강 운동이 물의 관성력 때문에 좀 더 지속되거나 수로의 마찰로 인해 물의 흐름이 좀 더 일찍 멈춰 오차가 발생할 수 있다.

따름정리 21 구체의 적도 근처에 적층된 물질이 교점을 역행시키는 것과 마찬가지로(그러므로 역행 운동은 적도에 쌓이는 물질이 늘어나면 증가하고 물질이 줄어들면 감소하며, 물질을 제거하면 제거된다), 적층된 물질이 더 많이 제거되면, 즉 구체의 적도 근처가 움푹 들어가거나 극지방 근처보다 밀도가 더 희박하면, 교점이 순행할 것이다.

따름정리 22 그러므로 교점의 움직임으로부터 구체의 구조를 알아낼 수 있다. 다시 말해, 구체의 극점은 유지되면서 역행 운동이 일어나면, 적도 근처에 물질이 더 많은 것이다. 만일 순행 운동이 일어나면 적도 부근 물질이 상대적으로 부족한 것이다. 균일하고 완벽한 형태의 구체가 자유 공간 안에 정지 상태로 있다고 가정하자. 그러다가 구체의 표면에 임의의 충격력이 비스듬히 가해지고, 이로 인해 원운동[즉, 자전]과 직선 운동이 발생했다고 하자. 구체는 중심을 지나는 모든 축에 대해서는 다를 바가 없고 어느 한 축이나 특별한 기울기를 가진 축 주위로만 돌려는 경향이 없으므로, 구체 자체의 힘만으로 축과 축의 기울기가 바뀌지 않을 것임은 명백하다. 이제 구체가 새로운 충격력을 받게 되는데, 이 힘은 방향이 비스듬하고 이전과 같은 표면에 전달되었다고 하자. 이 충격력이 일찍 가해지든 늦게 가해지든 차이가 없으므로, 이 두 충격이 시간을 두고 연속적으로 가해지더라도 마치 동시에 가한 것과 같은 운동을 만들어낼 것임은 자명하다. 다시 말해 최종적인 운동은 (법칙의 따름정리 2에 따라) 구체가 이 두 힘을 합한 힘의 작용을 받을 때 생기는 운동과 같고, 기울기가 주어진 어느 축을 중심으로 하는 단순 운동이 될 것이다. 이는 첫 번째 충격으로 발생한 운동을 하는 구체의 적도 위 다른 곳에 두 번째 충격이 가해지는 경우와 같고, 첫 번째 충격 없이 두 번째 충격만 받아 운동하고 있던 구체의 적도 위에 첫 번째 충격이 가해질 때와도 같다. 그러므로 전체적으로 보면 구체 위 아무 곳에나 두 충격이 모두 가해지는 경우와 같다. 이 두 충격은 둘이 동시에 적도의 교점에 가해지든 둘이 제각각 가해지든, 동일한 원운동을 발생시킬 것이다. 그러므로 균질하고 완벽한 구체는 구분되는 여러 운동을 유지하는 것이 아니라 구체에 작용하는 모든 운동을 합쳐 하나로 환원한다. 그리고 구체 자체는, 주어진 각도로 기울기가 변하지 않는 축 주위로 단순하고 일정한 방식으로 자전할 것이다. 구심력은 이 축의 기울기나 자전 속도를 변화시키지 못한다.

구체의 중심을 지나는 임의의 평면으로 구체를 두 개의 반구로 나눈다고 가정하고 이 중심으로 힘이 향하고 있다 하면, 그 힘은 언제나 두 반구 모두에 동등하게 작용할 것이며 따라서 구체는—자전 운동에 관해서는—어느 쪽으로도 기울어지지 않을 것이다. 여기에 어떤 새로운 물질이 산山의 모양으로 쌓여서 극과 적도 사이 임의의 장소에 더해진다고 하자. 그러면 이 물질은 운동의 중심에서 멀어지려고 지속적으로 노력하며 구체의 운동을 방해할 것이고, 구체의 극은 표면 위를 떠돌며 극 주위와 반대편 극점 주위로 계속해서 원을 그리게 될 것이다. 이러한 극점의 커다란 움직임은 두 극점 중 하나에 산 모양의 물질을 두지 않는 이상 잦아들지 않을 텐데, 그럴 경우 (따름정리 21에 따라) 적도의 교점들은 순행할 것이다. 아니면 산을 적도 위에 둘 수도 있는데, 이 경우에 (따름정리 20에 따라) 교점은 역행할 것이다. 마지막으로 산과 균형을 이루도록 다른 물질을 축의 반대편에 두어 극점의 움직임을 교정할 수 있다. 이런 식으로 교점은 순행 또는 역행을 하는데, 그 운동의 정도는 산 모양의 물질과 새로 추가되는 물질이 극에 더 가까운지 아니면 적도에 더 가까운지에 따라 결정될 것이다.

명제 67

정리 27. 위에서 가정한 것과 같은 인력 법칙에 따라, 나는 안쪽 물체 P와 T의 공통의 무게 중심 O에 대하여, 바깥쪽 물체 S가―그 중심까지 그려진 반지름으로―그리는 면적은 가장 안쪽의 가장 큰 물체 T까지 이어진 반지름이 T 주위에 그리는 면적보다 시간에 더 비례하고, 궤도는 그 중심에 초점을 두는 타원의 형태에 더 가까울 것이라고 말한다.

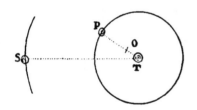

T와 P를 향하는 물체 S의 인력은 합쳐져 절대 인력을 형성한다. 이 인력은 가장 큰 물체 T쪽보다는 T와 P의 공통의 무게 중심 O를 더 많이 향하게 된다. 또한 이 인력은 거리 ST의 제곱보다는 거리 SO의 제곱에 상대적으로 더 정확히 반비례한다. 이는 이 문제를 세심히 살펴본 이라면 누구나 쉽게 알 수 있을 것이다.

명제 68.

정리 28. 위와 동일한 인력 법칙을 가정하고, 나는 다음과 같이 말한다. 안쪽 물체 P와 T의 공통의 무게 중심 O에 대하여, 바깥쪽 물체 S가―그 중심까지 이어진 반지름으로―휩쓰는 면적은, 가장 안쪽의 가장 큰 물체가 인력을 받지 않고 정지해 있을 때 또는 인력을 더 많이 받고 더 움직이거나 덜 받고 덜 움직일 때보다 다른 물체들이 받는 만큼 인력을 받아 움직일 때 시간에 더 비례하고[또는 시간에 대한 비례성이 더 크고], 그리는 궤도는 동일한 중심을 초점으로 삼는 타원에 더 가까울 것이다.

이는 명제 66과 거의 같은 방법으로 증명할 수 있지만, 이 증명은 장황해서 생략하기로 한다. 여기에서는 다음 내용을 고려하는 것으로 충분할 것이다.

마지막 명제의 증명으로부터, 물체 C가 받는 합쳐진 두 힘 모두가 향하는 중심은 물체 P와 T의 공통의 무게 중심에 대단히 가깝다는 것은 명백하다. 만일 이 중심이 P와 T의 공통 중심과 일치하고, 세 물체의 공통 무게 중심이 정지 상태라면, 한편의 물체 S 그리고 다른 편의 두 물체 P와 T의 공통 중심은 정지해 있는 모두의 공통 중심 주위로 정확하게 타원을 그릴 것이다. 이는 명제 58의 두 번째 따름 정리와 명제 64와 65에서 증명된 내용을 비교하면 명백하다. 그렇게 정확한 타원을 그리는 운동은 세 번째 물체 S가 당겨지는 중심부터 두 물체의 중심까지의 거리에 의해 다소 섭동을 받는다. 여기에 추가로 세 물체 공통 중심이 하는 운동까지 더해지면 섭동은 증가할 것이다. 그러므로 섭동은 세 물체 공통 중심이 정지 상태에 있을 때, 다시 말해 가장 안쪽의 가장 큰 물체 T가 다른 물체와 정확히 같은 법칙에 따라 당겨지고 있을 때 최소가 된다. 그리고 물체 T의 운동이 감소함에 따라, 세 물체 공통 무게 중심이 움직이기 시작하고 점점 더 크게 작용을 받으면 섭동은 항상 커지게 된다.

따름정리　그러므로 작은 물체들 몇 개가 가장 큰 물체 주위를 공전할 때 그려지는 궤도는, 가장 안쪽 물체가 모든 궤도의 공통 초점에 정지해 있을 때보다 모든 물체가 절대 힘에 비례하는 동시에 거리 제곱에 반비례하는 가속력을 받아 서로를 끌어당길 때 더 타원에 가깝고 휩쓰는 면적도 더욱 일정하다. 이러한 경향은 각 궤도의 초점이 내부에 있는 모든 물체의 공통 무게 중심에 위치해 있을 때(다시 말해 가장 안쪽의 첫 번째 궤도의 초점은 가장 안쪽의 가장 큰 물체의 무게 중심에, 두 번째 궤도의 초점은 두 번째 안쪽 물체들의 공통의 무게 중심에, 세 번째 초점은 안쪽 세 물체들의 공통의 무게 중심에 있고, 이런 식으로 계속 나아간다) 더욱 강하다.

명제 69

정리 29. 여러 물체 A, B, C, D, …로 이루어진 계에서, 어떤 물체 A가 다른 물체 B, C, D, …전부를 물체부터의 거리 제곱에 반비례하는 가속력으로 끌어당기고 있다. 그리고 다른 물체 B 역시 나머지 물체들 A, C, D, …전부를 물체부터의 거리 제곱에 반비례하는 힘으로 끌어당긴다. 그렇다면 끌어당기는 물체 A와 B의 절대 힘은 서로에 대하여 이 힘들이 속한 물체 A와 B 자체[즉 질량]와 같은 비를 가질 것이다.

　같은 거리에서, A를 향하는 모든 물체 B, C, D, …의 가속 인력은 가설에 따라 모두 같다. 마찬가지로 같은 거리에서, B를 향하는 모든 물체의 가속 인력도 서로 같다. 또한 같은 거리에서 물체 A의 절대 인력 대 물체 B의 절대 인력의 비는 같은 거리에 있는 A를 향하는 모든 물체의 절대 인력 대 B를 향하는 모든 물체의 절대 인력의 비와 같다. 그리고 물체 B에서 A를 향하는 가속 인력은 B를 향하는 A의 가속 인력과 같은 비를 갖는다. 그런데 A를 향하는 물체 B의 가속 인력 대 B를 향하는 물체 A의 가속 인력의 비는 물체 A의 질량 대 물체 B의 질량의 비와 같다. 그 이유는 이러한 경우 동인력이—이 힘은 (정의 2, 7, 8에 따라) 가속력과 끌어당기는 물체의 곱에 비례한다—(운동 제3 법칙에 따라) 서로 같기 때문이다. 그러므로 물체 A의 절대 인력 대 물체 B의 절대 인력의 비는 물체 A의 질량 대 물체 B의 질량의 비와 같다. Q.E.D.

따름정리 1　그러므로 계의 물체 A, B, C, D, …를 개별적으로 고려하고, 이 물체들은 물체부터의 거리 제곱에 반비례하는 인력으로 다른 모든 물체를 끌어당기고 있다면, 모든 물체의 절대 힘은 서로에 대하여 물체들[즉 질량] 자체의 비와 같은 비를 가질 것이다.

따름정리 2   같은 논거에 따라, 계의 물체 A, B, C, D, …를 개별적으로 고려하고, 이 물체들이 물체부터의 거리의 임의의 거듭제곱에 반비례하거나 정비례하는 인력으로 다른 물체들을 끌어당기거나, 또는 모든 물체에 공통으로 적용되는 임의의 법칙에 따라 끌어당기고 있다면, 이 물체들의 절대 힘이 물체에 [즉, 질량에] 비례함은 자명하다.

따름정리 3   물체들의 힘이 거리의 제곱비로 감소하는[즉, 거리 제곱에 반비례하여 변하는] 계에서, 작은 물체들이 가장 큰 물체 주위를 타원에 최대한 가까운 궤도로 공전하고, 공통의 초점은 가장 큰 물체의 중심에 두고—가장 큰 물체까지 이어진 반지름에 의해—시간에 가능한 한 정확히 비례하는 면적을 휩쓴다고 할 때, 이 물체들의 절대 힘의 비는 물체 자체의 비와 정확히 같거나 거의 같으며, 그 역도 성립한다. 이는 명제 68의 따름정리를 본 명제의 따름정리 1과 비교해 보면 명백하다.

주해

이 명제들을 통해 우리는 구심력과 이 힘이 향하는 중심 물체들 사이의 유사성을 눈여겨보게 된다. 물체들을 향하는 힘이 물체의 본질과 물질의 양에 의존하는 것이 합리적이기 때문이다. 이는 특히 자성을 띤 물체의 경우에서 확인할 수 있다. 그리고 이러한 사례를 다룰 때 물체의 인력은 물체의 개별 입자에 적절한 힘을 부여하고 이런 힘들을 전부 더하여 생각해야 한다.

여기에서 나는 '인력'이라는 단어를 물체들이 서로에게 접근하려는 모든 노력을 가리키는 일반적 의미로 사용하였다. 그 노력이 발산되는 영spirit의 형태로 서로 끌어당기고 끌리는 물체의 작용의 결과인지, 또는 에테르나 공기나 다른 어떤 매질—물질적이거나 무형의 무엇이거나—안에서 물체들이 부유하며 서로를 향해 힘을 가하여 발생한 것인지, 그런 것은 전혀 상관없다. 나는 "충격력impulse"라는 단어도 이와 같은 일반적 의미로 사용하였다. 이 책에서는 힘의 종류나 그 물리적 성질이 아닌, 힘의 양과 수학적 비를 고려하려 한다. 이는 '정의definitions'에서 설명한 바 있다.

수학에서는 가정되는 조건으로부터 뒤따르는 그러한 힘의 양과 비율을 조사해야 한다. 그런 다음 물리학으로 내려와, 이 비율을 현상과 비교하고, 그래서 어떤 힘의 조건이 [또는 법칙이] 각각의 끌어당기는 물체들의 종류에 적용되어야 하는지를 찾을 수 있다. 그러면 마지막으로 이러한 힘들의 물리적 종류, 물리적 원인, 그리고 물리적 비율에 관하여 좀 더 확실히 논의할 수 있게 될 것이다. 그러므로, 앞에서 제시한 방법에 따라 끌어당기는 입자들로 구성된 구형의 물체들이 서로에게 어떤 힘을 작용하는지, 그리고 이러한 힘의 결과로 어떤 운동을 하는지 살펴보기로 하자.

명제 70

정리 30. 구면 위의 각 개별 점들을 향해서 해당 점으로부터 거리 제곱에 비례하여 감소하는 구심력이 동일하게 작용하고 있다면, 나는 구면 내부에 위치한 미립자들이 구심력에 의해 어느 방향으로도 당겨지지 않을 것이라고 말한다.

　　HIKL은 구면이고, P는 그 안에 위치한 미립자라고 하자. P를 지나 이 표면까지 선 HK와 IL을 그리는데, 이 두 선은 극도로 작은 호 HI와 KL을 자른다. 그러면 삼각형 HPI와 LPK는 닮은꼴이므로(보조정리 7, 따름정리 3에 따라), 이 호들은 거리 HP와 LP에 비례할 것이다. 그리고 호 HI와 KL 위에 있고 점 P를 지나는 직선에 의해 잘리는 구면 위에 있는 입자들은 모두 그 제곱비를 가질 것이다. 그러므로 표면의 입자들이 물체 P에 가하는 힘은 서로 같다. 이 힘들은 모두 입자에 정비례하고 거리 제곱에 반비례하기 때문이다. 그리고 이 두 비를 합성하면 1 대 1이 된다. 그러므

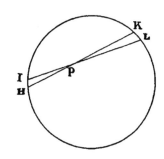

로 반대 방향으로 동등한 인력이 만들어지면서 상쇄된다. 이와 유사한 논증에 따라 구면 전체에 작용하는 인력은 반대 방향의 인력에 의해 모두 상쇄된다. 따라서 물체 P는 이 인력에 의해 어느 방향으로도 힘을 받지 않는다. Q.E.D.

명제 71

정리 31. 명제 70과 같은 조건으로, 나는 구면 바깥에 있는 미립자는 구의 중심부터의 거리 제곱에 반비례하는 힘에 의해 구의 중심으로 끌어 당겨진다고 말한다.

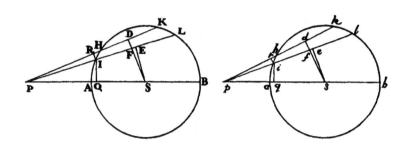

　　AHKB와 *ahkb*를 똑같은 두 개의 구면이라 하자. 이 표면들의 중심은 각각 S와 *s*이고, 지름은 AB와 *ab*이다. 그리고 지름들을 길게 늘여 구면 바깥 P와 *p*에 미립자가 놓여 있다고 하자. 이 미립자들로부터 선 PHK, PIL, *phk*, *pil*을 그려서, 이 선들이 대원 AHB와 *ahb*를 잘라 합동인 호 HK와 *hk*, 그리고 IL과 *il*을 잘라낸다고 하자. 그리고 이 선들로부터 수직선 SD와 *sd*, SE와 *se*, IR과 *ir*을 떨어뜨린다. 이중 SD와 *sd*는 PL과 *pl*을 F와 *f*에서 자르도록 한다. 또한 수직선 IQ와 *iq*를 지름으로 내린다. 이제 각 DPE와 *dpe*를 줄이자. 그러면 DS와 *ds*, ES와 *es*는 합동이므로, 각 DPE와 *dpe*가 동시에 줄어들면서 최종 비가 같으면, 선 PE, PF 그리고 *pe*, *pf* 그리고 선분 DF와 *df*도 합동이라 할 수 있다.

　　이러한 내용을 바탕으로, PI 대 PF는 RI 대 DF와 같고, *pf* 대 *pi*는 *df* 또는 DF 대 *ri*와 같다. 그러면 비의 동등성에 의해 PI×*pf* 대 PF×*pi*는 RI 대 *ri*와 같을 것이다. 즉 (보조정리 7, 따름정리 3에 따라) 호 IH 대 호 *ih*와 같다. 그리고 PI 대 PS는 IQ 대 SE와 같을 것이고, *ps* 대 *pi*는 *se* 또는 SE 대 *iq*와 같을 것이다. 그러면 비의 동등성에 의해 PI×*ps* 대 PS×*pi*는 IQ 대 *iq*와 같을 것이다. 이 비들을 곱하면 PI^2×*pf*×*ps* 대 *pi*^{2}×PF×PS는 IH×IQ 대 *ih*×*iq*와 같을 것이다. 다시 말해 반원 AKB가 지름 AB 주위를 회전하여 호 IH가 그리게 될 구면 대 반원 *akb*가 지름 *ab* 주위를 회전하여 호 *ih*가 그리게 될 구의 비와 같다는 뜻이다. 그리고 (가설에 따라) 이 표면이 미립자 P와 *p*를 (같은 표면을 향하는 선을 따라) 끌어당기는 힘은 이 표면 자체에 정비례하고 물체부터 표면까지의 거리 제곱에 반비례한다. 다시 말해 *pf*×*ps* 대 PF×PS의 비와 같다.

　　이제(법칙의 따름정리 2에 따라 힘을 분해하면), 이 힘들과 그 비스듬한 성분들, 즉 선 PS와 *ps*를 따라 중심을 향하는 성분의 비는 PI 대 PQ 그리고 *pi* 대 *pq*와 같다. 즉 (삼각형 PIQ와 PSF, *piq*와 *psf*는 닮은꼴이므로) 힘 대 비스듬한 성분들의 비는 PS 대 PF 그리고 *ps* 대 *pf*와 같다는 것이다. 그러므로 비의 동등성에 의해 미립자 P가 S를 향하는 인력 대 미립자 p가 s를 향하는 인력의 비는 $\frac{PF \times pf \times ps}{PS}$ 대 $\frac{pf \times PF \times PS}{ps}$ 와 같고, 다시 말해 ps^2 대 PS^2과 같다. 그리고 비슷한 논증에 따라, 호 KL과 kl이 회전하며 그리는 표면이 미립자들을 끌어당기는 힘들의 비는 ps^2 대 PS^2과 같을 것이다. 그리고 sd와 SD, se와 SE가 항상 같도록 잡아 각각의 구면을 자르면, 모든 구면의 힘에 대하여 같은 비가 성립한다. 그리고 가비원리에 의해 미립자에 작용하는 전체 구면의 힘도 같은 비를 갖게 될 것이다. Q.E.D.

명제 72

정리 32. 구면 위의 각 개별 점들을 향해서 동일한 구심력이 작용하고, 이 힘은 점으로부터 거리 제곱에 반비례한다고 하자. 그리고 구의 중심으로부터 미립자까지 거리에 대하여 구의 밀도와 지름에 대한 비가 모두 주어져 있다면, 나는 미립자가 끌어당겨지는 힘이 구의 반지름에 비례할 것이라고 말한다.

두 미립자가 두 구체에 의해 각각 당겨지고 있다고 상상해 보자. 구체 하나가 미립자 하나를, 다른 구체가 다른 미립자를 끌어당기고 있다는 상황이다. 그리고 구의 중심부터 미립자까지의 거리는 각각 구의 지름에 비례한다. 이 구는 미립자와 비슷한 입자들로 분해되고, 구의 입자들은 미립자에 대한 상대적 위치를 유지할 수 있다고 하자. 그렇다면 첫 번째 구의 각 개별 입자를 향해 생성된 첫 번째 미립자의 인력 대 두 번째 구의 입자들을 향한 두 번째 미립자의 인력의 비는, 각 구의 입자들의 비와 거리 제곱의 역수비를 합성한 비가 될 것이다[즉 서로에 대한 인력 비는 입자들에 정비례하고 거리 제곱에 반비례한다]. 그런데 입자들은 구에 비례하여 즉 지름의 세제곱 비가 되고, 거리는 지름에 비례한다. 따라서 전자의 비를 후자의 비와 결합하면, 첫 번째 구의 지름과 두 번째 구의 지름의 비가 된다. Q.E.D.

따름정리 1 따라서 미립자가 균등하게 끌어당기는 물질로 이루어진 구를 중심으로 원을 그리며 회전하고, 구의 중심으로부터 미립자들까지 거리가 구의 지름에 비례하면, 주기는 같을 것이다.

따름정리 2 그리고 반대로, 주기가 모두 같으면 거리는 지름에 비례할 것이다. 이 두 따름정리는 명제 4, 따름정리 3으로부터 명백하다.

따름정리 3 만일 서로 닮은꼴이며 합동인 두 밀도 높은 입체의 점 각각을 향해, 그 점부터의 거리 제곱에 반비례하는 동일한 구심력이 향하고 있다면, 그리고 두 입체가 미립자에 대하여 서로 닮은 위치에 놓여 있다면, 두 입체가 미립자들을 당기는 힘은 두 입체의 지름과 같은 비를 가질 것이다.

명제 73

정리 33. 구면의 점 각각을 향해, 그 점부터의 거리 제곱에 반비례하는 동일한 구심력이 향하고 있다면, 나는 구면 내부에 있는 미립자는 구의 중심부터 미립자까지의 거리에 비례하는 힘에 의해 당겨질 것이라고 말한다.

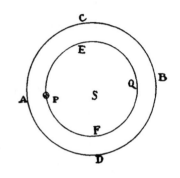

중심 S 주위로 그려진 구면 ABCD 안에 미립자 P가 있다고 하자. 그리고 같은 중심 S와 반지름 SP로 안쪽에 구 PEQF가 그려진다고 가정하자. 그렇다면 (명제 70에 따라) 큰 구에서 작은 구를 뺀 동심 구면 AEBF는 물체 P에 아무런 힘도 미치지 못한다. 구의 인력이 반대 방향의 인력에 의해 상쇄되기 때문이다. 그렇다면 안쪽 구 PEQF의 인력만 남는다. 그리고 (명제 72에 따라) 이 힘은 거리 PS에 비례하다. Q.E.D.

주해

여기에서 입체를 구성하는 표면은 순수하게 수학적인 도형은 아니지만, 구체[또는 구형 껍질]가 대단히 얇아서 두께가 거의 0에 가깝다. 즉, 개수가 무한히 늘고 두께가 무한히 감소하면 궁극적으로 구가 되는, 사라져가는 구형 껍질이라는 것이다. 이와 마찬가지로, 선, 면, 입체가 점으로 이루어져 있다고 말할 때는, 크기가 매우 작아서 무시될 수 있는 같은 크기의 입자들로 이해해야 한다.

명제 74

정리 34. 명제 73과 같은 가정을 세우면, 나는 구 바깥에 있는 미립자는 구의 중심부터 미립자까지의 거리 제곱에 반비례하는 힘으로 당겨진다고 말한다.

구를 무수히 많은 동심 구면으로 나눈다고 하자. 그러면 각 표면에서 발생하는 미립자의 인력은 (명제 71에 따라) 중심부터 미립자까지의 거리 제곱에 반비례할 것이다. 그리고 가비원리에 의해 인력들의 합 (즉 전체 구를 향하는 미립자의 인력)은 같은 비를 가질 것이다. Q.E.D.

따름정리 1 그러므로 균질한 구의 중심으로부터 같은 거리에서 인력은 구 자체에 비례한다. (명제 72에 따라) 거리가 구의 지름에 비례한다면, 힘도 지름에 비례할 것이기 때문이다. 더 큰 거리가 이 비율에 따라 줄어든다고 하자. 그러면 이제 거리는 같아지고, 인력은 이 비의 제곱으로 증가할 것이다. 그러므로 다른 인력에 대한 비는 이 비의 세제곱 비, 즉 구의 비가 될 것이다(구의 부피를 말하는 것이다. ―옮긴이).

따름정리 2 임의의 거리에서 인력은 구를 거리 제곱으로 나눈 값에 비례한다.

따름정리 3	만일 균질한 구 바깥에 있는 미립자가 구의 중심부터 미립자까지의 거리 제곱에 반비례하는 힘을 받아 끌어당겨지고, 구는 끌어당기는 입자들로 구성되어 있다면, 각 입자들의 힘은 입자로부터 거리의 제곱비에 따라 감소할 것이다.

명제 75

정리 35. 구면의 점 각각을 향해, 그 점부터의 거리 제곱에 반비례하는 동일한 구심력이 향하고 있다면, 나는 이 구가 다른 균질한 구를 끌어당길 것이고, 그 힘은 구들의 중심 사이의 거리 제곱에 반비례할 것이라고 말한다.[a]

입자의 인력은 끌어당기는 구의 중심부터의 거리 제곱에 반비례한다(명제 74에 따라). 그러므로 마치 이 구의 중심에 있는 단 하나의 미립자로부터 인력 전체가 발생하는 것과 같다. 게다가 미립자가 구의 입자들 각각을 당기는 힘과 구의 입자들이 미립자를 당기는 힘은 크기가 같다. 그리고 이 미립자의 인력은 (명제 74에 따라) 구의 중심부터의 거리 제곱에 반비례할 것이다. 따라서 구의 인력은 미립자의 인력과 동일하고 같은 비를 갖는다. Q.E.D.

따름정리 1	구가 다른 균질한 구를 향하는 인력은, 끌어당기는 구를[즉, 끌어당기는 구의 질량을] 끌어당기는 구의 중심에서부터 당겨지는 구의 중심까지의 거리 제곱으로 나눈 값에 비례한다.
따름정리 2	당겨지는 구가 끌어당길 때도 마찬가지다. 구의 각각의 점들이 당겨지는 힘과 같은 힘으로 다른 구의 점들을 당기기 때문이다. 그러므로 끌어당기는 점들도 당겨지는 점들이 받는 것과 같은 크기의 힘을 받으며(법칙 3에 따라), 서로 끌어당기는 힘은 두 배가 되고, 비율은 동일하게 유지될 것이다.
따름정리 3	원뿔곡선의 초점 주위를 도는 물체들의 운동에 관하여, 끌어당기는 구가 초점 위에 있고 물체들이 구 바깥쪽을 움직일 때에도 위에서 증명된 내용이 모두 성립한다.
따름정리 4	그리고 원뿔곡선의 중심 주위를 도는 물체들의 운동에 관해서는 그 운동이 구의 내부에서 일어날 때에도 모두 적용된다.

명제 76

정리 36. 어느 구가 중심부터 둘레까지 (물질의 밀도와 인력 측면에서) 균질하지 않지만 중심에서 주어진 거리만큼을 반지름으로 갖는 구 껍질은 균질하다고 하자. 각 점의 인력은 끌어당겨지는 물체까지의 거리

---

a   뉴턴은 "sphaera quaevis alia similaris"라고 썼다. 이를 직역하면 "구와 같은 [또는 비슷한] 다른 것"이란 뜻이지만, 맥락상 (명제 74, 따름정리 1과 3 참고) 균질한 구라는 뜻이다.

의 제곱비로 감소한다고 하면, 나는 이러한 구가 다른 구를 끌어당기는 힘은 구들의 중심 사이의 거리 제곱에 반비례한다고 말한다.

^a균질한 동심 구[즉, 속이 빈 공, 또는 구형 껍질 또는 표면] AB, CD, EF, …가 임의의 개수만큼 있

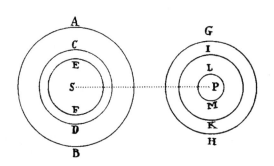

다고 하자. 그리고 하나 이상의 안쪽 구들을 바깥쪽 구에 더하여 둘레에서 중심 쪽으로 갈 때 밀도가 점점 커지고, 하나씩 제거하면 밀도가 작아지는 구를 구성한다고 가정하자. 그러면 이 구들이 모두 합쳐져 (명제 75에 따라) 중심을 공유하는 다른 균질한 구 GH, IK, LM, …을 끌어당기고, 이 구들 각각은 다른 구들을 거리 SP의 제곱에 반비례하는 힘으로 끌어당긴다. 그리고 이 힘들을 합하면(또는 구들을 제거하는 반대 과정을 수행하면), 모든 힘의 합은(또는 그중 하나 또는 일부의 힘과 나머지 힘의 차), 즉 임의의 동심원 구들로 이루어진 전체 구 AB(또는 일부 동심 구와 제거된 구들 사이의 차)가 임의의 동심원 구들로 이루어진 전체 구 GH(또는 그러한 구와 다른 구들 사이의 차)를 끌어당기는 힘은, 거리 SP의 제곱에 반비례하는 같은 비를 가질 것이다. 동심 구의 개수가 무한히 증가한다고 하고, 물질의 밀도와 인력은—둘레에서 중심으로 갈수록—임의의 법칙에 따라 증가하거나 감소한다고 하자. 그리고 부족한 밀도는 끌어당기지 않는 물질들이 필요할 때마다 더해져서 구가 원하는 형태를 얻을 수 있다고 하자. 그러면 이 구들 중 하나가 다른 구를 끌어당기는 힘은 여전히 앞에서 다루었던 논증에 따라 거리 제곱에 반비례하는 비를 가질 것이다.^a Q.E.D.

따름정리 1 그러므로 모든 측면에서 서로 비슷한 수많은 구가 서로 끌어당긴다면, 임의의 구가 다른 임의의 구를 끌어당기는 가속 인력은 중심에서부터 같은 거리에 있다고 할 때 끌어당기는 구에 비례할 것이다.

따름정리 2 그리고 거리가 같지 않을 때는, 끌어당기는 구를 중심 사이의 거리 제곱으로 나눈 값에 비례한다.

따름정리 3 그리고 동인력motive attraction, 또는 다른 구를 향하는 구의 무게는—중심에서부터 같은 거리에 있다고 할 때—끌어당기는 구와 당겨지는 구의 곱에 비례할 것이며, 다시 말해

---

aa 이 증명의 본문은 다소 자유롭게 번역하고 일부 확장하여 쉽게 이해할 수 있도록 했다.

따름정리 4   그리고 거리가 같지 않을 때는 그 곱에 비례하고 중심 사이의 거리 제곱에는 반비례할 것이다.

따름정리 5   이 결과들은 각각의 구가 다른 구와 상호작용하여 인력이 발생할 때도 성립한다. 인력은 작용하는 두 힘이 더해져 두 배가 되기 때문에 같은 비율이 유지된다.

따름정리 6   이런 유의 구들이 정지 상태의 다른 구들의 주위를 회전하고, 다시 말해 하나의 구가 정지한 구 주위를 회전하고 있고, 회전하는 구와 정지한 구의 중심 사이의 거리가 정지한 구의 지름에 비례한다면, 회전하는 구들의 주기는 같을 것이다.

따름정리 7   그리고 역으로 주기가 같다면 거리는 그 지름에 비례할 것이다.

따름정리 8   끌어당기는 구가 앞서 설명한 모든 형태와 조건을 따르면서 원뿔곡선의 초점에 놓여 있을 때, 원뿔곡선의 초점 주위를 도는 물체의 운동에 대하여 위에서 증명된 모든 내용이 성립된다.

따름정리 9   또한 궤도를 따라 공전하는 물체가 이미 설명된 모든 조건을 따르는 구체를 끌어당길 때에도 마찬가지다.

명제 77

정리 37. 구의 각 개별 점들을 향해, 끌어당기는 물체로부터 그 점까지의 거리에 비례하는 구심력이 작용하고 있다면, 나는 두 구가 서로를 끌어당기는 힘의 합은 구들의 중심 사이의 거리에 비례한다고 말한다.

사례 1   AEBF를 구라 하고, S는 그 중심, P는 당겨지는 외부 미립자, PASB는 미립자의 중심을 지나는 구의 축이라 하자. 그리고 EF와 *ef*는 구가 잘리는 두 평면으로 구의 축 PASB에 수직이고 구의 중심으로부터 양쪽으로 같은 거리에 놓여 있다고 하자. G와 *g*는 평면과 축의 교차점이고, H는 평면 EF 위의 임의의 점이다. 선 PH를 따라 미립자 P에 미치는 점 H의 구심력은 거리 PH에 비례한다. 그리고 (법칙의 따름정리 2에 따라) 선 PG 방향으로, 또는 중심 S를 향해서는 길이 PG에 비례한다. 그러므로 중심 S를 향해 미립자 P를 당기는 평면 EF의 모든 점의 힘은 (즉 전체 평면의 힘) 거리 PG에 점들의 개수를 곱한 값에 비례한다. 다시 말해 평면 EF 자체와 거리 PG를 포함하는 입체에 비례한다[즉, 평면 EF와 거리 PG의 곱에 비례한다]. 그리고 이와

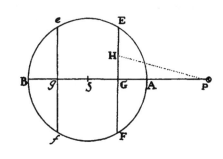

유사하게 중심 S를 향해 미립자 P를 당기는 평면 *ef*의 힘은 그 평면에 그 거리 P*g*를 곱한 값, 또는 같은 평면 EF에 그 거리 P*g*를 곱한 값에 비례한다. 그리고 두 평면의 힘의 합은 평면 EF에 거리의 합 PG+P*g*를 곱한 값에 비례한다. 즉 그 평면에 중심 S와 미립자 P 사이의 거리 PS의 두 배를 곱한 것에 비례한다. 따라서 평면 EF의 두 배에 거리 PS를 곱한 값에 비례하고, 또는 같은 평면의 합 EF+*ef*에 같은 거리를 곱한 값에 비례한다. 그리고 비슷한 논증에 따라, 구의 중심으로부터 양쪽으로 같은 거리만큼 떨어져 있는 전체 구의 모든 평면들의 힘은 그 평면의 합에 거리 PS를 곱한 것에 비례하고, 다시 말해 전체 구와 거리 PS를 곱한 값에 비례한다. Q.E.D.

사례 2   이제 미립자 P가 구 AEBF를 끌어당긴다고 하자. 그렇다면 같은 논증에 따라 구가 당겨지는 힘은 거리 PS에 비례한다는 것을 증명할 수 있다. Q.E.D.

사례 3   이제 두 번째 구가 무수히 많은 미립자 P로 구성되어 있다고 하자. 그렇다면 임의의 한 미립자가 당겨지는 힘은 첫 번째 구의 중심에서 미립자까지의 거리에 비례하고 해당 구에도 비례한다. 따라서 마치 모든 힘이 구의 중심에 있는 단 하나의 미립자로부터 나오는 경우와 같다. 두 번째 구의 모든 미립자가 당겨지는 전체 힘(즉, 전체 구가 끌어 당겨지는 힘)은 마치 첫 번째 구의 중심에 있는 단 하나의 미립자에서 나오는 힘으로 그 구가 당겨지는 경우와 같을 것이다. 그러므로 힘은 구들의 중심 사이의 거리에 비례한다. Q.E.D.

사례 4   구들이 서로를 끌어당긴다고 하자. 그렇다면 이 경우에는 힘이 두 배가 되고, 비는 이전과 같을 것이다. Q.E.D.

사례 5   이제 미립자 *p*가 구 AEBF 안에 놓여 있다고 하자. 그러면 미립자가 있는 평면 *ef*의 힘은

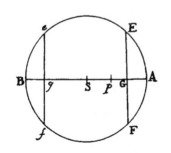

그 평면과 거리 *pg*를 포함하는 입체[또는 평면 *ef*와 거리 *pg*의 곱]에 비례한다. 그리고 평면 EF의 반대 힘은 그 평면과 거리 *p*G를 포함하는 입체[또는 그 둘의 곱]에 비례한다. 이 두 힘의 합성 힘은 입체들 [또는 그 둘의 곱]의 차에 비례한다. 다시 말해 같은 평면들의 합에 거리의 차의 절반을 곱한 값에 비례한다. 이는 평면들의 합에 *p*S, 즉 미립자와 구의 중심 사이의 거리를 곱한 값이다. 그리고 비슷한 논증에 따라, 전체 구의 평면 EF와 *ef*의 인력은(즉 전체 구의 인력) 모든 평면의 합(또는 전체 구)에 비례하고 *p*S, 즉 미립자와 구의 중심 사이의 거리에 비례한다. Q.E.D.

사례 6   그리고 만일 셀 수 없이 많은 미립자 *p*들로 새로운 구를 구성하고, 이 구가 이전 구 AEBF 안에 위치하면, 앞서 보았듯이 인력은, 하나의 구에서 다른 구를 향하든 또는 서

로를 향하여 상호작용하든, 중심 사이의 거리 pS에 비례할 것이다. Q.E.D.

명제 78

정리 38. 중심에서 둘레로 가면서 비균질하고 불균일한 구들이 있다고 하자. 그러나 중심을 공유하는 구 껍질들은 중심으로부터 주어진 거리에서 전체적으로 균질하다고 가정하자. 그리고 각 점의 인력은 당겨지는 물체의 거리에 비례하면, 나는 이런 유의 두 구가 서로 끌어당기는 전체 힘은 구의 중심 사이의 거리에 비례한다고 말한다.

이것은 명제 75로부터 명제 76을 증명한 것과 같은 방법으로 명제 77로부터 증명된다.

따름정리.　원뿔곡선의 중심 주위를 도는 물체의 운동에 관하여, 위 명제 10과 64에서 증명된 내용은, 모든 인력이 앞서 설명한 조건을 따르는 구체로 인해 발생하고, 당겨지는 물체가 같은 조건의 구일 때에 성립한다.

주해

지금까지 나는 인력의 두 가지 주요한 경우, 즉, 구심력이 거리의 제곱비에 따라 감소하거나 거리의 단비에 따라 증가할 경우에 대하여 설명하였다. 두 경우 모두 물체들은 원뿔곡선을 따라 회전하고, 같은 법칙에 따라 중심부터의 거리에 비례하여 감소 또는 증가하는 구체의 구심력을 형성한다. – 이는 주목할 만한 가치가 있다. 그러나 다소 덜 우아한 결론으로 이어지는 여러 사례를 통해 한 단계씩 밟아 가는 지루한 작업이 될 것이다. 나는 다음과 같이 하나의 일반적인 방법으로 모든 경우를 동시에 이해하고 확인하는 쪽을 선택하겠다.

보조정리 29[a]

임의의 원 AEB가 중심 S 주위로 그려지고, 두 개의 원 EF와 ef는 중심 P 주위로 그려져 있다. 두 원은 첫 번째 원을 E와 e에서 자르고, 선 PS는 F와 f에서 자른다고 하자. 수직선 ED와 ed가 PS로 떨어지도록 그린다면, 나는 호 EF와 ef 사이의 거리가 무한정 감소한다고 가정할 때, 사라지는 선 Dc와 사라지는 선 Ff의 궁극적인 비는 선 PE 대 선 PS의 비와 같다고 말한다.

선 Pe가 호 EF를 q에서 자르고, 사라져가는 호 Ee와 일치하는 직선 Ee는 길게 늘여 직선 PS와 T에서 만난다고 하자. 그리고 S에서 PE로 수직선 SG가 떨어진다고 하면, 삼각형 DTE, dTe, DES는 닮은꼴이므로, Dd 대 Ee는 DT 대 TE, 또는 DE 대 ES와 같다. 그리고 삼각형 Eeq와 ESG는(섹션 1, 보조정리 8과 보조정리 7, 따름정리 3에 따라) 닮은꼴이므로, Ee 대 eq 또는 Ff는 ES 대 SG와 같다. 그리고

---

a　　이 보조정리의 해설은 해설서 §10.13을 참고하자.

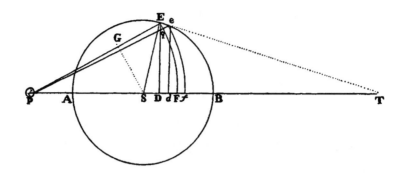

비의 동등성에 의해 D*d* 대 F*f*는 DE 대 SG와 같을 것이다. 다시 말해(삼각형 PED와 PGS는 닮은꼴이므로) PE 대 PS와 같다. Q.E.D.

명제 79

정리 39. 면 EF*fe*의 폭이 무한정 감소하여 이제 막 사라지고 있다고 하자. 이 면이 축 PS 주위로 회전하여 한 면은 오목하고 한 면은 볼록한 구면체를 그리고, 동일한 구심력이 면을 구성하는 각각의 동일한 입자들을 향해 작용하고 있다면, 나는 입체가 P에 있는 외부의 미립자를 끌어당기는 힘은, 입체[또는 곱] $DE^2 \times Ff$의 비율과 위치 F*f*에 있는 입자가 같은 미립자를 끌어당기는 힘의 비율을 합성한 비율에 비례할 것이라고 말한다.

먼저 구면 FE의 힘을 고려하자. 구면 FE는 호 FE의 회전에 의해 생성되고 임의의 *r*에서 선 *de*에 의해 잘린다. 구면 FE에서 호 *r*E의 회전에 의해 생기는 고리 부분은 선분 D*d*에 비례할 것이고, 구의 반지름 PE는 여전히 같다(아르키메데스가 쓴 구와 원기둥에 관한 책에서 증명한 대로). 그리고 이 구면의 힘은 선 PE 또는 P*r*, 다시 말해 원뿔 표면 위 모든 곳을 따라 작용하며, 표면 위 고리 부분의 면적에 비례할 것이다. 즉 선분 D*d*에 비례하며, 또는, 결과적으로 같은 얘기지만, 구의 주어진 반지름 PE와 선분 D*d*의 곱에 비례할 것이다. 그런데 선 PS를 따라 중심 S를 향하는 이 힘은 PE에 대한 PD의 비보다 더 작을 것이며, 따라서 PD×D*d*에 비례할 것이다. 이제 선 DF가 길이가 같은 무수히 많은 부분

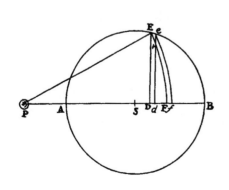

으로 쪼개진다고 가정하고, 그 조각 각각을 D*d*라고 부르기로 하자. 그러면 표면 FE는 같은 수의 동일한 고리들로 나뉘게 될 것이고, 그 전체 힘은 곱 PD×D*d*의 전체 합에 비례할 것이다. 다시 말해 $\frac{1}{2}PF^2 - \frac{1}{2}PD^2$에 비례하고, 따라서 DE^2에 비례할 것이다. 이제 표면 FE에 높이 F*f*를 곱하면, 입체 EF*fe*가 미립자 P에 가하는 힘은 $DE^2 \times Ff$에 비례하게 될 것이다. 다만 주어진 입자 F*f*가 PF만큼 떨어져 있는

미립자 P에 가하는 힘이 주어져 있어야 한다. 이 힘이 주어지지 않으면, 입체 EFfe의 힘은 입체 DE$^2 \times$ Ff와 주어지지 않은 이 힘에 모두 비례할 것이다. Q.E.D.

명제 80

정리 40. 중심 S 주위로 그려진 구 ABE의 입자들 각각을 향해 같은 구심력이 작용하고 있다. 구의 축 AB 위에는 미립자 P가 놓여 있고, 구의 각각의 점 D로부터 구의 축 AB까지 수직선 DE가 세워져서 구와는 점 E에서 만난다고 하자. 이 수직선들 위에 길이 DN을 잡는데, 이 DN은 축에 위치한 구의 입자가 거리 PE만큼 떨어져 있는 미립자 P에 가하는 힘과 $\dfrac{\mathrm{DE}^2 \times \mathrm{PS}}{\mathrm{PE}}$의 곱에 비례하도록 잡았다고 하자. 그렇다면 나는 미립자 P가 구를 향해 당겨지는 전체 힘은 구의 축 AB와 점 N이 그리는 곡선 ANB가 에워싸는 면적 ANB에 비례한다고 말한다.

보조정리 29 그리고 명제 79와 같은 작도에서, 구의 축 AB를 길이가 같은 무수히 많은 조각 Dd로 나눈다고 가정하자. 그리고 구는 오목-볼록한 얇은 판상 EFfe로 무수히 많이 나눈다고 가정하자. 여기에 수직선 dn을 세운다. 명제 79에 따라, 조각 EFfe가 미립자 P를 잡아당기는 힘은 하나의 입자가 거리 PE 또는 PF에서 작용을 받는 힘과 DE$^2 \times$Ff의 곱에 비례한다. 그런데 Dd 대 Ff는 (보조정리 29에 따라) PE 대 PS와 같고, 따라서 Ff는 $\dfrac{\mathrm{PS} \times \mathrm{D}d}{\mathrm{PE}}$와, DE$^2 \times$F$f$는 D$d\dfrac{\mathrm{DE}^2 \times \mathrm{PS}}{\mathrm{PE}}$와 같다. 그러므로 조각 EF$fe$의 힘은 거리 PF에서 입자가 받는 힘과 D$d\dfrac{\mathrm{DE}^2 \times \mathrm{PS}}{\mathrm{PE}}$의 곱에 비례한다. 다시 말해 (가설에 따라) DN$\times$Dd에 비례하며, 또는 사라져가는 면적 DNnd에 비례한다. 그러므로 모든 조각이 물체 P에 가하는 힘은 모든 면적 DNnd에 비례하고, 다시 말해, 구의 전체 힘은 전체 면적 ANB에 비례한다. Q.E.D.

따름정리 1 그러므로 각각의 입자들을 향하는 구심력이 모든 거리에서 언제나 동일하게 유지되고, DN이 $\dfrac{\mathrm{DE}^2 \times \mathrm{PS}}{\mathrm{PE}}$에 비례한다면, 구가 미립자 P를 당기는 전체 힘은 면적 ANB에 비례할 것이다.

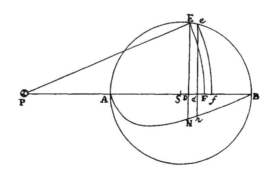

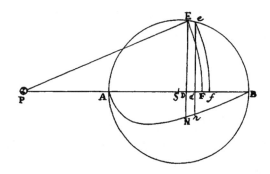

따름정리 2 입자들의 구심력이 당겨지는 미립자까지의 거리에 반비례하고, DN이 $\dfrac{DE^2 \times PS}{PE^2}$에 비례한다면, 전체 구가 미립자 P를 끌어당기는 힘은 면적 ANB에 비례할 것이다.

따름정리 3 입자들의 구심력이 당겨지는 미립자까지의 거리의 세제곱에 반비례하고, DN이 $\dfrac{DE^2 \times PS}{PE^4}$에 비례한다면, 전체 구가 미립자를 당기는 힘은 면적 ANB에 비례할 것이다.

따름정리 4 보편적으로, 구의 입자들 각각을 향하는 구심력이 양量 V에 반비례한다고 가정하고, DN은 $\dfrac{DE^2 \times PS}{PE^2 \times V}$에 비례하도록 잡는다면, 전체 구가 미립자를 당기는 힘은 면적 ANB에 비례할 것이다.

명제 81

문제 41. 앞에서와 같은 조건에서, 면적 ANB를 측정하라.

H에서 구에 접하도록 점 P로부터 직선 PH를 그리자. 그리고 법선[수직선] HI를 축 PAB로 내리고, PI를 L에서 이등분한다. 그러면 (유클리드의 『원론』 2권, 명제 12에 따라) PE^2은 $PS^2 + SE^2 + 2(PS \times SD)$와 같을 것이다.

그리고 SE^2 또는 SH^2는 (삼각형 SPH와 SHI는 닮은꼴이므로) 면적 PS×SI와 같다. 그러므로 PE^2은 PS와 PS+SI+2SD의 곱과 같으며, 다시 말해 PS와 2LS+2SD의 곱, 즉 PS와 2LD의 곱과 같다. 더 나아

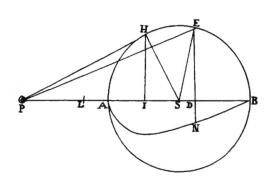

가, DE^2은 $SE^2 - SD^2$ 또는 $SE^2 - LS^2 + 2(SL \times LD) - LD^2$과 같으며, 다시 말해 $2(SL \times LD) - LD^2 - AL \times LB$와 같다. $LS^2 - SE^2$ 또는 $LS^2 - SA^2$은 (유클리드의 『원론』 2권, 명제 6에 따라) $AL \times LB$와 같다. 그러니 DE^2 대신 $2(SL \times LD) - LD^2 - AL \times LB$라고 쓰기로 하자. 그리고 $\dfrac{DE^2 \times PS}{PE \times V}$는 (앞선 명제 80의 따름정리 4에 따라) 세로선 DN의 길이에 비례하며,

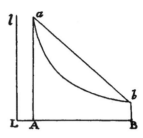

그 자체로 다음과 같은 $\dfrac{2(SL \times LD \times PS)}{PE \times V} - \dfrac{LD^2 \times PS}{PE \times V} - \dfrac{AL \times LB \times PS}{PE \times V}$ 세 항으로 분해될 수 있다. 여기에서 V 대신 구심력의 역수를 쓰고, PE 대신 PS와 2LD 사이의 비례중항을 쓰면, 이 세 항은 수많은 곡선의 세로선들이 될 것이고 그 면적은 일반적인 방법으로 찾을 수 있다. Q.E.F.

예 1 구의 입자들 각각을 향하는 구심력이 거리에 반비례한다면, V 대신 거리 PE를 쓰고, PE^2의 자리에 $2PS \times LD$를 쓸 수 있다. 그러면 DN은 $SL - \frac{1}{2}LD - \dfrac{AL \times LB}{2LD}$에 비례하게 될 것이다. DN이 그 두 배인 $2SL - LD - \dfrac{AL \times LB}{LD}$와 같다고 가정해 보자. 그리고 그 세로선의 주어진 부분인 2SL에 길이 AB를 곱하면 직사각형의 면적 $2SL \times AB$를 그리게 되고, 길이가 정해지지 않은 선분 LD에 계속해서 움직이는 같은 길이 AB를 수직으로 곱하면 (규칙에 따라 움직이는 동안 증가 또는 감소하여 항상 길이 LD와 같은 길이를 유지한다) 면적 $\dfrac{LB^2 - LA^2}{2}$을 그릴 것이다. 다시 말해 면적 $SL \times AB$에서 첫 번째 면적 $2SL \times AB$에서 감해져 면적 $SL \times AB$가 남는다. 이제 세 번째 부분 $\dfrac{AL \times LB}{LD}$도 마찬가지로 국소적으로[즉 연속적으로] 움직이고 있는 같은 길이 AB를 수직으로 곱하면, 쌍곡선 면적을 그리게 된다. 이것을 면적 $SL \times AB$에서 빼면 구하고자 하는 면적 ANB가 남을 것이다. 그러므로 다음과 같은 작도가 완성된다.

점 L, A, B에서 수직선 L*l*, A*a*, B*b*를 세운다. 그중 A*a*는 LB와 같고 B*b*는 LA와 같다. L*l*과 LB를 점근선으로 하고, 점 *a*와 *b*를 지나는 쌍곡선 *ab*를 그린다. 그러면 현 *ba*가 그려지면서 구하려는 면적 ANB와 같은 면적 *aba*를 에워싸게 될 것이다.

예 2 구의 점 각각을 향하는 구심력이 거리의 세제곱에 반비례하거나, (마찬가지이겠지만) 그 세제곱을 임의의 주어진 평면으로 나눈 값에 비례한다고 하면, V 대신 $\dfrac{PE^3}{2AS^2}$을 쓰고, PE^2 대신에 $2PS \times LD$를 쓴다. 그러면 DN은 $\dfrac{SL \times AS^2}{PS \times LD} - \dfrac{AS^2}{2PS} - \dfrac{AL \times LB \times AS^2}{2PS \times LD^2}$이 될 것이다. 다시 말해(PS, AS, SI는 연속적으로 비례하므

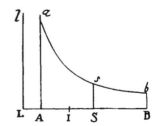

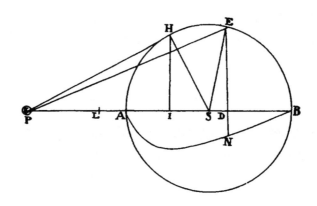

로[또는 PS 대 AS는 AS 대 SI이므로]), $\frac{LS \times SI}{LD} - \frac{1}{2}SI - \frac{AL \times LB \times SI}{2LD^2}$에 비례한다. 만일 이 세 항에 길이 AB를 곱하면, 첫 번째 항, $\frac{LS \times SI}{LD}$는 쌍곡선 면적을 생성할 것이다. 두 번째인 $\frac{1}{2}SI$는 면적 $\frac{1}{2}AB \times SI$를 생성할 것이다. 세 번째 항 $\frac{AL \times LB \times SI}{2LD^2}$는 면적 $\frac{AL \times LB \times SI}{2LA} - \frac{AL \times LB \times SI}{2LB}$, 즉 $\frac{1}{2}AB \times SI$를 생성할 것이다. 첫 번째 항에서 두 번째와 세 번째의 합을 빼면, 구하고자 하는 면적 ANB가 남는다.

따라서 이 문제는 다음과 같은 작도로 이어진다. 점 L, A, S, B에서 수직선 L*l*, A*a*, S*s*, B*b*를 세운다. 그중 S*s*는 SI와 같다. 점 *s*를 지나, L*l*과 LB를 점근선으로 잡고, 수직선 A*a*, B*b*와 *a*, *b*에서 만나는 쌍곡선 *asb*를 그린다. 이제 쌍곡선 면적 A*asb*B에서 면적 $2AS \times SI$를 빼면 구하고자 하는 면적 ANB가 남을 것이다.

예 3   구의 입자들 각각을 향하는 구심력이 입자부터의 거리 네제곱에 비례하여 감소한다면, V 대신 $\frac{PE^4}{2PS^3}$을 쓰고, PE 대신 $\sqrt{(2PS \times LD)}$를 쓴다. 그러면 DN은 $\frac{SI^2 \times SL}{\sqrt{(2SI)}} \times \frac{1}{\sqrt{(LD^3)}}$ $- \frac{SI^2}{2\sqrt{(2SI)}} \times \frac{1}{\sqrt{(LD)}} - \frac{SI^2 \times AL \times LB}{2\sqrt{(2SI)}} \times \frac{1}{\sqrt{LD^5}}$에 비례할 것이다. 이 세 항에 길이 AB를 곱하면 세 개의 면적이 만들어진다. 즉 $\frac{2SI^2 \times SL}{\sqrt{(2SI)}}$에 ($\frac{1}{\sqrt{(LA)}} - \frac{1}{\sqrt{(LB)}}$)을 곱한 면적, $\frac{SI^2}{\sqrt{(2SI)}}$에 ($\sqrt{LB} - \sqrt{LA}$)를 곱한 면적, 그리고 $\frac{SI^2 \times AL \times LB}{3\sqrt{(2SI)}}$에 ($\frac{1}{\sqrt{LA^3}} - \frac{1}{\sqrt{LB^3}}$)를 곱한 면적이다. 그리고 이 항들은 적절히 치환하면, $\frac{2SI^2 \times SL}{LI}$, SI^2, 그리고 $\frac{SI^2 + 2SI^3}{3LI}$이 된다. 뒤의 두 값을 첫 번째 항에서 빼면 결과는 $\frac{4SI^3}{3LI}$을 얻는다. 따라서 미립자 P가 구의 중심으로 당겨지는 전체 힘은 $\frac{SI^3}{PI}$에 비례하며, 다시 말해 $PS^3 \times PI$에 반비례한다. Q.E.I.

구 안쪽에 있는 미립자의 인력도 같은 방법으로 결정할 수 있지만, 다음 명제에서 좀 더 간단하게 구할 수 있다.

명제 82

정리 41. 중심 S와 반지름 SA로 그려진 구 안에서 SI, SA, SP가 연속적으로 비례한다면[즉, SI 대 SA가 SA 대 SP와 같도록 하면], 나는 구 안의 임의의 위치 I에 있는 미립자의 인력 대 구 바깥의 P에서의 인력의 비는 중심부터의 거리 IS와 PS의 제곱근의 비, 그리고 P와 I에서 중심을 향하는 구심력의 제곱근의 비의 곱과 같다고 말한다.

구의 입자들의 구심력이 입자에 의해 당겨지는 미립자까지 거리에 반비례한다면, I에 위치한 미립자가 전체 구에게 당겨지는 힘 대 위치 P에서 당겨지는 힘의 비는, '거리 SI 대 거리 SP의 제곱근 비'와 '중심의 어떤 입자에서 발생하는 위치 I에서의 구심력과 중심의 같은 입자에서 발생하는 위치 P에서의 구심력의 제곱근 비'를 합성한 비다. 이는 거리 SI 대 SP의 역수의 제곱근 비다. 두 비를 합성하면 등비가 되므로, 구 전체가 위치 I와 P에서 생성하는 인력은 같다. 비슷한 연산에 의해, 구의 입자들의 힘이 거리의 제곱비에 반비례한다고 하면, I에서의 인력 대 P에서의 인력은 거리 SP 대 구의 반지름 SA의 비와 같다는 것을 확인할 수 있다. 만일 이 힘들이 거리 세제곱 비에 반비례하면, I와 P에서의 인력은 서로에 대하여 SP^2 대 SA^2의 비를 가질 것이다. 만일 힘이 4제곱에 반비례하면 SP^3 대 SA^3가 될 것이다. 따라서—마지막 경우에서[4제곱에 반비례하는 경우, 이는 문제 81의 마지막 예 3과 같다]—P에서의 인력이 $PS^3 \times PI$에 반비례함을 확인하였으므로, I에서의 인력은 $SA^3 \times PI$에 반비례할 것이다. 다시 말해(SA^3이 주어져 있으므로) PI에 반비례한다. 이와 같은 방법을 무한정 계속할 수 있다. 정리는 다음과 같이 증명된다.

같은 작도와 임의의 위치 P에 있는 미립자를 가지고, 세로선 DN은 $\dfrac{DE^2 \times PS}{PE \times V}$으로 이미 구했다. 그러므로 IE가 그려지면 미립자의 다른 위치 I에서 이 세로선은—'필요한 부분만 약간 수정하자면mutatis

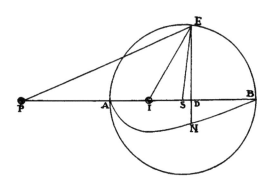

mutandis'[즉, 이전에 P에 대하여 적용된 내용과 논증에서 P 대신 I를 대입함으로써]—$\dfrac{DE^2 \times IS}{IE \times V}$가 된다. 구의 임의의 점 E에서 발산하는 구심력들이 서로에 대하여 거리 IE와 PE 대 PE^n 대 IE^n의 비를 갖는다고 가정하자. (여기에서 숫자 n은 PE와 IE의 지수이다.) 그렇다면 이 세로선들은 $\dfrac{DE^2 \times PS}{PE \times PE^n}$와 $\dfrac{DE^2 \times IS}{IE \times IE^n}$에 비례할 것이고, 이들의 서로에 대한 비는 $PS \times IE \times IE^n$ 대 $IS \times PE \times PE^n$과 같다. SI, SE, SP는 연속적으로 비례하므로, 삼각형 SPE와 SEI는 닮은꼴이다. 따라서 IE 대 PE는 IS 대 SE 또는 SA가 된다. IE 대 PE의 비에서 IS 대 SA의 비를 쓰면, 세로선들의 비는 $PS \times IE^n$ 대 $SA \times PE^n$가 될 것이다. 그런데 PS 대 SA는 거리 PS와 SI의 제곱근 비이고, IE^n 대 PE^n의 비는 (IE 대 PE는 IS 대 SA와 같으므로) 거리 PS와 IS의 힘의 제곱근 비와 같다. 그러므로 세로선들, 그리고 결과적으로 세로선이 그리는 면적과 그에 비례하는 인력은, 앞서 말한 제곱근 비의 합성비가 된다. Q.E.D.

명제 83

문제 42. 구의 중심에 있는 미립자가 구의 임의의 활꼴을 향해 당겨지는 힘을 구하라.

P를 구의 중심에 있는 미립자라 하고 RBSD를 구의 활꼴이라 하자. 이 활꼴은 평면 RDS와 구면 RBS로 둘러싸여 있다. DB는 중심 P 주위로 그려지는 구면 EFG에 의해 F에서 잘리고, 이 활꼴은 두 부분 BREFGS와 FEDG로 나뉜다고 하자. 그런데 이 구면은 순수하게 수학적인 것이 아니라 물리적인 것이어서, 극도로 얇은 두께를 갖는다고 하자. 그 두께를 O라 할 때, 이 표면은 (아르키메데스의 증명에 따라) $PF \times DF \times O$에 비례할 것이다. 그리고 구의 입자들의 인력은 지수가 n인 거리의 거듭제곱에 반비례한다고 가정하자. 그러면 표면 EFG가 물체 P를 끌어당기는 힘은 (명제 79에 따라) $\dfrac{DE^2 \times O}{PF^n}$에 비례할 것이다. 다시 말해 $\dfrac{2DF \times O}{PF^{n-1}} - \dfrac{DE^2 \times O}{PF^n}$에 비례한다. [두께] O에 그려지는 수직선 FN이 이 양에 비례하도록 그리자. 그러면 세로선 FN이 길이 DB를 따라 연속적으로 움직이면서 곡선 면적 BDI를 그리게 되고, 이 BDI는 전체 활꼴 RBSD가 미립자 P를 끌어당기는 전체 힘에 비례할 것이다. Q.E.I.

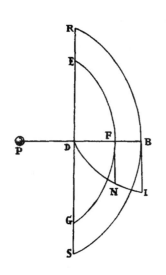

명제 84

문제 43. 미립자가 구의 중심 너머 활꼴의 축 위에 있을 때, 구의 활꼴에 의해 당겨지는 힘을 구하라.

활꼴 EBK의 축 ADB에 미립자 P가 놓여 있어, 활꼴에 의해 당겨진다고 하자. 중심 P와 반지름 PE로 구면 EFK를 그린다. 이 구면은 활꼴을 두 부분 EBKFE와 EFKDE로 나눈다. 명제 81에 따라 첫 번째 부분의 힘을, 명제 83에 의해 두 번째 부분의 힘을 구하면, 이 두 힘의 합이 전체 활꼴 EBKDE의 힘이 될 것이다. Q.E.I.

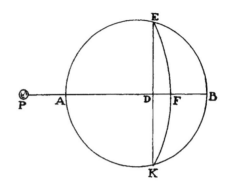

주해

이제 구의 인력을 설명했으니, 다른 물체를 끌어당기는 입자들로 구성된 물체의 인력 법칙으로 넘어갈 수 있게 되었다. 그러나 이 문제를 특별한 예로 다루는 것은 내가 세운 근본적인 계획은 아니다. 여기에서는 이런 유의 물체의 힘 그리고 그 힘에서 발생하는 운동에 관하여 보다 일반적인 명제를 추가하는 것으로 충분할 것이다. 이런 명제들은 철학적 문제들[즉 자연철학 또는 물리학 문제들]에서 조금은 유용하기 때문이다.

명제 85

정리 42. 끌어당겨지는 물체의 인력이 끌어당기는 물체와 조금이라도 떨어져 있을 때보다 접촉해 있을 때 훨씬 더 강하다면, 당기는 물체의 입자들의 힘은 당겨지는 물체가 멀어짐에 따라 입자들로부터 거리의 제곱비 이상으로 감소한다.

만일 힘이 입자들로부터의 거리의 제곱비로 감소하면, 구체를 향하는 인력은 서로 접촉한다고 해도 눈에 띄게 증가하지 않을 것이다. 그 이유는 (명제 74에 따라) 힘이 구의 중심부터 당겨지는 물체까지의 거리 제곱에 반비례하기 때문이다. 또한 당겨지는 물체가 멀어질 때 인력이 더 작은 비율로 감소하면, 접촉에 의해 증가하는 인력도 더 작은 비율로 증가할 것이기 때문이다. 그러므로 당기는 구체의 측면에서 이 명제는 명백하다. 외부 물체를 끌어당기는 오목한 공 모양의 껍질[a]의 경우도 마찬가지다. 그리고 그 안에 놓인 물체를 끌어당기는 구형 껍질의 경우에도 이 명제는 더욱 정확하게 성립하는데, 오목한 구체의 인력이 반대 방향의 인력에 의해 상쇄되므로(명제 70에 따라) 물체와 접촉하더라도 인력은 0이 되기 때문이다. 그런데 접촉점에서 멀리 떨어져 있는 일부를 이 구형 껍질에서 떼어내고, 접촉점에서 떨어진 임의의 지점에 새로운 부분을 덧붙이면, 당기는 물체의 모양을 마음대로 바꿀 수 있다. 그렇다고 해도 더해지거나 제거된 부분들은 접촉점에서 멀리 떨어져 있기 때문에 접촉에 의해 증가하는 인력이 특별히 더 증가하지는 않는다. 그러므로 이 명제는 모든 형태의 물체에 대하여 성립한다. Q.E.D.

---

a　　이 부분과『프린키피아』의 다른 부분에서 뉴턴은 "구체(orb)"라고 쓰고 있지만, 이는 우리가 생각하는 구형 껍질에 가깝다.

명제 86

정리 43. 당겨지는 물체가 당기는 물체로부터 물러남에 따라, 당기는 물체를 구성하는 입자들의 힘이 거리의 세제곱비 이상으로 감소한다면, 인력은 당기는 물체와 당겨지는 물체가 아주 조금이라도 떨어져 있을 때보다 접촉해 있을 때 훨씬 더 강할 것이다.

명제 81과 예 2, 3의 풀이에서, 끌어당기는 구체가 당겨지는 구체에 접근할 때 인력이 무한정 증가함을 확인하였다. 이 예제들과 명제 82를 합치면, 오목-볼록한 껍질을 향하는 물체들의 인력에 대해서도 같은 결과를 추론할 수 있는데, 이때 당겨지는 물체들은 껍질의 밖에 있든 오목한 안쪽에 있든 상관없다. 그런데 이 명제는, 구체와 껍질에 인력을 유발하는 물질을 덧붙이거나 접촉점에서 멀리 떨어진 구체와 껍질 부분에서 인력 물질을 떼어내더라도 모든 물체에 보편적으로 성립할 것이다. 그에 따라 당기는 물체들은 원하는 대로 아무 모양이나 취할 수 있다. Q.E.D.

명제 87

정리 44. 인력을 유발하는 물질로 이루어진 서로 비슷한 두 물체가 각각 미립자들을 끌어당기고 있다. 이 미립자들은 각각의 물체에 비슷한 거리만큼 떨어져 있고, 물체들에 비례한다. 그러면 물체 전체를 향하는 미립자들의 가속 인력은, 전체 물체에 비례하며 서로 비슷한 거리에 놓여 있는 물체의 입자들을 향하는 가속 인력에 비례할 것이다.

물체들을 입자로 잘게 쪼개어, 쪼개진 입자들이 전체 물체에 비례하고 전체 물체와 비슷한 거리에 놓여 있다고 하자. 그러면 첫 번째 물체의 입자들을 향하는 인력 대 그에 대응하는 두 번째 물체의 입자들을 향하는 인력의 비는, 첫 번째 물체에서 어느 주어진 입자를 향하는 인력 대 두 번째 물체의 주어진 입자를 향하는 인력의 비와 같을 것이다. 이 비를 합성하면, 첫 번째 전체 물체를 향하는 인력 대 두 번째 전체 물체를 향하는 인력도 같은 비를 가질 것이다. Q.E.D.

따름정리 1 그러므로 당겨지는 미립자들이 멀어지면서 입자들의 당기는 힘이 거리의 거듭제곱비로 감소하면, 전체 물체를 향하는 가속 인력은 물체에 정비례하고 그 거리의 거듭제곱에 반비례할 것이다. 예를 들어 입자들의 힘이 당겨지는 미립자까지의 거리의 제곱비로 감소하고, 물체들은 A^3 대 B^3의 비를 가지면, 물체의 세제곱근과 물체부터 당겨지는 미립자까지의 거리는 A 대 B의 비를 갖게 되고, 물체들을 향하는 가속 인력의 비는 $\dfrac{A^3}{A^2}$ 대 $\dfrac{B^3}{B^2}$가 될 것이다. 즉 물체 A와 B의 세제곱근에 비례한다. 만일 입자들의 힘이 당겨지는 미립자까지의 거리의 세제곱비로 감소하면, 전체 물체들을 향하는 가속 인력은 $\dfrac{A^3}{A^3}$ 대 $\dfrac{B^3}{B^3}$의 비이며, 다시 말해 서로 같다. 힘이 거리의 4제곱에 따라 감소하면, 물체를 향하는 인력들의 비는 $\dfrac{A^3}{A^4}$ 대 $\dfrac{B^3}{B^4}$가 되고, 다시 말해 A와 B의 세제곱근에 반비례할 것이다. 이런 식으로 계속된다.

따름정리 2 반면 이러한 물체에 대하여, 비슷한 거리에 있는 미립자들을 당기는 물체들의 힘으로부터, 당겨지는 미립자들이 물러남에 따라 당기는 입자들의 힘이 거리의 어떤 비에 정비례하거나 반비례한다면, 힘이 감소하는 비를 구할 수 있다.

명제 88

정리 45. 물체의 입자들이 당기는 힘이 입자들부터 대상 물체까지의 거리에 비례하면, 전체 물체의 힘은 물체의 무게 중심을 향할 것이고, 같은 물질로 이루어지고 중심이 무게 중심인 구체의 힘과 같을 것이다.

물체 RSTV의 입자 A와 B가 미립자 Z를 끌어당기고 있다고 하자. 이때 힘은, 입자들이 서로 같다면 거리 AZ와 BZ에 비례한다. 그런데 입자들이 같지 않다고 가정하면, Z를 끌어당기는 힘은 이 입자들과 각각의 거리 AZ와 BZ 모두에 비례하고, 달리 말하면 이 입자들에 각각 그들의 거리 AZ와 BZ를 곱한 값에 비례한다. 이 힘을 그 부피[또는 곱] A×AZ 그리고 B×BZ로 표현하기로 하자. AB를 그려 넣고, 이 선이 G에서 잘리면서, AB 대 BG의 비가 입자 B 대 입자 A의 비와 같아지도록 잡자. 그러면 G는 입자 A와 B의 공통의 무게 중심이 될 것이다. 힘 A×AZ는 (법칙의 따름정리 2에 따라) 힘 A×

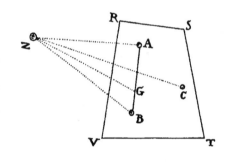

GZ와 A×AG로 분해될 수 있고, 힘 B×BZ는 힘 B×GZ와 B×BG로 분해된다. 그런데 힘 A×AG와 B×BG는 같고 (A 대 B는 BG 대 AG와 같으므로) 방향은 서로 반대이므로 서로 상쇄된다. 그렇다면 힘 A×GZ와 B×GZ가 남는다. 이 힘들은 Z로부터 중심 G를 향하고, 합하면 힘 (A+B)×GZ가 된다. 다시 말해, 끌어당기는 입자들 A와 B가 그들의 공통의 무게 중심에 위치하고 그곳에 구가 형성되어 있을 때와 같은 힘이다.

같은 논증에 따라, 세 번째 입자 C를 더하고 C의 힘을 중심 G를 향하는 힘 (A+B)×GZ와 합하면, 새로운 힘은 구체의 공통의 무게 중심(G)과 입자 C를 향할 것이다(다시 말해 세 입자 A, B, C의 공통의 무게 중심을 향한다). 이는 마치 구체와 입자 C의 공통의 중심에 더 큰 구가 형성되는 경우와 같다. 이런 식으로 무한정 나아갈 수 있다. 그러므로 임의의 물체 RSTV의 입자들의 전체 힘은, 무게 중심을 그대로 유지하면서 물체의 모양을 구로 가정할 때의 힘과 같다. Q.E.D.

따름정리 그러므로 당겨지는 물체 Z의 운동은 당기는 물체 RSTV가 구일 때와 같을 것이다. 따라서 당기는 물체가 정지해 있거나 일정하게 직선을 따라 나아간다면, 당겨지는 물체는 당기는 물체의 무게 중심을 중심으로 타원을 그리며 움직일 것이다.

명제 89

정리 46. 같은 입자들로 구성된 몇 개의 물체가 있다. 입자의 힘이 입자로부터의 거리에 비례한다면, 임의의 미립자가 당겨지는 힘은—모든 입자의 힘이 합쳐진 힘—당기는 물체들의 공통의 무게 중심을 향하고, 당기는 물체들이 무게 중심을 유지하면서 하나로 합쳐져 구를 이루는 경우와 같은 세기를 갖는다.

이는 앞선 명제와 같은 방법으로 증명된다.

따름정리   그러므로 당겨지는 물체는 마치 당기는 물체들이 공통의 무게 중심을 유지하면서, 한데 뭉쳐 구체를 형성하는 경우와 같은 방식으로 운동할 것이다. 따라서 당기는 물체들의 공통의 무게 중심이 정지해 있거나 일정하게 직선을 따라 나아가면, 당겨지는 물체는 당기는 물체들의 공통의 무게 중심을 중심으로 타원을 그리며 움직일 것이다.

명제 90

문제 44. 구심력이 임의의 거리 비에 따라 증가하거나 감소하고, 어떠한 원의 개별 점들에 동일하게 작용한다고 하자. 원의 중심에서 원의 평면에 수직이 되도록 세워진 직선 위 어느 곳에 미립자가 있을 때, 이 미립자가 끌어당겨지는 힘을 구하라.

중심 A와 임의의 반지름 AD로 평면 위에 원을 그린 다음, 이 평면에 수직이 되도록 직선 AP가 세워져 있다고 하자. 이제 임의의 미립자 P가 원을 향해 당겨지는 힘을 구해야 한다. 원 위의 임의의 점 E부터 당겨지는 미립자 P까지 직선 PE를 그린다. 직선 PA 위에서 PE와 합동이 되도록 PF를 잡고, 수직선 FK를 세워 점 E가 미립자 P를 끌어당기는 힘에 비례하도록 잡는다. 그리고 IKL은 점 K가 그리는 곡선이라 하자. 이 선은 L에서 원의 평면과 만나도록 한다. PA 위에서 PD와 같아지도록 PH를 잡

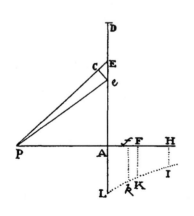

고, 앞서 말한 곡선과 I에서 만나도록 수직선 HI를 세운다. 그러면 미립자 P가 원을 향하는 인력은 면적 AHIL에 높이 AP를 곱한 값에 비례할 것이다. Q.E.I.

AE 위에 극도로 짧은 선 E*e*를 잡는다. P*e*를 그려 넣고, PE와 PA에서 PC와 P*f*가 P*e*와 합동이 되도록 잡는다. 그러면 앞서 말한 평면 위에 중심 A와 반지름 AE로 고리를 그릴 때, 그 위에 놓인 임의의 점 E가 물체 P[즉 미립자]를 끌어당기는 힘은 FK에 비례하도록 가정되어 있다. 그러므로 그 점이 물체 P를 A쪽으로

끌어당기는 힘은 $\dfrac{\text{AP} \times \text{FK}}{\text{PE}}$에 비례한다. 그리고 전체 고리가 물체 P를 A를 향해 끌어당기는 힘은 고리와 $\dfrac{\text{AP} \times \text{FK}}{\text{PE}}$ 모두에 비례한다. 그리고 그 고리는 반지름 AE와 폭 Ee의 곱에 비례하며, 이 곱은 (PE 대 AE는 Ee 대 CE와 같으므로) PE×CE 또는 PE×Ff와 같다. 따라서 고리가 물체 P를 A쪽으로 끌어당기는 힘은 PE×Ff와 $\dfrac{\text{AP} \times \text{FK}}{\text{PE}}$ 모두에 비례할 것이며, 다시 말해 부피[또는 곱] Ff×FK×AP, 또는 면적 FKkf에 AP를 곱한 값에 비례할 것이다. 그러므로 중심 A와 반지름 AD로 그려진 원 안의 모든 고리들이 물체 P를 A쪽으로 잡아당기는 힘은 전체 면적 AHIKL에 AP를 곱한 값에 비례한다. Q.E.D.

따름정리 1   그러므로, 만일 점들의 힘이 거리의 제곱비로 감소하면, 다시 말해 FK가 $\dfrac{1}{\text{PF}^2}$에 비례하면(즉 면적 AHIKL이 $\dfrac{1}{\text{PA}} - \dfrac{1}{\text{PH}}$에 비례하면), 원을 향하는 미립자 P의 인력은 $1 - \dfrac{\text{PA}}{\text{PH}}$, 다시 말해 $\dfrac{\text{AH}}{\text{PH}}$에 비례할 것이다.

따름정리 2   보편적으로 보아서, 거리 D에서의 점들의 힘이 거리의 임의의 거듭제곱 D^n에 반비례하면(다시 말해, FK가 $\dfrac{1}{\text{D}^n}$에 비례하여, 면적 AHIKL이 $\dfrac{1}{\text{PA}^{n-1}} - \dfrac{1}{\text{PH}^{n-1}}$에 비례하면), 원을 향한 미립자 P의 인력은 $\dfrac{1}{\text{PA}^{n-2}} - \dfrac{\text{PA}}{\text{PH}^{n-1}}$에 비례할 것이다.

따름정리 3   만일 원의 지름이 무한정 늘어나고 숫자 n이 1보다 크면, 무한정 확장되는 전체 평면을 향하는 미립자 P의 인력은 PA^{n-2}에 반비례할 것이다. 이는 다른 항인 $\dfrac{\text{PA}}{\text{PH}^{n-1}}$이 사라지기 때문이다.

명제 91

문제 45. 회전체의 축 위에 미립자가 놓여 있고, 회전체의 각각의 점들의 구심력이 임의의 거리 비에 따라 감소한다고 하자. 이때 미립자가 받는 인력을 구하라.

입체 DECG의 축 AB 위에 미립자 P가 놓여 있어, 입체를 향해 끌어당겨지고 있다. 이 입체가 축에 수직인 임의의 원 RFS에 의해 잘린다고 하자. 그리고 이 원의 반지름 FS에서 축을 지나는 평면 PALKB 위로(명제 90에 따라) 미립자 P가 원을 향해 당겨지는 힘에 수직 방향으로 길이 FK를 잡는다. 점 K가 가장 바깥쪽 원 AL, BI와 L, I에서 만나는 곡선 LKI에 접하도록 하면, 입체를 향하는 미립자의 인력은 면적 LABI에 비례할 것이다. Q.E.I.

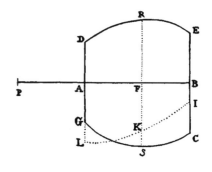

따름정리 1   그러므로, 입체가 평행사변형 ADEB를 축 AB를 중심으로 회전시켜 만들어지는 원통이

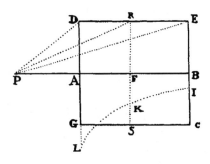

라고 하고, 입체 각각의 점들을 향하는 구심력이 점으로 부터의 거리 제곱에 반비례한다면, 이 원통을 향하는 미립 자 P의 인력은 AB−PE+PD에 비례할 것이다. 세로선 FK 가(명제 90, 따름정리 1에 따라) $1-\dfrac{PF}{PR}$에 비례할 것이기 때문이다. 이 항의 단위 부분[또는 $1-\dfrac{PF}{PR}$에서 1]에 길이 AB를 곱하면 면적 1×AB를 그리게 되며, 항의 다른 부분 $\dfrac{PF}{PR}$에 길이 PB를 곱하면 면적 1×(PE−AD)를 그리게 된다. 이는 곡선 LKI의 구적법 을 통해 쉽게 증명할 수 있다. 마찬가지로 $\dfrac{PF}{PR}$에 길이 PA를 곱하면 면적 1×(PD−AD) 를 그리게 되고, PB와 PA의 차인 AB를 곱하면 면적의 차이 1×(PE−PD)를 그린다. 첫 번째 곱 1×AB로부터 마지막 곱 1×(PE−PD)를 빼면 면적 LABI가 남게 되고 이는 1× (AB−PE+PD)와 같다. 따라서 이 면적에 비례하는 힘은 AB−PE+PD에 비례한다.

따름정리 2 따라서 회전타원체 AGBC 바깥에, 축 AB 위에 있는 임의의 물체 P를 끌어당기는 힘 을 알 수 있다. NKRM을 원뿔곡선이라 하고, PE에 수직인 세로선 ER은 언제나 선 PD 의 길이와 같다고 하자. 이 선 PD는 세로선이 회전타원체를 자르는 점 D를 향해 그어 진 선이다. 회전타원체의 꼭짓점 A와 B로부터, 회전타원체의 축 AB에 수직이 되도록 AK와 BM을 세우고 각각 AP와 BP와 같아지도록 잡아, 원뿔곡선과는 K와 M에서 만 나도록 한다. 그리고 KM을 그려 넣고 이 선이 활꼴 KMRK를 원뿔곡선에서 잘라내도 록 하자. 회전타원체의 중심을 S라 하고, 가장 큰 반지름을 SC라 하자. 그러면 회전타 원체가 물체 P를 끌어당기는 힘 대 지름이 AB인 구가 물체 P를 끌어당기는 힘의 비는 $\dfrac{AS\times CS^2-PS\times KMRK}{PS^2+CS^2-AS^2}$ 대 $\dfrac{AS^3}{3PS^2}$와 같다. 그리고 같은 연산에 의해 회전타원체의 활꼴 들의 힘을 구하는 것도 가능하다.

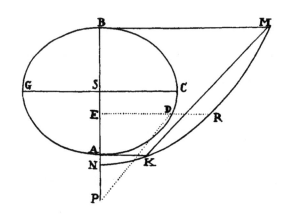

따름정리 3   그런데 만일 미립자가 회전타원체 안에 위치하고 그 축 위에 놓여 있다면, 인력은 중심으로부터 거리에 비례할 것이다. 입자가 축 위에 있거나 아니면 주어진 지름 위에 있는 경우 다음 논증에 따라 쉽게 증명할 수 있다. AGOF를 끌어당기는 회전타원체라 하고, S가 그 중심, P를 당겨지는 물체라 하자. 이 물체 P를 지나도록 반

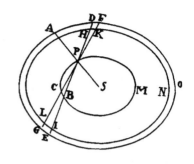

지름 SPA와 임의의 두 직선 DE와 FG를 그리고, 이 선들이 회전타원체의 한쪽과 D와 F에서, 그리고 반대쪽은 E와 G에서 만나도록 한다. 그리고 PCM과 HLN은 회전타원체의 안쪽 면이라 하자. 이 면들은 바깥쪽 회전타원체와 닮은꼴이며 중심을 공유한다. 이 중 첫 번째인 PCM은 물체 P를 지나고 직선 DE와 FG를 B와 C에서 자른다고 하자. 그리고 두 번째 안쪽 회전타원체 HLN은 같은 직선을 H, I, 그리고 K, L에서 자른다고 하자. 모든 회전타원체들은 공통의 축을 공유하고, 직선들이 양쪽에서 잘려 생긴 부분들, 즉 DP와 BE, FP와 CG, DH와 IE, FK와 LG는 서로에 대하여 길이가 같을 것이다. 직선 DE, PB, HI은 같은 점에서 이등분되고, 직선 FG, PC, KL도 같은 점에서 이등분되기 때문이다. 이제 DPF와 EPG가 무한히 작은 수직 각 DPF와 EPG로 서로 맞은편에 그려지는 원뿔들이라고 하고, 선 DH와 EI 역시 무한히 작다고 가정하자. 그렇다면 회전타원체의 표면에 의해 잘리는 원뿔들의 입자들은—즉 입자 DHKF와 GLIE는—서로에 대하여 미립자 P부터 입자까지의 거리 제곱에 비례할 것이며(선 DH와 EI가 합동이므로), 따라서 미립자를 같은 힘으로 끌어당길 것이다. 그리고 비슷한 추론에 따라, 공간 DPF와 EGCB가 공통의 축과 중심을 갖는 무수히 많고 닮은꼴인 회전타원체들의 표면에 잘려 입자로 나누어진다면, 그 입자들은 양쪽에서 같은 힘으로 물체 P를 끌어당길 것이다. 그러므로 원뿔 DPF와 원뿔 도막[또는 원뿔대^truncated cone] EGCB의 힘은 같고, —방향이 반대이므로—서로 상쇄된다. 그리고 가장 안쪽의 회전타원체 PCBM 바깥쪽에 있는 물질들의 힘에 대해서도 마찬가지다. 그러므로 물체 P는 오로지 가장 안쪽의 회전타원체 PCBM에 의해서만 당겨지고, 이에 따라(명제 72, 따름정리 3에 의해) 그 인력 대 물체 A가 전체 회전타원체 AGOD에 의해 당겨지는 힘의 비는 거리 PS 대 거리 AS의 비와 같다. Q.E.D.

명제 92

문제 46. 당기는 물체가 주어져 있을 때, 각각의 점을 향하는 구심력이 감소하는 비를 구하라. [즉, 감소율을 거리의 함수로 구하라.]

주어진 물체는 구나 원통, 또는 그 외 일정한 도형의 모습을 띠고, 명제 80, 81, 91에서 살펴본 인력 법칙―[거리에 대한] 감소 비의 법칙―을 따른다. 그러면 실험을 통해 다양한 거리에서의 인력을 구할 수 있을 것이다. 그러므로 전체를 향하는 인력 법칙으로부터 각 부분의 힘이 거리에 대하여 감소하는 비를 구할 수 있다. 이것이 구하고자 하는 답이다.

명제 93

정리 47. 한쪽으로는 평면이고 다른 쪽으로는 무한히 확장되는 어떤 입체가 있다고 하자. 이 입체는 동등한 힘으로 끌어당기는 같은 입자들로 구성되어 있고, 입자들의 힘은―입체로부터 멀어지면―거리의 제곱 이상인 거듭제곱비로 감소한다고 하자. 평면의 어느 한쪽에 미립자가 놓여 있어, 입체 전체의 힘에 의해 당겨지고 있다. 그렇다면 나는 입체의 인력이 평면의 표면에서 물러나면서 평면부터 미립자까지 거리의 거듭제곱비로 감소할 것이며, 거리의 지수는 인력 법칙의 거리를 거듭제곱한 임의의 수보다 3단위만큼 더 작을 것이라고 말한다. [직역하면, 밑이 평면부터 미립자까지의 거리이고 지수는 거리의 거듭제곱 수보다 3만큼 작은 수의 비로 감소할 것이다.]

사례 1   입체가 끝나는 평면을 LGl이라 하자. 입체는 이 평면에서 I 쪽으로 놓여 있고, GL에 평행한 무수히 많은 평면 mHM, nIN, oKO, ⋯으로 나뉜다. 먼저 입체가 당기는 물체 C는 입체의 바깥쪽에 있는 경우를 살펴보자. 무수히 많은 평면에 수직이 되도록 선 CGHI를 그린다. 그리고 입체의 점들의 인력은 거리의 거듭제곱비로 감소하는데, 지수 n은 3보다 작지 않다고 하자. 그렇다면 (명제 90, 따름정리 3에 따라) 임의의 평면 mHM이 점 C를 끌어당기는 힘은 CH^{n-2}에 반비례한다. 평면 mHM에서 CH^{n-2}에 반비례하도록 길

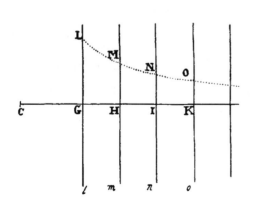

이 HM을 잡으면, 힘은 HM에 비례할 것이다. 마찬가지로, 평면들 lGL, nIN, oKO, ⋯ 위에 CG^{n-2}, CI^{n-2}, CK^{n-2}, ⋯에 반비례하도록 길이 GL, IN, KO, ⋯를 잡는다. 그러면 평면들의 힘은 이렇게 잡은 길이에 비례할 것이고, 따라서 힘들의 합은 길이들의 합에 비례할 것이다. 다시 말해, 전체 입체의 힘은 OK 방향으로 무한히 늘인 면적 GLOK에 비례할 것이다. 그런데 이 면적은 (잘 알려진 구적법에 따라) CG^{n-3}에 반비례한다.

따라서 전체 입체의 힘은 CG^{n-3}에 반비례한다. Q.E.D.

사례 2 이제 미립자 C가 입체 안의 평면 *l*GL의 한쪽에 놓여 있다고 하자. 거리 CK는 거리 CG 와 같도록 잡는다. 그러면 평행한 평면 *l*GL과 *o*KO에서 끝나는 입체의 부분 LG*lo*KO는, (가운데 위치한) 미립자 C를 어느 쪽으로도 끌어 당기지 않을 것이다. 반대쪽에서 당기는 힘의 크 기가 같아 서로 상쇄할 것이기 때문이다. 따라서 미립자 C는 평면 OK 너머에 있는 입체의 힘에 의해서만 당겨질 것이다. 그런데 이 힘은 (사례 1 에 의해) CK^{n-3}에 반비례하고, 다시 말해(CG와 CK는 같으므로) CG^{n-3}에 반비례한다. Q.E.D.

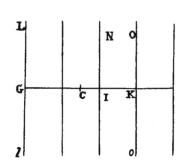

따름정리 1 그러므로, 만일 입체 LGIN이 무한히 확장되고 평행한 두 평면 LG와 IN에 의해 양쪽에 서 막히면, 입체의 인력은 무한히 확장되는 전체 입체 LGKO의 인력에서 KO 방향으로 무한히 늘인 추가적인 부분 NIKO의 인력을 뺀 값으로 구해지게 된다.

따름정리 2 만일 이 무한히 확장된 입체의 아주 먼 부분을 무시하면, 이 부분의 인력은 가까운 부분 의 인력과 비교할 때 거의 무시할 만하며, 가까운 부분의 인력은 거리가 늘어남에 따라 CG^{n-3}에 거의 비례하여 감소할 것이다.

따름정리 3 그러므로 한쪽 면이 유한한 평면인 어떤 물체가 그 평면 가운데의 정반대 방향에 있는 미립자를 끌어당기고 있다고 하자. 이 미립자와 평면 사이의 거리는 끌어당기는 물체의 규모에 비하면 대단히 작고, 균질한 입자로 구성된 물체의 인력은 거리의 거듭제곱비로 감소하는데 그 지수는 4보다 크다고 하자. 그러면 전체 물체의 인력은 물체와 미립자 사 이의 대단히 작은 거리의 거듭제곱에 거의 비례하여 감소할 것이며, 지수는 인력 법칙에 서 명시하는 지수보다 3만큼 작을 것이다. 이 내용은 입자들의 인력이 거리의 세제곱 비 에 따라 감소하는 물체에 대해서는 성립하지 않는다. 이럴 때는 따름정리 2에서 다루었 던 무한히 확장된 물체의 먼 부분의 인력이 가까운 부분의 인력보다 언제나 무한정 더 크기 때문이다.

주해

물체가 주어진 평면 쪽으로 수직으로 당겨지는 상황에서 주어진 인력 법칙으로부터 물체의 운동을 구 해야 한다면, (명제 39에 따라) 이 평면으로 똑바로 낙하하는 물체의 운동을 구한 후, (법칙의 따름정 리 2에 따라) 같은 평면에 평행한 선들을 따라 일어나는 균일한 운동과 합성하여 문제를 해결할 수 있다. 그리고 반대로, 당겨지는 물체가 임의로 주어진 곡선을 따라 움직인다는 조건에서, 수직선들을 따라 평면을 향해 발생하는 인력 법칙을 찾고자 한다면, 세 번째 문제[즉 명제 8]에서 사용한 방법으로 문제를 풀 수 있다.

이 과정은 세로선들을 수렴급수로 분해하여 단축할 수 있다. 예를 들어, B가 밑변 A에 대하여 정해진 임의의 각으로 세운 세로선이고, 밑변의 거듭제곱 $A^{m/n}$에 비례한다고 하자. 그리고 밑변 쪽으로 당겨지거나 밑변으로부터 밀쳐지는 (세로선의 위치에 따라) 물체가 세로선의 상단이 그리는 곡선을 따라 움직이도록 하는 힘이 필요하다면, 밑변이 극도로 작은 부분인 O에 따라 증가해야 한다고 가정하고, 세로선 $(A+O)^{m/n}$을 무한급수로 분해한다.

$$A^{\frac{m}{n}}+\frac{m}{n}OA^{\frac{m-n}{n}}+\frac{m^2-mn}{2n^2}O^2A^{\frac{m-2n}{n}}\cdots$$

그리고 힘은 이 급수에서 O가 2차인 항, 즉 $\frac{m^2-mn}{2n^2}O^2A^{\frac{m-2n}{n}}$에 비례한다고 가정한다. 그러므로 구하려는 힘은 $\frac{m^2-mn}{n^2}A^{\frac{m-2n}{n}}$, 또는 같은 값인 $\frac{m^2-mn}{n^2}B^{\frac{m-2n}{m}}$에 비례한다. 예를 들어 세로선이 포물선을 그린다면, $m=2$이고 $n=1$이며, 힘은 주어진 양 $2B^0$에 비례하여 주어진 값이 될 것이다. 그러므로 주어진 [즉 상수인] 힘으로 물체는 포물선을 그릴 것이며, 이는 갈릴레오가 증명한 내용이다. 만일 세로선이 쌍곡선을 그린다면, $m=0-1$이고 $n=1$이며, 힘은 $2A^{-3}$ 또는 $2B^3$에 비례하게 될 것이다. 그러므로 힘은 세로선의 세제곱에 비례하며, 이 힘을 받은 물체는 쌍곡선을 그리며 움직일 것이다. 그러나 이런 유형의 명제들은 이 정도로 정리하고, 아직 고려하지 않은 다른 운동들로 넘어가도록 하겠다.

섹션 14
구심력이 거대한 물체의 각 부분을 향할 때
이러한 구심력을 받는 극도로 작은 물체의 운동

명제 94

정리 48. 균질한 두 매질이 공간을 사이에 두고 서로 분리되어 있고, 이 공간은 평행한 평면들에 의해 막힌다고 하자. 그리고 이 공간을 통과해 지나가는 물체는 이 매질 중 한쪽을 향해 수직으로 당겨지거나 밀쳐지고 다른 어떤 힘의 작용도 받지 않으며 방해받지 않는다. 그리고 각 평면으로부터 같은 거리에서는 (그 평면의 같은 쪽 면에서 잡았을 때) 어디에서나 인력이 같다고 하면, 나는 어느 한쪽 평면으로의 입사각의 사인 대 다른 평면으로부터의 굴절각의 사인의 비는 주어져 있다고 말한다.

사례 1   A*a*와 B*b*를 평행한 두 평면이라 하자. 물체는 첫 번째 평면 A*a* 위로 선 GH를 따라 입사하여, 중간의 공간을 통과하는 물체의 모든 경로에서 물체가 입사한 매질을 향해 당겨지거나 밀쳐진다. 이 작용에 의해 물체는 곡선 HI를 그리며 선 IK를 따라 빠져나간다고 하자. 빠져나가는 평면 B*b*에 수직선 IM을 세우고, 이 선이 길게 늘인 입사 선 GH와는 M에서, 입사면 A*a*와는 R에서 만난다고 하자. 그리고 길게 늘인 출사 선 KI은 HM과 L에서 만난다고 하자. 중심 L과 반지름 LI로 원을 그려 이 원이 HM을 P와 Q에서 자르도

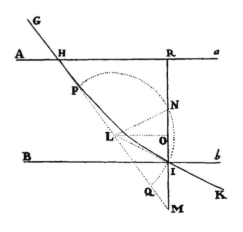

록 하고, 마찬가지로 길게 늘인 MI는 N에서 자르도록 하자. 그러면 먼저, 인력이나 척력이 균일하다고 가정하면 곡선 HI는 (갈릴레오가 증명한 내용에 따라) 포물선일 것이고, 이 포물선은 주어진 통경과 선 IM의 곱이 HM의 제곱과 같다는 성질을 갖는다. 또한 선 HM은 L에서 이등분될 것이다. 그러므로 수직선 LO가 MI로 떨어지면 MO와 OR은 같을 것이다. 그리고 같은 선 ON과 OI가 이 값에 더해질 때, 전체 MN과 IR은 같아질 것이다. 따라서, IR은 주어져 있으므로, MN 역시 주어진 값이다. 그리고 NM×MI 대 통경과 IM의 곱(즉, HM²)의 비는 정해지게 된다. 그런데 NM×MI는 PM×MQ와 같고, 다시 말해 ML²과 PL² 또는 LI²의 차와 같다. 그리고 HM²은 네 번째 부분인 ML²과 정해진 비를 갖는다. 그러므로 ML²−LI² 대 ML²의 비는 주어진 값이며, 비의 전환에 의해 LI² 대 ML²의 비, 그리고 그것으 제곱근 비, 즉 LI 대 ML도 정해진다. 그런데 모든 삼각형에서 LMI, 즉 각들의 사인값들은 맞은편 변에 비례한다. 그러므로 입사각 LMR의 사인 대 출사각 LIR의 사인의 비는 주어진 값이다. Q.E.D.

사례 2   이제 물체가 연속적으로 평행한 평면 A*ab*B, B*bc*C, …로 가로막힌 몇 개의 공간을 통과한다고 하자. 이 물체는 각 공간 안에서는 일정하지만 다른 공간에서는 세기가 다른 힘을 받는다. 그러면 방금 증명한 내용에 따라, 첫 번째 평면 A*a* 위의 입사각의 사인 대 두 번째 평면 B*b*로부터의 출사각의 사인은 정해진 비를 갖는다. 그리고 첫 번째 출사각의 사인은 두 번째 평면 B*b*의 입사각의 사인이므로, 세 번째 평면 C*c*에서 출사하는 각의 사인에 대하여 정해진 비를 갖는다. 그리고

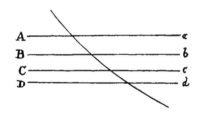

이 사인은 네 번째 평면의 출사각의 사인에 대하여 정해진 비를 가질 것이다. 이런 식으로 끝없이 나아간다. 그러면 비의 동등성에 의해 첫 번째 평면의 입사각의 사인은 마지막 평면의 출사각의 사인에 대하여 정해진 비를 가질 것이다. 이제 평면들 사이의 거리가 무한정 감소하고 평면의 개수는 무한히 늘어난다고 하자. 그래서 인력이나 척력이 임의로 부여된 어떠한 법칙에 따라 연속적으로 작용한다고 하자. 그렇다면 첫 번째 평면의 입사각의 사인 대 마지막 평면의 출사각의 사인의 비는 언제나 정해진 값이 될 것이다. Q.E.D.

명제 95

정리 49. 명제 94에서와 같은 가정을 세우면, 나는 입사하기 전 물체의 속도 대 출사하고 난 후의 속도 비가 출사각의 사인 대 입사각의 사인 비와 같을 것이라고 말한다.

AH를 I*d*와 같도록 잡고, 수직선 AG와 *d*K를 세워 입사선과 출사선 GH, IK와 G, K에서 만나도록 하자. GH에서 IK와 같도록 TH를 잡고, T*v*를 평면 A*a*에 수직이 되도록 내린다. 그리고 (법칙의 따름정리 2에 따라) 물체의 운동을 두 성분으로 분해하여, 평면 A*a*, B*b*, C*c*, …에 대하여 하나는 수직, 다른 하나는 평행이 되도록 나눈다. 그러면 수직선을 따라 작용하는 인력 이나 척력[의 성분]은 평행선 방

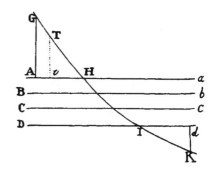

향의 운동에는 아무런 변화를 일으키지 않는다. 그러므로 물체는, 평행선 방향의 운동에 의해 같은 시간 동안 선 AG와 점 H 사이, 그리고 점 I와 선 *d*K 사이로 평행선을 따라 같은 거리만큼 지나갈 것이다. 다시 말해 같은 시간 동안 선 GH와 IK를 그리게 될 것이다. 따라서 입사 전 속도 대 출사 후 속도의 비는 GH 대 IK 또는 TH가 된다. 즉, AH 또는 I*d* 대 *v*H의 비와 같으며, 이는 (반지름 TH 또는 IK에 대하여) 출사각의 사인 대 입사각의 사인의 비와 같다. Q.E.D.

명제 96

정리 50. 같은 추정에 따라, 그리고 입사 전 운동이 입사 후 운동보다 빠르다고 가정할 때, 나는 입사선의 ª기울기의 변화ª의 결과로서 물체가 마지막에는 반사될 것이며, 반사각은 입사각과 같을 것이라고 말한다.

앞에서와 같이 물체가 평행한 평면들 A*a*, B*b*, C*c*, …사이에서 포물선 호를 그린다고 가정하고, 그 호를 HP, PQ, QR, …이라고 하자. 그리고 첫 번째 평면 A*a*에 입사하는 GS의 입사각은 다음과 같이

정한다. 입사각의 사인 대 이 사인 값과 같은 값을 갖는 원의 반지름의 비를 구하고, 입사각의 사인 대 평면 D*d*에서 공간 D*de*E로 나가는 출사각의 사인의 비를 구해, 이 두 비가 같아지도록 입사각을 정한

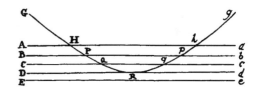

다. 그러면 출사각의 사인이 반지름과 같아졌으므로, 출사각은 직각이 될 것이고, 따라서 출사선은 평면 D*d*와 일치할 것이다. 물체가 이 평면의 점 R에 도달했다고 하자. 그러면 출사선이 D*d*와 일치하므로, 물체는 더이상 평면 E*e*를 향해 나아갈 수 없다. 그런데 물체는 입사 매질을 향해 꾸준히 당겨지거나 밀쳐지기 때문에 출사선 R*d*를 따라서도 나아갈 수 없다. 그러므로 이 물체는 포물선 호 QR*q*를 그리며 평면 C*c*와 D*d* 사이로 방향을 틀 것이다. 이 포물선 호의 꼭짓점은 (갈릴레오가 증명한 바에 따르면) R에 있고, 평면 C*c*를 앞서 Q에서와 같은 각으로 *q*에서 자를 것이다. 그렇다면 이 물체는 이전의

---

aa   여기에서 말하는 "기울기의 변화"는 입사각의 증가를 말한다.)

호 QP와 PH와 닮은꼴이자 합동인 포물선 호 *qp*, *ph*, …를 따라 나아가며, 남은 평면들을 앞선 P, H, …에서와 같은 각도로 *p*, *h*, …에서 자르며 나아가다가, 결국 평면 H에 입사했을 때와 같은 각도로 *h*에서 빠져나갈 것이다. 이제 평면 A*a*, B*b*, C*c*, D*d*, E*e*, …사이의 거리가 줄고 평면의 개수는 무한정 증가하여, 인력이나 척력이 임의의 법칙에 따라 연속적으로 작용한다고 하자. 그러면 출사각은 언제나 입사각과 같을 것이다. Q.E.D.

주해

이 인력은 스넬이 발견한 빛의 반사 및 굴절 현상과 매우 유사하다. 스넬에 따르면 빛은 할선들의 주어진 비를 따라 반사와 굴절을 하고, 이는 결과적으로 데카르트가 제시한 대로 사인들의 주어진 비를 따르게 된다. 빛이 연속적으로 [즉 순간적이지 않고 시간에 따라] 전파하여 태양부터 지구까지 오는 데

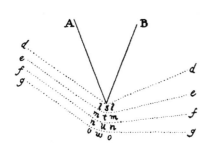

대략 7, 8분이 걸린다는 사실은 이제는 목성의 위성들의 현상을 통해 정립된 사실이며, 여러 천문학자의 관측을 통해 확인되었다. 게다가 공기 중에서 물체의 가장자리 근처를 통과하는 광선은 (그리말디가 최근에 암실에 작은 구멍을 내어 빛을 통과시키는 실험을 하였다. 이 실험은 나도 시도해 보았다) 물체가 투명하든 불투명하든 상관없이(이를테면 금, 은, 동으로 만들어진 둥근 주화의 직각으로 꺾인 가장자리, 칼, 돌, 또는 깨진 유리의 날카로운 날 등), 물체 주위에서 물체 쪽을 향해 당겨지는 것처럼 굴절한다. 그리고 물체에 더 가까이 접근하여 지나가는 광선은 더 많이 당겨지는 것처럼 더 많이 굴절하는데, 이는 나 자신도 열심히 관측했던 현상이다. 그리고 더 멀리 떨어져서 지나가는 빛은 덜 굴절하며, 훨씬 더 멀리 떨어져 지나가는 빛은 반대 방향으로 약간 굴절하여 세 가지 색의 띠를 형성한다.

그림에서, *s*는 칼 또는 쐐기 A*s*B의 첨점이고, *gowog*, *fnunf*, *emtme*, *dlsld*는 광선이다. 이 광선들은 호 *owo*, *nun*, *mtm*, *lsl*을 따라 칼을 향해 굴절되고, 칼에서 얼마만큼 떨어져 있느냐에 따라 많거나 적

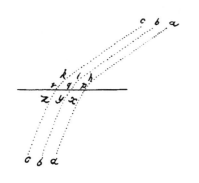

게 꺾인다. 게다가 이러한 광선의 굴절은 칼 바깥의 공기 중에서 일어나므로, 칼로 입사하는 광선은 칼에 도달하기 전에 공기 중에서도 굴절될 것이다. 이는 광선이 유리에 입사할 때도 마찬가지다. 그러므로 굴절은 광선이 입사하는 점에서 일어나는 것이 아니라 연속적으로 서서히 진행되며, 일부는 광선이 유리에 닿기 전 공기 중에서, 또 일부는 (내가 실수한 것이 아니라면) 빛이 유리에 입사한 후 유리 안에서 일어난다. 그리고 유리 안에서의

굴절은 앞서 설명한 대로 광선 *ckzc*, *biyb*, *ahxa*가 유리판 위로 *r*, *q*, *p*에서 입사하고, *k*와 *z*, *i*와 *y*, *h*와 *x* 사이에서 굴절하는 식으로 일어난다. 따라서, 광선의 전파와 물체의 운동이 매우 비슷하므로, 나는 광학에서 사용하기 위해 다음 명제들을 추가하기로 마음먹었다. 다만 광선의 본질에 대해서는 설명하지 않고(즉 빛이 물체인지 아닌지에 대해서는 논하지 않고) 광선의 궤적과 유사한 물체의 궤적을 결정하는 내용만 다루려 한다.

명제 97

문제 47. 표면에 대한 입사각의 사인 대 출사각의 사인의 비가 정해져 있고, 그 표면에 근접한 물체의 경로가 아주 짧은 공간 안에서, 즉 점으로 간주할 수 있을 정도로 아주 짧은 공간 안에서 굴절한다고 가정하자. 주어진 장소에서 연속적으로 빠져나오는 미립자들을 다른 주어진 장소로 모두 수렴시킬 수 있는 표면을 결정하라.

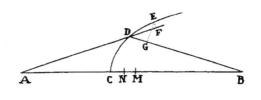

A는 미립자가 발산하는 곳, B는 미립자들이 수렴해야 하는 곳이라 하자. 곡선 CDE는—축 AB를 중심으로 회전하며—구하고자 하는 표면을 그리고, D와 E는 그 곡선 위의 임의의 두 점, 그리고 EF와 EG는 물체의 경로 AD와 DB로 떨어뜨린 수직선이다. 점 D

를 점 E에 접근시키자. 그러면 선 DF(AD를 늘린 선) 대 선 DG(DB를 줄인 선)의 최종 비는 입사각의 사인 대 출사각의 사인의 비와 같을 것이다. 그러므로 선 AD의 증분 대 선 DB의 감소분의 비도 주어진다. 그리고 결과적으로, 만일 점 C를 축 AB 위 임의의 위치에 놓는다면, 곡선 CDE는 해당 점을 지나야 하며, AC의 증분 CM과 BC의 감소분 CN이 주어진 비를 갖도록 결정된다. 그리고 두 원이 중심 A와 B, 반지름 AM과 BN으로 그려지고 서로를 D에서 자른다면, 이 점 D는 구하려는 곡선 CDE와 접할 것이며, 곡선과 접함으로써 그 곡선을 결정하게 된다. Q.E.I.

따름정리 1　　점 A 또는 B를 어느 경우에는 무한히 뻗어나가게 하고, 또 어느 경우에는 점 C의 다른 쪽으로 움직이도록 하면, 데카르트의 광학과 기하학 논문에서 굴절과 관련하여 제시한 곡선들을 모두 그릴 수 있다. 데카르트가 그 방법을 공개하지 않았으므로, 나는 이 명제에서 그 방법을 밝히기로 결심했다.

따름정리 2　　임의의 표면 CD 위로 임의의 법칙에 따라 그려진 직선 AD를 따라 입사하는 물체가 다른 직선 DK를 따라 빠져나가고, 점 C로부터 언제나 AD, DK에 수직인 곡

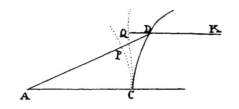

선 CP, CQ를 그릴 수 있다고 하자. 그렇다면 선 PD와 QD의 증분, 그리고 그 증분에 의해 만들어지는 선 PD와 QD는, 입사각의 사인 대 출사각의 사인의 비를 가질 것이며, 그 역도 성립한다.

명제 98

문제 48. 명제 97과 같은 조건에서, 축 AB 주위로 끌어당기는 표면 CD가, 규칙적이든 불규칙적이든 그려진다고 가정하자. 그리고 이 표면을 통해 물체가 주어진 위치 A로부터 출발해 지나간다고 하자. 이때 물체가 주어진 위치 B로 수렴하도록 끌어당기는 두 번째 표면 EF를 구하라.

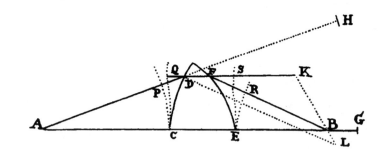

AB를 그려 넣고, 이 선이 첫 번째 표면을 C에서, 두 번째 표면은 E에서 자르도록 한다. 점 D는 아무렇게나 잡는다. 그리고 첫 번째 표면의 입사각의 사인 대 첫 번째 표면으로부터 출사각의 사인의 비, 그리고 두 번째 표면에서 출사각의 사인 대 두 번째 표면의 입사각의 사인의 비를, 어떤 주어진 양 M 대 N의 비라고 가정하자. AB를 G까지 늘려 BG 대 CE가 M−N 대 N과 같도록 하고, AD를 H까지 늘여 AH가 AG와 같아지도록 한다. 또한 DF를 K까지 늘여 DK 대 DH가 N 대 M과 같도록 한다. KB를 그려 넣고, 중심 D와 반지름 DH로 원을 그려 L까지 늘인 KB와 만나도록 한다. 그리고 DL에 평행하게 BF를 그린다. 그러면 점 F는 선 EF를 접하게 되고, 이 선 EF는—축 AB를 중심으로 회전하면서—구하고자 하는 표면을 그릴 것이다. Q.E.F.

이제 선 CP와 CQ가 각각 AD와 DF에 수직인 곳 어디에나, 그리고 선 ER과 ES도 마찬가지로 FB와 FD에 수직인 곳 어디에나 있다고 가정하자. 그러면 QS는 언제나 CE와 같다는 결과를 얻는다. 그러면 (명제 97, 따름정리 2에 따라) PD 대 QD는 M 대 N과 같을 것이고, 따라서 DL 대 DK 또는 FB 대 FK와 같을 것이다. 또한 비의 분리에 의해 DL−FB 또는 PH−PD−FB 대 FD 또는 FQ−QD와 같을 것이며, 가비 원리에 의해 PH−FB 대 FQ와 같을 것이다. 이는 다시 말해 (PH와 CG, QS와 CE는 같으므로) CE+BG−FR 대 CE−FS와 같다. 그런데 (BG는 CE에 비례하고 M−N은 N에 비례하므로) CE+BG 대 CE는 M 대 N과도 같다. 따라서 비의 분리에 의해 FR 대 FS는 M 대 N과 같다. 그러므로 (명제 97,

따름정리 2에 따라) 표면 EF는 물체가 선 DF를 따라 나아가다가 선 FR을 따라 위치 B로 가도록 한다. Q.E.D.

주해

세 개 이상의 표면에 대해서도 같은 방법을 사용할 수 있다. 그러나 광학에서 사용하기에는 구체가 가장 적합하다. 구 모양의 렌즈 두 개로 망원경의 대물렌즈를 만들고 그 사이를 물로 채우면, 물의 굴절로 렌즈 끝 표면에서 발생하는 굴절 수차를 정확하게 교정할 수 있다. 이런 대물렌즈로는 타원과 쌍곡선 렌즈가 적합하다. 더 간편하고 정확하게 제작할 수 있을 뿐 아니라, 유리의 축 바깥에 있는 빛다발을 더 정확하게 굴절시키기 때문이기도 하다. 그러나 각기 다른 빛[즉 다양한 색깔의 광선]의 다양한 굴절률로 인해 구형 또는 다른 도형으로 완벽한 광학 기구를 구현할 수 없다. 이런 근본적인 수차를 교정하지 못하면, 다른 수차를 교정하려는 모든 노력은 허사가 될 것이다.

2권 물체의 운동
THE MOTION OF BODIES

명제 1

정리 1. 물체가 속도에 비례하는 저항을 받으면, 저항의 결과로 잃어버리는 운동은 움직이면서 휩쓰는 공간에 비례한다.

　동일한 시간 조각에서 잃어버리는 운동은 속도에 비례한다. 다시 말해 물체가 휩쓰는 경로의 조각에 비례한다. 그렇다면 가비 원리에 의해 전체 시간 동안 잃어버리는 운동은 전체 경로에 비례할 것이다. Q.E.D.

따름정리　그러므로 만일 물체가 무거움이 전혀 없는 상태로 자유 공간에서 물체 안에 내재하는 힘만으로 움직이고 있고, 시작할 때의 전체 운동과 어느 공간을 휩쓴 후 남은 운동의 양이 모두 주어져 있다면, 물체가 무한한 시간 동안 휩쓸 수 있는 전체 공간이 주어지게 된다. 그 공간 대 이미 휩쓴 공간의 비는 시작할 때의 전체 운동 대 운동 중 잃어버린 부분의 비와 같다.

보조정리 1

그 차이에 비례하는 양들은 연속적으로 비례한다.

　A 대 A−B는 B 대 B−C와 비례하고, 이것이 또 C 대 C−D에 비례하고…… 이런 식으로 계속 나간다면, 비의 전환에 의해, A 대 B는 B 대 C에 비례하고, C 대 D에 비례하고 …… 이렇게 연속적으로 비례한다. Q.E.D.

명제 2

정리 2. 물체가 속도에 비례하는 저항을 받으며 내재하는 힘만으로 움직여 균질한 매질을 통과한다고 하자. 시간을 등간격이 되도록 잡으면, 각각의 시간이 시작되는 순간의 속도는 등비수열이 되고, 각각의 시간 동안 휩쓰는 공간은 속도에 비례한다.

사례 1　시간을 같은 간격의 조각들로 나눈다. 그리고 시간이 맨 처음 시작될 때, 한 번의 충격에 의해 속도에 비례하는 저항력이 작용하면, 각 시간 조각 동안 속도가 감소하는 양은 그 속도에 비례할 것이다. 그러므로 속도는 그 차이에 비례하고 따라서 (2권, 보조정리 1에 따라) 연속적으로 비례한다. 이에 따라, 만일 동일한 시간이 동일한 수의 조각들로 구성된다면, 조각이 시작되는 순간의 속도는, 각 구간에서 같은 수의 중간 항을 생략하고 일부를 건너뛰는 연속적인 수열의 항에 비례할 것이다. 이 항들의 비는 사실상 같은 간격으로 반복되는 중간 항들의 비로 이루어지므로, 이 비는 서로에 대하여 같다. 그리고 속도가 이들 항에 비례하므로, 속도는 등비수열을 이룬다. 이제 이러한 시간 조각들의 간격은 줄어들고 개수는 무한정 늘어나서 저항력의 충격이 연속적으로 작용한다고 하자. 그렇다면 시간 조각이 시작될 때의 속도는 언제나 연속적으로 비례하고, 이 경우에도 연속적으로 비례할 것이다. Q.E.D.

사례 2　그리고 비의 분리에 의해, 속도들의 차는 (즉 각각의 시간 조각 동안 잃어버리는 운동의 부분들) 전체에 비례하고, 반면 각 시간 조각 동안 휩쓰는 공간들은 속도의 잃어버리는 운동의 부분들에 비례하므로 (2권 명제 1에 따라) 전체에도 비례한다. Q.E.D.

따름정리　따라서, 서로 직각인 점근선 AC와 CH에 대하여 쌍곡선 BG를 그리고, AB와 DG가 점근선 AC에 대하여 수직이라 하자. 또한 운동이 막 시작되는 순간에는 물체의 속도와 매질의 저항을 모두 임의의 주어진 선 AC로 표현하지만, 어느 정도 시간이 경과한 후에는

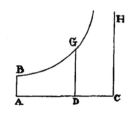

정해지지 않은 선 DC로 표현한다고 하자. 그렇다면 시간은 면적 ABGD로, 이 시간 동안 휩쓰는 면적은 선 AD로 표현할 수 있다. 왜냐하면 점 D의 운동에 의해 면적이 시간과 같은 방식으로 일정하게 증가한다면, 직선 DC는 속도와 같은 방식으로 공비에 따라 줄어들 것이며, 직선 AC의 부분들도 같은 시간 동안 같은 비로 줄어들기 때문이다.

명제 3

문제 1. 균질한 매질 안에서 똑바로 위 또는 아래로 움직이는 물체가 속도에 비례하는 저항을 받을 때, 그리고 일정한 중력의 작용을 받을 때의 운동을 구하라.

물체가 위로 움직일 때, 임의로 주어진 면적 BACH로
중력을 표현하고, 막 올라가기 시작하는 순간에 매질의
저항은 직선 AB의 다른 쪽에 잡은 면적 BADE로 표현
하자. 직각인 점근선 AC와 CH에 대하여 점 B를 지나는
쌍곡선을 그리고, 이 쌍곡선이 수직선 DE와 *de*를 G와 *g*
에서 자르도록 하자. 그러면 물체는 시간 DG*gd* 동안 상
승하면서 공간 EG*ge*를 휩쓸고, 시간 DGBA 동안에는 전

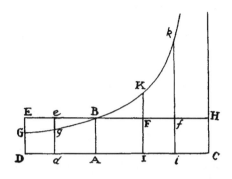

체 상승 거리인 EGB를 휩쓸 것이다. 그리고 시간 ABKI 동안에는 하강하며 공간 BFK를 휩쓸 것이다.
그리고 시간 IK*ki* 동안에는 전체 하강 거리인 KF*fk*를 휩쓸 것이다. 그리고 그동안 (매질의 저항에 비례
하는) 물체의 속도는 각각 ABED, AB*ed*, 0, ABFI, 그리고 AB*fi*가 될 것이다. 그리고 물체가 하강하면
서 얻을 수 있는 가장 빠른 속도는 BACH가 될 것이다.

면적 BACH를 무수히 많은 직사각형 A*k*, K*l*, L*m*, M*n*⋯으로 쪼개자. 이들은 속도의 증분에 비
례하며, 같은 시간 동안 같은 수만큼 발생한다. 그렇다면 0, A*k*, A*l*, A*m*, A*n*⋯은 전체 속도에 비례
할 것이고, 그러므로 (가설에 따라) 각 시간 조각이 시작되
는 순간에 매질의 저항에 비례할 것이다. AC 대 AK, 또는
ABHC 대 AB*k*K의 비가 중력 대 두 번째 조각이 시작되는
순간의 저항의 비와 같아지도록 하고, 중력에서 저항을 뺀

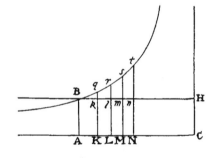

다. 그러면 나머지 ABHC, K*k*HC, L*l*HC, M*m*HC⋯는 물
체가 각 시간이 시작되는 순간에 받는 절대 힘에 비례할 것
이고, 따라서 (운동 제 2법칙에 따라) 속도의 증분, 다시 말
해 면적 A*k*, K*l*, L*m*, M*n*⋯에 비례하여 (2권 보조정리 1에 따라) 등비수열을 이루게 된다. 그러므로
직선 K*k*, L*l*, M*m*, N*n*⋯을 길게 늘여서 쌍곡선과 *q*, *r*, *s*, *t*⋯에서 만나게 하면, 면적 AB*q*K, K*qr*L,
L*rs*M, M*st*N⋯은 모두 같을 것이다. 따라서 언제나 시간과 중력에 모두 비례할 것이다. 그런데 면적
AB*q*K는 (1권 보조정리 7, 따름정리 3 그리고 보조정리 8에 따라) 면적 B*kq*에 대하여 K*q* 대 ½*kq* 또
는 AC 대 ½AK와 같은 비를 갖는다. 다시 말해, 중력 대 첫 번째 시간 조각의 중간 부분에서의 저항의
비와 같다. 그리고 비슷한 논증에 따라, 면적 *q*KL*r*, *r*LM*s*, *s*MN*t*⋯ 대 면적 *qklr*, *rlms*, *smnt*⋯는 중력
대 두 번째, 세 번째, 네 번째⋯ 시간 조각의 중간 부분에서의 저항의 비와 같다. 따라서, 면적 BAK*q*,
*q*KL*r*, *r*LM*s*, *s*MN*t*⋯는 중력에 비례하므로, 면적 B*kq*, *qklr*, *rlms*, *smnt*⋯는 각 시간 조각의 중간 부분
의 저항에 비례할 것이고, 다시 말해 (가설에 따라) 속도와 휩쓰는 면적에 비례한다. 이렇게 비례하는
양들을 더한다. 그러면 면적 B*kq*, B*lr*, B*ms*, B*nt*⋯는 휩쓰는 전체 면적에 비례할 것이고, 면적 AB*q*K,

ABrL, ABsM, ABtN…은 시간에 비례할 것이다. 그러므로 물체는 임의의 시간 ABrL 동안 하강하면서 공간 Blr을 휩쓸고, 시간 LrtN 동안 공간 rlnt를 휩쓴다. 상승 운동에 대해서도 증명 과정은 비슷하다. Q.E.D.

따름정리 1   그러므로 물체가 낙하하면서 얻을 수 있는 최고 속도 대 주어진 시간에 얻는 속도의 비는 물체가 연속적으로 받는 중력 대 [a]그 시간의 끝에 속도가 지연되며 물체가 받는 저항력의 비[a]와 같다.

따름정리 2   만일 시간이 등차수열로 증가하면, 최고 속도와 상승할 때의 속도의 합, 그리고 또 하강할 때의 속도와 최고 속도의 차이는 등비수열에 따라 감소한다.

따름정리 3   같은 시간 차 동안 휩쓰는 공간의 차도 같은 등비수열에 따라 감소한다.

따름정리 4   물체가 휩쓰는 공간은, 하강이 시작될 때부터의 시간에 비례하는 공간과 속도에 비례하는 공간의 차가 된다. 그리고 하강이 막 시작되는 순간 이 두 공간은 서로 같다.

명제 4

문제 2. 균질한 매질 안에서 중력이 일정하고 수평면에 대하여 수직 방향이라고 가정하자. 그렇다면 이 매질 안에서 발사된 후 속도에 비례하여 저항을 받는 발사체의 운동을 구하라.

임의의 위치 D에서 발사체가 임의의 직선 DP를 따라 날아간다고 하고, 운동이 시작되는 순간의 속도는 길이 DP로 표현하자. 점 P에서 수평선 DC를 향해 수직선 PC를 내리고, DC는 A에서 잘라서 DA 대 AC가 시작 순간의 상승 운동으로 인한 매질의 저항 대 중력의 비가 되도록 하자. 또는 (같은 얘기지만) DA와 DP의 곱 대 AC와 CP의 곱의 비가 운동이 시작되는 순간의 전체 저항 대 중력의 비와 같아지도록 하자. 점근선 DC와 CP로 임의의 쌍곡선 GTBS을 그리고, 이 쌍곡선이 수직선 DG와 AB를 G와 B에서 자르도록 한다. 그리고 평행사변형 DGKC를 완성시켜서, 변 GK가 AB를 Q에서 자르도록 한다. 선 N을 잡아서 N 대 QB가 DC 대 CP와 같아지도록 하고, 직선 DC 위의 임의의 점 R에서 수직선 RT를 세워 쌍곡선과는 T에서, 직선 EH, GK, DP와는 I, t, V에서 만나도록 한다. 그런 다음 RT에서 Vr을 $\dfrac{t\text{GT}}{\text{N}}$와 같도록, 또는 (같은 얘기지만) Rr을 $\dfrac{\text{GTIE}}{\text{N}}$과 같도록 잡는다. 이제 시간 DRTG 동안 발사체는 점 r에 도달할 것이고, 점 r이 그리는 곡선 DraF를 휩쓸며, 수직선 AB에서 가장 높은 곳 a에 도달하고, 이후에는 항상 점근선 PC에 접근하게 된다. 그리고 임의의 점 r에서의 속도는 곡선의 접선 rL에 비례한다. Q.E.I.

N 대 QB는 DC 대 CP 또는 DR 대 RV와 같으므로, RV는 $\dfrac{\text{DR}\times\text{QB}}{\text{N}}$와 같고, Rr은(즉, RV−Vr, 또

---

aa   2판에서는 "그 시간의 끝에 받는 저항력에 대한 이 힘의 초과분"이라고 되어 있다.

는 $\dfrac{DR \times QB - tGT}{N}$) $\dfrac{DR \times AB - RDGT}{N}$ 와 같다. 이제 시간을 면적 RDGT로 표현하고, (법칙의 따름정리 2에 따라) 물체의 운동을 두 부분으로 분해하여 하나는 위쪽 방향으로, 다른 하나는 수평 방향으로 나눈다. 저항은 운동에 비례하므로, 저항 역시 운동의 부분들에 비례하는 성분과 반대되는 성분으로 나눌 수 있다. 그러므로 수평 방향 운동으로 휩쓰는 거리는 (2권 명제 2에 따라) 선 DR에 비례할 것이고, 수직 방향 운동으로 휩쓰는 거리는 (2권 명제 3에 따라) 면적 DR × AB−RDGT, 즉 선 Rr에 비례할 것이다. 그런데 운동이 막 시작되는 순간에 면적 RDGT는 면적 DR × AQ와 같으므로, 선 Rr(또는 $\dfrac{DR \times AB - DR \times AQ}{N}$) 대 DR의 비는 AB−AQ 또는 QB 대 N의 비, 즉 CP 대 DC와 같고, 따라서 운동이 시작되는 순간 위쪽 방향의 운동 대 수평 방향의 운동의 비와 같다. 그러므로,

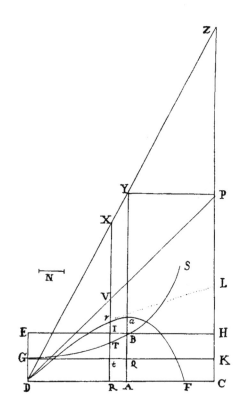

Rr은 언제나 수직 방향 거리에 비례하고, DR은 언제나 수평 방향 거리에 비례하며, 운동이 시작되는 순간의 Rr 대 DR의 비는 수직 거리 대 수평 거리의 비와 같으므로, Rr 대 DR은 언제나 수직 거리 대 수평 거리의 비와 같다. 따라서 물체는 점 r이 그리는 선 DraF를 따라 움직여야 한다. Q.E.D.

따름정리 1 그러므로 Rr은 $\dfrac{DR \times AB}{N} - \dfrac{RDGT}{N}$와 같다. 따라서 RT를 X까지 늘여서 RX가 $\dfrac{DR \times AB}{N}$와 같아지도록 하여, 다시 말해 평행사변형 ACPY를 완성시키고, DY를 그려서 CP를 Z에서 자르고, RT는 늘여서 DY를 X에서 만나도록 하면, Xr은 $\dfrac{RDGT}{N}$와 같을 것이다. 따라서 시간에 비례한다.

따름정리 2 그러므로 무수히 많은 선들 CR이 (또는, 같은 얘기지만, 무수히 많은 선들 ZX) 등비수열이라면, 무수히 많은 선 Xr은 등차수열을 이룰 것이다. 따라서 로그표의 도움을 받으면 곡선 DraF를 쉽게 그릴 수 있다.

따름정리 3 꼭짓점 D와 지름 DG(아래로 늘인 선)로 포물선을 그리고, 통경 대 2DP의 비가 운동이 시작되는 순간의 전체 저항 대 중력의 비와 같다면, 물체가 균일한 저항을 가진 매질 안에서 곡선 DraF를 그리기 위해 위치 D에서 직선 DP를 따라 날아가야 하는 속도는, 같은 위치 D에서 직선 DP를 따라 저항 없는 공간에서 포물선을 그리기 위해 날아가야 하

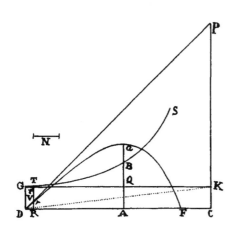

는 속도와 같을 것이다. 그 이유는 다음과 같다. 운동이 시작되는 순간, 이 포물선의 통경은 $\dfrac{DV^2}{Vr}$이다. 그리고 Vr은 $\dfrac{tGT}{N}$ 또는 $\dfrac{DR \times Tt}{2N}$이다. 그런데 쌍곡선 GTS를 G에서 접하는 직선을 그리면 이 선은 DK에 평행하다. 따라서 Tt는 $\dfrac{CK \times DR}{DC}$이고, N은 $\dfrac{QB \times DC}{CP}$에 비례하도록 잡았으므로 Vr은 $\dfrac{DR^2 \times CK \times CP}{2DC^2 \times QB}$이다. 이는 다시 말하자면 (DR 대 DC는 DV 대 EP이므로) $\dfrac{DV^2 \times CK \times CP}{2DP^2 \times QB}$이다. 그리고 통경 $\dfrac{DV^2}{Vr}$은 $\dfrac{2DP^2 \times QB}{CK \times CP}$가 되고, 즉 (QB 대 CK는 DA 대 AC이므로) $\dfrac{2DP^2 \times DA}{AC \times CP}$가 된다. 그러므로 통경 대 2DP는 DP×DA 대 CP×AC가 되고, 즉 저항 대 중력이 된다. Q.E.D.

따름정리 4 그러므로 물체가 임의의 위치 D에서 주어진 속도로 발사되어 위치가 정해진 직선 DP를 따라 날아가고, 운동이 막 시작되는 순간에 매질의 저항이 주어지면, 물체가 그리게 될 곡선 DraF를 구할 수 있다. 주어진 속도로부터 포물선의 통경을 구하는 방법은 잘 알려진 내용이다. 그리고 2DP 대 통경이 중력 대 저항력의 비와 같아지도록 2DP를 잡으면 DP도 정해진다. 그렇다면, DC를 A에서 잘라 CP×AC 대 DP×DA의 비가 중력 대 저항의 비와 같아지도록 하면, 점 A도 정해질 것이다. 이렇게 곡선 DraF가 결정된다.

따름정리 5 그리고 반대로 곡선 DraF가 주어지면 각각의 위치 r에서의 물체의 속도와 매질의 저항도 모두 결정될 것이다. CP×AC 대 DP×DA의 비가 정해지므로, 운동이 시작되는 순간에 매질의 저항과 포물선의 통경도 모두 주어진다. 따라서 운동이 시작될 때의 속도도 정해진다. 그러면 접선 rL의 길이로부터, 임의의 위치 r에서의 속도 (접선 길이에 비례함) 그리고 저항(속도에 비례함)이 주어진다.

따름정리 6 길이 2DP 대 포물선의 통경의 비는 D에서의 중력 대 저항의 비와 같다. 그리고 속도가 증가할 때 저항은 같은 비율로 증가하지만, 포물선의 통경은 이 비의 제곱에 따라 증가한다. 그러므로 길이 2DP는 단비로 증가하고 언제나 속도에 비례한다. 또한 각 CDP가 변화할 때도 속도가 함께 변하지 않는 한 증가하거나 감소하지 않는다.

따름정리 7 그러므로 현상으로부터 곡선 DraF를 근사적으로 결정하고 그에 따라 저항과 물체의 발사 속도를 쉽게 구할 수 있다. 서로 닮은꼴이자 같은 물체들을 위치 D에서 발사하는데, 속도는 같고 각도는 각각 CDP와 CDp로 다르게 하여 발사한다. 그리고 물체들이 수평면 DC 위에 떨어지는 위치 F와 f는 주어져 있다고 하자. 그러면 임의의 길이 DP 또는 Dp를 잡고, D에서의 저항 대 중력이 어떤 비를 갖는다고 가정한다. 이 비를 임의의 길이 SM으로 표현하자. 그렇다면 연산을 통해 가정한 거리 DP로부터 길이 DF와 Df를 구하고, 비율 $\dfrac{Ff}{DF}$(연산으로 구한 값)로부터 같은 비(실험에 의해 구함)를 제거한 후 그 차이를 수직선 MN으로 표현한다. 두 번째와 세 번째로 같은 과정을 반복하면서, 저항 대 중력의 새로운 비 SM과 새로운 차이 MN을 구한다. 이 차이가 0보

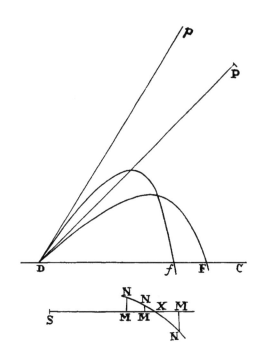

다 크면 직선 SM의 한쪽에, 0보다 작으면 그 반대편에 그리고, 점 N, N, N을 지나도록 정칙곡선 NNN을 그린다. 이 곡선은 직선 SMMM을 X에서 잘라야 한다. 그러면 SX는 저항 대 중력의 실제 비율이 될 것이고, 이것이 구하고자 하는 값이다. 이 비로부터 길이 DF는 연산을 통해 구할 수 있다. 그런 다음 가정한 길이 DP가 길이 DF(실험으로 구한 값) 대 길이 DF(방금 연산으로 구한 값)의 비와 같아지도록 하면 그 길이가 실제 길이 DP가 될 것이다. 이것을 구하면, 물체가 그리는 곡선 DraF 그리고 모든 위치에서의 물체의 속도 그리고 저항을 모두 구하는 셈이다.

주해

그러나 물체가 받는 저항이 속도와 일정한 비를 유지한다는 가설은 자연에서는 흔히 발견되지 않는 수학적 가설이다.[a] 점도가 전혀 없는 매질 안에서, 물체가 받는 저항은 속도의 제곱에 비례한다. 물체가 더 빨리 움직이면, 더 빠른 속도에 비례하는 더 큰 운동이 더 짧은 시간 동안 주어진 양의 매질에 전달된다. 그러므로 같은 시간 동안 더 많은 양의 매질이 교란되므로, 속도의 제곱에 비례하여 더 많은 운동이 전달되는데, (운동의 제2, 제3법칙에 따라) 저항은 전달된 운동에 비례한다. 그러면 이 저항의 법칙으로부터 어떤 종류의 운동이 발생하는지 살펴보기로 하자.

---

a   1판과 2판에는 다음 문장이 추가되어 있다. "이 비는 어느 정도 점도가 있는 매질 안에서 물체가 매우 느리게 움직일 때 거의 근접하게 구해진다." 뉴턴의 주석이 달린 2판 사본에서는 "거의 근접하게"가 "좀 더 근접하게"로 바뀐다.

명제 5

정리 3. 물체가 받는 저항이 속도의 제곱에 비례하고, 물체는 균질한 매질을 내재하는 힘만으로 통과하며 움직이고 있다고 하자. 그리고 시간은 등비수열을 이루며 작은 항에서 큰 항으로 나아간다면, 나는 각 시간 조각이 시작될 때의 속도는 앞선 등비수열에 반비례할 것이고 각 시간 조각 동안 휩쓰는 공간은 같다고 말한다.

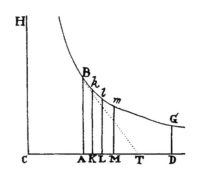

매질의 저항은 속도 제곱에 비례하고 속도는 저항에 비례하여 감소하므로, 시간을 무수히 많은 동등한 조각으로 나누면, 각 시간 조각이 시작될 때의 속도 제곱은 속도들의 차에 비례할 것이다. 이 시간 조각들을 AK, KL, LM···이라 하고, 이들을 직선 CD 위에 잡는다. 그리고 수직선 AB, Kk, Ll, Mm ···을 세우는데, 이 선들은 (중심 C 그리고 직각 점근선 CD와 CH으로 그려지는) 쌍곡선 BklmG와 B, k, l, m ···에서 만난다. 그러면 AB 대 Kk는 CK 대 CA와 같고, 비의 분리에 의해 AB−Kk 대 Kk는 AK 대 CA와 같다. 그리고 비의 교환에 의해, AB−Kk 대 AK는 Kk 대 CA와 같다. 따라서 AB×Kk 대 AB×CA와도 같다. 그렇다면 AK와 AB×CA는 주어져 있으므로, AB−Kk는 AB×Kk에 비례할 것이다. 그리고 최종적으로, AB와 Kk가 일치하면 AB^{2}에 비례한다. 그리고 비슷한 논증에 따라, Kk−Ll, Ll−Mm ···은 각각 Kk^2, Ll^2 ···에 비례할 것이다. 그러므로 선 AB, Kk, Ll, Mm의 제곱은 이 선들의 차에 비례한다.

그리고 속도의 제곱 역시 그 차에 비례하므로, 두 수열은 같은 방식으로 진행할 것이다. 따라서 앞서 증명한 내용으로부터 이 선들이 휩쓰는 면적 역시 그 속도로 휩쓰는 면적들의 수열과 완전히 동일하게 진행된다. 그러므로 첫 번째 시간 AK가 시작될 때의 속도를 선 AB로 표현하고, 두 번째 시간 KL이 시작될 때의 속도를 선 Kk로 표현하고, 첫 번째 시간 동안 휩쓰는 길이를 면적 AKkB로 표현하면, 이후의 모든 속도는 이후의 선들 Ll, Mm …으로 표현되며, 휩쓰는 길이는 면적 Kl, Lm …으로 표현될 것이다. 그리고 가비 원리에 의해, 전체 시간을 부분들 AM의 합으로 표현하면, 휩쓰는 전체 길이도 부분들 AMmB의 합으로 표현될 것이다. 이제 시간 AM을 부분들 AK, KL, LM …으로 나누는데, 이때 CA, CK, CL, CM이 등비수열을 이루는 방식으로 나눈다고 상상해 보자. 그러면 이 부분들은 같은 수열 안에 속하게 되고, 속도 AB, Kk, Ll, Mm …은 같은 수열의 역순이 된다. 그리고 휩쓰는 공간 Ak, Kl, Lm …은 같은 수열을 이룬다. Q.E.D.

따름정리 1 그러므로 시간을 점근선의 임의의 부분 AD로 표현하고, 시간이 시작되는 순간의 속도를 세로선 AB로 표현한다면, 시간의 끝나는 부분에서의 속도는 세로선 DG로, 휩쓰는 전체 공간은 인접한 쌍곡선 면적 ABGD로 표현될 것임은 명백하다. 여기에 더하여, 물체가 저항 없는 매질에서 초기 속도 AB로 출발하여 같은 시간 AD 동안에 휩쓸 수 있는 공간은, 면적 AB×AD로 표현될 것이다.

따름정리 2 따라서 저항이 있는 매질에서 휩쓰는 공간과 일정한 속도 AB로 저항 없는 매질을 동시에 휩쓸 수 있는 공간의 비가 쌍곡선 면적 ABGD 대 AB×AD의 비와 같아지도록 하면, 저항 있는 매질에서 휩쓰는 공간을 구할 수 있다.

따름정리 3 또한 매질의 저항은, 운동이 막 시작되는 순간에, 저항 없는 매질에서 시간 AC 동안 낙하하는 물체가 속도 AB를 얻을 수 있도록 하는 일정한 구심력과 같아지도록 설정하여 정할 수 있다. 쌍곡선과 B에서 접하고 점근선과는 T에서 만나는 BT를 그리면, 직선 AT는 AC와 같을 것이고, 일정하게 지속되는 첫 번째 저항이 전체 속도 AB를 상쇄할 수 있는 시간을 표현하기 때문이다.

따름정리 4 따라서 이 저항 대 중력 또는 임의로 주어진 다른 구심력의 비율도 정해진다.

따름정리 5 그리고 역으로, 저항 대 임의로 주어진 구심력의 비가 정해지면 시간 AC가 결정되는데, 이 시간 동안 저항과 같은 구심력이 임의의 속도 AB를 생성할 수 있다. 따라서 점 B가 주어지고, 이 점을 통과하며 점근선 CH와 CD를 갖는 쌍곡선이 그려지게 된다. 또한 속도 AB로 운동을 시작하는 물체가 저항이 있는 균질한 매질 안에서 임의의 시간 AD 동안 휩쓰는 공간 ABGD도 결정된다.

명제 6

정리 4. 크기가 같고 균질한 재질로 만들어진 두 구체가 속도의 제곱에 비례하는 저항을 받으며 내재하는 힘만으로 움직이고 있다. 그러면 이 두 구체는 초기 속도에 반비례하는 시간 동안 언제나 같은 거리만큼을 휩쓸고, 속도의 감소분은 전체 속도에 비례한다.

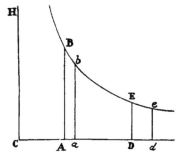

직각인 점근선 CD와 CH로 임의의 쌍곡선 B*b*E*e*를 그린다. 이 쌍곡선은 수직선 AB, *ab*, DE, *de*를 B, *b*, E, *e*에서 자른다. 그리고 초기 속도를 수직선 AB와 DE로 표현하고 시간은 직선 A*a*와 D*d*로 표현한다. 그러면 A*a* 대 D*d*는 (가설에 따라) DE 대 AB와 같고, (쌍곡선의 성질에 의해) CA 대 CD와 같다. 그리고 가비 원리에 의해 C*a* 대 C*d*와 같다. 그러므로 면적 AB*ba*와 DE*ed*, 즉 구체가 휩쓰는 공간은 서로 같고, 첫 속도 AB, DE는 최종 속도 *ab*, *de*에 비례한다. 따라서, 비의 분리에 의해 속도에서 잃어버리는 부분 AB−*ab* 그리고 DE−*de*에 비례한다. Q.E.D.

명제 7

정리 5. 속도의 제곱에 비례하는 저항을 받는 구들이 첫 운동에 정비례하고 첫 저항에 반비례하는 시간 동안 잃어버리는 운동의 양은 운동 전체에 비례할 것이다. 또한 그 시간 동안 시간과 첫 속도의 곱에 비례하는 공간을 휩쓸 것이다.

잃어버리는 운동의 양은 저항과 시간의 곱에 비례한다. 잃어버리는 운동량이 전체에 비례한다고 했으므로, 저항과 시간의 곱은 운동에도 비례해야 한다. 따라서 시간은 운동에 정비례하고 저항에 반비례한다. 시간을 조각으로 나눌 때 이 비에 맞춰 나누면, 물체들은 언제나 전체에 비례하는 운동의 일부를 잃어버리게 되고, 이에 따라 항상 첫 속도에 비례하는 속도를 유지하게 된다. 그리고 속도들의 비가 주어져 있으므로, 물체는 언제나 첫 속도와 시간의 곱에 비례하는 공간을 휩쓸 것이다. Q.E.D.

따름정리 1 그러므로 같은 속도의 물체들이 그 지름의 제곱에 비례하는 저항을 받는다면, 임의의 속도로 움직이는 균질한 구체는 지름에 비례하는 공간을 휩쓸 것이고, 잃어버리는 운동의 양은 전체 운동에 비례할 것이다. 구체의 운동은 속도와 질량에 모두, 다시 말해 속도와 지름의 세제곱에 비례할 것이기 때문이다. 저항은 (가설에 따라) 지름 제곱과 속도 제곱의 곱에 비례할 것이다. 그리고 시간은 (이 명제에 따라) 지름에 정비례하고 속도에는 반비례한다. 그러므로 휩쓰는 공간은 시간과 속도에 비례하므로 지름에 비례한다.

따름정리 2 만일 같은 속도의 물체들이 지름의 3/2제곱에 비례하는 저항을 받는다면, 임의의 속도로 움직이는 균질한 구체는 지름의 3/2제곱에 비례하는 공간을 휩쓸며, 잃어버리는 운동의 양은 전체 운동에 비례한다.

따름정리 3   보편적으로, 같은 속도의 물체들이 지름의 임의의 거듭제곱에 비례하는 저항을 받으면, 균질한 구체가 임의의 속도로 움직이며 전체에 비례하는 운동 일부를 잃게 되는 공간은 지름의 세제곱을 그 임의의 거듭제곱으로 나눈 값에 비례할 것이다. 이 지름들을 D와 E 라고 하자. 그리고 속도가 같다고 가정할 때 저항이 D''과 E''에 비례하면, 구체들이 임의의 속도로 움직이며 전체 운동에 비례하는 운동의 일부를 잃게 되는 공간은 D^{3-n}과 E^{3-n}에 비례할 것이다. 그러므로 균질한 구체들은 D^{3-n}과 E^{3-n}에 비례하는 공간을 휩쓸면서 서로에 대하여 처음과 같은 속도의 비를 유지할 것이다.

따름정리 4   그런데 만일 구체들이 균질하지 않다면, 밀도가 더 큰 구체가 휩쓰는 공간이 밀도에 비례하는 만큼 더 커야 한다. 속도가 같을 때 운동은 밀도에 비례하여 더 커지고, 시간은 (이 명제에 따라) 운동에 정비례하여 증가하며, 휩쓰는 공간은 시간에 비례하여 증가하기 때문이다.

따름정리 5   그리고 다른 것은 모두 같고 저항만 다른 매질 안에서 구체들이 움직인다면, 저항이 더 큰 매질에서 휩쓰는 공간이 저항에 비례하는 만큼 더 적을 것이다. 시간은 (이 명제에 따라) 저항이 늘어나는 정도에 비례하여 줄어들고, 공간은 시간에 비례하여 감소할 것이기 때문이다.

보조정리 2[a]

생성되는 양의 모멘트는 생성하는 근들의 각각의 모멘트에 그 근의 지수와 계수를 잇달아 연속적으로 곱

---

a   뉴턴이 보조정리 2와 사례, 따름정리, 주해에서 "근(root)"의 의미로 "terminus"와 "latus"를 사용한 것은 특히 흥미롭다. "Radix 〔근, 뿌리의 의미를 갖는 라틴어—옮긴이〕"는 전체 판본에서 2회만 나오고 판본 별로도 변화가 없지만, 1판의 "terminus" ("항 term", "근root"의 의미)는 2판과 3판에서 "latus" ("변side", "근root")로 대체되는 경향을 보인다. 보조정리의 서술문을 예로 들면, 1판에서는 "momentis Terminorum singulorum generantium" ("생성하는 개별 항들의 모멘트", 즉 "생성하는 근들 각각의 모멘트") 그리고 "corundem laterum indices dignitatum" ("같은 변의 거듭제곱의 지수" 즉, "그 근들의 거듭제곱의 지수")라고 되어 있다. 그러므로 "terminus"와 "latus"는 명백하게 동의어이다. 그러나 2판과 3판에서는, "laterum" ("변", "근")은 "Terminorum" ("항", "근")으로 대체된다. 주해의 첫 문장은, 1판에서는 "ex Terminis quibuscunque" ("아무 항으로부터", 즉 "아무 근으로부터") 라 되어 있던 것이, 2판과 3판에서는 "ex lateribus vel terminis quibuscunque" ("아무 변 또는 항으로부터", 즉 "아무 근 또는 항으로부터")로 바뀌었다. 이후 주해의 내용에서도, 1판은 2판, 3판과 마찬가지로, "extractionem radicum" ("근의 추출" 또는 "근풀이"), "contentorum & laterum" ("곱과 근"), "Radices" ("근"), 그리고 "latera quadrata, latera cubica" ("제곱근, 세제곱근") 등으로 썼지만, 첫 문단의 마지막 문장은 1판에서는 "Termini"와 "Terminum"으로 썼던 것을 2판과 3판에서는 "Lateris"와 "latus"로 써서 다음과 같이 되어 있다. "그리고 생성하는 각각의 근의 계수는 생성되는 양을 이 근으로 나눈 값이다." 반면 따름정리 1은 모든 판본에서 "terminus" (일반적 의미의 "항"이고, "근"의 의미는 없음)라고 되어 있는데, 사례 1과 2 그리고 따름정리 2와 3에서는 모두 "latus" ("근"의 의미)라고 되어 있다. 1판과 2판의 주해에서는 "in terminis surdis" ("무리수 항에서") 라는 구절에서 "Terminus"도 등장하는데, 아래에서 보게 되겠지만 이 구절은 3판과는 많이 다르다. 그러나 3판에 나오는 "quantitatibus surdis" ("무리수 양")이 이 개념과 어느 정도 비교가 될 것 같다. 특히 "surdis" ("무리수")는『프린키피아』전 판본에서 이곳 외에는 쓰이지 않는다.

한 값과 같다.

여기에서 말하는 "생성되는" 양은, 더하거나 빼서 만들어지는 양이 아니라 어떠한 근 또는 항으로부터 생성된 양을 의미한다. 다시 말해 근의 곱셈, 나눗셈, 또는 근풀이extraction 등의 연산을 통해 생성된 양이다. 기하학에서는 곱과 근 또는 비례중항과 비례하는 다음 항으로부터 구한 양을 말한다. 이런 유의 양들로 곱, 몫, 면적rectangle, 근, 제곱, 세제곱, 제곱근, 세제곱근 등이 있다.[b] 나는 이런 양들을 결정되지 않고 변할 수 있다고 간주하고, 연속적인 움직임이나 흐름에 의해 증가하거나 감소하는 것처럼 고려한다. 여기에서 내가 말하는 "모멘트"는 앞선 양들의 순간적인 증가량 또는 감소량이며, 증가량은 더해지는 모멘트 또는 양positive의 모멘트로, 감소량은 감해지는 모멘트 또는 음의 모멘트 고려된다. 그런데 주의할 점은 이 모멘트를 유한한 크기의 조각으로 이해해서는 안 된다는 것이다![c] 유한한 조각들은 모멘트가 아니라 그 모멘트에 의해 생성되는 양이다.[c] 이 양은 지금 막 생겨나기 시작하는 유한한 양으로 이해해야 한다. 이 보조정리에서는 모멘트의 양은 고려하지 않고, 막 생겨날 때의 첫 비율만 고려한다. 모멘트의 자리에 속도의 증분과 감소분(이 역시 양의 움직임이며 변화, 그리고 흐름이다)이나 이 속도에 비례하는 유한한 어떠한 양을 사용해도 같은 내용이 성립한다. 그리고 생성하는 근 각각의 계수는 생성된 양을 그 근으로 나눈 결과 양이다.

그러므로 이 보조정리의 의미는 이러하다. 연속적으로 증가하거나 감소하는 어떤 양 A, B, C …가 있을 때, 그 모멘트 또는 모멘트에 비례하는 변화 속도를 a, b, c …라고 하자. 그러면 생성되는 면적 AB의 모멘트 또는 변화량은 aB + bA가 되고, 생성되는 입체 ABC의 모멘트는 aBC + bAC + cAB가 된

---

b   이 보조정리의 라틴어 본문에서, 뉴턴은 "근"을 두 가지 의미로 사용하고 있다. 첫 번째는 시작 부분에 등장하는데, 그는 "근풀이(extraction of roots)"에서 "근(root)"의 의미로 라틴어 단어인 "radix"를 쓰고 있다. 두 번째는 바로 그 다음 문장에서, "곱, 몫, 면적, 근, 제곱, 세제곱, 제곱근, 세제곱근 등"이라고 쓰고 있다. 이 부분에서는 "근"의 두 의미가 한 문장 안에 모두 나타난다. 즉 첫 번째는 "radices"(또는 "근")이고, 두 번째는 "latera quadrata, latera cubica"(직역하면 "변의 제곱"과 "변의 세제곱")이다. 대수를 기하학적 언어로 표현한 A와 B의 "면적(rectangle)"은, 같지 않은 두 양 A와 B의 곱을 뜻하며, 기하학에서는 변이 A와 B인 직사각형의 면적을 의미한다. 제곱근과 세제곱근도 이와 비슷하게 기하학적으로 표현된다. 그러므로 A의 제곱근은 면적이 A인 정사각형의 변이고, A의 세제곱근은 부피가 A인 정육면체의 "변"(사실상 "모서리")이다.

     존 해리스는 『기술용어 사전』에서 두 가지 서로 다른 "근(root)"의 수학적 의미를 다음과 같이 설명했다. "대수학의 방정식에서 알려지지 않은 양을 흔히 근(Root)이라고 한다." 보조정리의 첫 문장에 나오는 "근"의 의미가 바로 여기에 해당된다. 그러나, 해리스의 설명대로, 근은 "그 자신과 곱하여 제곱을 만드는 양"이기도 하고, "그 첫 번째 양에 곱해져 세제곱을 만드는 양"이기도 하다. 이러한 근은 해리스의 설명대로 "제곱근, 세제곱근, ……"으로 불린다.

     대수의 기하학적 의미를 전혀 모르더라도, 뉴턴이 "곱, 몫, 면적, 근, 제곱, 세제곱, 제곱근, 세제곱근 등"이라고 쓰면서 제곱근과 세제곱근을 언급하고 있다는 것은 쉽게 추측할 수 있다. 그러나 앤드류 모트는 자신의 번역서에서(London, 1729) 이 부분을 직역해 "곱, 몫, 근, 면적, 제곱, 세제곱, 정사각형과 직육면체의 변들, 그리고 그와 유사한 양들"이라고 썼고, 이 번역은 모트-캐조리 버전까지 이어졌다. 뒤 샤틀레 후작부인은 이 문장의 의미를 잘 파악하였고, 프랑스어 번역본(Paris, 1756)에서 다음과 같이 썼다. "les produits, les quotiens, les racines, les rectangles, les quarrés, les cubes, les racines quarrées, & les racines cubes." 이는 우리의 번역과 일치한다.

cc   1판에서는 이렇게 되어 있다. "유한한 크기의 조각에 대해서라면 모멘트는 더 이상 모멘트가 아니다. 유한함은 연속적인 증가 또는 감소의 개념과는 다소 맞지 않기 때문이다." 여기에서 "다소"("aliquatenus": "어느 정도" "어느 측면에서")라는 단어를 쓴 것을 보면, 뉴턴이 왜 이 부분을 고치기로 결심했는지 이해할 수 있다.

다. 그리고 생성된 거듭제곱들 A^2, A^3, A^4, $A^{1/2}$, $A^{3/2}$, $A^{1/3}$, $A^{2/3}$, A^{-1}, A^{-2}, 그리고 $A^{-1/2}$의 모멘트는 각각 $2aA$, $3aA^2$, $4aA^3$, $\frac{1}{2}aA^{-1/2}$, $\frac{3}{2}aA^{1/2}$, $\frac{1}{3}aA^{-2/3}$, $\frac{2}{3}aA^{-1/3}$, $-aA^{-2}$, $-2aA^{-3}$, 그리고 $-\frac{1}{2}aA^{-3/2}$이 된다. 일반적으로 말하면, 임의의 거듭제곱 $A^{\frac{n}{m}}$의 모멘트는 $\frac{n}{m}aA^{\frac{n-m}{m}}$이 된다. 이와 비슷하게, 생성되는 양 A^2B의 모멘트는 $2aAB + bA^2$이 되고, 생성되는 양 $A^3B^4C^2$의 모멘트는 $3aA^2B^4C^2 + 4bA^3B^3C^2 + 2cA^3B^4C$가 된다. 그리고 생성되는 양 $\frac{A^3}{B^2}$ 또는 A^3B^{-2}의 모멘트는 $3aA^2B^{-2} - 2bA^3B^{-3}$이다. 이런 식으로 계속 나아간다. 보조정리는 다음과 같이 증명된다.

사례 1　모멘트의 절반, 즉 변 A와 B에서 $\frac{1}{2}a$와 $\frac{1}{2}b$를 뺄 때, 연속적인 움직임에 의해 증가하는 임의의 면적 AB는 $A - \frac{1}{2}a$에 $B - \frac{1}{2}b$를 곱한 값이 되어, $AB - \frac{1}{2}aB - \frac{1}{2}bA + \frac{1}{4}ab$였다. 그리고 변 A와 B가 모멘트 절반만큼 증가하자마자 $A + \frac{1}{2}a$ 곱하기 $B + \frac{1}{2}b$가 되어, 즉 $AB + \frac{1}{2}aB + \frac{1}{2}bA + \frac{1}{4}ab$가 된다. 이 면적에서 앞의 면적을 빼면 $aB + bA$가 남는다. 그러므로 변의 전체 증분 a와 b에 의해 면적의 증분 $aB + bA$가 생성된다. Q.E.D.

사례 2　AB가 언제나 G와 같다고 가정하자. 그러면 입체 ABC 또는 GC(사례 1에 따라)의 모멘트는 $gC + cG$가 되고, 다시 말해 (AB와 $aB + bA$를 각각 G와 g라고 쓰면) $aBC + bAC + cAB$이다. 그리고 임의의 개수의 변에 포함된 입체[또는 임의의 개수의 항들의 곱]에 대해서도 같은 결과가 성립한다. Q.E.D.

사례 3　변 A, B, C가 언제나 서로 같다고 가정하자. 그러면 A^2, 즉 면적 AB의 모멘트 $aB + bA$는 $2aA$가 될 것이고, 반면 입체 ABC, 즉 A^3의 모멘트 $aBC + bAC + cAB$는 $3aA^2$이 될 것이다. 그리고 같은 논증에 따라, 임의의 거듭제곱 A^n의 모멘트는 naA^{n-1}이다. Q.E.D.

사례 4　따라서, $\frac{1}{A}$에 A를 곱하면 1이므로, $\frac{1}{A}$의 모멘트에 A를 곱하고 여기에 $\frac{1}{A}$에 a(A의 모멘트)를 곱한 것을 더하면 1의 모멘트, 즉 0이 될 것이다. 그러므로 $\frac{1}{A}$ 또는 A^{-1}의 모멘트는 $-\frac{a}{A^2}$이다. 일반적으로 $\frac{1}{A^n}$와 A^n의 곱은 1이므로, $\frac{1}{A^n}$의 모멘트에 A^n을 곱하고 여기에 $\frac{1}{A^n}$에 (A^n의 모멘트) naA^{n-1}을 곱한 값을 더하면 0이 될 것이다. 그러므로 $\frac{1}{A^n}$ 또는 A^{-n}의 모멘트는 $-\frac{na}{A^{n+1}}$가 될 것이다. Q.E.D.

사례 5　그리고 $A^{1/2}$에 $A^{1/2}$를 곱하면 A이므로, $A^{1/2}$의 모멘트에 $2A^{1/2}$를 곱한 값은 사례 3에 따라 a가 될 것이다. 그러므로 $A^{1/2}$의 모멘트는 $\frac{a}{2A^{1/2}}$ 또는 $\frac{1}{2}aA^{-1/2}$가 될 것이다. 일반적으로 말해서, $A^{\frac{m}{n}}$이 B와 같다고 가정하면, A^m은 B^n과 같을 것이다. 따라서 maA^{m-1}은 nbB^{n-1}과 같으며, maA^{-1}은 nbB^{-1} 또는 $nbA^{-\frac{m}{n}}$과 같을 것이다. 그러므로 $\frac{m}{n}aA^{\frac{m-n}{n}}$는 b와 같고, 다시

말해 $\mathrm{A}^{\frac{m}{n}}$의 모멘트와 같다. Q.E.D.

사례 6 그러므로 생성되는 임의의 양 $\mathrm{A}^m\mathrm{B}^n$의 모멘트는, A^m의 모멘트에 B^n을 곱한 값에 B^n의 모멘트에 A^m을 곱한 값을 더한 것이다. 다시 말해 $ma\mathrm{A}^{m-1}\mathrm{B}^n + nb\mathrm{B}^{n-1}\mathrm{A}^m$이다. 이것은 거듭제곱의 지수 m과 n이 정수든 분수든, 양수든 음수든 마찬가지다. 그리고 지수가 올라간 항이 두 개 이상 포함되는 입체에서도 마찬가지이다. Q.E.D.

따름정리 1 그러므로 연속적으로 비례하는 양들에서 하나의 항이 주어진다면, 나머지 항의 모멘트는, 해당 항에 나머지 항과 주어진 항의 간격 개수를 곱한 값에 비례할 것이다. A, B, C, D, E, F가 연속적으로 비례한다고 하자. 이중에서 항 C가 주어지면, 남은 항들의 모멘트들의 비는 −2A, −B, D, 2E, 3F의 비와 같다.

따름정리 2 그리고 비례하는 네 개의 양 중에서 가운데 두 항이 주어지면, 양 끝항의 모멘트들은 양 끝항에 비례할 것이다. 임의로 주어진 면적의 변들도 마찬가지다.

따름정리 3 그리고 두 제곱의 합 또는 차가 주어지면, 변들의 모멘트는 변에 반비례할 것이다.

주해

[a]나는 1672년 12월 10일 동료 영국인인 J. 콜린스 씨에게 편지를 보내어 접선의 방법을 설명하였다. 이 방법은 슬루즈의 방법과 비슷한 것 같았고, 당시에는 공개되지 않았다. 편지에서 나는 이런 글을 덧붙였다. "이것은 일반적 방법의 특별한 사례, 또는 필연적 결과로서, 복잡한 연산 없이 확장될 수 있습니다. 이 방법은 어떤 곡선이 기하학적이든 역학적이든, 또는 직선이나 다른 곡선과 어떤 식으로든 관계가 있든 없든 상관없이, 모든 곡선의 접선을 그릴 뿐 아니라, 이를테면 곡률, 면적, 길이, 곡선의 무게 중심에 관한 더 난해한 문제들 해결할 수 있습니다. 게다가 (후드의 최댓값과 최솟값의 방법처럼) 무리수 양들이 없는 방정식에만 국한되는 것도 아닙니다. 나는 이 방법을 다른 방법과 결합하여, 방정식의 근을 무한급수로 치환하여 구하는 방법을 고안했습니다." 편지 얘기는 이 정도로 하기로 하자. 이 마지막 문장은 내가 1671년에 이 주제에 관해 썼던 논문을 언급한 것이다. 이 일반적 방법의 바탕은 앞선 보조정리 안에 포함되어 있다.[a]

---

aa 이 주해는 1판에서 이렇게 쓰여 있다. "10년 전 저명한 기하학자 G. W. 라이프니츠와 주고받은 서신에서, 나는 최댓값과 최솟값을 찾는 방법, 접선을 그리는 방법, 그리고 이와 비슷한 연산 방법을 고안한 원안자임을 밝히고, 이 방법은 유리수 항과 무리수 항 모두에 잘 적용됨을 보였다. 나는 '유동량을 포함하는 방정식이 주어지면 유율을 찾을 수 있으며, 그 역도 성립한다'라는 문장을 암호 속에 감추어서 보냈다. 라이프니츠는 답장에서 그 역시 이런 유의 방법을 발견했다면서 자신의 방법을 알려주었다. 그의 방법은 단어와 표기법의 형식 외에는 나의 것과 크게 다르지 않았다. 두 방법의 바탕이 이 보조정리에 포함되어 있다." 2판에서는 본문 내용은 정확히 같고 끝에서 두 번째 문장에 "그리고 양quantity의 생성에 대한 개념"이라는 부분만 추가되어 있다.

미적분 발명의 우선권에 관한 뉴턴-라이프니츠 논쟁에 대해서는 *The Mathematical Papers of Isaac Newton*, (D.T. 화이트사이

명제 8

정리 6. 물체가 무거움의 작용을 일정하게 받으며 균질한 매질 안에서 수직으로 상승 또는 하강하고 있다. 물체가 이동하는 전체 거리는 같은 부분들로 나뉜다고 하자. 각 부분이 시작되는 지점에서 (물체가 올라갈 때는 중력에 매질의 저항을 더하고, 물체가 내려갈 때는 저항을 빼서) 절대 힘을 구하면, 나는 이 절대 힘이 등비수열을 이룰 것이라고 말한다.

중력을 주어진 선 AC로 표현하고, 저항은 정해지지 않은 선 AK로 표현하자. 그리고 물체가 낙하할 때 절대 힘은 둘의 차이인 KC로 표현하고, 물체의 속도는 선 AP로 표현하자. 이는 AK와 AC 사이

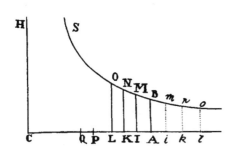

의 비례중항이며, 따라서 저항의 제곱근에 비례한다. 주어진 시간 조각 동안 발생하는 저항의 증분은 선분 KL로 표현한다. 이와 동시에 발생하는 속도의 증분은 선분 PQ로 표현한다. 그러면 중심 C와 직각 점근선 CA, CH로 임의의 쌍곡선 BNS를 그린다. 이 선은 수직선 AB, KN, LO와 B, N, O에서 만난다. AK는 AP^2에 비례하므로, AK의 모멘트 KL은 AP^2의 모멘트

$2AP \times PQ$에 비례할 것이고, 다시 말해 AP에 KC를 곱한 값에 비례할 것이다. 그 이유는 속도의 증분 PQ가 (운동 제2 법칙에 따라) 생성하는 힘 KC에 비례하기 때문이다. KL의 비와 KN의 비를 곱하자. 그러면 KL×KN은 AP×KC×KN에 비례하게 될 것이다. 다시 말해, KC×KN이 주어지므로, AP에 비례하게 된다. 그런데 점 K와 L이 만나게 될 때, 쌍곡선 면적 KNOL과 KL×KN의 최종 비는 같아진다. 그러므로 사라지는 쌍곡선 면적은 AP에 비례한다. 따라서 전체 쌍곡선 면적 ABOL은 항상 속도 AP에 비례하는 조각 KNOL로 구성된다. 그러므로 면적 ABOL은 속도 AP로 휩쓰는 공간에 비례한다. 이제 면적 ABOL을 넓이가 같은 조각들 ABMI, IMNK, KNOL …으로 나누면, 절대 힘 AC, IC, KC, LC …는 등비수열을 이룰 것이다. Q.E.D.

그리고 비슷한 논증에 따라—물체의 상승에서—넓이가 같은 조각들 AB*mi*, *imnk*, *knol* …을 점 A의 반대편에서 잡으면, 절대 힘 AC, *i*C, *k*C, *l*C …이 연속적으로 비례함은 자명하다. 그러므로, 상승과 하강에서의 모든 공간을 동일하게 잡으면, 모든 절대 힘 *l*C, *k*C, *i*C, AC, IC, KC, LC …는 연속적으로 비례할 것이다. Q.E.D.

따름정리 1 그러므로 물체가 휩쓰는 공간을 쌍곡선 면적 ABNK로 표시하면, 중력, 물체의 속도, 그리고 매질의 저항은 각각 선 AC, AP, AK로 표현되고, 그 역도 성립한다.

드 편찬) (Cambridge: Cambridge University Press, 1967-1981), 8권, 특히 pp.469-697, 그리고 A. Rupert Hall, *Philosophers at War: The Quarrel between Newton and Leibniz* (Cambridge: Cambridge University PRess, 1980)의 해설을 참고하자.

따름정리 2 그리고 선 AC는 물체가 무한히 하강하며 얻을 수 있는 가장 큰 속도를 표현한다.

따름정리 3 그러므로, 주어진 속도에 대하여 매질의 저항을 알고 있으면, 가장 큰 속도 대 주어진 속도의 비가 중력 대 매질 저항의 제곱근 비가 되도록 하면 최고 속도를 구할 수 있다.[a]

명제 9

정리 7. 이미 증명된 내용을 바탕으로, 원의 부채꼴 각의 접선과 쌍곡선의 부채꼴 각의 접선이 속도에 비례하도록 잡고, 반지름은 적절한 크기로 잡는다면, [b]가장 높은 곳까지 올라가는[b] 전체 시간은 원의 부채꼴에 비례할 것이며, [c]가장 높은 곳에서 떨어지는[c] 전체 시간은 쌍곡선의 부채꼴에 비례할 것이라고 말한다.

중력을 표현하는 직선 AC에 수직이 되고 길이는 같도록 AD를 그린다. 중심 D와 반지름 AD로 사분원 AtE를 그리고 축이 AX, 꼭짓점이 A, 점근선이 DC인 직각쌍곡선 AVZ를 그린다. Dp와 DP를 그리면, 원과 쌍곡선의 부채꼴들의 접선 Ap와 AP가 속도에 비례할 경우, 원의 부채꼴 AtD는 [d]가장 높은 곳까지 올라가는 전체 시간[d]에 비례할 것이며, 쌍곡선의 부채꼴 ATD는 [e]가장 높은 곳으로부터 내려오는 전체 시간[e]에 비례할 것이다.

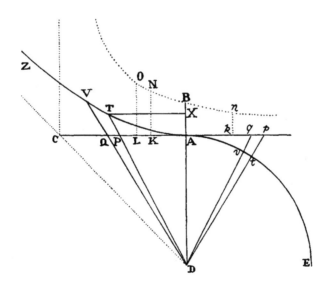

---

a 1판에서는 따름정리 두 개가 추가되어 있다. 그 내용은 다음과 같다. "따름정리 4. 또한 하강하면서 극도로 작은 공간 NKLO이 그려지는 시간 조각은 KN×PQ에 비례하다. 공간 NKLO는 속도와 시간 조각의 곱에 비례하므로, 시간 조각은 그 공간을 속도로 나눈 값에 비례할 것이다. 다시 말해 극도로 작은 면적 KN×KL을 AP로 나눈 값에 비례할 것이다. KL은 위에서 설명했듯이 AP×PQ에 비례하기 때문이다. 그러므로 시간 조각은 KN×PQ에 비례하며, 또는, 같은 얘기지만, PQ/CK에 비례한다. Q.E.D."
"따름정리 5. 같은 논증에 따라 상승하는 동안 공간의 조각 nklo가 그려지는 시간 조각은 pq/Ck에 비례한다."

bb 1판과 2판에서는 "미래의 상승"이라고 되어 있다.

cc 1판과 2판에서는 "과거의 하강"이라고 되어 있다.

dd 1판과 2판에서는 "미래의 상승에 걸리는 전체 시간"으로 되어 있다.

ee 1판과 2판에서는 "과거의 하강에 걸리는 전체 시간"으로 되어 있다.

사례 1 부채꼴 ADt와 삼각형 ADp에서 연속적으로 그려지는 모멘트 또는 극도로 작은 조각 tDv와 qDp를 자르는 Dvq를 그린다. 이 조각들은 공통의 각 D를 공유하여 변의 제곱에 비례하므로, 조각 tDv는 $\dfrac{q\mathrm{D}p \times t\mathrm{D}^2}{p\mathrm{D}^2}$에 비례할 것이다. 이때 tD가 주어지므로 결국 $\dfrac{q\mathrm{D}p}{p\mathrm{D}^2}$에 비례한다. 그런데 pD^{2}은 AD^2+Ap^2이고, 이는 AD^2+AD$\times$Ak 또는 AD$\times$Ck이다. 그리고 qDp는 ½AD$\times pq$이다. 그러므로 부채꼴의 조각 tDv는 $\dfrac{pq}{\mathrm{C}k}$에 비례한다. 즉 속도의 극도로 작은 감소분인 pq에 정비례하고 속도를 감소시키는 힘 Ck에 반비례한다. 따라서 속도의 감소분에 해당하는 시간 조각에 비례한다. 그리고 가비 원리에 의해 부채꼴 ADt 안의 모든 조각 tDv의 합은, 속도 Ap가 0까지 감소하여 사라질 때까지 잃어버리는 부분 pq 각각에 해당하는 시간 조각의 합에 비례할 것이다. 다시 말해, 전체 부채꼴 ADt는 ᵃ가장 높은 곳까지 올라가는 전체 시간ᵃ에 비례한다. Q.E.D.

사례 2 부채꼴 DAV와 삼각형 DAQ의 극도로 작은 부분들 TDV와 PDQ를 자르는 DQV를 그린다. 그러면 이 부분들은 서로에 대하여 DT^2 대 DP^{2}의 비를 가질 것이다. 다시 말해 (TX와 AP가 평행하다면), DX^2 대 DA^2 또는 TX^2 대 AP^{2}과 같을 것이다. 그리고 비의 분리에 의해 DX^2-TX^2 대 DA^2-AP^{2}과 같을 것이다. 그런데 쌍곡선의 성질로부터, DX^2-TX^{2}은 AD^{2}이고, 가설에 따라 AP^{2}은 AD$\times$AK이다. 그러므로 조각들은 서로에 대하여 AD^2 대 AD^2-AD$\times$AK의 비를 갖는다. 다시 말해 AD 대 AD-AK 또는 AC 대 CK와 같다. 그러므로 부채꼴의 조각 TDV는 $\dfrac{\mathrm{PDQ} \times \mathrm{AC}}{\mathrm{CK}}$이고, AC와 AD는 주어져 있으므로, $\dfrac{\mathrm{PQ}}{\mathrm{CK}}$에 비례한다. 즉 속도의 증분에 정비례하고, 증분을 생성하는 힘에는 반비례한다. 그러므로 증분에 해당하는 시간 조각에 비례한다. 그리고 가비 원리에 의해 속도 조각 PQ가 생성되는 시간의 모든 조각의 합은 부채꼴 ATD의 조각들의 합에 비례할 것이며, 다시 말해 전체 시간은 전체 부채꼴에 비례할 것이다. Q.E.D.

따름정리 1 그러므로 AB가 AC의 ¼과 같으면, 물체가 어느 시간 동안 낙하하는 공간 대 같은 시간 동안 가장 큰 속도 AC로 일정하게 전진하면서 이동하는 공간의 비는 면적 ABNK(낙하하며 휩쓰는 공간을 표현) 대 면적 ATD(시간을 표현)의 비와 같다. 그 이유는 다음과 같다. AC 대 AP는 AP 대 AK이므로, (2권 보조정리 2, 따름정리 1에 따라) LK 대 PQ는 2AK 대 AP, 즉 2AP 대 AC와 같을 것이다. 따라서 LK 대 ½PQ는 AP 대 ¼AC 또는 AB와 같을 것이다. KN 대 AC 또는 AD 역시 AB 대 CK와 같다. 그러므로 비의 동등성에 의해 LKNO 대 DPQ는 AP 대 CK와 같을 것이다. 그런데 DPQ 대 DTV는 CK 대

---

aa   1판과 2판에서는 "미래의 상승에 걸리는 전체 시간"으로 되어 있다.

AC와 같았다. 그러므로 다시 한번 비의 동등성에 의해, LKNO 대 DTV는 AP 대 AC와 같다. 다시 말해 낙하하는 물체의 속도 대 물체가 낙하하면서 얻을 수 있는 최고 속도의 비와 같다. 면적 ABNK와 ATD의 모멘트 LKNO와 DTV는

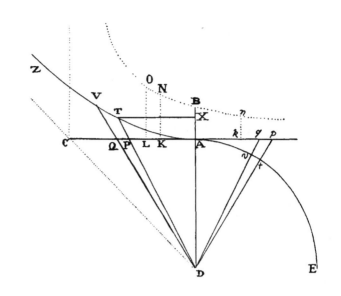

속도에 비례하므로, 동일한 시간에 생성되는 영역의 모든 부분은 동시에 휩쓰는 공간에 비례하며, 따라서 생성되는 순간의 전체 영역 ABNK와 ATD는 하강 순간부터 휩쓰는 전체 공간에 비례할 것이다. Q.E.D.

따름정리 2 물체가 상승하며 휩쓰는 공간에 대해서도 같은 결과가 나온다. 즉, 전체 공간 대 일정한 속도 AC로 같은 시간 동안 휩쓰는 공간의 비는 면적 AB*nk* 대 부채꼴 AD*t*의 비와 같다.

따름정리 3 시간 ATD 동안 낙하하는 물체의 속도 대 물체가 같은 시간 동안 저항 없는 공간에서 얻을 수 있는 속도의 비는 삼각형 APD 대 쌍곡선 부채꼴 ATD의 비와 같다. 저항 없는 매질에서의 속도는 시간 ATD에 비례하며, 저항이 있는 매질에서는 AP, 즉 삼각형 APD에 비례하기 때문이다. 그리고 낙하하기 시작하는 순간의 속도는, 면적 ATD와 APD가 같으므로 서로 같다.

따름정리 4 같은 논증에 따라, 상승할 때의 속도 대 같은 시간 동안 물체가 저항 없는 공간에서 상승 운동 전체를 잃을 수 있는 속도의 비는 삼각형 A*p*D 대 원의 부채꼴 A*t*D의 비와 같으며, 이는 직선 A*p* 대 호 A*t*의 비와 같다.

따름정리 5 그러므로 물체가, 저항이 있는 매질에서 낙하하여 속도 AP를 얻게 되는 시간 대 저항 없는 공간에서 낙하하여 최고 속도 AC를 얻을 수 있는 시간의 비는 부채꼴 ADT 대 삼각형 ADC의 비와 같다. 그리고 물체가 저항 있는 매질에서 상승하여 속도 A*p*를 잃을 수 있는 시간 대 저항 없는 공간에서 상승하여 같은 속도를 잃을 수 있는 시간의 비는, 호 A*t* 대 접선 A*p*의 비와 같다.

따름정리 6 그러므로 시간이 주어지면, 상승이나 낙하로 인해 휩쓸 수 있는 공간이 결정된다. 왜냐

하면 무한히 낙하하는 물체의 최고 속도가 주어지고(2권, 명제 6, 따름정리 2와 3에 따라), 이에 따라 물체가 저항 없는 공간을 낙하하며 그 속도를 얻을 수 있는 시간도 정해지기 때문이다. 그리고 부채꼴 ADT 또는 AD*t*를 잡아서 부채꼴 대 삼각형 ADC의 비가 주어진 시간 대 방금 구한 시간의 비와 같아지도록 하면, 속도 AP 또는 A*p* 그리고 면적 ABNK 또는 AB*nk*가 모두 정해질 것이고, 이 값 대 부채꼴 ADT 또는 AD*t*의 비는 구하고자 하는 공간 대 주어진 시간 동안 이미 구한 최고 속도로 일정하게 그릴 수 있는 공간의 비와 같다.

따름정리 7 그리고 뒤로 거슬러 가서, 시간 AD*t*나 ADT는, 상승하거나 낙하하는 동안 휩쓰는 공간 AB*nk* 또는 ABNK로부터 결정될 것이다.

명제 10

문제 3. 균일한 중력이 똑바로 수평면을 향하고, 저항은 매질의 밀도와 속도의 제곱에 모두 비례한다고 하자. 각각의 개별적인 위치에서, 물체가 주어진 곡선을 따라 움직이도록 하는 매질의 밀도와 물체의 속도, 매질의 저항을 구하라.

[a]PQ를 도형의 평면에 수직인 수평면이라 하자. PFHQ는 이 평면과 점 P와 Q에서 만나는 곡선이고,

---

aA 1판은 다음처럼 돼 있다.

"AK를 도형에 평면인 수평면이라 하자. ACK는 곡선이고, C는 이 선을 따라 움직이는 물체이고, FCf는 이 선과 C에서 접하는 직선이다. 이제 물체 C가 A에서 K까지 선 ACK를 따라 전진하고 같은 선을 따라 되돌아 오는데, 앞으로 나아갈 때는 매질에 의해 방해를 받고 돌아올 때는 똑같은 크기의 도움을 받아, 같은 위치에서의 속도는 앞으로 가거나 뒤로 가거나 언제나 똑같다고 하자.

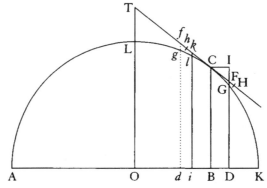

그리고 같은 시간 동안 물체는 앞으로 가는 동안 극도로 작은 호 CG를 그리고, 돌아올 때는 호 C*g*를 그린다고 하자. CH와 C*h*는 길이가 같은 선분으로, 물체들이 이 시간 동안 매질과 중력의 작용 없이 움직이는 직선 거리라 하자. 점 C, G, *g*부터 수평면 AK까지 수직선 CB, GD, *gd*를 내리고, GD와 *gd*는 F와 *f*에서 접선과 만나도록 하자. 물체는 매질의 저항을 통과하며 앞으로 나아가면서 길이 CH보다 짧은 길이 CF를 그리게 된다. 또한 중력을 받아 F에서 G로 이동하면서, 저항에 의해 선분 HF가, 그리고 중력에 의해 선분 FG가 동시에 생성된다. 그러므로 (1권, 보조정리 10에 따라) 선분 FG는 중력과 시간 제곱의 곱에 비례하며, 따라서 (중력은 정해져 있으므로) 시간 제곱에 비례한다. 그리고 선분 HF는 저항 그리고 시간의 제곱에 비례하며, 즉 저항과 선분 FG에 비례한다. 이에 따라 저항은 HF에 비례하고 FG에 반비례하므로, $\frac{HF}{FG}$ 에 비례하게 된다. 이제 막 생겨나는 선분의

G, H, I, K는 물체가 F에서 Q까지 곡선을 따라 이동할 때 물체의 위치다. 그리고 GB, HC, ID, KE는 수평선 PQ 위로 점 B, C, D, E로부터 수평면으로 내린 평행한 세로선이다. 이 세로선들은 등간격으로 세워져 있어, 세로선 사이의 거리 BC, CD, DE는 모두 같다. 점 G와 H로부터 직선 GL과 HN을 그려 곡선과는 G와 H에서 접하고, 위로 늘인 세로선 CH와 DI와는 L과 N에서

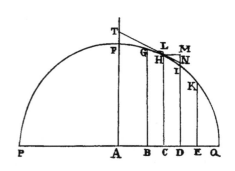

만나도록 한다. 그리고 평행사변형 HCDM을 완성한다. 그러면 물체가 호 GH와 HI를 그리는 시간은 물체가 그 시간 동안 접선으로부터 낙하하며 그릴 수 있는 거리 LH와 NI의 제곱근에 비례할 것이다. 그리고 속도는 (그려지는 거리) GH와 HI에 정비례하고 시간에는 반비례할 것이다. 시간을 T와 t로 표현하고, 속도는 $\frac{GH}{T}$와 $\frac{HI}{t}$로 표현하자. 그러면 시간 t 동안 발생하는 속도의 감소분은 $\frac{GH}{T} - \frac{HI}{t}$로 표현될 것이다. 이 감소분은 물체를 지연시키는 저항과 물체를 가속시키는 무거움으로부터 발생한다. 물체가 공간 NI를 휩쓸며 낙하할 때, 물체의 무거움은 같은 시간 동안 그 공간의 두 배를 휩쓸 수 있는

경우도 마찬가지다. 유한한 크기의 선분의 경우 이 비가 정확하지 않기 때문이다.

그리고 비슷한 논증에 따라 fg는 시간의 제곱에 비례하고, 시간은 모두 동일하므로 FG와 같다. 또한 물체가 뒤로 돌아가도록 가해지는 충격력과 물체가 전진할 때의 저항은 운동이 막 시작되는 순간에는 같으므로, 그에 비례하는 $\frac{hf}{fg}$와 $\frac{HF}{FG}$도 같다. fg와 FG는 같기 때문에 hf와 HF도 마찬가지로 같다. 따라서 CF, CH(또는 Ch), 그리고 Cf는 등차수열을 이룬다. 그러므로 HF는 Cf와 CF의 차의 절반이고, 위에서 $\frac{HF}{FG}$였던 저항은 $\frac{Cf-CF}{FG}$에 비례한다.

그런데 저항은 매질의 밀도 그리고 속도의 제곱에 비례한다. 그리고 속도는 휩쓴 길이 CF에 정비례하고 시간 $\sqrt{FG}$에 반비례한다. 즉 $\frac{CF}{\sqrt{FG}}$에 비례한다. 그러므로 속도의 제곱은 $\frac{CF^2}{FG}$에 비례한다. 따라서 저항은 $\frac{Cf-CF}{FG}$에 비례하고, 매질의 밀도와 $\frac{CF^2}{FG}$의 곱에 비례한다. 이런 이유로 매질의 밀도는 $\frac{Cf-CF}{FG}$에 정비례하고 $\frac{CF^2}{FG}$에 반비례하여, $\frac{Cf-CF}{CF^2}$에 비례한다. Q.E.I.

따름정리 1   그러므로 Cf 위에서 Ck를 CF와 같아지도록 잡고, 수직선 ki를 수평면 AK로 떨어뜨려 곡선 ACK를 L에서 자르도록 하면, 매질의 밀도는 $\frac{FG-kl}{CF \times (\sqrt{(FG+kl)}}$에 비례하게 된다. fC 대 kC는 $\sqrt{fg}$ 또는 $\sqrt{FG}$ 대 $\sqrt{kl}$과 같고, 다시 말해 모든 항에 $\sqrt{FG}+\sqrt{kl}$을 곱하면, FG-kl 대 또는 FG+kl의 비와 같다. 막 생겨나는 양들 kl+$\sqrt{(FG \times kl)}$과 FG+kl의 첫 번째 비는 같기 때문이다. 그러므로 $\frac{FG-kl}{FG+kl}$을 $\frac{Cf-CF}{CF}$ 대신 쓰면, $\frac{Cf-CF}{CF^2}$였던 매질의 밀도는 $\frac{FG-kl}{CF \times (\sqrt{(FG+kl)}}$이 될 것이다.

따름정리 2   2HF와 Cf-CF는 같고 FG와 kl은 (같은 비이기 때문에) 더하면 2FG가 되므로, 2HF 대 CF는 FG-kl 대 2FG와 같을 것이다. 따라서 HF 대 FG, 즉 저항 대 중력은 면적 CF × (FG-kl) 대 4FG²이 될 것이다."

1판의 증명은 정확하지 않다. 뉴턴은 이 오류를 2판의 이 페이지가 인쇄되고 난 후에야 깨달았다. 자세한 내용은 이 번역서의 해설서 §7.3, 그리고 *The Mathematical Papers of Isaac Newton*, (D.T. 화이트사이드 편찬) (Cambridge: Cambridge University Press, 1967-1981), 8:312-424; *The Correspondence of Isaac Newton*, vol.5, A. Rupert Hall and Laura Tilling 편찬 (Cambridge: published for the Royal Society by Cambridge University Press, 1975); A. Rupert Hall, "Correcting the *Principia*", *Osiris* 13 (1958): 291-326; I. Bernard Cohen, *Introduction to Newton's "Principia"* (Cambridge, Mass.: Harvard University Press; Cambridge: Cambridge University Press, 1971), pp.236-238을 참고하자.

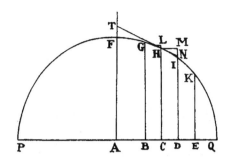

속도를 생성한다. 다시 말해 속도 $\frac{2NI}{t}$ 를 생성하는데, 이는 갈릴레오가 증명한 내용이기도 하다. 그런데 물체가 호 HI를 그릴 때, 물체의 무거움은 호의 길이를 겨우 HI-HN 또는 $\frac{MI \times NI}{HI}$ 만큼만 늘릴 뿐이다. 따라서 생성되는 속도는 $\frac{2MI \times NI}{t \times HI}$ 밖에 되지 않는다. 이 속도를 위의 감소분에 더하면 저항에 의해서만 발생하는 속도의 감소분 $\frac{GT}{T} - \frac{HI}{t} + \frac{2MI \times NI}{t \times HI}$ 이 된다. 따라서 같은 시간 동안 낙하하는 물체 안에서 무거움이 생성하는 속도는 $\frac{2NI}{t}$ 이므로, 저항 대 중력의 비는 $\frac{GT}{T} - \frac{HI}{t} + \frac{2MI \times NI}{t \times HI}$ 대 $\frac{2NI}{t}$, 또는 $\frac{t \times GH}{T} - HI + \frac{2MI \times NI}{HI}$ 대 2NI가 될 것이다.

이제 가로선 CB, CD, CE을 $-o$, o, $2o$라고 표기하자. 세로선 CH를 P로 쓰고, MI는 임의의 급수 $Qo + Ro^2 + So^3 + \cdots$으로 쓰자. 그러면 첫 항 이후 급수의 항들, 즉 $Ro^2 + So^3 + \cdots$은 NI가 되고, 세로선 DI, EK, BG는 각각 $P - Qo - Ro^2 - So^3 - \cdots$, $P - 2Qo - 4Ro^2 - 8So^3 - \cdots$, $P + Qo - Ro^2 + So^3 - \cdots$이 된다. 그리고 세로선들의 차 BG-CH와 CH-DI를 제곱하고 이 값에 BC와 CD의 제곱을 더하면 호 GH와 HI의 제곱을 얻는다. 즉, $o^2 + Q^2o^2 - 2QRo^3 + \cdots$ 그리고 $o^2 + Q^2o^2 + 2QRo^3 + \cdots$이 된다. 이들의 제곱근은, $o\sqrt{(1+Q^2)} - \frac{QRo^2}{\sqrt{(1+Q^2)}}$ 그리고 $o\sqrt{(1+Q^2)} + \frac{QRo^2}{\sqrt{(1+Q^2)}}$인데, 이는 호 GH와 HI이다. 또한 세로선 CH에서 세로선 BG와 DI의 합의 절반을 빼고, 세로선 DI에서 세로선 CH와 EK의 합의 절반을 빼면, 나머지는 호 GI와 HK의 호의 길이 Ro^2과 $Ro^2 + 3So^3$이 될 것이다. 이 값들은 선분 LH와 NI에 비례하므로, 무한히 작은 시간 T와 t의 제곱에 비례한다. 따라서 비 $\frac{t}{T}$는 $\sqrt{\frac{R+3So}{R}}$ 또는 $\frac{R + \frac{3}{2}So}{R}$이다. 방금 찾은 $\frac{t}{T}$, GH, HI, MI, NI의 값들을 $\frac{t \times GH}{T} - HI + \frac{2MI \times NI}{HI}$에 대입하면, 결과는 $\frac{3So^2}{2R}\sqrt{(1+Q^2)}$이 될 것이다. 2NI는 $2Ro^2$이므로, 이제 저항 대 중력의 비는 $\frac{3So^2}{2R}\sqrt{(1+Q^2)}$ 대 $2Ro^2$이 되고, 다시 말해, $3S\sqrt{(1+Q^2)}$ 대 $4R^2$이 될 것이다.

속도는 접선 HN을 따라 임의의 위치 H에서 전진하는 물체가, 진공에서 지름 HC, 통경 $\frac{HN^2}{NI}$ 또는 $\frac{1+Q^2}{R}$을 갖는 포물선을 따라 움직일 수 있는 속도이다.

그리고 저항은 매질의 밀도 그리고 속도의 제곱의 곱에 비례한다. 따라서 매질의 밀도는 저항에 정비례하고 속도 제곱에 반비례한다. 다시 말해, $\frac{3S\sqrt{(1+Q^2)}}{4R^2}$에 정비례하고 $\frac{1+Q^2}{R}$에 반비례하며, 결과적으로 $\frac{S}{R\sqrt{(1+Q^2)}}$에 비례한다. Q.E.I.

따름정리 1 접선 HN을 양쪽으로 길게 늘여 세로선 AF와 T에서 만나도록 하면, $\dfrac{\text{HT}}{\text{AC}}$는 $\sqrt{(1+Q^2)}$와 같을 것이므로 $\sqrt{(1+Q^2)}$로 쓸 수 있다. 그리고 저항 대 중력의 비는 $3S\times\text{HT}$ 대 $4R^2\times\text{AC}$이고, 속도는 $\dfrac{\text{HT}}{\text{AC}\sqrt{R}}$에 비례할 것이며, 매질의 밀도는 $\dfrac{S\times\text{AC}}{R\times\text{HT}}$에 비례할 것이다.[a]

[a]따름정리 2 그러므로 통상적인 방법에 따라 곡선 PFHQ를 밑변 또는 가로선 AC와 세로선 CH 사이의 관계에 따라 정의하고, 세로선의 값을 수렴급수로 분해하면, 급수의 첫 번째 항에 의해 문제가 바로 해결된다. 이는 다음 예에서 보일 것이다.[a]

예 1 선 PFHQ가 지름 PQ 위에 그려지는 반원이라 하고, 발사된 물체가 이 반원을 따라 움직이도록 하는 매질의 밀도를 구하자.

지름 PQ를 A에서 이등분하고, AQ를 n, AC를 a, CH를 e, CD를 o라고 표기하자. 그러면 DI^2 또는 AQ^2-AD = $n^2-a^2-2ao-o^2$, 또는 $e^2-2ao-o^2$이 될 것이고, 우리의 방법으로 근을 추출하면, $\text{DI} = e - \dfrac{ao}{e} - \dfrac{o^2}{2e} - \dfrac{a^2o^2}{2e^3} - \dfrac{ao^3}{2e^3} - \dfrac{a^3o^3}{2e^5} - \cdots$이 될 것이다. 여기에서 n^2을 e^2+a^2 대신 쓰면, $\text{DI} = e - \dfrac{ao}{e} - \dfrac{n^2o^2}{2e^3} - \dfrac{an^2o^3}{2e^5} - \cdots$이 될 것이다.

나는 이러한 급수를 다음과 같은 방식으로 연속 항으로 나눈다. 내가 첫 번째 항이라 부르는 것은 무한히 작은 양 o가 존재하지 않는 항이다. 두 번째 항은 그 양이 1차원인 항이고, 세 번째는 그 양이 2차원인 항이다. 네 번째는 그 양이 3차원인 항이며, 이렇게 무한정 나아간다. 그리고 첫 번째 항은, 여기에서는 e인데, 언제나 결정되지 않은 양 o가 시작되는 곳에 세워진 세로선 CH의 길이를 의미한다. 두 번째 항은, 여기에서는 $\dfrac{ao}{e}$이며, CH와 DN의 차, 즉 선분 MN을 의미한다. 이 선분은 평행사변형 HCDM을 완성하면서 잘리므로, 언제나 접선 HN의 위치를 결정한다. 이 경우에는 MN 대 HM의 비를 $\dfrac{ao}{e}$ 대 o의 비와 같아지도록 잡으면 위치가 결정될 것이다. 세 번째 항은, 여기에서는 $\dfrac{n^2o^2}{2e^3}$이며, 선분 IN을 결정한다. 이 선분은 접선과 곡선 사이에 놓이므로 접촉각 IHN 또는 곡선이 H에서 갖는 곡률을 결정한다.

이 선분 IN이 유한한 크기를 갖는다고 하면, 세 번째 항과 그 뒤에 무한정 이어지는 항들에 의해 그 크기가 지정될 것이다. 그러나 만일 선분이 무한히 감소하면, 이후 항들은 세 번째 항보다 무한히 작아지며 따

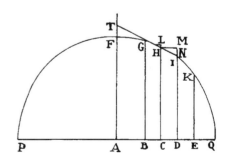

aa   1판에서 이 내용은 조금 다른 문장과 함께 따름정리 3으로 되어 있다.

라서 무시할 수 있다. 네 번째 항은 곡률의 변화율을 결정하고, 다섯 번째 항은 변화율의 변화율을 결정하고, 이런 식으로 계속 나아간다. 그러므로 우리는 이러한 급수가 접선과 곡선의 곡률에 의존하는 문제 풀이에서 상당히 유용하게 쓰임을 볼 수 있다.

[a]이제 급수 $e - \dfrac{ao}{e} - \dfrac{n^2 o^2}{2e^3} - \dfrac{an^2 o^3}{2e^5} - \cdots$와 급수 $P - Qo - Ro^2 - So^3 - \cdots$를 비교해 보자. 마찬가지로 P, Q, R, S 대신 e, $\dfrac{a}{e}$, $\dfrac{n^2}{2e^3}$, $\dfrac{an^2}{2e^5}$을 쓰고, $\sqrt{(1+Q^2)}$ 대신 $\sqrt{\left(1+\dfrac{a^2}{e^2}\right)}$ 또는 $\dfrac{n}{e}$을 쓰자. 그러면 매질의 밀도는 $\dfrac{a}{ne}$에 비례하게 되고[a], 다시 말해 (n이 주어진 값이므로) $\dfrac{a}{e}$나 $\dfrac{AC}{CH}$에 비례하게 된다. 즉 PQ위에 수직으로 세워진 반지름 AF에서 끝나는 접선의 길이 HT에 비례하게 된다. 그리고 저항 대 중력의 비는 $3a$ 대 $2n$과 같고, 다시 말해 3AC 대 원의 지름 PQ와 같다. 반면 속도는 $\sqrt{CH}$에 비례할 것이다. 그러므로, 물체가 적절한 속도로 위치 F에서부터 PQ에 평행한 선을 따라 전진하고, 각 위치 H에서의 매질의 밀도는 접선 HT의 길이에 비례하면, 그리고 위치 H에서 저항 대 중력의 비가 3AC 대 PQ라면, 그 물체는 원의 사분원 FHQ를 그릴 것이다. Q.E.I.

그런데 같은 물체가 위치 P에서부터 PQ에 수직인 선을 따라 나아가며 반원 PFQ의 호를 따라 움직이기 시작한다면 AC 또는 a는 중심 A의 반대쪽에 잡아야 한다. 따라서 부호가 바뀌게 되므로, $+a$ 대신 $-a$로 써야 한다. 그러면 매질의 밀도는 $-\dfrac{a}{e}$가 될 것이다.

그런데 자연은 0보다 작은 밀도를 허용하지 않는다. 다시 말해 물체의 운동을 가속시키는 밀도는 없다. 그러므로 물체가 P에서 상승하며 원의 사분원 PF를 그리는 일은 자연에서는 일어나지 않는다. 이 효과가 일어나려면 물체가 매질의 저항에 의해 지연되는 것이 아니라 매질에서 추진력을 받아 가속되어야 하기 때문이다.

---

aa   1판에는 이렇게 되어 있다. "게다가, CF는 CI^{2}과 IF^{2}의 제곱근, 즉 BD^{2}의 제곱근이고, 두 번째 항의 제곱이다. 그리고 FG+kl은 세 번째 항의 두 배와 같고, FG-kl은 네 번째 항의 두 배와 같다. BD 대신 Bi, 또는 $+o$ 대신 $-o$를 씀으로써 DG는 il로, FG는 kl로 변환되기 때문이다. 그렇다면, FG는 $-\dfrac{n^2 o^2}{2e^3} - \dfrac{an^2 o^3}{2e^5}\cdots$이므로, kl은 $-\dfrac{n^2 o^2}{2e^3} - \dfrac{an^2 o^3}{2e^5}\cdots$이 될 것이다. 그리고 이들의 합은 $-\dfrac{n^2 o^2}{e^3}$, 차는 $-\dfrac{an^2 o^3}{e^5}$가 된다. 다섯 번째 항과 이후 항들은 이 문제에서 고려하는 대상보다 훨씬 더 작으므로 무시할 수 있다. 그래서 일반적으로 급수가 항 $\pm Qo - Ro^2 - So^3\cdots$에 의해 결정되면, CF는 $\sqrt{(o^2 + Q^2 o^2)}$과 같을 것이고, FG+kl은 $2Ro^2$과, FG-kl은 $2So^3$과 같을 것이다. CF, FG+kl, 그리고 FG−kl에 대하여 각각 해당하는 값들을 쓰면, 앞에서 $\dfrac{FG-kl}{CF\times(FG+kl)}$이었던 매질의 밀도는 이제 $\dfrac{S}{R\sqrt{(1+Q^2)}}$이 될 것이다. 그러므로 각각의 문제를 수렴급수로 치환하고 여기에 Q, R, S에 해당하는 급수의 항을 쓴 다음, 임의의 위치 G에서 매질의 저항 대 중력의 비가 $S\sqrt{(1+Q^2)}$ 대 $2R^2$과 같다고 가정하고, 속도는 물체가 위치 C를 떠나 직선 CF를 따라 지름이 CB이고 통경이 $\dfrac{1+Q^2}{R}$인 포물선을 따라 움직이는 속도와 같다고 가정하면, 문제는 해결될 것이다.

이렇게 문제를 해결하면서, $\sqrt{(1+Q^2)}$ 대신 $\sqrt{\left(1 + \dfrac{a^2}{e^2}\right)}$ 또는 $\dfrac{n}{e}$를 쓰고, R 대신 $\dfrac{n^2}{2e^3}$을, S 대신 $\dfrac{an^2}{2e^5}$를 쓰면, 매질의 밀도는 $\dfrac{a}{ne}$에 비례하게 된다."

예 2   선 PFQ는 포물선이고 축 AF는 수평선 PQ에 수직이라 하고, 발사된 물체가 이 포물선을 따라 움직이도록 하는 매질의 밀도를 구하자.

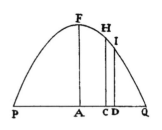

    포물선의 성질로부터, PD×DQ는 세로선 DI와 어느 주어진 직선의 곱과 같다. 이 직선을 b라고 하자. 그리고 PC는 a, PQ는 c, CH는 e, CD는 o로 쓰기로 하자. 그렇다면 $(a+o)\times(c-a-o)$ 또는 $ac-a^2-2ao+co-o^2$은 면적 $b\times$DI와 같고, 따라서 DI는 $\dfrac{ac-a^2}{b}+\dfrac{c-2a}{b}o-\dfrac{o^2}{b}$와 같다. 이제 이 급수의 두 번째 항 $\dfrac{c-2a}{b}o$는 Qo로 써야 하고, 마찬가지로 세 번째 항 $\dfrac{o^2}{b}$는 Ro^2으로 써야 한다. 그런데 더 이상의 항이 없으므로, 네 번째 항의 계수 S는 사라져야 할 것이고, 그러므로 매질의 밀도가 비례하는 양인 $\dfrac{S}{R\sqrt{(1+Q^2)}}$은 0이 될 것이다. 그러므로, 매질의 밀도가 0이면 발사체는 포물선을 그리며 움직이게 된다. 이는 갈릴레오가 증명했던 내용이다. Q.E.I.

예 3   선 AGK를 쌍곡선이라 하고, 점근선 NX는 수평면 AK에 수직이라 하자. 그렇다면 발사된 물체가 이 포물선을 따라 움직이도록 하는 매질의 밀도를 구하자.

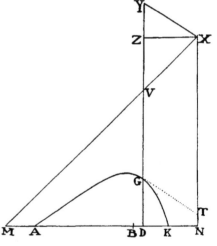

    MX를 다른 점근선이라 하고, 이 선이 길게 늘인 세로선 DG와 V에서 만난다고 하자. 그리고 포물선의 성질로부터 XV×VG이 주어진다. 또한 DN 대 VX의 비도 주어지므로 DN× VG도 정해진다. 이 값을 b^2이라 하자. 그리고 평행사변형 DNXZ를 완성한 후, BN을 a, NX를 c라 하고, VZ 대 ZX의 비가 $\dfrac{m}{n}$으로 정해졌다고 가정하자. 그렇다면 DN은 $a-o$와 같을 것이고, VG는 $\dfrac{b^2}{a-o}$와 같을 것이다. 그리고 VZ는 $\dfrac{m}{n}(a-o)$와 같을 것이고, GD 또는 NX−VZ−VG는 $c-\dfrac{m}{n}a-\dfrac{m}{n}o-\dfrac{b^2}{a-o}$과 같을 것이다. 항 $\dfrac{b^2}{a-o}$를 무한급수 $\dfrac{b^2}{a}+\dfrac{b^2}{a^2}o+\dfrac{b^2}{a^3}o^2+\dfrac{b^2}{a^4}o^3\cdots$으로 전개하면, GD는 $c-\dfrac{m}{n}a-\dfrac{b^2}{a}+\dfrac{m}{n}o+\dfrac{b^2}{a^2}o-\dfrac{b^2}{a^3}o^2-\dfrac{b^2}{a^4}o^3\cdots$과 같을 것이다. 이 급수의 두 번째 항 $\dfrac{m}{n}o-\dfrac{b^2}{a^2}o$은 Qo 대신 쓰였고, 세 번

째 항 $\frac{b^2}{a^3}o^2$은 (부호를 바꿔서) Ro^2 대신, 그리고 네 번째 항 $\frac{b^2}{a^4}o^2$은 (역시 부호를 바꿔서) So^3 대신 쓰인 것이다. 그리고 각각의 계수 $\frac{m}{n}-\frac{b^2}{a^2}$, $\frac{b^2}{a^3}$, $\frac{b^2}{a^4}$는 위의 규칙에 따라 Q, R, S 대신 쓰인 것이다. 급수가 완성되면, 매질의 밀도는 $\dfrac{\dfrac{b^2}{a^4}}{\dfrac{b^2}{a^3}\sqrt{\left(1+\dfrac{m^2}{n^2}-\dfrac{2mb^2}{na^2}+\dfrac{b^4}{a^4}\right)}}$ 또는 $\dfrac{1}{\sqrt{\left(a^2+\dfrac{m^2}{n^2}a^2-\dfrac{2mb^2}{n}+\dfrac{b^4}{a^2}\right)}}$ 가 된다. 다시 말해 (VZ에서 VY를 VG와 같도록 잡으면) $\frac{1}{XY}$에 비례하게 된다. a^2과 $\frac{m^2}{n^2}a^2-\frac{2mb^2}{n}+\frac{b^4}{a^2}$은 각각 XZ와 ZY의 제곱이기 때문이다. 그리고 저항 대 중력의 비는 3XY 대 2YG와 같을 것이고, 꼭짓점이 G, 지름 DG, 통경이 $\frac{XY^2}{VG}$인 포물선을 따라 물체가 움직이는 속도를 구하게 된다. 그러므로 각 개별 위치 G에서 매질의 밀도가 거리 XY에 반비례하고, 위치 G에서의 저항 대 중력이 3XY 대 2YG와 같다고 가정하면, 물체는 위치 A에서부터 적절한 속도로 포물선 AGK를 그리며 나아가게 된다. Q.E.I.

예 4 일반적으로 선 AGK를 중점 X와 점근선 MX와 NX로 그려지는 쌍곡선이라고 하자. 직사각형 XZDN이 그려지면 변 ZD가 G에서 쌍곡선을 자르고, V에서 점근선을 자르며, VG는 ZX 또는 DN의 임의의 거듭제곱 DN^n(지수는 숫자 n이다)에 반비례한다. 그러면 발사된 물체가 이 곡선을 따라 나아가도록 하는 매질의 밀도를 구하자.

BN, BD, NX을 각각 A, O, C라고 쓰자. 그리고 VZ 대 XZ 또는 DN은 d 대 e와 같다고 하고, VG는 $\frac{b^2}{DN^n}$과 같다고 하자. 그러면 DN은 A−O와 같고, $VG=\dfrac{b^2}{(A-O)^n}$, $VG=\dfrac{d}{e}(A-O)$, 그리고 GD 또는 NX−VZ−VG는 $C-\dfrac{d}{e}A-\dfrac{d}{e}O-\dfrac{b^2}{(A-O)^n}$와 같을 것이다. 항 $\dfrac{b^2}{(A-O)^n}$을 무한급수 $\dfrac{b^2}{A^n}+\dfrac{nb^2}{A^{n+1}}O+\dfrac{n^2+n}{2A^{n+2}}b^2O^2+\dfrac{n^3+3n^2+2n}{6A^{n+3}}b^2O^3\cdots$로 전개하면, GD는 $C-\dfrac{d}{e}A-\dfrac{b^2}{A^n}+\dfrac{d}{e}O-\dfrac{nb^2}{A^{n+1}}O-\dfrac{+n^2+n}{2A^{n+2}}b^2O^2-\dfrac{+n^3+3n^2+2n}{6A^{n+3}}b^2O^3\cdots$과 같아지게 된다. 이 급수의 두 번째 항 $\dfrac{d}{e}O-\dfrac{nb^2}{A^{n+1}}O$은 Qo 대신, 세 번째 항 $\dfrac{+n^2+n}{2A^{n+2}}b^2O^2$은 Ro^2 대신, 네 번째 항 $\dfrac{n^3+3n^2+2n}{6A^{n+3}}b^2O^3$는 So^3 대신 쓰인 것이다. 따라서 임의의 위치 G

에서의 매질의 밀도 $\dfrac{S}{R\sqrt{(1+Q^2)}}$은,

$$\dfrac{n+2}{3\sqrt{\left(A^2+\dfrac{d^2}{e^2}A^2-\dfrac{2dnb^2}{eA^n}A+\dfrac{n^2b^4}{A^{2n}}\right)}}$$

이 된다.

　그러므로 VZ에서 VY를 $n\times$VG와 같도록 잡으면, 밀도는 XY에 반비례한다. A^2과 $\dfrac{d^2}{e^2}A^2-\dfrac{2dnb^2}{eA^n}A+\dfrac{n^2b^4}{A^{2n}}$는 각각 XZ와 ZY의 제곱이기 때문이다. 또한 같은 위치 G에서의 저항 대 중력의 비는 $3S\times\dfrac{XY}{A}$ 대 $4R^2$이 된다. 다시 말해 XY 대 $\dfrac{2n^2+2n}{n+2}$과 같다. 그리고 이 위치에서의 속도는 발사된 물체가 꼭짓점 G, 지름 GD, 통경 $\dfrac{1+Q^2}{R}$ 또는 $\dfrac{2XY^2}{(n^2+n)\times VG}$인 포물선을 따라 움직이게 되는 속도이다. Q.E.I.

주해

[a]따름정리 1에서 매질의 밀도가 $\dfrac{S\times AC}{R\times HT}$로 나오는 것과 같은 방법으로, 저항이 속도 V의 임의의 거듭제곱 V^n에 비례한다고 가정하면, 매질의 밀도는 $\dfrac{S}{R^{\frac{4-n}{2}}}\times\left(\dfrac{AC}{HT}\right)^{n-1}$에 비례하게 될 것이다. 그러므로 $\dfrac{S}{R^{\frac{4-n}{2}}}$ 대 $\left(\dfrac{HT}{AC}\right)^{n-1}$, 또는

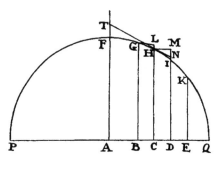

$\dfrac{S^2}{R^{4-n}}$ 대 $(1+Q^2)^{n-1}$의 비가 정해진다는 조건으로 곡선을 찾을 수 있으면, 물체는 이 곡선을 따라 저항이 속도의 거듭제곱 V^n에 비례하는 균질한 매질 안에서 움직일 것이다. 그러나 이보다 좀 더 단순한 곡선으로 돌아가 보자.[a]

　매질에 저항이 없는 경우를 제외하면 포물선을 따르는 운동은 일어나지 않고, 매질에 연속적인 저항이 있다면 앞에서 설명한 쌍곡선을 따르는 운동이 일어나기 때문에, 발사체가 균일한 저항을 받는 매질 안에서 그리는 경로는 포물선보다는 쌍곡선 쪽에 더 가까울 것임은 명백하다. 아무튼 그러한 선은 쌍곡선과 유사하지만, 여기에 내가 설명한 쌍곡선보다는 꼭짓점 근처에서 점근선과 더 멀어지고, 꼭짓점에서 먼 부분은 점근선에 더 가까이 다가간다. 그런데 이 두 곡선 사이의 차이가 너무 커서 실제로 하나의 곡선을 다른 곡선 대신 편리하게 사용할 수가 없다. 그리고 내가 설명하고 있는 쌍곡선들이 정확하지만 더 복잡한 쌍곡선들보다는 더 유용하게 쓰일 것이다. 그리고 이 쌍곡선들은 다음과 같이

---

aa　1판에는 이 부분이 없다.

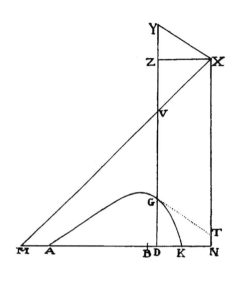

사용된다.

평행사변형 XYGT를 완성하여 직선 GT는 쌍곡선과 G에서 접하게 한다. 그러면 G에서의 매질의 밀도는 접선 GT에 반비례하고, 같은 위치에서 속도는 $\sqrt{\dfrac{GT^2}{GV}}$에 비례한다. 반면 저항 대 중력의 비는 GT 대 $\dfrac{2n^2+2n}{n+2}\times$ GV의 비와 같다.

따라서 물체가 위치 A에서 발사되어 직선 AH를 따라 날아가다가 쌍곡선 AGK를 그리고, AH를 길게 늘여 점근선 NX와 H에서 만나고, NX에 평행하게 그려진 AI가 다른 점근선 MX를 I에서 만난다면, A에서의 매질의

밀도는 AH에 반비례할 것이며, 물체의 속도는 $\sqrt{\dfrac{AH^2}{AI}}$에 비례할 것이다. 그리고 같은 위치에서 저항 대 중력의 비는 AH 대 $\dfrac{2n^2+2n}{n+2}\times$AI에 비례할 것이다. 그러므로 다음의 규칙이 성립한다.

규칙 1   A에서의 매질의 밀도와 물체가 발사된 속도가 모두 동일하게 유지되고, 각 NAH가 변화하면, 길이 AH, AI, HX는 동일하게 유지될 것이다. 따라서 어느 경우에 대하여 이 길이들을 구하면, 쌍곡선은 임의의 주어진 각 NAH로부터 쉽게 결정될 수 있다.

규칙 2   각 NAH와 A에서의 매질의 밀도가 모두 동일하게 유지되고, 물체가 발사되는 속도가 변화하면, 길이 AH는 동일하게 유지될 것이고, AI는 속도 제곱에 반비례하여 변할 것이다.

규칙 3   각 NAH, A에서의 물체의 속도, 그리고 무거움에 의한 가속 중력은 그대로 유지하고, A에서의 저항 대 중력의 비가 임의의 비율로 증가하면, AH 대 AI도 같은 비율로 증가하고, 포물선의 통경과 (이에 비례하는) 길이 $\dfrac{AH^2}{AI}$는 동일하게 유지될 것이다. 그러므로 AH는 같은 비로 감소하고, AI는 이 제곱비로 감소할 것이다. 저항 대 무게의 비는 (부피가 상수로 유지될 때) 비중이 작아질수록, 또는 매질의 밀도가 커질수록, 또는 저항이 (감소한 부피의 결과로서) 무게보다 더 적은 비로 감소할 때 증가한다.

규칙 4   쌍곡선의 꼭짓점 근처 매질의 밀도는 위치 A에서의 밀도보다 크다. 그러므로 평균 밀도를 얻기 위해서는 접선 AH에 대한 접선 GT의 최소 비율을 구해야 한다. 그리고 A에서의 밀도는 이들 접선의 합 대 가장 짧은 접선 GT의 비보다 약간 더 큰 비로 증가해야 한다.

규칙 5   길이 AH와 AI가 주어지고 도형 AGK를 그려야 한다면, HN을 X까지 늘여 HX 대 AI가 $n+1$ 대 1이 되도록 한다. 그리고 중심 X와 점근선 MX, NX로 점 A를 지나는 쌍곡선

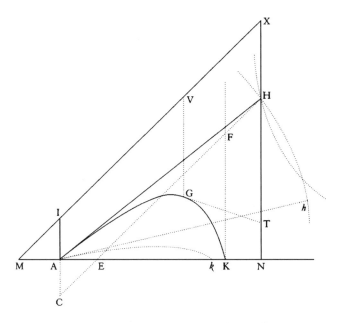

을 그리는데, 이때 AI 대 임의의 VG의 비가 XV^n 대 XI^n이 되도록 한다.

규칙 6 숫자 n이 클수록, 이 "쌍곡선"은 물체가 A에서 올라갈 때 더 정확하고, K로 내려갈 때 덜 정확해진다. 그 반대의 경우도 마찬가지다. 원뿔 쌍곡선은 이들 사이의 평균 비율을 유지하며, 다른 도형들보다 더 단순하다. 그러므로, 만일 쌍곡선이 이런 유에 해당하고, 발사된 물체가 점 A를 지나 임의의 직선 AN을 따라 떨어지는 점 K를 구해야 한다면, 선 AN을 길게 늘여 점근선 MX와 NX와는 M과 N에서 만나게 하고, NK를 AM과 동일하게 잡으면 된다.

규칙 7 그러므로 현상으로부터 이런 유의 쌍곡선을 결정하는 기존의 방법은 명백하다. 서로 닮은꼴이며 동일한 물체 두 개를 같은 속도로 서로 다른 각 HAK와 hAk로 발사한다. 그리고 그 물체들이 수평면 위 K와 k 위로 떨어진다고 하고, AK와 Ak의 비를 표시한다(이를 d대 e라고 하자). 그런 다음, 임의의 길이

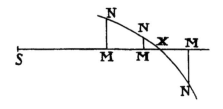

로 잡은 수직선 AI를 세우고, 길이 AH 또는 Ah를 규칙 6에 따라 어떤 방식으로든 추정한 다음에, 이로부터 규칙 6에 따라 작도하여 길이 AK와 Ak를 결정한다. AK 대 Ak가 d 대 e와 같으면, 길이 AH는 정확하게 추정한 것이다. 만일 그렇지 않다면, 정해지지 않은 직선 SM 위로 추정한 길이 AH와 같은 길이 SM을 잡고, 두 비의 차, 즉 $\dfrac{AK}{Ak} - \dfrac{d}{e}$에

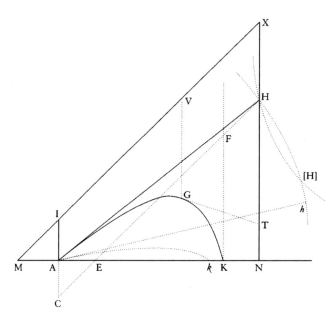

1판과 2판에서는 그림의 오른쪽 두 곡선의 위쪽 교차점과 아래쪽 교차점이 모두 같은 문자 H로 표기되었다. 그러나 3판에서는 위쪽 교차점에만 문자 표시가 되어 있다. 내용을 명료하게 이해하기 위해, 우리는 아래쪽 교차점에 [H]를 새로 추가하고 접선 A*h*의 기울기를 줄여 *h*가 [H]와 분명하게 구분되도록 했다. 자세한 내용은 해설서 §7.4를 참고하자.

임의로 정해진 직선을 곱한 값과 같은 수직선 MN을 세운다. AH를 몇 차례 추정하고, 그 길이로부터 비슷한 방법으로 점 N들을 몇 개 찾아,[a]그 점들을 모두 지나면서 직선 SMMM을 X에서 자르는 정칙곡선 NNXN을 그린다. 마지막으로 AH가 가로선 SX와 같다고 가정하고, 그로부터 다시 길이 AK를 구한다. 이제 어떤 길이들을 구하는데, 가정한 길이 AI 대 마지막 길이 AH의 비가 (실험을 통해 구한) 길이 AK 대 (마지막으로 구한) 길이 AK의 비가 되도록 하자. 이때 두 길이가 우리가 구해야 하는 실제 길이 AI와 AH다. 이 값들이 정해지면 저항 대 중력의 비가 AH 대 2AI임을 고려하여 위치 A에서의 매질의 저항도 결정할 수 있다. 또한 매질의 밀도는 증가해야 하고(규칙 4에 따라), 방금 구한 저항은 좀 더 정확해질 것이다.[A]

규칙 8   길이 AH와 HX를 구했고, 이제 발사체가 주어진 속도로 임의의 점 K에 떨어지도록 하는 직선 AH의 위치를 구해야 한다면, 점 A와 K에서 수평면에 수직이 되도록 직선 AC와 KF를 세운다. 그중 AC는 아래를 향하고 AI 또는 ½HX와 같다. 점근선 AK와 KF로

---

aA   1판에서는 다음과 같이 되어 있다. "그렇게 하여 마침내 이 점들을 모두 통과하도록 정칙곡선 NNXN을 그리면, 이 곡선은 방금 구한 길이 AH와 같도록 SX를 자를 것이다. 역학에서의 목적을 위해서는 모든 각도 HAK에 대하여 동일한 길이 AH와 AI를 유지하는 것으로 충분하다. 그러나 매질의 저항을 구하기 위해 도형을 좀 더 정확하게 결정해야 한다면, 이 길이들은 항상 교정되어야 한다(규칙 4에 따라)."

쌍곡선을 그리는데, 이 쌍곡선의 켤레 쌍곡선은 점 C를 지난다. 그리고 중심 A와 반지름 AH로 원을 그리는데, 이 원은 이 쌍곡선을 점 H에서 자른다. 그러면 발사체는 직선 AH를 따라 날아가다가 점 K에 떨어질 것이다. Q.E.I.

길이 AH가 주어지므로, 점 H는 그려진 원 위 어딘가에 있을 것이다. AK와 KF와 만나도록 CH를 그리는데, AK와는 E에서, KF와는 F에서 만나도록 한다. 그러면 CH와 MX는 평행이고 AC와 AI는 같기 때문에, AE는 AM과 같을 것이고, 따라서 KN과도 같을 것이다. 그런데 CE 대 AE는 FH 대 KN과 같으므로, CE와 FH는 합동이다. 따라서 점 H는 점근선이 AK와 KF이고 그 켤레 쌍곡선은 점 C를 지나는 쌍곡선 위에 놓이게 되고, 정확히 말해서 이 쌍곡선과 그려진 원의 교점이 된다. Q.E.D.

또한 이 연산은 직선 AKN이 수평에 대하여 평행하든 어떤 각을 이루든 상관없이 같다. 그리고 두 교차점 H와 H로부터 두 각 NAH와 NAH가 생긴다는 것, 작도를 통해서는 일단 원을 그린 후, 길이가 정해지지 않은 직선 CH를 C에 적용하여 원과 직선 FK 사이의 부분 FH가 점 C와 직선 AK 사이의 부분 CE와 같아지도록 하는 방법으로 충분하다는 점을 주목하자.

쌍곡선에 대해 논의한 내용은 포물선에도 쉽게 적용할 수 있다. XAGK를 포물선이라 하고, 직선 XV가 꼭짓점 X에 접한다고 하자. 또한 세로선 IA와 VG는 가로선 XI와 XV의 임의의 거듭제곱 XI^n 그리고 XV^n에 비례한다고 가정하자. 그러면 각각의 위치 G에서의 매질의 밀도는 접선 GT에 반비례한다고 할 때, 임의의 위치 A에서 적절한 속도로 발사되어 (길게 늘인) 직선 AH를 따라 날아가는 물체는 이 포물선을 그릴 것이다. 그런데 G에서의 속도는 발사체가 저항 없는 공간에서, 꼭짓점이 G이고, 아래로 늘인 지름은 VG이고, 통경은 $\dfrac{2GT^2}{(n^2-n)\times VG}$인 원

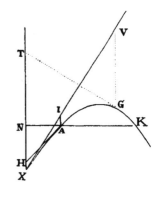

뿔 포물선을 따라 날아가는 속도가 된다. 그리고 G에서의 저항 대 중력의 비는 GT 대 $\dfrac{2n^2-2n}{n-2}$와 같을 것이다. 따라서 NAK를 수평선으로 정하고, A에서의 매질의 밀도와 물체가 발사되는 속도를 동일하게 유지하면, 각 NAH는 어떤 식으로든 바뀌게 되어 길이 AH, AI, HX는 동일하게 유지될 것이다. 그러므로 포물선의 꼭짓점 X와 직선 XI의 위치는 정해진다. VG 대 IA를 XV^n 대 XI^n과 같아지도록 잡으면, 발사체가 지나가며 통과하게 될 포물선의 모든 점 G가 결정된다.

명제 11

정리 8. 어떤 물체가 일부는 속도의 비에, 일부는 속도 제곱비에 따라 저항을 받으며 균질한 매질 안을 내재하는 힘으로만 운동하고 있다고 하자. 시간은 등차수열로 진행된다고 할 때, 속도에 반비례하고 주어진 양에 따라 증가하는 양은 등비수열을 이룰 것이다.

중심 C와 직각 점근선 CADd 그리고 CH로 쌍곡선 BEe를 그리고, AB, DE, de는 점근선 CH에 평행하도록 그린다. 점 A와 G는 점근선 CD 위에 주어진다고 하자. 시간이 쌍곡선 면적 ABED로 표현되고 균일하게 증가한다면, 나는 속도가 길이 DF로 표현될 수 있으며, 그 역수인 GD는 주어진 양 CG와 함께 등비수열에 따라 증가하는 길이 CD를 형성한다고 말한다.

면적소 DEed가 시간의 증분으로 주어진 극도로 작은 면적이라 하자. 그렇다면 Dd는 DE에 반비례하고 따라서 CD에 비례한다. 그리고 $\dfrac{1}{\text{GD}}$의 감소분은, (2권 보조정리 2에 따라) $\dfrac{\text{D}d}{\text{GD}^2}$인데, 이는 $\dfrac{\text{CD}}{\text{GD}^2}$ 또는 $\dfrac{\text{CG}+\text{GD}}{\text{GD}^2}$에 비례할 것이며, 다시 말해 $\dfrac{1}{\text{GD}}+\dfrac{\text{CG}}{\text{GD}^2}$에 비례할 것이다. 그러므로, 시간 ABED에 주어진 조

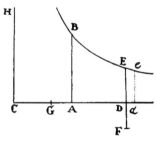

각 EDde가 더해져 일정하게 증가할 때, $\dfrac{1}{\text{GD}}$은 같은 비율로 속도에 비례하여 감소한다. 이는 속도의 감소분은 저항에 비례하기 때문이며, 다시 말해 (가설에 따라) 하나는 속도에 비례하고 다른 하나는 속

도 제곱에 비례하는 두 양의 합에 비례하기 때문이다. 그리고 $\dfrac{1}{\text{GD}}$의 감소분은 $\dfrac{1}{\text{GD}}$과 $\dfrac{\text{CG}}{\text{GD}^2}$의 합에 비례하고, 그중 앞의 항은 $\dfrac{1}{\text{GD}}$ 자체이고 뒤의 항 $\dfrac{\text{CG}}{\text{GD}^2}$는 $\dfrac{1}{\text{GD}^2}$에 비례한다. 따라서, 감소분은 속도에 비례하므로, $\dfrac{1}{\text{GD}}$은 속도에 비례한다. 그리고 $\dfrac{1}{\text{GD}}$에 반비례하는 양 GD가 주어진 양 CG에 따라 증가하면, 시간 ABED는 일정하게 증가하므로, 합 CD는 등비수열로 증가한다. Q.E.D.

따름정리 1 그러므로 점 A와 G가 주어지면, 시간은 쌍곡선 면적 ABED로 표현되고, 속도는 GD의 역수 $\dfrac{1}{\text{GD}}$로 표현될 수 있다.

따름정리 2 그리고 GA 대 GD를 출발 속도의 역수 대 임의의 시간 ABED가 끝날 때의 속도의 역수 비와 같아지도록 잡으면 G를 구할 수 있다. 그리고 G를 구하면, 다른 임의의 시간이 주어질 때 속도를 구할 수 있다.

명제 12

정리 9. 위와 같은 가정을 세우고, 그려지는 공간이 등차수열을 이룬다면, 나는 속도가 어느 주어진 양에 의해 증가할 때 등비수열을 이루며 증가한다고 말한다.

점 R이 점근선 CD 위에 놓인다고 하고, 쌍곡선과 S에서 만나는 수직선 RS를 세운 후, 그려지는 공간을 쌍곡선 면적 RSED로 표현하자. 그렇다면 속도는 길이 GD에 비례할 것이다. 길이 GD는 주어진 양 CG와 함께 길이 CD를 구성하며, 길이 CD는 공간 RSED가 등차수열에 따라 증가할 때 등비수열에 따라 감소하게 된다.

공간의 증분 ED*de*은 정해져 있으므로, GD의 감소분인 선분 D*d*는 ED에 반비례할 것이며 따라서 CD에는 비례한다. 다시 말해 GD와 주어진 길이 CG의 합에 비례한다. 그런데 속도의 감소분은, 공간

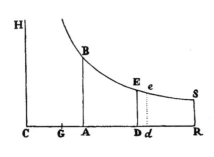

의 주어진 일부 D*de*E가 그려지는 시간과 반비례하는 시간 동안, 저항과 시간의 곱에 비례한다. 다시 말해 두 양(그중 하나는 속도에 비례하고 다른 하나는 속도의 제곱에 비례한다)의 합에 비례하고 속도에 반비례한다. 그러므로 두 양의 합에 정비례하며, 그중 하나는 주어진 양이고 다른 하나는 속도에 비례하는 양이다. 그러므로 속도의 감소분과 선 GD의 감소분은 주어진 양과 감소하는 양에 모두 비례한다. 그리고 감소분은 속도에 비례하므로, 감소하는 양들, 즉 속도와 선 GD는 언제나 같은 비로 감소한다. Q.E.D.

따름정리 1 속도를 길이 GD로 표현하면, 그려지는 공간은 쌍곡선 면적 DESR에 비례할 것이다.

따름정리 2 그리고 점 R을 아무렇게나 잡으면, GR 대 GD를 처음 속도 대 임의의 공간 RSED가 그

려진 후의 속도의 비와 같게 잡아 점 G를 구할 수 있다. 점 G를 구하면 공간은 주어진 속도로부터 결정될 수 있고, 그 역도 성립한다.

따름정리 3   따라서 (명제 11에 따라) 속도는 주어진 시간으로부터 결정되고, 명제 12에 따라 공간은 주어진 속도에 의해 정해지므로, 주어진 시간으로부터 공간이 정해진다. 그 역도 성립한다.

명제 13

정리 10. 일정한 중력을 받아 아래쪽으로 당겨지는 물체가 수직으로 상승 또는 낙하하면서, 일부는 속도의 비에, 일부는 속도 제곱비에 따라 저항을 받는다고 가정하자. 원의 지름과 쌍곡선의 지름에 평행한 직선이 켤레 지름의 끝을 통과하도록 그려지고, 속도는 주어진 점으로부터 그려진 평행선들의 특정 선분에 비례한다면, 나는 시간이 중심부터 선분의 끝까지 그려진 직선에 잘린 면적의 부채꼴에 비례할 것이며, 그 역도 성립한다고 말한다.

사례 1   먼저 물체가 상승하고 있다고 하자. 중심 D와 임의의 반지름 DB로 원의 사분원 BETF를 그린 다음, 반지름 DB의 끝 B를 지나고 반지름 DF에 평행하도록 임의의 길이의 선 BAP를 그린다. 점 A가 이 선 위에 놓여 있다고 하고, 선분 AP를 속도에 비례하게 잡는다. 저항의 일부는 속도에 비례하고 일부는 속도 제곱에 비례하므로, 전체 저항은 $AP^2 + 2BA \times AP$에 비례한다고 하자. DA와 DP를 그려 이 선들이 원을 E와 T에서 자르도록 한다. 중력은 DA^2으로 표현하여, 중력 대 저항이 DA^2 대 $AP^2 + 2BA \times AP$의 비와 같아지도록 잡는다. 그러면 전체 상승에 걸리는 시간은 원의 부채꼴 EDT에 비례할 것이다.

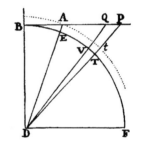

DVQ를 그려 속도 AP의 모멘트 PQ와 부채꼴 DET의 모멘트 DTV(시간의 주어진 모멘트에 해당됨) 모두를 자르도록 한다. 그러면 속도의 감소분 PQ는 중력 DA^2과 저항 $AP^2 + 2BA \times AP$의 합에 비례할 것이다. 다시 말해 (〈원론〉의 2권 명제 12에 따라) DP^2에 비례하게 된다. 따라서, PQ에 비례하는 면적 DPQ는 DP^2에 비례한다. 그리고 면적 DTV 대 면적 DPQ의 비는 DT^2 대 DP^2과 같은데, 이에 따라 면적 DTV는 주어진 양 DT^2에 비례한다. 그러므로 면적 EDT는 남은 시간에 비례하여 주어진 입자 DTV가 제거됨에 따라 일정하게 감소하고, 따라서 전체 상승 시간에 비례하게 된다. Q.E.D.

사례 2   물체가 상승할 때 속도는 사례 1에서처럼 길이 AP로 표현되고, 저항은 $AP^2 + 2BA \times AP$에 비례한다고 가정하자. 그리고 중력은 DA^2으로 표현될 때보다 작다고 하자. 그러면, 길이 BD를 잡아서 $AB^2 - BD^2$이 중력에 비례하도록 하고, DF는 DB와 길이는 같고 DB

에 수직이 되도록 그린다. 꼭짓점 F를 지나도록 쌍곡선 FTVE를 그리는데, 그 켤레 반지름 DB와 DF가 DA를 E에서 자르고 DP와 DQ는 T와 V에서 자른다고 하자. 그렇다면 전체 상승 시간은 쌍곡선의 부채꼴 TDE에 비례할 것이다.

주어진 시간의 조각 동안 발생하는 속도의 감소분 PQ는 저항 $AP^2+2BA \times AP$과 중력 AB^2-BD^2, 즉 BP^2-BD^2의 합에 비례한다. 그런데 면적 DTV 대 면적 DPQ의 비는

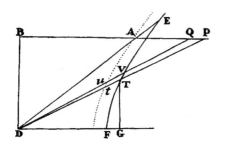

DT^2 대 DP^2과 같다. 따라서, 수직선 GT를 DF로 내리면, GT^2 또는 GD^2-DF^2 대 BD^2의 비와 같고, 결국 GD^2 대 BP^2의 비와 같다. 그리고 비의 분리에 의해 DF^2 대 BP^2-BD^2과 같다. 그러므로 면적 DPQ는 PQ에 비례하고, 다시 말해 BP^2-BD^2에 비례하므로, 면적 DTV는 주어진 양 DF^2에 비례한다. 따라서 면적 EDT는 각각의 시간 조각 동안 같은 개수만큼의 주어진 부분 DTV가 제거됨으로써 일정하게 감소하고, 따라서 시간에 비례한다. Q.E.D.

사례 3   물체가 낙하하는 동안 물체의 속도를 AP라 하고, $AP^2+2BA \times AP$는 저항, BD^2-AB^2은 중력, 각 DBA는 직각이라 하자. 그리고 중심 D와 꼭짓점 B로 직각 쌍곡선 BETV을 그린 다음, 이 선이 길게 늘인 선 DA, DP, DQ를 각각 E, T, V에서 자른다고 하면, 이 쌍곡선의 부채꼴 DET는 전체 낙하 시간에 비례할 것이다.

속도의 증분 PQ와 이에 비례하는 면적 DPQ는, 중력에서 저항을 빼고 남은 값에 비

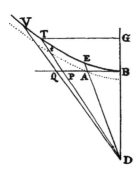

례한다. 다시 말해 $BD^2-AB^2-2BA \times AP-AP^2$ 또는 BD^2-BP^2에 비례한다. 그리고 면적 DTV 대 면적 DPQ는 DT^2 대 DP^2과 같고, 따라서 GT^2 또는 GD^2-BD^2 대 BP^2과 같으며, GD^2 대 BD^2과 같다. 그리고 비의 분리에 의해 BD^2 대 BD^2-BP^2과 같다. 그렇다면 면적 DPQ는 BD^2-BP^2과 같으므로, 면적 DTV는 주어진 양 BD^2에 비례할 것이다. 그러므로 면적 EDT는 각각의 시간 조각 동안 같은 개수만큼의 주어진 부분 DTV가 더해짐으로써 일정하게 증가하고, 따라서 낙하 시간에 비례한다. Q.E.D.

따름정리   중심 D와 반지름 DA를 가지고 호 ET와 닮은꼴인 호 A*t*를 그린 다음, 이와 유사하게 꼭짓점 A를 지나도록 대각 ADT를 그리면, 속도 AP 대 물체가 시간 EDT 동안 저항 없는 공간에서 상승하며 잃는 속도의 비, 또는 낙하하며 얻는 속도의 비는, 삼각형 DAP의 면적 대 부채꼴 DA*t*의 면적의 비와 같고, 따라서 주어진 시간으로부터 결정된다. 저항이 없는 매질에서 속도는 시간에 비례하고, 따라서 이 부채꼴에 비례하기 때문이다. 저항이

있는 매질에서 속도는 삼각형에 비례한다. 그리고 어느 매질에서든 속도가 극도로 작아지면, 부채꼴과 삼각형이 같아지듯 같은 비로 접근한다.

주해[a]

이 내용은 물체가 상승하는 경우에 대해서도 증명할 수 있다. 이때 중력은 DA^2 또는 $AB^2 + BD^2$보다 더 작고 $AB^2 - BD^2$보다 더 크며, 반드시 AB^2으로 표현되어야 한다. 따라서 이 정도로 마무리하고 다음 주제로 넘어가겠다.

명제 14

정리 11. 같은 가정을 세우고, 저항과 중력을 결합한 힘이 등비수열을 이룬다고 하면, 나는 상승이나 낙하로 인해 물체가 휩쓰는 공간은, 시간을 나타내는 면적과 등차수열로 증가하거나 감소하는 어떤 다른 면적의 차에 비례한다고 말한다.

(다음의 세 그림에서) AC는 중력에, AK는 저항에 비례하도록 잡는다. 그리고 물체가 낙하하면 점 A를 기준으로 AC와 AK를 같은 쪽에, 물체가 상승하면 서로 반대쪽에 잡는다. Ab를 세우고, Ab 대 DB는 DB^2 대 $4BA \times AC$가 되도록 한다. 그리고 직각인 점근선 CK와 CH에 대하여 쌍곡선 bN을 그

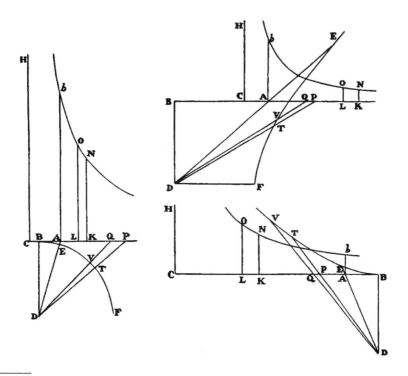

a   1판과 2판에는 이 주해가 없다.

리고, KN은 CK에 수직이 되도록 세우자. 그러면 면적 A*b*NK는 등차수열을 이루며 증가 또는 감소할 것이고, 힘 CK는 등비수열을 이룰 것이다. 그러므로 나는 최고점부터 물체까지 거리는 면적 A*b*NK에서 면적 DET를 빼고 남은 면적에 비례한다고 말한다.

AK는 저항, 즉 $AP^2+2BA \times AP$에 비례하므로, 임의의 양 Z를 가정하고, 이에 따라 AK는 $\frac{AP^2+2BA \times AP}{Z}$에 비례한다고 하자. 그러면 (2권 보조정리 2에 따라) AK의 모멘트 KL은 $\frac{2AP \times PQ+2BA \times PQ}{Z}$ 또는 $\frac{2BP \times PQ}{Z}$와 같고, 면적 A*b*NK의 모멘트 KLON은 $\frac{2BP \times PQ \times LO}{Z}$ 또는 $\frac{BP \times PQ \times BD^3}{2Z \times CK \times AB}$와 같을 것이다.

사례 1   이제 물체가 상승한다고 하자. 중력은 AB^2+BD^2에 비례하고, BET는 원이라 하면(첫 번째 그림에서), 중력에 비례하는 선 AC는 $\frac{AB^2+BD^2}{Z}$일 것이고, DP^2 또는 $AP^2+2BA \times AP+AB^2+BD^2$은 $AK \times Z+AC \times Z$ 또는 $CK \times Z$일 것이다. 그러므로 면적 DTV 대 면적 DPQ는 DT^2 또는 DB^2 대 $CK \times Z$에 비례할 것이다.

사례 2   그런데 물체는 상승하고 중력은 AB^2-BD^2에 비례하면, 선 AC는 (두 번째 그림에서) $\frac{AB^2-BD^2}{Z}$일 것이고, DT^2 대 DP^2은 D^2 또는 DB^2 대 BP^2-BD^2 또는 $AP^2+2BA \times AP+AB^2-BD^2$, 즉 $AK \times Z+AC \times Z$ 또는 $CK \times Z$의 비와 같을 것이다. 그러므로 면적 DTV 대 면적 DPQ는 DB^2 대 $CK \times Z$와 같을 것이다.

사례 3   그리고 같은 논증에 따라, 물체가 하강하고 중력은 BD^2-AB^2에 비례하면, 또한 선 AC는 (세 번째 도형에서) $\frac{BD^2-AB^2}{Z}$와 같다면, 면적 DTV 대 면적 DPQ는 위와 같이 DB^2 대 $CK \times Z$와 같을 것이다.

이렇게 면적들이 언제나 앞선 비를 따르므로, 이 비와 같은 시간의 모멘트를 표현하는 면적 DTV를 임의의 직사각형으로, 이를테면 $BD \times m$이라고 쓴다면, 면적 DPQ, 즉 ½$BD \times PQ$ 대 $BD \times m$은 $CK \times Z$ 대 BD^2과 같을 것이다. 따라서 $PQ \times BD^3$은 $2BD \times m \times CK \times Z$와 같고, 면적 A*b*NK의 모멘트 KLON (위에서 구한 값)는 $\frac{BP \times BD \times m}{AB}$이 된다. 여기에서 면적 DET의 모멘트 DTV 또는 BD를 제하면 $\frac{AP \times BD \times m}{AB}$이 남을 것이다. 그러므로 모멘트들의 차, 즉 면적의 차의 모멘트는 $\frac{AP \times BD \times m}{AB}$과 같고, 따라서 ($\frac{BD \times m}{AB}$가 주어져 있으므로) 속도 AP에 비례한다. 즉 물체가 상승 또는 낙하하며 휩쓰는 공간의 모멘트에 비례한다. 그러므로 앞선 공간, 그리고 비례하는 모멘트에 따라 증가하거나 감소하며 동시에 시작되거나 사라지는 면적들의 차는, 서로 비례한다. Q.E.D.

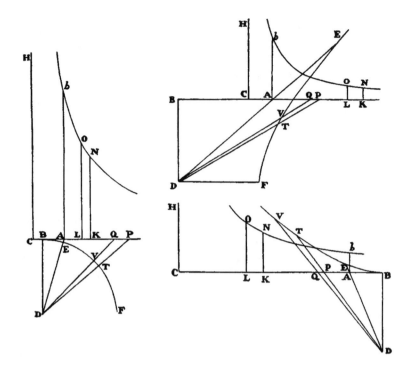

따름정리 면적 DET를 선 BD로 나누어 얻은 길이를 M이라 하고, 다른 길이 V는 길이 M에 대하여 선 DA 대 선 DE의 비를 이룬다면, 물체가 저항이 있는 매질에서 전체적으로 상승 또는 낙하하며 휩쓰는 공간 대 같은 시간 동안 물체가 저항 없는 매질에서 휩쓸 수 있는 공간의 비는, 위의 면적 차 대 $\dfrac{BD \times V^2}{AB}$의 비와 같고, 따라서 주어진 시간 동안 정해지는 값이다. 저항 없는 매질에서 공간은 시간의 제곱비, 즉 V^2에 비례하고, BD와 AB는 주어지는 값이므로, $\dfrac{BD \times V^2}{AB}$에 비례한다. [a]이 면적은 면적 $\dfrac{DA^2 \times BD \times M^2}{DE^2 \times AB}$와 같

---

aA 1판은 이렇게 되어 있다.

"그런데 시간은 DET 또는 ½BD × ET에 비례하고, 이 면적들의 모멘트는 $\dfrac{BD \times V}{2AB}$에 V의 모멘트를 곱한 값과 ½BD에 ET의 모멘트를 곱한 값에 비례한다. 즉, $\dfrac{BD \times V}{2AB} \times \dfrac{DA^2 \times 2m}{ED^2}$와 ½BD × 2m, 또는 $\dfrac{BD \times V \times DA^2 \times m}{AB \times ED^2}$과 BD × m에 비례한다. 그러므로 면적 V^2의 모멘트 대 면적 DET와 AKNb의 차의 모멘트의 비는 $\dfrac{BD \times V \times DA \times m}{AB \times ED}$ 대 $\dfrac{AP \times BD \times m}{AB}$ 또는 $\dfrac{V \times DA}{DE}$ 대 AP와 같고, 따라서 V와 AP가 무한소일 때 같은 비를 갖는다. 그러므로 무한소의 면적 $\dfrac{BD \times V^2}{4AB}$는 면적 DET와 AKNb의 무한소의 차와 같다. 두 매질 모두에서 낙하가 시작될 때 또는 상승이 끝날 때 동시에 휩쓰는 공간들이 서로 같아지므로, 서로에 대한 비는 면적 $\dfrac{BD \times V^2}{4AB}$ 그리고 면적 DET와 AKNb 사이의 차에 비례한다. 그 결과, 두 증분이 서로 유사하므로, 같은 시간 동안 서로에 대하여 $\dfrac{BD \times V^2}{4AB}$ 그리고 면적 DET와 AKNb의 차에 비례한다. Q.E.D." 2판에서 전체 단락은 1판과 같지만 AKNb는 AbNK로 되어 있고 첫 두 문장은 다음과 같이 쓰여 있다. "이 면적 또는 그 등가인 $\dfrac{DA^2 \times BD \times M^2}{DE^2 \times AB}$의 모멘트 대 면적 DET와 AbNK의 차의 모멘트의 비는 $\dfrac{DA^2 \times BD \times 2M \times m}{DE^2 \times AB}$ 대 $\dfrac{AP \times BD \times m}{AB}$의 비와 같고, 다시 말해 $\dfrac{DA^2 \times BD \times M}{DE^2}$ 대 ½BD × AP, 또는 $\dfrac{DA^2}{DE^2} \times DET$ 대 DAP와 같다. 그러므로 면적 DET와 DAP가 무한소일 때 같은 비를 갖는다."

고, M의 모멘트는 m이다. 그러므로 이 면적의 모멘트는 $\dfrac{DA^2 \times BD \times 2M \times m}{DE^2 \times AB}$이다. 그런데 이 모멘트 대 위의 면적 DET와 AbNK의 차의 모멘트 $\left(\text{즉 } \dfrac{AP \times BD \times m}{AB}\right)$의 비는 $\dfrac{DA^2 \times BD \times M}{DE^2}$ 대 $\tfrac{1}{2}$BD$\times$AP와 같고, 또는 $\dfrac{DA^2}{DE^2} \times$ DET 대 DAP와 같다. 그렇다면 면적 DET와 DAP가 극도로 작아질 때 둘은 같아진다. 따라서 면적 $\dfrac{BD \times V^2}{AB}$ 그리고 면적 DET와 AbNK의 차는, 두 면적이 극도로 작아질 때, 모멘트가 같아지고 그에 따라 면적이 같아진다. 그러므로 속도들이 서로 같아지게 되고, 그에 따라 두 매질 모두에서 낙하가 시작될 때 또는 상승이 끝날 때 동시에 휩쓸게 되는 공간들도 같아지게 된다. 따라서 서로에 대한 비는 면적 $\dfrac{BD \times V^2}{AB}$ 그리고 면적 DET와 AbNK의 차에 비례하게 된다. 더 나아가 저항 없는 매질에서 휩쓰는 공간은 언제나 $\dfrac{BD \times V^2}{AB}$에 비례하고, 저항 있는 매질에서는 언제나 면적 DET와 AbNK의 차에 비례한다. 그 결과 같은 시간 동안 두 매질에서 휩쓰는 공간들은 서로에 대하여 $\dfrac{BD \times V^2}{AB}$ 그리고 면적 DET와 AbNK의 차에 비례한다. Q.E.D.[A]

주해[a]

유체 안을 움직이는 구가 받는 저항은 점성, 마찰, 매질의 밀도에서 각기 부분적으로 비롯한다. 그리고 우리는 앞에서 유체의 밀도로 인해 발생하는 저항의 일부는 속도의 제곱비를 따른다고 말했다. 다른 일부, 즉 유체의 점성으로부터 발생하는 저항은 일정하며, 또는 시간의 모멘트에 비례한다. 그러니 이제 일부는 일정한 힘 또는 시간의 모멘트의 비에 따라, 일부는 속도 제곱비에 따라 저항을 받는 물체의 운동으로 넘어갈 수 있겠지만, 앞선 명제 8과 9 그리고 그 따름정리에서 해당 주제를 검토할 수 있는 길을 열어둔 것으로도 충분하다. 앞선 명제와 따름정리에서, 상승하는 물체는 중력으로 인해 발생하는 일정한 저항을 받는데, 물체가 내재하는 힘만으로 움직일 때, 이 저항을 매질의 점성에서 발생하는 일정한 저항으로 대체하면 된다. 그리고 물체가 수직상승할 때는 일정한 저항에 중력을 더하고, 물체가 수직 낙하할 때는 일정한 저항에서 중력을 뺀다. 각기 부분적으로 일정하거나, 속도의 비를 따르거나, 속도의 제곱비로 저항받는 물체의 운동으로 나아갈 수도 있다. 나는 앞선 명제 13과 14에서, 매질의 점성으로 인해 발생하는 일정한 저항으로 중력을 대체하거나, 또는 이전처럼 중력과 결합할 수 있는 방법을 열어두었다. 그러니 지금은 다른 주제로 넘어가겠다.

A 1판과 2판 모두에서 이 단락 바로 직전에 나오는 분수 $\dfrac{BD \times V^2}{AB}$는 $\dfrac{BD \times V^2}{4AB}$이다.

a 1판과 2판에는 이 주해가 없다.

보조정리 3

PQR을 나선이라 하고, 이 나선이 모든 반지름 SP, SQ, SR…을 같은 각으로 자른다고 하자. 나선 위 임의의 점 P에서 접하는 직선 PT를 그리고, 이 선이 반지름 SQ를 T에서 자르도록 하자. 나선에 수직이 되도록 PO와 QO를 세워 O에서 만나도록 하고, SO를 그려 넣는다. 나는 점 P와 Q를 서로에게 접근하여 일치시키면, 각 PSO는 직각이 될 것이며, TQ×2PS 대 PQ^{2}의 최종 비는 1 대 1이 될 것이라고 말한다.

직각 OPQ와 OQR에서 같은 각 SPQ와 SQR을 빼면, 같은 각 OPS와 OQS가 남을 것이다. 그러므로 점 O, S, P를 지나는 원은 점 Q도 지날 것이다. 점 P와 Q를 만나게 하면, 이 원은 두 점이 일치하는 위치 PQ에서 나선과 접하게 되고, 따라서 직선 OP를 수직으로 자르게 될 것이다. 그러므로 OP는 이 원의 지름이 되고, 반원 안의 각 OSP는 직각이 될 것이다. Q.E.D.

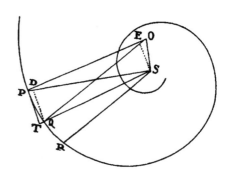

수직선 QD와 SE를 OP로 떨어뜨리면, 선들의 최종 비는 다음과 같이 될 것이다. TQ 대 PD는 TS(또는 PS) 대 PE, 또는 2PO 대 2PS가 된다. 이와 유사하게, PD 대 PQ는 PQ 대 2PO가 될 것이다. 그리고 뒤섞인 비에서 비의 동등성에 의해 TQ 대 PQ는 PQ 대 2PS와 같다. 그러므로 PQ^{2}은 TQ×2PS와 같아진다. Q.E.D.

명제 15

정리 12. 모든 곳에서 매질의 밀도는 움직임 없는 중심부터 어느 위치까지의 거리에 반비례하고, 구심력은 밀도의 제곱비를 갖는다고 하자. 그렇다면 나는 물체가 중심부터 이어진 모든 반지름과 주어진 각도로 교차하는 나선을 따라 회전할 수 있다고 말한다.

보조정리 3과 같은 가정을 세우고, SQ를 V까지 늘여서 SV가 SP와 같아지도록 하자. 어느 때에, 저항이 있는 매질에서, 물체가 극도로 짧은 호 PQ를 그리고, 그 두 배에 해당하는 시간 동안에는 무한소의 호 PR을 그린다고 하자. 그러면 저항으로 발생하는 호들의 감소분, 즉 이 호들과 같은 시간 동안 저항 없는 매질에서 그려질 호의 차는, 서로에 대하여 그 감소분들이 생겨나는 시간의 제곱에 비례할 것이다. 그러므로 호 PQ의 감소분은 호 PR의 감소분의 ¼이다. 또한 같은 이유로, 면적 QSr을 면적 PSQ와 같아지도록 잡으면, 호 PQ의 감소분은 선분 Rr의 절반과 같을 것이다. 그러므로 저항력과 구심력의 비는 해당 힘들이 동시에 만들어내는 선분 ½Rr과 TQ의 비와 같다. 물체가 P에서 받는 구심력은 SP^{2}에 반비례하고, (1권 보조정리 10에 따라) 그 힘이 만드는 선분 TQ는 이 힘과 호 PQ가 그려

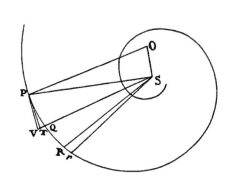

지는 시간의 제곱비의 곱에 비례하므로, (여기에서 나는 저항을 무시한다. 저항이 구심력보다 무한히 더 작기 때문이다) TQ×SP^2, 즉 (보조정리 3에 따라) ½PQ^2×SP는 시간의 제곱비를 갖게 되고, 시간은 PQ×√SP에 비례한다. 그리고 그 시간 동안 호 PQ를 그리는 물체의 속도는 $\frac{PQ}{PQ×\sqrt{SP}}$ 또는 $\frac{1}{\sqrt{SP}}$에 비례하며, 다시 말해 SP의 제곱근에 반비례한다. 비슷한 논증에 따라, 호 QR이 그

려지는 속도는 SQ의 제곱근에 반비례한다. 그런데 이 호 PQ와 QR은 서로 그려지는 속도에 비례한다. 즉, √SQ 대 √SP, 또는 SQ 대 √(SP×SQ)에 비례한다. 그리고 각 SPQ와 SQr은 합동이고, 면적 PSQ와 QSr도 합동이므로, 호 PQ 대 호 Qr은 SQ 대 SP와 같다. 각각에 해당되는 비례식의 항을 빼면, 호 PQ 대 호 Rr의 비는 SQ 대 SP − √(SP×SQ) 또는 ½VQ와 같아질 것이다. 왜냐하면 점 P와 Q가 접근하여 SP − √(SP×SQ) 대 ½VQ의 최종 비가 같아지기 때문이다. [a]저항으로 인해 발생하는 호 PQ의 감소분, 또는 그 두 배인 Rr은 저항과 시간 제곱의 곱에 비례하므로, 저항은 $\frac{Rr}{PQ^2×SP}$에 비례할 것이다.[a] 그런데 PQ 대 Rr은 SQ 대 ½VQ였으므로, $\frac{Rr}{PQ^2×SP}$은 $\frac{½VQ}{PQ^2×SP×SQ}$, 또는 $\frac{½OS}{OP×SP^2}$에 비례하게 된다. 왜냐하면, 점 P와 Q가 서로 만나려 하므로, SP와 SQ는 일치하고 각 PVQ는 직각이 되기

---

aa 1판에서는 이렇게 되어 있다. "저항이 없는 매질 안에서, 합동인 면적 PSQ, QSR은 (1권 정리 1에 따라) 같은 시간 동안 그려져야 한다. 저항으로부터 면적의 차 RSr이 발생하므로, 저항은 이 면적이 생성되는 시간의 제곱과 비교하여 선분 Qr의 감소분 Rr에 비례한다. 선분 Rr은 (1권 보조정리 10에 따라) 시간의 제곱에 비례하기 때문이다. 그러므로 저항은 $\frac{Rr}{PQ^2×SP}$에 비례한다."

때문이다. 그리고 삼각형 PVQ와 PSO는 닮은꼴이므로, PQ 대 ½VQ는 OP대 ½S와 같아진다. 그러므로 $\dfrac{OS}{OP \times SP^2}$는 저항에 비례하고, 다시 말해 P에서 매질의 밀도의 비와 속도의 제곱비에 모두 비례한다. 속도의 제곱비, 즉 $\dfrac{1}{SP}$을 제거하면, P에서의 매질의 밀도가 $\dfrac{OS}{OP \times SP}$에 비례하는 결과를 얻는다. 나선은 정해져 있다고 하고, OS대 OP의 비도 주어져 있으므로, P에서의 매질의 밀도는 $\dfrac{1}{SP}$에 비례할 것이다. 그러므로 매질의 밀도가 중심부터 거리 SP에 반비례할 때, 그 매질 안에서 물체는 이러한 나선을 따라 회전할 수 있다. Q.E.D.

따름정리 1   임의의 위치 P에서의 속도는, 저항 없는 매질에서 물체가 같은 구심력의 작용을 받아 중심부터 같은 거리 SP만큼 떨어져 원을 그리며 회전하는 속도와 같다.

따름정리 2   거리 SP가 정해지면 매질의 밀도는 $\dfrac{OS}{OP}$에 비례한다. 그 거리가 정해지지 않으면 $\dfrac{OS}{OP \times SP}$에 비례한다. 따라서 나선은 매질의 밀도에 따라 만들어질 수 있다.

따름정리 3   임의의 위치 P에서 저항력 대 구심력의 비는 ½OS 대 OP와 같다. 이 힘들은 서로에 대하여 ¼Rr과 TQ 또는 $\dfrac{\frac{1}{4}VQ \times PQ}{SQ}$와 $\dfrac{\frac{1}{2}PQ^2}{SP^2}$, 다시 말해 ½VQ와 PQ, 또는 ½OS와 OP에 비례하기 때문이다. 그러므로 나선이 주어지면 저항 대 구심력의 비가 주어진다. 그리고 역으로, 주어진 비율로부터 나선이 정해진다.

따름정리 4   그러므로 물체는 저항력이 구심력의 절반보다 작을 때를 제외하면 이 나선을 따라 회전할 수 없다. 저항이 구심력의 절반과 같아진다고 하자. 그러면 나선은 직선 PS와 일치할 것이고, 물체는 중심을 향해 이 직선을 따라 낙하할 것이다. 그리고 이때의 속도는 물체가 저항 없는 매질 안에서 1 대 √2의 비로 포물선을 그리며 낙하하는 속도와 같을 것이다. [b]그리고 낙하 시간은 속도에 반비례할 것이므로 주어진 값이 된다.[b]

따름정리 5   그리고 중심부터 같은 거리에서의 속도는 나선 PQR 위, 그리고 직선 SP 위에서의 속도와 같고, 나선의 길이와 직선 PS의 길이는 OP 대 OS로 정해진 비를 가지므로, 나선을 따라 낙하하는 시간 대 직선 SP를 따라 낙하하는 시간의 비는 이 정해진 비와 같으며, 따라서 주어진 값이다.

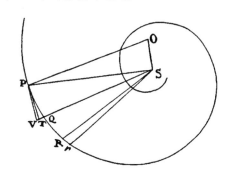

따름정리 6   중심 S와 임의로 주어진 두 반지름으로 두 개의 원을 그린 다음—이 원들은 동일한 상

bb   1판에서는 이렇게 되어 있다. "그러므로 낙하 시간은 그 시간보다 두 배 클 것이므로 주어진 값이다."

태로 유지된다 하고—나선이 반지름 PS와 이루는 각은 어떤 식으로든 변화한다고 하자. 그러면 물체가 원의 지름들 사이에서 완성할 수 있는 회전수, 즉 하나의 둘레에서 다른 둘레까지 나선을 따라 1회 회전을 완성하는 수는 $\dfrac{\text{PS}}{\text{OS}}$에 비례하고, 또는 나선이 반지름 PS와 이루는 각의 탄젠트에 비례한다. 그리고 1회 회전에 걸리는 시간은 $\dfrac{\text{OP}}{\text{OS}}$, 즉 그 각의 시컨트에 비례하며, 또는 매질의 밀도에 반비례한다.

따름정리 7 밀도가 중심부터의 거리에 반비례하는 매질 안에서, 물체가 중심 주위로 임의의 곡선 AEB를 따라 1회 회전을 하고, 앞서 A에서처럼 B에서도 첫 번째 반지름 AS를 같은 각으로 자른다고 하자. 이때의 속도는 A에서의 속도에 대하여 중심부터의 거리의 제곱근에

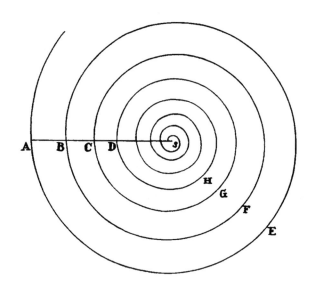

반비례한다고 하자. 다시 말해, AS 대 AS와 BS의 비례중항의 비와 같다. 그렇다면 물체는 완전한 닮은꼴의 회전 궤도 BFC, CGD …를 무수히 많이 회전하고, 반지름 AS는 그 교점들에 의해 연속적으로 비례하는 부분들 AS, BS, CS, DS …로 나뉠 것이다. 그리고 회전 시간은 궤도의 둘레 AEB, BFC, CGD …에 정비례하고, 출발점 A, B, C에서의 속도에 반비례할 것이다. 다시 말해, $\text{AS}^{3/2}$, $\text{BS}^{3/2}$, $\text{CS}^{3/2}$에 비례할 것이다. 그리고 물체가 중심에 도달하는 전체 시간 대 첫 번째 회전에 걸리는 시간의 비는 연속적으로 비례하는 모든 항 $\text{AS}^{3/2}$, $\text{BS}^{3/2}$, $\text{CS}^{3/2}$처럼 무한히 나아가는 양들의 총합 대 첫 번째 항 $\text{AS}^{3/2}$의 비, 즉 첫 번째 항 $\text{AS}^{3/2}$ 대 첫 두 항의 차 $\text{AS}^{3/2} - \text{BS}^{3/2}$의 비와 같으며, ⅔AS 대 AB에 대단히 가깝다. 이런 식으로 전체 시간을 구할 수 있다.

따름정리 8 앞서 설명한 내용으로부터, 밀도가 일정하거나 다른 지정된 법칙을 따르는 매질 안에 서의 물체의 운동도 근사적으로 결정할 수 있다. 중심 S와 연속적으로 비례하는 반지름 SA, SB, SC …로 임의의 개수의 원을 그리자. 그리고 이 원들 중 임의로 고른 두 원둘레 사이를 회전할 때 걸리는 시간을 비교하면, 따름정리 7에서 다루었던 매질에서 걸리는 시간 대 지금 제안하는 매질에서 걸리는 시간의 비는, 지금 제안하는 매질의 평균 밀도 대 따름정리 7의 매질의 평균 밀도의 비에 거의 근접한다. 이에 더하여 따름정리 7에서 다루었던 매질에서, 나선이 반지름 AS를 자르는 각도의 시컨트가 지금 제안하는 매질에 서 새로운 나선이 같은 반지름을 자르는 각도의 시컨트와 같다고 가정하자. 그리고 같은 두 원 사이를 회전하는 수는 같은 각의 탄젠트에 거의 비례한다고 하자. 한 쌍의 원둘레 에 대하여 이 과정을 모두 수행하면, 물체의 운동은 모든 원을 통과하여 계속될 것이다. 그러므로 물체가 균질한 매질을 얼마 동안 어떤 방법으로 회전하게 되는지 상상하는 것 은 어렵지 않다.

따름정리 9 물체가 편심 궤도, 즉 타원에 가까운 나선을 그리며 움직인다 하더라도, 그러한 나선을 1회 회전할 때 궤도의 간격이 서로 같다고 간주하고 위에서 설명한 나선처럼 같은 각도 로 중심에 접근한다고 생각하면, 이런 유의 나선을 따르는 물체의 운동이 어떠할지 이해 할 수 있다.

명제 16

정리 13. 모든 곳에서의 매질의 밀도가 움직임 없는 중심 으로부터의 거리에 반비례하고, 구심력은 그 거리의 임의 의 거듭제곱에 반비례한다면, 나는 물체가 중심부터 이어 진 모든 반지름과 주어진 각도로 교차하는 나선을 따라 회 전할 수 있다고 말한다.

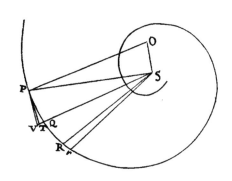

이것은 명제 15와 같은 방법으로 증명된다. P에서의 구심력이 거리 SP의 임의의 거듭제곱 SP^{n+1}(지수는 $n+1$) 에 반비례하면, 위에서와 같이, 물체가 임의의 호 PQ를 그리는 시간은 $PQ \times PS^{\frac{1}{2}n}$에 비례할 것이며, P 에서의 저항은 $\dfrac{Rr}{PQ^2 \times SP^n}$, 또는 $\dfrac{(1 - \frac{1}{2}n) \times VQ}{PQ^2 \times SP^n \times SQ}$에 비례할 것이다. 그러므로 $\dfrac{(1 - \frac{1}{2}n) \times OS}{OP \times SP^{n+1}}$에 비례 하며, $\dfrac{(1 - \frac{1}{2}n) \times OS}{OP}$이 주어진 값이므로, SP^{n+1}에 반비례한다. 따라서 속도가 $SP^{\frac{1}{2}n}$에 반비례하므로, P에서의 밀도는 SP에 반비례할 것이다.

따름정리 1 저항 대 구심력의 비는 $(1-\frac{1}{2}n)\times$OS 대 OP의 비와 같다.

따름정리 2 만일 구심력이 SP^3에 반비례하면, $1-\frac{1}{2}n=0$이 될 것이다. 따라서 매질의 저항과 밀도는 1권 명제 9에 따라 0이 될 것이다.

따름정리 3 만일 구심력이 반지름 SP의 임의의 거듭제곱에 반비례하고 그 지수는 숫자 3보다 크다면, 양의 저항은 음의 저항으로 바뀔 것이다.

주해

그러나 밀도가 같지 않은 매질에 관한 이 명제와 이전 명제들은, 물체의 운동이 너무 작아서 물체의 한쪽 면의 매질의 밀도가 다른 쪽보다 더 큰 경우를 고려할 필요가 없음을 이해해야 한다. 나는 또한 다른 것들은 모두 같을 때 저항이 밀도에 비례한다고 가정한다. 따라서 저항력이 밀도에 비례하지 않은 매질에서는, 남는 저항을 줄이거나 부족한 저항을 채울 수 있도록 밀도가 증가하거나 감소해야 한다.

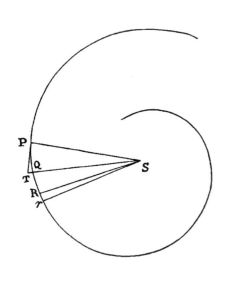

명제 17

문제 4. 속도의 법칙이 주어져 있을 때, 물체가 주어진 나선을 따라 회전할 수 있도록 하는 구심력과 매질의 저항을 모두 찾아라.

　나선을 PQR이라 하자. 시간은 물체가 무한소의 호 PQ를 가로지르는 속도로부터 주어지고, 힘은 구심력과 시간의 제곱에 비례하는 높이 TQ로부터 주어질 것이다. 그렇다면 물체의 감속은 같은 시간 조각 동안 가로지르는 면적 PSQ와 QSR의 차인 RSr로부터 주어질 것이며, 매질의 저항과 밀도는 이 감속의 양으로부터 구할 수 있다.

명제 18

문제 5. 구심력의 법칙이 주어졌을 때, 물체가 주어진 나선을 그리게 될 매질의 밀도를 모든 위치에서 구하여라.

　모든 위치에서 속도는 구심력으로부터 구할 수 있다. 그렇다면 매질의 밀도는 명제 17에서와 같이 감속의 양으로부터 구할 수 있다.

　나는 이런 문제를 다루는 방법을 2권 명제 10과 보조정리 2에서 제시하였고, 독자들이 더 이상 이런 유의 복잡한 문제에 붙들려 있는 것을 원하지 않는다. 이제부터 움직이는 물체의 힘에 대하여 몇 가지 내용을 추가해야 하고, 지금까지 설명한 운동과 이에 관련된 운동이 일어나는 매질의 밀도와 저항에 관한 내용도 추가해야 한다.

유체의 정의

유체란 외부에서 가하는 임의의 힘에 의해 일부가 밀려나고, 그 밀려나는 압력이 다른 부분으로 쉽게 전해지는 물체를 말한다.

명제 19

정의 14. 균질하고 움직임 없는 유체가 움직이지 않는 용기에 담겨 있으면서 모든 면에서 압력을 받고 있으면(응결, 중력, 구심력 들은 고려하지 않는다), 유체의 모든 부분은 모든 방향으로부터 같은 압력을 받게 되며, 그 압력으로 인한 움직임 없이 그 상태를 그대로 유지한다.

사례 1   유체가 공 모양의 용기 ABC 안에 담겨 있고 모든 방향에서 일정한 압력을 받는다고 하자. 나는 이 압력의 결과로 인해 유체의 어떠한 부분도 움직이지 않을 것이라고 말한다. 만일 어느 한 부분 D가 움직이면, 중심으로부터 모든 방향으로 같은 거리에 있는 다른 모든 부분도 동시에 비슷하게 움직여야 한다. 이는 유체에 가해지는 압력

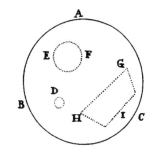

이 모두 같으며, 압력으로부터 발생하는 운동을 제외한 모든 운동은 배제한다고 가정하였기 때문이다. 그런데 유체의 부분들이 모두 중심으로 접근하면 중심이 압축될 것이다. 이는 가설에 모순이다. 또한 유체가 중심으로부터 멀리 물러나면 둘레가 압축될 것인데,

이 역시 가설에 모순이다. 유체의 부분들은 중심으로부터 거리를 계속 유지하며 어느 방향으로도 움직일 수 없을 것이다. 비슷한 이유로 인해 부분들은 반대 방향으로 움직여야 하는데, 같은 부분이 동시에 반대 방향으로 움직일 수 없기 때문이다. 그러므로 유체의 어떤 부분도 그 자리에서 움직일 수 없다. Q.E.D.

사례 2   이에 더하여, 나는 이 유체에서 공 모양의 부분들은 모든 방향으로부터 같은 크기의 압력을 받는다고 말한다. 유체 안의 EF를 공 모양의 부분이라고 하자. 이 부분이 모든 방향에서 같은 압력을 받지 않는다고 가정하고, 더 작은 압력이 미치는 부분이 다른 부분의 압력과 같아질 때까지 압력이 증가한다고 하자. 그렇다면 그 부분은 사례 1에 따라 그 자리에 움직임 없이 그대로 있을 것이다. 그런데 압력이 증가하기 전에도 마찬가지로 사례 1에 따라 움직임 없이 있어야 하고, 새로운 압력이 추가되면 유체의 정의에 따라 그 자리에서 벗어나 움직이게 된다. 이 두 결과는 모순이다. 그러므로 구 EF가 모든 방향에서 같은 압력을 받지 않는다는 가정은 오류다. Q.E.D.

사례 3   더 나아가 나는 여러 개의 공 모양의 부분이 같은 압력을 받는다고 말한다. 공 모양의 부분들이 인접한 접점에서 서로에게 같은 압력을 가하는데, 이는 운동의 제3 법칙에 따른 것이다. 그런데 사례 2에 따라, 부분들은 모든 방향에서 같은 크기의 압력을 받는다. 그러므로 인접하지 않은 임의의 공 모양의 부분 두 개도 같은 힘을 받아 눌릴 것이다. 둘 사이에 놓인 공 모양의 부분이 둘을 다 접할 수 있기 때문이다. Q.E.D.

사례 4   나는 또한 유체의 모든 부분이 모든 방향으로 같은 압력을 받는다고 말한다. 임의의 두 부분은 어느 점에서나 공 모양의 부분에 접할 수 있고, 사례 3에 따르면 그 점에서 공 모양 부분을 같은 힘으로 누른다. 그러면 운동 제 3법칙에 따라 같은 힘으로 눌리게 된다. Q.E.D.

사례 5   이렇게 유체의 임의의 부분 GHI가 용기에 담겨 있는 것처럼 나머지 유체의 부분들에 에워싸여 모든 방향으로 동일한 압력을 받고, 그 부분들은 서로를 같은 힘으로 눌러 서로에 대하여 정지 상태에 있으므로, 임의의 유체 GHI의 모든 부분은 서로에 대하여 모든 방향에서 같은 힘으로 눌리며 정지 상태를 유지할 것이다. Q.E.D.

사례 6   그러므로, 만일 이 유체가 단단하지 않은 용기 안에 들어있고 모든 방향에서 눌리는 힘이 같지 않다면, 유체의 정의에 따라 더 큰 압력에 밀려날 것이다.

사례 7   그러므로 단단한 그릇 안에서 유체는 한쪽의 압력이 다른 쪽보다 더 크면 이 압력에 버티지 못하고 밀려나게 되는데, 이 과정은 순간적으로 일어난다. 용기의 단단한 벽면이 밀려나는 유체를 따라 움직이지 않기 때문이다. 그리고 유체는 압력에 밀려 반대쪽 면을 누르게 되고, 따라서 압력은 다시 모든 방향으로 같아지려는 경향을 보일 것이다. 그리고 유체가 더 많이 눌리는 부분으로부터 물러나려고 노력하자마자 용기의 반대쪽 면의 저항을 받고, 압력은 순간적으로 국소적인 움직임 없이 모든 방향에서 같은 정도로 감소할 것이다. 그 결과 유체의 부분들은 사례 5에 따라 서로를 같은 힘으로 누르고 서로에 대하여 정지 상태에 놓일 것이다. Q.E.D.

따름정리 유체의 외부 표면 모양이 어딘가에서 변하거나 유체의 모든 부분이 서로 더 강렬하게 또는 더 느슨하게 누름으로써[즉, 더 강하게 또는 덜 강하게 누름으로써] 그 사이로 흐름이 원활하지 않은 경우를 제외하면, 유체의 부분들의 상대적인 운동은 변하지 않는다.

명제 20

정리 15. 유체의 모든 부분이 공 모양이고 중심에서 같은 거리에 있을 때 균질하며, 공 모양 바닥 위에 놓여서 전체의 중심을 향해 끌어당겨지고 있다고 하자. 그러면 바닥이 지탱하는 무게는 바닥의 표면을 밑면으로 하고 유체의 높이를 높이로 하는 원통의 무게와 같다.

DHM을 바닥 면이라 하고, AEI는 유체의 윗면이라 하자. 유체를 두께가 같고 무수히 많은 동심의 구형 껍질[a] BFK, CGL 등으로 나눈다. 그리고 중력은 각각의 구형 껍질의 위쪽 면에만 작용한다고 가정하고, 모든 표면에 대하여 같은 부분에 같은 힘이 작용한다고 하자. 그러면 가장 높은 표면 AE는 단순히 그 자체의 중력만으로 눌리게 되고, 가장 높은 구형 껍질의 모든 부분도 이 힘에 의해서만 눌리게 된다. 그리고 두 번째 표면 BFK는 (명제 19에 따라) 그 면적에 따라서 압력을 받는다. 두 번째 표면 BFK가 받는 힘은 첫 번째 힘에 자체의 중력까지 더해져 두 배가 된다. 세 번째 표면 CGL은 면적에 따르는 압력과 자체의 중력을 받아, 세 배의 압력을 받는다. 이와 비슷하게 네 번째 표면은 네 배의 압력을 받고, 다섯 번째는 다섯 배의 압력을 받는 식으로 계속된다. 따라서 하나의 표면이 받는 압력은 그 위에 놓여 있는 유체의 부피에 비례한 것이 아니라, 유체의 꼭대기까지 올라가는 구형 껍질의 개수에 비례한다. 또한 가장 낮은 구형 껍질의 무거움에 껍질의 개수를 곱한 값과 같다. 즉 껍질의 개수는 무한히 늘고 두께는 무한정 줄어들어서, 무거움의 작용이 가장 아래 표면부터 가장 높은 표면까지 연속적으로 이어진다는 조건에서, 위에서 지정한 원통과 최종적인 비가 같아지는 부피의 무거움과 같다. 그러므로 가장 낮은 표면은 위에서 정한 원통의 무게를 지탱한다. Q.E.D. 그리고 비슷한 논증에 따라, 이 명제는 무거움이 중심부터 임의로 지정

---

a   이 부분과 <프린키피아>의 다른 곳에서, 뉴턴이 사용하는 명사 "orbis"(orb)는 구형 껍질을 뜻한다.

된 거리의 비율에 따라 감소할 때, 또한 유체의 밀도가 위쪽으로 갈수록 희박해지고 아래로 갈수록 커질 때에도 성립한다. Q.E.D.

따름정리 1 그러므로 바닥은 그 위에 올려진 유체의 전체 무게로 눌리는 것이 아니라, 오직 이 명제에서 설명된 일부 무게만 지탱한다. 나머지 무게는 유체의 아치 모양에 의해 지탱된다.

따름정리 2 또한 중심에서 같은 거리에 있을 때는, 압력을 받는 표면이 수평에 평행하든 수직이든 비스듬하든 압력은 언제나 같으며, 유체가 수직으로―압력을 받는 표면으로부터 연속적으로 위쪽 방향으로―올라가든 꼬인 관이나 구멍을 통해 구불구불 올라가든 마찬가지다. 유체가 담긴 관의 모양이 규칙적이든 불규칙적이든, 넓든 좁든 그런 것도 상관없다. 이러한 환경에서도 압력이 전혀 변화하지 않는다는 사실은 다양한 형태의 유체에 이 정리의 증명을 적용하면 이해할 수 있다.

따름정리 3 같은 증명에 따라 무거운 유체의 부분들은 (명제 19에 따라) 적층된 무게의 압력을 받더라도 서로에 대하여 아무런 움직임도 보이지 않는다는 사실을 이해할 수 있다. 응축으로 인해 발생하는 운동은 예외로 한다.

따름정리 4 그러므로, 응축을 일으키지 않는 동일한 비중의 물체가 이 유체 안에 잠겨 있다면, 쌓인 무게의 압력으로 인해 어떠한 운동도 발생하지 않을 것이다. 물체는 낙하하거나 상승하지 않고, 그 모양이 바뀌지도 않을 것이다. 만일 물체가 공 모양이면, 압력을 받더라도 계속 공 모양을 유지할 것이다. 물체가 정사각형이면, 정사각형 모양을 유지할 것이다. 물체가 부드럽거나 심지어 유체라 하더라도 마찬가지이며, 물체가 유체 안을 자유롭게 떠다니든 바닥에 가라앉아 있든 상관없다. 유체의 안쪽 부분은 잠겨 있는 물체와 같은 조건에 있으며, 크기, 모양, 비중이 같은 물체라면 모두 같은 경우이기 때문이다. 만일 잠겨 있는 물체가 무게를 유지하면서 액화되어 유체의 형태를 띤다고 하면, 그전까지 상승하거나 하강하거나 압력으로 인해 모양의 변형이 생기더라도, 유체의 형태를 띠고서도 똑같이 상승하거나 하강하면서 새로운 모양을 얻게 될 것이다. 물체의 무거움과 운동의 원인은 그대로 유지되기 때문이다. 그러나 (명제 19 사례 5에 따라) 이 물체는 변형된 모양을 유지하며 정지 상태에 놓이게 될 것이다. 따라서 이전의 조건들은 마찬가지로 성립할 것이다.

따름정리 5 그러므로 인접한 유체보다 비중이 큰 물체는 가라앉을 것이고, 비중이 작은 물체는 떠오를 것이며, 무거움이 더 많거나 더 적은 정도에 따라 운동과 형태에 변화가 일어나게 된다. 과잉분이나 부족분이 충격력처럼 작용하기 때문인데, 이 충격력 때문에 달리 유체의 부분이 평형을 이루었을 물체가 추동된다. 이는 천칭 저울이 더 무겁고 덜 무거움에 따라 기우는 현상과 비교될 수 있다.

따름정리 6 따라서 유체 안의 물체의 무거움은 이중적이다. 하나는 실제적이고 절대적인 무거움이고, 다른 하나는 겉보기이고 일반적이며 상대적인 무거움이다. 절대 무게는 물체가 아래 방향으로 향하게 하는 전체 힘이다. 상대적이며 일반적인 무거움은 무게의 과잉을 의미하며, 물체는 이 무거움으로 인해 주위를 에워싸는 유체보다 더 아래로 향하게 된다. 모든 유체와 물체의 부분은 절대 무게에 의해 그들의 위치에서 잡아 당겨지고, 따라서 개별 무게들의 총합은 전체 무게가 된다. 액체를 가득 담은 그릇으로 실험해보면 알 수 있듯이, 전체가 갖는 무거움, 즉 전체의 무게는 전체를 구성하는 모든 부분들의 무게의 합이기 때문이다. 물체는 상대적인 무거움에 의해서는 자기 위치에서 끌어당겨지지 않는다. 다시 말해, 서로를 비교할 때 하나가 다른 것보다 무거운 것이 아니라, 하강하려는 다른 물체의 노력을 서로 거스르는 것이고, 물체들은 마치 무거움이 없는 것처럼 그 자리에 그대로 남아있다. 일반적으로 공기 중에 있으면서 공기보다 더 많이 끌어당겨지지 않는 것은 무거운 것으로 고려되지 않으며, 대개는 공기의 무게에 의해 지탱을 받지 않는 한, 더 많이 끌어당겨지는 것을 무거운 것으로 간주한다. 일반적으로 생각하는 무게란 공기의 무게와 비교할 때 실제 무게의 초과분일 뿐이다. 물체는 주위 공기보다 덜 무거울 때 일반적으로 가볍다고 여겨지고, 공기가 더 많이 끌어당겨지므로 공기에 대하여 상대적으로 위쪽으로 움직이는 것이다. 그러나 그런 물체들은 상대적으로 가벼울 뿐이고 실제로 가벼운 것은 아니다. 이런 물체들도 진공에서는 낙하하기 때문이다. 이와 마찬가지로, 물속에 있는 물체들도 물에 대한 무거움이 상대적으로 더 크거나 작기 때문에 가라앉거나 떠오르는 것이며, 물체의 상대적인 겉보기 무거움heaviness이나 가벼움은 과잉분이나 부족분이며, 그로 인해 실제 중력이 물의 중력을 초과하거나, 물의 중력에 의해 초과된다. 그리고 더 많이 당겨져 하강하지도 않고 물에 떠받쳐져 상승하지도 않는 물체들은, 비록 물체의 진짜 무게로 인해 전체 무게가 증가한다 하더라도, —그와는 상관없이 물속에서 아래로 당겨지지 않는다. 이러한 내용의 증명은 위에서 제시한 증명과 비슷하다.

따름정리 7 앞에서 무거움에 관하여 증명된 내용들은 다른 구심력에 대해서도 성립한다.

따름정리 8 따라서 어떤 물체가 움직이고 있는 매질이 그 자신의 무거움 또는 다른 구심력의 작용을 받고, 물체는 같은 힘으로부터 좀 더 강한 작용을 받으면, 이 힘들의 차이가 앞선 명제에서 구심력으로 고려했던 원동력이 된다. 그러나 물체가 이 힘에 의해 작용을 덜 받으면, 힘들의 차이는 원심력으로 고려해야 한다.

따름정리 9 　또한 유체는 그 안에 담겨 압력을 가하는 물체의 외형을 바꾸지 않으므로, (명제 19, 따름정리에 따라) 유체의 안쪽 부분들의 상태가 상대적으로 바뀌지 않는다는 것은 명백하다. 따라서, 만일 동물이 유체에 잠겨 있고, 모든 감각이 부분들의 움직임으로부터 발생한다면, 잠겨 있는 물체가 압축에 의해 응축되는 경우를 제외하고, 유체는 이 물체에 해를 끼치거나 감각에 자극을 주지 않는다. 그리고 유체에 잠겨 압력을 받는 물체들의 계도 마찬가지이다. 유체가 부분들의 운동에 다소 저항을 가하거나 압축에 의해 응집되도록 하는 경우를 제외하면, 계의 부분들은 마치 진공 상태에 있는 것처럼 움직이면서 상대적인 무거움만 유지할 것이다.

명제 21

정리 16. 어떤 유체의 밀도가 압력에 비례한다고 하고, 유체의 부분들은 중심까지의 거리에 반비례하는 구심력에 의해 아래쪽으로 당겨지고 있다고 하자. 거리들이 잇달아 비례하도록 잡으면, 나는 이러한 거리에서의 유체의 밀도 역시 연속적으로 비례할 것이라고 말한다.

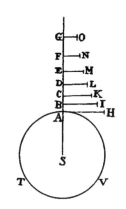

유체가 놓여 있는 구형 바닥을 ATV라 하고, S는 중심, SA, SB, SC, SD, SE, SF, …는 연속적으로 비례하는 거리라 하자. 위치 A, B, C, D, E, F에서 수직선 AH, BI, CK, DL, EM, FN, …을 매질의 밀도에 비례하도록 세운다. 그러면 이 위치에서의 비중은 $\frac{AH}{AS}$, $\frac{BI}{BS}$, $\frac{CK}{CS}$ …에 비례할 것이며, 마찬가지로 $\frac{AH}{AB}$, $\frac{BI}{BC}$, $\frac{CK}{CD}$ …에 비례할 것이다. 먼저 이 비중들이 일정하게 연속된다고 가정하자. 첫 번째로 A에서 B까지, 두 번째로 B에서 C까지, 세 번째로 C에서 D까지, 나아가 그 이후로도 감소분은 각각의 크기에 따라 점 B, C, D …에서 발생한다. 그런 다음 해당 비중에 높이 AB, BC, CD …를 곱하면 압력 AH, BI, CK …가 나오는데, 이 압력이 (명제 20에 따라) 바닥 ATV를 누른다. 그러므로 조각 A는 모든 압력 AH, BI, CK, DL…을 지탱하고, 부분 B는 처음 압력 AH를 제외한 모든 압력을 지탱한다. 그리고 부분 C는, 처음 둘, AH와 BI를 제외한 모든 압력을 지탱한다. 이런 식으로 계속 나아간다. 그러므로 첫 번째 부분 A의 밀도 AH 대 두 번째 부분 B의 밀도 BI의 비는 AH+BI+CK+DL처럼 무한정 더해지는 길이의 총합 대 BI+CK+DL+ …의 총합에 비례한다. 그리고 두 번째 부분 B의 밀도 BI 대 세 번째 부분 C의 밀도 CK의 비는 BI+CK+DL+ …의 총합 대 CK+DL+ …의 총합의 비와 같다. 따라서 이 합들은 그 차인 AH, BI, CK …에 비례하고, 따라서 연속적으로 비례한다(2권 보조정리 1에 따라). 그러므로 이 합들에 비례하는 차 AH, BI, CK …또한 연속적으로 비례한다. 위치 A, B, C …에서 밀도는 AH,

BI, CK …에 비례하므로, 이들 역시 연속적으로 비례할 것이다. 이제 몇 개의 항을 건너뛰고, 비의 동등성에 의해 연속적으로 비례하는 거리들 SA, SC, SE에서, 밀도 AH, CK, EM은 연속적으로 비례할 것이다. 그리고 같은 논증에 따라, 연속적으로 비례하는 임의의 거리들 SA, SD, SG에서, 밀도 AH, DL, GO는 연속적으로 비례할 것이다. 이제 점 A, B, C, D, E …가 서로 접근하여 비중의 수열이 바닥 A부터 유체의 꼭대기까지 연속적인 수열을 이룬다고 하자. 그리고 연속적으로 비례하는 임의의 거리들 SA, SD, SG에서, 밀도 AH, DL, GO는 언제나 연속적으로 비례하며, 연속적으로 비례하는 상태로 유지할 것이다. Q.E.D.

따름정리 그러므로 임의의 두 곳에서, 이를테면 A와 E에서 유체의 밀도가 주어지면, 다른 장소 Q에서의 밀도도 결정될 수 있다. 중심 S와 직각 점근선 SQ, SX로 쌍곡선을 그리고, 이 쌍곡선이 AH, EM, QT를 a, e, q에서 수직으로 자르도록 하자. 그리고 점근선 SX로 떨어지는 수직선 HX, MY, TZ는 h, m, t에서 자르도록 하자. 그런 다음 면적 YmtZ 대 주어진 면적

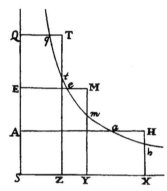

YmhX의 비가 주어진 면적 EeqQ 대 주어진 면적 EeaA와 같아지도록 만들자. 선 Zt는 길게 늘여서 밀도에 비례하는 선 QT를 자르도록 한다. 선 SA, SE, SQ가 연속적으로 비례하면, 면적 EeqQ와 EeaA는 합동일 것이고, 따라서 이 YmtZ와 XhmY에 비례하는 면적들 역시 합동일 것이다. 그리고 선 SX, SY, SZ는―다시 말해 AH, EM, QT―연속적으로 비례할 것이며, 당연히 그래야 한다. 그리고 선 SA, SE, SQ가 연속적으로 비례하는 양들의 수열에서 다른 순서를 이룬다면, 선 AH, EM, QT는 쌍곡선 면적에 비례하므로 역속적으로 비례하는 양들의 다른 수열에서 같은 순서로 놓이게 된다.

명제 22

정리 17. 어떤 유체의 밀도가 압력에 대하여 비례하고, 유체의 부분들은 중심부터 거리의 제곱에 반비례하는 무거움에 의해 아래쪽으로 당겨진다고 하자. 거리가 조화수열이라면, 나는 해당 거리에서의 유체의 밀도가 등비수열을 이룰 것이라고 말한다.

S를 중심으로 정하고, SA, SB, SC, SD, SE는 등비수열을 이루는 거리라고 하자. 위치 A, B, C, D, E …에서 유체의 밀도에 비례하는 수직선 AH, BI, CK …를 세운다. 그러면 그 위치에서의 비중은 $\dfrac{AH}{SA^2}$, $\dfrac{BI}{SB^2}$, $\dfrac{CK}{SC^2}$ …에 비례할 것이다. 이 비중들이 일정하게 이어진다고 상상해 보자. 그러니까 첫 번째로 A에서 B까지, 두 번째로 B부터 C까지, 세 번째로 C부터 D까지, 이런 식으로 계속된다. 그런 다

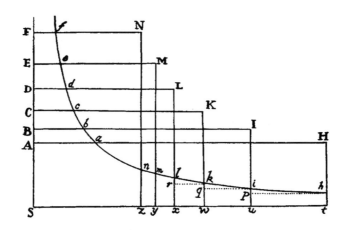

음 해당 값에 높이 AB, BC, CD, DE …를 곱하면—또는 같은 애기지만, 높이에 비례하는 거리 SA, SB, SC …를 곱하면—그 결과로 압력을 표현하는 $\frac{AH}{SA}$, $\frac{BI}{SB}$, $\frac{CK}{SC}$ …를 얻게 된다. 밀도는 압력의 합에 비례하므로, 밀도들의 차 (AH−BI, BI−CK …)는 합들의 차$\left(\frac{AH}{SA}, \frac{BI}{SB}, \frac{CK}{SC} \cdots\right)$에 비례할 것이다. 중심 S와 점근선 SA, Sx로 임의의 쌍곡선을 그리고, 이 쌍곡선이 수직선 AH, BI, CK …를 a, b, c …에서, 그리고 점근선 Sx로 떨어지는 수직선 Ht, Iu, Kw는 h, i, k에서 자르도록 하자. 그렇다면 밀도들의 차 tu, uw …는 $\frac{AH}{SA}$, $\frac{BI}{SB}$ …에 비례할 것이다. 그리고 면적 tu × th, uw × ui …또는 tp, uq …는 $\frac{AH \times th}{SA}$, $\frac{BI \times ui}{SB}$ …에 비례할 것이고, 다시 말해 Aa, Bb …에 비례할 것이다. 왜냐하면 쌍곡선의 성질로부터, SA 대 AH 또는 St는 th 대 Aa와 같고, 따라서 $\frac{AH \times th}{SA}$는 Aa와 같기 때문이다. 비슷한 논증에 따라, $\frac{BI \times ui}{SB}$는 Bb와 같으며, 그 뒤로도 비슷한 방식으로 계속된다. 더욱이 Aa, Bb, Cc …는 연속적으로 비례하므로, 그들의 차 Aa−Bb, Bb−Cc …에도 비례한다. 그러므로 면적 tp, uq …는 그 차에 비례하고, 또한 면적들의 합 tp + uq 또는 tp + uq + wr은 차 Aa−Cc 또는 Aa−Dd의 합에 비례한다. 이런 유의 항들이 원하는 만큼 많이 있다고 하자. 그렇다면 이러한 차들의 총합, 이를테면 Aa−Ff는, 면적들의 총합, 이를테면 zthn에 비례할 것이다. 항의 수를 늘리고 일련의 점 A, B, C …의 거리를 무한정 줄이자. 그러면 해당 면적은 쌍곡선 면적 zthn과 같아질 것이고, 차 Aa−Ff는 면적에 비례한다. 이제 임의의 거리, 이를테면 SA, SD, SF가 조화수열을 이룬다고 하면, 차 Aa−Dd 그리고 Dd−Ff는 같아질 것이다. 그러므로 이 차에 비례하는 면적 thlx와 xlnz은 서로 같아질 것이며, 밀도 St, Sx, Sz는(즉 AH, DL, FN) 연속적으로 비례할 것이다. Q.E.D.

따름정리 그러므로, 유체에서 임의로 두 밀도가 정해지면, 이를테면 AH와 BI가 정해지면, 그 차인 tu에 해당하는 면적 thiu가 주어질 것이다. 따라서 임의의 높이 SF에서의 밀도 FN은 면적 *thnz* 대 주어진 면적의 비가 A*a*−F*f* 대 A*a*−B*b*의 비가 되도록 함으로써 구할 수 있다.

주해

이와 비슷하게, 유체 입자들의 무거움이 중심부터의 거리 세제곱에 비례하여 감소하고, 거리 SA, SB, SC …의 제곱의 역수가 (즉 $\frac{SA^3}{SA^2}$, $\frac{SA^3}{SB^2}$, $\frac{SA^3}{SC^2}$ …) 등차수열을 이룬다면, 밀도 AH, BI, CK …는 등비수열을 이룰 것이다. 그리고 무거움이 거리의 네제곱에 비례하여 감소하고, 거리의 세제곱의 역수가 (이를테면 $\frac{SA^4}{SA^3}$, $\frac{SA^4}{SB^3}$, $\frac{SA^4}{SC^3}$ …) 등차수열을 이루도록 잡으면, 밀도 AH, BI, CK …는 등비수열을 이룰 것이다. 이런 식으로 무한정 계속된다. 다시 정리하면, 만일 유체의 입자의 무거움이 모든 거리에서 같고 등차수열을 이룬다면, 밀도는 등비수열을 이룰 것이다. 이는 저명한 신사 에드먼드 핼리가 발견한 내용 그대로다. 만일 무거움이 거리에 비례하고, 거리의 제곱이 등차수열을 이룬다면, 밀도는 등비수열을 이룰 것이다. 그리고 이런 식으로 무한정 계속된다.

이는 응축된 유체의 밀도가 압축력에 비례할 때, 또는 같은 얘기지만, 유체가 점유하는 공간이 이 힘에 반비례할 때에도 성립한다. 응축에 관한 다른 법칙을 생각해볼 수도 있다. 예를 들면 압축하는 힘의 세제곱이 밀도의 네제곱에 비례하거나, 또는 힘의 세제곱 비가 밀도의 네제곱 비와 같거나 하는 경우이다. 이때 무거움이 중심부터의 거리 제곱에 반비례하면, 밀도는 거리의 세제곱에 반비례할 것이다. 압축력의 세제곱이 밀도의 다섯 제곱에 비례한다고 상상해 보자. 이 경우, 무거움이 거리 제곱에 반비례하면, 밀도는 거리의 ³⁄₂제곱에 반비례할 것이다. 압축력이 밀도 제곱에 비례하고 무거움은 거리 제곱에 반비례한다고 상상해 보자. 그렇다면 밀도는 거리에 반비례할 것이다. 이런 경우를 하나하나 다 다루는 것은 매우 지루한 작업이 될 것이다. 그러나 공기의 밀도가 압축력에 정확하게, 아니면 최소한 근사하게 비례한다는 사실은 실험을 통해 입증되었다. 그러므로 지구 대기의 공기의 밀도는 그 위에 쌓여 있는 전체 공기의 무게에 비례하며, 다시 말해 기압계 안의 수은의 높이에 비례한다.

명제 23

정리 18. [a]서로 반발하는 입자들로 구성된 유체의 밀도가 압력에 비례하면, 입자의 원심력 [또는 반발력]은 입자의 중심 사이의 거리에 반비례한다. 그리고 반대로 입자의 중심 사이의 거리에 반비례하는 힘에 의해 서로 밀쳐지는 입자들이 탄성이 있는 유체를 구성하면 이 유체의 밀도는 압력에 비례한다.[a]

유체가 정육면체 공간 ACE 안에 들어있는데, 압력에 의해 더 작은 정육면체 공간 *ace*로 축소된다고

---

aa   1판에서는 이 두 문장의 순서가 바뀌어 있다.

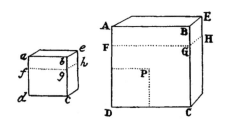

하자. 그러면 두 공간 안에서 서로 비슷한 위치를 유지하는 입자들 사이의 거리는 정육면체의 모서리 AB와 ab에 비례할 것이다. 그리고 매질의 밀도는 담겨 있는 공간 AB^3과 ab^3에 반비례할 것이다. 더 큰 정육면체의 평면 ABCD에서 작은 정육면체의 변 db와 같은 크기의 정사각형 DP를 잡는다. 그러면 (가설에 따라) 정사각형 DP가 그 안에 담긴 액체에 작용하는 압력 대 정사각형 db가 그 안에 담긴 액체에 작용하는 압력의 비는 서로에 대한 매질의 밀도의 비, 즉 ab^3 대 AB^3과 같을 것이다. 그런데 정사각형 DB가 담긴 액체에 가하는 압력 대 정사각형 DP가 같은 액체에 가하는 압력의 비는 정사각형 DB 대 정사각형 DP의 비와 같고, 다시 말해 AB^2 대 ab^2과 같다. 그러므로, 비의 동등성에 의해, 정사각형 DB가 유체에 가하는 압력 대 정사각형 db가 유체에 가하는 압력의 비는 ab 대 AB와 같다. 유체를 정육면체의 가운데를 가르는 평면 FGH와 fgh로 두 부분으로 나누자. 그러면 이 부분들은 평면 AC와 ac에 의해 눌리는 것과 같은 힘으로 서로 누를 것이며, 다시 말해 ab 대 AB의 비로 누를 것이다. 그러므로 이 압력에 의해 지속되는 원심력[또는 반발력]은 같은 비를 갖는다. 두 정육면체에서 입자들의 개수는 같고 그들의 상황은 비슷하므로, 모든 입자가 평면 FGH와 fgh를 따라 다른 입자들에 미치는 힘은 각각의 입자들이 다른 모든 입자에 미치는 힘에 비례한다. 그러므로 각각의 입자들이 더 큰 정육면체의 평면 FGH를 따라 다른 모든 입자에 미치는 힘 대 입자들이 더 작은 정육면체에서 평면 fgh를 따라 바로 옆 입자에 미치는 힘의 비는 ab 대 AB이고, 다시 말해 입자 사이의 거리에 반비례한다. Q.E.D.

그리고 반대로, 개별 입자들의 힘이 거리에 반비례하면, 즉 정육면체의 모서리 AB와 ab에 반비례하면, 힘의 총합은 같은 비를 이루고, 면 DB와 db의 압력은 힘의 총합에 비례할 것이다. 그리고 정사각형 DP의 압력 대 면 DB의 압력의 비는 ab^2 대 AB^2과 같다. 그리고 비의 동등성에 의해 정사각형 DP의 압력 대 면 db의 압력은 ab^3 대 AB^3이 될 것이다. 다시 말해 하나의 압축력 대 다른 압축력의 비는 하나의 밀도 대 다른 밀도의 비가 된다. Q.E.D.

주해

비슷한 논증에 따라, 입자들의 원심력[또는 반발력]이 중심 사이의 거리 제곱에 반비례하면, 압축력의 세제곱은 밀도의 네제곱에 비례할 것이다. 만일 원심력이 거리의 세제곱 또는 네제곱에 반비례하면, 압축력의 세제곱은 밀도의 다섯제곱이나 여섯제곱에 비례할 것이다. 일반적으로 D를 거리, E를 압축된 유체의 밀도라 하고, 원심력이 거리의 임의의 거듭제곱 D^n에 반비례한다면(지수는 숫자 n), 압축력은 거듭제곱 E^{n+2}의 세제곱근에 비례할 것이다(지수는 숫자 $n+2$). 또한 그 역도 성립한다. 지금까지의 설명에서 입자의 원심력은 바로 옆에 있는 입자에서 끝나고 그 너머로는 확장되지 않는다고 가정한다. 이와 같은 예는 자성체에서 찾아볼 수 있다. 자성체가 끌어당기는 성질[또는 힘]은 바로 옆에 있는 같은 종류의 물체에서 거의 끝난다. 자석의 성질은 그 사이에 끼워진 철판에 의해 줄어들어 철판에서 거의 끝난다. 더 멀리 있는 물체들은 자석이 아닌 철판에 의해 끌리는 것이기 때문이다. 마찬가지로, 입자들이 자신과 같은 부류의 바로 옆에 있는 다른 입자를 밀치면서 더 멀리 있는 입자에는 어떠한 영향도 미치지 않으면,[a] 이런 유의 입자들이 이 명제에서 다루었던 유체를 구성하는 입자들일 것이다. 그러나 각각의 입자의 성질이 무한히 전파된다면, 더 많은 양의 유체를 같은 방식으로 응축하기 위해서는 더 큰 힘이 필요할 것이다.[b] 그러나 탄성 유체가 서로 밀치는 입자들로 구성되어 있는지 여부를 가리는 것은 물리학의 문제다. 우리는 이런 유의 입자들로 구성된 유체의 성질을 수학적으로 증명하였고, 자연철학자들에게 이 문제를 다룰 도구를 제공한 것이다.

---

[a]   1판에는 "아마도 그로 인해 중간의 입자들의 개수가 늘지 않는다면"이라는 구절이 추가되어 있다.

[b]   1판에는 다음의 내용이 추가되어 있다. "예를 들어, 만일 각 입자가 그 자신의 힘으로, 즉 중심부터의 거리에 반비례하는 힘으로 다른 입자들을 무한히 밀친다면, 유체가 비슷한 용기 안에서 같은 정도로 압축되고 응축되는 힘은 용기의 지름의 제곱에 비례할 것이다. 따라서 유체가 같은 용기 안에서 압축되는 힘은 밀도의 5제곱의 세제곱근에 반비례할 것이다."

명제 24

정리 19. 진동 중심이 줄을 지지대의 중점에서 같은 거리만큼 떨어져 있는 단진자들에서, 물질의 양은 무게와 진공 중에서의 진동 시간의 제곱의 곱에 비례한다.

　힘과 시간이 주어져 있을 때, 주어진 물질의 양에서 생성할 수 있는 속도는 힘과 시간에 정비례하고 물질에 반비례한다. 힘이 클수록, 시간이 클수록, 물질의 양이 적을수록, 생성되는 속도는 더 크다. 이는 운동 제2 법칙으로부터 자명하다. 이제 진자의 길이가 같다고 하면, 수직으로 같은 거리만큼 떨어져 있는 위치에서 힘은 무게에 비례한다. 그러므로 진동하는 두 물체가 같은 호를 그리고 있다고 하자. 이 호들을 같은 길이의 조각으로 나누면 물체가 호의 한 조각을 휩쓰는 시간은 전체 진동 시간에 비례하므로, 각각에 해당되는 부분을 진동하는 속도는 서로에 대하여 원동력과 전체 진동 시간에 정비례하고 물질의 양에는 반비례할 것이다. 그러므로 물질의 양은 힘과 진동 시간에 정비례하고 속도에는 반비례할 것이다. 그런데 속도는 시간에 반비례하므로, 시간은 시간의 제곱에 정비례하고 속도는 시간의 제곱에 반비례한다. 따라서 물질의 양은 원동력과 시간의 제곱에 비례하며, 다시 말해 무게와 시간의 제곱에 비례한다. Q.E.D.

따름정리 1　　그러므로 시간이 같으면, 물체의 물질의 양은 무게에 비례할 것이다.

따름정리 2　　무게가 같으면, 물질의 양은 시간의 제곱에 비례할 것이다.

---

aa　　뉴턴은 "corpora funependula"라는 표현을 썼는데, 이는 문자 그대로 해석하면 "실[또는 끈]에 매달린 물체"라는 뜻이고, 이것을 우리는 "단진자(simple pendulums)"로 번역했다. 자세한 내용은 해설서 §7.5를 참고하자.

따름정리 3 물질의 양이 같으면, 무게는 시간의 제곱에 반비례할 것이다.

따름정리 4 따라서 다른 것은 모두 같고 시간의 제곱은 진자의 길이에 비례하기 때문에, 시간과 물질의 양이 모두 같으면, 무게는 진자의 길이에 비례할 것이다.

따름정리 5 그리고 보편적으로 단진자의 추 안에 든 물질의 양은 무게와 시간의 제곱에 정비례하고 진자의 길이에 반비례한다.

따름정리 6 그런데 저항 없는 매질에서도 단진자의 추 안에 든 물질의 양은 상대적 무게와 시간의 제곱에 정비례하고 진자의 길이에 반비례한다. 위에서 설명한 것처럼 상대적 무게는 무거움을 가진 임의의 매질 안에서 물체의 원동력이므로, 저항 없는 매질에서는 진공에서의 절대 무게와 같은 기능을 수행하기 때문이다.

따름정리 7 따라서 물체들을 각각의 물질의 양으로 서로 비교하고, 하나의 물체의 무거움이 다른 곳에서 변화할 때 그 변화량을 찾기 위해 무게를 비교하는 방법은 명백하다. 나는 정밀한 실험을 통해 이미 개별 물체의 물질의 양[즉 개별 물체의 질량]이 무게에 비례한다는 것을 발견했다.

명제 25

정리 20. 임의의 매질 안에서 시간의 모멘트 비율로 저항을 받는 단진자의 추, 그리고 비중이 같으면서 저항 없는 매질 안에서 움직이는 추는, 같은 시간 동안 사이클로이드를 그리며 진동하고, 같은 시간 동안 그리는 호의 부분은 서로 비례한다.

저항 없는 매질에서 임의의 시간 동안 물체 D가 진동하며 그리는 사이클로이드의 호를 AB라 하자. 호 AB를 C에서 이등분하여 C가 가장 낮은 점이 되도록 하자. 그러면 물체가 임의의 위치 D 또는 *d* 또는 E에서 받는 가속력은 호의 길이 CD 또는 C*d* 또는 CE의 길이에 비례할 것이다. 이 힘을 적절한 호로 표현하자[CD 또는 C*d* 또는 CE]. 그리고 저항은 시간의 모멘트에 비례하므로 주어진 값이다. 이 값

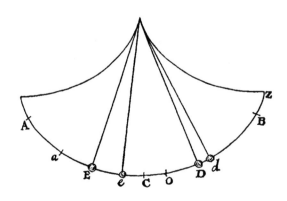

을 사이클로이드의 호의 주어진 부분 CO로 표현하고, 호 Od와 호 CD의 비가 호 OB 대 호 CB와 같도록 호 Od를 잡는다. 그러면 저항 있는 매질 안에 있는 물체가 d에서 받는 힘은(이것은 힘 Cd에서 저항 CO를 뺀 값이므로) 호 Od로 표현될 것이다. 그러므로 이 힘 대 물체 D가 저항 없는 매질 안 위치 D에서 받는 힘의 비는 호 Od 대 호 CD의 비와 같을 것이다. 따라서 위치 B에서는 호 OB 대 호 CB와 같을 것이다. 만일 두 물체 D와 d가 위치 B에서 출발해 이 힘들의 작용을 받으면, 운동을 시작할 때의 힘은 호 CB와 OB에 비례하므로, 최초 속도와 처음 그려지는 호는 같은 비를 가질 것이다. 이 호들을 DO와 Bd라고 하자. 그렇다면 나머지 호 CD와 Od는 같은 비를 가질 것이다. 따라서 CD와 Od에 비례하는 힘들은 처음과 같은 비를 유지할 것이고, 물체들은 동시에 같은 비의 호를 그리며 나아갈 것이다. 그러므로 힘과 속도 그리고 나머지 호 CD와 Od는 언제나 전체 호 CB와 OB에 비례할 것이며, 나머지 호는 동시에 그려질 것이다. 따라서 물체 D는 저항 없는 매질에서 위치 C에, 물체 d는 저항 있는 매질에서 위치 O에 동시에 도달할 것이다. 그리고 C와 O에서 속도는 호 CB와 OB에 비례하므로, 같은 시간 동안 물체가 그리는 호는 같은 비를 가질 것이다. 이 호들을 CE와 Oe라고 하자. 저항 없는 매질 안의 E에서 물체 D를 감속시키는 힘은 CE에 비례하고, 저항 있는 매질 안의 e에서 물체 d를 감속시키는 힘은 힘 Ce와 저항 CO의 합, Oe에 비례한다. 그러므로 물체들을 감속시키는 힘은 호 CB와 OB에 비례하고, 이는 호 CE와 Oe에 비례한다. 따라서 주어진 비에 따라 지연되는 속도 역시 주어진 같은 비를 유지한다. 그러므로 해당 속도와 이러한 속도로 그려지는 호는 언제나 호 CD와 OB와 서로 주어진 비를 가진다. 따라서, 전체 호 AB와 aB를 같은 비가 되도록 잡으면, 물체 D와 d는 함께 이 호들을 그리면서 동시에 위치 A와 a에서 모든 운동을 잃을 것이다. 따라서 전체 진동은 등시성이며, 호의 임의의 부분들, 즉 같은 시간 동안 그려지는 BD와 Bd 또는 BE와 Be는, 전체 호 BA와 Ba에 비례한다. Q.E.D.

따름정리 그러므로 저항이 있는 매질 안에서 가장 빠른 운동은 가장 낮은 점 C가 아니라 점 O에서 일어난다. 점 O는 aB, 즉 그려지는 전체 호를 이등분한다. 그리고 물체는 점 O에서부터 a까지 나아가면서, 이전에 B에서 O로 내려가면서 가속되었던 것과 같은 비율로 감속된다.

명제 26

정리 21. 단진자가 속도의 비에 따라 저항받으면, 사이클로이드를 그리는 단진자의 진동은 등시성을 보인다.

실을 지지대의 중점으로부터 같은 거리만큼 떨어져 있는 물체 두 개가 각자 진동하며 서로 다른 호를 그리고 있다. 두 호에서 서로 대응되는 부분을 휩쓸 때 물체들의 속도의 비가 전체 호의 비와 같다면, 속도에 비례하는 저항 역시 그 호에 비례할 것이다. 따라서, 중력에서 기인하는 동인력으로부터 이 저항들을 빼면(또는 더하면), 이 동인력도 호에 비례한다. 그러면 그 차들(또는 총합)의 비도 두 호와 같은 비를 갖는다. 그리고 속도의 증분이나 감소분은 이 차이 또는 총합에 비례하므로, 속도는 언제나 전체 호에 비례할 것이다. 그러므로 속도가 전체 호에 비례하면, 속도는 언제나 그 비를 유지할 것이다. 그런데 운동 초기에 물체가 낙하하기 시작하면서 호를 그릴 때, 힘은 호에 비례하는 속도를 생성한다. 그러므로 속도는 언제나 그려지는 전체 호에 비례하고, 같은 시간 동안 호가 그려질 것이다. Q.E.D.

명제 27

정리 22. 단진자가 속도의 제곱에 비례하는 저항을 받는다고 하자. 비중이 같은 두 매질에서 한쪽은 저항이 있고 한쪽은 저항이 없다면, 두 매질에서의 진동 시간의 차이는 진동하는 동안 그려지는 호에 거의 비례할 것이다.

　같은 진자가 저항이 있는 매질에서 서로 다른 호 A와 B를 그린다고 하자. 그러면 호 A에서 물체에 미치는 저항 대 호 B의 해당 부분에서 물체에 미치는 저항의 비는 속도의 제곱비, 다시 말해 A^2 대 B^2와 대단히 가깝다. 만일 호 B의 저항 대 호 A의 저항이 AB 대 A^2와 같다면, 호 A와 B를 그리는 시간은 앞선 명제에 따라 같을 것이다. 그러므로 호 A에서의 저항 A^2, 또는 호 B에서 AB로 인해, 저항 없는 매질에서 호 A를 그리는 시간보다 더 오래 걸린다. 그리고 저항 B^2으로 인해 저항 없는 매질에서 호 B를 그리는 시간보다 더 오래 걸리게 된다. 이러한 초과분의 시간은 힘 AB와 B^2, 즉 호 A와 B에 거의 비례한다. Q.E.D.

따름정리 1　그러므로 저항이 있는 매질에서 서로 다른 호를 그리는 진동 시간으로부터 비중이 같고 저항이 없는 매질에서의 진자의 진동 시간을 구할 수 있다. 이 두 시간의 차이 대 저항 없는 매질에서의 시간 차이는 두 호의 길이 차이 대 더 작은 호의 길이의 비와 같기 때문이다.

따름정리 2　진동이 더 짧을수록 등시성이 더욱 뚜렷하게 나타나고, 가장 짧은 진동은 저항 없는 매질에서의 진동 시간과 거의 같은 시간 동안 일어난다. 실제로 더 큰 호를 그리는 시간은 조금 더 오래 걸리는데, 그 이유는 물체가 낙하할 때의 저항이(이 저항에 의해 시간이 연장된다) 이후 상승할 때의 저항보다(이 저항에 의해 시간이 단축된다) 낙하하며 휩쓰는 길이에 비례하여 조금 더 크기 때문이다. 그러나 한편으로는 짧은 진동 시간과 긴 진동 시간이 함께, 매질의 움직임에 의해 다소 길어지는 것처럼 보인다. 그 이유는 일정하게 움직이는 물체와 비교할 때, 감속받는 물체가 속도에 비례하여 저항을 조금 덜 받고,

가속받는 물체는 저항을 조금 더 받기 때문이며, 이는 매질이 물체에게서 운동을 전달받아 물체와 같은 방향으로 움직이면서, 감속받을 때는 더 동요(*agitated*)되고 감속받을 때는 덜 동요되어, 움직이는 물체와 어느 정도 일치하는 경향을 보이기 때문이다. 그러므로 매질이 진자에 가하는 저항은 진자가 낙하할 때 속도에 비례하는 양보다 더 크고, 상승할 때는 더 적으므로, 진자의 진동 시간이 연장된다.

명제 28

정리 23. 사이클로이드를 그리며 진동하는 단진자가 시간의 모멘트의 비에 따라 저항을 받으면, 그 저항 대 중력의 비는 이후 상승할 때 그리는 호와 전체 낙하할 때 그리는 호의 길이 차이 대 진자 길이의 두 배 비와 같다.

BC를 낙하할 때 그리는 호라고 하고, C*a*를 상승할 때 그리는 호라 하자. 그리고 A*a*는 두 호 사이의 차이라 하자. 그러면 명제 25의 작도와 증명 내용으로부터, 진동하는 물체가 임의의 위치 D에서 받는 힘 대 저항력은 호 CD 대 호 CO, 즉 차이 A*a*의 절반과 같을 것이다. 그러므로 진동하는 물체가 사이클로이

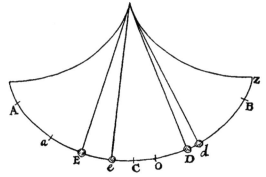

드의 시작점(또는 최고점)에서 받는 힘—다시 말해 무거움의 힘, 중력—대 저항의 비는 사이클로이드의 최고점과 최저점 C 사이에서 호의 길이 대 호 CO의 비와 같으며, 다시 말해 (만일 해당 호가 두 배가 되면) 전체 사이클로이드의 호, 또는 진자 길이의 두 배 대 호 A*a*의 비와 같다. Q.E.D.

명제 29

문제 6. 사이클로이드를 그리며 진동하는 물체가 속도의 제곱에 비례하는 저항을 받는다고 가정하고, 각각의 위치에서의 저항을 구하라

B*a*를 전체 진동에서 그려지는 호라고 하고, C는 사이클로이드의 가장 낮은 점, CZ는 전체 사이클로이드의 호의 절반이고 진자의 길이와 같다고 하자. 그렇다면 임의의 위치 D에서의 물체의 저항을 구해야 한다. 정해지지 않은 직선 OQ를 점 O, S, P, Q에서 자르는데 이때 조건은 다음과 같다. 수직선 OK, ST, PI, QE가 세워져 있고, 중심 O와 점근선 OK, OQ로 쌍곡선 TIGE를 그린다. 이 선이 수직선 ST, PI, QE를 T, I, E에서 자르고, KF는 점 I를 지나면서 점근선 OQ에 평행하게, 점근선 OK와는 K에서 만나도록 그린다. 이 KF가 수직선 ST, QE와는 각각 L, F에서 만나야 한다. 그러면 쌍곡선 면

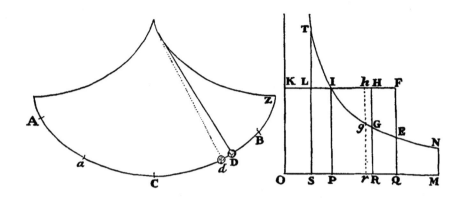

적 PIEQ 대 쌍곡선 면적 PITS의 비는 물체가 낙하하는 동안 그리는 호 BC 대 상승하면서 그리는 호 Ca의 비와 같고, 면적 IEF 대 면적 ILT의 비는 OQ 대 OS와 같다. 그런 다음 수직 MN이 면적 PINM을 자르는데, 이 면적 대 쌍곡선 면적 PIEQ의 비는 호 CZ 대 낙하하는 동안 그려지는 호 BC의 비와 같다. 그리고 수직선 RG가 쌍곡선 영역 PIGR을 자르고, 이러한 PIGR 대 면적 PIEQ의 비가 임의의 호 CD 대 전체 낙하하는 동안 그려지는 호 BC의 비와 같다고 하면, 위치 D에서 저항 대 중력의 비는 면적 $\frac{OR}{OQ}$IEF-IGH 대 면적 PINM과 같을 것이다.

무거움에 의해 발생하는 힘 그리고 물체가 위치 Z, B, D, a에서 받는 힘의 비는 호 CZ, CB, CD, Ca에 비례할 것이고, 이 호들은 면적 PINM, PIEQ, PIGR, PITS에 비례하므로, 호와 힘을 각각 해당 면적으로 표현하기로 하자. 또한 Dd는 물체가 낙하하면서 그리는 극도로 작은 공간이라 하고, 이것을 평행선 RG와 rf 사이에 포함되는 극도로 작은 면적 RGgr로 표현하자. 그리고 rg를 h까지 늘여서, GHhg와 RGgr이 같은 시간 동안 만들어지는 면적 IGH와 PIGR의 감소분이 되도록 한다. 그리고 면적 $\frac{OR}{OQ}$IEF-IGH의 증분 GHhg - $\frac{Rr}{OQ}$IEF 또는 Rr×HG - $\frac{Rr}{OQ}$IEF 대 면적 PIGR의 감소분 RGgr 또는 Rr×RG의 비는, HG - $\frac{IEF}{OQ}$ 대 RG의 비와 같고, 따라서 OR×HG - $\frac{OR}{OQ}$IEF 대 OR×GR 또는 OP×PI의 비와 같다. 다시 말해(OR×HG 또는 OR×HR-OR×GR, ORHK-OPIK, PIHR, PIGR+IGH는 모두 같으므로), PIGR+IGH - $\frac{OR}{OQ}$IEF 대 OPIK와 같다. 그러므로 면적 $\frac{OR}{OQ}$IEF - IGH를 Y라고 쓰고, 면적 PIGR의 감소분 RGgr이 주어지면, 면적 Y의 증분은 PIGR-Y에 비례할 것이다.

그런데 V를 중력에 의해 발생하는 힘이라 하면, 물체가 D에서 받는 이 힘은 그려지는 호 CD에 비례할 것이다. 저항을 R이라 쓰면, V-R은 물체가 D에서 받는 전체 힘이 될 것이다. 그러므로 속도의 증분은 V-R과 증분이 만들어지는 시간 조각에 모두 비례한다. 또한 속도 자체가 같은 시간 동안 그려지는 공간의 증분에 정비례하고 같은 시간 조각에는 반비례한다. 이런 이유로, 가설에 따르면 저항은 속도의 제곱에 비례하므로, 저항의 증분은 (보조정리 2에 따라) 속도와 속도의 증분에 모두 비례할 것이며, 다시 말해 공간의 모멘트와 V−R에 모두 비례할 것이다. 그러므로 공간의 모멘트가 주어지면 V−R에 비례하고, 다시 말해 PIGR−Z에 비례한다. 즉 힘 V를 (힘을 표현하는) PIGR라고 쓰고 저항을 다른 면적 Z라고 표현하면, PIGR−Z에 비례한다.

그러므로 면적 PIGR은 주어진 모멘트를 제하여 일정하게 감소하고, 면적 Y는 PIGR−Y의 비로 증가한다. 그리고 면적 Z는 PIGR−Z의 비로 증가한다. 따라서 면적 Y와 Z가 동시에 시작되고 시작되는 순간에 같았다면, 같은 모멘트가 계속 더해져 이후에도 계속 같을 것이고, 마찬가지로 이후에도 같은 모멘트를 제하여 동시에 감소할 것이다. 그리고 역으로, 이 면적들이 동시에 생겨나기 시작하고 동시에 사라진다면, 둘은 언제나 같은 모멘트를 가질 것이고 언제나 같을 것이다. 그렇게 되는 이유는, 저항 Z가 증가하면 속도는 물체가 상승하며 그리는 호 Ca와 함께 감소할 것이며, 모든 운동과 저항이 중단되는 점이 점 C에 접근하면서, 저항은 면적 Y보다 더 빠르게 감소할 것이기 때문이다. 그리고 저항이 감소하면 그 반대가 된다.

이제 면적 Z는 저항이 0인 곳에서 시작되고 끝난다고 하자. 다시 말해, 호 CD가 호 CB와 같고 직선 RG는 직선 QE 위로 떨어지는 곳에서 운동이 시작되고, 호 CD가 호 Ca와 같고 RG는 직선 ST 위로 떨어지는 곳에서 운동이 끝난다고 하자. 그리고 면적 Y 또는 $\dfrac{\mathrm{OR}}{\mathrm{OQ}}$IEF−IGH는 저항이 0이 되는 곳에서 시작되고 끝나며, 이에 따라 직선 RG는 연속적으로 직선 QE와 ST 위로 떨어진다. 그렇다면 이 면적들은 동시에 시작되고 동시에 사라지므로, 언제나 같다. 따라서 면적 $\dfrac{\mathrm{OR}}{\mathrm{OQ}}$IEF−IGH는 (저항을 나타내는) 면적 Z와 같고, 이 면적 대 (중력을 나타내는) 면적 PINM의 비는 저항 대 중력의 비와 같다. Q.E.D.

따름정리 1 그러므로 가장 낮은 점 C에서 저항 대 중력의 비는 면적 $\dfrac{\mathrm{OR}}{\mathrm{OQ}}$IEF 대 면적 PINM과 같다.

따름정리 2 그리고 이 저항은 면적 PIHR 대 면적 IEF의 비가 OR 대 OQ와 같을 때 가장 크다. 이때 모멘트가(즉 PIGR−Y가) 0이 되기 때문이다.

따름정리 3 이로써 속도가 저항의 제곱근에 비례한다면 각각의 개별 위치에서 속도를 알 수 있다. 그리고 운동이 막 시작되는 순간에는 저항을 받지 않으며 같은 사이클로이드를 따라 진동하는 물체의 속도와 같다.

그런데 이 명제에 따라 저항과 속도를 구하는 연산은 어려우므로, 다음의 명제를 추가하여 설명하는 것이 적절할 것 같다.[a]

---

a   1판과 2판에는 이런 문장이 추가되어 있다. "이 방법이 더 일반적이기도 하고 자연철학에서 사용하기에는 충분히 정확하다."

명제 30

정리 24. 직선 aB가 진동하는 물체가 그리는 사이클로이드 호의 길이와 같고, 각각의 점 D에서 수직선 DK를 세워서 그 수직선의 길이 대 진자의 길이의 비는, 물체가 호의 해당 지점에서 받는 저항 대 중력의 비와 같다고 하자. 그렇다면 나는 전체 낙하에서 그려지는 호와 이후 전체 상승에서 그려지는 호의 차이에 앞선 두 호의 총합의 절반을 곱하면, 이 값이 모든 수직선 DK로 채워지는 면적 BKa와 같을 것이라고 말한다.

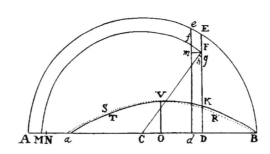

전체 진동에서 그려지는 사이클로이드 호를 그와 길이가 같은 직선 aB로 표현하고, 진공 중에서 그려질 호는 길이 AB로 표현하자. AB를 C에서 이등분한다. 점 C는 사이클로이드의 가장 낮은 점을 나타낼 것이며, CD는 중력에 의해 발생하는 힘에 비례할 것이다(D에 있는 물체는 중력에 의해 사이클로이드의 접선을 따라간다). 그리고 CD 대 진자의 길이는 D에서의 힘 대 중력의 비가 될 것이다. 그러므로 이 힘을 길이 CD로 표현하고, 중력은 진자의 길이로 표현하자. 그러면, 저항 대 중력의 비와 같아지도록 DE 안에서 DK 대 진자의 길이의 비를 잡으면 DK는 저항을 나타낼 것이다. 중심 C와 반지름 CA 또는 CB로 반원 BEeA를 그리자. 그리고 물체는 무한소의 시간 동안 공간 Dd를 그린다고 하자. 그렇다면, 수직선 DE와 de를 세워 둘레와 E 그리고 e에서 만나도록 하면, 이 선들은 물체가 진공 중에서 점 B로부터 낙하하며 위치 D와 d에서 얻게 될 속도에 비례할 것이다. 이는 1권 명제 52에 따라 명백하다. 그러므로 이 속도들을 수직선 DE와 de로 표현하고, DF는 물체가 저항 있는 매질에서 B로부터 떨어지며 D에서 얻게 되는 속도라고 하자. 또한 중심 C와 반지름 CF로 원 FfM을 그리고, 이 원이 직선 de, AB와 각각 f, M에서 만난다고 하면, M은 더 이상의 저항이 없을 때 물체가 상승하게 될 위치가 되고, df는 물체가 d에서 얻는 속도가 될 것이다. 이에 따라, 물체 D가 무한소의 공간 Dd를 그리며 매질의 저항으로 인해 잃게 되는 속도의 모멘트를 Fg라고 하고, CN은 Cg와 같아지도록 잡으면, N은 더 이상의 저항이 없을 때 물체가 상승하게 되는 위치가 될 것이며, MN은 그 속도의 손실로부터 발생하는 상승의 감소분이 될 것이다. 수직선 Fm을 df 위로 내리고, 속도 DF의 감소분 Fg(저항 DK에 의해 생성되는 감소분) 대 속도 DF의 증분 fm(힘 CD에 의해 생성되는 증분)의 비는 생성력 DK 대 생성력 CD의 비와 같을 것이다. 더 나아가, 삼각형 F*mf*, F*hg*, FDC는 닮은꼴이므로, *fm* 대 F*m* 또는 D*d*는 CD 대 DF와 같고, 비의 동등성에 의해 F*g* 대 D*d*는 DK대 DF와 같다. [a]마찬가지로 F*h* 대 F*g*는 DF 대 CF와 같고, 뒤섞인 비에서 비의 동등성에 의해 F*h* 또는 MN 대 D*d*는 DK 대 CF 또는 CM과 같다. 그러므로 MN×CM의 총합은 D*d*×DK의 총합과 같을 것이다. 직각인 세로선이 언제나 움직이는 점 M에 세워져 있으며, 이 선은 정해지지 않은 CM과 같고, CM은 연속적으로 움직이는 동안 전체 길이 A*a*가 곱해진다고 가정하자. 그러면 그 움직임의 결과로 그려지는 사각형은—또는 그와 같은 곱, A*a*×$\frac{1}{2}$*a*B−MN×CM의 총합과 같아질 것이다. 따라서 D*d*×DK의 총합과 같고, 다시 말해 면적 BKVT*a*와 같다. Q.E.D.[a]

따름정리 그러므로 저항의 법칙 그리고 호 C*a*와 CB의 차 A*a*로부터 저항 대 중력의 비를 대단히 근사하게 결정할 수 있다.

만일 저항 DK가 일정하다고 하면, 도형 BKT*a*는 B*a*와 DK의 곱과 같을 것이다. 따라서 $\frac{1}{2}$B*a*와 A*a*의 곱은 B*a*와 DK의 곱과 같을 것이고, DK는 $\frac{1}{2}$A*a*와 같을 것이다. DK는 저항을 표현하고 진자의 길이는 중력을 표현하므로, 저항 대 중력은 $\frac{1}{2}$A*a* 대 진자의 길이의 비와 같을 것이다. 이는 정확히 명제 28에서 증명된 내용과 같다.

만일 저항이 속도에 비례하면, 도형 BKT*a*는 타원에 거의 가까울 것이다. 저항 없는 매질에서 전체 진동 동안 길이 BA를 그린다고 하면, 임의의 위치 D에서의 속도는 지름 AB로 그려지는 원의 세로선 DE에 비례할 것이기 때문이다. 따라서 저항 있는 매질에서 B*a*와 저항 없는 매질에서 BA가 대략적으로 같은 시간 동안 그려지고, B*a*에서 개별 점의 속도 대 길이 BA에서 그에 상응하는 점의 속도의 비는 B*a*대 BA와 대단히 가까우므로, 저항 있는 매질에서 점 D의 속도는 지름이 B*a*인 원이나 타원의 세로선에 비례할 것이다. 그러므로 도형 BKVT*a*는 타원에 대단히 가깝다. 저항은 속도에 비례한다고 가정하였으므로, OV는 중점 O에서의 저항을 표현한다고 하자. 그러면 중심 O, 반축 OB,

---

aa 1판에서는 이렇게 되어 있다. "마찬가지로 Fg 대 Fh는 CF 대 DF와 같고, 뒤섞인 비에서 비의 동등성에 의해 Fh 또는 MN 대 Dd는 DK 대 CF와 같다. DR 대 ½aB를 DK 대 CF와 같도록 잡으면, MN 대 Dd는 DR 대 ½aB이 될 것이다. 따라서 모든 MN×½aB의 합, 즉 Aa×½aB는 모든 Dd×DR의 합과 같을 것이며, 다시 말해 면적 BRrSa와 같을 것인다. 이 면적은 모든 면적 Dd×DR 또는 DRrd가 이루는 면적이다. Aa와 Ab를 P와 O에서 이등분하면 ½aB 또는 OB는 CP와 같을 것이므로, DR 대 DK는 CP 대 CF 또는 CM의 비와 같다. 그리고 비의 분리에 의해 KR 대 DR은 PM 대 CP와 같을 것이다. 그러므로, 물체가 진동의 중점 O에 있을 때 점 M은 거의 점 P 위에 놓이게 되고, 진동의 전반부에서는 A와 P 사이에, 진동의 후반부에는 P와 a 사이에 놓이게 될 것이다. 또한 중점 전후에 점 P를 중심으로 반대 방향으로 같은 거리만큼 벗어날 것이다. 따라서 진동의 중점 부근에서 점 K는, O와 대조하여, 이를테면 점 V에서는 점 R 위에 놓이고 진동의 전반부에서는 R과 E 사이, 후반부에서는 R과 D 사이에 놓일 것이다. 두 경우 모두 점 R을 기준으로 거리는 같고 방향은 반대일 것이다. 이에 따라 선 KR이 그리는 면적은 진동의 전반부에는 면적 BRSa 바깥에 놓이고 진동의 후반부에는 그 안에 놓이며, 양쪽으로 거의 동일한 범위 안에 놓일 것이다. 그러므로 첫 번째 경우에 면적 BRSa를 더하고 두 번째 경우 이 면적을 빼면, 결과적으로 면적 BKTa는 면적 BRSa와 거의 같아지게 된다. 그러므로 면적 Aa×½aB 또는 AaO는 면적 BRSa와 같으므로, 면적 BKTa와도 거의 같을 것이다. Q.E.D."

그리고 OV로 그려지는 타원 BRVSa는 도형 BKVTa와 거의 합동일 것이고, 그 면적은 Aa×BO와 같을 것이다. 그러므로 Aa×BO 대 OV×BO는 이 타원의 면적 대 OV×BO와 같다. 다시 말해 Aa 대 OV는 반원의 면적 대 반지름의 제곱의 비와 같으며, 대략 11 대 7이 된다. 그러므로 $\frac{7}{11}$Aa 대 진자의 길이는 진동하는 물체가 O에서 받는 저항 대 중력의 비와 같다.

그런데 만일 저항 DK가 속도의 제곱에 비례하면, 도형 BKVTa는 꼭짓점 V와 축 OV를 갖는 포물선과 거의 같을 것이며, 따라서 $\frac{2}{3}$Ba와 OV에 포함되는 직사각형 면적과 거의 같을 것이다. 따라서 $\frac{1}{2}$Ba와 Aa에 포함되는 면적은 $\frac{2}{3}$Ba와 OV에 포함되는 면적과 같고, 이에 따라 OV는 $\frac{3}{4}$Aa와 같다. 그러므로 진동하는 물체가 O에서 받는 저항 대 그 중력의 비는 $\frac{3}{4}$Aa 대 진자의 길이의 비와 같다.

나는 이와 같은 결론들이 실용적인 목적을 위해서는 충분히 정확하다고 판단한다. 타원 또는 쌍곡선 BRVSa와 도형 BKVTa는 같은 중점 V를 가지므로, 어느 한 도형이 BRV나 VSa 쪽에서 다른 도형보다 더 크면 그 반대쪽에서는 이 도형이 다른 도형보다 더 작을 것이다. 따라서 전체적으로는 거의 같을 것이기 때문이다.

명제 31

정리 25. 호의 비례 부분 각각에서, 진동하는 물체가 받는 저항이 주어진 비로 증가하거나 낙하하면, 낙하할 때 그리는 호와 이후 상승할 때 그리는 호의 차이는 같은 비로 증가하거나 감소할 것이다.

이런 차이는 매질의 저항으로 인해 진자 운동이 지연되어 발생하며, 이에 따라 전체적인 운동의 지연과 그 지연에 비례하는 저항에 비례한다. 이전 명제에서 직선 $\frac{1}{2}$$a$B, 그리고 호 CB와 C$a$의 차인 A$a$로 구성되는 면적(rectangle, 혹은 두 값의 '곱')은 면적 BKTa와 같다. 또한 길이 aB가 동일하게 유지되면, 그 면적은 세로선 DK 즉 저항의 비에 따라 증가하거나 감소하며, 이에 따라 길이 aB와 저항에 모두 비례한다. 따라서 Aa와 $\frac{1}{2}$$a$B에 포함되는 직사각형 면적은 aB와 저항의 곱에 비례하므로, Aa는 저항에 비례한다. Q.E.D.

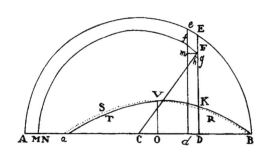

따름정리 1　그러므로 저항이 속도에 비례하면, 같은 매질 안에서 호들의 차이는 그려지는 전체 호에 비례할 것이다. 그리고 이 역도 성립한다.

따름정리 2　저항이 속도 제곱에 비례하면, 그 차이는 전체 호의 제곱비를 따를 것이며, 이 역도 성립한다.

따름정리 3　보편적으로, 만일 저항이 속도의 세제곱 또는 임의의 거듭제곱 비를 가지면, 그 차는 전체 호와 같은 비를 가질 것이며 그 역도 성립한다.

따름정리 4　만일 저항이 부분적으로는 속도에 정비례하고 부분적으로는 속도의 제곱비를 따르면, 그 차이는 부분적으로는 전체 호에 정비례하고 부분적으로는 그 제곱비를 따른다. 이 역도 성립한다. 속도에 대한 저항의 법칙과 비는, 호 자체 길이에 대한 호들의 차이에 관련된 법칙과 비와 같을 것이다.

따름정리 5　그러므로 진자가 연속적으로 그리는 호의 길이가 같지 않을 때, 그려지는 전체 호의 길이에 대하여 이 차이[즉 호의 차이]의 증분과 감소분의 비를 구할 수 있으면, 크거나 작은 속도에 대하여 저항의 증분과 감소분의 비 역시 구할 수 있다.

일반 주해[a]

이 명제들로부터 매질 안에서 진동하는 진자를 이용해 임의의 매질에서 저항을 구할 수 있다. 실제로 나는 다음 실험을 통해 공기 저항을 조사하였다. 가느다란 실에 나무 구슬을 매달아 충분히 단단한 고리에 걸고, 구슬의 진동의 중심과 고리 사이의 거리가 $10\frac{1}{2}$피트가 되도록 했다. 구슬의 무게는 $57\frac{7}{22}$ 상형온스였고 지름은 $6\frac{7}{8}$런던인치였다. 그리고 실을 지지점의 중심부터 10피트 1인치 되는 점을 실 위에 표시하고, 이 점에 수직이 되도록 인치 눈금이 새겨진 자를 놓아서 진자가 그리는 호의 길이를 확인할 수 있도록 했다. 그런 다음 구슬이 진동하면서 운동의 $\frac{1}{8}$을 잃을 때까지 진동 횟수를 셌다. 구슬을 수직에서 2인치만큼 끌어올렸다가 놓아서, 낙하하는 동안 2인치 길이의 호를 그린 다음 전체 진동에서는 약 4인치의 호를 그리도록 했을 때, 진자는 164회를 진동하여 운동의 $\frac{1}{8}$을 잃고, 마지막 상승할 때는 $1\frac{3}{4}$인치의 호를 그렸다. 첫 번째 낙하에서 4인치 길이의 호를 그리도록 하면, 진자는 121회를 진동한 후 운동의 $\frac{1}{8}$을 잃고, 마지막 낙하 때는 $3\frac{1}{2}$인치의 호를 그렸다. 진자가 처음 낙하할 때 8, 16, 32, 64인치의 호를 그리도록 하면, 각각 69, $35\frac{1}{2}$, $18\frac{1}{2}$, $9\frac{2}{3}$회의 진동에서 운동의 $\frac{1}{8}$을 잃었다. 그러므로 첫째, 둘째, 셋째, 넷째, 다섯째, 여섯째 경우에서 첫 낙하할 때와 처음 상승할 때 그려지는 호들의 차는 각각 $\frac{1}{4}$, $\frac{1}{2}$, 1, 2, 4, 8인치였다. 이 차이들을 각 경우의 진동 횟수로 나누면, 평균 1회의 진동에서—각각 $3\frac{3}{4}$, $7\frac{1}{2}$, 15, 30, 60, 120인치의 호가 그려진다—낙하할 때와 이후 상승할 때 그려지는

---

a　1판의 일반 주해는 2권 섹션 7 끝부분에 약간 다른 문장으로 쓰여 있으며, 수치 데이터가 먼저 제시된다.

호들의 차는 각각 $\frac{1}{656}$, $\frac{1}{242}$, $\frac{1}{69}$, $\frac{4}{71}$, $\frac{8}{37}$, $\frac{24}{29}$인치가 될 것이다. 또한 진동이 더 클 때 이 차는 그려지는 호의 제곱비에 거의 비례하며, 작은 진동에서는 제곱비보다 조금 더 크다. 그러므로 (2권 명제 31 따름정리 2에 따라) 구슬이 더 빠르게 운동할 때 구슬의 저항은 속도의 제곱비에 거의 가깝고, 더 느리게 운동할 때는 조금 더 크다.

이제 임의의 진동에서 가장 빠른 속도를 V라 하고, A, B, C는 주어진 양이라 하자. 그리고 호들 사이의 차를 $AV+BV^{3/2}+CV^2$이라고 상상해 보자. 사이클로이드에서 얻을 수 있는 가장 빠른 속도는 진동에서 그려지는 호의 절반에 비례하지만, 원에서는 호의 절반에 대한 현에 비례한다. 따라서 호가 같을 때는 원에서보다 사이클로이드에서 호의 절반 대 현의 비만큼 더 크고, 시간은 사이클로이드보다 원에서 속도의 역수 비만큼 더 크다. 그렇다면 두 곡선에서 호 사이의 차이(저항과 시간 제곱에 모두 비례하는 차이)는 거의 같을 것이다. 왜냐하면 사이클로이드에서의 차이는 현에 대한 호의 제곱비에 가깝게 저항과 함께 증가해야 하고, (속도는 현과 호의 단비에 따라 증가하므로) 같은 제곱에 따라 시간의 제곱과 함께 감소해야 하기 때문이다. 그러므로, 이 내용들을 모두 사이클로이드에 적용하기 위해, 원에서 관측된 호들의 차이를 동일하게 취하되, 이때 호의 절반이든 전체든 즉 호의 $\frac{1}{2}$, 1, 2, 4, 8에 해당하는 최대 속도를 가정한다. 그래서 두 번째, 네 번째, 여섯 번째 경우에서, V 대신 숫자 1, 4, 16을 쓰기로 하자. 그러면 호들 사이의 차이는 두 번째 경우 $\frac{1/2}{121}=A+B+C$가, 네 번째 경우는 $\frac{2}{35\frac{1}{2}}=4A+8B+16C$, 여섯 번째 경우는 $\frac{8}{9\frac{2}{3}}=16A+64B+256C$가 될 것이다. 그리고 이 방정식들을 해석적으로 풀면, A=0.0000916, B=0.0010847, C=0.0029558이 된다. 그러면 호들 사이의 차이는 $0.0000916V+0.0010847V^{3/2}+0.0029558V^2$에 비례한다. 따라서—(명제 30 따름정리를 이 경우에 적용하면) 진동으로 그려지는 호의 중간에서 속도가 V일 때 구슬의 저항 대 무게의 비는 $\frac{7}{11}AV+\frac{7}{10}BV^{3/2}+\frac{3}{4}CV^2$ 대 진자의 길이의 비와 같다.—이제 A, B, C 대신 구한 숫자를 쓰면, 구슬의 저항 대 무게의 비는 $0.0000583V+0.0007593V^{3/2}+0.0022169V^2$ 대 지지대의 중점과 직선 사이에서 진자의 길이, 즉 121인치가 된다. V는 두 번째 경우에서 1, 네 번째 경우에서 4, 6번째 경우에서는 16이었으므로, 저항 대 구슬 무게의 비는 두 번째 경우 0.0030345 대 121, 네 번째 경우는 0.041748 대 121, 여섯 번째에는 0.61705 대 121이 될 것이다.

여섯 번째 경우에서 실에 표시한 점이 그리는 호는 $120-\frac{8}{9\frac{2}{3}}$ 또는 $119\frac{5}{29}$인치였다. 따라서, 반지름이 121인치고 고정점과 구슬의 중심까지의 진자의 길이는 126인치였으므로, 구슬의 중심이 그리는 호의 길이는 $124\frac{3}{31}$인치였다. 진동하는 물체는 공기의 저항으로 인해 그려진 호의 가장 낮은 점이 아니라 전체 호의 중점 근처에서 속도가 가장 빠르며, 구슬이 저항 없는 매질에서 전체적으로 낙하하는 동안 사이클로이드를 따라 해당 호의 절반($62\frac{3}{62}$인치)을 그리는 속도와 비슷할 것이다. 우리는 앞에서 진자의 운동을 이 사이클로이드로 치환하였다. 그러므로 속도는 구슬이 수직으로 떨어지며 그 호의 버스트 사인과 같은 거리만큼 떨어지며 얻는 속도와 같을 것이다. 그런데 사이클로이드에서 버스트 사인 대 호($62\frac{3}{62}$)의 비는 같은 호 대 진자의 길이의 두 배(252)의 비와 같고, 따라서 15.278인치가 된다. 그러므로 이 속도는 물체가 15.278인치만큼의 거리를 낙하하며 얻을 수 있는 속도다. 그렇다면 구슬은 이 속도로 움직이며 저항을 받게 되는데, 이 저항 대 구슬의 무게의 비가 0.61705 대 121이 되며, (속도의 제곱 비를 갖는 일부 저항만 고려하면) 0.56752 대 121과 같다.

유체 정역학적 실험을 통해, 나는 이 나무 구슬의 무게 대 같은 크기의 물 구슬의 무게 비가 55 대 97임을 알아냈다. 그러므로 121 대 213.4가 55 대 97과 같은 비이므로, 물 구슬이 위에서 구한 속도로 전진하며 받는 저항 대 그 무게의 비는 0.56752 대 213.4가 되고, 다시 말해 1 대 $376\frac{1}{50}$이 될 것이다. 물 구슬은 구슬이 일정한 속도로 30.556인치의 거리를 낙하하는 데 걸리는 시간 동안 낙하하면, 구슬이 얻게 되는 속도를 얻게 된다. 따라서 같은 시간 동안 저항력이 일정하게 유지되면 1 대 $376\frac{1}{50}$, 즉 전체 속도의 $\dfrac{1}{376\frac{1}{50}}$가 제거된다. 그러므로 구슬이 일정한 속도로 구슬의 반지름만큼 이동하는 시간, 또는 $3\frac{7}{16}$인치만큼 이동하는 시간에, 운동의 1/3,342 만큼을 잃게 된다.

나는 진자가 운동의 $\frac{1}{4}$을 잃는 동안의 진동 횟수도 세어보았다. 아래 표에서 맨 윗줄의 숫자들은 첫 번째 낙하에서 그려지는 호의 길이를 표시한 것이고, 나타내는데, 소수점 단위의 인치로 표시하였다. 중간의 숫자들은 마지막 상승에서 그려지는 호의 길이를 표시한 것이고, 맨 아래 숫자는 진동 횟수를 기록한 것이다. 이 실험을 설명하는 이유는 운동의 $\frac{1}{8}$만을 잃는 경우보다 이 경우가 더 정확하기 때문이다. 누구든 계산을 검증하기를 원하는 사람은 얼마든지 해보아도 좋다.

최초 하강	2	4	8	16	32	64
최종 상승	$1\frac{1}{2}$	3	6	12	24	48
진동 횟수	374	272	$162\frac{1}{2}$	$83\frac{1}{3}$	$41\frac{2}{3}$	$22\frac{2}{3}$

이후에 같은 실을 사용하여, 지름이 2인치이고 무게가 $26\frac{1}{4}$상형온스인 납 구슬을 달았다. 구슬의 중심부터 지지점까지의 거리는 $10\frac{1}{2}$피트였다. 그리고 운동에서 일정한 부분을 상실하는 진동의 횟수를 셌다. 다음 표의 윗부분은 전체 운동의 $\frac{1}{8}$을 상실하는 진동 횟수이고, 아랫부분은 전체 운동의 $\frac{1}{4}$을 잃는 진동 횟수를 보여준다.

최초 하강	1	2	4	8	16	32	64
최종 상승	$\frac{7}{8}$	$\frac{7}{4}$	$3\frac{1}{2}$	7	14	28	56
진동 횟수	226	228	193	140	$90\frac{1}{2}$	53	30

최초 하강	1	2	4	8	16	32	64
최종 상승	$\frac{3}{4}$	$1\frac{1}{2}$	3	6	12	24	48
진동 횟수	510	518	420	318	204	121	70

첫 번째 표에서 셋째, 다섯째, 일곱째 관측을 선택해서, 이때의 가장 큰 속도를 각각 숫자 1, 4, 16으로 표현하자. 그리고 일반적으로는 위에서와 같이 V로 쓰기로 하자. 그러면 세 번째 관측은 $\frac{1/2}{193}=A+B+C$, 다섯 번째 관측에서는 $\frac{2}{90\frac{1}{2}}=4A+8B+16C$, 그리고 일곱 번째에서는 $\frac{8}{30}=16A+64B+256C$가 될 것이다. 이 수식들을 풀면 A = 0.001414, B = 0.000297, C = 0.000879가 된다. 그러므로 속도 V로 움직이는 구슬의 저항 대 구슬의 무게($26\frac{1}{4}$온스)의 비는 $0.0009V+0.000208V^{3/2}+0.000659V^2$ 대 진자의 길이(121인치)의 비와 같다. 그리고 속도의 제곱비를 따르는 일부 저항만 고려하면, 저항 대 구슬의 무게의 비는 $0.000659V^2$ 대 121이 될 것이다. 그런데 첫 번째 실험에서 이 일부 저항 대 나무 구슬의 무게($57\frac{7}{22}$온스)의 비는 $0.002217V^2$ 대 121이었다. 따라서 나무 구슬의 저항 대 납 구슬의 저항(둘의 속도는 같다)의 비는 $57\frac{7}{22}\times0.002217$ 대 $26\frac{1}{4}\times0.000659$, 즉 $7\frac{1}{3}$대 1이 된다. 두 구슬의 지름은 각각 $6\frac{7}{8}$인치와 2인치였고, 제곱비는 $47\frac{1}{4}$과 4 또는 $11\frac{13}{16}$과 1에 거의 근접한다. 그러므로 속도가 같은 구슬의 저항은 지름의 제곱비보다 더 작은 비를 갖게 된다. 그런데 우리는 아직 실의 저항을 고려하지 않았다. 실의 저항은 틀림없이 매우 클 것이므로 이를 우리가 구한 진자의 저항에서 빼야 할 것이다. 나는 실의 저항을 정확하게 결정할 수 없었지만, 적어도 작은 진자의 전체 저항의 $\frac{1}{3}$보다는 크다는 것을 알 수 있었다. 이로부터 실의 저항을 제거하면 구슬들의 저항이 지름의 제곱에 거의 비례함을 알게 되었다. $7\frac{1}{3}-\frac{1}{3}$대 $1-\frac{1}{3}$의 비, 또는 $10\frac{1}{2}$대 1의 비는, 지름 $11\frac{13}{16}$대 1의 제곱비에 거의 근접하기 때문이다.

크기가 더 큰 구슬에서는 실의 저항의 의미가 덜하므로, 지름이 $18\frac{3}{4}$인치인 구슬로도 실험해 보았다. 지지점부터 진동 중심까지 진자의 길이는 $122\frac{1}{2}$인치였고, 매단 지점부터 실의 매듭까지의 거리는 $109\frac{1}{2}$인치였다. 진자가 첫 번째로 낙하하면서 이 매듭이 그리는 호는 32인치였다. 5회 진동 후 같은 매듭이 마지막 상승 때 그리는 호의 길이는 28인치였다. 호들의 총합, 또는 평균 진동에서 그려지는 전체 호의 길이는 60인치였다. 호들 사이의 차는 4인치였다. 이 값의 $\frac{1}{10}$, 또는 평균 진동에서 낙하와 상승 사이의 차는 $\frac{2}{5}$인치였다. 반지름 $109\frac{1}{2}$ 대 반지름 $122\frac{1}{2}$의 비는 평균 진동에서 매듭이 그리는 전체 호의 길이 60인치 대 평균 진동에서 구슬의 중심이 그리는 전체 호의 길이 $67\frac{1}{8}$인치의 비와 같고, 차이 $\frac{2}{5}$ 대 새로운 차이 0.4475의 비와도 같다. 만일 그려지는 호의 길이가 일정하게 유지되는 동안 진자의 길이가 126 대 $122\frac{1}{2}$로 증가했다면, 진동 시간은 증가하고 진자의 속도는 제곱비로 감소할 것이며, 낙하 때 그려지는 호와 바로 직후 상승 때 그려지는 호 사이의 차이 0.4475는 그대로 유지될 것이다. 그런 다음 그려지는 호가 $124\frac{3}{31}$ 대 $67\frac{1}{8}$의 비로 증가하면 차이 0.4475는 제곱비로 증가할 것이므로 1.5295가 될 것이다. 이 같은 내용은 진자의 저항이 속도 제곱에 비례한다는 가설을 바탕으로 한다. 그러므로, 진자가 그리는 전체 호의 길이가 $124\frac{3}{31}$인치이고, 지지점부터 진동 중심까지의 거리가 125인치라면, 낙하와 이후 상승에서 그려지는 호의 길이 차이는 1.5295인치가 된다. 이 차이에 진자의 무게 208온스를 곱하면, 그 값은 318.136이 된다. 다시 한 번, 위에서 언급한 (나무 구슬로 제작된) 진자에서 진동의 중심이 $124\frac{3}{31}$인치의 전체 호를 그릴 때(이 중심은 실을 지지점으로부터 126인치만큼 떨어져 있다.), 낙하와 상승에서 그려지는 호들의 차이는 $\frac{126}{121} \times \frac{8}{9\frac{2}{3}}$이었고, 여기에 구슬의 무게($57\frac{7}{22}$ 온스였다)를 곱하면 49.396이 나왔다. 나는 구슬의 저항을 구하기 위해 이 차이에 구슬의 무게를 곱했다. 이 차이는 저항으로부터 발생하여 저항에 정비례하고 무게에 반비례하기 때문이다. 따라서 저항들은 318.136과 49.396에 비례한다. 그런데 더 작은 구슬에서 속도의 제곱에 비례하는 일부 저항은 전체 저항에 대하여 0.56752 대 0.61675의 비를 가졌다. 그리고 크기가 더 큰 구슬에서도 속도 제곱에 비례하는 일부 저항은 전체 저항과 거의 같다. 그러므로 이 부분들은 318.316 대 45.453, 즉 7 대 1에 거의 근접했다. 그런데 구슬의 지름은 각각 $18\frac{3}{4}$과 $6\frac{7}{8}$이고, 이 지름들의 제곱은 $351\frac{9}{16}$과 $47\frac{17}{64}$이므로, 7.438과 1에 비례한다. 다시 말해 구슬들의 저항의 비 7 대 1과 거의 근접한다. 비들 사이의 차는 실의 저항으로부터 발생할 수 있는 차이보다 그렇게 크지 않다. 그러므로 (구슬이 동일할 때) 속도의 제곱에 비례하는 일부 저항들은 (속도가 같을 때) 구슬 지름의 제곱에도 비례한다.

그런데 내가 이 실험에서 사용했던 가장 큰 구슬은 완전한 구는 아니었다. 따라서 내용을 간결하게 정리하기 위해 위의 연산에서 세부적인 사항은 무시했고, 실험 자체가 충분히 정확하지 않으니 연산에 대해서는 크게 염려하지 않았다. 진공을 구현하는 것이 이러한 실험들에 달려 있으므로, 나는 이 실험을 좀 더 크고 완벽한 구형을 띤 구슬로 시도할 수 있기를 바란다. 구슬들의 기하학적 비율이, 이를테면 지름의 비가 4, 8, 16, 32인치로 정해진다면, 구슬의 크기가 더 커질 때 어떤 일이 일어날지 실험을 진행하면서 알아낼 수 있을 것이다.

다양한 유체들의 저항을 비교하기 위해, 나는 다음과 같은 실험을 수행하였다. 길이가 4피트, 폭이 1피트, 높이가 1피트 되는 나무 상자를 구해서, 뚜껑을 제거하고 물을 채운 후 진자를 물에 담가 진동하게 했다. 무게가 $166\frac{1}{6}$온스이고, 지름은 $3\frac{5}{8}$인치인 납 구슬을 써서 다음 표와 같은 결괏값을 얻었다.

항목	64″	32″	16″	8″	4″	2″	1″	½″	¼″
최초 하강시 실에 표시된 점이 그리는 호	64″	32″	16″	8″	4″	2″	1″	½″	¼″
최종 상승시 그리는 호	48″	24″	12″	6″	3″	1½″	¾″	⅜″	$\frac{3}{16}$″
호 사이의 차 (손실된 운동에비례)	16″	8″	4″	2″	1″	½″	¼″	⅛″	$\frac{1}{16}$″
수중 진동 횟수				$\frac{29}{60}$	1⅕	3	7	11¼	12⅔	13⅓
공기 중 진동 횟수	85½	287	535						

지지점에서부터 실에 표시한 점까지 길이는 126인치였으며, 진동의 중심까지는 134⅜인치였다.

네 번째 열에 기록된 실험에서, 운동은 공기 중에서 535회의 진동 후, 그리고 물속에서는 1⅕회의 진동 후 상실되었다. 실제로 진동은 물속에서보다 공기 중에서 약간 빨랐다. 그런데 두 매질에서 진자의 운동이 똑같이 빨라지도록 하는 비율로 물속에서 진동을 가속시키면, 같은 양의 운동이 손실될 동안 물속에서의 진동 횟수 1⅕는 이전과 같게 유지될 것이다. 그 이유는 저항이 증가하면서 그와 동시에 시간의 제곱은 같은 제곱비에 따라 감소할 것이기 때문이다. 그래서 같은 속도의 진자는 공기 중에서는 535회만에, 그리고 물속에서는 1⅕회만에 같은 양의 운동을 상실했다. 따라서 진자가 물속에서 받는 저항 대 공기 중에서 받는 저항의 비는 535 대 1⅕이다. 이것은 네 번째 열에 기록된 실험에서 구한 전체 저항의 비다.

이제 공기 중에서 가장 큰 속도 V로 움직이는 구슬이 (낙하와 그 이후의 상승에서) 그리는 두 호 사이의 차이를 $AV+CV^2$로 정하자. 그리고 이 네 번째 열과 첫 번째 열에서 가장 빠른 속도들의 비는 1 대 8이고, 네 번째 열과 첫 번째 열의 호들의 차이의 비는 $\frac{2}{535}$ 대 $\frac{16}{85½}$, 또는 85½ 대 4,280이므로, 이 두 경우의 속도를 1과 8로, 호 사이의 차는 85½와 4,280으로 쓰기로 하자. 그러면 A+C는 85½가 되고 8A+64C=4,280 또는 A+8C=535가 된다. 이제 방정식을 풀면 7C는 449½가 되고 C=64$\frac{3}{14}$, A=21$\frac{2}{7}$가 될 것이다. 저항은 $\frac{7}{11}AV+\frac{3}{4}CV^2$에 비례하므로, 13$\frac{6}{11}$V+48$\frac{9}{56}$V^{2}에 비례할 것이다. 따라서 속도가 1이었던 네 번째 열의 경우, 전체 저항 대 속도 제곱에 비례하는 일부 저항의 비는 13$\frac{6}{11}$+48$\frac{9}{56}$ 또는 61$\frac{12}{17}$ 대 48$\frac{9}{56}$가 된다. 이로 인해 물속에서의 진자의 저항 대 공기 중에서 속도 제곱에 비례하는 일부 저항의 비는 (더 빠른 물체에서는 이 저항만 고려 대상이 된다) 61$\frac{12}{17}$ 대 48$\frac{9}{56}$ 그리고 535 대 1⅕의 비의 곱, 다시 말해 571 대 1과 같다. 물속에서 진동하는 진자의 실이 전부 물속에 잠겨 있었다면 저항은 여전히 조금 더 클 것이다. 물속에서 진동하는 진자의 저항 중 속도 제곱에 비례하는 일부 대 공기 중에서 진동하는 진자의 저항의 비는, 속도가 같을 경우 약 850 대 1과 같으며, 다시 말해 물의 밀도와 공기의 밀도의 비와 매우 가깝다.

또한 이 계산에서, 속도 제곱에 비례하는 물속 진자의 일부 저항을 고려해야 하지만, (다소 이상해 보일 수 있겠으나) 물속 저항은 속도의 제곱비보다 더 큰 비로 증가했다. 그 이유를 고민하면서, 나는 이런 생각을 떠올렸다. 상자가 진자의 구슬 크기에 비해 너무 좁았고, 그로 인해 물이 자유롭게 움직이지 못하면서 구슬의 진동에 굴복했을 것이라는 것이다. 지름이 1인치인 진자의 구슬을 담가 실험하면, 저항은 속도의 제곱비에 거의 비례하여 증가하였다. 이 실험은 구슬 두 개로 하나의 진자를 제작하여 수행하였다. 아래쪽에 단 작은 구슬은 물속에서 진동하고, 높이 매단 큰 구슬은 수면 위 공기 중에서 진동하도록 해서 실의 속도를 끌어올려 진자의 운동을 도와 더 오래 지속되도록 했다. 이 진자로 수행한 실험의 결과는 다음과 같다.

최초 하강시 실에 표시된 점이 그리는 호	16″	8″	4″	2″	1″	½″	¼″
최종 상승시 그리는 호	12″	6″	3″	1½″	¾″	⅜″	3/16″
호 사이의 차 (손실된 운동에 비례)	4″	2″	1″	½″	¼″	⅛″	1/16″
진동 횟수	3⅜	6½	12 1/12	21⅕	34	53	62⅕

또한 매질의 저항을 서로 비교하면서, 수은 안에 쇠 진자를 넣어 진동하게 해 보았다. 철사의 길이는 약 3피트였고 진자 구슬의 지름은 약 ⅓인치였다. 그리고 수은의 수면 바로 위에서는 진자의 운동을 더 오래 지속시키도록 철사에 충분히 큰 납 구슬을 달았다. 그런 다음 작은 용기에 (수은 3파운드가 들어간다) 수은을 채우고 그 위에 물을 채웠다. 그래서 수은과 물속에서 두 구슬이 진동하면서 저항의 비를 구할 수 있도록 설치하였다. 그렇게 해서 얻은 수은의 저항 대 물의 저항의 비는 약 13 또는 14 대 1이었고, 이는 수은의 밀도 대 물의 밀도의 비와 같았다. [a]약간 더 큰 구슬을 사용했을 때, 이를테면 지름이 약 ⅓ 또는 ⅔인치인 구슬을 사용했을 때는,[a] 수은의 저항 대 물의 저항의 비는 대략 12 또는 10 대 1로 나왔다. 그러나 사용한 구슬의 크기에 비해 용기가 너무 작아서, 이전 실험이 더욱 믿을 만하다. 구슬이 커지면 용기도 함께 커져야 했다. 사실 나는 이 실험을 더 큰 용기와 용융 금속과 다른 종류의 액체로 반복하고, 뜨겁고 차가운 액체도 모두 사용해 보려 했다. 그러나 이 작업을 전부 할 시간이 없었고, 이미 설명한 내용으로부터 빠르게 움직이는 물체의 저항은 물체가 잠긴 액체의 밀도에 거의 비례한다는 사실은 명백하다. 나는 정확히 비례한다고는 말하지 않는다. 밀도가 같지만 점성이 좀

<hr>

aa   여기에서 뉴턴의 서술은 다소 혼란스럽다. 다시 말해, 지름이 "약 1/3 또는 2/3인치"인 이 구슬은 앞서 언급된 "약 1/3인치"인 구슬보다 크다는 의미다. 혼란을 유발하는 이 "약 1/3 또는 2/3인치"의 기원은 여러 판본을 비교하면 그 원인으로 거슬러 올라갈 수 있으며, 우리가 편찬한 라틴어판 『프린키피아』에서 이 작업을 수행했다. 인쇄소의 원고와 1판에서, 더 큰 구슬의 지름은 "약 1/2 또는 2/3인치"라고 되어 있던 것이, 2판에서는 "약 1/3 또는 2/3인치"라고 잘못 인쇄되었다. 뉴턴의 주석이 포함된 『프린키피아』 사본에는 이 부분을 "약 1/2 또는 2/3인치"로 수정해야 한다고 적혀 있었지만, 3판에서 수정되지 않았다.

더 큰 유체의 경우에 저항이 더 크다는 점은 의심의 여지가 없다. 예를 들면, 차가운 기름이 뜨거운 기름보다, 뜨거운 기름이 빗물보다, 물이 알코올보다 더 저항이 크다. 그러나 우리가 느끼기에 충분히 유동적인 액체 안에서는—공기, 물(담수 또는 염수), 알코올, 또는 테레빈유, 염산 수용액, 증류하여 앙금을 거른 후 다시 가열한 기름, 그리고 농축된 황산과 수은, 액화된 금속, 그리고 매우 유동적이어서 용기 안에서 흔들었을 때 그 운동을 한동안 보존하였다가 쏟아냈을 때 대단히 자유롭게 방울져 떨어질 수 있는 액체는 무엇이든—위에서 설명한 규칙이 충분히 정확하게 성립할 것이며, 특히 더 크고 더 빠르게 움직이는 진자를 사용하면 더욱 정확하게 확인할 수 있으리라고 믿는다.

마지막으로 [a]어떤 사람들은 다음과 같은 의견을 갖고 있다.[a] 즉 대단히 미묘한 에테르 같은 매질이 존재해서, 모든 물체의 공극과 통로에 자유롭게 스며들고, 저항은 이러한 매질이 물체의 공극을 통해 흐르면서 발생한다는 것이다. 그래서 나는 다음의 실험을 고안하였고, 이 실험을 통해 우리가 물체를 움직일 때 경험하는 저항이 온전히 외부 표면에만 작용하는 것인지 아니면 내부에서도 표면에서 감지할 수 있는 저항을 받는 것인지 시험해 보기로 했다. 나는 강철 고리를 이용해서 견고한 강철 갈고리에 11피트 길이의 끈으로 둥그런 전나무 상자를 매달았다. 고리의 위쪽 호는 갈고리의 예리하고 오목한 날 위에 걸쳐 있기 때문에 매우 자유롭게 움직일 수 있다. 그리고 밧줄은 고리의 아래쪽 호에 고정되어 있었다. 나는 이 진자를 갈고리 날에 수직인 평면을 따라 수직으로 약 6피트까지 들어 올렸고, 진자가 진동하는 동안 고리가 갈고리 날 위에서 앞뒤로 미끄러지지 않도록 했다. 진자가 매달린 점, 즉 고리가 갈고리에 닿는 점이 움직이지 않도록 하기 위해서였다. 나는 진자의 추를 들어올려 정확한 위치를 표시하고, 그런 다음 추가 호를 그리며 첫 번째, 두 번째, 세 번째 진동의 끝에 돌아오는 위치를 표시했다. 이 과정은 여러 번 반복해서 이 위치들을 최대한 정확하게 표시했다. 그런 다음 상자에 납과 다른 무거운 금속들을 채워 넣었다. 그 전에 빈 상자와 상자 주위를 감고 있는 밧줄의 일부 그리고 갈고리와 매달린 상자 사이에서 팽팽해진 나머지 밧줄 절반의 무게를 측정했다. 팽팽해진 밧줄의 무게의 절반은 언제나 수직에서 옆으로 당겨 올라간 진자를 밀어내는 작용을 하기 때문이다. 나는 이 무게에 상자가 담고 있는 공기의 무게를 더했다. 전체 무게는 금속이 가득 채워진 상자의 약 1/78이었다. 그런 다음, 금속으로 채워진 상자는 해당 무게로 인해 밧줄을 늘여 진자의 길이를 늘리므로, 밧줄을 짧게 해서 진동하는 진자의 길이가 이전과 같아지도록 했다. 모든 준비를 마친 후에 추를 처음 표시한 위치까지 끌어 올렸다가 놓았고, 약 77회만큼 진동을 세니 상자가 두 번째 표시한 위치로 돌아왔다. 그리고 다시 77회의 진동 후에 세 번째 표시한 위치로 돌아왔고, 또 77회의 진동 후에 네 번째 표시한 위치로 돌아

---

aa   이 문장은 직역하면 "일부 사람들의 의견"이다. 1판과 2판에서는 "가장 널리 수용되는 이 시대 철학자들의 의견은"이라고 쓰여 있다. 코츠가 2판에서 삽입하여 3판까지 인쇄된 인텍스에서는 이 의견을 "처리할 문제(Materia)" 항목 아래에 수록하였고 "철학자들"(즉 "어떤 사람들")은 다음과 같이 구체적으로 설명하고 있다. "데카르트 학파가 주장하는 미묘한 물질은 특별한 조사 대상이다."

왔다. 이런 이유로 나는 꽉 찬 상자의 전체 저항은 빈 상자의 저항에 대하여 78 대 77 이상의 비를 갖지 않는다는 결론을 내렸다. 둘의 저항이 같았다면 꽉 찬 상자의 내재하는 힘이 빈 상자보다 78배 컸으므로 진동 운동을 훨씬 더 오래 보존했어야 했고, 그러므로 언제나 78회의 진동을 마칠 때 표시된 위치로 돌아와야 했기 때문이다. 그러나 상자는 77회의 진동을 마치고 위치로 돌아왔다.

그러므로 A를 상자의 안쪽 표면에 미치는 저항이라 하고, B는 빈 상자의 안쪽 부분에 미치는 저항이라 하자. 그렇다면, 속도가 같은 물체의 안쪽 부분에 걸리는 저항이 물질에, 또는 저항을 받는 입자들의 수에 비례한다면, 78B는 꽉 찬 상자의 안쪽 부분에 미치는 저항이 될 것이다. 그러므로 빈 상자의 전체 저항 A+B 대 꽉 찬 상자의 전체 저항 A+78B는 77 대 78과 같을 것이고, 비의 분리에 의해 A+B 대 77B의 비는 77 대 1이 될 것이다. 그렇다면 A+B 대 B의 비는 77×77 대 1이 되고, 비의 분리에 의해 A 대 B는 5,928 대 1이 될 것이다. 빈 상자의 안쪽 부분이 받는 저항은 바깥 표면에 걸리는 비슷한 저항보다 5,000배 이상 작은 것이다. 이 논증은 완전히 채워진 상자가 받는 저항이 더 큰 이유는 다른 숨겨진 원인으로 인한 것이 아니라 그 안에 담긴 금속에 어떤 미묘한 유체가 작용하기 때문이라는 가설에 바탕을 두고 있다.

나는 이 실험을 기억에 의존해 기록했다. 이 내용을 기록했던 종이를 잃어버렸기 때문이다. 따라서 기억하지 못하는 몇몇 숫자는 생략해야만 했다.

이 과정을 다시 반복할 시간이 없다. 처음에는 약한 갈고리를 사용했기 때문에, 완전히 속을 채운 상자는 더 빨리 감속되었다. 그 원인을 찾는 과정에서 갈고리가 너무 약해서 상자의 무게를 못 이겨 그 방향으로 휘어지면서 진자의 운동에 굴복했음을 발견했다. 그래서 더 튼튼한 갈고리를 구해 밧줄을 건 지점이 흔들리지 않도록 했더니, 위에서 설명한 것과 같은 결과가 나왔다.

명제 32

정리 26. 같은 개수의 입자로 이루어진 물체들로 구성된 유사한 계가 두 개 있고, 하나의 계에 포함된 각각의 입자는 다른 계의 대응되는 입자와 비슷하며 비례한다고 하자. 그리고 입자들은 두 계 안에서 서로 비슷한 상황에 있으며 서로 주어진 비의 밀도를 갖는다고 하자. 그리고 이 입자들은 서로 비례하는 시간 동안 비슷하게 움직이기 시작한다고 가정하자(하나의 계 안에 있는 입자들은 그 계 안에 있는 입자에 대하여, 그리고 다른 계에 있는 입자들은 다른 계 안에 있는 입자들에 대하여 움직인다). 이러한 상황에서, 같은 계 안에 있는 입자들은 반사할 때를 제외하고는 서로 접촉하지 않고, 다른 힘의 작용 없이 입자의 지름에 반비례하고 속도 제곱에 정비례하는 가속력에 의해서만 서로를 끌어당기거나 밀친다면, 나는 계의 입자들이 비례하는 시간 동안 서로 비슷하게 움직일 것이라고 말한다.

나는 비슷한 상황에 있는 비슷한 입자들이 서로의 관계 안에서 비례하는 시간 동안 서로 비슷하게 움직일 것이라고 말한다. 즉 어느 한 계의 입자들을 다른 계의 대응되는 입자들과 비교하면 그렇다는 의미다. 따라서 대응되는 입자들이 서로 비례하는 닮은꼴 도형을 그리는 시간은 서로 비례할 것이다. 또한 이런 유의 두 계가 있다면, 서로 대응되는 입자들이 운동을 시작하는 순간 운동의 유사성으로 인해 다른 입자를 만날 때까지 계속해서 비슷하게 움직일 것이다. 만일 입자들이 다른 어떠한 힘도 받지 않는다면, 운동 제1 법칙에 따라 일정한 직선을 그리며 앞으로 움직일 것이기 때문이다. 만일 어떤 힘

---

a   1판의 섹션 7은 3판과는 매우 다르다. 명제 32-34 (1판에서는 32-35)는 부분적인 변화를 거쳤고, 명제 34는 삭제되었었다. 나머지 섹션 7은 2판을 위해 완전히 새로 쓰였고, 사소한 변경 내용도 포함하여 대개는 3판까지 유지되었다. 자세한 내용은 본 번역의 해설서 §7.6을 참고하자.

에 의해 입자들이 서로 영향을 주고, 이 힘이 대응되는 입자의 지름에 반비례하고 속도 제곱에는 정비
례한다면, 입자들의 상황은 비슷하고 힘은 비례하기 때문에, 대응되는 입자가 받는 전체 힘은 각각 작
용하는 힘의 합성이 된다(법칙의 따름정리 2에 따라). 이 힘은 서로 방향이 비슷하여, 마치 입자들이
매우 비슷한 위치의 중심을 향하는 것처럼 작용할 것이다. 그리고 이 전체 힘의 상대적인 비는 힘의 개
별 성분에 비례할 것이고, 다시 말해 대응되는 입자의 지름에 반비례하고 속도 제곱에는 정비례할 것
이다. 따라서 이 힘은 대응되는 입자들이 계속해서 닮은꼴 도형을 그리도록 할 것이며, 이때 중심은 (1
권 명제 4, 따름정리 1과 8에 따라) 정지 상태에 있어야 한다. 그러나 만일 중심이 움직인다면, 계의 입
자들에 대한 상황은 서로 비슷하게 유지되므로(입자의 운동은 서로 비슷하므로) 입자가 그리는 도형에
도 비슷한 변화가 일어날 것이다. 따라서 대응되는 비슷한 입자들은 서로 처음 만날 때까지 비슷한 운
동을 유지할 것이며, 충돌과 반사도 비슷하게 일어날 것이다. 그렇다면 (앞에서 이미 본 바에 따라) 서
로에 대한 입자들의 운동은 입자들이 서로를 다시 만날 때까지 비슷하게 이루어질 것이며, 이렇게 무
한정 계속될 것이다. Q.E.D.

따름정리 1   따라서, 비슷한 위치에 놓인 비슷한 두 물체가 비례하는 시간 동안 (계의 대응되는) 입자
들에 대하여 비슷하게 움직이기 시작하고, 서로 대응되는 입자들의 부피와 밀도 비가 같
다면, 물체는 비례하는 시간 동안 계속해서 비슷하게 움직일 것이다. 입자에서 성립한
내용은 계의 더 큰 부분에서도 성립하기 때문이다.

따름정리 2   계 안에서 서로 비슷한 위치에 있는 비슷한 부분들이 서로에 대하여 정지 상태에 있다고
하자. 그중 서로 대응되는 두 부분이 각자의 계 안에서 다른 부분들보다 더 크고, 비슷한
위치의 직선을 따라 비슷하게 움직이기 시작한다고 하자. 그러면 이 부분들로 인해 계의
나머지 부분도 비슷하게 움직이게 되고, 비례하는 시간 동안 서로에 대하여 비슷하게 계
속 움직일 것이다. 그러므로 각자의 지름에 비례하는 거리를 계속해서 움직일 것이다.

명제 33

정리 27. 앞에서와 같은 가정을 세우면, 나는 계에서 더 큰 부분들이 속도의 제곱과 지름의 제곱, 그리고
그 부분의 밀도의 곱에 따라 저항을 받는다고 말한다.

저항은 계의 입자들이 서로에게 작용하는 구심력 또는 원심력에 의해 일부, 또 입자들과 입자보다
더 큰 부분의 충돌과 반사로부터 일부 발생하기 때문이다. 게다가 구심력 또는 원심력에 의해 발생하
는 저항은 그 힘에 비례하므로, 다시 말해 전체 동인력과 대응되는 부분의 물질의 양에 비례한다. 이는
(가설에 따라) 속도 제곱에 정비례하고 대응되는 입자들의 거리에 반비례하며 대응되는 부분의 물질의
양에는 정비례한다. 그러므로 하나의 계 안의 입자들의 거리 대 다른 계의 대응되는 입자들의 거리의

비는 첫 번째 계의 입자나 부분의 지름 대 다른 계의 대응되는 입자나 부분의 지름의 비와 같고, 물질의 양은 부분의 밀도와 지름의 세제곱에 비례한다. 따라서 서로에 대한 저항의 비는 속도 제곱에 비례하고, 지름 제곱에 비례하고, 계의 부분들의 밀도에 비례한다. Q.E.D.

두 번째, 즉 충돌과 반사로 발생하는 저항은 대응되는 반사의 횟수와 힘에 모두 비례한다. 또한 이 계의 반사 횟수 대 다른 계의 반사 횟수의 비는 대응되는 부분의 속도에 정비례하고 반사 사이의 거리에 반비례한다. 그리고 반사하는 힘은 대응되는 부분들의 속도와 부피와 밀도에 모두 비례하여, 속도, 지름의 세제곱, 그리고 그 부분의 밀도에 비례한다. 이 비들을 모두 결합하면, 대응되는 부분들의 저항은 속도의 제곱, 지름의 제곱, 그리고 그 부분의 밀도에 모두 비례한다. Q.E.D.

따름정리 1 그러므로, 공기 같은 탄성 유체로 이루어진 두 계가 있고, 이 계의 부분들이 서로에 대하여 정지해 있다고 하고, 유체의 부분과 닮은꼴이고 비례하며(부피와 밀도) 이 부분에 대하여 비슷한 상황에 놓인 두 물체가 비슷하게 자리 잡은 직선을 따라 발사된다고 하자. 또한 유체의 입자들이 서로에게 작용하는 가속력은 발사된 물체의 지름에 반비례하고 속도의 제곱에는 정비례한다고 하자. 그러면 물체들은 유체 안에서 비례하는 시간 동안 비슷한 운동을 일으킬 것이고, 그들의 지름에 비례하며 유사한 거리를 휩쓸 것이다.

따름정리 2 따라서, 같은 유체 안에서 빠르게 움직이는 발사체는 속도의 제곱비에 거의 근접한 저항을 받게 된다. 멀리 있는 입자들이 서로에게 작용하는 힘이 속도의 제곱비에 따라 증가한다면, 저항은 속도의 제곱비와 정확히 일치할 것이기 때문이다. 그러므로 매질의 부분들이 서로 너무 멀리 떨어져 있어 서로 아무 힘도 작용하지 않는 매질이 있다면, 그 매질 안에서 저항은 정확히 속도의 제곱에 비례한다. 그렇다면 세 매질 A, B, C에서 서로 비슷하고 동일한 부분들 간의 거리는 모두 같으며 규칙적으로 분포해 있다고 하자. 매질 A와 B의 부분들은 T와 V에 비례하는 힘을 서로에게 미쳐 멀어지고 있고, 매질 C의 부분들은 이런 유의 힘을 전혀 받지 않는다고 하자. 이 매질들 안에서 동일한 네 물체들 D, E, F, G가 움직이고 있다. 물체 D와 E는 각각 매질 A와 B에 들어있고, 물체 F와 G는 세 번째 매질 C에 들어있다고 하자. 그리고 물체 D의 속도 대 물체 E의 속도, 그리고 물체 F의 속도 대 물체 G의 속도는 힘 T대 힘 V의 제곱근의 비[즉, $\sqrt{T}$ 대 $\sqrt{V}$]와 같다고 하자. 그러면 물체 D의 저항 대 물체 E의 저항, 그리고 물체 F의 저항 대 물체 G의 저항은 속도의 제곱비를 따르므로, 물체 D의 저항 대 물체 F의 저항의 비는 물체 E의 저항 대 물체 G의 저항의 비와 같다. 물체 D와 F의 속도가 같고, 물체 E와 G도 서로 속도가 같다고 하자. 그러면, 물체 D와 F의 속도가 어떤 비에 따라 증가하고 매질 B의 입자들의 힘이 같은 비의 제곱으로 감소할 때, 매질 B는 매질 C의 형태와 조건에 얼마든지 접근할 수 있다. 따라서 이 매질 안에서 같은 속도로 움직이는 같은 물체 E와 G의 저항은 둘 사이의 차이가 계속 줄면서, 결국 임의로 주어진 차이보다 작아져 하나의 값에 접근하게 된다. 따라서 물체 D와 F의 저항의 비는 물체 E와 G의 저항에 비례할 것이며, 두 비 모두 서로 일치하는 방향으로 나아갈 것이다. 물체 D와 F가 매우 빠르게 움직이면 둘의 저항은 거의 같아지며, 물체 F의 저항은 속도의 제곱비를 따르므로, 물체 D의 저항도 이에 따라 거의 같은 비를 따르게 될 것이다.

따름정리 3   임의의 탄성 유체 안에서 매우 빠르게 움직이는 물체의 저항은, 유체의 탄성력이 입자의 원심력에서 발생하고 속도는 대단히 커서 힘이 작용할 시간이 충분하지 않다고 할 때, 유체의 부분들이 원심력을 잃고 서로에게서 물러나지 않는 상황과 거의 비슷하다.

따름정리 4   따라서, 매질의 부분들이 (서로 멀리 떨어져 있어) 서로에게서 멀어지지 않는 매질 안에서, 똑같은 속도로 움직이는 비슷한 물체의 저항은 지름의 제곱에 비례한다. 또한 같은 속도로 탄성 유체 안에서 아주 빠르게 움직이는 물체들의 저항은 지름의 제곱에 거의 비례한다.

따름정리 5   서로 비슷하고 동일하고 똑같이 빠른 물체들이, 밀도가 같고 입자들이 서로 멀어지지 않는 매질에서 같은 시간 동안 같은 양의 물질에 작용을 가하고(입자의 많고 적음과 크고 작음과 무관하게), 물질에 같은 양의 운동을 가하면, 결과적으로 (운동 제3법칙에 따라) 같은 반작용을 받으므로(즉 동일한 저항을 받으므로), 물체가 받는 저항은 같은 밀도의 탄성 유체 안에서 물체가 매우 빠르게 움직일 때 받는 저항과 거의 같다는 사실은 명백하다. 이는 유체를 구성하는 입자가 굵든 매우 곱든 상관없이 그러하다. 대단히 빠르게 움직이는 발사체의 저항은 매질이 굵거나 고운 정도에 의해 크게 영향을 받지 않는다.

따름정리 6   이 내용은 탄성력이 입자의 원심력[즉 반발력]으로 인해 발생하는 유체의 경우 모두 성립한다. 그러나 만일 그 힘이 다른 원인으로 발생한다면, 이를테면 양모나 나뭇가지와 같은 방식으로 입자들이 팽창하거나, 입자들의 서로에 대한 움직임을 제약하는 다른 원인으로 발생한다면, 매질의 유동성이 덜하므로 저항은 앞선 따름정리에서 설명한 것보다 더 클 것이다.

명제 34

정리 28. 서로 같은 간격으로 자유롭게 배치된 동일한 입자들로 구성된 희박한 매질 안에서, 지름이 같은 구와 원통이 같은 속도로 원통의 축 방향을 따라 움직이고 있다고 하자. 그러면 구의 저항은 원통이 받는 저항의 절반이 될 것이다.

물체에 미치는 매질의 작용은 (법칙의 따름정리 5에 따라) 물체가 정지해 있는 매질에서 움직이거나, 매질의 입자가 같은 속도로 움직이며 정지해 있는 물체에 작용하거나 상관없이 같을 것이다. 따라서 물체가 정지해 있다고 가정하고 어떤 힘이 움직이는 매질에 작용할 것인지 살펴보기로 하자. 중심 C와 반지름 CA인 구를 ABKI라 하고, 매질의 입자가 주어진 속도로 AC에 평행한 직선 FB를 따

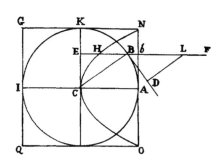

라 구에 부딪친다고 하자. FB 위에 반지름 CB와 같은 LB를 잡고, BD는 B에서 구와 접하도록 그린다. KC와 BD에 수직선 BE와 LD를 떨어뜨린다. 그러면 매질의 입자가 직선 FB를 따라 비스듬히 입사하여 B에서 구를 때리는 힘 대 같은 입자가 원통 ONGQ(구 주위의 축 ACI로 그려지는)에 수직으로 b에서 때리는 힘의 비는 LD 대 LB 또는 BE 대 BC와 같다. 또한 이 힘이 구를 힘의 입사 방향 FB로 (또는 AC 방향) 움직이게 하는 효과 대 목적지 방향을 따라—즉, 구를 직접 밀어내는 직선 BC의 방향을 따라[구의 중심을 지나는 방향]—구를 움직이게 하는 효과의 비는 BE 대 BC와 같다. 이 비들을 합성하고, 입자가 직선 FB를 따라 구를 비스듬히 때려 구가 입자의 입사 방향을 따라 움직이게 하는 효과 대 같은 입자가 같은 직선을 따라 원통을 수직으로 때릴 때 원통을 움직이게 하는 효과의 비는 BE^2 대 BC^2의 비와 같다. 따라서 bE가 원통의 원형 밑면 NAO에 수직이고 반지름 AC와 같다고 하고, bE 위에서 $\dfrac{BE^2}{CB}$과 같도록 bH를 잡으면, bH 대 bE는 입자가 구에 미치는 효과 대 입자가 원통에 미치는 효과의 비와 같을 것이다. 그러므로 모든 직선 bH로 이루어진 입체 대 모든 직선 bE로 이루어진 입체의 비는 모든 입자들이 구에 미치는 효과 대 모든 입자가 원통에 미치는 효과의 비와 같을 것이다. 그런데 첫 번째 입체는 꼭짓점 C, 축 CA, 통경 CA로 그려지는 포물면이고, 두 번째 입체는 포물면 주위를 감싸는 원통이다. 그리고 포물면은 둘러싸인 원통의 면의 절반이라고 알려져 있다. 따라서 구에 미치는 매질의 전체 힘은 원통에 미치는 전체 힘의 절반이다. 그러므로, 매질의 입자들이 정지해 있고 원통과 구가 같은 속도로 움직인다면, 구가 받는 저항은 원통이 받는 저항의 절반이 될 것이다. Q.E.D.

주해

같은 방법에 따라 다른 도형의 저항도 서로 비교할 수 있고, 저항이 있는 매질에서 운동을 지속하기에 더 적합한 도형도 찾을 수 있다. 예를 들어 원형인 밑면이 (중심 O와 반지름 OC로 그려진) CEBH이고 높이는 OD인 원뿔대 CBGF를 구해야 하는데, 이 원뿔대는 밑면과 높이가 같고 축의 방향을 따라 D를 향해 나아가는 다른 원뿔대보다 저항을 덜 받아야 한다. 이러한 원뿔대를 구하기 위해, 먼저 높이 OD를 Q에서 이등분하고, OQ를 S까지 늘여서 QS가 QC와 같아지도록 한다. 그러면 이 S가 원뿔대

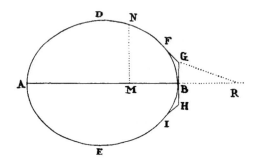

의 원뿔의 꼭짓점이 될 것이다.

참고로 각 CSB는 언제나 예각이므로, 타원 또는 알모양곡선 ADBE을 축 AB 주위로 회전하여 입체 ADBE가 만들어지고, 이 입체가 점 F, B, I에서 세 직선 FG, GH, HI와 접한다고 하자. 그래서 GH는 접점 B에서 축에 수직이고, FH와 HI는 앞서 말한 선 GH와 각 FGB 그리고 BHI와는 135°로 만난다고 하자. 도형 ADFGHIE를 같은 축 AB 주위로 회전시켜 입체가 만들어지면, 이 입체와 앞서 만든 입체가 모두 끝점 B를 앞으로 하여 축 AB의 방향을 따라 전진할 때, 앞에서 다루었던 입체보다 저항을 덜 받을 것이다. 사실 나는 이 명제가 선박 제조에 유용하게 쓰일 것이라 생각한다.

그런데 도형 DNFG를 어떤 곡선이라고 가정해 보자. 수직선 NM은 이 곡선의 임의의 점 N에서 축 AB로 떨어뜨린 선이다. 주어진 점 G에서 직선 GR을 그리는데, 이 직선은 도형과 N에서 접하고 (길게 늘인) 축을 R에서 자르는 직선과 평행하다고 하자. 그러면 MN 대 GR은 GR^3 대 $4BR \times GB^2$의 비와 같을 것이다. 그렇다면 이 도형을 축 AB를 중심으로 회전하여 만들어지는 입체는, 앞서 설명한 길이와 폭이 같고 희박한 매질에서 A부터 B를 향해 움직이는 다른 회전체보다 저항을 덜 받을 것이다.

명제 35[a]

문제 7. 극도로 작은 동일한 입자들로 구성된 희박한 매질이 정지해 있고, 입자들은 서로에 대하여 같은 간격으로 자유롭게 배열되어 있다면, 이 매질 안을 일정한 속도로 똑바로 움직이는 구가 받는 저항을 구하라.

사례 1   앞에서 설명한 것과 같은 지름과 높이로 그려진 원통이 같은 속도로 축의 길이 방향을 따라 같은 매질 안을 움직이고 있다고 하자. 그리고 구 또는 원통 위에 영향을 주는 매질의 입자들이 최대 크기의 반사력으로 튕겨 나온다고 하자. 그렇다면 구의 저항은 (명제 34에 따라) 원통의 저항의 절반이고, 구 대 원통의 비는 2 대 3이며, 입자에 수직으로 충돌하는 원통은 최대 크기의 힘으로 입자들을 반사시켜 자신의 속도의 두 배를 입자에 전달한다. 그러므로 원통은 일정하게 움직이며 축의 길이의 절반을 이동하는 동안 입자에

a   I. 버나드 코헨과 앤 휘트먼이 번역한 초판의 2권 명제 35-40은 조지 스미스의 해설과 함께 *Newton's Natural Philosophy* (ed. Jed Buchwald and I. Bernard Cohen) (Cambridge: MIT Press, 곧 출간)에 수록될 것이다.

운동을 전달하는데, 그 전달하는 운동량 대 원통의 전체 운동의 비는 매질의 밀도 대 원통의 밀도의 비와 같다. 그리고 일정하게 똑바로 움직이며 그 지름만큼 이동하는 동안, 구는 입자에 같은 운동을 전달하게 되고, 지름의 ⅔를 휩쓰는 시간 동안 입자에 전달하는 운동의 양 대 구의 전체 운동의 비는 매질의 밀도 대 구의 밀도의 비와 같다. 그러므로 구가 일정하게 전진하며 지름의 ⅔을 휩쓰는 시간 동안 구가 받는 저항 대 운동 전체를 소멸시키거나 생성할 수 있는 힘의 비는 매질의 밀도 대 구의 밀도의 비와 같다.

사례 2   구 또는 원통에 부딪치는 매질의 입자가 반사되지 않는다고 가정하자. 그러면 원통은 입자에 수직으로 부딪치면서 전체 속도를 전달할 것이고, 따라서 사례 1에서 받는 저항의 절반을 받게 된다. 그리고 구가 받는 저항 역시 이전의 값의 절반이 될 것이다.

사례 3   매질의 입자들이 가장 큰 힘이나 0이 아닌 그 중간 어느 정도의 크기를 갖는 반사력으로 구에서 튕겨 나온다고 가정하자. 그렇다면 구가 직면하는 저항은 사례 1과 사례 2의 저항의 중간 정도의 값이 될 것이다. Q.E.I

따름정리 1   그러므로, 구와 입자가 탄성력이 전혀 없이 무한히 단단해서 반사력이 전혀 없다면, 구가 받는 저항 대 구가 지름의 ¾만큼 휩쓰는 시간 동안 그 전체 운동을 소멸시키거나 생성할 수 있는 힘의 비는, 매질의 밀도 대 구의 밀도의 비와 같을 것이다.

따름정리 2   다른 조건이 모두 같을 때, 구가 받는 저항은 속도의 제곱에 비례한다.

따름정리 3   다른 조건이 모두 같을 때, 구가 받는 저항은 지름의 제곱에 비례한다.

따름정리 4   다른 조건이 모두 같을 때, 구가 받는 저항은 매질의 밀도에 비례한다.

따름정리 5   구가 받는 저항은 속도의 제곱과 지름의 제곱, 그리고 매질의 밀도의 비가 결합된 비를 갖는다.

따름정리 6   그리고 저항을 받는 구의 운동은 다음과 같이 표현될 수 있다. AB를 저항이 일정하게 지속될 때 구가 전체 운동을 잃을 수 있는 시간이라고 하자. AD와 BC를 AB에 수직이 되도록 세운다. 그리고 BC는 전체 운동이라 하고, 점근선 AD와 AB로 점 C를 지나는 쌍곡선 CF를 그린다. AB를 임의의 점 E까지 길게 늘인다. 수직선 EF를 세워 쌍곡선과는 F에서 만나도록 한다. 평행사변형 CBEG를 완성하고, AF를 그려 BC와 H에서 만나도록 한다. 그런 다음, 구가 임의의 시간 BE 동안 저항 없는 매질에서 첫 번째 운동 BC를 지속하여 평행사변형의 면적으로 표현되는 공간 CBEG를 그린다면, 저항이 있는 매질에서는 쌍곡선 면적으로 표현되는 공간 CBEF를 그릴 것이다. 또한 그 시간이 끝나면 구의

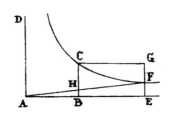

운동은 쌍곡선의 세로선 EF로 표현될 것이고, 손실된 운동은 그 일부인 FG로 표현될 것이다. 또 그 시간이 끝날 때 저항은 길이 BH로 표현될 것이고, 손실된 저항은 그 일부인 CH로 표현될 것이다. 이 내용은 2권의 명제 5, 따름정리 1과 3에 따라 명백하다.

따름정리 7 그러므로, 시간 T 동안 저항 R이 일정하게 지속될 때 구가 전체 운동 M을 잃는다고 하면, 저항이 있는 매질에서 시간 t 동안 저항 R이 속도 제곱에 비례하여 감소할 때, 구는 운동 M 중에서 $\dfrac{tM}{T+t}$ 를 잃고 $\dfrac{TM}{T+t}$ 가 남을 것이다. 그리고 구가 그리는 공간 대 같은 시간 t 동안 일정한 운동 M을 통해 휩쓰는 공간의 비는, $\dfrac{T+t}{T}$ 의 로그에 숫자 2.302585092994를 곱한 값 대 숫자 $\dfrac{t}{T}$ 의 비와 같다. 왜냐하면 쌍곡선 면적 BCFE와 직사각형 BCGE가 이 비를 갖기 때문이다.

주해

이 명제에서 나는 불연속적인 매질 안에서 구형 발사체가 받는 저항과 감속을 설명하고, 구가 받는 저항 대 구가 일정하게 지속되는 속도로 지름의 ⅔만큼 휩쓰는 시간 동안 전체 운동을 상실하거나 생성할 수 있는 힘의 비가 매질의 밀도 대 구의 밀도의 비와 같다는 것을 보였다. 이때의 조건은 구와 매질 입자의 탄성이 매우 크고 최대의 반사력을 가지고 있다는 것이었다. 그와 함께 구와 매질의 입자가 무한히 단단하고 반사력이 전혀 없을 때는 이 힘이 절반이 됨을 보였다. 더 나아가, 물, 뜨거운 기름, 수은 같은 연속적인 매질에서, 구가 저항을 일으키는 유체의 입자들 전부에 직접적인 영향을 가하는 것이 아니라 근처에 있는 입자들에게만 압력을 가할 때, 그리고 이 압력이 다른 입자를 누르고, 그 입자가 또 다른 입자를 누를 때, 저항은 두 번째 사례에서 구한 값의 절반이 된다. 이렇게 유동성이 매우 높은 매질 안에서 구가 받는 저항은, 구가 일정하게 지속되는 운동으로 지름의 ⅓만큼 휩쓰는 시간 동안 전체 운동을 상실하거나 생성하는 힘과 비교할 때, 저항 대 힘의 비가 매질의 밀도 대 구의 밀도의 비와 같다. 이는 다음 내용에서 살펴볼 것이다.

명제 36

문제 8. 원통형 용기의 바닥에 뚫린 구멍을 통해 흘러나오는 물의 운동을 결정하라.

ACDB를 원통형 용기라 하고, AB는 용기 위쪽의 입구, CD는 수평면에 평행한 바닥이라 하자. 그리고 EF는 바닥의 가운데 뚫린 원형 구멍이고, G는 구멍의 중심, 그리고 GH는 수평면에 수직인 원통의 축이다. 용기의 내부와 폭이 같은 얼음 원통 APQB가 축을 공유하며 일정하게 움직여 연속적으로 내려오고 있다고 상상하자. 얼음은 면 AB에 닿자마자 그 일부가 물로 바뀌면서 물의 무거움으로 인해 원통

안으로 흘러 내려가고, 이 부분이 작은 폭포 또는 물기둥 ABNFEM
을 형성하여 구멍 EF를 정확하게 채우면서 통과한다고 상상해 보자.
하강하는 얼음의 일정한 속도와 원 AB 안에 접한 물의 속도는 물이
낙하하여 공간 IH를 휩쓸며 얻을 수 있는 속도이고, IH와 HG는 직
선 위에 놓여 있다고 하자. 그리고 점 I를 지나는 직선 KL을 그리는
데, 이 직선은 수평면에 평행하고 얼음의 면과는 K와 L에서 만난다
고 하자. 그러면 구멍 EF를 통과해 흘러나오는 물의 속도는 물이 I
로부터 낙하하며 공간 IG를 휩쓸며 얻을 수 있는 속도가 될 것이다.
그러므로, 갈릴레오의 정리에 따라, IG 대 IH는 물이 구멍을 흘러나

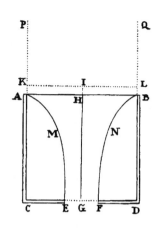

오는 속도의 제곱비 대 원 AB에서의 물의 속도의 비와 같다. 다시 말하자면 원 AB 대 원 EF의 제곱비
와 같은데, 이 원들은 두 원을 정확히 채우며 같은 시간 동안 같은 양만큼 원을 통과하는 물의 속도에
반비례하기 때문이다. 여기에서 우리가 고려하는 것은 수평면을 향하는 물의 속도이다. 그리고 수평면
에 평행한 운동은 낙하하는 물이 서로에게 접근하는 성분이며 여기에서는 고려하지 않는다. 이 성분은
무거움에서 발생한 것도 아니고, 무거움에서 기인한, 수평면에 수직인 운동을 바꾸지도 않기 때문이
다. 사실 우리는 물의 부분들이 어느 정도 응집력이 있고, 그 응집력에 의해 낙하하며 수평 방향에 평
행한 운동으로 서로에게 접근한다고 가정하고 있다. 그래서 물의 부분들이 형성하는 물줄기가 여러 가
닥으로 분리되지 않고 한 줄기로 뭉칠 것이라는 가정을 전제로 한다. 그러나 이 응집력에 의해 발생하
는 수평면에 평행한 운동은 고려하지 않기로 한다.

사례 1   이제 낙하하는 물 ABNFEM 주위의 용기의 안쪽이 얼음으로 채워져 있어, 물이 깔때기
를 통과하듯 얼음을 통과한다고 가정하자. 만일 물이 얼음과 아주 많이 접하지 않는다
면, 또는 (같은 얘기지만) 물이 얼음과 접촉하지만 얼음이 대단히 매끄러워서 최대한 자
유로이, 아무런 저항 없이 미끄러져 통과한다면, 물은 이전과 같은 속도로 구멍 EF를 통
과해 흘러내릴 것이며, 물기둥 ABNFEM의 전체 무게는 이전과 같이 물의 낙하를 지속
시킬 것이다. 그리고 용기 바닥은 물기둥을 에워싸는 얼음의 무게를 지탱할 것이다.

이제 얼음이 용기 안에서 녹아 물이 된다고 하자. 그렇다면 물이 흐르는 속도는 이전
과 같이 유지되며 줄지 않을 것이다. 녹은 얼음도 함께 내려가려는 노력을 할 것이기 때
문이다. 그렇다고 속도가 커지지도 않을 텐데, 녹은 얼음은 원래 물의 하강에 영향을 미
치지 않고는 하강할 수 없기 때문이다. 힘이 같으면 흐르는 물에서 같은 속도가 생성되
어야 한다. [즉, 힘이 같기 때문에, 그것이 생성하는 속도 역시 같을 것이다.]

그런데 용기 바닥의 구멍은 흐르는 물의 입자들이 비스듬하게 운동하게 되므로, 이전

보다 조금 더 커져야 한다. 이제 물의 입자들은 구멍을 전부 수직으로 통과하지 않고, 대신 용기의 모든 면을 타고 흘러 내려와 구멍으로 수렴한다. 물은 구멍을 비스듬히 통과해서, 경로를 아래쪽으로 틀어 구멍을 흘러나오는 하나의 물줄기로 합쳐지게 된다. 이 물줄기는 구멍을 지날 때보다 구멍 아래쪽에서 조금 더 가늘어지며, 아래쪽의 지름 대 구멍의 지름은, 내가 지름을 정확하게 측정했다는 전제하에, 5 대 6, 또는 $5\frac{1}{2}$ 대 $6\frac{1}{2}$에 매우 근접하게 된다. 나는 가운데 구멍이 뚫린 아주 얇고 평평한 판을 구했는데, 그 원형 구멍의 지름은 $\frac{5}{8}$인치였다. 그러니 쏟아져 나오는 물줄기는 낙하하며 가속을 받지 않았을 것이고, 가속으로 인해 더 가늘어진 것은 아닐 것이다. 나는 이 판을 용기의 바닥이 아닌 측면에 고정해서 물줄기가 수평면과 평행한 선을 따라 흘러나오도록 했다. 그런 다음 용기가 물로 가득 찼을 때 구멍을 열어 물이 흘러나오도록 했고, 물줄기의 지름은, 구멍으로부터 약 $\frac{1}{2}$인치의 거리에서 최대한 정확하게 측정한 결과, 21/40인치로 나왔다. 따라서 이 둥그런 구멍의 지름 대 물줄기의 지름의 비는 25 대 21에 거의 가까웠다. 그러므로 구멍을 지나는 물은 모든 방향으로부터 수렴하고, 용기에서 흘러나온 물줄기는 수렴하여 구멍으로부터 $\frac{1}{2}$인치에 도달할 때까지 계속 가늘어지면서 가속을 받게 된다. 그리고 $\frac{1}{2}$인치에 도달하면 구멍에 도달했을 때보다 더 가늘어지고 빨라지는데, 그 비는 25×25 대 21×21 또는 17 대 12에 거의 가깝다. 다시 말해 2 대 1의 제곱근의 비와 거의 같다. 그리고 주어진 시간 동안 용기 바닥의 원형 구멍을 통과해 흘러나오는 물의 양은 같은 시간 동안, 위에서 언급한 속도로, 원래의 구멍이 아니라 전체 지름 대 구멍의 지름의 비가 21 대 25인 원형 구멍을 통과해 나오는 양이어야 함이 실험을 통해 증명된다. 그러므로 흐르는 물이 구멍 안에서 아래 방향을 향하는 속도는, 무거운 물체가 떨어지면서 용기 안에 세워진 물의 높이의 절반과 같은 거리를 휩쓸 때 얻을 수 있는 속도와 거의 같다. 그런데 물이 용기를 빠져나간 후에는, 구멍에서 구멍의 지름과 거의 같은 위치에 도달할 때까지 수렴하며 가속되고, 2 대 1의 제곱근의 비에 가까운 대단히 빠른 속도를 얻게 된다. 실제로 이는 무거운 물체가 낙하하며 용기 안에 고인 물의 전체 높이와 같은 거리를 휩쓸며 얻을 수 있는 속도에 거의 가깝다.

그러므로 이제, 물줄기의 지름을 더 작은 구멍 EF라고 하자. 그리고 구멍의 지름만큼 더 높은 위치에 구멍 EF의 면과 평행한 면 VW를 그리고, 더 큰 구멍 ST를 뚫는다. 그리고 이 구멍으로 물줄기가 떨어져서 더 아래에 있는 구멍 EF에 정확하게 맞고, 이 구멍의 지름 대 아래 구멍의 지름은 약 25 대 21이라고 하자. 그러면 물줄기는 아래 구멍을 수직으로 통과해 지나가고, 이 구멍의 크기에 의해 결정되는 물의 양은 문제가 요구하는 풀이에 대단히 근접할 것이다. 이제, 두 평면과 낙하하는 물줄기에 에워싸인 공간을 용기의 바닥으로 고려할 수 있다. 그러나 문제의 풀이가 더 수학적으로 단순해질 수 있도록, 아래쪽 평면만 용기 바닥으로 생각하고, 물은 깔때기를 지나는 것처럼 얼음을 통과해 구멍 EF를 통해 용기를 빠져나간다고 생각하자. 그리고 아래쪽 평면은 물의 운동을 지속시키고 얼음

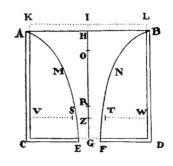

이 정지 상태가 되도록 유지한다고 생각하는 것이 더 바람직하다. 그런 다음 ST는 중심 Z로 그려지는 원형 구멍의 지름이라고 가정하고, 용기 안의 모든 물이 유체가 되면 물줄기가 이 구멍을 통과해 용기 밖으로 흘러나온다고 하자. EF는 물줄기가 구멍을 통과해 낙하할 때 정확하게 채우는 구멍의 지름이라고 하자. 이때 물은 위쪽 구멍 ST를 통과해 용기를 빠져나오거나 용기 안의 얼음 가운데를 깔때기 삼아 통과해 낙하하거나 상관없다. 그리고 위쪽 구멍 ST의 지름 대 아래쪽 구멍 EF의 지름의 비는 약 25 대 21이라고 하고, 구멍이 난 평면들 사이의 수직 거리는 작은 구멍 EF의 지름과 같다고 하자. 그러면 구멍 ST를 통과해 용기를 빠져나오는 물의 아래 방향 속도는 구멍 안에서 물체가 높이 IZ의 절반을 낙하하며 얻을 수 있는 속도와 같을 것이다. 그리고 구멍 EF에서 낙하하는 두 물줄기의 속도는 물체가 전체 높이 IG로부터 낙하하며 얻게 될 속도가 될 것이다.

사례 2 만일 구멍 EF가 용기 바닥의 가운데가 아닌 다른 곳에 나 있다고 해도, 구멍의 크기가 같다면 물은 이전과 같은 속도로 흘러내릴 것이다. 무거운 물체는 수직선보다 사선을 따라 내려갈 때 같은 깊이를 더 오랫동안 내려가지만, 내려갈 때는 두 경우 모두 같은 속도를 얻기 때문이다. 이는 갈릴레오가 증명한 내용이다.

사례 3 용기의 벽면에 난 구멍을 통과해 흘러나오는 물의 속도도 같을 것이다. 만일 구멍이 작아서 표면 AB와 KL 사이의 거리가 우리 감각이 인지할 수 있는 한도까지 줄어들어 사라지고, 수직으로 쏟아지는 물줄기가 포물선 도형을 그리면, 이 포물선의 통경으로부터 흐르는 물의 속도가 용기 내 수위 HG 또는 IG로부터 물체가 낙하하며 얻을 수 있는 속도임을 알 수 있다. 실제로 나는 실험을 통해, 구멍 위로 고인 물의 높이가 20인치이고 수평면에 평행한 평면 위 구멍의 높이도 20인치였을 때, 쏟아지는 물줄기가 구멍에서 평면까지 내려오는 수직선으로부터 거의 37인치만큼 떨어진 평면에 닿는다는 것을 확인했다. 저항이 없었다면 물줄기는 40인치만큼 떨어진 평면 위에 닿았을 것이고, 그렇다면 물줄기가 그리는 포물선의 통경은 80인치였을 것이다.

사례 4　또한, 물이 위쪽 방향으로 흘러나온다고 해도 그 속도는 같을 것이다. 흘러나오는 작은 물줄기는 수직 운동으로 용기 안에 물이 고인 높이 GH 또는 GI까지 올라갈 것이며, 다만 공기 저항으로 인해 상승 운동이 다소 지연될 수 있다. 따라서 물줄기는 그 높이에서 낙하하며 얻을 수 있는 속도로 흘러나온다. 용기 내 고인 물에서 (2권 명제 19에 따라) 어느 한 입자는 모든 면으로부터 동일한 압력을 받고, 해당 압력에 따라, 모든 방향으로 동일한 힘을 가한다. 이는 용기 바닥에 있는 구멍을 통해 내려가든지, 수평의 구멍을 통과해 용기 벽면을 따라 흐르든지, 수로를 통과해 수로 위쪽에 있는 작은 구멍을 지나 상승하든지 상관없다. 그리고 물이 흘러나오는 속도는 해당 명제에서 이미 결정하였으며, 추론을 통해 얻은 결과뿐 아니라 앞서 설명한 실험을 통해서도 익히 알려진 사실이다.

사례 5　물이 흘러나오는 속도는 구멍이 원형이거나 사각형이거나 삼각형이거나, 원형 구멍과 면적만 같다면 모양과 상관없이 모두 같다. 물이 흘러나오는 속도는 구멍의 모양이 아니라 평면 KL에 대한 물의 높이에 좌우되기 때문이다.

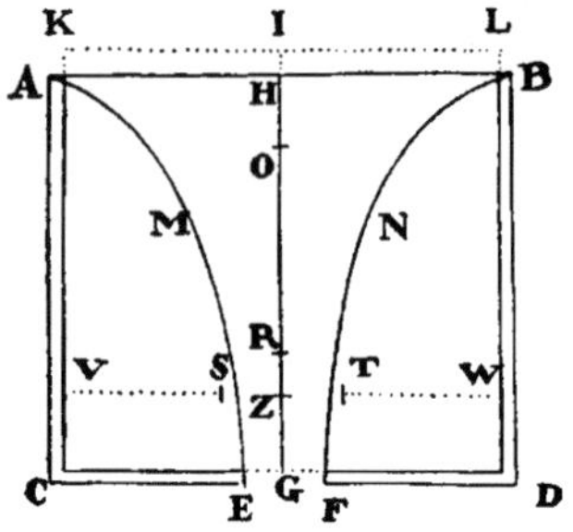

사례 6　용기 ABCD의 아랫부분이 고인 물에 잠겨 있고, 용기 바닥 위로 고인 물의 높이는 GR이라 할 때, 용기 안의 물이 구멍 EF를 지나 고인 물로 흘러드는 속도는 물이 낙하하며 공간 IR을 휩쓸며 얻을 수 있는 속도와 같을 것이다. 용기에서 고인 물의 표면보다 아래에 있는 물의 전체 무게는 고인 물의 무게에 의해 평형 상태를 유지할 것이므로 용기 안에서 하강하는 물의 운동을 전혀 가속시키지 않을 것이다. 이 사례는 실험에서 물이 흘러나오는 시간을 측정하여 확인할 수 있다.

따름정리 1　그러므로 물의 높이 CA가 K까지 높아져서 AK 대 CK가 바닥에 뚫린 어떠한 구멍의 면적 대 원 AB의 면적의 제곱비를 갖는다면, 흘러나오는 물의 속도는 물이 낙하하며 공간 KC만큼 휩쓸며 얻을 수 있는 속도와 같을 것이다.

따름정리 2　그리고 분출하는 물의 전체 운동을 생성할 수 있는 힘은 밑면이 구멍 EF이고 높이는 2GI 또는 2CK인 물 원기둥의 무게와 같다. 분출하는 물은, 이 원기둥과 높이가 같아질 동안, 높이 GI에서 (그 무게에 의해) 낙하하며 분출되는 물이 얻게 될 속도를 얻을 수 있기 때문이다.

따름정리 3　용기 ABDC 안의 물의 전체 무게 대 물이 흘러 내리는 데 사용되는 일부 무게의 비는 원 AB와 EF의 합 대 원 EF의 두 배의 비와 같다. IO를 IH와 IG의 비례중항이라고 하자. 그러면 물방울이 I부터 높이 IG만큼 떨어지는 것과 같은 공간을 휩쓰는 시간 동안, 구멍 EF를 통과해 흘러나오는 물의 양은 밑면이 원 EF이고 높이는 2IG인 원통의 양과 같을 것인데, 원 EF 대 원 AB의 비는 높이 IH 대 높이 IG의 제곱근의 비와 같기 때문이다. 다시 말해 비례중항 IO 대 높이 IG의 비와 같다. 또한 물방울이 I부터 낙하하여 높이 IH만큼 떨어지는 것과 같은 공간을 휩쓰는 시간 동안 흘러나오는 물의 양은 밑면이 원 AB이고 높이는 2IH인 원통의 양과 같다. 그리고 물방울이 I에서 낙하하여 H를 지나 G까지, 그 높이 차가 HG인 공간을 휩쓰는 시간 동안 흘러나오는 물은—다시 말해, 입체 ABNFEM 안에 든 모든 물은—두 원통의 차와 같을 것이며, 다시 말해 밑면이 AB이고 높이가 2HO인 원통과 같을 것이다. 그러므로 용기 ABDC 안에 든 물 전체 대 입체 ABNFEM 안에서 낙하하는 물 전체의 비는 HG 대 2HO이고, 이는 HO+OG 대 2HO, 또는 IH+IO 대 2IH가 된다. 그런데 입체 ABNFEM 안에 든 물 전체의 무게는 물을 흘러내리게 하는 데 사용되므로, 용기 안에 든 물 전체의 무게 대 물이 흘러내리도록 하는 데 사용되는 일부 무게의 비는 IH+IO 대 2IH와 같다. 즉 원 EF와 AB의 합 대 원 EF의 두 배의 비와 같다.

따름정리 4 그러므로 용기 ABDC 안에 든 물 전체의 무게 대 용기 바닥에 의해 지탱되는 일부 무게의 비는 원 AB와 EF의 합 대 이 원들의 차의 비와 같다.

따름정리 5 그리고 용기 바닥에 의해 지탱되는 일부 무게 대 물이 흘러내리도록 하는 데 사용되는 일부 무게의 비는 원 AB와 EF의 차 대 더 작은 원 EF의 두 배, 또는 바닥 면적 대 구멍의 두 배의 비와 같다.

따름정리 6 그리고 바닥만을 누르는 무게 대 바닥에 수직으로 놓인 전체 물의 무게의 비는 원 AB 대 원 AB와 EF의 합의 비와 같고, 또는 원 AB 대 원 AB의 두 배에서 바닥 면적을 뺀 양의 비와 같다. 따름정리 4에 따라, 바닥을 누르는 일부 무게 대 용기 안의 전체 물의 무게의 비는 원 AB와 EF의 차 대 두 원의 합의 비와 같기 때문이다. 그리고 용기 안의 물 전체의 무게 대 바닥에 수직으로 놓인 물 전체의 무게의 비는 원 AB 대 원 AB와 EF 사이의 차의 비와 같다. 그러므로 뒤섞인 비에서 비의 동등성에 의해, 바닥을 누르는 일부 무게 대 바닥에 수직으로 걸리는 전체 물의 무게의 비는 원 AB 대 원 AB와 EF의 합, 또는 원 AB의 두 배에서 바닥 면적을 뺀 양의 비와 같다.

따름정리 7 구멍 EF의 중간에 중심이 G인 작은 원 PQ가 수평면과 평행하게 놓여 있으면, 이 작은 원이 지탱하는 물의 무게는 밑면이 원 PQ이고 높이는 GH인 물 원기둥의 무게의 $\frac{1}{3}$보다 크다. ABNFEM을 물줄기 또는 낙하하는 물기둥이라 하고, 축은 위에서와 같이 GH라 하자. 그리고 이미 완성된 빠른 물줄기가 낙하하기 위해 물의 유동성은 필요하지 않

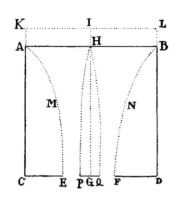

으니, 용기 안의 물이 모두 얼었다고 가정하자(작은 원 위쪽과 물줄기 주위도). 그리고 PHQ는 작은 원 위로 언 물기둥이라 하자. 이 물기둥의 꼭짓점은 H, 높이는 GH이다. 이 물줄기가 물 전체의 무게와 같은 무게로 PHQ 위에서 정지하거나 주위를 누르지 않고 자유롭게 마찰 없이 미끄러져 지나가며 낙하한다고 상상해 보자. 다만 얼음의 꼭짓점에서는 물줄기의 낙하가 시작되며 오목해지기 시작할 것이므로 예외다. 그리고 물줄기를 에워싼 언 물이 (AMEC과 BNFD) 떨어지는 물줄기 쪽으로 안쪽 면이 (AME와 BNF) 볼록한 것처럼, 이 물기둥 PHQ도 물줄기 쪽을 향해 볼록할 것이다. 따라서 밑면이 작은 원 PQ이고 높이가 GH인 원뿔보다, 즉 같은 밑면과 높이로 그려지는 원통의 ⅓보다 클 것이다. 그리고 작은 원은 이 물기둥의 무게를 지탱하고 있으며, 다시 말해 원뿔 또는 원통의 ⅓의 무게보다 큰 무게를 지탱한다.

따름정리 8 작은 원 PQ가 지탱하는 물의 무게는, 이 원이 매우 작을 때, 밑면이 이 작은 원 PQ이고 높이는 HG인 물 원기둥의 ⅔의 무게보다 작은 것 같다. 같은 가정을 세우고, 밑면이 작은 원이고 반축 또는 높이 HG로 생겨나는 회전타원체의 절반을 떠올려 보자. 그러면 이 도형은 이 원기둥의 ⅔와 같을 것이고 작은 원기둥에 의해 지탱되는 언 물기둥 PHQ가 그 안에 포함될 것이다. 물의 운동이 직선으로 내려갈 수 있도록 하려면, 이 언 물기둥의 바깥 표면과 밑면 PQ가 예각을 이루어야 하는데, 이는 낙하하는 물이 지속적으로 가속을 받고, 가속은 물기둥을 더욱 가늘어지게 만들 것이기 때문이다. 그리고 해당 각은 직각보다 작으므로, 이 물기둥의 아래쪽 부분은 반쪽 회전타원체 안에 놓이게 될 것이다. 그런데 물기둥의 위쪽 역시 예각 또는 뾰족한 모양일 텐데, 그렇지 않다면 회전타원체의 정점에서 물의 수평 운동은 수평 방향을 향하는 운동보다 무한히 빨라질 것이기 때문이다. 그리고 원 PQ가 작아질수록 물기둥의 정점은 더욱 뾰족해질 것이다. 그리고 작은 원이 무한정 작아져 사라진다면 각 PHQ는 무한히 작아질 것이고, 따라서 물기둥은 반쪽 회전타원체 안에 놓이게 될 것이다. 그러므로 이 원기둥은 반쪽 회전타원체보다, 또는 밑면이 작은 원 PQ이고 높이가 GH인 원통의 ⅔보다 작다. 더 나아가, 물기둥을 에워싼 물의 무게는 물기둥이 흘러내리도록 하는 데 사용되므로, 작은 원은 이 원기둥의 무게와 같은 물의 힘을 지탱한다.

따름정리 9 작은 원 PQ가 지탱하는 물의 무게는, 이 원이 대단히 작을 때, 밑면이 작은 원 PQ이고 높이가 ½GH인 물의 원기둥의 무게와 거의 같다. 이 무게는 원뿔의 무게와 앞서 말한 반쪽 회전타원체의 무게 사이의 산술평균이기 때문이다. 그런데 만일 이 작은 원이 아주 작지 않고 구멍 EF와 같아질 때까지 늘어나면, 작은 원은 그 위에 수직으로 가해지는 물의 무게 전체, 즉 밑면이 작은 원이고 높이가 GH인 물 원기둥의 무게를 지탱할 것이다.

따름정리 10 그리고 (내가 알기로는) 작은 원이 지탱하는 무게는 그 작은 원이 밑면이고 높이가 ½GH인 물 원기둥의 무게에 대하여 EF^2 대 $EF^2 - \frac{1}{2}PQ^2$의 비를 갖는다. 이 비는 원 EF 대 EF에서 작은 원 PQ 면적의 절반을 뺀 값의 비와 거의 같다.

보조정리 4

길이 방향으로 일정하게 똑바로 움직이는 원통의 저항은 길이가 늘거나 줄더라도 변화하지 않는다. 따라서 지름이 같고 평면에 수직인 직선을 따라 같은 속도로 똑바로 나아가는 원이 받는 저항과 같다.

원통의 옆면은 원통의 운동을 전혀 방해하지 않으며, 원통의 길이가 무한정 줄면 원으로 바뀌기 때문이다.

명제 37

정리 29. 압축되고, 무한하고, 탄성 없는 유체 안에서 원통이 길이 방향으로 일정하게 전진하고 있을 때, 그 횡단면의 크기로부터 발생하는 저항 대 전체 운동을 상실하거나 생성할 수 있는 힘의 비는, 이 원통이 원통 길이의 4배만큼의 거리를 휩쓸고 나아갈 때, 매질의 밀도 대 원통 밀도의 비와 거의 같다.

용기 ABDC의 바닥 CD가 고인 물의 표면에 닿고, 물이 이 용기에서 흘러나가 수평에 대하여 수직인 원통형 수로 EFTS를 통과해 고인 물로 흘러 들어간다고 하자. 그리고 작은 원 PQ가 수평에 평행하게 수로 가운데 아무 곳에나 있고, CA는 K까지 늘여서 CK 대 AK가 원 AB 대 수로 EF의 입구에서 작은 원 PQ를 초과하는 양의 제곱비를 갖도록 하면, (명제 36, 사례 5, 사례 6, 따름정리 1에 따라) 물이 작은 원과 용기 벽면 사이의 동그란 고리 모양의 공간을 통과하는 속도는 물이 높이 KC 또는 IG와 같은 공간을 낙하하며 얻을 수 있는 속도와 같을 것이다.

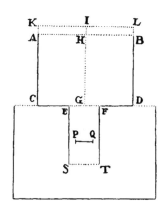

그리고 (명제 36, 따름정리 10에 따라) 용기의 폭이 무한하여 선분 HI가 사라지고 높이 IG와 HG가 같으면, 물이 작은 원을 통과해 흘러내리는 힘 대 밑면이 작은 원이고 높이가 ½IG인 원통의 무게의 비는, EF^2 대 $EF^2 - \frac{1}{2}PQ^2$와 거의 같을 것이다. 전체 수로를 등속도로 흘러 내리는 물의 힘은 작은 원 PQ가 수로의 어느 부분에 있든지 이 원 위에 미치는 힘과 같을 것이기 때문이다.

이제 수로 입구 EF와 ST를 닫고, 작은 원이 모든 방향에서 압력을 받는 유체 내부에서 상승하게끔 한 다음, 그로써 상층부의 물이 작은 원과 수로의 벽면 사이에 있는 고리 모양의 공간을 통과해서 내려가게끔 하자. 그러면 상승하는 작은 원의 속도 대 하강하는 물의 속도의 비는 원 EF와 PQ 사이의 차 대 원 PQ의 비와 같을 것이고, 상승하는 작은 원의 속도 대 속도의 총합의 비(즉, 물은 상승하는 작은 원을 지나쳐 흐를 것이므로, 떨어지는 물의 상대적 속도에 대한 비)는 원 EF와 PQ의 차 대 원 EF의 비, 또는 $EF^2 - PQ^2$ 대 EF^2의 비와 같을 것이다. (위에서 보인 대로) 이 상대 속도가 작은 원이 정지해 있는 동안 물이 같은 고리 모양의 공간을 통과해 지나가는 속도와 같다고 하자. 다시 말해 물이 높이 IG만큼의 거리를 낙하하며 얻을 수 있는 속도와 같다고 하자. 그러면 상승하는 작은 원에 물이 가하는 힘은 이전과 똑같을 것이며(법칙의 따름정리 5에 따라), 다시 말해 상승하는 작은 원의 저항 대 밑면이 작은 원이고 높이가 ½IG인 물의 원기둥 무게의 비는 EF^2 대 $EF^2 - \frac{1}{2}PQ^2$의 비와 거의 같을 것이다. 그리고 작은 원의 속도 대 물이 낙하하며 높이 IG만큼의 공간을 휩쓰는 속도의 비는 $EF^2 - PQ^2$ 대 EF^2와 같을 것이다.

수로의 폭이 무한정 늘어난다고 하자. 그렇다면 $EF^2 - PQ^2$과 EF^2 사이의 비 그리고 EF^2과 $EF^2 - \frac{1}{2}PQ^2$ 사이의 비는 최종적으로 1 대 1에 접근할 것이다. 그러므로 이제 작은 원의 속도는 물이 높이 IG만큼의 거리를 낙하하며 얻을 수 있는 속도와 같아지고, 원의 저항은 밑면이 작은 원이고 높이는 IG의 절반인 원통의 저항과 같은데, 이 높이는 상승하는 작은 원의 속도를 얻기 위해 원통이 떨어져야 하는 높이다. 그리고 이 속도로 낙하하는 시간 동안 원통은 원통 길이의 네 배만큼을 휩쓸 것이다. 그리고 원통의 저항은, 작은 원이 같은 속도로 길이 방향으로 전진하면서 받는 저항과 같다(보조정리 4에 따라). 따라서 원통이 길이의 네 배 만큼 휩쓰는 동안 그 운동을 생성할 수 있는 힘과 거의 같다.

만일 원통의 길이가 늘거나 줄면, 원통의 운동과 원통이 길이의 네 배만큼을 휩쓰는 시간은 같은 비에 따라 늘거나 줄 것이다. 그러므로 늘거나 주는 시간 동안 운동도 똑같이 늘거나 줄면서 생성 또는 상실될 수 있도록 하는 힘은 변하지 않을 것이며, 이 상황에서는 여전히 원통의 저항과 같을 것이다. 저항 역시 보조정리 4에 따라 변하지 않기 때문이다.

만일 원통의 밀도가 늘거나 줄면, 원통의 운동 그리고 같은 시간 동안 이 운동을 생성 또는 상실하도록 하는 힘도 같은 비로 늘거나 줄 것이다. 그러므로 원통의 저항 대 원통이 길이의 네 배만큼 휩쓰는 동안 전체 운동을 생성 또는 상실하도록 하는 힘의 비는, 매질의 밀도 대 원통의 밀도의 비에 대단히 근접할 것이다. Q.E.D.

유체는 연속적이 되려면 압축되어야 하고, 압축으로부터 발생하는 모든 압력이 순간적으로 전달되기 위해서는 연속적이고 비탄성적이어야 한다. 그리고 움직이는 물체의 모든 부분에 동일하게 작용하려면 저항이 변해서는 안 된다. 물체의 운동으로 인해 발생하는 압력은 당연히 유체의 부분들의 운동과 저항을 생성하는 데 사용된다. 그러나 유체의 압축으로부터 발생하는 압력은 순간적으로 전파될 경우, 강도와는 상관없이, 연속적인 유체의 부분들 안에서 어떠한 운동도 생성하지 않고, 운동에 아무런 변화도 일으키지 않으며, 따라서 저항에도 아무 변화가 생기지 않는다. 분명히 이 압축으로 인해 발생하는 유체의 작용은 움직이는 물체의 앞면보다 뒷면에서 더 강할 수 없을 것이므로, 이 명제에서 설명한 저항을 줄일 수 없을 것이다. 그리고 이 작용은 압력의 전파가 압력을 받는 물체의 움직임보다 무한히 빠르다는 조건에서, 뒤쪽보다 앞쪽에서 더 강하지 않을 것이다. 그리고 이 작용은 유체가 연속적이고 비탄성적이라는 조건이 있을 때 무한히 빠르게 순간적으로 전파할 것이다.

따름정리 1   무한하고 연속적인 매질 안에서 길이 방향으로 일정하게 똑바로 움직이는 원통에 대한 저항은 속도의 제곱과 지름의 제곱, 그리고 매질의 밀도에 비례할 것이다.

따름정리 2   수로의 폭이 무한히 증가하지 않고, 원통은 그 길이 방향으로 끝이 막혀 있는 정지 상태의 매질 안에서 똑바로 움직이고 있다고 하자. 원통의 축이 수로의 축과 일치한다면, 원통이 받는 저항 대 원통이 길이의 네 배만큼 휩쓰는 시간 동안 전체 운동이 생성 또는 상실되도록 하는 힘의 비는, EF^2 대 $EF^2 - \frac{1}{2}PQ^2$의 단비, EF^2 대 $EF^2 - PQ^2$의 제곱비, 매질의 밀도 대 원통의 밀도 비를 결합한 비를 갖는다.

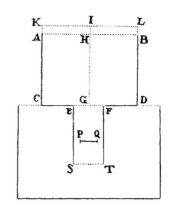

따름정리 3   같은 가정을 세우고, 길이 L이 $EF^2 - \frac{1}{2}PQ^2$ 대 EF^2의 단비와 $EF^2 - PQ^2$ 대 EF^2의 제곱비를 결합한 비에서 원통 길이의 네 배인 길이라고 하자. 그러면 원통의 저항 대 원통이 길이 L만큼 휩쓰는 동안 전체 운동이 상실하거나 생성될 수 있도록 하는 힘의 비는, 매질의 밀도 대 원통의 밀도의 비와 같다.

주해

이 명제에서 우리는 원통의 횡단면의 크기로부터 발생하는 저항만 조사하였고, 비스듬한 운동에서 발생할 수 있는 일부 저항은 고려하지 않았다. 명제 36 사례 1에서, 구멍 EF를 통과하는 물의 흐름은 용기 안의 물이 모든 방향에서 구멍으로 수렴되어 들어가는 비스듬한 운동에 의해 방해를 받았다. 마찬가지로 이 명제에서도, 물의 일부가 원통의 앞면에 눌리며 압력에 못 이겨 사방으로 발산하며 운동의 경사도가 발생하게 된다. 이에 따라 이 비스듬한 운동은 원통 앞면 주위에서 원통의 뒤쪽을 향하는 운동의 경로를 방해하고, 유체가 더 먼 거리를 움직이도록 한다. 또한 용기로부터 물의 흐름을 감소시키는 비율, 즉 25 대 21의 제곱비에 가까운 비율로 저항을 증가시킨다.

명제 36의 사례 1에서, 우리는 가장 많은 양의 물이 구멍 EF를 수직으로 통과할 수 있도록 용기 안의 모든 물이 물줄기 주위로 얼어 있으며, 비스듬히 움직이는 물줄기는 전체 운동에 기여하지 않으므로 움직임 없이 그 상태를 유지한다고 가정했다. 이 명제에서도 마찬가지로 운동의 경사도를 상쇄하고, 가장 반듯하고 빠르게 움직이는 물줄기가 원통 쪽으로 곧장 나아갈 수 있게 물의 부분들이 길을 내주고, 횡단 면적의 저항

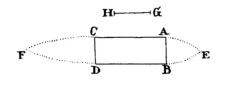

만 남기고 원통 지름이 줄지 않는 한 저항은 감소하지 않도록 하기 위해서, 불필요하게 비스듬히 움직이며 저항을 유발하는 유체의 부분들은 원통 양 끝에서 상대적으로 정지해 있고 응집하여 원통에 붙어 있어야 한다고 이해해야 한다. ABCD를 사각형이라 하고, AE와 BE는 축 AB로 그려진 두 개의 포물선 호라 하자. 공간 HG는 원통이 움직이는 속도를 얻기 위해 낙하하며 휩쓸어야 하는 거리인데, 이 포물선 호의 통경 대 공간 HG의 비는 HG 대 ½AB의 비와 같다. 그리고 CF와 DF는 이와는 다른 포물선 호라고 하자. 이 포물선 호는 축 CD와 통경으로 그려지며, 이 통경은 앞선 통경보다 네 배 더 길다. 그리고 축 EF 주위로 도형을 회전시켜 입체를 구하는데, 그 가운데에 우리가 다루는 원통 ABDC가 있고, 양 끝인 ABE와 CDF는 유체의 부분들이 포함된다. 이 부분들은 상대적으로 정지해 있으며, 두 개의 단단한 물체로 고체화되어 원통의 머리와 끝에 부착되어 있다. 그렇다면 입체 EACFDB가 축 FE 방향으로 F에서 E를 향해 나아가며 받는 저항은 우리가 이 명제에서 설명한 저항과 거의 같을 것이다. 다시 말해, 유체의 밀도 대 원통의 밀도는 이 저항 대 원통이 일정하게 운동하며 4AC만큼을 휩쓰는 동안 원통의 전체 운동을 생성 하거나 상실시킬 수 있는 힘의 비에 대단히 근접한다는 뜻이다. 그리고 명제 36, 따름정리 7에 따라 이 힘으로 생기는 저항은 2 대 3의 비보다 더 적어질 수 없다.

보조정리 5

폭이 모두 같은 원통, 구, 회전타원체가 원통형 수로 한가운데에 연속적으로 놓여 있고, 물체들의 축은 수로의 축과 일치하도록 놓여 있다면, 이 물체들이 수로를 통과해 흐르는 물의 흐름을 방해하는 정도는 같을 것이다.

원통, 구, 회전타원체와 수로 사이로 물이 통과하며 지나는 공간은 모두 같기 때문이다. 그리고 물은 같은 공간을 같은 방식으로 지나간다.

이는 원통, 구, 회전타원체 위에 있는 물이 모두 얼어 있으며, 물이 매우 빠르게 통과하기 위해 물체의 유동성은 필요하지 않다는 가설에 따른 것이다. 이 내용은 앞서 명제 36, 따름정리 7에서 설명하였다.

보조정리 6

같은 가정에 따라, 이 물체들은 수로를 통과하여 흐르는 물에 의해 같은 크기의 작용을 받는다.

이는 보조정리 5와 운동 제3 법칙에 따라 명백하다. 당연히 물과 물체는 서로에게 동일하게 작용한다.

보조정리 7

수로 안에서 물이 정지해 있고, 이 물체들이 속도는 같고 방향은 반대로 수로 안에서 움직인다면, 서로에 대한 저항은 같을 것이다.

이는 보조정리 6으로부터 자명한 사실이다. 상대적 운동은 서로에 대하여 동일하게 유지되기 때문이다.

주해

이 내용은 수로와 축이 일치하는 볼록한 둥근 물체에 대하여 모두 성립한다. 크고 작은 저항에 의해 약간의 차이는 발생할 수 있지만, 이 보조정리 들에서 우리는 물체가 매우 매끄럽고, 매질의 점착력과 마찰은 0이라 가정하고, 수로를 지나는 물의 운동을 여분의 비스듬한 움직임으로 교란하고, 지연시키고, 방해하는 유체의 일부는 얼어붙은 것처럼 상대적으로 정지해 있으며, 물체의 앞면과 뒤에 점착되어 있다고 가정하였다. 이는 명제 37의 주해에서 설명한 내용이다. 다음에는 임의로 주어진 최대 횡단면이 생성하는 회전체의 저항 중 최소 저항을 다룬다.

유체 안에서 똑바로 전진하는 물체들은 앞쪽에 있는 유체는 상승하게 하고 뒤쪽 유체는 가라앉도록하며, 특히 물체가 뭉툭한 모양일 때는 그 정도가 더욱 심하다. 이런 이유로 뭉툭한 물체는 앞부분과 뒷부분이 뾰족할 때보다 저항을 조금 더 받는다. 그리고 탄성 유체 안에서 움직이는 물체는, 앞뒤가 뭉툭하다면, 앞쪽에서 유체를 조금 더 응축하고 뒤쪽에서는 조금 덜 응축한다. 그래서 뭉툭한 물체가 앞뒤가 뾰족한 물체보다 저항을 조금 더 받는 것이다. 그런데 우리는 이 보조정리와 명제에서 탄성 유체가 아닌 비탄성 유체를 다루고 있고, 물체는 유체의 표면 위에 떠 있지 않고 깊이 잠겨 있다. 그리고 비탄성 유체 안에서 물체가 받는 저항이 알려지면, 공기와 같은 탄성 유체 그리고 바다나 늪처럼 고여 있는 유체 표면에서는 저항을 다소 크게 잡아야 한다.

명제 38

정리 30. 무한하고 비탄성적인 압축된 유체 안에서 일정하게 전진하는 구의 저항 대 이 구가 지름의 $\frac{8}{3}$을 휩쓰는 시간 동안 전체 운동을 상실하거나 생성할 수 있도록 하는 힘의 비는, 유체의 밀도 대 구의 밀도의 비와 거의 같다.

구와 구를 외접하는 원통의 비는 2 대 3이므로, 원통이 지름의 네 배만큼 휩쓰는 동안 원통의 모든 운동을 제거할 수 있는 힘은 구가 이 길이의 $\frac{2}{3}$만큼, 다시 말해 구의 지름의 $\frac{8}{3}$을 휩쓰는 동안 구의 모든 운동을 제거할 것이다. 그리고 원통의 저항 대 이 힘의 비는 명제 37에 따라 유체의 밀도 대 원통 또는 구의 밀도의 비와 거의 같으며, 보조정리 5, 6, 7에 따라 구의 저항은 원통의 저항과 같다. Q.E.D.

따름정리 1 무한하고 압축된 매질 안에서 구의 저항은 속도의 제곱, 지름의 제곱, 매질의 밀도가 결합된 비를 갖는다.

따름정리 2 구가 자신의 상대적 무게의 힘에 의해 저항 있는 매질에서 하강할 때 얻을 수 있는 가장 큰 속도는, 같은 무게를 가진 구가 저항 없이 낙하하는 거리 대 지름의 $\frac{4}{3}$의 비가 구의 밀도 대 유체의 밀도와 같아지도록 하는 거리를 낙하하며 얻는 속도와 같다. 왜냐하면 낙하하는 시간 동안 얻은 속도로 구가 낙하하는 거리는, 그 거리 대 지름의 $\frac{8}{3}$의 비가 구의 밀도 대 유체의 밀도의 비와 같아지도록 하기 때문이다. 그리고 이러한 운동을 생성하는 구 무게의 힘 대 같은 속도로 구가 지름의 $\frac{8}{3}$을 휩쓰는 시간 동안 같은 운동을 생성하도록 하는 힘의 비는, 유체의 밀도 대 구의 밀도의 비와 같다. 그러므로, 이 명제에 따라 이러한 구의 무게의 힘은 저항의 힘과 같을 것이고, 따라서 구를 가속시킬 수 없다.

따름정리 3 구의 밀도 그리고 운동이 시작되는 순간의 속도가 모두 주어지고, 물체가 담겨 있는 정지 상태의 압축된 유체의 밀도도 주어지면, 명제 35, 따름정리 7에 따라 임의의 시간에 대하여 구의 속도와 저항, 그리고 구가 휩쓰는 공간이 주어진다.

따름정리 4 정지 상태의 압축된 유체 안을 움직이는 구는, 유체와 밀도가 같을 때, 마찬가지로 따름정리 7에 따라 지름의 두 배만큼을 휩쓸기 전에 운동의 절반을 잃게 될 것이다.

명제 39

정리 31. 원통형 수로 안에 담긴 압축된 유체를 통과해 일정하게 똑바로 움직이는 구의 저항 대 구가 지름의 $\frac{8}{3}$만큼을 휩쓰는 동안 전체 운동을 생성 또는 상실하게 할 수 있는 힘의 비는, 수로의 입구 대 구의 대원의 절반을 거쳐 입구로 빠져나가는 초과분의 비, 수로의 입 대 입구에서 구의 대원을 제한 비의 제곱, 그리고 유체의 밀도 대 구의 밀도의 비를 합성한 비를 따른다.

이는 명제 37, 따름정리 2, 그리고 명제 38의 증명 결과에 따라 명백하다.

주해

물의 유동성은 구가 받는 저항을 증가시키는데, 마지막 두 명제에서 (보조정리 6) 나는 구 앞에 놓인 물 전체가 얼어 있다고 가정했다. 이 물이 모두 녹으면 저항은 다소 증가할 것이다. 그러나 이 명제에서 이 정도의 저항 증가는 미미할 것이며 무시할 수 있다. 구의 볼록한 표면이 거의 얼음과 같은 효과를 갖기 때문이다.

명제 40

문제 9. 자연 현상을 통해 압축되고 대단히 유동적인 매질 안에서 똑바로 움직이는 구의 저항을 구하라.

A를 진공 중 구의 무게라 하고, B는 저항이 있는 매질 안에서의 무게, D는 구의 지름, F는 공간으로 이 공간 대 $\frac{4}{3}$D는 구의 밀도 대 매질의 밀도의 비와 같다고 하자(즉 A 대 A−B). G는 구가 무게 B로 저항 없이 낙하하며 공간 F를 휩쓰는 시간, 그리고 H는 구가 이렇게 낙하하며 얻게 되는 속도라 하자. 그러면 H는 명제 38 따름정리 2에 따라 구가 무게 B로 저항 있는 매질에서 낙하하며 얻을 수 있는 최고 속도가 되고, 이 속도로 낙하하며 구가 만나는 저항은 무게 B와 같을 것이다. 그리고 다른 속도로 구가 받는 저항 대 무게 B의 비는 명제 38, 따름정리 1에 따라 이 속도 대 최대 속도 H의 제곱비가 될 것이다.

이것은 유체의 관성으로 인한 저항이다. 그리고 유체의 부분들의 탄성, 점착력, 마찰로 인해 발생하는 저항은 다음과 같이 구할 수 있다.

구를 떨어뜨려서 구가 무게 B로 유체 안을 낙하하도록 하자. P는 낙하 시간인데, 시간 G가 초 단위이면 P도 초 단위이다. 로그 $0.4342944819\frac{2P}{G}$에 해당하는 절대 숫자 N을 구하고, L은 숫자 $\frac{N+1}{N}$의 로그라 하자. 그러면 낙하로 얻어지는 속도는 $\frac{N-1}{N+1}$H가 될 것이고, 휩쓰는 공간은 $\frac{2PF}{G}-1.3862943611F$ +4.605170186LF가 될 것이다.

만일 유체의 깊이가 충분히 깊으면, 4.605170186LF는 무시할 수 있고, $\frac{2PF}{G}-1.3862943611F$는 구가 휩쓰는 공간과 거의 같을 것이다. 이 내용은 2권 명제 9와 따름정리 들에 따라 명백하며, 구가 물질의 관성이 일으키는 저항 외에 다른 저항을 받지 않는다는 가설에 따른 것이다. 그러나 구가 그 외에 다른 저항을 더 받으면, 낙하 속도가 느려질 것이고, 저항의 크기는 지연을 통해 구할 수 있다.

유체 안에서 물체의 속도와 낙하 거리를 쉽게 찾아볼 수 있도록 표로 정리해 두었다. 첨부된 표에서 첫 번째 열은 낙하 시간이고, 두 번째는 낙하하며 얻은 속도(가장 빠른 속도가 100,000,000일 때), 그리고 세 번째 열은 그 시간 동안 낙하하며 휩쓰는 공간(물체가 시간 G 동안 가장 빠른 속도로 휩쓰는 공간이 2F가 된다), 그리고 네 번째 열은 같은 시간 동안 가장 빠른 속도로 휩쓰는 거리를 보여준다.

시간 P	유체에서 물체가 낙하하는 속도	유체에서 물체가 낙하하며 휩쓰는 공간	가장 빠르게 운동할 때 휩쓰는 공간	진공에서 낙하하며 휩쓰는 공간
0.001G	$99999\frac{29}{30}$	0.000001F	0.002F	0.000001F
0.01G	999967	0.0001F	0.02F	0.0001F
0.1G	9966799	0.0099834F	0.2F	0.01F
0.2G	19737532	0.0387361F	0.4F	0.04F
0.3G	29131261	0.0886815F	0.6F	0.09F
0.4G	37994896	0.1559070F	0.8F	0.16F
0.5G	46211716	0.2402290F	1.0F	0.25F
0.6G	53704957	0.3402706F	1.2F	0.36F
0.7G	60436778	0.4545405F	1.4F	0.49F
0.8G	66403677	0.5815071F	1.6F	0.64F
0.9G	71629787	0.7196609F	1.8F	0.81F
1G	76159416	0.8675617F	2F	1F
2G	96402758	2.6500055F	4F	4F
3G	99505475	4.6186570F	6F	9F
4G	99932930	6.6143765F	8F	16F
5G	99990920	8.6137964F	10F	25F
6G	99998771	10.6137179F	12F	36F
7G	99999834	12.6137073F	14F	49F
8G	99999980	14.6137059F	16F	64F
9G	99999997	16.6137057F	18F	81F
10G	$99999999\frac{3}{5}$	18.6137056F	20F	100F

네 번째 열의 숫자들이 2P/G가 되며, 여기에서 숫자 1.3862944 − 4.6051702L을 빼면 세 번째 칸의 숫자들을 구할 수 있고, 낙하하며 휩쓰는 공간을 구하기 위해서는 이 수에 공간 F를 곱해야 한다. 여기에 다섯 번째 열을 추가했는데, 여기에는 같은 시간 동안 물체의 상대적 무게 B의 힘으로 물체가 진공에서 낙하하며 휩쓰는 공간이 적혀 있다.

주해

나는 실험을 통해 유체의 저항을 조사하기 위해 네모난 나무 용기를 구했다. 이 용기의 안쪽 길이와 폭은 9인치(런던피트 단위)였고 깊이는 $9\frac{1}{2}$피트였다. 나는 이 용기를 빗물로 채웠다. 그리고 속에 납을 채운 밀랍 구슬을 제작해서 이 구슬이 112인치를 낙하하는 시간을 기록했다. 한 변이 1런던피트인 정육면체는 빗물 76 상용 파운드를 담을 수 있고, 런던피트 단위로 한 변이 1인치인 정육면체는 상용 파운드 단위로 $^{19}/_{36}$온스 또는 $253\frac{1}{3}$그레인을 담게 된다. 그리고 지름 1인치를 휩쓰는 물방울의 공기 중 용량은 132.645그레인이고, 진공 중 용량은 132.8그레인이다. 그리고 다른 구슬은 진공 중 무게에서 물속 무게를 뺀 값에 비례한다.

실험 1 공기 중에서 무게가 $156\frac{1}{4}$그레인이고 물속에서 77그레인인 구슬은 [물속에서 떨어뜨렸을 때] 전체 112인치의 공간을 휩쓰는 데 4초가 걸렸다. 실험을 반복하였을 때에도 구슬의 낙하 시간은 역시 4초였다.

  진공 중 구슬의 무게는 $156^{13}/_{38}$그레인이고, 물속 구슬의 무게와의 차는 $79^{13}/_{38}$이다. 따라서 구슬의 지름은 0.84224인치가 된다. 이 차이 대 진공 중 구슬의 무게의 비는 물의 밀도 대 구슬의 밀도의 비와 같고, 구슬 지름의 $^8/_3$(즉 2.24597인치) 대 공간 2F와 같으며, 따라서 2F는 4.4256인치가 된다. 구슬은 1초 동안 진공 중에서 자신의 무게인 $156^{13}/_{38}$그레인으로 $193\frac{1}{3}$인치를 낙하할 것이다. 그리고 물속에서 77그레인의 무게로 저항 없이 낙하하면, 같은 시간 동안 95.219인치를 휩쓸 것이다. 그리고 시간 G 대 1초의 비는 공간 F 또는 2.2128인치 대 95.219인치의 제곱근의 비와 같은데, 이 시간 G 동안 구슬은 2.2128인치를 휩쓸고 물속에서 낙하하며 얻을 수 있는 가장 빠른 속도 H를 얻게 될 것이다. 그러므로 시간 G는 0.15244초이다. 그리고 이 시간 G 동안 구슬은 최고 속도 H로 2F만큼의 공간 4.425인치를 휩쓸 것이다. 이에 따라 4초 동안 116.1245인치를 휩쓸 것이다. 공간 1.3862944F 또는 3.0676인치를 빼면 남은 공간은 113.0569인치가 되고, 이 공간은 구슬이 아주 넓은 용기에 담긴 물속을 4초 동안 낙하하며 휩쓰는 거리가 될 것이다. 그런데 나무 용기가 좁기 때문에 이 거리는 다음 비에 따라 줄여 주어야 한다. 용기 입구 둘레 대 그 둘레에서 구슬의 대원의 절반을 뺀 값의 제곱근 비와, 입구의 둘레 대 그 둘레에서 구슬의 대원을 뺀 값의 비를 합성한 비, 즉 1 대 0.9914만큼 줄여야 한다. 이 계산을 마치면, 구슬이 이론에 따라 4초 동안 나무 용기에 담긴 물속을 낙하하며 휩쓰는 거리가 거의 112.08인치에 근접할 것이라는 결과를 얻는다. 그리고 실험에서 구슬은 112인치를 휩쓸었다.

실험 2 같은 구슬 세 개를 준비하였다. 구슬의 무게는 공기 중에서 $76\frac{1}{3}$그레인, 물속에서는 $5\frac{1}{16}$그레인이었다. 이 세 구슬을 물속에서 연속적으로 떨어뜨렸을 때, 각각의 구슬은 15초 동안 112인치를 낙하했다.

  연산을 해보면 진공 중 구슬의 무게는 $76^5/_{12}$그레인이다. 이 무게에서 물속 무게를 빼면 71$\frac{17}{48}$그레인이 된다. 구슬의 지름은 0.81296인치이고, 이 지름의 $\frac{8}{3}$은 2.16789인치다. 공간 2F는 2.3217인치다. 구슬이 5$\frac{1}{16}$그레인의 무게로 1초 동안 저항 없이 낙하하며 휩쓰는 공간은 12.808인치다. 그리고 시간 G는 0.301056초다. 그러므로 구슬은 물속에서 5$\frac{1}{16}$그레인의 무게의 힘으로 최대 속도로 0.301056초 동안 2.3217인치, 15초 동안 115.678인치를 낙하할 수 있다. 공간 1.3862944F 또는 1.609인치를 빼면 114.069인치가 남는데, 이는 구슬이 같은 시간 동안 아주 넓은 용기 안에서 낙하하며 휩쓰는 공간이 될 것이다. 우리가 사용한 용기는 이보다 좁아서 여기에서 약 0.895인치를 빼야 한다. 그러므로 이론에 따라 구슬이 15초 동안 이 용기 안을 낙하하며 휩쓸었어야 하는 공간은 113.174인치가 될 것이다. 그리고 실제 실험에서 구슬은 112인치만큼 낙하했다. 이 차이는 거의 무시할 수 있을 만큼 작은 값이다.

실험 3 공기 중 무게가 121그레인, 물속 무게는 1그레인인 같은 세 개의 구슬을 물속에서 연속적으로 떨어뜨렸더니, 46초, 47초, 50초 동안 112인치를 낙하했다.

이론에 따라, 이 구슬들은 대략 40초 동안 낙하했어야 했다. 구슬이 더 느리게 낙하한 이유가 느린 운동의 관성으로 인해 발생하는 저항 대 다른 원인에 의한 저항의 비가 작아서인지, 구슬에 달라붙은 작은 거품들에 의한 것인지, 높은 기온이나 구슬을 떨어뜨린 손의 열로 인해 밀랍이 묽어져서인지, 그도 아니면 물속에서 구슬의 무게를 잴 때 미처 파악하지 못한 오류가 있었는지 지금으로서는 알 수가 없다. 그러므로 구슬의 물속 무게가 1그레인 이상은 되어야 확실하고 신뢰할 수 있는 실험을 수행할 수 있을 것이다.

실험 4 지금까지 설명한 실험은 앞에서 제시했던 이론을 세우기 전 유체의 저항을 조사하기 위해 시작했던 것이다. 이후 이 이론을 검증하기 위해, 나는 안쪽의 폭이 8$\frac{2}{3}$인치이고 깊이가 15$\frac{1}{3}$피트인 나무 용기를 구했다. 그런 다음 밀랍 안에 납을 채운 구슬을 네 개 만들었다. 구슬의 무게는 공기 중에서 139$\frac{1}{4}$그레인, 물속에서는 7$\frac{1}{8}$그레인이었다. 나는 이 구슬들의 낙하 시간을 측정하기 위해 물속에서 떨어뜨렸고, $\frac{1}{2}$초 동안 진동하는 진자로 시간을 쟀다. 구슬의 무게를 측정할 때와 이후 물속에서 낙하할 때, 구슬들은 차가웠고 한동안 차갑게 유지시켰다. 열 때문에 밀랍이 묽어지면 구슬의 물속 무게가 감소하기 때문이었다. 그리고 묽어진 밀랍은 차갑게 식혀도 곧바로 원래 밀도로 돌아오지 않는다. 구슬들은 낙하하기 전 물속에 완전히 잠겨 있었다. 이는 낙하가 시작되는 순간 물 밖으로 튀어나온 부분에 의해 가속되는 일이 없게 하려는 것이었다. 구슬은 완전히 잠긴 상태로 정지해 있다가, 최대한 조심스럽게 손에서 놓여, 낙하할 때 그 어떤 충격도 받지 않도록 했다. 구슬은 진자가 47$\frac{1}{2}$, 48$\frac{1}{2}$, 50, 51회만큼 진동하는 동안 연속적으로 낙하하며 15피트 2인치의 거리를 휩쓸었다. 그런데 구슬의 무게를 측정했던 때보다 날씨가 조금 더 추워져서, 나는 다른 날 실험을 반복했다. 그날 구슬은 49, 49½, 50, 53회만큼 진동하는 동안 낙하했고, 셋째 날에는 49½, 50, 51, 53회 진동할 동안 낙하했다. 이 실험은 자주 반복해 수행했으며, 구슬은 대부분 49½와 50회 진동하는 동안 낙하했다. 이보다 더 느린 경우는 구슬이 용기의 벽면으로부터 열을 받아 느려졌을 것이라고 추정된다.

이제 이론에 따른 연산 결과를 살펴보면, 구슬의 진공 중 무게는 139$\frac{2}{5}$그레인이다. 여기에서 물속에서의 무게를 빼면 132$\frac{11}{40}$그레인이 된다. 구슬의 지름은 0.99868인치이고, 지름의 $\frac{8}{3}$은 2.66315인치이다. 공간 2F는 2.8066인치이다. 구슬이 7$\frac{1}{8}$그레인의 무게로 1초 동안 저항 없이 낙하하며 휩쓰는 거리는 9.88164인치이다. 그리고 시간 G는 0.376843초이다. 그러므로, 구슬은 무게 7$\frac{1}{8}$그레인의 무게의 힘으로 물속에서 낙하할 수 있는 가장 빠른 속도로 낙하하면, 0.376843초 동안 거리 2.8066인치를 휩쓴다. 1초 동안에는 7.44766인치의 공간을 휩쓸고, 25초 또는 진자가 50회 진동할 동안에는 186.1915인치의 공간을 휩쓴다. 공간 1.386294F 또는 1.9454인치를 빼면 남은 공간은 184.2461인치가 되고, 이 공간은 구슬이 아주 넓은 용기 안에서 같은 시간 동안 낙하하며 휩쓰는 거리가 될 것이다. 우리가 사용한 용기는 좁아서 이 거리는 용기 입구 둘레 대 그 둘레에서 구슬의 대원의 절반을 뺀 값의 제곱근 비와 입구 둘레 대 그 둘레에서 구슬의 대원을 뺀 값의 비를 합성한 비만큼 축소되어야 한다. 그 결과 181.86인치의 공간을 얻게 되는데, 이 공간은 구슬이 이론에 따라 진자가 50회 진동하는 동안 이 용기 안에서 휩쓸어야 하는 거리에 거의 근접한다. 그리고 실험에서 구슬은 49½ 또는 50회의 진동 동안 182인치의 공간을 휩쓸었다.

실험 5 공기 중 무게가 154$\frac{3}{8}$그레인이고 물속 무게가 21½그레인인 네 개의 구슬을 물속에서 반복해 떨어뜨렸고, 진자가 28½, 29, 29½, 30회 진동하는 동안, 가끔은 31, 32, 33회 진동할 동안 구슬은 15피트 2인치의 거리를 낙하했다.

이론에 따르면 구슬들은 이 거리를 약 29회 진동하는 동안 낙하해야 한다.

실험 6 공기 중 무게가 212$\frac{3}{8}$그레인이고 물속 무게가 79½그레인인 구슬 다섯 개를 반복해 떨어뜨렸고, 진자가 15, 15½, 16, 17, 18회 진동하는 동안 15피트 2인치의 공간을 휩쓸었다.

이론에 따르면 구슬들은 이 거리를 약 15회 진동하는 동안 낙하해야 한다.

실험 7 공기 중 무게가 293$\frac{3}{8}$그레인이고 물속 무게가 35$\frac{7}{8}$그레인인 구슬 네 개를 반복해 떨어뜨렸고, 29½, 30, 30½, 31, 32, 33회 진동하는 동안 15피트 1½인치의 공간을 휩쓸었다.

이론에 따르면 구슬들은 이 거리를 약 28회 진동하는 동안 낙하해야 한다.

왜 무게와 크기가 같은데도 어떤 구슬은 더 빠르게, 어떤 구슬은 더 느리게 떨어지는지 그 이유를 연구하면서, 이런 생각이 떠올랐다. 구슬이 떨어져 낙하를 시작할 때, 어쩌다 보니 조금 더 무거운 부분이 먼저 떨어지면서 떨림 운동을 일으켜, 구슬이 중심 주위로 떨렸을 수 있겠다는 생각이었다. 이 떨림 때문에 구슬은 떨림 없이 낙하할 때보다 물에 더 많은 운동을 전달하고, 이 과정에서 낙하에 써야 할 운동의 일부를 잃는다. 이 떨림의 폭에 따라 구슬의 운동은 더 많이, 또는 덜 지연을 받는다. 더 나아가, 구슬은 떨리면서 낙하하는 면으로부터 항상 물러나게 되는데, 이렇게 물러나면서 용기 측면에 접근하고 때로는 부딪치게 된다. 구슬이 더 무거우면 이 떨림이 더 강해지고, 구슬이 더 크면 물을 더 많이 뒤흔들게 된다. 그러므로 구슬의 떨림을 줄이기 위해 납과 밀랍으로 새 구슬을 제작했고, 납이 구슬의 한쪽 표면 근처에 집중되도록 했다. 그리고 낙하가 시작될 때 구슬의 무거운 쪽이 최대한 아래로 가도록 떨어뜨렸다. 그러자 떨림이 이전보다 훨씬 덜해졌고, 이후 실험부터 구슬의 낙하 시간은 훨씬 더 비슷해졌다.

실험 8 공기 중 무게가 139그레인이고 물속 무게가 $6\frac{1}{2}$그레인인 구슬 네 개를 자주 떨어뜨렸고, 진동 횟수는 52회를 넘지 않고 50회보다는 적지 않은 시간 동안 낙하했다. 대부분의 경우 약 51회의 진동 동안 182인치의 공간을 휩쓸었다.

이론에 의해 구슬들은 52회 진동에 매우 근접한 시간 동안 낙하해야 했다.

실험 9 공기 중 무게가 $273\frac{1}{4}$그레인이고 물속 무게가 $140\frac{3}{4}$그레인인 구슬 네 개를 반복해 떨어뜨렸고, 12회보다는 많고 13회는 넘지 않는 진동 시간 동안, 182인치의 공간을 휩쓸었다.

그리고 이론에 따르면 구슬들은 약 $11\frac{1}{3}$회 진동하는 동안 낙하해야 한다.

실험 10 공기 중 무게가 384그레인이고 물속 무게가 $119\frac{1}{2}$그레인인 구슬 네 개를 반복해 떨어뜨렸고, $17\frac{3}{4}$, 18, $18\frac{1}{2}$, 19회의 진동 횟수 동안 $181\frac{1}{2}$인치의 공간을 휩쓸었다. 그리고 19회 진동하는 동안 낙하할 때, 가끔 구슬이 바닥에 닿기 전 용기 옆면에 부딪치는 소리가 들렸다.

그리고 이론에 따르면 구슬들은 약 $15\frac{5}{9}$회 진동하는 동안 낙하해야 한다.

실험 11 공기 중 무게가 48그레인이고 물속 무게가 $3\frac{29}{32}$그레인인 구슬 세 개를 반복해 떨어뜨렸고, 진동 횟수 $43\frac{1}{2}$, 44, $44\frac{1}{2}$, 45, 46회 동안, 대부분은 44와 45회 동안, 약 $182\frac{1}{2}$인치만큼의 거리를 휩쓸었다.

이론에 따르면 구슬들은 약 $46\frac{5}{9}$회 진동하는 동안 낙하해야 한다.

실험 12 공기 중 무게가 141그레인이고 물속 무게가 $4\frac{3}{8}$그레인인 구슬 세 개를 반복해 떨어뜨렸고, 진동 횟수 61, 62, 63, 64, 65회 동안 182인치의 공간을 휩쓸었다.

그리고 이론에 따르면 구슬은 $64\frac{1}{2}$회 진동하는 동안 낙하해야 한다.

이 실험들로부터 구슬이 천천히 낙하할 때(2, 4, 5, 8, 11, 12회차 실험에서처럼) 낙하 시간은 이론을 정확히 따른다는 것을 확인했지만, 구슬이 더 빠르게 낙하할 때는(6, 9, 10회차 실험에서처럼), 저항은 속도의 제곱비보다 조금 더 컸다. 구슬이 낙하하는 동안 다소 떨렸기 때문인데, 이 떨림 운동은 더 느리고 더 가벼운 구슬에서는 약하기 때문에 빠르게 중단되었고, 더 무겁고 큰 구슬에서는 강하기 때문에 떨림이 더 오래 지속된 후에야 주변의 물에 의해 중단되었다. 또한 구슬이 빠를수록 뒤쪽의 유체로부터 덜 눌리고, 구슬의 속도가 연속적으로 증가하면서, 유체의 압축이 동시에 증가하지 않는 한, 구슬은 뒤쪽으로 길게 빈 공간을 남길 것이다. 그뿐 아니라 (명제 32와 33에 따라) 저항이 속도의 제곱비로 증가하려면 유체의 압축도 마찬가지로 속도의 제곱비로 증가해야 한다. 이런 일은 일어나지 않으므로, 빠른 구슬의 뒤쪽에서는 압력을 덜 받게 되고, 이렇게 감소된 압력으로 인해 구슬의 저항은 속도의 제곱비보다 약간 더 커지게 된다.

그러므로 이론은 물속에서 낙하하는 물체의 현상과 일치한다. 이제 공기 중에서 낙하하는 물체의 현상을 조사하는 일만 남았다.

실험 13   1710년 6월, ªª런던 세인트폴 대성당 꼭대기에서ªª 유리 구슬 한 쌍을 동시에 떨어뜨리는 실험을 수행하였다. 구슬 하나에는 수은을 가득 채우고 다른 하나에는 공기를 가득 채웠다. 유리 구슬은 떨어지면서 220런던피트를 낙하했다. 나무판자의 한쪽 끄트머리는 철제 회전축에 고정돼 있고 다른 한쪽 끄트머리는 나무 막대기로 지탱돼 있다. 나무판자 위에 두 개의 구슬을 놓은 다음, 바닥에 늘어뜨린 철사를 이용해서 나무 막대기를 잡아 당기면 두 구슬은 동시에 떨어지고, 그 결과 나무판자가 철제 회전축 아래로 흔들림과 동시에 철사에 의해 당겨진 초진자(반주기에 1초 걸리는 진자—옮긴이)가 풀려나면서 진동하기 시작한다. 공의 무게와 지름, 낙하시간은 다음에 나올 표로 정리하였다.

그러나 관찰된 시간은 보정이 필요하다. 수은으로 채운 구슬은 (갈릴레오의 이론에 따르면) 4초 동안 257런던피트를 낙하하고, 3과 $\frac{42}{60}$초 동안 220피트를 낙하할 것이기 때문이다. 나무 막대기를 치웠을 때 나무판자는 예상보다 더 느리게[즉, 자유낙하보다 더 느리게] 아래로 흔들렸고 그로 인해 구슬이 낙하하는 순간 구슬의 움직임을 방해했다. 구슬을 나무판자의 중심 근처에 놓았는데, 실제로는 나무 막대기보다 회전축에 조금 더

---

aa   뉴턴은 실험 13에서 무게추들을 "a culmine acclesiae Sancti Pauli, in urbe Londini"에서 떨어뜨렸다고 썼다. 무게추가 낙하한 거리가 220런던피트라는 사실로부터 이 건물이 코벤트 가든에 있는 세인트폴 교회가 아니라는 것은 분명하다. 이 정도 높이의 (약 20층 높이) 예배당은 세인트폴 성당이 유일하다. 이 실험이 세인트폴 성당에서 이루어졌다는 것은 이 성당의 둥근 지붕 바로 아래에 발코니가 있다는 점을 고려하면 거의 확실하다. 성당의 발코니 높이가 뉴턴이 쓴 220런던피트에 해당하기 때문이다. 실험 14의 각주를 함께 참고하자.

수은을 채운 구슬			공기를 채운 구슬		
무게	지름	낙하시간	무게	지름	낙하시간
그레인	인치	초	그레인	인치	초
908	0.8	4	510	5.1	$8\frac{1}{2}$
983	0.8	4−	642	5.2	8
866	0.8	4	599	5.1	8
747	0.75	4+	515	5.0	$8\frac{1}{4}$
808	0.75	4	483	5.0	$8\frac{1}{2}$
784	0.75	4+	641	5.2	8

가까웠기 때문이다. 따라서 낙하시간이 낙하 시간이 대략 $\frac{18}{60}$초 길어졌으며, 특히 지름이 큰 구슬은 아래로 흔들릴 때 나무판자에 조금 더 오래 머물렀기 때문에 이 $\frac{18}{60}$초를 제거해서 보정할 필요가 있다. 측정값을 보정하고 나니, 큰 구슬 여섯 개가 낙하한 시간은 8과 $\frac{12}{60}$초, 7과 $\frac{42}{60}$초, 7과 $\frac{57}{60}$초, 7과 $\frac{42}{60}$초, 8과 $\frac{12}{60}$초, 그리고 7과 $\frac{42}{60}$초로 나왔다.

그러므로 공기로 채운 구슬들 중 다섯 번째 구슬, 즉 지름이 5인치이고 무게는 483그레인인 구슬은 8과 $\frac{12}{60}$초 동안 낙하하며 220피트를 휩쓸었다. 이 구슬과 같은 물의 무게는 16,600그레인이다. 그리고 공기의 무게는 $\frac{166,00}{860}$그레인, 또는 $19\frac{3}{10}$그레인이므로, 진공 중 구슬의 무게는 $502\frac{3}{10}$그레인이다. 그리고 이 무게 대 구슬과 같은 공기의 무게 비는 $502\frac{3}{10}$ 대 $19\frac{3}{10}$이고, 이는 2F 대 구슬 지름의 $\frac{8}{3}$의 비와 같다(즉, 2F 대 $13\frac{1}{3}$인치). 따라서 2F는 28피트 11인치가 된다. 진공 중에서 낙하하는 구슬은 전체 무게가 $502\frac{3}{10}$그레인이고, 위에서와 같이 1초 동안 $193\frac{1}{3}$인치를 휩쓸며, 무게 483그레인은 185.905인치를 휩쓴다. 그리고 같은 무게 483그레인이 진공 중에서는 공간 F, 또는 14피트 $5\frac{1}{2}$인치를 $\frac{57}{60}$과 58/3,600초 동안 휩쓸고, 공기 중에서 낙하할 수 있는 최고 속도를 얻는다. 구슬은 이 속도로 8과 $\frac{12}{60}$초 동안 245피트 $5\frac{1}{3}$인치를 휩쓸 것이다. 여기에서 1.3863F, 또는 20피트 $\frac{1}{2}$인치를 제거하면 225피트 5인치가 남는다. 그러므로 이 공간이 이론에 따라 구슬이 8과 $\frac{12}{60}$초 동안 낙하하며 휩쓸어야 하는 거리다. 그리고 구슬은 실험에서 220피트의 거리를 휩쓸었다. 이 차이는 무시할 만하다.

공기를 채운 나머지 구슬에도 비슷한 연산을 적용하여, 다음의 표로 나타냈다.

구슬의 무게	지름	220피트에서 낙하한 시간		이론에 따라 쓸어야 하는 거리		차이	
그레인	인치	초	$\frac{1}{60}$초	피트	인치	피트	인치
501	5.1	8	12	11	11	6	11
642	5.2	7	42	9	9	10	9
599	5.1	7	42	10	10	7	10
515	5	7	57	5	5	4	5
483	5	8	12	5	5	5	5
641	5.2	7	42	10	10	10	7

실험 14 1719년 7월, 데사굴리에 박사는 이와 유사한 실험을 다시 수행했다. 안이 오목한 나무 틀을 이용해 촉촉한 돼지 방광의 형태를 잡고, 공기로 부풀려 둥근 모양으로 만들었다. 그런 다음 잘 말린 후 틀에서 꺼내, [a]같은 성당의 발코니 꼭대기에 달란 등잔에서 떨어뜨렸다. 높이는 272피트였다.[a] 그와 함께 납 구슬도 동시에 떨어뜨렸는데, 납 구슬의 무게는 대략 2 상용 파운드였다. 낙하 실험이 진행되는 세인트폴의 가장 높은 곳에서 전체 낙하 시간을 기록하는 사람이 하나 있었고, 바닥에서도 납 구슬과 돼지 방광의 낙하 시간의 차이를 기록하는 사람이 있었다. 시간 측정에는 반–초진자를 사용했다. 그리고 바닥에 서 있던 이들 중 하나는 진동하는 용수철로 된 시계를 가지고 있었는데, 이 시계는 초당 4회를 진동한다. 또한 진자를 사용해 영리하게 설계된 시간 측정 장치도 마련되어 있었고, 이 장치의 진자 역시 초당 4회 진동하는 것이었다. 그리고 발코니의 갤러리에 서 있던 사람도 비슷한 장치를 가지고 있었다. 이 장치들은 모두 자유자재로 작동을 시작하거나 멈출 수 있도록 제작되었다. 납 구슬의 낙하 시간은 약 $4\frac{1}{4}$초였다. 그리고 이 시간을 앞에서 말한 시간 차이에 더하여 방광이 낙하하는 전체 시간이 결정되었다. 납 구슬이 떨어지고 난 후 방광 다섯 개가 연속적으로 낙하한 시간은, 1회차에 $14\frac{3}{4}$초, $12\frac{3}{4}$초, $14\frac{5}{8}$초, $17\frac{3}{4}$초, $16\frac{7}{8}$초였고, 2회차 때는 $14\frac{1}{2}$초, $14\frac{1}{4}$초, 14초, 19초, $16\frac{3}{4}$초였다. 여기에 납 구슬의 낙하 시간인 $4\frac{1}{4}$초를 더하면, 방광 다섯 개가 떨어지는 전체 시간은 1회차 때 19초, 17초, $19\frac{7}{8}$초, 22초, $21\frac{1}{8}$초이고, 2회차 때는 $18\frac{3}{4}$초, $18\frac{1}{2}$초, $18\frac{1}{4}$

---

[a] 뉴턴은 여기에서 무게추를 "ab altiore loco in templi ejusdem turri rotunda fornicata, nempe ab altitudine pedum 272"에서 떨어뜨렸다고 썼다. 이는 다시 말해 "같은 성당의 둥근 첨탑의 더 높은 곳에서[즉, 발코니의 꼭대기에 있는 등잔에서]"라는 뜻이다. 이 위치가 뉴턴이 제시한 높이 272피트에 해당된다.

초, $23\frac{1}{4}$초, 그리고 21초였다. 그리고 발코니에서 기록한 시간은 1회차 때 $19\frac{3}{8}$초, $17\frac{1}{4}$초, $18\frac{3}{4}$초, $22\frac{1}{8}$초, $21\frac{5}{8}$초였고, 2회차 때는 19초, $18\frac{5}{8}$초, $18\frac{3}{8}$초, 24초, $21\frac{1}{4}$초였다. 그런데 방광은 항상 똑바로 떨어지지 않고 가끔은 낙하하며 옆으로 날아가고 앞뒤로 떨리기도 했다. 방광의 낙하 시간은 이 운동으로 인해 더 길어졌으며, 가끔은 $\frac{1}{2}$초씩, 때로는 1초씩 늦어지기도 했다. 그뿐 아니라 첫 번째 실험에서는 두 번째와 네 번째 방광이 똑바로 떨어졌고, 두 번째 회차에서는 첫 번째와 세 번째 방광이 그랬다. 다섯 번째 방광은 쪼글쪼글해져서 그 주름 때문에 다소 느려졌다. 나는 방광 주위로 아주 가는 실을 두 번 감아 방광의 둘레를 측정하고, 이로부터 지름을 계산했다. 그런 다음, 다음 표를 통해 이론과 실험을 비교하였다. 이때 공기의 밀도 대 빗물의 밀도는 1 대 860이라고 가정했다. 그리고 이론에 따라 구슬이 낙하했어야 하는 거리를 계산했다.

방광의 무게	지름	272피트에서 낙하한 시간	이론에 따라 같은 시간 동안 휩쓸어야 하는 공간		이론과 실험의 차이	
그레인	인치	초	피트	인치	피트	인치
128	5.28	19	271	11	−0	1
156	5.19	17	272	$0\frac{1}{2}$	+0	$0\frac{1}{2}$
$137\frac{1}{2}$	5.3	$18\frac{1}{2}$	272	7	+0	7
$97\frac{1}{2}$	5.26	22	277	4	+5	4
$99\frac{1}{8}$	5	$21\frac{1}{8}$	282	0	+10	0

그러므로 공기 중에서와 물속에서 움직이는 구슬이 받는 저항은 우리 이론에 따라 거의 정확히 계산되었으며, 이 값은 구슬의 속도와 크기가 같은 경우 유체의 밀도에 비례한다는 사실이 밝혀졌다.

섹션 6의 마지막에 쓴 주해에서, 우리는 진자 실험을 통해 공기, 물, 수은 안에서 같은 속도로 움직이는 같은 구슬들이 받는 저항은 유체의 밀도에 비례한다는 사실을 보였다. 그리고 공기와 물속에서 낙하하는 물체 실험을 통해 같은 내용을 좀 더 정확하게 입증하였다. 진자는 진동할 때마다 유체 안에 운동을 일으키는데 이 운동은 진자가 돌아올 때의 운동 방향과 항상 반대이다. 그리고 해당 운동에서 발생하는 저항과 추가 매달린 밧줄의 저항 때문에, 추가 받는 전체 저항은 물체 낙하 실험에서 알아낸 저항보다 더 커졌다. 이전 주해에서 설명한 진자 실험에서, 물과 밀도가 같은 구슬은 공기 중에서 그 자신의 반지름의 길이만큼을 휩쓸며, 운동의 $\dfrac{1}{3{,}342}$ 만큼을 잃어야 한다는 것을 알아냈다. 그러나 섹션 7에서 제시된 이론과 물체 낙하 실험을 통해 확인된 내용은, 물의 밀도 대 공기의 밀도가 860 대 1이라고 가정할 때, 구슬이 반지름만큼의 거리를 휩쓸며 잃은 운동의 양이 겨우 $\dfrac{1}{4{,}586}$ 라는 것이었다. 그러므로 저항은 낙하 실험에서보다 진자 실험에서 (이미 설명한 이유에 따라) 더 크다는 것을 알 수 있었고, 그 비는 대략 4 대 3 정도이다. 그러나 공기, 물, 수은 안에서 진동하는 진자의 저항은 비슷한 이유에 의해 비슷하게 증가하므로, 이 매질들 안에서의 저항의 비율은 낙하 실험에서처럼 진자 실험으로도 충분히 정확하게 구할 수 있을 것이다. 따라서 유체 매질 안에서 움직이는 물체가 받는 저항은, 다른 것들은 모두 동일하다고 하면, 유체의 밀도에 비례한다는 결론을 내릴 수 있다.

성립된 내용을 바탕으로, 이제 주어진 시간 동안, 임의의 유체 내부에서 발사된 임의의 공의 움직임 중 어떤 부분이 손실되었는지 매우 근사하게 예측할 수 있다. D를 구슬의 지름이라 하고, V는 운동이 시작될 때의 속도라 하자. T는 구슬이—진공 중에서 속도 V로—공간을 휩쓰는 시간이며, 이 공간 대 $^8\!/_3$D의 비는 구슬의 밀도 대 유체의 밀도의 비와 같다. 그러면 이 유체 안으로 발사된 구슬은 시간 t 동안 속도의 $\dfrac{t\mathrm{V}}{\mathrm{T}+t}$ 만큼을 잃고 ($\dfrac{\mathrm{TV}}{\mathrm{T}+t}$ 만큼 남는다), 휩쓰는 공간 대 같은 시간 동안 일정한 속도 V로 휩쓰는 공간의 비는 숫자 $\dfrac{\mathrm{T}+t}{\mathrm{T}}$ 의 로그에 2.302585093을 곱한 값 대 숫자 t/T의 비와 같다. 이는 명제 35, 따름정리 7에 따른 것이다. 운동이 느리면 저항은 약간 작아질 수 있다. 반지름이 같을 경우 원통보다 구슬이 운동에 더 적합한 모양을 갖추고 있기 때문이다. 반대로 운동이 빠르면 유체의 탄성과 압축이 속도의 제곱비로 증가하지 않으므로 저항이 조금 커질 수 있다. 그러나 여기에서는 이런 사소한 내용까지는 고려하지 않기로 한다.

만일 공기, 물, 수은 같은 유체들의 부분들을 무한히 쪼개어 유체가 미세해지고 무한한 유동성을 갖는 매질이 되더라도, 그 안에 발사된 구슬에 미치는 저항이 덜해지지는 않을 것이다. 왜냐하면 앞선 명제들에서 다루었던 저항은 물질의 관성으로 인해 발생하기 때문이다. 그리고 물질의 관성은 물체의 근본적인 요소이며 항상 물질의 양에 비례한다. 유체의 부분들을 쪼갬으로써 부분들의 점착력과 마찰로 인한 저항이 사실상 감소할 수는 있겠지만, 부분들을 쪼갠다 하더라도 물질의 양은 감소하지 않는다. 그리고 물질의 양이 같다면 그 관성의 힘은—여기에서 논의하는 저항은 언제나 관성력에 비례한다—동일하게 유지된다. 이 저항이 감소하려면 물체가 통과하는 공간 안의 물질의 양도 감소해야 한다. 그러므로 행성과 혜성이 하늘을 가로지르며 모든 방향으로 대단히 자유롭게, 운동의 감소를 전혀 알아챌 수 없이 움직이고 있다는 사실을 바탕으로, 하늘의 공간에는 물질적인 유체가 없으며, 다만 아주 희박한 증기와 빛줄기만이 이 공간을 가로질러 다니고 있을 뿐이라는 것을 알 수 있다.

물론 발사체는 유체를 통과하며 유체 안에서 운동을 일으킨다. 이 운동은 발사체 전면의 유체의 압력이 후면의 압력보다 더 크기 때문에 발생한다. 그리고 공기, 물, 수은 등의 유체에서의 운동이 각각의 물질의 밀도에 비례하는 정도와 비교할 때, 무한한 유동성을 가진 매질에서의 운동이 매질의 밀도에 비례하는 정도가 더 작아질 수는 없다. 그리고 이 전후면의 압력의 차이는 유체 안에서 그 양에 비례한 만큼의 운동을 일으킬 뿐 아니라 발사체에 작용하여 운동이 느려지도록 하는 역할도 한다. 따라서 유체 안에서의 모든 저항은 발사체가 유체 안에서 일으킨 운동에 비례한다. 또한 공기, 물, 수은 같은 유체에서 유체의 저항이 밀도에 비례하는 정도와 비교할 때, 아무리 미묘한 에테르라 하더라도 이 에테르 안에서 밀도에 비례하는 정도 역시 더 작아질 수 없다.

명제 41

정리 32. 유체의 입자들이 직선을 따라 나란히 놓여 있지 않는 한, 유체를 통해 전파되는 압력은 직선을 따르지 않는다.

입자 *a*, *b*, *c*, *d*, *e*가 직선을 따라 나란히 놓여 있다면, 압력은 사실상 *a*에서 *e*까지 직접적으로 전파될 수 있다. 그러나 입자 *e*가 비스듬히 놓인 입자 *f*와 *g*에 비스듬히 힘을 가할 것이고, 이 입자들 *f*와 *g*는 다른 입자 *b*와 *k*가 지지해주지 않으면 그들에게 전해진 이 압력을 지탱하지 못한다. 그런데 이 입자들은 지지받는 범위 내에서 입자들이 지지하는 입자들을 누르고 있고, 이 입자들은 또 다른 입자 *l* 과 *m*의 지지를 받지 않으면 이 압력을 지탱하지 못한다. 이런 식으로 무한정 나아간다. 그러므로, 직선 위에 놓이지 않은 입자들에게 압력이 전달되자마자 이 압력이 확산하며 비스듬한 방향으로 무한정 전파될 것이다. 그리고 해당 압력이 직선 위에 있지 않은 또 다른 입자들에 영향을 주게 된다면, 그 지점부터 또다시 확산할 것이고, 직선 위에 놓이지 않은 입자들에 계속해서 영향을 줄 것이다. Q.E.D.

따름정리 　　주어진 어느 점으로부터 유체를 통해 전파되는 압력의 일부가 장애물에 막히면, 남은 부분(차단되지 않은 부분)은 공간을 통해 장애물 너머로 퍼져 나갈 것이다. 이것은 다음과 같이 증명할 수 있다. 점 A부터 압력이 임의의 방향으로 전파된다고 하자. 그리고 가능하다면 직선을 따라 전파된다고 하자. 그리고 BC에 구멍이 나 있는 장애물 NBCK에 의해, 원뿔 모양의 일부 APQ만 빼고 모든 압력이 차단된다고 하자. 이 APQ는 동그란 구

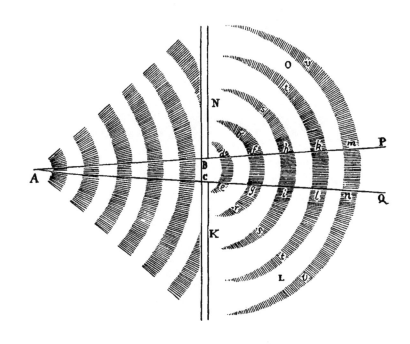

멍 BC를 통과해 지나간다. 횡단면 *de*, *fg*, *hi*에 의해 원뿔 APQ는 원뿔대로 나뉜다. 그런 다음, 원뿔 ABC가 압력을 전파하면서 표면 *de* 위에 있는 또 다른 원뿔대 *defg*를 누르고, 이 원뿔대는 표면 *fg* 위에 있는 그 다음 원뿔대 *fgih*를 누르고, 이 원뿔대는 세 번째 원뿔대를 누르고, 이런 식으로 무한정 계속된다. 그렇다면, (운동 제3 법칙에 따라) 첫 번째 원뿔대 *defg*가 두 번째 원뿔대에 작용하고 밀어내는 만큼 두 번째 원뿔대 *fghi*의 반작용에 의해 작용을 받아 눌리게 된다. 그러므로 원뿔 A*de*와 원뿔대 *fhig* 사이에 있는 원뿔대 *degf*는 양쪽에서 압력을 받고, 이로 인해 (2권 명제 19, 사례 6에 따라) 모든 방향으로 같은 크기의 압력을 받지 않으면 그 모양을 유지할 수 없다. 따라서 면 *df*와 *eg*에서 표면 *de*와 *fg*에서 눌리는 것과 같은 힘에 밀리는 노력을 하게 될 것이다. 그리고 (이 도형들은 단단한 고체가 아니라 모두 유체이므로) 이 노력을 제한할 유체가 주위에 존재하지 않는 한, 그곳에서 밖으로 터져 나가 확산할 것이다. 따라서 새어나가려는 노력에 의해 면 *df*와 *ef*에서, 그리고 원뿔대 *fghi*에서 같은 힘으로 주위 유체를 누를 것이다. 그러므로 압력은 표면 *fg*에서 PQ로 전파되는 것만큼 면 *df*와 *eg*로부터 한쪽의 공간 NO와 다른 쪽 공간 KL을 향해 전파된다. Q.E.D.

명제 42

정리 33. 유체를 통과해 전파되는 모든 운동은 직선 경로로부터 움직임 없는 공간을 향해 확산된다.

사례 1   점 A에서 구멍 BC를 통과해 운동이 전파된다고 하고, 가능하면 이 운동이 원뿔 공간 BCQP 안에서 직선을 따라 점 A에서부터 갈라져 나간다고 하자. 먼저 이 운동이 고인 물 표면의 파동 운동이라고 가정해 보자. 그리고 de, fg, hi, kl, …은 개별 파동의 마루고, 그 사이사이에 같은 개수의 골에 의해 분리된다고 하자. 파동의 마루가 유체의 움직임 없는 부분 LK와 NO보다 높기 때문에, 물은 e, g, i, l, …, 그리고 d, f, h, k, …에서 마루의 끝부분, 즉 한쪽은 KL, 다른 쪽은 NO로 흘러내릴 것이다. 그리고 파동의 골은 유체의 움직임 없는 부분 KL과 NO보다 낮으므로, 물은 이 움직임 없는 부분에서 파동의 골을 향해 흘러내릴 것이다. 어느 때에는 파동의 마루가, 또 어느 때에는 파동의 골이, 한쪽은 KL을 향해 다른 쪽은 NO를 향해 확장되고 전달된다. 그리고 A에서 PQ를 향하는 파동의 움직임은 마루가 가장 가까운 골을 향해 연속적으로 흘러내리면서 발생하므로, 하강의 빠르기에 비례하는 이상으로 더 빠르지 않으며, 한쪽으로는 KL을, 다른 쪽으로는 NO를 향하는 물의 하강은 같은 속도로 일어나므로, 파동은 A에서 PQ를 향해 똑바로 나아가는 속도와 같은 속도로 KL과 NO를 향해 전파될 것이다. 따라서 전체 공간은 한쪽은 KL을, 다른 쪽은 NO를 향하여 확장되는 파동 $rfgr$, $shis$, $tklt$, $vmnv$, …에 의해 점유될 것이다. Q.E.D. 누구든 고인 물로 이것을 실험해 볼 수 있다.

사례 2   이제 de, fg, hi, kl, mn이 점 A에서부터 연속적으로 탄성 매질을 통과하여 전파되는 펄스라고 하자. 이 펄스는 매질의 연속적인 소밀疏密에 의해 전파되고 있는데, 각 펄스에서 밀도가 가장 높은 부분이 중심 A 주위로 그려지는 구면을 이루고, 연속적인 펄스 사이에 있는 공간은 간격이 동일하다고 하자. 또한 해당 펄스에서 가장 밀도가 높은 부분을 de, fg, hi, ki, …이라 하고, 이 부분들이 구멍 BC를 통과해서 전파된다고 하자. 이 지점의 매질의 밀도는 한쪽으로는 KL을 향하고 다른 쪽으로는 NO를 향하는 공간보다 더 높으므로, 매질은 양쪽에 위치한 이 공간들 KL과 NO를 향해, 또한 펄스 사이의 밀도가 낮은 간격을 향해 확산할 것이다. 그러므로, 공간 바로 옆의 밀도가 더 희박해지고 펄스 옆의 밀도가 더 높으므로, 매질은 펄스의 움직임을 통해 전파될 것이다. 또한 펄스의 점진적 운동은 밀도가 높은 부분이 그 앞의 밀도가 낮은 간격 쪽으로 연속적으로 느슨해지면서 진행되고, 펄스는 정지 상태인 매질의 KL과 NO 쪽의 매질의 부분들을 향해 거의 같은 속도로 느슨해져야 하므로, 이 펄스들은 움직임 없는 공간 KL과 NO를 향해 전방위적으로, 중심 A부터 똑바로 전파되는 것과 거의 같은 속도로 확장할 것이며, 이에 따라 전체 공간 KLON을 점유할 것이다. Q.E.D. 우리는 이 내용을 소리로 실험하여 발견했다. 소리는 전파 경로를 산이 가로막더라도 들리고, 창문을 통해 방 안으로 들어갈 경우

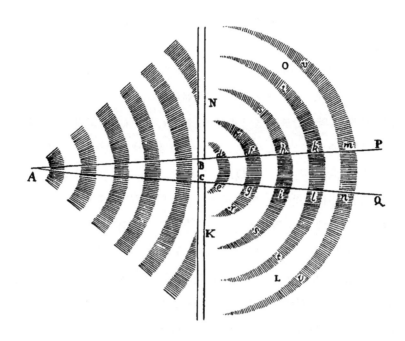

방 전체로 확산되어 모든 구석에서도 다 들린다. 소리는 창으로부터 직접 전파되어 반대쪽 벽에 부딪히더라도 그다지 많이 반사되지 않는다. 이는 감각으로 알 수 있다.

사례 3 마지막으로 어떠한 종류의 운동이 A부터 구멍 BC를 통과해 전파된다고 가정해 보자. 이 운동은 중심 A에 더 가까운 매질의 부분들이 더 먼 부분을 떠밀어 움직이지 않는 한 전파되지 않는다. 떠밀린 부분은 유체이므로 덜 눌리는 쪽을 향해 모든 방향으로 물러나며, 그런 식으로 정지해 있는 매질의 모든 부분을 향해 밀려갈 것이다. 다시 말해 양옆에 있는 KL과 NO뿐 아니라 정면에 있는 PQ 쪽으로도 향해 갈 것이다. 그러므로 모든 운동은 구멍 BC를 통과하자마자 퍼져나가기 시작하여, 다시 그 위치가 처음 시작되는 중심인 것처럼 그곳으로부터 모든 방향으로 똑바로 퍼져나갈 것이다. Q.E.D.

명제 43

정리 34. 탄성 매질 안에서 진동체들은 모든 방향으로 펄스 운동을 똑바로 전파하지만, 비탄성 매질에서는 원운동을 생성할 것이다.

사례 1 진동체의 일부는 앞으로 나아갔다가 되돌아오기를 반복하면서, 가장 가까이 있는 매질의 부분에 작용하여 추진하고, 그 작용으로 인해 매질을 압축하고 응축할 것이다. 그런 다음 되돌아오면서 압축된 부분이 뒤로 물러나며 [즉 서로에게서 멀어지며] 확장되도록 할 것이다. 그러므로 진동체와 가장 가까이에 있는 매질의 부분들은 진동체의 부분과 같이 앞으로 나아갔다 되돌아오기를 반복하게 된다. 그리고 물체의 이 부분들이 매질의 부분에 작용하는 것처럼, 떨림에 의해 작용을 받는 매질의 부분들도 가장 가까이에 있는 다른 부분에 작용하고, 이 부분들도 비슷하게 작용을 받는 동시에 더 먼 부분에 작용하고, 이런 식으로 무한정 나아간다. 그리고 매질의 첫 번째 부분이 앞으로 나아가며 응축되고 되돌아오며 희박해지는 것처럼, 나머지 부분들도 앞으로 나아갈 때마다 응축되고 돌아올 때마다 팽창[즉 희박화]될 것이다. 그러므로 매질의 부분들은 모두 동시에 나아가고 되돌아오지 않고(따라서 서로 정해진 거리를 유지하고, 번갈아 가며 희박해지고 응축되지 않을 것이다), 대신 응축될 때는 서로 접근하고 희박해질 때는 서로 멀어져서, 부분 중 일부가 앞으로 나아가는 동안 다른 일부는 되돌아간다. 이런 상황이 교대로 무한정 이어진다. 또한 나아가는 부분과 (장애물에 부딪치고 전진하는 움직임으로 인해) 나아가면서 응축되는 부분이 펄스다. 그러므로 연속적인 펄스는 [모든 진동체] 바로 앞쪽으로 전파될 것이다. 또한 물체는 한 번 떨릴 때마다 펄스를 하나씩 만들어내고 떨리는 시간 간격은 같으므로, 전파되는 펄스 간의 거리는 대체로 같은 간격을 유지할 것이다. 그리고 진동체의 부분들이 하나의 결정된 방향으로 고정되어 나아가고 되돌아온다고 해도, 매질을 통과해 그곳에서부터 전파되는 펄스는 (명제 42에 따라) 측면으로 확장되고 마치 공통의 중심에서 출발하듯 진동체로부터 모든 방향으로 전파될 것이며, 표면에서는 거의 동심원 형태로 퍼져나갈 것이다. 이러한 현상은 파동에서 볼 수 있다. 손가락으로 수면을 두드려 파동을 만들면, 파동은 손가락의 움직임에 따라 앞뒤로 나아갈 뿐 아니라 그 즉시 손가락 주위를 동심원처럼 에워싸서 모든 방향으로 전파될 것이다. 파동의 중력이 탄성력을 대체하기 때문이다.

사례 2 그런데 매질에 탄성이 없으면, 진동체의 부분들에 눌리는 매질의 부분들이 응축될 수 없으므로, 운동은 매질이 가장 쉽게 굴복하는 부분, 다시 말해 탄성 매질이었다면 진동체가 그 뒤에 비워놓았을 부분으로 곧장 전파될 것이다. 이는 임의의 매질 안에 발사된 물체의 경우에도 마찬가지다. 매질은 발사체에 굴복하며 무한정 뒤로 물러나지 않고, 대신 물체가 뒤에 남겨놓은 공간 쪽으로 원운동을 하며 진행한다. 따라서 진동체가 임의의 장소를 향해 [또는 임의의 방향으로] 나아갈 때마다, 매질은 이에 굴복하며 물체가 비우고 간 공간으로 원운동을 하며 나아갈 것이다. 그리고 물체가 이전의 위치로 돌아올 때마다, 매질은 강제로 원래 위치로 돌아올 것이다. 진동체가 단단하지 않고 물렁물렁하다고 해도 크기가 고정되어 있는 경우, 이 진동체의 진동으로 인해 한 자리의 매질이 물러나지 않으면 다른 자리의 매질을 밀어낼 수 없으므로, 물체는 자신이 누르는 매질의 부분으로부터 물러나고, 매질은 이 물체의 운동에 굴복한 부분을 향해 원운동을 하며 나아가게 될 것이다. Q.E.D.

따름정리   따라서 불꽃의 한 부분이 동요함으로써 주위 매질을 통해 압력을 직선 방향으로 전파시킬 수 있다고 믿는 것은 오류다. 이런 유의 압력은 매질 일부만 동요하는 게 아니라 매질 전체가 팽창되어야만 생길 수 있다.

명제 44

정리 35. 물이 수직 관 KL과 NM 안에서 교대로 오르내리고 있다. 매달린 점과 진동의 중심 사이의 거리가 관 안의 물의 길이의 절반과 같도록 진자를 제작하면, 나는 진자가 진동하는 시간과 같은 시간 동안 물이 관을 오르내릴 것이라고 말한다.

나는 관의 수평축과 수직축을 따라 길이를 측정하고, 이 축들의 합이 물의 길이와 같게끔 조정하였다. 그리고 관과의 마찰로 인한 물의 저항은 고려하지 않는다. 따라서 두 수직 관에서 물의 평균 높이를 AB와 CD라고 정하자. 관 KL에서 물이 높이 EF까지 상승했을 때, 관 MN의 물은 높이 GH까지 내려갔을 것이다. 또한 P는 진자의 추라 하고, VP는 줄, V는 매달린 점, RPQS는 진자가 그리는 사이클로이드라 하자. P는 가장 낮은 점이고 PQ는 높이 AE와 같은 호이다. 두 관의 물의 무게 차이가 물이 교대로 가속과 지연을 오가며 운동하도록 하는 힘이 된다. 그러므로 물이 관 KL 안에서 EF까지 상승하고 다른 쪽 관에서 GH까지 떨어질 때, 힘은 물 EABF의 무게의 두 배가 된다. 따라서 이 힘 대 전체 무게의 비는 AE 또는 PQ 대 VP 또는 PR의 비와 같다. 더 나아가, 사이클로이드를 그리는 무게추 P가 임의의 위치 Q에서 가속하거나 지연되도록 하는 힘은 (1권 명제 51, 따름정리에 따라) 그 전체 무게에 대하여 가장 낮은 위치 P부터의 거리 PQ 대 사이클로이드의 길이 PR의 비를 갖는다. 그러므로 같은 공간 AE와 PQ를 휩쓰는 물과 진자의 동인력은 움직이는 무게에 비례한다. 따라서 물과 진자가 처음에 정지해 있으면, 이 힘들은 같은 시간 동안 같은 정도로 물과 진자를 움직일 것이며, 물과 진자는 같은 주기로 동시에 나아가고 돌아올 것이다. Q.E.D.

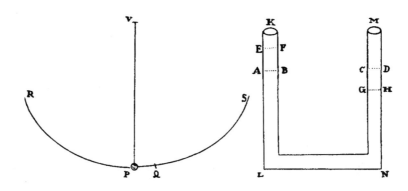

따름정리 1 그러므로 오르내리는 물의 운동은, 그 운동의 폭이 크든 작든 상관없이 등시성이다.[a]

따름정리 2 만일 관 안의 물 전체의 길이가 $6\frac{1}{9}$파리피트이면, 물은 1초 동안 내려갔다가 다음 1초 동안 올라가는 식으로 무한정 오르내리기를 계속할 것이다. 길이가 $3\frac{1}{18}$피트인 진자가 1초 동안 진동하기 때문이다.

따름정리 3 그뿐 아니라 물의 길이가 늘거나 줄 때, 운동이 교대되는 시간은 길이의 제곱근에 비례하여 늘거나 준다.

명제 45

정리 36. 파동의 속도는 길이의 제곱근에 비례한다.

이는 다음 명제의 작도로부터 비롯된다.

명제 46

문제 10. 파동의 속도를 구하라.

지지점과 진동 중심 사이의 길이가 파동의 길이와 같은 진자를 준비한다. 그러면 진자가 1회 진동하는 동안, 파동은 거의 그 길이만큼 횡단할 것이다.

파동의 길이는 골과 골의 바닥 사이 또는 마루와 마루의 꼭대기 사이의 가로 거리를 의미한다. ABCDEF를 연속적인 파동으로 오르내리는 고인 물의 표면이라 하자. 그리고 A, C, E …는 파동의 마루고, B, D, F …는 그 사이의 골이라 하자. 파동의 움직임은 물의 연속적인 오르내림에 의해, 가장 높은 부분들 A, C, E …가 곧 가장 낮은 곳이 되는 식으로 움직여 발생한다. 가장 높은 부분이 내려가고 가장 낮은 부분이 올라가도록 하는 동인력은 상승하는 물의 무게이므로, 상승과 하강이 교대로 일어나는 움직임은 관 안에서 물이 오르내리는 운동과 유사할 것이며, 시간에 대해서 같은 법칙을 따를 것이다. 그러므로 (명제 44에 따라) 파동의 가장 높은 위치 A, C, E와 가장 낮은 B, D, F 사이의 거리가 진자 길이의 두 배와 같다면, 가장 높은 부분 A, C, E는 진자가 1회 진동하는 시간 동안 가장 낮은 곳으로 갈 것이며, 두 번째 진동하는 시간 동안 다시 상승할 것이다. 그러므로 연속된 파동 사이에는 두 번의 진동 시간이 걸릴 것이다. 다시 말해, 파동 하나가 그 자신의 길이를 휩쓰는 동안 진자는 두 번 진동할 것이다. 그리고 그와 동시에 길이가 네 배 더 길어서 파동의 길이와 같은 진자는 한 번 진동할 것이다. Q.E.I.

---

a   여기에서 뉴턴이 말하는 것은 진폭이다.

따름정리 1 그러므로 길이가 $3\frac{1}{18}$파리피트인 파동은 1초 동안 그 자신의 길이만큼 전진하고, 따라서 1분 동안에는 $183\frac{1}{3}$피트를 횡단할 것이다. 그리고 한 시간 동안 거의 11,000피트를 진행할 것이다.

따름정리 2 길이가 더 길거나 짧은 파동의 속도는 길이의 제곱근에 비례하여 커지거나 작아질 것이다.

지금까지 얘기한 내용은 물의 부분들이 수직으로 올라가거나 내려간다는 가정을 전제로 한 것이다. 그러나 이러한 상승과 하강이 사실은 원의 형태로 더 많이 발생하므로, 이 명제에서 시간은 근삿값으로서만 결정했음을 밝힌다.

명제 47

정리 37. 펄스가 유체를 통해 전파된다면, 유체의 개별 부분은 전진과 후퇴를 아주 짧게 교대로 반복하면서, 진동하는 진자의 법칙에 따라 언제나 가속과 감속을 받는다.

AB, BC, CD…를 연속적인 펄스 사이의 간격이라 하고, 이 길이는 모두 같다고 하자. ABC는 A에서 B를 향해 전파하는 펄스의 운동을 그린 선이다. E, F, G는 매질 안에서 정지해 있는 세 개의 물리적 점이고, 직선 AC를 따라 등간격으로 놓여 있다. Ee, Ff, Gg는 이 점들이 각각의 떨림에 의해 번갈아 전진과 후퇴를 하는 간격인데, 서로 길이가 같으며 아주 짧다. ε, φ, γ는 이 점들의 임의의 중간 위치이다. EF와 FG는 매질의 물리적 선분 또는 선형 부분이고, 이 점들 사이에 놓여 있으면서 연속적으로 위치 $\varepsilon\varphi$, $\varphi\gamma$, 그리고 ef, fg로 전이된다. 이제 직선 PS를 직선 Ee와 합동이 되도록 그리고, PS를 이등분하는 점 O를 중심으로 잡아 반지름 OP로 원 SIPi를 그린다.

원의 전체 둘레는 1회 떨림에 소요되는 전체 시간을 나타내고, 둘레의 일부는 그에 비례하는 시간을 나타낸다고 하자. 임의의 시간 PH 또는 PHSh가 완성될 때, 수직선 HL 또는 hl이 PS에 떨어지고, Eε을 PL 또는 Pl과 똑같이 잡으면, 물리적 점 E는 ε에서 발견되도록 한다. 이런 법칙에 따라 임의의 점 E는, E에서 ε을 지나 e까지 가고 다시 ε를 지나 E로 돌아오면서, 떨리는 진자와 같은 정도의 가속과 감속으로 각각의 진동을 수행할 것이다. 그렇다면 매질에서 각각의 물리적 점들이 그런 식으로 움직여야 한다는 것을 증명해야 한다. 이를 위해 매질 안에서 어떠한 원인에 의해 그런 운동이 발생한다고 가정하고, 어떠한 일이 일어나는지 살펴보자.

원의 둘레 PHSh에서 동일한 호 HI와 IK, 또는 hi와 ik를 잡는다. 두 호와 전체 둘레의 비는 호들과 길이가 같은 직선 EF, FG와 펄스 사이의 전체 간격 BC의 비와 같다고 하자. 수직선 IM과 KN, im과 kn을 떨어뜨린다. 그러면 점 E, F, G는 연속적인 비슷한 운동에 의해 동요되고, 펄스가 B에서 C로 전이되는 동안 (전진과 후진으로 구성된) 완전한 떨림을 전달한다. 따라서 PH 또는 PHSh가 점 E의 운동이 시작된 순간부터의 시간이라고 하면, PI 또는 PHSi는 점 F의 운동이 시작된 때부터의 시간이 될 것이고, PK 또는 PHS*k*는 점 G의 운동이 시작된 때부터의 시간이 될 것이다. 그러므로 E*ε*, F*φ*, G*γ*는 점들이 앞으로 나아갈 때는 각각 PL, PM, PN과 같고, 점들이 돌아올 때에는 P*l*, P*m*, P*n*과 같을 것이다. 따라서 *εγ* 또는 EG+G*γ*-E*ε*은 점이 앞으로 나아갈 때는 EG-LN과 같고 돌아올 때는 EG+*ln*과 같을 것이다. 그런데 *εγ*는 매질의 일부 EG가 위치 *εγ*에 갔을 때의 폭 또는 확장된 크기다. 그러므로 이 부분이 앞으로 나아가며 확장된 크기 대 확장된 평균 크기의 비는 EG-LN 대 EG와 같고, 돌아올 때는 EG+*ln* 또는 EG+LN 대 EG와 같다. 그러므로 LN 대 KH는 IM 대 반지름 OP와 같고, KH 대 EG는 둘레 PHS*h*P 대 BC와 같다. 다시 말해 (V를 펄스 *bc* 사이의 간격과 같은 둘레를 갖는 원의 반지름으로 대입하면) OP 대 V에 비례하며, 비의 동등성에 의해, LN 대 EG는 IM대 V와 같다. 따라서 위치 *εγ*에서 부분 EG나 물리적 점 F가 확장된 양 대 첫 번째 위치 EG에서 확장된 평균 양의 비는, 펄스가 앞으로 나아갈 때는 V-IM 대 V, 그리고 돌아올 때는 V+*im* 대 V와 같을 것이다. 이에 따라 위치 *εγ*에서 점 F의 탄성력 대 위치 EG에서 평균 탄성력은 앞으로 나아갈 때는 $\frac{1}{\text{V-IM}}$ 대 $\frac{1}{\text{V}}$, 돌아올 때는 $\frac{1}{\text{V}+im}$ 대 $\frac{1}{\text{V}}$과 같을 것이다. 그리고 같은 논증에 따라, 앞으로 나아갈 때의 물리적 점 E와 G의 탄성력은 각각 $\frac{1}{\text{V-HL}}$과 $\frac{1}{\text{V}}$, 그리고 $\frac{1}{\text{V-KN}}$ 과 $\frac{1}{\text{V}}$의 비율에 비례한다. 힘들의 차이 대 매질의 평균 탄성력의 비

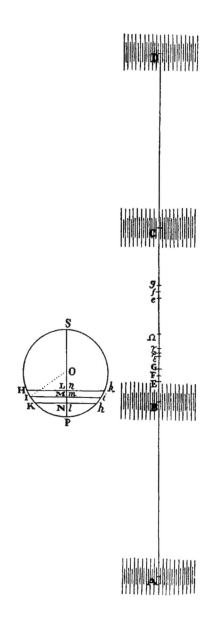

는 $\frac{\text{HL-KN}}{\text{V}^2-\text{V}\times\text{HL}-\text{V}\times\text{KN}+\text{HL}\times\text{KN}}$ 대 $\frac{1}{\text{V}}$과 같으며, 다시 말해 $\frac{\text{HL-KN}}{\text{V}^2}$ 대 $\frac{1}{\text{V}}$ 또는 HL-KN 대 V의 비와 같다. 이때 (떨림이 제한 범위에서 이뤄지므로) HL과 KN은 V에 비해 무한정 작다는 가정을 전제로 한다. 양 V가 주어진 값이므로, 힘들의 차이는 HL-KN에 비례하고, 다시 말해 OM에 비례한다(HL-KN이 HK에 비례하고, OM은 OI 또는 OP에 비례하기 때문이다. 그리고 HK와 OP는 주어진 값이다). 즉, F*f*가 Ω에서 이등분되면 Ω*φ*에 비례한다. 같은 논증에 따라 물리적 점들 *ε*와 *γ*에서의 탄성력 차이는, 물리적 선분 *εγ*로 되돌아올 때 Ω*φ*DP 비례한다. 그런데 이 차이는 (다시 말해 점 *ε*의 탄성

력에서 점 γ의 탄성력을 뺀 값) 매질의 중간에 있는 물리적 선분 $\varepsilon\gamma$이 앞으로 나아갈 때는 가속되고 돌아올 때는 감속되도록 하는 힘이다. 그러므로 물리적 선분 $\varepsilon\gamma$의 가속력은 떨림의 중점 Ω로부터의 거리에 비례한다. 따라서, 시간은 (1권 명제 38에 따라) 호 PI로 정확히 표현될 수 있으며, 매질의 선형 부분 $\varepsilon\gamma$은 이전에 언급된 법칙, 즉 진동하는 진자의 법칙에 따라 움직인다. 그리고 전체 매질을 구성하는 모든 선형 부분에 대하여 같은 내용이 성립한다. Q.E.D.

따름정리 그러므로 전파되는 펄스의 개수는 진동체의 떨림 횟수와 같으며, 펄스가 앞으로 나아간다 해서 증가하지 않는다는 것은 명백하다. 왜냐하면 물리적 선분 $\varepsilon\gamma$이 처음 자리로 돌아오자마자 정지 상태에 놓일 것이며, 새로운 운동을 전달받거나 떨리는 물체로부터 영향을 받거나 전파된 펄스의 영향을 받지 않을 경우 앞으로 나아가지 않을 것이기 때문이다. 그러므로 선분은 떨리는 물체로부터 전파되는 펄스가 중단하자마자 정지 상태에 놓일 것이다.

명제 48

정리 38. 유체의 탄성력이 그 응축에 비례한다면, 탄성 유체 안에서 전파되는 펄스의 속도는 탄성력의 제곱근에 정비례하고 밀도의 제곱근에 반비례한다.

사례 1 매질들이 균질하고 이 매질 안에서 펄스 사이의 간격이 서로 같지만, 그러나 한 매질에서의 운동이 다른 매질에서보다 더 강도가 세다면, 대응되는 부분들의 수축과 팽창은 운동에 비례할 것이다. 사실 정확히 이 비를 따르는 것은 아니다. 그렇다고 해도 수축과 팽창이 아주 대단히 강하지 않다면 그 오차는 감지할 수 없는 수준이므로, 이 비는 물리적으로 정확하다고 간주할 수 있다. 그런데 동인력이 되는 탄성력은 수축과 팽창에 비례한다. 그리고 같은 부분들의 속도는 같은 시간 동안 생성되며 힘에 비례한다. 그러므로 대응되는 펄스의 부분들은 수축과 팽창에 비례하는 공간을 지나 함께 나아갔다 되돌아오며, 이때 속도는 공간에 비례한다. 그러므로 펄스들은, 한 번 전진하고 후퇴하는 동안 그 자신의 길이만큼 나아가면서 바로 앞선 펄스의 자리로 옮겨 가며, 두 매질 모두에서 거리가 같으므로 같은 속도로 전진하게 된다.

사례 2 그런데 만일 펄스 사이의 거리, 또는 펄스의 길이가 매질마다 달라서, 한 번 전진하고 후퇴하는 동안 해당 부분이 펄스의 길이에 비례하는 공간을 휩쓴다고 가정하자. 그렇다면 펄스의 수축과 팽창은 동일할 것이다. 그러므로 만일 매질이 균질하면, 왕복 운동으로 펄스를 동요시키는 동인 탄성력도 마찬가지로 같을 것이다. 그러나 이 힘에 의해 움직이는 물질은 펄스의 길이에 비례한다. 그리고 왕복 운동을 하는 펄스가 움직이는 공간도 이와 같은 비를 갖는다. 또한 펄스가 나아가고 되돌아오는 시간은 물질의 제곱근과 공간의 제곱근에 모두 비례하며, 따라서 공간에 비례한다. 그러나 펄스는 그 자신의 길이로 한 번 전진하고 후퇴하는 동안 이동하며, 이는 시간에 비례하는 공간을 횡단한다는 의미이므로, 같은 속도로 움직인다.

사례 3 그러므로 밀도와 탄성력이 같은 매질 안에서, 모든 펄스는 속도가 같다. 매질의 밀도나 탄성력이 더 세면[즉, 증가하면], 동인력은 탄성력의 비에 따라 증가하고, 움직여지는 물질은 밀도의 비에 따라 증가하므로, 이전과 같은 운동이 수행될 수 있는 시간은 밀도의 제곱근에 비례하여 증가할 것이고 탄성력의 제곱근에 비례하여 감소할 것이다. 그러므로 펄스의 속도는 매질의 밀도의 제곱근에 반비례하고 탄성력의 제곱근에는 정비례한다. Q.E.D.

이 명제는 다음 명제의 작도로부터 분명하게 확인할 수 있다.

명제 49

문제 11. 매질의 밀도와 탄성력이 주어져 있을 때, 펄스의 속도를 구하라.

매질이 우리의 공기처럼 무게가 겹쳐 압축되어 있다고 상상하자. 그리고 A는 균질한 매질의 높이라 하고, 이 매질의 무게는 쌓인 무게와 같고 밀도는 펄스가 전파되는 압축된 매질의 밀도와 같다고 하자. 그리고 진자가 설치되어 있는데, 이 진자가 매달린 점부터 진동의 중심 사이의 길이를 A라 하자. 그러면, 진자가 온전한 1회의 진동을 수행하는 동안, 펄스는 반지름 A로 그려지는 원의 둘레와 같은 공간을 지나며 나아갈 것이다.

명제 47과 동일한 작도를 고려하자. 1회 진동에서 공간 PS를 휩쓰는 물리적 선 EF가 진동하는 양 끝단 P와 S에서 그 무게와 같은 탄성력의 작용을 받는다면, 전체 길이가 PS인 사이클로이드를 왕복할 수 있는 시간 동안에 한 번의 진동을 수행할 것이다. 그 이유는 같은 힘이 동시에 같은 공간을 통해 같은 입자에 작용하기 때문이다. 따라서, 진동 시간은 진자 길이의 제곱근에 비례하고 진자의 길이는 전체 사이클로이드의 호의 절반과 같으므로, 한 번의 진동 시간 대 길이가 A인 진자의 진동 시간의 비는 길이 ½PS 또는 PO의 제곱근 대 길이 A의 비와 같다. 그런데 양 끝단 P와 S에서 물리적 선분 EG가 받는 탄성력 대 (명제 47의 증명에서) 전체 탄성력의 비는 HL−KN 대 V와 같았고, 다시 말해 (이제 점 K는 P 위에 놓이므로) HK 대 V와 같다. 그리고 전체 힘, 다시 말해 선분 EG 위를 누르는 쌓인 무게 대 선분의 무게는 쌓인 무게의 높이 A대 선분의 길이 EG의 비와 같다. 그러므로 비의 동등성에 의해 선분 EG가 위치 P와 S에서 받는 힘 대 그 선분의 무게의 비는 HK×A 대 V×EG와 같고, 이는 PO×A 대 V^2과 같다(HK 대 EG는 PO 대 V와 같으므로). 같은 물체들이 같은 공간을 통과해 힘을 받는 시간은 힘의 제곱근에 반비례하므로, 이 탄성력의 작용을 받아 한 번 진동하는 데 걸리는 시간 대 무게의 힘을 받는 진동 시간의 비는 V^2 대 PO×A의 제곱근의 비와 같다. 따라서 탄성력의 작용을 받아 한 번 진동하는 데 걸리는 시간 대 길이가 A인 진자의 진동 시간의 비는 $\sqrt{\dfrac{V^2}{PO \times A}}$와 $\sqrt{\dfrac{PO}{A}}$에 모두 비례하며, 다시 말해 V 대 A와 같다. 그런데 전진과 후퇴로 이루어지는 1회 진동 시간 동안 펄스는 그 자신의 길이 BC 만큼 전진한다. 그러므로 펄스가 공간 BC를 횡단하는 시간 대 한 번의 진동 시간(전진과 후퇴로 이루어지는)의 비는 V 대 A이며, 이는 BC 대 반지름이 A인 원둘레의 비와 같다. 그런데 펄스가 공간 BC를 횡단하는 데 걸리는 시간은 펄스가 이 둘레와 같은 길이를 횡단하는 데 걸리는 시간과 같다. 그러므로 1회 진동하는 시간 동안 펄스는 이 둘레와 같은 길이를 횡단할 것이다. Q.E.D.

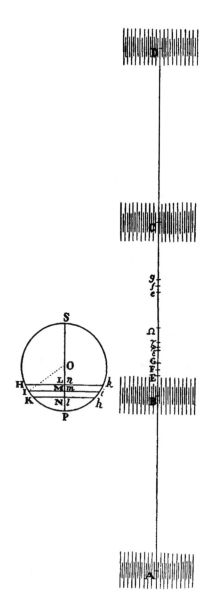

따름정리 1 펄스의 속도는 무거운 물체가 일정한 가속을 받아 낙하하면서 높이 A의 절반만큼의 거리를 낙하했을 때 얻게 되는 속도이다. 이 속도를 얻을 때까지 낙하하는 시간 동안, 펄스는 전체 높이 A와 같은 공간을 횡단할 것이다. 그러므로 한 번의 진동 시간 동안(전진과 귀환으로 구성되는), 펄스는 반지름 A로 그려지는 원둘레와 같은 공간을 횡단할 것이다. 낙하 시간 대 진동 시간의 비는 원의 반지름 대 원둘레의 비와 같기 때문이다.

따름정리 2 따라서 높이 A는 유체의 탄성력에 정비례하고 밀도에 반비례하므로, 펄스의 속도는 밀도의 제곱근에 반비례하고 탄성력의 제곱근에 정비례할 것이다.

명제 50

문제 12. 펄스 사이의 거리를 구하라.

물체가 떨리면서 펄스가 발생한다고 할 때, 주어진 시간 동안 물체가 떨리는 횟수를 구하자. 같은 시간 동안 펄스가 횡단할 수 있는 공간을 해당 횟수로 나누면, 그렇게 구한 부분이 펄스 하나의 길이가 될 것이다. Q.E.I.

주해

앞선 명제들은 빛과 소리의 운동에도 적용된다. 빛은 직선을 따라 전파하므로, 한 가지 작용만으로는 빛의 전파를 구현할 수 없다(명제 41과 42에 따라). 그리고 소리는 진동하는 물체로부터 발생하므로, 공기 중에서 전파하는 펄스다(명제 43에 따라). 소리가 공기에 노출된 물체에서 발생하는 떨림이라는 것은 북소리처럼 크고 낮은 소리를 들어보면 쉽게 확인할 수 있다. 빠르고 짧은 떨림은 공기를 들뜨게 하기 어렵기 때문에 확인하기가 쉽지 않다. 또한 현악기의 몸체에 부착된 현에서 울리는 소리가 몸체 안에서 떨림을 일으킨다는 것도 잘 알려져 있으며, 이는 소리의 속도를 통해서도 확인되고 있다. 빗물과 수은 무게의 비는 대략 1 대 $13\frac{2}{3}$이고, 기압계에 든 수은의 높이가 30영국인치에 도달할 때 공기와 빗물의 무게비는 대략 1 대 870이므로, 공기와 수은의 구체적인 무게의 비는 1 대 11,890일 것이다. 따라서 수은의 높이가 30인치이므로, 그 무게로 아래를 누를 수 있는 공기의 높이는 356,700인치, 또는 29.725영국피트일 것이다. 이 높이가 바로 명제 49의 작도에서 우리가 A로 불렀던 그 높이다. 반지름 29,725피트로 그릴 수 있는 원둘레는 186,768피트이다. 그리고 길이가 $39\frac{1}{5}$인치인 진자는 2초 동안 1회 왕복하며 진동을 완성하므로, 길이가 29,725피트 또는 356,700인치인 진자는 이와 유사한 진동을 $190\frac{3}{4}$초 동안 완성해야 한다. 그러므로 그 시간 동안 소리는 186,768피트를 나아갈 것이며, 1초 동안에는 979피트만큼 나아간다.

[a]그런데 이 계산에서는 공기에서의 고체입자의 두께를 고려하지 않았으며 이 두께를 통해서 소리가

---

aA   1판에서는 이렇게 되어 있다. "메르센은 『탄도학(Ballistics)』의 명제 35에서, 소리가 5초 동안 1,150 프랑스 토와즈(즉 6,900프랑스피트)를 여행한다는 사실을 실험을 통해 알아냈다고 썼다. 프랑스피트 대 영국피트의 비는 1,068 대 1,000이므로, 소리는 1초 동안 1,474영국피트만큼 여행하는 셈이 된다. 메르센은 저명한 기하학자 로베르발이 티온빌 점령 동안 관찰한 내용도 기록했다. 로베르발은 대포의 불꽃을 본 후 13초 또는 14초 후에 대포 소리가 들렸다고 보고했다. 그때 그는 대포로부터 ½리그 밖에 떨어져 있지 않았다고 한다[1리그는 3마일 또는 약 4천 미터이다.―옮긴이]. 프랑스 리그는 2,500토와즈이므로, 로베르발의 관측에 따르면 소리는 약 13초에서 14초 동안 7,500파리피트를 여행한 것이고, 1초 동안에는 560파리피트, 또는 대략 600영국피트를 여행한 것이다. 두 관측 결과는 매우 다르고, 우리의 계산은 그 중간쯤에 있다. 길이가 208피트인 우리 대학의 회랑에서, 양쪽 끝에서 들은 소리는 네 번을 왕복하며 4중의 메아리를 만든다. 그리고 실험을 통해 나는 약 6 또는 7인치의 진자가 진동할 때 소리가 1회 왕복한다는 것을 발견했다. 소리의 첫 회 왕복을 시작할 때 진자가 출발하여 두 번째 왕복 때 진동을 완성한 것이다. 진자의 길이를 충분히 정확하게 결정할 수는 없었지만, 나는 길이가 4인치인 진자의 진동은 너무 빠르고 9인치인 진동은 너무 느리다고 판단했다. 따라서 소리가 416피트를 여행할 동안 진자가 1회 진동을 할 때, 9인치 진자의 진동 시간보다는 짧고 4인치 진자의 진동 시간보다는 조금 더 오래 걸린다. 즉 $28\frac{3}{4}$ 곱하기 1/60초보다는 짧고 $19\frac{1}{8}$초보다는 긴 시간이다. 그러므로 1초 동안 소리는 866영국피트보다 멀리, 12,72피트보다는 짧게 여행한다. 결과적으로 로베르발의 관측보다는 빠르고 메르센의 관측보다는 느린 셈이다. 이후에 더욱 정확하게 관측한 결과, 나는 진자의 길이가 $5\frac{1}{2}$인치보다는 길고 8인치보다는 짧아야 한다고 결정했고, 이에 따라 소리는 1초 동안 920영국피트보다 멀리, 1,085영국피트보다는 짧게 여행해야 한다. 그러므로 소리의 이동 거리는, 위에서 제시된 기하학적 연산에 따라 이 두 값 사이에 있으며, 이는 지금까지 시험할 수 있었던 현상과

순간적으로 전파된다. 공기와 물의 무게비가 1 대 870이고 소금의 무게는 물보다 대략 두 배 정도 무거우므로, 공기 입자가 물 입자 또는 소금 입자와 밀도가 거의 같고 입자 간 거리로 인해 공기의 밀도가 더 낮다고 가정하면, 공기 입자의 지름 대 입자들의 중심 사이의 거리의 비는 대략 1 대 9 또는 10 정도가 될 것이며, 입자들 사이의 거리와의 비는 약 1 대 8 또는 9가 될 것이다. 따라서 위의 계산에 따라 소리가 1초 동안 여행하는 979피트에 대하여, 공기 입자의 밀도를 감안하여 979/9피트 또는 대략 109피트를 더해야 한다. 그러므로 소리는 1초 동안 대략 1,088피트를 여행할 것이다.

이에 더하여, 공기 중에는 증기가 숨어 있을 수 있다. 이 증기는 탄성과 음조가 다르므로, 소리가 전파되는 실제 공기의 운동에는 거의 또는 전혀 참여하지 않는다. 그리고 이 증기가 정지해 있을 때, 이 운동은 실제 공기만을 통과하며 조금 더 빨리 전파될 것이고, 그 비는 공기와 증기가 섞인 전체 대기 대 공기 입자만의 물질의 양의 제곱근 비와 같을 것이다. 예를 들어, 대기가 진짜 공기 10단위와 증기 1단위로 이루어져 있다면, 소리의 운동은 11단위의 순수한 실제 공기만을 통과하여 전파될 때보다 11 대 10의 제곱근의 비만큼 더 빠를 것이고, 이 비는 대략 21 대 20이 될 것이다. 그러므로 위에서 구한 소리의 운동은 이 비만큼 증가해야 할 것이다. 그러므로 소리는 1초 동안 1,142피트를 여행할 것이다.

이러한 성질은 특히 봄과 가을에 두드러진다. 봄과 가을의 공기는 온도가 올라가 희박해지고 그 탄성력은 다소 강해진다[즉 증가한다]. 그러나 겨울에는 추위로 인해 공기가 응축될 때라 탄성력이 감소하고, 소리의 운동은 밀도의 제곱근에 비례하여 느려질 것이다. 반대로 여름에는 더 빨라질 것이다.

또한 실험을 통해 소리가 1초 동안 대략 1,142런던피트, 또는 1,070파리피트만큼 나아간다는 사실이 확인된다.

일단 소리의 속도를 구하면, 펄스 사이의 간격도 구할 수 있다. 소뵈르는 길이가 약 5파리피트인 열린 관으로 실험하여 1초에 100번 진동하는 현이 내는 소리와 음높이가 같은 소리를 만들었다. 따라서 소리가 1초 동안 여행하는 거리인 1,070파리피트 안에 약 100개의 펄스가 있는 셈이다. 그러므로 펄스

일치한다. 소리의 운동은 전체 공기의 밀도에 따라 좌우되므로, 소리는 에테르나 다른 미묘한 공기의 운동이 아니라 전체 공기의 동요에서 비롯된다.

이러한 실험들을 공기가 없는 용기 안에서 전파되는 소리와 관련하여 고려하면 모순인 것처럼 보인다. 그러나 용기에서 공기를 완전히 다 비울 수는 없다. 그리고 공기를 충분히 비워내면 소리는 눈에 띄게 감소한다. 예를 들어, 용기 안에 전체 공기의 100분의 1만 남아도 소리는 100배 정도 더 약해져야 한다. 따라서 만일 누군가, 허공에서 울리는 같은 소리를 듣고 있다가 즉시 소리가 나는 물체로부터 10배만큼의 거리를 물러났다면, 그 소리가 더 작게 들리지 않아야 한다. 따라서 같은 소리가 나는 두 개의 물체를 비교하면서, 하나는 빈 용기 안에, 다른 하나는 허공에 두고 듣는 사람으로부터 공기 밀도의 제곱근에 비례하도록 거리를 설정하고, 앞선 물체의 소리가 뒤의 물체의 소리보다 크지 않도록 하면, 이 실험에 이의를 제기하는 사람은 없을 것이다.

일단 소리의 속도를 구하면, 펄스 사이의 간격도 구할 수 있다. 메르센은 (『하모닉스(Harmonics)』, 1권, 명제 4에서 설명한 실험을 통해) 현악기의 현을 잡아당겨 4피트짜리 개방된 오르간 파이프 또는 2피트짜리 닫힌 파이프가 내는 음과 같은 음을 낼 때, 1초 동안 104회의 진동이 일어난다는 것을 발견했다. 오르가니스트들은 이 음을 C fa ut라고 부른다. 따라서 소리가 1초 동안 여행하는 거리인 968피트 안에는 104개의 펄스가 들어 있다. 즉 펄스 하나는 약 9¼피트의 공간을 점유하며, 이는 파이프 길이의 두 배가량이 된다. 그러므로 모든 개방된 관이 내는 소리에서 펄스의 길이는 대체로 관의 길이의 두 배와 같다."

한 개는 약 $10\frac{7}{10}$파리피트의 공간을 점유하는 것인데, 이는 대략 파이프 길이의 두 배이다. 따라서 모든 개방된 관이 내는 소리에서 펄스의 길이는 대체로 관 길이의 두 배와 같다.[A]

더 나아가 2권 명제 47 따름정리로부터, 소리를 내는 물체의 운동이 멈출 때 왜 소리가 즉시 멈추는지, 그리고 왜 우리가 소리를 내는 물체로부터 아주 가까이 있을 때보다 아주 멀리 있을 때 그 소리를 더 오랫동안 들을 수 없는지도 자명하다. 소리가 확성기 안에서 크게 증가하는 이유도 이미 제시된 원리에 따라 자명하다. 모든 왕복 운동은 반사될 때마다 발생 원인에 의해 증가하기 때문이다. 그리고 운동은 소리의 확장을 방해하는 관 안에서 더 천천히 손실되고 더 강하게 반사된다. 그러므로 반사가 일어날 때마다 새로운 운동이 작용을 더하면서 소리가 더 커진다. 이것이 소리의 주요 현상들이다.

가설

다른 것은 모두 같다면, 유체의 부분들의 마찰로 인한 저항[직역하면 윤활성의 부족 또는 미끄러움의 부족]은 유체의 부분들이 서로에게서 분리되는 속도에 비례한다.

명제 51

정리 39. 무한하고 균질한 유체 안에서 무한히 긴 입체 원통이 일정하게 움직이며, 위치가 정해진 축을 중심으로 회전한다고 하자. 유체는 원통의 충격력에 의해서만 회전하고, 유체의 각 부분은 이 운동을 균일하게 보존한다면, 나는 유체의 부분들의 주기는 원통 축으로부터의 거리에 비례한다고 말한다.

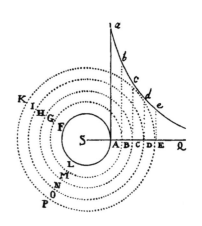

AFL을 축 S 주위로 일정하게 회전하도록 만들어진 원통이라 하자. 유체를 무수히 많은 원통형 구체[a] BGM, CHN,

---

a   뉴턴은 명제 51과 52에서 "구체"라는 단어를 밀접하게 관련된 두 가지 의미로 사용하고 있다. 하나는 속이 빈 구 또는 구체가 여러 겹으로 겹쳐진 것 중 하나로, 이는 옛 아리스토텔레스의 우주에서 사용된 개념과 비슷하다. 아리스토텔레스 체계에서는 행성의 궤도가 중심을 공유하며 차곡차곡 쌓인 속이 빈 구형 껍질 또는 구체 안에 들어 있다고 고려한다. 명제 52에서 뉴턴은 "두께가 같으며 무수히 많은 동심원 구체"라고 쓰고 있다. 명제 51에서는 원통에도 비슷한 개념을 도입했는데, 이에 대해 뉴턴은 "두께가 모두 같고 중심을 공유하는 무수히 많은 원통형 구체"로 나눈다고 말한다. 오늘날 이런 원통형 껍질을 뉴턴처럼 "구체orb"라고 부르는 것이 일반적이지는 않을 것이다. 그러나 명제 52에서 사용한 용어와 조화를 이루기 위해 명제 51에서도 뉴턴의 "구체"를 그대로 사용하였다.

DIO, EKP …로 나누는데, 이들은 중심을 공유하고 두께가 모두 같다. 유체는 균질하므로, 인접한 구체들이 서로에게 미치는 작용은 (가설에 따라) 그들의 상대적인 변위와 그 작용이 미치는 인접한 면에 비례할 것이다. 만일 어느 구체에 미치는 작용이 볼록한 면보다 오목한 면에서 크거나 작으면, 강한 작용이 우세할 것이고, 작용의 방향이 운동과 같은지 반대 방향인지에 따라 구체의 운동을 가속하거나 지연시킬 것이다. 결과적으로 각각의 구체가 일정하게 움직이려면 각 구체의 두 면에 미치는 작용은 크기가 동일하고 방향이 반대여야 한다. 작용의 세기는 인접한 면과 구체들의 상대 속도에 비례하므로, 상대 속도는 표면에 반비례하고, 다시 말해 축부터 표면까지의 거리에 반비례할 것이다. 그리고 축 주위의 각운동량 사이의 차이는 거리로 나눈 상대 속도에 비례하며, 다시 말하자면 상대 속도에 정비례하고 거리에는 반비례한다. 그리고 이 비들을 합치면 거리의 제곱에 반비례한다. 그러므로, 무한한 직선 SABCDEQ의 각 부분 위에 SA, SB, SC, SD, SE …의 제곱에 반비례하는 수직선 Aa, Bb, Cc, Dd, Ee …을 세우고, 이 수직선들의 끝점을 지나는 쌍곡선을 그리면, 이 차이들의 총합, 즉 전체 각운동은 각각의 선 Aa, Bb, Cc, Dd, Ee의 대응되는 합에 비례할 것이다. 다시 말해, 매질이 균질한 유동성을 갖도록 구체의 개수를 늘리고 폭을 무한정 줄인다면, 이 총합에 대응되는 쌍곡선 면적 AaQ, BbQ, CcQ, DdQ, EeQ …에 비례한다는 뜻이다. 그리고 각운동에 반비례하는 시간은 이 면적에도 반비례할 것이다. 그러므로 임의의 입자 D의 주기는 면적 DdQ에 반비례하고, (곡선의 구적법을 통해 알려진 내용에 따라)거리 SD에 정비례한다. Q.E.D.

따름정리 1 그러므로 유체 입자들의 각운동은 원통 축부터 입자까지의 거리에 반비례하고, 절대 속도는 동일하다.

따름정리 2 무한히 길고 안쪽에 또 다른 원통을 담고 있는 원통형 용기 안에 유체가 담겨 있다고 하자. 두 원통은 공통의 축 주위로 회전하고 있고, 회전 시간은 원통의 반지름에 비례한다. 유체의 각 부분들은 이러한 운동을 유지한다고 하면, 각각의 부분들의 주기는 원통 축으로부터의 거리에 비례할 것이다.

따름정리 3 이런 식으로 움직이고 있는 원통과 유체에 공통의 각운동이 더해지거나 감해지면, 이로 인한 새로운 운동에도 유체 부분의 상호 마찰은 변하지 않으므로, 그 부분의 상대적인 운동도 변하지 않을 것이다. 부분의 상대 속도는 마찰에 좌우되기 때문이다. 반대 면의 마찰로 인해 반대 방향으로 감속되는 크기와 가속되는 크기가 같으므로, 유체의 부분은 같은 운동을 지속할 것이다.

따름정리 4 따라서 바깥쪽 원통의 각운동 전체가 원통과 유체의 전체 계에서 제거되면, 정지해 있는 원통 안에서 유체만 운동하는 상태가 될 것이다.

따름정리 5 그러므로 유체와 바깥쪽 원통이 정지해 있고 안쪽 원통은 일정하게 회전하고 있다면, 원

운동은 유체에 전달되어 전체 유체를 통해 조금씩 전파될 것이다. 이 운동은 계속 증가하다가 유체의 입자들이 따름정리 4에서 정의된 운동을 얻게 되면 멈출 것이다.

따름정리 6   유체는 운동을 더 멀리 전파하기 위해 노력하므로, 바깥쪽 원통이 강제로 붙들려 있지 않은 한 그 힘이 바깥쪽 원통도 회전하게 만들 것이며, 이 원통의 운동은 두 원통의 주기가 같아질 때까지 가속될 것이다. 그런데 만일 바깥쪽 원통이 강제로 고정되어 있다면, 안쪽 원통이 바깥쪽으로부터 작용하는 같은 힘에 의해 이 운동을 보존하지 않는 한, 바깥 원통은 유체의 운동을 지연시키려 노력할 것이며, 그로 인해 운동은 조금씩 멈추게 될 것이다.

이 내용은 깊이 고인 물로 실험해 볼 수 있다.

명제 52

정리 40. 입체 구가 균질하고 무한한 유체 안에서 주어진 축 주위로 일정하게 회전하고, 유체는 이 구의 작용만으로 회전하고 있다고 하자. 유체의 각 부분이 일정하게 이 운동을 지속한다면, 나는 유체의 부분들의 주기는 구의 중심부터의 거리 제곱에 비례할 것이라고 말한다.

사례 1   AFL을 축 S 주위로 일정하게 회전하도록 만들어진 구라고 하고, 유체를 무수히 많은 구체 [a]BGM, CHN, DIO, EKP …로 나눈다. 이 구체들은 중심을 공유하고 두께가 모두 같다. 이 구체들이 입체라고 상상해 보자. 그러면, 유체는 균질하므로, 인접한 구체들이 서로에게 미치는 작용은 (가설에 따라) 구체들의 상대 속도에 비례하고 작용이 미치는 인접한 면에 비례할 것이다. 만일 어느 구체에 대한 작용이 볼록

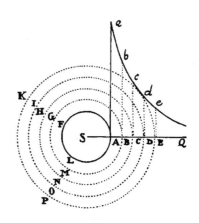

한 면보다 오목한 면에서 크거나 작으면, 강한 작용이 우세할 것이고, 작용의 방향이 운동과 같은지 반대 방향인지에 따라 구체의 속도를 가속하거나 지연시킬 것이다. 결과적으로 각각의 구체가 일정하게 움직이려면 각 구체의 두 면에 미치는 작용은 크기가 동일하고 방향이 반대여야 한다. 작용의 세기는 인접한 면과 구체들의 상대 속도에 비례하므로, 상대 속도는 표면에 반비례하고, 다시 말해, 중심으로부터 표면까지의 거리 제곱에 반비례할 것이다. 그러나 축 주위의 각운동의 차이는 그들의 상대 속도를 거리로 나

---

a   명제 52과 이전 명제 51에서의 단어 "구체(orb)"의 용법에 대해서는 명제 51의 각주를 참고하자.

눈 값에 비례하며, 다시 말하자면 상대 속도에 비례하고 거리에는 반비례한다. 다시 말해 이 비를 합치면 거리의 세제곱에 반비례한다. 그러므로 무한한 직선 SABCDEQ의 각 부분 위에 SA, SB, SC, SD, SE …의 세제곱에 반비례하는 수직선 Aa, Bb, Cc, Dd, Ee …를 세우면, 이 차들의 총합, 다시 말해 전체 각운동은, 대응되는 선 Aa, Bb, Cc, Dd, Ee의 합에 비례할 것이다. 다시 말해 (매질이 균질한 유동성을 갖도록 구체의 개수를 늘리고 두께를 무한정 줄인다면) 이 합에 대응되는 쌍곡선 면적 AaQ, BbQ, CcQ, DdQ, EeQ …에 비례한다는 뜻이다. 그리고 각운동에 반비례하는 주기는 이 면적에도 반비례할 것이다. 그러므로 임의의 구체 DIO의 주기는 면적 DdQ에 반비례하고, 즉(곡선의 구적법으로 알려진 내용에 따라), 거리 SD의 제곱에 정비례한다. 그리고 이것이 내가 애초에 증명하고 싶었던 것이다.

사례 2 구의 중심에서 무한한 직선을 최대한 많이 그리자. 이 직선들은 축과 함께 주어진 각을 이루며, 이 각들 사이의 차는 크기가 같다. 축을 중심으로 이 직선들을 회전시켜 생기는 무수히 많은 동그란 고리로 구체를 쪼갠다고 상상해 보자. 그러면 각각의 고리는 그에 인접한 네 개의 고리를 갖게 되는데, 하나는 안쪽, 하나는 바깥쪽, 그리고 두 개는 양옆에 생긴다. 각각의 고리는 제1 법칙을 따르는 운동을 제외하고 내부 고리와 외부 고리의 마찰에 의해서 크기가 같고 방향이 반대인 작용을 받을 수 없다. 이것은 사례 1의 증명에서도 자명하다. 그러므로 구로부터 무한정 똑바로 나아가는 고리들은 측면 고리의 마찰로 인해 저항을 받는 경우를 제외하면 사례 1의 법칙에 따라 움직일 것이다. 그런데 이 법칙을 따르는 운동에서 측면 고리의 마찰은 0이다. 따라서 이 법칙에 따라 생성되는 운동을 지연시키지 않을 것이다. 만일 중심에서 같은 거리만큼 떨어져 있는 고리들이 황도黃道 근처보다 극 근처에서 더 빠르게 또는 더 느리게 회전한다면, 상호 마찰에 의해 더 느린 고리들은 가속되고 더 빠른 고리들은 지연될 것이다. 따라서 주기는 사례 1의 법칙에 따라 언제나 같아지려는 경향을 가질 것이다. 그러므로 이 마찰은 사례 1을 따르는 운동을 방해하지 않으며, 따라서 이 법칙은 옳다. 다시 말해, 고리들 각각의 주기는 구의 중심부터의 거리 제곱에 비례할 것이다. 이것이 내가 두 번째로 증명하고 싶었던 것이다.

사례 3 이제 각각의 고리가 횡단면에 의해 나뉘어 무수히 많은 입자가 되고, 이 입자들은 절대적이고 균질한 유체 매질을 구성한다고 하자. 그러면 이 단면들은 원운동의 법칙과는 관련이 없고 오직 유체의 구성에만 기여하므로, 원운동은 이전과 같이 지속될 것이다. 이렇게 단면에 의해 나뉜 결과로, 극도로 작은 고리들은 불균질성과 상호 마찰력이 변하지 않거나, 변한다면 똑같이 변한다. 또한 원인들의 비가 같으므로, 그 결과들의 비—즉 운동과 주기의 비—역시 같을 것이다. Q.E.D.

그런데 원운동과 그로 인한 원심력은 극에서보다 황도에서 더 크므로, 각각의 입자가 원운동을 유지할 수 있는 같은 원인이 있어야 한다. 그렇지 않으면 황도에서의 물질이 언제나 중심으로부터 물러나 극의 소용돌이 바깥쪽으로 움직이고, 그곳에서 축을 따라 황도 쪽으로 연속적인 원운동을 하며 되돌아올 것이기 때문이다.

따름정리 1   그러므로 축을 중심으로 도는 유체의 부분들의 각운동은 구의 중심부터의 거리 제곱에 반비례하고, 절대 속도는 거리 제곱을 축으로부터의 거리로 나눈 값에 반비례한다.

따름정리 2   정지 상태의 균질하고 무한한 유체 안에 있는 구가, 위치가 정해진 축 주위로 일정하게 회전하고 있다면, 이 구는 소용돌이의 운동과 비슷한 운동을 유체에 전달할 것이고, 이 운동은 조금씩 한계 없이 전파될 것이다. 그리고 이 운동은 유체의 각 부분에서 가속되다가, 유체의 부분들의 주기가 구의 중심부터의 거리 제곱에 비례하게 되면 가속을 멈출 것이다.

따름정리 3   소용돌이의 안쪽 부분은 속도가 더 빠르기 때문에 바깥쪽 부분을 문지르며 밀어내고, 이런 작용에 의해 연속적으로 운동을 전달한다. 바깥쪽 부분은 같은 양의 운동을 동시에 더 바깥쪽에 있는 부분에 전달하고, 이 작용으로 인해 운동량은 변함없이 완벽하게 보존되므로, 운동은 소용돌이의 중심부터 둘레까지 연속적으로 전달되며 한계 없는 둘레에 흡수될 것이다. 또한 소용돌이와 중심을 공유하는 두 구면 사이의 물질은 결코 가속되지 않을 것이다. 그 이유는 안쪽 물질로부터 받는 운동은 모두 끊임없이 바깥쪽 물질로 전달되기 때문이다.

따름정리 4   따라서 소용돌이가 계속해서 그 운동 상태를 보존하려면, 구가 소용돌이 물질에 전달하는 만큼의 운동을 구에게 전달할 근원적인 동력이 필요하다. 이런 동력이 없으면, 구와 소용돌이의 안쪽 부분들이 항상 운동을 바깥 부분에 전달하고 새로운 운동을 전혀 전달받지 못하게 되어, 운동이 조금씩 느려지고 외부로 전달하는 것을 멈추어야 한다.

따름정리 5   두 번째 구가 중심부터 특정 거리만큼 떨어져 이 소용돌이 안에 있으면서, 어떤 힘에 의해 기울기가 정해진 축 주위로 꾸준히 회전하고 있다면, 유체는 이 구의 운동에 의해 소용돌이 안으로 끌려 들어갈 것이다. 이 새로운 작은 소용돌이는 먼저 첫 번째 소용돌이와 중심을 공유하며 구와 함께 회전하다가, 이 운동이 조금씩 더 넓게 퍼지면서 첫 번째 소용돌이와 같은 방식으로 한없이 전파될 것이다. 같은 이유로 새로운 소용돌이의 구는 첫 번째 소용돌이 안으로 끌려 들어가고, 첫 번째 소용돌이의 구 역시 이 새 소용돌이의 운동으로 끌려 들어갈 것이다. 두 구는 어떤 중간 지점을 중심으로 회전할 것이고, 다른 힘에 의해 제약을 받지 않으면 이 원운동으로 인해 서로에게서 멀어질 것이다. 이후에, 구체에 지속적인 영향을 미치며 움직임을 지탱해 주는 힘이 작용을 멈추고, 모든 것이 역학 법칙의 지배를 받게 된다면, 구의 운동은 조금씩 약해지고(따름정리 3과 4에서 지정된 이유에 따라), 소용돌이들은 마침내 완전히 정지하게 될 것이다.

따름정리 6 위치가 정해진 몇 개의 구들이 특정 속도로 주어진 위치의 축 주위로 계속 회전하고 있으면, 그와 같은 개수의 소용돌이들이 무제한으로 만들어질 것이다. 구 하나가 무제한으로 운동을 전파하는 것과 같은 이유로, 모든 구도 마찬가지로 각자의 운동을 무제한으로 전파할 것이다. 이러한 전파는 무한한 유체의 각 부분이 구체의 작용으로 인한 운동에 동요되는 방식으로 이루어진다. 따라서 소용돌이는 고정된 경계에 의해 제한받는 것이 아니라 조금씩 서로 충돌하게 될 것이고, 구들은 각자의 자리로부터 소용돌이의 상대적인 작용에 의해 꾸준히 옮겨지게 될 것인다. 이는 따름정리 5에서 설명한 내용대로다. 또한 구들은 어떤 힘에 의해 제약을 받지 않는 한 상대적으로 고정된 위치를 유지하지 않는다. 그리고 구에 지속적으로 영향을 주어 운동을 보존하는 이 힘들이 멈추면, 물질은—따름정리 3과 4에서 지정된 이유에 따라—차츰 멈추게 되고, 더이상 소용돌이 안에서 움직이지 않게 될 것이다.

따름정리 7 균질한 유체가 구형 용기 안에 들어 있고, 그 중심에 있는 구가 일정하게 회전함에 따라 소용돌이를 이루며 회전한다고 하자. 구와 용기가 같은 축을 중심으로 같은 방향으로 회전하고 있고, 둘의 주기는 반지름의 제곱에 비례한다면, 유체의 부분들은 조금씩 가속과 감속을 반복하다가, 주기가 소용돌이의 중심부터의 거리 제곱에 비례할 때까지 운동을 지속할 것이다. 이러한 구성 외의 소용돌이는 안정적일 수 없다.

따름정리 8 용기와 그 안에 담긴 유체, 그리고 구가 해당 운동을 보존하고, 이에 더하여 정해진 축 주위로 공통의 각운동으로 회전하고 있다면, 유체의 부분들 서로에 대한 마찰은 새로운 운동에 의해 변하지 않으므로, 부분들의 운동은 서로에 대하여 변하지 않을 것이다. 부분들 서로에 대한 상대 속도는 마찰에 좌우되기 때문이다. 어느 부분이든 한쪽의 마찰이 가속시키면 다른 쪽의 마찰이 그와 비슷한 정도로 감속시켜서, 운동은 지속될 것이다.

따름정리 9 그러므로 용기가 정지해 있고 구의 운동이 주어지면, 유체의 운동도 그에 따라 결정될 것이다. 평면이 구의 축을 지나고 반대 운동으로 회전하고 있다고 상상해 보자. 그리고 평면의 회전과 구의 회전의 시간의 합 대 구의 회전의 시간의 비가 용기의 반지름과 구의 반지름의 제곱비와 같다고 가정해 보자. 그렇다면 평면에 대한 유체의 부분들의 주기는 구의 중심부터의 거리 제곱에 비례할 것이다.

따름정리 10   따라서 용기가 구와 같은 축을 중심으로 또는 다른 축을 중심으로 임의의 속도로 움직일 때, 유체의 운동이 주어질 것이다. 용기의 각운동을 전체 계에서 제거하면, 모든 상대적 운동은 따름정리 8에 따라 이전과 마찬가지로 유지될 것이기 때문이다. 그리고 이 운동들은 따름정리 9에 따라 주어질 것이다.

따름정리 11   용기와 유체가 정지해 있고 구가 일정하게 회전하고 있다면, 운동은 전체 유체를 통과해 조금씩 용기로 전파될 것이며, 용기는 강제로 제약을 받지 않는 한 구와 함께 회전할 것이다. 그리고 유체와 용기는 가속을 받다가 주기가 구의 주기와 같아지게 되면 가속을 멈출 것이다. 그런데 용기가 어떤 힘에 의해 제약받거나 연속적이고 일정하게 회전하고 있다면, 매질은 다른 상태를 유지하지 않고 따름정리 8, 9, 10에서 정의된 운동 상태로 조금씩 진행할 것이다. 그런데 만일 용기와 구가 꾸준히 회전하도록 했던 힘들이 멈추면, 전체 계는 역학 법칙을 따르게 되고, 용기와 구는 그 사이의 유체를 통해 서로에게 작용하여 운동을 전달하여, 결국 주기가 같아져 전체 계가 하나의 고체처럼 회전하게 될 것이다.

주해

앞선 명제들에서, 나는 유체가 밀도와 유동성이 균질한 물질로 이루어져 있다고 가정했다. 이러한 가정을 바탕으로, 유체 속 어딘가에 위치가 정해진 구는 정해진 운동으로 주어진 시간 간격 동안 같은 거리에 있는 유체로 같은 운동을 전파할 수 있도록 한 것이다. 실제로 물질은 원운동을 통해 소용돌이의 축으로부터 멀어지려는 노력을 하고, 이에 따라 더 많은 물질에 압력을 가한다. 이 압력으로부터 부분들의 마찰은 더욱 강해지고 서로 분리되기가 더욱 어려워지며, 결과적으로 물질의 유동성은 감소한다. 다시 설명하자면 유체의 부분들이 빽빽하거나 풍부한 곳에서는 유동성이 줄어들 것인데, 그 이유는 부분들이 서로 분리될 수 있는 표면이 더 작아지기 때문이다. 이런 경우에 나는 유동성의 부족이 부분들의 미끄러움이나 유연성, 또는 다른 조건에 의한 것이라고 가정한다. 만일 이런 일이 일어나지 않으면, 물질은 유체가 부족한 곳에서 더 달라붙고 좀 더 느릿느릿 움직일 것이며, 이에 따라 더 느리게 운동을 전달받고 위에서 결정한 비보다 더 멀리 전달할 것이다. 용기의 모양이 구형이 아니면, 입자의 경로는 원이 아니라 용기의 모양에 해당하는 경로를 따를 것이며, 주기는 중심부터의 평균 거리의 제곱에 거의 비례할 것이다. 공간이 더 넓은 중심과 둘레 사이에 있는 부분들은 운동이 더 느릴 것이고, 공간이 좁은 곳에서의 운동은 더 빠를 것이다. 그러나 더 빠른 입자들은 둘레를 찾아가지 않을 것이다. 입자들이 그리는 호의 곡률이 작아지게 되어, 중심으로부터 물러나려는 노력이 속도의 증가분에 의해서 증가하는 것보다 곡률의 감소분에 의해서 비교적 덜 감소하게 되기 때문이다. 더 좁은 공간에서 넓은 공간으로 가면서, 부분들은 중심에서 조금 더 물러날 것이지만, 이렇게 물러나면서 속도가 줄고, 이후에 더 넓은 공간에서 좁은 공간으로 접근하면서 가속될 것이다. 그러므로 각각의 입자들은 영원히 감속과 가속을 반복할 것이다. 이러한 현상은 단단한 용기 안에서 이루어지는 일이다. 무한한 유체 안에서 소용돌이의 구조는 이 명제의 따름정리 6에서 확인할 수 있다.

더 나아가, 본 명제에서 나는 천체 현상을 소용돌이로 어떻게든 설명할 수 있는지 검증하기 위해 소용돌이의 성질을 연구했다. 목성 주위를 도는 이차 행성의 주기가 목성의 중심부터 거리의 $\frac{3}{2}$제곱에 비례한다. 그리고 태양 주위를 도는 행성에도 같은 규칙이 적용된다. 그뿐 아니라 이 규칙은 지금까지 천문 관측으로 확인된 바에 한해서라면 일차 행성과 이차 행성 모두에 대단히 정확하게 적용된다. 그러므로 행성들이 목성과 태양 주위를 회전하는 소용돌이에 의해 운반되는 것이라면, 소용돌이 역시 같은 법칙에 따라 회전해야 할 것이다. 그러나 소용돌이의 부분들의 주기는 운동의 중심으로부터 거리의 제곱비를 따르는 것으로 나타났고, 이 비는 $\frac{3}{2}$제곱으로 줄어들 수 없다. 다만 소용돌이의 물질이 중심에서 더 먼 곳에서 유동성이 더 많거나, 유체의 부분들의 매끄러움이 부족하여 발생한 저항이 (속도가 증가하여 유체의 부분들이 서로 분리되면서 발생한 결과로서) 속도가 증가하는 비율보다 더 큰 비율로 증가한다면 가능하다. 그러나 앞선 내용 중 어느 것도 합리적으로 보이지 않는다. 더 빽빽하고 유동성이 적은 부분들은 중심을 향해 무겁지 않다면 둘레를 찾아 나아갈 것이다. 내가 비록—증명을 위해서—섹션 도입부에서 저항이 속도에 비례하다는 가설을 제시하긴 했지만, 저항이 속도의 비보다 더 적은 비를 가질 것 같지는 않다. 만일 이것을 인정한다면, 소용돌이의 부분들의 주기는 중심부터의 거리의 제곱비보다 더 큰 비를 가질 것이다. 그러나 소용돌이들이 (일부의 의견처럼) 중심 근처에서 더 빠르게 움직이고, 그러다 특정 한계까지 더 느려지다가, 다시 둘레 근처에서 더 빠르게 움직인다면, 분명히 $\frac{3}{2}$제곱이든 어떤 고정된 비든 성립할 수 없을 것이다. 그러므로 행성들이 보여주는 $\frac{3}{2}$제곱 현상이 소용돌이로 어떻게 설명될 수 있을지를 알아내는 일은 철학자들에게 달렸다.

명제 53

정리 41. 소용돌이를 따라 운반되고 같은 궤도로 돌아오는 물체들은 소용돌이와 같은 밀도를 가지며, 속도와 방향에 대해서도 소용돌이의 부분들과 같은 법칙을 따라 움직인다.

소용돌이의 작은 부분이 입자 또는 물리적 점들로 구성되어 있고, 서로에 대해 주어진 조건을 보존하며 얼어 있다고 가정하자. 그렇다면 이 부분은 밀도나 내재하는 힘 또는 형태의 변화가 없기 때문에, 이전과 같은 법칙에 따라 움직일 것이다. 그리고 역으로, 소용돌이의 얼어붙은 단단한 부분이 나머지 소용돌이와 같은 밀도를 가지고 유체로 녹으면, 이제는 유체가 된 그 입자들이 서로에 대하여 움직이는 경우를 제외하고, 유체의 부분들은 이전과 같은 법칙을 따라 움직일 것이다. 그러므로 입자들의 상대적인 운동은 전체적인 전진 운동과는 무관하여 무시할 수 있고, 전체의 운동은 이전과 같을 것이다. 그런데 이 운동은 중심에서 같은 거리에 있는 소용돌이의 다른 부분의 운동과 같을 것인데, 그 이유는 유체로 용해된 고체가 소용돌이의 부분이 되면서 다른 부분과 모든 면에서 비슷하기 때문이다. 따라서 고체가 소용돌이의 물질과 같은 밀도를 가지면 소용돌이의 부분들과 같은 방식으로 움직이고, 바로 주위의 물질과 비교할 때 상대적인 정지 상태에 있을 것이다. 그러나 고체의 밀도가 더 커지면, 이제는 소용돌이의 중심에서 멀어지려는 노력이 이전보다 더 커질 것이고, 이에 따라 마치 평형 상태에 있는 것처럼 이전에 궤도 안에 유지되던 소용돌이의 힘을 극복하면서 중심에서 멀어지고 나선을 그리며 더 이상 같은 궤도로 복귀하지 않을 것이다. 그리고 같은 논증에 따라, 고체의 밀도가 낮으면 중심으로 접근하게 된다. 그러므로 고체는 유체와 밀도가 같지 않은 한 같은 궤도로 돌아가지 않을 것이다. 이 경우 고체는 소용돌이의 중심에서 같은 거리만큼 떨어져 있는 유체의 부분과 같은 법칙에 따라 회전한다는 사실은 이미 밝힌 바이다. Q.E.D.

따름정리 1   그러므로 소용돌이 안에서 회전하며 언제나 같은 궤도로 돌아오는 고체는 고체가 들어가 있는 유체 안에서 상대적으로 정지해 있다.

따름정리 2   그리고 소용돌이의 밀도가 균일하면, 같은 물체는 소용돌이의 중심으로부터 임의의 거리에서 회전할 수 있다.

주해

그러므로 행성들이 물질적인 소용돌이에 의해 운반되는 것이 아니라는 점은 명백하다. 코페르니쿠스의 가설에 따르면 태양 주위를 도는 행성들은 태양을 초점으로 두는 타원 궤도를 따라 회전하며, 태양까지 이어진 반지름은 시간에 비례하는 면적을 휩쓴다. 그러나 소용돌이의 부분들은 이런 식으로 움직이며 회전할 수 없다. AD, BE, CF를 태양 S 주위로 그려지는 세 개의 궤도라 하고, 그중 가장 바깥에 있는 원 CF의 중심은 태양의 중심과 일치한다고 하

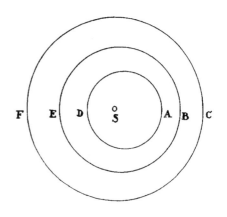

자. A와 B는 두 안쪽 궤도의 원일점이라 하고, D와 E는 근일점이라 하자. 그러므로 궤도 CF를 따라 회전하는 물체와 태양을 잇는 반지름은 시간에 비례하는 면적을 휩쓸 것이고, 이러한 물체는 일정하게 움직일 것이다. 그리고 궤도 BE를 따라 회전하는 물체는 천체 법칙에 따라 원일점 B에서 더 느리게, 근일점 E에서 더 빠르게 움직일 것이다. 반면 소용돌이의 물질은 역학 법칙에 따라 D와 F 사이의 더

넓은 공간에서보다 A와 C 사이의 더 좁은 공간에서 더 빠르게 움직여야 한다. 두 서술은 모순이다. 화성의 원일점이자 처녀자리가 시작되는 지점에서 화성과 금성 궤도 사이 거리 대 물고기자리가 시작되는 지점에서 해당 궤도들 사이 거리의 비는 대략 3 대 2다. 따라서 물고기자리가 시작되는 부분의 궤도 사이에 있는 소용돌이 물질은 처녀자리가 시작되는 부분에서보다 3 대 2의 비로 더 빠르게 움직여야 한다. 주어진 물질의 양이 주어진 시간 동안 1회의 공전으로 통과하는 공간이 더 좁으면 그곳을 지나는 속도가 더 빠르기 때문이다. 그러므로, 이 천체의 물질 안에서 상대적으로 정지해 있는 지구가 소용돌이에 의해 운반되어 태양 주위를 회전한다면, 물고기자리에서의 속도 대 처녀자리에서의 속도의 비는 3 대 2일 것이다. 그렇다면 처녀자리에서의 태양의 일주운동은 70분 더 길어지고 물고기자리에서는 48분이 짧을 것인데, (실험으로 목격한) 태양의 겉보기 운동은 처녀자리보다 물고기자리에서 더 크다. 그렇다면 지구는 물고기자리보다 처녀자리에서 더 빠르다. 따라서 소용돌이 가설은 어떤 식으로도 천체 현상과 조화를 이룰 수 없으며, 천체 운동을 명확히 하기는커녕 오히려 더 모호하게 만든다. 행성의 운동이 자유 공간 안에서 소용돌이 없이 어떻게 이루어질 수 있는지는 1권을 통해 이해할 수 있고, 더 자세한 내용은 세상의 체계에 관한 3권에서 밝힐 것이다.

3권 세상의 체계
THE SYSTEM OF THE WORLD

내가 이전 책에서 제시한 철학의 원리[a]는 철학적이라기보다는, 다만 엄밀히 말해서 수학적이었다. 다시 말해 철학 연구의 바탕이 되는 분야로서의 수학을 말하는 것이다. 이 원리들은 운동과 힘의 법칙과 조건들이며, 특히 철학에 관련된 내용들이다. 그러나 이 원리들이 무익하게 보이지 않도록, 나는 일부 철학적 설명[즉 자연철학을 다루는 설명]과 함께 그 내용을 조명했고, 철학에 있어 일반적이고 가장 기본적인 것처럼 보이는 주제들을 다루었다. 이를테면 물체의 밀도와 저항, 물체가 없는 공간, 그리고 빛과 소리의 운동 같은 것들이다. 이제 우리에게는 앞선 원리로부터 세상의 체계를 밝히는 일이 남았다. 이 문제에 있어 나는 3권의 초안을 대중들이 쉽게 이해할 수 있고, 더 많은 이들이 읽을 수 있도록 썼다. 그러나 이 책에서 제시된 원리를 충분히 이해하지 못한 이들은 분명히 결론의 힘을 제대로 깨닫지 못할 것이며, 오랫동안 익숙해진 편견에서도 벗어나지 못할 것이다. 그러므로 장황한 논쟁을 피하기 위해, 나는 초안의 내용을 수학적 형식의 명제로 바꿔 써서 이 원리를 먼저 습득한 사람들만 읽을 수 있도록 했다. 그러나 1권과 2권에는 수학에 능통한 독자들이 읽기에도 시간이 꽤 걸릴 만큼 명제들이 많이 나오기 때문에, 이 명제들을 모두 공부하라고 충고할 마음이 없다. 독자들은 정의, 운동 법칙, 그리고 1권의 처음 세 섹션만 주의 깊게 읽어도 충분할 것이며, 그런 다음 세상의 체계를 다룬 3권으로 넘어와 본 책에서 언급하는 1권과 2권의 다른 명제들을 자유롭게 참고하면 될 것이다.

---

a   3권의 소개글에서 뉴턴은 "철학"과 그 형용사형인 "철학적"을 "자연철학"을 언급하는 데 사용하고 있다. 존 해리스는 『기술용어 사전』에서 자연철학을 "자연의 힘, 자연적 물체의 성질, 그리고 그들 서로에 대한 상호 작용을 연구하는 과학"으로 정의하고 있다. 『프린키피아』 3판의 약표제는 "Newtoni Principia Philosophiae"("뉴턴의 철학의 원리")라고 되어 있다. 『프린키피아』 모든 판본에서 헌사가 실린 페이지에서는 왕립학회를 "철학의 부흥을 위해(ad philosophiam promovendam)" 세운 단체라고 지칭한다.

^a자연철학 연구의 규칙

규칙 1

자연 현상을 설명할 때 참이며 충분한 것 이외의 원인은 인정해서는 안 된다.

철학자들 말대로, 자연은 허투루 하는 일이 없으며, 적은 것으로 충분하다면 그보다 더 많은 원인은 헛되다. 자연은 단순하여 쓸데없는 원인으로 흥청망청하는 사치를 부리지 않는다.

---

aA 1판에는 아홉 개의 "가설"이 있는데, 이들 대부분은 2판에서 두 개의 카테고리로 나뉘어, 현재는 "자연철학의 규칙"과 "현상"으로 분류되었다. 가설 1과 2는 규칙 1과 2가 되었고, 가설 3은 폐기되어 규칙 3으로 대체되었다. 가설 4는 가설 1이 되어 명제 10과 명제 11 사이의 위치로 이동했다. 가설 5-9는 현상 1, 3-6이 되었고 현상 2는 2판에서 새롭게 추가되었다. 규칙 4는 3판에서 새로 추가되었다. 이 변경 사항들은 아래 표로 정리했다.

1판	2판	3판
가설 1	규칙 1	규칙 1
가설 2	규칙 2	규칙 2
가설 3	—	—
—	규칙 3	규칙 3
—	—	규칙 4
가설 4	가설 1	가설 1
가설 5	현상 1	현상 1
—	현상 2	현상 2
가설 6	현상 3	현상 3
가설 7	현상 4	현상 4
가설 8	현상 5	현상 5
가설 9	현상 6	현상 6

또한 2판에서는 설명하는 내용과 문장들이 추가되고, 몇 군데 바뀐 단어가 있다. 현상과 관련해서는 개선된 수치 데이터가 수록되고 관측자들에 대한 언급이 있다. 3판에서는 설명 내용이 더 확장되거나 추가되었다. 자세한 내용은 이 번역에 대한 해설서 §8.2를 참고하자. 또한 Alexandre Koyré의 Newtonian Studies (Cambridge, Mass.: Harvard University Press, 1965)에 수록된 "Newton's 'Regulae Philophandi'" (pp.261-272), I. Bernard Cohen, "Hypotheses in Newton's Philosophy", Physis: Rivista internazionale di storia della scienza 8 (1966): 163-184, reprinted in Proceedings of the Boston Colloquium for the Philosophy of Science 1966/1968, ed. Robert S. Cohen and Marx W. Wartofsky, Boston STudies in the Philosophy of Science, vol. 5 (Dordrecht: Reidel Publishing Co., 1969), pp.304-326; I. Bernard Cohen, Introduction to Newton's "Principia" (Cmabridge, Mass.: Harvard University Press; Cambridge: Cambridge University Press, 1971), pp.23-26, 240-245도 함께 참고하자.

규칙 2

그러므로, 같은 자연 현상에 부여된 원인들은 가능한 한 같아야 한다.

그 예를 들면 인간과 짐승의 호흡의 원인, 유럽과 미 대륙에서의 돌멩이의 낙하 원인, 태양과 부엌 화덕의 빛의 원인, 우리 지구와 행성들에서의 빛의 반사 원인 같은 것이 있다.

[a]규칙 3

더해질 수도 덜어낼 수도 없는 성질[즉, 증가하거나 감소할 수 없는 성질], 그리고 실험의 대상이 될 수 있는 물체에 속한 성질은 보편적으로 모든 물체의 성질로 간주되어야 한다.

물체의 성질은 오로지 실험을 통해서만 알 수 있기 때문이다. 그러므로 보편적으로 실험과 일치하는 성질들은 보편적 성질로 간주해야 한다. 그리고 약화될 수 없는 성질은 물체로부터 박탈할 수 없다. 우리는 실험 증거에 반하여 무분별하게 터무니없는 공상들을 조작해내서는 안 되며, 자연의 유사성에서 벗어나서도 안 된다. 자연은 언제나 단순하며 일관성을 갖추고 있기 때문이다. 물체의 연장성[물체가 공간을 점유하는 성질—옮긴이]은 오로지 감각을 통해서만 알 수 있는데, 이 감각의 범주를 넘어서는 물체도 있다. 그러나 우리가 감지할 수 있는 모든 물체에서 연장성이 발견되므로, 연장성은 모든 물체의 보편적인 성질로 간주한다. 우리는 경험을 통해 어떤 물체가 단단하다는 것을 안다. 또한 전체의 단단함은 그 부분의 단단함에서 비롯되므로, 우리는 감각으로 접근할 수 있는 물체의 쪼갤 수 없는 입자들의 단단함뿐 아니라 다른 모든 물체의 단단함까지도 추론한다. 모든 물체에 불가입성impenetrable[꿰뚫을 수 없는 성질—옮긴이]이 있다는 것을 우리는 이성이 아닌 감각으로 이해한다. 우리는 우리가 다루는 물체에 불가입성이 있다는 것을 발견하고, 이로부터 불가입성은 모든 물체의 보편적인 성질이라는 결론을 내린다. 모든 물체가 특정 힘에 의해 이동할 수 있고 이 운동을 유지하거나 정지해 있을 수 있다는 사실은(이 힘을 우리는 관성력이라 부른다) 우리가 보아온 물체에서 성질을 발견하여 이를 바탕으로 추론한 것이다. 전체의 연장성, 단단함, 불가입성, 이동성, 관성력은 각각의 부분들의 연장성, 단단함, 불가입성, 이동성, 관성력으로부터 비롯한 것이다. 그러므로 우리는 물체의 최소한의 부분들이 연장성을 가지고, 단단하고, 꿰뚫을 수 없고, 움직일 수 있고, 관성력을 부여받았다고 결론 내린다. 이것이 모든 자연철학의 기반이다. 더 나아가, 우리는 현상으로부터 나뉘고 인접한 물체의 부분들이 서로 분리될 수 있다는 것을 알고 있고, 나뉘지 않은 부분들도 우리의 이성에 의해 더 작은 부분들로 구분될 수 있다는 점도 수학을 통해 분명히 알 수 있다. 이런 식으로 구분되면서 쪼개지지 않은 부분들이 실제로 자연의 힘에 의해 쪼개져서 서로 분리될 수 있는지는 아직 확실치 않다. 그러나 단단하고 견고한 물

---

aa   1판은 이렇게 되어 있다. "가설 3. 모든 물체는 다른 종류의 물체로 변환될 수 있고 연속적인 중간 단계의 성질을 취할 수 있다." 아래 명제 6, 따름정리 2 참고.

체를 부수어서, 쪼개지지 않은 입자를 분리해내는 실험이 단 한 건이라도 성공하여 이를 확인한다면, 우리는 규칙 3에 따라 쪼개진 부분들뿐 아니라 쪼개지지 않은 부분들도 무한히 나눌 수 있다는 결론을 내려야 한다.

마지막으로, 실험과 관측을 통해, 만약 지구 위 또는 지구 근처에 있는 모든 물체가 지구를 향해 잡아당겨지고[직역하면 무거워지고], 당겨지는 정도가 각각의 물체의 물질의 양에 비례한다는 사실이 입증되고, 달은 달의 물질의 양에 비례하여 지구를 향해 잡아당겨지고[무거워지고], 그 결과로 우리의 바다는 달을 향해 당겨진다는[무겁다는] 사실이 입증되고, 모든 행성은 서로를 향하여 잡아당겨지고[무거워지고], 이와 비슷하게 혜성의 무거움도 태양을 향한다는 사실이 보편적으로 입증된다면, 이 규칙 3에 따라 모든 물체는 서로를 향하여 잡아 당겨진다는 결론을 내려야 할 것이다. 사실 현상을 바탕으로 하는 논증은 물체의 불가입성보다 만유인력 쪽이 훨씬 더 강력하지만, 우리는 만유인력에 관해서는 단 한 건의 실험도, 심지어 관측조차 하지 못하고 있다. 그러나 나는 무거움이 물체의 본질적인 성질이라고 단언하지 않는다. 내가 말하는 내재하는 힘은 오직 관성력만을 의미한다. 이 힘은 불변이다. 무거움은 물체가 지구로부터 멀어지면 감소한다.[a]

규칙 4

실험철학에서, 현상으로부터 추론을 통해 이해된 명제는, 그에 모순되는 가설이 있다 하더라도, 다른 현상에 의해 더 정확해지거나 예외로 인정받게 될 때까지는 정확하거나 사실에 대단히 가깝다고 간주해야 한다.

이 규칙을 따름으로써 추론에 바탕을 둔 논증이 가설로 인해 무효가 되지 않도록 해야 한다.

| 현상

현상 1

목성 주위의 위성들[또는 목성의 위성들]은 목성의 중심까지 이어진 반지름으로 시간에 비례하는 면적을 휩쓸며, 그 주기는—항성들이 정지해 있다고 할 때—그 중심으로부터 위성까지의 거리의 $\frac{3}{2}$제곱에 비례한다.

이는 천체 관측으로부터 수립된 사실이다. 우리의 감각으로 볼 때 위성들의 궤도는 목성과 중심이 일치하는 동심원과 크게 다르지 않으며, 원을 그리는 위성의 운동은 일정하다고 관측된다. 천문학자들은 위성들의 주기가 궤도 반지름의 $\frac{3}{2}$제곱에 비례한다는 데 동의하며, 이는 다음의 표로부터 명백하다.

목성의 위성들의 주기			
$1^{d}18^{h}27^{m}34^{s}$	$3^{d}13^{h}13^{m}42^{s}$	$7^{d}3^{h}42^{m}36^{s}$	$16^{d}16^{h}32^{m}9^{s}$

목성의 중심에서부터 위성까지 거리(목성 반지름을 기준으로)				
	1	2	3	4
관측자				
보렐리로부터	$5\frac{2}{3}$	$8\frac{2}{3}$	14	$24\frac{2}{3}$
타운리로부터, 마이크로미터	5.52	8.78	13.47	24.72
카시니로부터, 망원경	5	8	13	23
카시니로부터, 위성의 식(eclipse)	$5\frac{2}{3}$	9	$14\frac{23}{60}$	$25\frac{3}{10}$
주기로부터	5.667	9.017	14.384	25.299

파운드 씨는 가장 좋은 마이크로미터를 사용해서 다음과 같은 방법으로 목성 위성의 이각과 목성의 반지름을 결정했다. 목성의 중심부터 네 번째 위성의 최대 태양심 이각은 길이가 15피트인 망원경 안

의 마이크로미터로 구했는데, 목성이 목성과 지구의 평균 거리인 지점에 왔을 때 약 $8'16''$으로 나왔다. 세 번째 위성은 길이 123피트인 망원경 안의 마이크로미터로 구했으며, 목성이 같은 위치에 있을 때 $4'42''$로 나왔다. 다른 위성들의 최대 이각은, 목성이 같은 위치에 있을 때, 주기를 기준으로 계산하면 $2'56''47'''$ 그리고 $1'51''6'''$로 나왔다.

목성의 반지름은 123피트 길이의 망원경 안의 마이크로미터로 여러 차례 측정하였다. 목성이 태양 또는 지구와의 평균 거리에 왔을 때 반지름은 언제나 $40''$보다 작고 $38''$보다는 작지 않으며, $39''$로 측정되는 경우가 상당히 많았다. 더 짧은 망원경으로 이 반지름은 $40''$ 또는 $41''$로 측정되었다. 목성의 빛은 굴절성이 일정하지 않아 다소 퍼지는 경향이 있는데, 목성 지름을 기준으로 빛이 퍼지는 정도를 보면 길이가 길고 성능 좋은 망원경보다 짧고 성능이 낮은 망원경에서 더 많이 퍼지기 때문이다. 첫 번째와 세 번째 위성이 목성의 면을 가로지르는 시간은, 위성이 처음 진입하기 시작할 때부터 [즉 위성이 목성의 면을 가로지르기 시작하는 순간부터] 빠져나가기 시작하는 순간까지 그리고 위성이 목성의 면 위로 들어서는 순간부터 완전히 다 빠져나가는 순간까지 관측하였는데, 이때 종류는 같고 길이만 더 긴 망원경을 사용하였다. 그리고 첫 번째 위성의 관측 결과로부터, 목성이 지구로부터 평균 거리에 있을 때의 지름은 $37\frac{1}{8}''$이었고, 세 번째 위성의 관측 결과로부터 얻은 지름은 $37\frac{3}{8}''$였다. 첫 번째 위성의 그림자가 목성의 본체를 가로질러 지나가는 시간도 관측하였는데, 그 결과를 바탕으로 목성이 지구로부터 평균 거리에 있을 때의 지름을 구하면 대략 $37''$였다. 이 지름이 $37\frac{1}{4}''$에 대단히 가깝다고 가정해 보자. 그렇다면 첫째, 둘째, 셋째, 넷째 위성의 최대 이각은 각각 목성 반지름의 5.965, 9.494, 15.141, 26.63배이다.

현상 2

토성 주위의 위성들[또는 토성의 위성들]은 토성의 중심부터 이어진 반지름으로 시간에 비례하는 면적을 휩쓸고, 그 주기는—항성들이 정지해 있다고 할 때—중심부터의 거리의 $\frac{3}{2}$제곱에 비례한다.

실제로 카시니는 자신이 관측한 결과로부터 토성 중심부터 위성까지의 거리와 그 주기를 다음과 같이 정리하였다.

토성의 위성들의 주기				
$1^d21^h18^m27^s$	$2^d17^h41^m22^s$	$4^d12^h25^m12^s$	$15^d22^h41^m14^s$	$79^d7^h48^m00^s$

토성의 중심에서부터 위성까지 거리(고리의 반지름을 기준으로)				
관측으로부터	$1\frac{19}{20}$	$2\frac{1}{2}$	$3\frac{1}{2}$	8	24
주기로부터	1.93	2.47	3.45	8	23.35

관측 결과 토성의 중심으로부터 네 번째 있는 위성의 최대 이각의 값을 얻었는데, 이 값은 8 반지름에 매우 근접한다. 그런데 하위헌스의 123피트짜리 망원경 안에 부착된 최고 성능의 마이크로미터로 측정한 결과로는, 토성 중심부터 이 위성의 최대 이각이 $8\frac{7}{10}$ 반지름으로 나왔다. 이 관측과 주기로부터, 토성의 중심부터 위성들까지의 거리는 고리 반지름을 기준으로 각각 2.1, 2.69, 3.75, 8.7, 25.35이다. 같은 망원경으로 측정한 토성의 지름 대 고리 지름의 비는 3 대 7이고, 1719년 5월 28일과 29일의 고리 지름은 43″이었다. 이 값을 바탕으로 계산하면, 토성이 지구로부터 평균 거리에 있을 때 고리의 지름은 42″이고, 토성의 지름은 18″이다. 이는 가장 길고 좋은 망원경으로 얻은 결과다. 가장자리에서 일어나는 빛 퍼짐의 정도를 천체의 지름과 비교하면, 짧은 망원경으로 볼 때보다 긴 망원경으로 볼 때 그 정도가 덜하기 때문이다. 변덕스러운 빛[즉 빛 퍼짐]을 모두 무시하면 토성의 지름은 16″를 넘지 않을 것이다.

현상 3

다섯 개의 주행성—수성, 금성, 화성, 목성, 토성—의 궤도는 태양을 둘러싼다.

수성과 금성이 태양 주위를 공전하는 것은 두 행성의 위상이 달처럼 변화한다는 것으로 증명된다. 이 행성들이 보름달 모습으로 빛날 때는 태양 너머에 가 있는 것이다. 행성이 반달 모양이면 태양의 한쪽 옆에 있는 것이고, 초승달 모양이면 태양의 이쪽 편에 있는 것이다. 그리고 이 행성들은 가끔 태양면 위를 점처럼 가로지른다. 화성 역시 태양과 합에 있을 때 완전한 모양이고 충에 있을 때 거의 완전한 모양을 보이므로, 화성도 분명히 태양 주위를 돌고 있다. 목성과 토성에 대해서도 두 행성의 위상이 언제나 보름달 모양이라는 사실로부터 공전을 증명할 수 있다. 그리고 이 두 행성 위로 드리우는 위성의 그림자로부터 두 행성이 태양으로부터 빌려온 빛으로 빛나고 있음은 자명하다.

현상 4

다섯 개의 주행성의 주기, 그리고 지구 주위를 도는 태양 또는 태양 주위를 도는 지구의 주기는—항성은 정지해 있다고 할 때—태양부터의 평균 거리의 $\frac{3}{2}$제곱에 비례한다.

이 비율은 케플러가 발견하였고, 모두가 인정하는 것이다. 사실 태양이 지구 주위를 돌든 지구가 태양 주위를 돌든, 주기나 궤도의 크기는 같다. 주기에 대해서는 천문학자들 사이에서 보편적인 합의가 이루어진 상태다. 그러나 천문학자들 중에서도 특히 케플러와 불리오는 가장 성실한 방법으로 관측하여 궤도의 크기를 결정했다. 그리고 위의 비율로부터 주기를 계산하여 구한 평균 거리는 두 천문학자가 [관측을 통해] 구한 거리와 크게 다르지 않으며, 대부분의 결괏값은 각각의 값들 사이에 있다. 이는 다음 표에서 확인할 수 있다.

항성을 기준으로 태양 주위를 도는 행성과 지구의 주기(날을 소수점까지 표기)					
♄	♃	♂	♁	♀	☿
10759.275	4332.514	686.9785	365.8565	224.6176	87.9692

태양에서부터 행성과 지구까지 평균 거리						
	♄	♃	♂	♁	♀	☿
케플러의 결과	951000	519650	152350	100000	72400	38806
불리오의 결과	954198	522520	152350	100000	72398	38585
주기에 따른 결과	954006	520096	152369	100000	72333	38710

태양부터 수성과 금성까지의 거리는 논란의 여지가 없다. 이 거리들은 행성의 태양심 이각을 통해 결정된 것이기 때문이다. 또한 태양부터 외행성까지의 거리도 목성의 위성의 식eclipse을 고려하면 확실히 구할 수 있다. 이 식들에 의해 목성이 투사하는 그림자의 위치가 결정되기 때문이며, 이로써 목성의 일심 황경heliocentric longitude을 얻을 수 있다. 이 일심 황경과 지심 경도geocentric longitude를 비교하면 목성까지의 거리가 결정된다.

현상 5

주행성들은 지구까지 이어진 반지름으로 절대 시간에 비례하는 면적을 휩쓸지 않지만, 태양까지 이어진 반지름으로는 시간에 비례하는 면적을 휩쓴다.

지구를 기준으로 보면 행성들은 가끔씩 점진적으로 나아가다가[직진하거나 전진하다가] 가끔은 정지하고, 심지어 가끔은 역행 운동을 하기도 한다. 그러나 태양을 기준으로 보면 거의 일정한 속도로 언제나 전진하는 운동을 한다. 근일점에서는 약간 더 빠르고 원일점에서는 약간 더 느리게 움직이긴 하지만, 그러면서도 휩쓰는 면적은 일정하다. 이는 천문학자들에게는 대단히 잘 알려진 명제이며, 특히 목성 위성들의 식을 통해 증명도 가능하다. 앞서 이 식을 통하여 목성의 일심 황경과 태양부터의 거리를 결정할 수 있다고 설명했다.

현상 6

달은 지구 중심까지 이어진 반지름으로 시간에 비례하는 면적을 휩쓴다.

이는 달의 겉보기 지름과 겉보기 운동을 비교해 보면 명백하다. 실제로 달의 운동은 태양의 힘에 의해 다소 방해를 받지만(섭동), 나는 이 현상에서 무시할 수 있는 작은 오차는 무시하였다.[A]

| 명제

명제 1

정리 1. 목성 주위의 행성들[또는 목성의 위성들]이 직선 운동으로부터 지속적으로 당겨지는 힘, 그리고 각각의 궤도를 유지하도록 하는 힘은 목성의 중심을 향하고, 그 중심으로부터 행성들의 위치까지의 거리 제곱에 반비례한다.

이 명제의 앞부분은 현상 1과 현상 2, 또는 1권의 명제 3에 의해 명백하고, 뒷부분은 현상 1과 1권의 명제 4의 따름정리 6에 의해 명백하다.

토성에 수반된 행성들[또는 위성들]에 대해서도 현상 2에 따라 같은 방식으로 이해해야 한다.

명제 2

정리 2. 주행성들이 직선 운동으로부터 지속적으로 당겨지고 각각의 궤도를 유지하도록 하는 힘은 태양을 향하고, 이 힘은 태양 중심에서부터 행성까지 거리 제곱에 반비례한다.

이 명제의 앞부분은 현상 5와 1권의 명제 2에 의해 명백하고, 뒷부분은 현상 4와 1권의 명제 4에 의해 명백하다. 그러나 이 명제의 뒷부분은 원일점이 정지 상태라는 사실로 미루어 볼 때 대단히 명확하게 증명된다. 왜냐하면 이 제곱비에서 조금만 벗어나도 (1권 명제 45 따름정리 1에 따라) 1회의 공전만으로도 장축단의 움직임이 눈에 띄게 커질 것이며, 공전이 여러 번 이어지면 운동은 더욱 커지기 때문이다.

명제 3

정리 3. 달이 궤도를 유지하도록 하는 힘은 지구를 향하고, 지구 중심부터 달까지의 거리 제곱에 반비례한다.

이 명제의 앞부분은 현상 6과 1권의 명제 2 또는 명제 3에 의해 명백하고, 뒷부분은 달의 원지점의 아주 느린 움직임으로부터 명백하다. 달의 원지점은 달이 한 번 공전할 때마다 고작 3도 3분만큼 전진하며[또는 순행하며, 즉 동쪽으로] 거의 무시할 수 있는 수준이기 때문이다. (1권 명제 45, 따름정리 1에 따라) 지구 중심부터 달까지의 거리 대 지구 반지름의 비가 D대 1이라면, 이런 운동을 일으키는 힘은 $D^{2\frac{4}{243}}$에 반비례하는데, 다시 말해 D 위의 지수가 $2\frac{4}{243}$인 값에 반비례한다는 것이다. 즉, 이 힘은 거리의 제곱보다 약간 큰 값에 반비례하지만, 세제곱보다는 제곱 쪽에 $59\frac{3}{4}$배만큼 가깝다. 이 원지점의 운동은 태양의 작용으로 인해 발생하므로 (이후 설명하겠지만) 여기서는 무시하기로 한다. 태양이 달을 지구로부터 잡아당기는 한, 태양의 작용은 지구부터 달까지의 거리에 거의 비례하며, 따라서 (1권 명제 45, 따름정리 2의 내용으로부터) 이 작용 대 달의 구심력의 비는 대략 2 대 357.45, 또는 1 대 $178\frac{29}{40}$과 거의 같다. 태양의 힘이 이렇게 작으니, 이를 무시하면 달이 궤도를 유지하도록 하는 나머지 힘은 D^2에 반비례할 것이다. 그리고 이 힘을 중력과 비교하면 이 규칙은 더욱 완벽하게 성립할 것인데, 이는 아래 명제 4에서 보일 것이다.

따름정리 달이 궤도를 유지하도록 하는 평균 구심력이 $177\frac{29}{40}$ 대 $178\frac{29}{40}$로 증가하고, 그런 다음 지구 반지름 대 지구 중심부터 달까지의 평균 거리의 제곱비도 증가하면, 지구 표면에서의 달의 구심력, 즉 지구 표면으로 달이 내려올 경우 달이 받는 힘을 가정하면, 이 힘은 높이의 제곱비에 반비례하여 지속적으로 증가한다.

명제 4.

정리 4. 달은 지구를 향해 당겨지고, 이 중력에 의해 언제나 직선 운동으로부터 끌어당겨지며 궤도를 유지한다.

프톨레마이오스와 여러 천문학자에 따르면, 합충에서 달과 지구 사이의 평균 거리는 59 지구 반지름이고, 벤델린과 하위헌스에 따르면 60 지구 반지름, 코페르니쿠스에 따르면 $60\frac{1}{3}$, 스트리트에 따르면 $60\frac{2}{3}$, 튀코에 따르면 $56\frac{1}{2}$ 지구 반지름이라고 한다. 그러나 튀코와 그가 제작한 굴절표를 추종하는 이들은 태양과 달의 굴절이 항성의 굴절보다 크다고 주장하여 달의 시차를 몇 분 정도 더 크게 만들었다. 이는 빛의 성질과는 완전히 반대되는 주장이며 실제로 태양과 달의 굴절은 약 4, 5분 정도 클 뿐인데, 이들의 주장에 의해 달의 시차는 12분의 1 또는 15분의 1만큼 더 커지게 되었다. 이 오차를 바로잡으면, 달과 지구 사이의 거리는 대략 $60\frac{1}{2}$ 지구 반지름으로 나올 것이다. 이는 다른 이들이 계산한 값에 근접한 값이다. 그러므로 합충에서의 평균 거리를 60 지구 반지름이라고 가정하자. 그리고 천문학자들이 확인한 대로, 달의 공전이 항성을 기준으로 27일 7시간 43분 만에 완성된다고 하고, 지구의 둘레는 프랑스에서 측정한 값에 따라 123,249,600파리피트라 하자. 이제 달이 모든 운동을 박탈당하고, 그 궤도를 [일반적으로] 유지하도록 작용했던 힘으로 (명제 3, 따름정리에 따라) 지구를 향해 낙하한다고 상상해 보자. 그러면 달은 1분 동안 $15\frac{1}{12}$파리피트를 낙하할 것이다. 이 값은 1권의 명제 36을 이용하거나 또는 (같은 내용이지만) 1권의 명제 4 따름정리 9를 이용하여 계산할 수 있다. 달이 지구로부터 60 지구 반지름만큼 떨어진 곳에서 평균적으로 1분 동안 휩쓰는 호의 버스트 사인은 대략 $15\frac{1}{12}$파리피트, 좀 더 정확하게 쓰면 15피트 1인치 그리고 1과 $\frac{4}{9}$라인[또는 12분의 1인치]이다. 따라서 달이 지구에 접근하는 동안 이 힘은 거리 제곱에 반비례하여 증가하고, 지구의 표면은 달보다 60×60배만큼 넓으므로, 이 힘으로 떨어지는 물체는, 우리가 있는 곳에서는 1분 동안 $60×60×15\frac{1}{12}$파리피트만큼 낙하해야 하며, 1초 동안에는 $15\frac{1}{12}$파리피트, 좀 더 정확하게 15피트 1인치 그리고 $1\frac{4}{9}$라인을 휩쓸어야 한다. 실제로 무거운 물체들은 바로 이 힘으로 지구를 향해 낙하한다. 파리의 위도에서 1초 동안 진동하는 진자의 경우 (초진자) 길이가 3파리피트 $8\frac{1}{2}$라인이기 때문인데, 이는 하위헌스가 관측한 대로다. 그리고 무거운 물체가 1초 동안 낙하하는 거리 대 이 진자의 길이의 절반의 비는 원둘레 대 그 지름의 비의 제곱과 같으므로(이 역시 하위헌스가 관찰한 대로다), 15파리피트 1인치 $1\frac{7}{9}$라인이 된다. 그러므로 달이 궤도를 유지하도록 하는 힘은, 달의 궤도에서 지구 표면까지 내려오는 동안 지구 위에서의 무거움의 힘과 같은 크기를 갖는다. 그렇다면 (규칙 1과 2에 따라) 바로 이 힘이 우리가 일반적으로 무거움이라 부르는 힘이다. 만일 무거움이 이 힘과 다르다면, 지구로 향하는 물체에 두 힘이 함께 작용하여 두 배 더 빠른 속도로 낙하할 것이고, 1초 동안 $30\frac{1}{6}$파리피트를 낙하할 텐데, 이는 경험과 완전히 모순이다.

이 계산은 지구가 정지 상태에 있다는 가설을 바탕으로 한 것이다. 만일 지구와 달이 태양 주위로 움직이면서 동시에 공통의 무게 중심 주위를 돌고 있다면, 중력의 법칙은 동일하게 유지되고, 달과 지구의 중심 사이의 거리는 대략 $60\frac{1}{2}$ 지구 반지름이 될 것이다. 누구든 직접 계산해 보면 분명히 알 수 있을 것이며, 1권 명제 60을 이용해 계산할 수 있다.

주해

이 명제는 다음과 같이 좀더 완전하게 증명할 수 있다. 토성이나 목성에서처럼, 지구 주위를 몇 개의 달이 돌고 있다고 가정하면, 이 위성들의 주기는 (귀납 논증에 따라) 케플러가 행성에서 발견한 법칙을 따를 것이다. 따라서 위성의 구심력은 본 3권 명제 1에 따라 지구 중심부터의 거리 제곱에 반비례할 것이다. 그리고 그중 가장 낮은 궤도를 도는 작은 위성이 지구의 가장 높은 산꼭대기에 거의 닿을 정도라면, 그 위성이 궤도를 유지할 수 있도록 하는 구심력은 (앞선 계산에 따라) 산꼭대기에서의 물체의 중력과 거의 같을 것이다. 그리고 이 작은 위성이 궤도에서 앞으로 나아가는 운동을 전부 박탈당하면—달을 궤도에 붙잡아두는 원심력이 사라지게 되어—이 구심력으로 인하여 위성은 지구로 떨어지게 될 것이다. 이렇게 낙하하는 위성의 속도는 무거움을 가진 물체가 이 산꼭대기로 낙하할 때의 속도와 같을 것이다. 왜냐하면 낙하하는 힘이 같기 때문이다. 그리고 가장 낮은 작은 위성이 낙하하도록 하는 힘이 중력과 다르고, 산꼭대기에 있는 물체가 지구를 향해 무거운 것처럼 작은 위성도 같은 방식으로 무겁다면, 이 작은 위성에는 두 힘이 함께 작용하여 두 배 더 빠르게 낙하할 것이다. 그러므로 두 힘은—즉, 무거움을 가진 물체의 힘과 위성의 힘—지구 중심을 향하고 서로 비슷하면서 같은 힘이므로, (규칙 1과 2에 따라) 원인도 같을 것이다. 따라서 달이 궤도를 유지하도록 하는 힘은 우리가 일반적으로 중력이라고 부르는 힘이다. 그렇지 않다면, 산꼭대기에 있는 작은 위성은 중력을 받지 않거나, 무거움을 가진 물체보다 두 배 빠른 속도로 떨어질 것이다.

명제 5

정리 5. 목성 주위의 행성들[또는 목성의 위성들]은 목성을 향해 끌어당겨지고, 토성 주위의 행성들[또는 토성의 위성들]은 토성을 향해 당겨진다. 그리고 태양 주위의 행성들[또는 주행성]은 태양을 향해 끌어당겨지고, 중력에 의해 언제나 직선 운동으로부터 당겨져 곡선 궤도를 유지한다.

목성의 위성들이 목성 주위를 공전하고, 토성의 위성들이 토성 주위를 공전하고, 수성과 금성과 다른 위성들이 태양 주위를 공전하는 것은 모두 달이 지구 주위를 공전하는 것과 같은 현상이며, 따라서 (규칙 2에 따라) 같은 원인에서 비롯된 것이다. 특히 위성들의 공전이 목성, 토성, 태양의 중심을 향한다는 것이 증명되었고, 같은 비와 법칙에 따라 (목성, 토성, 태양으로부터 멀어짐에 따라) 중력과 같은 비로 (지구로부터 멀어지는 것과 같은 비로) 줄어든다는 점을 보면 분명히 알 수 있다.

따름정리 1   그러므로 보편적으로 모든 행성을 향하는 무거움이 존재한다. 금성과 수성, 나머지 행성들[즉 주행성과 위성들]이 목성, 토성과 같은 유의 물체라는 것은 누구도 의심하지 않는다. 그리고 운동 제3 법칙에 따라 모든 인력은 상호적이므로, 목성은 목성의 위성들을 향해 당겨질 것이고, 토성은 토성의 위성들을 향해, 그리고 지구는 달을 향해, 태양은 모든 주행성들을 향해 당겨질 것이다.

따름정리 2   모든 행성을 향하는 중력은 행성의 중심부터의 거리 제곱에 반비례한다.

따름정리 3   모든 행성은 따름정리 1과 2에 따라 서로에 대하여 무거움을 갖는다. 이런 이유로 목성과 토성이 합의 위치에 있을 때, 서로를 끌어당기며 서로의 운동에 상당한 섭동을 가한다. 태양은 달의 운동을 섭동하고, 달과 태양은 우리 바다를 섭동한다. 이는 이어지는 내용에서 설명할 것이다.

주해

지금까지 우리는 천체가 궤도를 유지하도록 하는 힘을 "구심력"이라 불렀다. 이제 이 힘이 중력임이 확립되었으므로, 우리는 이제부터 이 힘을 중력이라 부를 것이다. 달이 궤도를 유지하도록 하는 구심력의 원인은 규칙 1, 2, 4에 따라 모든 행성에 확장되어야 하기 때문이다.

명제 6

정리 6. 모든 물체는 각자의 행성들을 향해 끌어당겨지고, 어느 행성의 중심부터 정해진 거리에서 그 행성을 향하는 물체의 임의의 무게는 그 물체가 포함하는 물질의 양에 비례한다.

사람들은 오래전부터 무거움을 가진 물체들이 지구를 향해 떨어질 때 (적어도 미미한 공기 저항으로 인한 시간 지연을 조정하면) 낙하하는 시간이 같다는 것을 알았고, 진자를 사용해 높은 정확도로 측정해 왔다. 나는 이것을 금, 은, 납, 유리, 모래, 소금, 나무, 물, 밀 등으로 실험해 보았다. 먼저 둥근 모양의 똑같은 나무 상자 두 개를 구했다. 그 상자 중 하나는 나무로 채우고, 다른 상자에는 (최대한 정확하게 측정한) 같은 무게의 금을 담아 진동의 중심에 매달았다. 두 상자는 똑같은 11피트짜리 밧줄에 매달려서 무게와 모양, 공기 저항이 정확히 같은 진자를 구성하게 되었다. 그런 다음 둘을 가까이 가져다 놓았을 때 [그리고 진동하게 했을 때], 두 상자는 굉장히 오랫동안 같은 진폭으로 함께 진동했다. 따라서 (2권 명제 24, 따름정리 1과 6에 따라) 금의 물질의 양과 나무의 물질의 양에 대한 비는 금에 작용하는 동인력 대 모든 [추가된] 나무에 작용하는 동인력의 비와 같았다. 다시 말해 금과 나무의 무게비와 같았다는 뜻이다. 나머지 물질들도 마찬가지였다. 이 실험에서 무게가 같은 물체들의 물질의 차가 1천 분의 1보다 작아도 확실하게 알아챌 수 있었다. 이제 행성을 향하는 무거움의 성질이 지구를 향하는 무거움의 성질과 같다는 점은 의심의 여지가 없다. 지구상의 물체를 달 궤도만큼 멀리 끌어올려 달과 함께 두고, 모든 운동을 박탈하고, 지구를 향해 동시에 떨어지도록 놓으면, 이미 밝혀진 내용에 따라 지구의 물체와 달이 같은 시간 동안 같은 거리를 낙하할 것은 분명하다. 따라서 이 물체들과 달 안의 물질의 양의 비는 물체의 자체 무게 대 달의 무게의 비와 같다. 더 나아가, 목성의 위성들이 목성 중심으로부터 거리의 $\frac{3}{2}$제곱에 비례하는 시간 동안 공전하므로, 목성을 향하는 위성들의 가속 중력 accelerative gravity(중력 가속도와 같은 개념이지만, 여기에서는 '가속을 일으키는 중력'이라는 뉴턴의 원의를 살려 '가속 중력'으로 번역하였다. ─옮긴이)은 목성의 중심부터의 거리의 제곱에 비례하며, 이에 따라 목성에서 같은 거리에 있으면 가속 중력의 크기도 같아진다. 따라서 같은 시간 동안 같은 높이에서 [목성을 향해] 낙하하면 물체들은 같은 공간을 휩쓸 것이며, 이는 우리의 지구에서 무거운 물체들이 경험하는 일과 같을 것이다. 그리고 같은 논증에 따라 태양 주위를 도는 행성들[또는 주행성들]을 태양부터 같은 높이에서 떨어지도록 하면, 태양을 향해 같은 시간 동안 같은 거리를 낙하할 것이다. 또한 다른 물체를 같은 정도로 가속시키는 힘은 물체에 비례한다. 다시 말해 [태양을 향하는 주행성들의] 무게는 행성 내부의 물질의 양에 비례한다. 더 나아가, 태양을 향하는 목성과 그 위성들의 무게가 그 물질의 양들에 비례한다는 사실은 위성들이 대단히 일정하게 운동한다는 점으로 미루어 보아 1권 명제 65 따름정리 3에 따라 명백하다. 만일 목성의 위성 중 하나가 다른 위성보다 물질의 양에 비례하여 태양 쪽으로 더 강하게 끌려간다면, 위성의 운동은 (1권 명제 65 따름정리 2에 따라) 인력의 불균등함 때문에 교란될 것이다. 만일 태양에서 동일한 거리에 있는 어떤 위성이 있을 때, 그 위성이 목성의 자체 물질의 양에 비례하여 목성 쪽으로 무거워지는 것보다 위성의 물질의 양에 비례하여, 즉 d와 e의 비율로 태양을 향해서 더 무거워진다면, 태양 중심과 위성 궤도 중심 사이의 거리는 언제나 태양 중심과 목성 중심 사이의 거리보다 항상 더 커질 것이다. 그리고 이 거리들은 서로에 대해서 d의 제곱근 대 e의 제곱근의 비에 대단히 근접할 것이다. 이는 내가 분명하게 계산을 통해 구한 것이다. 그리고 위성이 태양을 향해 d 대 e 비율로 덜 무거우면[또는 덜 끌리면], 태양부터 위성 궤도의 중심까지의 거리는 태양부터 목성 중심까지의 거리보다 작을 것이고, 이 두 거리의 비는 d의 제곱근 대 e의 제곱근의 비와 같을 것이다. 그래서 태양에서 같은 거리에 있는 임의의 위성이 태양을 향하는 가속 중력이 목성의 가속 중력보다 전체 중력의 1천 분의 1만큼의 크거나 작으면, 태양부터 위성 궤도의 중심까지의 거리는 태양부터 목성까지의 거리보다 전체 거리의 1/2,000만큼 크거나 작을 것이다. 다시 말해 목성 중심부터 가장 바깥쪽 위성까지의 거리의 5분의 1만큼 차이가 날 것이다. 그리고 이 정도의 궤도의 이심률은 분명히 눈에 띌 것이다. 그러나 위성의 궤도들은 목성과 중심을 공유하므로, 태양을 향하는 목성과 위성들의 가속 중력은 서로 같다. 그리고 같은 논증에 따라 태양을 향하는 토성과 토성에 수반된 위성들의 무게[또는 무거움]은, 태양에서 같은 거리에 있을 때, 그들 안의 물질의 양에 비례한다. 그리고 태양을 향하는 달과 지구의 무게는 0이거나 서로의 질량에 정확히 비례한다. 그러나 그들은 명제 5, 따름정리 1과 3에 따라 어떤 무게를 가지고 있다.

더 나아가, 행성의 각 부분이 가진 다른 행성을 향하는 무게[또는 중력]는 서로에 대하여 각 부분의 물질의 양의 비와 같은 비를 갖는다. 만일 어느 부분이 물질의 양에 비례하는 것보다 더 많이 당겨지고 다른 부분은 덜 당겨진다면, 전체 행성은 가장 풍부한 부분들의 종류에 따라 전체 물질의 양에 비례하는 것보다 더 많이 또는 덜 당겨질 것이기 때문이다. 그 부분이 바깥에 있는지 안쪽에 있는지는 중요하지 않다. 예를 들어 우리 지구 위의 물체가 달 궤도까지 들어 올려져서 달의 물체의 양과 비교한다고 가정해 보자. 물체의 무게 대 달의 바깥쪽 부분의 무게의 비는 그 안의 물질의 양에 비례하지만, 안쪽 부분의 무게는 더 크거나 작은 비로 비례한다면, 물체의 전체 무게 대 달의 전체 무게의 비는 더 크거나 작은 비를 가질 텐데, 이는 위에서 보인 내용과 모순이다.

따름정리 1　이런 이유로, 물체의 무게는 물체의 형태나 질감에 의존하지 않는다. 만일 무게가 형태에 따라 달라진다면 같은 물질 안에서 무게가 여러 형태에 따라 더 크거나 작을 것인데, 이는 경험과 완전히 모순이다.

따름정리 2 [a]지구 위 또는 근처에 있는 모든 물체는 보편적으로 지구를 향해 무거우며[또는 당겨지며], 지구 중심으로부터 같은 거리에 있는 모든 물체의 무게는 그 안에 든 물질의 양에 비례한다. 이것은 실험 대상이 될 수 있는 모든 물체의 성질이며, 규칙 3에 따라 보편적으로 모든 물체에 대하여 단언할 수 있다. 만일 에테르나 다른 어떤 물체가 무거움이 전혀 없거나 물질의 양에 비해 덜 당겨진다고 가정하자. 그렇다면 (아리스토텔레스와 데카르트, 그리고 다른 이들의 의견에 따라) 이 물체들도 물질의 형태 말고는 다른 물체와 다른 것이 없으므로, 조금씩 변형되면서 물질의 양에 비례해 가장 많이 당겨지는 물체와 같은 조건을 갖는 물체가 되도록 형태를 바꾸어 나갈 수 있다. 반면 가장 무거운 물체들은 조금씩 다른 물체의 형태를 취하여 자신이 가진 무거움을 조금씩 잃을 수 있다. 따라서 무게는 물체의 형태에 의존하고 형태와 함께 바뀔 수 있는데, 이는 따름정리 1에서 증명한 내용과 모순이다.[a]

　1판에서 뉴턴이 손으로 쓴 메모 중 일부는 인쇄된 부분에서 절대 등장하지 않는 여러 다양한 이문을 담고 있다. 그중 하나를 예로 들면, 첫 번째 문장 다음의 모든 내용이 "가설 3이 여기에서 성립한다고 전제하면, 이는 가설 3에 따라 명백하다."로 대체되어 있고, 반면 다른 곳에서는 이를 보완하여 "이 가설이 여기에서 성립한다고 전제하면, 이는 가설 3에 따라 앞선 명제들로부터 이어지는 결과이다."라고 되어 있다. 자세한 내용은 위의 규칙과 현상의 각주들을 참고하자.

[b]따름정리 3 모든 공간은 똑같이 채워져 있지 않다. 만일 모든 공간이 똑같이 채워져 있다면, 공기가 채워지는 영역의 유체의 비중은 물질의 밀도가 매우 커서 수은이나 금, 또는 가장 큰 밀도를 가진 다른 물체의 비중보다 작지 않을 것이며, 이에 따라 금이든 다른 어떤 물질이든 공기 중에서 낙하할 수 없을 것이다. 물체는 그보다 비중이 큰 유체 안에서는 절대로

---

aa　1판은 이렇게 되어 있다. "그러므로 지구 위 또는 근처에 있는 모든 물체는 보편적으로 지구를 향해 무거우며[또는 당겨지며], 지구 중심으로부터 같은 거리에 있는 모든 물체의 무게는 그 안에 든 물질의 양에 비례한다. 만일 에테르나 다른 어떤 물체가 무거움이 전혀 없거나 그 안의 물질의 양에 비례한 것보다 덜 당겨진다면, 물질의 형태 말고는 다른 물체와 다른 것이 없으므로, 형태를 바꾸어 물질의 양에 비례해 가장 많이 끌어당겨지는 물체와 같은 조건을 갖도록 조금씩 변형될 수 있다(가설 3에 따라). 반면 가장 무거운 물체들은, 다른 물체의 형태를 조금씩 취함으로써 무거움을 조금씩 잃을 수 있다. 이에 따라 무게는 물체의 형태에 의존하고 형태와 함께 바뀔 수 있는데, 이는 따름정리 1에서 증명한 내용과 모순이다."

bB　1판에서는 따름정리 3과 4의 자리에 따름정리 3만 실려 있다. "그러므로 진공은 반드시 필요하다. 만일 모든 공간이 꽉 차 있다면, 공기가 채워질 영역의 유체의 비중은 물질의 밀도가 매우 커서 수은이나 금, 또는 가장 큰 밀도를 갖는 다른 물체의 비중보다 작지 않을 것이며, 이에 따라 금이든 다른 무슨 물체든 공기 중에서 낙하하지 못할 것이다. 물체는 그보다 비중이 큰 유체 안에서는 절대로 낙하하지 않기 때문이다."

낙하하지 않기 때문이다. 그런데 주어진 공간 안의 물질의 양이 어떤 이유에 의해 희박해져 감소할 수 있다면, 그 양이 무한히 감소하지 못할 이유가 없을 것이다.

따름정리 4 만일 모든 물체의 고체 입자들이 모두 밀도가 같고, 공극이 없어 희박할 수 없다면, 진공이 반드시 존재해야 한다. 나는 입자들이 각각의 관성력[또는 관성 질량]이 그 크기에 비례할 때 밀도가 같다고 말한다.[B]

따름정리 5 중력은 자력과는 종류가 다르다. 자기적 인력은 당겨지는 물질[물질의 양]에 비례하지 않기 때문이다. [자석에 의해] 어떤 물체는 [물질의 양에 비례하는 것보다 더] 당겨지고, 다른 것은 덜 당겨지며, 대부분은 [자석에 의해 전혀] 당겨지지 않는다. 그리고 하나의 물체 안에 깃든 자력은 더 더해지거나 덜어낼 수 있으며 [즉 증가하고 감소할 수] 가끔은 중력과 비교하여 물질의 양의 비보다 훨씬 더 큰 힘을 갖기도 한다. 그리고 이 힘은 자석에서 거리가 멀어지면 거리 제곱이 아니라 거의 세제곱에 비례하여 감소하는데, 이는 내가 대략적인 관측을 통해 알아낸 것이었다.

명제 7

정리 7. 무거움은 보편적으로 모든 물체 안에 존재하고 각각의 물질의 양에 비례한다.

우리는 이미 모든 행성이 서로에 대한 무거움을 가지고 있으며[또는 끌어당겨지며], 어느 한 행성을 향하는 무거움은 그 자체만 놓고 볼 때 행성의 중심부터의 거리 제곱에 반비례한다는 것을 증명하였다. 그리고 이는 (1권 명제 69와 그 따름정리들에 따라) 모든 행성을 향하는 무거움이 그 안에 든 물질[의 양]에 비례한다는 결과로 이어진다.

더 나아가, 임의의 행성 A의 모든 부분은 임의의 행성 B에 대하여 무겁고[또는 끌어당겨지고], 각 부분의 무거움 대 전체의 무거움의 비는 그 부분의 물질 대 전체 물질의 비와 같으며, 모든 작용에 대하여 (운동 제3 법칙에 따라) 같은 반작용이 있다. 따라서 행성 B도 마찬가지로 행성 A의 모든 부분을 향해 끌어당겨질 것이고, 임의의 한 부분을 향하는 무거움 대 행성 전체를 향하는 무거움의 비는 그 부분의 물질 대 전체 물질의 비와 같다. Q.E.D.

따름정리 1 그러므로 전체 행성을 향하는 무거움은 각 개별 부분을 향하는 무거움에서 발생하며 이 무거움들이 합성된 것과 같다. 우리는 이에 대한 예를 자력과 전기력에서 찾을 수 있다. 전체를 향하는 모든 인력은 각 부분을 향하는 인력에서 발생하기 때문이다. 여러 개의 작은 행성이 합쳐져 하나의 구가 되어 더 큰 행성을 이룬다고 생각하면 이 무거움의 경우를 이해할 수 있을 것이다. 전체의 힘은 전체를 구성하는 부분들의 힘으로부터 발생해야 한다. 이런 종류의 무거움이 우리 감각으로 감지되지 않는다는 이유로 이 법칙에 따라 지구 위의 모든 물체가 서로를 향해 당겨져야 한다는 것을 반대하는 사람이 있다면, 나의 답은 이러하다. 물체들을 향하는 무거움이 우리의 감각으로 감지할 수 있는 것보다 훨씬 더 작은 이유는 그런 무거움 대 전체 지구를 향하는 무거움의 비가 이들 물체 [각각에 든 물질의 양] 대 전체 지구[안에 든 물질의 양]의 비와 같기 때문이다.

따름정리 2   물체의 입자들 각각을 향하는 무거움은 이 입자들로부터의 거리 제곱에 반비례한다. 이는 1권 명제 74, 따름정리 3에 따라 명백하다.

명제 8

정리 8. 만일 두 구체가 서로 당겨지고, 구체의 중심으로부터 같은 거리에 있는 물질이 균질하다면, 한 구체가 다른 구체를 향하는 무게는 중심 사이의 거리 제곱에 반비례할 것이다.

나는 전체 행성을 향하는 무거움이 부분들을 향하는 무거움으로부터 발생하여 이를 합한 것임을 발견하였고, 각각의 부분들을 향하는 무거움은 부분들로부터의 거리 제곱에 반비례한다는 것을 알아냈다. 그러나 이 역제곱 비율이 여러 힘을 합산한 전체 힘으로부터 정확히 구해진 것인지, 아니면 거의 근접하는 근사치일 뿐인지 아직 확신할 수 없었다. 아주 먼 거리에서는 이 비율이 정확하게 성립하더라도, 입자들 사이의 거리가 같지 않고 입자들의 조건도 비슷하지 않아 행성 표면 근처에서는 큰 오차를 보일 수도 있기 때문이다. 그러나 나는 1권 명제 75와 76 그리고 따름정리를 통해, 여기에서 다룬 명제들의 진실을 상세히 파악하였다.

^a따름정리 1   그러므로 다른 행성들을 향하는 물체의 무거움을 구하여 서로 비교할 수 있다. 행성 주

---

aA   따름정리 1의 첫 부분, 즉 첫 두 문장과 세 번째 문장에서 "지구 주위를 도는 달의 주기(27일 7시간 43분)"까지는 1판과 다른 판본의 내용이 거의 같다. 이후 판본에서는 명제 4를 ("따름정리 2"를 추가해서) 좀 더 구체적으로 언급하고, 금성의 주기(224일과 16¾시간)와 목성 가장 바깥쪽 위성의 주기(16일과 16⅚시간)를 더 정확히 명시하는 점 정도가 다를 뿐이다. 그러나 나머지 문장은 1판에 비하여 확연히 달라졌다. (이 따름정리에 대한 해설은 해설서 §8.10을 참고하자). 1판의 따름정리 1은 다음과 같이 되어 있다.

"따름정리 1. 그러므로 다른 행성들을 향하는 물체의 무거움을 구하여 서로 비교할 수 있다. 행성 주위로 원을 그리며 운동하는 같은 물체들[즉 질량이 같은 물체들]의 무게는 (1권 명제 4에 따라) 원의 지름에 정비례하고 주기의 제곱에 반비례하며, 행성 표면에 놓이거나 중심부터 어느 만큼의 거리에 놓인 무게는 (같은 명제에 따라) 거리의 역제곱에 비례하여 크거나 작기 때문이다. 나는 태양 주위를 도는 금성의 주기(224⅔일), 목성의 가장 바깥쪽 위성의 주기(16¼일), 하위헌스가 측정한 토성 위성의 주기(15일과 22⅔시간), 그리고 지구 주위를 도는 달의 주기(27일 7시간 43분)를 각각 태양부터 금성까지의 평균 거리, 목성 중심부터 가장 바깥쪽에 있는 위성의 최대 태양심 이각(플램스티드의 관측에 따라 목성이 태양으로부터 평균 거리에 있을 때 이 값은 8′13″이었다), 또한 토성의 위성의 최대 태양심 이각(3′20″), 그리고 지구로부터 달까지의 거리(수평 태양 시차 또는 태양에서 보이는 지구 반지름이 약 20″라는 가설을 바탕으로 구하였다)를 비교하였다.

이렇게 계산하여 태양, 목성, 토성, 지구의 중심부터 같은 거리만큼 떨어져 있는 같은 물체의 무게가 각각 태양, 목성, 토성, 지구를 향하여 1, 1/1,000, 1/2,360, 1/28,700의 비를 갖는다는 것을 알아냈다. 그런데 태양의 평균 겉보기 반지름은 약 16′6″이다. 위성의 식으로부터 구한 목성 그림자 지름으로부터, 플램스티드는 태양에서 보이는 목성의 평균 겉보기 지름 대 최외곽 위성의 이각의 비가 1 대 24.9임을 알아냈다. 이 이각은 8′13″이므로, 태양에서 보이는 목성의 반지름은 19¾″이 될 것이다. 토성의 지름과 그 고리의 지름의 비는 4:9이며, 태양에서 보이는 고리의 지름은 (플램스티드의 측정에 따르면) 50″이므로, 태양에서 보이는 토성의 반지름은 11″이다. 토성의 구체는 빛의 불규칙적인 굴절성으로 인해 다소 퍼지기 때문에, 나는 10″ 또는 9′라

명제   **757**

위로 원을 그리며 운동하는 같은 물체들의 무게는 (1권 명제 4, 따름정리 2에 따라) 원의 지름에 정비례하고 주기의 제곱에 반비례하며, 행성 표면에 놓이거나 중심부터 어느 만큼의 거리에 놓인 무게는 (같은 명제에 따라) 거리의 역제곱에 비례하여 크거나 작기 때문이다. 나는 태양 주위를 도는 금성의 주기(224일과 $16\frac{3}{4}$시간), 목성의 가장 바깥쪽 위성의 주기(16일과 $16\frac{8}{15}$시간), 하위헌스가 측정한 토성 위성의 주기(15일과 $22\frac{2}{3}$시간), 그리고 지구 주위를 도는 달의 주기(27일 7시간 43분)를 각각 태양부터 금성까지의 평균 거리, 목성 중심부터 가장 바깥쪽에 있는 위성의 최대 태양심 이각(8′16″), 하위헌스가 측정한 토성 중심부터 위성까지의 최대 태양심 이각(3′4″) 그리고 지구 중심부터 달까지의 최대 태양심 이각(10′33″)과 비교하였다. 이렇게 계산하여 태양, 목성, 토성, 지구의 중심부터 같은 거리만큼 떨어져 있는 같은 물체의 무게가 각각 태양, 목성, 토성, 지구를 향하여 1, 1/1,067, 1/3,021, 1/169,282의 비를 갖는다는 것을 알아냈다. 그리고 거리가 증가하거나 감소할 때, 무게는 거리의 제곱에 비례하여 감소하거나 증가한다. 태양, 목성, 토성, 지구를 향하는 같은 물체의 무게는 각각 중심으로부터 10,000, 997, 791, 109의 거리에 있을 때 (또한 각 행성의 표면에 있을 때) 10,000, 943, 529, 435의 비를 가질 것이다. 달 표면에서의 물체의 무게가 얼마인지는 아래에서 밝힐 것이다.[A]

ᵃ따름정리 2 각 행성의 물질의 양도 구할 수 있다. 행성의 물질의 양은 해당 행성의 중심에서 동일한 거리만큼 떨어진 지점에서의 힘에 비례하기 때문이다. 다시 말해, 태양, 목성, 토성, 지구 안에는 각각 1, 1/1,067, 1/3,021, 1/169,282에 비례하는 물질이 들어있다. 만일 태

고 말하고 싶다.

　그러므로 계산해 보면, 태양, 목성, 토성, 지구의 진짜 반지름은 서로에 대하여 10,000, 1,063, 889, 208의 비를 갖는다는 결과를 얻는다. 그러므로 태양, 목성, 토성, 지구의 중심부터 같은 거리에 있는 같은 물체들의 무게는 각각 태양, 목성, 토성, 지구를 향하여 1, 1/1,000, 1/2,360, 1/28,700의 비를 갖는다. 거리가 증가하거나 감소할 때 무게도 이 제곱비에 따라 감소하거나 증가하므로, [결과적으로] 같은 물체가 태양, 목성, 토성, 지구의 중심부터 10,000, 1,063, 889, 208만큼 떨어져 있을 때의 무게, 그리고 그 표면에서의 무게의 비는 각각 10,000, 804½, 536, 805½가 될 것이다. 우리는 앞으로 달 표면의 물체가 지구 표면의 물체의 무게보다 거의 두 배 더 작다는 사실을 보일 것이다."

aa　1판에는 따름정리 2가 추가되어 있고, 그래서 이후 판본의 따름정리 2, 3, 4는 원래는 3, 4, 5였다(이 따름정리들에 대한 해설은 해설서 §8.10을 참고하자). 초판의 따름정리 1은 다음과 같다.

　"따름정리 2. 그러므로 지구와 행성들의 표면에서 같은 물체들[즉 같은 질량을 가진 물체들]의 무게는 태양에서 보이는 행성들의 겉보기 지름의 제곱근에 거의 비례한다. 태양에서 보이는 지구 지름에 대해서는 아직 합의된 내용이 없다. 나는 이 값을 40″으로 잡는데, 케플러, 리치올리, 벤델린의 관측 결과를 보면 이 값을 그렇게 크게 허용하지 않기 때문이다. 호록스와 플램스티드의 관측 결과를 보면 이 값보다 좀 더 작은 것 같다. 그리고 나는 오차를 크게 잡는 쪽을 늘 선호해 왔다. 그런데 만일 지구의 지름과 지구 표면에서의 무거움이 행성들의 지름과 그 표면에서의 무거움 사이의 평균이라면, 토성, 목성, 화성, 금성, 수성의 지름은 약 18″, 39½″, 8″, 28″, 20″이므로, 지구 지름은 대략 24″일 것이며 따라서 태양 시차는 약 12″일 것이다. 호록스와 플램스티드도 대체로 이와 근접한 결론을 내렸다. 그런데 지름이 조금 더 크면 이 따름정리의 규칙과 더 잘 맞는다." 다시 말해, 태양에서 보는 지구 지름이 조금 더 크고, 이에 따라 태양 시차가 조금 더 크면, 지구와 행성 표면에서의 같은 물체들의 무게가 "태양에서 보이는 행성들의 겉보기 지름의 제곱근에 거의 비례한다"는 규칙에 더 잘 맞는다는 뜻이다.

양의 시차가 10″30‴보다 크거나 작게 잡히면, 지구 안의 물질의 양은 그 세제곱 비에 따라 증가하거나 감소해야 할 것이다.[a]

따름정리 3 행성의 밀도 역시 구할 수 있다. 1권 명제 72에 따르면, 균질한 구의 표면에서 구를 향하는 동일하고 균질한 물체의 무게는 구의 지름에 비례하기 때문이다. 그러므로 여러 재질의 구의 밀도는 그 무게를 구의 지름으로 나눈 값에 비례한다. 이제, 태양, 목성, 토성, 지구의 진짜 지름의 비는 각각 10,000, 997, 791, 109이고, 이들을 향하는 무게의 비는 각각 10,000, 943, 529, 435으로 밝혀졌다. 그러므로 밀도의 비는 100, 94$\frac{1}{2}$, 67, 400일 것이다. 이 계산의 결과로 얻은 지구의 밀도는 태양 시차에 의존하지 않고 달의 시차로부터 결정된 것이며 따라서 정확히 결정되었다. 그러므로 태양은 목성보다 조금 더 밀도가 크고, 목성은 토성보다 밀도가 크고, 지구는 태양보다 밀도가 4배 더 크다. 태양은 그 엄청난 열에 의해 희박해졌기 때문이다. 그리고 달은 지구보다 더 밀도가 큰데, 이는 다음의 내용에서 명백하게 밝혀질 것이다[즉, 명제 37, 따름정리 3].

따름정리 4[b] 그러므로 다른 조건이 모두 같을 때 작은 행성의 밀도가 더 크다. 그러므로 행성 표면에서의 중력은 서로 거의 비슷하다. 그런데 다른 조건이 모두 같다면 태양에 더 가까운 행성일수록 밀도가 더 크다. 예를 들어 목성은 토성보다 밀도가 크고, 지구는 목성보다 더 밀도가 크다. 물론 행성들은 태양으로부터 다양한 거리에 놓여야 하고, 그래야 각자의 밀도에 따라 태양으로부터 더 많거나 적은 열을 받아 누릴 수 있다.[b] 만일 지구가 토성의 궤도 위에 있었다면 우리의 물은 얼었을 것이고, 수성 궤도에 있었다면 물은 즉시 증기가 되어 날아갔을 것이다. 태양 빛은 열에 비례하는데, 수성 궤도에서는 지구 궤도보다 일곱 배 더 강하다. 나는 온도계로 여름 태양의 열보다 일곱 배 더 많은 열에서 물이 끓는 것을 확인하였다. 수성의 물질은 그 열에 적응해 있으므로, 우리 지구의 물질보다 밀도가 더 크다는 것은 의심의 여지가 없다. 밀도가 더 큰 물질은 자연의 작동 원리를 따르기 위해 더 많은 열을 필요로 하기 때문이다.

---

bb 1판에서는 따름정리 4의 이 부분이 다음과 같이 되어 있다.
  "따름정리 5. 더 나아가 행성들의 서로에 대한 밀도의 비는, 태양으로부터 거리와 태양에서 보이는 행성 지름의 제곱근을 합성한 비와 거의 같다. 토성, 목성, 지구, 달의 밀도는 (60, 76, 387, 700) 겉보기 지름의 제곱근을 (18″, 39½″, 40″, 11″) 태양부터의 거리의 역수(1/8,538, 1/5,201, 1/1,000, 1/1,000)로 나눈 값의 비와 거의 같기 때문이다. 더 나아가 따름정리 2에서, 행성 표면에서의 무거움은 근사적으로 태양에서 보이는 행성의 겉보기 지름의 제곱근에 거의 비례한다고 말했다. 그리고 보조정리 4에서 [실은 따름정리 4다] 밀도는 무거움을 진짜 지름으로 나눈 값에 비례한다. 그러므로 밀도는 겉보기 지름의 제곱근에 실제 지름을 곱한 값에 비례한다. 다시 말해, 겉보기 지름을 태양에서부터 행성까지의 거리로 나눈 값의 제곱근에 반비례한다. 그러므로 신은 행성을 태양으로부터 각기 다른 거리에 두시어, 각 행성이 그 밀도의 정도에 따라 태양으로부터 더 많거나 적은 열을 누릴 수 있도록 하셨다."

명제 9

정리 9. 행성 표면에서 안쪽으로 갈수록, 무거움은 중심부터의 거리에 따라 거의 비례하여 감소한다.

행성의 물질이 균일한 밀도를 가지고 있다면, 이 명제는 1권 명제 73에 따라 정확하게 성립한다. 그러므로 오차는 밀도의 불균일성에 의해서만 발생한다.

명제 10

정리 10. 행성의 운동은 하늘에서 대단히 오랫동안 지속될 수 있다.

2권 명제 40의 설명에 따르면, 얼음물로 만든 구가 우리의 공기 안에서 자유롭게 움직이면 공기 저항으로 인해 그 자신의 반지름만큼의 거리를 휩쓰는 동안 운동의 1/4,586만큼을 잃는다. 그리고 크기가 아무리 커도, 또는 운동이 아무리 빨라도, 모든 구에 대하여 거의 같은 비를 얻을 수 있다. 이제 나는 다음의 방법으로 우리 지구의 구체가 완전히 물로 이루어졌을 때보다 현재의 상태에서 밀도가 더 크다는 것을 이해한다. 만일 지구가 온전히 물로 이뤄져 있다면 물보다 희박한 것들이 수면 위로 부상할 것이다. 따라서 물로 뒤덮인 구체의 지면이 어느 부분에서는 부상할 것인데, 이때 구체는 물보다 희박하며, 부상한 부분 때문에 흘러나온 물 전체는 반대편에 고일 것이다. 상당 부분이 바다로 뒤덮인 우리 지구가 이러한 경우에 속한다. 만일 흙이 바다보다 밀도가 크지 않다면 바다로부터 솟아오를 것이고, 그 가벼운 정도에 따라 흙의 일부가 솟아나면 바다는 전부 반대쪽으로 흘러갔을 것이다. 같은 논증에 따라 태양의 흑점은 태양의 빛나는 물질보다 더 가벼우므로 그 위를 떠다니고 있는 것이다. 행성들도 그 형성 방식이 어떻든 간에, 질량이 유동적이던 시절에 무거운 물질이 물에서 멀리 떨어진 곳에서 중심을 형성하게 되었다. 따라서 우리 지구 표면에 있는 일반 물질이 물보다 대략 2배 정도 무겁고, 지표면 약간 아래, 즉 광도에서 물보다 3, 4배, 심지어 5배까지 무거운 물질이 발견되므로, 지구의 전체 물질의 양은 지구가 전부 물로 이루어져 있을 때보다 약 5에서 6배 정도 무거운 것 같다. 특히 지구가 목성보다 밀도가 약 4배 정도 더 크다는 것을 이미 보였으니, 근거 있는 추정이라 할 수 있다. 그러므로 목성이 물보다 밀도가 약간 더 크다면, 30일의 시간 동안 목성은 (그동안 목성 반지름의 459배만큼의 거리를 휩쓴다) 우리 공기와 밀도가 같은 매질 안에서 운동의 약 10분의 1을 잃게 된다. 그러나 매질의 저항은 그 무게와 밀도의 비만큼 감소하므로 (그래서 수은보다 $13\frac{3}{5}$배만큼 가벼운 물은 $13\frac{3}{5}$분의 1만큼 저항을 덜 받는다. 그리고 공기는 물보다 860배 가벼우며, 860분의 1만큼 저항을 덜 받는다) 저 하늘에서는 저항이 거의 0에 가까울 것이다. 저 하늘 위 행성이 움직이는 매질의 무게는 측정할 수 없을 정도로 적기 때문이다. 우리는 2권 명제 22의 설명에서, 지구 위 200마일 높이의 공기는 지구 표면에서보다 약 30 대 0.0000000000003998, 또는 75,000,000,000,000 대 1만큼 희박하다는 것을 보였다. 그러므로 위쪽 공기와 밀도가 같은 매질 안에서 공전하는 목성은, 매질의 저항을 받는다 하더라도 백만 년의 시간 동안 운동의 백만 분의 1도 잃지 않을 것이다. 물론 지구 가까운 곳에서는 공기와 증기로 인해 저항이 생긴다. 만일 속이 빈 원통형 유리 용기를 진공 상태로 만들면, 그 안에 든 무거운 물체들은 매우 자유롭게, 별다른 저항 없이 낙하할 것이다. 금과 가벼운 깃털을 떨어뜨리면 같은 속도로 동시에 4-6피트의 거리를 낙하하여 같은 시간에 바닥에 닿을 것이다. 이는 이미 실험을 통해 밝혀진 사실이다. 그러므로 공기와 증기가 없는 하늘에서 행성과 혜성은 별다른 저항 없이 이 공간을 아주 오랫동안 가로지르며 움직일 것이다.

가설 1

세상의 체계의 중심은 정지해 있다.

누구도 이것을 의심하지 않는다. 어떤 이들은 지구가, 또 어떤 이들은 태양이 계의 중심에 정지해 있다고 주장하지만 말이다. 이 가설을 바탕으로 다음의 내용을 살펴보자.

명제 11

정리 11. 지구, 태양, 그리고 모든 행성의 공통의 무게 중심은 정지 상태에 있다.

이 중심은 (법칙의 따름정리 4에 따라) 정지 상태에 있거나 일정하게 직선으로 움직일 것이다. 만일 이 중심이 언제나 앞으로 움직인다면 우주의 중심 역시 움직일 것인데, 이는 가설에 모순이다.

명제 12

정리 12. 태양은 연속적으로 운동하지만 모든 행성의 공통의 무게 중심으로부터 절대 멀리 벗어나지 않는다.

(명제 8, 따름정리 2에 따라) 태양 안의 물질 대 목성 안의 물질의 비는 1,067 대 1이고, 태양부터 목성까지의 거리 대 태양의 반지름의 비는 이보다 약간 더 크므로, 목성과 태양의 공통의 무게 중심은 태양 표면보다 약간 바깥쪽 지점에 놓이게 될 것이다. 같은 논증에 따라, 태양 안의 물질 대 토성 안의 물질의 비는 3,021 대 1이고, 태양부터 토성까지의 거리 대 태양 반지름의 비는 그보다 조금 작으므로, 토성과 태양의 공통의 무게 중심은 태양 표면 약간 안쪽 지점에 놓이게 될 것이다. 이런 식의 연산을 계속하면, 지구와 행성들이 모두 태양의 한쪽에 놓여 있다고 가정하더라도, 태양의 중심부터 전체의 공통의 무게 중심까지의 거리는 태양의 전체 지름이 될 것이다. 행성들이 흩어져 있을 경우에는 태양 중심과 무게 중심 사이의 거리는 언제나 태양 지름보다 짧다. 무게 중심은 항상 정지해 있으므로, 태양은 행성들이 다양하게 배열됨에 따라 이쪽 또는 저쪽으로 움직이겠지만, 그 중심으로부터 결코 멀리 벗어나지는 않을 것이다.

따름정리　　　그러므로 지구와 태양, 모든 행성의 공통의 무게 중심은 우주의 중심으로 고려되어야 한
　　　　　　다. 지구와 태양, 그리고 모든 행성은 서로를 끌어당기고 있으며, 그들 각각의 중력에 비
　　　　　　례하여 운동 법칙을 따르는 운동을 하고 있다. 이에 따라 행성들의 중심은 움직이고 있
　　　　　　으므로, 이를 정지해 있는 우주의 중심으로 여길 수 없다는 점은 분명하다. 만일 다른 모
　　　　　　든 물체를 최고로 강하게 끌어당기는 물체를 중앙에 놓아야 한다면(일반적으로 사람들
　　　　　　이 생각하는 것처럼), 그 영예는 태양에게 돌아가야 할 것이다. 그러나 태양도 마찬가지
　　　　　　로 움직이고 있으므로, 태양 근처의 부동점을 중심으로 택해야 하고, 태양의 밀도가 크
　　　　　　다고 가정하여 이 점으로부터 크게 벗어나지 않는다고 보아야 한다.

명제 13

정리 13. 행성은 태양의 중심이 초점인 타원을 따라 움직이며, 그 중심으로 이어진 반지름으로 시간에 비
례하는 면적을 휩쓴다.

　　우리는 이미 현상에서 이러한 운동을 논의했다. 이제 운동의 원리가 밝혀졌으므로, 우리는 이 원리
로부터 선험적으로 천체의 운동을 추론한다. 태양을 향하는 행성의 무게는 태양 중심에서부터 거리의
제곱에 반비례한다. 따라서 (1권 명제 1과 11, 명제 13의 따름정리 1에 따라) 태양이 정지해 있고 나머
지 행성들이 서로에게 작용하지 않는다면, 행성들의 궤도는 태양을 공통의 초점에 두는 타원일 것이
고, 행성들은 시간에 비례하는 면적을 휩쓸 것이다. 그런데 (1권 명제 66에 따라) 행성들이 서로에게
미치는 작용은 대단히 작아서 무시될 수 있으며, 정지된 태양 주위로 타원 궤도 운동을 할 때보다 움직
이는 태양 주위로 타원 궤도 운동을 하는 경우에 섭동의 영향이 덜할 것이다.

　　그러나 토성에 미치는 목성의 작용은 완전히 무시할 수 없다. 목성을 향하는 무거움과 태양을 향하
는 무거움의 비는 (같은 거리에 놓았을 때) 1 대 1,067이다. 따라서 목성과 토성이 합에 있을 때, 목성
부터 토성까지의 거리와 태양부터 토성까지의 거리의 비는 약 4 대 9이므로, 토성이 목성을 향하는 무
거움 대 토성이 태양을 향하는 무거움은 81 대 16×1,067, 또는 약 1 대 211이다. 이런 이유로 토성과
목성이 합을 이룰 때마다 토성 궤도는 섭동을 받으며, 이 규모는 감지할 수 있는 수준이어서 천문학자
들을 당혹스럽게 했다. 토성이 합에 있는 여러 상황에 따라, 토성의 편심이 어떨 때는 증가하고 어떨
때는 감소하며, 원일점은 어떨 때는 앞으로 이동하다가 어떨 때는 뒤로 물러난다. 그리고 토성의 평균
운동은 교대로 가속되거나 감속된다. 그렇기는 하지만, 토성이 태양 주위를 도는 운동에서 생기는 오
차, 즉 더 큰 힘에 의해 발생하는 오차는 궤도의 아래쪽 초점을 목성과 태양의 공통의 무게 중심에 놓
으면 (평균 운동을 제외하고) 거의 제거할 수 있다(1권 명제 67에 따라서). 이렇게 하면 오차가 가장 클
때에도 거의 2분을 넘지 않는다. 그리고 평균 운동에서 가장 큰 오차는 1년에 거의 2분을 넘지 않는다.

그러나 목성과 토성의 합에서 토성을 향하는 태양의 가속 중력, 토성을 향하는 목성의 가속 중력, 그리고 태양을 향하는 목성의 가속 중력의 비는 거의 16, 81, $\dfrac{16 \times 81 \times 3,021}{25}$ 즉 156,609와 같고, 토성을 향하는 태양의 중력과 토성을 향하는 목성의 중력의 차 대 태양을 향하는 목성의 중력의 비는 65 대 156,609, 즉 1 대 2,409이다. 그런데 토성이 목성의 운동을 섭동하는 가장 큰 힘은 이 차이에 비례한다. 따라서 목성 궤도의 섭동은 토성 궤도의 섭동보다 훨씬 더 작다. 다른 행성 궤도들이 받는 섭동은 이보다 훨씬 작지만, 예외적으로 달이 지구 궤도에 미치는 섭동은 크다. 지구와 달의 공통의 무게 중심은 태양 주위로 타원을 그리며 돌고, 태양은 이 타원의 초점에 놓여 있으며, 이 무게 중심은 태양까지 이어진 반지름으로 (그 타원 안에) 시간에 비례하는 면적을 그린다. 그러면서 지구는 한 달 동안 이 공통의 무게 중심 주위를 한 바퀴 돈다.

명제 14

정리 14. [행성] 궤도의 원일점과 교점은 정지해 있다.

원일점은 1권 명제 11에 따라 정지해 있으며, 궤도 평면 역시 같은 책의 명제 1에 따라 정지해 있다. 이 평면들이 정지해 있다면 교점 역시 정지해 있을 것이다. 공전하는 행성과 혜성이 서로 미치는 작용에 의해 균차가 발생하겠지만, 그 크기가 너무 작아서 여기에서는 무시할 수 있다.

따름정리 1   항성들도 정지해 있다. 항성들은 원일점과 교점에 대하여 주어진 위치를 유지하기 때문이다.

따름정리 2   항성이 지구의 연주 운동에서 발생하는 시차를 일으키지 않으므로, 항성의 힘은 우리 계의 영역에 눈에 띌 만한 효과를 만들어내지 못한다. 항성과 우리 사이의 거리가 엄청나기 때문이다. 실제로 항성은 하늘에 균일하게 분포되어 있고, 서로에게 작용하는 힘은 방향이 반대인 인력으로써 서로 상쇄된다. 이는 1권 명제 70에서 설명한 내용이다.

주해

태양에 더 가까운 행성들(즉 수성, 금성, 지구, 화성)은 몸체가 작기 때문에[즉 질량이 작기 때문에] 서로에게 미치는 작용이 미미하므로, 목성과 토성 같은 먼 곳의 천체에 의해 섭동을 받는 경우를 제외하면 원지점과 교점은 정지한 상태일 것이다. 그리고 중력 이론에 따라 행성들의 원지점은 항성을 기준으로 약간 전진하며[순행하며], 그 거리는 태양부터 행성까지의 거리의 $\frac{3}{2}$제곱에 비례한다. 예를 들어 화성의 원지점은 100년 동안 항성을 기준으로 33′20″만큼 순행하고, 지구, 금성, 수성은 100년 동안 각각 17′40″, 10′53″, 4′16″만큼 전진한다. 이 명제에서 이러한 운동은 크기가 너무 작으므로 무시한다.

명제 15

문제 1. [행성] 궤도의 주 지름을 구하라.

1권 명제 15에 따라 주기의 $\frac{2}{3}$제곱을 취하고, 그런 다음 1권 명제 60에 따라 태양과 공전하는 행성들 각각의 질량의 합 대 이 합과 태양의 두 비례중항 중 첫 번째 값의 비에 따라 증가시킨다.

명제 16

문제 2. [행성] 궤도의 이심률과 원일점을 구하라.

이 문제는 1권 명제 18에서 풀었다.

명제 17

정리 15. 행성의 일일운동은 일정하며, 달의 칭동은 그 일일운동으로부터 발생한다.

이는 운동 제1 법칙과 1권 명제 66 따름정리 22로부터 명백하다. 항성을 기준으로 목성은 $9^h\,56^m$ 동안 자전하고, 화성은 $24^h\,39^m$, 금성은 약 23시간, 지구는 $23^h\,56^m$, 태양은 $25\frac{1}{2}^d$, 그리고 달은 $27^d\,7^h\,43^m$ 동안 자전한다. 이는 현상을 관측하여 확인한 사실이다. 지구의 경우, 태양 위의 흑점은 약 $27\frac{1}{2}$일 만에 태양의 면 위 같은 위치로 돌아온다. 이제, 달의 하루(달이 일정하게 그 자신의 축을 중심으로 자전하는 것)는 한 달과 같으므로[즉, 1 태음월과 같다. 달이 궤도를 따라 공전하는 주기], 항상 달의 같은 면이 궤도의 먼 초점을 향하게 되고, 이로 인해 초점의 위치에 따라 지구를 기준으로 이쪽 또는 저쪽으로 진동하게 될 것이다. 이것은 달의 경도 칭동이다. 위도 칭동은 달의 위도에서 발생하며, 달의 축이 황도면에 대하여 기울어져 발생한다. N. 메르카토르 씨는 1676년 초에 출간한 천문학 책에서, 내가 보낸 편지를 바탕으로 달의 칭동에 대한 해당 이론을 더욱 자세히 설명하였다.

토성의 가장 바깥쪽 위성은 우리 달과 비슷하게 운동하며 그 자신의 축을 중심으로 자전하면서 토성을 향해 같은 면만 꾸준히 보여주고 있는 것 같다. 이 위성은 토성 주위로 공전하면서, 궤도 동쪽에 접근할 때마다 잘 보이지 않고 시야에서 거의 사라지기 때문이다. 카시니도 지적했듯이, 이는 아마도 위성의 어떤 점들이 지구를 향하고 있기 때문에 보이는 현상 같다. 목성의 가장 바깥쪽 위성 역시 비슷한 운동으로 자신의 축을 중심으로 자전하고 있는 것으로 보이는데, 목성에서 먼 쪽 부분에 있는 점이 목성과 우리 눈 사이를 통과할 때마다, 마치 목성의 몸체 위에 찍힌 것처럼 나타나기 때문이다.

명제 18

정리 16. 행성들의 축은 그 축에 수직인 지름보다 짧다.

행성들의 일일 원운동이 아니라면, 부분들의 무거움은 모든 면에서 같으므로, 행성은 구의 형태를 취해야 한다. 이 원운동으로 인해 행성의 부분들이 축에서 멀어지고 적도 부근에서 상승하려는 노력을 한다. 따라서 이 물질이 유체라면, 이러한 상승으로 인해 적도 쪽의 지름이 늘어날 것이고, 극 부근에서는 가라앉아 지름이 짧아질 것이다. 실제로 천체 관측을 통해 목성의 지름은 극과 극 사이의 지름이 동서 사이의 지름보다 짧다는 것이 확인되었다. 같은 논증에 따라, 우리의 지구가 극지방보다 적도 쪽이 조금 더 높지 않았다면, 극지방 쪽의 바다는 가라앉았을 것이고, 적도 지역에서는 수위가 상승하여 모든 지역이 물에 잠겼을 것이다.

명제 19[a]

문제 3. 행성의 축과 그 축에 수직인 지름의 비율을 구하라.

[bc] 친애하는 동료 영국인 노우드는 1635년 경에, 런던과 요크 사이의 거리를 905,751런던피트로 측정하였고 이 두 곳의 위도 차는 2°28′으로 관측했다. 이로부터 1도가 367,196런던피트임을 알아냈으며, 이는 57,3000파리트와즈〔오늘날의 단위로 환산하면 1파리트와즈는 약 1.949미터이다. —옮긴이〕에 해당한다. 피카드는 아미앵과 말부와진 사이의 자오선을 따라 1°22′55″의 호를 측정하여, 1도의 호가 57,060파리트와즈임을 알아냈다. 카시니[지안 도메니코 또는 장 도미니크]는 자오선을 따라 루시옹의 콜리우르에서 파리 천문대까지의 거리를 측정했고, 그의 아들[자크]은 천문대에서 덩케르크 시의 탑까지의 거리를 측정해 더했다. 전체 거리는 486,156½트와즈였고, 콜리우르와 덩케르크 시 사이의 위도차는 8°31′11⅚″였다. 그러므로 1도의 호는 57,061파리트와즈가 된다. 이 측정값으로부터 지구의 둘레는 123,249,600파리피트가 되고, 지구가 구라고 가정할 때 그 반지름은 19,651,800피트가 된다.

---

a 이 명제의 해설은 해설서 §10.14를 참고하자.

bB 1판에서는 이렇게 되어 있다. "이 문제를 풀려면 복잡한 계산을 해야 하고, 원리보다는 예제를 통해 쉽게 보일 수 있다. 그러므로 여기에서는 1권 명제 4에 따라 연산한 결과, 적도에서 지구의 일일운동에 의해 발생하는 원심력 대 중력의 비가 1 대 290⅚임을 발견하였음을 언급하고 넘어가겠다."

cC 2판에서는 이렇게 되어 있다. "피카드는 아미앵과 말부와진 사이의 자오선을 따라 1°22′55″의 호를 측정했고, 1도의 호가 57,060파리트와즈임을 알아냈다. 이에 따라 지구의 둘레는 위에서와 같이 123,249,600파리피트가 된다. 그러나 장치에 오류가 있었는지 아니면 관측할 때 조작이 잘못되었는지는 몰라도, 4백분의 1인치만큼의 오차가 발생했다. 이 오차는 감지할 수 없을 만큼 작지만, 피카드가 위도를 측정한 곳에서 10피트의 부채꼴은 4초에 해당하며, 단일 관측에서는 부채꼴의 둘레뿐 아니라 중심에도 오차가 적용될 수 있다. 호의 크기가 작을수록 오차는 더 큰 의미를 지니므로, 카시니는 왕의 지시에 따라 측정 장소 사이의 간격을 넓혀 거리를 쟀고(왕립 과학학회의 1700년도 기록 참고), 왕립 파리 천문대와 루시옹의 콜리우르 사이의 거리로부터 1도가 57,292트와즈임을 알아냈다. 이는 우리의 동료 영국인 노우드가 이전에 발견한 값과 거의 같다. 노우드는 1635년 경 런던과 요크 사이의 거리를 905,751런던피트로 측정하였고 이 두 장소 사이의 위도 차는 2°28′으로 관측했다. 이로부터 1도의 호가 367,196런던피트이며, 다시 말해 57,300파리트와즈임을 알아냈다. 카시니가 측정한 간격을 바탕으로, 나는 이 간격의 중간값을 취하여 1도의 측정값을 57,292트와즈라 하겠다. 이는 위도 45°와 46° 사이의 값이다. 그러므로 지구가 구라면, 그 반지름은 19,695,539파리피트가 될 것이다.

파리의 위도에서 진동하는 초진자의 길이는 3파리피트와 8⅝라인이다. 그리고 1초 동안 무거운 물체가 낙하하는 거리 대 이 진자의 길이의 절반은 원둘레 대 그 지름의 비의 제곱과 같다(하위헌스가 명시한 대로). 그러므로 15파리피트 1인치 2⅟₁₈라인, 또는 2,174⅟₁₈라인이 된다.

파리의 위도에서, 무거운 물체는 위에서 언급한 대로 1초 동안 15파리피트 1인치 $1\frac{7}{9}$라인을 낙하하는데, 이는 2,173$\frac{7}{9}$라인과 같다. 물체의 무게는 주위를 에워싼 공기의 무게에 의해 감소한다. 이런 식으로 감소하는 무게가 전체 무게의 11,000분의 1이라고 가정해 보자. 그렇다면 무거운 물체가 진공에서 떨어질 때 1초 동안 2,174라인만큼의 거리를 낙하할 것이다.[c]

중심에서 19,615,800피트만큼 떨어져 원을 따라 일정하게 회전하는 물체는, 1 항성일인 23^h 56^m 4^s 동안 회전하면서 1초 동안 1,433.46피트의 호를 그릴 것이고, 이 호의 버스트 사인은 0.0523656피트 또는 7.54064라인이다. 그러므로 무거운 물체가 파리의 위도에서 낙하하도록 하는 힘 대 적도에서의 물체의 [a]원심력[a](지구의 일일운동에 의해 발생하는 힘)의 비는 2,174 대 7.54064이다.

지구 적도 위의 물체의 원심력 대 파리 위도(48°50′10″)에서 물체가 지구로부터 직선을 따라 멀어지도록 하는 원심력의 비는 반지름과 이 위도의 코사인의 제곱비와 같으며, 다시 말해 7.54064 대 3.267이 된다. 파리의 위도에서 무거운 물체가 낙하하도록 하는 힘에 이 힘이 더해진다고 하자. 그러면 이 위도에서 전체 중력을 받아 낙하하는 물체는 1초 동안 2,177.267라인, 또는 15파리피트 1인치 그리고 5.267라인만큼 떨어질 것이다. 그리고 그 위도에서의 전체 중력 대 적도에서의 물체의 [b]원심력[b]의 비는 2,177.267 대 7.54064 또는 289 대 1이다.[B]

그러므로 APBQ로 지구의 모양을 표현하는데, 이것이 더 이상 구가 아니라 단축 PQ를 중심으로 타원을 회전시켜 얻은 도형이라고 하자. 그리고 ACQ*qca*는 물이 가득 채워진 수로이고, 극 Q*q*로부터

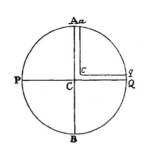

중심 C*c*까지 이어지다가 중심에서 꺾여 적도 A*a*까지 이어진다고 가정하자. 그러면 관 ACc*a*에 든 물의 무게 대 관 QCc*q*에 든 물의 무게의 비는 289 대 288일 것이다. 왜냐하면 원운동으로 발생하는 원심력이 관 ACc*a*에 있는 물의 무게의 289 단위 중 하나를 지탱하여 제거해 주고, 결과적으로 관 QCc*q*에 든 물 288 단위가 관 ACc*a*에 남은 288 단위를 지탱해 주기 때문이다. 더 나아가, (1권 명제 92 따름정리 2에 따라) 연산을 하면서 만일 지구가 균질한 물질로 구성되고 운동을 모두 박탈당하면, 그리고 그 축 PQ 대 지름 AB의 비가 100 대 101이면, 위치 Q에서 지구를 향하는 무거움 대 Q에서 중심 C와 반지름 PC 또는 QC로 그린 원을 향하는 무거움의 비가 126 대 125라는 것을 알아냈다. 같은 논증에 따라, 위치 A에서 축 AB를 중심으로 타원 APBQ를 회전시켜 얻은 회전타원체를 향하는 무거움 대 A에서 중심 C와 반지름 AC로 그려진 구를 향하는 무거움의 비는 125 대 126이다. 또한 위치 A에서 지구를 향하는 무거움은 회전타원체를 향하는 무거움과 구를 향하는 무거움 사이의 비례중항인데, 구의 지름 PQ가 101 대 100의 비

aa   2판에서는 "구심력"으로 되어 있다.
bb   2판에서는 "구심력"으로 되어 있다.

로 감소할 때 지구의 형태로 변환되기 때문이다. 그리고 이 도형은, (주어진 두 지름 AB와 PQ에 수직인) 지름의 $\frac{1}{3}$이 같은 비로 감소할 때 앞서 말한 회전타원체로 변환된다. 어느 경우든 A에서의 무거움은 거의 1 대 1을 향해 감소한다. 그러므로 A에서 중심 C와 반지름 AC로 그린 구를 향하는 무거움 대 A에서 지구를 향하는 무거움의 비는 126 대 $125\frac{1}{2}$이다. 그리고 Q에서 중심 C와 반지름 QC로 그려진 구를 향하는 무거움 대 A에서 중심 C와 반지름 AC로 그려진 구를 향하는 무거움의 비는 두 지름의 비와 같으며(1권 명제 72에 따라), 즉 100 대 101이다. 이제 이 세 개의 비(126 대 125, 126 대 $125\frac{1}{2}$ 그리고 100 대 101)를 결합하면, 위치 Q에서 지구를 향하는 무거움 대 A에서 지구를 향하는 무거움의 비는 $126 \times 126 \times 100$ 대 $125 \times 125\frac{1}{2} \times 101$, 또는 501 대 100이 된다.

이제 (1권 명제 91 따름정리 3에 따라) 수로에서 관 ACca 또는 QCcq에 작용하는 무거움은 지구 중심으로부터의 거리에 비례하므로, 두 관이 등간격인 횡단면으로 전체에 비례하는 부분으로 분리되면, '관 ACca에서 이런 개별 부분들을 임의의 수만큼 취한 무게' 대 '다른 관에서 동일한 수만큼 취한 무게'의 비는 그 개별 부분들의 크기의 비와 가속 중력들의 비에 모두 비례한다. 다시 말해 101 대 100과 500 대 501을 합성한 비, 즉 505 대 501이다. 따라서 관 ACca의 각 부분에서 원심력(일일운동으로부터 발생하는 힘) 대 각 부분에서의 무게 비가 4 대 505였다면, (관을 505개 부분으로 나누었다고 가정했을 때) 각 부분의 무게에서 4부분이, 감해지므로 각 관의 무게는 동일할 것이다. 따라서 유체는 평형 상태로 정지해 있을 것이다. 그런데 모든 부분에 걸리는 원심력 대 무게의 비는 1 대 289이다. 다시 말해 무게의 4/505가 되어야 하는 '원심력'이 겨우 1/289밖에 되지 않는다는 뜻이다. 그러므로 나는, 황금률에 따라 [또는 비례 법칙에 따라] 무게의 4/505인 원심력이 관 ACca 안에서 물의 높이를 관 QCcq의 물의 높이보다 전체 높이의 100분의 1만큼 더 높인다면, 무게의 1/289인 원심력은 관 ACca에서 관 QCcq보다 겨우 물 높이의 1/229밖에 높이지 못한다고 말한다. 그러므로 적도에서의 지구 지름 대 극지방의 지구 지름의 비는 230 대 229이다. 피카드의 측정 결과에 따르면 지구의 평균 반지름은 19,615,800파리피트, 또는 3,923.16마일(1마일이 5,000피트라 가정하면)이므로, 지구는 극보다 적도에서 85,472피트 또는 $17\frac{1}{10}$ 마일 더 높을 것이다. 그리고 적도에서의 높이는 대략 19,658,600피트일 것이고, 극지방의 높이는 대략 19,573,000피트일 것이다.

만일 어느 행성이 크기는 지구보다 더 크거나 작은데 밀도와 일일 자전 주기는 지구와 같으면, 원심력 대 중력의 비는 여전히 같을 것이며, 극지방과 적도의 지름의 비 역시 같을 것이다. 그러나 일주 운동이 특정 비율로 가속되거나 감속되면, 원심력은 같은 비의 제곱비에 따라 증가 또는 감소할 것이다. 따라서 지름 사이의 차이도 이 제곱비에 매우 근접하게 증가 또는 감소할 것이다. 그리고 행성의 밀도가 특정 비율로 증가하거나 감소하면, 행성을 향하는 무거움 역시 같은 비로 증가하거나 감소할 것이

---

cc   1판에서는 "구심력"이다.

고, 그 결과 지름 사이의 차이도 무거움이 증가하는 비에 따라 감소하거나 무거움이 감소하는 비에 따라 증가할 것이다. 따라서 지구가 항성 기준으로 $23^h 56^m$ 동안 회전[즉, 자전]하고, 목성은 $9^h 56^m$ 동안 자전하고, 이들의 주기의 제곱비는 29 대 5이며, 자전하는 물체들의 밀도 비는 400 대 $94\frac{1}{2}$이므로, 목성의 극 지름과 적도 지름의 차이 대 둘 중 더 작은 지름의 비는 $\frac{29}{5} \times \frac{440}{94\frac{1}{2}} \times \frac{1}{229}$ 대 1이 될 것이다. 이는 1 대 $9\frac{1}{3}$에 대단히 가깝다. 그러므로 동쪽에서 서쪽으로 잡은 목성의 지름 대 양극 사이의 지름은 $10\frac{1}{3}$ 대 $9\frac{1}{3}$에 매우 가깝다. [a]측정 결과에 따르면 큰 지름이 $37''$이므로, 작은 지름(극 사이의 지름)은 $33'' 25'''$가 될 것이다. 빛의 불규칙한 굴절성 때문에 약 $3''$ 정도가 더해진다고 하면, 이 행성의 겉보기 지름들은 $40''$과 $36'' 25'''$로 나올 것인데, 이 둘의 서로에 대한 비는 약 $11\frac{1}{6}$ 대 $10\frac{1}{6}$이다. 이 논증은 목성의 밀도가 균일하다는 가설에 바탕을 둔 것이었다. 그러나 만일 목성의 극지방보다 적도 평면 쪽의 밀도가 더 높으면, 그 지름들의 비는 12 대 11 또는 13 대 12, 또는 심지어 14 대 13까지도 될 수 있다. 실제로 카시니는 1691년에 동에서 서로 이어지는 목성의 지름이 극과 극을 잇는 지름보다 약 15분의 1 정도 더 길다는 것을 관측했다. 그뿐 아니라 우리의 영국인 동료 제임스 파운드가 123피트 망원경과 최고 성능의 마이크로미터를 이용해서 1719년에 목성의 지름을 측정하며 다음의 결과를 얻었다.

시간			가장 긴 지름	가장 짧은 지름	서로에 대한 비
	날짜	시간	부분	부분	
1월	28	6	13.40	12.28	12 대 11
3월	6	7	13.12	12.20	$13\frac{3}{4}$ 대 $12\frac{3}{4}$
3월	9	7	13.12	12.08	$12\frac{2}{3}$ 대 $11\frac{2}{3}$
4월	9	9	12.32	11.48	$14\frac{1}{2}$ 대 $13\frac{1}{2}$

그러므로 이론은 현상과 일치한다. 더 나아가, 행성들은 적도 쪽에서 태양열에 더 많이 노출되고 그 결과 극지방보다 [b]적도 쪽에서 더 많이 가열된다.[b]

게다가―아래 명제 20에서 논의하는 진자 실험으로부터―무거움은 지구의 일일 자전 운동에 의해 적도 쪽에서 감소하므로, (지구의 밀도가 균일하다고 가정하면) 적도 쪽이 극지방보다 더 높게 솟아 있다는 것은 명백하다.[a]

---

aa   1판과 2판에서는 이렇게 되어 있다. "이 내용들은 행성의 물질이 균질하다는 가설을 바탕으로 한 것이다. 만일 물질이 둘레보다 중심에서 더 밀도가 높으면, 동에서 서로 이어지는 지름이 더 클 것이다." 1판에서 명제는 이렇게 끝나지만, 2판에서는 뒤의 내용이 이어진다. "실제로 카시니는 오래 전에 목성의 극과 극 사이의 지름이 다른 지름보다 더 짧다는 것을 관측했다. 아래 명제 20에서 논의된 내용으로부터 지구 지름 역시 극 사이의 지름이 적도 지름보다 더 짧다는 것은 명백하다."

bb   라틴어 원문은 "paulo magis ibi decoquuntur"이며, 동사 "decocuo"를 사용하고 있다. 이는 문자 그대로 풀면 "끓이다(boil down)", "조리하다(cook)", "굽다(bake)" 등의 뜻을 가지고 있다. 번역의 문제는 이 번역서의 해설서 §8.11에서 논의하였다.

명제 20

문제 4. 우리 지구의 여러 지역에 있는 물체들의 무게를 구하고 서로 비교하라.

수로 ACQ*qca*의 두 관은 길이가 다르지만 무게는 같다. 그리고 관에 비례하도록 나눈고 서로에 대하여 대응되는 위치에 놓인 부분들의 무게의 비는 전체 관 무게에 비례한다. 따라서 서로에 대하여 같은 비를 갖게 되고, 관의 비인 230 대 229에 반비례한다. 이는 수로의 관 안에서 대응되는 위치에 있는 같은 균질한 물체의 경우도 마찬가지이다. 이 물체들의 무게는 관에 반비례하고, 다시 말해 지구 중심에서부터 물체까지의 거리에 반비례할 것이다. 따라서, 물체들이 수로의 가장 높은 부분, 즉 지구 표면에 있으면, 그들의 무게는 서로에 대하여 중심부터 그 위치까지의 거리에 반비례할 것이다. 같은 논증에 따라, 지구 표면 어디든

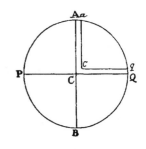

다른 곳에 있는 물체의 무게는 지구 중심에서부터 물체가 놓인 위치까지의 거리에 반비례한다. 그러므로 지구가 회전타원체라는 가설을 바탕으로, 이 무게에 대한 비는 정해져 있다.

이로부터 다음의 정리를 추론할 수 있다.[c] 물체가 적도에서부터 극지방까지 올라가며 무게가 증가할 때, 이 증가분은 위도의 두 배의 버스트 사인, 또는 (같은 내용이지만) 위도의 사인의 제곱에 거의 비례한다.[d] 그리고 자오선 상에서 위도의 호도 대체로 같은 비에 따라 증가한다. 이제, 파리의 위도는 48°50′이고, 적도의 위도는 00°00′이다. 그리고 극의 위도는 90°이다. 이 위도들의 호의 두 배의 버스트

---

[c] 해설서 §10.15 참고.

[dD] 판에서 이 명제의 나머지 부분은 다음과 같다. "예를 들어, 파리의 위도는 48°45′이고, 카보베르데 근처 고레 섬의 위도는 14°15′이다. 그리고 기아나 해안에 있는 카이옌 섬의 위도는 50°이며, 극지방의 위도는 90°이다. 만일 위도의 호를 두 배 늘리면 그 값은 97.5°, 28.5°, 10°, 180°이고, 버스트 사인은 각각 11,305, 1,211, 152, 2,000이 된다. 또한 극지방의 무거움 대 적도의 무거움의 비는 692 대 689이고, 극지방과 적도의 무거움의 차 대 적도에서의 중력의 비는 3 대 689이므로, 파리, 고레 섬, 카이옌에서의 차이 대 적도에서의 무거움의 비는 각각 $\frac{3 \times 11,305}{2,000}$, $\frac{3 \times 1,211}{2,000}$ 그리고 $\frac{3 \times 152}{2,000}$ 대 689, 또는 33,915, 3,633, 456 대 13,780,000이 된다. 그러므로 이 위치에서의 전체 중력의 비는 13,813,915, 13,783,633, 13,780,456, 13,780,000이 된다. 진동 주기가 같은 진자의 길이는 무거움에 비례하고, 파리에서의 초진자의 길이는 3파리피트와 17/24인치였으므로, 고레 섬, 카이옌, 적도에서의 초진자의 길이는 파리에서의 진자 길이보다 각각 $\frac{81}{1,000}$, $\frac{89}{1,000}$, 그리고 $\frac{90}{1,000}$인치만큼 더 길 것이다. 이 내용은 지구가 균질한 물질로 구성되어 있다는 가설을 바탕으로 한 것이다. 만일 중심 물질의 밀도가 표면보다 더 높으면 이 차이는 조금 더 클 것이다. 그 이유는 다음과 같다. 밀도가 더 높은 중심 쪽에 있는 더 많은 물질을 제하여 별도로 고려하면, 밀도가 균일해진 나머지 지구를 향하는 무거움은 중심부터 무게까지의 거리에 반비례할 것이다. 그러나 과잉 물질을 향하는 무거움은 그 물질부터의 거리 제곱에 거의 반비례할 것이다. 그러므로 적도에서의 무거움은 위의 계산에서보다 과잉 물질 쪽으로 더 작고, 따라서 그곳의 지구는 무거움의 결핍으로 인해 위에서 계산한 것보다 조금 더 높이 솟아오를 것이다. 실제로, 피카드 씨는 실험을 통해 파리의 초진자의 길이가 고레 섬에서보다 ¹⁄₁₀인치 더 길고 카이옌보다 ⅛인치 더 길다는 사실을 이미 발견했다. 이 차이는 위의 계산으로 얻은 $\frac{81}{1,000}$과 $\frac{89}{1,000}$보다는 약간 크다. 따라서 (그의 대략적인 관찰을 충분히 신뢰할 수 있다면) 지구는 위의 계산 결과보다 적도 쪽이 조금 더 불룩하고, 표면의 갱도에서보다 중심에서의 밀도가 더 높다. 더욱 성실하게 실험을 수행하여 적도 쪽의 무거움에서 북쪽 지역의 무거움을 뺀 값을 최종적으로 정확하게 결정할 수 있으면, 이 값은 지구 위 모든 곳에서 위도의 두 배의 버스트 사인의 비로 취할 수 있을 것이다. 그렇다면 다른 곳에서도 진자 시간을 일정하게 맞추는 보편적인 측정 방법이 결정될 것이고, 이와 함께 지구의 밀도가 둘레로 갈수록 일정하게 감소한다는 가설에 따라 지구 지름의 비 그리고 중심에서의 밀도도 결정될 것이다. 사실 이 가설은 아주 정확하지는 않지만 그런 계산을 수행할 수 있는 근거가 될 수 있다."

사인은 각각 11,334와 00,000 그리고 20,000이다(반지름은 10,000이라고 잡으면). 그리고 극지방에서의 무거움 대 적도에서의 무거움의 비는 230 대 229이며, 두 곳의 무거움의 차는 1 대 229다. 따라서 파리의 위도에서의 무거움의 차와 적도에서의 무거움을 비교하면 $1 \times \dfrac{11,334}{20,000}$ 대 229 또는 5,667 대 2,290,000이 될 것이다. 그러므로 각 위치에서 전체 무거움의 비는 2,295,667 대 2,290,000이 될 것이다. 그러므로, 같은 주기로 진동하는 진자의 길이는 무거움에 비례하며, 파리 위도에서 초진자의 길이는 3파리피트 $8\frac{1}{2}$라인(공기의 무게를 반영하면 $8\frac{5}{9}$라인)이므로, 적도에서의 진자 길이는 주기가 같은 파리의 진자보다 1.087라인만큼 짧을 것이다. 이와 비슷한 계산으로 다음의 표를 작성할 수 있다.

위치의 위도	진자 길이		자오선에서 1도의 측정값	위치의 위도	진자 길이		자오선에서 1도의 측정값
각도	피트	라인	트와즈	각도	피트	라인	트와즈
0	3	7.486	56637	45	3	8.428	57010
5	3	7.482	56642	6	3	8.461	57022
10	3	7.526	56659	7	3	8.494	57035
15	3	7.596	56687	8	3	8.528	57048
20	3	7.692	56724	9	3	8.561	57061
25	3	7.812	56769	50	3	8.594	57074
30	3	7.948	56823	55	3	8.756	57137
35	3	8.099	56882	60	3	8.907	57196
40	3	8.261	56945	65	3	9.044	57250
1	3	8.294	56958	70	3	9.162	57295
2	3	8.327	56971	75	3	9.258	57332
3	3	8.361	56984	80	3	9.329	57360
4	3	8.394	56997	85	3	9.372	57377
				90	3	9.387	57382

[a]또한 이 표에 의해 [여러 위도의] 각도에서 불균등성[즉 길이의 차이]이 대단히 작으므로 지리적으

---

aa 2판은 이렇게 되어 있다. "그리고 지구 지름의 불균등성은 자오선 위에서 지리적으로 측정한 호보다는 진자 실험이나 달의 식 eclipse으로부터 더 쉽고 확실하게 확인할 수 있다.

　　　이 같은 내용은 지구가 균질한 물질로 구성되어 있다는 가설을 바탕으로 한 것이다. 만일 중심 물질이 표면의 물질보다 밀도가 조금 더 높다면, 자오선 상의 진자와 각도의 차이는 위의 표에 적은 것보다 조금 더 클 것이다. 그 이유는 다음과 같다. 밀도가 더 높은 중심 쪽에 있는 더 많은 물질을 제하여 별도로 고려하면, 밀도가 균일해진 나머지 지구를 향하는 무거움은 중심부터 무게까지의 거리에 반비례할 것이다. 그러나 과잉 물질을 향하는 무거움은 그 물질부터의 거리 제곱에 거의 반비례할 것이

로 볼 때 지구의 모양은 구로 간주할 수 있음을 알 수 있다. 특히 지구의 적도 평면 쪽 밀도가 극지방보다 조금 더 높은 정도라면 지구를 구로 보아도 무방하다.[a]

천체 관측을 위해 먼 곳으로 나간 일부 천문학자들은 진자 시계가 우리 지역에서보다 적도 근처에서 더 느리게 간다는 것을 관측했다. 실제로 리처 씨는 1672년에 카이엔 섬에서 이 같은 현상을 최초로 관측했다. 그는 8월에 자오선을 가로지르는 항성의 운동을 관찰하는 동안, 시계가 태양의 평균 운동에 맞추어 가는 것보다 더 느리다는 것을 발견했다. 시간의 차이는 매일 $2^m 28^s$씩 발생했다. 그는 최고 성능의 시계에 맞춰 1초 동안 진동하는 단진자를 제작하고, 10개월에 걸쳐 단진자의 길이를 일주일에 한 번씩 확인하였다. 그런 다음 프랑스로 돌아왔을 때, 그는 카이엔 섬에서 측정한 진자의 길이를 파리에서의 초진자 길이와 비교하였고(이 길이는 3파리피트 $8\frac{3}{5}$라인이었다) 길이가 더 짧았음을 발견했다. 그 차는 $1\frac{1}{4}$라인이었다.[b]

그후 우리의 동료인 핼리가 1667년경 세인트 헬레나 섬으로 항해하는 동안 진자 시계가 런던에서보다 더 느리게 가는 것을 발견하였지만, 그 차이는 기록하지 않았다. 그는 시계의 진자를 $\frac{1}{8}$인치 이상, 또는 $1\frac{1}{2}$라인 이상 짧게 만들었다. 그리고 진자를 매단 막대 아래쪽으로 공간이 충분치 않아, 효과를 극대화하기 위해 나사(실이 달리는 부분)와 진자 끝의 추 사이에 나무 고리를 추가했다.

1682년에는 바린 씨와 데자예 씨가 파리 왕립 천문대에서 초진자의 길이를 3피트 $8\frac{5}{9}$라인으로 측정하였다. 그리고 고레 섬에서 같은 방법으로 주기가 같은 진자의 길이를 3피트 $6\frac{5}{9}$라인으로 측정하였다. 길이 차이는 2라인이었다. 같은 해에 두 사람은 과달루페 섬과 마르티니크 섬으로 항해하면서 섬에서 같은 주기를 갖는 진자의 길이가 3피트 $6\frac{1}{2}$임을 발견했다.

또 1679년 7월에는, 젊은 쿠플레 씨가 파리 왕립 천문대에서 진자 시계를 태양의 평균 운동에 맞게 조정하여 시계가 태양의 운동과 아주 오랫동안 일치하도록 만들었다. 그런 다음 11월에 리스본으로 항해하면서, 이 시계가 이전보다 느리게 간다는 것을 발견했다. 시간의 차이는 24시간 동안 2분 13초 발생했다. 그는 이듬해 3월에 파라이바로 항해하면서, 시계가 파리에서보다 더 느리게 간다는 것을 발견하였으며, 그 차이는 24시간 동안 4분 12초였다. 쿠플레 씨는 초진자의 길이가 파리에서보다 리스본에서 $2\frac{1}{2}$라인 짧고, 파라이바에서는 $3\frac{2}{3}$라인 더 짧다고 발표했다. 그가 이 차이를 $1\frac{1}{3}$라인, 그리고 $2\frac{5}{9}$라인이라고 말했으면 더 정확했을 것이다. 이는 2분 13초와 4분 12초에 해당하는 차이다. 그의 관측 결과는 측정의 미숙함 때문에 신뢰도가 떨어진다.

그 이듬해(1699년과 1700년)에 데자예 씨는 다시 미국으로 항해하면서, 카이엔 섬과 그레나다 섬에

다. 그러므로 적도에서의 무거움은 위의 계산에서보다 과잉 물질 쪽으로 더 작고, 따라서 그곳의 지구는 무거움의 결핍으로 인해 조금 더 높이 솟아오를 것이다. 또한 진자 길이와 극에서의 각도와의 차이는 위에서 결정된 것보다 약간 더 클 것이다."

b   2판에서는 여기에 추가 문장이 있다. "그러나 더 느리게 갔던 카이엔의 진자 시계로부터 계산해 보면, 진자 길이의 차이는 $1\frac{1}{2}$라인이어야 할 것이다."

서의 초진자 길이가 3피트 6$\frac{1}{2}$라인보다 약간 짧다고 기록했고, 세인트 키츠 섬에서는 3피트 6$\frac{3}{4}$라인, 산토 도밍고 섬에서는 3피트 7라인이라고 확인했다.

그리고 1704년에 푀이예 신부는 미국 포르토벨로에서 초진자의 길이가 3파리피트와 5$\frac{7}{12}$라인밖에 되지 않는다는 것을 발견했다. 다시 말해 파리에서보다 3라인이나 짧은 것이었다. 그러나 이 측정에는 오류가 있었다. 이후 마르티니크 섬으로 항해하면서, 같은 주기의 진자의 길이가 3파리피트와 5$\frac{10}{12}$라인임을 발견했기 때문이다.

그뿐 아니라, 파라이바의 위도는 6°38′S이고, 포르토벨로의 위도는 9°33′N이다. 그리고 카이엔 섬, 고레 섬, 과달루페, 마르티니크, 그레나다, 세인트 키츠, 산토 도밍고 섬의 위도는 각각 4°55′, 14°40′, 14°00′, 12°6′, 17°19′, 그리고 19°48′ N이다. 이 위도에서 주기가 같은 진자들의 길이를 관측한 결과에 대하여, 파리의 진자 길이에서 뺀 값은 위의 표에서 계산된 진자 길이보다 조금 더 길다. 그러므로, 적도 지역의 더운 열기가 진자의 길이를 조금 늘려놓은 것이 아니라면, 지구는 위의 계산보다 적도 쪽이 조금 더 불룩하고, 표면 근처 갱도보다 중심 쪽의 밀도가 더 높다.

아무튼, 피카드 씨Jean-Félix Picard는 추운 겨울에는 길이가 1피트이던 쇠 막대가 불로 달구면 1피트 $\frac{1}{4}$라인이 되는 것을 관찰했다. 이후에 라 이르 씨도 겨울에는 정확히 6피트였던 쇠 막대가 여름의 태양에 노출되었을 때는 6피트 $\frac{2}{3}$라인임을 관찰했다. 열은 [즉 온도] 라 이르 씨의 경우보다 피카드 씨의 경우에서 더 컸고, 라 이르 씨Philippe de La Hire가 관측했을 때도 태양열은 사람의 몸이 내뿜는 열보다는 더 컸다. 금속은 여름의 태양열을 받으면 극도로 뜨거워진다. 그러나 진자 시계의 막대는 일반적으로 여름 태양의 열에 노출되는 일이 없으며, 인간의 몸 표면에서 나오는 수준의 열을 얻을 일도 없다. 그러므로, 시계 장치의 3피트 길이의 막대가 실제로 겨울보다 여름에 조금 더 길다고 해도, 길이의 증가는 고작해야 $\frac{1}{4}$라인을 넘지 않을 것이다. 따라서 같은 주기의 진자들이 여러 지역에서 길이가 제각각 달라지는 원인이 열의 차이라고 볼 수는 없다. 또한 이 차이가 프랑스에서 파견을 나간 천문학자들이 만든 오차라고도 볼 수 없다. 그들의 관측이 서로 완벽하게 일치하지는 않더라도, 오차는 매우 작아서 무시할 수 있을 정도이다. 게다가 그들 모두 일치하는 한 가지 사실을 말하고 있다. 같은 주기를 갖는 진자의 길이가 파리 왕립 천문대에서보다 적도에서 더 짧다는 것이다. [a]길이의 차이는 1$\frac{1}{4}$라인에서 2$\frac{2}{3}$

---

aa   2판은 다음과 같다. "… 차이는 2라인 또는 $\frac{1}{8}$인치 정도였다. 리처 씨가 카이엔에서 관측한 내용에 따르면 차이는 1$\frac{1}{2}$라인이었다. 반 라인 정도의 오차는 쉽게 발생한다. 그리고 데자예 씨는 이후 같은 섬에서의 관측을 통해 이 오차를 교정하였고, 차이는 2$\frac{1}{18}$라인으로 새로 측정되었다. 그러나 고레 섬, 과달루페, 마르티니크, 그레나다, 세인트 키츠, 산토 도밍고 섬과 적도에서 측정한 값을 보면, 이 차이는 1$\frac{19}{20}$라인보다 더 작지 않고 2$\frac{1}{2}$라인보다는 거의 크지 않은 것으로 나타났다. 그리고 이 값들의 평균은 2$\frac{9}{40}$라인이다. 더운 지역의 열을 고려하여 $\frac{9}{40}$라인은 무시하면, 2라인의 차이가 남을 것이다.

지구가 일정한 밀도의 물질로 구성되었다는 가설을 바탕으로 한 차이는, 앞의 표에 따르면 1$\frac{87}{1,000}$라인 밖에 되지 않으므로, 적도의 지구 높이와 극지방의 높이의 차이는 (이 값은 17$\frac{1}{6}$였다) 이제 차이의 비에 따라 증가하여 31$\frac{1}{2}$마일이 될 것이다. 적도에서 진자 시계가 느려지는 현상은 결국 무거움의 결핍을 증명하는 것이다. 그 이유는 물질이 가벼울수록 적도 쪽의 높이가 더 높아져 극지방의 물질과 평형 상태를 이루어야 하기 때문이다.

라인 사이이다. 리처 씨가 카이엔에서 관측한 차이는 $1\frac{1}{4}$라인이었다. 데자예 씨가 측정한 차이는 보정하면 $1\frac{1}{2}$ 또는 $1\frac{3}{4}$라인이다. 다소 정확도가 떨어지는 다른 이들의 관측 결과도 보면, 이 차이는 대략 2라인 안팎이었다. 이러한 길이의 차이는 부분적으로는 관측 오류에서 발생했을 수 있고, 또 일부는 지구 내부의 불균질한 밀도 차이와 산의 높이로부터 발생했을 것이며, 또 일부는 공기의 열 [즉 온도] 차이에서 발생했을 수 있다.

내가 말할 수 있는 한에서는, 영국에서 길이가 3피트인 쇠막대는 여름보다 겨울에 $\frac{1}{6}$라인이 더 짧다. 이 양을 리처가 관측한 $1\frac{1}{4}$라인의 차이에서 빼면(적도의 열을 반영하여) $1\frac{1}{12}$라인이 남는다. 이는 이론을 통해 이미 구한 $1\frac{87}{1,000}$라인과 훌륭하게 일치한다. 게다가 리처는 카이엔에서 10개월 동안 매주 측정을 반복했고, 쇠막대로 구성된 진자의 길이를 프랑스에서의 길이와 비교하였다[즉, 카이엔 섬에서와 주기가 같도록 프랑스에서 조정한 길이와 비교했다]. 이 성실함과 신중함은 다른 관찰자들은 보이지 못한 것이었다. 리처의 관측을 믿을 수 있다면, 지구는 극지방보다 적도 쪽이 약 17마일 정도 더 불룩하다. 이는 위에서 이론으로 구한 내용과 일치한다.[Da]

명제 21

정리 17. 분점은 뒤로 물러나고, 지구의 축은 1회 공전할 때마다 장동[회전하는 물체의 회전축이 끄덕여 각도가 변하는 현상—옮긴이]**에 의해 황도 쪽으로 두 번 기울어졌다가 다시 원래 위치로 두 번 기울어진다.**

이는 1권 명제 66 따름정리 20에 의해 명백하다. 그러나 축의 움직임은 대단히 작아서 거의 또는 전혀 감지할 수 없을 것이다.

따라서 달의 식에 의해 확인될 지구 그림자의 모양은 완벽한 원형이 아니며, 동에서 서로 이어지는 지름이 남과 북을 잇는 지름보다 약 55″ 정도 더 클 것이다. 그리고 달의 최대 경도 시차(greatest longitude parallax)는 최대 위도 시차(greatest latitudinal parallax)보다 약간 클 것이다. 지구의 최대 반지름은 19,767,630파리피트가 되고, 최소 반지름은 19,609,820피트, 평균은 19,688,725피트에 대단히 가까울 것이다.

피카드의 측정에서 1도는 57,060 트와즈였지만 카시니의 측정에서는 57,292 트와즈이므로, 어떤 이는 프랑스를 지나 남쪽으로 갈수록 1도에 약 72트와즈씩, 또는 1도의 $\frac{1}{800}$씩 길어지며, 지구는 극지방이 가장 높은 길쭉한 회전타원체 모양이라고 생각한다. 이런 추정이 사실이라면, 지구 극지방의 물체들은 적도에서보다 더 가벼울 것이며, 극지방의 지구의 높이는 적도보다 약 95마일 더 높을 것이다. 그리고 주기가 같은 진자들을 비교하면 파리 왕립 천문대보다 적도에서 약 반 인치 정도 더 길 것인데, 이는 여기에서 제시된 비율을 앞의 표의 비율과 비교하면 누구든 쉽게 알 수 있을 것이다. 이와 함께 지구 그림자의 지름도 남에서 북으로 그어진 지름이 동에서 서로 그어진 지름보다 약 2′46″, 또는 달 지름의 1/12만큼 클 것이다. 이 모든 내용은 우리의 경험과 반대되는 것이다. 분명히 카시니는 1도가 57,292 트와즈라고 결정하면서 그가 측정한 값들을 모두 취하여 평균을 구했는데, 이는 각도에 따른 거리가 모두 같다는 가설을 바탕으로 한 것이다. 그는 프랑스 북쪽 국경 지역에서 1도가 이보다 약간 짧다고 측정했지만, 우리의 동료 영국인 노우드는 좀 더 북쪽 지역에서 간격을 더 크게 잡아 측정함으로써 1도의 길이가 카시니의 측정값보다 조금 더 길다는 것을 발견했다. 카시니 자신도 더 넓은 간격을 측정하면서, 이전 측정에서 간격이 좁아 결과의 정확성이 떨어진다고 판단했다. 그러나 카시니, 피카드, 노우드의 측정값 사이의 차이는 거의 감지할 수 없으며, 지구 축의 장동(nutation)을 굳이 언급하지 않더라도 관측의 미미한 오류로부터 쉽게 발생할 수 있는 수준이다."

명제 22

정리 18. 달의 모든 운동과 그 운동의 모든 불균등성은 앞서 제시된 원리들을 따른다.

주행성들이 태양 주위를 회전하는 동안 소행성들[또는 위성들]을 거느리고 있고, 이 위성들은 주행성의 중심이 초점인 타원 궤도를 그리며 회전한다는 사실은 1권 명제 65로부터 명백하다. 또한 이 행성들의 운동은 여러 방법으로 태양의 작용에 의해 섭동을 받으며, 우리 달에서 관측되는 불균등성에 의한 영향도 받을 것이다. 우리 달은 (1권 명제 66, 따름정리 2, 3, 4, 5에 따라) 더 빠르게 움직이며, 지구까지 이어진 반지름으로 시간에 비례하는 것보다 더 넓은 면적을 휩쓸고, 곡률이 적은 궤도를 그린다. 따라서 구quadrature에서보다 합충syzygies에서 지구에 더 가깝다. 다만 이 효과는 이심률의 변동에 의해 조금 틀어진다. 달의 원지점이 합충에 올 때 이심률이 가장 크고(1권 명제 66 따름정리 9에 따라), 구에 올 때 가장 적기 때문이다. 그러므로 달이 구에 있을 때보다는 합충에 있을 때, 근지점에서 더 빠르고 우리에게 더 가까이 다가와 있으며, 원지점에서는 더 느리고 더 멀리 떨어져 있다. 또한 원지점은 순행하고 교점은 역행하지만, 이 움직임은 불규칙적이다. 실제로 원지점은 (명제 66, 따름정리 7과 8에 따라) 합과 충에서 더 빠르게 순행하고 구에서는 더 느리게 역행한다. 그리고 역행한 거리보다 순행한 거리가 조금 길기 때문에, 달의 원지점은 해마다 계속 전진한다[즉 궁도sign 방향으로 동에서 서로 순행한다]. 그러나 교점은 (명제 66, 따름정리 2에 따라) 달이 합충에 있을 때는 정지 상태이고 구에 있을 때는 더 빠르게 후진한다. 달의 최대 황위 역시 합충에서보다 구에서 더 크고(명제 66, 따름정리 10에 따라), 달의 평균 운동은 (명제 66, 따름정리 6에 따라) 지구가 원일점에 있을 때보다 근일점에 있을 때 더 느리다. 이러한 운동들이 천문학자들에 의해 중요한 [달 운동의] 균차로 기록된 것이다.

이전 세대의 천문학자들이 관측하지 못한 다른 균차들도 분명히 있다. 그런 균차로 인해 섭동을 받은 달의 운동은 지금까지 어떠한 법칙이나 정확한 규칙으로 설명하지 못하고 있다. 달의 원지점과 교점의 시간당 운동과 균차, 합충에서의 최대 이심률과 구에서의 최소 이심률의 차, 이균차variation라 불리는 불균등성은 태양의 겉보기 지름의 세제곱에 비례해서 (명제 66, 따름정리 14에 따라) 해마다 증가하거나 감소하고 있다. 한 가지 덧붙이자면, 이균차는 구와 구 사이를 이동하는 데 걸리는 시간의 제곱에 근사하게 비례하여 증가하거나 감소한다(1권 보조정리 10, 따름정리 1과 2 그리고 명제 66 따름정리 16에 따라). 그러나 천문학적 연산에서 불균등성은 일반적으로 달 중심의 균차에 포함되어 다루어지고 있어 혼란을 일으킨다.

명제 23

문제 5. 달의 운동으로 미루어, 목성과 토성에서 위성들의 불규칙한 운동[즉 운동의 불균등성]을 유도하라.

우리 달의 운동으로부터 목성의 달 또는 위성의 운동을 다음과 같이 구할 수 있다. 목성의 최외곽 위성의 교점의 평균 운동을 (1권 명제 66 따름정리 16에 따라) 우리 달의 교점의 평균 운동과 비교하면, 태양 주위를 도는 지구의 주기 대 태양 주위를 도는 목성의 제곱비, 그리고 목성 주위를 도는 위성 대 지구 주위를 도는 달의 주기의 단순비를 합성한 비를 따른다. 그래서 100년 동안 교점은 8°24′만큼 후진한다[또는 역행, 다시 말해 궤도의 반대 방향으로 움직인다]. 안쪽 위성들의 교점의 평균 운동은 (같은 따름정리에 따라) 최외곽 위성의 운동과 비교하여 안쪽 위성들의 주기 대 최외곽 위성의 주기의 비와 같으며, 따라서 정해진 값이다. 더 나아가(같은 따름정리에 따라), 각 위성의 원지점에서의 전진 운동[또는 그 움직임이 순행] 대 교점에서의 후진 운동[또는 역행]의 비는, 달의 원지점에서의 운동 대 교점에서의 운동의 비와 같으므로, 이 역시 정해진 값이다. 그런데 이런 식으로 구한 원지점의 운동은 5 대 9, 또는 약 1 대 2 비율로 감소해야 한다. 그 이유는 여기에서 설명하기에는 조금 복잡하다. 각 위성의 교점과 원지점의 최대 균차 대 우리 달의 교점과 원지점의 최대 균차의 비는, 위성의 바로 직전 균차의 1회 공전 시간 동안의 교점과 원지점의 운동 대 달의 바로 직후 균차의 1회 공전 시간 동안의 달의 교점과 원지점의 운동의 비와 거의 같다. 동일한 따름정리에 따라, 목성에서 관측되는 위성의 이균차 대 같은 비를 따르는 우리 달의 이균차는, 위성과 우리 달이 각각 태양을 기준으로 한 바퀴를 도는 동안 교점의 전체 운동의 비와 같다. 그러므로 최외곽 위성에서 이균차는 5″12‴를 넘지 않는다.

명제 24.

정리 19. 바다의 밀물과 썰물은 태양과 달의 작용으로부터 발생한다.

1권 명제 66 따름정리 19와 20을 보면, 바다는 태양의 힘뿐 아니라 달의 힘에 의해서도 매일 두 배 높이 상승하고 두 배 더 하강해야 할 것 같다. 또한 깊고 넓은 대양에서도, 어느 지역의 자오선에 태양과 달이 접근한 후 6시간 이내에 최고조에 이르러야 할 것 같다. 대서양 동쪽 지역 전체 그리고 프랑스와 희망봉 사이의 에티오피아 해[또는 남대서양], 대서양의 칠레와 페루 해안에서는 실제로 그런 일이 일어난다. 이 해안에서 파도는 둘째, 셋째, 또는 넷째 시간 무렵에 들어오는데, 예외적으로 바닷물의 움직임이 깊은 바다에서 얕은 곳으로 전파할 때는 다섯째, 여섯째, 일곱째 시간, 또는 그 이후까지 지연될 수 있다. 이 시간은 태양과 달 중 하나가 수평선 아래에 있든 위쪽에 있든 상관없이 해당 지역의 자오선 위에 온 때부터 센 것이다. 또한 여기에서 말하는 시간이란 태음일을 기준으로 한 시간이며, 달이 일일운동으로 자오선의 위치로 되돌아올 때까지의 시간을 24등분한 것을 말한다. 태양 또는 달이 바다를 들어 올리는 힘은 태양 또는 달이 해당 위치의 자오선에 가장 가까이 왔을 때 가장 크다. 그러나 그 시간에 바다에 작용하는 힘이 한동안 유지되고 뒤따라 작용하는 새로운 힘이 더해져, 최고조에 도달하는 시간은 조금 늦어진다. 이러한 시간 지연은 한두 시간 정도이겠지만, 수심이 얕은 해안에서는 세 시간 또는 그 이상도 걸린다.

또한 태양과 달이라는 두 발광체가 일으키는 두 운동은 별개로 파악되지 않고 이른바 혼합된 운동을 일으킬 것이다. 두 발광체가 합 또는 충의 위치에 있을 때 둘의 효과는 합쳐져 만조와 간조가 일어날 것이다. 구의 경우, 태양이 물을 끌어올리면 달은 내리누르고, 태양이 물을 내리누를 때는 달이 끌어올린다. 두 효과의 차이 때문에 조수는 가장 낮아질 것이다. 그리고 경험에서 알듯이 달이 미치는 효과가 태양보다 크므로, 가장 높은 조수는 세 번째 태음시 무렵 일어날 것이다. 합충과 구를 벗어난 곳에서는, 달의 힘만 받는다면 가장 높은 파도는 항상 세 번째 태음시에 일어나야 하겠지만, 발광체의 힘이 합쳐진 결과로 [세 번째 태양시보다] 세 번째 태음시 쪽에 더 가까운 중간 시간대에 일어날 것이다. 그러므로 달이 합충에서 구를 향해 이동하면서, 세 번째 태양시가 세 번째 태음시를 앞설 때는, 물의 최고 수위도 세 번째 태음시보다 조금 먼저 일어나고, 이는 달의 8분원을 약간 지났을 때 가장 큰 간격으로 일어날 것이다. 그리고 달이 구에서 합충으로 이동하는 동안 세 번째 태음시를 기준으로 같은 시간만큼 지났을 때 최고조에 이를 것이다. 이것은 대양에서 일어나는 일이다. 강의 하구에서는 최고조에 이르는 때가 조금 늦어지며 다른 조건은 모두 같다.

추가 설명을 하자면, 발광체의 효과는 지구부터의 거리에 따라 좌우된다. 거리가 가까우면 효과가 더 크고, 거리가 멀면 효과가 작다. 그리고 이 현상은 겉보기 지름의 세제곱에 비례하여 일어난다. 그러므로 겨울에는 해가 근지점에 있을 때 더 큰 효과가 일어나고, 여름에 비해 합충에 있을 때 수위가 조금 더 높아지고 구에 있을 때 (다른 조건은 모두 같다면) 조금 더 낮아지게 된다. 그리고 달은 매월 원지점에 있는 보름 이전 또는 이후보다 근지점에 있을 때 조금 더 높은 파도를 만들어낸다. 이에 따라 연속적인 합충의 위치에서 최고 수위가 연달아 일어나지는 않는다.

각 발광체의 효과는 적위 또는 적도로부터의 거리에도 영향을 받는다. 발광체가 두 극 중 어느 한쪽에 있다면, 그 작용이 특별히 강해지거나 약해지는 일 없이 꾸준히 물을 끌어당길 것이며, 따라서 왕복운동하지 않을 것이다. 발광체가 적도에서 극지방 쪽으로 물러나면서 미치는 효과가 점차 줄 것이고, 이에 따라 합충일 때는 지점(하지점과 동지점—옮긴이)에서의 수위가 분점에서보다 더 낮을 것이다. 그러나 구에 있을 때는 지점에서의 수위가 분점에서보다 더 높을 것인데, 이는 적도 위에 있는 달의 효과가 태양의 효과와 비교하면 최고로 크기 때문이다. 그러므로 수위가 가장 높을 때는 태양과 달이 합충에 있을 때, 가장 낮을 때는 태양과 달이 구에 있을 때이며, 이때 태양과 달은 대략 두 분점 중 하나에 있게 된다. 그리고 합충일 때 수위가 가장 높으면 구에서는 항상 수위가 가장 낮아지는데, 이는 경험으로부터 알게 된 현상이다. 또한 지구부터 태양까지의 거리는 여름보다 겨울에 더 짧기 때문에, 그 결과로 최고 수위와 최저 수위는 춘분이 지난 후보다는 춘분 이전에 더 자주 발생하며, 추분 전보다는 추분 후에 더 자주 발생한다.

태양과 달의 효과는 위치의 위도에도 영향을 받는다. ApEP를 모든 곳이 깊은 물에 잠긴 지구라 하고, C를 그 중심, P와 p는 양극, AE는 적도, F는 적도 가 아닌 임의의 위치라 하자. Ff는 이 위치에 평행한 선이고 Dd는 적도를 기준으로 다른 쪽에 있는 평행선이다. L은 달이 세 시간 전에 있던 위치이고, H는 L에 수직 아래로 지구 위에 위치하는 지점이다. h는 H의 대척점이고, K와 k는 H와 h를 90° 회전한 위치다. 그리고 CH와 Ch는 바다의 가장 높은 파고이고 (지구 중심

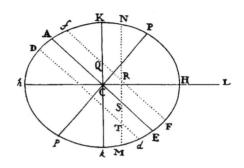

부터 측정한), CK와 Ck는 가장 낮은 높이다. 만일 Hh와 Kk를 축으로 삼아 타원을 그리고, 이 타원을 주축 Hh 주위로 회전시켜 회전타원체 HPKhpk가 만들어지면, 이 회전타원체는 바다의 모양을 대단히 근사하게 표현할 것이다. 그리고 CF, Cf, CD, Cd는 위치 F, f, D, d에서의 바다의 높이가 될 것이다. 또한 앞에서 말한 타원을 회전시키면서 임의의 점 N이 원 NM을 그리고, 이 원이 평행선 Ff, Dd를 임의의 위치 R, T에서 자르고 적도 AE는 S에서 자른다고 하면, CN은 이 원 위에 놓인 모든 점 R, S, T 에서의 바다의 높이가 될 것이다. 그러므로 임의의 위치 F가 하루 동안 회전할 때, 밀물은 달이 수평선 위의 자오선에 도달하고 세 번째 시간에 F에서 가장 높을 것이다. 그 후, 썰물은 달이 자오선 위에 오고 세 번째 시간이 되었을 때 Q에서 가장 낮을 것이고, 밀물은 달이 수평선 아래로 넘어가 자오선에 도달 후 세 번째 시간이 되었을 때 f에서 가장 높을 것이다. 마지막으로 썰물은 달이 뜨고 난 뒤 세 번째 시간에 Q에서 가장 낮을 것이다. 이후 f에서의 밀물은 앞선 F에서의 밀물보다 더 낮을 것이다.

전체 바다는 두 반구에서 일어나는 흐름[또는 조류]으로 나뉘는데, 반구 KHk의 흐름은 북쪽으로 흐르고, 다른 흐름은 반대쪽 반구 KHk를 흐른다. 그러므로 이 흐름들을 북쪽 조류와 남쪽 조류로 불러도 될 것이다. 이 조류들은 언제나 서로에 대하여 반대 방향으로 흐르고, 태음시로 12시간 간격으로 자오선을 따라 모든 위치에 차례대로 도달한다. 그리고 북쪽 조류는 북쪽 지역을 더 많이 흐르고 남쪽 조류는 남쪽 지역을 더 많이 흐르므로, 이러한 흐름으로부터 태양과 달이 뜨고 지는 적도를 제외한 모든 곳에서 만조와 간조가 교대로 발생한다. 게다가 만조는 달이 어느 위치의 정점을 향해 기울어질 때, 수평선 위로 떠올라 자오선에 접근한 후 세 번째 시간에 발생할 것이고, 달의 기울기[a]가 바뀌면 만조는 간조로 바뀔 것이다. 이런 조류들은 하지와 동지 시기에 가장 큰 차이를 보일 것이고, 특히 달의 승교점ascending node이 첫 번째 양자리에 있을 때 발생한다. 그러므로 경험상 여름에는 저녁 파도가, 겨울에는 아침 파도가 더 높다. 플리머스의 경우 그 높이 차이가 약 1피트 정도이며, 브리스톨에서는 15인치 정도 더 크다. 이 데이터는 콜프레스와 스터미가 관측한 것이다.

지금까지 설명한 움직임은 물의 왕복 운동에 의해 다소 바뀐다. 물의 왕복 운동은 바다의 조수에 의

---

a   모트는 여기에 "적도의 다른 쪽을 향해"라고 덧붙여 설명하였다.

한 것이며, 바다의 조수는 태양과 달의 작용이 잠시 멈추더라도 한동안은 유지된다. 이렇게 작용력이 보존되면서 교대로 반복되는 조수의 차이를 줄이고, 파도는 합충 직후에 더 높아지고 구 직후에는 더 낮아지게 된다. 이런 이유로 플리머스와 브리스톨의 조수 차이가 1피트 또는 15인치 이상으로 나지 않으며, 항구에서는 합충 이후 첫 번째가 아닌 세 번째 밀물 때의 수위가 가장 높다. 또한 물의 모든 움직임은 얕은 해안을 지나면서 느려져, 어떤 해협과 강 하구에서는 가장 높은 밀물이 합충을 지난 후 네 번째, 심지어 다섯 번째 밀물 때 발생하기도 한다.

더 나아가, 조수가 바다로부터 다양한 수로를 거쳐 같은 항구까지 전달되기도 하는데, 어떤 수로에서는 다른 수로보다 더 빠르게 통과하기도 한다. 이 경우 하나의 조수가 둘 이상의 조수로 나뉘어 연속적으로 도달하며 다양한 형태의 운동이 새로 합성될 수 있다. 두 개의 동일한 조수가 다른 위치에서 출발해 같은 항구로 들어오고, 첫 번째 것이 두 번째 것보다 여섯 시간 앞서 있다고 가정하자. 이 같은 현상은 달이 항구의 자오선을 지난 후 세 번째 시간에 일어난다고 하자. 만일 달이 자오선을 지나는 순간에 적도 위에 있었다면, 여섯 시간마다 만조와 그에 해당하는 간조가 서로 만나게 되고, 조금은 한사리와 균형을 이루게 되어, 하루 중 그 시간 동안에는 물이 조용하고 잠잠하게 될 것이다. 만일 그 시간에 달이 적도로부터 기울어지면, 앞에서 말한 대로 더 높고 더 낮은 조수가 교대로 생긴다. 그리고 바다로부터 더 높은 파도 두 개와 더 낮은 파도 두 개가 각각 교대로 이 항구를 향해 전파된다. 또한 그 사이의 시간 동안 더 큰 밀물이 더 높은 파도를 만들어낼 것이다. 밀물이 더 높고 더 낮으면 그 중간의 시간 동안 수위는 그 평균 높이만큼 상승한다. 그리고 더 낮은 두 밀물 사이에는 수위가 최소가 될 것이다. 그러므로 이십사 시간 동안, 물은 일반적인 경우처럼 두 번이 아니라 딱 한 번의 최고 수위와 딱 한 번의 최저 수위에 도달할 것이다. 그리고 달이 해당 장소의 지평선 위로 떠올라 극을 향해 기울어지는 경우, 달이 자오선에 접근한 후 여섯 번째 시간이나 서른 번째 시간에 최고 수위에 도달할 것이다. 그리고 달의 기울기가 바뀌면 밀물은 썰물로 바뀔 것이다. 이러한 사례들은 모두 핼리가 제공한 것이다. 그는 위도 20°50′N에 있는 통킹 왕국의 밧샤 항구 선원들의 관측을 연구하였다. 그곳에서는 달이 적도를 통과한 이튿날에도 물은 고요하게 유지된다. 그러다가 달이 북쪽으로 기울어지면 간조가 시작되는데, 다른 항구에서처럼 두 번이 아니라 매일 딱 한 번만 일어난다. 그리고 밀물은 달이 질 때 일어나고, 가장 큰 썰물은 달이 뜰 때 일어난다. 이 밀물은 달이 기울어지는 동안인 이레나 여드레까지 증가한다. 그러다가 그다음 이레 동안 이전에 증가했던 것과 같은 속도로 감소한다. 달의 기울기가 바뀌면 밀물이 그치고 바로 썰물로 바뀐다. 이후에는 달이 질 때 썰물이 일어나고 달이 뜰 때는 밀물이 일어난다. 달이 다시 그 기울기를 바꿀 때까지는 이러한 현상이 지속된다. 바다에서 밧샤 항구와 인근 수로로 들어오는 물길은 두 개가 있는데, 그중 하나는 중국해에서 대륙과 루코니아 섬 사이로 들어오는 길이고, 다른 하나는 인도양에서 대륙과 보르네오 섬 사이로 들어오는 길이다. 그러나 이 수로를 통해서 인도

양에서 12시간 동안, 중국해에서 6시간 동안 조수가 들어오는지, 그래서 세 번째와 아홉 번째 태음시에 합쳐져서 앞서 설명한 조수 현상을 일으키는지, 혹은 이곳 해역의 다른 조건에 의한 것인지 여부는 이웃 해안을 관찰하여 결정해야 할 것 같다.

지금까지 달과 바다의 운동 원인을 설명하였다. 이제 이 운동의 양에 대하여 몇 가지 내용을 추가하는 것이 좋겠다.

명제 25.

문제 6. 달의 움직임에 섭동하는 태양의 힘을 구하라.

S를 태양이라 하고, T는 지구, P는 달, CADB는 달의 궤도라 하자. SP 위에서 ST와 합동이 되도록 SK를 잡고, SL 대 SK는 SK^2 대 SP^2과 같다고 하자. 그리고 LM을 PT에 평행하게 그린다. 태양을 향하는 지구의 가속 중력을 거리 ST 또는 SK로 표현한

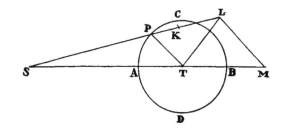

다면, SL은 태양을 향하는 달의 가속 중력이 될 것이다. 이것은 SM과 LM을 합성한 것이며, 그 중에서 LM과 SM의 한 부분인 TM은 달의 운동을 섭동한다. 이는 1권 명제 66과 그 따름정리에서 설명한 내용이다. 지구와 달이 공통의 무게 중심 주위로 회전하는 한, 이 중심의 주위를 도는 지구의 운동 역시 비슷한 힘에 의해 섭동을 받을 것이다. 그런데 힘의 합과 운동의 합을 달의 관점에서 서술하고, 힘의 합을 달의 힘에 해당하는 선 TM과 ML로 표현할 수도 있다. 평균 크기일 때의 힘 ML은, 달이 거리 PT에서 정지해 있는 지구 주위 궤도를 따라 회전하도록 하는 구심력에 대하여, 달이 지구 주위를 도는 주기 대 지구가 태양 주위를 도는 주기의 비의 제곱비를 갖는다(1권 명제 66 따름정리 17에 따라). 다시 말해 $27^d 7^h 43^m$ 대 $365^d 6^h 9^m$의 제곱비, 즉, 1,000 대 178,725 또는 1 대 $178\frac{29}{40}$과 같다는 것이다. 그런데 우리는 이 책 3권의 명제 4에서, 지구와 달이 공통의 무게 중심 주위로 회전한다면, 둘 사이의 평균 거리는 지구 평균 반지름의 $60\frac{1}{2}$과 거의 같다는 것을 알아냈다. 그리고 달이 지구 반지름의 $60\frac{1}{2}$배인 거리 PT에서 정지한 지구 주위 궤도를 회전하도록 하는 힘은 같은 시간 동안 지구 반지름의 60배인 거리에서 회전하도록 하는 힘에 대하여 $60\frac{1}{2}$ 대 60의 비를 갖는다. 그리고 이 힘 대 지구 위에서의 중력은 1 대 60×60에 매우 가깝다. 그러므로 평균 힘 ML 대 지구 표면에서의 중력의 비는 $1 \times 60\frac{1}{2}$ 대 $60 \times 60 \times 60 \times 178\frac{29}{40}$, 즉 1 대 638,092.6과 같다. 이것과 선 TM과 ML의 비율로부터 힘 TM의 값 역시 정해진다. 이것이 달의 운동을 섭동하는 태양의 힘이다. Q.E.I.

명제 26.

문제 7. 달이 지구까지 이어진 반지름으로 원 궤도를 그리며 면적을 휩쓸 때, 시간에 따라 증가하는 면적을 구하라.

앞에서 달의 운동이 태양의 섭동을 받지 않는다면 달이 지구까지 이어진 반지름으로 휩쓰는 면적은 시간에 비례한다는 것을 이미 설명하였다. 여기에서는 모멘트의 불균등성, 또는 시간에 따라 증가하는 불균등성을 [앞서 말한 섭동을 받는다는 조건으로] 조사해 보기로 한다. 간단한 계산을 위해 달의 궤도가 원이라고 하고, 이 문제에서 토론하는 불균등성을 제외하고 다른 불균등성은 모두 무시하기로 하자. 태양과 충분히 멀리 떨어져 있으므로, 선 SP와 ST도 서로 평행하다고 가정하자. 이로써 힘 LM은 언제나 그 평균 양인 TP로 치환될 수 있고, 힘 TM은 그 평균 양인 3PK로 치환될 것이다. 이 힘들이 (운동 법칙의 따름정리 2에 따라) 합성되면 힘 TL이 된다. 그리고 수직선 LE가 반지름 TP로 떨어지면, 이 힘은 TE와 EL로 분해된다. 그중 TE는 언제나 반지름 TP 방향을 따라 작용하므로, 반지름 TP가 만드는 면적 TPC를 가속하거나 지연시키지 않는다. 그리고 EL은 반지름의 수직선 방향을 따라 작용하며, 달의 움직임에 영향을 미쳐 면적을 가속하거나 지연시킨다. 달은 구 C로부터 합 A까지 이동하는 동안 각각의 시간 모멘트 동안 가속을 받는다. 이 가속은 가속력 EL에 비례하며, 다시 말해 $\frac{3\mathrm{PK} \times \mathrm{TK}}{\mathrm{TP}}$에 비례한다. 시간을 달의 평균 운동 또는 (같은 얘기지만) 각 CTP나 호 CP로 표현하기로 하자. CT에서 (CT와 같은 길이의) 수직선 CG를 세운다. 그리고 4분원의 호 AC는 무수히 많은 조각 Pp, …로 나누어 무수히 많은 시간 조각을 표현한다. 수직선 pk를 CT 위에 내리고, TG는 KP 그리고 (길게 늘인) kp와 F와 f에서 만나도록 그린다. 그러면 FK는 TK와 같아지고, Kk 대 PK는 Pp 대 Tp와 같아져 정해진 비를 갖는다. 그러므로 FK × Kk, 또는 면적 FKkf는 $\frac{3\mathrm{PK} \times \mathrm{TK}}{\mathrm{TP}}$에 비례할 것이며, 다시 말해 EL에 비례한다. 이 비들을 합치면, 전체 면적 GCKF는 전체 시간 CP 동안 달이 받는 모든

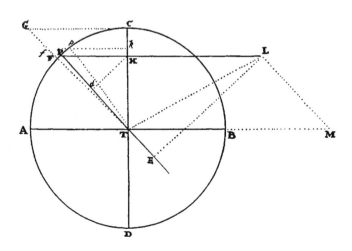

힘 EL의 합에 비례할 것이며, 또한 이 힘의 합에 의해 생성되는 속도에도 비례할 것이다. 다시 말해 면적 CTP가 그려지는 가속에 비례하며, 또는 그 모멘트의 증가에 비례한다. 달이 $27^d\ 7^h\ 43^m$의 주기 CADB 동안 거리 TP에서 정지해 있는 지구 주위를 회전하도록 하는 힘은, 물체에 작용하여 시간 CT 동안 공간 $\frac{1}{2}$CT를 낙하하게 하고, 동시에 달이 이 궤도에서 움직이는 속도와 같은 속도를 얻게 할 것이다. 이는 1권 명제 4 따름정리 9로부터 명백하다. 그런데 TP로 떨어진 수직선 Kd가 EL의 3분의 1이고, 8분원 위의 TP 또는 ML의 절반과 같으므로, 힘 EL은 8분원에서 최대가 되고, 이때의 힘 EL은 힘 ML을 3 대 2로 초과할 것이다. 마찬가지로 달이 정지 상태의 지구 주위를 달의 주기로 회전하도록 하는 힘에 대해서도 100 대 $\frac{2}{3} \times 17,872\frac{1}{2}$, 즉 100 대 11,915와 같을 것이다. 그래서 시간 CT 동안 달의 속도의 $\dfrac{100}{11,915}$가 되는 속도가 생성되어야 한다. 그런데 이 힘은 시간 CPA 동안 CA 대 CT 또는 TP의 비로 더 큰 속도를 생성할 것이다. 8분원에서 가장 큰 힘 EL을 $\frac{1}{2}$TP$\times$Pp와 같은 FK$\times$Kk로 표현하자. 그리고 가장 큰 힘이 임의의 시간 CP 동안 생성할 수 있는 속도 대 더 작은 힘 EL이 생성하는 속도의 비는, 같은 시간 동안 $\frac{1}{2}$TP$\times$CP 대 KCGF와 같다고 하자. 그러나 전체 시간 CPA 동안 생성되는 속도의 서로에 대한 비는 $\frac{1}{2}$TP$\times$CA 대 삼각형 TCG의 비와 같고, 또는 4분원 호 CA대 반지름 TP의 비와 같을 것이다. 그래서 (『원론』 5권 명제 9에 따라) 전체 시간 동안 더 작은 힘 EL이 생성하는 속도는 달의 속도의 $\dfrac{100}{11,915}$가 될 것이다. 이 속도는 면적의 평균 모멘트에 해당된다. 이 속도에 최대 속도의 절반을 더하고 빼서 바꾸도록 하자. 그리고 평균 모멘트를 숫자 11,915로 표현하면, 합 11,915+50(또는 11,965)은 합충 A에서의 면적의 최대 모멘트를 표현하게 되고, 차 11,915-50(또는 11,865)는 구에서의 면적의 최소 모멘트를 표현하게 될 것이다. 그러므로 같은 시간 동안 합과 충에서 그리고 구에서 휩쓰는 면적의 비는 11,965 대 11,865가 된다. 최소 모멘트 11,865에 어떤 모멘트를 더하자. 이 모멘트는 위에서 언급한 두 모멘트의 차이(100)와 비교할 때 사각형 FKCG 대 삼각형 TCG의 비를 갖게 되고, 또는, 같은 얘기지만, 사인 PK의 제곱 대 반지름 TP의 제곱(즉 Pd 대 TP)과 같다. 그렇다면 이 둘의 합은 달이 임의의 중간 위치 P에 있을 때의 면적의 모멘트를 표현할 것이다.

위의 내용은 태양과 지구가 정지해 있고, 달의 삭망월 공전 주기가 $27^d\ 7^h\ 43^m$이라는 가설을 바탕으로 한 것이다. 그러나 달의 삭망월 주기는 실제로는 $29^d\ 12^h\ 44^m$이므로, 모멘트의 증가량은 시간의 비에 따라, 다시 말해 1,080,853 대 1,000,000의 비로 증가해야 한다. 이에 따라 평균 증분의 $\dfrac{100}{11,915}$였던 전체 증분은 이제 $\dfrac{100}{11,023}$이 될 것이다. 그래서 달이 구에 있을 때 면적의 모멘트 대 합충에 있을 때의 모멘트의 비는 11,023-50 대 11,023+50, 또는 10,973 대 11,073이 된다. 그리고 달이 임의의 중간 위치 P에 있을 때의 모멘트는, TP를 100으로 잡을 때, 10,973 대 10,973+Pd가 될 것이다.

그러므로 달이 지구까지 이어진 반지름으로 같은 간격의 시간 조각 동안 휩쓰는 면적은, 원의 반지름을 1로 잡았을 때, 가장 가까운 구로부터 달까지의 거리의 두 배의 버스트 사인에 219.46을 더한 값과 거의 비슷하다. 이 내용은 8분원에서의 이균차가 평균 크기일 때의 얘기다. 그러나 만일 8분원에서의 이균차가 더 크거나 작으면, 버스트 사인은 같은 비로 증가하거나 감소할 것이다.

명제 27

문제 8. 달의 시간당 운동으로부터, 지구로부터의 거리를 구하라.

달이 지구까지 이어진 반지름으로 모든 시간의 모멘트 동안 휩쓰는 면적은 달의 시간당 운동과 지구로부터 달까지의 거리의 곱에 비례한다. 그러므로 지구부터 달까지의 거리는 면적의 제곱근에 정비례하고 시간당 운동의 제곱근에 반비례한다. Q.E.I.

따름정리 1 따라서 달의 겉보기 지름이 정해진다. 이 지름이 지구부터 달까지의 거리에 반비례하기 때문이다. 이 규칙이 현상과 얼마나 잘 맞는지는 천문학자들이 확인해 볼 일이다.

따름정리 2 이로써 달 궤도는 지금까지 이해했던 것보다 현상을 통해서 좀더 정확하게 정의될 수 있다.

명제 28

문제 9. 이심률이 없다고 할 때, 달이 움직여야 하는 궤도의 지름을 구하라.

움직이는 물체가 그리는 궤적의 모든 곳에서 수직 방향으로 당겨진다고 하면, 궤적의 곡률은 그 인력에 정비례하고 속도의 제곱에 반비례한다. 내가 생각하는 곡률은, 같은 반지름에 대하여 반지름이 무한정 줄어들 때, 이 반지름들의 접촉각의 사인 또는 탄젠트의 최종 비이다. 이제, 합충에서 달이 지구 쪽으로 끌리는 인력은 (명제 25의 그림에서) 지구를 향하는 중력에서 태양력 2PK를 뺀 값이고, 이 힘으로 인해 태양을 향하는 달의 가속 중력은 태양을 향하는 지구의 가속 중력보다 더 커지거나 작아진다. 구에서 달이 받는 인력은 지구를 향하는 달의 무거움과 태양력 KT의 합이다(이 힘이 달을 지구를 향해 끌어당긴다). 그리고 $\dfrac{\mathrm{AT} \times \mathrm{CT}}{2}$ 를 N이라 하면, 이 인력은 $\dfrac{178{,}725}{\mathrm{AT}^2} - \dfrac{2{,}000}{\mathrm{CT} \times \mathrm{N}}$ 그리고 $\dfrac{178{,}725}{\mathrm{CT}^2} + \dfrac{1{,}000}{\mathrm{AT} \times \mathrm{N}}$, 또는 $178{,}725\mathrm{N} \times \mathrm{CT}^2 - 2{,}000\mathrm{AT}^2 \times \mathrm{CT}$ 와 $178{,}725\mathrm{N} \times \mathrm{AT}^2 + 1{,}000\mathrm{CT}^2 \times \mathrm{AT}$ 에 거의 비례한다. 지구를 향하는 달의 가속 중력을 숫자 178,725로 표현한다면, 구에서의 평균 힘 ML은 (PT 또는 TK이며 달을 지구로 끌어당기는 힘) 1,000이 될 것이고, 합충에서의 평균 힘 TM은 3,000이 될 것이다. 이 값에서 평균 힘 ML을 빼면, 합충에 있는 달은 남은 힘 2,000으로 지구로부터 당겨진다. 이 힘을 나는 위에서 2PK라고 표시하였다. 이제, 합충(A와 B)에서의 달의 속도 대 구(C와 D)에서의 달의 속도의 비는 CT 대 AT 그리고 달이 (지구까지 이어진 반지름으로) 합충에서 휩쓰는 면적의 모멘트 대 구에서 휩쓰는 면적의 모멘트 비의 곱에 비례한다. 다시 말해, 11,073CT 대 10,973AT 에 비례한다. 이 비를 제곱하여 역수를 취하고 위의 비를 그대로 취하면, 합충에서의 달 궤도의 곡률은 구에서의 곡률에 대하여 $120,406,729 \times 178,725AT^2 \times CT^2 \times N - 120,406,729 \times 2,000AT^4 \times CT$ 대 $122,611,329 \times 178,725AT^2 \times CT^2 \times N + 122,611,329 \times 1,000CT^4 \times AT$의 비를 갖게 된다. 다시 말해, $2,151,969AT \times CT \times N - 24,081AT^3$ 대 $2,191,371AT \times CT \times N + 12,261CT^3$의 비와 같다.

달 궤도의 모양이 알려지지 않았으므로, 그 자리에 타원 DBCA를 놓고 중심 T에는 지구를 놓도록 하자. 그리고 장축 DC는 구와 구 사이에, 단축 AB는 합충과 합충 사이에 놓인다고 하자. 이 타원의 평면은 지구 주위를 각운동으로 회전하고 있는데, 우리가 고려하는 곡률의 궤적은 각운동이 전혀 없는 평면에서 그려져야 하므로, 달이 이 타원을 따라 회전하는 동안 이 평면 위로 그리는 도형, 다시 말해 도형 C*pa*를 고려해야 한다. 이 도형의 각각의 점들 *p*를 구하는 방법은 다음과 같다. 타원 위의 임의의 점 P를 달의 위치라 하고, T*p*와 TP가 같아지도록 그리는데, 이때 각 PT*p*가 구 C를 지난 후의 태양의 겉보기 운동과 같아지도록 잡거나, (같은 얘기지만) 각 CT*p* 대 각 CTP가 달

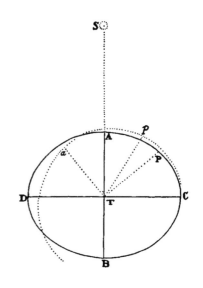

의 삭망월 공전 주기 대 지구 주위를 도는 공전 주기의 비, 즉 즉 $29^d 12^h 44^m$ 대 $27^d 7^h 43^m$의 비와 같아지도록 잡으면 된다. 그렇게 해서 각 CT*a*를 직각 CTA 와 같아지도록 하고, 길이 T*a*가 TA와 같다고 하면, 궤도 C*pa*에서 *a*는 근지점, *c*는 원지점이 될 것이다. 나는 계산을 통하여 궤도 C*pa*의 꼭짓점 *a*에서의 곡률 그리고 중심 T와 반지름 TA로 그려지는 원의 곡률 사이의 차이가, 꼭짓점 A에서의 타원의 곡률과 원의 곡률 사이의 차이와 같은 비율을 갖는 것을 발견하였는데, 이 비율은 각 CTP와 각 CT*p*의 제곱비와 같다. 그리고 A에서의 타원의 곡률 대 원의 곡률의 비가 TA^2 대 TC^2인 것도 알아냈다. 이 원의 곡률 대 중심 T와 반지름 TC로 그려진 원의 곡률의 비는 TC 대 TA다. 그런데 이 곡률과 C에서의 타원의 곡률의 비는 TA^2 대 TC^2이다. 그리고 꼭짓점 C에서의 타원 곡률과 이 마지막 원의 곡률 사이의 차이 대 꼭짓점 C에서의 도형 T*pa*의 곡률과 같은 원의 곡률 사이의 차이의 비는, 각 CT*p*의 제곱 대 각 CTP의 제곱과 같다. 그리고 이 비들은 접촉각의 사인과 두 각의 차의 사인으로부터 쉽게 얻어진다. 또한 이들을 비교하면, 도형 C*pa*의 *a*에서의 곡률 대 C에서의 곡률의 비는 $AT^3 + \dfrac{16,824}{100,000}CT^2 \times AT$ 대 $CT^3 + \dfrac{16,824}{100,000}AT^2 \times CT$가 된다. 여기에서 $\dfrac{16,824}{100,000}$은 각 CTP와 CT*p*의 제곱의 차를 작은 각 CTP의 제곱으로 나눈 값이며, 또는 (같은 얘기지

만) 시간 $27^d\ 7^h\ 43^m$과 $29^d\ 12^h\ 44^m$의 제곱을 시간 $27^d\ 7^h\ 43^m$의 제곱으로 나눈 것이다.

그러므로 a는 달의 합충이고 C는 구이므로, 방금 구한 비율은 합충에서의 달 궤도의 곡률 대 구에서의 곡률의 비와 같아야 한다. 이는 위에서 우리가 구한 것이다. 따라서 CT 대 AT의 비를 구하기 위해, 양끝 항에 가운데 항들을 곱한다. 그리고 그 결과 항들을 AT×CT로 나누면, $2,062.79\text{CT}^4 - 2,151,969\text{N} \times \text{CT}^3 + 368,676\text{N} \times \text{AT} \times \text{CT}^2 + 36,342\text{AT}^2 \times \text{CT}^2 - 362,047\text{N} \times \text{AT}^2 \times \text{CT} + 2,191,371\text{N} \times \text{AT}^3 + 4,051.4\text{AT}^4 = 0$이 된다. 항 AT와 CT의 합의 절반 N이 1이 되도록 잡고, 차의 절반이 x가 되도록 잡으면, 결과는 $\text{CT} = 1 + x$ 그리고 $\text{AT} = 1 - x$이 된다. 이 값들을 방정식에 넣고 풀면 x는 0.00719로 나온다. 따라서 반지름 CT는 1.00719가 되고 반지름 AT는 0.99281이 된다. 이 숫자들은 $70\frac{1}{24}$, $69\frac{1}{24}$와 매우 가깝다. 그러므로 달이 합충에 있을 때 달과 지구 사이 거리 대 구에 있을 때 거리의 비는 (이심률은 고려하지 않고) $69\frac{1}{24}$ 대 $70\frac{1}{24}$가 되고, 반올림하면 69 대 70이 된다.

명제 29

문제 10. 달의 이균차를 구하라.

이균차는 부분적으로는 달 궤도가 타원 형태여서 발생하고, 부분적으로는 지구까지 이어진 반지름으로 달이 휩쓰는 면적의 모멘트의 불균등성 때문에 발생한다. 달 P가 정지해 있는 지구를 중심에 둔 타원 DBCA를 따라서 회전하고, 지구까지 이어진 반지름 TP로 시간에 비례하는 면적 CTP를 휩쓴다고 하자. 또한 타원의 최대 반지름 CT가 최소 반지름 TA에 대하여 70 대 69의 비를 갖는다면, 각 CTP의 탄젠트 대 (구 C에서 계산한) 평균 운동의 각의 탄젠트의 비는 타원의 반지름 TA 대 반지름 TC의 비, 또는 69 대 70과 같을 것이다. 달이 구에서 합충으로 전진하는 과정에서 면적 CTP가 그려지는 속도는 가속되어야 하는데, 이때 합충에서의 면적 대 구에서의 면적의 비는 11,073 대 10,973이고, 구에서의 모멘트에 대한 임의의 중간 위치 P에서의 모멘트의 초과분은 각 CTP의 사인 제곱에 비례한다. 이 가속의 크기는 각 CTP의 탄젠트가 $\sqrt{10{,}973}$ 대 $\sqrt{11{,}073}$의 비, 또는 68.6877 대 69의 비로 감소하면 완벽하지는 않아도 충분히 정확하게 해당 비를 따른다. 이렇게 해서 각 CTP의 탄젠트는 이제 평균 운동의 탄젠트에 대하여 68.6877 대 70의 비를 가질 것이다. 그리고 8분원의 각 CTP는, 평균 운동이 45°일 때 $44°27'28''$로 결정된다. 이 각을 평균 운동의 각 45°에서 빼면 최대 이균차 $32'32''$가 남는다. 이 내용은 달이 구에서 합충으로 가는 동안 90°인 각 CTA를 휩쓸 때에만 해당된다. 그런데 지구의 운동으로 인해 태양의 겉보기 운동은 순행하는 것처럼 보이게 되고, 이 때문에 달은 태양에 도달하기 전에 각 CTa가 직각보다 더 커지도록 면적을 휩쓸게 된다. 그 비는 삭망월 공전 주기 대 지구 주위 공전 주기의 비, 다시 말해 $29^d\ 12^h\ 44^m$ 대 $27^d\ 7^h\ 43^m$의 비가 된다. 이런 식으로 중심 T 주위의 각들은 모두 같은 비에 따라 증가하게 된다. 그리고 원래는 $32'32''$였을 이균차 역시 같은 비로 증가하여 $35'10''$가 된다.

이것이 태양이 지구로부터 평균 거리에 있을 때 최대 이균차의 크기다. 여기에서 지구 궤도의 곡률로 인해 발생하는 차이, 그리고 태양의 작용이 보름달보다 초승달에 더 크게 미치는 현상은 무시하였다. 태양이 지구로부터 임의의 거리에 있을 때 최대 이균차는 삭망월 공전 주기의 제곱에 정비례하고 지구부터 태양까지의 거리의 세제곱에 반비례한다. 그러므로 태양이 원지점에 있을 때 최대 이균차는 $33'14''$이며, 근지점에 있을 때는 $37'11''$이다. 이때 태양의 이심률 대 최대 궤도[즉, 지구의 궤도]의 횡단 반지름의 비는 $16\frac{15}{16}$ 대 $1,000$이라는 조건이 있어야 한다.

지금까지 이심률이 없는 궤도에서 이균차를 조사하였다. 이러한 궤도에서 달은 8분원에 있을 때 언제나 지구와 평균 거리를 유지한다. 만일 이심률 때문에 달이 이러한 궤도에 있을 때보다 지구와 더 가깝거나 멀리 있으면, 이균차는 여기에서 주장하는 규칙을 따를 때보다 좀더 커지거나 작아질 수 있다. 이 차이에 대해서는 천문학자들이 현상을 관측하여 결정하도록 남겨두겠다.

명제 30.

문제 11. 원 궤도에서 달의 교점의 시간당 운동을 구하라.

S를 태양이라고 놓고, T는 지구, P는 달, NPn은 달의 궤도, Npn은 타원의 평면에서 궤도의 궤적이라고 하자. N과 n은 교점이고, nTNm은 교점을 이은 선이며 무한히 늘일 수 있다. PI와 PK는 선 ST와 Qq에 떨어지는 수직선이고, Pp는 황도면에 떨어지는 수직선이다. A와 B는 황도면에서 달의 합충의 위치이고, AZ는 교점 Nn의 선에 세운 수직선이다. Q와 q는 황도면에서 달의 구의 위치다. 그리고

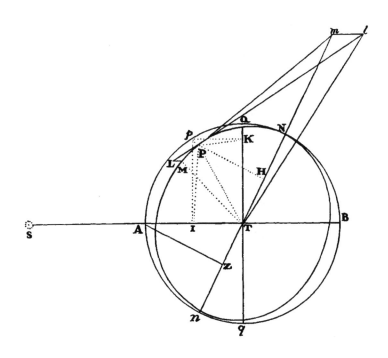

선 Qq는 구와 구 사이를 잇는 선이고, pK는 선 Qq에 세워진 수직선이다. 달의 운동을 섭동하는 태양의 힘은 (명제 25에 따라) 두 개의 성분을 갖는데, 하나는 명제 25의 도형에서 선 LM에 비례하고, 다른 하나는 같은 그림에서 선 MT에 비례한다. 그리고 달은 이 힘들 중 첫 번째, 즉 LM에 의해 지구로 당겨지고, 두 번째 힘 MT에 의해 지구에서 태양까지 그린 직선 ST와 평행한 선을 따라 태양 쪽으로 당겨진다. 첫 번째 힘 LM은 달 궤도 평면에서 작용하므로, 이 평면의 위치에는 아무 변화도 일으키지 못한다. 따라서 이 힘은 무시할 수 있다. 달 궤도 평면이 섭동을 받는 힘은 두 번째 힘 MT인데, 이 힘은 힘 3PK 또는 3IT와 같다. 그리고 이 힘은 (명제 25에 따라) 달이 정지해 있는 지구 주위로 원을 그리며 한 바퀴를 일정하게 회전할 수 있도록 하는 힘과 비교하면, 3IT 대 원의 반지름 곱하기 178.725의 비, 또는 IT 대 반지름 곱하기 59.575와 같은 비를 갖는다. 그러나 이 계산과 앞으로 이어지는 내용에서, 나는 달부터 태양까지 이어진 모든 선이 지구에서 태양까지 이어진 선과 평행하다고 가정한다. 이 선이 기울어져 있으면 어떤 경우에는 효과를 감소시키고 또 어떤 경우에는 그만큼 증가시키기도 하기 때문이다. 여기에서는 계산이 지나치게 복잡해지지 않도록 세부적인 사항을 무시하고 교점의 평균 운동을 구하기로 한다.

이제, 달이 극도로 짧은 시간 동안 휩쓰는 호를 PM이라 하고, 같은 시간 동안 달이 위에서 언급한 힘 3IT를 받아 휩쓸 수 있는 거리의 절반을 ML이라 하자. PL과 MP를 그리고, 이 선을 m과 l까지 늘려 황도면을 자르도록 한다. Tm 위로 수직선 PH를 내린다. 직선 ML은 황도면과 평행해서 (이 평면 위에 있는) 직선 ml과는 만날 수 없지만, 두 직선은 공통의 평면 LMPml 위에 놓여 있어 평행할 것이다. 따라서 삼각형 LMP와 lmP는 닮은꼴일 것이다. 그러면, MPm은 달이 P에 있을 때 움직였던 궤도 평면 위에 있으므로, 점 m은 이 궤도의 교점 N과 n을 지나도록 그린 선 Nn 위에 놓일 것이다. 선분 LM의 절반이 생성되도록 하는 힘은—만일 이 힘이 한꺼번에 전부 위치 P에 작용했다면—이 선 전체를 생성하고, 이 힘을 받은 달은 현이 LP인 호를 그리며 움직이게 되어 평면 MPmT에서 평면 LPlT로 이동할 것이다. 그러므로 이 힘에 의해 생성되는 교점의 각운동은 각 mTl과 같을 것이다. 또한 ml 대 mP는 ML 대 MP와 같고, MP가 정해진 값이므로 (시간이 주어지기 때문에), ml은 ML×mP에 비례한다. 다시 말해 IT×mP에 비례하게 된다. 각 Tml이 직각임을 감안하면, 각 mTl은 $\dfrac{ml}{\text{T}m}$에 비례하고, 따라서 $\dfrac{\text{IT} \times \text{P}m}{\text{T}m}$에 비례한다. 다시 말해 (T$m$ 대 mP는 TP 대 PH와 같으므로) $\dfrac{\text{IT} \times \text{PH}}{\text{TP}}$에 비례한다. TP는 주어진 값이므로, 결국 IT×PH에 비례하게 된다. 그런데 각 Tml 또는 STN이 둔각이면 각 mTl은 더 작을 것이며, 그 비는 각 STN의 사인 대 반지름의 비, 또는 AZ 대 AT의 비가 될 것이다. 그러므로 교점의 속도는 IT×PH×AZ에 비례하며, 또는 세 각 TPI, PTN, STN의 사인들[또는 그 곱]에 의해 포함되는 입체에 비례한다.

교점이 구에 있고 달은 합충에 있을 때 이 각들은 직각이 된다. 이러한 경우에 선분 *ml*은 무한히 뻗어나가고 각 *mTl*은 각 *mPl*과 합동일 것이다. 그런데 달이 겉보기 운동에 의해 같은 시간 동안 지구 주위를 휩쓰는 각을 PTM이라 하면, 이 경우 각 *mPl*대 각 PTM은 1 대 59.575가 된다. 각 *mPl*은 각 LPM와 같기 때문이다. 다시 말해 달의 무거움이 사라지면 주어진 시간 동안 앞서 말한 태양의 힘 3IT가 생성할 수 있는 직선 경로에서 달이 벗어나는 각도와 같기 때문이다. 그리고 이 힘들의 비가 1 대 59.575이다. 그러므로 항성을 기준으로 하는 달의 시간당 평균 운동은 32′56″27‴12^{iv}½이므로, 이 경우 교점의 시간당 운동은 33″10‴33^{iv}12^{v}가 될 것이다. 그러나 다른 경우에 이 시간당 운동 대 33″10‴33^{iv}12^{v}의 비는 '세 각도 TPI, PTN, STN의 사인(즉 구에서부터 달까지 거리, 교점에서 달까지 거리, 태양에서 교점까지 거리)으로 이루어진 입체[또는 세 사인값의 곱]' 대 '반지름의 세제곱'의 비를 가질 것이다. 이 세 각 중 어느 것의 부호가 양에서 음으로, 그리고 음에서 양으로 바뀔 때마다, 역행 운동이 순행 운동으로, 순행 운동은 역행 운동으로 바뀌어야 한다. 이런 이유로 달이 구 중 한 곳과 구 가장 가까이의 교점 사이에 올 때마다 교점은 순행 운동을 한다. 그 외의 경우에는 교점은 역행하고, 역행하는 거리가 순행하는 거리보다 크므로 매월 뒤로 이동하게 된다.

따름정리 1   그러므로 극도로 짧은 호 PM의 양 끝 P와 M으로부터 수직선 PK와 M*k*를 구와 만나는 선 Q*q*로 내리고, 이 수직선들이 교점을 잇는 선 N*n*을 D와 *d*에서 자를 때까지 길게 늘이면, 교점의 시간당 운동은 면적 MPD*d*와 선 AZ의 제곱에 모두 비례할 것이다. PK, PH, AZ를 위에 언급한 세 사인이라고 하면—즉, PK는 구부터 달까지의 거리의 사인, PH는 교점에서 달까지의 거리의 사인, AZ는 태양에서 교점까지의 거리의 사인이라 하면—교점의 속도는 입체[또는 곱] PK×PH×AZ에 비례할 것이다. 그런데 PT 대 PK는 PM 대 K*k*이고, PT와 PM은 주어져 있으므로, K*k*는 PK에 비례한다. 또한 AT 대 PD는 AZ 대 PH와 같으므로 PH는 PD×AZ에 비례한다. 이 비들을 합치면, PK×PH는 K*k*×PD×AZ에 비례하고, PK×PH×AZ는 K*k*×PD×AZ^{2}에 비례한다. 다시 말해 면적 PD*d*M과 AZ^{2}의 곱에 비례한다. Q.E.D.

따름정리 2   임의로 주어진 교점의 위치에서, 평균 시간당 운동은 달의 합충에서의 시간당 운동의 절반이며, 16″55‴16^{iv}36^{v}에 대한 비는 합충으로부터 교점까지의 거리의 사인과 반지름의 제곱비, 즉 AZ^2 대 AT^{2}의 비와 같다. 만일 달이 반원 QA*q*를 일정한 운동으로 횡단하면, 달이 Q에서 M으로 가는 동안 모든 면적 PD*d*M의 합은 원의 접선 QE에서 끝나는 면적 QM*d*E가 될 것이다. 그리고 달이 점 *n*에 도달할 때까지 이 합은 선 PD가 휩쓰는 전체 면적 EQA*n*이 될 것이다. 그런 다음 달이 *n*에서 *q*까지 가면, 선 PD는 원 밖으로 나가게 되고 면적 *nqe*를 휩쓸 것이다(이 면적은 원의 접선 *qe*에서 끝난다). 교점은 이전까지

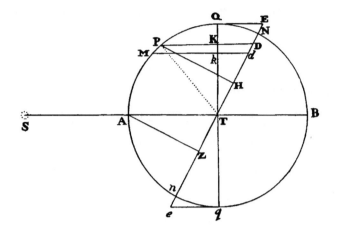

는 역행했지만 이제는 순행하므로, 새로 휩쓰는 면적을 이전 면적에서 빼면 (새 면적이 면적 QEN과 같으므로) 반원 NQA*n*이 남게 된다. 따라서 달이 반원을 휩쓰는 시간 동안 모든 면적 PD*d*M의 합은 반원의 면적이 된다. 그리고 달이 원을 휩쓰는 동안에, 이 모든 면적의 합은 전체 원의 면적이 된다. 그런데 면적 PD*d*M은 달이 합충에 있을 때 호 PM 과 반지름 PT의 곱이다. 그리고 달이 원을 휩쓰는 동안, 이것과 같은 모든 면적의 합은 전체 둘레와 원의 반지름의 곱이다. 이 곱은 두 원과 같기 때문에 이전 곱의 두 배가 된 다. 따라서, 교점이 달의 합충에서와 같은 속도로 일정하게 계속 움직이면, 교점은 실제 로 휩쓰는 것보다 두 배 더 넓은 공간을 휩쓸 것이다. 그러므로 평균 운동은—이 운동이 일정하게 지속된다면, 일정하지 않은 운동으로 휩쓰는 공간을 휩쓸게 된다—교점들이 달의 합충에 있을 때의 운동의 절반이 된다. 그러므로 교점의 최대 시간당 운동은 교점 이 구에 있을 때 $33''10'''33^{iv}12^{v}$이므로, 이 경우 평균 시간당 운동은 $16''35'''16^{iv}36^{v}$가 될 것이다. 그리고 교점의 시간당 운동은 언제나 AZ^2와 면적 PD*d*M에 모두 비례하므로, 달 의 합충에서의 교점의 시간당 운동은 AZ^2과 PD*d*M에 모두 비례하며, 다시 말해 (합과 충에서 휩쓰는 면적 PD*d*M은 주어진 값이므로) AZ^2에 비례하고 평균 운동 역시 AZ^2에 비례할 것이다. 그러므로 교점이 구의 바깥에 있을 때, 시간당 운동 대 $16''35'''16^{iv}36^{v}$는 AZ^2 대 AT^2의 비와 같을 것이다. Q.E.D.

명제 31

문제 12. 타원 궤도 위에 있는 달의 교점의 시간당 운동을 구하라.

    *Qpmaq*을 장축 Q*q*와 단축 *ab*로 그린 타원이라 하고, QA*q*B는 이 타원을 외접하는 원이라 하자. T

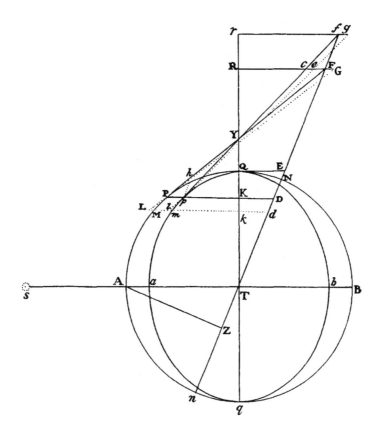

는 두 도형의 공통의 중심에 놓인 지구이고, S는 태양, p는 타원 궤도를 따라 움직이는 달, 그리고 pm 은 달이 무한소의 시간 조각 동안 그리는 호다. N과 n은 선 Nm, pK, mk와 만나는 교점이며, 선 Nm, pK, mk는 축 Qq로 떨어진 수직선으로 양쪽으로 늘리면 원과는 P와 M에서, 교점을 잇는 선과는 D와 d에서 만난다. 그리고 달이 지구까지 이어진 반지름으로 시간에 비례하는 면적을 휩쓸면, 타원 위의 교점의 시간당 운동은 면적 pDdM과 AZ^{2}의 곱에 비례할 것이다.

이것을 증명하기 위해, PF가 P에서 원과 접하도록 하고, 길게 늘여서 F에서 TN을 만나도록 하자. pf는 p에서 타원과 접하도록 하고 길게 늘여 같은 TN을 f에서 만나도록 하자. 이 접선들은 축 TQ 위 의 Y에서 만나도록 하자. 그리고 ML은 달이 원을 따라 회전하며 호 PM을 그리는 동안, 위에서 언급 한 힘 3IT 또는 3PK의 작용에 따라 횡단 운동을 통해 휩쓰는 면적을 표시한다고 하자. 마찬가지로 ml 은 달이 타원을 따라 회전하며 같은 시간 동안 힘 3IT 또는 3PK의 작용을 받아 휩쓰는 공간이라 하자. 더 나아가, Lp와 lp는 황도면과 G와 g에서 만날 때까지 길게 늘이자. 또 FG와 fg를 그려서, FG는 길게 늘여 pf, pg, TQ를 각각 c, e, R에서 자르도록 한다. 그리고 fg는 길게 늘여서 TQ를 r에서 자르도록 하 자. 그러면, 원에서의 힘 3IT 또는 3PK 대 타원에서의 힘 3IT 또는 3pK의 비는 PK 대 pK, 또는 AT 대 aT와 같으므로, 첫 번째 힘에 의해 생성되는 공간 ML 대 두 번째 힘에 의해 생성되는 공간 ml의 비는 PK 대 pK와 같고, 다시 말해 (도형 PYKp와 FYRc는 닮은꼴이므로) FR 대 cR과 같다. 또한 ML 대 FG는 (삼각형 PLM과 PGF는 닮은꼴이므로) PL 대 PG와 같고, 다시 말해 (Lk, PK, GR은 평행하므로) pl 대 pe와 같다. 그렇다면(삼각형 plm과 cpe는 닮은꼴이므로), lm 대 ce와 같다는 뜻이 된다. 그러므로 LM 대 lm, 또는 FR 대 cR은 FG 대 ce와 같다. 만일 fg 대 ce가 fY 대 cY, 즉 fr 대 cR과 같으면(다시 말해 fr 대 FR과 FR 대 cr에 모두 비례하면, 또는 fT 대 FT와 FG 대 ce의 곱에 비례하면), FG 대 ce의 비를 양변에서 제하면 fg 대 FG와 fT 대 FT의 비가 남으므로, fg 대 FG의 비는 fT 대 FT에 비례한다. 그러므로 FG와 fg가 지구 T에서 대對하는 각들은 서로 같을 것이다. 그런데 이 각들은 (앞선 명제 30에서 설명했던 각이다) 달이 원에서 호 PM, 타원에서는 호 pm을 그리는 동안 교점들이 움직이는 각이다. 그러므로 원에서의 교점의 움직임과 타원에서의 움직임은 서로 같을 것이다. 이 내용은 fg 대 ce가 fY 대 cY와 같을 때, 다시 말해 fg가 $\dfrac{ce \times f\text{Y}}{c\text{Y}}$와 같을 때만 성립한다. 그런데 삼각형 fgp와 cep가 닮은꼴이므로, fg 대 ce는 fp 대 cp와 같고, 그래서 fg는 $\dfrac{ce \times fp}{cp}$와 같다. 그러므로 fg가 실제로 대對하는 각 대 FG가 이전에 대했던 각의 비(즉 타원에서의 교점의 운동 대 원에서의 교점의 운동의 비)는 fg 또는 $\dfrac{ce \times fp}{cp}$ 대 이전의 fg 또는 $\dfrac{ce \times f\text{Y}}{c\text{Y}}$와 같다. 다시 말해, $fp \times c$Y 대 fY$\times cp$, 또는 fp 대 fY와 cY대 cp와 같고, (TN에 평행한 ph가 h에서 FP를 만나면) Fh 대 FY 그리고 FY 대 FP와도 같다. 그렇다면 Fh 대 FP 또는 Dp 대 DP와 같고, 따라서 면적 Dpmd 대 면적 DPMd와 같다. 그러므로 (명제 30, 따름정리 1에 따라) 면적 DPMd와 AZ^{2}의 곱이 원에서의 교점의 시간당 운동에 비례하므로, 면적 Dpmd와 AZ^{2}의 곱은 타원에서의 교점의 시간당 운동에 비례할 것이다. Q.E.D.

따름정리   그러므로 임의로 주어진 교점의 위치에서, 달이 구에서 임의의 위치 m까지 가는 동안 모든 면적 pDdm의 합은 면적 mpQEd가 되고, 이 면적은 타원의 접선 QE에서 끝난다. 그리고 달이 1회 공전을 완성하면 이 면직들 전체의 합은 전체 타원의 면적이 되고, 타원에서의 교점들의 평균 운동 대 원에서의 교점들의 평균 운동의 비는 타원 대 원의 비가 되어, Ta 대 TA, 또는 69 대 70이 된다. 그러므로 (명제 30, 따름정리 2에 따라) 각 16″21‴3ⁱᵛ30ᵛ 대 각 16″35‴16ⁱᵛ36ᵛ를 69 대 70이라고 잡는다면, 원에서의 교점들의 평균 시간당 운동 대 16″35‴16ⁱᵛ36ᵛ의 비는 AZ^2 대 AT^{2}이므로, 타원에서의 교점들의 평균 시간당 운동 대 16″21‴3ⁱᵛ30ᵛ은 AZ^2 대 AT^{2}이 될 것이다. 다시 말해, 태양부터 교점까지의 거리의 사인과 반지름의 제곱비가 된다.

그런데 달이 지구까지 이어진 반지름으로 면적을 휩쓰는 속도는 구에서보다 합충에서 더 빠르고, 그 때문에 시간은 합충에서 짧아지고 구에서 길어진다. 그리고 시간과 함께 교점의 운동도 증가하거나 감소한다. 앞에서 달이 구에서 있을 때의 면적의 모멘트 대 합충에서의 모멘트의 비는 10,973 대 11,073이었다. 그러므로 8분원에서의 평균 운동 대 합충에서의 차이 그리고 구에서의 차이는 두 수의 합의 절반인 11,023 대 그 차의 절반인 50과 같다. 따라서, 궤도를 같은 간격으로 나눈 각각의 조각에서 달의 시간은 속도에 반비례하므로, 8분원에서의 평균시 대 이로 인한 구에서의 시간 차이 그리고 합충에서 시간 차이의 비는 11,023 대 50에 매우 가깝다. 달이 합충과 구 사이에 있을 때는, 이 위치에서의 면적의 모멘트와 구에서의 최소 모멘트의 차이는 구로부터 달까지의 거리의 사인 제곱과 거의 같다. 그러므로 임의의 위치에서의 모멘트와 8분원에서의 평균 모멘트의 차이는 구에서 달까지의 거리의 사인의 제곱과 사인 45°의 제곱의 차, 또는 반지름의 제곱의 절반에 비례한다. 그리고 8분원과 구 사이의 어느 위치에서의 시간의 증분과 8분원과 합충 사이의 시간의 감소분은 항상 같다. 그런데 교점의 운동은, 달이 같은 간격으로 쪼갠 궤도의 부분들을 횡단하는 동안 시간 제곱에 비례하여 가속하거나 감속된다.

달이 PM을 횡단하는 동안 이 운동은 (다른 조건이 모두 같을 때) ML에 비례하고, ML은 시간의 제곱에 비례하기 때문이다. 그러므로 합충에서의 교점의 운동은 달이 주어진 궤도의 부분을 횡단하는 동안 완성되며, 11,073 대 11,023의 제곱비에 따라 감소한다. 그리고 남은 운동의 감소분은 100 대 10,975에 비례하고 전체 운동의 감소분은 100 대 11,073에 거의 비례한다. 그런데 8분원과 합충 사이의 감소분 그리고 8분원과 구 사이의 증분 대 이 감소분의 비는 [i] 해당 위치에서의 전체 운동 대 합충에서의 전체 운동 그리고 [ii] 구에서 달까지의 거리의 사인 제곱과 반지름 제곱의 절반의 차 대 반지름 제곱의 절반의 비의 곱과 같다. 그러므로, 만일 두 교점이 각각 구에 있으면서 8분원을 중심으로 양쪽으로 같은 거리만큼 떨어져 있고, 다른 두 교점은 합충과 구로부터 같은 거리만큼 떨어져 있다면, 합충과 8분원 사이의 두 위치의 운동의 감소분에서 8분원과 구 사이에 있는 두 위치의 운동의 증분을 뺀 나머지 감소분은 합충에서의 감소분과 같을 것이다. 이는 실험을 통해 쉽게 밝혀질 수 있는 내용이다. 따라서 교점의 평균 운동에서 빼야 하는 평균 감소분은 합충에서의 감소분의 ¼이다. 합충에서의 교점의 전체 시간당 운동은 (달이 지구까지 이어진 반지름으로 시간에 비례하는 면적을 휩쓴다고 가정했을 때) 32″42‴7ⁱᵛ이었다. 그리고 방금 설명한 내용에 따라, 이제는 좀더 빠르게 움직이는 달이 같은 거리를 이동할 동안, 교점 운동의 감소분은 전체 운동에 대하여 100 대 11,073의 비를 갖는다. 따라서 감소분은 17″43‴11ⁱᵛ이다. 이 값의 ¼을(4‴25ⁱᵛ48ᵛ) 위에서 구한 평균 시간당 운동에서(16″21‴3ⁱᵛ30ᵛ) 빼면 16″16‴37ⁱᵛ42ᵛ가 남는다. 이것이 정확히 수정된 평균 시간당 운동이다.

교점이 구 너머에 있고 합충을 중심으로 양쪽으로 같은 거리만큼 떨어져 있는 상황을 고려하면, 달이 이 위치에 있을 때의 교점들의 운동의 합은, 달이 같은 위치에 있고 교점들은 구에 있을 때의 운동의 합에 대하여 AZ^2 대 AT^2의 비를 가질 것이다. 그리고 방금 제시된 원인에 의해 발생하는 운동의 감소분의 비는 운동 자체의 비와 같을 것이다. 따라서 남은 운동은 서로에 대하여 AZ^2 대 AT^2와 같을 것이고, 평균 운동은 남은 운동에 비례할 것이다. 그러므로 임의로 주어진 상황에서 교점의 수정된 평균 시간당 운동 대 $16''16'''37^{iv}42^v$의 비는 AZ^2 대 AT^2와 같으며, 이 말은 합충에서 교점까지의 거리의 사인과 반지름의 제곱비와 같다는 것이다.

명제 32

문제 13. 달의 교점의 평균 운동을 구하라.

평균 연주 운동은 1년 동안의 평균 시간당 운동을 전부 합한 것이다. N에 있는 교점이 매 시간이 끝날 때마다 원래 위치로 끌어당겨져서, 교점의 운동과는 상관없이 언제나 항성을 기준으로 주어진 위치를 계속 유지한다고 가정하자. 그리고 같은 시간 동안 태양 S는, 지구의 운동 때문에 교점에서 전진하며 일정한 겉보기 운동으로 연례 겉보기 경로를 완성한다고 하자. 또한 직선 TS는 항상 태양까지 이어져 있고, 이 직선이 원 NAn과의 교점으로 극도로 짧은 시간 동안 휩쓰는 극도로 짧은 호를 Aa라고 하자. 그렇다면 (이미 앞에서 설명한 내용에 따라) 시간당 평균 운동은 AZ^2에 비례할 것이며, (AZ와 ZY는 비례하므로) AZ와 ZY의 곱, 즉 면적 AZYa에 비례할 것이다. 그리고 운동이 시작될 때부터 평균 시간당 운동을 전부 더하면 그 총합은 전체 면적 aYZA의 총합, 다시 말해 면적 NAZ에 비례할 것이다. 또한 최대 면적 AZYa는 호 Aa와 원의 반지름의 곱과 같다. 그러므로 원 전체에서 이렇게 이루어지는 사각형들의 합 대 같은 수의 최대 면적의 사각형들의 합의 비는 전체 원의 면적 대 전체 둘레와 반지름의 곱의 비와 같아서, 1 대 2가 된다. 앞에서 최대 면적에 해당하는 시간당 운동은 $16''16'''$

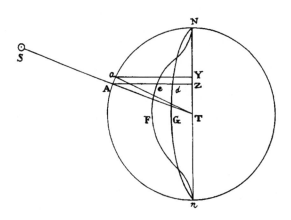

$37^{iv}42^v$였는데, 이 운동을 1 항성년인 $365^d\,6^h\,9^m$ 동안 전부 더하면 $39°38'7''50'''$이 된다. 그리고 이 값의 절반인 $19°49'3''55'''$는 전체 원에 해당하는 교점의 평균 운동이다. 그리고 태양이 N에서 A까지 가는 시간 동안 교점의 운동 대 $19°49'3''55'''$은 면적 NAZ 대 전체 원의 비와 같다.

이 내용은 1년이 되면 태양이 처음 출발했던 교점으로 되돌아가는 것처럼, 교점이 매시간마다 이전 위치로 되돌아간다는 가설을 바탕으로 한 것이다. 그런데 이 교점의 운동으로 인해 태양은 교점으로 조금 더 빨리 돌아온다. 그렇다면 이 짧아진 시간이 계산에 포함되어야 한다. 태양이 360°를 여행하는 1년 동안 교점은 가장 큰 운동으로 $39°38'7''50'''$를 이동하고, 임의의 위치 N에서 교점의 평균 운동 대 구에서의 평균 운동의 비는 AZ^2 대 AT^2과 같으므로, 태양의 운동 대 N에서의 교점의 운동의 비는 $360AT^2$ 대 $39.6355AZ^2$과 같으며, 다시 말해 $9.0827646AT^2$ 대 AZ^2과 같다. 따라서, 전체 원둘레 NAn을 같은 간격의 부분들 Aa로 나누면, 태양이 부분 Aa를 횡단하는 시간과 (원은 정지해 있을 때) 교점이 같은 부분을 횡단하는 시간(원이 중심 T 주위로 교점과 함께 회전할 때)의 비는 $9.0827646AT^2$ 대 $9.0827646AT^2+AZ^2$에 반비례할 것이다. 시간은 [호의] 부분을 횡단하는 속도에 반비례하기 때문이다. 이 속도는 태양과 교점의 속도의 합이다. 부채꼴 NTA는 교점의 운동 없이 태양이 호 NA를 횡단하는 데 걸리는 시간이고, 부채꼴의 부분 ATa는 태양이 극도로 짧은 호 Aa를 횡단하는 데 걸리는 시간의 부분을 표현한다고 하자. 그런 다음 수직선 aY를 Nn으로 내리고 AZ에서 dZ를 잡는데, dZ의 길이는 dZ와 ZY의 곱 대 부채꼴의 부분 ATa가 AZ^2 대 $9.0827646AT^2+AZ^2$이 되도록 한다(즉 dZ 대 ½AZ가 AT^2 대 $9.0827646AT^2+AZ^2$과 같아지도록 잡는다). 그러면 dZ와 ZY의 곱은 호 Aa를 횡단하는 전체 시간 동안 교점의 운동에서 발생하는 시간의 감소분을 표현하게 된다. 그리고 만일 점 d가 곡선 NdGn을 접하면[a] 곡선 면적 NdZ는 전체 호 NA를 횡단하는 시간 동안의 전체 감소분이 될 것이다. 그러므로 부채꼴 NAT에서 면적 NAZ를 빼고 남은 부분이 그 전체 시간이 될 것이다. 그리고 교점이 그보다 더 짧은 시간 동안 운동을 하면 운동의 양은 그 시간에 비례하여 적어지므로, 면적 AaYZ 역시 같은 비로 감소해야 할 것이다. 그러려면 AZ 위에서 길이 eZ 대 길이 AZ의 비가 AZ^2 대 $9.0827646AT^2+AZ^2$과 같도록 eZ를 취해야 한다. eZ와 ZY의 곱 대 면적 AZYa는 교점이 정지 상태에 있을 때 호 Aa를 가로지르는 시간의 감소분 대 전체 시간의 비이므로, 이 곱은 교점 운동의 감소분이 될 것이기 때문이다. 그리고 점 e가 곡선 NeFn을 접하면[b], 운동의 전체 감소분의 합인 전체 면적 NeZ는 호 AN을 횡단하는 동안의 전체 감소분에 해당하며, 남은 면적 NAe는 남은 운동에 해당할 것이다. 이것이 태양과 교점이 움직여 전체 호 NA를 횡단하는 시간 동안의 교점의 실제 운동이다. 이제, 반원의 면적 대 도형 NeFn의 면적의 비를 무한급수의 방법으로 구하면 대략 793 대 60이 된다. 그리고 전체 원에 해당하는 운동은

---

a   다시 말해, 점 d가 곡선 NdGn의 궤적을 그리면, 또는 NdGn이 점 d의 위치에 있는 곡선이면.

b   즉, 곡선 NeFn이 점 e의 위치에 있으면.

19°49′3″55‴였다. 따라서 도형 NeFn의 두 배에 해당하는 운동은 1°29′58″2‴이다. 이 값을 앞선 운동에서 빼면 18°19′5″53‴이 남는다. 이것이 태양이 합에서 합으로 옮겨가는 사이에 항성을 기준으로 한 교점의 전체 운동이다. 그리고 이 운동을 태양의 연주 운동인 360°에서 빼면 341°40′54″7‴이 남는다. 이것이 합에서 합으로 옮겨가는 태양의 운동이다. 그리고 이 운동 대 연주 운동 360°의 비는 방금 구한 교점의 운동(18°19′5″53‴) 대 교점의 연주 운동의 비와 같으므로, 19°18′1″23‴이 될 것이다. 이것이 항성년 동안 교점의 평균 운동이다. 천문학 표에서 이 값은 19°21′21″50‴으로 기록되어 있다. 이 차이는 전체 운동의 1/300보다도 작은 값이다. 이런 차이가 생기는 원인은 아마도 달 궤도의 이심률과 황도면으로부터의 기울기 때문인 것 같다. 교점의 운동은 궤도의 이심률로 인해 지나치게 가속되고, 다른 한편에서는 기울어진 황도면으로 인해 감속하여, 적정한 속도를 이룬다.

명제 33
문제 14. 달의 교점의 실제 운동을 구하라.

교점의 실제 운동은 (앞의 그림에서) 면적 NTA−NdZ에 비례하는 시간 동안 면적 NAe에 비례하며, 따라서 주어진 값이다. 그러나 계산이 너무 복잡하므로, 다음 그림을 이용하는 것이 바람직하겠다. 중심 C와 임의의 간격 CD를 반지름으로 삼아 원 BEFD를 그린다. DC를 A까지 늘여 AB 대 AC가 평균 운동 대 교점들이 구에 있을 때의 실제 운동의 절반이 되도록 한다(즉, 19°18′1″23‴ 대 19°49′3″55‴). 그러면 BC 대 AC는 운동의 차(0°31′2″32‴) 대 뒤의 운동(19°49′3″55‴)의 비와 같을 것이며, 다시 말해 1 대 38³⁄₁₀과 같다. 다음으로, 점 D를 지나 정해지지 않은 선 Gg를 그리는데, 이 선은 원과 D에서 접한다. 그리고 각 BCE 또는 BCF를 교점의 위치부터 태양까지의 거리의 두 배와 같도록 잡는다. 교점의 위치는 평균 운동으로부터 구할 수 있다. 그리고 AE 또는 AF는 수직선 DG를 G에서 자르도록 그린다. 이제 하나의 각을 잡아서 이 각과 합충 사이에 있는 교점의 전체 운동(즉 9°11′3″)의 비가 접선 DG 대 원 BED의 전체 둘레의 비와 같아지도록 하고, 이 각을 (이 각으로 각 DAG를 사용할 수 있다) 교점이 구에서 합충으로 갈 때의 교점의 평균 운동에 더하고 교점이 합충에서 구로 지나갈 때의 전체

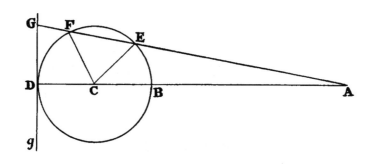

운동에서 빼면, 교점의 진짜 운동을 구할 수 있다. 이렇게 구하는 진짜 운동은 시간을 면적 NTA−NdZ로 표현하여 구하는 실제 운동 그리고 면적 NAe에 의한 교점의 운동과 거의 일치하기 때문이다. 이는 이 문제를 고민하고 계산을 수행하는 이들이라면 쉽게 이해할 것이다. 이것이 보름마다 일어나는 교점 운동의 균차다. 매월 일어나는 균차도 있는데, 이것은 달의 황위를 구하는 데에는 전혀 쓰이지 않는다. 황도면에 대한 달 궤도의 기울기의 이균차는 하나는 보름마다, 다른 하나는 달마다 일어나므로, 매월 발생하는 교점의 균차와 서로를 완화하고 교정하는 효과가 생겨서 달의 황위를 결정할 때는 무시할 수 있기 때문이다.

따름정리   이 내용과 앞선 명제로부터 교점이 합충에서 정지해 있음을 분명히 알 수 있다. 구에 있을 때는 시간당 $16''19'''26^{iv}$만큼 역행한다. 또한 8분원에서 교점 운동의 균차가 $1°30'$인 것도 명백하다. 이는 천체 현상과 정확히 일치한다.

주해

그레셤 대학의 천문학 교수인 J. 마친과 헨리 펨버튼 박사는 각자 독립적으로, 완전히 다른 방법을 사용해 교점의 운동을 구했다. 펨버튼 박사의 방법은 다른 곳에서 소개되었다. 그리고 (내가 본) 두 사람의 논문에는 두 개의 명제가 실려 있었는데, 이 둘은 서로 일치한다. 마친 씨의 논문이 내 수중에 먼저 들어왔으므로, 여기에서는 마친 씨의 논문을 소개하기로 한다.

달의 교점의 운동에 관하여

명제 1

교점으로부터 태양의 평균 운동은, 구에서의 태양의 평균 운동과 태양이 교점으로부터 가장 빠르게 역행하는 평균 운동 사이의 기하 평균으로 정의된다.

　T를 지구의 위치라 하고, Nn은 임의로 주어진 시간에 달의 교점을 잇는 선이라 하자. KTM은 이 선에 직각으로 그려진 선이고, TA는 중심 주위로 회전하는 직선인데 그 각속도는 태양과 교점이 서로 물러나는 속도다. 그리고 직선 Nm(정지 상태)와 TA(회전하는 선) 사이의 각은 언제나 태양과 교점 사이의 거리와 같다. 이제, 임의의 직선 TK를 TS와 SK로 나누고, 이들이 서로에 대하여 태양의 평균 시간당 운동 대 구에서의 교점의 평균 시간당 운동의 비를 갖도록 한다. 만일 직선 TH를 부분 TS와 전체 TK 사이의 비례중항이 되도록 잡는다면, 이 직선은 교점으로부터 태양의 평균 운동에 비례할 것이다.

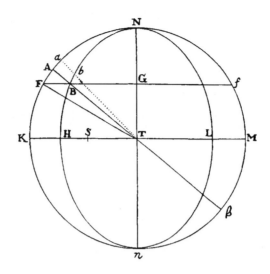

　중심 T와 반지름 TK로 원 NKnM을 그리고, 같은 중심과 반축 TH, TN으로 타원 NHnL을 그린다. 태양이 교점부터 호 Na를 통과해 순행하는 시간 동안 직선 Tba가 그려진다고 하면, 부채꼴의 면적 NTa는 같은 시간 동안 교점과 태양의 운동의 총합을 표현할 것이다. 그러므로 Aa는 직선 Tba가—위에서 말한 법칙에 따라 회전하는 직선—주어진 시간의 조각 동안 일정하게 그리는 극도로 짧은 호라고 하면, 극도로 작은 부채꼴 TAa는 그 시간 동안 태양과 교점이 별개로 이동하는 속도의 총합과 같다. 그런데 태양의 속도는 거의 일정하다. 태양 운동의 불균등성이 작아서 교점의 평균 운동에 이균차를 거의 발생시키지 않기 때문이다. 이 총합의 다른 항, 즉 평균 중 교점의 속도는, 합충으로부터 멀어지면서 태양으로부터의 거리의 사인 제곱에 비례하여 증가한다(『프린키피아』, 3권, 명제 31, 따름정리에 따라). 그리고 이 속도는 태양이 K에 있을 때 구에서 태양의 속도에 대하여 SK 대 TS의 비와 같은 비를 갖는다. 다시 말해 (TK와 TH의 제곱 사이의 차 또는) $KH \times HM$ 대 TH^2과 같다. 그런데 타원 NBH는 두 속도의 합을 나타내는 부채꼴 ATa를 속도에 비례하는 두 부분 ABba와 BTb로 나눈다. 그 이유는 다음과 같다. BT를 원의 β까지 늘이고, 점 B에서 주축까지 수직선 BG를 내린다. 이 직선 BG를 양쪽으로 늘려 원과 점 F와 f에서 만나도록 하자. 그러면 공간 ABba 대 부채꼴 TBb는 $AB \times B\beta$ 대 BT^2과 비례하므로(직선 $A\beta$가 T에서 균등하게 잘리고 B에서는 균등하지 않게 잘려, 이 면적은 TA와 TB의 제곱의 차와 같기 때문이다), 이 비는—공간 ABba가 K에서 최대가 될 때—$KH \times HM$ 대 HT^2의 비와 같은 비를 가질 것이다. 그런데 교점의 최대 평균 속도는 [앞서 밝힌 대로] 태양의 속도에 대하여 같은 비를 가졌다. 그러므로 교점이 구에 있을 때 부채꼴 ATa는 속도에 비례하는 부분들로 나뉜다. 그리고 $KH \times HM$ 대 HT^2는 $FB \times Bf$ 대 BG^2과 같고, $AB \times B\beta$는 $FB \times Bf$와 같으므로, 면적소 ABba는 최대가 될 때 나머지 부채꼴 TBb에 대하여 면적 $AB \times B\beta$ 대 BG^2의 비를 가질 것이다. 그런데 면적소의 비는 언제나 면적 $AB \times B\beta$ 대 BT^2의 비와 같았다. 그러므로 위치 A에서의 면적소 $ABba$는 구에서 그에 해당되는 면적소보다 작으며, 그 비는 BG^2 대 BT^2일 것이다. 다시 말해 교점부터 태양까지의 거리의 사인 제곱에 비례할 것이다. 따라서 모든 면적소 $ABba$의 총합은 (즉 공간 ABN) 태양이 교점을 떠나 호 NA를 통과하는 동안의 교점의 운동에 비례할 것이다. 그리고 남은 공간(즉 타원 부채꼴 NTB)은 같은 시간 동안의 태양의 평균 운동에 비례할 것이다. 따라서, 교점의 평균 연주 운동은 태양이 주기를 완성하는 동안 이루어지는 운동이므로, 태양으로부터 교점의 평균 운동 대 태양 자체의 평균 운동의 비는 원의 면적 대 타원 면적의 비와 같으며, 다시 말해 직선 TK 대 직선 TH의 비와 같다(이는 TK와 TS의 비례중항이다). 또는 같은 얘기지만, 비례중항 TH 대 직선 TS의 비와 같다.

명제 2

달의 교점의 평균 운동이 주어질 때, 실제 운동을 구하라.

각 A를 교점의 평균 위치부터 태양까지의 거리, 또는 교점으로부터 태양의 평균 운동이라고 하자. 각 B를 잡아 각 B의 탄젠트 대 각 A의 탄젠트의 비가 TH 대 HK가 되도록 하면, —즉 태양의 평균 시간당 운동 대 교점이 구에 있을 때 교점으로부터 태양의 평균 시간당 운동의 비의 제곱근이 되도록 하면—각 B는 교점의 실제 위치로부터 태양까지의 거리가 될 것이다. FT를 그리면, (이전 명제의 증명으로부터) 각 FTN은 교점의 평균 위치에서부터 태양까지의 거리가 될 것이며, 각 ATN은 진짜 위치부터의 거리가 될 것이다. 그리고 이들 각의 탄젠트는 서로에 대하여 TK 대 TH의 비를 가질 것이다.

따름정리 그러므로 각 FTA는 달의 교점의 균차고, 8분원에서 최대가 될 때 이 각의 사인 대 반지름의 비는 KH 대 TK+TH의 비가 된다. 그리고 다른 위치 A에서의 이 균차의 사인 대 최대 사인의 비는 각 FTN+ATN의 사인 대 반지름의 비와 같다. 즉 2FTN(교점의 평균 위치로부터 태양까지의 거리의 두 배)의 사인 대 반지름의 비에 가깝다.

주해

구에서의 교점의 평균 시간당 운동이 $16''16'''37^{iv}$(즉, 전체 항성년 동안 $39°38'7''50'''$) 이면, TH 대 TK는 9.0827646 대 10.0827646의 제곱근에 비례할 것이다. 다시 말해 18.6524761 대 19.6524761과 같다. 그러므로 TH 대 HK는 18.6524761 대 1이다. 이 비는 항성년 동안 태양의 운동 대 교점의 평균 운동의 비이며, $19°18'1''23\frac{2}{3}'''$이다.

그런데 달 이론에서 사용된 관측 자료에서 추론한 것처럼, 달의 교점의 평균 운동이 20 율리우스 년(1율리우스 년은 365.25일이다. —옮긴이) 동안 386°50′15″라면, 항성년 동안 교점의 평균 운동은 19°20′31″58‴이 될 것이다. 그리고 TH 대 HK는 360° 대 19°20′31″58‴이 될 것이며, 다시 말해 18.61214 대 1이 될 것이다. 이에 따라 구에서의 교점의 평균 시간당 운동은 16″18‴48ⁱᵛ로 나올 것이다. 그리고 8분원에서의 교점의 최대 균차는 1°29′57″이 될 것이다.

명제 34

문제 15. 황도면을 기준으로 달 궤도의 기울기의 시간당 이균차를 구하라.

A와 a는 합충을 표현한다고 하자. 그리고 Q와 q는 구, N과 n은 교점, P는 궤도 위의 달의 위치, p는 이 위치를 황도면 위로 투사한 점, 그리고 mTl은 위와 같이 교점의 순간적 운동을 표현한 것이라 하자. 수직선 PG를 선 Tm으로 떨어뜨리고, pG를 그린 후 Tl과 g에서 만날 때까지 늘인다. 여기에 pg도 그려 넣으면, 각 PGp는 달이 P에 있을 때 황도면에 대한 달 궤도의 기울기가 될 것이며, 각 Pgp는 시간의 모멘트가 완성된 후 궤도의 기울기가 될 것이다. 그러므로 각 GPg는 기울기의 순간적인 변화량이 될 것이다. 그런데 이 각 GPg 대 각 GTg의 비는 TG 대 PG의 비와 Pp 대 PGD의 비를 합성한 비와 같다. 그러므로 시간의 모멘트 대신 한 시간을 대입하면—(명제 30에 따라) 각 GTg 대 각 33″10‴33ⁱᵛ는 IT × PG × AZ 대 AT³과 같으므로—각 GPg (또는 기울기의 시간당 변화량) 대 각 33″10‴33ⁱᵛ의 비는 IT × AZ × TG × $\dfrac{\mathrm{P}p}{\mathrm{PG}}$ 대 AT³과 같다. Q.E.I.

이 내용은 달이 원 궤도를 따라 일정하게 회전한다는 가설을 바탕으로 한다. 그런데 만일 궤도가 타원 모양이면, 교점의 평균 운동은 장축에 대한 단축의 비율로 감소할 것이고, 이는 위에서 제시된 내용대로이다. 그리고 기울기의 변화량 역시 같은 비로 감소할 것이다.

따름정리 1 수직선 TF가 Nn 위에 세워지고, pM은 황도면 위에서 달의 시간당 운동이라고 하면, 그리고 수직선 pK와 Mk를 QT로 내리고 양방향으로 길게 늘여 TF와 H 그리고 h에서 만난다면, IT 대 AT의 비는 Kk 대 Mp와 같고, TG 대 Hp는 TZ 대 AT와 같다. 따라서 IT × TG는 $\dfrac{\mathrm{K}k \times \mathrm{H}p \times \mathrm{TZ}}{\mathrm{M}p}$와 같을 것이다. 다시 말해 면적 H$pMh$에 비 $\dfrac{\mathrm{TZ}}{\mathrm{M}p}$를 곱한 값이다. 그러므로 기울기의 시간당 변화량 대 33″10‴33ⁱᵛ의 비는 HpMh에 AZ × $\dfrac{\mathrm{TZ}}{\mathrm{M}p}$ × $\dfrac{\mathrm{P}p}{\mathrm{PG}}$를 곱한 값 대 AT³의 비와 같다.

따름정리 2 이에 따라, 지구와 교점들이 항상 매시간이 끝날 때마다 새로운 위치에서 다시 뒤로 당겨지고 순간적으로 이전 위치로 돌아가고, 주어진 위치가 한 달 동안 변화 없이 유지된다면, 한 달 동안의 기울기의 전체 변화량 대 33″10‴33ⁱᵛ의 비는 점 p가 공전하는 동

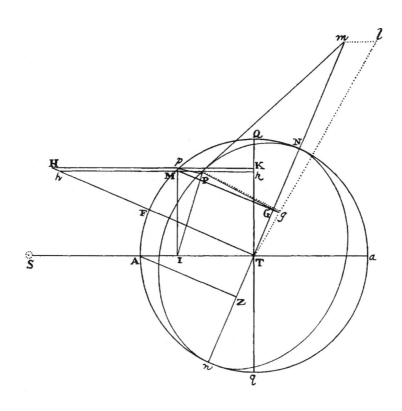

안 생성되는 전체 면적의 합 HpMh(이 면적은 부호 +와 −에 따라 적절히 더해진다)에 AZ×TZ×$\dfrac{\text{P}p}{\text{PG}}$를 곱한 값 대 M$p$×AT^{3}의 비와 같다. 다시 말해 전체 원 QAqa에 AZ× TZ×$\dfrac{\text{P}p}{\text{PG}}$를 곱한 값 대 M$p$×AT^{3}의 비와 같고, 둘레 QA$qa$에 AZ×TZ×$\dfrac{\text{P}p}{\text{PG}}$를 곱한 값 대 2M$p$×AT^{2}의 비와 같다.

따름정리 3 교점이 주어진 위치에 있을 때 평균 시간당 변화량을 한 달 동안 더하면 한 달 동안의 변화량을 얻게 된다. 따라서 평균 시간당 변화량 대 33″10‴33^{iv}의 비는 AZ×TZ×$\dfrac{\text{P}p}{\text{PG}}$ 대 2AT^{2}이며, 즉 Pp×$\dfrac{\text{AZ}\times\text{TZ}}{\frac{1}{2}\text{AT}}$ 대 PG×4AT과 같다. 다시 말하자면 (Pp 대 PG는 위에서 언급한 기울기의 사인 대 반지름의 비이며, $\dfrac{\text{AZ}\times\text{TZ}}{\frac{1}{2}\text{AT}}$ 대 4AT는 각 ATn의 두 배의 사인 대 반지름의 네 배의 비와 같으므로) 기울기의 사인에 태양부터 교점까지의 거리의 두 배의 사인을 곱한 값 대 반지름의 제곱의 네 배의 비와 같다.

따름정리 4 교점이 구에 있을 때, 기울기의 시간당 변화량 대 각 33″10‴33^{iv}의 비가 IT×AZ×TG×$\dfrac{\text{P}p}{\text{PG}}$ 대 AT^{3}과 같으므로, 즉, $\dfrac{\text{IT}\times\text{TG}}{\frac{1}{2}\text{AT}}\times\dfrac{\text{P}p}{\text{PG}}$ 대 2AT와 같고, 구에서 달까지의 거리의

두 배의 사인에 $\frac{Pp}{PG}$을 곱한 값 대 반지름의 두 배의 비와 같으므로, 전체 시간당 변화량의 총합은, 교점이 구에 있을 때 달이 구에서 합충으로 이동하는 시간 (즉 177⅙시간) 동안 각 $33''10'''33^{iv}$을 그 시간과 같은 개수만큼 합한 값인 5,878″에 대하여, 구부터 달까지의 거리의 두 배의 사인 값의 전체 총합에 $\frac{Pp}{PG}$를 곱한 값 대 그 시간과 같은 개수의 지름의 합과 같은 비를 갖는다. 다시 말해 지름에 $\frac{Pp}{PG}$를 곱한 값 대 둘레의 비와 같다. 기울기가 5°1′라면 이 비는 $7 \times \frac{874}{10,000}$ 대 22, 또는 278 대 10,000이 된다. 따라서 전체 변화량은 위에서 말한 시간 동안 전체 시간당 변화량의 합이 되며, 이 값은 163″, 또는 2′ 43″이다.

명제 35

문제 16. 주어진 시간에 황도면에 대한 달 궤도의 기울기를 구하라.

AD를 최대 기울기의 사인이라 하고, AB는 최소 기울기의 사인이라 하자. BD를 C에서 이등분하고, 중심 C와 반지름 BC로 원 BGD를 그린다. AC 위에 CE를 잡아서, CE 대 EB의 비가 EB 대 2BA가 되도록 하자. 이제 주어진 시간 동안, 각 AEG가 구부터 교점까지의 거리의 두 배와 같아지고 수직선 GH를 AD로 떨어뜨리면, AH는 구하고자 하는 기울기의 사인이 될 것이다.

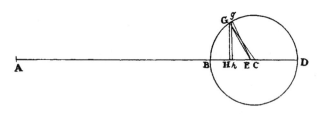

GE^2은 $GH^2+HE^2 = BH \times HD+HE^2 = HB \times BD+HE^2-BH^2 = HB \times BD+BE^2-2BH \times BE = BE^2+2EC \times BH = 2EC \times AB+2EC \times BH = 2EC \times AH$와 같다. 그런데 2EC는 정해져 있으므로, GE^2은 AH에 비례한다. 이제, 주어진 시간이 지난 뒤, AEg를 구에서 교점까지의 거리의 두 배라고 하면, 호 Gg는 (각 GEg가 정해져 있으므로) 거리 GE에 비례할 것이다. 또한 Hh 대 Gg는 GH 대 GC와 같으므로, Hh는 입체 GH × Gg 또는 GH × GE에 비례한다. 다시 말해 $\frac{GH}{GE} \times GE^2$ 또는 $\frac{GH}{GE} \times AH$에 비례하며, 이는 결국 AH와 각 AEG의 사인의 곱에 비례한다는 것이다. 그러므로 어느 경우에 AH가 기울기의 사인이라고 하면, 앞선 명제 34의 따름정리 3에 따라 기울기의 사인에 비례하는 증분에 의해 증가할 것이고, 따라서 항상 기울기의 사인과 같은 값을 유지할 것이다. 그런데 점 G가 점 B 또는 D 위에 놓일 때, AH는 기울기의 사인과 같으므로, 항상 같을 것이다. Q.E.D.

이 증명에서 나는 구부터 교점까지의 거리의 두 배를 나타내는 각 BEG가 일정하게 증가한다고 가정했다. 여러 가지 불균등성을 모두 자세히 고려할 시간이 없기 때문이다. 이제 각 BEG가 직각이라 가정하면, 이 경우 Gg는 교점에서 태양까지 거리의 두 배의 시간당 증분이다. 그렇다면 (명제 34의 따름정리 3에 따라) 같은 경우에 기울기의 시간당 변화량 대 $33''10'''33^{iv}$의 비가 기울기 AH의 사인과 직각 BEG(태양부터 교점까지의 거리의 두 배)의 사인의 곱 대 반지름의 제곱의 네 배의 비와 같을 것이다. 다시 말해, 평균 기울기 AH의 사인 대 반지름의 네 배의 비와 같고, (평균 기울기는 약 $5°8\frac{1}{2}'$이므로) 이 값의 사인(896) 대 반지름의 네 배(40,000), 즉 224 대 10,000의 비와 같다. 그리고 BD에 해당하는 전체 변화량, 즉 사인값들의 차는 연간 변화량에 대하여 지름 BD 대 호 Gg의 비를 갖는다. 이는 지름 BD 대 반원주(둘레의 절반―옮긴이) BGD의 비 그리고 $2,079\frac{7}{10}$ 시간(교점이 구에서 합충까지 가는 시간) 대 1시간의 비를 합성한 비와 같다. 즉 7 대 11과 $2,079\frac{7}{10}$ 대 1의 곱과 같은 것이다. 그러므로 모든 비를 결합하면, 전체 변화량 BD 대 $33''10'''33^{iv}$은 $224×7×2,079\frac{7}{10}$ 대 110,000과 같으며, 이는 29,645 대 1,000과 같다. 따라서 변화량 BD는 $16'23\frac{1}{2}''$가 될 것이다.

이것은 궤도 위의 달의 위치를 고려하지 않을 때 기울기의 최대 변화량이다. 만일 교점이 합충에 있다면, 달이 어느 곳에 있어도 기울기는 전혀 변화하지 않는다. 그러나 교점이 구에 있다면, 기울기는 달이 구에 있을 때보다 합충에 있을 때 더 작고, 그 차이는 $2'43''$이다. 이는 명제 34의 따름정리 4에서 이미 설명하였다. 그리고 달이 구에 있을 때는 $1'21\frac{1}{2}''$으로 감소하여(이 차이의 절반) 기울기의 최대 변화량은 $15'2''$가 된다. 반면 합충에서는 같은 양만큼 증가해 $17'45''$가 된다. 그러므로 달이 합충에 있다면, 교점이 구에서 합충으로 가는 동안의 전체 변화량은 $17'45''$가 될 것이다. 그리고 교점이 합충에 있을 때 기울기가 $5°17'20''$라면, 교점이 구에 있고 달이 합충에 있을 때는 $4°59'35''$가 될 것이다. 그리고 이는 관측을 통해 확인된 내용이다.

이제 달이 합충에 있고 교점은 임의의 위치에 있을 때 궤도의 기울기를 구하려면, AB 대 AD를 $4°59'35''$의 사인 대 $5°17'20''$의 사인의 비와 같도록 잡고, 각 ABG는 구에서 교점까지의 거리의 두 배와 같도록 잡는다. 그러면 AH는 구하려는 기울기의 사인값이 될 것이다. 궤도의 기울기는 달이 교점으로부터 90°만큼 떨어져 있을 때의 기울기와 같다. 달이 다른 곳에 있을 때, 매월 기울기 변화량에서 보이는 불균등성은 (위에서 말한) 교점의 운동에서 매월 발생하는 불균등성에 의해 보완되거나 상쇄되어, 달의 황위 계산에서는 무시할 수 있다.

주해

[a]나는 달의 운동을 계산함으로써, 중력 이론을 통해 달의 운동을 그 원인으로부터 계산할 수 있다는 것

---

aA   1판에서는 이렇게 되어 있다. "현재까지 궤도의 이심률을 반영한 달의 운동은 고려한 적이 없다. 비슷한 계산에 의해, 나는 원

을 보이고 싶었다. 이에 더하여, 같은 이론에 의해 달의 평균 운동의 연례 균차annual equation가 1권 명제 66에 따라 태양의 힘으로 인해 달 궤도가 확장[그리고 축소]되어 발생한다는 것을 알아냈다. 태양이 근지점에 있을 때, 이 힘은 더 커져 달 궤도를 많이 확장시킨다. 태양이 원지점에 있을 때는 이 힘이 줄어 궤도가 축소하게 된다. 달은 궤도가 확장되었을 때는 더 느리게, 축소했을 때는 더 빠르게 회전한다. 그리고 이러한 불균등성을 보상하는 연례 균차는 태양의 원지점과 근지점에서는 감소하고, 지구부터 태양까지의 평균 거리에서는 11′50″까지 커진다. 그리고 다른 위치에서는 태양 중심의 균차에 비례한다. 그리고 지구가 원일점에서 근일점으로 갈 때는 달의 평균 운동에 더해지고 지구가 궤도 반대 부분에 있을 때는 감해진다. 지구 궤도의 반지름이 1,000, 지구의 이심률이 $16\frac{7}{8}$이라 가정하면, 균차는 중력 이론에 의해 최대 11′49″까지 증가하는 것으로 나왔다. 그러나 지구의 이심률은 이보다 조금 더 큰 것 같다. 그리고 이심률이 커지면 균차도 같은 비로 증가해야 한다. 이심률을 $16\frac{11}{12}$로 잡으면 최대 균차는 11′51″가 된다.

나는 또한 달의 원지점과 교점이 지구의 원일점에서보다 근일점에서 더 빨리 움직이고(태양의 힘이 더 크므로), [이것이] 태양에서부터 지구까지 거리의 세제곱에 반비례한다는 사실을 알아냈다. 그리고 이것으로부터 태양 중심의 균차에 비례하는 달 운동의 연례 균차가 발생한다. 이제, 태양의 운동은 태양부터 지구까지의 거리 제곱에 반비례하며, 이 불균등성이 만들어내는 태양 중심의 최대 균차는 1°56′20″이다. 이는 위에서 언급한 태양의 이심률 $16\frac{11}{12}$에 해당하는 값이다. 그런데 태양의 운동이 이 거리의 세제곱에 반비례한다면, 이 불균등성으로부터 최대 균차 2°54′30″가 발생할 것이다. 그러므로 달의 원지점과 교점에서 운동의 불균등성이 만들어내는 최대 균차 대 2°54′30″는 원지점에서의 평균 운동과 달의 교점에서의 일일 평균 운동 대 태양의 일일 평균 운동의 비와 같다. 따라서 원지점의 평균 운동의 최대 균차는 19′43″이 되고, 교점의 평균 운동의 최대 균차는 9′24″가 된다. 또한 지구가 근일점에서 원일점으로 갈 때는 먼저 언급한 19′43″를 더하고 그 다음에 언급한 9′24″를 감한다. 지구 궤도 반대편에서는 반대로 더해지고 감해진다.

또한 중력 이론에 의해 달에 미치는 태양의 작용은 달 궤도의 가로 지름이 태양과 지구를 잇는 선에 직각일 때보다 태양을 통과할 때 조금 더 크다는 것도 확인되었다. 그러므로 달 궤도는 두 번째보다는 첫 번째 경우에 조금 더 크다. 이로 인해 달의 평균 운동에 또 다른 균차가 발생하는데, 이 균차는 태

지점이 태양과 합 또는 충의 위치에 있을 때 항성을 기준으로 매일 23′ 전진하고 $16\frac{1}{8}$′ 후진하며, 이 평균적인 연주 운동이 약 40°임을 알아냈다. 플램스티드가 호록스의 가설에서 채택했던 천문학 표에 따르면, 원지점은 합과 충에서 일주 운동으로 24′28″ 전진하지만 구에서는 일주 운동으로 20′12″ 후진하고, 평균 연주 운동으로 40′41′ 순행한다. 원지점이 합과 충에 있을 때 일일 전진 운동과 구에 있을 때의 일일 후진 운동 사이의 차이는, 표에는 4′16″로 기록되어 있지만, 우리의 계산에 따르면 $6\frac{3}{8}$′이다. 이 차이에 대하여 우리는 표가 잘못된 것이라고 의심하고 있다. 그러나 우리의 계산도 충분히 정확한 것은 아니다. 어떤 계산에서는 합과 충에서의 원지점의 일일 전진 운동과 구에서의 일일 후퇴 운동이 조금 더 크게 나왔기 때문이다. 그러나 계산 과정이 너무 복잡하고 근사가 너무 많아 정확성을 보장할 수 없으므로, 여기에서 설명하기에 바람직하지 않을 것 같다."

양을 기준으로 달의 원지점의 위치에 좌우된다. 그리고 이 균차는 달의 원지점이 태양의 8분원에 있을 때 최대가 되고, 원지점이 구 또는 합충에 도달하면 사라진다. 또한 태양의 구부터 합충까지 달의 원지점이 이동하는 경로에서는 평균 운동에 더해지고, 원지점이 합충에서 구로 가는 경로에서는 감해진다. 나는 이 균차를 반년성semiannual 균차라고 부르는데, 내가 현상으로부터 이해할 수 있는 한에서는 원지점의 8분원에서(이 위치에서 최대가 된다) 대략 3′45″인 것으로 확인되었다. 이것이 지구부터 태양까지의 평균 거리에서 발생하는 양이다. 그러나 이 양은 태양부터의 거리의 세제곱에 반비례하여 증가하거나 감소하므로, 태양의 거리가 최대일 때는 3′34″이고 최소일 때는 3′56″에 매우 가깝다. 그리고 달의 원지점이 8분원 바깥에 위치할 때는 이 값은 줄어들고, 이 값 대 최대 균차의 비는 가장 가까운 합충 또는 구에서부터 달의 원지점까지의 거리의 두 배의 사인 대 반지름의 비와 같다.

같은 중력 이론에 의해, 태양이 달에 미치는 작용은 달의 교점을 지나는 직선이 태양과 지구를 잇는 직선에 직각일 때보다 태양을 통과할 때 조금 더 크다. 이런 이유로 달의 평균 운동에 다른 균차가 생기는데, 이것을 나는 2차 반년성 균차라고 부르겠다. 이 값은 교점이 태양의 8분원에 있을 때 최대가 되고 합충이나 구에 있을 때는 최소가 되며, 교점의 다른 위치에서는 다음 합충 또는 구로부터 각각의 교점까지의 거리의 두 배의 사인에 비례한다. 그리고 태양이 가장 가까운 교점에 앞서 있으면[또는 역행하면] 달의 평균 운동에 더해지며, 뒤쪽에 있으면[또는 순행하면] 감해진다. 그리고 균차가 최대가 되는 8분원에서, 지구부터 태양까지의 평균 거리에서는 47″까지 일어나는데, 이는 내가 중력 이론으로부터 내린 결론이다. 태양이 다른 거리에 있을 때, 이 균차는 (교점의 8분원에서 최대가 된다) 지구부터 태양까지의 거리의 세제곱에 반비례하고, 태양의 근지점에서는 약 49″, 그리고 원지점에서는 약 45″로 발생한다.

동일한 중력 이론에 의해, 달의 원지점은 태양과의 합 또는 충에 있을 때 최대한 전진하고, 태양과의 구에 있을 때는 물러난다. 그리고 이심률은 첫 번째 경우에 최대가 되고 두 번째 경우에는 최소가 되는데, 이는 1권 명제 66, 따름정리 7, 8, 9에 따른 것이다. 그리고 같은 따름정리에 따라 이 불균등성은 대단히 커서 원지점의 주요 균차를 만들어낸다. 이를 나는 반년성 균차라고 부를 것이다. 그리고 내가 관측을 통해 확인한 바로는, 최대 반년성 균차는 대략 12°18′이다. 우리의 동료 영국인 호록스는 아래쪽 초점에 지구가 놓인 타원 궤도를 따라 달이 지구 주위를 돈다고 최초로 제안한 사람이다. 핼리는 타원의 중심을 주전원 안에 두고, 이 주전원의 중심이 지구 주위를 일정하게 회전한다고 보았다. 그리고 이 주전원의 운동으로부터 원지점의 순행과 역행, 그리고 (위에서 언급한) 이심률의 불균등성이 발생한다고 주장했다. 지구부터 달까지의 평균 거리를 100,000 단위로 등분해 보자. T에 지구를 놓고, TC는 달의 평균 이심률인 5,505 단위를 표현한다고 가정하자. TC를 B까지 늘여 CB가 반지름 TC에 대한 최대 반년성 균차(12°18′)의 사인과 같아지도록 한다. 그러면 중심 C와 반지름 CB로 그린 원

BDA는 글자 BDA 순서에 따라 회전하는 주전원이 될 것이고, 그 안에 달 궤도의 중심이 자리 잡을 것이다. 각 BCD를 연례 각도 변화의 두 배, 또는 균차를 한 번 적용해 교정한 달의 원지점부터 태양의 진짜 위치까지의 거리의 두 배와 같아지도록 잡는다. 그러면 CTD는 달의 원지점의 반년성 균차가 될 것이고, TD는 그 궤도의 이심률이 되며, 균차를 두 번 적용해 교정한 원지점으로 향할 것이다. 이렇게 달의 평균 운동과 원지점, 이심률을 구하고, 궤도의 장축이 200,000 단위라는 것을 알게 되면, 이 데이터로부터 다음의 방법에 따라 궤도 위의 달의 실제 위치 그리고 지구로부터의 거리를 구할 수 있다.

태양의 힘은 지구의 근일점에서 더 크기 때문에, 달 궤도의 중심은 원일점에 있을 때보다 더 빠르게 중심 C 주위를 돌고, 그 비는 태양에서부터 지구까지 거리의 세제곱에 반비례한다. 태양 중심의 균

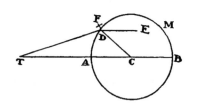

차는 연례 각도 변화 안에 포함되므로, 달 궤도의 중심은 주전원 BDA 안에서 태양부터 지구까지의 거리 제곱에 반비례하여 더 빠르게 움직인다. 달 궤도의 중심이 거리에 반비례하여 더 빠르게 움직이려면, 직선 DE를 궤도 중심 D에서부터 달의 원지점을 향하도록, 또는 직선 TC에 평행하도록 그리고, 각 EDF

는 위에서 언급한 연례 각도 변화에서 태양의 근지점에서부터 달의 원지점까지 전진한[순행한] 거리를 뺀 값과 같아지도록 잡는다. 또는 같은 얘기지만, 각 CDF를 360°에 대한 태양의 진근점 거리각(true anomaly, 근일점으로부터 잰 행성의 각거리—옮긴이)의 여각과 같아지도록 잡는다. 그리고 DF 대 DC는 지구 궤도의 이심률 대 지구부터 태양까지의 평균 거리 그리고 달의 원지점으로부터 태양의 일일 평균 운동 대 태양 자신의 원지점부터 태양의 일일 평균 운동의 비의 곱에 비례하도록 잡는다. 다시 말해, 33⅞ 대 1,000 그리고 52′27″16‴ 대 59′8″10‴의 곱, 또는 3 대 100에 비례하도록 잡는다. 그리고 달 궤도의 중심은 점 F에 놓여 있고, 중심이 D이고 반지름이 DF인 주전원을 따라 회전한다고 가정하고, 그동안 점 D는 원 DABD의 둘레를 따라 나아가고 있다고 하자. 이런 식으로 달 궤도 중심이 중심 C 주위로 그려지는 특정 곡선을 따라 움직이는 속도는 지구에서부터 태양까지 거리의 세제곱에 거의 반비례할 것이다.

이 운동은 계산하기가 어렵지만, 다음의 근사를 사용하면 쉽게 계산할 수 있다. 위에서처럼 지구부터 달까지의 평균 거리가 100,000 단위이고 이심률 TC가 5,505 단위라고 하면, 직선 CB 또는 CD는 1,172¾단위를 포함할 것이고 직선 DF는 35⅓단위를 포함할 것이다. 그리고 이 직선은 거리 TC에서 궤도 중심이 D에서 F로 옮겨갈 때 이러한 움직임으로 인해 발생하는 지구에서의 각을 대한다. 그리고 지구부터 달 궤도의 위쪽 초점까지 그린 선에 평행한 위치에서 직선 DF를 두 배로 잡으면, 당연히 초점의 운동에서 발생하는 각을 대하게 된다. 그리고 지구부터 달까지의 거리에서 이 직선은 달의 운동에서 만들어지는 대하고, 따라서 중심의 두 번째 균차라고 불릴 수 있다. 그리고 이 균차는 지구부터

달까지의 평균 거리에서 이 직선 DF가 점 F부터 달까지 이은 직선과 이루는 각의 사인에 거의 비례하며, 최대 2′25″까지 나온다. 그리고 직선 DF가 달부터 점 F까지 그린 직선과 이루는 각은 달의 평균 근점 거리각(mean anomaly, 타원 궤도를 도는 물체가 공전 속도와 공전 주기를 유지하며 원 궤도로 옮겨간다고 가정할 때, 물체와 궤도 근점 사이의 각거리—옮긴이)에서 각 EDF를 빼거나 태양부터 달까지의 거리를 태양의 원지점부터 달의 원지점까지의 거리에 더하여 구한다. 그리고 반지름과 이렇게 구한 각의 사인의 비는 2′25″ 대 중심의 두 번째 균차의 비와 같으며, 앞에서 말한 합이 반원보다 작으면 균차를 더해야 하고 크면 빼야 한다. 이런 식으로 태양과 달의 합충에서의 달의 황경을 구할 수 있다.

지구의 대기는 약 35 또는 40마일 상공에서 태양 빛을 굴절시키고, 이로 인해 지구 그림자로 빛을 산란시킨다. 이 때문에 그림자 가장자리 부분에서 빛이 퍼지므로, 월식 때에는 시차로부터 구한 그림자의 지름에 1분 또는 1⅓분을 더해야 한다.

달 이론을 조사하고 검증하려면, 먼저 합충에서, 그런 다음 구에서, 마지막으로 8분원에서의 현상을 조사해야 한다. 앞으로 이 임무를 행할 사람은 1700년 12월 마지막 날 정오에 왕립 그리니치 천문대에서 관측한 태양과 달의 평균 운동 자료를 사용하여도 괜찮을 것이다. 이때의 관측 결과, 태양의 평균 운동은 ♑20°43′40″, 태양의 원지점의 평균 운동은 ♋7°44′30″였고, 달의 평균 운동은 ♒15°21′00″, 달의 원지점의 평균 운동은 ♓8°20′00″였다. 그리고 달의 승교점은 ♎27°24′20″였다. 그리니치 천문대의 자오선과 왕립 파리 천문대의 자오선 사이의 차이는 0^h 9^m 20^{s}이다. 그러나 달과 원지점의 평균 운동은 아직 충분히 정확하게 결정되지 않았다.[A]

명제 36

문제 17 바다를 움직이는 태양의 힘을 구하라.

달의 구에서 달의 운동을 섭동하는 태양의 힘 ML 또는 PT는 (이 책 3권의 명제 25에 따르면) 지구 위의 중력에 대하여 1 대 638,092.6의 비를 갖는다. 그리고 달의 합충에서의 힘 TM−LN 또는 2PK는 이보다 두 배 더 크다. 이제 이 힘들이 지구 표면으로 내려오면 지구 중심으로부터의 거리의 비에 따라, 다시 말해 60½ 대 1로 감소한다. 따라서 지구 표면에서의 힘 ML 또는 PT 대 중력의 비는 1 대 38,604,600이 된다. 이 힘에 의해 바다는 태양으로부터 90°인 위치에 있을 때 압력을 받는다. 다른 힘, 즉 이보다 두 배인 힘을 받으면, 바다는 태양 바로 아래 지역과 그 반대편 지역에서 상승한다. 이 힘들의 합 대 중력의 비는 1 대 12,979,200이다. 그리고 힘이 같으면 같은 운동을 일으키므로, 태양에서 90° 떨어진 곳에서 바다를 누르든 태양 바로 아래와 반대편 지역에서 물을 상승시키든, 이 힘의 합은 태양이 바다를 동요시키는 전체 힘이 될 것이며, 마치 힘 전체가 태양 아래 그리고 반대편 지역의 바다를 상승시키고 90° 떨어진 지역에서는 아무 작용을 하지 않는 것과 같은 효과를 낼 것이다.

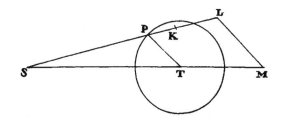

    이것이 태양이 임의의 위치의 천정zenith에 있으면서 동시에 지구로부터 평균 거리에 있을 때, 해당 위치에서 바다를 움직이게 하는 태양의 힘이다. 태양이 다른 곳에 있을 때, 바다를 끌어올리는 힘은 그 위치의 수평선 위 태양 고도의 두 배의 버스트 사인에 정비례하고 지구부터 태양까지의 거리의 세제곱에 반비례한다.

따름정리   지구의 부분들의 원심력은 지구의 일주 운동에 의해 발생하는데(중력에 대한 비가 1 대 289인 힘), 이 힘은 적도 아래의 물 높이를 극지방에서의 물 높이보다 85,472파리피트만큼 더 끌어올리는 원인이 된다(위 명제 19에서 보인 내용대로). 그러므로 우리가 다루고 있는 태양력에 의해서는 (이 힘 대 중력의 비는 1 대 12,868,200이고, 이에 따라 원심력에 대한 비는 289 대 12,868,200 또는 1 대 44,527이므로) 태양 바로 아래 있는 지역과 태양 정반대 편에 있는 지역의 물 높이가 태양에서 90° 떨어진 지역의 물의 높이보다 겨우 1파리피트와 $11\frac{1}{30}$인치만큼 더 높아질 뿐이다. 이 값과 85,472피트의 비는 1 대 44,527이기 때문이다.

명제 37

문제 18. 바다를 움직이는 달의 힘을 구하라.

   [a]바다를 움직이는 달의 힘은 태양의 힘에 대한 비로부터 계산해야 하고, 이 비는 앞선 힘들이 일으키는 바다의 움직임의 비로부터 결정되어야 한다. 브리스틀에서 3 마일스톤 아래에 있는 에이번 강 하구의 경우를 예로 들자면(새뮤얼 스터미의 관측), 봄과 가을에는 태양과 달이 합충에 있을 때 상승하는 전체 수위는 약 45피트인데, 구에 있을 때는 겨우 25피트밖에 되지 않는다. 45피트는 이 두 힘의 합으로 인한 것이고, 25피트는 이 두 힘의 차이에 의해 발생한 것이다. 그러므로 태양과 달이 적도 위에 있고, 지구로부터 평균 거리에 있다고 할 때, 각각의 힘을 S와 L이라 하자. 그러면 L+S 대 L-S는 45 대 25, 또는 9 대 5가 될 것이다.

---

aA   이 명제와 따름정리에서는 1, 2판과 비교할 때 무수히 많은 차이점들이 있다. 예를 들어 다섯 번째 문단 끝에 태양과 달의 힘의 비로 제시한 숫자 4.4815는 1판에서 $6\frac{1}{3}$로 되어 있다.

플리머스 항에서, 바다의 조수는 (새뮤얼 콜프레스의 관측에 따르면) 평균 약 16피트만큼 상승하고, 봄과 가을에는 합충일 때와 구일 때의 수위 차가 7, 8피트 이상도 된다고 한다. 만일 수위의 최대 차이가 9피트라고 하면, L+S 대 L−S는 $20\frac{1}{2}$ 대 $11\frac{1}{2}$ 또는 41 대 23이 될 것이다. 그리고 이 비율은 이전 비율과 충분히 잘 일치한다. 브리스틀 항구의 수위 차가 더 크기 때문에 스터미의 관측이 더 믿을 만할 것 같다. 그래서 더 확실한 근거를 얻을 때까지는 9 대 5 비율을 사용하기로 한다.

그런데 물의 왕복 운동으로 인해, 가장 높은 파도는 태양과 달이 합충에 있을 때가 아니라 (앞서 설명한 것처럼) 합충을 지나 세 번째 시간 또는 합충 이후 해당 자오선에 달이 세 번째로 접근한 직후에 일어난다. 또는 (스터미가 설명한 대로) 초승달 또는 보름달이 뜬 날로부터 사흘 후, 또는 초승달이나 보름달이 뜨고 약 열두 번째 시간 후에 일어나며, 대체로 초승달이나 보름달로부터 43시간 후에 일어난다. 이제, 이 항구에서는 대략 달이 위치의 자오선에 접근하고 일곱 번째 시간쯤에 조수가 인다. 그러니까 달이 태양으로부터, 또는 태양 반대편으로부터 대략 18, 19도 떨어져 있을 때, 순행 방향으로 자오선에 접근한 후에 뒤이어 발생한다. 여름과 겨울에는 정확히 하지와 동지는 아니고, 태양이 전체 경로의 약 10분의 1쯤 앞서 나갔을 때, 또는 대략 지점至點으로부터 36, 37도만큼 떨어져 있을 때 최대 높이에 도달한다. 이와 비슷하게 바다의 최고조는 달이 해당 위치의 자오선에 접근할 때부터 시작해서, 밀물과 밀물 사이에 달이 태양으로부터 전체 운동의 약 10분의 1만큼 떨어져 있을 때 발생한다. 이 거리를 대략 $18\frac{1}{2}°$라고 하자. 그렇다면 합충과 구로부터 $18\frac{1}{2}°$만큼 떨어져 있는 태양의 힘은, 정확히 합충과 구에 있을 때에 비해 바다의 움직임을 증가시키거나 감소시키는 데 효과가 덜한데, 그 비율은 반지름 대 해당 거리의 두 배에 대한 여각의 사인, 또는 37°의 코사인이며, 10,000,000 대 7,986,355와 같다. 그래서 위의 사례에서는 S 대신 0.7986355S를 써야 한다.

그런데 여기에 더하여 달이 적도로부터 기울어져 있으므로, 달의 힘은 구에서 감소해야 한다. 구에서 달은, 또는 구에서 $18\frac{1}{2}°$ 넘어가 있는 달은 적도와의 기울기가 대략 22°13′이 된다. 그리고 바다를 움직이는 태양 또는 달의 힘은 이 태양 또는 달이 적도로부터 기울어짐에 따라 감소하며, 감소하는 크기는 기울기의 코사인 제곱에 거의 비례한다. 그러므로 구에 있는 달의 힘은 겨우 0.8570327L 밖에 되지 않는다. 그러므로 L+0.7986355S 대 0.8570327L−0.7986355S는 9 대 5와 같다고 해야 한다.

또한 달이 그려야 하는 궤도의 반지름들은 (이심률이 없다고 가정하고) 그 비가 60 대 70이다. 그러므로 합충에 있는 지구로부터 달까지의 거리 대 구에 있는 지구부터 달까지의 거리는, 다른 것은 모두 같다고 하면, 69 대 70이다. 그리고 합충에서 $18\frac{1}{2}°$ 넘어가 있을 때(최고 수위가 생성되는 곳), 그런 다음 구에서 $18\frac{1}{2}°$ 넘어가 있을 때(최저 수위가 생성되는 곳)의 거리는 평균 거리에 대하여 69.098747 그리고 69.897345 대 $69\frac{1}{2}$의 비를 갖는다. 그런데 바다를 움직이게 하는 달의 힘은 거리의 세제곱에 반비례한다. 그러므로 이 거리가 최대 그리고 최저인 곳에서의 힘 대 평균 거리에서의 힘의 비는 0.9830427 그리고 1.017522 대 1이 된다. 이에 따라 1.017522L + 0.7986355S 대 0.9830427 × 0.8570327L − 0.7986355S는 9 대 5와 같다. 또한 S 대 L은 1 대 4.4815가 될 것이다. 태양의 힘 대 중력의 비는 1 대 12,868,200이므로, 달의 힘 대 중력의 비는 1 대 2,871,400이 될 것이다.

따름정리 1 태양의 힘을 받는 물은 1피트 $11\frac{1}{30}$인치까지 상승하므로, 달의 힘에 의해서는 8피트 $7\frac{5}{22}$인치까지 상승할 것이며, 두 힘을 모두 받으면 $10\frac{1}{2}$피트까지 상승할 것이다. 그리고 달이 근지점에 있을 때, 특히 파도가 바람에 의해 더 거칠어질 때 물은 $12\frac{1}{2}$피트 이상 상승할 것이다. 그리고 이 힘은 바다의 모든 운동을 일으키기에 충분할 만큼 크고 바다의 운동량과 정확히 일치한다. 동에서 서로 넓게 펼쳐진 바다에서, 이를테면 회귀선 너머에 있는 태평양과 대서양 일부, 그리고 에티오피아 해[남대서양]에서는 파도가 일반적으로 6, 9, 12, 또는 15피트 높이까지 올라간다. 그리고 더 깊고 넓은 태평양의 파도가 대서양과 에티오피아 해보다 더 크다는 말도 있다. 만조를 이루려면 바다의 폭이 동에서 서로 90°를 넘어야 하기 때문이다. 에티오피아 해에서 회귀선 사이에서 물이 상승하는 폭은 온대 지방에서보다 낮은데, 이는 아프리카와 남미 대륙 남쪽 사이의 바다가 좁아서이다. 바다 중간에서는 물이 동시에 양쪽, 즉 동쪽과 서쪽 기슭으로 내려가지 않는 한 상승할 수 없다. 우리의 좁은 바다에서는 물이 양쪽 기슭에서 교대로 상승해야 하며, 다시 말해 한쪽에서는 물이 올라가고 다른 한쪽에서는 내려가야 한다. 그러므로 해안에서 멀리 있는 섬의 썰물과 밀물은 일반적으로 그 규모가 작다. 또 어떤 항구들은 물이 강한 힘을 받아 얕은 곳으로 흘러 들어갔다가 흘러 나오기를 반복하면서, 다른 곳보다 밀물과 썰물의 규모가 큰 곳이 있다. 그런 항구로는 영국의 플리머스와 쳅스토우 교, 프랑스의 몽생 미셸과 노르망디의 아브랑슈 시, ^a동인도^a의 캠베이와 페구 등이 있다. 이 지역의 바다에서는 파도가 엄청난 속도로 밀려 들어왔다 빠져나가면서, 가끔은 해안을 침수시키고 어떨 때는 수 마일에 걸쳐 바닥을 드러내곤 한다. 그리고 물이 밀려들고 빠져나가게 하는 추동력은 물이 30, 40, 또는 50피트 이상 상승하거나 물러나야만 간신히 잦아든다. 길고 얕은 해협에서도 상황은 마찬가지이며, 이를테면 마젤란 해협 그리고 영국을 에워싼 여러 해협을 예로 들 수 있다[아마도 영국 주위의 해협과 작은 바다들을 말하는 것이며, 대양은 아닐 것이다]. 이런 유의 항구와 해협의 파도는 물을 끌어들이고 끌어내는 추동력의 규모를 넘어서까지도 높이 인다. 그러나 수심이 가파르고 깊고 넓은 바다를 마주한

---

aa   라틴어로는 "in India orientali"이고, "in east India"라는 의미다. 뉴턴 시대에 "동인도East Indies"라 하면 인도, 인도차이나, 말레이, 말레이 제도로 구성된 지역 전체를 가리키는 지명이었다 (Oxford English Dictionary, s.vv. "East India"와 "East Indies", Webster's New Geographical Dictionary, s.v. "East Indies" 참고). 오늘날에는 동인도라는 지명이 이런 식으로 사용되지 않지만, 현대 영어에서 이 지역을 일컬을 만한 대표 지명이 없다. 그래서 우리는 모트가 사용한 "동인도 지역in the East Indies"이라는 번역을 채택했다. 현대의 지리적 용어로 보면, 캠베이는 서인도에 있고 페구는 버마에 있다.

해안은, 물을 끌어들이고 끌어내는 추동력 없이도 수심이 오르내릴 수 있으며, 파도의 크기는 태양과 달의 힘과 일치한다.

따름정리 2 바다를 움직이는 달의 힘 대 중력의 비가 1 대 2,871,400이므로, 그 크기가 진자 실험이나 고인 물로 수행하는 실험 또는 유체 정역학 실험에서 포착할 수 있는 힘보다 훨씬 작다는 것은 분명하다. 바다에 이는 파도를 통해서만 이 힘이 만들어내는 효과를 감지할 수 있다.

따름정리 3[b] 바다를 움직이는 달의 힘 대 태양의 힘의 비는 4.4815 대 1이고, 이 힘들은 (1권 명제 66 따름정리 14에 따라) 달과 태양의 밀도 그리고 그들의 겉보기 지름의 세제곱의 곱에 비례하므로, 달의 밀도 대 태양의 밀도는 4.4815 대 1에 정비례하고 달의 지름의 세제곱과 태양 지름의 세제곱에 반비례한다. 즉 (달과 태양의 평균 겉보기 지름은 $31'16\frac{1}{2}''$ 그리고 $32'12''$이므로) 4,891 대 1,000이다. 이제, 태양의 밀도 대 지구의 밀도는 1,000 대 4,000이었으므로, 달의 밀도 대 지구의 밀도는 4,891 대 4,000, 또는 11 대 9가 된다. 그러므로 달의 몸체는 지구보다 밀도가 더 높고 흙이 더 많다.

따름정리 4 그리고 천문 관측에 따르면, 달의 진짜 지름은 지구의 진짜 지름에 대하여 100 대 365의 비를 가지므로, 달의 질량 대 지구의 질량의 비는 1 대 39.788이 될 것이다.

따름정리 5 그리고 달 표면의 가속 중력은 지구 표면의 가속 중력보다 약 3분의 1 정도로 더 적을 것이다.

따름정리 6[c] 그리고 지구 중심부터 달 중심까지의 거리 대 달과 지구의 공통의 무게 중심부터 달 중심까지의 거리의 비는 40.788 대 39.788일 것이다.

따름정리 7 그리고 지구 중심부터 달 중심까지의 평균 거리는 (달의 8분원에서) 지구 최대 반지름의 $60\frac{2}{5}$와 거의 같다. 지구의 최대 반지름은 19,658,600파리피트였고, 지구 중심부터 달 사이의 평균 거리는 $60\frac{2}{5}$ 지구 반지름이므로, 1,187,379,440피트가 된다. 그리고 이 거리는 (앞선 따름정리에 따라) 지구와 달의 공통의 무게중심부터 달 중심까지의 거리에 대하여 40.788 대 39.788의 비를 갖는다. 이런 이유로 공통의 무게중심부터 달 중심까지는 1,158,268,534피트다. 또한 달은 항성을 기준으로 $27^d\ 7^h\ 43\frac{4}{9}^m$ 동안 공전하므로, 달이 1분 동안 휩쓰는 각의 버스트 사인은 반지름이 1,000,000,000,000,000일 때 12,752,341이다. 그리고 반지름 대 이 버스트 사인의 비는 1,158,268,534피트 대 14.7706353피트다. 그러므로 달은, 달을 궤도에 잡아두는 힘의 작용을 받아 지구를

---

b　이 따름정리에 대한 해설은 해설서 §10.16을 참고하자.

cC　1판에는 이 부분이 없다.

향해 떨어지면서 1분 동안 14.7706353피트를 낙하할 것이다. 그리고 이 힘이 $178^{29}/_{40}$ 대 $177^{29}/_{40}$의 비로 증가하면, 달 궤도 안의 전체 중력은 [이 책 3권의] 명제 3, 따름정리에 따라 구할 수 있다. 이 힘의 작용으로 지구를 향해 떨어지면서, 달은 1분 동안 14.8538067피트를 낙하할 것이다. 그리고 지구 중심부터 달까지의 거리의 1/60, 즉 지구 중심부터 197,896,573피트만큼 떨어진 곳에서, 무거운 물체는―1초 동안―마찬가지로 14.8538067피트를 낙하할 것이다. ª그러므로 19,615,800피트의 거리에서 (이 거리는 지구의 평균 반지름이다) 무거운 물체는―1초 동안―15.11175피트, 또는 15피트 1인치 $4^1/_{11}$라인을 낙하할 것이다. 이것은 위도 45도에서 물체의 낙하 거리가 된다. 그리고 앞서 명제 20에서 제시한 표에서, 파리의 위도에서는 낙하 거리는 $^2/_3$라인 정도 더 길다. 그러므로 이 계산에 따르면 파리의 위도에 있는 무거운 물체는 진공 중에서―1초 동안―대략 15파리피트 1인치 $4^{25}/_{33}$라인을 낙하할 것이다. 그리고 이 위도에서 지구의 일주 운동 때문에 발생하는 원심력을 제거하여 무거움이 감소하면, 그곳에서 무거운 물체는―1초 동안―15피트 1인치 $1^1/_2$라인을 낙하할 것이다. 그리고 무거운 물체는 [이 책 3권의] 명제 4와 19에서 보인 대로 파리의 위도에서 바로 이 속도로 낙하할 것이다. ª

따름정리 8 ᵇ지구와 달 중심 사이의 평균 거리는 달의 합충에서 지구 최대 반지름의 60배로, 반지름의 약 1/30정도가 줄어든다. 그리고 달의 구에서는, 이 중심들 간의 평균 거리는 지구 반지름의 $60^5/_6$이다. 이 두 거리 대 8분원에서의 달의 평균 거리는 명제 28에 따라 69 그리고 70 대 $69^1/_2$이다. ᵇ

ᶜ따름정리 9 달의 합충에서 지구와 달 중심 사이의 평균 거리는 지구 평균 지름의 $60^1/_{10}$이다. 그리고 달의 구에서 같은 중심 사이의 평균 거리는 지구 평균 지름의 $60^{29}/_{30}$배이다.

따름정리 10 달의 합충에서, 위도 0°, 30°, 38°, 45°, 52°, 60°, 90°에서의 달의 평균 수평 시차는 각각 57′20″, 57′16″, 57′14″, 57′12″, 57′10″, 57′8″, 57′4″이다. ᶜ

위의 계산에서 나는 지구의 자성磁性 인력은 고려하지 않았다. 크기도 매우 작거니와 잘 알려지지도 않았기 때문이다. 그러나 이 인력이 확인되면,―그와 함께 자오선의 각도에 따른 힘의 세기, 여러 위도에서의 등시성 진자의 길이, 바다의 운동 법칙, 달의 시차, 태양과 달의 겉보기 지름 등이 현상을 통해 더욱 정확하게 결정되면―지금까지의 계산은 더욱 정확하게 개선될 수 있을 것이다. ᴬᶜ

---

aa   이 내용은 2판과 상당히 다르다.

bb   이 내용은 2판과 상당히 다르다.

cc   2판에는 이 내용이 없다.

명제 38

문제 19. 달의 모양을 구하라.

달의 몸체가 우리 바다처럼 유체라면, 그 유체를 가장 가까운 곳과 먼 곳에서 끌어올리는 지구의 힘 대 달 아래쪽 그리고 그 맞은편에서 우리 바다를 끌어올리는 달의 힘의 비는 지구를 향하는 달의 가속 중력 대 달을 향하는 지구의 가속 중력의 비 그리고 달의 지름 대 지구의 지름의 비를 합성한 비와 같다. 다시 말해, 39.788 대 1 그리고 100 대 365의 곱, 또는 1,081 대 100과 같다. 이에 따라, 우리의 바다는 달의 힘을 받아 $8\frac{3}{5}$피트만큼 끌어올려지므로, 달의 유체는 지구의 힘을 받아 93피트만큼 끌어 올려져야 한다. 따라서 달의 모양은 회전타원체가 되어야 하며, 최대 지름을 길게 늘이면 지구 중심을 통과할 것이고 그에 수직인 지름보다 186피트만큼 더 길 것이다. 달이 태초부터 가지고 있었을 모양은 이러하다. Q.E.I.

따름정리   따라서 달은 언제나 지구를 향해 같은 면을 보이게 된다. 다른 위치에서는, 달은 정지해 있을 수 없고 진동 운동에 의해 언제나 이 위치로 돌아올 것이기 때문이다. 그러나 그럼에도 불구하고 이 운동을 생성하는 힘이 매우 작으므로, 이러한 진동은 매우 느릴 것이다. 그래서 언제나 지구를 향하는 달의 면은 (명제 17에서 제시한 이유로 인해) 달 궤도의 다른 초점을 향해 돌아설 수 있으며, 단번에 그곳에서 물러나 다시 지구를 향해 돌아서지는 않는다.

보조정리 1[d]

APEp가 균일한 밀도의 지구를 표현한다고 하자. 지구는 중심 C, 양극 P와 p, 적도 AE로 이루어져 있다. 그리고 구 Pape는[e] 중심 C와 반지름 CP로 그려져 있다고 가정하자. QR을 평면이라 하고, 이 평면 위에 태양의 중심부터 지구 중심까지 이어진 직선을 수직으로 세운다. 이제 방금 설명한 구보다 조금 더 높은 지구의 전체 외면 PapAPepE의 입자들이, 평면 QR로부터 양방향으로 물러나려고 노력하고, 각 부분의 노력은 평면으로부터의 거리에 비례한다고 하자. 그렇다면 나는 다음과 같이 말한다. 첫째, 적도 AE의 원 위에 놓인 (지구를 완전히 둘러싸는 고리 형식으로 지구 외부에 균일하게 배치된) 모든 입자들이 지구를 중심 주위로 회전시키는 전체 힘과 효력은, 적도의 점 A(평면 QR로부터 가장 먼 곳)에 있는 같은 수의 입자들이 지구를 그 중심 주위로 비슷한 원운동을 하도록 움직이게 하는 전체 힘과 효력에 대하여 1

---

dD   1판에서는, 약간 다른 문장들과 함께, 보조정리 1-3과 가설 2는 단순히 세 개의 보조정리로 번호가 매겨져 있었다. 이중 첫 번째는 보조정리 1의 내용과 그 다음 보조정리 2의 증명을 포함하고 있다(그러나 2판과 3판에서 굉장히 많이 바뀐다). 두 번째 보조정리는 보조정리 3에 해당하고, 세 번째가 가설 1에 해당한다.

e   엄밀히 말해서, 구는 중심부터 모든 점이 같은 거리에 있는 입체로 정의한다. 그러나 보조정리 1의 맥락과 그림을 보면, 뉴턴이 말하는 "구 Pape" ("sphaera Pape")는 진짜 구가 아니라 타원체임이 확실하다.

대 2의 비를 가질 것이다. 그리고 적도와 평면 QR의 공통의 단면에 놓인 축을 중심으로 원운동이 일어날 것이다.

중심 K와 지름 IL로 반원 INLK를 그리자. 반둘레 INL을 같은 크기의 무수히 많은 입자로 나눈다고 가정하고, 이 개별 입자 N에서부터 지름 IL까지 사인 NM을 내리자. 그러면 모든 사인 NM의 제곱들의 합은 사인 KM의 제곱들의 합과 같을 것이고, 이 두 합 전체는 같은 수의 반지름 KN의 제곱들의 합과 같을 것이다. 그래서 모든 사인 NM을 제곱한 값의 총합은 같은 수의 반지름 KN의 제곱들의 합의 2분의 1이 될 것이다.

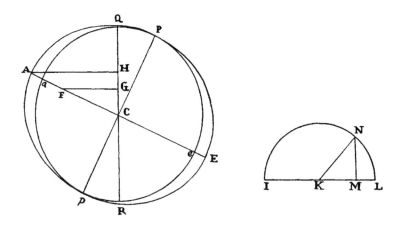

원 AE의 둘레를 같은 개수의 입자들로 나누고, 입자 F들 각각으로부터 평면 QR까지 수직선 FG를, 점 A부터 수직선 AH를 내린다. 그러면 입자 F가 평면 QR로부터 물러나는 힘은 (가설에 따라) 수직선 FG에 비례할 것이고, 이 힘에 거리 CG를 곱하면 입자 F가 지구를 중심 주위로 회전시키는 힘이 될 것이다. 그러므로 위치 F에서의 입자의 효력 대 위치 A에서의 입자의 효력은 $FG \times GC$ 대 $AH \times HC$가 되고, 이는 FC^2 대 AC^2이 된다. 그러므로 위치 F에서 모든 입자의 전체 효력 대 A에서 같은 개수의 입자들의 효력의 비는 모든 FC^2의 총합 대 같은 수의 AC^2의 총합의 비와 같고, 이는 (이미 증명된 바와 같이) 1 대 2가 된다. Q.E.D.

그리고 입자들은 평면 QR로부터 수직으로 물러나면서 작용하고, 이 평면의 각 방향으로부터 동등하게 작용하므로, 이 입자들은 적도인 원둘레와 그에 붙어 있는 지구를 적도 평면과 평면 QR에 놓여 있는 축 둘레로 회전시킬 것이다.

보조정리 2
두 번째로, 같은 조건에 따라, 나는 구체 바깥 모든 곳에서 주어진 축 주위로 지구를 회전시키는 모든 입자들의 전체 힘 대 고리 형태로 적도 AE의 원 전체에 균일하게 분포된 같은 수의 입자들이 지구를 회전시키는 전체 힘의 비는 2 대 5와 같다고 말한다.

IK를 적도 AE에 평행하면서 크기는 더 작은 임의의 원이라 하고, L과 *l*은 구체 P*ape*[a] 바깥의 원 위에 놓인 같은 입자들이라고 하자. 수직선 LM과 *lm*이 태양으로 이어진 반지름에 수직인 평면 QR로 떨어지면, 입자들이 평면 QR로부터 물러나는 전체 힘은 수직선 LM과 *lm*에 비례할 것이다. 이제 직선 L*l*이 평면 P*ape*에 평행하다고 하자. L*l*을 X에서 이등분하고, 점 X를 지나면서 평면 QR에 평행한 N*n*을 그린다. 이 선 N*n*은 수직선 LM, *lm*과는 N, *n*에서 만나도록 한다. 그런 다음 수직선 XY를 평면 QR에 떨어뜨린다. 그러면 입자 L과 *l*이 지구를 반대 방향으로 회전시키는 정반대의 힘은 LM×MC와 *lm*×*m*C에 비례하며, 다시 말해 LN×MC+NM×MC과 *ln*×*m*C−*nm*×*m*C, 또는 LN×MC+NM×MC과 LN×*m*C−NM×*m*C에 비례한

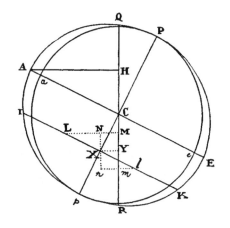

다. 그리고 이 힘들의 차이인 LN×M*m*−NM×(MC+*m*C)는 두 입자가 지구를 회전시키는 데 드는 힘이다. 이 차이의 잉여분, 즉 LN×M*m* 또는 2LN×NX 대 A에 놓인 같은 크기의 두 입자의 힘 2AH×HC는 LX^2 대 AC^{2}에 비례한다. 그리고 음수인 부분, 즉 NM×(MC+*m*C) 또는 2XY×CY 대 A에 있는 같은 입자들의 힘 2AH×HC는 CX^2 대 AC^{2}에 비례한다. 따라서 두 값의 차이, 즉 지구를 회전시키는 두 입자 L과 *l*의 (합산한) 힘과, 위치 A에서 비슷하게 지구를 회전시키는 같은 두 입자의 힘의 비는, LX^2−CX^2 대 AC^{2}에 비례한다. 그런데 만일 원 IK의 둘레 IK를 같은 크기의 무수히 많은 입자 L로 나누면, 모든 LX^2 대 같은 개수의 IX^{2}의 비는 1 대 2가 될 것이고(보조정리 1에 따라), LX^2 대 같은 수의 AC^{2}의 비는 IX^2 대 2AC^{2}에 비례할 것이다. 그리고 CX^{2}과 같은 수의 AC^{2}의 비는 2CX^2 대 2AC^{2}에 비례할 것이다. 그러므로 원 IK의 둘레에 있는 모든 입자들 전체의 힘 대 위치 A에서 같은 개수의 입자들의 전체 힘의 비는 IX^2−2CX^2 대 2AC^{2}이며, 따라서 (보조정리 1에 따라) 원 AE의 둘레에서 같은 수의 입자들의 전체 힘에 대한 비는 IX^2−2CX^2 대 AC^{2}이 된다.

이제, 구[b]의 지름 P*p*를 같은 크기의 무수히 많은 부분으로 나누고, 그 위에 같은 수의 원들 IK를 세우면, 각각의 원 IK의 둘레의 물질의 양은 IX^{2}에 비례할 것이다. 그리고 이 물질이 지구를 회전시키는 힘은 IX^{2}에 IX^2−2CX^{2}을 곱한 값에 비례할 것이다. 같은 물질이 원 AE의 둘레에 서 있다면, 이들의 힘은 IX^{2}에 AC^{2}을 곱한 값에 비례할 것이다. 그러므로 모든 원둘레에서 구체 바깥에 놓인 모든 물질의

a   보조정리 1에서 2로 넘어오면서, 뉴턴은 "구(sphere)"를 "구체(globe)"로 바꾸어 썼다. 그러면서 "구체 P*ape* 바깥의"("extra globum P*ape*") 원이라고 쓰지만, 다시 한 번 맥락과 그림을 보면 "구체 P*ape*"는 회전타원체임이 분명하다.

b   뉴턴은 여기에서 다시 "구(sphere)"로 돌아간다.

총 입자들의 힘 대 대원 AE의 둘레에 서 있는 같은 수의 입자들의 힘의 비는 모든 IX^2에 IX^2-2CX^2을 곱한 값 대 같은 수의 IX^2에 AC^2을 곱한 값의 비와 같다. 다시 말해 모든 AC^2-CX^2에 AC^2-3CX^2을 곱한 값 대 그만큼의 AC^2-CX^2에 AC^2을 곱한 값의 비와 같다. 이 비는 모든 $AC^4-4AC^2 \times CX^2+3CX^4$ 대 그만큼의 $AC^4-AC^2 \times CX^2$의 비와 같다. 이것은 유율[a]이 $AC^4-4AC^2 \times CX^2+3CX^4$인 전체 변량 대 유율이 $AC^4-AC^2 \times CX^2$인 전체 변량의 비와 같고, 따라서, 유율법에 의해, $AC^4 \times CX-\frac{4}{3}AC^2 \times CX^3+\frac{3}{5}CX^5$ 대 $AC^4 \times CX-\frac{1}{3}AC^2 \times CX^3$ 과 같으며, CX 대신 Cp 또는 AC를 쓰면, $\frac{4}{15}AC^5$ 대 $\frac{2}{3}AC^5$의 비, 즉 2 대 5와 같다. Q.E.D.

보조정리 3

세 번째로, 같은 조건에 따라, 나는 위에서 서술한 축 주위를 회전하는 전체 지구의 운동, 즉 모든 입자의 운동이 합성된 운동은, 위에서 서술한 고리가 같은 축 주위를 도는 운동에 대한 비가 지구의 물질 대 고리 안의 물질의 비 그리고 임의의 원의 4분원의 호의 제곱의 세 배 대 지름 제곱의 두 배의 비를 결합한 비, 다시 말해 지구 물질 대 고리 물질과 925,275 대 1,000,000의 곱의 비를 갖는다고 말한다.

　　정지 상태의 축을 중심으로 회전하는 원통의 운동 대 그와 함께 회전하는 내접한 구의 운동의 비는 합동인 네 개의 정사각형 대 그 안에 내접한 세 개의 원 비와 같다. 그리고 원통의 운동 대 공통의 접점에서 구와 원통을 에워싸는 아주 가느다란 고리의 운동의 비는 원통 안의 물질의 양의 두 배 대 고리의 물질의 양의 세 배의 비와 같다. 그리고 고리의 운동은 원통 축 주위로 일정하게 지속되며, 이러한 고리의 운동 대 그 자신의 지름 주위를 도는 고리의 일정한 운동의 비는 (같은 주기 동안) 원의 둘레 대 원의 지름의 두 배의 비와 같다.

가설 2

(지구의 나머지는 궤도에서 전부 제거되었다고 가정하고) 위에서 논의한 고리만 남아 지구 궤도를 따라 태양 주위로 연주 운동한다고 하자. 그와 동시에 이 고리가 자신의 축 주위로 일주 운동하며, 고리의 축은 황도면에 대하여 $23\frac{1}{2}$도로 기울어져 있다면, 춘분점과 추분점의 운동은 그 고리가 유체이든 단단한 고체로 구성되든 같을 것이다.[D]

명제 39

문제 20. 분점의 세차 운동을 구하라.

　　달의 원 궤도에서 교점의 평균 시간당 운동은, 교점이 구에 있을 때를 기준으로 $16''35'''15^{iv}36^{v}$이고,

---

a　이 문장에서 뉴턴이 "유율법"이라는 표현을 명시한 것에 주목하자. 이는 미분을 의미한다.

이 값의 절반인 8″17‴38⁗18⁗는 ([명제 30의 따름정리 2의 마지막 부분에서] 설명한 이유로) 원 궤도의 교점의 평균 시간당 운동이 된다. 그리고 항성년 전체에 대하여 평균 운동을 전부 더하면 20°11′46″이 된다[명제 32의 첫 부분을 참고하라]. 그러므로, 달의 교점들은 일 년 동안 원 궤도 위에서 20°11′46″ 만큼 역행한다. 이런 달이 더 많이 있다면, 각각의 교점들의 운동은 (1권 명제 66 따름정리 16에 따라) 주기에 비례할 것이다. 이 결과로 만일 달이 항성일 동안 지구 표면 근처에서 회전한다면, 교점의 연주 운동은 20°11′46″에 대하여 항성일인 23ʰ 56ᵐ 대 달의 주기 27ᵈ 7ʰ 43ᵐ와 같은 비를 갖는다. 다시 말해 1,436 대 39,343의 비를 갖는다. 그리고 지구를 에워싼 달들의 고리의 교점에 대해서도, 이 달들이 서로를 접촉하지 않거나, 액체가 되어 연속적인 고리 형태를 형성하거나, 또는 이 고리가 구부러지지 않게 단단히 굳어진다고 해도, 이 내용은 항상 성립한다.

그러므로 이 고리의 물질의 양이 구 Papeᵇ바깥에 있는 지구 PapAPepE의 물질의 양 전체와 같다고 상상해 보자(보조정리 2의 그림에서처럼). 그렇다면 이 구체는 바깥에 있는 지구에 대하여 aC² 대 AC²−aC²의 비를 갖는다. 다시 말해 (지구의 더 작은 반지름 PC 또는 aC 대 더 큰 반지름 AC의 비가 229 대 230이므로) 52,411 대 459와 같다. 따라서 적도를 따라 지구를 에워싸고 있는 이 고리가 지구와 함께 고리의 지름 주위로 회전하고 있다면, 고리의 운동 대 안쪽 구체의 운동의 비는 (3권의 보조정리 3에 따라) 459 대 52,411 그리고 1,000,000 대 925,275의 비의 곱에 비례할 것이며, 다시 말해, 4,590 대 485,223가 될 것이다. 따라서 고리의 운동 대 고리와 구체의 운동의 합의 비는 4,590 대 489,813이다. 그러므로, 만일 고리가 구체에 달라붙고 그 교점 또는 분점이 역행하는 운동을 구체에 전달한다면, 고리에 남은 운동과 이전 운동의 비는 4,590 대 489,813이며, 이에 따라 분점의 운동은 같은 비로 감소할 것이다. 그러면 고리와 구체로 구성된 물체의 지점의 연주 운동 대 20°11′46″의 운동의 비는 1,436 대 39,343 그리고 4,590 대 489,813의 비를 결합한 비와 같을 것이며, 다시 말해 100 대 292,369가 될 것이다. 그런데 달들의 교점[즉 달들로 이루어진 고리]을 역행시키는 힘(위에서 설명한 것처럼), 그래서 고리의 지점들이 역행하도록 하는 힘은 (다시 말해 명제 30의 그림에서 힘 3IT)—개별 부분들에 대하여—평면 QR부터 해당 부분까지의 거리에 비례하고, 이 힘을 받은 입자들은 평면에서 뒤로 물러난다. 그러므로 (보조정리 2에 따라), 고리의 물질이 구체의 표면 전체로 흩어져 있으면, 즉 도형 PapAPepE에서처럼 흩어져 있어 지구 바깥 부분을 구성하면, 모든 입자가 적도의 지름 주위로 지구를 회전시켜 분점을 움직이게 하는 전체 힘은, 이전의 2 대 5보다 작은 값이 될 것이다. 따라서 분점들이 역행하는 거리 대 20°11′46″은 10 대 73,092가 되고, 따라서 9″56‴50⁗가 될 것이다.

'그런데 적도 평면은 황도면에 대하여 기울어져 있으므로, 이 운동은 사인 91,706(23½°의 여각의

---

b 보조정리 1과 보조정리 2의 각주를 참고하자.

cC 1판은 이렇게 되어 있다. "이것이 태양의 힘으로 인해 발생하는 분점의 세차다. 또한 바다를 움직이는 달의 힘 대 태양의 힘의 비는 6⅓대 1이었고, 이 힘의 크기에 비례하는 만큼 분점의 세차 역시 증가시킬 것이다. 그러므로 두 힘 모두에 의해 발생하는

사인[또는 23½°의 코사인]) 대 반지름 100,000의 비에 따라 감소해야 한다. 따라서 이 운동은 이제 9″ 7‴20ᶦᵛ가 될 것이다. 이것이 태양의 힘으로 인한 분점의 연주 세차다.

다음으로, 바다를 움직이는 달의 힘 대 태양의 힘의 비는 대략 4.4815 대 1이다. 그리고 분점을 움직이는 달의 힘 대 태양의 힘은 같은 비를 갖는다. 그렇다면 달의 힘을 받은 분점의 연주 세차는 40″52‴52ᶦᵛ이

세차는 이제 7⅓대 1로 커져서 45″24‴15ᶦᵛ가 될 것이다. 이것은 구체 **Pape** 위에 놓인 지구의 일부에서 태양과 달의 작용에 의해 발생하는 분점의 운동이다. 지구는 구체 자체에 작용하는 이 작용에 의해 어느 방향으로도 기울어질 수 없기 때문이다. [뉴턴이 말하는 "구체(globe)"에 대해서는 보조정리 2의 각주를 참고할 것.]

이제 APEp가 지구의 몸체를 표현한다고 하자. 이 몸체는 타원 모양이고 균일한 물질로 구성되어 있다. 이 몸체를 무수히 많은 타원으로 나누는데, 이 타원들은 중심을 공유하는 닮은꼴 도형 APEp, BQbq, CRcr, DSds …로 이루어져 있고, 이들의 지름은 등비수열을 이룬다고 하자. 그렇다면, 도형들은 닮은꼴이므로 분점들을 역행시키는 태양과 달의 힘은 나머지 도형들의 분점들도 같은 속도로 역행하게 할 것이다. 그리고 도형들 사이의 차이인 구형 껍질 AQEq, BRbr CScs …의 운동에서도 마찬가지이다. [뉴턴은 여기에서 회전타원체를 "구형 껍질(orb)"("orbits")로 부르고 있다.] 각 구형 껍질의 분점들은 그것만 놓고 보면 같은 속도로 역행해야 한다. 그리고 껍질이 일정한 밀도의 물질로 이루어져 있다면, 밀도 자체는 크든 적든 상관없다. 따라서, 구형 껍질의 밀도가 둘레보다 중심에서 더 크다면, 각 구형 껍질들이 균일한 밀도의 물질로 구성되고 껍질의 모양이 변화하지 않는 한, 전체 지구의 분점들의 운동은 이전과 같을 것이다.

그런데 만일 구형 껍질의 모양이 바뀌고 중심 물질의 밀도 때문에 지구의 적도 쪽이 이전보다 더 높아지면, 분점의 역행은 높이의 증가로 인해 더 증가할 것이다. 껍질을 하나만 분리시키더라도 이 껍질의 적도 근처 물질의 높이가 더 높아짐에 따라 같은 비율로 증가할 것이다. 그리고 전체 지구에서는 가장 바깥의 AQEq와 가장 안쪽 Gg가 아닌 그 사이의 껍질 CScs의 적도 근처 물질의 높이가 더 높아지는 비에 따라 증가할 것이다. 게다가 우리는 앞에서 지구 중심의 밀도가 더 클 것이고, 이에 따라 양극보다 적도 쪽의 높이가 더 높으며, 높이의 비는 692 대 689보다 클 것으로 추정했다. 이러한 추정은 높이의 비가 근사적으로 692 대 689를 따를 때보다 적도 쪽의 중력이 더 감소하는 것을 근거로 들수 있다. 고리 섬과 카이옌에서 진동하는 초진자 길이는 같은 주기의 파리의 진자 길이보다 길다. 프랑스인은 이 길이 차이를 각

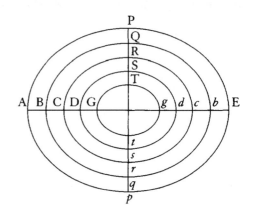

각 1/10과 1/8인치로 측정했지만, 692 대 689의 비로부터 계산하면 $\frac{81}{1,000}$과 $\frac{89}{1,000}$로 나왔다. 그러므로 카이옌의 진자 길이는 1/8 대 $\frac{89}{1,000}$, 즉 1,000 대 712의 비를 따를 때보다 더 길고, 고레 섬에서는 1/10 대 $\frac{81}{1,000}$, 즉 1,000 대 810의 비를 따를 때보다 더 길다. 이 비의 평균으로 1,000 대 760을 잡으면, 적도에서 지구의 무거움은 감소해야 할 것이고, 높이는 증가해야 하며, 높이 비는 1,000 대 760에 매우 근접할 것이다. 따라서 분점의 운동은 (위에서 말한 대로), 지구의 높이 비가 증가하면 가장 바깥쪽이나 안쪽 껍질이 아니라 그 사이의 껍질에서, 즉 최대 비인 1,000 대 650이나 최소 비인 1,000 대 1,000이 아니라 그 중간의 어느 비에 따라, 이를테면 10 대 8⅓ 또는 6 대 5 같은 비율로 증가하면서, 매년 54″29‴6ᶦᵛ로 나올 것이다.

다시 말하지만, 적도 평면은 황도면에 대하여 기울어져 있으므로 이 운동은 감소되어야 하며, 감소되는 비는 기울기의 여각의 사인 대 반지름의 비가 되어야 한다. 지구의 각 부분들이 황도면에서 가장 멀리 있을 때, (이를테면) 회귀선에 있다고 할 때, 평면 QR에서 각 지구의 부분들까지의 거리는 황도면과 적도 평면의 서로에 대한 기울기에 따라 감소하며, 그 비는 기울기의 여각의 사인 대 반지름의 비가 된다. 그리고 부분들이 분점을 움직이는 힘도 그 거리의 비에 따라 감소한다. 같은 부분들의 힘의 합 역시 회귀선으로부터 양방향으로 같은 거리만큼 떨어진 위치에서 같은 비율로 감소하며, 이는 앞에서 증명된 내용에 따라 쉽게 증명할 수 있다. 그러므로 부분들이 전체 공전에서 분점을 움직이게 하는 전체 힘, 입자들 전체의 힘, 그리고 이 힘에 의해 일어나는 분점의 운동은 모두 같은 비를 따라 감소한다. 이 기울기가 23½°이므로, 54″29‴의 운동은 91,706의 사인 (23½°의 여각의 사인) 대 반지름 100,000의 비에 따라 감소해야 한다. 이런 식으로 하면 이 운동은 이제 49″58‴이 될 것이다. 그러므로 분점들이 해마다 49″58‴만큼 역행할 것이며, 이는 천체 현상에서 관측된 값에 근접한다. 천문학자들이 관측한 값은 50″이다."

되고, 두 힘 모두에 의해 발생하는 전체 연주 세차는 $50''00'''12^{iv}$가 될 것이다. 그리고 이 세차 운동은 현상과 일치한다. 천문 관측 자료를 보면 분점의 세차는 매년 약 50초 정도로 측정되기 때문이다.

적도에서의 지구의 높이가 양극에서의 높이보다 $17\frac{1}{6}$마일 이상 높으면, 물질은 중심보다 둘레에서 더 희박할 것이다. 그리고 분점의 세차는 이 높이 차이 때문에 증가해야 하며, 더 희박하기 때문에 감소해야 한다.[c]

지금까지 태양, 지구, 달, 그리고 행성의 계를 설명하였다. 이제 혜성에 대한 설명으로 넘어가겠다.

보조정리 4

혜성은 달보다 높은 곳에 있고, 행성의 영역에서 움직인다.

혜성은 일주시차가 없으므로 달 궤도 너머에 위치해야 하는 것처럼, 혜성의 연주시차는 혜성이 행성 영역 안으로 내려온다는 신뢰할 만한 증거가 된다. 황도 12궁의 순서에 따라 가시 범위 밖을 향해 전진하는 혜성들은, 지구가 혜성과 태양 사이에 있을 때는 정상보다 느리거나 후퇴하지만 지구가 그 반대편으로 접근할 때는 평소보다 더 빠르게 움직인다. 반대로 12궁 순서에 역행하는 혜성은, 지구가 혜성과 태양 사이에 있을 때 가시 범위 끝에서 원래의 속도보다 더 빠르게 움직이고, 지구가 태양 반대편에 있을 때는 원래보다 느리거나 역행한다. 이는 주로 [혜성을 기준으로 볼 때] 지구가 움직이며 여러 위치에 놓이기 때문이다. 행성의 경우도 마찬가지여서, 지구와 같은 방향으로 또는 다른 방향으로 움직임에 따라 어떨 때는 역행하고 어떨 때는 더 느리게 전진하며, 또 어떨 때는 더 빠르게 움직이는 것처럼 보인다. 만일 지구가 혜성과 같은 방향으로 진행하면서 각운동으로 태양 주위로 돌고 있는데, 그 속도가 대단히 빨라서 지구와 혜성을 잇는 직선이 혜성 너머 어느 곳을 향해 수렴된다고 하자. 이때 혜성의 운동이 더 느리면 지구에서 보는 혜성은 역행하는 것처럼 보일 것이다. 지구의 속도가 느려지면, 혜성의 운동은 (지구의 운동을 제하고) 적어도 약간은 더 느린 것처럼 보일 것이다. 그런데 만일 지구가 혜성과 반대 방향으로 움직이면, 결과적으로 혜성의 운동은 더 빨라지는 것처럼 보일 것이다. 그리고 혜성의 가속, 감속, 역행 운동으로부터, 다음의 방법을 사용하여 혜성까지의 거리를 알아낼 수 있다.

혜성의 운동이 [보이기] 시작할 때, 관측된 세 황경을 ♈QA, ♈QB, ♈QC라고 하고, 막 보이지 않게 되는 순간 마지막으로 관측된 황경을 ♈QF라 하자. 직선 ABC를 그려서, 그 부분인 AB와 BC는 각각 직선 QA와 QB 사이, 직선 QB와 QC 사이에 놓여 있고, 서로에 대한 비는 첫 세 관측 지점 사이의 거리에 비례한다고 하자. AC를 G까지 늘여서, AG 대 AB가 첫 관측과 마지막 관측 사

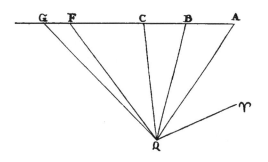

이의 시간 대 첫 번째와 두 번째 관측 사이의 시간의 비와 같아지도록 잡는다. 그리고 QG를 그려 넣는다. 이제 혜성이 직선을 따라 일정하게 움직이고 지구는 정지해 있거나 직선을 따라 함께 일정하게 움직이고 있다고 하면, 각 ♈QG는 마지막 관측 시간의 혜성의 황경이 될 것이다. 그러므로 황경의 차이를 나타내는 각 FQG는 혜성과 지구의 운동의 불균등성으로부터 발생하는 각이다. 그리고 지구와 혜성이 반대 방향으로 움직이면 이 각은 각 ♈QG에 더해져 혜성의 겉보기 운동을 더 빠르게 만든다. 그러나 혜성이 지구와 같은 방향으로 움직이면, 이 각은 각 ♈QG에서 빼야 하고, 앞서 설명한 대로 혜성의 운동은 느려지거나 역행할 수도 있다. 그러므로 이 각은 주로 지구의 운동으로부터 발생하며, 따라서 궤도를 따라 움직이는 혜성의 불규칙한 운동으로부터 발생하는 약간의 증감을 무시하면, 혜성의 시차로 보는 것이 타당하다. 그리고 혜성의 거리는 다음의 방법을 이용해 혜성의 시차로부터 구할 수 있다.

S를 태양이라 하고, acT는 지구의 궤도, a는 첫 번째 관측 때 지구의 위치, c는 세 번째 관측 때 지구의 위치, T는 마지막 관측 때 지구의 위치라 하자. 그리고 T♈는 양자리의 시작점을 향해 그어진 직선이라 하자. 각 ♈TV는 각 ♈QF와 합동이 되도록, 다시 말해 지구가 T에 있을 때 혜성의 황경과 같아지도록 잡는다. ac를 그리고 g까지 늘여서, ag 대 ac가 AG 대 AC와 같아지도록 하자. 그러면 g는 지구가 직선 ac를 따라 일정한 운동을 지속하여 마지막 관측 때 도달하는 위치가 될 것이다. 그러므로 g♈를 T♈에 평행하게 그리고, 각 ♈gV를 각 ♈QG와 합동이 되게 잡으면, 이 각 ♈gV는 위치 g에서 보이는 대로 혜성의 황경과 같아질 것이고, 각 TVg는 지구가 위치 g에서 위치 T까지 이동하면서 발생하는

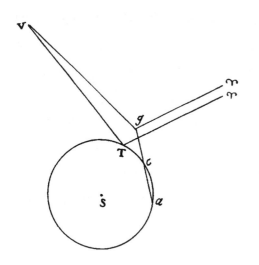

시차가 될 것이다. 따라서 V는 황도면 위의 혜성의 위치가 된다. 그리고 이 위치 V는 일반적으로 목성의 궤도보다 낮다.

같은 값을 혜성 경로의 곡률로부터 구할 수도 있다. 혜성들은 빠르게 움직일 때는 거의 천구의 대원, 즉 지구 공전 궤도 거의 안쪽까지 들어오지만, 그 경로의 끝에서 시차로 인해 발생하는 겉보기 운동의 부분이 전체 겉보기 운동에 대하여 더 큰 비를 갖게 될 때, 혜성은 대원에서 벗어나는 경향을 보인다. 그리고 지구가 한쪽으로 움직일 때 혜성은 반대 방향으로 가려는 경향이 있다. 이러한 편향은 지구의 운동과 상응하는 것이므로 주로 시차로부터 발생하며, 그 크기는 상당히 커서 나의 계산에 따르면 사라져 가는 혜성은 목성보다 훨씬 아래에 위치한다. 따라서 혜성이 우리에게 가까이 다가올 때, 근지점과 근일점에서는 화성과 그 안쪽 행성들의 궤도까지도 내려온다.

또한 혜성 머리 부분의 빛을 보면 혜성이 얼마나 접근했는지도 알 수 있다. 태양으로 인해 빛나는 천체들은 거리가 멀어지면 천체의 밝기가 거리의 네제곱에 비례하여 감소하기 때문이다. 다시 말하자면 밝기는 거리의 제곱에 비례하여 감소하고, 겉보기 지름이 줄면서 또다시 제곱에 비례하여 감소한다. 그러므로 혜성의 빛의 양[즉 밝기]과 겉보기 지름을 모두 알면, 혜성까지의 거리와 어느 다른 행성까지의 거리의 비를 지름 대 지름의 비, 밝기 대 밝기의 제곱근의 역수의 비에 맞추고 두 비를 결합하여 구할 수 있다. 플램스티드는 16피트 망원경과 마이크로미터로 1682년의 혜성을 관측하였는데, 혜성의 코마[a]의 최소 지름은 $2'0''$였고, 머리 중심의 핵 또는 별은 $11''$ 또는 $12''$로 지름의 채 10분의 1도 되지 않았다. 그러나 이 혜성 머리의 밝기와 광채는 1680년의 혜성을 능가했고, 1등성이나 2등성과 맞먹었다. 토성이 고리까지 포함하여 약 4배 정도 밝다고 가정해 보자. 그렇다면, 고리의 빛이 그 안에 든 천체와 거의 같은 정도로 밝고, 천체의 겉보기 지름은 약 $21''$이므로, 천체와 고리의 밝기는 지름이 $30''$인 천체의 밝기와 같을 것이다. 그렇다면 혜성의 거리 대 토성까지의 거리는 1 대 $\sqrt{4}$에 반비례하고 $12''$ 대 $30''$에 정비례할 것이고, 따라서 24 대 30 또는 4 대 5에 비례할 것이다. 이제 헤벨리우스의 관측 자료를 보면, 1665년 4월의 혜성의 광채는 거의 모든 항성을 능가했고, 심지어 (훨씬 더 강렬한 색깔을 나타낸다는 점으로 미루어) 토성도 넘어섰다. 이 혜성은 그 전해 말에 나타났던 혜성보다도 밝았으며 1등성과도 견줄 만했다. 혜성의 코마의 폭은 약 $6'$였지만, 망원경으로 관측한 핵의 크기는 행성들과 비교할 때 목성보다는 분명히 작았고 때로 토성의 몸체보다도 작거나 같은 것처럼 보였다. 또한 코마의 지름은 간신히 $8'$ 또는 $12'$를 넘는 수준이고, 핵 또는 중심 별의 지름은 코마 지름의 10분의 1 또는 어쩌면 15분의 1 정도이므로, 그 정도 별이 일반적으로 행성과 같은 겉보기 등급임은 자명하다. 이와 같이 혜성의 밝기가 토성의 밝기와 견줄 만하거나 때로는 능가하므로, 모든 혜성은 근일점에서 토성보다 아래나 살짝 위에 놓여야 한다. 따라서 혜성을 항성의 위치에 두는 사람들은 전적으로 틀린 것이다. 혜성이 항성 영역에서 항성 빛을 받아 빛난다면, 태양계에서 태양 빛을 받아 빛나는 행성들보다 더 밝을 수는 없을 것이다.

이 문제를 다루면서, 우리는 혜성의 머리를 둘러싼 짙은 연기가 혜성을 가리고 있어, 혜성이 언제나 구름 속에서 희미하게 빛나는 것처럼 보이는 현상은 고려하지 않았다. 연기 때문에 천체가 어두워질수록, 행성들의 반사광에 필적한 양의 빛을 반사하기 위해서는 천체가 태양에 더 가까이 접근해야 한다. 따라서 이러한 점을 고려하면 혜성이 토성의 몸체 한참 아래까지 내려와 있을 가능성도 있는데, 이는 이미 혜성의 시차로부터 증명한 내용이다.

---

a   라틴어 "코마(coma)"의 의미는 "머리카락이 달린 머리"라는 뜻으로 오늘날에는 핵을 둘러싼 성운 외피 또는 혜성의 머리를 가리키는 말로 쓰인다. "머리카락이 달린 머리"를 의미하는 다른 라틴어로는 "capillitium"이 있다. 3권 보조정리 4에서 뉴턴은 "capillitium"을 혜성의 "머리카락이 달린 머리"의 의미로 쓰고 있지만, 명제 41에서는 "coma"를 썼다. 우리는 이 두 단어 모두 현대 영어에서 흔히 사용되는 "코마"로 번역했다.

게다가 혜성의 꼬리를 보면 그럴 가능성이 더욱 커진다. 꼬리는 에테르에서 산란된 연기가 빛을 받아 반사된 것이거나, 머리의 빛으로부터 발생했을 것이다. 연기가 반사된 경우라면 혜성의 거리는 더 가까워져야 한다. 그렇지 않으면 머리에서 발생한 연기가 굉장히 먼 거리를 통과해 전파되어야 하는데, 혜성의 속도 그리고 연기가 퍼지는 범위를 보면 믿기 어려운 얘기다. 꼬리가 머리의 빛으로부터 발생했다면, 꼬리와 코마의 모든 빛의 원인은 머리의 핵이 되어야 한다. 그러므로 이러한 빛이 핵 원반에서 모두 결합해서 응축되어 있다면, 매우 크고 밝은 꼬리를 가진 핵이 내뿜는 광채는 분명히 목성을 능가하고도 남을 것이다. 겉보기 지름이 더 작은데도 더 많은 빛을 발한다면, 태양 빛을 더 많이 받아 반사한다는 것이고, 따라서 혜성은 태양에 훨씬 더 가까울 것이다. 또한 같은 논증에 따라, 가끔씩 혜성이 태양 아래 감추어져서 불기둥처럼 어마어마하게 밝고 큰 꼬리를 방출하는 것을 볼 수 있는데, 이때 머리는 금성 궤도 아래에 있어야 한다. 이 정도 빛이 단 하나의 별에서 뿜어져 나온다면 이 별의 등급은 금성보다 높아야 하고, 어쩌면 금성을 여러 개 합쳐 놓아야 할 수도 있다.

마지막으로, 머리의 빛으로부터도 같은 내용을 확인할 수 있다. 머리의 빛은 혜성이 지구로부터 태양을 향해 물러날 때 증가하고 태양에서 지구를 향해 물러날 때는 감소한다. (헤벨리우스의 관측에 따르면) 태양에서 지구로 향하던 1665년 혜성은 눈에 띄기 시작한 때부터 계속해서 겉보기 운동이 감소하고 있었고, 따라서 이미 근지점을 지난 것이었다. 그런데도 머리의 휘황찬란한 빛은 계속 증가했고, 혜성이 태양 빛에 가려져 보이지 않게 될 때까지 그 빛은 계속되었다. 7월 말에 등장한 1683년 혜성은 (이 역시 헤벨리우스의 관측에 따르면), 처음 보였을 때는 대단히 느리게 움직이면서 매일 궤도 위에서 약 40′ 또는 45″씩 전진했다. 그때부터 혜성의 일일 운동이 지속적으로 증가하다가 9월 4일에는 약 5°가 되었다. 따라서 그동안 혜성은 계속 지구에 접근하고 있었다. 이는 머리의 지름으로도 확인된 사실이었다. 헤벨리우스가 마이크로미터로 측정한 결과를 보면, 8월 6일에는 코마를 포함하여 겨우 6′5″로 측정되었지만 9월 2일에는 9′7″이 되었다. 그러므로 머리는 운동이 끝날 무렵보다 처음 시작할 때 훨씬 더 작게 보였다. 그러나 헤벨리우스는 운동의 막바지보다 처음에 태양 근처에서 훨씬 더 밝았다고 보고한다. 따라서 혜성은 그동안 내내 태양으로부터 물러나고 있었으므로, 지구에 접근하는 것과는 상관없이 빛의 밝기가 줄어든 것이다.

1618년 12월 중순쯤의 혜성과 1680년 같은 달의 혜성은 대단히 빠르게 움직였고, 따라서 당시 근지점에 있었다. 그러나 머리의 가장 큰 광채는 그보다 2주쯤 전, 태양 빛에서 막 빠져나왔을 때가 가장 밝았고, 꼬리의 가장 큰 광채는 그보다 약간 전, 태양에 더 가까웠을 때 가장 밝았다. 이 두 혜성 중 첫 번째 것의 머리는, [존 밥티스트] 시사트의 관측에 따르면 12월 1일에 1등성보다도 밝았고, (근지점에 와 있던) 12월 16일에는 크기는 거의 줄지 않았지만 여전히 휘황찬란하고 굉장히 밝게 빛났다. 1월 7일에는 케플러가 머리는 제대로 확인하지 못한 상태로 관측을 마쳤다. 12월 12일에 두 번째 혜성의 머리가 보였고, 플램스티드는 이 머리가 태양에서 9° 거리에 있는 것으로 관측했다. 3등성이었다면 거의 불가능했을 일이었다. 12월 15일과 17일에는 3등성 정도의 밝기로 보였는데, 지는 해 근처에서 구름 때문에 빛이 감소했기 때문이었다. 혜성은 12월 26일에는 가장 빠르게 움직여 거의 근지점에 도달했지만 3등성인 페가수스 별자리의 입 주변의 밝기보다 어두워 보였다. 1월 3일에는 4등성처럼 보였으며, 1월 9일에는 5등성, 그리고 1월 13일에는 초승달의 광채에 의해 시야에서 사라졌다. 1월 25일에는 7등성과 간신히 비슷한 수준이었다. 만일 근지점 양쪽(전후)에서 균등한 간격으로 시간을 잡으면, 각각의 시간에 먼 곳에 있던 머리는 지구로부터는 같은 거리에 있으므로 같은 광채를 발했어야 하지만, 실제로는 태양 쪽을 향한 곳에서[근지점 쪽에서] 가장 밝게 빛나고 근지점의 반대쪽에서는 보이지 않았다. 그러므로 두 가지 상황에서 혜성의 빛이 엄청난 밝기 차를 보인다는 점으로부터, 첫 번째 경우에 태양과 혜성이 대단히 가까이 있었다는 결론을 내리게 된다. 혜성은 머리가 가장 빠르게 움직일 때 일정하고 밝은 빛을 내는 경향이 있다. 따라서 태양 근처에서 더 밝아지는 경우를 제외하면, 혜성은 근지점에 있는 것이다.

따름정리 1   그러므로 혜성은 태양 빛을 받아 반사하여 빛난다.

따름정리 2   지금까지의 설명으로부터 왜 혜성들이 태양 주위에서 그렇게 자주 나타나는지도 이해할 수 있다. 만일 혜성이 토성 한참 너머에서 보인다면, 태양 반대쪽 하늘에서도 더 자주 보여야 한다. 이 지역이 지구에 더 가깝기 때문이다. 그리고 태양은 그 사이에서 다른 것들을 보이지 않게 가릴 것이다. 그러나 혜성의 역사를 훑어보면, 태양 반대쪽 반구에서보다 태양 쪽의 반구에서 4, 5회 더 많이 포착되었고, 태양 빛에 가려져 보이지 않는 것도 분명히 몇 개 더 있었을 것이다. 혜성은 분명히 우리 지역으로 내려오면서 목성 근처까지 오기 전에는 꼬리를 내뿜지도 않고 태양 빛을 받아 밝게 빛나지도 않아, 육안으로는 거의 보이지 않는다. 그러나 혜성이 아주 짧은 반지름으로 태양 주위를 훨씬 더 넓게 휩쓰는 공간은 대부분 태양을 마주 보는 지구가 있는 쪽에 놓여 있다. 혜성은 일반적으로 이 넓은 영역에서 더 밝은 빛을 내는데, 그 이유는 태양에 훨씬 더 가까이에 있기 때문이다.

따름정리 3   이에 따라 하늘에는 저항이 없다는 사실이 분명해진다. 혜성의 경로는 비스듬하고 때로는 행성의 경로와 반대로 움직이기도 하지만, 거의 모든 방향으로 자유롭게 움직이고 아주 오랫동안, 심지어 행성 경로의 반대편에 있을 때도 그들의 운동을 보존한다. 내가 실수한 것이 아니라면, 혜성은 일종의 행성이며 연속적으로 움직이면서 궤도를 따라 회전한다. 일부 학자들은 머리의 연속적인 변화를 바탕으로 혜성이 유성이라고 주장하는데, 근거 없는 주장으로 보인다. 혜성의 머리는 거대한 대기에 에워싸여 있고, 대기는 아래로 내려갈수록 밀도가 커야 한다. 그러므로 우리가 보는 변화는 이 구름에서 생기는 것이지 혜성의 몸체에서 생기는 것이 아니다. 만일 행성에서 지구를 바라본다면, 분명히 지구도 구름의 빛으로 빛나고 있을 것이며, 단단한 몸체는 구름 아래에 거의 가려져 있을 것이다. 목성의 띠 역시 구름으로 이루어져 있는데, 이는 구름이 서로에 대하여 상대적인 위치를 바꾸는 것을 보아 알 수 있다. 목성의 단단한 몸체는 이 구름이 가로막고 있어 뚫고 보기가 대단히 어렵다. 혜성의 몸체도 이와 마찬가지로 더 진하고 두꺼운 대기 아래 감춰져 있는 것이 분명하다.

명제 40

정리 20. 혜성은 초점을 태양의 중심에 둔 원뿔곡선을 따라 움직이며, 태양까지 이어진 반지름으로 시간에 비례하는 면적을 휩쓴다.

이것은 1권 명제 13의 따름정리 1과 3권의 명제 8, 12, 13을 비교해 보면 명백하다.

따름정리 1   따라서 혜성이 궤도를 따라 공전한다면, 이 궤도는 타원일 것이다. 또한 혜성과 행성의 주기 비율은 그 주축을 $\frac{3}{2}$제곱한 비율과 같다. 혜성은 대부분 행성 너머에서 훨씬 더 긴 축의 궤도를 그리며 움직이고 있으므로, 회전 속도는 더 느릴 것이다. 예를 들어, 혜성의 궤도의 축이 토성 궤도 축보다 네 배 더 길면, 혜성의 공전 시간 대 토성의 공전 시간(30년)은 (또는 8) 대 1의 비를 가지므로 240년이 될 것이다.

따름정리 2   그러나 이 궤도들은 포물선에 대단히 가까워서 포물선으로 대체하여도 큰 오차는 생기지 않을 것이다.

따름정리 3   그러므로 (1권 명제 16 따름정리 7에 따라) 혜성의 속도는 언제나 태양 주위로 원을 그리며 회전하는[공전한다고 간주되는] 임의의 행성의 속도에 대하여, 태양 중심부터 행성까지의 거리의 두 배의 제곱근 대 태양 중심부터 혜성까지의 거리의 비와 거의 같다. 지구 궤도의 반지름을 (또는 지구가 그리는 타원의 최대 반지름을) 100,000,000단위로 잡자. 그러면 지구는 평균 일일 운동으로 1,720,212단위를 휩쓸 것이며, 시간당 운동으로 $71,675\frac{1}{2}$단위를 휩쓸 것이다. 그러므로 혜성이 태양부터 지구의 평균 거리만큼 떨어져 있고 혜성의 속도 대 지구의 속도가 $\sqrt{2}$ 대 1의 비를 갖는다고 할 때, 일주 운동으로 2,432,747단위를 휩쓸 것이고, 시간당 운동으로 $101,365\frac{1}{2}$단위를 휩쓸 것이다. 거리가 더 멀거나 가까워지더라도, 혜성의 일일 운동과 시간당 운동 모두 행성의 일일 운동과 시간당 운동에 대하여 거리의 제곱근 비에 반비례할 것이므로, 주어진 값이 된다.

따름정리 4   따라서 포물선의 통경이 지구 궤도 반지름보다 4배 더 길고, 이 반지름의 제곱을 100,000,000단위로 잡으면, 혜성에서 태양까지 이어진 반지름으로 매일 휩쓰는 면적은

1,216,373½단위가 될 것이며, 시간당 휩쓰는 면적은 50,682¼단위가 될 것이다. 만일 통경이 이 비보다 크거나 작으면, 매일 그리고 매시간 휩쓰는 면적도 통경의 제곱근에 비례하여 커지거나 작아질 것이다.

보조정리 5

임의의 개수만큼 점들이 주어져 있을 때, 이 점들을 지나는 포물형 곡선을 구하라.

점들을 A, B, C, D, E, F…라 하고, 이 점으로부터 위치가 정해진 임의의 직선 HN으로 수직선 AH, BI, CK, DL, EM, FN…을 내린다.

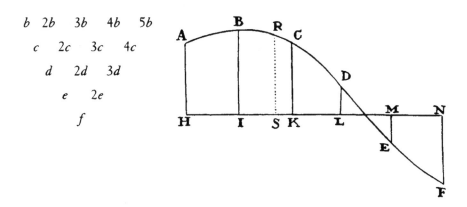

사례 1   점 H, I, K, L, M, N 사이의 간격 HI, IK, KL…이 모두 같다고 하면, 수직선 AH, BI, CK…의 첫 번째 차를 b, b_2, b_3, b_4, b_5 …로 잡는다. 두 번째 차는 c, c_2, c_3, c_4…로 잡고, 세 번째 차는 d, d_2, d_3 …로 잡는다. 다시 말해, AH−BI=b, BI−CK=b_2, CK−DL=b_3, DL+EM=b_4, −EM+FN=b_5…이고, 그런 다음 $b-b_2=c$…이런 식으로 계속 진행하여 마지막 차까지 구하는데, 이 차를 f라 하자. 구하고자 하는 곡선의 길이를 찾기 위해, 임의의 수직선 RS를 이 곡선의 세로선이 되도록 세운다. 그러면 각각의 간격 HI, IK, KL, LM…은 1이라고 가정하고, AH는 a와 같고, −HS=P, $\frac{1}{2}p\times(-\text{IS})=q$, $\frac{1}{3}q\times(+\text{SK})=r$, $\frac{1}{4}r\times(+\text{SL})=s$, $\frac{1}{5}s\times(+\text{SM})=t$, 이런 식으로 끝에서 두 번째 수직선 ME까지 나아간다. 그리고 점 S와 A와 같은 쪽에 있는 항 HS, IS …앞에는 음의 부호를 붙이고, 점 S의 반대쪽에 있는 항 SK, SL …에는 양의 부호를 붙인다. 부호가 정확히 부여되면, RS는 $a+bp+cq+dr+es+ft+$…가 될 것이다.

사례 2   그런데 점 H, I, K, L …사이의 간격 HI, IK…가 같지 않으면, b, b_2, b_3, b_4, b_5 …는 수

직선 AH, BI, CK …의 차이를 수직선들 사이의 간격으로 나눈 값으로 잡고, c, c_2, c_3, c_4 …는 두 번째 차를 각각의 두 간격으로 나눈 값으로 잡고, d, d_2, d_3 …은 세 번째 차를 각각의 세 간격으로 나눈 값으로 잡고, e, e_2 …는 네 번째 차를 각각의 네 간격으로 나눈 값으로 잡는다. 이런 식으로 계속 나아간다. 따라서, $b = \dfrac{AH - BI}{HI}$, $b_2 = \dfrac{BI - CK}{IK}$, $b_3 = \dfrac{CK - DL}{HI}$ …이 되고, $c = \dfrac{b - b_2}{HK}$, $c_2 = \dfrac{b_2 - b_3}{IL}$, $c_3 = \dfrac{b_3 - b_4}{KM}$ …가 되며, $d = \dfrac{c - c_2}{HL}$, $d_2 = \dfrac{c_2 - c_3}{IM}$, …이런 식으로 계속 나아간다. 이 차들을 구하면, AH는 a와 같다고 하고, $-HS = p$, $p \times (-IS) = q$, $q \times (+SK) = r$, $r \times (+SL) = s$, $s \times (+SM) = t$, 이렇게 끝에서 두 번째 수직선 ME 까지 나아간다. 그러면 세로선 RS는 $a + bp + cq + dr + es + ft + \cdots$가 될 것이다.

따름정리 그러므로 모든 곡선 면적을 대단히 근사하게 구할 수 있다. 제곱이 되어야 할 곡선[즉 면적을 구해야 하는 곡선]에서 몇 개의 점들을 잡고, 이 점들을 잇는 포물형 곡선을 구하면, 이 곡선의 면적이 제곱이 되어야 하는 곡선의 면적과 거의 같기 때문이다. 그뿐 아니라 포물형 곡선을 기하학적으로 제곱하는 방법은 아주 잘 알려져 있다.

보조정리 6

관측된 혜성의 위치 몇 군데가 주어져 있을 때, 그 임의의 중간 시점에서 혜성의 위치를 구하라.

HI, IK, KL, LM을 관측 사이의 시간을 표현한다고 하고(보조정리 5의 그림에서), HA, IB, KC, LD, ME는 관측된 혜성의 다섯 개의 황경이라 하자. 그리고 HS는 첫 번째 관측과 구하려는 황경 사이의 주어진 시간이라 하자. 만일 점 A, B, C, D, E를 이어 정칙곡선 ABCDE가 그려지고, 세로선 RS는 위의 보조정리에 따라 구한다고 하면, 구하려는 황경은 RS가 될 것이다.

같은 방법으로 주어진 시간의 황위도 관측된 다섯 개의 황위로부터 구할 수 있다.

만일 관측된 황경의 차가 작아서 이를테면 4 또는 5° 정도라고 하면, 3 또는 4회의 관측으로도 새 황위와 황경을 구하기에 충분할 것이다. 그러나 이 차가 더 커서 이를테면 10 또는 20° 정도라고 하면, 적어도 다섯 번은 관측해야 한다.

보조정리 7

주어진 점 P를 지나는 직선 BC를 그려서, 이 직선의 선분 PB와 PC가 두 직선 AB와 AC에 의해 정해진 위치에서 잘리고, 서로에 대해서는 정해진 비를 갖도록 하라.

점 P에서 두 직선 중 하나, 이를테면 AB까지 임의의 직선 PD

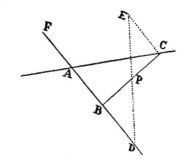

를 그리고, 이 PD를 다른 직선 AC를 지나도록 E까지 늘여서, PE 대 PD가 정해진 비를 갖도록 하자. EC가 AD에 평행하다고 하고, CPB를 그리면, PC 대 PB는 PE 대 PD가 될 것이다. Q.E.F.

보조정리 8

ABC를 초점이 S인 포물선이라 하자. 그 일부인 ABCI는 현 AC에 의해 잘린다고 하고(이 AC는 I에서 이등분된다), 지름은 Iμ, 꼭짓점은 μ이라고 하자. Iμ를 길게 늘이고 그 위에서 μO가 Iμ의 절반과 같아지도록 잡는다. OS를 그려 넣고 이것을 ξ까지 늘여서, Sξ가 2SO와 같아지도록 한다. 그런 다음, 혜성 B가 호 CBA를 따라 움직이고, ξB가 AC를 E에서 자르도록 그린다면, 나는 점 E가 현 AC로부터 잘라내는 부분 AE가 시간에 거의 비례할 것이라고 말한다.

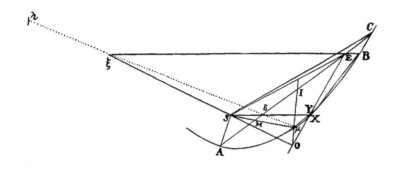

　　EO를 그리고, 포물선 호 ABC를 Y에서 자르도록 하자. 그리고 μX를 그려 호 ABC를 꼭짓점 μ에서 접하고 EO와는 X에서 만나도록 하자. 그러면 곡선 면적 AEXμA 대 곡선 면적 ACYμA의 비는 AE 대 AC와 같다. 삼각형 ASE는 삼각형 ASC에 대하여 이 곡선 면적들의 비와 같은 비를 가지므로, 전체 면적 ASEXμA 대 전체 면적 ASCYμA는 AE 대 AC와 같다. 또한 ξO 대 SO는 3 대 1이고, EO 대 XO 역시 동일한 비를 가지므로, SX는 EB에 평행할 것이다. 그러므로, BX를 그려 넣으면 삼각형 SEB는 삼각형 XEB와 합동이 될 것이다. 삼각형 EXB를 면적 ASEXμA에 더하고 이 합에서 삼각형 SEB를 빼면, 남는 면적 ASBXμA는 면적 ASEXμA와 같을 것이며, 따라서 면적 ASCYμA에 대한 비는 AE 대 AC와 같을 것이다. 그런데 면적 ASBYμA는 면적 ASBXμA과 거의 같으며, 면적 ASBYμA 대 면적 ASCYμA의 비는 호 AB가 그려지는 시간 대 전체 호 AC가 그려지는 시간의 비와 같다. 그러므로 AE 대 AC는 시간의 비와 거의 같다. Q.E.D.

따름정리　　점 B가 포물선의 꼭짓점 μ 위로 떨어지면, AE 대 AC는 시간의 비와 정확히 같다.

주해

μξ을 그어서 AC를 δ에서 자르고, ξn 대 μB가 27MI 대 16Mμ의 비를 가지도록 ξn를 그으면, Bn이 그려

졌을 때, Bn은 더욱 앞선 비에 가깝게 AC를 자를 것이다. 그런데 점 B가 점 μ보다 포물선의 주꼭짓점으로부터 더 멀리 있으면, 점 n은 점 ξ 너머에 놓이도록 잡힌다. 그리고 B가 주꼭짓점에 가까우면 이와 반대가 된다.

보조정리 9

직선 Iμ와 μM 그리고 길이 $\dfrac{\text{AIC}}{4\text{S}\mu}$는 서로 같다.

4Sμ는 꼭짓점 μ까지 확장된 포물선의 통경이기 때문이다.

보조정리 10

Sμ를 N과 P까지 늘이고 μN이 μI의 3분의 1이 되도록 잡아서, SP 대 SN이 SN 대 Sμ가 되도록 하자. 그러면 혜성이 호 AμC를 휩쓰는 시간 동안, 혜성은—SP와 같은 높이에서의 속도로 항상 앞으로 움직이면—현 AC와 같은 길이를 그릴 것이다.

같은 시간 동안 혜성이 μ에서의 속도로 포물선을 μ에서 접하는 직선을 따라 일정하게 전진한다면, 혜성부터 초점 S까지 이어진 반지름으로 휩쓰는 면적은 포물선 면적 ASCμ와 같을 것이다. 따라서 접

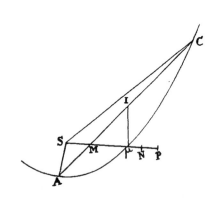

선을 따라 휩쓰는 길이 그리고 길이 Sμ로 결정되는 공간 대 길이 AC 그리고 SM으로 결정되는 공간의 비는 면적 ASCμ 대 삼각형 ASC의 비와 같고, 다시 말해 SN 대 SM과 같다. 그러므로, AC 대 접선을 따라 움직이는 길이의 비는 Sμ 대 SN과 같다. 그런데 높이 SP에서의 혜성의 속도는 (1권 명제 16, 따름정리 6에 따라) 높이 Sμ에서의 속도에 대하여 SP 대 Sμ의 제곱근 비에 반비례한다. 다시 말해 Sμ 대 SN의 비와 같다. 그러므로 이 속도로 같은 시간동안 휩쓰는 길이 대 접선을 따라 휩쓰는 길이의 비는 Sμ 대 SN과 같다. AC 그리고 이 새로운 속도로 휩쓰는 길이는 접선을 따라 움직이는 길이와 같은 비를 가지므로, 둘은 서로 같다. Q.E.D.

따름정리   그러므로 같은 시간 동안 혜성은 높이 Sμ+$\frac{2}{3}$Iμ의 높이에서의 속도로 현 AC와 거의 같은 거리를 휩쓸 것이다.

보조정리 11

혜성이 모든 운동을 박탈당하고 높이 SN 또는 Sμ+$\frac{1}{3}$Iμ에서 태양을 향해 낙하한다고 가정하자. 그리고

혜성이 태양을 향해 처음에 받았던 힘을 계속해서 받고, 이 힘은 일정하게 지속된다고 가정하자. 그러면 혜성이 궤도에서 호 AC를 그리는 시간의 절반 동안—태양을 향하여 낙하하는 동안에—길이 $I\mu$와 같은 거리를 그릴 것이다.

보조정리 10에 따라, 혜성은 포물선 호 AC를 그리는 시간 동안—높이 SP에서의 속도로—현 AC를 그릴 것이다. 그러므로 (1권 명제 16 따름정리 7에 따라) 그 자신의 중력에 의해 회전하며, 혜성은—같은 시간 동안 반지름이 SP인 원을 그리며—호를 그릴 것인데 이 호의 길이 대 포물선 호의 현 AC의 비는 1 대 $\sqrt{2}$가 된다. 그러므로 높이 SP에서 태양을 향하는 무게를 가지고 태양을 향해 낙하하면서, 혜성은 그 시간의 절반 동안, (1권 명제 4, 따름정리 9에 따라) 그 현의 절반의 제곱을 높이 SP의 네 배로 나눈 값과 같은 거리를 갈 것이다. 다시 말해 $\dfrac{AI^2}{4SP}$만큼의 거리를 간다. 따라서 높이 SN에서 태양을 향하는 혜성의 무게 대 높이 SP에서 태양을 향하는 무게의 비는 SP 대 $S\mu$와 같으므로, 혜성은—높이 SN에서의 무게로 태양을 향해 낙하하며—같은 시간 동안 $\dfrac{AI^2}{4S\mu}$의 거리를 갈 것이다. 이는 길이 $I\mu$ 또는 $M\mu$과 같다. Q.E.D.

명제 41

문제 21. 세 개의 주어진 관측으로부터, 포물선을 따라 움직이는 혜성의 궤적을 결정하라.

나는 이 대단히 어려운 문제에 여러 가지 접근법을 시도하면서, 그 풀이로서 의도된 특정 문제들을 [즉, 명제들을] 1권에서 고안하였다. 그러나 나중에, 다음과 같은 조금 더 간단한 풀이를 떠올렸다.

세 개의 관측을 거의 같은 시간 간격으로 잡는다. 하지만 혜성이 더 느리게 움직일 때는 한 간격이 다른 간격보다 좀더 넓어져서, 두 시간 간격의 차 대 두 간격의 합의 비가 두 간격의 합 대 600일의 비와 거의 같아지도록, 즉 (보조정리 8의 그림에서 보듯) 점 E가 점 M에 대단히 가깝게 놓이는데 A보다는 I쪽에 더 가깝다고 하자. 이러한 관측 자료가 없다면, 보조정리 6의 방법을 이용해 혜성의 새로운 위치를 찾아야 한다.

S가 태양을 표현한다고 하자. T, t, τ는 지구 궤도 위의 세 위치라 하고, TA, tB, τC는 관측된 혜성의 황경 세 곳이라고 하자. V는 첫 관측과 두 번째 관측 사이의 시간이고, W는 두 번째와 세 번째 관측 사이의 시간, X는 혜성이 전체 시간[V+W] 동안 태양에서 지구까지의 평균 거리에서 보여지는 속도로 이동한 길이다(이 길이는 3권 명제 40 따름정리 3에 따라서 구한다). 그리고 tV는 현 Tτ에 수직인 선이라 하자. 관측된 평균 황경 tB에서, 황도면 위의 혜성의 위치를 기준으로 점 B를 임의의 장소에 놓는다. 그리고 그곳으로부터 태양 S를 향해 선 BE를 그린다. SB를 한 변으로, 두 번째 관측에서 혜성의 황경의 접선을 다른 한 변으로 하는 직각삼각형을 그리고, 선 BE 대 사기타 tV의 비가 SB와 St^2에 대한

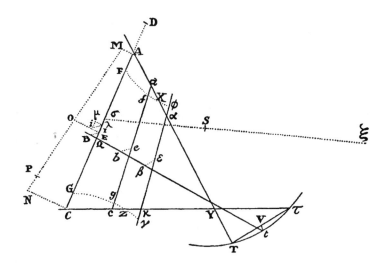

용량ª 대 직각삼각형의 빗변의 세제곱의 비와 같도록 잡는다. 그리고 점 E를 지나도록 (이 책 3권의 보조정리 7에 따라) 직선 AEC를 그려서, 직선 TA와 τC로 끝나는 선분 AE와 EC의 비가 시간 V와 W의 비와 같아지도록 하자. 그러면 A와 C는 황도면에서 첫 번째와 세 번째 관측 때의 혜성의 위치와 대단히 가까울 것인데, 이때 B는 두 번째 관측에서 정확하게 추정된 위치여야 한다.

AC가 I에서 이등분 되도록 수직선 I*i*를 세운다. 점 B를 지나고 AC에 평행하게 그려지는 직선 B*i*를 상상ᵇ하자. 그리고 선 S*i*는 AC를 λ에서 자르고, 평행사변형 *i*Iλμ를 완성한다고 상상하자. I*σ*는 3Iλ와 같도록 잡고, 태양 S를 지나는 점선 σξ를 3Sσ+3Iλ와 같아지도록 그린다. 문자 A, B, C, I를 지운 후에, 새로 상상된 선 BE를 점 B에서 점 ξ를 향하도록 그린 다음, 이 선 대 이전의 선 BE의 비가 길이 BS 대 S*μ*+⅓*i*λ의 제곱에 비례하도록 한다. 그리고 점 E를 지나 다시 한 번 이전과 같은 규칙에 따라 직선 AEC를 그린다. 즉 선분 AE와 EC가 서로에 대하여 관측 사이의 시간 V와 W에 비례하도록 그린다. 그러면 A와 C는 혜성이 있게 될 위치를 좀 더 정확히 표현할 것이다.

---

a 여기에서 "용량(content)"은 뉴턴의 "입체(solid)"의 의미를 가지고 있다. 다시 말해 SB에 St의 제곱을 곱한 결과이다.

b 뉴턴은 명제 41에서 이 선 B*i*를 "[lineam] occultam B*i*"라고 지칭한다. 원문은 "Per punctum B age occultam B*i*"이며, 문자 그대로 해석하면 "Through point B draw the occult line B*i*(점 B를 지나 오컬트 선 B*i*를 그려라)"가 된다. 다음 문장에서도 선 S*i* 앞에 형용사 "occult"가 붙는다. 그리고 그 다음의 문장에서는 선 σξ가 "occult"라고 설명한다. (1판과 2판에서는 또 다른 "오컬트occult" 선 OD가 있다.) 마지막 문단에서는 "오컬트" 선 AC에 대한 언급이 있다.

『옥스퍼드 영어 사전』에 따르면, 뉴턴 시대의 형용사 "occult"는 "그림을 구성할 때 그려지지만 완성된 그림에는 포함되지 않는 선"이라는 해설이 실려 있다. 점선을 설명하는 말이라는 해설도 있다. 명제 41의 그림에는 B*i*, S*i*, OD, 또는 AC 같은 선이 보이지 않지만, σξ는 점선으로 나와 있다. 이에 따라 우리는 "occult"를 S*i*, B*i*, AC의 경우에는 "상상하는(imagined)"으로 번역했고, σξ의 경우는 "점선"으로 번역했다.

짐작컨대 뉴턴이 이 선들을 (보이지 않는 선과 점선) 모두 "occult"로 지칭한 이유는, 아마도 그가 목판 제작용으로 원래 그렸던 그림에서는 점선 σξ를 그리지 않았기 때문일 것이다. 이 경우, 이 선들은 "오컬트" 또는 감춰진 선들이었을 것이고, 보이지는 않고 오직 상상해야 하는 선이었을 것이다.

I에서 이등분되는 AC 위로 수직선 AM, CN, IO를 세워서, 이 수직선들 중 AM과 CN이 (반지름 TA와 τC에 대한) 첫 번째와 세 번째 관측의 황위^{c}의 접선이 되도록 한다. IO를 O에서 자르도록 MN을 그려 넣고, 이전과 같은 방법으로 사각형 $i\Omega\mu$를 완성한다. 길게 늘인 IA 위로, $S\mu + {}^2\!/_3 i\lambda$와 같아지도록 ID를 잡는다. 그런 다음 MN 위에서 N을 향해 MP를 잡는데, 이때 MP 대 위에서 구한 길이 X의 비가 태양부터 지구까지의 평균 거리 (또는 지구 궤도의 반지름) 대 거리 OD의 제곱근 비에 비례하도록 한다. 만일 점 P가 점 N 위에 놓이면, A, B, C는 혜성의 세 위치가 되고 이 점들을 지나는 혜성의 궤도는 황도면 위에서 그려지게 된다. 그런데 만일 점 P가 점 N 위에 놓이지 않으면, 직선 AC 위로 CG를 NP와 같아지도록 잡고, 점 G와 P가 직선 NC와 같은 쪽에 위치하도록 잡는다.

상상한 점 B로부터 점 E, A, C, G를 구했던 것과 같은 방법을 사용하여, 다른 점 b와 β으로부터 (어떤 식으로든 추측하여) 새로운 점 e, a, c, g 그리고 ε, α, $\varkappa$, γ를 잡는다. 그러면 원 G$g\gamma$의 둘레가 점 G, g, γ를 지나도록 그리고, 직선 τC를 Z에서 자르면, Z가 황도면 위의 혜성의 위치가 될 것이다. 그리고 AC, ac, $a\varkappa$ 위에서 AF, af, $a\varphi$가 각각 CG, cg, $\varkappa\gamma$와 같아지도록 잡고, 원 F$f\varphi$의 둘레를 점 F, f, φ를 지나도록 그린 후, 직선 AT를 X에서 자르면, 점 X는 황도면 위의 또 다른 혜성의 위치가 될 것이다. 점 X와 Z에서 (반지름 TX와 τZ에 대하여) 혜성의 황위에서 접선을 세우면, 궤도 위에서의 혜성의 두 위치를 구할 수 있다. 마지막으로(1권 명제 19에 따라), 이 두 위치를 지나고 초점이 S인 포물선을 그리면, 이 포물선이 혜성의 궤적이 될 것이다. Q.E.I.

이 작도의 증명은 보조정리의 내용을 따른 것이다. 선 AC는 보조정리 7에 따라 E에서 시간의 비에 따라 잘리고, 이는 보조정리 8을 위해 필요한 내용이다. 그리고 BE는 보조정리 11에 따르면 호 ABC와 현 AEC 사이의 황도면에 있는 직선 BS 또는 Bξ의 일부이고, MP는 (보조정리 10, 따름정리에 따라) 혜성이 첫 번째와 세 번째 관측 사이에 궤도 위에서 휩쓰는 호의 현의 길이이기 때문에 MN과 같을 것이다. 이때 B는 황도면 위 혜성의 실제 위치라는 조건이 있어야 한다.

그런데 점 B, b, β를 아무렇게나 잡기보다는 최대한 실제 위치에 가깝게 잡는 것이 좋다. 황도면에 그려지는 궤도의 투영이 직선 tB를 자르는 각 AQt를 근사적으로 알 수 있다면, 이 각에서 그린 직선 AC를 상상하고, 이 직선 대 $^3\!/_4$Tτ가 SQ 대 St의 제곱근의 비를 가진다고 생각하자. 그런 다음 직선 SEB를 그려서 그 일부인 EB가 길이 Vt와 같아지도록 하면, 점 B가 결정될 것이고, 이것을 처음 출발

---

c 뉴턴은 여기에서 기본적으로 천체 관측자가 결정된 황위와 황경으로부터 혜성의 거리를 결정하고 있다. 그는 황도면 위의 혜성의 위치 B를 추측하고 그런 다음 고도를 (또는 황도면 위로 거리를) 결정한다. 그래서 직각삼각형이 형성되는데, 이 직각삼각형의 한 변은 SB이고 (태양부터 황도면 위의 점 B까지 이어진 선) 다른 변은 tB에 혜성의 황위의 접선을 곱한 것이다(이것을 뉴턴은 '두 번째 관측에서 반지름 tB에 대한 혜성의 황위의 접선'이라고 쓰고 있다.)

명제 41과 뉴턴의 혜성 이론에 관한 좀 더 자세한 해설은, A.N. Kriloff, "On Sir Isaac Newton's Method of Determining the Parabolic Orbit of a Comet", *Monthly Notices of the Royal Astronomical Society* 85 (1925): 640-656을 참고하자. 또한 S. Chandrasekhar, *Newton's "Principia" for the Common Reader* (Oxford: Clarendon Press, 1995), pp. 514-529의 설명과 특히 p.514의 그림을 참고하자.

점으로 사용할 수 있다. 그런 다음 직선 AC를 지운 후 이전 작도에 따라 새로 AC를 그리고, 길이 MP를 구한 후에 점 b를 tB 위에 잡는다. 이때의 규칙은 TA와 τC가 서로를 Y에서 자르고, Yb 대 YB는 MP 대 MN 그리고 SB 대 Sb의 제곱근의 비가 결합된 비와 같아지도록 하는 것이다. 세 번째 점 β는 굳이 원한다면 같은 방법을 세 번째로 반복하여 구하면 된다. 그러나 이 방법은 두 번이면 충분할 것이다. 거리 Bb가 매우 짧을 경우, 점 F, f, 그리고 G, g를 잡은 후 직선 Ff와 Gg를 그리면, 이 직선들이 TA와 τC를 구하려는 점 X와 Z에서 자를 것이다.

예
1680년의 혜성을 예로 들어보자. 다음 표는 플램스티드가 관측한 혜성의 운동과 이 관측으로부터 그가 계산한 내용, 그리고 플램스티드의 관측을 핼리가 수정한 내용이 포함되어 있다.

		겉보기 시간		실제 시간			태양의 황경			혜성의 황경			혜성의 북쪽 황위		
	(일)	h	m	h	m	s	°	′	″	°	′	″	°	′	″
1680, 12월	12	4	46	4	46	0	♑ 1	51	23	♑ 6	32	30	8	28	0
	21	6	32½	6	36	59	11	6	44	♒ 5	8	12	21	42	13
	24	6	12	6	17	52	14	9	26	18	49	23	25	23	5
	26	5	14	5	20	44	16	9	22	28	24	13	27	0	52
	29	7	55	8	3	2	19	19	43	♓ 13	10	41	28	9	58
	30	8	2	8	10	26	20	21	9	17	38	20	28	11	53
1681, 1월	5	5	51	6	1	38	26	22	18	♈ 8	48	53	26	15	7
	9	6	49	7	0	53	♒ 0	29	2	18	44	4	24	11	56
	10	5	54	6	6	10	1	27	43	20	40	50	23	43	52
	13	6	56	7	8	55	4	33	20	25	59	48	22	17	28
	25	7	44	7	58	42	16	45	36	♉ 9	35	0	17	56	30
	30	8	7	8	21	53	21	49	58	13	19	51	16	42	18
2월	2	6	20	6	34	51	24	46	59	15	13	53	16	4	1
	5	6	50	7	4	41	27	49	51	16	59	6	15	27	3

여기에 내가 직접 관측한 내용을 더하면 다음과 같다.

		겉보기 시간		혜성의 황경			혜성의 북쪽 황위		
	(일)	h	m	°	′	″	°	′	″
1681, 2월	25	8	30	♉ 26	18	35	12	46	46
	27	8	15	27	4	30	12	36	12
3월	1	11	0	27	52	42	12	23	40
	2	8	0	28	12	48	12	19	38
	5	11	30	29	18	0	12	3	16
	7	9	30	♊ 0	4	0	11	57	0
	9	8	30	0	43	4	11	45	52

관측에는 7피트 망원경이 사용되었고, 마이크로미터의 나사산을 조절해 망원경의 초점을 맞췄다. 우리는 이 장비들로 항성들의 상대적 위치와 항성을 기준으로 하는 혜성의 상대적 위치를 결정했다. A를 페르세우스 자리 왼쪽 발꿈치의 4등성(바이어 명명법으로 o)이라 하고, B는 왼쪽 발의 3등성(바이어 명명법으로 ξ)이라 하자. 그리고 C는 같은 발의 발꿈치에 있는 6등성이고 (바이어 명명법으로 n),

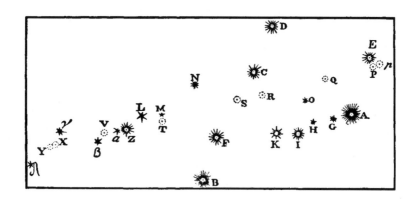

D, E, F, G, H, I, K, L, M, N, O, Z, α, β, γ, δ는 같은 발의 더 작은 별들이다. 그리고 p, P, Q, R, S, T, V, X는 위에서 설명한 관측에서 혜성의 위치들이라고 하자. 그리고, 거리 AB는 $80\frac{7}{12}$단위, AC는 $52\frac{1}{4}$, BC는 $58\frac{6}{5}$, AD는 $57\frac{5}{12}$, BD는 $82\frac{6}{11}$, CD는 $23\frac{2}{3}$, AE는 $29\frac{4}{7}$, CE는 $57\frac{1}{2}$, DE는 $49\frac{11}{12}$, AI는 $27\frac{7}{12}$, BI는 $52\frac{1}{6}$, CI는 $36\frac{7}{12}$, DI는 $53\frac{5}{11}$, AK는 $38\frac{2}{3}$, BK는 43, CK는 $31\frac{5}{9}$, FK는 29, FB는 23, FC는 $36\frac{1}{4}$, AH는 $18\frac{6}{7}$, DH는 $50\frac{7}{8}$, BN은 $46\frac{5}{12}$, CN은 $31\frac{1}{3}$, BL은 $45\frac{5}{12}$, NL은 $31\frac{5}{7}$단위인 것으로 파악되었다. HO 대 HI는 7 대 6이었고, 길게 늘이면 별 D와 E 사이를 통과하여 이 직선부터 별 D까지의 거리가 $\frac{1}{6}$CD가 되었다. LM 대 LN은 2 대 9였고, 길게 늘였을 때 별 H를 통과하여 지나갔다. 그러므로 항성들 서로에 대한 상대적 위치가 결정되었다.

마지막으로 우리의 동료 영국인인 파운드는 다시 한번 세 항성의 상대적 위치를 관측하여, 그 황경과 황위를 다음 표로 기록하였다.

항성		황경			북쪽 황위			항성		황경			북쪽 황위		
		°	′	″	°	′	″			°	′	″	°	′	″
A	♉	26	41	50	12	8	36	L	♉	29	33	34	12	7	48
B		28	40	23	11	17	54	M		29	18	54	23	7	20
C		27	58	30	12	40	25	N		28	48	29	12	31	9
E		26	27	17	12	52	7	Z		29	44	48	11	57	13
F		28	28	37	11	52	22	α		29	52	3	11	55	48
G		26	56	8	12	4	58	β	♊	0	8	23	11	48	56
H		27	11	45	12	2	1	γ		0	40	10	11	55	18
I		27	25	2	11	53	11	δ		1	3	20	22	30	42
K		27	42	7	11	53	26								

나는 항성에 대한 혜성의 위치를 다음과 같이 관측했다.

2월 25일 금요일 오후 8시 30분, p에 있던 혜성이 별 E로부터 떨어진 거리는 $\frac{3}{13}$AE보다 작았고 $\frac{1}{5}$AE보다는 컸다. 따라서 근사적으로 $\frac{3}{14}$AE였다. 그리고 각 ApE는 약간 둔각이었지만 거의 직각에 가까웠다. 수직선을 A에서 pE까지 내리면, 이 수직선부터 혜성까지의 거리가 $\frac{1}{5}pE$였기 때문이다.

같은 날 밤 9시 30분, 별 E부터 (P에 있던) 혜성까지의 거리는 $\frac{1}{4\frac{1}{2}}$AE보다 크고 $\frac{1}{5\frac{1}{4}}$AE보다 작았다. 그러므로 대략 $\frac{1}{4\frac{7}{8}}$AE, 또는 $\frac{8}{39}$AE에 가까웠다. 그리고 별 A부터 직선 PE까지 내린 수직선으로부터 혜성까지의 거리는 $\frac{4}{9}$PE였다.

일요일인 2월 27일 저녁 8시 15분, 별 O부터 (Q에 있던) 혜성까지의 거리는 별 O와 H 사이의 거리와 같았다. 직선 QO를 길게 늘이면 별 K와 B 사이를 지났다. 그러나 구름이 끼었던 탓에, 이 직선의 위치를 더 정확히 결정할 수는 없었다.

화요일인 3월 1일 밤 11시, (R에 있던) 혜성은 정확히 별 K와 C 사이에 놓였다. 그리고 직선 CRK의 부분 CR은 $\frac{1}{3}$CK보다 조금 더 크고 $\frac{1}{3}$CK$+\frac{1}{8}$CR보다는 약간 작았다. 그러므로 $\frac{1}{3}$CK$+\frac{1}{16}$CR, 또는 $\frac{16}{45}$CK와 같았다.

3월 2일 수요일 저녁 8시, 별 C로부터 (H에 있던) 혜성까지의 거리는 $\frac{9}{4}$FC와 거의 같았다. 길게 늘인 직선 CS부터 별 F까지의 거리는 $\frac{1}{24}$FC였고, 같은 직선부터 별 B까지의 거리는 별 F까지의 거리보다 다섯 배 더 길었다. 또한 직선 NS는 길게 늘이면 별 H와 I 사이를 지나가고 별 I보다는 별 H에 5 또는 6배 더 가까웠다.

3월 5일 토요일 밤 11시 30분(혜성이 T에 있을 때), 직선 MT는 $\frac{1}{2}$ML과 같았고, 직선 LT는 길게 늘이면 B와 F 사이를 지났다. 이때 B보다는 F 쪽에 4 또는 5배 정도 더 가까웠고, BF부터 F를 향해 5분의 1 또는 6분의 1 정도 길이의 선분을 잘라냈다. 그리고 MT는 길게 늘이면 별 B 쪽의 공간 BF 바깥을 지나가고 F보다는 B에 4배 더 가까웠다. M은 아주 작은 별이어서 망원경으로 거의 보이지 않았고, L은 더 큰 별로 8등성 정도 되었다.

3월 7일 월요일 밤 9시 30분(혜성이 V에 있을 때), 직선 $V\alpha$는 길게 늘이면 B와 F 사이를 지나갔고 BF로부터 F 쪽으로 $\frac{1}{10}$BF만큼을 잘라냈으며, 직선 $V\beta$에 대해서는 5 대 4의 비를 가졌다. 그리고 직선 $\alpha\beta$부터 혜성까지의 거리는 $\frac{1}{2}V\beta$였다.

3월 9일 수요일 저녁 8시 30분(혜성에 X에 있을 때), 직선 γX는 $\frac{1}{4\frac{1}{2}}\gamma\delta$와 같았고, 별 δ부터 직선 γX까지 내린 수직선은 $\frac{2}{5}\gamma\delta$였다.

같은 날 밤 12시(혜성이 Y에 있을 때), 직선 γY는 $\frac{1}{3}\gamma\delta$와 같거나 약간 작아서, 이를테면 $\frac{5}{16}\gamma\delta$ 정도였으며, 별 δ에서 직선 γY까지 내린 수직선은 $\gamma\delta$의 $\frac{1}{6}$ 또는 $\frac{1}{7}$과 대체로 같았다. 그러나 혜성이 수평선

에 가까워 거의 알아보기가 어려웠으며, 앞선 관측에서처럼 분명하게 위치를 결정할 수도 없었다.

나는 이런 식으로 관측을 하고, 작도와 계산을 통해 혜성의 황위와 황경을 찾았고, 항성의 정확한 위치로부터 우리의 동료 영국인인 파운드가 혜성의 위치를 교정하였다. 그리고 이 교정된 위치를 위에 기록한 것이다. 나는 성능이 떨어지는 마이크로미터를 사용했지만, 그럼에도 황경과 황위의 오차는 (나의 관측에서만 발생한 것이라면) 거의 1분을 넘지 않았다. 그뿐 아니라 운동이 끝날 무렵의 혜성은 (나의 관측에 따르면) 2월 말에 있었던 위도선에서 벗어나 눈에 띄게 북쪽으로 기울기 시작했다.

이제, 혜성의 궤도를 결정하기 위해—지금까지 설명한 관측 자료로부터—플램스티드가 작성한 12월 21일, 1월 5일, 그리고 1월 25일의 데이터를 선택했다. 이 관측값들로부터 St는 9,8421.1단위, Vt는 455단위임을 알아냈다(지구 궤도의 반지름이 10,000단위다). 그런 다음 첫 번째 연산을 위해 tB가 5,657단위라고 가정하여, SB가 9,747, 첫 번째 BE는 412, Sμ는 9,503, IΩ는 413단위로 구했다. 그리고 두 번째 BE는 421, OD는 10,186, X는 8,528.4, MP는 8,450, MN은 8,475, NP는 25였다. 이렇게 해서 두 번째 연산에서 나는 거리 tb가 5,640인 것을 알아냈다. 이 같은 연산 과정을 통해 마침내 나는 거리 TX가 4,775이고 거리 tZ는 11,322인 것을 알아냈다. 이 거리들로부터 궤도를 결정하면서, 강교점은 ♋1°53′에, 그리고 승교점은 ♑1°53′에 있으며, 황도면에 대한 이 평면의 기울기는 61°20⅓′라는 것을 발견했다. 또한 그 꼭짓점 (또는 혜성의 근일점)은 교점으로부터 8°38′ 떨어져 있으며 위도 7°34′S에서는 ♐27°43′에 있다는 것을 알아냈다. 그리고 그 통경은 236.8이었고, 매일 태양까지 이어진 반지름으로 휩쓰는 면적은 93,585였다. 이때 지구 궤도의 반지름의 제곱은 100,000,000이라고 가정했다. 그리고 혜성이 이 궤도에서 황궁 12도의 순서를 따라 순행하여, 12월 8일 밤 0시 4분에는 궤도의 꼭짓점 또는 근일점에 있던 것을 발견했다. 나는 사인표를 바탕으로 여러 거리와 각도의 현을 축척에 맞게끔 그림으로 구성하고, 이를 상당히 큰 도면으로 제작하였다. 이 그림에서는 지구 궤도의 반지름(10,000단위)이 영국피트 단위로 16⅓인치에 달한다.

마지막으로 혜성이 정말로 이렇게 구한 궤도를 따라 움직이는지를 확인하기 위해, 나는—일부는 대수적으로, 일부는 기하학적 연산으로—특정 관측 시간 때의 궤도 위 혜성의 위치를 계산하여 다음의 표로 정리했다.

		태양에서부터 혜성까지 거리	계산된 황경		계산된 황위		관측된 황경		관측된 황위		황경 차	황위 차
			°	′	°	′		°	′	°	′	
12월	12일	2,792	♑ 6	32	8	18½	♑ 6	31⅓	8	26	+1	− 7½
	29일	8,403	♓ 13	13⅔	11	0	♓ 13	11¾	28	10 1/12	+2	−10 1/12
2월	5일	16,669	♉ 17	0	12	29⅔	♉ 16	59⅞	15	27⅖	+0	+ 2¼
3월	5일	21,737	29	19¾	11	4	29	20 6/7	12	3½	−1	+ ½

[a]나중에, 우리의 동료 영국인 핼리는 대수 연산을 통해 도해적 방법보다[직역하면 선들을 그리는 것보다] 더 정확하게 궤도를 결정하였다. 그는 교점의 위치를 ♋1°53′와 ♑1°53′로, 황도면에 대한 궤도면의 기울기를 61°20⅓′로 유지하고, 근일점에 혜성이 온 시각을 12월 8일 0시 4분으로 잡았을 때, 승교점으로부터 (혜성의 궤도에서 측정된) 근일점까지의 거리가 9°20′이고, 지구부터 태양까지의 평균 거리가 100,000단위이면 포물선의 통경은 2,430단위가 된다는 것을 발견했다. 그리고 (이 데이터를 이용해서) 같은 방법으로 정확히 연산하여, 관측 시간에 대한 혜성의 위치를 다음 페이지의 표에서 보듯 구하였다.

진짜 시간				태양에서부터 혜성까지 거리	계산된 황경			계산된 황위			황경 차		황위 차	
월	일	시	분		°	′	″	°	′	″	′	″	′	″
12	12	4	46	28,028	♑ 6	29	25	8	26	0 N	−3	5	−2	0
	21	6	37	61,076	♒ 5	6	30	21	43	20	−1	42	+1	7
	24	6	18	70,008	18	48	20	25	22	40	−1	3	−0	25
	26	5	21	75,576	28	22	45	27	1	36	−1	28	+0	44
	29	8	3	84,021	♓ 13	12	40	28	10	10	+1	59	+0	12
	30	8	10	86,661	17	40	5	28	11	20	+1	45	−0	33
1	5	6	1½	101,440	♈ 8	49	49	26	15	15	+0	56	+0	8
	9	7	0	110,959	18	44	36	24	12	54	+0	32	+0	58
	10	6	6	113,162	20	41	0	23	44	10	+0	10	+0	18
	13	7	9	120,000	26	0	21	22	17	30	+0	33	+0	2
	25	7	59	145,370	♉ 9	33	40	17	57	55	−1	20	+1	25
	30	8	22	155,303	13	17	41	16	42	7	−2	10	−0	11
2	2	6	35	160,951	15	11	11	16	4	15	−2	42	+0	14
	5	7	4½	166,868	16	58	25	15	29	13	−0	41	+2	10
	25	8	41	202,570	26	15	46	12	48	0	−2	49	+1	14
3	5	11	39	216,205	29	18	35	12	5	40	+0	35	+2	24

이 혜성은 그 전달인 11월에도 나타났으며, 작센 주 코부르크의 고트프리드 키르히 씨(천문학자)가 11월 4일, 6일, 11일에 관측하였다. 이 자료와 함께 가장 가까운 항성에 대한 위치(이 위치는 2피트 망원경과 10피트 망원경을 사용해 충분히 정확하게 관측했다), 코부르크와 런던의 경도 차이(11도), 그리고 우리의 동료 영국인인 파운드가 관측한 항성의 위치로부터, 핼리는 다음과 같이 혜성의 위치를 결정하였다.

---

aa   이 여덟 문단은 (표 포함) 1판에는 나오지 않는다. 이 부분은 2판에서 처음 수록되었고 3판에서 상당 부분 개정되고 확장되었다.

런던의 겉보기 시간으로 11월 3일 17시 2분에, 혜성은 황위 1°17′45″N, 황경 ♌29°51′에 있었다.

11월 5일 15시 58분에, 혜성은 황위 1°6′N, 황경 ♍ 3°23′에 있었다.

11월 10일 16시 31분에, 혜성은 사자자리의 별 σ와 τ(바이어 명명법)로부터 정확히 같은 거리만큼 떨어져 있었다. 혜성은 아직 이 두 별을 잇는 직선에 다다르지 못했지만, 그곳에서 멀지는 않았다. 플램스티드의 성표catalog of stars를 보면, 당시 σ는 황위 1°41′N, 황경 ♍14°15′에 있었고, τ는 황위 0°34′S, 황경 ♍17°3½′에 있었다. 그리고 이 별들 사이의 중간은 황위 0°33½′N, 황경 ♍15°39¼′가 된다. 직선부터 혜성까지의 거리가 대략 10′ 또는 12′ 정도 된다고 하자. 그러면 혜성과 이 중간 점의 황경 차이는 7′가 될 것이고, 황위 차이는 대략 7½′가 될 것이다. 그러므로 혜성은 대략 황위 26′N, 황경 ♍15°32′에 있었다.

특정 항성을 기준으로 한 혜성 위치의 첫 번째와 두 번째 관측은 대단히 정확했다. 세 번째 관측은 좀 덜 정확해서 6 또는 7분의 오차가 있을 수 있지만, 오차가 이보다 더 크지는 않을 것이다. 그리고 첫 번째 관측에서 혜성의 황경은 다른 것보다 특히 더 정확했다. 위에서 설명한 포물선 궤도로부터 계산된 황경은 ♌29°30′22″였고, 황위는 1°25′7″N이고, 태양부터의 거리는 115,546이었다.

더 나아가, 핼리는 혜성이 575년 간격으로 네 차례 나타났다는 점을 주목했다. (즉, 율리우스 카이사르가 살해된 후 9월, 람파디우스와 오레스테스가 집정관이던 기원후 531년, 기원후 1106년 2월, 그리고 1680년 말에 나타났다.) 이 혜성의 꼬리는 대단히 길고 강렬한 빛을 뿜었다(카이사르가 사망한 해에 나타났던 혜성은 예외다. 이 꼬리는 지구에서 관측하기 어려운 위치에 있어 거의 보이지 않았다고 한다). 핼리는 태양부터 지구까지의 평균 거리를 10,000단위로 잡고, 주축이 1,382,957단위인 타원 궤도를 찾는 작업에 착수했다. 그러니까 혜성이 575년 주기로 공전하는 궤도를 구하려는 것이다. 이 타원 궤도를 따르는 혜성의 운동을 계산하기 위해 핼리가 세운 조건은 다음과 같다. 승교점은 ♋ 2°2′에 있고, 황도면에 대한 궤도면의 기울기는 61°6′48″이다. 이 평면에서 혜성의 근일점은 ♐ 22°44′25″에 있고, 근일점에 있던 시간은 12월 7일 23시 9분이었다. 황도면에서 승교점부터 근일점까지의 거리는 9°17′35″이고, 켤레축은 18,481.2이다. 관측을 통해 추론한 위치와 이 궤도로부터 계산되는 위치는 다음 표[836페이지]에 나와 있다.

행성의 실제 운동이 일반적인 행성 이론과 일치하는 것처럼, 혜성도 관측한 운동과 계산한 궤도 위에서의 운동이 처음부터 끝까지 모두 일치한다. 이는 지금까지 나타났던 혜성들이 단 하나의 같은 혜성이며, 여기에서 그 궤도가 정확하게 결정되었다는 증거가 된다.[a]

[b]다음 표에서 우리는 정확도가 떨어지는 11월 16일, 18일, 20일, 23일의 관측을 삭제했다. 그러나 이때에도 혜성은 관측되었다.[b] 실제로 [주제페 디오니기] 폰테오와 동료들은, 로마에서 11월 17일 오전

---

bb   이 두 문장은 3판에서 추가되었다.

진짜 시간				관측된 황경			관측된 북쪽 황위			계산된 황경			계산된 황위			황경 차		황위 차	
월	일	시	분	°	′	″	°	′	″	°	′	″	°	′	″	′	″	′	″
11	3	16	47	♌ 29	51	0	1	17	45	♌ 29	51	22		17	32	+0	22	−0	13
	5	15	37	♍ 3	23	0	0	6	0	♍ 3	24	32	1	6	9	+1	32	+0	9
	10	16	18	15	32	0	0	27	0	15	33	2	1	25	7	+1	2	−1	53
	16	17	0							♎ 8	16	45	0	53	7				
	18	21	34							18	52	15	0	26	54				
	20	17	0							28	10	36	1	53	35				
	23	17	5							♏ 13	22	42	1	29	0				
12	12	4	46	♑ 6	32	30	8	28	0	♑ 6	31	20	2	29	6	−1	10	+1	6
	21	6	37	♒ 5	8	12	21	42	13	♒ 5	6	14	8	44	42	−1	58	+2	29
	24	6	18	18	49	23	25	23	5	18	47	30	21	23	35	−1	53	+0	30
	26	5	21	28	24	13	27	0	52	28	21	42	25	2	1	−2	31	+1	9
	29	8	3	♓ 13	10	41	28	9	58	♓ 13	11	14	27	10	38	+0	33	+0	40
	30	8	10	17	38	0	28	11	53	17	38	27	28	11	37	+0	7	−0	16
1	5	6	1½	♈ 8	48	53	26	15	7	♈ 8	48	51	26	14	57	−0	2	−0	10
	9	7	1	18	44	4	24	11	56	18	43	51	24	12	17	−0	13	+0	21
	10	6	6	20	40	50	23	43	32	20	40	23	23	43	25	−0	27	−0	7
	13	7	9	25	59	48	22	17	28	26	0	8	22	16	32	+0	20	−0	56
	25	7	59	♉ 9	35	0	17	56	30	♉ 9	34	11	17	56	6	−0	49	−0	24
	30	8	22	13	19	51	16	42	18	13	18	28	16	40	5	−1	23	−2	13
2	2	6	35	15	13	53	16	4	1	15	11	59	16	2	7	−1	54	−1	54
	5	7	4½	16	59	6	15	27	3	16	59	17	15	27	0	+0	11	−0	3
	25	8	41	26	18	35	12	46	46	26	16	59	12	45	22	−1	36	−1	24
3	1	11	10	27	52	42	12	23	40	28	51	47	12	22	28	−0	55	−1	12
	5	11	39	29	18	0	12	3	16	29	20	11	12	2	50	+2	11	−0	26
	9	8	38	♊ 0	43	4	11	45	52	♊ 0	42	43	11	45	35	−0	21	−0	17

6시, 런던 시간으로는 5시 10분에, 항성 측정에 사용했던 실을 써서 황위 0°40′S, 황경 ♎8°30′에 있는 혜성을 관측했다. 그들의 관측 내용은 이 혜성에 대하여 폰테오가 쓴 논문에서 찾아볼 수 있다. [마르코 안토니오] 첼리오는 카시니에게 보내는 편지에 그가 직접 관측한 내용을 적어 보냈는데, 같은 시간에 황위 0°30′S, 황경 ♎8°30′에서 혜성을 보았다는 내용이었다. 아비뇽의 갈레도 같은 시간에 (즉 런던 시간으로 오전 5시 42분에) 황위에 대한 기록은 없이 황경 ♎8°에서 혜성을 보았다는 기록을 남겼다. 이론에 따르면 이 시간에 혜성은 황위 0°53′7″S, 황경 ♎8°16′45″에 있었다.

폰테오는 11월 18일 오전 6시 30분에 로마에서 (즉 런던 시간으로 5시 40분에) 황위 1°20′S, 황경

♎13°30′에 있는 혜성을 보았다. 첼리오가 본 혜성은 황위 1°00′S, 황경 ♎13°30′에 있었다. 또한 갈레는 오전 5시 30분에 아비뇽에서 황위 1°00′S, 황경 ♎13°00′에 있는 혜성을 보았다. 그리고 프랑스 라플레셰 대학의 앵고 신부는 오전 5시에(즉 런던 시간으로 5시 9분) 혜성이 두 개의 작은 별 사이에 있는 것을 보았다. 두 별 중 하나는 처녀자리 남쪽 손의 직선을 이루는 세 별 중 가운데 별이며, 바이어 명명법으로 ψ로 표기되는 별이다. 그리고 다른 별은 날개의 가장 바깥쪽 별로, 바이어 명명법으로는 θ이다. 그러므로 혜성은 당시에 황위 50′S, 황경 ♎12°46′에 있었다. 같은 날 위도가 42½°인 뉴잉글랜드의 보스턴에서는, 오전 5시에(즉 런던 시간으로 9시 44분) 혜성이 황위 1°30′S, 황경 ♎14° 근처에서 보였다. 이는 내가 핼리로부터 들은 내용이다.

11월 19일 오전 4시 30분에, 케임브리지에서는 (어느 젊은이의 관측에 따르면) 혜성이 처녀자리 스피카(1등성)으로부터 남서쪽을 향해 2도 정도 떨어져 있었다고 한다. 그리고 스피카는 황위 2°1′59″S, 황경 ♎19°23′47″S에 있다. 같은 날 뉴잉글랜드의 보스턴에서 오전 5시, 혜성은 처녀자리 스피카에서 1°만큼 떨어져 있었고, 황위 차는 40′이었다. 같은 날 자메이카의 섬에서, 혜성은 스피카로부터 1° 정도 떨어져 있었다. 같은 날 아서 스토러 씨는 버지니아 주와 메릴랜드 주의 경계인 헌팅 크리크 근처 패턱센트 강(위도 38½°)에서, 오전 5시에(즉 런던 시간 10시) 처녀자리 스피카 위쪽에 거의 붙어 있는 혜성을 보았다. 그 둘 사이의 거리는 약 ¾°였다. 나는 이 관측들을 다른 자료와 비교하면서, 런던에서는 혜성이 9시 44분에 대략 황위 1°25′S, 황경 ♎18°50′에 있었다고 이해했다. 그리고 이론에 따르면 혜성은 그 시간에 황위 1°26′54″ S, 황경 ♎18°52′15″에 있었다.[a]

11월 20일에는, 파두아 대학교의 천문학 교수인 제미니아노 몬타나리가 베니스에서 오전 6시에 (즉 런던 시간으로 5시 10분) 황위 1°30′S, 황경 ♎23°에 있는 혜성을 보았다. 같은 날 보스턴에서 혜성은 스피카로부터 황경 4°만큼 동쪽으로 치우쳐 있었고, 근사적으로 보면 ♎23°24′에 있는 것이다.

11월 21일, 폰테오와 동료들은 오전 7시 15분에 황위 1°16′S, 황경 ♎27°50′에서 혜성을 관측했고, 첼리오는 ♎28°에서, 앵고는 오전 5시에 ♎27°45′에서, 몬타나리는 ♎27°51′에서 혜성을 관측했다. 같은 날 자메이카 섬에서 혜성은 전갈자리 초입 근처에서 보였고, 처녀자리 스피카와 거의 같은 황위, 즉 2°2′에 있었다. 같은 날 동인도의 발라소르에서 오전 5시에(즉 런던 시간으로는 전날 밤 11시 20분) 혜성은 처녀자리 스피카로부터 동쪽으로 7°35′만큼 떨어져 있었다. 이것은 스피카와 저울 [또는 천칭자리의 받침 접시] 사이를 잇는 직선 위에 있으며, 따라서 황위는 대략 1°11′S에 황경 ♎26°58′에 있는 것이었다. 이보다 5시간 40분이 지난 후에는 (즉 런던 시간으로 새벽 5시) 황위 1°16′S, 황경 ♎28°12′로 이동했다. 그리고 이론에 따르면 혜성은 그때 황위 1°53′35″S, 황경 ♎28°10′36″에 있었다.

---

a   뉴턴은 별자리 처녀자리 알파(α)를 "스피카 ♍"로 쓰고 단순히 "스피카"로 지칭했다. 우리는 여기에서 "처녀자리 스피카"와 "스피카"로 번역하였다.

11월 22일에, 몬타나리는 ♏2°33′에서 혜성을 보았고, 뉴잉글랜드 보스턴에서는 이전과 거의 같은 황위, 즉 1°30′에서 황경이 약 ♏3° 되는 곳에서 혜성이 나타났다. 같은 날 발라소르에서 혜성은 오전 5시에 ♏1°50′에서 관측되었고, 런던에서는 오전 5시에 약 ♏3°5′에서 목격되었다. 같은 날 런던, 오전 6시 30분에, 우리의 동료 후크는 ♏3°30′ 근처에서 혜성을 보았는데, 처녀자리 스피카와 사자자리의 심장을 잇는 직선상에 있었다. 아주 정확히는 아니었지만, 선으로부터 북쪽으로 약간 벗어난 위치였다. 이와 비슷하게 몬타나리도 이날과 이 다음날, 혜성과 스피카를 지나는 직선이 사자자리 심장의 남쪽을 통과하는 것을 포착했다. 이 직선과 사자자리 심장 사이의 간격은 매우 좁았다. 사자자리의 심장과 처녀자리 스피카를 통과하는 직선은 ♍3°46′에서 각도 2°51′로 황도면을 자른다. 만일 혜성이 ♏3°에서 이 선 위에 있었다면, 혜성의 황위는 2°26′였을 것이다. 그러나 후크와 몬타나리 모두 혜성이 이 선으로부터 북쪽으로 약간 올라가 있었다고 관측하였으므로, 황위는 이보다 조금 작을 것이다. 몬타나리의 관측에 따르면 20일에는 황위가 거의 처녀자리 스피카와 같아서, 약 1°30′였다고 한다. 그리고 후크, 몬타나리, 앵고는 모두 황위가 지속적으로 증가하여 현재는 (22일) 1°30′보다는 현저히 커졌다고 관측하였다. 따라서 두 끝점, 즉 2°26′와 1°30′ 사이의 평균 황위가 대략 1°58′가 될 것으로 설명할 수 있다. 혜성의 꼬리는, 후크와 몬타나리가 관측한 내용에 따르면, 처녀자리 스피카를 향하면서 스피카 바깥쪽으로 약간 기울어져 있다. 다시 말해 후크는 남쪽으로, 몬타나리는 북쪽으로 기울어져 있다고 보았다. 그래서 기울기는 확인하기 어렵지만, 꼬리는 황도에 거의 평행하며, 태양 반대 방향에서 약간 북쪽으로 틀어져 있다.

뉘른베르크에서는 11월 23일 오전 5시(즉 런던 시간으로 4시 30분), [요한 야콥] 짐머만이 황위 2°31′S, 황경 ♏8°8′에 있는 혜성을 보았고, 항성으로부터 거리를 측정하였다.

몬타나리는 11월 24일 일출 전에 사자자리 심장과 처녀자리 스피카를 지나는 직선의 북쪽 ♏12°52′에서 혜성을 보았다. 따라서 황위는 2°38′보다 약간 작다. 이 황위는 (앞서 말했듯이) 몬타나리, 앵고, 후크가 관측한 바에 따르면 지속적으로 증가하였고, 그래서 현재는 (24일) 1°58′보다 약간 커졌다. 그리고 평균 황위는 별다른 오차 없이 2°18′로 잡을 수 있다. 폰테오와 갈레가 이제 황위가 낮아진 것을 확인하였을 것이고, 첼리오와 뉴잉글랜드의 관찰자는 같은 크기로, 즉 1 또는 1½° 정도로 유지되는 것을 볼 것이다. 폰테오와 첼리오의 관측은 다소 엉성하며, 특히 방위각과 고도를 잡아 측정하는 방식이 어설프다. 갈레의 관측도 마찬가지다. 관측 방법으로는 항성을 기준으로 혜성의 상대적 위치를 이용하는 편이 더 나은데, 몬타나리, 후크, 앵고, 그리고 뉴잉글랜드의 관찰자가 이 방법을 사용했고, 가끔은 폰테오와 첼리오도 이 방법을 따랐다. 같은 날 오전 5시에 발라소르에서, 혜성은 ♏11°45′에서 관측되었으며, 오전 5시 런던에서는 거의 ♏13°에 가까웠다. 이론에 따르면 혜성은 그 시간에 ♏13°22′42″에 있었다.

11월 25일 일출 전에 몬타나리는 혜성이 ♏17¾° 근처에 있는 것을 관측했다. 같은 시간 첼리오는 혜성이 처녀자리 오른쪽 허벅지의 밝은 별과 천칭자리의 남쪽 저울접시 사이를 잇는 직선 위에 있는 것을 관측했다. 이 직선은 혜성의 경로를 ♏18°36′에서 자른다. 그리고 이론에 따르면 혜성은 이 시간에 ♏18⅓° 근처에 있었다.

그러므로 관찰자들의 관측이 서로 일치하는 한 이들의 관측은 이론과 일치하며, 이러한 일치로부터 단 하나의 동일한 혜성이 11월 4일부터 3월 9일까지 내내 나타났었다는 것이 증명된다. 이 혜성의 궤적은 황도면을 두 번 잘랐으므로 직선이 아니다. 이 궤적은 하늘의 반대쪽이 아니라 처녀자리의 끝과 염소자리의 시작 부분에서 황도면을 잘랐고, 이 두 지점은 대략 98° 간격으로 벌어져 있다. 그러므로 혜성의 경로는 지구 궤도로부터 크게 벗어나 있다. 11월에는 경로가 황도면에서 남쪽을 향해 적어도 3°는 기울어져 있었는데, 이후 12월에는 황도면에서 북쪽을 향해 29° 기울어져 있었기 때문이다. 몬타나리의 관측에 따르면, 혜성 궤도에서 혜성이 태양을 향해 나아가는 부분과 태양에서 돌아 나오는 부분이 서로 30° 이상의 겉보기 각도로 기울어져 있다. 이 혜성은 황도 12궁 중 별자리 아홉 개를 통과해 지나갔다. 즉 사자자리의 끝부분에서 쌍둥이자리 시작 지점까지 이동했으며, 게다가 사자자리[일부]가 보이기도 전에 지나가 버렸다. 혜성이 어떤 규칙에 따라 이처럼 넓은 하늘을 가로질러 가는지, 이를 설명할 수 있는 다른 이론은 없다. 혜성의 운동은 극도로 불규칙했다. 11월 20일경에 혜성은 하루에 약 5° 정도를 이동했다. 그러다가, 11월 26일과 12월 12일 사이, 다시 말해 15½일 동안에는 운동이 느려져 겨우 40°를 이동했을 뿐이다. 그리고 나서 운동은 다시 빨라져 하루에 5°씩 이동하다가 다시 느려지기 시작했다. 이처럼 하늘을 넓게 가로지르는 불규칙한 운동에 정확히 대응하고, 행성 이론과 같은 법칙을 준수하며, 천문 관측과 정확히 일치하는 이론은 결코 거짓일 수 없다.

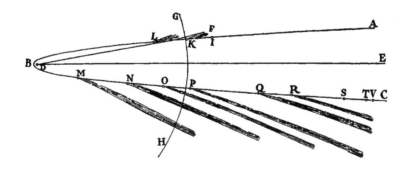

또한 혜성이 그리는 궤적과 실제 꼬리가 궤적 평면상의 서로 다른 위치에서 뿜어나오는 그림을 다음처럼 보여주는 것이 적절할 것 같다. 이 그림에서 ABC는 혜성의 궤적, D는 태양, DE는 궤적의 축을 나타낸다. 그리고 DF는 교점을 잇는 선이고, GH는 지구 궤도의 구면과 궤적 평면의 교차점이다. I

는 1680년 11월 4일의 혜성의 위치, K는 11월 11일의 위치, L은 11월 19일, M은 12월 12일, N은 12월 21일, O는 12월 29일, P는 이듬해 1월 5일, Q는 1월 25일, R은 2월 5일, S는 2월 25일, T는 3월 5일, V는 3월 9일의 위치다. 나는 꼬리를 결정하기 위해 다음의 관측 자료를 사용하였다.

11월 4일과 6일에는 아직 꼬리가 보이지 않았다. 11월 11일에 꼬리가 막 보이기 시작했는데, 10피트 망원경으로 보았을 때 0.5°보다 길지 않은 것으로 관측되었다. 11월 17일에는 폰테오가 길이가 15° 이상인 꼬리를 관측했다. 11월 18일에는 뉴잉글랜드에서 30° 길이로 태양 정반대 편으로 뻗은 것이 목격되었다. 이 꼬리는 별 ♂[즉 화성]까지 뻗어나갔으며, 그때 ♍9°54′에 있었다. 11월 19일 메릴랜드에서, 꼬리는 15 또는 20° 정도 길이로 보였다. 12월 10일에는 (플램스티드의 관측에 따르면) 혜성의 꼬리는 뱀자리의 꼬리와(뱀주인자리의 뱀) 독수리자리 남쪽 날개의 별 δ를 잇는 선의 중점을 통과하여 (바이어 표기법에 따라) 별 A, ω, b 근처에서 끝났다. 그러므로 혜성 꼬리의 끝은 황위 약 34¼° N, 황경 ♑19½°에 있었다. 12월 11일에 꼬리는 궁수자리 머리까지 시작해(바이어의 α, β), 황위 38°34′ N, 황경 ♑26°43′에서 끝났다. 12월 12일에 꼬리는 궁수자리 사이를 통과하였고, 아주 멀리 뻗지는 못해서 황위 약 42½°N, 황경 ♒4°에서 끝났다.

이런 내용들은 꼬리의 더 밝은 부분의 길이를 관측한 것으로 이해해야 한다. 꼬리 빛은 더 희미하고 하늘은 더 맑았던 12월 12일 로마의 5시 40분에, 폰테오는 혜성 꼬리가 백조자리의 꼬리[즉 백조의 엉덩이] 너머로 10° 넘게 뻗어나가는 것을 관측했고, 그 측면은 별로부터 북서쪽으로 45′만큼 떨어져 있었다. 또한 당시에 꼬리의 위쪽 끝은 폭이 약 3°였고, 가운데 부분은 별에서 남쪽으로 2°15′만큼 떨어져 있었다. 위쪽 끝의 위치는 황위 61°N, 황경 ♓22°였다. 따라서 꼬리의 길이는 약 70°였다.

12월 21일에는 꼬리가 거의 카시오페아의 의자까지 올라갔고, β와 셰다[=카시오페아 α]로부터 같은 거리만큼 떨어져 있어서 두 별의 정확히 중심에 있었다. 끝의 위치는 황위 47½°, 황경 ♈24°였다. 12월 29일에 꼬리는 페가수스 자리 베타의 왼쪽에서 별에 접해 있었고, 안드로메다 북쪽 발의 두 별 사이 공간을 정확히 채웠다. 이때의 길이는 54°였으며, 황위 35°, 황경 ♉19°에서 끝났다. 1월 5일에 꼬리는 안드로메다 오른쪽 가슴의 별 π과 왼쪽 테두리의 별 μ를 접했으며, (우리의 관측에 따르면) 길이는 40°였다. 그러나 꼬리는 휘어진 형태로 볼록한 쪽이 남쪽을 향하고 있었다. 꼬리는 혜성 머리 근처에서 태양과 혜성의 머리를 지나는 원과 4°의 각을 이루었다. 그러나 다른 끝 근처에서는 이 원에 대하여 10 또는 11°의 각으로 기울어져 있었고, 꼬리의 현은 그 원과 8°의 각을 이루었다. 1월 13일에 꼬리는 알라메크와 알골[페르세우스 β] 사이에서 눈에 잘 띄었지만, 페르세우스 측면의 별 κ를 향해서는 매우 희미하게 빛나며 끝났다. 태양과 혜성을 잇는 원으로부터 꼬리 끝까지의 거리는 3°50′였고, 이 원과 꼬리의 현의 기울기는 8½°였다. 1월 25일과 26일에 꼬리는 6 또는 7°의 길이로 희미하게 빛났다. 그리고 하루인가 이틀 후에, 하늘이 대단히 맑았을 때, 꼬리의 길이는 12°를 약간 넘었고, 빛은 아주 희미해서 거의 알아보기 어려웠다. 그러나 그 축은 정확히 마차부자리 동쪽 어깨의 밝은 별을 향하고 있었고, 태양 반대쪽부터 북쪽을 향해 10°의 각으로 기울어져 있었다. 마지막으로 2월 10일에, 나의 망원경으로 길이가 2°인 꼬리를 보았다. 위에서 말한 희미한 빛은 렌즈를 통해서는 볼 수 없었다. 그러나 폰테오는 2월 7일에 길이 12°의 꼬리를 보았다고 기록했다. 2월 25일과 그 이후에 혜성은 꼬리 없이 나타났다.

방금 설명한 궤도를 고려하고 이 혜성이 보인 다른 현상을 곰곰이 숙고하는 사람이라면 누구든 이 혜성의 몸체가 행성의 몸체처럼 단단하고, 압축되어 있으며, 변하지 않고, 내구성이 있다는 데 선뜻 동의할 것이다. 만일 혜성이 지구, 태양, 행성의 증기나 발산물일 뿐이라면, 태양 근처를 통과할 때 즉시 소멸되어야 하기 때문이다. 태양열은 빛줄기의 밀도에 비례하며, 태양부터의 거리 제곱에 반비례한다. 12월 8일에 혜성이 근일점에 있었을 때, 태양 중심에서부터 혜성까지 거리 대 태양 중심부터 지구까지의 거리의 비는 대략 6 대 1,000이었다. 그렇다면 그때 태양이 혜성에 미친 열 대 이곳 지구에서 여름 태양열의 비는 1,000,000 대 36, 즉 28,000 대 1이 된다. 그런데 나는 [실험을 통해] 건조한 흙이 여름 태양으로부터 얻는 열보다 끓는 물의 열이 3배 정도 더 많다는 사실을 발견했다. 그리고 백열철의 열은 (나의 추측이 맞다면) 끓는 물의 열보다 세네배 더 많다. 따라서 혜성이 근일점에 있을 때 혜성의 건조한 흙이 태양의 빛줄기로부터 받았을 열은 백열철의 열보다 약 2천 배는 더 높을 것이다. 이 정도의 어마어마한 열이라면 수증기나 발산된 증기, 휘발성 물질 같은 것들은 모두 삼켜져서 즉시 소멸되었을 것이다.

그러므로 근일점에 있는 혜성은 태양[근처]에서 엄청난 열을 받고, 그 열을 대단히 오랜 시간 동안 유지할 수 있다. 폭이 1인치인 쇠공을 하얗게 달구어서 공기 중에 두면 한 시간쯤 지났을 때 식는다. 이보다 더 큰 공은 그 지름의 비에 따라 더 오랫동안 열을 보존하는데, 그 이유는 공이 품고 있는 열의 양에 대하여 표면적의 비가(표면이 주변 공기와 접촉하여 냉각되므로, 표면적은 냉각을 가늠하는 척도가 된다) 더 적기 때문이다. 그래서 백열철 공이 우리 지구와 같은 크기라면—다시 말해 폭이 약 40,000,000피트라면—여러 날이 지나도, 아니 약 5만 년이 지나도 쉽게 식지 않을 것이다. 그러나 나는 열의 지속성이 어떤 숨은 원인에 의해 지름의 비보다 더 작은 비로 커질 것이라고 생각하며, 실험을 통해 진짜 비율을 알아내기를 바라고 있다.

게다가 혜성이 태양열을 받아 막 뜨거워졌을 12월에, 그 전달인 11월보다 훨씬 더 크고 휘황찬란한 꼬리를 방출하고 있었다. 그때는 근일점에 아직 도달하지 않았을 때였다. 그리고 일반적으로 가장 크고 밝은 꼬리는 혜성이 태양 영역을 통과한 직후에 발생한다. 그러므로 혜성이 받은 열은 꼬리의 크기를 키우는 데 도움이 되며, 이로부터 나는 꼬리가 혜성의 머리 또는 핵이 그 열에 의해 방출되는 지극히 희박한 증기일 뿐이라고 결론 내릴 수 있으리라 생각한다.

혜성의 꼬리에 대해서는 사실상 세 가지 견해가 있다. 혜성의 꼬리는 (1) 반투명한 혜성의 머리를 통과해 전파해 나아가는 태양 빛이라는 것, 또는 (2) 혜성의 머리에서부터 지구까지 진행하는 빛이 굴절되어 생긴 빛줄기라는 것, 마지막으로 (3) 이 꼬리들은 혜성의 머리에서 지속적으로 발생하여 태양으로부터 멀어지는 방향으로 사라져 가는 구름 또는 증기라는 것이다. 첫 번째 견해는 주로 광학을 아직 배우지 못한 사람들이 주장한다. 햇빛의 줄기는 공기 중에 떠다니는 먼지와 연기 입자에 부딪쳐 반사되는 경우를 제외하면 어두운 방에서는 보이지 않는다. 이런 이유로 진한 연기로 어두워진 공기 중에서는 햇빛의 줄기가 더 밝게 보이고 우리 눈에 더 강하게 부딪히지만, 맑은 공기 중에서는 이 빛줄기들이 더 희미해져 포착하기가 훨씬 어렵다. 그런데 하늘은 햇빛을 반사할 물질이 없는 곳이므로, 빛이 전혀 보이지 않는다. 빛은 빛줄기의 형태로는 보이지 않고, 어딘가에 반사될 때만 우리 눈에 어느 정도 포착된다. 시야는 우리 눈에 닿는 광선에 의해서만 발생하기 때문이다. 그러므로 혜성의 꼬리 영역에 무언가 반사하는 물질이 존재해야 하는 것이다. 그렇지 않다면 하늘 전체가 태양 빛에 의해 균일하게 빛날 것이기 때문이다.

두 번째 견해는 여러 문제를 안고 있다. 빛이 굴절하면 일반적으로 색깔이 분리되는 것을 볼수 있는데, 꼬리는 색으로 얼룩지는 법이 없다. 우리에게 전파되어 오는 항성과 행성의 빛은 뚜렷이 구분되어 도달한다[즉 그 윤곽이 뚜렷하다]. 이는 천체의 매질이 굴절성이 전혀 없다는 것을 입증한다. 이집트인들은 가끔 항성이 머리카락head of hair에 에워싸이는 것을 보았다고 하는데, 이는 대단히 드문 일이고, 구름에 의해 우연히 일어난 굴절을 원인으로 보아야 한다. 항성의 복사와 섬광 역시 우리의 눈과 미세하게 진동하는 공기에 의한 굴절 때문으로 보는 것이 옳다. 항성을 망원경으로 볼 때는 빛 복사와 섬광이 사라지기 때문이다. 빛줄기는 공기와 상승 기류의 진동에 의해 우리 눈의 동공의 좁은 공간에서 쉬이 빛나가지만, 동공보다 더 넓은 망원경 대물렌즈의 조리개로 볼 때는 전혀 이런 현상이 일어나지 않는다. 그러므로 섬광은 눈에서는 발생하지만 망원경에서는 발생하지 않는다. 그리고 망원경으로 섬광이 보이지 않는다는 것은 하늘을 통과하는 빛이 전혀 굴절되지 않고 전파되어 온다는 것을 입증한다. 게다가 일반적으로 혜성의 빛이 충분히 강하지 않을 때는 혜성의 꼬리가 보이지 않는다. 그 이유가 굴절된 빛이 눈에 영향을 미칠 만큼 충분히 세지 않기 때문이라는 주장에 대하여, 항성의 빛은 망원경에 의해 100배 이상 증폭될 수 있는데도 꼬리는 보이지 않는다는 점을 지적해야 할 것이다. 행성 역시 더 많은 빛을 내지만 꼬리가 없다. 그리고 종종 혜성 머리의 빛이 희미하고 흐릿할 때에도 꼬리는 클 때가 있다. 1680년의 혜성이 바로 그런 예다. 12월에 관측된 혜성의 머리는 그 빛이 2등성과 같은 수준이었는데, 방출하는 꼬리는 길이가 40, 50, 60, 또는 70°가 넘을 만큼 크고 화려했다. 이후 1월 27일과 28일에 머리는 겨우 7등성 정도의 밝기였지만, 꼬리는 길이 6 또는 7°까지는 육안으로 식별할 수 있는 정도의 빛을 발했고, 거의 간신히 보일 정도까지 치면 앞에서 설명한 바와 같이 12°가 조금 넘게 길게 뻗어나갔다. 심지어 2월 9일과 10일에는 육안으로 머리가 보이지 않았는데, 이때에도 꼬리의 길이는—내가 망원경을 통해 보았을 때—2°였다. 그뿐 아니라, 만일 꼬리가 천체의 물질에 의한 빛 굴절로 생긴 것이고 하늘의 형태를 따라 태양 반대쪽으로 벗어나는 것이라면, 같은 영역에서는 항상 같은 방향으로 벗어나야 한다. 그러나 1680년의 혜성은, 런던 시간으로 12월 28일 오후 8시 30분에 황위 28° 6′N, 황경 ♓8°41′에서 발견되었는데, 이때 태양은 ♑18°26′에 있었다. 그리고 1577년 12월 29일에 혜성은 황위 28°40′N, 황경 ♓8°41′에 있었고, 이번에도 태양은 ♑18°26′ 근처에 있었다. 두 경우 모두 지구는 같은 위치에 있었고 혜성은 하늘의 같은 영역에 나타났다. 그런데도 1680년 혜성은 꼬리가 (나의 관측과 다른 이들의 관측에 따르면) 태양 반대쪽으로 북쪽을 향하여 4½° 기울어져 있었으며, 1577년 혜성의 꼬리는 (티코의 관측에 따르면) 남쪽을 향해서는 21° 기울어져 있었다. 그러므로, 이미 하늘에 의한 굴절은 배제되었으므로, 남은 가능성은 빛을 반사하는 어떤 물질로부터 혜성 꼬리의 현상을 추론하는 것뿐이다.

더 나아가, 혜성 꼬리가 따르는 법칙을 살펴보면 이 꼬리가 머리로부터 나와서 태양을 벗어나는 쪽으로 상승한다는 것을 확인하고 있다. 예를 들어, 만일 꼬리가 태양을 지나는 혜성의 궤도면에 있다고 하면, 꼬리는 언제나 태양의 정반대 편으로 향하면서 궤도를 따라 전진하는 머리의 뒤를 따른다. 다시 말하지만, 이 평면 위에 있는 관찰자는 태양 정반대 영역에 나타나는 꼬리를 보게 된다. 반면 이 평면 위에 있지 않은 관찰자들에게 꼬리의 편차는 점진적으로 포착되기 시작하고 하루하루 지날수록 점점 크게 보일 것이다. 또한 다른 모든 것은 같다고 하면, 꼬리가 혜성 궤도에 비스듬할수록 편차 각은 더 작아지고, 혜성의 머리가 태양에 더 가까이 접근할 때, 특히 혜성 머리 근처에서 꼬리의 편차 각을 측정하면 더욱 작아진다. 게다가, 태양으로부터 벗어나지 않는 꼬리는 직선으로 보이며, 벗어나는 꼬리는 곡선처럼 휘어 있다. 그리고 꼬리의 곡률은 많이 벗어날수록 더 크고, 다른 모든 것은 동일하다고 할 때 하고 꼬리의 길이가 더 길면 더욱 두드러진다. 꼬리가 짧을 때는 곡률을 확인하기가 어렵다. 그러면 이번에도 편차 각은 혜성 머리 근처에서 더 작고 꼬리 끝 근처에서는 더 크다. 그러므로 꼬리의 볼록한 면은 편차가 일어나는 방향과 태양부터 혜성 꼬리까지 무한히 이어지는 직선을 따른다. 마지막으로, 꼬리가 더 멀리 뻗어나가고 폭이 넓으며 더 환하게 빛날 때는 오목한 면에서보다 볼록한 면에서 조금 더 환히 빛나고 경계는 더 선명하다. 이 모든 내용을 종합해 볼 때, 혜성의 꼬리 현상은 머리의 운동에 의존하는 것이며, 머리가 관측되는 하늘의 영역에는 의존하지 않는다. 따라서 이 현상은 하늘이 굴절을 일으켜 발생하는 것이 아니라, 꼬리 물질을 공급하는 머리에 의해 발생한다. 우리 대기에서는 불이 붙은 물체의 연기는 (물체가 정지해 있을 때는) 수직으로, 또는 (물체가 옆으로 움직이고 있다면) 비스듬히 상승하려는 경향이 있다. 마찬가지로 하늘에서도, 물체가 태양을 향해 똑바로 끌어당겨지고 있으면, 연기와 증기는 태양을 기준으로 상승해야 하고(이미 설명한 대로), 연기를 내는 물체가 정지해 있다면 똑바로 위로 올라가야 하며, 물체가 전진하여 상당량의 증기가 발생한 지점을 벗어나 움직이면 비스듬히 위로 피어올라야 한다. 그리고 증기가 빠르게 상승할수록 태양과 연기를 내는 물체 근처에서 비스듬한 정도가 줄어든다. 더욱이 이 비스듬한 각도의 차이로 인해 증기 기둥은 휘어질 것이다. 혜성의 경우 운동 방향 쪽의 꼬리 기둥의 증기가 조금 더 최근의 것이므로[즉, 좀 더 최근에 뿜어져 나온 것이므로] 밀도가 좀 더 클 것이며, 따라서 빛을 조금 더 풍부하게 반사하고 그 경계는 좀더 선명할 것이다. 여기에서 나는 꼬리가 갑작스럽고 불확실하게 동요되는 현상이나 불규칙한 모양에 대해서는 (앞에서 가끔 서술되었지만) 다루지 않았다. 이런 현상이 우리 대기의 변화와 구름의 움직임으로 인해 꼬리를 일부 또는 전부 가려 발생한 것일 수도 있고, 아마도 우리 은하의 일부를 그곳을 지나는 꼬리의 일부로 혼동한 것일 수도 있기 때문이다.

더 나아가, 우리의 대기가 희박하다는 사실로 미루어, 그런 광대한 공간을 채울 만큼 충분한 증기가 혜성의 대기로부터 발생할 수 있다는 사실을 이해할 수 있다. 지구 표면 근처의 공기는 같은 무게의 물보다 약 850배의 부피를 점유하며, 따라서 850피트 높이의 공기 기둥은 폭이 같은 1피트 높이의 물기둥과 무게가 같다. 더 나아가, 우리 대기 끝까지 올라가는 공기 기둥의 무게는 33피트 높이의 물기둥과 같다. 그러므로 전체 공기 기둥에서 아랫부분의 850피트를 제거하면, 남은 윗부분은 32피트 높이의 물기둥 무게와 같아지게 될 것이다. 그러므로 (여러 실험을 통해 확인된 규칙, 즉 공기의 압력은 축적된 대기 무게에 비례하며 무거움은 지구 중심으로부터의 거리 제곱에 반비례한다는 규칙에 따라) 2권 명제 22의 따름정리에서 제시된 계산을 수행하여, 지표면에서 지구 반지름 높이에 있는 공기가, 여기 지구와 비교하면, 토성 궤도 아래의 전체 공간과 지름 1인치로 묘사된 지구의 비율보다 훨씬 희박하다는 사실을 발견했다. 그러므로 우리 대기로 이뤄져 있고 폭이 1인치인 공은 지표면에서 지구 반지름 높이에서 볼 수 있는 희박함을 가지고서, 토성 본체와 그 너머에 있는 행성의 영역을 채울 것이다. 따라서 더 높은 곳의 공기는 훨씬 더 희박하고 혜성의 코마[a] 즉, 혜성의 대기는 (중심부터 헤아리면) 핵의 표면보다 약 10배 정도 더 높으므로, 이보다 더 높이 올라가는 꼬리의 대기는 극도로 희박할 것이다. 그리고 혜성의 대기 밀도, 태양을 향하는 물체의 인력, 공기와 증기 입자들의 서로에 대한 인력이 매우 커서 천상 공간을 채우는 혜성 꼬리의 대기가 아주 많이 희박하지 않을 수도 있지만, 이 연산의 결과를 보면 극소량의 공기와 증기만으로도 꼬리가 보여주는 모든 현상을 빚어내기에 충분하다는 것을 알 수 있다. 꼬리를 통해 별이 보인다는 사실로부터 꼬리의 대기 밀도가 대단히 낮다는 것이 명백하기 때문이다. 태양 빛을 받아 빛나는 지구의 대기는 두께가 불과 몇 마일밖에 되지 않지만, 별빛뿐 아니라 달빛까지도 완전히 가려 소멸시킨다. 그런데 이와 비슷하게 태양 빛을 받아 빛나는 꼬리는 엄청난 두께에도 불구하고 가장 작은 별의 별빛조차 조금도 가리는 일 없이 투과시킨다. 게다가 대부분의 혜성 꼬리는 일반적으로 암실에 새어 들어오는 1, 2인치 폭의 태양 빛줄기를 반사하는 우리 공기보다 더 밝지 않다.

---

a   위 819페이지 각주 참고.

증기가 머리에서부터 꼬리 끝까지 상승하는 데 소요되는 시간은, 꼬리 끝에서부터 태양까지 직선을 그린 다음 이 직선이 궤적과 교차하는 위치를 기록하면 근사적으로 구할 수 있다. 증기가 직선을 따라 태양으로부터 멀어지는 방향으로 상승하면, 지금 꼬리의 끝에 있는 증기는 머리가 앞선 교차점에 있었던 때에 머리로부터 상승하기 시작했을 것이다. 그런데 증기는 태양으로부터 직선을 따라 멀어지지 않고 다소 비스듬하게 상승한다. 증기는 혜성이 상승하기 전의 움직임을 유지하고 있었고, 이러한 움직임은 그 자신의 상승 운동과 결합되기 때문이다. 그러므로 이 문제를 더욱 정확히 해결하려면, 궤도와 교차하는 직선을 꼬리 길이와 평행하게 그리거나, 아니면 차라리 (혜성이 곡선을 따라 움직이므로) 직선이 꼬리 선에서 벗어나도록 해야 할 것이다. 나는 이런 식으로 1월 25일 꼬리 끝에 있는 증기는 12월 11일 이전부터 머리에서 상승하기 시작하였다는 것을 알아냈다. 따라서 증기가 상승하는 데는 총 45일 이상 걸린 셈이다. 그런데 12월 10일에 나타났던 꼬리는 혜성이 근일점을 지나고 나서 이틀 만에 전체 높이만큼 다 상승했다. 그러므로 증기는 태양 근처에서 막 상승하기 시작할 때 가장 빠르게 올라가며, 이후에는 증기의 무거움으로 인해 속도가 조금씩 느려진다. 그리고 증기가 상승하면서 꼬리의 길이는 길어진다. 그러나 적어도 우리에게 보이는 부분에 한해서는, 혜성의 근일점에서부터 머리에서 상승한 증기의 거의 전부가 꼬리를 이룬다. 증기는 상승해서 꼬리의 끝까지 채우게 되면 태양 빛을 받아 빛이 나며, 태양과 우리 눈까지의 거리가 아주 멀어지기 전까지는 시야에서 사라지지 않았다. 따라서 꼬리가 짧은 다른 혜성에서도 꼬리는 혜성의 머리에서 빠르게 지속적으로 상승하다가 쉬 사라지지 않고, 증기와 (머리에서 출발해 대단히 느리게 움직이며 수일간 전파되는) 발산물로 영구적인 기둥을 이룬다. 이 기둥은 증기가 분출되기 시작할 때부터 머리의 운동을 공유하며 머리와 함께 하늘을 가로질러 이동한다. 이로써 다시 한 번 천상 공간에 저항력이 없다는 결론을 내릴 수 있는데, 그 이유는 공간 안에서 행성과 혜성의 단단한 몸체뿐 아니라 꼬리의 희박한 증기까지도 대단히 자유롭게 움직이며 대단히 빠른 움직임도 아주 오랫동안 보존되기 때문이다.

케플러는 혜성 머리 부근의 대기에서 꼬리가 상승하고, 꼬리가 태양으로부터 멀어지는 방향으로 이동하는 현상을 꼬리 물질을 함께 운반하는 광선의 작용에 기인한다고 설명했다. 비록 제한된 이곳 지구 위에서는 거대한 물체가 태양 광선으로 추진되는 현상을 뚜렷이 목격할 수 없지만, 대단히 자유로운[또는 빈] 공간에서는 극도로 얇은 상부 공기가 광선의 작용에 굴복해야 한다고 가정해도 전혀 불합리하지 않다. 일각에서는 무거움뿐만 아니라 가벼움levity이라는 성질을 가진 입자가 있어, 꼬리 물질이 밀어냄으로써[무거움의 힘으로 사물을 끌어당기는 중력의 반대 개념이다. —옮긴이] 태양으로부터 상승한다고 믿는다. 그러나 천체의 무거움은 물체를 이루는 물질의 양에 비례하므로, 물질의 양이 일정하게 유지되면 무거움은 더해지거나 덜해질 수 없다[또는 증가하거나 감소할 수 없다]. 따라서 나는 물질이 희박해짐으로써 꼬리가 상승한다고 생각하지 않는다. 굴뚝에서 나오는 연기는 주위 공기로부터 자극을 받아 상승한다. 이 공기는 열에 의해 희박해지면서 무거움이 감소하기 때문에 상승하고, 그러면서 함께 얽힌 연기를 동반한다. 혜성의 꼬리도 이와 같은 방식으로 태양으로부터 상승하지 못할 이유가 없다. 태양 광선은 매질을 통과하면서도 굴절과 반사를 일으키는 것 말고는 매질에 작용하지 않는다. 빛을 반사하는 입자들은 반사 작용에 의해 따뜻해지고, 그에 얽혀 있는 지극히 가벼운 위쪽 공기를 데울 것이다. 이에 따라 위쪽 공기는 전달된 열을 받아 희박해질 것이며, 이 희박화로 인해 이전에는 태양을 향했던 공기의 비중이 감소하면, 공기는 상승하면서 빛을 반사했던 꼬리 구성 입자들을 동반할 것이다. 증기는 다음과 같은 원인으로 더욱 상승한다. 그 원인이란, 증기가 태양을 공전하며 태양으로부터 멀어지려고 노력하는 반면 태양의 대기와 하늘의 물질은 완전히 정지해 있거나 태양의 자전 운동으로 인해 훨씬 느리게 회전한다는 사실이다.

이것이 태양 근처, 곡률이 큰 궤도에서 혜성 꼬리가 상승하는 원인이다. 혜성은 밀도가 더 큰 (그로 인해 더 무거운) 태양 대기에서 대단히 긴 꼬리를 방출한다. 이 지점에서 상승하는 꼬리는 그 운동을 보존한 상태로 태양을 향해 끌어당겨지면서, 혜성의 머리와 함께 타원을 그리며 태양 주위를 회전할 것이다. 꼬리는 언제나 머리에 자유롭게 부착되어 머리와 함께 움직일 것이다. 태양을 향하는 증기의 무거움이 더 강해져 꼬리가 머리를 떠나 태양을 향해 떨어지는 일도 없고, 머리의 무거움이 더 강해져서 머리가 꼬리를 떼고 태양으로 떨어지는 일도 없기 때문이다. 머리와 꼬리는 공통의 무거움으로 인해 동시에 태양을 향해 낙하하거나, 아니면 상승 운동에 대하여 같은 정도의 감속을 받게 된다. 그러므로 무거움은 (이미 서술한 원인, 또는 다른 어떤 이유에 의해) 혜성의 꼬리와 머리가 상대적인 위치를 잡고 이 위치를 보존하는 것을 방해하지 않는다.

혜성이 근일점에 있을 때 형성되는 꼬리는 머리와 함께 먼 영역으로 뻗어갈 것이며, 그곳에서 머리와 함께 아주 오랜 시간이 흐른 후 우리에게 돌아오거나, 아니면 그곳에서 희박해져서 점차 사라질 것이다. 이후에 머리가 태양을 향해 내려오면서, 새로운 작은 꼬리가 느리게 움직이며 머리로부터 전파될 것이며, 이에 따라 혜성이 태양의 대기까지 내려오는 근일점에서 꼬리는 측정할 수 없을 만큼 증가해야 한다. 그리고 자유로운 공간 안에서 증기는 지속적으로 희박해지고 희석된다. 그러므로 꼬리는 혜성의 머리 쪽보다는 위쪽 끝에서 더 넓어지게 된다. 또한 희박화로 인해 지속적으로 희석되는 증기는 마침내 발산하여 전체 하늘로 흩어지고, 그런 다음에는 점차 그 무거움에 의해 행성을 향하여 끌어당겨져 행성의 대기와 뒤섞이게 된다. 이러한 가설은 합리적인 것 같다. 지구의 경우를 보면, 바다는 우리 지구의 구성에 절대적으로 필요하다. 태양열을 받은 바다로부터 증기가 풍부하게 생성되고, 이 증기가 구름으로 모여서 비가 되어 땅에 물을 대고 온 땅에 영양을 주어 식물을 전파하거나, 차가운 산 정상에서 응축되었다가(어떤 이들은 타당한 근거를 들어 그렇게 추론한다) 샘과 강으로 흘러내리기도 한다. 이렇게 행성 위에서 바다와 물이 보존되듯이 혜성도 그래야 할 것이다. 그래서 그 발산물과 증기가 응축되어 지속적으로 공급되고, 이것이 식물과 부패균에 의해 소비되어 다시 마른 흙으로 전환되는 순환이 이루어진다. 모든 식물은 전적으로 유체에 의해 성장하고 이후 그 대부분은 부패해 마른 흙으로 변화한다. 그렇게 지속적으로 부패한 액체로부터 진흙이 침전된다. 이런 식으로 마른 흙덩어리가 매일매일 증가하고, 유체는—만일 외부에서 유입되는 원천이 없으면—지속적으로 감소하여 결국에는 사라질 것이다. 더 나아가, 나는 우리 대기의 가장 작지만 가장 미묘하고 훌륭한 부분이며 모든 생명에게 필요한 영spirit이 주로 혜성으로부터 온다고 생각한다.

혜성이 태양으로 내려오면서, 혜성의 대기는 꼬리로 소진되어 감소하고 (태양을 향하는 면 쪽에서) 더 좁아진다. 그 결과로, 혜성이 태양으로부터 물러나면서 꼬리로 분출하는 양이 적어질 때, 만일 헤벨리우스가 이 현상을 정확히 기록한 것이라면, 혜성의 대기는 더욱 커지게 될 것이다. 또한 머리가 태양열을 받은 후 크고 밝은 꼬리를 뿜어내고, 핵은 대기 밑바닥의 굵고 짙은 연기에 에워싸여 있을 때, 이 대기의 두께가 가장 작은 것처럼 보인다. 엄청난 열로 인해 만들어진 연기는 대개 입자가 굵고 색이 짙기 마련이다. 그러므로 우리가 지금까지 토론해온 혜성의 머리는, 태양과 지구에서 같은 거리에 있을 때, 근일점 이전보다 이후에 더 어두워 보인다. 실제로 관측한 바에 따르면, 12월에는 대체로 3등성과 비슷한 정도였는데 11월에는 1등성과 2등성과도 비교할 만한 수준이었다. 그리고 이 둘을 모두 관찰한 사람들은 11월의 혜성이 더 크게 보였다고 말한다. 케임브리지의 어느 젊은이는 이 혜성을 11월 19일에 보았는데, 그 빛이 탁하고 창백하긴 했어도 처녀자리 스피카와 비슷한 밝기였고, 이후보다 이전에 더 환하게 빛났다고 보았다. 그리고 11월 20일에 몬타나리가 본 혜성은 1등성보다도 더 크게 보였고, 꼬리의 길이는 2°였다. 우리는 12월에 쓴 스토러 씨의 편지를 입수했는데, 당시는 가장 크고 밝은 꼬리가 방출되던 시기였고, 혜성의 머리는 작았고 크기는 11월 일출 전에 나타났던 혜성에 훨씬 못 미쳤다. 스토러 씨는 이러한 이유가 처음에는 풍부했던 머리의 물질이 점차 소진되어 그런 것으로 추측했다.

다른 혜성의 경우에서도, 대단히 크고 밝은 꼬리를 방출하는 혜성들의 머리가 다소 둔하고 작게 보이는 것도 이것과 연관이 있는 것 같다. 1668년 3월 5일 저녁 7시에, 브라질의 발렌틴 스탠젤 신부는 남서쪽 지평선 매우 가까운 곳에서 혜성을 보았는데, 머리가 아주 작아 거의 보이지 않았지만, 꼬리는 측정할 수 없을 만큼 찬란히 빛나서 해안에 서 있던 사람들 모두 바다에 반사되는 꼬리를 쉽게 볼 수 있었다고 기록했다. 그 혜성의 모습은 밝게 빛나는 횃불과도 같아서, 길이가 23°에 달하는 꼬리를 서쪽에서 남쪽을 향해, 거의 지평선과 평행하게 뿜어냈다. 그러나 그런 거대한 광채는 겨우 사흘간 지속되었고, 그 이후에는 눈에 띄게 감소하였다. 그렇게 광채가 감소하는 동안 꼬리의 크기는 점점 커졌다. 포르투갈에서 본 꼬리는 거의 하늘의 4분의 1을 차지할 정도였고—즉, 45°—서쪽에서 동쪽으로 놀라운 광채로 뻗어 있었지만, 머리는 항상 지평선 아래에 감춰져 있었기 때문에 꼬리 전체가 다 보였던 것은 아니었다. 꼬리의 크기가 커지고 광채가 감소하는 현상으로 미루어 보면, 우리 눈에 보이기 시작할 때 머리는 태양에 가장 가까이 있으면서 태양으로부터 멀어지고 있었음이 분명하다. 이는 1680년의 혜성과 같은 상황이었다. 『앵글로색슨 연대기*Anglo-Saxon Chronicle*』에 실린 1106년의 혜성의 기록을 보면, "별은 작고 어두웠지만 ª(1680년의 혜성처럼)ª 그 별에서 나오는 광채는 마치 거대한 횃불처럼 북동쪽을 향해 엄청나게 밝게 뻗어나갔다"고 되어 있다. 헤벨리우스 역시 더럼의 수도승 시메온으로부터 비슷한 얘기를 들었다. 이 혜성은 2월 초에 나타났고, 등장한 이후로 매일 저녁 남서쪽에서 보였다. 이 혜성의 위치와 꼬리의 위치로부터 머리가 태양 가까이에 있었다는 결론을 내릴 수 있다. 수도사 매튜 패리스는 이렇게 말한다. "태양부터 혜성까지의 거리는 대략 1큐빗〔팔꿈치부터 가운뎃손가락 끝까지의 길이로 측정하는 길이 단위. 다양한 문화권에서 사용하였으며 중세 유럽에서 사용했던 1큐빗은 오늘날의 단위로 약 530mm이었다. ─옮긴이〕이었고, 세 번째 시로부터 (좀더 정확히는 여섯 번째 시) 아홉 번째 시가 될 때까지 그 자신으로부터 긴 빛줄기를 내뿜었다." 이렇게 맹렬한 혜성은 아리스토텔레스도 (『기상학*Meteor*』 1장 6절에서) 묘사한 바 있다. "첫날에, 그 머리는 태양보다 먼저 져서, 아니면 적어도 태양빛 아래에 감춰져 있어 보이지 않았다. 그러나 다음날 혜성은 보여줄 수 있는 최대의 모습을 보였다. 혜성은 태양에서 최소의 거리만큼 떨어져 있다가 곧 졌기 때문이었다. 거센 화염 때문에 (즉 불타는 꼬리) 머리의 산란된 불꽃은 아직 보이지 않았지만, 시간이 지나면서 (꼬리가) 덜 불타올랐기 때문에, 혜성 자신의 얼굴이(머리) 드러났다. 그리고 혜성은 그 찬란한 광채를 하늘의 3분의 1(즉 60°)만큼 펼쳤다. 또한 이 혜성은 겨울에(101회 올림피아드로부터 4번째 해에) 나타났고, 오리온의 허리띠까지 상승했다가 그곳에서 사라졌다."

태양 빛으로부터 거대한 꼬리를 가지고 튀어나온 1618년의 혜성은 1등성과 같거나 심지어 1등성을 조금 능가하는 것처럼 보였지만, 더 큰 혜성들 다수는 꼬리가 더 짧은 것으로 관찰되었다. 그중 일부는 목성과, 다른 것은 금성이나 심지어 달과 같다고 한다.

우리는 혜성이 일종의 행성으로 이심률이 대단히 큰 궤도를 따라 태양 주위를 돌고 있다고 설명했다. 그리고 (꼬리 없는) 주행성 가운데 태양에 더 가까운 작은 궤도를 도는 행성들이 일반적으로 더 작은 것처럼, 근일점에서 태양에 더 가까이 접근하는 혜성이 대부분 더 작다는 가설은 합리적인 것 같다. 그렇지 않다면 혜성의 인력이 태양에 지나치게 많이 작용할 것이기 때문이다. 이제 긴 시간 간격을 두고 같은 궤도로 돌아오는 혜성들을 비교하여, 혜성 궤도의 가로 지름과 공전 주기를 결정해야 할 것인데, 이 작업은 다음으로 넘겨두기로 한다. 한편, 다음 명제가 어느 정도 실마리를 제공할 수 있을 것이다.

---

aa 괄호 안의 절은 뉴턴이 추가한 것이다. 이후 괄호 안의 내용도 마찬가지다.

명제 42

문제 22. [명제 41의 방법을 통해] 지금까지 구한 혜성의 궤적을 보정하라.

연산 1   명제 41에서 구한대로 궤도면의 위치를 가정하고, 정확히 관측한 혜성의 위치 중 서로에게서 최대한 멀리 떨어져 있는 세 위치를 선택한다. A는 첫 번째와 두 번째 관측 사이의 시간이라 하고, B는 두 번째와 세 번째 사이의 시간이라 하자. 이 위치들 중 혜성은 근일점에 있거나 아니면 적어도 근일점에서 멀지 않아야 한다. 이 겉보기 위치로부터 삼각법 연산을 통해 혜성의 실제 위치 세 군데를 궤도면으로 가정한 면 위에서 구한다. 그러면 1권 명제 21의 방법을 따라 이렇게 구한 위치들을 통과하고 태양 중심을 초점에 두는 원뿔곡선을 그린다. 그리고 태양부터 해당 위치까지 이어지는 반지름으로 둘러싸이는 면적을 D와 E라고 하자. 다시 말해, D는 첫 번째와 두 번째 관측 사이의 면적이고, E는 두 번째와 세 번째 사이의 면적이 된다. 그리고 T는 혜성이 전체 면적 D+E를 휩쓰는 전체 시간이다. 이때 혜성의 속도는 1권 명제 16에 의해 구한 대로이다.

연산 2   궤도면 교점의 황경에 20 또는 30′을 더하여 늘린다(이 점은 P라 부를 수 있다). 그러나 황도면에 대한 궤도면의 기울기는 상수가 되도록 유지한다. 그러면 앞서 언급한 세 군데 관측된 혜성의 위치로부터, 혜성의 진짜 위치 세 곳은 이 새로운 평면에서 발견된다고 하자(연산 1에서와 같이). 그리고 이 위치들을 지나는 궤도, 관측과 관측 사이에 휩쓰는 면적 중 두 면적 (이는 d와 e로 부를 수 있다), 전체 면적 $d+e$가 그려지는 전체 시간 t도 구할 수 있다고 하자.

연산 3   첫 번째 연산에서 교점의 황경은 일정하게 두고, 황도면에 대한 궤도면의 기울기에 20 또는 30′을 더하여 늘린다(이를 Q라고 하자). 그러면 앞서 말한 관측된 혜성의 겉보기 위치 세 곳으로부터 새로운 평면 위의 실제 세 위치를 구할 수 있다고 하자. 또한 해당 위치를 지나는 궤도와 관측과 관측 사이 시간 동안 휩쓰는 두 면적(이는 δ와 ε으로 부를 수 있다), 그리고 전체 면적 $\delta+\varepsilon$가 그려지는 전체 시간 τ도 구할 수 있다고 하자.

이제 C를 잡는데 C 대 1은 A 대 B가 같아지도록 하고, G를 잡되 G 대 1은 D 대 E가 되도록 한다. 그리고 g 대 1은 d 대 e이고, γ 대 1은 δ 대 ε이며, S는 첫 번째와 세 번째 관측 사이의 실제 시간이라고 하자. 그리고 부호 +와 −를 주의 깊게 관찰하고, 숫자 m과 n을 구한다. 이때의 규칙은 $2G-2C=mG=mg+nG-n\gamma$가 되도록 하고, $2T-2S=mT-mt+nT-n\tau$가 되도록 하는 것이다. 이제, 첫 번째 연산에서 I를 황도면에 대한 궤도면의 기울기라 하고 K는 다른 교점의 황경이라 하면, $I+nQ$는 황도면에 대한 궤도면의 실제 기울기가 될 것이고, $K+mP$는 교점의 실제 황경이 될 것이다. 그러면 첫 번째, 두 번째, 세 번째 연산에서, R, r, ρ를 궤도의 통경이라고 하고, $\frac{1}{L}$, $\frac{1}{l}$, $\frac{1}{\lambda}$을 각각의 가로 지름이라고 하면, $R+mr-mR+n\rho-nR$은 진짜 통경이 되고 $\frac{1}{L+ml-mL+n\lambda-nL}$은 혜성이 휩쓰는 궤도의 실제 가로 지름이 될 것이다. 그리고 가로 지름이 정해졌으므로, 혜성의 주기도 구할 수 있다. Q.E.I.

그런데 회전하는 혜성의 주기와 궤도의 가로 지름은 다양한 시간에 나타나는 혜성들을 서로 비교하지 않으면 결코 정확히 결정할 수 없다. 만일 여러 개의 혜성이 동일한 간격 동안 같은 궤도를 그리는 것으로 발견되면, 이 혜성들은 모두 하나이며 같은 혜성으로서 같은 궤도를 돌고 있었다고 결론 내려야 할 것이다. 그러면 마지막으로 공전주기로부터 궤도의 가로 지름이 정해질 것이고, 이 지름으로부터 타원 궤도가 결정될 것이다.

따라서 이 결과를 얻으려면, 몇몇 혜성의 궤적은 포물선 모양이라는 가설을 바탕으로 계산해야 한다. 그리고 이러한 궤적은 언제나 현상과 거의 일치한다. 이는 위에서 관측 자료와 비교했던 1680년 혜성의 포물선 궤적뿐만 아니라, 헤벨리우스가 관측했던 1664년과 1665년의 혜성 궤적에서도 명백하다. 헤벨리우스는 관측한 내용을 바탕으로 이 혜성의 황위와 황경을 계산하였지만, 아주 정확하지는 않았다. 핼리는 같은 관측 자료를 가지고 이 혜성의 위치를 새로 계산하였고, 그런 다음 앞서 계산된 위치로부터 혜성의 궤적을 최종적으로 결정하였다. 그는 승교점을 $Ⅱ21°13'55''$에서 찾았고, 황도면에 대한 궤도의 기울기는 $21°18'40''$이며, 궤도 위 교점부터 근일점까지의 거리는 $49°27'30''$임을 알아냈다. 근일점은 황위 $16°1'45''$ S, 황경 $Ω8°40'30''$에 있었다. 혜성은 런던 그리니치 시간으로 11월 24일 오후 11시 52분에, 또는 그단스크[폴란드의 도시—옮긴이]에서는 13시 8분에 근일점에 있었고, 포물선의 통경은 태양부터 지구까지의 평균 거리를 100,000이라 할 때 410,286이었다. 이 궤도 위에서 계산된 혜성의 위치가 관측과 얼마나 정확히 일치하는지는 핼리가 계산한 다음 표를 보면 분명히 알 수 있을 것이다[851페이지].

1665년 2월에, 양자리의 첫 번째 별(여기에서는 이 별을 $γ$라 부르겠다)은 황위 $7°8'58''$ N, 황경 $Υ28°30'15''$에 있었다. 양자리의 두 번째 별은 황위 $8°28'16''$, 황경 $Υ29°17'18''$에 있었다. 그리고 7등성인 다른 어떤 별은(이 별은 A라 부르겠다) 황위 $8°28'33''$ N, 황경 $Υ28°24'45''$에 있었다. 파리 시간으로 2월 7일 7시 30분에 (즉, 그단스크 시간으로는 2월 7일 8시 30분에) 혜성은 별 $γ$와 A와 함께 별 $γ$가 직각의 꼭짓점인 직각삼각형을 이루었다. 별 $γ$부터 혜성까지의 거리는 A부터 $γ$까지의 거리와 같았으며, 이 거리는 지구 궤도를 따라서 $1°19'46''$였다. 그러므로 별 $γ$의 황위와 평행한 선을 따라서 재면 $1°20'26''$였다. 따라서, 별 $γ$의 황경에서 $1°20'26''$을 빼면 혜성의 황경 $Υ27°9'49''$가 남을 것이다. 이 관측을 한 아드리앙 오주Adrien Auzout는 혜성위 위치를 대략 $Υ27°0'$에 두었다. 그리고 후크가 이 운동을 묘사한 작도를 보면, 혜성은 $Υ26°59'24''$에 있었다. 나는 둘의 평균을 취하여 혜성을 $Υ27°4'46''$에 두었다. 오주는 같은 관측에서 당시 혜성의 황위를 북쪽으로 $7°4'$ 또는 $7°5'$로 잡았는데, 좀더 정확히 잡으려면 $7°3'29''$로 잡았어야 했다. 혜성과 별 $γ$의 황위 차이는 별 $γ$와 A의 황경 차이와 같았기 때문이다.

그단스크에서 겉보기 시간	관측된 혜성의 거리		관측된 위치		궤도상에서 계산된 위치	
일 시 분		° ′ ″		° ′ ″		° ′ ″
12월						
3 18 29½	사자자리 심장으로부터	46 24 20	황경 ♎	7 1 0	♎	7 1 29
	처녀자리 스피카로부터	22 52 10	황위 S.	21 39 0		21 38 50
4 18 1½	사자자리 심장으로부터	46 2 45	황경 ♎	16 15 0	♎	6 16 5
	처녀자리 스피카로부터	23 52 40	황위 S.	22 24 0		22 24 0
7 17 48	사자자리 심장으로부터	44 48 0	황경 ♎	3 6 0	♎	3 7 33
	처녀자리 스피카로부터	27 56 40	황위 S.	25 22 0		25 21 40
17 14 43	사자자리 심장으로부터	53 15 15	황경 ♌	2 56 0	♌	2 56 0
	오리온 오른쪽 어깨로부터	45 43 30	황위 S.	49 25 0		49 25 0
19 9 25	프로키온으로부터	35 13 50	황경 ♊	28 40 30	♊	28 43 0
	고래자리 턱의 밝은 별로부터	52 56 0	황위 S.	45 48 0		45 46 0
20 9 53½	프로키온으로부터	40 49 0	황경 ♊	13 3 0	♊	13 5 0
	고래자리 턱의 밝은 별로부터	40 4 0	황위 S.	39 54 0		39 53 0
21 9 9½	오리온 오른쪽 어깨로부터	26 21 25	황경 ♊	2 16 0	♊	2 18 30
	고래자리 턱의 밝은 별로부터	29 28 0	황위 S.	33 41 0		33 39 40
22 9 0	오리온 오른쪽 어깨로부터	29 47 0	황경 ♉	24 24 0	♉	24 27 0
	고래자리 턱의 밝은 별로부터	20 29 30	황위 S.	27 45 0		27 46 0
26 7 58	양자리의 밝은 별로부터	23 20 0	황경 ♉	9 0 0	♉	9 2 28
	황소자리의 1등성으로부터	26 44 0	황위 S.	12 36 0		12 34 13
27 6 45	양자리의 밝은 별로부터	20 45 0	황경 ♉	7 5 40	♉	7 8 45
	황소자리의 1등성으로부터	28 10 0	황위 S.	10 23 0		10 23 13
28 7 39	양자리의 밝은 별로부터	18 29 0	황경 ♉	5 24 45	♉	5 27 52
	황소자리의 1등성으로부터	29 37 0	황위 S.	8 22 50		8 23 37
31 6 45	안드로메다의 띠로부터	30 48 10	황경 ♉	2 7 40	♉	2 8 20
	히데아스 성단으로부터	32 53 30	황위 S.	4 13 0		4 16 25
1665년 **1월**						
7 7 37½	안드로메다의 띠로부터	25 11 0	황경 ♈	28 24 47	♈	28 24 0
	히데아스 성단으로부터	37 12 25	황위 N.	0 54 0		0 53 0
13 7 0	안드로메다의 띠로부터	28 7 10	황경 ♈	27 6 54	♈	27 6 39
	히데아스 성단으로부터	38 55 20	황위 N.	3 6 50		3 7 40
24 7 29	안드로메다의 띠로부터	20 32 15	황경 ♈	26 29 15	♈	26 28 50
	히데아스 성단으로부터	40 5 0	황위 N.	5 25 50		5 26 0
2월						
7 8 37			황경 ♈	27 4 46	♈	27 24 55
			황위 N.	7 3 29		7 3 15
22 8 46			황경 ♈	28 29 46	♈	28 29 58
			황위 N.	8 12 36		8 10 25
3월						
1 8 16			황경 ♈	29 18 15	♈	29 18 20
			황위 N.	8 36 26		8 36 12
7 8 37			황경 ♉	0 2 48	♉	0 2 42
			황위 N.	8 56 30		8 56 56

2월 22일 런던에서 7시 30분에(즉 그단스크 시간으로는 2월 22일 8시 46분에), 후크의 관측(후크도 직접 작도했다)과 오주의 관측에 따르면(프티가 작도했다), 별 A부터 혜성까지의 거리는 별 A와 양자리의 첫 번째 별 사이의 거리의 5분의 1, 또는 $15'57''$이었다. 그리고 별 A와 양자리의 첫 번째 별을 잇는 선으로부터 혜성까지의 거리는 앞선 5분의 1의 4분의 1, 즉 $4'$였다. 따라서 혜성은 황위 $8°12'36''$ N, 황경 ♈$28°29'46''$에 있었다.

3월 1일 런던에서 7시 0분에 (즉 그단스크 시간으로 3월 1일 8시 16분에), 혜성은 양자리 두 번째 별 근처에서 관측되었다. 두 별 사이의 거리와 양자리의 첫 번째, 두 번째 별 사이의 거리의 비, 즉 $1°33'$에 대한 비를 후크는 4 대 45라고 했고, [길레 프랑소와] 고티그니즈는 2 대 23이라고 했다. 따라서 양자리 두 번째 별부터 혜성까지의 거리는, 후크에 따르면 $8°16'$이고, 고티그니즈에 따르면 $8'5''$이며, 둘의 평균을 취하면 $8'10'$였다. 고티그니즈에 따르면 혜성은 이제 양자리 두 번째 별을 넘어가서 하루에 완주하는 경로 중 4분의 1 또는 5분의 1만큼 진행했다고 한다. 이 거리는 약 $1'35''$가 되고(오주는 이 값에 동의한다), 후크에 따르면 이보다 약간 작은 약 $1'$ 정도가 된다. 그러므로, $1'$를 양자리 첫 번째 별의 황경에 더하고 $8'10''$를 황위에 더하면, 혜성의 황경은 ♈$29°18'$, 황위는 $8°36'26''$ N으로 결정될 것이다.

3월 7일 파리에서 7시 30분에(즉, 그단스크 시간으로 3월 7일 8시 37분에), 오주는 양자리 두 번째 별부터 혜성까지의 거리가 별 A부터 양자리 두 번째 별까지의 거리와 같은 $52'29''$로 관측했다. 그리고 혜성과 양자리 두 번째 별의 황경 차이는 $45'$ 또는 $46'$였으며, 평균을 잡으면 $45'30''$이었다. 그러므로 혜성은 ♉$0°2'48''$에 있었다. 오주의 관측을 프티가 작도한 그림을 바탕으로, 헤벨리우스는 혜성의 황위를 $8°54'$라고 결정하였다. 그러나 판화가가 혜성의 운동 경로 끝부분의 곡선을 불규칙하게 구부렸고, 헤벨리우스가 이 불규칙한 곡선을 직접 수정하였다. 그렇게 해서 혜성의 황위를 $8°55'30''$로 정정했다. 이 불규칙성을 조금 더 수정하면 황위는 $8°56'$, 또는 $8°57'$로 나올 수도 있다.

이 혜성은 3월 9일에도 등장했으며, 그런 다음 황위 약 $9°3\frac{1}{2}'$N, 황경 ♉$0°18'$으로 이동했을 것이다.

이 혜성은 3개월 동안 계속해서 보였고, 그동안 여섯 별자리를 지나면서 매일 $20°$씩 이동했다. 혜성의 경로는 북쪽으로 휘어지면서 지구 궤도로부터 상당히 벗어났다. 그리고 그 끝으로 향하면서 운동 방향은 역행에서 순행으로 바뀌었다. 이렇게 경로가 특이함에도 불구하고, 이론은 처음부터 끝까지 관측과 일치했고, 행성 이론이 행성 관측과 일치하는 만큼이나 정확했다. 이는 표를 조사해 보면 분명히 알 수 있다. 그런데 혜성이 가장 빠르게 움직일 때는 대략 2분 정도를 빼주어야 한다. 이는 승교점과 근일점 사이의 각도에서 12초를 빼거나, 이 각을 $49°27'18''$로 만들면 된다. 두 혜성 각각의 연주 시차는 (이 혜성과 이전 혜성) 상당히 뚜렷하고, 그 결과 지구 궤도를 따르는 지구의 연주 운동에 대한 증거를 마련해 주었다.

이론은 1683년에 나타났던 혜성의 운동에 의해서도 검증된다. 혜성은 궤도를 따라 역행했고, 궤도 평면은 황도면과 거의 직각을 이루었다. 승교점은 (핼리의 계산에 따르면) ♍23°23″에 있었다. 황도면에 대한 이 궤도의 기울기는 83°11′이었고, 근일점은 Ⅱ25°29′30″에 있었다. 태양부터 근일점까지의 거리는 지구 궤도의 반지름을 100,000으로 잡았을 때 56,020이었고, 근일점에 있던 시간은 7월 2일 3시 50분이었다. 이 궤도 위에서 혜성의 위치는, 핼리의 계산과 플램스티드가 관측한 위치를 계산한 내용에 따라, 다음 표로 정리하였다.

1683년 평균 시간	태양의 위치	계산된 혜성의 황경	계산된 황위(북)	관측된 혜성의 황경	관측된 황위(북)	황경 차	황위 차
월 일 시 분	° ′ ″	° ′ ″	° ′ ″	° ′ ″	° ′ ″	′ ″	′ ″
6 13 12 55	♌ 1 2 30	♋13 5 42	29 28 13	♋ 13 6 42	29 28 20	+1 0	+0 7
15 11 15	2 53 12	11 37 48	29 34 0	11 39 43	29 34 50	+1 55	+0 50
17 10 20	4 45 45	10 7 6	29 33 30	10 8 40	29 34 0	+1 34	+0 30
23 13 40	10 38 21	5 10 27	28 51 42	5 11 30	28 50 28	+1 3	-1 14
25 14 5	12 35 28	3 27 53	24 24 47	3 27 0	28 23 40	-0 53	-1 7
31 9 42	18 9 22	Ⅱ 27 55 3	26 22 52	Ⅱ 27 54 24	26 22 25	-0 39	-0 27
31 14 55	18 21 53	27 41 7	26 16 57	27 41 8	26 14 50	+0 1	-2 7
8 2 14 56	20 17 16	25 29 32	25 16 19	25 28 46	25 17 28	-0 46	+1 9
4 10 49	22 2 50	23 18 20	24 10 49	23 16 55	24 12 19	-1 25	+1 30
6 10 9	23 56 45	20 42 23	22 47 5	20 40 32	22 49 5	-1 51	+2 0
9 10 26	26 50 52	16 7 57	20 6 37	16 8 55	20 6 10	-2 2	-0 27
15 14 1	♍ 2 47 13	3 30 48	11 37 33	3 26 18	11 32 1	-4 30	-5 32
16 15 10	3 48 2	0 43 7	9 34 16	0 41 55	9 34 13	-1 12	-0 3
18 15 44	5 45 33	♉ 24 52 53	5 11 15	♉ 24 49 5	5 9 11	-3 48	-2 4
			황위(남)		황위(남)		
22 14 44	9 35 49	11 7 14	5 16 53	11 7 12	5 16 50	-0 2	-0 3
23 15 52	10 36 48	7 2 18	8 17 9	7 1 17	8 16 41	-1 1	-0 28
26 16 2	13 31 10	♈ 24 45 31	16 38 0	♈ 24 44 0	16 38 20	-1 31	-0 20

이론은 1682년에 나타났던 역행하는 혜성의 운동에 의해서도 확인된다. 승교점은 (핼리의 계산에 따르면) ♉21°16′30″에 있었다. 황도면에 대한 궤도의 기울기는 17°56′0″이었다. 근일점은 ♒2°52′50″에 있었다. 태양으로부터 근일점까지의 거리는 지구 궤도의 반지름을 100,000으로 잡았을 때 58,328이었다. 그리고 근일점에 있던 시각은 9월 4일 7시 39분이었다. 플램스티드의 관측으로부터 계산한 위치와 이론을 통해 계산된 위치를 비교한 내용은 다음 표에 나와 있다.

1682년 겉보기 시간	태양의 위치	계산된 혜성의 황경	계산된 황위(북)	관측된 혜성의 황경	관측된 황위(북)	황경 차	황위 차
월 일 시 분	° ′ ″	° ′ ″	° ′ ″	° ′ ″	° ′ ″	′ ″	′ ″
8 19 16 38	♍ 7 0 7	♌ 18 14 28	25 50 7	♌ 18 14 40	25 49 55	−0 12	+0 12
20 15 38	7 55 52	24 46 23	26 14 42	24 46 22	26 12 52	+0 1	+1 50
21 8 21	8 36 14	29 37 15	26 20 3	29 38 2	26 17 37	−0 47	+2 26
22 8 8	9 33 55	♍ 6 29 53	26 8 42	♍ 6 30 3	26 7 12	−0 10	+1 30
29 8 20	16 22 40	♎ 12 37 54	18 37 47	♎ 12 37 49	18 34 5	+0 5	+3 42
30 7 45	17 19 41	15 36 1	17 26 43	15 35 18	17 27 17	+0 43	−0 34
9 1 7 33	19 16 9	20 30 53	15 13 0	20 27 4	15 9 49	+3 49	+3 11
4 7 22	22 11 28	25 42 0	12 23 48	25 40 58	12 22 0	+1 2	+1 48
5 7 32	23 10 29	27 0 46	11 33 8	26 59 24	11 33 51	+1 22	−0 43
8 7 16	26 5 58	29 58 44	9 26 46	29 58 45	9 26 43	−0 1	+0 3
9 7 26	27 5 9	♏ 0 44 10	8 49 10	♏ 0 44 4	8 48 25	+0 6	+0 45

[a]이론은 1723년에 나타난 혜성의 역행 운동에 의해서도 확인된다. 승교점은 (옥스퍼드 대학교의 천문학과 새빌리언 교수인 브래들리 씨의 계산에 따르면) ♈14°16′에 있었다. 황도면에 대한 궤도의 기울기는 49°59′였다. 근일점은 ♉12°15′20″에 있었다. 태양부터 근일점까지의 거리는 지구 궤도 반지름을 1,000,000으로 잡을 때 998,651이었고, 근일점에 있던 때는 그리니치 시간으로 9월 16일 16시 10분이었다. 그리고 궤도상 혜성의 위치는, 브래들리의 계산과 그가 관측한 위치, 그리고 그의 삼촌 파운드 씨와 핼리 씨가 관측한 위치를 비교하여 다음 페이지에 표로 정리했다.[a]

이러한 예를 통해, 일반적으로 행성 이론으로 설명되는 행성 운동 못지않게 우리가 제시한 이론으로써 혜성의 운동이 정확하게 표현된다는 사실이 분명해졌다. 그러므로 혜성의 궤도는 이 이론으로 계산할 수 있으며, 혜성이 어떠한 궤도를 그리든 회전하는 공전 주기도 결정할 수 있다. 마지막으로 혜성의 타원 궤도의 가로 지름과 원일점 사이의 거리도 드러날 것이다.

1607년에 나타났던 역행하는 혜성이 그리는 궤도에서 승교점은 (핼리의 계산에 따르면) ♉20°21′에 있었다. 황도면에 대한 궤도의 기울기는 17°2′였다. 근일점은 ♒2°16′에 있었다. 그리고 태양부터 근일점까지의 거리는 지구 궤도의 반지름을 100,000이라고 할 때 58,680이었다. 그리고 혜성이 근일점에 있던 때는 10월 16일 3시 50분이었다. 이 궤도는 1682년에 보았던 혜성의 궤도와 거의 일치한다. 만일 이 둘이 같은 혜성이라면, 이 혜성은 75년 동안 공전할 것이고 궤도의 주축 대 지구 궤도의 주축의 비는 $\sqrt[3]{(75 \times 75)}$ 대 1, 또는 대략 1,778 대 100일 것이다. 그리고 태양부터 이 혜성의 원일점까지의 거리 대 태양부터 지구까지의 평균 거리의 비는 대략 35 대 1일 것이다. 이 값들이 알려지면, 이 혜성의 타

---

aa 이 문단과 이어지는 표는(855페이지) 3판에서 처음으로 등장한다.

1723년 평균 시간				관측된 혜성의 황경	관측된 황위(북)	계산된 혜성의 황경	계산된 황위(북)	황경 차	황위 차
월	일	시	분	° ′ ″	° ′ ″	° ′ ″	° ′ ″	″	″
10	9	8	5	♒ 7 22 15	5 2 0	♒ 7 21 26	5 2 47	+49	−47
	10	6	21	6 41 12	7 44 13	6 41 42	7 43 18	−50	+55
	12	7	22	5 39 58	11 55 0	5 40 19	11 54 55	−21	+ 5
	14	8	57	4 59 49	14 43 50	5 0 37	14 44 1	−48	−11
	15	6	35	4 47 41	15 40 51	4 47 45	15 40 55	− 4	− 4
	21	6	22	4 2 32	19 41 49	4 2 21	19 42 3	+11	−14
	22	6	24	3 59 2	20 8 12	3 59 10	20 8 17	− 8	− 5
	24	8	2	3 55 29	20 55 18	3 55 11	20 55 9	+18	+ 9
	29	8	56	3 56 17	22 20 27	3 56 42	22 20 10	−25	+17
	30	6	20	3 58 9	22 32 28	3 58 17	22 32 12	− 8	+16
11	5	5	53	4 16 30	23 38 33	4 16 23	23 38 7	+ 7	+26
	8	7	6	4 29 36	24 4 30	4 29 54	24 4 40	−18	−10
	14	6	20	5 2 16	24 48 46	5 2 51	24 48 16	−35	+30
	20	7	45	5 42 20	25 24 45	5 43 13	25 25 17	−53	−32
12	7	6	45	8 4 13	26 54 18	8 3 55	26 53 42	+18	+36

원 궤도를 결정하는 것은 전혀 어렵지 않다. 지금까지 설명한 내용은 혜성이 지금으로부터 이 궤도를 따라 75년 후에 다시 돌아오면 사실로 밝혀질 것이다. 다른 혜성은 좀 더 오랫동안 공전하고 더 높이 상승하는 것 같다.

그러나 혜성의 수가 많고, 태양부터 혜성 궤도의 원일점까지의 거리가 너무 멀고, 원일점에서 보내는 시간이 길기 때문에, 혜성들은 서로를 향하는 무거움 때문에 운동에 다소 섭동을 받게 된다. 그러다 보면 궤도의 이심률과 공전 시간은 가끔은 조금 늘거나 조금 줄 것이다. 따라서 같은 행성이 정확히 같은 궤도와 같은 주기로 돌아올 것이라고는 기대하기 어렵다. 위에서 설명한 원인으로 인한 변화보다 더 큰 변화가 발생하지 않는다는 것만 확인하는 것으로도 충분하다.

그리고 이에 따라 혜성이 행성처럼 황도 12궁에만 국한되어 움직이지 않고, 12궁에서 출발하여 다양한 움직임으로 하늘 전체를 이동하는 이유, 즉 가장 느리게 움직이는 원일점에서 혜성이 서로에게서 최대한 멀리 떨어져 있으면서 서로를 최소한으로 끌어당기는 이유가 드러난다. 그리고 이는 혜성이 가장 낮은 곳으로 내려가 원일점에서 가장 느리게 움직이다가, 가장 높은 곳으로 올라가는 이유이기도 하다.

1680년에 나타났던 혜성은 근일점에 있을 때 태양부터의 거리가 태양 지름의 6분의 1도 되지 않았다. 혜성의 속도가 이 지역에서 가장 컸고 태양의 대기가 어느 정도의 밀도를 가지고 있었기 때문에,

혜성은 저항을 받아 속도가 다소 느려지면서 태양에 접근했을 것이다. 그리고 공전을 거듭하면서 태양에 점점 가까이 다가가, 결국에는 태양의 몸체로 떨어질 것이다. 또한 혜성이 가장 느리게 움직이는 원일점에서 가끔은 다른 혜성의 인력을 받아 느려질 수 있고, 결과적으로 태양에 떨어질 수도 있다. 항성도 마찬가지인데, 항성은 조금씩 빛과 증기를 내뿜으며 고갈되다가, 항성으로 떨어지는 혜성에 의해 재생되고, 새로운 양분을 공급받아 타오르면서 새로운 별처럼 보일 수도 있다. 어느 날 갑자기 하늘에 나타나서, 처음에는 최대 밝기로 빛나다가 이후에는 조금씩 사라지는 별이 바로 이런 유의 항성이다. 1572년 11월 9일에 카시오페아의 의자에서 코넬리우스 게마가 관측한 것이 이런 별이었다. 이 별은 모든 항성보다 더욱 밝게 빛났고, 밝기로 따지면 금성과 견주어도 부족하지 않았다. 그러나 11월 8일 맑은 날 밤에 밤하늘을 조사할 때는 그 별을 보지 못했다. 튀코 브라헤도 그달 11일에 같은 별을 보았는데, 그때는 별이 가장 찬란하게 빛나던 때였다. 그는 그 시간 이후로 별이 조금씩 줄어드는 것을 관측했고, 16개월 후에는 완전히 사라진 것을 확인했다. 11월에 그 별이 처음 나타났을 때에는, 금성과 밝기가 맞먹었다. 12월에 다소 빛이 줄었을 때는 목성과 비슷했다. 1573년 1월에는 목성보다 어두웠고 시리우스보다는 밝았으며, 2월 말과 3월 초에는 시리우스와 비슷해졌다. 4월과 5월에는 2등성과 같았고, 6, 7, 8월에는 3등성과 맞먹었다. 9월, 10월, 11월에는 4등성 밝기였고, 12월과 1574년 1월에는 5등성과 비슷했다. 그리고 2월에는 6등성 정도였고, 3월에는 시야에서 사라졌다. 별의 색깔은 처음에는 투명하고 밝은 흰색이었다가 이후에는 점점 노란 빛을 띠었고, 1573년 3월에는 화성이나 알데바란(황소자리 1등성)처럼 불그스름했다. 한편 5월에는 토성처럼 탁한 흰색을 띠었으며, 그 색을 끝까지 유지했지만 점점 희미해졌다. 이러한 현상은 뱀주인자리 오른발의 별에서도 보였는데, 처음 보이기 시작한 날은 1604년 9월 30일로 케플러의 제자들이 관측했다. 그들이 본 바로는 그 별은 전날 밤에는 전혀 보이지 않았는데, 바로 다음 날 목성의 밝기를 능가하는 별이 눈에 띄었다고 했다. 그리고 그 날부터 별은 조금씩 빛이 줄다가 15 또는 16개월 만에 완전히 사라져 보이지 않게 되었다. 이렇게 측정 범위를 넘어서는 별이 새롭게 빛나는 것을 목격하고, 히파르코스가 항성들을 관측하여 목록으로 정리하기로 마음먹었다고 전해진다. 그러나 교대로 나타났다가 사라지고, 밝기가 조금씩 증가하고, 3등성보다 더 밝지 않은 별들은 종류가 다른 별인 것 같다. 이런 별들은 공전하면서 밝은 면과 어두운 면을 교대로 보여주는 것 같다. 그리고 태양과 항성, 혜성의 꼬리에서 발생하는 증기는 그 무거움으로 인해 행성의 대기 위로 떨어져 그곳에서 응축되고 물과 습한 영spirits으로 변환된다. 그런 다음—느리게 가열되어—서서히 염, 황, 팅크, 진흙, 뻘, 점토, 모래, 돌, 산호, 그리고 그 밖의 다른 토양성 물질로 형태를 바꾼다.

소용돌이 가설은 여러 가지 문제를 안고 있다. 만일 태양까지 이어진 반지름으로 모든 행성이 시간에 비례하는 면적을 휩쓴다면, 소용돌이 부분의 주기는 태양부터의 거리 제곱에 비례해야 한다. 그러니까 행성의 주기가 태양부터의 거리의 $\frac{3}{2}$제곱에 비례한다면, 소용돌이의 부분들의 주기도 그 거리의 $\frac{3}{2}$제곱에 비례해야 한다. 토성과 목성, 다른 행성들 주위를 도는 더 작은 소용돌이가 보존되고 태양의 소용돌이 안에서도 동요 없이 부유하려면, 태양의 소용돌이의 부분들의 주기도 이와 같아야 한다. 태양과 행성들이 축 중심으로 도는 회전[즉 자전]도 [b]그들의 소용돌이의 운동 일치해야 할 것인데,[b] 실제로는 이들이 도는 비율이 제각각 다르다. 혜성의 움직임은 지극히 규칙적이고, 행성의 운동과 같은 법칙을 따르고 있는데, 이는 소용돌이로는 설명할 수가 없다. 혜성은 이심률이 대단히 큰 궤도를 그리며 하늘 전체를 여행하고 있으며, 이러한 운동은 소용돌이가 있으면 일어날 수 없는 일이다.

발사체는 대기에서 오직 공기에 의해서만 저항받는다. 보일의 진공 실험에서, 진공에서 아주 가벼운 깃털과 단단한 금이 같은 속도로 낙하하는 현상으로 미루어 보았을 때 공기를 제거하면 저항도 사라진다는 사실을 알 수 있다. 지구 대기 위의 천체 공간에서도 마찬가지다. 이 공간 안에서 모든 물체는 자유롭게 움직여야 하고, 행성과 혜성은 앞서 제시한 법칙에 따라 모양과 위치가 정해진 궤도를 따

---

a   1판에는 유명한 신과 가설에 관한 논의가 담긴 뉴턴의 일반 주해가 수록되지 않았다. 이 주해는 2판에서 처음 인쇄되었지만, 현존하는 5편의 자필 초고에 의해 추가로 문서화되었고, 뉴턴과 2판의 편집자인 로저 코츠가 주고받은 서신에서도 간간이 언급된다. 자세한 내용은 *Unpublished Scientific Papers of Isaac Newton,* ed. A Rupert Hall and Marie Boas Hall (Cambridge: Cambridge University Press, 1962), pp. 348-364; I. Bernard Cohen, *Introduction to Newton's "Principia"* (Cambridge, Mass.: Harvard University Press; Cambridge: Cambridge University Press, 1971), pp.240-245 참고.

bb   2판에는 이 부분이 없다.

라 지속적으로 회전해야 한다. 행성과 혜성은 사실상 중력 법칙에 따라 궤도를 유지하지만, 태초에는 이 법칙만으로 궤도의 위치가 정해질 수 없었다.

여섯 개의 주행성은 태양과 중심을 공유하는 원을 그리며 같은 운동 방향으로 태양 주위를 돌고 있고, 거의 같은 평면 위에 놓여 있다. 열 개의 위성들은 지구, 목성, 토성 주위를 동심원을 그리며 돌고, 같은 운동 방향으로 돌며 행성의 궤도 평면과 거의 같은 평면 위에 있다. 이 같은 행성들의 규칙적인 운동은 역학적 원인에 의해 발생했다고 볼 수 없다. 혜성은 이심률이 매우 큰 궤도를 자유롭게 그리며 하늘의 거의 모든 부분을 휩쓸기 때문이다. 혜성은 이런 식으로 운동하며 행성 궤도를 매우 빠르고 가볍게 통과해 지나간다. 그리고 원일점에서는 더 느리게 움직이고 더 오랜 시간을 머물며, 서로 최대한 먼 거리에서 최소한으로 끌어당긴다.

태양과 행성, 혜성으로 이루어진 이토록 우아한 계는 지적이고 전능한 존재의 설계와 지배 없이는 생겨날 수 없었을 것이다. 그리고 항성들이 이와 유사한 계들의 중심이라면, 이 계들도 모두 이와 비슷한 설계에 따라 신의 지배를 받도록 축조되었을 것이다. 특히 항성의 빛이 태양의 빛과 성질이 같고, 모든 계는 다른 계에게 빛을 보낸다는 점을 볼 때 이는 분명한 사실이다. [a]그리고 신은 항성들 사이의 거리를 크게 벌려두어 항성계가 무거움으로 인해 서로에게 떨어지지 않도록 하였다.[a]

그는 단지 세상의 영혼으로서가 아니라 만물의 주인으로서 모든 것을 다스린다. 그리고 그의 지배로 말미암아 주 하느님God 판토크라토르Pantokrator로 불린다.[b] "신god"은 상대적인 용어이고 종servant을 상정하며, 신격godhood은[c] 하느님의 권능으로서, [d]하느님이 세상의 영혼이라고 생각하는 사람들이 가정하는 것과 달리[d] 그분의 본체가 아닌 종의 몸을 지배하는 것이다. 절대자로서 하느님은 영원하고, 무한하며, 절대적으로 완벽한 존재다. 그러나 아무리 완벽하더라도 통치하지 않는 존재는 주 하느님이 아니다. 우리는 나의 하느님, 당신의 하느님, 이스라엘의 하느님, 신들의 하느님, 주님의 주님이라고 말하지, 나의 영원한 분, 당신의 영원한 분, 이스라엘의 영원한 분, 신들의 영원한 분이라고 말하지 않는다. 또한 나의 무한한 이, 나의 완벽한 이라고도 말하지 않는다. 이러한 호칭[즉, 영원한, 무한한, 완벽한]은 종들과 관련이 없다. "신"이라는 단어는 광범위한 의미에서 지배자lord를[e] 의미하지만, 모든 지

---

aa   2판에는 이 내용이 없다.

b   뉴턴이 단 **각주 a**는 다음과 같다. "다시 말해 전능한 통치자이다."

c   뉴턴은 여기에서 "deitas"라는 단어를 쓰고 있다. 이 말은 비고전적인 용어로 신성 또는 '신다움(god-ness)'의 근본적 성질을 의미한다. 의미로만 보면 "deitas"는 "신성(Godhead)"에 더 가깝지만, (좀 더 추상적인) "신격(godhood)"이 뉴턴의 "deitas"의 의미를 더 잘 전달하는 단어일 것이다.

dd   2판에는 이 내용이 없다.

e   뉴턴의 **각주 b**는 2판에서는 빠져 있으며, 내용은 다음과 같다. "우리의 동료 영국인인 포콕은 'deus'의 기원을 아라비아어인 'du'와 'di'의 사격(주격 호격 이외의 명사 대명사의 격 —옮긴이)이라 보고 있으며, 이 말은 지배자(lord)라는 뜻을 담고 있다. 이러한 의미로 시편 82:6과 요한복음 10:35에서는 왕자를 신이라 부르는 것이며, 모세는 그의 형 아론의 하느님이며 왕 파라오의 하느님이라고 불린다 (탈출기 4:16과 7:1). 같은 의미로 죽은 왕자들의 영혼은 이교도들에 의해 신이라고 불리었으나, 그들은 통치권이 없으므로 이는 잘못된 것이다."

배자가 신은 아니다. 영적 존재의 권능은 신을 구성한다. 참된 권능은 진짜 신을 구성하고, 최고 권능은 최고의 신을 구성하고, 상상의 권능은 상상의 신을 구성한다. 그리고 진정한 권능으로부터 진짜 신이 살아있고, 지성을 가졌으며, 강력하다는 결과가 뒤따른다. 그는 다른 완벽성과 비교할 때 최고 통치자로서의 최고의 완벽성을 갖추었다. 그는 영원하고 무한하며, 전지전능하며, 다시 말해 영원부터 영원까지 지속되고, 무한부터 무한까지 존재한다. 그는 모든 것을 다스리고, 일어나는 일 또는 일어날 수 있는 일을 모두 안다. 그는 영원도 무한도 아니지만 영원하고 무한하며, 시간도 공간도 아니지만 영속해서 존재한다. 그는 언제나 지속되고 모든 곳에 존재하며, 언제나 모든 곳에 존재함으로써 시간과 ^{f}공간^{f}을 구성한다. 공간의 모든 입자는 '항상 존재하고', 분할할 수 없고 지속되는 모든 순간은 '어디서든' 마찬가지이므로, 만물의 창조자이자 지배자는 한시적일 수 없으며 결코 '어디에도 없지 않을 것이다'.

^{g}지각이 있는 모든 영혼은, 각기 다른 시간에 다른 감각 기관과 운동 기관을 가지고 있더라도, 분할할 수 없는 동일한 인간이다. 시간에는 연속적인 부분이 있고 공간에는 공존하는 부분이 존재하지만, 이중 어느 것도 인간 존재나 인간의 사고 원리에는 존재하지 않으며, 하느님의 사유하는 실체에게는 훨씬 더 적게 존재한다. 각자 삶에서 모든 인간은 감각하는 존재로서, 각각의 감각기관에서 일관된 한 명의 인간이다. 하느님은 언제 어디서나 동일한 하느님이다.^{g} 그는 피상적으로뿐만 아니라 실체적으로도 편재한다. 작용에는 실체가 필요하기 때문이다[직역하면, 능동적인 힘[덕성virtus]은 실체 없이 존재할 수 없기 때문이다]. 만물은 신 안에 담겨 움직이지만^h, 신은 만물에 작용하지 않고 만물도 신에게 작용하지 않는다. 신은 물체의 움직임으로부터 아무것도 경험하지 않는다. 물체는 신의 편재로부터 아무 저항도 느끼지 않는다.

최고의 신은 반드시 존재해야 하며, 이 같은 필요성에 의해 그는 언제 어디서나 존재한다는 데 모두 동의한다. 이로써 그의 모든 것은 그 자신과 같다는 결론이 나온다. 그는 모든 것을 보고, 모든 것을 들으며, 모든 것을 생각하고, 모든 것을 다루며, 모든 것을 감지하여 이해하고, 모든 것에 작용한다. 그러나 그 작용은 인간의 방식과는 달라서 전혀 물질적이지 않고, 인간인 우리는 전적으로 알지 못하는 방식으로 이루어진다. 맹인이 색깔을 전혀 알지 못하듯이, 우리도 가장 지혜로우신 하느님이 모든 것

---

ff   2판에서는 "공간, 영원성, 그리고 무한성"으로 되어 있다.

gg   2판에는 이 내용이 없다.

h   뉴턴이 단 **각주 c**는 다음과 같다. "이는 고대인들의 견해다. 이를 확인할 수 있는 문헌으로는 키케로가 『신의 본성에 대하여On the Nature of the Gods』 1권에서 인용한 피타고라스; Thales; Anaxagoras; Virgil, Georgics, book 4, v.221, 그리고 *Aeneid,* book 6, v.726; Philo, *Allegorical Interpretation,* 1권, 도입부, *Phenomena*에서 인용된 Aratus, 도입부 등이 있다. 또한 성경에서도 찾아볼 수 있는데, 예를 들면, 사도행전 17:27-28의 바오로; 요한복음 14:2에서 요한; 신명기 4:39와 10:14의 모세; 시편 139:7, 8, 9의 다윗; 열왕기 I 8:27의 솔로몬; 욥기 22:12, 13, 14; 예레미야서 23:23, 24 등이다. 이교도들은 태양, 달, 별, 인간의 영혼, 그리고 세상의 다른 부분들이 최고 신의 일부로서 숭배되어야 한다고 상상했지만, 잘못 생각한 것이다." 2판에서 이 각주는 이렇게 되어 있다. "이는 고대인들의 견해다. the *Phenomena*의 Aratus, 도입부, 사도행전 7:27, 28의 바오로, 신명기 4:39와 10:14의 모세, 시편 139:7, 8의 다윗; 열왕기 8:27의 솔로몬, 욥기 22:12, 예레미야 예언서 23:23-24에서 이를 확인할 수 있다."

을 감지하고 이해하는 방식을 전혀 알지 못한다. 그는 몸이나 물질적인 형태가 전혀 없으며, 따라서 누구도 그를 볼 수도 들을 수도 만질 수도 없다. 그는 어떤 물질적인 형태로서 숭배받아서는 안 된다. 우리는 하느님의 속성에 대한 개념을 알지만 그 실체substance가 무엇인지는 분명히 알지 못한다. 우리는 물체의 모양과 색깔만 보고, 그 소리만 듣고, 그 외면만 만지고, 냄새를 맡고 맛을 볼 뿐이다. 그러나 우리는 내밀한 실체를 직접적으로 감각하지 못하고, 그 실체를 간접적으로 유추할 수 있는 작용도 없다. 하물며 신의 실체를 이해할 수 있는 개념이 우리에게 있을 리 만무하다. 우리는 오직 그의 성질과 속성으로, 가장 현명한 최고의 피조물과 목적인目的因으로서만 그를 알 수 있을 뿐이고, ᵃ그의 완벽성 때문에 그를 경외한다.ᵃ 우리는 그의 통치 때문에 그를 공경하고 숭배한다. ᵇ우리는 종으로써 그를 숭배하며,ᵇ 통치권, 섭리, 목적인이 없는 신은 운명이나 자연과 다를 것이 없다. ᶜ사물의 다양성은 맹목적인 형이상학적 필연에서 비롯될 수 없다. 형이상학적 필연은 언제 어디서나 동일해야 하기 때문이다. 피조물의 다양성은, 각각의 장소와 시간에서, 필연적인 존재의 생각과 의지에 의해서만 생겨날 수 있었을 것이다. 그런데 하느님은 보고, 듣고, 말하고, 웃고, 사랑하고, 미워하고, 욕망하고, 주고, 받고, 기뻐하고, 화를 내고, 싸우고, 건설하고, 형태를 만들고, 구조를 세운다고 비유적으로 일컬어진다. 신에 관한 담론은 모두 인간적인 것과의 유사성을 통해 파생된 것이며, 이는 인간이 완벽하지는 않아도 어떤 유의 유사성이 있기 때문에 가능한 일이다.ᶜ 우리는 이로부터 신에 대한 논의, 그리고 현상을 통해 신을 다루는 것이 분명히 ᵈ자연ᵈ철학의 일부라는 결론을 맺게 된다.

　　지금까지 나는 하늘과 우리 바다의 현상을 중력으로 설명하였다. 그러나 아직 중력의 원인을 규명하지 못했다. 실제로 이 힘은 태양과 행성의 중심부를 관통하면서도 그 작용력을 전혀 잃지 않는 어떤 원인에 의해 발생한다. 그리고 이 힘의 작용은 (역학적 원인처럼) 작용하는 입자 '표면'의 양에 비례하지 않고, '단단한' 물질의 양에 비례한다. 또한 이 힘은 어마어마한 거리를 뻗어나가 모든 곳으로 확장되며, 언제나 거리 제곱에 비례하여 감소한다. 태양을 향하는 무거움은 태양의 개별 입자를 향하는 무거움의 합이며, 태양부터 거리가 증가하면, 심지어 토성 궤도까지 이르더라도 정확히 그 거리의 제곱에 비례하여 감소한다. 이는 행성의 원일점이 정지 상태에 있다는 사실로부터 명백하며, 혜성의 가장 먼 원일점도 정지해 있다는 점을 감안하면 혜성 궤도에 이르기까지도 성립한다. 나는 아직 현상으로부터 이러한 무거움의 성질의 원인을 유추해내지 못하였고, 나는 가설을 ᵉ꾸미지ᵉ 않는다. 현상으로부터

---

aa　　2판에는 이 문장이 없다.

bb　　2판에는 이 부분이 없다.

cc　　2판에는 이 내용이 없다.

dd　　2판에서는 "실험(experimental)" 철학이라고 되어 있다.

ee　　뉴턴의 유명한 선언 "Hypotheses non fingo"에서 "fingo"라는 단어는, 영어 단어 "feign(꾸며내다)"에 해당하는 라틴어 단어인 것 같다. 앤드류 모트는 이 "fingo"를 "frame(만들어내다)"로 번역했는데, 이 동사는 당시에 경멸적인 의미를 담고 있었을 수 있다. 자세한 내용은 해설서 §9.1를 참고할 것.

추론한 것이 아니라면 무엇이든 가설이라고 불려야 하며, 가설은 형이상학적이든 물리적이든, 또는 초자연적 성질을 바탕으로 하든 아니면 기계적이든, 실험철학 안에는 설 자리가 없기 때문이다. 이 실험철학 안에서, 명제는 현상으로부터 유추되고 귀납법에 의해 일반화된다. 물체의 불가입성, 기동성, 추동력, 그리고 운동 법칙과 무거움의 법칙은 바로 이런 방법으로 발견한 것이다. 그리고 중력은 실제로 존재하며 우리가 제시한 법칙에 따라 작용하는 것으로 충분하고, 그로써 천체와 우리 바다의 모든 운동을 충분히 설명하기에 족하다.

[f] 이제 거대한 몸체 안에 스며 있으면서 그 안에 숨어 있는 대단히 미묘한 영spirit과 관련하여 몇 가지를 더 추가하려 한다. 몸체의 입자는 그 힘과 작용에 의해 아주 가까운 거리에서 서로를 끌어당기고 서로 인접해졌을 때 들러붙게 된다. 그리고 전기적[즉 전기가 통하는] 물체들은 먼 거리에서도 작용하는데, 이웃한 입자들을 끌어당기는 것과 마찬가지로 밀치기도 한다. 그리고 빛을 방출되고, 반사하고, 굴절하고, 안으로 휘어지고, 물체를 가열시킨다. 이로 인해 감각이 자극되고, 동물의 사지는 의지의 명령, 즉 이 영의 진동에 의해 움직인다. 이 영은 단단한 신경 섬유를 통해 감각의 외부 기관에서부터 뇌까지 전달되며, 뇌에서부터 근육까지 전달된다. 그러나 이러한 것들은 몇 마디 말로 설명할 수 없다. 게다가 이러한 영의 작용을 지배하는 법칙을 결정하고 증명할 실험도 충분히 많이 이루어지지 않았다.[f]

---

ff 일반 주해의 마지막 문단은 학자들의 큰 관심을 끌었고, 특히 뉴턴이 이 "영(spirit)"을 무슨 의미로 쓴 것인지 알아내기 위해 많은 연구가 뒤따랐다. 이 "영"은 다양한 현상에서 작동할 수 있다. 심지어 뉴턴은 여기에서 한 가지 추정을 소개하는 것 같기도 한데—우리는 감히 이것을 가설이라고 부르지 않겠다—뉴턴의 글을 보면 이 영이 "진짜로" 존재하는지 여부에 대해서는 전혀 의심하지 않았고, 단지 이 영이 따르는 법칙에 대해서만 의문을 품고 있었던 것 같다.

이 "영"을 해석할 단서는 모트의 번역문에 처음 등장하고 모트-캐조리 버전까지 이어진 한정 형용사 "전기적 그리고 탄성적(electric and elastic)"에서 나타난다. 이 단어들은 라틴어판 2판이나 3판에서는 발견되지 않았으나, 뉴턴이 따로 기록한 삽지가 포함된 2판에 수정 사항으로 제안된 내용 중 하나로 등장하므로, 뉴턴이 관여했다는 분명한 출처가 있다. 또한 A. 루퍼트 홀과 마리 보아스 홀의 연구 덕분에, 우리는 이 문제의 영이 실제로는 "전기(electrical)"라는 것을 알게 되었다. 특히 뉴턴은 『프린키피아』 2판을 제작하면서, 1711-1713년 사이에 여러 편의 초안을 작성했는데, 그 내용을 보면 당시 중력을 연구하면서 전기 현상이 중요한 의미가 있다고 생각했음을 암시하고 있다. 자세한 내용은 이 번역서의 해설서 §9.3을 참고하자.

뉴턴이 왜 이 한정 형용사 "전기적 그리고 탄성적"을 3판(1726년) 본문에 넣지 않기로 결정했는지 한 가지 가능한 이유는, 삽지가 포함된 2판 사본에서 마지막 문단 전체에 줄을 그은 것으로부터 유추할 수 있다. 이는 뉴턴이 이 내용을 3판에서 삭제하기로 마음먹었다는 것을 보여준다. 이런 결정을 내린 이유는 1713년 이후 어느 때에 전기가 중력의 동인일 가능성에 대한 기대를 잃었기 때문인 것 같다.

왜 뉴턴이 마지막 단락을 개정하거나 삭제하지 않았는지는 쉽게 이해할 수 있다. 3판이 완성되어 인쇄되었던 1726년 2월 무렵에, 뉴턴과 펨버튼은 본문을 고치고 증명을 읽으며 이미 몇 년의 시간을 보낸 후였고, 뉴턴은 세상을 뜨기까지 1년도 남지 않은 시점이었다. 뉴턴이 마지막 문단을 검토하던 때는 아마도 체력이 너무 약해져 자신이 제안한 결론의 대안을 보지 못하고 넘어갔을 것이다.

3판은 "Index Rerum Alphabeticus"(pp.531-536)으로 결론을 맺고, 윌리엄과 존 이니스가 판매하는 책의 광고가 실려 있다(pp.537-538).

1. 뉴턴이 단순히 "inertia(관성)"이 아닌 "vis inertiae(관성력)"이라는 용어를 썼는지를 이해하기 위해, 뉴턴이 정의 3에서 명쾌하게 말한 것처럼 당시 통용되던 개념 "vis insita(내재하는 힘)"가 아닌 새롭고 더 나은 이름을 부여하고 있다는 점을 주목해야 한다. 그는 단순히 하나의 수식 어구("insiat")를 다른 것("inertiae")으로 바꾼 것이다.

2. 『프린키피아』의 뉴턴의 수학적 방법과 그의 후계자들이 뉴턴의 이론 역학을 읽고 개정해 나간 과정에 대해서는, Niccoló Guicciardini의 걸출한 해석, Reading the "Principia": *The Debate on Newton's Mathematical Methods for Natural Philosophy from 1687 to 1736* (Cambridge: Cambridge University Press, 1999)를 참고하자.

3. 뉴턴이 개발한 극한 개념과 『프린키피아』 1권 섹션 1에서 사용한 방법에 대해서는, Bruce Pouciau, "Newton and the Notion of Limit", *Historia Mathematica* 28 (2001): 18–30, 그리고 "The Preliminary Mathematical Lemmas of Newton's Pricipia", *Archive for History of Exact Sciences* 52 (1998): 279–295를 참고하자.

4. 1권 보조정리 28에 대해서는 Bruce Pourciau, "The Integrability of Ovals", *Archive for History of Exact Sciences* 55 (2001): 478–499를 참고하자.

5. 최소 저항의 입체와 선박 설계에 관한 뉴턴의 생각에 대해서는, A. Rupert Hall, *Ballistics in the Seventeenth Century* (Cambridge: Cambridge University Press, 1952), *pp*.141–145를 참고하자.

과학책 번역하는 사람이 이런 비과학적인 생각을 해도 되나 싶기는 하지만, 저는 가끔 번역자와 책은 인연으로 만난다는 생각을 합니다. 사실 요즘은 번역자가 책을 선택하는 경우는 거의 없고, 대개는 출판사가 번역자를 골라 의뢰를 하면 번역자가 그 책을 받아 번역하게 됩니다. 이 책 『프린키피아』도 출판사의 의뢰를 받아 만나게 되었는데, 연락을 받고서는 정말 조금도 고민하지 않고 덥석 수락했습니다. 그래도 한때 물리학을 공부한 사람으로서 『프린키피아』 정도는 번역해 봐야 되지 않겠나 하는 객기와, 그림과 수식이 많으니 번역도 그리 어려울 것 없겠다고 만만히 본 탓이었습니다. 이 섣부른 결정이 불러온 결과는 그야말로 처참했습니다. 뚜껑을 열어보니 『프린키피아』는 정말이지 상상을 초월하도록 어려운 책이었습니다. 한 장 한 장 넘길 때마다 내가 얼마나 보잘것없는 번역자인지를 철저하게 일깨워 주는 책이었습니다. 일하는 중간중간, 안 하겠다고 했으면 그만일 것을 도대체 이걸 왜 하겠다고 덤벼서 이 고생을 하고 있나 스스로가 원망스러워질 때, 그냥 이 책과 나는 이렇게 만날 인연이었던가 보다고 생각하면 체념이 되고 마음이 편해졌습니다.

사실 저는 번역하는 사람이지 학자는 아닙니다. 그래서 번역하는 내내 과연 내가 이 책을 번역할 자격이 되는지 두고두고 고민이 되었습니다. 아무래도 저에게는 분에 넘치는 책인 것 같아서, 저보다 훌륭한 학자가 번역하는 것이 옳지 않을까 싶어 중간에 포기할 마음도 들었습니다. 그러나 꾸역꾸역 작업해 나가다 보니, 어쩌면 이 책에 걸맞은 자격을 갖춘 사람이 따로 있는 건 아니겠다는 생각이 한편으로 들기도 했습니다. 지구상에 뉴턴을 모르는 사람이야 없을 테고 저 역시도 학교 다닐 때 뉴턴 역학을 배웠지만, 그가 쓴 글을 한 글자 한 글자 번역하면서 그의 천재성을 다시금 돌아보는 계기가 되었기 때문입니다. 고성능 컴퓨터도 관측 장비도 없던 그 시절에, 오로지 순수한 이성과 논리의 힘으로 자연 현상을 이해하고 설명하는 위대한 이론을 세운 뉴턴의 천재성은 그저 놀라울 따름입니다. 뉴턴이 그토록 알고 싶어 하던 중력의 실체는 아인슈타인의 상대성이론에 의해 밝혀졌고, 이제는 중력의 양자화까지 거론하는 시대에 이르렀지만, 그 오랜 세월이 흐른 오늘날까지도 뉴턴 역학은 거시 규모 물리학을 정확히 설명하는 물리학의 기본 이론으로서 여전히 대체 불가의 가치를 빛내고 있습니다. 그러한 그의 지성이 집대성된 『프린키피아』는 핼리가 말한 대로 "인간의 이성을 천국의 고지로 끌어올린" 위업이라 할 수 있고, 그 앞에서는 누구라도 겸손해질 수밖에 없을 것입니다.

이러한 뉴턴의 위대한 업적을 오늘날의 언어를 통해 만날 수 있는 것은 뉴턴 연구에 일생을 바친 이 책의 영문 번역자 I.B. 코헨과 앤 휘트먼 덕분입니다. 코헨의 해설서를 보면 『프린키피아』를 원문에 가깝게, 정확히 번역하기 위해 거쳐야 했던 지난한 과정을 설명하고 있는데, 그런 그들의 고민과 열정이 번역일을 하는 저에게는 큰 감동으로 다가왔습니다. 그들이 평생을 바쳐 연구하고 해석한 이 결과물은 과거의 뉴턴과 현대의 독자들을 이어주고, 시대를 초월하는 찬란한 유산을 영구히 보존하려는 노력의 산물입니다. 코헨과 휘트먼이 번역자로서의 역할에 충실했기 때문이겠지만, 저 역시도 뉴턴의 『프린키피아』를 읽으며 어렴풋이 뉴턴의 목소리를 들을 수 있었습니다. 뉴턴과 영문 번역자, 그리고 한국어를 사용하는 독자로 이어지는 흐름의 가운데에 서서, 이 흐름이 끊기지 않고 계속 이어질 수 있도록 저도 나름의 노력을 해야 했습니다. 특히 한국어 독자들이 우리말로 『프린키피아』를 읽을 수 있도록 번역하는 책무는 오롯이 저에게 주어진 과제였습니다. 너무 오래되어 번역어가 없는 개념과 용어들을 우리말로 옮기고, 그렇지 않아도 어려운 글을 그나마 최대한 자연스럽게 읽을 수 있도록 단어를 고르고 문장을 정리하면서, 뉴턴의 목소리를 놓치지 않고자 최선을 다했습니다. 그렇게 해서 세상에 나온 이 결과물이 어떠한 평가를 받을지 솔직히 두려운 마음이 앞섭니다. 그러나 코헨의 말을 빌려 독자 여러분께 드리고픈 말씀이 있습니다. 저에게는 뉴턴의 글이 담고 있는 의미를 모든 수준에서 완벽하게 이해한다고 확신할 정도의 허영심이 없습니다. 그러나 평생에 걸쳐 이 책을 연구하고 번역한 코헨과 휘트먼도 소소한 실수를 저질렀다는 것을 발견하고 동지애를 느끼는 동시에 큰 위안을 받았습니다. 그러므로, 뉴턴과 코헨이 서문에서 당부한 것처럼, 저 역시 독자 여러분께 모든 것을 열린 마음으로 읽어 주기를, 이 책의 결함을 비난하기보다는 함께 수정하고 개선해 나갈 수 있도록 노력해 주시기를 겸허하게 부탁드립니다.

책의 출간을 앞두고, 뿌듯함보다는 부끄러움이 앞서 옮긴이 후기는 고사하고 싶었습니다. 그러나 부끄러움을 무릅쓰고 이 글을 쓰는 이유는, 이 자리가 아니면 표현하기 어려운 감사 인사를 고마운 분들께 전하고 싶었기 때문입니다. 햇수로 3년이 넘어가는 기간 동안 가장 가까이에서 응원과 지원을 아끼지 않은 남편과 아들에게 무한한 사랑을 보냅니다. 특히 남편은 제가 바쁠 때 집안일도 도맡아 해주고, 이해가 잘 안 가던 어려운 뉴턴의 증명 하나도 직접 풀어 설명해 주는 "만능 물리학자"의 면모를 보여 주었습니다. 혼자 글 감옥에 갇혀 유일한 탈출구인 페이스북에 온갖 넋두리를 풀어 놓을 때, 따뜻한 마음으로 들어주고 제가 하는 일의 의미를 일깨워 주며 격려해 주신 친구와 동료들께도 감사의 마음을 전합니다. 그러나 누구보다도 부족한 저의 원고를 꼼꼼히 확인하고 매만져 주신 책임 편집자 김진호 님께 가장 큰 감사 인사를 드려야 할 것입니다. 상업 출판사에서 기획하기 힘들었을 이 책을 출간하기로 결정하고 굳건한 소신으로 추진하신 도서출판 승산 관계자 분들께, 존경하는 마음과 함께 이 책『프린키피아』와의 좋은 인연을 만들어 주셔서 정말 감사하다는 말씀을 드리고 싶습니다. 저는 이 책의 번역자라는 영예를 평생 소중히 간직하고 살겠습니다.

―― 옮긴이 • 배지은

서강대학교 물리학과와 동 대학원을 졸업한 후 엔지니어로 일하다가, 번역에 뜻을 두고 이화여자대학교 통번역대학원에 진학해 번역학을 전공했다. 『퀀텀 스페이스』, 『퀀텀 리얼리티』, 『수학의 함정』, 『호킹의 빅 퀘스천에 대한 간결한 대답』, 『나는 음악에게 인생을 배웠다』, 『미스터리를 읽은 남자』, 『인형의 주인』 등 30여 종의 책을 번역했다.

리처, 장Richer, Jean 34, 99, 183, 771, 772, 773

리치올리 체계 203

리치올리, 잠바티스타Riccioli, Giambattista 228, 758

린제이, 브루스 Lindsay, Bruce 182

ㅁ

마기루스, 요한Magirus, Johann 110

마리오트, 에드메Mariotte, Edmé 412

마이크로미터 744-5, 746, 768, 819, 820, 931

마찰: 관성 110; 무거움 279; 운동 법칙의 주해 129, 415-6; 유체 운동 272, 730-31, 733; 자성 280; 저항 171, 186, 192, 389, 638, 699, 709, 727; 전기 278, 280-2

마친, 존Machin, John 39, 51, 245, 252, 254, 255, 257, 795-8

마호니, 마이클Mahoney, Michael 286

마흐, 에른스트Mach, Ernst 101, 167, 270

망원경 166, 595, 744, 745, 746, 768, 819, 831, 842

매튜 패리스Matthew of Paris 848

맥과이어, J.E.McGuire, J. E. 74

맥로린, 콜린Maclaurin, Colin 219, 341

머큐리: 원소(수은) 655, 675, 723; 행성(수성) 199, 202, 227, 228, 746-7, 747, 752, 758-60, 763

먼 거리에서의 작용: 무거움, 75, 76, 270; 실증주의, 270; 운동 제2 법칙, 123; 자연철학, 75, 76

메르센, 마랭Mersenne, Marin 111-2, 723

메르카토르, 니콜라우스Mercator, Nicolaus 764

메인, P.T.Main, P. T. 56, 286, 298

멜리, 도메니코 베르톨로니Meli, Domenico Bertoloni 287

면적: 법칙, 90-92, 144, 164, 202, 205, 231, 312-4, 347, 381-2, 429-33, 747, 762, 762, 763, 774, 780-82, 857; 케플러의 연구, 33, 36, 88, 137, 140, 146, 170, 190, 198, 202, 214, 312

모세관 277-8

모어, D.H. 모어, 헨리More, Henry 110, 273

모트, 벤저민Motte, Benjamin 42

모트, 앤드류Motte, Andrew 39-51, 56, 71, 179-80, 183, 201, 234, 252, 255, 256, 268-9, 275, 290, 291-3, 299, 308, 311, 355, 426, 611, 777, 808, 860, 861

모페르튀이, 피에르-루이 모로 드Maupertuis, Pierre-Louis Moreau de 234

목성 35, 68, 114, 115, 153, 190, 202, 207-11, 219-25, 226-9, 231-4, 3561, 384, 392, 745-6, 747, 758-9, 821, 822, 848, 856, 857; 목성의 위성 36, 153, 190, 198, 205, 207, 220, 222, 227, 266, 401, 592, 734, 744-5, 747, 749, 751, 752, 753-4, 758, 764, 774, 752, 753-4, 758, 764, 774, 858

몬타나리, 제미니아노Montanari, Geminiano 837, 838, 839, 847

몰 105-6

몰튼, F.R.Moulton, F.R. 244

무거움: 31, 34, 35, 67, 70, 75, 76, 78, 82, 156, 197, 203, 207, 217, 218, 236, 259, 262, 271, 265, 271, 380, 384-5, 743, 7852, 775, 756-7; "가설을 꾸미지 않는다" 268-70; 가속 113-4, 241, 399, 753-4, 779, 782, 809, 811; 구심력 82, 95, 112, 113, 114-5, 120, 207, 382-3, 397-8, 435, 652, 752-3; 구형 물체 218, 230, 232-3, 760, 766-7; 달의 무거움 150, 216, 227, 236-8, 239, 241, 259-60, 743, 753, 755, 779, 782, 787, 806-11, 816; 달의 운동 30, 67-8, 70, 78-82, 197, 198, 206-7, 216, 243-4, 245, 248, 250-9, 271-2, 356, 361, 376, 383, 392, 750-53, 779, 782, 787, 801, 802-3, 805, 809; 물질의 양 217, 218, 279, 381, 384, 743, 753-6, 846, 860; 밀도 105; 발표되지 않은 『프린키피아』 서문 67-8; 보편적 무거움; 비중 105, 354, 626, 650-51, 662-3, 755, 760, 846; 사이클로이드 진자 531, 532; 상대적 무거움 651-2; 섭동 207, 209-10, 212, 214-7, 752, 779, 855; 세차 259-61; 역제곱 관계 30, 75, 78, 82, 198-9, 206, 207, 218-9, 257, 262, 271, 350, 361, 383, 756-9, 770, 860; 영 272-83; 운동 법칙의 따름정리 128, 231, 409-11; 운동 법칙의 주해 411, 415; 운동 제1 법칙 120-21, 405; 운동 제2 법칙 123; 운동 제3 법칙 128, 752; 원심력 79, 339-41, 436, 652, 766-8, 810; 원인 76-8, 268, 270-71, 273, 384, 861; 위성의 운동 197-8, 207, 384, 751-3; 이론의 확인 215-6; 인력 70, 77, 161, 271, 274, 277, 278, 279, 381, 383, 384, 755-6, 782; 자성 279-80, 755-6; 자연철학 71, 75-8, 161, 270-71, 376-7, 743; 전기 271, 278-80, 756, 861; 절대적인 무거움 651; 조수 197, 217, 236-40, 268, 383, 743, 805-9; 지구의 무거움 30, 206, 227, 241, 252, 271, 356, 361, 380-81, 382, 751, 761, 766-7, 769, 769-70, 772, 779, 782, 805-6, 809-11; 질량 104, 114, 115, 218, 224-5, 350; 태양의 무거움 193, 115, 152-3, 198, 220-21, 239, 236-8, 240, 252, 254, 259-61, 384, 761-2, 755, 760, 846; 하위헌스의 연구 120-21, 155, 436; 행성 67-8, 70, 207, 209-10, 212, 214-7, 218-9, 222-5, 227, 229, 230, 384, 743, 752-63, 858, 860; 행성의 운동 67-8, 70, 79, 197-8, 207, 209-10, 212, 214-7, 271, 274, 376, 382-4, 752-63, 858, 860; 혜성의 몸체 743, 844, 846, 855; 혜성의 운동 68, 72, 216, 262, 263, 265, 274, 376, 383-4, 855, 858, 860

무게: 구심력 114, 297-8; 낙하하는 물체 216-7, 381, 753, 766; 달 표면에서의 무게 227, 755, 758; 무게력 220-23, 227, 229; 무게와 원심력 89, 93; 물질의 양 98-100, 183, 203, 217, 381, 396, 659-60, 755; 변량으로서의 무게 34, 99, 100, 232, 234-6, 341-6, 755, 769-73; 비중 105, 626, 651; 유체 671, 690-93, 701-4; 지구의 자전 89, 93, 232, 341; 진자 99, 100, 183, 217-8, 232, 235-6, 396, 659-60, 770-73; 질량 99, 100, 104, 114, 217-8, 224-5, 396, 측정 단위 354-5; 행성의 몸체 219-25, 227, 229, 756-9, 762

무신론 390

프린키피아 번역과 해설서, 자연철학의 수학적 원리

1판 1쇄 인쇄 2023년 11월 2일
1판 1쇄 발행 2023년 11월 17일

지은이		아이작 뉴턴
영역		버나드 코헨 외
해설		버나드 코헨
옮긴이		배지은
펴낸이		황승기
마케팅		송선경
편집		김진호, 황승기
디자인		김진호
펴낸곳		도서출판 승산
등록날짜		1998년 4월 2일
주소		서울시 강남구 테헤란로 34길 17 혜성빌딩 402호
대표전화		02-568-6111
팩시밀리		02-568-6118
전자우편		books@seungsan.com

ISBN   978-89-6139-081-1 93400